高效节能伺服驱动永磁同步电动机

叶金虎　编著

科 学 出 版 社

北　京

内 容 简 介

本书在介绍气隙磁场、气隙磁场在电枢绕组内感生的反电动势、通电电枢绕组产生的磁动势、电动机内部的电磁关系、电压平衡方程式和向量图等基本概念的基础上，着重分析自控式永磁同步电动机、异步启动永磁同步电动机、无转子位置传感的无刷直流永磁电动机和单相无刷直流永磁电动机的工作原理、电磁参数、齿槽效应、转矩脉动、径向磁拉力、控制策略、运行特征和设计要点。书后附有逆变器、正弦波脉宽调制和空间矢量脉宽调制三个附录。

本书可供从事自控式永磁同步电动机、异步启动永磁同步电动机、无转子位置传感的无刷直流永磁电动机和单相无刷直流永磁电动机及其控制器的开发、设计、制造、测试和应用等领域研究的科技人员参考，也可作为高等学校电机和自动控制等专业的高年级本科生、研究生和教师的自学参考书。

图书在版编目（CIP）数据

高效节能伺服驱动永磁同步电动机 / 叶金虎编著. —北京：科学出版社，2020.7

ISBN 978-7-03-063304-0

Ⅰ. ①高… Ⅱ. ①叶… Ⅲ. ①永磁电动机-同步电动机-伺服系统 Ⅳ. ①TM351.12

中国版本图书馆 CIP 数据核字（2019）第 255598 号

责任编辑：童安齐 / 责任校对：王 颖
责任印制：吕春珉 / 封面设计：东方人华

科 学 出 版 社 出版
北京东黄城根北街 16 号
邮政编码：100717
http://www.sciencep.com

北京中科印刷有限公司 印刷

科学出版社发行 各地新华书店经销

*

2020 年 7 月第 一 版 开本：787×1092 1/16
2020 年 7 月第一次印刷 印张：32
字数：740 000

定价：260.00 元

（如有印装质量问题，我社负责调换〈中科〉）
销售部电话 010-62136230 编辑部电话 010-62137026（HA18）

前　言

当我们进入 20 世纪 70 年代以后，煤炭、石油和天然气等不可再生能源越来越少，而大气污染却越来越严重。因而，节约能源、减少二氧化碳的排放、保护环境、保护人类赖以生存的绿色地球，已成为全人类共同的愿望。据《BP 世界能源统计年鉴》（2019）统计，煤炭仍然是当前最主要的发电能源，占比达 38%。21 世纪全世界工业用电动机消耗了总发电量的 30%～40%。我国是仅次于美国的世界第二大电力生产国和消费国，是全世界煤炭开采量和消费量最大的国家，煤炭占我国能源消费约 70%，其中耗煤量最大的是电力行业。在此情况下，在提高火力发电的煤炭利用效率，大力发展水能、风能和太阳能等可再生能源的同时，要提高电动机本体的运行效率和尽可能地采用调速运行，从而达到高效节能减排的目的。在冶金工业、纺织机械、化工机械、给排水系统、工业水泵、压缩机、污水处理和矿山设备等驱动功率比较大的应用领域内，用异步启动永磁同步电动机来代替功率等级相同的异步电动机，可以提高 8%左右的运行效率；在各类家用电器（如电风扇、换气扇、洗衣机、电冰箱、空调、吸尘器、微波炉、脱排油烟机、榨汁机等）等驱动功率比较小的应用领域内，用三相无刷直流永磁电动机和单相无刷直流永磁电动机来代替功率等级相同的传统的罩极式异步电动机和小功率两相异步电动机，其运行效率可以从 30%提高到 60%～90%。

自控式永磁同步电动机由电动机本体和控制器两部分组成，是精密速度/位置的伺服控制系统和功率驱动系统的核心部件。近年来，随着电力电子器件、大规模集成电路、数字信号处理技术、现代控制理论和电机技术的迅速发展，自控式永磁同步电动机被日益广泛地应用于各类电动车辆、无人机、精密多轴联动数控机床、医疗器械、智能化电动油泵和阀门、自动化生产设备、智能化仓库管理，以及物流传输、国防工业和航空航天等领域。

本书共四章。在第 1 章中，在基于气隙磁场、电枢绕组的反电动势、磁动势、基本电磁关系、电压平衡方程式和矢量图的基础上，着重分析分数槽电枢绕组磁动势内的次谐波分量在转子铁心中引起的损耗、永磁同步电动机的稳态电磁参数的计算、电磁力、电磁转矩、齿槽效应力矩、转矩脉动和径向磁拉力、自控式永磁同步电动机的基本控制理念、磁场取向控制和直接力矩控制、自控式永磁同步电动机的稳态运行的分析、电磁参数对稳态转矩/转速特性的影响，以及永磁同步电动机的主要参数的测量。在第 2 章中，着重介绍和分析如何把异步电动机的转子边绕组折算到定子边绕组、定转子回路的电压方程式、时空矢量图和等效电路、简化的等效电路、启动过程中的异步驱动转矩和永磁发电制动转矩的计算、正常运行时电磁转矩的计算；电磁参数对运行性能的影响，以及提高电动机的效率 η 和功率因数 $\cos\varphi$ 等关键技术指标的具体措施。在第 3 章中，着重分析悬空相绕组内的内反电动势波形过零点的检测和自启动问题。在第 4 章中，着重分析单相电枢绕组的连接方式和如何消除运行过程中出现的死点问题。为了便于读者分析和理解，本书后附有附录 A、附录 B 和附录 C，分别介绍了逆变器，正弦波脉宽调制和空间矢量脉宽调制。

本人在中国电子科技集团公司第二十一研究所从事永磁电机的研究开发近 50 年；于 2009 年开始至今，一直受聘于深圳市万至达电机制造有限公司，从事技术培训和产品开发工作。近年来，本人在总结从事永磁电机研究、开发过程中的学习心得和感悟的基础上，撰写成本书，期望本书的出版能对我国电机行业，尤其是对高效节能伺服驱动永磁同步电动机的进一步发展有一定推动作用。

本人在撰写本书过程中力求理论联系实际，在阐明基本理论和基本概念的前提下，给出在设计计算和运行控制中需要的基本公式，每一章均附有一个具体的设计实例。

在撰写本书的过程中，本人得到了深圳市万至达电机制造有限公司的领导和同事的热情支持和帮助；同时还得到了中国电子科技集团公司第二十一研究所冷小强、孙兆琼、钱荣超、解渊、何金泽和周醒夫等工程师的大力协助，在此一并致谢。

在撰写本书的过程中，本人还参考了相关的书籍，现一并汇入本书末的参考文献中，以便满足读者了解本书的传承和深入研究某些感兴趣问题的需要，同时本人在此对这些书籍的原作者表示真诚的谢意。

本书由上海交通大学金如麟教授仔细审阅，并提出了许多宝贵的意见，在此表示衷心的感谢。

由于本人学识有限，书中难免存在不足之处，恳请读者批评指正。

深圳市万至达电机制造有限公司
叶金虎
2019 年 6 月 1 日

目　　录

第 1 章　自控式永磁同步电动机

自控式永磁同步电动机（permanet magnet synchronous motor，PMSM）具有功率密度高、效率高、动态响应快、机械结构结实紧凑和可靠性高等优点，近数十年来，随着电力电子器件、大规模集成电路、数字信号处理技术和现代控制理论的迅速发展，自控式永磁同步电动机在速度/位置的精密伺服控制系统和功率驱动系统等领域中得到了日益广泛的应用。

永磁同步电动机就是由永磁体励磁的同步电动机，而所谓同步电动机就是它的旋转速度必定与外部施加的交变电压的频率相互同步的电动机。旋转速度与外部施加的交变电压的频率相互同步的方式有两种：一种是电动机的旋转速度随着外部施加的交变电压的频率的变化而同步变化，即电动机的转速同步于外部施加的交变电压的频率；另一种是外部施加的交变电压的频率随着电动机的旋转速度的变化而同步变化，即外部施加的交变电压的频率同步于电动机的转速。前者由交流电网或独立的交流电源供电，是传统的交流同步电动机，它施加的交变电压的频率取决于外部交流电网或独立交流电源的频率，而与电动机本身的旋转速度无关，必须采取其他辅助方法使电动机启动，才能使电动机的转速与外部交流电网或独立交流电源的频率实现同步，故被称为他控式同步电动机；后者由逆变器供电，电动机的转轴上装有一个转子位置传感器或编码器，它的输出信号传递了转子磁极中心线与定子电枢绕组轴线之间的相对位置和电动机旋转速度的信息，并以此信号通过逆变器去控制各相电枢绕组的导通顺序和导通速率，这意味着，电动机在实现同步化的过程中，外部施加的交变电压的频率仅取决于电动机自身的旋转速度，即逆变器提供的交变电压的频率要同步于电动机的旋转速度，故被称为自控式同步电动机。

本章将介绍自控式永磁同步电动机的构成，永磁同步电动机本体的结构，永磁同步电动机的基础理论，电磁力、电磁转矩、齿槽效应力矩、转矩脉动和径向磁拉力，自控式永磁同步电动机控制的基本控制理念，自控式永磁同步电动机的稳态运行分析，永磁同步电动机的主要参数测量和自控式永磁同步电动机的设计考虑。本章末给出一个设计例题，以供参考。

1.1　自控式永磁同步电动机的构成

自控式永磁同步电动机主要由直流电源、逆变器、控制器和永磁同步电动机-转子位置传感器组件构成，如图 1.1.1 所示。

直流电源可以由三相交流电源（380V/50Hz）经过三相桥式不控整流电路和滤波电路后获得；也可以由单相交流电源（220V/50Hz）经过单相桥式不控整流电路和滤波电路后获得；也可以直接从蓄电池获得。

逆变器是把直流电变换成交流电的变流装置，这里通常采用由 180° 导通的电压型三相半桥逆变电路构成的无源逆变器。控制器根据指令和反馈信号对逆变器实施正弦波脉宽调制或空间矢量脉宽调制，从而调节永磁同步电动机的驱动转矩、轴角机械位置和旋转速度，满足伺服控制系统的技术要求。

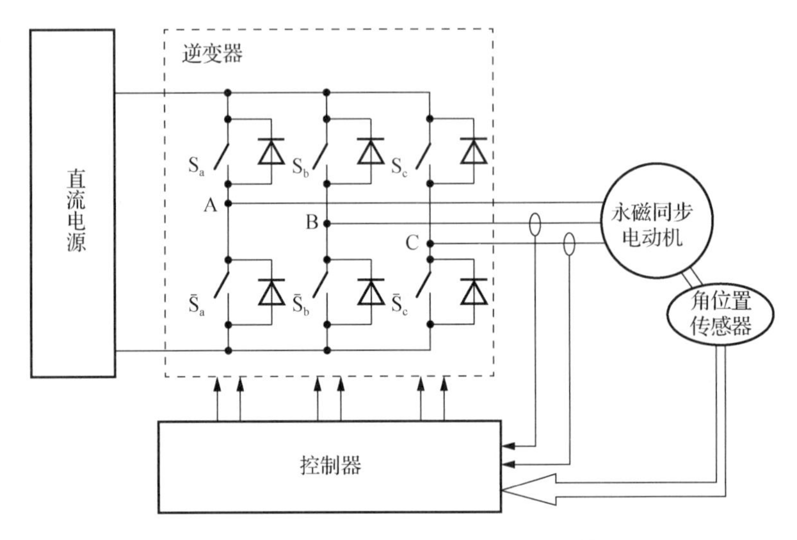

图 1.1.1　自控式永磁同步电动机的构成

永磁同步电动机是自控式永磁同步电动机的本体，又是系统控制的对象，根据不同的技术要求和具体的应用场合，可以选用表面贴装式永磁同步电动机（surface mounted permanent magnet synchronous motor，SPMSM）或内置式永磁同步电动机（interior permanent magnet synchronous motor，IPMSM）。

转子位置传感器可以采用无接触式旋转变压器、旋转式光电编码器或旋转式磁性编码器，它们被同轴地安装在电动机的非驱动侧。转子位置传感器的功能是给控制器提供电动机的主定子和主转子之间的相对电气角位置和速度信息。

控制器是自控式永磁同步电动机的核心部件，它可以针对不同的应用场合和不同的技术要求，采取不同的控制方法和策略，如磁场取向控制（field oriented control，FOC）或直接力矩控制（direct torgue control，DTC）等；同时，根据系统的指令信号、电动机本体的检测数据和转子位置传感器的反馈信号，经过适当的运算和处理，对逆变器实施正弦波脉宽调制或空间矢量脉宽调制，从而有效地控制电动机的输出力矩、轴角位置和转速。

近年来，由于转子位置传感器的价格昂贵，制造和安装的精度要求很高，并且易于损坏，世界上不少著名电机制造公司和集成电路制造公司相继投入了很大的人力、物力和财力，试图以电动机的基本数学模型或以电动机的凸极性/各向异性为基础，在控制系统内开发出一个环节，它能够根据它的输入量，如电动机的三相电枢电流i_a、i_b和i_c等，经过它的软件和硬件处理，估算出电动机的实时运行状态，输出控制系统所需要的物理量，如转速$\hat{\omega}_r$、角位置$\hat{\theta}_r$、定子磁通链$\hat{\psi}_s$和电磁转矩$\hat{T}_e$等的估算量，这样的一个环节被称为状态观测器，或被称为估算器。现在，有些国外著名的公司已经取得显著成果，即可以用状态观测器来代替转子位置传感器，从而实现自控式永磁同步电动机的无转子位置传感器的控制，并已经开始把某些无转子位置传感器的自控式永磁同步电动机的产品逐步实现商品化，正朝着降低成本、缩小尺寸、减轻质量、提高系统结实性和可靠性的目标不断前进。

1.2　永磁同步电动机的本体结构

一般而言，永磁同步电动机的本体结构有两种类型，即表面贴装式永磁同步电动机和内置式永磁同步电动机。这两种类型的电动机的定子电枢是一样的。定子电枢铁心可以采用整体式结构，也可以采用拼装式结构；电枢绕组可以采用整数槽单层整距绕组和双层短距分布绕组，也可以采用分数槽绕组。近年来，为了提高产品的性能和降低产品的成本，定子电枢通常采用集中重叠式分数槽绕组和集中非重叠式分数槽绕组，分别如图 1.2.1（a）和（b）所示。

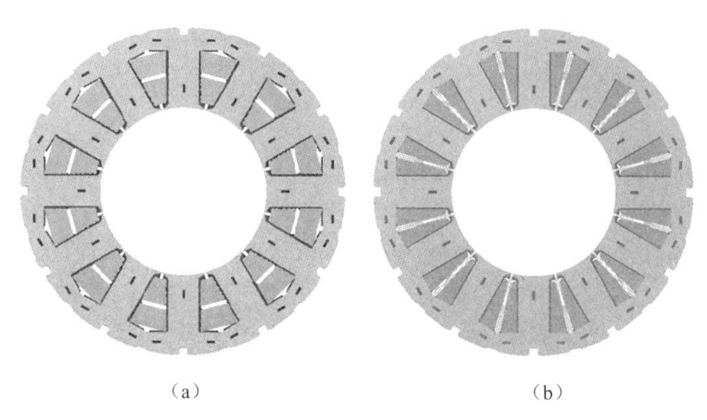

图 1.2.1　集中式分数槽绕组的定子

表面贴装式永磁同步电动机和内置式永磁同步电动机的主要差别仅在于不同的转子结构。表面贴装式永磁同步电动机的转子结构如图 1.2.2（a）所示，径向磁化的永磁体被贴装在转子磁轭铁心的圆周表面；内置式永磁同步电动机的转子结构如图 1.2.2（b）、（c）和（d）所示，永磁体被嵌埋在转子磁轭铁心的内部，根据不同的结构，永磁体被径向磁化，或者被切向磁化，或者两者兼而有之。

对于内置式永磁同步电动机的转子结构而言，为了减小永磁体的漏磁通，必须采用适当的磁通壁垒——磁桥的隔磁结构，在某些情况下，还必须采用不导磁的转轴。

若根据一对磁极的磁路上相邻两块永磁体之间的关系来分析，转子结构主要有串联式、并联式和混合式三种类型。图 1.2.2（a）和（b）是串联式磁路结构，每极磁通由该磁极的一块永磁体单独提供，而在一对磁极的磁路上，两个相邻磁极的两块永磁体串联在一起向外磁路提供磁动势。图 1.2.2（c）是并联式磁路结构，每极磁通由相邻两个磁极的两块永磁体并联提供，而在一对磁极的磁路上，每极永磁体单独向外磁路提供磁动势。图 1.2.2（d）展示了一种混合式磁路的转子结构。在此结构中，既有被径向磁化的永磁体，又有被切向磁化的永磁体。被切向磁化的永磁体的厚度是被径向磁化的永磁体的厚度的两倍。在一对磁极的磁路上，两邻两极之间的两块被切向磁化的永磁体组成并联结构，而两块被径向磁化的永磁体组成串联结构。这种混合式结构能够提供比较大的气隙磁通密度，但仅适用于磁极对数比较少的永磁同步电动机。

表面贴装式永磁同步电动机具有大致上相同的交直轴电枢反应电抗，即 $x_{\mathrm{ad}} \approx x_{\mathrm{aq}}$，从而具有隐极同步电动机的性能；对于内置式永磁同步电动机而言，由于转子磁路的不对称，导致交直轴磁导和交直轴电枢反应电抗不相等，即 $\Lambda_{\mathrm{ad}} \neq \Lambda_{\mathrm{aq}}$ 和 $x_{\mathrm{ad}} \neq x_{\mathrm{aq}}$，从而具有凸极同步电动机的性能。

内置式永磁同步电动机与表面贴装式永磁同步电动机相比较：一方面，它的永磁体的漏磁通比较大，永磁体本身的利用率低一些；另一方面，它的力矩密度和过载能力大一些，永磁体本身不容易遭受到运行过程中出现的强电流的去磁作用。因此，驱动功率比较大的自控式永磁同步电动机通常采用内置式转子结构。

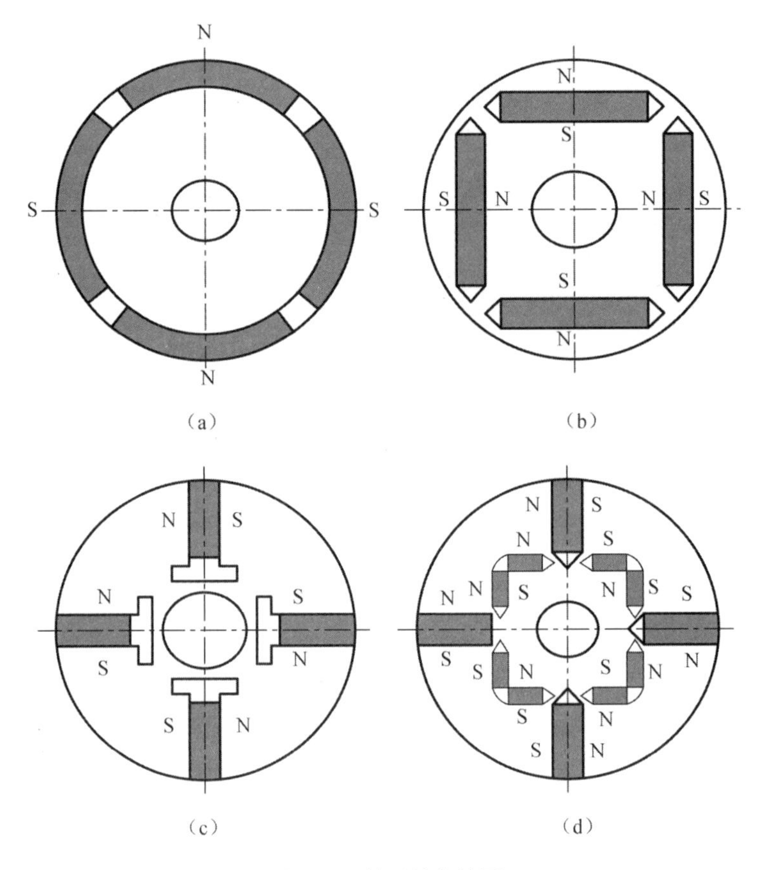

图 1.2.2　转子结构简图

表面贴装式转子结构允许把转子外径做得小一些，转子部件的转动惯量就可以小一些。因此，表面贴装式永磁同步电动机适用于响应要求快和精确度要求高的伺服控制系统。

1.3　永磁同步电动机的基础理论

本节将着重分析和讨论永磁同步电动机的几个基础理论问题：①空载时的气隙磁场；②电枢绕组内的感应电动势；③负载时电枢绕组产生的磁动势；④基本电磁关系和向量图；⑤稳态电磁参数的计算；⑥电磁力、电磁转矩、齿槽效应力矩、转矩脉动、径向磁拉力、振动和噪声。

1.3.1　空载时的气隙磁场

图 1.3.1 是一台四极永磁同步电动机的截面的示意图。在不考虑电枢铁心内圆表面开槽的情况下，假定气隙磁通密度的波形如图 1.3.2 所示。图中，纵坐标代表气隙磁通密度 b_δ 的大小，横坐标代表气隙中某一点离开坐标原点的空间电气角位置，可以用距离 x 来描述，也可以用电气角度 α 来描述。由图 1.3.2 可见，气隙磁通密度曲线不是时间的函数，而是从起始点 A 到某一点的距离 x 的空间函数 $b_\delta(\alpha)$。图中，τ 是相邻两个磁极中心线之间的距离，简称极距。在起始点 A 上气隙磁通密度 $b_\delta=0$，在距离 A 点（$\tau/2$）处的 D 点上，气隙磁通密度达到正的最大值 $b_\delta=+B_{\delta m}$，在距离 A 点 τ 处的 C 点上气隙磁通密度又降到零值 $b_\delta=0$，

在距离 A 点 $x=3\tau/2$ 或 $\alpha=270°$ 电气角度处的点位上气隙磁通密度达到负的最大值 $b_\delta=-B_{\delta m}$，这样，气隙磁通密度 b_δ 依次在横坐标轴 x（或 α）上演进。由图可见，气隙磁通密度曲线是一个非正弦波形的空间函数，但是，它对称于横坐标轴，同时对称于磁极中心线 BD；因此根据傅里叶分析，分解出来的波形中没有直流分量、偶次谐波和余弦各项，只有正弦奇次谐波，即

$$b_\delta(\alpha)=\sum_{\gamma=1,3,5,\cdots} B_{\delta\gamma m}\sin\gamma\alpha=\sum_{\gamma=1,3,5,\cdots} B_{\delta\gamma m}\sin\gamma\omega t \tag{1-3-1}$$

式中：γ 是气隙磁通密度空间谐波的序次；$B_{\delta\gamma m}$ 是 γ 为 1 次、3 次、5 次、……气隙磁通密度空间谐波的幅值，即第 1 次谐波的幅值为 $B_{\delta 1m}$，相当于磁极对数为 p，极距等于 τ，第 3 次谐波的幅值为 $B_{\delta 3m}$，相当于磁极对数为 $3p$，极距等于 $\tau/3$，第 5 次谐波的幅值为 $B_{\delta 5m}$，相当于磁极对数为 $5p$，极距等于 $\tau/5,\cdots$，其中，第 1 次谐波通常被称为基波，其余的谐波被称为高次谐波；α 是横坐标轴，表示气隙圆周表面的空间电气角度，$\alpha=\omega t$；ω 是角频率，$\omega=2\pi f$；当横坐标轴表示气隙圆周表面的距离 x 时，x 与 α 之间有关系 $\alpha=(\pi/\tau)x=(\pi/\tau)2\tau ft=2\pi ft=\omega t$。

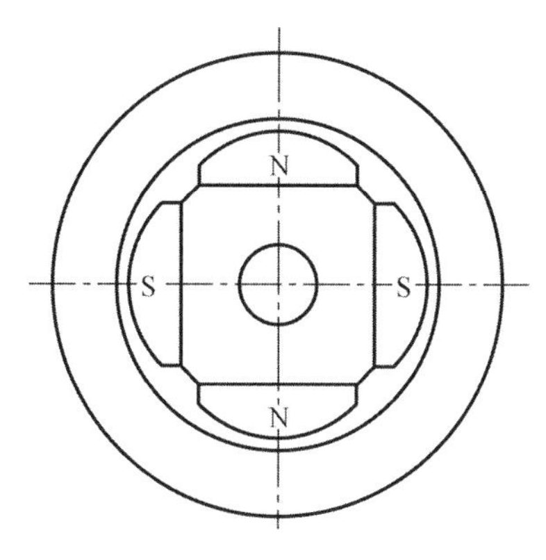

图 1.3.1　四极永磁同步电动机的截面示意图

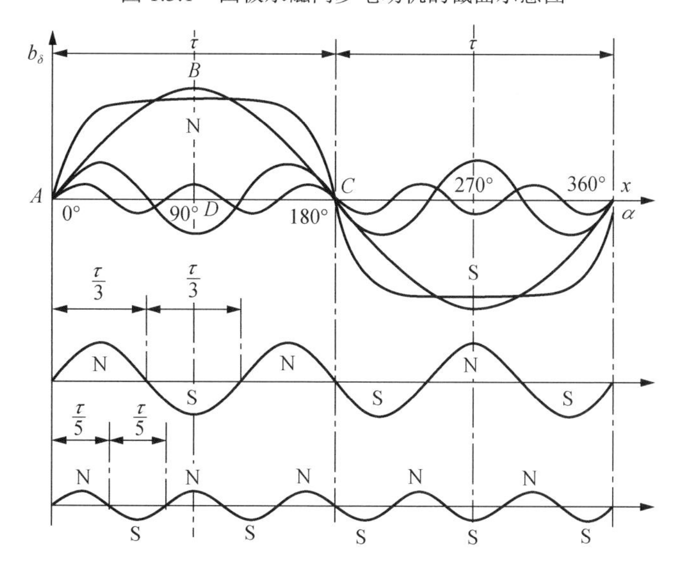

图 1.3.2　气隙磁通密度的分布情况

对于伺服系统用的自控式永磁同步电动机而言，电动机空载时的气隙磁通密度（即气隙磁场）的波形越接近正弦波形越好。

图 1.3.3 是图 1.3.1 的一对磁极（2τ）的展开。在图中，从最大气隙 δ_{max} 处到最小气隙 δ_{min} 处连续作出一系列闭合的磁力线管。每个闭合的磁力线管沿着展开的圆周方向具有同样的宽度 Δb，但是闭合磁力线管所包含的永磁体的长度 L_M 和气隙的长度 δ 各不相等。在不考虑定转子铁心饱和，即在忽略闭合磁力线管所经过的定转子铁心的磁阻的情况下，相对于闭合磁力线管内的永磁体而言，它们所对应的最大气隙 δ_{max} 和最小气隙 δ_{min} 的外磁路磁导分别为

$$\Lambda(\delta_{max}) = \mu_0 \frac{l_i \Delta b}{\delta_{max}} \tag{1-3-2}$$

$$\Lambda(\delta_{min}) = \mu_0 \frac{l_i \Delta b}{\delta_{min}} \tag{1-3-3}$$

式中：μ_0 是空气的磁导率，$\mu_0=0.4\pi\times10^{-8}$ H/cm；l_i 是气隙的轴向计算长度，cm；Δb 是磁力线管的宽度，cm。

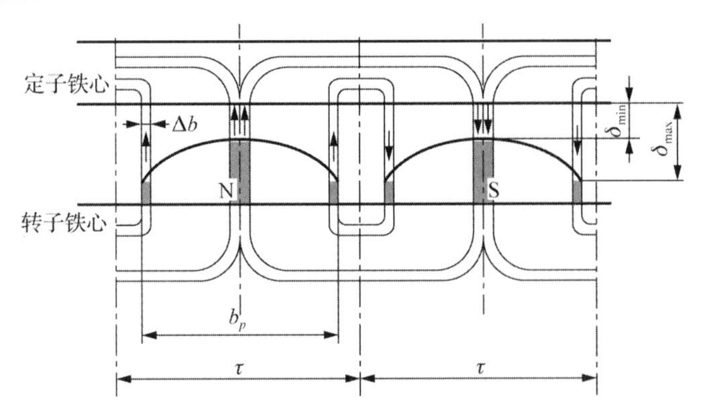

图 1.3.3　气隙磁场展开图

在每一个闭合磁力线管内的永磁体都具有相同的中性截面积 $S_M=l_m\Delta b$，式中 l_m 是永磁体的轴向长度，$l_m\approx l_i$；但是，每一个闭合磁力线管沿着磁力线的方向各自具有不同的永磁体的长度 L_m 和气隙长度 δ，最小的气隙长度 δ_{min} 对应最大的永磁体长度 $L_{m\max}$，而最大的气隙长度 δ_{max} 对应最小的永磁体长度 $L_{m\min}$。这表示，每一个闭合磁力线管内的永磁体长度 L_m 和气隙长度 δ 在各自的最大值和最小值区间内连续地变化。据此，可以画出每一个闭合磁力线管的磁铁工作图，如图 1.3.4 所示。图中，点 I 是对应于最小气隙长度 δ_{min} 和最大永磁体长度 $L_{m\max}$ 的闭合磁力线管内的永磁体的工作点，闭合磁力线管内的磁通量为 $\left[\Phi_\delta(\delta_{min},L_{m\max})\right]_{max}$，对应于气隙磁通密度的最大值 $b_{\delta\max}$；而点 II 是对应于最大气隙长度 δ_{max} 和最小永磁体长度 $L_{m\min}$ 的闭合磁力线管内的永磁体的工作点，闭合磁力线管内的磁通量为 $\left[\Phi_\delta(\delta_{max},L_{m\min})\right]_{min}$，对应于气隙磁通密度的最小值 $b_{\delta\min}$。由此可见，从磁极中心到两侧边缘的气隙磁通密度 b_δ 从 $\left[B_\delta\right]_{max}$ 连续变化至 $\left[B_\delta\right]_{min}$。

根据上述分析，气隙磁通密度曲线的形状与极弧系数（$\alpha_p=b_p/\tau$）和最大气隙长度与最小气隙长度之比（$\delta_{max}/\delta_{min}$）的数值有关。为了获得尽可能接近于正弦波形的气隙磁通密度曲线，在设计电动机时，我们可以利用有限元分析方法，根据具体的转子结构，求取最佳的 α_p 和（$\delta_{max}/\delta_{min}$）数值。

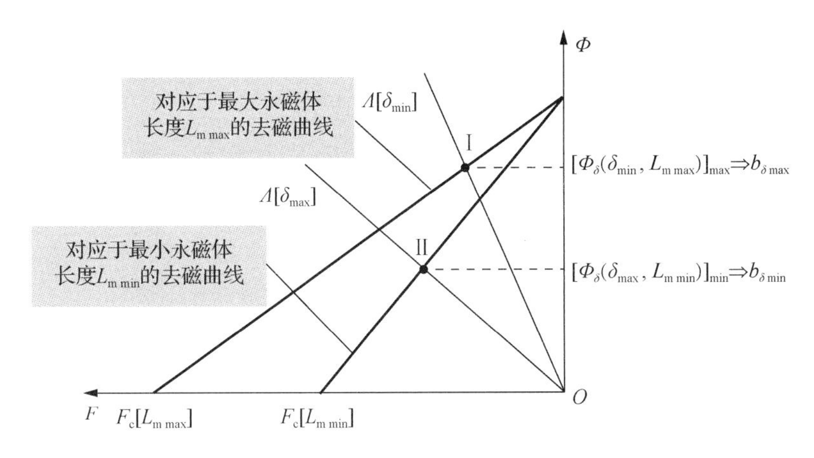

$\Lambda[\delta_{min}]$：对应于最小气隙 δ_{min} 的磁导；$\Lambda[\delta_{max}]$：对应于最大气隙 δ_{max} 的磁导；$F_c[L_{m\,min}]$：对应最小永磁体长度 $L_{m\,min}$ 的永磁体的矫顽磁动势；$F_c[L_{m\,max}]$：对应最大永磁体长度 $L_{m\,max}$ 的永磁体的矫顽磁动势。

图 1.3.4　磁力线管的磁铁工作图

1.3.2　电枢绕组内的感应电动势

对于永磁同步电动机而言，电枢绕组内的感应电动势（electro motive force，EMF）又可以称为电枢绕组内的反电动势（Back-EMF）。这里，我们要分析电动机在理想空载状态时电枢绕组内的感应电动势。在此情况下，我们可以把永磁同步电动机的三相电枢绕组与逆变器脱开，把电动机拖动至额定转速，然后观察电动势的量值大小和波形。

1.3.2.1　一根导体内的感应电动势

假设定子上有一根导体，当永磁转子产生的气隙主磁场旋转时，导体不断切割磁力线，就会在导体内产生感应电动势，我们可以依据右手定则确定感应电动势的方向，感应电动势的大小可以按下面的公式计算：

$$e = b_\delta v l \tag{1-3-4}$$

式中：b_δ 是导体所在处的气隙磁通密度，T；v 是导体垂直切割磁力线的相对线速度，m/s；l 是切割磁力线的导体的长度，m。l 是常数；当转子以恒定速度旋转时，v 也是常数。所以，气隙磁通密度空间曲线的大小和形状决定了导体内感应电动势的大小和形状，这意味着气隙磁通密度在空间有什么样的分布曲线，导体内的电动势随时间的变化也就有什么样的波形，如图 1.3.5 所示。

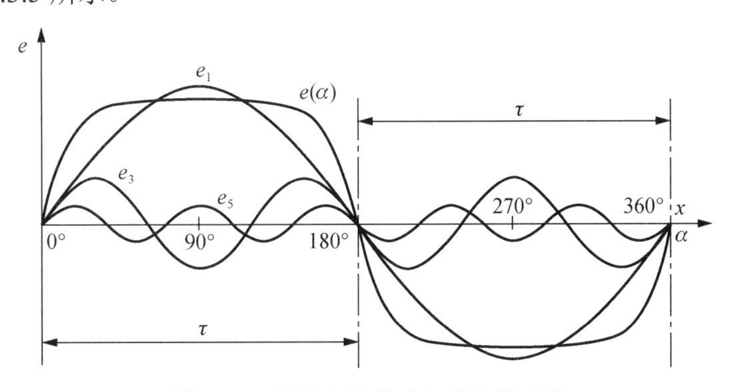

图 1.3.5　导体内的感应电动势的波形

气隙磁通是由永磁转子产生的，因此图 1.3.2 所示的气隙磁通密度的空间曲线就随着转子一起旋转。这时，根据式（1-3-1）和式（1-3-4），导体内的感应电动势可以表达为

$$e=\sum_{\gamma=1,3,5,\cdots}B_{\delta\gamma\mathrm{m}}lv\sin\gamma\omega t=\sum_{\gamma=1,3,5,\cdots}E_{\gamma\mathrm{m}}\sin\gamma\omega t \qquad (1\text{-}3\text{-}5)$$

式中：$E_{\gamma\mathrm{m}}$ 是第 γ 次谐波电动势的幅值，$E_{\gamma\mathrm{m}}=B_{\delta\gamma\mathrm{m}}lv$，V。

导体内感应电动势的基波最大值 $E_{1\mathrm{m}}$ 为

$$E_{1\mathrm{m}}=B_{\delta1\mathrm{m}}lv=\frac{\pi}{2}\left(\frac{2}{\pi}B_{\delta1\mathrm{m}}\right)l\left(2\tau f\right)=\pi fB_{\delta1\mathrm{av}}l\tau=\pi f\Phi_1$$

式中：Φ_1 是每极基波磁通量，$\Phi_1=B_{\delta1\mathrm{av}}l\tau$，Wb；$B_{\delta1\mathrm{av}}$ 是气隙磁通密度的基波平均值，$B_{\delta1\mathrm{av}}=\dfrac{2}{\pi}B_{\delta1\mathrm{m}}$。

导体内感应电动势的基波有效值为

$$E_1=\frac{1}{\sqrt{2}}E_{1\mathrm{m}}=\frac{\pi}{\sqrt{2}}f\Phi_1=2.22f\Phi_1 \qquad (1\text{-}3\text{-}6)$$

导体内感应电动势的高次谐波最大值为

$$E_{\gamma\mathrm{m}}=B_{\delta\gamma\mathrm{m}}\,l\,v=\frac{\pi}{2}\left(\frac{2}{\pi}B_{\delta\gamma\mathrm{m}}\right)l\left(2\frac{\tau}{\gamma}\gamma f\right)=\frac{\pi}{2}\left(\frac{2}{\pi}B_{\delta\gamma\mathrm{m}}\right)l\frac{\tau}{\gamma}2\gamma f=\pi\gamma f\Phi_\gamma$$

式中：$\Phi_\gamma=\left(\dfrac{2}{\pi}B_{\delta\gamma\mathrm{m}}\right)l\dfrac{\tau}{\gamma}$ 是高次谐波的每极磁通量。

导体内感应电动势的高次谐波有效值为

$$E_\gamma=\frac{1}{\sqrt{2}}E_{\gamma\mathrm{m}}=\frac{\pi}{\sqrt{2}}\gamma f\Phi_\gamma=2.22\gamma\ f\Phi_\gamma \qquad (1\text{-}3\text{-}7)$$

这里，我们要特别注意，图 1.3.2 与图 1.3.5 所示的两种波形的形状完全相同，但是它们表示的是两种完全不同意义的物理量。图 1.3.2 是气隙磁通密度在空间的分布情况，它是空间距离 x（或空间电气角度 α）的函数；图 1.3.5 是导体内的感应电动势的大小和形状随时间变化的情况，它是时间 t（或时间电气角度 ωt）的函数。它们两者之间有联系，波形一样，但物理意义完全不同。

1.3.2.2 一匝的感应电动势

在永磁同步电动机的电枢绕组中有两种线匝：①整距线匝，就是线匝的节距 y 等于极距 τ，即 $y=\tau$；②短距线匝，即 $y<\tau$。

1）整距线匝

当线匝的节距 y 等于极距 τ，即 $y=\tau$ 时，那么，当组成线匝的一根导体 I 放在北极 N 中心的下面，则另一根导体 II 正好处在南极 S 中心的下面，如图 1.3.6（a）所示。这样的两根导体内的感应电动势的瞬时方向总是相反的，这是因为当一根导体切割北极 N 磁通时，另一根导体必定切割南极 S 磁通，即组成线匝的两根导体内的感应电动势大小相等，方向相反。假定用 e_{I} 表示导体 I 内的感应电动势，而用 e_{II} 表示导体 II 内的感电动势，则整距线匝内的感应电动势 e_{T} 为

$$e_{\mathrm{T}}=e_{\mathrm{I}}-e_{\mathrm{II}}=2\,e_{\mathrm{I}}$$

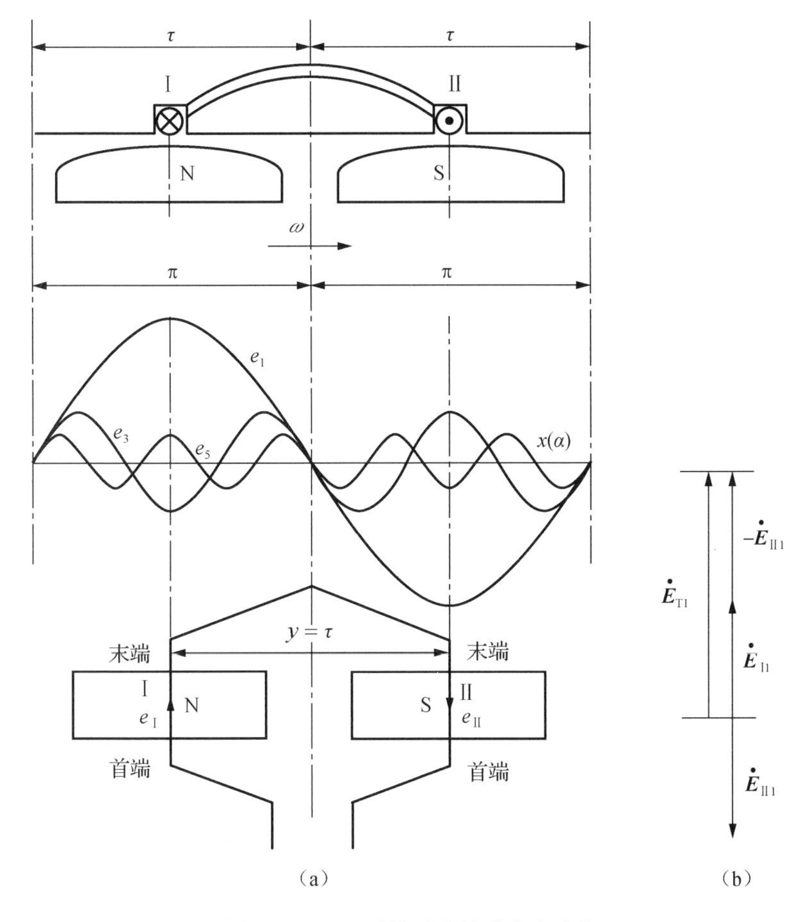

图 1.3.6　$y=\tau$ 时线匝内的感应电动势

导体Ⅰ内和导体Ⅱ内的基波感电动势 e_{I1} 和 e_{II1} 可以分别用大小相等而相位相反的两个向量 $\dot{\boldsymbol{E}}_{\mathrm{I1}}$ 和 $\dot{\boldsymbol{E}}_{\mathrm{II1}}$ 来表示，如图 1.3.6（b）所示，这时，线匝内的基波感应电动势 $\dot{\boldsymbol{E}}_{\mathrm{T1}}$ 为

$$\dot{\boldsymbol{E}}_{\mathrm{T1}}=\dot{\boldsymbol{E}}_{\mathrm{I1}}-\dot{\boldsymbol{E}}_{\mathrm{II1}}=2\,\dot{\boldsymbol{E}}_{\mathrm{I1}}$$

于是，线匝内的基波感应电动势的有效值为

$$E_{\mathrm{T1}}=2\,E_{\mathrm{I1}}=2\times2.22\,f\Phi_1=4.44\,f\Phi_1 \tag{1-3-8}$$

而线匝内的高次谐波感应电动势的有效值为

$$E_{\mathrm{T}\gamma}=2\,E_{\mathrm{I}\gamma}=4.44\,\gamma f\Phi_\gamma \tag{1-3-9}$$

2）短距线匝

当线匝的节距 $y<\tau$ 时，那么，当组成线匝的导体Ⅰ被放置在北极 N 中心的下面时，导体Ⅱ将不会处在南极 S 中心的下面，而将离开南极 S 中心线一段距离（$\tau-y$），如图 1.3.7（a）所示。对于基波而言，这一段距离相当于角度 β_1，即

$$\beta_1=\pi\frac{\tau-y}{\tau} \tag{1-3-10}$$

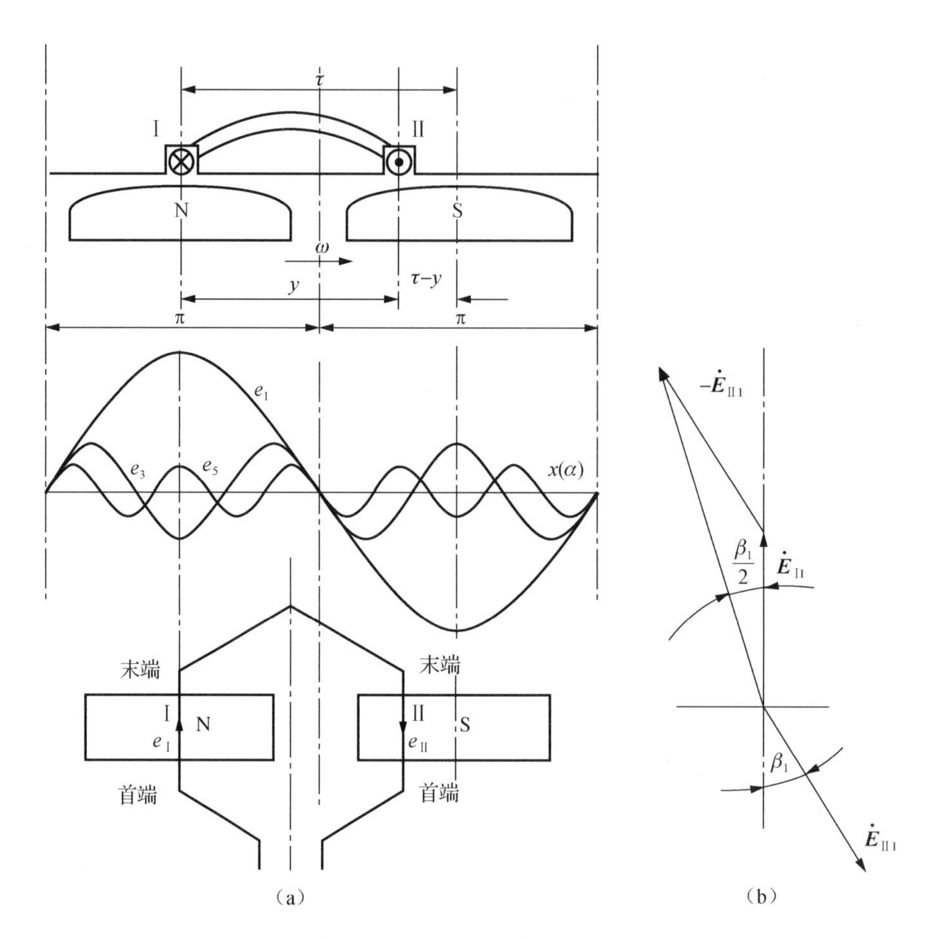

图 1.3.7　$y<\tau$ 时线匝内的电动势

按照图 1.3.7（a）中所示的转子旋转方向，南极 S 中心线到达导体Ⅱ下面要比北极 N 中心线到达导体Ⅰ下面领先一个相当于角度 β_1 的时间。导体Ⅰ内和导体Ⅱ内的基波感电动势 $e_{\rm I1}$ 和 $e_{\rm II2}$ 可以分别用大小相等而相互之间存在（$\pi-\beta_1$）相位差的两个向量 $\dot{E}_{\rm I1}$ 和 $\dot{E}_{\rm II1}$ 来表示，如图 1.3.7（b）所示，这时，线匝内的基波感应电动势 $\dot{E}_{\rm T1}$ 为

$$\dot{E}_{\rm T1}=\dot{E}_{\rm I1}-\dot{E}_{\rm II1}=2\,\dot{E}_{\rm I1}\cos\frac{\beta_1}{2}=2\,\dot{E}_{\rm I1}\,k_{\rm y1} \tag{1-3-11}$$

式中：$k_{\rm y1}$ 为短距线匝的基波短距系数，$k_{\rm y1}=\cos\frac{\beta_1}{2}=\cos\frac{\pi}{2\tau}(\tau-y)$；$\beta_1$ 为短距线匝的基波短距角，$\beta_1=\frac{\pi}{\tau}(\tau-y)$。于是，短距线匝内的基波感应电动势的有效值为

$$E_{\rm T1}=2\,E_{\rm I1}\,k_{\rm y1}=2\times2.22\,f\Phi_1\,k_{\rm y1}=4.44\,f\Phi_1\,k_{\rm y1} \tag{1-3-12}$$

而短距线匝内的高次谐波感应电动势的有效值为

$$E_{{\rm T}\gamma}=2\,E_{{\rm I}\gamma}\cos\frac{\gamma\beta_1}{2}=4.44\,\gamma f\Phi_\gamma k_{{\rm y}\gamma} \tag{1-3-13}$$

式中：$k_{{\rm y}\gamma}$ 是短距线匝的第 γ 次谐波的短距系数，$k_{{\rm y}\gamma}=\cos\frac{\gamma\beta_1}{2}$；$\gamma\beta_1$ 是短距线匝的第 γ 次谐

波的短距角度，$\gamma\beta_1=\gamma\dfrac{\pi}{\tau}(\tau-y)$。

由于短距系数总是小于 1，在其他条件相同的情况下，短距线匝内的基波感应电动势总是小于整距线匝内的基波感应电动势。因此，采用短距线匝就减小了基波感应电动势的数值。但是，采用短距线匝可以改善线匝内的感应电动势的波形，使其接近于正弦波的形状。在特殊情况下，我们可以适当地采用一个短距线匝，使某一高次谐波电动势完全消失。为此，就必须使线匝的短距角满足下面的关系式：

$$k_{y\gamma}=\cos\frac{\gamma\beta_1}{2}=\cos\frac{\gamma}{2}\cdot\frac{\pi}{\tau}(\tau-y)=0$$

另外，根据三角函数关系式，有

$$0=\cos\frac{\pi}{2}(1+2n)\qquad n=0，1，2，3，\cdots$$

因此，在下列条件下高次谐波的短距系数可以等于零，即

$$\frac{\gamma}{2}\cdot\frac{\pi}{\tau}(\tau-y)=\frac{\pi}{2}(1+2n)$$

由此可得

$$(\tau-y)=\frac{1+2n}{\gamma}\tau \tag{1-3-14}$$

实际上，我们通常采用高次谐波的短距系数来消除第 5 次和第 7 次谐波的感应电动势，最简单的方法，就是取 $n=0$，便可以得到

$$(\tau-y)=\frac{1}{\gamma}\tau \tag{1-3-15}$$

例如，如果我们要消去线匝中的第 5 次谐波电动势，就可以把线匝的节距缩短（1/5）τ；如果要消去线匝中的第 7 次谐波电动势，就可以把线匝的节距缩短（1/7）τ。

在利用式（1-3-14）时，我们也可以取 $n=1$，从而分别把线匝节距缩短到（3/5）τ 和（3/7）τ，同样可以把第 5 次和第 7 次谐波的电动势消除掉；但是，在此情况下基波电动势将同时受到严重的削弱，所以通常不取 $n=1$。

1.3.2.3　一个线圈的感应电动势

一个线圈由 w_K 个线匝串联而成，整距线匝串联成整距线圈，短距线匝串联成短距线圈。

1）整距线圈

整距线圈内的基波感应电动势的有效值为

$$E_{K1}=4.44fw_K\Phi_1 \tag{1-3-16}$$

整距线圈内的高次谐波感应电动势的有效值为

$$E_{K\gamma}=4.44\gamma fw_K\Phi_\gamma \tag{1-3-17}$$

2）短距线圈

短距线圈内的基波感应电动势的有效值为

$$E_{K1}=4.44f\Phi_1w_Kk_{y1} \tag{1-3-18}$$

短距线圈内的高次谐波感应电动势的有效值为

$$E_{K\gamma}=4.44\gamma fw_K\Phi_\gamma k_{y\gamma} \tag{1-3-19}$$

1.3.2.4　三相电枢绕组一相内的感应电动势

三相电枢绕组是由 3 套单相绕组所组成的。这里，我们要讨论的是对称平衡的三相电枢绕组（图 1.3.8），这就要求每套绕组内的感应电动势的幅值大小完全一样。在一个磁极对的范围内，3 套单相绕组沿电枢圆周表面均匀分布，即它们之间相互间隔 120° 电角度。在一个磁极对范围内，由 3 个线圈构成的三相集中绕组如图 1.3.8（a）所示。图 1.3.8（b）和（c）分别展示了三相电枢绕组内的电动势的基波瞬时值和它们的向量表示方法。

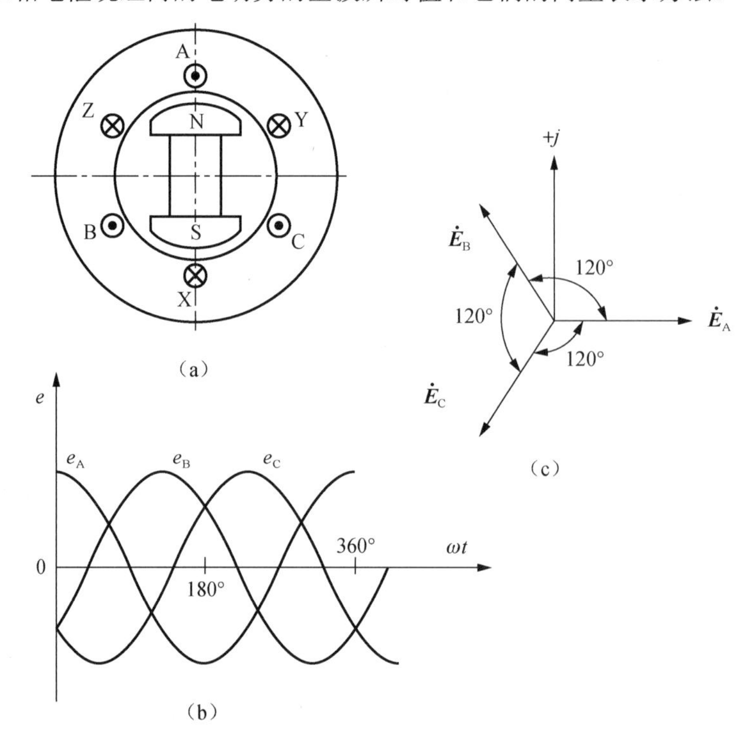

图 1.3.8　对称平衡三相电枢绕组内的电动势

对于对称平衡的三相电枢绕组而言，不管它们被连接成星形或者三角形，所有 3 次及 3 的倍数次高次谐波都不会出现在线电压上。因此，三相电枢绕组的线电压波形更接近于正弦波的形状。

下面，我们将通过几个具体的例子来分析不同结构的三相电枢绕组的每一相绕组内的感应电动势。

1）三相单层整距分布绕组一相内的感应电动势

为了有效地利用电枢表面空间，便于绕组散热，通常每相绕组采用沿着圆周均匀分散开的几个线圈来替代一个集中的线圈。一般而言，在三相对称的永磁同步电动机内，为便于制作，降低生产成本，所有电枢线圈都被制作成同样的规格，即几何尺寸、线圈匝数和所采用的导线规格都是一样的，并朝同样的方向以同样的方法绕制。在此情况下，当转子磁场旋转时，在每个分布线圈内感生幅值大小相等，相互之间存在一定相位差的电动势。

为了更好地理解三相单层整距分布绕组的一相绕组内的感应电动势，我们举一个具体实例来加以说明，例如，$m=3$、$2p=4$、$Z=36$、$y=\tau$，分析步骤如下。

（1）每极每相槽数 q，即

$$q=\frac{Z}{2pm}=\frac{36}{2\times2\times3}=3$$

（2）相邻两槽之间的机械夹角 θ_{m}，即

$$\theta_{\mathrm{m}}=\frac{360^\circ}{Z}=\frac{360^\circ}{36}=10^\circ$$

（3）相邻两槽之间的电气夹角 θ_{e}。对于 p 对磁极的电动机而，当转子在空间旋转一个机械周期时，定子上任意一个槽内的导体内的感应电动势将在时间上交变 p 个周期。因此，转子的机械旋转角度 θ_{m} 和电枢线圈导体内的电动势的时间变化角度 θ_{e} 之间存在着一定的关系：$\theta_{\mathrm{e}}=p\theta_{\mathrm{m}}$。对于本例题而言，相邻两槽之间的电气夹角 θ_{e} 为

$$\theta_{\mathrm{e}}=2\times10^\circ=20^\circ$$

（4）定子上的每一个槽在电枢圆周表面空间所处的电气角位置。根据相邻两槽之间的电气夹角 θ_{e}，表 1.3.1 列出定子上的每一个槽在电枢圆周表面空间所处的电气角位置。

表 1.3.1　每一个槽（每槽内只有一条圈边）在电枢圆周表面空间所处的电气角位置

槽号	1	2	3	4	5	6	7	8	9
电气角位置/(°)	0	20	40	60	80	100	120	140	160
槽号	10	11	12	13	14	15	16	17	18
电气角位置/(°)	180	200	220	240	260	280	300	320	340
槽号	19	20	21	22	23	24	25	26	27
电气角位置/(°)	0	20	40	60	80	100	120	140	160
槽号	28	29	30	31	32	33	34	35	36
电气角位置/(°)	180	200	220	240	260	280	300	320	340

（5）每个槽导体内的感应电动势。根据表 1.3.1 所列的数据，可以画出电动机每个槽导体内的基波感应电动势向量的星形图，它又可以被称为反电动势向量的星形图，如图 1.3.9 所示。

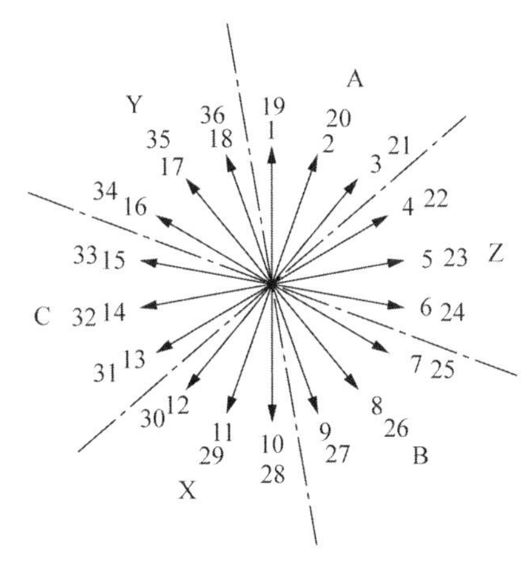

图 1.3.9　每个槽导体内的基波感应电动势向量的星形图

在基波感应电动势向量的星形图中，凡是在空间相差 180° 电气角度的两槽，它们可以构成一个整距线圈，如第 1 槽和第 10 槽、第 2 槽和第 11 槽、第 3 槽和第 12 槽、第 19 槽

和第 28 槽等。

（6）分别属于 A、B 和 C 三相绕组的线圈。为了在每相电枢绕组内获得最大的感应电动势，按照 60° 相带法，把基波感应电动势的向量星形图分成六等份，即把基波感应电动势向量所对应的全部槽在圆周空间划分成 A、Z、B、X、C 和 Y 6 个等份，每一个等份被称为一个相带，每个相带占有 60° 空间电角度，从而构成对称的三相绕组。

在本实例中，分别属于 A、B 和 C 三相电枢绕组的线圈列于表 1.3.2 中，每一相有 6 个整距线圈串联组成。

表 1.3.2　分别属于 A、B 和 C 三相电枢绕组的线圈

相带	线圈号码	相带
A	（1—10）、（2—11）、（3—12）、（19—28）、（20—29）、（21—30）	X
B	（7—16）、（8—17）、（9—18）、（25—34）、（26—35）、（27—36）	Y
C	（13—4）、（14—5）、（15—6）、（31—22）、（32—23）、（33—24）	Z

（7）电枢绕组展开图。根据图 1.3.9 所示的基波感应电动势向量的星形图和表 1.3.2 可知：以 A—X 相带为例，第 1～3 号槽和第 19～21 号槽属于 A 相带；第 10～12 号槽和第 28～30 号槽属于 X 相带，它们之间相差 180° 空间电角度。于是，可以把属于 A—X 相带内的第 1 个磁极对下面的 6 个槽构成 3 个相邻的整距线圈（1—10）、（2—11）和（3—12），并把它们串联成一个线圈组 A_1X_1；同样，可以把属于 A—X 相带内的第 2 个磁极对下面的 6 个槽构成 3 个相邻的整距线圈（19—28）、（20—29）和（21—30），并把它们串联成一个线圈组 A_2X_2，如图 1.3.10 所示。然后，可以根据需要，把这两个线圈组连接成串联绕组，如图中实线所示；也可以把这两个线圈组连接成并联绕组，如图中虚线所示。一般而言，串联绕组适合于电压比较高而电流比较小的情况，而并联绕组适合于供电电压比较低而电流比较大的情况。B—Y 相带和 C—Z 相带也可以用同样的方法分别连接成 B 相绕组和 C 相绕组。

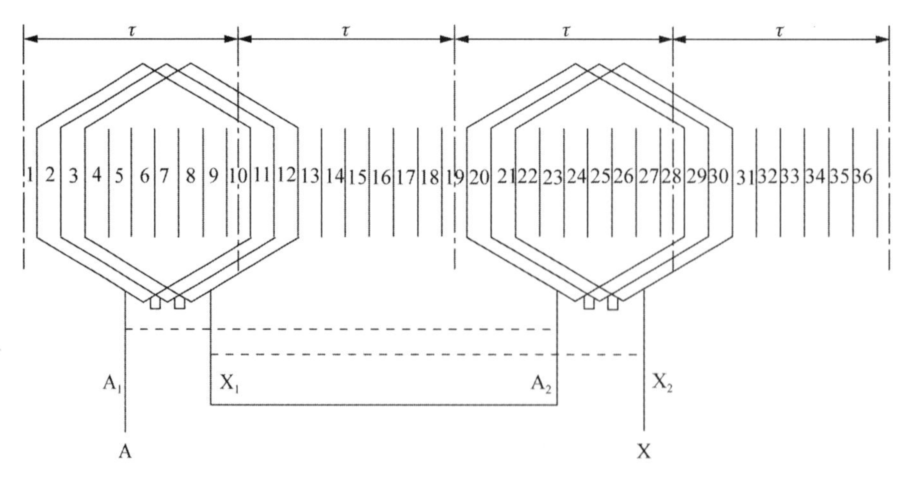

图 1.3.10　电枢绕组展开图（$m=3$、$2p=4$、$Z=36$、$y=9$）

（8）分布系数。在第 1 对磁极下面，属于 A 相的 3 个线圈（1—10）、（2—11）和（3—12）内的基波电动势在时间上相互间隔电角度 θ_e，如果用 $\dot{\boldsymbol{E}}_{K1}$、$\dot{\boldsymbol{E}}_{K2}$、$\dot{\boldsymbol{E}}_{K3}$ 分别代表每个线圈的基波电动势向量，则它们之间的相互关系如图 1.3.11（a）所示。由 3 个线圈组成的线圈组的总基波电动势向量$\sum\dot{\boldsymbol{E}}_{\mathrm{K}}$等于 3 个线圈各自的基波电动势向量之和，其数学表达式为

$$\sum\dot{\boldsymbol{E}}_{\mathrm{K}}=\dot{\boldsymbol{E}}_{\mathrm{K1}}+\dot{\boldsymbol{E}}_{\mathrm{K2}}+\dot{\boldsymbol{E}}_{\mathrm{K3}}$$

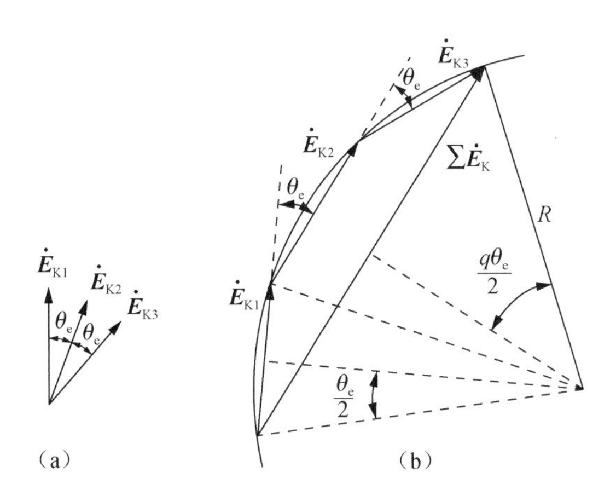

图 1.3.11　各个线圈的合成电动势

图 1.3.11（b）画出了 3 个线圈各自的基波电动势向量$\dot{\boldsymbol{E}}_{\mathrm{K1}}$、$\dot{\boldsymbol{E}}_{\mathrm{K2}}$、$\dot{\boldsymbol{E}}_{\mathrm{K3}}$和它们的合成基波电动势向量$\sum\dot{\boldsymbol{E}}_{\mathrm{K}}$，并作出它们的外接圆。令外接圆的半径为$R$，则根据几何学，可以分别写出每一个线圈的基波电动势向量的数值$\boldsymbol{E}_{\mathrm{K}}$和它们合成的基波电动势向量的数值$\sum\boldsymbol{E}_{\mathrm{K}}$的数学表达式为

$$\boldsymbol{E}_{\mathrm{K}}=2R\sin\frac{\theta_{\mathrm{e}}}{2},\quad \sum\boldsymbol{E}_{\mathrm{K}}=2R\sin\left(q\frac{\theta_{\mathrm{e}}}{2}\right)$$

式中：q是每极每相槽数，即每一个磁极的同一个相带中所包含的槽数。

如果把分布的线圈都集中在一起，各个线圈的基波电动势向量之间就没有相位差了，它们的总电动势就等于各个线圈的基波电动势向量数值的代数之和$q\boldsymbol{E}_{\mathrm{K}}$。把线圈分布时的总基波电动势的数值（即各个线圈的基波电动势向量的几何之和$\sum\boldsymbol{E}_{\mathrm{K}}$）与线圈集中时的总基波电动势的数值（即各个线圈的基波电动势向量的代数之和$q\boldsymbol{E}_{\mathrm{K}}$）相比，可得到

$$k_{\mathrm{p1}}=\frac{\sum\boldsymbol{E}_{\mathrm{K}}}{q\boldsymbol{E}_{\mathrm{K}}}=\frac{\sin\left(q\frac{\theta_{\mathrm{e}}}{2}\right)}{q\sin\frac{\theta_{\mathrm{e}}}{2}} \tag{1-3-20}$$

式中：k_{p1}被称为绕组的基波分布系数，它是一个小于 1 的数值。于是，可以求得线圈分布时的总基波电动势的数值为

$$\sum\boldsymbol{E}_{\mathrm{K}}=q\boldsymbol{E}_{\mathrm{K}}\,k_{\mathrm{p1}}$$

在本实例中，基波分布系数为

$$k_{\mathrm{p1}}=\frac{\sin\left(q\frac{\theta_{\mathrm{e}}}{2}\right)}{q\sin\frac{\theta_{\mathrm{e}}}{2}}=\frac{\sin\left(3\times\frac{20^{\circ}}{2}\right)}{3\times\sin\frac{20^{\circ}}{2}}=0.9599$$

对于高次谐波而言，用相位差角$\gamma\theta_e$代替基波时的相位差角θ_e，就可以写出第γ次谐波的分布系数为

$$k_{p\gamma}=\frac{\sin\left(q\dfrac{\gamma\theta_e}{2}\right)}{q\sin\dfrac{\gamma\theta_e}{2}}$$

在本实例中，第 3 次谐波的分布系数、第 5 次谐波的分布系数和第 7 次谐波的分布系数分别为

$$k_{p3}=\frac{\sin\left(3\times\dfrac{3\times20^\circ}{2}\right)}{3\times\sin\dfrac{3\times20^\circ}{2}}=0.6667$$

$$k_{p5}=\frac{\sin\left(3\times\dfrac{5\times20^\circ}{2}\right)}{3\times\sin\dfrac{5\times20^\circ}{2}}=0.2176$$

$$k_{p7}=\frac{\sin\left(3\times\dfrac{7\times20^\circ}{2}\right)}{3\times\sin\dfrac{7\times20^\circ}{2}}=-0.1774$$

可见，采用分布绕组后，基波电动势的有效值损失不大，而高次谐波电动势的有效值被大大地削弱，从而改善了电动势的波形。

（9）每相感应电动势，计算如下。每相基波感应电动势E_Φ有效值的计算公式为

$$\begin{aligned}E_\Phi&=4.44\,fqw_K\Phi_1k_{p1}p\frac{1}{a}=4.44\,f\left(\frac{w_Kpq}{a}\right)\Phi_1k_{p1}\\&=4.44\,fw_\Phi\Phi_1k_{p1}\end{aligned}\tag{1-3-21}$$

式中：w_Φ是电枢绕组的一相串联总匝数，$w_\Phi=(w_Kpq)/a$，a是电枢绕组的并联支路数。

每相高次谐波感应电动势有效值$E_{\Phi\gamma}$的计算公式为

$$E_{\Phi\gamma}=4.44\,\gamma fw_\Phi\Phi_\gamma k_{p\gamma}\tag{1-3-22}$$

2）三相双层短距分布绕组一相内的感应电动势

在三相双层短距分布绕组的电动机中，采用线圈节距小于极距（$y<\tau$）的短距线圈。这样，每一个槽内嵌有两个线圈边，这两个线圈边被分别称为下层圈边和上层圈边，或被称为首端圈边和末端圈边；上层圈边和下层圈边可能是属于同一相的两个圈边，也可能不是属于同一相的两个圈边；上层圈边和下层圈边之间通常用绝缘隔开。对于每一个线圈来说，一个圈边放在某一个槽的上层，而另一个圈边被放在别的槽的下层。从整个电动机来看，有多少个槽，就有多少个线圈。同样，为便于制作，降低生产成本，所有短距线圈都被制作成同样的规格。

为了更好地理解三相双层短距分布绕组的一相绕组内的感应电动势，我们举一个具体实例来加以说明，如$m=3$、$2p=4$、$Z=36$、$y=7$、$a=2$，分析步骤如下。

（1）每极每相槽数q，即

$$q=\frac{Z}{2pm}=\frac{36}{2\times2\times3}=3$$

（2）相邻两槽之间的机械夹角 θ_m，即

$$\theta_m = \frac{360^\circ}{Z} = \frac{360^\circ}{36} = 10^\circ$$

（3）相邻两槽之间的电气夹角 θ_e，即

$$\theta_e = p\ \theta_m = 2\times10^\circ = 20^\circ$$

（4）定子上的每一个槽在电枢圆周表面空间所处的电气角位置。根据相邻两槽之间的电气夹角 θ_e，表 1.3.3 列出定子上的每一个槽在电枢圆周表面空间所处的电气角位置。

表 1.3.3　每一个槽（每槽内有两条圈边）在电枢圆周表面空间所处的电气角位置

槽号	1	2	3	4	5	6	7	8	9
电气角位置/(°)	0	20	40	60	80	100	120	140	160
槽号	10	11	12	13	14	15	16	17	18
电气角位置/(°)	180	200	220	240	260	280	300	320	340
槽号	19	20	21	22	23	24	25	26	27
电气角位置/(°)	0	20	40	60	80	100	120	140	160
槽号	28	29	30	31	32	33	34	35	36
电气角位置/(°)	180	200	220	240	260	280	300	320	340

由于本节中的实例与前面的实例具有同样的相数 m、磁极对数和槽数 p，步骤（1）～（3）的结果两者是一样的。

（5）每个槽导体内的感应电动势。在本实例中，极距 $\tau = Z/2p = 9$，采用节距 $y = 7$ 的短距线圈，即把第 1 号槽的上层圈边和第 8 号槽的下层圈边构成一个短距线圈。在分析和制作过程中，我们把上层圈边在第 1 号槽内的线圈称为第 1 号线圈，上层圈边在第 2 号槽内的线圈称为第 2 号线圈，以此类推。上层圈边内的感应电动势向量和下层圈边内的感应电动势向量合成为一个短距线圈内的感应电动势向量。依据向量的加法运算规则，相邻两个短距线圈内的基波感应电动势向量之间的相位差为 θ_e。整个电动机共有 36 个短距线圈，就可用 36 个向量来表示，如图 1.3.12 所示。图中 β_1 是本实例的基波短距角，$\beta_1 = 40^\circ$ 电角度。

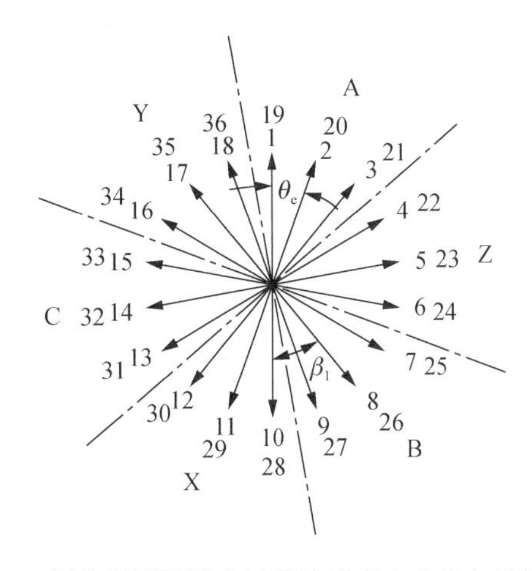

图 1.3.12　每个短距线圈内的基波感应电动势向量的星形图

从形式上看，图 1.3.12 与图 1.3.9 是一样的，但是它们之间存在很大的差别，图 1.3.9 中的每一条向量代表每一个槽导体内的基波感应电动势向量，而图 1.3.12 中的每一条向量代表每一个短距线圈内的基波感应电动势向量。

（6）分别属于 A、B 和 C 三相绕组的线圈。按照 60° 相带法，把基波电动势的向量星形图分成 6 个相带，即 A、Z、B、X、C 和 Y，然后，把本实例分别属于 A—X、B—Y 和 C—Z 相带的线圈列在表 1.3.4 中。

表 1.3.4　分别属于 A、B 和 C 三相电枢绕组的线圈

相带	线圈号码	相带
A	头（1）尾、头（2）尾、头（3）尾、尾（10）头、尾（11）头、尾（12）头、头（19）尾、头（20）尾、头（21）尾、尾（28）头、尾（29）头、尾（30）头	X
B	头（7）尾、头（8）尾、头（9）尾、尾（16）头、尾（17）头、尾（18）头、头（25）尾、头（26）尾、头（27）尾、尾（34）头、尾（35）头、尾（36）头	Y
C	头（13）尾、头（14）尾、头（15）尾、尾（4）头、尾（5）头、尾（6）头、头（31）尾、头（32）尾、头（33）尾、尾（22）头、尾（23）头、尾（24）头	Z

（7）电枢绕组展开图。根据图 1.3.12 和表 1.3.4，进行电枢绕组的连接。以 A 相绕组为例，首先把第一个磁极对下面的属于 A 相带的第 1 号、第 2 号和第 3 号的线圈按“头尾”顺序串联连接，再与处于相对位置的属于 X 相带的第 10 号、第 11 号和第 12 号线圈按“尾头”顺序串联连接形成一条支路；然后，把第二个磁极对下面的属于 A 相带的第 19 号、第 20 号和第 21 号的线圈按“头尾”顺序串联连接，再与处于相对位置的属于 X 相带的第 28 号、第 29 号和第 30 号线圈按“尾头”顺序串联连接形成另一条支路；最后，把两条支路并联成 A 相绕组，如图 1.3.13 所示。

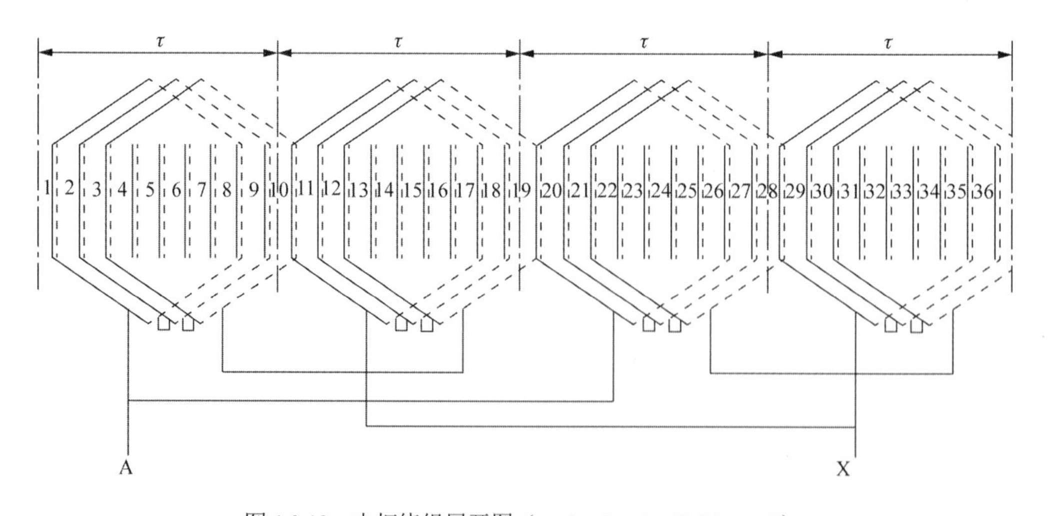

图 1.3.13　电枢绕组展开图（m=3、$2p$=4、Z=36、y=7）

（8）绕组系数。双层短距分布绕组的基波绕组系数 k_{W1} 为

$$k_{W1}=k_{y1}\ k_{p1}=0.9397\times0.9599=0.9020$$

其中

$$k_{y1}=\cos\frac{\beta_1}{2}=\cos\frac{40^\circ}{2}=0.9397$$

$$k_{p1}=\frac{\sin\left(q\frac{\theta_e}{2}\right)}{q\sin\frac{\theta_e}{2}}=\frac{\sin\left(3\times\frac{20^\circ}{2}\right)}{3\times\sin\frac{20^\circ}{2}}=\frac{0.50}{0.5209}=0.9599$$

式中：k_{y1} 是线圈的基波短距系数；k_{p1} 是线圈组的基波分布系数。

双层短距分布绕组的第 5 次谐波的绕组系数 k_{W5} 为

$$k_{W5}=k_{y5}\ k_{p5}=0.1736\times0.2176=0.0378$$

其中

$$k_{y5}=\cos\frac{\gamma\beta_1}{2}=\cos\frac{5\times40^\circ}{2}=0.1736$$

$$k_{p5}=\frac{\sin\left(q\frac{\gamma\theta_e}{2}\right)}{q\sin\frac{\gamma\theta_e}{2}}=\frac{\sin\left(3\times\frac{5\times20^\circ}{2}\right)}{3\times\sin\frac{5\times20^\circ}{2}}=\frac{0.50}{2.2981}=0.2176$$

式中：k_{y5} 和 k_{p5} 是第 5 次谐波的短距系数和分布系数。

（9）每相感应电动势。每相基波感应电动势 E_Φ 有效值的计算公式为

$$E_\Phi=4.44\ f\ w_\Phi\Phi_1 k_{W1}$$

式中：w_Φ 是电枢绕组的一相串联总匝数，$w_\Phi=\left(w_K pq\right)/a$，$a$ 是电枢绕组的并联支路数。

每相高次谐波感应电动势有效值 $E_{\Phi\gamma}$ 的计算公式为

$$E_{\Phi\gamma}=4.44\,\gamma f\ w_\Phi\Phi_\gamma\ k_{W\gamma}$$

3）三相分数槽绕组一相内的感应电动势

众所周知，q 为每极每相槽数，当电动机的 q 为整数时，它被称为整数槽电动机，它的绕组被称为整数槽绕组；当电动机的 q 为分数时，它就被称为分数槽电动机，它的绕组被称为分数槽绕组。

对于永磁同步电动机而言，尤其在每个磁极下面的齿槽数目比较少的情况下，除了采用短距和分布绕组来减小感应电动势内的高次谐波分量之外，还可以利用分数槽绕组来进一步改善感应电动势的波形；同时，采用分数槽绕组还可以削弱寄生的齿谐波电动势，从而达到减小齿槽效应力矩和在一定程度上提高电动机的电磁兼容（EMC）性能的目的。加之，分数槽电动机在制造工艺、生产成本和散热条件等方面的优点，近年来引起了业内人士的重视，并得到广泛应用。

在三相整数槽电动机里，每个极距内的槽数是整数。每个极距被分成 3 个相互间隔 60° 电角度的相带，每个相带内的槽数也是整数。在此情况下，后一对磁极下面的齿槽的空间电气角位置重复着前一对磁极下面的齿槽的空间电气角位置，若把各对磁极依次重叠起来，则它们的齿槽的空间电气角位置将一一对应重合。因此，在整数槽电动机中，每一个磁极对的电磁关系和电磁参数是一样的，各个磁极对下面的相对应的绕组导体中的感应电动势（包括齿谐波电动势），或者由该绕组导体中的电流所产生的磁动势也都是同相位的。当绕组成串联连接时，每相总的感应电动势是每对磁极下面属于该相的绕组内的感应电动势的代数之和，也可以描述为：每相总的感应电动势是任意一对磁极下属于该相的绕组内的感应电动势与磁极对数 p 的乘积。因此，一台整数槽绕组的电动机中，其电磁关系或电磁参

数是以一个磁极对，亦即以相当于一个 360° 电角度的相平面为一个周期，重复 p 次。有时为分析方便起见，可以把一个磁极对所对应的部分称为单元电动机，每相总的感应电动势就是单元电动机的每相感应电动势与磁极对数 p 的乘积。单元电动机及其对应的感应电动势星形向量图是分析计算整数槽电动机的基础。

采用分数槽绕组时，每极每相槽数 q 可以写成

$$q = \frac{Z}{2pm} = b + \frac{c}{d} \tag{1-3-23}$$

式中：b 是整数；c/d 是不可再约的真分数。

在三相分数槽电动机里，每个极距内和每个相带内的槽数就不是整数。一般情况下，分数槽电动机的槽数 Z 和磁极对数 p 之间有一个最大公约数，即

$$\frac{Z}{p} = \frac{Z_0}{p_0} \tag{1-3-24}$$

其中

$$Z = Z_0 t\text{，}\quad p = p_0 t$$

式中：t 为最大公约数。

因此，q 可写成

$$q = \frac{Z_0}{2mp_0} \tag{1-3-25}$$

式（1-3-25）意味着：在分数槽电动机中，每 $2p_0$ 个磁极下每相占有 Z_0/m 个槽。电动机的齿槽分布、感应电动势向量的星形图，以 $2p_0$ 个磁极为一个周期，重复 t 次。在同一个 $2p_0$ 个磁极范围内，后一磁极对下齿槽的空间电气角位置不是前一磁极对下齿槽的空间电气角位置的重复，即在不同的磁极对下面有不同的槽分布，它们在磁场中彼此有一定的空间位移。每一磁极对的电磁关系和电磁参数也不是一样的；若把各对磁极依次重叠起来，即把 p_0 个相平面重叠起来，则不同磁极对下面的齿槽就不会一一对应重合，各个磁极对下面的绕组导体中的感应电动势向量，或由该绕组导体内的电流所产生的磁动势向量也不是同相位的。因此，在 $2p_0$ 个磁极范围内，每相总的感应电动势不是每对磁极下属于该相的绕组内的感应电动势的代数之和，而是属于该相绕组内的感应电动势向量的几何之和。由此可见，相对于短距绕组实现了层与层之间的分布和分布绕组实现了槽与槽之间的分布而言，分数槽绕组则进而实现了磁极对与磁极对之间的分布。为分析方便起见，可以把由 p_0 个相平面重叠在一起后得到的感应电动势向量的星形图，看作为一个虚拟相平面上的感应电动势向量的星形图；把由 p_0 个磁极对所对应的部分看作具有一对虚拟磁极的电动机，并称为分数槽电动机的虚拟单元电动机。虚拟单元电动机的槽数为 Z_0，磁极对数为 1。因此，一台分数槽电动机由 t 个虚拟单元电动机所组成，其每相总的感应电动势就是虚拟单元电动机的每相感应电动势与 t 的乘积。虚拟单元电动机及其对应的感应电动势向量的星形图是分析计算分数槽电机的基础。

在三相电动机中，为了获得对称的电动势和磁动势，首先要求其具有对称的三相电枢绕组。为此，就要求 A、B 和 C 三相电枢绕组的电动势和磁动势在数值上相等，相互间相位相差 120° 电角度。

在分数槽电动机中，不是任何槽数 Z 和任何磁极对数 p 相配合就能获得对称的电枢绕组的。为了获得对称的电枢绕组，参数 Z、p 和 m（$Z = Z_0 t$，$p = p_0 t$）必须满足下列关系：

$$\frac{Z}{m}=\text{整数} \tag{1-3-26}$$

$$\frac{Z_0}{m}=\text{整数} \tag{1-3-27}$$

上述关系式被称为分数槽绕组的对称条件。在槽数和磁极对数满足上述条件的前提下，设计电动机时应尽可能地减少虚拟单元电动机的数目，直至 $t=1$，以便减小电动机的电磁转矩脉动。

（1）一般分数槽绕组。一般分数槽绕组是指定子的槽数 Z 显著地比转子的磁极数 $2p$ 多的分数槽绕组。为便于理解，我们举一个具体的实例来加以说明，例如，$m=3$、$2p=4$、$Z=18$（$Z_0=9$、$p_0=1$、$t=2$）。分析步骤如下。

① 每极每相槽数 q，即

$$q=\frac{Z}{2pm}=\frac{18}{2\times2\times3}=\frac{3}{2}=b+\frac{c}{d}=1+\frac{1}{2}，\quad b=1，\quad d=2，\quad c=1$$

② 相邻两槽之间的机械夹角 θ_m，即

$$\theta_m=\frac{360^\circ}{Z}=\frac{360^\circ}{18}=20^\circ$$

③ 相邻两槽之间的电气夹角 θ_e，即

$$\theta_e=p\ \theta_m=2\times20^\circ=40^\circ$$

④ 定子上的每一个槽在电枢圆周表面空间所处的电气角位置。两相邻槽之间的电气夹角 $\theta_e=40^\circ$，我们以第 1 个槽的位置作为 0° 电角度的起始位置，第 2 个槽将相对第 1 个槽位移 40° 电角度，第 3 个槽将相对第 1 个槽位移 80° 电角度，以此类推。这样，第 1～9 个槽各自处在第 1 个虚拟单元电动机的气隙磁场的不同位置上；第 10～18 个槽各自处在第 2 个虚拟单元电动机的气隙磁场的不同位置上；由第 10～18 个槽构成的第 2 个虚拟单元电动机重复了由第 1～9 个槽构成的第 1 个虚拟单元电动机的空间位置，如表 1.3.5 所示。

表 1.3.5　每一个槽在电枢圆周表面空间所处的位置（电角度）

槽号	1	2	3	4	5	6	7	8	9
电气角位置/（°）	0	40	80	120	160	200	240	280	320
槽号	10	11	12	13	14	15	16	17	18
电气角位置/（°）	0	40	80	120	160	200	240	280	320

⑤ 感应电动势向量的星形图。根据表 1.3.5 所列的数据，可以画出电枢线圈内的感应电动势向量的星形图，如图 1.3.14 所示。图中，每一条星形射线向量代表一个线圈内的感应电动势。根据 60° 相带法，把反电动势的向量星形图划分成六个相带，即 A 和 X、B 和 Y、C 和 Z。

⑥ 分别属于 A、B 和 C 三相电枢绕组的线圈。本实例有 18 个短距线圈，根据 60° 相带法，图 1.3.14 所示的反电动势向量的星形图被划分成 6 个相带，属于 A 相带的线圈有第 1 号和第 10 号两个线圈，属于 X 相带的线圈有第 5 号、第 6 号、第 14 号和第 15 号四个线圈；属于 B 相带的线圈有第 4 号和第 13 号两个线圈，属于 Y 相带的线圈有第 8 号、第 9 号、第 17 号和第 18 号 4 个线圈；属于 C 相带的线圈有第 7 号和第 16 号两个线圈，属于 Z 相带的线圈有第 2 号、第 3 号、第 11 号和第 12 号 4 个线圈。表 1.3.6 列出了分别属于 A、B 和 C 三相电枢绕组的线圈。

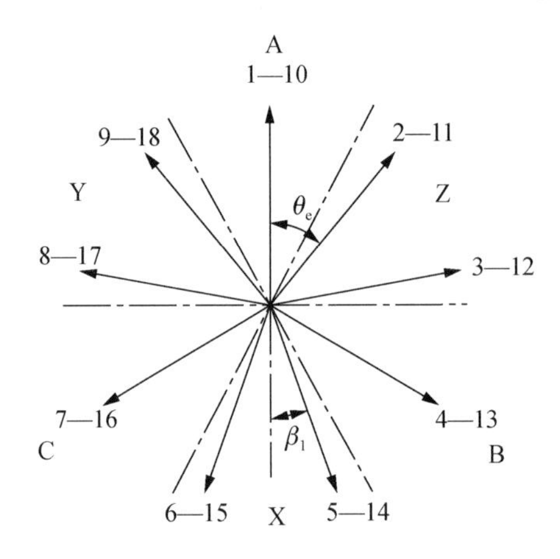

图 1.3.14　反电动势向量的星形图（$m=3$、$2p=4$、$Z=18$）

⑦ 电枢绕组展开图。根据表 1.3.6，可以画出本实例的电枢绕组展开图，如图 1.3.15 所示。在线圈连接过程中，不管 A、B 和 C 各相电枢绕组内的 4 个线圈的连接顺序如何变动，只要每个线圈的头尾位置保持不变，其相电动势或相磁动势的数值仍保持不变，与线圈被连接的先后次序无关；制造者只需考虑节省铜材、绕制方便和引出线应尽可能地彼此靠近。

表 1.3.6　分别属于 A、B 和 C 三相电枢绕组的线圈

相带	线圈号码	相带
A	头（1）尾，头（10）尾，尾（5）头，尾（6）头，尾（14）头 ，尾（15）头	X
B	头（4）尾，头（13）尾，尾（8）头，尾（9）头，尾（17）头，尾（18）头	Y
C	头（7）尾，头（16）尾，尾（2）头，尾（3）头 ，尾（11）头，尾（12）头	Z

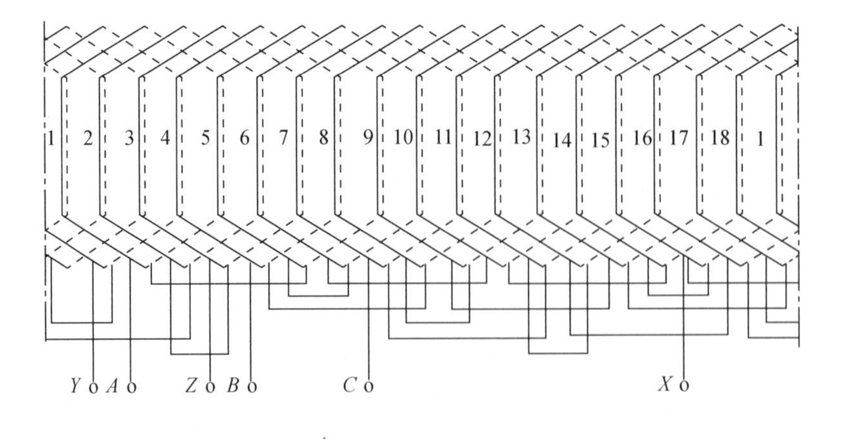

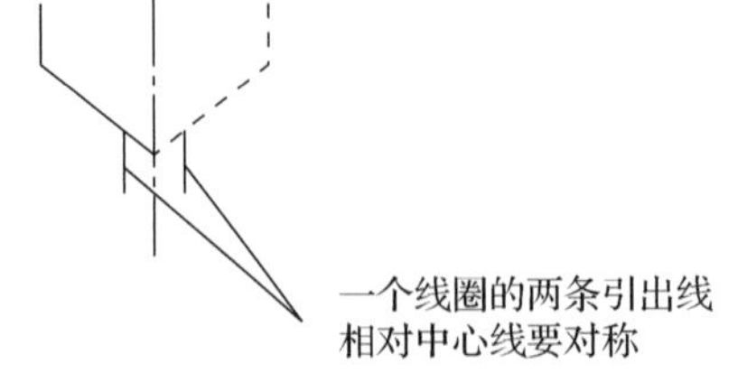

图 1.3.15　电枢绕组展开图

⑧ 绕组系数。基波绕组系数 k_{W1} 为

$$k_{W1}=k_{y1}\ k_{p1}=0.9848\times0.9599=0.9453$$

其中

$$k_{y1}=\cos\frac{\beta_1}{2}=\cos\frac{20^\circ}{2}=\cos10^\circ=0.9848$$

$$k_{p1}=\frac{\sin\left(q_0\dfrac{\alpha_0}{2}\right)}{q_0\sin\dfrac{\alpha_0}{2}}=\frac{\sin\left(3\times\dfrac{20^\circ}{2}\right)}{3\times\sin\dfrac{20^\circ}{2}}=\frac{\sin30^\circ}{3\times\sin10^\circ}=0.9599$$

式中：k_{y1} 是线圈的基波短距系数（线圈的基波短距角 β_1=20°）；k_{p1} 是基波分布系数；q_0 是在虚拟的单元电动机的反电动势向量的星形图中，A—X 相带内或 B—Y 相带内的，或 C—Z 相带内的反电动势向量的数目，它不同于每极每相槽数，即 $q_0\neq q=b+c/d$，$q_0=bd+c$。

在本例题中，b=1，d=2，c=1，q_0=1×2+1=3；$\alpha_0=60^\circ/q_0$（在本例题中，$\alpha_0=60^\circ/3=20^\circ$）。

第 5 次谐波的绕组系数 k_{W5} 为

$$k_{W5}=k_{y5}\ k_{p5}=0.6428\times0.2176=0.1399$$

其中

$$k_{y5}=\cos\frac{\gamma\beta_1}{2}=\cos\frac{5\times20^\circ}{2}=0.6428$$

$$k_{p5}=\frac{\sin q_0\dfrac{\gamma\alpha_0}{2}}{q_0\sin\dfrac{\gamma\alpha_0}{2}}=\frac{\sin3\times\dfrac{5\times20^\circ}{2}}{3\times\sin\dfrac{5\times20^\circ}{2}}=0.2176$$

式中：k_{y5} 和 k_{p5} 分别是第 5 次谐波的线圈的短距系数和分布系数。

⑨ 每相感应电动势，计算如下。每相基波感应电动势 E_Φ 有效值的计算公式为

$$E_\Phi=4.44\,f\,w_\Phi k_{W1}\Phi_1$$

式中：w_Φ 是电枢绕组的一相串联总匝数，$w_\Phi=\left(w_K\,pq\right)/a$，$a$ 是电枢绕组的并联支路数。

每相高次谐波感应电动势有效值 $E_{\Phi\gamma}$ 的计算公式为

$$E_{\Phi\gamma}=4.44\,\gamma f\,w_\Phi k_{W\gamma}\Phi_\gamma$$

（2）集中式分数槽绕组。这里，集中式分数槽绕组是指定子的槽数接近转子的磁极数的分数槽绕组，它又可以分成非重叠集中式和重叠集中式两种类型的分数槽绕组。集中式分数槽绕组具有许多优点，主要如下所述。

① 电枢冲片的齿槽数减少，在一定程度上可以减少槽绝缘所占的空间，提高铜铁等有效材料的利用率，提高了电动机的功率密度，并便于电枢冲片和铁心的制作。

② 能显著地缩短电枢线圈的端部长度，节省铜材；并可以减小电枢绕组的漏抗，增加电动机的输出功率，提高灵敏度和效率。

③ 减小由齿槽效应（cogging）引起的转矩脉动。

④ 一般情况下，电枢绕组的第一节距 $y_1=1$，即每一个齿上绕制一个集中线圈，我们可以把这种结构的集中线圈称为“齿线圈”，从而可采用自动绕线机绕制；同时，集中式分数槽电动机适合于采用拼装式定子铁心的结构。例如，具有 Z 个齿的定子先制作出 Z 个“齿铁心”，在每个“齿铁心”上绕制“齿线圈”，经绝缘处后拼装成一个定子电枢。拼装式“齿铁心”与自动化绕制“齿线圈”相结合，适合于规模化生产，从而可以显著地提高劳动生产率，降低电动机的制造成本。

⑤ 提高了电动机的容错能力，在采用非重叠集中式绕组时，电动机的容错能力更高，特别适用于无人飞行器。

为了更好地理解集中式分数槽绕组的一相电枢绕组内的感应电动势，我们举一个具体实例来加以说明。例如，$m=3$、$2p=10$、$Z=12$（$Z_0=12$、$p_0=5$、$t=1$），$y=1$。分析步骤如下。

① 每极每相槽数 q，即

$$q=\frac{Z}{2pm}=\frac{12}{2\times5\times3}=\frac{2}{5}=b+\frac{c}{d}=0+\frac{2}{5}, \quad b=0, \quad d=5, \quad c=2$$

② 相邻两槽之间的机械夹角 θ_m，即

$$\theta_m=\frac{360^\circ}{Z}=\frac{360^\circ}{12}=30^\circ$$

③ 相邻两槽之间的电气夹角 θ_e，即

$$\theta_e=p\ \theta_m=5\times30^\circ=150^\circ$$

④ 定子上的每一个槽在电枢圆周表面空间所处的电气角位置。两相邻槽之间的电气夹角 $\theta_e=150^\circ$，我们以第 1 个槽的位置作为 0° 电角度的起始位置，第 2 个槽将对第 1 个槽位移 150° 电角度，第 3 个槽将对第 1 个槽位移 300° 电角度，以此类推。这样，第 1～12 个槽各自处在虚拟单元电动机的气隙磁场的不同位置上，如表 1.3.7 所示。

表 1.3.7　每一个槽在电枢圆周表面空间所处的电气角位置

槽号	1	2	3	4	5	6
电气角位置/（°）	0	150	300	90	240	30
槽号	7	8	9	10	11	12
电气角位置/（°）	180	330	120	270	60	210

⑤ 每个齿线圈内的感应电动势。根据表 1.3.7 所列的数据，可以画出每个齿线圈内的感应电动势向量的星形图，如图 1.3.16 所示。

⑥ 分别属于 A、B 和 C 三相绕组的齿线圈。本实例有 12 个齿线圈，根据图 1.3.16 所示的 60° 相带法，属于 A 相带的线圈有第 1 号和第 6 号两个齿线圈，属于 X 相带的线圈有第 7 号和第 12 号两个齿线圈；属于 B 相带的线圈有第 9 号和第 2 号两个齿线圈，属于 Y 相带的线圈有第 3 号和第 8 号两个齿线圈；属于 C 相带的线圈有第 5 号和第 10 号两个齿线圈，属于 Z 相带的线圈有第 11 号和第 4 号两个齿线圈。于是，分别属于 A、B 和 C 三相绕组的齿线圈列在表 1.3.8 中。

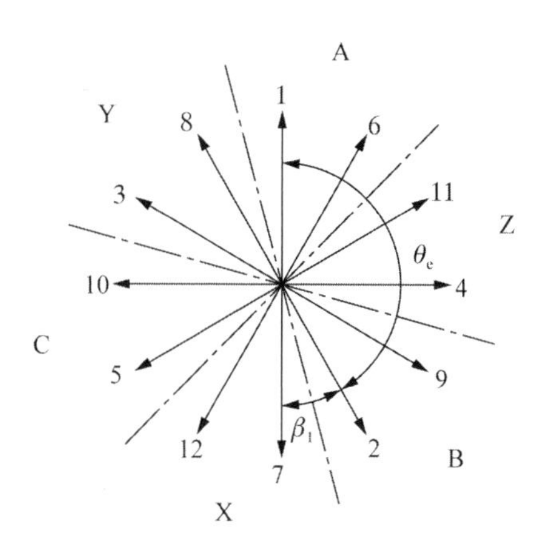

图 1.3.16　集中式分数槽绕组的反电动势向量的星形图

（$m=3$，$2p=10$，$Z=12$）

表 1.3.8　分别属于 A、B 和 C 三相电枢绕组的齿线圈

相带	线圈号码	相带
A	头（1）尾，头（6）尾，尾（7）头，尾（12）头	X
B	头（9）尾，头（2）尾，尾（3）头，尾（8）头	Y
C	头（5）尾，头（10）尾，尾（11）头，尾（4）头	Z

⑦ 电枢绕组展开图。根据表 1.3.8，可以画出本实例的电枢绕组展开图，即齿线圈的连接图，如图 1.3.17 所示。

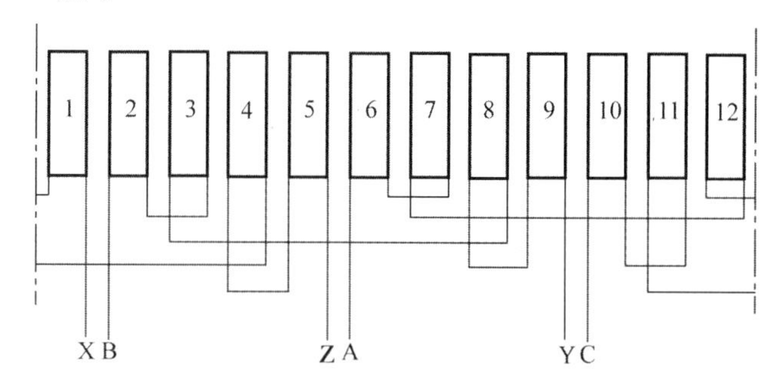

图 1.3.17　电枢绕组展开图（$m=3$，$2p=10$，$Z=12$）

在连接过程中，不管 A、B 和 C 各相绕组内的 4 个齿线圈的连接顺序如何变动，只要每个齿线圈的头尾位置保持不变，其相电动势或相磁动势的数值仍保持不变，与齿线圈被连接的先后次序无关；制造者只需考虑节省铜材、绕制方便和引出线应尽可能地彼此靠近。

⑧ 绕组系数。基波绕组系数 k_{W1} 为

$$k_{W1}=k_{y1}\ k_{p1}=0.9659\times0.9660=0.9331$$

其中

$$k_{y1}=\cos\frac{\beta_1}{2}=\cos\frac{30^\circ}{2}=\cos15^\circ=0.9659$$

$$k_{p1}=\frac{\sin\left(q_0\dfrac{\alpha_0}{2}\right)}{q_0\sin\dfrac{\alpha_0}{2}}=\frac{\sin\dfrac{2\times30^\circ}{2}}{2\times\sin\dfrac{30^\circ}{2}}=\frac{\sin30^\circ}{2\times\sin15^\circ}=0.9660$$

$$q=2/5，\ b=0，\ d=5，\ c=2，\ q_0=bd+c=0\times5+2=2$$

$$\alpha_0=60^\circ/q_0=60^\circ/2=30^\circ$$

式中：k_{y1} 是线圈的基波短距系数（线圈的基波短距角 $\beta_1=30^\circ$）；k_{p1} 是基波分布系数；q 为每极每相槽数。

第 5 次谐波的绕组系数 k_{W5} 为

$$k_{W5}=k_{y5}\ k_{p5}=0.2588\times0.2588=0.067$$

其中

$$k_{y5}=\cos\frac{\gamma\beta_1}{2}=\cos\frac{5\times30^\circ}{2}=0.2588$$

$$k_{p5}=\frac{\sin\left(q_0\dfrac{\gamma\alpha_0}{2}\right)}{q_0\sin\dfrac{\gamma\alpha_0}{2}}=\frac{\sin\left(2\times\dfrac{5\times30^\circ}{2}\right)}{2\times\sin\dfrac{5\times30^\circ}{2}}=0.2588$$

式中：k_{y5} 和 k_{p5} 分别是第 5 次谐波的线圈的短距系数和分布系数。

⑨ 每相感应电动势。每相基波感应电动势 E_Φ 有效值的计算公式为

$$E_\Phi=4.44\,fw_\Phi k_{W1}\Phi_1$$

式中：w_Φ 是电枢绕组的一相串联总匝数，$w_\Phi=(w_K pq)/a$，a 是电枢绕组的并联支路数。

每相高次谐波感应电动势有效值 $E_{\Phi\gamma}$ 的计算公式为

$$E_{\Phi\gamma}=4.44\,\gamma fw_\Phi k_{W\gamma}\Phi_\gamma$$

对于本实例而言，每相串联匝数 $w_\Phi=4\,w_K$，其中 w_K 是每个齿线圈的匝数。

1.3.2.5　电枢铁心齿槽或永磁转子磁极扭斜的考虑

电枢铁心齿槽或转子磁极扭斜主要是为了消除或减小由齿槽引起的气隙磁导的变化，从而达到减小齿谐波电动势和齿槽效应力矩的目的。但是，电枢铁心齿槽或转子磁极扭斜在削弱电枢绕组内的齿谐波电动势和减小齿槽效应力矩的同时，也削弱了气隙主磁场在电枢绕组内感生的电动势。

电枢铁心槽中的一根导体可以看成是由无数段导体串联而成的，一条导体内感应电动势向量 $\dot{\boldsymbol{E}}$ 可以被看成是由无数段导体内的感应电动势向量 $\dot{\boldsymbol{E}}_i$ 叠加而成的。对于直槽而言，由于无数段导体在磁场中处于同一位置，E 是无数 E_i 的代数和，即有

$$E=\sum_1^\infty E_i \tag{1-3-28}$$

如果把定子槽或转子磁极扭斜一个定子齿距 t_1，如图 1.3.18（a）和（b）所示。扭斜后，从磁极的一端到另一端，定子齿槽与磁极之间的相对位置是不同的，从而定子槽内的一根导体轴向各段导体所感应的电动势 $\dot{\boldsymbol{E}}_i$ 的相位就不同，因此一条导体总的感应电动势 $\dot{\boldsymbol{E}}$ 不是 $\dot{\boldsymbol{E}}_i$ 的代数之和，而是它们的矢量之和，即有

$$\dot{\boldsymbol{E}}=\sum_1^\infty \dot{\boldsymbol{E}}_i$$

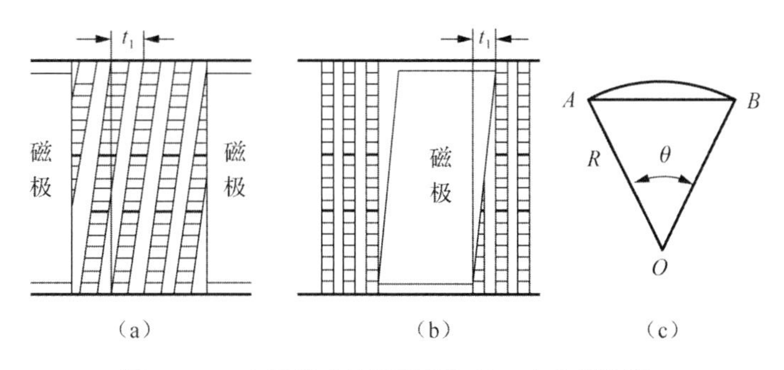

图 1.3.18　定子槽或转子磁极扭斜一个定子齿距 t_1

定子槽或转子磁极扭斜一个定子齿距 t_1 对电动势（或磁动势）所起的作用，与分布绕组对电动势（或磁动势）所起的作用本质上是一样的。因此，我们可以利用分布绕组中合成电动势的方法来推导基波的扭斜系数。如果扭斜一个齿距 t_1，扭斜的空间电角度为 $\theta=\left(t_1/\tau\right)\cdot\pi$，如图 1.3.18（c）所示。各段导体所感应的电动势向量 $\dot{\boldsymbol{E}}_i$ 的标量的代数之和可以用中心角 θ 所对应的圆弧 $\overset{\frown}{AB}$ 的长度来表示，而这些电动势向量 $\dot{\boldsymbol{E}}_i$ 的几何之和可以用中心角 θ 所对应的弦 $\overline{AB}$ 的长度来表示，弦 $\overline{AB}$ 的长度对圆弧 $\overset{\frown}{AB}$ 的长度之比被定义为电枢绕组的基波扭斜系数 k_{ck1}。

根据图 1.3.18（c）所示的几何关系，弦 $\overline{AB}$ 的长度和圆弧 $\overset{\frown}{AB}$ 的长度的计算公式分别为

$$\overline{AB}=2R\cdot\sin\frac{t_1}{\tau}\cdot\frac{\pi}{2}$$

$$\overset{\frown}{AB}=R\cdot\frac{t_1}{\tau}\cdot\pi$$

于是，电枢绕组的基波扭斜系数 k_{ck1} 和高次谐波的扭斜系数 $k_{\mathrm{ck}\gamma}$ 的计算公式分别为

$$k_{\mathrm{ck1}}=\frac{\sin\dfrac{t_1}{\tau}\cdot\dfrac{\pi}{2}}{\dfrac{t_1}{\tau}\cdot\dfrac{\pi}{2}} \tag{1-3-29}$$

和

$$k_{\mathrm{ck}\gamma}=\frac{\sin\gamma\dfrac{t_1}{\tau}\cdot\dfrac{\pi}{2}}{\gamma\dfrac{t_1}{\tau}\cdot\dfrac{\pi}{2}} \tag{1-3-30}$$

这时，每相基波感应电动势 E_Φ 有效值和第 γ 次高次谐波的感应电动势有效值 $E_{\Phi\gamma}$ 的计算公式分别为

$$E_\Phi=4.44fw_\Phi k_{\mathrm{W1}}\Phi_1$$

$$E_{\Phi\gamma}=4.44\gamma fw_\Phi k_{\mathrm{W}\gamma}\Phi_\gamma$$

式中：w_Φ 是电枢绕组的一相串联总匝数；k_{W1} 和 $k_{\mathrm{W}\gamma}$ 分别是基波和第 γ 次高次谐波的绕组系数。

基波绕组系数为

$$k_{W1}=k_{y1}\ k_{p1}\ k_{ck1}$$

式中：k_{y1}、k_{p1}和k_{ck1}分别是电枢绕组的基波短距系数、基波分布系数和基波扭斜系数，它们的计算公式汇总于表 1.3.9 中。

表 1.3.9　k_{y1}、k_{p1}、k_{ck1}的计算公式

名称	公式	式中符号
基波短距系数 k_{y1}	$k_{y1}=\cos\frac{\beta_1}{2}$	β_1是线圈的基波短距角，$\beta_1=\frac{\pi(\tau-y)}{\tau}$
基波分布系数 k_{p1}	整数槽绕组：$k_{p1}=\frac{\sin q\cdot\frac{\alpha}{2}}{q\cdot\sin\frac{\alpha}{2}}$	q是每极每相槽数；α是两个相邻槽之间的电气夹角，即两个相邻圈边之间的电气位移角度
	分数槽绕组：$k_{p1}=\frac{\sin q_0\cdot\frac{\alpha_0}{2}}{q_0\cdot\sin\frac{\alpha_0}{2}}$	$q=b+\frac{c}{d}$ $q_0=bd+c$ $\alpha_0=\frac{60^\circ}{q_0}$
基波扭斜系数 k_{ck1}	$k_{ck1}=\frac{\sin\frac{t_1}{\tau}\cdot\frac{\pi}{2}}{\frac{t_1}{\tau}\cdot\frac{\pi}{2}}$	t_1是极尖削斜或槽扭斜的距离

1.3.2.6　反电动势内的高次谐波

一般而言，对称的三相电枢绕组有两种基本的连接方式，即星形连接和三角形连接，如图 1.3.19（a）和（b）所示。不同的连接方式将对电枢绕组内的反电动势的大小和波形有着不同的影响。

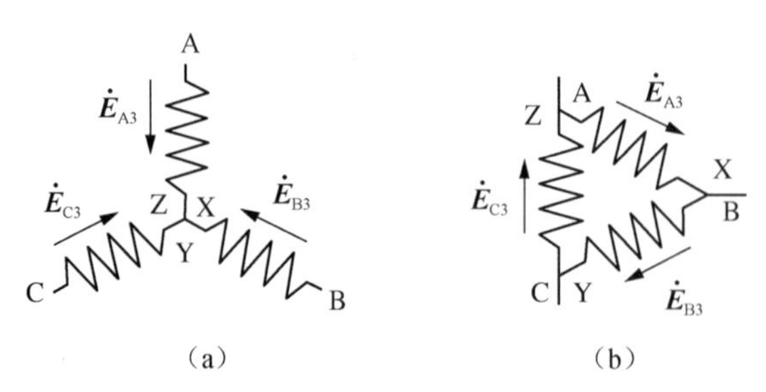

图 1.3.19　对称三相电枢绕组的两种基本的连接方式

根据式（1-3-1）、式（1-3-4）、式（1-3-6）和式（1-3-7），可以写出三相电枢绕组的任意一相内的反电动势的数学表达式为

$$e_\Phi=\sum_{\gamma=1,3,5,\cdots}^{\infty}\sqrt{2}E_{\Phi\gamma}\sin\gamma\omega t$$

式中：$E_{\Phi\gamma}$是第γ次谐波反电动势的有效值，$E_{\Phi\gamma}=4.44\gamma fw_\Phi k_{W\gamma}\Phi_\gamma$。

上述公式表明：三相电枢绕组的每相反电动势的波形内含有基波和奇数次序的高次谐

波。如果用时间向量来描述三相电枢绕组内的反电动势，则三相绕组内的基波反电动势是由 3 条相互间隔 120°电角度的辐射线组成的星形图，如图 1.3.20（a）所示；第 3 次谐波反电动势是由三条相互间隔 3×120°=360°电角度的辐射线组成，也就是说 3 条辐射线是同相位的，如图 1.3.20（b）所示，3 倍数序次的谐波反电动势亦然如此；第 5 次谐波反电动势是由 3 条相互间隔 5×120°=600°=360°+240°电角度的辐射线组成，它是一个相反于基波相序的电动势星形图，如图 1.3.20（c）所示；推而广之，第（$6k-1$）次的谐波反电动势星形图的相序均与三相基波反电动势星形图的相序是相反的，即是负相序的，式中，$k=1$，2，3，…而第 7 次和第（$6k+1$）次的谐波反电动势星形图的相序均与三相基波反电动势星形图的相序是相同的，即是正相序的。

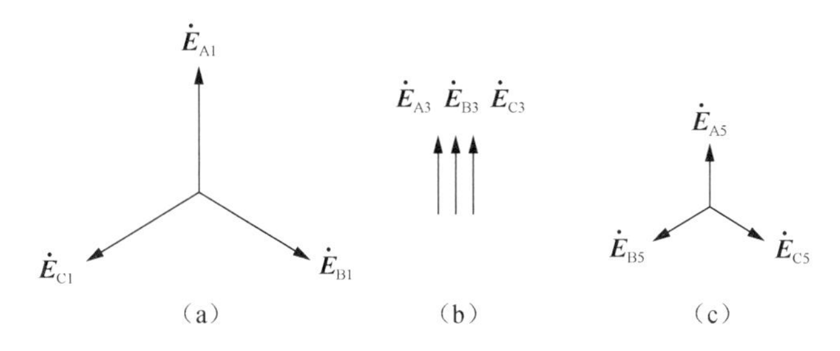

图 1.3.20　第 1 次、第 3 次和第 5 次谐波电动势

下面，我们将分别讨论星形连接的和三角形连接的三相对称电枢绕组内的反电动势的高次谐波。

1）星形连接的三相电枢绕组内的反电动势的高次谐波

当对称的三相电枢绕组接成星形时，我们从某一个相绕组的首端走到它的末端后，再将从另一个相绕组的末端走到它的首端，因此，根据图 1.3.21（a），任何两相绕组内的反电动势向量的相加运算，便可以写出基波线电动势有效值 E_{L1} 与基波相电动势有效值 $E_{\Phi1}$ 之间的关系为

$$E_{L1}=\sqrt{3}E_{\Phi1}$$

对于$(6k\pm1)$次正负序高次谐波电动势而言，根据图 1.3.20（c），它们的线电动势有效值 $\boldsymbol{E}_{L\gamma}$ 与相电动势有效值 $E_{\Phi\gamma}$ 之间也有同样的关系，即

$$E_{L\gamma}=\sqrt{3}E_{\Phi\gamma}$$

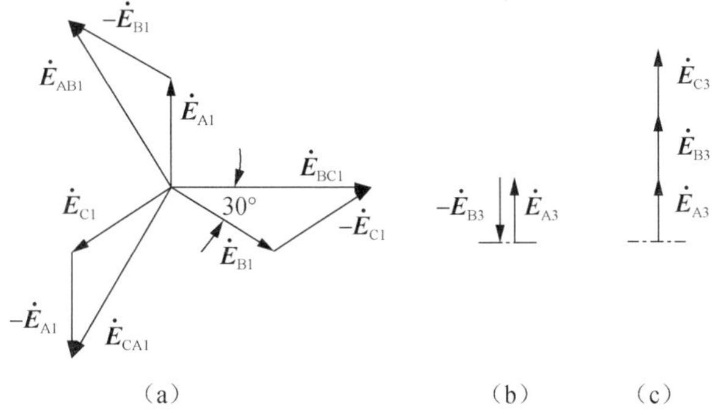

图 1.3.21　绕组内反电动势的向量图

对于第 3 次谐波反电动势而言，根据图 1.3.21（b），任意串联的两相电枢绕组内的第 3 次谐波反电动势的方向总是相反的，因此，我们可以得到

$$\dot{E}_{L3}=\dot{E}_{A3}-\dot{E}_{B3}=\dot{E}_{B3}-\dot{E}_{C3}=\dot{E}_{C3}-\dot{E}_{A3}=0$$

上式表明：在星形连接的三相电枢绕组的线电压中没有第 3 谐波反电动势。这个结论可以推广到所有 3 倍数序次（如第 9 次、第 15 次、第 21 次、……）的谐波反电动势上。因此，星形连接的三相电枢绕组的总的线电压将是

$$E_L=\sqrt{E_{L1}^2+E_{L5}^2+E_{L7}^2+\cdots}=\sqrt{3\left(E_{\Phi1}^2+E_{\Phi5}^2+E_{\Phi7}^2+\cdots\right)}$$

2）三角形连接的三相电枢绕组内的反电动势的高次谐波

当对称的三相电枢绕组接成三角形时，基波线反电动势有效值 E_{L1} 和基波相反电动势有效值 $E_{\Phi1}$ 之间的关系为

$$E_{L1}=E_{\Phi1}$$

在三角形连接的三相电枢绕组的闭合回路内，每相绕组的第 3 次谐波反电动势的方向是顺着三角形回路的方向的，如图 1.3.19（b）所示，因此，在闭合的三相电枢绕组回路内，存在一个第 3 次谐波的反电动势，它的量值是每相绕组的第 3 次谐波的反电动势量值的 3 倍 $E_3=3E_{\Phi3}$，如图 1.3.21（c）所示。在闭合的三角形回路里，反电动势产生 3 倍频率的电流。这时，反电动势 $\boldsymbol{E}_3$ 将与闭合的三角形回路的电阻压降相平衡，全部消耗在三相绕组的电阻上，第 3 次谐波反电动势就不会出现在三相交流电源的输入线上，因此，在线电压中没有第 3 次谐波反电动势。这个结论可以推广到所有 3 倍数序次（如第 9 次、第 15 次、第 21 次、……）的谐波反电动势上。因此，三角形连接的三相电枢绕组的总的线电压将是

$$E_L=\sqrt{E_{\Phi1}^2+E_{\Phi5}^2+E_{\Phi7}^2+\cdots}$$

综上分析，在任何连接的，不管是星形连接的还是三角形连接的三相对称电枢绕组的线电压中，不含有第 3 次和所有 3 倍数序次的谐波反电动势。

一般情况下，由三角形电路的闭合而产生的 3 倍频率的电流是不希望有的，所以，永磁同步电动机的三相电枢绕总是被连接成星形。如果在某些情况下，需要把它们连接成三角形，则绕组的节距必须缩短 $(1/3)\tau$，以便获得第 3 次和 3 倍数序次的谐波电动势的零短距系数 $k_{y3}=0$。

1.3.3　电枢绕组的磁动势

在自控式永磁同步电动机中，电枢绕组的种类很多，有每极每相整数槽的和每极每相分数槽的绕组，整距的和短距的绕组、单层的和双层的绕组、分布的和集中的绕组、集中重叠式的和集中非重叠的绕组等。当对称的三相正弦电流通入不同类型的对称三相电枢绕组时，将产生不同的电枢磁动势（MMF），它们将对主磁场和电枢绕组内感生的电动势产生不同的影响，并在很大程度上决定了电动机的运行性能，因此，我们必须认真地加以研究。

电动机的电枢磁动势，又被称为电枢反应磁动势，它与电枢绕组内的感应电动势（EMF）不同，它不仅是一个随着时间变化的函数，而且以一定的形状分布在气隙圆周表面上。这意味着，磁动势是一个时间的函数，同时又是一个空间的函数，这又增加了我们分析研究的复杂性。

关于磁动势问题的研究，我们将如研究电动势问题一样，从分析一匝和一个线圈的磁

动势开始，然后再分析单相绕组和三相绕组的磁动势，并通过一些实例，掌握同步永磁电动机电枢绕组磁动势的一些基本概念和估算方法。

为了便于开展分析研究，我们先假设：①磁动势是时间的正弦函数；②磁极对数 $p=1$；③气隙是均匀的，δ=常数；④铁心是不饱和的，$\mu=\infty$。

1.3.3.1　一个整距线圈的磁动势

一个整距线圈的磁动势是同步电动机的最基本的磁动势，图 1.3.22（a）表示了这样的一个线圈 AX，它相当于一台二极电动机的一相电枢绕组。为了便于分析，把气隙圆周展成直线，同时，把直角坐标系统放置在定子的内圆表面上。让横坐标表示沿气隙圆周方向的空间距离,用电角度 α 表示；纵坐标表示线圈的磁动势（安匝/极）的大小，并选择线圈 AX 的轴线作为坐标的起始点，用符号+A表示，也就是说，把纵坐标放置在线圈 AX 的轴线上，如图 1.3.22（b）所示。在图 1.3.22 中，也规定了电枢电流和磁动势的正方向。

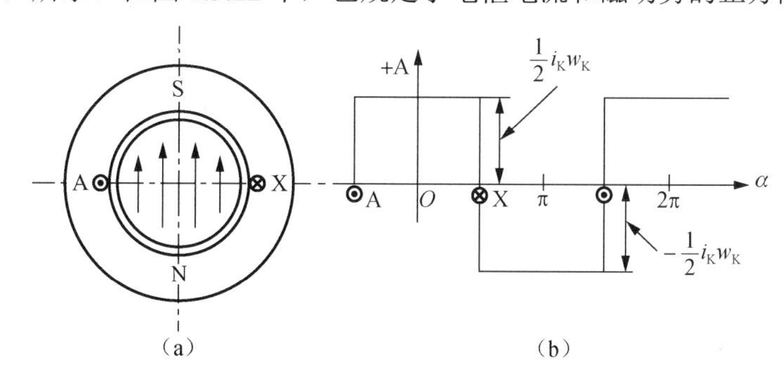

图 1.3.22　一个定子线圈和它的磁动势

假定线圈的匝数为 w_K，线圈内通过的正弦交流电流 i_K 的表达式为

$$i_K = I_{Km}\cos\omega t = \sqrt{2}I_K\cos(\omega t+\varphi) \tag{1-3-31}$$

式中：I_{Km} 是线圈电流的幅值，A；I_K 是线圈电流的有效值，A；ω 是交流电流 i_K 的电气角频率，$\omega=2\pi f$，rad/s，其中 f 是频率，Hz；φ 是初始相位角，为简便起见，以下分析时假设 $\varphi=0$。

众所周知，根据全电流定律，当线圈 w_K 内通过正弦交流电流 i_K 时，便产生一个作用在一对磁极的磁路上的交变磁动势 $i_K w_K$。因而，作用在一个磁极所对应的磁路上的磁动势为

$$f_K(\alpha)=f_m=\frac{1}{2}i_K w_K=\frac{1}{2}w_K\sqrt{2}I_K\cos\omega t \text{（安匝/极）} \tag{1-3-32}$$

式（1-3-32）表明：一个整距线圈产生的磁动势沿气隙是按矩形分布的，但是它的振幅大小却是随时间按余弦规律变化的。这种磁动势波只能脉动而不能移动，因此它被称为脉振波，或被称为驻波。

1.3.3.2　一相绕组的磁动势

在一对磁极的电动机中，一相绕组就只有一个整距线圈，所以一个整距线圈的磁动势也就是一相绕组的磁动势。在多对磁极的电动机中，如以图 1.3.23 所示的二对磁极的电动机为例，对每对磁极而言，也只有一个整距线圈。因此，在多对磁极的电动机中，如果拿其中的一对磁极来看，与一对磁极的电动机的磁动势是一样的。这意味着不论磁极对数有

多少，一相绕组的一个磁极的磁动势总是$(1/2)i_K w_K$（安匝/极），即一相电枢绕组的每极磁动势（安匝数）的表达式也为

$$\begin{cases} f_\Phi(\alpha)=\dfrac{1}{2}i_K w_K=\dfrac{1}{2}w_K\sqrt{2}I_K\cos\omega t & \left(0\leqslant\alpha\leqslant\dfrac{\pi}{2},\ \dfrac{3\pi}{2}\leqslant\alpha\leqslant2\pi\right) \\ f_\Phi(\alpha)=-\dfrac{1}{2}i_K w_K=-\dfrac{1}{2}w_K\sqrt{2}I_K\cos\omega t & \left(\dfrac{\pi}{2}\leqslant\alpha\leqslant\dfrac{3\pi}{2}\right) \end{cases} \tag{1-3-33}$$

式中：i_K是线圈电流的瞬时值，$i_K=\sqrt{2}\ I_K\cos\omega t$；$w_K$是整距线圈匝数。

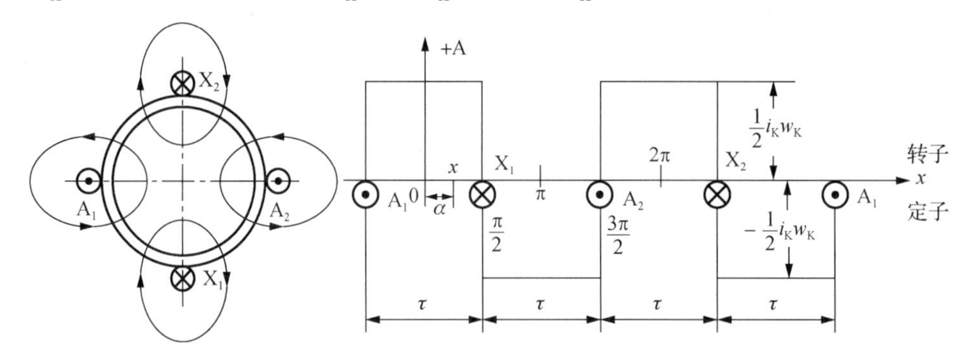

图 1.3.23　二对磁极的电动机线圈的磁动势

一般而言，我们在计算单相整距集中单层相绕组的磁动势时，习惯用每相绕组的串联匝数和每相电枢电流的有效值，分别用符号w_Φ和I_a来标记。现在，不管磁动势的表示方式如何，只要找出每相串联匝数w_Φ和每相电枢电流I_a分别与每一个线圈的匝数w_K和通过线圈的电流的有效值I_K之间的关系，我们就可以清楚地理解和应用。

为此，我们假设一台永磁同步电动机有p对磁极，一相绕组有a条并联支路，如图 1.3.24 所示。在此情况下，则有下述结论。

（1）线圈电流的有效值I_K为

$$I_K=\frac{I_a}{a} \tag{1-3-34}$$

（2）线圈电流的瞬时值i_K为

$$i_K=\sqrt{2}\ I_K\cos\omega t=\sqrt{2}\ \frac{I_a}{a}\cos\omega t \tag{1-3-35}$$

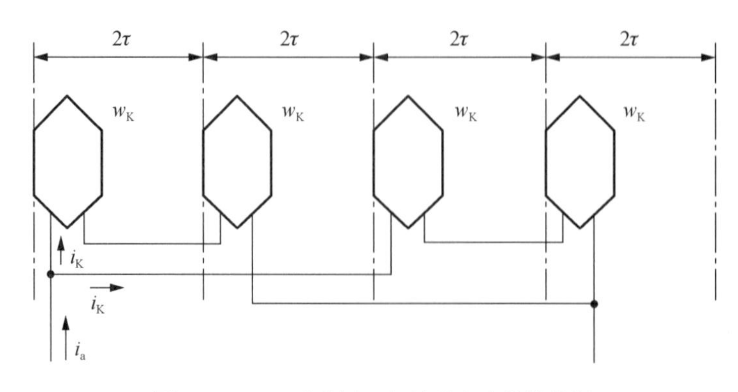

图 1.3.24　p对磁极a条并联支路数的绕组

（3）一个线圈匝数 w_{K}。

在多极电动机中，以图 1.3.24 所示的一相电枢绕组为例，一相电枢绕组的串联匝数为 w_{Φ}，一相电枢绕组由 a 条支路并联而成，因此，一相电枢绕组的串并联总匝数为 $a\ w_{\Phi}$；每对磁极的线圈匝数为 aw_{Φ}/p；而每对磁极只有一个整距线圈 w_{K}，所以 w_{K} 的表达式为

$$w_{\mathrm{K}}=\frac{aw_{\Phi}}{p} \tag{1-3-36}$$

把式（1-3-35）和式（1-3-36）代入式（1-3-33），便得到多对磁极电动机的一相电枢绕组的每极磁动势表达式为

当 $0\leqslant\alpha\leqslant\pi/2$，$3\pi/2\leqslant\alpha\leqslant 2\pi$ 时，有

$$f_{\Phi}(\alpha)=\frac{1}{2}i_{\mathrm{K}}w_{\mathrm{K}}=\frac{1}{2}\sqrt{2}\frac{w_{\Phi}I_{\mathrm{a}}}{p}\cos\omega t \tag{1-3-37a}$$

当 $\pi/2\leqslant\alpha\leqslant 3\pi/2$ 时，有

$$f_{\Phi}(\alpha)=-\frac{1}{2}i_{\mathrm{K}}w_{\mathrm{K}}=-\frac{1}{2}\sqrt{2}\frac{w_{\Phi}I_{\mathrm{a}}}{p}\cos\omega t \tag{1-3-37b}$$

1.3.3.3　一相绕组的磁动势的基波幅值

图 1.3.23 展示了一相绕组的磁动势在气隙空间按矩形分布，并随时间作周期性变化的情况，其特征在于：①波形相对横坐标轴是对称的；②波形相对纵轴也是对称的。因此，可以利用傅里叶分解法，将其在空间分解成一系列按正弦规律变化的磁动势级数为

$$\begin{aligned}f(\alpha)&=\frac{4}{\pi}f_{\mathrm{m}}\cos\alpha-\frac{4}{\pi}\frac{1}{3}f_{\mathrm{m}}\cos3\alpha+\frac{4}{\pi}\frac{1}{5}f_{\mathrm{m}}\cos5\alpha-\cdots\\&=\sum_{\gamma=1,3,5,\cdots}\frac{4}{\pi}\frac{1}{\gamma}f_{\mathrm{m}}\cos\gamma\alpha\sin\gamma\frac{\pi}{2}\end{aligned} \tag{1-3-38}$$

式中：γ 是正奇数，$\gamma=1$ 的波是基波，其他都是谐波；α 是空间电气角度，它与用长度 x 表示空间距离之间的关系为 $\alpha=\frac{\pi}{\tau}x$；f_{m} 是线圈产生的矩形磁动势的振幅，$f_{\mathrm{m}}=\frac{1}{2}i_{\mathrm{K}}w_{\mathrm{K}}$，安匝/极；$\frac{4}{\pi}f_{\mathrm{m}}$ 是利用傅里叶分解后获得的基波磁动势的振幅，安匝/极；$\sin\gamma\frac{\pi}{2}$ 是决定傅里叶级数各项系数正负的一个计算式。例如，当 $\gamma=1$ 时，基波项的系数为 $\left(+\frac{4}{\pi}f_{\mathrm{m}}\right)$；当 $\gamma=3$ 时，3 次谐波项的系数为 $\left(-\frac{4}{\pi}\frac{1}{3}f_{\mathrm{m}}\right)$；当 $\gamma=5$ 时，5 次谐波项的系数为 $\left(+\frac{4}{\pi}\frac{1}{5}f_{\mathrm{m}}\right)$，以此类推。

由此可知，基波磁动势的振幅是矩形磁动势振幅的 $4/\pi$ 倍。3 次谐波的振幅是基波的 $1/3$，5 次谐波的振幅是基波的 $1/5$，γ 次谐波的振幅是基波的 $1/\gamma$，如图 1.3.25 所示。

由图 1.3.25 可见，基波的波长与原矩形波一样；3 次谐波的波长是基波波长的 1/3；5 次谐波的波长是基波波长的 1/5。可以推导出，γ 次谐波的波长是基波波长的 $1/\gamma$。也就是说，基波的一对磁极所占的空间距离，对 3 次谐波来说，是 3 对磁极；对 5 次谐波来说，是 5 对磁极；对 γ 次谐波而言，是 γ 对磁极。

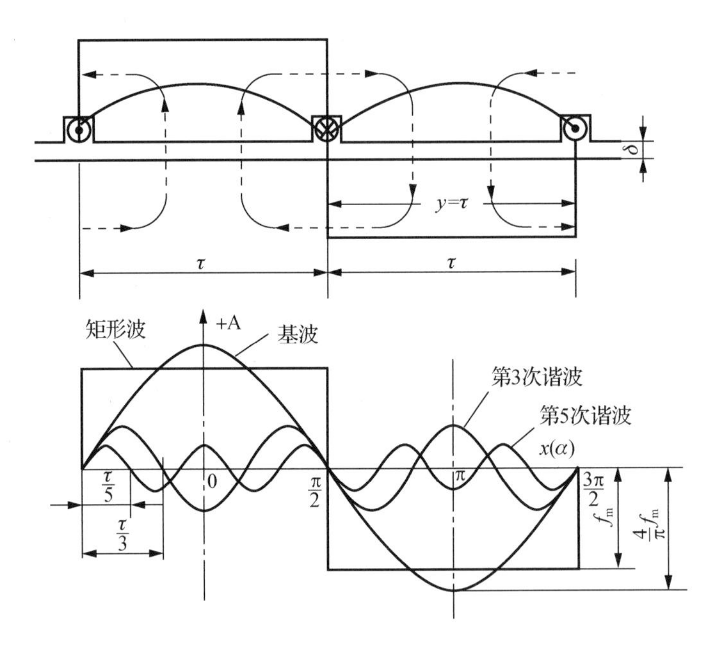

图 1.3.25　整距集中绕组的布局和磁动势的谐波分量

根据上述分析，一个线圈产生的矩形磁动势振幅的表达式是

$$f_{\mathrm{m}} = \frac{1}{2} i_{\mathrm{K}} w_{\mathrm{K}} = \frac{1}{2} \sqrt{2} \frac{w_{\Phi} I_{\mathrm{a}}}{p} \cos \omega t \tag{1-3-39}$$

把式（1-3-39）代入式（1-3-38），可得

$$f(\alpha) = \frac{4}{\pi} \frac{1}{2} \sqrt{2} \frac{w_{\Phi} I_{\mathrm{a}}}{p} \cos \omega t \left(\cos \alpha - \frac{1}{3} \cos 3\alpha + \frac{1}{5} \cos 5\alpha - \cdots \right) \tag{1-3-40}$$

式（1-3-40）表明：单相集中整距绕组所产生的磁动势沿气隙空间按矩形分布，但是利用傅里叶分解后得到的一系列空间谐波将分别是空间电气角度 α 的不同的余弦函数。同时，所有谐波的大小，都将随时间 t 以相同的频率脉振，因此它们又都是时间的同一个余弦函数。这一系列谐波都是脉振的驻波，也就是说，这一系列磁动势的谐波在它们各自的波结点上，磁动势总是等于零。以基波磁动势为例，在 $\alpha = \pi/2$ 和 $\alpha = 3\pi/2$ 处，基波动动势总是等于零。同时，整个基波磁动势又依据余弦函数 $\cos \omega t$ 随着时间 t 而脉振，在某一时刻，例如 $\cos \omega t = 1$ 时，脉振的基波磁动势达到它的最大值，即

$$\frac{4}{\pi} \frac{1}{2} \sqrt{2} \frac{w_{\Phi} I_{\mathrm{a}}}{p} \cos \alpha = 0.9 \frac{w_{\Phi} I_{\mathrm{a}}}{p} \cos \alpha$$

这个在空间按余弦规律分布的基波磁动势，在 $\alpha = 0$ 的地方，有它的最大的振幅，用符号 F_{m1} 表示为

$$F_{\mathrm{m1}} = \frac{4}{\pi} \frac{1}{2} \sqrt{2} \frac{w_{\Phi} I_{\mathrm{a}}}{p} = 0.9 \frac{w_{\Phi} I_{\mathrm{a}}}{p} \text{（安匝/极）} \tag{1-3-41}$$

第 3 次和第 5 次谐波磁动势的最大振幅分别是

$$F_{\mathrm{m3}} = \frac{4}{\pi} \frac{1}{2} \sqrt{2} \frac{1}{3} \frac{w_{\Phi} I_{\mathrm{a}}}{p} = \frac{1}{3} \times 0.9 \frac{w_{\Phi} I_{\mathrm{a}}}{p} \text{（安匝/极）}$$

$$F_{\mathrm{m5}} = \frac{4}{\pi} \frac{1}{2} \sqrt{2} \frac{1}{5} \frac{w_{\Phi} I_{\mathrm{a}}}{p} = \frac{1}{5} \times 0.9 \frac{w_{\Phi} I_{\mathrm{a}}}{p} \text{（安匝/极）}$$

各次谐波磁动势的最大振幅的一般表达式为

$$F_{m\gamma}=\frac{4}{\pi}\frac{1}{2}\sqrt{2}\frac{1}{\gamma}\frac{w_{\Phi}I_{a}}{p}=\frac{1}{\gamma}\times 0.9\frac{w_{\Phi}I_{a}}{p}\quad（安匝/极）$$

于是，式（1-3-40）可以被写成

$$\begin{aligned}f(\alpha)&=F_{m1}\cos\omega t\cos\alpha-F_{m3}\cos\omega t\cos 3\alpha+F_{m5}\cos\omega t\cos 5\alpha-\cdots\\&=f_{A1}+f_{A3}+f_{A5}+\cdots\end{aligned}\tag{1-3-42}$$

式中：f_{A1}是基波磁动势；f_{A3}、f_{A5}、…分别是 3 次、5 次、……谐波磁动势。

于是，一相绕组的基波磁势的表达式为

$$f_{A1}=F_{m1}\cos\omega t\cos\alpha\tag{1-3-43}$$

下面，我们着重分析基波磁势的特征。为此，利用三角公式

$$\cos A\cos B=\frac{1}{2}\cos(A-B)+\frac{1}{2}\cos(A+B)$$

可以把基波磁势 $f_{A1}=F_{m1}\cos\omega t\cos\alpha$ 变写成

$$\begin{aligned}f_{A1}&=\frac{1}{2}F_{m1}\cos(\alpha-\omega t)+\frac{1}{2}F_{m1}\cos(\alpha+\omega t)\\&=f'_{A1}+f''_{A1}\end{aligned}\tag{1-3-44}$$

式中：第一项$f'_{A1}=(1/2)F_{m1}\cos(\alpha-\omega t)$是一个行波的数学表达式。所谓行波就是整个波形以一定的速度朝一定的方向移动的波形。该行波的波幅是（1/2）F_{m1}，波长是2π（或2τ）。式（1-3-44）中$\cos(\alpha-\omega t)=1$，或者（$\alpha-\omega t$）=0，对应于行波上的正最大幅值的一点。（$\alpha-\omega t$）= 0 表明：随着时间t的推移，即ωt增长，空间距离α也必然相应地增长，其增长的速度为

$$\frac{d\alpha}{dt}=\omega=2\pi f\tag{1-3-45}$$

这进一步表明，第一项数学表达式代表的行波在气隙空间内以数值大小为ω的电气角速度，朝$+\alpha$方向旋转。

式（1-3-44）中的第二项$f''_{A1}=(1/2)F_{m1}\cos(\alpha+\omega t)$也是一个行波的数学表达式。同样，该行波的波幅也是（1/2）F_{m1}，波长也是2π（或2τ）。但是，该行波的移动角速度为

$$\frac{d\alpha}{dt}=-\omega=-2\pi f\tag{1-3-46}$$

即该行波在气隙空间内以数值大小为ω的电气角速度，朝$-\alpha$方向旋转。

综上分析，我们可以得出以下结论。

（1）一个脉振驻波可以分解成两个波长与驻波完全一样的，但朝相反方向移动的行波。

（2）行波的波幅是脉振驻波最大振幅的一半。

（3）当驻波脉振一个周期时，行波正好移动了一个波长。

（4）当脉振驻波的振幅为最大时，两个行波正好重叠在一起。

一个脉振驻波被分解成两个行波相对驻波，也可以用空间旋转磁动势来表示，如图 1.3.26 所示。

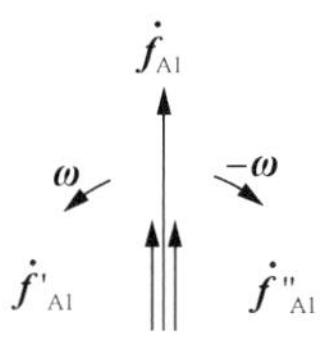

图 1.3.26　单相脉振磁动势分解成两个旋转磁动势

1.3.3.4　三相绕组的磁动势和它的基波幅值

我们这里分析的三相绕组都是单层整距集中绕组，它们在定子气隙圆周空间相互间隔 120° 电气角度放置，如图 1.3.27（a）所示。就三相绕组的每一相而言，它们产生的磁动势都是脉振的驻波，把三个单相绕组的磁动势加起来就得到三相绕组的磁动势。下面，我们来分析三相绕组产生的基波磁动势的特征。

由上述分析可知，一相绕组的基波磁动势在空间是按正弦规律分布的，同时，它的振幅又是随时间按正弦规律变化的。这就是说，一相绕组的基波磁动势同时是空间和时间的正弦函数。为了分析三相绕组的基波磁动势，必须选定两个坐标：一个是空间坐标；一个是时间坐标。

为此，我们选择 A 相绕组的轴线+A 作为空间坐标的纵坐标，表示空间量的大小；横坐标放在定子内圆表面上，不随转子旋转，空间距离的远近仍用电气角度 α 来表示，即 $\alpha = (\pi/\tau)x$，三个相都用这一套坐标，如图 1.3.27（b）所示。

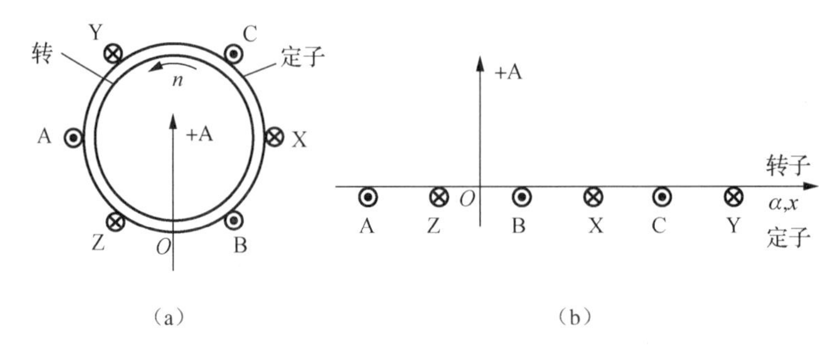

图 1.3.27　三相单层整距集中绕组

我们把 A 相电流为最大值的时刻作为时间的起始点，时间的长短用电气角度 ωt 来表示。在此情况下，A、B 和 C 三相绕组内的电流 i_A、i_B 和 i_C 的数学表达式分别为

$$i_A = \sqrt{2}\ I_a \cos\omega t$$

$$i_B = \sqrt{2}\ I_a \cos\left(\omega t - \frac{2\pi}{3}\right)$$

$$i_C = \sqrt{2}\ I_a \cos\left(\omega t - \frac{4\pi}{3}\right)$$

根据式（1-3-43），可以分别写出当 A、B 和 C 三相绕组内通过电流 i_A、i_B 和 i_C 时各自所产生的基波磁动势 f_{A1}、f_{B1} 和 f_{C1} 的数学表达式为

$$f_{A1} = F_{m1} \cos\omega t \cos\alpha$$

$$f_{B1} = F_{m1} \cos\left(\omega t - \frac{2\pi}{3}\right) \cos\left(\alpha - \frac{2\pi}{3}\right)$$

$$f_{C1} = F_{m1} \cos\left(\omega t - \frac{4\pi}{3}\right) \cos\left(\alpha - \frac{4\pi}{3}\right)$$

根据上述一个脉振的驻波可从分解成两个行波的原则，可以把 A、B 和 C 三相绕组所产生的脉振磁动势各自分解成两个行波，即

$$
\begin{aligned}
f_{A1} &= F_{m1}\cos\omega t\cos\alpha \\
&= \frac{1}{2}F_{m1}\cos(\alpha-\omega t)+\frac{1}{2}F_{m1}\cos(\alpha+\omega t) \\
f_{B1} &= F_{m1}\cos\left(\omega t-\frac{2\pi}{3}\right)\cos\left(\alpha-\frac{2\pi}{3}\right) \\
&= \frac{1}{2}F_{m1}\cos(\alpha-\omega t)+\frac{1}{2}F_{m1}\cos\left(\alpha+\omega t-\frac{4\pi}{3}\right) \\
f_{C1} &= F_{m1}\cos\left(\omega t-\frac{4\pi}{3}\right)\cos\left(\alpha-\frac{4\pi}{3}\right) \\
&= \frac{1}{2}F_{m1}\cos(\alpha-\omega t)+\frac{1}{2}F_{m1}\cos\left(\alpha+\omega t-\frac{2\pi}{3}\right)
\end{aligned}
$$

把上述 6 个行波加起来，就得到三相电枢绕组的合成基波磁动势 f_1 为

$$
\begin{aligned}
f_1 &= f_{A1}+f_{B1}+f_{C1} \\
&= 3\left[\frac{1}{2}F_{m1}\cos(\alpha-\omega t)\right] \\
&\quad +\frac{1}{2}F_{m1}\left[\cos(\alpha+\omega t)+\cos\left(\alpha+\omega t-\frac{4\pi}{3}\right)+\cos\left(\alpha+\omega t-\frac{2\pi}{3}\right)\right]
\end{aligned}
\tag{1-3-47}
$$

式（1-3-47）的后一大项是三个相绕组产生的朝着 $-\alpha$ 方向旋转的 3 个行波，它们在任何时刻都保持相互间隔 120° 空间电气角度不变，并以相同的速度，朝相同的方向旋转，所以这 3 个行波加起来等于零，即相互抵消了。

由于式（1-3-47）的后一大项等于零，A、B 和 C 三相电枢绕组的合成基波磁动势 f_1 只剩下前面的一项，即

$$
f_1=3\left[\frac{1}{2}F_{m1}\cos(\alpha-\omega t)\right]=\frac{3}{2}F_{m1}\cos(\alpha-\omega t)=F_1\cos(\alpha-\omega t) \tag{1-3-48}
$$

式中：F_1 是 A、B 和 C 三相电枢绕组产生的基波磁动势的幅值，它的数值为

$$
F_1=\frac{3}{2}F_{m1}=\frac{3}{2}\,\frac{4}{\pi}\,\frac{1}{2}\sqrt{2}\,\frac{w_\Phi I_a}{p}=1.35\frac{w_\Phi I_a}{p}\ \text{（安匝/极）} \tag{1-3-49}
$$

式（1-3-48）是三相电枢绕组的合成基波磁动势的最终表达式，它是一个波长为 2τ 的移动行波，即合成基波磁动势的旋转行波。

综上分析，可以得出以下几点结论。

（1）每相的磁动势不论它的振幅有多大，它的空间位置是固定的，是一个脉振波。A、B 和 C 三个相的合成磁动势的振幅在空间上的位置就不是固定的了，它将随着时间的推移而移动着，是一个波长为 2τ 的行波，被称为旋转磁动势。

（2）三相合成基波磁动势的波长和单相基波磁动势的波长是一样的，即磁极对数是一样的。

（3）每相的脉振磁动势，它们的振幅大小将随着时间而变化；而三相合成基波磁动势，在定子电流有效值 I_a 不变的情况下，它的幅值 F_1 是不变的，也就是说，是一个常数。可见，定子电流 i_a 的瞬时交变，仅仅使单相磁动势发生脉振，而不会使三相合成基波磁动势的幅值发生变化。

（4）从式（1-3-48）可知，三相合成磁动势的旋转方向是朝着$+\alpha$的方向，所谓$+\alpha$方向，按照规定的坐标，就是顺相序的方向。

（5）三相合成基波磁动势的角速度为ω。

在电动机里，习惯用每分钟的转数来表示旋转磁动势的转速，通常用n_1或n_c来表示，即

$$n_1 = n_c = \frac{60}{2\pi p}\omega = \frac{60 f_1}{p} \quad (\text{r/min})$$

式中：f_1是三相电流的频率，周/s；n_1是三相电枢绕组的合成基波磁动势的旋转速度，r/min，通常被称为电动机的同步转速n_c。

（6）当某一相电流达到正的最大值时，三相合成基波旋转磁动势的幅值正好旋转到该相绕组的轴线上。这意味着，三相合成基波旋转磁动势在空间位置上移动的电气角度恰好等于电流在时间上变化的电气角度。不过，这两个电气角度的大小虽然在数值上是相等的，但物理概念却不一样，一个是衡量时间长短的时间角度，而另一个是衡量距离远近的空间角度。

为了更好地理解上述分析的结论，我们可以借助图 1.3.28 所示的“对称三相绕组磁动势向量的分解和合成”来进一步加以说明。

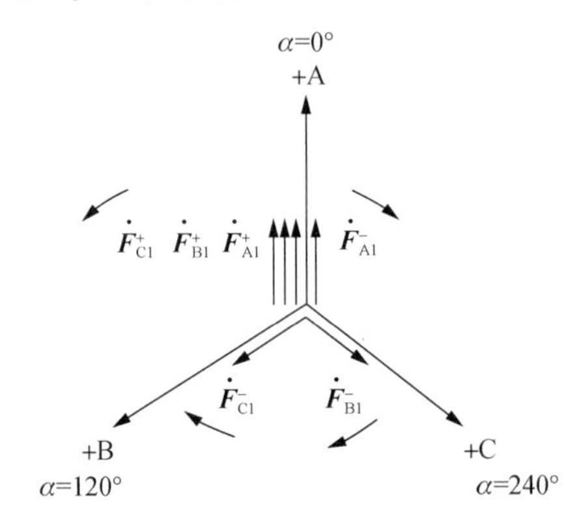

图 1.3.28　对称三相绕组磁动势向量的分解和合成

为方便起见，我们取 A 相电流为正最大值时的瞬间作为画制向量图的起始点。图 1.3.28 中，+A、+B 和+C 表示 A 相、B 相和 C 相绕组的轴线，它们相互之间的夹角是 120°空间电气角度。根据一个脉振磁动势可以分解成两个振幅减半，但以同样的转速朝正反两个方向旋转的磁动势的原则，A 相、B 相和 C 相绕组的脉振磁动势的基波$\dot{F}_{A1}$、$\dot{F}_{B1}$和$\dot{F}_{C1}$可以各自被分解成两个振幅减半，但以同样的转速朝正反两个方向旋转的磁动势（$\dot{F}_{A1}^{+}$、$\dot{F}_{A1}^{-}$），（$\dot{F}_{B1}^{+}$、$\dot{F}_{B1}^{-}$）和（$\dot{F}_{C1}^{+}$、$\dot{F}_{C1}^{-}$）。由于我们取 A 相电流为正最大值时的瞬间作为画制向量图的起始点，这时 A 相绕组的基波脉振磁动势的两个分量$\dot{F}_{A1}^{+}$、$\dot{F}_{A1}^{-}$正好处在+A 轴线上。B 相电流落后于 A 相电流 120°电气角度，这意味着相对于 A 相电流达到正最大值的时刻而言，B 相电流将再经过 120°电气角度才能达到它的最大值。当 B 相电流将达到最大值时，$\dot{F}_{B1}^{+}$和$\dot{F}_{B1}^{-}$就应该处在+B 轴线上。但是，在开始画图的瞬间$\omega t=0$，B 相电流并没有达到最大值，因此 B 相绕组磁动势向量的两个分量$\dot{F}_{B1}^{+}$和$\dot{F}_{B1}^{-}$都应以+B 轴线为参考，依照各自的旋转方向后退 120°空间电气角度。同样，C 相电流落后于 A 相电流 240°电气角，因此，C 相绕组磁动势向量的两个分量$\dot{F}_{C1}^{+}$和$\dot{F}_{C1}^{-}$都应以+C 轴线为参考，依照各自的旋转方向后退 240°

空间电气角度。这样，图 1.3.28 展示了画图瞬间的 6 个旋转向量 $\dot{\boldsymbol{F}}_{A1}^{+}$、$\dot{\boldsymbol{F}}_{A1}^{-}$、$\dot{\boldsymbol{F}}_{B1}^{+}$、$\dot{\boldsymbol{F}}_{B1}^{-}$ 和 $\dot{\boldsymbol{F}}_{C1}^{+}$、$\dot{\boldsymbol{F}}_{C1}^{-}$ 之间的相互关系：在 6 个向量中，$\dot{\boldsymbol{F}}_{A1}^{-}$、$\dot{\boldsymbol{F}}_{B1}^{-}$ 和 $\dot{\boldsymbol{F}}_{C1}^{-}$ 三个旋转向量彼此相距 120°空间电气角度，它们之和正好等于零；而其他三个旋转向量 $\dot{\boldsymbol{F}}_{A1}^{+}$、$\dot{\boldsymbol{F}}_{B1}^{+}$ 和 $\dot{\boldsymbol{F}}_{C1}^{+}$ 处在空间的同一位置上，当 $\omega t=0$ 时，它们刚好处在 A 相绕组的 +A 轴线上，它们之和等于 $3\times 0.5\boldsymbol{F}_{A1}$。这就是说，当空间对称的三相电枢绕组内通过时间上对称的三相电流时，三相电枢绕组产生的合成基波旋转磁动势的幅值 F_1 是单相脉振磁动势最大振幅的 3/2 倍，即

$$F_1=\frac{3}{2}\times 0.9\frac{w_{\Phi}I_a}{p}=1.35\frac{w_{\Phi}I_a}{p}\ （安匝/极）\tag{1-3-50}$$

1.3.3.5　三相绕组的高次谐波磁动势

高次谐波磁动势是从单相脉振磁动势中分解出来的分量。因此，在单相绕组中，高次谐波磁动势的性质与基波磁动势没有什么差别，只不过磁极对数比基波多，因而它们的分析方法是一样的。

1）三相绕组的第 3 次谐波磁动势

分析三相绕组的第 3 次谐波磁动势时，仍用前面分析基波磁动势时所采用的坐标系统。根据式（1-3-42），各相第 3 次谐波磁动势的表达式为

$$f_{A3}=-F_{m3}\cos\omega t\cos 3\alpha$$

$$\begin{aligned}f_{B3}&=-F_{m3}\cos\left(\omega t-\frac{2\pi}{3}\right)\cos 3\left(\alpha-\frac{2\pi}{3}\right)\\&=-F_{m3}\cos\left(\omega t-\frac{2\pi}{3}\right)\cos(3\alpha-2\pi)\\&=-F_{m3}\cos\left(\omega t-\frac{2\pi}{3}\right)\cos 3\alpha\end{aligned}$$

$$\begin{aligned}f_{C3}&=-F_{m3}\cos\left(\omega t-\frac{4\pi}{3}\right)\cos 3\left(\alpha-\frac{4\pi}{3}\right)\\&=-F_{m3}\cos\left(\omega t-\frac{4\pi}{3}\right)\cos(3\alpha-4\pi)\\&=-F_{m3}\cos\left(\omega t-\frac{4\pi}{3}\right)\cos 3\alpha\end{aligned}$$

式中：F_{m3} 是单相绕组的第 3 次谐波脉振磁动势的最大振幅，其量值为

$$F_{m3}=\frac{4}{\pi}\frac{1}{2}\sqrt{2}\frac{1}{3}\frac{w_{\Phi}I_a}{p}=\frac{1}{3}\times 0.9\frac{w_{\Phi}I_a}{p}\ （安匝/极）$$

从上面的 f_{A3}、f_{B3} 和 f_{C3} 三个式子可以看出，A、B 和 C 三个相的第 3 次谐波磁动势的空间分布都是按 $\cos 3\alpha$ 规律变化的。这就是说，它们在空间位置上是同相位的。

把上面三个相的第 3 次谐波磁动势加起来，就得到三相的合成第 3 次谐波磁动势 f_3，即

$$\begin{aligned}f_3&=f_{A3}+f_{B3}+f_{C3}\\&=-F_{m3}\cos\omega t\cos 3\alpha-F_{m3}\cos\left(\omega t-\frac{2\pi}{3}\right)\cos 3\alpha-F_{m3}\cos\left(\omega t-\frac{4\pi}{3}\right)\cos 3\alpha\\&=-F_{m3}\cos 3\alpha\left[\cos\omega t+\cos\left(\omega t-\frac{2\pi}{3}\right)+\cos\left(\omega t-\frac{4\pi}{3}\right)\right]=0\end{aligned}\tag{1-3-51}$$

上面的公式中，f_3=0，是由于

$$\left[\cos\omega t+\cos\left(\omega t-\frac{2\pi}{3}\right)+\cos\left(\omega t-\frac{4\pi}{3}\right)\right]=0$$

A、B 和 C 各相的第 3 次谐波磁动势虽然在空间是同相位的，但是由于三相电流在时间上相互差 120°电气角度，它们随时间脉振有先有后，相互抵消了。

类似的分析还可以推论到 3 的倍数次谐波磁动势上，例如第 9 次、第 15 次、第 21 次、第 27 次、……，它们的三相合成磁动势也都等于零。

2）三相绕组的第 5 次谐波磁动势

分析三相绕组的 5 次谐波时，仍用上面给出的同一个坐标系统。于是，A、B 和 C 三相绕组的第 5 次谐波磁动势的表达式分别为

$$f_{A5}=F_{m5}\cos\omega t\cos5\alpha$$

$$f_{B5}=F_{m5}\cos\left(\omega t-\frac{2\pi}{3}\right)\cos5\left(\alpha-\frac{2\pi}{3}\right)=F_{m5}\cos\left(\omega t-\frac{2\pi}{3}\right)\cos\left(5\alpha+\frac{2\pi}{3}\right)$$

$$f_{C5}=F_{m5}\cos\left(\omega t-\frac{4\pi}{3}\right)\cos5\left(\alpha-\frac{4\pi}{3}\right)=F_{m5}\cos\left(\omega t-\frac{4\pi}{3}\right)\cos\left(5\alpha-\frac{20\pi}{3}\right)$$

$$=F_{m5}\cos\left(\omega t-\frac{4\pi}{3}\right)\cos\left(5\alpha+\frac{4\pi}{3}\right)$$

式中：F_{m5} 是单相绕组的第 5 次谐波脉振磁动势的最大振幅，其量值为

$$F_{m5}=\frac{4}{\pi}\frac{1}{2}\sqrt{2}\frac{1}{5}\frac{w_{\Phi}I_a}{p}=\frac{1}{5}\times0.9\frac{w_{\Phi}I_a}{p}\quad（安匝/极）$$

把上面三个相绕组的第 5 次谐波磁动势 f_{A5}、f_{B5} 和 f_{C5} 加起来，就得到三相绕组的合成第 5 次谐波磁动势 f_5 为

$$\begin{aligned}f_5&=f_{A5}+f_{B5}+f_{C5}\\&=F_{m5}\cos\omega t\cos5\alpha+F_{m5}\cos\left(\omega t-\frac{2\pi}{3}\right)\cos\left(5\alpha+\frac{2\pi}{3}\right)\\&\quad+F_{m5}\cos\left(\omega t-\frac{4\pi}{3}\right)\cos\left(5\alpha+\frac{4\pi}{3}\right)\\&=\frac{F_{m5}}{2}\Bigg[\cos(5\alpha-\omega t)+\cos(5\alpha+\omega t)\\&\quad+\cos\left(5\alpha-\omega t+\frac{4\pi}{3}\right)+\cos(5\alpha+\omega t)+\cos\left(5\alpha-\omega t+\frac{2\pi}{3}\right)+\cos(5\alpha+\omega t)\Bigg]\\&=\frac{3}{2}F_{m5}\cos(5\alpha+\omega t)\\&=F_5\cos(5\alpha+\omega t)\end{aligned}\tag{1-3-52}$$

式中：F_5 是三相绕组的第 5 次谐波磁动势的幅值，其量值为

$$F_5=\frac{3}{2}F_{m5}=\frac{3}{2}\frac{4}{\pi}\frac{1}{2}\sqrt{2}\frac{1}{5}\frac{w_{\Phi}I_a}{p}=\frac{1}{5}\times1.35\frac{w_{\Phi}I_a}{p}\quad（安匝/极）$$

式（1-3-52）是一个行波的数学表达式，这就是说，三相绕组合成的第 5 次谐波磁动势也是一个旋转磁动势，它的幅值是三相合成基波磁动势 1/5。

把（$5\alpha+\omega t$）=0 微分，求得它的旋转角速度为

$$\frac{\mathrm{d}\alpha}{\mathrm{d}t}=-\frac{\omega}{5}$$

由此可见，三相绕组合成的第 5 次谐波磁动势的旋转角速度是三相合成基波磁动势的旋转角速度的 1/5；而旋转的方向是朝着$-\alpha$ 方向，所以它是一个反向旋转的磁动势。

类似的分析还可以推论到第 11 次、第 17 次、第 23 次、……、第$\gamma=(6k-1)$次（k 为正整数）的三相绕组的合成磁动势上，它们是反方向旋转的，旋转速度是三相合成基波磁动势的 $1/\gamma$。

3）三相绕组的第 7 次谐波磁动势

A、B 和 C 三相绕组的第 7 次谐波磁动势的表达式分别为

$$f_{A7}=-F_{m7}\cos\omega t\cos7\alpha$$

$$f_{B7}=-F_{m7}\cos\left(\omega t-\frac{2\pi}{3}\right)\cos7\left(\alpha-\frac{2\pi}{3}\right)$$

$$=-F_{m7}\cos\left(\omega t-\frac{2\pi}{3}\right)\cos\left(7\alpha-\frac{2\pi}{3}\right)$$

$$f_{C7}=-F_{m7}\cos\left(\omega t-\frac{4\pi}{3}\right)\cos7\left(\alpha-\frac{4\pi}{3}\right)$$

$$=-F_{m7}\cos\left(\omega t-\frac{4\pi}{3}\right)\cos\left(7\alpha-\frac{4\pi}{3}\right)$$

式中：F_{m7} 是单相绕组的第 7 次谐波脉振磁动势的最大振幅，其量值为

$$F_{m7}=\frac{4}{\pi}\frac{1}{2}\sqrt{2}\frac{1}{7}\frac{w_{\Phi}I_a}{p}=\frac{1}{7}\times0.9\frac{w_{\Phi}I_a}{p}\text{（安匝/极）}$$

把 f_{A7}、f_{B7} 和 f_{C7} 3 个表达式加起来，就得到三相绕组合成的第 7 次谐波磁动势 f_7 为

$$\begin{aligned}f_7&=f_{A7}+f_{B7}+f_{C7}\\&=-F_{m7}\cos\omega t\cos7\alpha\\&\quad-F_{m7}\cos\left(\omega t-\frac{2\pi}{3}\right)\cos\left(7\alpha-\frac{2\pi}{3}\right)\\&\quad-F_{m7}\cos\left(\omega t-\frac{4\pi}{3}\right)\cos\left(7\alpha-\frac{4\pi}{3}\right)\\&=-\frac{F_{m7}}{2}\left[\cos(7\alpha-\omega t)+\cos(7\alpha+\omega t)\right.\\&\quad+\cos(7\alpha-\omega t)+\cos\left(7\alpha+\omega t-\frac{4\pi}{3}\right)\\&\quad\left.+\cos(7\alpha-\omega t)+\cos\left(7\alpha+\omega t-\frac{2\pi}{3}\right)\right]\\&=-\frac{3}{2}F_{m7}\cos(7\alpha-\omega t)=-F_7\cos(7\alpha-\omega t)\end{aligned}\tag{1-3-53}$$

式中：F_7 是三相绕组的第 7 次谐波磁动势的幅值，其量值为

$$F_7=\frac{3}{2}F_{m7}=\frac{3}{2}\frac{4}{\pi}\frac{1}{2}\sqrt{2}\frac{1}{7}\frac{w_{\Phi}I_a}{p}=\frac{1}{7}\times 1.35\frac{w_{\Phi}I_a}{p}\text{（安匝/极）}$$

式（1-3-53）是一个行波的数学表达式，这就是说，三相绕组合成的第七次谐波磁动势也是一个旋转磁动势，它的幅值是三相绕组合成基波磁动势 1/7。

同样，把（$7\alpha-\omega t$）=0 微分，求得它的旋转角速度为

$$\frac{d\alpha}{dt}=\frac{\omega}{7}$$

由此可见，三相绕组合成的第七次谐波磁动势的旋转角速度是三相绕组合成基波磁动势的旋转角速度的 1/7；而旋转的方向是朝着$+\alpha$ 方向，所以它是一个正向旋转的磁动势。

类似的情况还可以推论到第 13 次、第 19 次、第 25 次、……、第$\gamma=(6k+1)$次（k 为正整数）的三相绕组合成磁动势上，它们的三相绕组合成磁动势都是正向旋转的，它们的旋转速度是三相绕组合成基波磁动势的旋转速度的 $1/\gamma$ 。

综上分析，三相绕组的高次谐波磁动势的基本特征如下所述。

（1）所有由正弦电流产生的谐波磁动势，对时间而言，它们都以正弦电流的同样的频率脉振，即有 $f_{\gamma}=f_1$。

（2）γ 次谐波磁动势的极数和谐波的次数成正比，即有 $p_{\gamma}=\gamma p$ 。

（3）γ 次谐波磁动势的旋转速度和谐波的次数成反比，即小于基波旋转速度的γ 倍：

$$n_{\gamma}=\frac{60f_1}{p_{\gamma}}=\frac{1}{\gamma}\frac{60f_1}{p}=\frac{n_1}{\gamma}$$

（4）某次谐波磁动势的旋转方向由公式$\gamma=6k\pm1$ 来决定，式中 k=0，1，2，3，…，如果采用正号，这个公式所给出的谐波次数的磁动势的旋转方向就与基波磁动势的旋转方向相同；而如果采用负号，这个公式所给出的谐波次数的磁动势的旋转方向就与基波磁动势的旋转方向相反。例如，第 5 次（γ=5=6×1−1）谐波磁动势的旋转方向和基波磁动势的旋转方向相反，而第 19 次（γ=19=6×3+1）谐波磁动势的旋转方向和基波磁动势的旋转方向相同。

（5）第 3 次和 3 的倍数次的谐波磁动势，在三相绕组合成的总磁动势内是不存在的。

（6）电枢绕组磁动势的高次谐波分量将导致电枢铁心的局部饱和、振动和噪声，因此我们应采取必要的措施来削弱电枢绕组磁动势内的高次谐波分量。

1.3.3.6　绕组的短距、分布和定子齿槽或永磁转子磁极的扭斜对磁动势的影响

前面我们曾借助绕组的短距、分布和扭斜定子齿槽或转子永磁体磁极等方法来消除或削弱电枢绕组内感应电动势的高次谐波分量，从而达到改善电动势的时间波形的目的，使之尽可能地接近于正弦波形；同样，我们也可以借助绕组的短距、分布和扭斜定子齿槽或转子永磁体磁极等方法来消除或削弱电枢绕组通电后产生的磁动势内的高次谐波分量，从而达到改善磁动势的空间波形，使之尽可能地接近于正弦波形。前面在考虑绕组的短距、分布和扭斜定子齿槽或转子永磁体磁极对电动势的影响时，采用了一个绕组系数，经分析证明：计算电动势时所采用的绕组系数与计算磁动势所采用的绕组系数是相同的。因此，三相电枢绕组的基波磁动势幅值的表达式为

$$F_1 = 1.35\frac{w_{\Phi} k_{W1} I_a}{p}\text{（安匝/极）} \tag{1-3-54}$$

式中：k_{W1} 是基波绕组系数，它是短距系数 k_{y1}、分布系数 k_{p1} 和斜槽系数 k_{ck1} 之乘积，即 $k_{W1} = k_{y1}\ k_{p1}\ k_{ck1}$。

三相电枢绕组的高次谐波磁动势幅值的表达式为

$$F_{\gamma} = \frac{1}{\gamma}\times 1.35\frac{w_{\Phi} k_{W\gamma} I_a}{p}\text{（安匝/极）} \tag{1-3-55}$$

式中：$k_{W\gamma}$ 是第 γ 次谐波的绕组系数，$k_{W\gamma} = k_{y\gamma}\ k_{p\gamma}\ k_{ck\gamma}$。

1.3.3.7　电枢绕组磁动势内的次谐波分量

所谓次谐波就是该谐波的序次低于基波的序次的谐波，而基波的序次是与电动机的磁极对数相对应的。在本节内，为了说明在分数槽电枢绕组的磁动势内存与次谐波分量，我们先画出三相整数槽电枢绕组的磁动势的空间分布，这样也可以掌握磁动势空间分布曲线的绘制方法；然后，再画出分数槽电枢绕组的磁动势的空间分布。在此基础上，对两者进行比较。

为了清晰起见，我们以最简单的三相单层整距绕组（m=3、p=1、Z=6、q=1、$y=\tau$）为例，在假设 δ=常数、$\mu_{Fe}=\infty$、$i = I_m \sin\omega t$ 的条件下，画出它的磁动势的空间分布。画制电枢绕组空间磁动势的方法，基于这样的规则：绕组的总磁动势，仅在电动机的电枢有槽的地方发生变化，而在槽与槽之间的间隔区间内是不会发生变化的。

图 1.3.29（a）是三相电流向量的星形图，它描述了按照 60°相带法构建的三相绕组内的各相电流之间的相位关系。图 1.3.29（b）是 A 相电流达到最大值时的最简单的三相单层整距绕组的磁动势的空间分布曲线图。当 A 相电流达到最大值 $i_A = I_m$ 时，在左边第一槽 A 内的 A 相首端圈边的磁动势达到最大值，把它以线段 ab 从 a 点起画在通过槽 A 的垂直线上。在槽 A 与槽 Z 之间的圆周方向的长度上，磁动势的数值是不变的，因此，我们画一条水平线 bc 到通过槽 Z 的垂直线为止。从电流向量星形图可以看出，此刻处于槽 Z 内的 C 相末端圈边内的电流为 $i_Z = (1/2)i_A = (1/2)I_m$，因此，我们必须在原来已经得到的磁动势上增加一段线段 $cd = (1/2)ab$。在槽 Z 与槽 B 之间的圆周方向的长度上，磁动势的数值保持不变，因此，我们画一条水平线 de 到通过槽 B 的垂直线为止。此刻处于槽 B 内的 B 相首端圈边内的电流为 $i_B = -(1/2)i_A = -(1/2)I_m$，因此，我们必须把现有的磁动势减少一段线段 $ef = (1/2)ab$。这样依次画下去，便可以获得如图 1.3.29（b）所示的阶梯形的磁动势空间分布曲线。图 1.3.29（c）展示了电枢绕组磁动势的频谱。

我们在分析图 1.3.29（b）所示的磁动势曲线时，可以采用傅里叶分解法，基波磁动势与转子基波磁场相互作用产生电磁转矩；而通以三相电流的三相电枢绕组产生的高次谐波磁动势将产生对应的高次谐波磁通，并在电枢绕组内感生对应的高次谐波电动势，然而这些高次谐波电动势的频率都等于三相正弦电流的频率，因此我们可以用谐波漏电抗来描述它们。

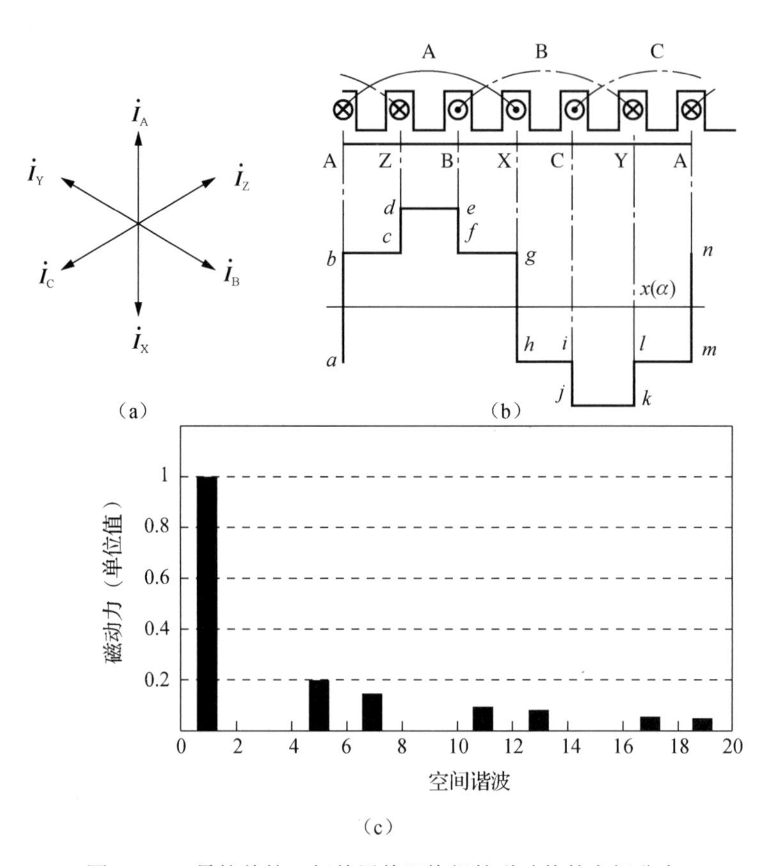

图 1.3.29　最简单的三相单层整距绕组的磁动势的空间分布

下面，我们来分析分数槽绕组电动机的电枢磁动势的空间分布曲线。图 1.3.30（a）展示了通常采用的分数槽绕组的电动机（m=3、p=5、Z=12、q=2/5、y=1）的横截面。图 1.3.30（b）是它的反电动势向量的星形图，$Z/P=Z_0t/p_0t$=12×1/5×1、Z_0=12、p_0=5、t=1，由此可见，p_0=5 对磁极构成一台虚拟的单元电动机，这意味着一个机械周转完成一个电气周期。在整数槽绕组的电动机中，每旋转过一对磁极就完成一个电气周期；而现在要旋转过 5 对磁极才完成一个电气周期。图 1.3.30（c）是它的电枢齿线圈的展开图，根据上述绘制电枢绕组磁动势的空间分布曲线图的规则，我们可以画出它的磁动势的空间分布曲线，如图 1.3.30（d）所示。图 1.3.30（e）是它的相应的磁动势频谱。

图 1.3.30（d）所示的电枢绕组磁动势的空间分布曲线和图 1.3.30（e）所示的电枢绕组磁动势的频谱是在电动机的一个机械周转，即 360°机械角度或 2π 机械弧度的范围内分析得到的。对于 12 槽/10 极电枢绕组的拓扑结构而言，图 1.3.30（e）所示的电枢绕组磁动势的频谱表明：第 1 次、第 5 次、第 7 次、第 17 次和第 19 次是支配地位的谐波分量，其中，第 5 次的电枢绕组磁动势的空间谐波相当于基波磁动势，只有它能够与永磁转子的基波磁场相互作用产生有用的电磁转矩；第 1 次的电枢绕组磁动势的空间谐波是电枢绕组磁动势的次谐波；第 7 次、第 17 次和第 19 次是电枢绕组磁动势的高次谐波。电枢绕组磁动势的第 11 次、第 17、第 23 次、……高次谐波的旋转方向与电枢绕组磁动势的基波（即第 5 次谐波）的旋转方向是相同的；电枢绕组磁动势的次谐波（即第 1 次谐波）和第 7 次、第 13 次、第 19 次、……高次谐波的旋转方向与电枢绕组磁动势的基波（第 5 次谐波）的旋转方向是相反的。

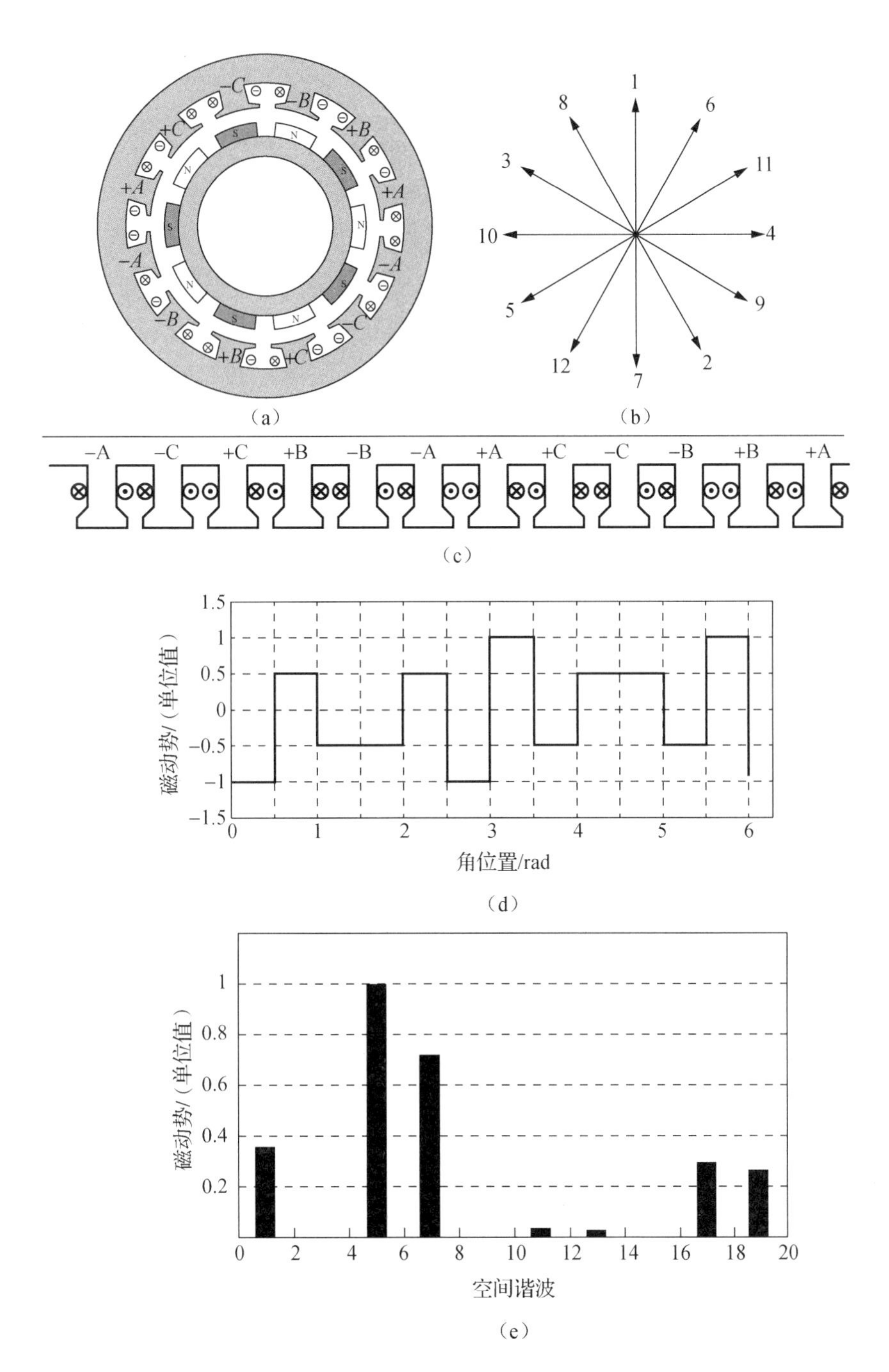

图 1.3.30　12 槽/10 极绕组拓扑结构的磁动势分布和相应的频谱

对于整数槽绕组永磁同步电动机而言，三相对称电枢绕组的任何一相的磁动势的空间分布曲线是对称于该相绕组轴线的，并以电动机的磁极对数为重复周期，所以在每相电枢绕组的磁动势中不含有次谐波分量，当然，三相对称电枢绕组合成的磁动势的空间分布曲线中也不会含有次谐波分量，第一次的电枢绕组磁动势的空间谐波就是电枢绕组磁动势的基波，如图 1.3.29（c）所示。因而一般可以认为，转子磁场与电枢绕组的基波磁动势是同步旋转的，它们之间没有相对运动，转子铁心和永磁体内基本上没有损耗。

然而，对于分数槽绕组永磁同步电动机而言，任何一相电枢绕组的磁动势的空间分布曲线不是以该相绕组的轴线为对称轴线的，也不是以电动机的磁极对数为重复周期的，以12槽/10极分数槽集中绕组为例，它的三相电枢绕组合成的磁动势的空间分布曲线是以由10个磁极构成的虚拟单元电动机（p_0=5、t=1）为重复周期的，如图1.3.30（d）所示。因此，在它的三相电枢绕组合成的磁动势的空间分布曲线中，除了高次谐波磁动势的成分比较高之外，还含有比较高的次谐波成分，如图1.3.30（e）所示。由于电枢绕组磁动势的次谐波（即第1次谐波）的旋转方向与电枢绕组磁动势的基波（即第5次谐波）的旋转方向相反，电枢绕组磁动势的次谐波（即第1次谐波）与永磁转子之间的相对速度比较高，次谐波磁通在转子铁心和永磁体内的交变频率就比较高；同时，电枢磁动势的次谐波的波长比较长，容易穿透入转子铁心和永磁体，于是电动机运行时将产生明显的转子损耗，所有这些是分数槽绕组的主要缺点。我们必须重视如何减小分数槽电枢绕组的磁动势内的次谐波分量的研究。

在永磁同步电动机设计时，既要看到整数槽分布绕组和分数槽集中绕组的各自优点，又要看到它们各自的缺点，然后根据具体的技术要求，综合考虑、认真分析，作出比较合理的选择。

1.3.3.8　电动势和磁动势的全景图

在理想空载状态下，永磁转子在气隙内产生的气隙磁通密度，它在一个磁极对的空间区间内，沿着电枢圆周表面呈非正弦曲线分布，它可以被分解成基波和奇数序次的高次谐波。在电枢铁心表面有槽开口的情况下，由于齿槽效应而产生的齿谐波将被叠加在气隙磁通密度空间分布的曲线上。当永磁转子旋转时，气隙磁通密度的基波、高次谐波和齿谐波将在电枢绕组中感生出相应的电动势。这些电动势将与外部的电源电压相平衡，由于电枢绕组中没有电流，转轴上只有齿槽效应力矩。

当频率为f_1的三相对称交变电流通入对称的A、B和C三相电枢绕组之后，三相电枢绕组便各自产生非正弦分布的磁动势。每相电枢绕组产生的非正弦分布的磁动势可以被分解成基波磁动势和奇数序次的高次谐波磁动势。然后，三个相的电枢绕组的基波磁动势合成一个以同步转速$n_1=60f_1/p$旋转的基波磁动势，并把它的旋转方向设定为正方向。在三个相的电枢绕组的相互对应的高次谐波磁动势的合成过程中，第3次和它的倍数次谐波的合成磁动势等于零；第5次、第11次、第17次、第23次、……合成的高次谐波磁动势朝着反方向旋转；第7次、第13次、第19次、第25次、……合成的高次谐波磁动势朝着正方向旋转。对于分数槽绕组电动机而言，在合成的电枢磁动势内，除了基波磁动势和高次谐波磁动势之外，还存有次谐波磁动势，它的旋转方向与基波磁动势的旋转方向相反。

负载运行时，一方面，电枢绕组内存在着由电流产生的电阻压降、漏抗压降、直轴和交轴电枢反应电动势和永磁转子的基波主磁通在电枢绕组内感生的电动势，它们的向量之和将与外部的电源电压相平衡，电动机从电源吸取电功率；另一方面，永磁转子的基波磁场与电枢反应的基波磁场相互作用产生的电磁转矩，永磁转子磁场的高次谐波分量与电枢电流相互作用产生的高次谐波力矩，寄生的齿槽效应力矩和径向磁拉力，将会出现在转轴上，电动机向负载输出机械功率。

图1.3.31给出了永磁同步电动机内电动势和磁动势的全景图。

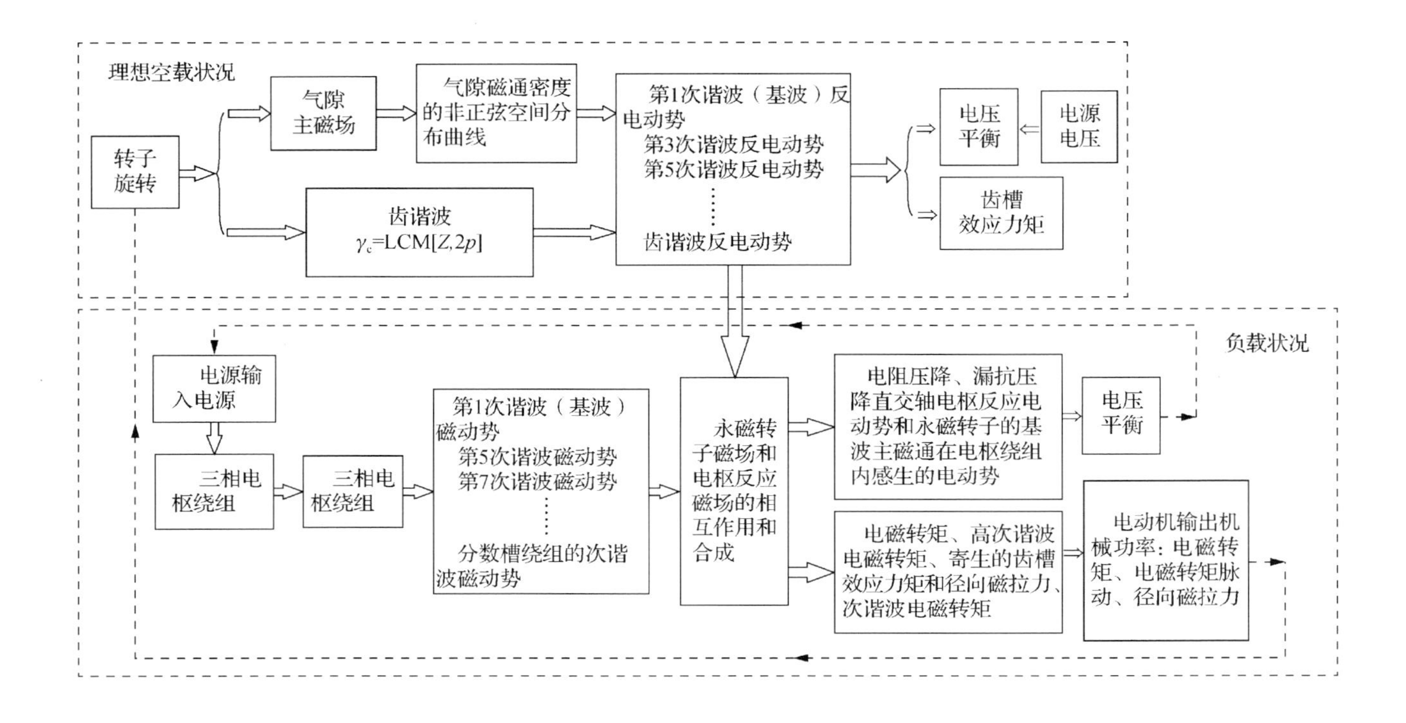

图 1.3.31　永磁同步电动机内电动势和磁动势的全景图

1.3.4　基本电磁关系、电压平衡方程式和向量图

在掌握电动机磁路、电枢绕组结构、电枢绕组的电动势和磁动势的基础上，进一步讨论电动机负载运行时内部发生的基本电磁关系、电压平衡方程式和向量图，对设计制造电动机及其控制器具有重要的意义。

1.3.4.1　基本电磁关系

在我们讨论的范围内，永磁同步电动机基本有两类，即表面贴装式永磁同步电动机和内置式永磁同步电动机。由于这两类电动机在磁路结构上存在比较大的差异，要采用不同的方法来分析它们在负载运行时内部发生的基本电磁关系。

1）表面贴装式永磁同步电动机负载运行时内部发生的基本电磁关系

当电动机负载运行时，在三相电枢绕组内就有三相对称的电流 I_A、I_B 和 I_C 通过，这时，电动机的气隙内有两个旋转磁场，其一是由永磁转子产生的磁场（$\dot{\boldsymbol{F}}_m$），它通常被称为主磁场；其二是由三相电枢绕组内的三相电流产生的定子旋转磁场（$\dot{\boldsymbol{F}}_a$），它被称为电枢反应磁场。主磁场和电枢反应磁场两者相互作用产生合成磁场 $\dot{\boldsymbol{F}}_R$，合成磁场 $\dot{\boldsymbol{F}}_R$ 产生合成的磁链 $\dot{\boldsymbol{\psi}}_R$，在气隙内形成合成的气隙磁通密度 $\dot{\boldsymbol{B}}_\delta$。合成的气隙磁通密度 $\dot{\boldsymbol{B}}_\delta$ 在电枢绕组内感生反电动势 $\dot{\boldsymbol{E}}_\delta$。施加在电动机电枢绕组端头上的电压 $\dot{\boldsymbol{U}}$ 必须与反电动势 $\dot{\boldsymbol{E}}_\delta$ 和电枢绕组的漏阻抗 z_s（$z_s = r_a + jx_s$）相平衡。

将上述关系综合起来，表面贴装式永磁同步电动机负载运行时内部发生的基本电磁关系可以表达为

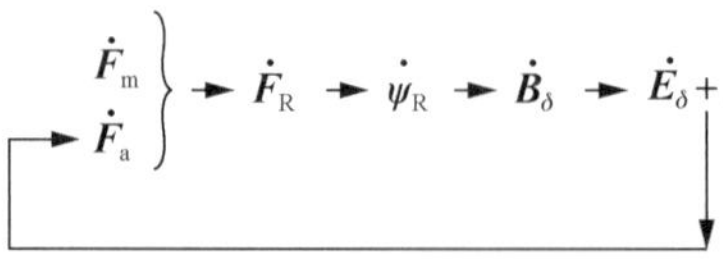

$$\left.\begin{matrix}\dot{F}_m \\ \dot{F}_a\end{matrix}\right\} \rightarrow \dot{F}_R \rightarrow \dot{\psi}_R \rightarrow \dot{B}_\delta \rightarrow \dot{E}_\delta + \dot{I}_a z_s = \dot{U}$$

在表面贴装式永磁同步电动机中，也可以采用叠加原理来分析，首先永磁转子的磁动势 $\dot{\boldsymbol{F}}_m$ 单独在气隙内产生气隙磁通密度 $\dot{\boldsymbol{B}}_{\delta 0}$，并单独在电枢绕组内感生反电动势 $\dot{\boldsymbol{E}}_0$；电枢反应磁动势 $\dot{\boldsymbol{F}}_a$ 单独在气隙内产生气隙磁通密度 $\dot{B}_{\delta a}$，并单独在电枢绕组内感生电动势 $\dot{\boldsymbol{E}}_a$。然后，把二者叠加起来形成合成的电动势 $\dot{\boldsymbol{E}}_\delta$，即 $\dot{\boldsymbol{E}}_\delta = \dot{\boldsymbol{E}}_0 + \dot{\boldsymbol{E}}_a$，在每相的电气回路内和电枢绕组的漏阻抗压降一起与外加电压相平衡。在此情况下，表面贴装式永磁同步电动机负载运行时内部发生的基本电磁关系可以表述为

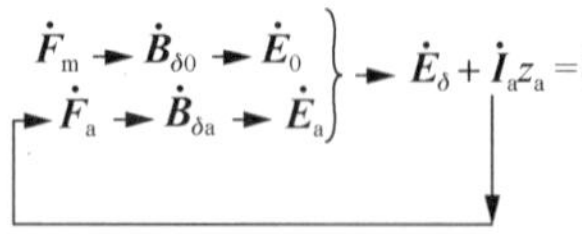

$$\left.\begin{matrix}\dot{F}_m \rightarrow \dot{B}_{\delta 0} \rightarrow \dot{E}_0 \\ \dot{F}_a \rightarrow \dot{B}_{\delta a} \rightarrow \dot{E}_a\end{matrix}\right\} \rightarrow \dot{E}_\delta + \dot{I}_a z_a = \dot{U}$$

由于表面贴装式永磁同步电动机类似于隐极式同步电动机，它的气隙可以被认为是均匀的，不管电枢反应磁场 $\dot{\boldsymbol{F}}_a$ 径向作用在转子圆周表面的任何位置，它的磁通路径都是一样的，即电枢反应磁导是一样的。这意味着产生气隙磁通密度 B_δ 的合成磁动势 $\boldsymbol{F}_R$ 在空间上和 B_δ 有着相同的位置，即 $\dot{\boldsymbol{F}}_R$ 和 $\dot{\boldsymbol{B}}_\delta$ 是同相位的，这是表面贴装式永磁同步电动机负载运行的一个重要特征。

2）内置式永磁同步电动机负载运行时内部发生的基本电磁关系

我们说内置式永磁同步电动机类似于凸极式同步电动机，是因为当电枢反应磁动势 $\dot{F}_{\mathrm{a}}$ 径向地作用在转子圆周表面的不同位置时，它的磁通路径是不一样的。也就是说，沿着转子圆周表面不同位置的径向磁导是不一样的，也可以认为内置式永磁同步电动机的等效气隙是不均匀的。在此情况下，主磁场和电枢反应磁场两者的合成磁动势产生的气隙磁通密度的空间分布波形与合成磁动势的空间分布波形就不一样了，把这个气隙磁通密度的基波分解出来，它与合成磁动势的基波就不是同相位的了。这就给我们分析内置式永磁同步电动机的负载运行状态增加了许多困难。

为了解决这一困难，人们在叠加原理的基础上，提出了一种分析方法，即把电枢反应的基波磁动势 $\dot{\boldsymbol{F}}_{\mathrm{a}}$ 分解成两个磁动势：一个作用在纵轴（通过 N 极和 S 极中心线的轴线）上，被称为纵轴（d-）电枢反应磁动势，用符号 $\dot{\boldsymbol{F}}_{\mathrm{ad}}$ 来表示；另一个作用在交轴（与纵轴成 90°的轴线）上，被称为交轴（q-）电枢反应磁动势，用符号 $\dot{\boldsymbol{F}}_{\mathrm{aq}}$ 来表示。这样分解的目的是：把纵轴电枢反应磁动势 $\dot{\boldsymbol{F}}_{\mathrm{ad}}$ 的位置固定在转子的纵轴上；把交轴电枢反应磁动势 $\dot{\boldsymbol{F}}_{\mathrm{aq}}$ 的位置固定在转子的交轴上，从而解决了合成磁动势遇到的不同等效气隙长度的困难。这种把电枢反应磁动势 $\dot{\boldsymbol{F}}_{\mathrm{a}}$ 分解成两个分量的方法被称为双反应原理。

在已知电枢反应磁动势与转子横轴之间的电气夹角 ψ 的情况下，纵轴电枢反应磁动势 $\dot{\boldsymbol{F}}_{\mathrm{ad}}$ 和交轴电枢反应磁动势 $\dot{\boldsymbol{F}}_{\mathrm{aq}}$ 分别为

$$\dot{\boldsymbol{F}}_{\mathrm{ad}}=\dot{\boldsymbol{F}}_{\mathrm{a}}\sin\psi$$
$$\dot{\boldsymbol{F}}_{\mathrm{aq}}=\dot{\boldsymbol{F}}_{\mathrm{a}}\cos\psi$$

直轴电枢反应磁动势 $\dot{\boldsymbol{F}}_{\mathrm{ad}}$ 和交轴电枢反应磁动势 $\dot{\boldsymbol{F}}_{\mathrm{aq}}$ 分别产生直轴磁链 $\dot{\boldsymbol{\psi}}_{\mathrm{ad}}$ 和交轴磁链 $\dot{\boldsymbol{\psi}}_{\mathrm{aq}}$，直轴磁通密度 $\boldsymbol{B}_{\mathrm{ad}}$ 和交轴磁通密度 $\boldsymbol{B}_{\mathrm{aq}}$，并分别在电枢绕组内感生直轴电枢反应电动势 $\dot{\boldsymbol{E}}_{\mathrm{ad}}$ 和交轴电枢反应电动势 $\dot{\boldsymbol{E}}_{\mathrm{aq}}$。然后，再与永磁转子的磁动势 $\dot{\boldsymbol{F}}_{\mathrm{m}}$ 单独产生的主磁链 $\dot{\boldsymbol{\psi}}_{\mathrm{m}}$ 在电枢绕组内感生的反电动势 $\dot{\boldsymbol{E}}_{0}$ 叠加起来，得到合成的电动势 $\dot{\boldsymbol{E}}_{\delta}$。在此情况下，内置式永磁同步电动机负载运行时内部发生的基本电磁关系可以表述为

$$\left.\begin{array}{l} \dot{F}_{\mathrm{m}} \rightarrow \dot{\psi}_{\mathrm{m}} \rightarrow \dot{E}_{0} \\ \left\{\begin{array}{l} \dot{F}_{\mathrm{d}} \rightarrow \dot{F}_{\mathrm{ad}} \rightarrow \dot{\psi}_{\mathrm{ad}} \rightarrow \dot{B}_{\mathrm{ad}} \rightarrow \dot{E}_{\mathrm{ad}} \\ \dot{I}_{\mathrm{q}} \rightarrow \dot{F}_{\mathrm{aq}} \rightarrow \dot{\psi}_{\mathrm{aq}} \rightarrow \dot{B}_{\mathrm{aq}} \rightarrow \dot{E}_{\mathrm{aq}} \end{array}\right. \end{array}\right\} \rightarrow \dot{E}_{\delta}+\dot{I}_{\mathrm{a}} z_{\mathrm{s}}=\dot{U}$$

1.3.4.2　电压平衡方程式和向量图

本节首先分析内置式永磁同步电动机的电压平衡方程式和向量图，然后，把表面贴装式永磁同步电动机作为内置式永磁同步电动机的一个特例，再介绍它的电压平衡方程式和向量图。

1）内置式永磁同步电动机的电压平衡方程式和向量图

为便于分析，假设电动机具有不饱和的磁路，在此条件下，电动机内的各个独立磁动势相互之间线性无关，它们将各自在对应的磁路和电枢绕组内分别产生磁通和相应的电动势：永磁转子产生气隙主磁通 $\dot{\boldsymbol{\Phi}}_{0}$（或主磁链 $\dot{\boldsymbol{\psi}}_{\mathrm{m}}$），主磁通 $\dot{\boldsymbol{\Phi}}_{0}$ 产生空载反电动势 $\dot{\boldsymbol{E}}_{0}$；对于凸极永磁同步电动机而言，根据双反应原理，直轴电枢反应磁动势 $\dot{\boldsymbol{F}}_{\mathrm{ad}}$ 产生直轴电枢反应磁通 $\dot{\boldsymbol{\Phi}}_{\mathrm{ad}}$，直轴电枢反应磁通 $\dot{\boldsymbol{\Phi}}_{\mathrm{ad}}$ 产生直轴电动势 $\dot{\boldsymbol{E}}_{\mathrm{ad}}$；交轴电枢反应磁动势 $\dot{\boldsymbol{F}}_{\mathrm{aq}}$ 产生交轴电枢

反应磁通 $\dot{\Phi}_{aq}$，交轴电枢反应磁通 $\dot{\Phi}_{aq}$ 产生交轴电动势 $\dot{E}_{aq}$；漏磁势 $\dot{F}_s$ 产生漏磁通 $\dot{\Phi}_s$，漏磁通 $\dot{\Phi}_s$ 产生漏电动势 $\dot{E}_s$。上述各个电动势之间可以相互叠加。

因此，凸极永磁同步电动机稳定运行时，可以写出其电压平衡方程式为

$$\begin{aligned}\dot{U} &= \dot{E}_0 + \dot{I}_a r_a + j\dot{I}_a x_s + j\dot{I}_d x_{ad} + j\dot{I}_q x_{aq} \\ &= \dot{E}_0 + \dot{I}_a r_a + j\dot{I}_d x_d + j\dot{I}_q x_q\end{aligned} \tag{1-3-56}$$

式中：$\dot{U}$ 是外加相电压有效值，V；$\dot{E}_0$ 是永磁转子产生的气隙基波主磁通在每相电枢绕组内感生的每相空载反电动势有效值，V；$\dot{I}_a$ 是每相电枢绕组内的相电流有效值，A；$\dot{I}_d = \dot{I}_a \sin\psi$ 是每相电枢电流的直轴分量有效值，A；$\dot{I}_q = \dot{I}_a \cos\psi$ 是每相电枢电流的交轴分量有效值，A；r_a 是每相电枢绕组的电阻值，Ω；x_{ad} 是每相电枢绕组的直轴电枢反应电抗值，Ω；x_{aq} 是每相电枢绕组的交轴电枢反应电抗值，Ω；x_s 是每相电枢绕组的漏电抗值，Ω；$x_d = x_s + x_{ad}$ 是每相电枢绕组的直轴同步电抗值，Ω；$x_q = x_s + x_{aq}$ 是每相电枢绕组的交轴同步电抗值，Ω。

根据电压平衡方程式（1-3-56），可以画出内置式（凸极）永磁同步电动机的五种典型的向量图，如图 1.3.32（a）～（e）所示。图中，$\dot{E}_\delta$ 为气隙合成基波磁场在每相电枢绕组内感生的反电动势，称为合成的每相反电动势；$\dot{E}_d$ 是气隙合成基波磁场的直轴分量在每相电枢绕组内感生的反电动势，称为直轴内电动势；角度 ψ 是每相电枢电流 $\dot{I}_a$ 和每相空载反电动势 $\dot{E}_0$ 之间的夹角（电角度），称为内功率因数角，$\dot{I}_a$ 超前 $\dot{E}_0$ 时为正，$\dot{I}_a$ 滞后 $\dot{E}_0$ 时为负；角度 θ 是外加相电压 $\dot{U}$ 和每相空载反电动势 $\dot{E}_0$ 之间的夹角，通常称为功角或转矩角；角度 φ 是外加相电压 $\dot{U}$ 和每相电枢电流 $\dot{I}_a$ 之间的夹角，通常称为功率因数角。图 1.3.32（a）～（c）中的每相电枢电流 $\dot{I}_a$ 均领前于每相空载反电动势 $\dot{E}_0$，电枢反应磁动势的直轴分量 $\boldsymbol{F}_{ad}$ 与永磁体的激励磁动势处于相反方向，呈去磁作用，致使每相电枢绕组内的直轴内电动势 $\dot{E}_d$ 小于每相空载反电动势 $\dot{E}_0$，即 $\dot{E}_d < \dot{E}_0$；图 1.3.32（b）中的每相电枢电流 $\dot{I}_a$ 与外加相电压 $\dot{U}$ 同相位，$\psi = \theta$，φ=0，功率因数 $\cos\varphi$=1；图 1.3.32（e）中的每相电枢电流 $\dot{I}_a$ 滞后于每相空载反电动势 $\dot{E}_0$，$\varphi = \psi + \theta$，电枢反应磁动势的直轴分量 $\boldsymbol{F}_{ad}$ 呈增磁作用，致使每相电枢绕组内的直轴内电动势 $\dot{E}_d$ 大于每相空载反电动势 $\dot{E}_0$，即 $\dot{E}_d > \dot{E}_0$；图 1.3.32（d）中的每相电枢电流 $\dot{I}_a$ 与每相空载反电动势 $\dot{E}_0$ 同方向，ψ =0，它没有直轴分量，即 $\dot{I}_d$=0 和 $\dot{F}_{ad}$=0，而只有建立电磁转矩的交轴分量 $\dot{I}_q$，是一种直轴增磁或去磁的临界状态，每相电枢绕组内的直轴内电动势 $\dot{E}_d$ 等于每相空载反电动势 $\dot{E}_0$，即 $\dot{E}_d = \dot{E}_0$。

根据图 1.3.32（d）所示的直轴增磁或去磁的临界状态时的相量图，可以写出如下的电压方程式为

$$\dot{U}\cos\theta = \dot{E}_0 + \dot{I}_a r_a$$

$$\dot{U}\sin\theta = \dot{I}_a x_s + \dot{I}_a x_{aq} = \dot{I}_a x_q$$

在设计自控式永磁同步电动机的过程中，式（1-3-57）可以被用来判断所设计的电动机是运行在直轴增磁状态，还是运行在直轴去磁状态，从而可以求得直轴增磁或去磁的临界状态时的空载反电动势。

$$\dot{E}_0 = \sqrt{\dot{U}^2 - (\dot{I}_a x_q)^2} - \dot{I}_a r_a \tag{1-3-57}$$

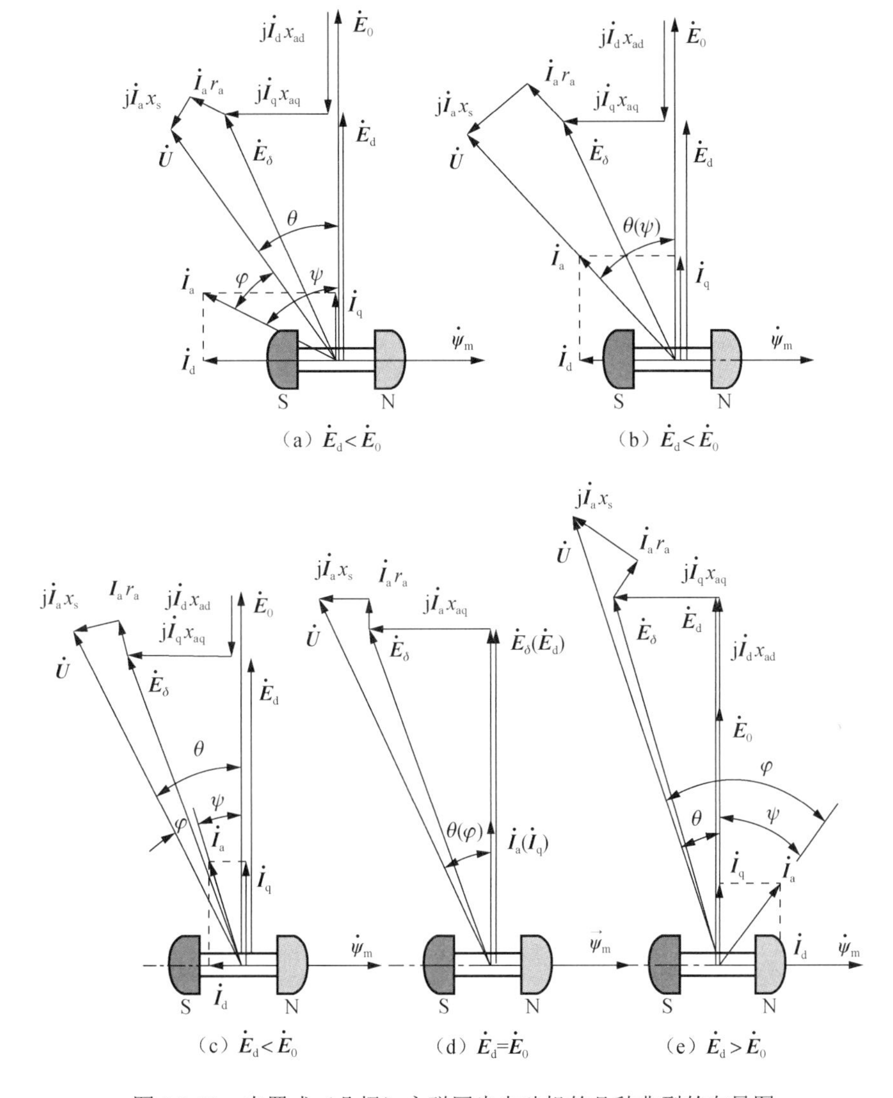

图 1.3.32　内置式（凸极）永磁同步电动机的几种典型的向量图

电动机实标的空载反电动势$\left[\dot{E}_0\right]_{\mathrm{real}}$可以根据空载时永磁转子产生的气隙磁链计算出来。比较$\left[\dot{E}_0\right]_{\mathrm{real}}$与$\dot{\boldsymbol{E}}_0$，如果$\left[\dot{E}_0\right]_{\mathrm{real}}>\dot{\boldsymbol{E}}_0$，电动机将运行在直轴去磁状态；反之，电动机将运行在直轴增磁状态。从图 1.3.32（a）和（b）中还可以看出，要使电动机能够在容性电流或单位功率因数的状态下运行，必须把电动机设计在直轴去磁状态，即要确保满足$\left[\dot{E}_0\right]_{\mathrm{real}}>\dot{\boldsymbol{E}}_0$的条件，也可以说电动机的实际空载反电动势要有足够高的数值。

2）表面贴装式永磁同步电动机的电压平衡方程式和向量图

对于表面贴装式永磁同步电动机而言，它的直轴电枢反应电抗x_{ad}基本上等于交轴电枢反应电抗x_{aq}，即$x_{\mathrm{ad}}\approx x_{\mathrm{aq}}$，它们可以用一个电枢反应电抗$x_{\mathrm{a}}$来表示，因此，一台表面贴装式永磁同步电动机类似于一台隐极同步电动机。根据内置式（凸极）永磁同步电动机的电

压平衡方程式（1-3-56），我们便可以写出表面贴装式（隐极）永磁同步电动机的电压平衡方程式为

$$\begin{aligned}\dot{\boldsymbol{U}} &= \dot{\boldsymbol{E}}_0 + \dot{\boldsymbol{I}}_a r_a + j\dot{\boldsymbol{I}}_a(x_s + x_a) \\ &= \dot{\boldsymbol{E}}_0 + \dot{\boldsymbol{I}}_a r_a + j\dot{\boldsymbol{I}}_a x_c = \dot{\boldsymbol{E}}_0 + \dot{\boldsymbol{I}}_a z_c \end{aligned} \tag{1-3-58}$$

式中：x_a 为表面贴装式永磁同步电动机的电枢反应电抗，Ω；$x_c =$（$x_s + x_a$）为表面贴装式永磁同步电动机的同步电抗，Ω；$z_c =$（$r_a + jx_c$）为表面贴装式永磁同步电动机的同步阻抗，Ω。

根据电压平衡方程式（1-3-58），可以画出表面贴装式同步电动机的等效电路图和典型向量图，分别如图 1.3.33 和图 1.3.34 所示。

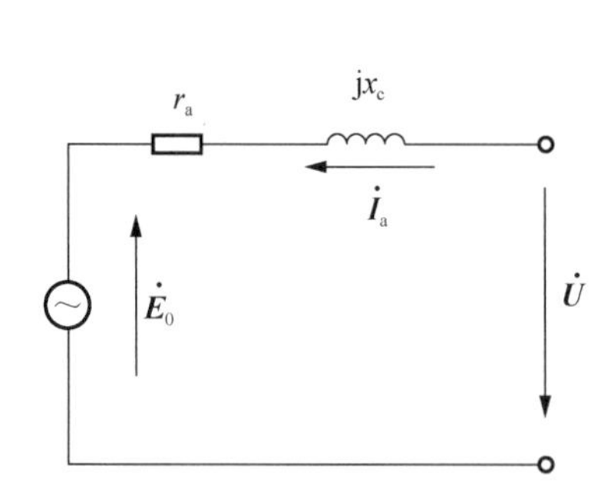

图 1.3.33　表面贴装式同步电动机的等效电路图

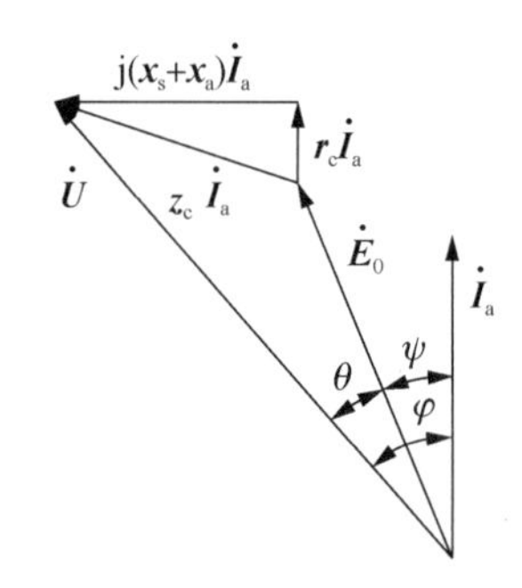

图 1.3.34　表面贴装式同步电动机的典型向量图

1.3.5　稳态电磁参数

永磁同步电动机的稳态电磁参数主要有定子电枢绕组的每相电阻 r_a、漏电抗 x_s、直轴和交轴电枢反应电抗 x_{ad} 和 x_{aq}、直轴和交轴同步电抗 x_d 和 x_q。

1.3.5.1　电枢绕组的每相电阻 r_a

在不考虑导体的趋肤效应的情况下，电枢绕组的每相电阻 r_a 可以计算为

$$r_a = \rho \frac{l}{S} \tag{1-3-59}$$

式中：ρ 是电枢绕组所采用导线的电阻率，Ω · mm²/m（铜导线在 15℃时的电阻率 $\rho_{15℃}$=0.0175Ω · mm²/m；铜导线在 75℃时的电阻率 $\rho_{75℃}=1.24\rho_{15℃}$；铜导线在 120℃时的电阻率 $\rho_{120℃}=1.42\rho_{15℃}$）；$l$ 是一相电枢绕组的每条并联支路内的串联匝数的导体的总长度，m；S 是一相电枢绕组内所有并联导体的总的截面积，mm²。

一般而言，在电枢绕组线圈选用同一规格的导线绕制时，一相电枢绕组的每条并联支路内的串联匝数的导体的总长度 l 和一相电枢绕组内所有并联导体的总的截面积 S 可以分别计算为

$$l = 2w_{\Phi} l_{cp(1/2)}$$

$$S = a_1 a_2 q_{cu}$$

式中：w_{Φ} 是一相电枢绕组的每条并联支路内的串联匝数；$l_{cp(1/2)}$ 是电枢绕组线圈的平均半匝长度，m；a_1 是电枢绕组的并联支路数；a_2 是绕制每条并联支路的串联线圈时所用的并绕导线的根数；q_{cu} 是每根导线的截面积，mm²。

1.3.5.2　电枢绕组的每相漏电抗 x_s

当定子三相电枢绕组内通过三相对称电流时，便产生电枢磁动势。电枢磁动势可以分解为基波磁动势和高次谐波磁动势，它们将分别在相应的磁路内产生基波磁通和高次谐波磁通。对于基波磁通而言，其中大部分磁通将穿过气隙进入转子磁路，成为电枢反应磁通，它将与永磁体产生的转子磁通相互作用，产生电磁转矩；但是，也有一部分磁通将不进入转子磁路，而只与定子电枢绕组相匝链，我们就把这一部磁通称为漏磁通，用符号 Φ_s 来表示。在此情况下，凡是在每一个槽内闭合，并与定子电枢绕组的每槽导体相匝链的漏磁通称为槽漏磁通 Φ_{sn}；凡是经过空气与定子电枢绕组每槽导体的端部相匝链，而又不进入转子磁路的漏磁通称为端部漏磁通 Φ_{send}。归算到单位电枢铁心长度上的槽漏磁通 Φ_{sn} 所对应的槽漏磁路的磁导被称为比槽漏磁导，用符号 λ_n 表示；归算到单位电枢铁心长度上的端部漏磁通 Φ_{send} 所对应的端部漏磁路的磁导被称为比端部漏磁导，用符号 λ_{end} 表示。绕组端部漏磁通的分布是比较复杂的，不容易计算，因此，目前通常采用经验公式来估算比端部漏磁导 λ_{end} 的数值。

电枢绕组的高次谐波磁动势将产生高次谐波磁通，并在电枢绕组内感生高次谐波电动势。由于这些高次谐波磁通可以被看作是气隙总磁通与基波磁通之差，被称为差异漏磁通 Φ_{sd}。归算到单位电枢铁心长度上的每槽差异漏磁通 Φ_{sd} 所对应的差异漏磁路的磁导被称为比差异漏磁导，用符号 λ_d 表示。

另外，在电枢铁心的齿顶部分也会形成高次谐波的漏磁通，当气隙小时，齿顶漏磁通大；当气隙大时，齿顶漏磁通小，这种齿顶漏磁通也将在电枢绕组内感生高次谐波电动势。工程计算时，可以单独地估算比齿顶漏磁导，然而通常把这种齿顶漏磁通归并入差异漏磁通 Φ_{sd} 之内，采用一个经验公式来估算综合之后的比差异漏磁导 λ_d 的数值。

上述三种比漏磁导之和（$\lambda_n+\lambda_{end}+\lambda_d$）是对应于每一个槽的总比漏磁导，用符号 λ_{ss} 来表示。在这三种比漏磁导中，槽比漏磁导 λ_n 占到很大的一部分，因此，它是我们分析研究的重点。

漏磁通 Φ_s，不管是槽漏磁通 Φ_{sn}，还是端部漏磁通 Φ_{send}，或者是差异漏磁通 Φ_{sd}，它们都是由定子电枢电流 i_a 产生的。由于定子电枢电流 i_a 是随着时间交变的，这些漏磁通当然也是随着时间交变的，它们交变的频率与定子电枢电流 i_a 的频率一样。根据电磁感应定律，这些交变的漏磁通将会在定子的每相电枢绕组内感应出电动势来，这种由交变的漏磁通感应出来的电动势被称为漏电动势。如果用符号 e_s 来表示漏电动势的瞬时值，则它的表达式为

$$e_s=-L_s\frac{\mathrm{d}i_a}{\mathrm{d}t}\tag{1-3-60}$$

式中：L_s 是每相电枢绕组的漏电感系数，简称漏电感，H；$\mathrm{d}i_a/\mathrm{d}t$ 是电枢电流随时间的变化速率。

式（1-3-60）中，用 $\mathrm{j}\omega$ 来代替 $\mathrm{d}/\mathrm{d}t$，式（1-3-60）便可以被写成复数形式为

$$\dot{\boldsymbol{E}}_s=-\mathrm{j}\omega L_s\dot{\boldsymbol{I}}_a=-\mathrm{j}x_s\dot{\boldsymbol{I}}_a$$

每相电枢绕组内感应出来的漏电动势的有效值 E_s 为

$$E_s = x_s I_a$$

式中：I_a 是每相电枢电流的有效值，A；x_s 是每相电枢绕组的漏电抗，$x_s = \omega L_s$，Ω，其中 $\omega = 2\pi f_1$ 是电枢电流的角频率，rad/s，f_1 是定子电枢电流 i_a 的交变频率，Hz。

由此可见，只要知道每相电枢绕组的漏电抗 x_s 和每相电枢电流的有效值 I_a 的大小，便可以计算出每相电枢绕组内感应出来的漏电动势的有效值 E_s 的数值。

根据电感的定义：单位电流产生的磁链，即 $L = \psi / i$，便可以写出电枢绕组的每槽的总漏电感 L_{ss} 的表达式为

$$L_{ss} = \left(\frac{w_\Phi}{pq}\right)^2 \Lambda_{ss} \tag{1-3-61}$$

式中：$2pq$ 是每相槽数；w_Φ 是电枢绕组的每相串联匝数，$2\,w_\Phi$ 为每相串联导体数；（$2\,w_\Phi / 2\,pq$）=（w_Φ / pq）是每槽串联导体数；Λ_{ss} 是每一个槽的总漏磁导，其量值计算为

$$\Lambda_{ss} = \mu_0 l_a \lambda_{ss} = \mu_0 l_a (\lambda_n + \lambda_{end} + \lambda_d)$$

式中：μ_0 是空气的磁导率，μ_0=0.4π×10^{-8}（H/cm）；l_a 为电枢铁心的轴向长度，cm；λ_{ss} 是每一个槽的总比漏磁导。

由此，电枢绕组的每槽的总漏电感 L_{ss} 可以写成

$$L_{ss} = \left(\frac{w_\Phi}{pq}\right)^2 \mu_0 l_a (\lambda_n + \lambda_{end} + \lambda_d)$$

一相电枢绕组共有 2 pq 个槽，因此一相电枢绕组的漏电感 L_s 为

$$\begin{aligned} L_s &= 2\,pq \times L_{ss} \\ &= 2\,pq \times \left(\frac{w_\Phi}{pq}\right)^2 \mu_0 l_a (\lambda_n + \lambda_{end} + \lambda_d) \\ &= 2 \times \frac{w_\Phi^2}{pq} \mu_0 l_a (\lambda_n + \lambda_{end} + \lambda_d) \end{aligned} \tag{1-3-62}$$

最后，根据 $x_s = \omega L_s$，可以写出一相电枢绕组的漏电抗 x_s 的表达式为

$$\begin{aligned} x_s &= \omega L_s \\ &= 4\,\pi f_1 \mu_0 \frac{w_\Phi^2}{pq} l_a\ (\lambda_n + \lambda_{end} + \lambda_d) \\ &= 15.8\, f_1 \frac{w_\Phi^2}{pq} l_a (\lambda_n + \lambda_{end} + \lambda_d) \times 10^{-8} \end{aligned} \tag{1-3-63}$$

式(1-3-63)表明：电枢绕组的漏电抗 x_s 的计算归结为比槽漏磁导 λ_n、比端部漏磁导 λ_{end} 和比差异漏磁导 λ_d 的计算。设计人员应根据电枢绕组的结构和具体槽形，选择合适的公式来进行计算。

电枢绕组的漏电抗 x_s 是永磁同步电动机的重要电气参数之一，它对永磁同步电动机的稳态运行性能有一定的影响，例如将会使电压平衡方程式和向量图发生变化，稳态电磁转矩 T_{em} 将随着漏电抗 x_s 的增加而有所下降，漏磁通的存在将增加电动机内部的损耗等；漏电抗 x_s 对永磁同步电动机的瞬态运行性能的影响更大一些，例如漏电抗 x_s 大，电动机的启动

电流的瞬时冲击峰值就小，反之亦然。对异步感应电动机而言，漏电抗 x_s 更是决定电动机运行性能的一个主要电气参数。

1）比槽漏磁导 λ_n 和槽漏电抗 x_{sn} 的计算

不同的绕组结构和槽形有不同槽漏抗计算公式，也就是说，有不同的比槽漏磁导 λ_n 计算公式。本节着重分析和推导单层整距绕组、双层整距绕组、双层短距分布绕组和分数槽绕组的比槽漏磁导 λ_n 和槽漏抗 x_{sn} 的计算公式。

在推导比槽漏磁导 λ_n 的计算公式之前，我们先假设：①电流在导体截面上均匀分布；②槽内的漏磁力线与槽底平行；③忽略铁心的磁阻。

（1）单层整距绕组的比槽漏磁导 λ_n 和槽漏抗 x_{sn}。图 1.3.35 展示了在矩形开口槽内放置单层整距绕组导体的图形，槽内有 N_{Π} 根串联导体，导体中通以正弦电流，其有效值为 I。整个槽漏磁通可以分两部分来计算：第一部分是通过 h_4 高度区间的槽漏磁通 Φ_{sn1}；第二部分是通过 h_1 度高区间的槽漏磁通 Φ_{sn2}。前者与槽内的全部导体相匝链，形成第一部分的槽漏磁链 ψ_{sn1}；后者与槽内的部分导体相匝链，形成第二部分的槽漏磁链 ψ_{sn2}。

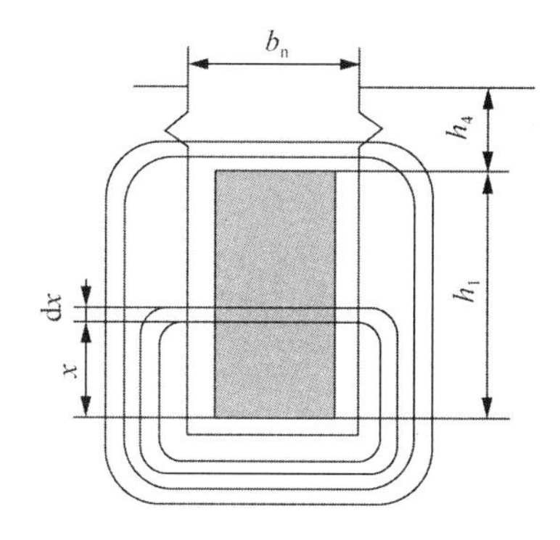

图 1.3.35　单层整距绕组矩形开口槽的槽形尺寸

① 计算在 h_4 高度范围内，由第一部分的槽漏磁通 Φ_{sn1} 形成的槽漏磁链 ψ_{sn1}。

② 第一部分的槽漏磁链 ψ_{sn1} 按下式计算：

$$\psi_{sn1} = N_{\Pi}\ \Phi_{sn1} \tag{1-3-64}$$

其中

$$\Phi_{sn1} = \frac{F_{s1}}{R_{m1}} \tag{1-3-65}$$

$$F_{s1} = I \times N_{\Pi} \tag{1-3-66}$$

$$R_{m1} = \frac{b_n}{\mu_0 h_4 l_a} \tag{1-3-67}$$

式中：Φ_{sn1} 是第一部分的槽漏磁通；F_{s1} 是产生第一部分的槽漏磁通 Φ_{sn1} 的磁动势；R_{m1} 是对应于第一部分的槽漏磁通 Φ_{sn1} 路径的磁阻。

把式（1-3-66）和式（1-3-67）代入式（1-3-65），便可写出第一部分的槽漏磁通 Φ_{sn1} 的表达式为

$$\Phi_{sn1} = \frac{F_{s1}}{R_{m1}} = (I \times N_{\Pi})\frac{\mu_0 h_4 l_a}{b_n} \tag{1-3-68}$$

把式（1-3-68）代入式（1-3-64），便可以得到第一部分的槽漏磁链 ψ_{sn1} 的表达式为

$$\psi_{sn1}=N_{\Pi}\varPhi_{sn1}=N_{\Pi}(I\times N_{\Pi})\frac{\mu_0 h_4 l_a}{b_n}=N_{\Pi}^2 I\mu_0\frac{h_4 l_a}{b_n} \tag{1-3-69}$$

③ 计算在 h_1 高度范围内，由第二部分的槽漏磁通 $\varPhi_{sn2}$ 形成的槽漏磁链 ψ_{sn2}。

对于高度 h_1 范围内的第二部分槽漏磁通 $\varPhi_{sn2}$ 而言，我们任意取一个离开线圈边底部 x 距离处的高度为 dx 的磁力线管，然后按照下式计算通过该磁力线管的槽漏磁通 $d\varPhi_x$：

$$d\varPhi_x=\left(I\times N_{\Pi}\frac{x}{h_1}\right)\frac{\mu_0 l_a dx}{b_n} \tag{1-3-70}$$

式中：$N_{\Pi}(x/h_1)$ 是从线圈边底部到 x 距离处的导体数，即与所取磁力线管相匝链的导体数；$I\times N_{\Pi}(x/h_1)$ 是在该磁力线管内产生槽漏磁通 $d\varPhi_x$ 的磁动势；$\mu_0 l_a dx/b_n$ 是该磁力线管的磁导。于是，可以写出与该磁力线管相匝链的槽漏磁链 $d\psi_x$ 的表达式为

$$d\psi_x=\left(N_{\Pi}\frac{x}{h_1}\right)d\varPhi_x=\left(N_{\Pi}\frac{x}{h_1}\right)^2 I\frac{\mu_0 l_a dx}{b_n} \tag{1-3-71}$$

式（1-3-71）从 $x=0$ 到 $x=h_1$ 对 x 积分，便可以得到第二部分的槽漏磁链 ψ_{sn2} 的表达式为

$$\psi_{sn2}=\int_0^{h_1}d\psi_x=\frac{N_{\Pi}^2\mu_0 l_a}{h_1^2 b_n}I\int_0^{h_1}x^2dx=\frac{1}{3}N_{\Pi}^2 I\mu_0\frac{h_1 l_a}{b_n} \tag{1-3-72}$$

④ 计算总的槽漏磁链 ψ_{sn} 和比槽漏磁导 λ_n。

把式（1-3-69）和式（1-3-72）相加，便得到总的槽漏磁链 ψ_{sn} 的表达式为

$$\begin{aligned}\psi_{sn}&=\psi_{sn1}+\psi_{sn2}\\&=N_{\Pi}^2 I\mu_0\frac{h_4 l_a}{b_n}+\frac{1}{3}N_{\Pi}^2 I\mu_0\frac{h_1 l_a}{b_n}\\&=N_{\Pi}^2 I\mu_0 l_a\left(\frac{h_4}{b_n}+\frac{h_1}{3b_n}\right)\\&=N_{\Pi}^2 I\mu_0 l_a\lambda_n\end{aligned} \tag{1-3-73}$$

其中

$$\lambda_n=\left(\frac{h_4}{b_n}+\frac{h_1}{3b_n}\right)$$

式中：λ_n 是在图 1.3.35 所示的矩形开口槽内放置单层整距绕组时的比槽漏磁导。

⑤ 计算每槽的总的槽漏电感 L_{ssn} 和每槽的槽漏电抗 x_{ssn}。

根据电感的定义，每槽的总的槽漏电感 L_{ssn} 的表达式为

$$L_{ssn}=\frac{\psi_{sn}}{I}=N_{\Pi}^2\mu_0 l_a\lambda_n \tag{1-3-74}$$

于是，每槽的槽漏电抗 x_{ssn} 的表达式为

$$x_{ssn}=\omega L_{ssn}=2\pi f_1 N_{\Pi}^2\mu_0 l_a\lambda_n \tag{1-3-75}$$

⑥ 计算电动机的每相的槽漏电抗 x_{sn}。

如果每相绕组的并联支路数为 a，则每一条支路中有 $(2pq/a)$ 个槽中的导体互相串联，故每一条支路的槽漏抗等于 $(2pq/a)x_{ssn}$。由于每相由 a 条支路并联而成，每相的槽漏抗 x_{sn}

的表达式为

$$x_{\mathrm{sn}}=\frac{2pq}{a^2}x_{\mathrm{ssn}} \tag{1-3-76}$$

把式（1-3-75）代入式（1-3-76），并考虑到 $N_{\Pi}=w_{\Phi}a/pq$，便得到每相的槽漏电抗 x_{sn} 的表达式为

$$x_{\mathrm{sn}}=4\pi f_1\mu_0\frac{w_{\Phi}^2}{pq}l_{\mathrm{a}}\lambda_{\mathrm{n}} \tag{1-3-77}$$

或

$$x_{\mathrm{sn}}=15.8f_1\frac{w_{\Phi}^2}{pq}l_{\mathrm{a}}\lambda_{\mathrm{n}}\times 10^{-8} \tag{1-3-78}$$

图 1.3.36 展示了一些常见的单层整距绕组的槽形尺寸，它们的比槽漏磁导 λ_{n} 的计算公式分别介绍如下。

对于图 1.3.36（a）所示的槽形，有

$$\lambda_{\mathrm{n}}=\frac{h_1}{3b_{\mathrm{n}}}+\frac{h_2}{b_{\mathrm{n}}}+\frac{2h_3}{a_{\mathrm{c}}+b_{\mathrm{n}}}+\frac{h_4}{a_{\mathrm{c}}} \tag{1-3-79}$$

对于图 1.3.36（b）所示的槽形，有

$$\lambda_{\mathrm{n}}=\frac{h_1}{3b_{\mathrm{n}}}+\frac{h_2}{b_{\mathrm{n}}}+0.785+\frac{h_4}{a_{\mathrm{c}}} \tag{1-3-80}$$

对于图 1.3.36（c）所示的槽形，有

$$\lambda_{\mathrm{n}}=\frac{2h_1}{3\left(b_{\mathrm{n1}}+b_{\mathrm{n2}}\right)}+\frac{h_2}{b_{\mathrm{n1}}}+\frac{2h_3}{a_{\mathrm{c}}+b_{\mathrm{n1}}}+\frac{h_4}{a_{\mathrm{c}}} \tag{1-3-81}$$

对于图 1.3.36（d）所示的槽形，有

$$\lambda_{\mathrm{n}}=0.62+\frac{2h_1}{3\left(d_1+d_2\right)}+\frac{h_4}{a_{\mathrm{c}}} \tag{1-3-82}$$

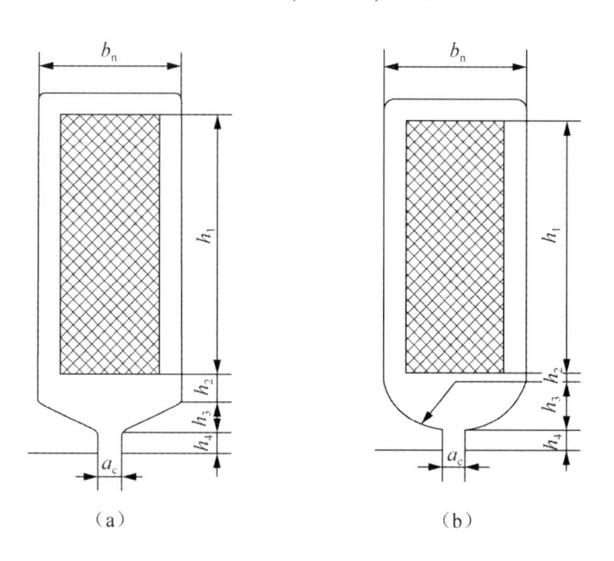

图 1.3.36　一些常见的单层整距绕组的槽形尺寸

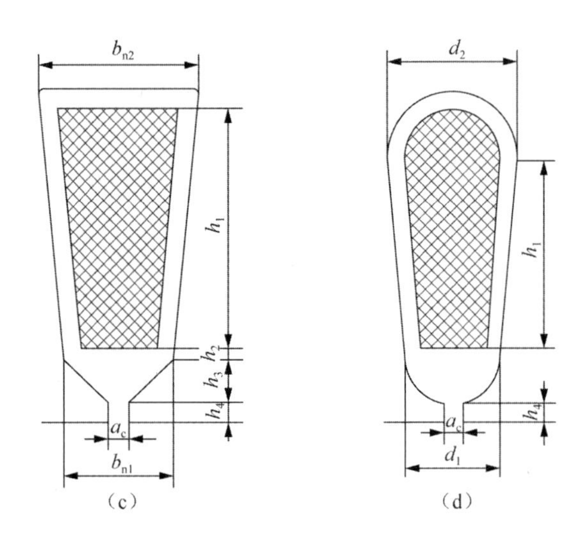

图 1.3.36 （续）

（2）双层整距绕组的比槽漏磁导 λ_n 和槽漏抗 x_{sn} 。

图 1.3.37 给出了一个双层整距绕组的矩形槽形尺寸和槽漏磁通图形。槽中的两个方块代表两个线圈的上下圈边，并把上层线圈边标记为 a，把下层线圈边标记为 b 。由于考虑的是双层整距绕组，槽内上下两个线圈边里的匝数和流过的电流是完全一样的， $w_a = w_b$ ，$I_a = I_b = I$ 。

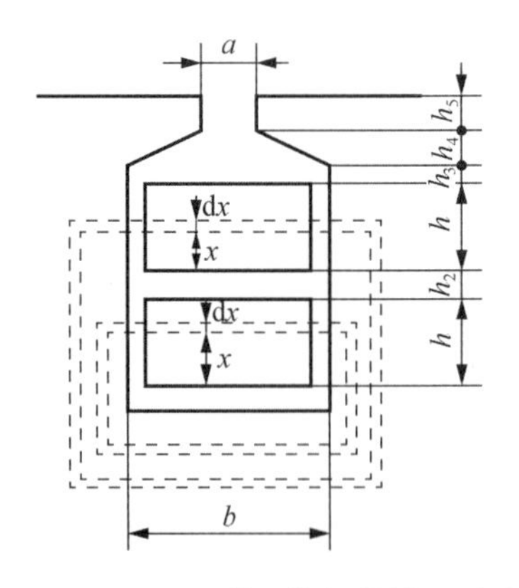

图 1.3.37　双层整距绕组的槽漏磁通

① 计算上层导体中的电流 I 相对于上层线圈边 a 形成的槽漏磁链 ψ_{sna} 。

根据一个闭合磁路内的磁通等于作用在该闭合磁路上的磁动势和该闭合磁路的磁导之乘积，在图 1.3.37 上，假定通过 x 处的闭合磁力线管 dx 的槽漏磁通为 dΦ_x ，则槽漏磁通 dΦ_x 可以计算为

$$\mathrm{d}\Phi_x = \frac{N_\Pi}{2}\ \frac{x}{h}\ I\ \frac{\mu_0 l_a \mathrm{d}x}{b_n} \tag{1-3-83}$$

式中： N_Π 是每槽导体数； $N_\Pi/2$ 是上层线圈边里（或下层线圈边里）的槽导体数，即 $w_a = w_b = N_\Pi/2$ ； $(N_\Pi/2)(x/h)$ 是 x 处闭合磁力线管 dx 所包封的面积内的上层线圈边的导体数； $(N_\Pi/2)(x/h)\ I$ 是作用在 x 处闭合磁力线管 dx 上的磁动势 F_x ，即 $F_x = (N_\Pi/2)(x/h)\ I$ ；

$\mu_0 l_a \mathrm{d}x / b_n$ 是 x 处的闭合磁力线管 $\mathrm{d}x$ 的磁导；l_a 是电枢铁心的轴向长度。

根据磁链等于磁通和它所匝链的导体数的乘积，x 处的闭合磁力线管 $\mathrm{d}x$ 对相于上层线圈边 a 内的导体形成的槽漏磁链 $\mathrm{d}\psi_x$ 为

$$\mathrm{d}\psi_x = \frac{N_\Pi}{2}\ \frac{x}{h}\ \mathrm{d}\Phi_x = \frac{\mu_0}{b_n} l_a I \frac{N_\Pi^2}{4h^2} x^2 \mathrm{d}x \tag{1-3-84}$$

式（1-3-84）从上层线圈边的 $x=0$ 到 $x=h$ 对 x 积分，便可以求得上层线圈边在 h 范围内形成的槽漏磁链 ψ_h 为

$$\psi_h = \int_0^h \mathrm{d}\psi_x = \int_0^h \frac{\mu_0}{b_n} l_a I \frac{N_\Pi^2}{4h^2} x^2 \mathrm{d}x = \mu_0 l_a I \left(\frac{N_\Pi}{2}\right)^2 \frac{h}{3b_n} \tag{1-3-85}$$

由于上层线圈边内的电流 I，在槽口部分所呈现的磁动势均为 $F_a = (N_\Pi / 2) I$，槽口部分的漏磁导 Λ_{ac} 为

$$\Lambda_{ac} = \mu_0 l_a \left(\frac{h_3}{b_n} + \frac{2h_4}{b_n + a_c} + \frac{h_5}{a_c}\right) \tag{1-3-86}$$

槽口部分的漏磁通 Φ_{ac} 为

$$\Phi_{ac} = F_a \times \Lambda_{ac} = \frac{N_\Pi}{2}\ I\ \mu_0 l_a \left(\frac{h_3}{b_n} + \frac{2h_4}{b_n + a_c} + \frac{h_5}{a_c}\right) \tag{1-3-87}$$

式（1-3-87）乘以（$N_\Pi / 2$），便得到上层线圈边内的电流 I 在槽口部分形成的槽漏磁链 ψ_{ac} 为

$$\psi_{ac} = \Phi_{ac} \times \frac{N_\Pi}{2} = \mu_0 l_a I \left(\frac{N_\Pi}{2}\right)^2 \left(\frac{h_3}{b_n} + \frac{2h_4}{b_n + a_c} + \frac{h_5}{a_c}\right) \tag{1-3-88}$$

因此，上层圈边内的电流 I 相对于上层圈边 a 形成的全部槽漏磁链 ψ_{sna} 为

$$\begin{aligned}\psi_{sna} &= \psi_h + \psi_{ac} \\ &= \mu_0 l_a I \left(\frac{N_\Pi}{2}\right)^2 \frac{h}{3b_n} + \mu_0 l_a I \left(\frac{N_\Pi}{2}\right)^2 \left(\frac{h_3}{b_n} + \frac{2h_4}{b_n + a_c} + \frac{h_5}{a_c}\right) \\ &= \mu_0 l_a I \left(\frac{N_\Pi}{2}\right)^2 \left(\frac{h}{3b_n} + \frac{h_3}{b_n} + \frac{2h_4}{b_n + a_c} + \frac{h_5}{a_c}\right)\end{aligned} \tag{1-3-89}$$

② 上层线圈边 a 的槽漏电感 L_{sna} 和它的自感比槽漏磁导 λ_a。

根据电感的定义，把式（1-3-89）除以电流 I 便可以得到上层圈边的槽漏电感 L_{sna} 的表达式为

$$\begin{aligned}L_{sna} &= \frac{\psi_{sna}}{I} \\ &= \mu_0 l_a \left(\frac{N_\Pi}{2}\right)^2 \left(\frac{h}{3b_n} + \frac{h_3}{b_n} + \frac{2h_4}{b_n + a_c} + \frac{h_5}{a_c}\right) \\ &= \mu_0 l_a \left(\frac{N_\Pi}{2}\right)^2 \lambda_a\end{aligned} \tag{1-3-90}$$

$$\lambda_a = \frac{h}{3b_n} + \frac{h_3}{b_n} + \frac{2h_4}{b_n + a_c} + \frac{h_5}{a_c} \tag{1-3-91}$$

式中：λ_a 被称为上层线圈边 a 的自感比槽漏磁导。

③ 下层线圈边b的槽漏电感L_{snb}和它的自感比槽漏磁导λ_b。

采用同样的方法，可以求得下层线圈边b的槽漏电感L_{snb}的表达式为

$$L_{snb}=\mu_0 l_a\left(\frac{N_\Pi}{2}\right)^2\left(\frac{h}{3b_n}+\frac{h_2}{b_n}+\frac{h}{b_n}+\frac{h_3}{b_n}+\frac{2h_4}{b_n+a_c}+\frac{h_5}{a_c}\right)$$
$$=\mu_0 l_a\left(\frac{N_\Pi}{2}\right)^2\lambda_b \tag{1-3-92}$$

其中

$$\lambda_b=\frac{h}{3b_n}+\frac{h_2}{b_n}+\frac{h}{b_n}+\frac{h_3}{b_n}+\frac{2h_4}{b_n+a_c}+\frac{h_5}{a_c} \tag{1-3-93}$$

式中：λ_b被称为下层线圈边的自感比槽漏磁导。

④ 计算上下层线圈边之间的互感系数M_{ba}和互感比槽漏磁导λ_{ab}。

现在来求下层线圈边b对上层线圈边a的互感系数M_{ba}，或上层线圈边a对下层线圈边b的互感系数M_{ab}，因为这两个系数是相等的，即$M_{ba}=M_{ab}$，只要求一个就行了。

由图 1.3.37 可知，下层线圈边b内的电流I对上层线圈边a的磁动势均为$F_b=(N_\Pi/2)I$，因此，通过上层圈边x处的闭合磁力线管dx的互感磁通$\mathrm{d}\Phi_{mx}$和相应的互感磁链$\mathrm{d}\psi_{mx}$分别为

$$\mathrm{d}\Phi_{mx}=I\ \frac{N_\Pi}{2}\ \frac{\mu_0 l_a \mathrm{d}x}{b_n} \tag{1-3-94}$$

$$\mathrm{d}\psi_{mx}=\frac{N_\Pi}{2}\ \frac{x}{h}\ \mathrm{d}\Phi_{mx}=\frac{\mu_0}{b_n}l_a I\frac{N_\Pi^2}{4h}x\mathrm{d}x \tag{1-3-95}$$

式（1-3-95）从$x=0$到$x=h$对x积分，便求得通过上层圈边h范围内的互感磁链ψ_M的表达式为

$$\psi_M=\int_0^h\frac{\mu_0}{b_n}l_a\frac{N_\Pi^2}{4h}Ix\mathrm{d}x=\mu_0 l_a I\left(\frac{N_\Pi}{2}\right)^2\frac{h}{2b_n} \tag{1-3-96}$$

由于下层线圈边b内的电流I相对于上层线圈边a上面的槽口部分所呈现的磁动势仍为F_b，即有$F_b=(N_\Pi/2)I$，下层线圈边b内的电流I在上层线圈边a上面的槽口部分形成的互感磁通Φ_{2ac}和互感磁链ψ_{2ac}分别为

$$\Phi_{2ac}=\frac{N_\Pi}{2}l_a I\mu_0\left(\frac{h_3}{b_n}+\frac{2h_4}{b_n+a_c}+\frac{h_5}{a_c}\right) \tag{1-3-97}$$

$$\psi_{2ac}=\mu_0 l_a I\left(\frac{N_\Pi}{2}\right)^2\left(\frac{h_3}{b_n}+\frac{2h_4}{b_n+a_c}+\frac{h_5}{a_c}\right) \tag{1-3-98}$$

把式（1-3-96）和式（1-3-98）相加，再除以电流I，就得到上下层线圈边之间的互感系数M_{ab}为

$$M_{ab}=\frac{\psi_M+\psi_{2ac}}{I}$$
$$=\mu_0 l_a\left(\frac{N_\Pi}{2}\right)^2\left[\frac{h}{2b_n}+\frac{h_3}{b_n}+\frac{2h_4}{b_n+a_c}+\frac{h_5}{a_c}\right]$$

$$=\mu_0 l_a \left(\frac{N_\Pi}{2}\right)^2 \lambda_{ab} \tag{1-3-99}$$

其中

$$\lambda_{ab}=\lambda_{ba}=\lambda_m=\frac{h}{2b_n}+\frac{h_3}{b_n}+\frac{2h_4}{b_n+a_c}+\frac{h_5}{a_c} \tag{1-3-100}$$

式中：λ_{ab} 被称为上下层线圈边之间的互感比槽漏磁导，$\lambda_{ab}=\lambda_{ba}=\lambda_m$。

⑤ 每个槽的全部槽漏电感 L_{ssn} 和比槽漏磁导 λ_{sn}。

每个槽的全部槽漏电感 L_{ssn} 的表达式为

$$\begin{aligned}L_{ssn}&=L_{sna}+L_{snb}+2M_{ab}\\&=\mu_0 l_a\left(\frac{N_\Pi}{2}\right)^2\left[\frac{8}{3}\frac{h}{b_n}+\frac{h_2}{b_n}+\frac{4h_3}{b_n}+\frac{8h_4}{b_n+a_c}+\frac{4h_5}{a_c}\right]\\&=\mu_0 l_a N_\Pi^2\left[\frac{2}{3}\frac{h}{b_n}+\frac{h_2}{4b_n}+\frac{h_3}{b_n}+\frac{2h_4}{b_n+a_c}+\frac{h_5}{a_c}\right]\\&=\mu_0 l_a N_\Pi^2\left[\frac{1}{3}\frac{h_1}{b_n}+\frac{h_2}{4b_n}+\frac{h_3}{b_n}+\frac{2h_4}{b_n+a_c}+\frac{h_5}{a_c}\right]\\&=\mu_0 l_a N_\Pi^2\lambda_n\end{aligned} \tag{1-3-101}$$

其中

$$h_1=2h$$

$$\lambda_n=\frac{1}{3}\frac{h_1}{b_n}+\frac{h_2}{4b_n}+\frac{h_3}{b_n}+\frac{2h_4}{b_n+a_c}+\frac{h_5}{a_c} \tag{1-3-102}$$

式中：λ_n 是比槽漏磁导。

⑥ 每相电枢绕组的槽漏电感 L_{sn} 和槽漏电抗 x_{ns}。

每相电枢绕组共有 $2pq$ 个槽，因此，一相电枢绕组的槽漏电感 L_{sn} 为

$$L_{sn}=2pq\ L_{ssn}=2pq\ \mu_0 l_a N_\Pi^2\lambda_n \tag{1-3-103}$$

式（1-3-103）乘以 $2\pi f_1$，便得到一相电枢绕组的槽漏电抗 x_{sn} 的表达式为

$$x_{sn}=2\pi f_1\ 2pq\ \mu_0 l_a N_\Pi^2\lambda_n=4\pi f_1\mu_0\frac{w_\Phi^2}{pq}l_a\lambda_n \tag{1-3-104}$$

或

$$x_{sn}=15.8\ f_1\frac{w_\Phi^2}{pq}l_a\lambda_n\times 10^{-8} \tag{1-3-105}$$

其中

$$N_\Pi=\frac{2w_\Phi}{2pq}=\frac{w_\Phi}{pq}$$

虽然式（1-3-101）、式（1-3-104）和式（1-3-105）是按照双层绕组推导出来的，但同样可以适用于单层绕组，只要令 $h_2=0$ 就行了。

如果并联支路数 $a>1$，这时每槽导体数为

$$N_\Pi=\frac{2aw_\Phi}{2pq}=\frac{aw_\Phi}{pq} \tag{1-3-106}$$

相电流为 I，导体电流为（I/a），每一相在每一条支路里串联的线圈数为 $2pq/a$，于

是，每条支路的槽漏抗压降为

$$\frac{I}{a}\times 2\pi f_1\times\frac{2pq}{a}\times\mu_0 N_{\Pi 1}^2\lambda_{\mathrm{n}}l_{\mathrm{a}}=I\times 2\pi f_1\times\frac{2pq}{a^2}\times\mu_0\left(\frac{aw_\Phi}{pq}\right)^2\lambda_{\mathrm{n}}l_{\mathrm{a}}$$

$$=I\times 4\pi f_1\mu_0\frac{w_\Phi^2}{pq}\lambda_{\mathrm{n}}l_{\mathrm{a}}$$

$$=Ix_{\mathrm{sn}}$$

每条并联支路的槽漏电抗压降就等于整个定子绕组（每相的）的槽漏电抗压降。所以，每条并联支路的槽漏电抗 x_{sn} 仍然可以用式（1-3-104）或式（1-3-105）进行计算。

（3）双层矩距分布绕组的比槽漏磁导 λ_{n} 和槽漏抗 x_{sn} 。

当采用双层短距分布绕组时，在有些槽中，上下层线圈边中的电流就不属于同一相。在三相交流电动机中，假设每极每相有 q 个整数槽，则每极每相共有 q 个上层线圈边和 q 个下层线圈边。如果用 β 表示绕组线圈的节距比，即 $\beta=y/\tau$， y 是线圈的节距， τ 是极距，一般情况下，$2/3<\beta<1$。如果用槽数表示极距 τ 和节距 y，那么，极距 $\tau=3q$ 个槽，线圈的节距 $y=\tau\beta=3q\beta$ 个槽，如图 1.3.38 所示。

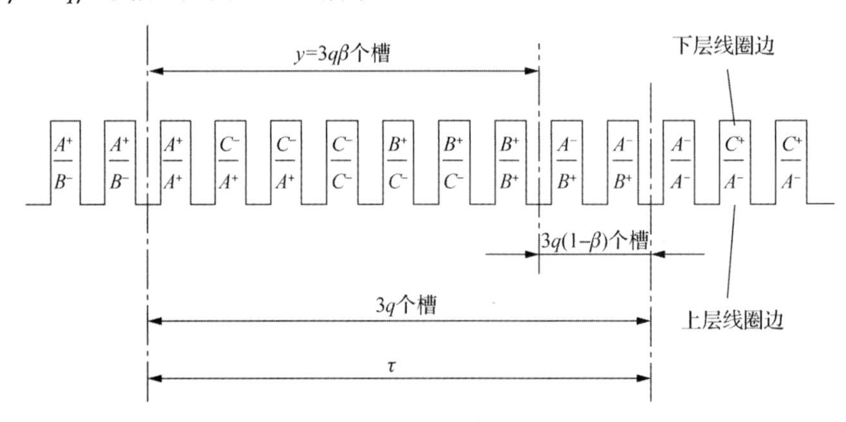

图 1.3.38　双层短距绕组的各相导体在槽中的分布情况

在此情况下，由分析得知：在一个极距范围内，每相绕组有 $3q(1-\beta)$ 个槽的上层线圈边中的电流，与其同槽的下层线圈边中的电流不属于同一相；另外，有同样数量的槽的下层线圈边中的电流，与其同槽的上层线圈边中的电流也不属于同一相；其余 $q-3q(1-\beta)=q(3\beta-2)$ 个槽中的上层线圈边中的电流，与其同槽的下层线圈边中的电流属于同一相。

为了更透彻地理解和说明这一问题，我们可以分析一个具体的例子，即 $m=3$、 $p=1$、 $Z=18$、 $q=3$、 $\tau=9$、 $y=7$、 $\beta=7/9$，如图 1.3.38 所示。

① 相邻两槽之间的机械夹角 θ_{m} 为

$$\theta_{\mathrm{m}}=\frac{360^\circ}{Z}=\frac{360^\circ}{18}=20^\circ$$

② 相邻两槽之间的电气夹角 θ_{e} 为

$$\theta_{\mathrm{e}}=p\theta_{\mathrm{m}}=20^\circ$$

③ 三相电枢绕组的排布图样。

根据 60° 相带法，A、B 和 C 三相电枢绕组在定子铁心槽内的排布情况如图 1.3.39 所示。

由于 X 相带、Y 相带和 Z 相带内的线圈必须分别与 A 相带、B 相带和 C 相带内的线圈成反向连接，便得到图中所示的 A、B 和 C 三相电枢线圈的“+”和“-”的分布，符号“+”表示电流流入电枢线圈的方向，符号“-”表示电流流出电枢线圈的方向。

④ 三相电枢绕组的合成磁动势。

根据图 1.3.39，可以按照 60°相带法画出合成的 A、B 和 C 三相电枢绕组的空间磁动势矢量图和时间电流向量图，分别如图 1.3.40（a）和（b）所示。在图 1.3.40（a）中，$\dot{\boldsymbol{F}}_A$ 是 A 相带内的电枢线圈通过 A 相电流时，在电枢圆周表面空间形成的合成磁动势；$\dot{\boldsymbol{F}}_X$ 是 X 相带内的电枢线圈通过 A 相电流时，在电枢圆周表面空间形成的合成磁动势；$\dot{\boldsymbol{F}}_B$ 是 B 相带内的电枢线圈通过 B 相电流时，在电枢圆周表面空间形成的合成磁动势；$\dot{\boldsymbol{F}}_Y$ 是 Y 相带内的电枢线圈通过 B 相电流时，在电枢圆周表面空间形成的合成磁动势；$\dot{\boldsymbol{F}}_C$ 是 C 相带内的电枢线圈通过 C 相电流时，在电枢圆周表面空间形成的合成磁动势；$\dot{\boldsymbol{F}}_Z$ 是 Z 相带内的电枢线圈通过 C 相电流时，在电枢圆周表面空间形成的合成磁动势。图 1.3.40（b）是对应于图 1.3.40（a）的时间电流向量图。

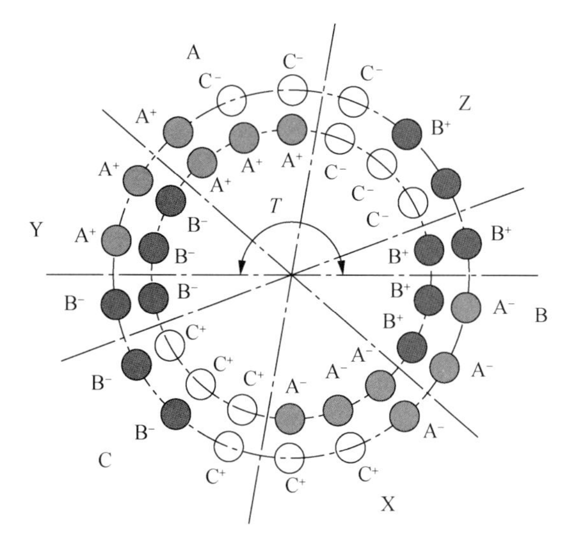

图 1.3.39　A、B 和 C 三相电枢绕组在定子铁心槽内的排布情况

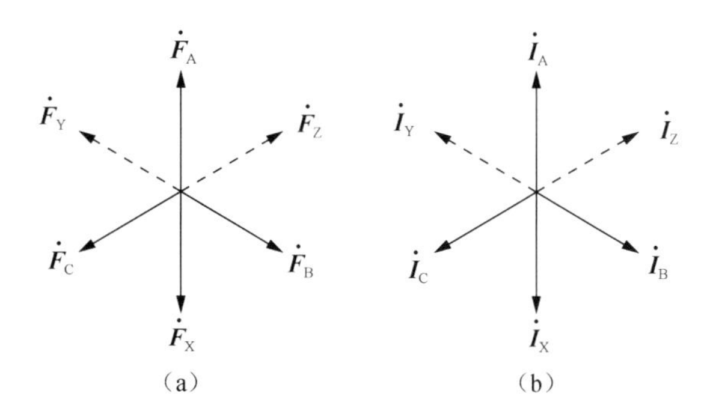

图 1.3.40　A、B 和 C 三相电枢绕组的空间磁动势矢量和时间电流向量

若以 A 相带内的电流向量 $\dot{\boldsymbol{I}}_A = \boldsymbol{I}_A$ 为参考，则其余 5 个相带的电流向量的数学表达式分别为

$$\dot{\boldsymbol{I}}_{\mathrm{B}}=I_{\mathrm{A}}\ \mathrm{e}^{-\mathrm{j}\left(\frac{2\pi}{3}\right)}=I_{\mathrm{A}}\ \left(-\cos 60^{\circ}-\mathrm{j}\sin 60^{\circ}\right) \tag{1-3-107}$$

$$\dot{\boldsymbol{I}}_{\mathrm{C}}=I_{\mathrm{A}}\ \mathrm{e}^{\mathrm{j}\left(\frac{2\pi}{3}\right)}=I_{\mathrm{A}}\ \left(-\cos 60^{\circ}+\mathrm{j}\sin 60^{\circ}\right) \tag{1-3-108}$$

$$\dot{\boldsymbol{I}}_{\mathrm{X}}=-I_{\mathrm{A}} \tag{1-3-109}$$

$$\dot{\boldsymbol{I}}_{\mathrm{Y}}=I_{\mathrm{A}}\ \mathrm{e}^{\mathrm{j}\left(\frac{\pi}{3}\right)}=I_{\mathrm{A}}\ \left(\cos 60^{\circ}+\mathrm{j}\sin 60^{\circ}\right) \tag{1-3-110}$$

$$\dot{\boldsymbol{I}}_{\mathrm{Z}}=I_{\mathrm{A}}\ \mathrm{e}^{-\mathrm{j}\left(\frac{\pi}{3}\right)}=I_{\mathrm{A}}\ \left(\cos 60^{\circ}-\mathrm{j}\sin 60^{\circ}\right) \tag{1-3-111}$$

⑤ 根据图 1.3.38 和图 1.3.39，以 A 相绕组为例，可以清楚地看到，在一个极距范围内，属于同一相的线圈边数有 $2q=6$ 个，占据了 5 个槽，可以分成以下三种情况。

i．在一个极距范围内，槽内上下层线圈边中的电流属于同一相的槽数为

$$q(3\beta-2)=\left[3\times\left(\frac{7}{9}\right)-2\right]\times 3=1\text{（个槽）}$$

ii．在一个极距范围内，槽内上层线圈边中的电流与其同槽的下层线圈边中的电流不属于同一相的槽数为

$$3q(1-\beta)=3\times 3\times\left[1-\left(\frac{7}{9}\right)\right]=2\text{（个槽）}$$

iii．在一个极距范围内，槽内下层线圈边中的电流与其同槽的上层线圈边中的电流不属于同一相的槽数为

$$3q(1-\beta)=3\times 3\times\left[1-\left(\frac{7}{9}\right)\right]=2\text{（个槽）}$$

⑥ 在一个极距范围内，一相电枢绕组的复数形式的总磁链的幅值 $\dot{\boldsymbol{\psi}}_{\mathrm{A}}$。

在图 1.3.39 所示的一个极距范围内，我们可以把由这 6 个线圈边产生的 A 相绕组的总磁链分成三部分来考虑。

i．第一部分的复磁链 $\dot{\boldsymbol{\psi}}_{\mathrm{AA}}$。这部分磁链是由槽内上下层线圈边中的电流属于同一相的 A 相绕组的线圈边所匝链的磁通，我们用符号 $\dot{\boldsymbol{\psi}}_{\mathrm{AA}}$ 来表示这部分复磁链。

在图 1.3.38 和图 1.3.39 所示的情况下，我们要计算同属于 A 相绕组的上层线圈边的自感磁链和下层线圈边对上层圈边的互感磁链；下层线圈边的自感磁链和上层线圈边对下层线圈边的互感磁链。

根据图 1.3.39 和图 1.3.40，同一个槽内的 A 相绕组的上下层圈边内通过的电流用空间电流矢量 $\dot{\boldsymbol{I}}_{\mathrm{A}}$ 来表示。

一般情况下，在一个极距范围内，槽内上下层线圈边中的电流属于同一相的槽数为 $q(3\beta-2)$ 个，因此，我们便可以写出第一部分的复磁链 $\dot{\boldsymbol{\psi}}_{\mathrm{AA}}$ 的一般表达式为

$$\dot{\boldsymbol{\psi}}_{\mathrm{AA}}=\sqrt{2}\ \mu_0\left(\frac{N_{\Pi}}{2}\right)^2 l_{\mathrm{a}}\left[q(3\beta-2)\left(\dot{\boldsymbol{I}}_{\mathrm{A}}\lambda_{\mathrm{a}}+\dot{\boldsymbol{I}}_{\mathrm{A}}\lambda_{\mathrm{ab}}\right)\right]$$

$$+\sqrt{2}\ \mu_0\left(\frac{N_{\Pi}}{2}\right)^2 l_{\mathrm{a}}\left[q(3\beta-2)\left(\dot{\boldsymbol{I}}_{\mathrm{A}}\lambda_{\mathrm{b}}+\dot{\boldsymbol{I}}_{\mathrm{A}}\lambda_{\mathrm{ba}}\right)\right]$$

式中：λ_{a} 是一个槽内的上层线圈边的自感比槽漏磁导；λ_{b} 是一个槽内的下层线圈边的自感

比槽漏磁导；λ_{ab} 和 λ_{ba} 分别是一个槽内的上下层线圈边之间的互感比槽漏磁导。

ii. 第二部分的复磁链 $\dot{\psi}_{AC}$。这部分磁链是指槽内上下层线圈边中的电流不属于同一相的 A 相绕组的上层线圈边所匝链的磁通，我们用符号 $\dot{\psi}_{AC}$ 来表示这第二部分复磁链。

在图 1.3.38 和图 1.3.39 所示的情况下，A 相绕组的两个上层线圈边分别与 C 相绕组的两个下层圈边处在同一个槽内。我们要计算 A 相绕组的两个上层线圈边的自感磁链和 A 相绕组的两个上层圈边与 C 相绕组的两个下层线圈边之间的互感磁链。

A 相绕组的两个上层线圈边内通过的电流用空间电流矢量 $\dot{I}_A$ 来表示；C 相绕组的两个下层圈边处在 Z 相带，通过它们的电流用空间电流矢量 $\dot{I}_Z$ 来表示。

一般情况下，在一个极距范围内，A 相绕组有 $3q(1-\beta)$ 个上层线圈边，通过它的电流和与其同槽的 C 相绕组的下层圈边中的电流不属于同一相，因此我们便可以写出第二部分的复磁链 $\dot{\psi}_{AC}$ 的一般表达式为

$$\dot{\psi}_{AC}=\sqrt{2}\ \mu_0\left(\frac{N_\Pi}{2}\right)^2 l_a\left[3q(1-\beta)\left(\dot{I}_A\lambda_a+\dot{I}_Z\lambda_{ab}\right)\right]$$

iii. 第三部分的复磁链 $\dot{\psi}_{AB}$。这部分磁链是指槽内上下层线圈边中的电流不属于同一相的 A 相绕组的下层线圈边所匝链的磁通，我们用符号 $\dot{\psi}_{AB}$ 来表示这第三部分复磁链。

在图 1.3.38 和图 1.3.39 所示的情况下，A 相绕组的两个下层线圈边分别与 B 相绕组的两个上层圈边处在同一个槽内。我们要计算 A 相绕组的两个下层线圈边的自感磁链和 A 相绕组的两个下层线圈边与 B 相绕组的两个上层圈边之间的互感磁链。

A 相绕组的两个下层线圈边内通过的电流用空间电流矢量 $\dot{I}_X$ 来表示；B 相绕组的两个上层圈边处在 B 相带，通过它们的电流用空间电流矢量 $\dot{I}_B$ 来表示。

一般情况下，在一个极距范围内，A 相绕组有 $3q(1-\beta)$ 个下层线圈边，通过它们的电流和与其同槽的 B 相绕组的上层圈边中的电流不属于同一相，因此我们便可以写出第三部分的复磁链 $\dot{\psi}_{AB}$ 的一般表达式为

$$\dot{\psi}_{AB}=\sqrt{2}\ \mu_0\left(\frac{N_\Pi}{2}\right)^2 l_a\left[3q(1-\beta)\left(\dot{I}_X\lambda_b+\dot{I}_B\lambda_{ba}\right)\right]$$

$$=-\sqrt{2}\ \mu_0\left(\frac{N_\Pi}{2}\right)^2 l_a\left[3q(1-\beta)\left(\dot{I}_A\lambda_b+\dot{I}_Y\lambda_{ba}\right)\right]$$

在一个极距范围内，A 相电枢绕组有 3 个线圈，3 条上层圈边和 3 条下层圈边，按照节距 $y=7$，2 条上层圈边将与 2 条下层圈边连接成两个线圈；当对称的三相电流通过对称的三相电枢绕组时，2 条上层圈边的复磁链为 $\dot{\psi}_{AC}$，2 条下层圈边的复磁链为 $\dot{\psi}_{AB}$；由于一个线圈的两条圈边是“头→尾→尾→头”反向连接的，当它们的复磁链 $\dot{\psi}_{AC}$ 和 $\dot{\psi}_{AB}$ 相加时，要在复磁链 $\dot{\psi}_{AB}$ 的前面加一个“-”号，即

$$-\dot{\psi}_{AB}=-\left\{-\sqrt{2}\mu_0\left(\frac{N_\Pi}{2}\right)^2 l_a\left[3q(1-\beta)\left(\dot{I}_A\lambda_b+\dot{I}_Y\lambda_{ab}\right)\right]\right\}$$

$$=\sqrt{2}\ \mu_0\left(\frac{N_\Pi}{2}\right)^2 l_a\left[3q(1-\beta)\left(\dot{I}_A\lambda_b+\dot{I}_Y\lambda_{ba}\right)\right]$$

于是，我们可以写出双层短距分布绕组的一相绕组，如 A 相绕组，在一个极距范围内的复数形式的总磁链 $\dot{\psi}_A$ 的一般表达式为

$$
\begin{aligned}
\dot{\boldsymbol{\psi}}_{\mathrm{A}} &= \dot{\boldsymbol{\psi}}_{\mathrm{AA}} + \dot{\boldsymbol{\psi}}_{\mathrm{AC}} - \dot{\boldsymbol{\psi}}_{\mathrm{AB}} \\
&= \sqrt{2}\ \mu_0 \left(\frac{N_{\Pi}}{2}\right)^2 l_{\mathrm{a}} \left[q(3\beta-2)\left(\dot{\boldsymbol{I}}_{\mathrm{A}}\lambda_{\mathrm{a}} + \dot{\boldsymbol{I}}_{\mathrm{A}}\lambda_{\mathrm{ab}}\right)\right] \\
&\quad + \sqrt{2}\ \mu_0 \left(\frac{N_{\Pi}}{2}\right)^2 l_{\mathrm{a}} \left[q(3\beta-2)\left(\dot{\boldsymbol{I}}_{\mathrm{A}}\lambda_{\mathrm{b}} + \dot{\boldsymbol{I}}_{\mathrm{A}}\lambda_{\mathrm{ba}}\right)\right] \\
&\quad + \sqrt{2}\ \mu_0 \left(\frac{N_{\Pi}}{2}\right)^2 l_{\mathrm{a}} \left[3q(1-\beta)\left(\dot{\boldsymbol{I}}_{\mathrm{A}}\lambda_{\mathrm{a}} + \dot{\boldsymbol{I}}_{\mathrm{Z}}\lambda_{\mathrm{ab}}\right)\right] \\
&\quad + \sqrt{2}\ \mu_0 \left(\frac{N_{\Pi}}{2}\right)^2 l_{\mathrm{a}} \left[3q(1-\beta)\left(\dot{\boldsymbol{I}}_{\mathrm{A}}\lambda_{\mathrm{b}} + \dot{\boldsymbol{I}}_{\mathrm{Y}}\lambda_{\mathrm{ba}}\right)\right]
\end{aligned} \tag{1-3-112}
$$

⑦ 在一个极距范围内，一相电枢绕组的合成总磁链的幅值ψ_{A}。

把$\dot{\boldsymbol{I}}_{\mathrm{A}} = I_{\mathrm{A}}$、式（1-3-110）和式（1-3-111）代入式（1-3-112），并考虑到$\lambda_{\mathrm{ab}} = \lambda_{\mathrm{ba}} = \lambda_{\mathrm{m}}$，便可以得到一相电枢绕组的合成总磁链的幅值$\psi_{\mathrm{A}}$为

$$
\begin{aligned}
\psi_{\mathrm{A}} &= \sqrt{2}\ \mu_0 \left(\frac{N_{\Pi}}{2}\right)^2 l_{\mathrm{a}} \left[\begin{aligned} & q(3\beta-2)I_{\mathrm{A}}\lambda_{\mathrm{a}} + q(3\beta-2)I_{\mathrm{A}}\lambda_{\mathrm{m}} \\ & + q(3\beta-2)I_{\mathrm{A}}\lambda_{\mathrm{b}} + q(3\beta-2)I_{\mathrm{A}}\lambda_{\mathrm{m}} \\ & + 3q(1-\beta)I_{\mathrm{A}}\lambda_{\mathrm{b}} + 3q(1-\beta)I_{\mathrm{A}}\left(\cos 60^\circ + \mathrm{j}\sin 60^\circ\right)\lambda_{\mathrm{m}} \\ & + 3q(1-\beta)I_{\mathrm{A}}\lambda_{\mathrm{a}} + 3q(1-\beta)I_{\mathrm{A}}\left(\cos 60^\circ - \mathrm{j}\sin 60^\circ\right)\lambda_{\mathrm{m}} \end{aligned}\right] \\
&= \sqrt{2}\ \mu_0 \left(\frac{N_{\Pi}}{2}\right)^2 l_{\mathrm{a}} \left[qI_{\mathrm{A}}\lambda_{\mathrm{a}} + qI_{\mathrm{A}}\lambda_{\mathrm{b}} + 2q(3\beta-2)I_{\mathrm{A}}\lambda_{\mathrm{m}} + 6q(1-\beta)I_{\mathrm{A}}\lambda_{\mathrm{m}}\cos 60^\circ\right] \\
&= \sqrt{2}\ \mu_0 \left(\frac{N_{\Pi}}{2}\right)^2 l_{\mathrm{a}} \left[qI_{\mathrm{A}}\lambda_{\mathrm{a}} + qI_{\mathrm{A}}\lambda_{\mathrm{b}} + 2q(3\beta-2)I_{\mathrm{A}}\lambda_{\mathrm{m}} + 3q(1-\beta)I_{\mathrm{A}}\lambda_{\mathrm{m}}\right] \\
&= \sqrt{2}\ \mu_0 \left(\frac{N_{\Pi}}{2}\right)^2 l_{\mathrm{a}} \left[qI_{\mathrm{A}}\left(\lambda_{\mathrm{a}} + \lambda_{\mathrm{b}}\right) + qI_{\mathrm{A}}(3\beta-1)\lambda_{\mathrm{m}}\right] \\
&= \sqrt{2}\ I_{\mathrm{A}}\mu_0 \left(\frac{N_{\Pi}}{2}\right)^2 q l_{\mathrm{a}} \left[\lambda_{\mathrm{a}} + \lambda_{\mathrm{b}} + (3\beta-1)\lambda_{\mathrm{m}}\right]
\end{aligned} \tag{1-3-113}
$$

如果各个磁极的极距范围内的线圈互相串联，则 A 相绕组的槽漏电感L_{sn}为

$$
L_{\mathrm{sn}} = \frac{2p\psi_{\mathrm{A}}}{\sqrt{2}I_{\mathrm{A}}} \tag{1-3-114}
$$

如果 A 相绕组有a条支路，则每条支路的槽漏电感应该为$\left(2p\psi_{\mathrm{A}} / \sqrt{2}I_{\mathrm{A}}\right)/a$，再除以$a$，就得到由$a$条支路并联后的 A 相电枢绕组的槽漏电感$L_{\mathrm{sn}}$为

$$
L_{\mathrm{sn}} = \frac{2p\psi_{\mathrm{A}}}{\sqrt{2}I_{\mathrm{A}}} \cdot \frac{1}{a^2} \tag{1-3-115}
$$

把式（1-3-113）代入式（1-3-115），并考虑到$N_{\Pi} = w_{\Phi}a / pq$，便可以得到 A 相电枢绕组的槽漏电感L_{sn}的表达式为

$$
L_{\mathrm{sn}} = 2\mu_0 \frac{w_{\Phi}^2}{pq} l_{\mathrm{a}} \frac{1}{4}\left[\lambda_{\mathrm{a}} + \lambda_{\mathrm{b}} + (3\beta-1)\lambda_{\mathrm{m}}\right] = 2\mu_0 \frac{w_{\Phi}^2}{pq} l_{\mathrm{a}} \lambda_{\mathrm{n}} \tag{1-3-116}
$$

式中：λ_{n}是双层短距分布绕组的比槽漏磁导，其表达式为

$$\lambda_n = \frac{1}{4}\left[\lambda_a + \lambda_b + (3\beta - 1)\lambda_m\right] \tag{1-3-117}$$

如果把式（1-3-91）、式（1-3-93）和式（1-3-100）代入式（1-3-117），便可以得到采用如图 1.3.37 所示槽形的双层短距分布绕组的比槽漏磁导 λ_n 为

$$\begin{aligned}\lambda_n &= \frac{1}{4}\left[\begin{aligned}&\frac{h}{3b_n} + \frac{h_3}{b_n} + \frac{2h_4}{b_n + a_c} + \frac{h_5}{a_c} + \frac{h}{3b_n} + \frac{h_2}{b_n} + \frac{h}{b_n} + \frac{h_3}{b_n} + \frac{2h_4}{b_n + a_c} + \frac{h_5}{a_c} \\ &+ (3\beta - 1)\left(\frac{h}{2b_n} + \frac{h_3}{b_n} + \frac{2h_4}{b_n + a_c} + \frac{h_5}{a_c}\right)\end{aligned}\right] \\ &= \frac{1}{4}\left[\frac{2h}{3b_n} + \frac{2h_3}{b_n} + \frac{4h_4}{b_n + a_c} + \frac{2h_5}{a_c} + \frac{h_2}{b_n} + \frac{h}{b_n}\right. \\ &\quad \left. + (3\beta - 1)\left(\frac{h}{2b_n} + \frac{h_3}{b_n} + \frac{2h_4}{b_n + a_c} + \frac{h_5}{a_c}\right)\right]\end{aligned} \tag{1-3-118}$$

最后，可以写出 A 相电枢绕组的槽漏电抗 x_{sn} 的表达式为

$$x_{sn} = \omega L_{sn} = 4\pi f_1 \mu_0 \frac{w_\Phi^2}{pq} l_a \lambda_n \tag{1-3-119}$$

或

$$x_{sn} = 15.8 f_1 \frac{w_\Phi^2}{pq} l_a \lambda_n \times 10^{-8} \tag{1-3-120}$$

由此可知，对于双层短距分布绕组而言，它们的比槽漏磁导系数 λ_n 的数值，除了取决于槽形尺寸之外，与绕组线圈的节距比 β 值也有关，因为在 $\beta \neq 1$ 的情况下，在某些槽内的线圈边属于不同的相。也就是说，这些槽内的上下层线圈边内的电流向量之间存在着时间相位差，由此，在这些槽内的任何一条线圈边的总磁链被减少了。

在设计时，为了考虑某些槽内的线圈边的总磁链被减少，在比槽漏磁导系数 λ_n 的计算公式中引入与绕组线圈的节距比 β 有关的系数 k_1、k_2 和 k_3。图 1.3.41 展示了一些常见的双层短距分布绕组的槽形尺寸，它们的比槽漏磁导 λ_n 的计算公式分别介绍如下。

对于图 1.3.41（a）所示的槽形，有

$$\lambda_n = \frac{1}{4b_n}\left(k_1 h_1 + h_2 + k_2 h_4\right) \tag{1-3-121}$$

其中

$$k_1 = 1.5\beta + 1.17, \quad k_2 = 3\beta + 1$$

对于图 1.3.41（b）和（c）所示的槽形，有

$$\lambda_n = \frac{1}{4}\left[k_1 \frac{h_1}{b_n} + \frac{h_2}{b_n} + k_2\left(\frac{h_4}{b_n} + \frac{2h_5}{b_n + a_c} + \frac{h_6}{a_c}\right)\right] \tag{1-3-122}$$

其中

$$k_1 = 1.5\beta + 1.17, \quad k_2 = 3\beta + 1$$

对于图 1.3.41（d）所示的槽形，有

$$\lambda_n = \frac{1}{4}\left[\frac{2}{3}\frac{h_1}{b_{n2} + b_n} + \frac{h_2}{b_n} + k_3 \frac{h_3}{b_n + b_{n1}} + k_2\left(\frac{h_4}{b_{n1}} + \frac{2h_5}{b_{n1} + a_c} + \frac{h_6}{a_c}\right)\right] \tag{1-3-123}$$

其中

$$k_2=3\beta+1,\quad k_3=3\beta+1.67$$

对于图 1.3.41（e）所示的槽形，有

$$\lambda_{\mathrm{n}}=\frac{1}{4}\left[0.31+\frac{2}{3}\frac{h_1}{d_2+b_{\mathrm{n}}}+k_3\frac{h_3}{b_{\mathrm{n}}+d_1}+k_2\left(0.785+\frac{h_5}{a_{\mathrm{c}}}\right)\right] \tag{1-3-124}$$

其中

$$k_2=3\beta+1,\quad k_3=3\beta+1.67$$

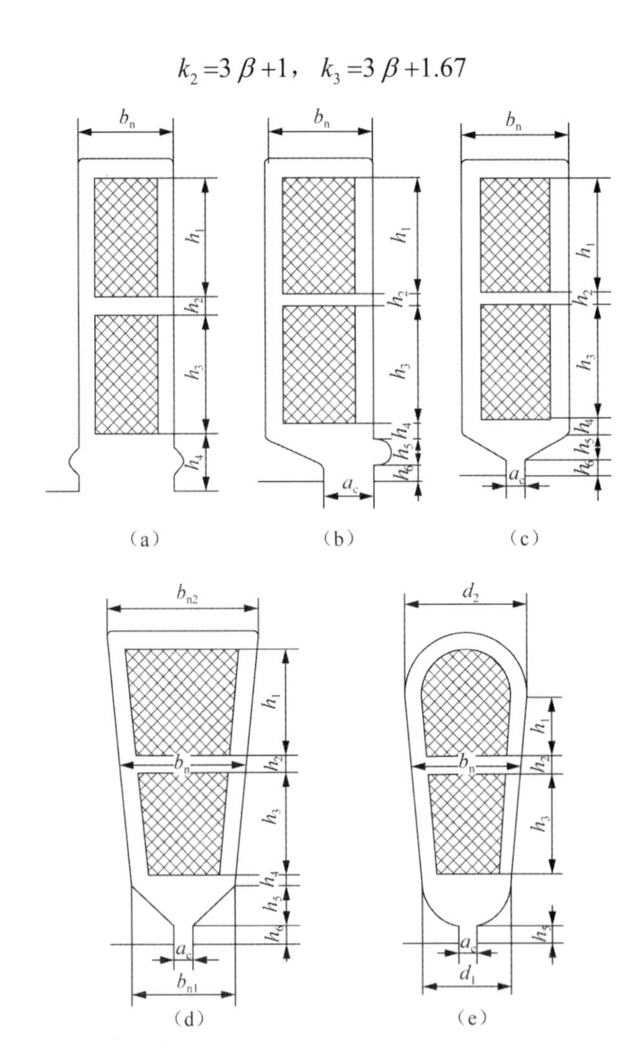

图 1.3.41　一些常见的双层短距分布绕组的槽形尺寸

对于具有平行壁的槽，如图 1.3.41（a）～（c）所示的槽形而言，通常，放入槽的上下层线圈边的高度是一样的，即 $h_1=h_3$。对于如图 1.3.41（d）和（e）所示的梯形槽和梨形槽而言，在扣除了不能放置导线的槽口部分的面积之后，依据上层线圈边和下层线圈边所占领的面积要相等，求出高度 h_1 和 h_3，由此再确定平均槽宽 b_{n}。

（4）分数槽绕组的比槽漏磁导 λ_{n} 和槽漏抗 x_{sn}。

目前，由于分数槽绕组具有许多优点，它们被广泛地采用于自控式永磁同步电动机中。这里，我们将首先讨论齿槽数目接近磁极数目的，并采用齿线圈结构的集中非重叠式分数

槽绕组和集中重叠式分数槽绕组的比槽漏磁导和槽漏抗的计算方法，然后再介绍一般的短距双层分布式分数槽绕组的比槽漏磁导和槽漏抗的计算方法。

① 集中非重叠式齿线圈的比槽漏磁导 λ_n 和槽漏抗 x_{sn} 。

图 1.3.42 展示了两类典型的集中非重叠式分数槽绕组结构。下面我们将通过两个典型的例子来推导它们的比槽漏磁导 λ_n 和槽漏抗 x_{sn} 的计算方法。

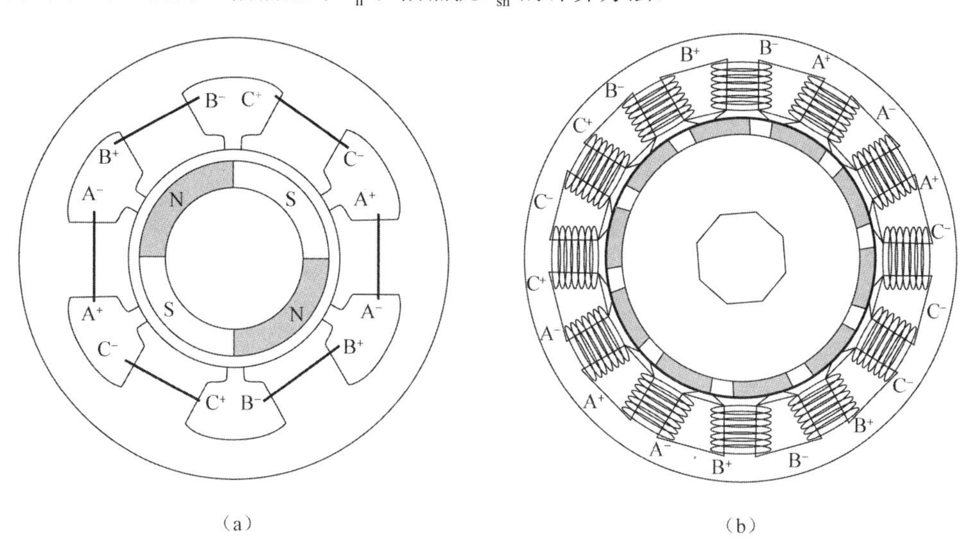

图 1.3.42　两类典型的集中非重叠式分数槽绕组结构

【例 1】 图 1.3.42（a）所示的 $2p=4$ 和 $Z=6$ 的集中非重叠式分数槽绕组。

图 1.3.42（a）所示的电动机是一台具有两个虚拟单元电动机（$t=2$）的分数槽电动机（$q=1/2$），它的电枢绕组的反电动势星形图如图 1.3.43 所示，它的电枢绕组齿线圈的磁动势图形也是如此。表 1.3.10 给出了 A、B 和 C 三相电枢绕组的齿线圈的连接方式。

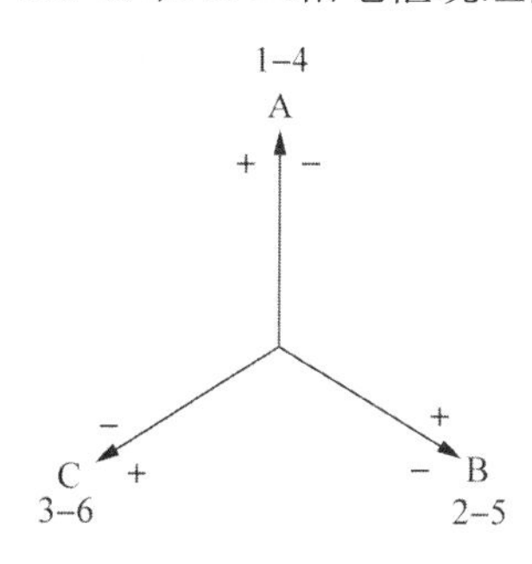

图 1.3.43　反电动势星形图（$2p=4$、$Z=6$、$t=2$）

表 1.3.10　分别属于 A、B 和 C 三相的齿线圈

相带	齿线圈	相带
A	头 1 尾→头 4 尾	X
B	头 2 尾→头 5 尾	Y
C	头 3 尾→头 6 尾	Z

由此可知，在每个虚拟单元电动机内，每相只有一个齿线圈，整台电动机由两个虚拟

的单元电动机构成，每相电枢绕组由 2 个齿线圈组成。例如，属于 A 相电枢绕组的两个齿线圈是“1”号和“4”号，它们可以按串联方式连接，也可以按并联方式连接。每个槽内的两条线圈边均不属于同一相，它们在槽内的分布情况如图 1.3.44 所示。

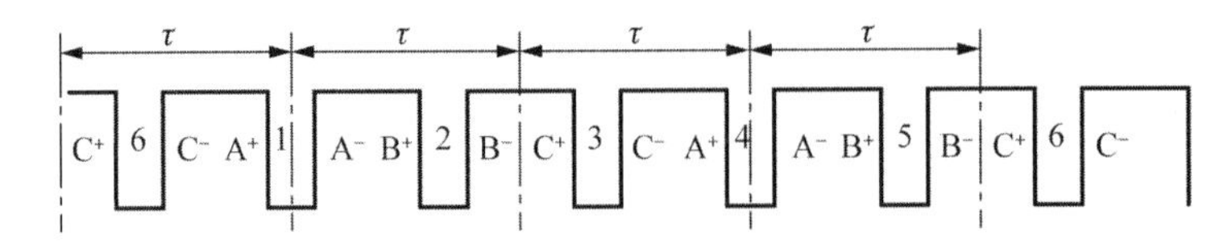

图 1.3.44　A、B 和 C 三相电枢绕组的齿线圈的线圈边在槽中的分布情况

根据上述分析，我们可以写出如图 1.3.45 所示的一个虚拟的单元电动机的一个极距范围内的 A 相电枢绕组的“1”号齿线圈的 A^+ 圈边的复磁链 $\dot{\boldsymbol{\psi}}_{\mathrm{A}}$ 的表达式为

$$\dot{\boldsymbol{\psi}}_{\mathrm{A}^+}=\sqrt{2}\mu_0 w_{\mathrm{K}}^2 l_{\mathrm{a}}\left(\dot{\boldsymbol{I}}_{\mathrm{A}}\lambda_{\mathrm{a}}+\dot{\boldsymbol{I}}_{\mathrm{Z}}\lambda_{\mathrm{m}}\right) \tag{1-3-125a}$$

式中：w_{K} 是齿线圈的串联匝数；λ_{a} 是一个槽内的右线圈边的自感比槽漏磁导；λ_{m} 是一个槽内的左右两圈线边之间的互感比槽漏磁导。

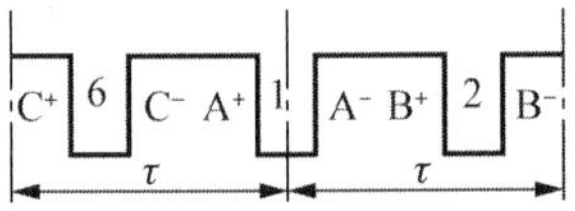

图 1.3.45　一个虚拟单元电动机内的齿线圈的线圈边在槽中的分布情况

把 $\dot{\boldsymbol{I}}_{\mathrm{A}}=I_{\mathrm{A}}$ 和式（1-3-111）代入式（1-3-125a），便可以得到 A 相电枢绕组的“1”号齿线圈的 A^+ 线圈边的复磁链的幅值 ψ_{A^+} 为

$$\psi_{\mathrm{A}^+}=\sqrt{2}\mu_0 w_{\mathrm{K}}^2 l_{\mathrm{a}}\left[I_{\mathrm{A}}\lambda_{\mathrm{a}}+I_{\mathrm{A}}\left(\cos 60^\circ-\mathrm{j}\sin 60^\circ\right)\lambda_{\mathrm{m}}\right] \tag{1-3-125b}$$

式（1-3-125b）描述了在一个虚拟单元电动机的一个极距范围内，A 相电枢绕组的一个齿线圈的左线圈边 A^+ 的自感磁链和该左线圈边 A^+ 与处于同一个槽内的 C 相电枢绕组的一个齿线圈的右线圈边 C^- 之间的互感磁链之和的复磁链的幅值。

同样，我们可以写出处在另一个极距范围之内的 A 相电枢绕组的“1”号齿线圈的 A^- 线圈边的复磁链 $\dot{\psi}_{\mathrm{A}}$ 为

$$\dot{\psi}_{\mathrm{A}^-}=\sqrt{2}\mu_0 w_{\mathrm{K}}^2 l_{\mathrm{a}}\left(\dot{I}_{\mathrm{X}}\lambda_{\mathrm{b}}+\dot{I}_{\mathrm{B}}\lambda_{\mathrm{m}}\right) \tag{1-3-125c}$$

式中：λ_{b} 是一个槽内的左线圈边的自感比槽漏磁导。

把 $\dot{I}_{\mathrm{X}}=-I_{\mathrm{A}}$ 和式（1-3-107）代入式（1-3-125c），便可以得到 A 相电枢绕组的“1”号齿线圈的 A^- 圈边的复磁链的幅值 ψ_{A^-} 为

$$\begin{aligned}\psi_{\mathrm{A}^-}&=\sqrt{2}\mu_0 w_{\mathrm{K}}^2 l_{\mathrm{a}}\left[-I_{\mathrm{A}}\lambda_{\mathrm{a}}+I_{\mathrm{A}}\left(-\cos 60^\circ-\mathrm{j}\sin 60^\circ\right)\lambda_{\mathrm{m}}\right]\\&=-\sqrt{2}\mu_0 w_{\mathrm{K}}^2 l_{\mathrm{a}}\left[I_{\mathrm{A}}\lambda_{\mathrm{b}}+I_{\mathrm{A}}\left(\cos 60^\circ+\mathrm{j}\sin 60^\circ\right)\lambda_{\mathrm{m}}\right]\end{aligned} \tag{1-3-125d}$$

式（1-3-125d）描述了在一个虚拟单元电动机的一个极距范围内，A 相电枢绕组的一个齿线圈的右线圈边 A^- 的自感磁链和该右线圈边 A^- 与处于同一个槽内的 B 相电枢绕组的一个齿线圈的左线圈边 B^+ 之间的互感磁链之和的复磁链的幅值。

由于被放置在相邻两个槽内的一个齿线圈的两条圈边是反向连接的，一个虚拟单元电动机内的“1”号齿线圈的复磁链的幅值 ψ_{K} 应按下式计算：

$$\begin{aligned}\psi_{\mathrm{K}} &= \psi_{\mathrm{A}^+} - \psi_{\mathrm{A}^-} \\ &= \sqrt{2}\mu_0 w_{\mathrm{K}}^2 l_{\mathrm{a}}\left[I_{\mathrm{A}}\lambda_{\mathrm{a}} + I_{\mathrm{A}}\left(\cos 60^\circ - \mathrm{j}\sin 60^\circ\right)\lambda_{\mathrm{m}}\right] \\ &\quad + \sqrt{2}\mu_0 w_{\mathrm{K}}^2 l_{\mathrm{a}}\left[I_{\mathrm{A}}\lambda_{\mathrm{b}} + I_{\mathrm{A}}\left(\cos 60^\circ + \mathrm{j}\sin 60^\circ\right)\lambda_{\mathrm{m}}\right] \\ &= \sqrt{2}\mu_0 w_{\mathrm{K}}^2 l_{\mathrm{a}} I_{\mathrm{A}}\left[\left(\lambda_{\mathrm{a}} + \lambda_{\mathrm{b}}\right) + \left(\cos 60^\circ - \mathrm{j}\sin 60^\circ + \cos 60^\circ + \mathrm{j}\sin 60^\circ\right)\lambda_{\mathrm{m}}\right] \\ &= \sqrt{2}\mu_0 w_{\mathrm{K}}^2 l_{\mathrm{a}} I_{\mathrm{A}}\left[\left(\lambda_{\mathrm{a}} + \lambda_{\mathrm{b}}\right) + \left(2\cos 60^\circ\right)\lambda_{\mathrm{m}}\right] \\ &= \sqrt{2}\mu_0 w_{\mathrm{K}}^2 l_{\mathrm{a}} I_{\mathrm{A}}(\lambda_{\mathrm{a}} + \lambda_{\mathrm{b}} + \lambda_{\mathrm{m}})\end{aligned} \tag{1-3-125e}$$

图 1.3.42（a）所示的一台电动机具有两个虚拟单元电动机，当 A 相电枢绕组由“1”号齿线圈和“4”号齿线圈相互串联组成时，A 相电枢绕组的总复磁链的幅值 ψ_{A} 为

$$\psi_{\mathrm{A}} = 2\psi_{\mathrm{K}} = 2\sqrt{2}\mu_0 w_{\mathrm{K}}^2 l_{\mathrm{a}} I_{\mathrm{A}}\left(\lambda_{\mathrm{a}} + \lambda_{\mathrm{b}} + \lambda_{\mathrm{m}}\right) \tag{1-3-126}$$

图 1.3.46 展示了常见的集中非重叠式分数槽绕组的齿线圈的槽漏磁通图形。下面，我们将根据图 1.3.46 所展示的槽形尺寸，推导式（1-3-126）中的三个比槽漏磁导 λ_{a}、λ_{b} 和 λ_{m}。为简化起见，图中槽宽度 b_{n} 可以取实际梯形槽的上下底宽度的平均值。

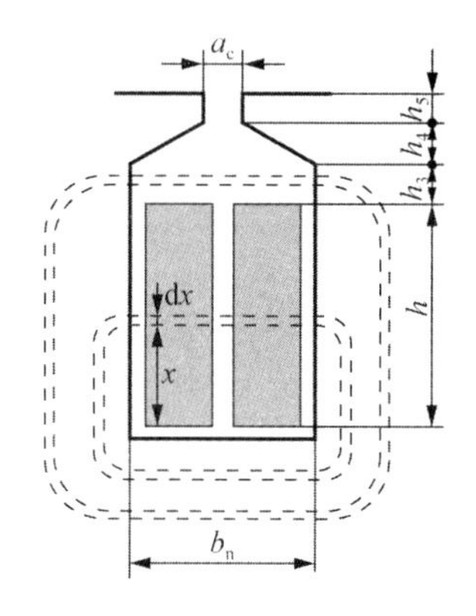

图 1.3.46　集中非重叠式齿线圈的槽漏磁通图形

i. 计算槽内右线圈边中的导体通以有效值为 I 的正弦电流时，沿着电枢铁心轴向 1 cm 长度，在右线圈边的高度 h 范围内产生的磁链 ψ_{h}。

众所周知，磁链等于磁通乘上它所匝链的导体数。在右线圈边内的导体数为 w_{K}。在图 1.3.46 中，沿着电枢铁心轴向 1 cm 长度，通过 x 处的闭合磁力线管 $\mathrm{d}x$ 的磁通为 $\mathrm{d}\varPhi_{\mathrm{x}}$，它等于作用在由磁力线管 $\mathrm{d}x$ 形成的闭合磁路上的磁动势乘以该闭合磁路的磁导为

$$\mathrm{d}\varPhi_{\mathrm{x}} = \left(w_{\mathrm{K}}\frac{x}{h}I\right)\left(\mu_0\frac{\mathrm{d}x}{b_{\mathrm{n}}}\right) = w_{\mathrm{K}} I\ \ \mu_0\frac{1}{hb_{\mathrm{n}}}x\mathrm{d}x$$

式中：$w_{\mathrm{K}}\left(x/h\right)I$ 是作用在 x 处的闭合磁路上的磁动势，A；$\mu_0\left(\mathrm{d}x/b_{\mathrm{n}}\right)$ 是 x 处的闭合磁力线管 $\mathrm{d}x$ 沿着电枢铁心轴向 1 cm 长度的磁导。

这个闭合磁力线管的磁通 $\mathrm{d}\varPhi_{\mathrm{x}}$ 对右线圈边形成的磁链 $\mathrm{d}\psi_{\mathrm{x}}$ 为

$$\mathrm{d}\psi_{\mathrm{x}} = \left(w_{\mathrm{K}}\frac{x}{h}\right)\mathrm{d}\varPhi_{\mathrm{x/h}} = w_{\mathrm{K}}^2 I\mu_0\frac{1}{h^2 b_{\mathrm{n}}}x^2\mathrm{d}x$$

上式从 $x=0$ 到 $x=h$ 对 x 积分，便求得右线圈边内的导体从 $x=0$ 到 $x=h$ 之间的自感磁链 ψ_{h} 为

$$\psi_{\mathrm{h}}=\int_{0}^{h}\mathrm{d}\psi_{\mathrm{x}}=\int_{0}^{h}w_{\mathrm{K}}^{2}I\mu_{0}\frac{1}{h^{2}b_{\mathrm{n}}}x^{2}\mathrm{d}x=w_{\mathrm{K}}^{2}I\mu_{0}\frac{h}{3b_{\mathrm{n}}} \tag{1-3-127}$$

ii. 计算槽内右线圈边中的导体通以有效值为 I 的正弦电流时，沿着电枢铁心轴向 1 cm 长度，在右线圈边的高度 h 范围以上到槽开口部分的区间之内产生的磁链 ψ_0。

对于右线圈边高度 h 范围以上到槽开口部分的区间之内形成的闭合磁路而言，作用在该闭合磁路上的磁动势是一个常量 $F_{\mathrm{K}}=w_{\mathrm{K}}I$；而该闭合磁路沿着电枢铁心轴向 1 cm 长度的磁导 Λ_0 为

$$\Lambda_0=\mu_0\left(\frac{h_3}{b_{\mathrm{n}}}+\frac{2h_4}{b_{\mathrm{n}}+a_{\mathrm{c}}}+\frac{h_5}{a_{\mathrm{c}}}\right)$$

因此，该闭合磁路内的磁通 Φ_0 为

$$\Phi_0=F_{\mathrm{K}}\Lambda_0=w_{\mathrm{K}}I\mu_0\left(\frac{h_3}{b_{\mathrm{n}}}+\frac{2h_4}{b_{\mathrm{n}}+a_{\mathrm{c}}}+\frac{h_5}{a_{\mathrm{c}}}\right)$$

上式乘以右线圈边内的导体数，即齿线圈的匝数 w_{K}，就得到右线圈边内的电流 I 在该闭合磁路内产生的自感磁链 ψ_0 为

$$\psi_0=w_{\mathrm{K}}^{2}I\mu_0\left(\frac{h_3}{b_{\mathrm{n}}}+\frac{2h_4}{b_{\mathrm{n}}+a_{\mathrm{c}}}+\frac{h_5}{a_{\mathrm{c}}}\right) \tag{1-3-128}$$

iii. 计算槽内右线圈边中的电流 I，沿着电枢铁心轴向 1 cm 长度，在右线圈边内所产生的全部自感磁链 ψ_{R}。

把式（1-3-127）和式（1-3-128）相加，便可以得到由右线圈边中的电流 I，沿着电枢铁心轴向 1 cm 长度，在右线圈边内所产生的全部自感磁链 ψ_{R} 为

$$\begin{aligned}\psi_{\mathrm{R}}&=\psi_{\mathrm{h}}+\psi_0\\&=w_{\mathrm{K}}^{2}I\mu_0\frac{h}{3b_{\mathrm{n}}}+w_{\mathrm{K}}^{2}I\mu_0\left(\frac{h_3}{b_{\mathrm{n}}}+\frac{2h_4}{b_{\mathrm{n}}+a_{\mathrm{c}}}+\frac{h_5}{a_{\mathrm{c}}}\right)\\&=\mu_0Iw_{\mathrm{K}}^{2}\left(\frac{h}{3b_{\mathrm{n}}}+\frac{h_3}{b_{\mathrm{n}}}+\frac{2h_4}{b_{\mathrm{n}}+a_{\mathrm{c}}}+\frac{h_5}{a_{\mathrm{c}}}\right)\end{aligned} \tag{1-3-129}$$

iv. 计算槽内右线圈边，沿着电枢铁心轴向每 1cm 长度的自感系数 L_{R} 为

$$L_{\mathrm{R}}=\frac{\psi_{\mathrm{R}}}{I}=\mu_0w_{\mathrm{K}}^{2}\left(\frac{h}{3b_{\mathrm{n}}}+\frac{h_3}{b_{\mathrm{n}}}+\frac{2h_4}{b_{\mathrm{n}}+a_{\mathrm{c}}}+\frac{h_5}{a_{\mathrm{c}}}\right) \tag{1-3-130}$$

v. 槽内右线圈边，即是一个齿线圈的左线圈边的自感比槽漏磁导 λ_{a}。

根据式（1-3-130），可以得到右线圈边的自感比槽漏磁导 λ_{a} 为

$$\lambda_{\mathrm{a}}=\left(\frac{h}{3b_{\mathrm{n}}}+\frac{h_3}{b_{\mathrm{n}}}+\frac{2h_4}{b_{\mathrm{n}}+a_{\mathrm{c}}}+\frac{h_5}{a_{\mathrm{c}}}\right) \tag{1-3-131}$$

vi. 计算槽内左线圈边中的电流 I，沿着电枢铁心轴向 1 cm 长度，在左线圈边内所产生的全部自感磁链 ψ_{L}。

由于齿线圈和槽形结构尺寸的对称性，左线圈边中的电流 I，沿着电枢轴向 1cm 长度，在左线圈边内所产生的全部自感磁链 ψ_{L} 等于 ψ_{R} 为

$$\psi_{\mathrm{L}}=\psi_{\mathrm{R}}=\mu_0Iw_{\mathrm{K}}^{2}\left(\frac{h}{3b_{\mathrm{n}}}+\frac{h_3}{b_{\mathrm{n}}}+\frac{2h_4}{b_{\mathrm{n}}+a_{\mathrm{c}}}+\frac{h_5}{a_{\mathrm{c}}}\right) \tag{1-3-132}$$

vii．计算槽内左线圈边，沿着电枢铁心轴向每 1 cm 长度的自感系数 L_L 为

$$L_L=\frac{\psi_L}{I}=\mu_0 w_K^2\left(\frac{h}{3b_n}+\frac{h_3}{b_n}+\frac{2h_4}{b_n+a_c}+\frac{h_5}{a_c}\right) \tag{1-3-133}$$

viii．槽内左线圈边，即是一个齿线圈的右线圈边的自感比槽漏磁导 λ_b 为

$$\lambda_b=\left(\frac{h}{3b_n}+\frac{h_3}{b_n}+\frac{2h_4}{b_n+a_c}+\frac{h_5}{a_c}\right) \tag{1-3-134}$$

ix．计算槽内左右两线圈边之间沿着电枢铁心轴向每 1 cm 长度的互感系数 M。

左线圈边内的电流在右线圈边内产生的互磁链等于右线圈边内的电流在左线圈边内产生的互磁链，因此，只需求出一个互感系数 M 就可以了。

假设电流 I 在左线圈边内流通，它在右线圈边离底面 x 处的磁动势为 $w_K(x/h)I$。因此，通过右线圈边 x 处的闭合磁力线管的磁通 $\mathrm{d}\Phi_{mx}$ 为

$$\mathrm{d}\Phi_{mx}=\left(w_K\frac{x}{h}I\right)\left(\mu_0\frac{\mathrm{d}x}{b_n}\right)=w_K I\mu_0\frac{1}{hb_n}x\mathrm{d}x$$

此闭合磁力线管的磁通 $\mathrm{d}\Phi_{mx}$ 对右线圈边的磁链 $\mathrm{d}\psi_{mx}$ 为

$$\mathrm{d}\psi_{mx}=\left(w_K\frac{x}{h}\right)\mathrm{d}\Phi_{mx}=w_K^2 I\mu_0\frac{1}{h^2b_n}x^2\mathrm{d}x$$

上式从 $x=0$ 到 $x=h$ 对 x 求积分，便求得槽内左线圈边中的电流 I，沿着电枢铁心轴向 1 cm 长度上，在右线圈边的高度 h 范围内产生的互磁链 ψ_{mh} 为

$$\psi_{mh}=\int_0^h\mathrm{d}\psi_{mx}=\int_0^h w_K^2 I\mu_0\frac{1}{h^2b_n}x^2\mathrm{d}x=w_k^2 I\mu_0\frac{h}{3b_n} \tag{1-3-135}$$

然后，计算槽内左线圈边中的电流 I，沿着电枢铁心轴向 1 cm 长度，在右线圈边的高度 h 范围以上到槽开口部分的区间之内产生的互磁链 ψ_{m0} 为

$$\psi_{m0}=w_K^2 I\mu_0\left(\frac{h_3}{b_n}+\frac{2h_4}{b_n+a_c}+\frac{h_5}{a_c}\right) \tag{1-3-136}$$

把式（1-3-135）和式（1-3-136）相加，再除以电流 I，便得到左右两线圈边之间沿着电枢铁心轴向每 1 cm 长度的互感系数 M 为

$$\begin{aligned}\psi_m&=\psi_{mh}+\psi_{m0}\\&=w_K^2 I\mu_0\frac{h}{3b_n}+w_K^2 I\mu_0\left(\frac{h_3}{b_n}+\frac{2h_4}{b_n+a_c}+\frac{h_5}{a_c}\right)\\&=w_K^2 I\mu_0\left(\frac{h}{3b_n}+\frac{h_3}{b_n}+\frac{2h_4}{b_n+a_c}+\frac{h_5}{a_c}\right)\end{aligned}$$

$$M=\frac{\psi_m}{I}=\mu_0 w_K^2\left(\frac{h}{3b_n}+\frac{h_3}{b_n}+\frac{2h_4}{b_n+a_c}+\frac{h_5}{a_c}\right) \tag{1-3-137}$$

x．左右两圈线边之间的互感比槽漏磁导 λ_m。

根据式（1-3-137），可以得到左右两圈线边之间的互感比槽漏磁导 λ_m 为

$$\lambda_m=\frac{h}{3b_n}+\frac{h_3}{b_n}+\frac{2h_4}{b_n+a_c}+\frac{h_5}{a_c} \tag{1-3-138a}$$

比较式（1-3-131）、式（1-3-134）和式（1-3-138a）可知，对于图 1.3.46 所示的集中非

重叠式齿线圈而言，每个槽内的右线圈边的自感比槽漏磁导λ_a、左线圈边的自感比槽漏磁导λ_b和左右两线圈边之间的互感比槽漏磁导λ_m三者的计算数值是相同的，即

$$\lambda_a = \lambda_b = \lambda_m \tag{1-3-138b}$$

把式（1-3-131）、式（1-3-134）和式（1-3-138a）代入式（1-3-125e），便可以得到一个虚拟单元电动机内一个齿线圈的复磁链的幅值ψ_K的表达式为

$$\begin{aligned}\psi_K &= \sqrt{2}\mu_0 w_K^2 l_a I_A(\lambda_a+\lambda_b+\lambda_m)\\ &= \sqrt{2}\mu_0 w_K^2 l_a I_A\left[3\times\left(\frac{h}{3b_n}+\frac{h_3}{b_n}+\frac{2h_4}{b_n+a_c}+\frac{h_5}{a_c}\right)\right]\end{aligned} \tag{1-3-139}$$

一个集中非重叠式齿线圈的槽漏电感L_{snK}为

$$L_{snK}=\frac{\psi_K}{\sqrt{2}I_A}=\mu_0 w_K^2 l_a\left[3\times\left(\frac{h}{3b_n}+\frac{h_3}{b_n}+\frac{2h_4}{b_n+a_c}+\frac{h_5}{a_c}\right)\right] \tag{1-3-140}$$

一个集中非重叠式齿线圈的比槽漏磁导λ_n为

$$\lambda_n=3\times\left(\frac{h}{3b_n}+\frac{h_3}{b_n}+\frac{2h_4}{b_n+a_c}+\frac{h_5}{a_c}\right)$$

一个齿线圈的槽漏电抗x_{snK}为

$$x_{snK}=\omega L_{snK}=2\pi f_1\mu_0 w_K^2 l_a\lambda_n \tag{1-3-141}$$

整台电动机由两个虚拟的单元电动机构成，若每相（如 A 相）电枢绕组由 2 个齿线圈串联组成，则每相电枢绕组的槽漏电抗x_{sn}为

$$x_{sn}=2\,x_{snK}=4\pi f_1\mu_0 w_K^2 l_a\lambda_n \tag{1-3-142a}$$

如果每相电枢绕组由 2 个齿线圈并联组成，则每相（如 A 相）电枢绕组的槽漏电抗x_{sn}为

$$x_{sn}=x_{snK}/2=\pi f_1\mu_0 w_K^2 l_a\lambda_n \tag{1-3-142b}$$

【例 2】 图 1.3.42（b）所示的一台$2p=10$和$Z=12$的集中非重叠式分数槽绕组，并设定电枢铁心的槽形尺寸也如图 1.3.46 所示。

图 1.3.42（b）所示的电动机是一台具有一个虚拟单元电动机（$t=1$）的分数槽电动机（$q=2/5$），它的反电动势星形图如图 1.3.16 所示，表 1.3.8 给出了分别属于 A、B 和 C 三相电枢绕组的齿线圈，图 1.3.17 给出了它的电枢绕组展开图。

每相电枢绕组由 4 个齿线圈所组成，以 A 相电枢绕组为例，4 个齿线圈的串联连接方式为：A→头（6）尾→尾（7）头→尾（12）头→头（1）尾→X，4 个齿线圈的线圈边在槽中的分布情况如图 1.3.47 所示。

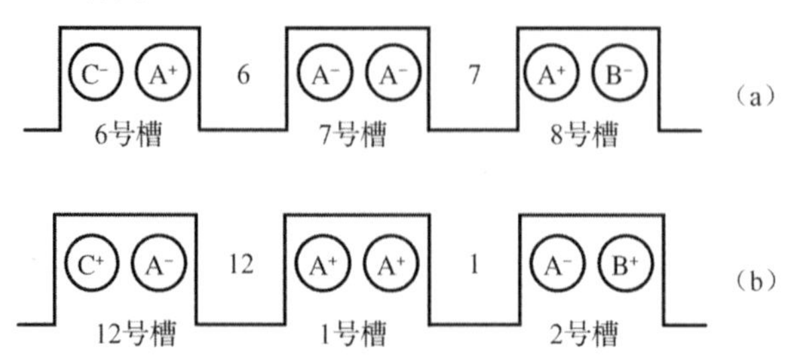

图 1.3.47　A 相电枢绕组的齿线圈的线圈边在槽中的分布情况

依据图 1.3.47，对于 A 相电枢绕组而言，第 6 号齿线圈和第 7 号齿线圈为一组，它占有第 6 号、第 7 号和第 8 号三个槽，槽内左右两线圈边中的电流方向如图 1.3.47（a）所示。可见，第 6 号槽和第 8 号槽内的左右两个集中非重叠式线圈边中的电流不属于同一相 A，第 7 号槽内的左右两个集中非重叠式线圈边中的电流属于同一相 A。第 12 号齿线圈和第 1 号齿线圈为另一组，它占有第 12 号、第 1 号和第 2 号三个槽，槽内左右两线圈边中的电流方向如图 1.3.47（b）所示。可见，第 12 号槽和第 2 号槽内的左右两个集中非重叠式线圈边中的电流不属于同一相 A，第 1 号槽内的左右两个集中非重叠式线圈边中的电流属于同一相 A。

在此情况下，根据 4 个齿线圈的串联连接方式，我们可以先分别写出第 6 号齿线圈的复磁链 $\dot{\psi}_6$ 和第 7 号齿线圈的复磁链 $\dot{\psi}_7$ 的数学表达式为

$$\begin{aligned}\dot{\psi}_6 &= \sqrt{2}\mu_0\left(w_{\mathrm{K}}\right)^2 l_{\mathrm{a}}\left[\left(\dot{\boldsymbol{I}}_{\mathrm{A}}\lambda_{\mathrm{a}}+\dot{\boldsymbol{I}}_{\mathrm{Z}}\lambda_{\mathrm{ba}}\right)\right] \\ &\quad -\sqrt{2}\mu_0\left(w_{\mathrm{K}}\right)^2 l_{\mathrm{a}}\left[\left(\dot{\boldsymbol{I}}_{\mathrm{X}}\lambda_{\mathrm{b}}+\dot{\boldsymbol{I}}_{\mathrm{X}}\lambda_{\mathrm{ab}}\right)\right] \\ &= \sqrt{2}\mu_0\left(w_{\mathrm{K}}\right)^2 l_{\mathrm{a}}\left[\left(\dot{\boldsymbol{I}}_{\mathrm{A}}\lambda_{\mathrm{a}}+\dot{\boldsymbol{I}}_{\mathrm{Z}}\lambda_{\mathrm{ba}}\right)\right] \\ &\quad +\sqrt{2}\mu_0\left(w_{\mathrm{K}}\right)^2 l_{\mathrm{a}}\left[\left(\dot{\boldsymbol{I}}_{\mathrm{A}}\lambda_{\mathrm{b}}+\dot{\boldsymbol{I}}_{\mathrm{A}}\lambda_{\mathrm{ab}}\right)\right] \\ \dot{\psi}_7 &= \sqrt{2}\mu_0\left(w_{\mathrm{K}}\right)^2 l_{\mathrm{a}}\left[\left(\dot{\boldsymbol{I}}_{\mathrm{X}}\lambda_{\mathrm{a}}+\dot{\boldsymbol{I}}_{\mathrm{X}}\lambda_{\mathrm{ba}}\right)\right] \\ &\quad -\sqrt{2}\mu_0\left(w_{\mathrm{K}}\right)^2 l_{\mathrm{a}}\left[\left(\dot{\boldsymbol{I}}_{\mathrm{A}}\lambda_{\mathrm{b}}+\dot{\boldsymbol{I}}_{\mathrm{Y}}\lambda_{\mathrm{ab}}\right)\right] \\ &= -\sqrt{2}\mu_0\left(w_{\mathrm{K}}\right)^2 l_{\mathrm{a}}\left[\left(\dot{\boldsymbol{I}}_{\mathrm{A}}\lambda_{\mathrm{a}}+\dot{\boldsymbol{I}}_{\mathrm{A}}\lambda_{\mathrm{ba}}\right)\right] \\ &\quad -\sqrt{2}\mu_0\left(w_{\mathrm{K}}\right)^2 l_{\mathrm{a}}\left[\left(\dot{\boldsymbol{I}}_{\mathrm{A}}\lambda_{\mathrm{b}}+\dot{\boldsymbol{I}}_{\mathrm{Y}}\lambda_{\mathrm{ab}}\right)\right]\end{aligned}$$

根据图 1.3.16 所示的反电动势星形图和图 1.3.17 所示的电枢绕组展开图，可知第 6 号齿线圈和第 7 号齿线圈是反向连接的，因此，我们可以写出由第 6 号齿线圈和第 7 号齿线圈构成的第一组齿线圈的复磁链 $\dot{\psi}_{6-7}$ 的数学表达式为

$$\begin{aligned}\dot{\psi}_{6-7} &= \dot{\psi}_6-\dot{\psi}_7 \\ &= \sqrt{2}\mu_0\left(w_{\mathrm{K}}\right)^2 l_{\mathrm{a}}\left[\left(\dot{\boldsymbol{I}}_{\mathrm{A}}\lambda_{\mathrm{a}}+\dot{\boldsymbol{I}}_{\mathrm{Z}}\lambda_{\mathrm{ba}}\right)\right] \\ &\quad +\sqrt{2}\mu_0\left(w_{\mathrm{K}}\right)^2 l_{\mathrm{a}}\left[\left(\dot{\boldsymbol{I}}_{\mathrm{A}}\lambda_{\mathrm{b}}+\dot{\boldsymbol{I}}_{\mathrm{A}}\lambda_{\mathrm{ab}}\right)\right] \\ &\quad +\sqrt{2}\mu_0\left(w_{\mathrm{K}}\right)^2 l_{\mathrm{a}}\left[\left(\dot{\boldsymbol{I}}_{\mathrm{A}}\lambda_{\mathrm{a}}+\dot{\boldsymbol{I}}_{\mathrm{A}}\lambda_{\mathrm{ba}}\right)\right] \\ &\quad +\sqrt{2}\mu_0\left(w_{\mathrm{K}}\right)^2 l_{\mathrm{a}}\left[\left(\dot{\boldsymbol{I}}_{\mathrm{A}}\lambda_{\mathrm{b}}+\dot{\boldsymbol{I}}_{\mathrm{Y}}\lambda_{\mathrm{ab}}\right)\right]\end{aligned}\tag{1-3-143}$$

式中：w_{K} 是一个齿线圈的串联匝数；λ_{a} 是一个槽内的右线圈边的自感比槽漏磁导；λ_{b} 是一个槽内的左线圈边的自感比槽漏磁导；λ_{ab} 和 λ_{ba} 分别是一个槽内的左右两圈线边之间的互感比槽漏磁导。

式（1-3-143）中的第一项是左右两个集中非重叠式线圈边中的电流不属于同一相的第 6 号槽内的右边的 A 相线圈边的自感磁链和左边的 C 相线圈边与右边的 A 相线圈边之间的互感磁链之和；第二项是左右两个集中非重叠式线圈边中的电流属于同一相的第 7 号槽内的左边的 A 相线圈边的自感磁链和左右两线圈边之间的互感磁链之和；第三项是左右两个集中非重叠式线圈边中的电流属于同一相的第 7 号槽内的右边的 A 相线圈边的自感磁链和左右两线圈边之间的互感磁链之和；第四项是左右两个非重叠式线圈边中的电流不属于同

一相的第 8 号槽内的左边的 A 相线圈边的自感磁链和右边的 B 相线圈边与左边的 A 相线圈边之间的互感磁链之和。

在我们讨论的情况中，根据式（1-3-138b），$\lambda_a=\lambda_b=\lambda_{ab}=\lambda_{ba}=\lambda_m$，式（1-3-143）便可以写成

$$\begin{aligned}\dot{\psi}_{6-7}=&\sqrt{2}\mu_0(w_K)^2 l_a\left[\left(\dot{\boldsymbol{I}}_A\lambda_a+\dot{\boldsymbol{I}}_Z\lambda_a\right)\right]\\&+\sqrt{2}\mu_0(w_K)^2 l_a\left[\left(\dot{\boldsymbol{I}}_A\lambda_a+\dot{\boldsymbol{I}}_Y\lambda_a\right)\right]\\&+\sqrt{2}\mu_0(w_k)^2 l_a\left[\left(\dot{\boldsymbol{I}}_A\lambda_a+\dot{\boldsymbol{I}}_A\lambda_a\right)\right]\\&+\sqrt{2}\mu_0(w_K)^2 l_a\left[\left(\dot{\boldsymbol{I}}_A\lambda_a+\dot{\boldsymbol{I}}_A\lambda_a\right)\right]\\=&\sqrt{2}\mu_0(w_K)^2 l_a\left[6\dot{I}_A\lambda_a+\left(\dot{\boldsymbol{I}}_Z+\dot{\boldsymbol{I}}_Y\right)\lambda_a\right]\end{aligned}\tag{1-3-144}$$

把 $\dot{I}_A=I_A$、式（1-3-110）和式（1-3-111）代入式（1-3-144），便可以得到第一组齿线圈的总复磁链的幅值 ψ_{6-7} 的数学表达式为

$$\begin{aligned}\psi_{6-7}=&\sqrt{2}\mu_0(w_K)^2 l_a\left[6I_A\lambda_a+I_A\left(\cos60^\circ-\mathrm{j}\sin60^\circ+\cos60^\circ+\mathrm{j}\sin60^\circ\right)\lambda_a\right]\\=&\sqrt{2}\mu_0(w_K)^2 I_A l_a(7\lambda_a)\end{aligned}\tag{1-3-145}$$

同样，我们可以分别写出第 1 号齿线圈的复磁链 $\dot{\psi}_1$ 和第 12 号齿线圈的复磁链 $\dot{\psi}_{12}$ 的数学表达式为

$$\begin{aligned}\dot{\psi}_1=&\sqrt{2}\mu_0(w_K)^2 l_a\left[\left(\dot{\boldsymbol{I}}_A\lambda_a+\dot{\boldsymbol{I}}_A\lambda_{ba}\right)\right]\\&-\sqrt{2}\mu_0(w_K)^2 l_a\left[\left(\dot{\boldsymbol{I}}_X\lambda_b+\dot{\boldsymbol{I}}_B\lambda_{ab}\right)\right]\\=&\sqrt{2}\mu_0(w_K)^2 l_a\left[\left(\dot{\boldsymbol{I}}_A\lambda_a+\dot{\boldsymbol{I}}_A\lambda_{ba}\right)\right]\\&+\sqrt{2}\mu_0(w_K)^2 l_a\left[\left(\dot{\boldsymbol{I}}_A\lambda_b+\dot{\boldsymbol{I}}_Y\lambda_{ab}\right)\right]\\\dot{\psi}_{12}=&\sqrt{2}\mu_0(w_K)^2 l_a\left[\left(\dot{\boldsymbol{I}}_X\lambda_a+\dot{\boldsymbol{I}}_C\lambda_{ba}\right)\right]\\&-\sqrt{2}\mu_0(w_K)^2 l_a\left[\left(\dot{\boldsymbol{I}}_A\lambda_b+\dot{\boldsymbol{I}}_A\lambda_{ab}\right)\right]\\=&-\sqrt{2}\mu_0(w_K)^2 l_a\left[\left(\dot{\boldsymbol{I}}_A\lambda_a+\dot{\boldsymbol{I}}_Z\lambda_{ba}\right)\right]\\&-\sqrt{2}\mu_0(w_K)^2 l_a\left[\left(\dot{\boldsymbol{I}}_A\lambda_b+\dot{\boldsymbol{I}}_A\lambda_{ab}\right)\right]\end{aligned}$$

根据图 1.3.16 所示的反电动势星形图和图 1.3.17 所示的电枢绕组展开图，可知第 1 号齿线圈和第 12 号齿线圈也是反向连接的，因此我们可以写出由第 1 号齿线圈和第 12 号齿线圈构成的第二组齿线圈的复磁链 $\dot{\psi}_{1-12}$ 的数学表达式为

$$\begin{aligned}\dot{\psi}_{1-12}=&\dot{\psi}_1-\dot{\psi}_{12}\\=&\sqrt{2}\mu_0(w_K)^2 l_a\left[\left(\dot{\boldsymbol{I}}_A\lambda_a+\dot{\boldsymbol{I}}_A\lambda_{ba}\right)\right]\\&+\sqrt{2}\mu_0(w_K)^2 l_a\left[\left(\dot{\boldsymbol{I}}_A\lambda_b+\dot{\boldsymbol{I}}_Y\lambda_{ab}\right)\right]\\&+\sqrt{2}\mu_0(w_K)^2 l_a\left[\left(\dot{\boldsymbol{I}}_A\lambda_a+\dot{\boldsymbol{I}}_Z\lambda_{ba}\right)\right]\\&+\sqrt{2}\mu_0(w_K)^2 l_a\left[\left(\dot{\boldsymbol{I}}_A\lambda_b+\dot{\boldsymbol{I}}_A\lambda_{ab}\right)\right]\end{aligned}\tag{1-3-146}$$

式（1-3-146）中的第一项是左右两个集中非重叠式线圈边中的电流属于同一相的第 1 号槽内的右边的 A 相线圈边的自感磁链和左右两线圈边之间的互感磁链之和；第二项是左

右两个集中非重叠式线圈边中的电流不属于同一相的第 2 号槽内的左边的 A 相线圈边的自感磁链和右边的 B 相线圈边与左边的 A 相线圈边之间的互感磁链之和；第三项是左右两个集中非重叠式线圈边中的电流不属于同一相的第 12 号槽内的右边的 A 相线圈边的自感磁链，以及左边的 C 相线圈边与右边的 A 相线圈边之间的互感磁链之和；第四项是左右两个非重叠式线圈边中的电流属于同一相的第 1 号槽内的左边的 A 相线圈边的自感磁链和左右两线圈边之间的互感磁链之和。

考虑到 $\lambda_a = \lambda_b = \lambda_{ab} = \lambda_{ba} = \lambda_m$，式（1-3-146）便可以写成

$$\begin{aligned}\dot{\psi}_{1-12} &= \sqrt{2}\mu_0 (w_K)^2 l_a \left[\left(\dot{I}_A\lambda_a + \dot{I}_A\lambda_a\right)\right] \\ &+ \sqrt{2}\mu_0 (w_K)^2 l_a \left[\left(\dot{I}_A\lambda_a + \dot{I}_Y\lambda_a\right)\right] \\ &+ \sqrt{2}\mu_0 (w_K)^2 l_a \left[\left(\dot{I}_A\lambda_a + \dot{I}_Z\lambda_a\right)\right] \\ &+ \sqrt{2}\mu_0 (w_K)^2 l_a \left[\left(\dot{I}_A\lambda_a + \dot{I}_A\lambda_a\right)\right] \\ &= \sqrt{2}\mu_0 (w_K)^2 l_a \left[6\dot{I}_A\lambda_a + \left(\dot{I}_Z + \dot{I}_Y\right)\lambda_a\right]\end{aligned} \tag{1-3-147}$$

把 $\dot{I}_A = I_A$、式（1-3-110）和式（1-3-111）代入式（1-3-147），便可以得到第二组齿线圈的总复磁链的幅值 ψ_{1-12} 的数学表达式为

$$\begin{aligned}\psi_{1-12} &= \sqrt{2}\mu_0 (w_K)^2 l_a \left[6I_A\lambda_a + I_A\left(\cos 60^\circ - \mathrm{j}\sin 60^\circ + \cos 60^\circ + \mathrm{j}\sin 60^\circ\right)\lambda_a\right] \\ &= \sqrt{2}\mu_0 (w_K)^2 I_A l_a (7\lambda_a)\end{aligned} \tag{1-3-148}$$

把式（1-3-145）和式（1-3-148）相加，可以得到由 4 个齿线圈串联连接而成的 A 相电枢绕组的总复磁链的幅值 ψ_A 的表达式为

$$\psi_A = \psi_{6-7} + \psi_{1-12} = 2\sqrt{2}\mu_0 (w_K)^2 I_A l_a (7\lambda_a) \tag{1-3-149}$$

A 相电枢绕组的槽漏电感 L_{sn} 为

$$L_{sn} = \frac{\psi_A}{\sqrt{2}I_A} = 2\mu_0 (w_K)^2 l_a (7\lambda_a) \tag{1-3-150}$$

把式（1-3-131）代入式（1-3-150），A 相电枢绕组的槽漏电感 L_{sn} 的表达式为

$$L_{sn} = 2\mu_0 (w_K)^2 l_a \left[7\times\left(\frac{h}{3b_n} + \frac{h_3}{b_n} + \frac{2h_4}{b_n + a_c} + \frac{h_5}{a_c}\right)\right] = 2\mu_0 (w_K)^2 l_a \lambda_n$$

式中：λ_n 是 A 相（即每相）电枢绕组的比槽漏磁导，即

$$\lambda_n = 7\times\left(\frac{h}{3b_n} + \frac{h_3}{b_n} + \frac{2h_4}{b_n + a_c} + \frac{h_5}{a_c}\right)$$

于是，A 相（即每相）电枢绕组的槽漏电抗 x_{sn} 为

$$x_{sn} = \omega L_{sn} = 4\pi f_1 \mu_0 (w_K)^2 l_a \lambda_n \tag{1-3-151}$$

② 集中重叠式齿线圈的比槽漏磁导 λ_n 和槽漏抗 x_{sn}。

图 1.3.48 展示了一台（$m=3$，$p=10$，$Z=24$，$t=2$）集中重叠式分数槽绕组的典型的定子结构，图中数字序号表示定子槽号（或齿线圈的号码）的空间排列顺序。它是一台具有两个虚拟单元电动机（$t=2$）的分数槽电动机（$q=2/5$），它的定子齿线圈的反电动势星形图示于图 1.3.49，根据 60°相带法，分别属于 A、B 和 C 三相电枢绕组的齿线圈列于表 1.3.11 中。

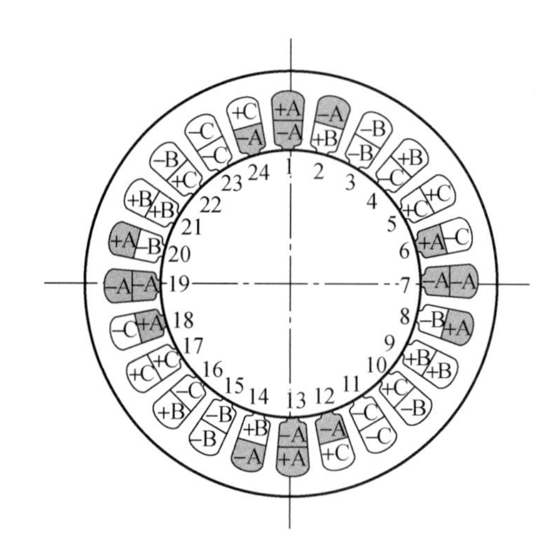

图 1.3.48　集中重叠式分数槽绕组的典型的定子结构（$m=3$、$p=10$、$Z=24$、$t=2$）

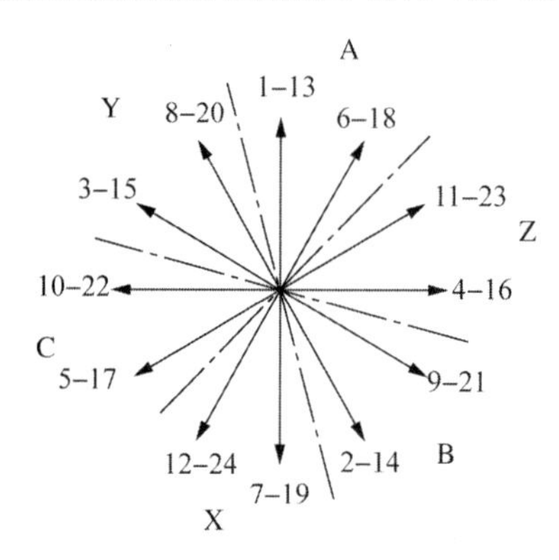

图 1.3.49　反电动势星形图（$m=3$、$p=10$、$Z=24$、$t=2$）

表 1.3.11　A、B 和 C 三相电枢绕组的齿线圈

相序	定子齿线圈的编号
A	1、6、7、12、13、18、19、24
B	2、9、3、8、21、14、15、20
C	5、10、4、11、17、22、16、23

图 1.3.48 所示的分数槽电动机与图 1.3.42（b）所示的分数槽电动机，在本质上是一样的，它们之间的差异仅在于：前者由两个虚拟的单元电动机组成，而后者只有一个虚拟的单元电动机；前者是集中重叠式齿线圈，一个槽内有上层线圈边和下层线圈边，而后是集中非重叠式齿线圈，一个槽内有左线圈边和右线圈边。在一个虚拟的单元电动机范围之内，它们的齿线圈的空间配置和齿线圈内的电流分布情况是完全一样的。因此，参照式（1-3-143），我们可以写出由第 6 号齿线圈和第 7 号齿线圈构成的一个齿线圈组的复磁链 $\dot{\boldsymbol{\psi}}_{6-7}$ 的数学表达式为

$$\begin{aligned}\dot{\boldsymbol{\psi}}_{6-7}=&\sqrt{2}\mu_0\left(w_{\mathrm{K}}\right)^2 l_{\mathrm{a}}\left[\left(\dot{\boldsymbol{I}}_{\mathrm{A}}\lambda_{\mathrm{a}}+\dot{\boldsymbol{I}}_{\mathrm{Z}}\lambda_{\mathrm{m}}\right)\right]\\&+\sqrt{2}\mu_0\left(w_{\mathrm{K}}\right)^2 l_{\mathrm{a}}\left[\left(\dot{\boldsymbol{I}}_{\mathrm{A}}\lambda_{\mathrm{b}}+\dot{\boldsymbol{I}}_{\mathrm{Y}}\lambda_{\mathrm{m}}\right)\right]\end{aligned}$$

$$
\begin{aligned}
&+\sqrt{2}\mu_0\left(w_{\mathrm{K}}\right)^2 l_{\mathrm{a}}\left[\left(\dot{\boldsymbol{I}}_{\mathrm{A}}\lambda_{\mathrm{a}}+\dot{\boldsymbol{I}}_{\mathrm{A}}\lambda_{\mathrm{m}}\right)\right]\\
&+\sqrt{2}\mu_0\left(w_{\mathrm{K}}\right)^2 l_{\mathrm{a}}\left[\left(\dot{\boldsymbol{I}}_{\mathrm{A}}\lambda_{\mathrm{b}}+\dot{\boldsymbol{I}}_{\mathrm{A}}\lambda_{\mathrm{m}}\right)\right]
\end{aligned}
\tag{1-3-152}
$$

式中：w_{K} 是一个齿线圈的串联匝数；λ_{a} 是一个槽内的上层线圈边的自感比槽漏磁导；λ_{b} 是一个槽内的下层线圈边的自感比槽漏磁导；λ_{m} 是一个槽内的上下层两个圈线边之间的互感比槽漏磁导。

式（1-3-152）中的第一项是上下层两个集中重叠式线圈边中的电流不属于同一相的第 6 号槽内的上层 A 相线圈边的自感磁链和下层 C 相线圈边与上层 A 相线圈边之间的互感磁链之和；第二项是上下层两个集中重叠式线圈边中的电流不属于同一相的第 8 号槽内的下层 A 相线圈边的自感磁链和上层 B 相线圈边与下层 A 相线圈边之间的互感磁链之和；第三项是上下层两个集中重叠式线圈边中的电流属于同一相的第 7 号槽内的上层 A 相线圈边的自感磁链和上下两层线圈边之间的互感磁链之和；第四项是上下层两个集中重叠式线圈边中的电流属于同一相的第 7 号槽内的下层 A 相线圈边的自感磁链和上下两层线圈边之间的互感磁链之和。

式（1-3-152）可以被进一步推演为

$$
\begin{aligned}
\dot{\boldsymbol{\psi}}_{6-7}&=\sqrt{2}\mu_0\left(w_{\mathrm{K}}\right)^2 l_{\mathrm{a}}\left[\dot{\boldsymbol{I}}_{\mathrm{A}}\left(\lambda_{\mathrm{a}}+\lambda_{\mathrm{b}}\right)+\left(\dot{\boldsymbol{I}}_{\mathrm{Z}}+\dot{\boldsymbol{I}}_{\mathrm{Y}}\right)\lambda_{\mathrm{m}}\right]\\
&\quad+\sqrt{2}\mu_0\left(w_{\mathrm{K}}\right)^2 l_{\mathrm{a}}\left[\dot{\boldsymbol{I}}_{\mathrm{A}}\left(\lambda_{\mathrm{a}}+\lambda_{\mathrm{b}}\right)+2\dot{\boldsymbol{I}}_{\mathrm{A}}\lambda_{\mathrm{m}}\right]\\
&=\sqrt{2}\mu_0\left(w_{\mathrm{K}}\right)^2 l_{\mathrm{a}}\left[2\dot{\boldsymbol{I}}_{\mathrm{A}}\left(\lambda_{\mathrm{a}}+\lambda_{\mathrm{b}}\right)+\left(2\dot{\boldsymbol{I}}_{\mathrm{A}}+\dot{\boldsymbol{I}}_{\mathrm{Z}}+\dot{\boldsymbol{I}}_{\mathrm{Y}}\right)\lambda_{\mathrm{m}}\right]
\end{aligned}
\tag{1-3-153}
$$

当采用图 1.3.37 所示的定子槽形时，把 $\dot{\boldsymbol{I}}_{\mathrm{A}}=I_{\mathrm{A}}$、式(1-3-110)、式(1-3-111)、式(1-3-91)、式（1-3-93）和式（1-3-100）代入式（1-3-153），便可以得到由第 6 号齿线圈和第 7 号齿线圈构成的一个齿线圈组的复磁链的幅值 ψ_{6-7} 的数学表达式为

$$
\begin{aligned}
\psi_{6-7}&=\sqrt{2}\mu_0\left(w_{\mathrm{K}}\right)^2 l_{\mathrm{a}}\\
&\quad\times\left[2I_{\mathrm{A}}\left(\frac{h}{3b_{\mathrm{n}}}+\frac{h_3}{b_{\mathrm{n}}}+\frac{2h_4}{b_{\mathrm{n}}+a_{\mathrm{c}}}+\frac{h_5}{a_{\mathrm{c}}}+\frac{h}{3b_{\mathrm{n}}}+\frac{h_2}{b_{\mathrm{n}}}+\frac{h}{b_{\mathrm{n}}}+\frac{h_3}{b_{\mathrm{n}}}+\frac{2h_4}{b_{\mathrm{n}}+a_{\mathrm{c}}}+\frac{h_5}{a_{\mathrm{c}}}\right)\right.\\
&\quad\left.+\left(2I_{\mathrm{A}}+I_{\mathrm{A}}\cos 60^\circ-\mathrm{j}I_{\mathrm{A}}\sin 60^\circ+I_{\mathrm{A}}\cos 60^\circ+\mathrm{j}I_{\mathrm{A}}\sin 60^\circ\right)\lambda_{\mathrm{m}}\right]\\
&=\sqrt{2}\mu_0\left(w_{\mathrm{K}}\right)^2 l_{\mathrm{a}}\left[2I_{\mathrm{A}}\left(\frac{5h+3h_2+6h_3}{3b_{\mathrm{n}}}+\frac{4h_4}{b_{\mathrm{n}}+a_{\mathrm{c}}}+\frac{2h_5}{a_{\mathrm{c}}}\right)\right.\\
&\quad\left.+3I_{\mathrm{A}}\left(\frac{h}{2b_{\mathrm{n}}}+\frac{h_3}{b_{\mathrm{n}}}+\frac{2h_4}{b_{\mathrm{n}}+a_{\mathrm{c}}}+\frac{h_5}{a_{\mathrm{c}}}\right)\right]\\
&=\sqrt{2}\mu_0\left(w_{\mathrm{K}}\right)^2 I_{\mathrm{A}}l_{\mathrm{a}}\left[\left(\frac{10h+6h_2+12h_3}{3b_{\mathrm{n}}}+\frac{8h_4}{b_{\mathrm{n}}+a_{\mathrm{c}}}+\frac{4h_5}{a_{\mathrm{c}}}\right)\right.\\
&\quad\left.+\left(\frac{3h+6h_3}{2b_{\mathrm{n}}}+\frac{6h_4}{b_{\mathrm{n}}+a_{\mathrm{c}}}+\frac{3h_5}{a_{\mathrm{c}}}\right)\right]\\
&=\sqrt{2}\mu_0\left(w_{\mathrm{K}}\right)^2 I_{\mathrm{A}}l_{\mathrm{a}}\left(\frac{29h+12h_2+42h_3}{6b_{\mathrm{n}}}+\frac{14h_4}{b_{\mathrm{n}}+a_{\mathrm{c}}}+\frac{7h_5}{a_{\mathrm{c}}}\right)\\
&=\sqrt{2}\mu_0\left(w_{\mathrm{K}}\right)^2 I_{\mathrm{A}}l_{\mathrm{a}}\lambda_{\mathrm{n}}
\end{aligned}
\tag{1-3-154}
$$

其中

$$\lambda_{\mathrm{n}}=\frac{29h+12h_2+42h_3}{6b_{\mathrm{n}}}+\frac{14h_4}{b_{\mathrm{n}}+a_{\mathrm{c}}}+\frac{7h_5}{a_{\mathrm{c}}} \tag{1-3-155}$$

式中：λ_{n} 是比槽漏磁导。

在四组齿线圈串联时，A 相电枢绕组合成的复磁链的幅值 ψ_{A} 为

$$\psi_{\mathrm{A}}=4\psi_{6-7}=4\sqrt{2}\mu_0\left(w_{\mathrm{K}}\right)^2 I_{\mathrm{A}} l_{\mathrm{a}} \lambda_{\mathrm{n}} \tag{1-3-156}$$

于是，A 相电枢绕组的槽漏电感 L_{sn} 为

$$L_{\mathrm{sn}}=\frac{\psi_{\mathrm{A}}}{\sqrt{2}I_{\mathrm{A}}}=4\mu_0\left(w_{\mathrm{K}}\right)^2 l_{\mathrm{a}} \lambda_{\mathrm{n}} \tag{1-3-157}$$

A 相（即每相）电枢绕组的槽漏电抗 x_{sn} 为

$$x_{\mathrm{sn}}=\omega L_{\mathrm{sn}}=8\pi f_1\mu_0\left(w_{\mathrm{K}}\right)^2 l_{\mathrm{a}} \lambda_{\mathrm{n}} \tag{1-3-158}$$

如果每个虚拟单元电动机的两组齿线圈串联，然后两个虚拟单元电动机的两条支路再并联，则 A 相（即每相）电枢绕组的槽漏电抗 x_{sn} 为

$$x_{\mathrm{sn}}=2\pi f_1\mu_0\left(w_{\mathrm{K}}\right)^2 l_{\mathrm{a}} \lambda_{\mathrm{n}} \tag{1-3-159}$$

③ 短距双层分布式分数槽绕组的比槽漏磁导 λ_{n} 和槽漏抗 x_{sn} 。

这里，我们将通过一台 $m=3$、$2p=4$、$Z=18$、极距 $\tau=4.5$ 和线圈节距 $y=4$ 的短距双层分布式分数槽电动机的具体的例子，来说明短距双层分布式分数槽绕组的比槽漏磁导 λ_{n} 和槽漏抗 x_{sn} 的计算方法。

根据图 1.3.14 所示的反电动势向量的星形图和表 1.3.6 所列的分别属于 A、B 和 C 三相电枢绕组的线圈，便可知 A、B 和 C 三相电枢绕组在定子铁心槽内的排布情况，如图 1.3.50 所示。每相电枢绕组由 6 个线圈组成，例如 A 相电枢绕组的展开图，如图 1.3.51 所示。可见，属于 A 相电枢绕组的 6 个线圈是第 1 号、第 5 号、第 6 号、第 10 号、第 14 号和第 15 号。这 6 个线圈可以被分两组：第一个虚拟单元电动机内的第 1 号线圈、第 5 号线圈和第 6 号线圈为一组；第二个虚拟单元电动机内的第 10 号线圈、第 14 号线圈和第 15 号线圈为另一组。

图 1.3.52 展示了第一个虚拟单元电动机内的第 1 号线圈、第 5 号线圈和第 6 号线圈在槽内的分布情况，三个线圈占据 5 个槽，即第 1 号槽、第 5 号槽、第 6 号槽、第 9 号槽和第 10 号槽，图中符号“+”表示流入线圈的电流方向，符号“−”表示流出线圈的电流方向。

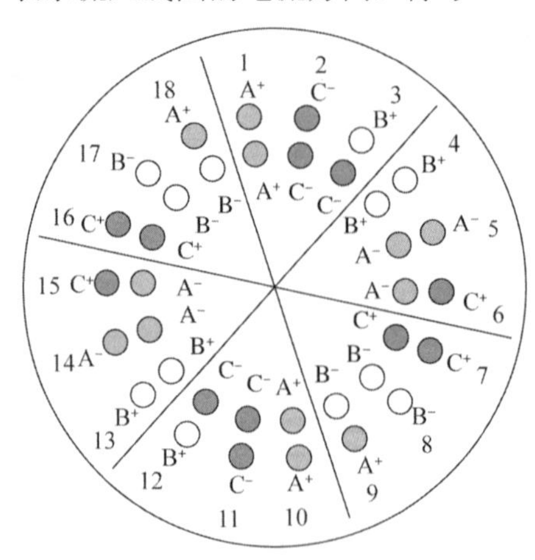

图 1.3.50　A、B 和 C 三相电枢绕组在定子铁心槽内的排布情况

（$m=3$、$2p=4$、$Z=18$）

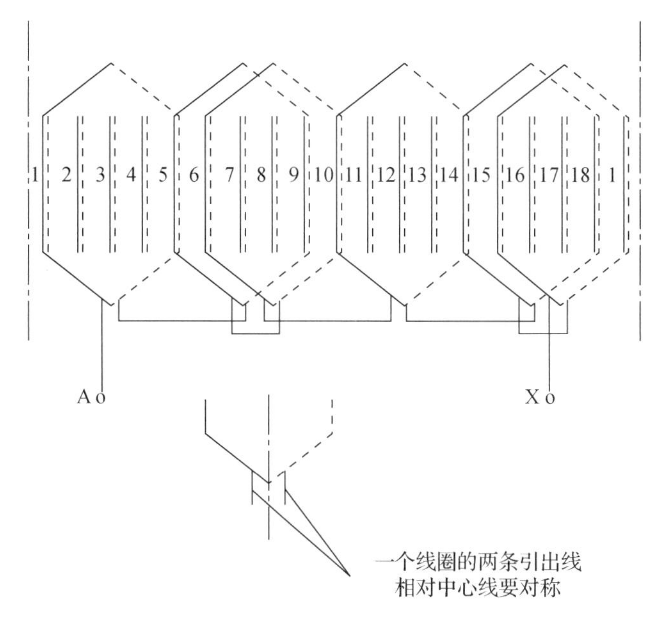

图 1.3.51　A 相电枢绕组的展开图

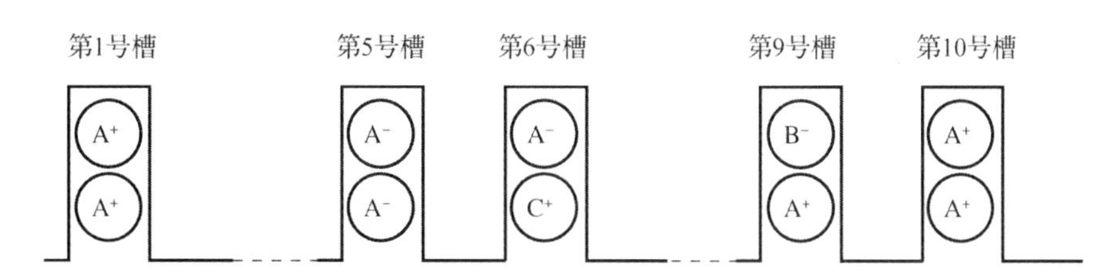

图 1.3.52　第一个虚拟单元电动机内的 3 个线圈在槽内的分布情况

在上述 5 个槽中，第 1 号槽、第 5 号槽和第 10 号槽内上下层两个重叠的线圈边中的电流都属于同一个 A 相，而第 6 号槽和第 9 号槽内上下层两个重叠的线圈边中的电流不属于同一个 A 相。

首先，我们可以分别写出第一个虚拟单元电动机内的第 1 号线圈的复磁链 $\dot{\boldsymbol{\psi}}_1$、第 5 号线圈的复磁链 $\dot{\boldsymbol{\psi}}_5$ 和第 6 号线圈的复磁链 $\dot{\boldsymbol{\psi}}_6$ 的数学表达式为

$$\begin{aligned}\dot{\boldsymbol{\psi}}_1 &= \sqrt{2}\mu_0\left(w_K\right)^2 l_a\left(\dot{\boldsymbol{I}}_A\lambda_b+\dot{\boldsymbol{I}}_A\lambda_m\right)\\&\quad-\sqrt{2}\mu_0\left(w_K\right)^2 l_a\left(\dot{\boldsymbol{I}}_X\lambda_a+\dot{\boldsymbol{I}}_X\lambda_m\right)\\&=\sqrt{2}\mu_0\left(w_K\right)^2 l_a\left(\dot{\boldsymbol{I}}_A\lambda_b+\dot{\boldsymbol{I}}_A\lambda_m\right)\\&\quad+\sqrt{2}\mu_0\left(w_K\right)^2 l_a\left(\dot{\boldsymbol{I}}_A\lambda_a+\dot{\boldsymbol{I}}_A\lambda_m\right)\end{aligned}\tag{1-3-160}$$

$$\begin{aligned}\dot{\boldsymbol{\psi}}_5 &= \sqrt{2}\mu_0\left(w_K\right)^2 l_a\left(\dot{\boldsymbol{I}}_X\lambda_b+\dot{\boldsymbol{I}}_X\lambda_m\right)\\&\quad-\sqrt{2}\mu_0\left(w_K\right)^2 l_a\left(\dot{\boldsymbol{I}}_A\lambda_a+\dot{\boldsymbol{I}}_Y\lambda_m\right)\\&=-\sqrt{2}\mu_0\left(w_K\right)^2 l_a\left(\dot{\boldsymbol{I}}_A\lambda_b+\dot{\boldsymbol{I}}_A\lambda_m\right)\\&\quad-\sqrt{2}\mu_0\left(w_K\right)^2 l_a\left(\dot{\boldsymbol{I}}_A\lambda_a+\dot{\boldsymbol{I}}_Y\lambda_m\right)\end{aligned}\tag{1-3-161}$$

$$\dot{\boldsymbol{\psi}}_6 = \sqrt{2}\mu_0\left(w_K\right)^2 l_a\left(\dot{\boldsymbol{I}}_X\lambda_b+\dot{\boldsymbol{I}}_C\lambda_m\right)$$

$$-\sqrt{2}\mu_0\left(w_K\right)^2 l_a\left(\dot{\boldsymbol{I}}_A\lambda_a+\dot{\boldsymbol{I}}_A\lambda_m\right)$$
$$=-\sqrt{2}\mu_0\left(w_K\right)^2 l_a\left(\dot{\boldsymbol{I}}_A\lambda_b+\dot{\boldsymbol{I}}_Z\lambda_m\right)$$
$$-\sqrt{2}\mu_0\left(w_K\right)^2 l_a\left(\dot{\boldsymbol{I}}_A\lambda_a+\dot{\boldsymbol{I}}_A\lambda_m\right) \tag{1-3-162}$$

式中：w_K是一个齿线圈的串联匝数；λ_a是一个槽内的上层线圈边的自感比槽漏磁导；λ_b是一个槽内的下层线圈边的自感比槽漏磁导；λ_m是一个槽内的上下层两个圈线边之间的互感比槽漏磁导。

根据图 1.3.14 所示的反电动势向量的星形图、图 1.3.50 所示的 A、B 和 C 三相电枢绕组在定子铁心槽内的排布图、图 1.3.51 所示的 A 相电枢绕组的展开图和表 1.3.6 所列的分别属于 A、B 和 C 三相电枢绕组的线圈，可知第 1 号线圈与第 5 号线圈和第 6 号线圈是反向连接的，因此，我们可以写出由第 1 号线圈、第 5 号线圈和第 6 号线圈构成的第一个虚拟单元电动机内的 A 相线圈的复磁链$\dot{\boldsymbol{\psi}}_{1\text{-}5\text{-}6}$的数学表达式

$$\begin{aligned}\dot{\boldsymbol{\psi}}_{1\text{-}5\text{-}6}&=\dot{\boldsymbol{\psi}}_1-\dot{\boldsymbol{\psi}}_5-\dot{\boldsymbol{\psi}}_6\\&=\sqrt{2}\mu_0\left(w_K\right)^2 l_a\left(\dot{\boldsymbol{I}}_A\lambda_b+\dot{\boldsymbol{I}}_A\lambda_m\right)+\sqrt{2}\mu_0\left(w_K\right)^2 l_a\left(\dot{\boldsymbol{I}}_A\lambda_a+\dot{\boldsymbol{I}}_A\lambda_m\right)\\&\quad+\sqrt{2}\mu_0\left(w_K\right)^2 l_a\left(\dot{\boldsymbol{I}}_A\lambda_b+\dot{\boldsymbol{I}}_A\lambda_m\right)+\sqrt{2}\mu_0\left(w_K\right)^2 l_a\left(\dot{\boldsymbol{I}}_A\lambda_a+\dot{\boldsymbol{I}}_Y\lambda_m\right)\\&\quad+\sqrt{2}\mu_0\left(w_K\right)^2 l_a\left(\dot{\boldsymbol{I}}_A\lambda_b+\dot{\boldsymbol{I}}_Z\lambda_m\right)+\sqrt{2}\mu_0\left(w_K\right)^2 l_a\left(\dot{\boldsymbol{I}}_A\lambda_a+\dot{\boldsymbol{I}}_A\lambda_m\right)\\&=\sqrt{2}\mu_0\left(w_K\right)^2 l_a\left[3\dot{\boldsymbol{I}}_A\lambda_b+3\dot{\boldsymbol{I}}_A\lambda_a+4\dot{\boldsymbol{I}}_A\lambda_m+\left(\dot{\boldsymbol{I}}_Y+\dot{\boldsymbol{I}}_Z\right)\lambda_m\right]\end{aligned} \tag{1-3-163}$$

把$\dot{\boldsymbol{I}}_A=I_A$、$\dot{\boldsymbol{I}}_Y=I_A$（$\cos 60^\circ+\mathrm{j}\sin 60^\circ$）和$\dot{\boldsymbol{I}}_Z=I_A$（$\cos 60^\circ-\mathrm{j}\sin 60^\circ$）代入式（1-3-163），便可以得到第一个虚拟单元电动机的 A 相线圈组的复磁链的幅值$\psi_{1\text{-}5\text{-}6}$的数学表达式为

$$\begin{aligned}\psi_{1\text{-}5\text{-}6}&=\sqrt{2}\mu_0\left(w_K\right)^2 l_a\left[3I_A\lambda_b+3I_A\lambda_a+4I_A\lambda_m\right.\\&\qquad\left.+\left(I_A\cos 60^\circ+\mathrm{j}I_A\sin 60^\circ+I_A\cos 60^\circ-\mathrm{j}I_A\sin 60^\circ\right)\lambda_m\right]\\&=\sqrt{2}\mu_0\left(w_K\right)^2 l_a\left[3I_A\lambda_b+3I_A\lambda_a+4I_A\lambda_m+\left(2I_A\cos 60^\circ\right)\lambda_m\right]\\&=\sqrt{2}\mu_0\left(w_K\right)^2 l_a\left(3I_A\lambda_b+3I_A\lambda_a+5I_A\lambda_m\right)\end{aligned} \tag{1-3-164}$$

同样，考虑到电枢绕组和磁路结构的对称性，我们可以写出第二个虚拟单元电动机的 A 相线圈组的复磁链的幅值$\psi_{10\text{-}14\text{-}15}$的数学表达式为

$$\psi_{10\text{-}14\text{-}15}=\sqrt{2}\mu_0\left(w_K\right)^2 l_a\left(3I_A\lambda_b+3I_A\lambda_a+5I_A\lambda_m\right) \tag{1-3-165}$$

于是，我们就可以得到电动机的 A 相电枢绕组的复磁链的幅值ψ_A的数学表达式为

$$\psi_A=\psi_{1\text{-}5\text{-}6}+\psi_{10\text{-}14\text{-}15}=\sqrt{2}\mu_0\left(w_K\right)^2 l_a I_A\left[6\left(\lambda_b+\lambda_a\right)+10\lambda_m\right] \tag{1-3-166}$$

当我们采用图 1.3.37 所示的槽形时，把式（1-3-91）、式（1-3-93）和式（1-3-100）代入式（1-3-166），便可以得到

$$\begin{aligned}\psi_A&=\sqrt{2}\mu_0\left(w_K\right)^2 l_a I_A\left[6\left(\lambda_b+\lambda_a\right)+10\lambda_m\right]\\&=\sqrt{2}\mu_0\left(w_K\right)^2 l_a I_A\left[6\left(\frac{h}{3b_n}+\frac{h_3}{b_n}+\frac{2h_4}{b_n+a_c}+\frac{h_5}{a_c}\right.\right.\\&\qquad\left.\left.+\frac{h}{3b_n}+\frac{h_2}{b_n}+\frac{h}{b_n}+\frac{h_3}{b_n}+\frac{2h_4}{b_n+a_c}+\frac{h_5}{a_c}\right)+10\left(\frac{h}{2b_n}+\frac{h_3}{b_n}+\frac{2h_4}{b_n+a_c}+\frac{h_5}{a_c}\right)\right]\end{aligned}$$

$$=\sqrt{2}\mu_0(w_K)^2 l_a I_A\left[6\left(\frac{5h}{3b_n}+\frac{2h_3}{b_n}+\frac{4h_4}{b_n+a_c}+\frac{h_2}{b_n}+\frac{2h_5}{a_c}\right)\right.$$

$$\left.+\left(\frac{10h}{2b_n}+\frac{10h_3}{b_n}+\frac{20h_4}{b_n+a_c}+\frac{10h_5}{a_c}\right)\right]$$

$$=\sqrt{2}\mu_0(w_K)^2 l_a I_A\left[\left(\frac{10h}{b_n}+\frac{12h_3}{b_n}+\frac{24h_4}{b_n+a_c}+\frac{6h_2}{b_n}+\frac{12h_5}{a_c}\right)\right.$$

$$\left.+\left(\frac{5h}{b_n}+\frac{10h_3}{b_n}+\frac{20h_4}{b_n+a_c}+\frac{10h_5}{a_c}\right)\right]$$

$$=\sqrt{2}\mu_0(w_K)^2 l_a I_A\left[\frac{15h}{b_n}+\frac{22h_3}{b_n}+\frac{44h_4}{b_n+a_c}+\frac{6h_2}{b_n}+\frac{22h_5}{a_c}\right] \tag{1-3-167}$$

在一般小功率永磁同步电动机中，尺寸 $h_2\approx0$ 和 $h_3\approx0$，式（1-3-167）可以被简化为

$$\psi_A=\sqrt{2}\mu_0(w_K)^2 l_a I_A\left(\frac{15h}{b_n}+\frac{44h_4}{b_n+a_c}+\frac{22h_5}{a_c}\right)=\sqrt{2}\mu_0(w_K)^2 l_a I_A\lambda_n$$

其中

$$\lambda_n=\frac{15h}{b_n}+\frac{44h_4}{b_n+a_c}+\frac{22h_5}{a_c}$$

式中：λ_n 是 A 相（每相）电枢绕组的槽比漏磁导。

于是，A 相（每相）电枢绕组的槽漏电感 L_{sn} 为

$$L_{sn}=\frac{\psi_A}{\sqrt{2}I_A}=\mu_0(w_K)^2 l_a\lambda_n$$

A 相电枢绕组的槽漏电抗 x_{sn} 为

$$x_{sn}=\omega L_{sn}=2\pi f_1\mu_0(w_K)^2 l_a\lambda_n$$

根据上述有关槽漏磁导、槽漏磁链、槽漏电感和槽漏电抗等的基本概念，分析和处理方法，可以推导出其他不同结构的分数槽绕组的槽漏磁导、槽漏磁链、槽漏电感和槽漏电抗的计算公式，因而这里不再一一介绍。

2）比端部漏磁导 λ_{end} 和端部漏电抗 x_{send} 的计算

由于端部漏磁通 Φ_{send} 的分布是比较复杂的，比端部漏磁导不容易被正确地计算。一般情况下，采用经验公式来估算比端部漏磁导 λ_{end}。

由于永磁同步电动机的定子电枢绕组的结构形式与异步感应电动机基本上是一样的，它们的电枢绕组的比端部漏磁导 λ_{end} 的计算方法也基本上是一样的。

对于图 1.3.53 所示的单层两平面绕组而言，比端部漏磁导 λ_{end} 可以接下式估算：

$$\lambda_{end}=0.67\cdot\frac{q}{l_a}(l_{end}-0.64\tau) \tag{1-3-168}$$

其中

$$l_{end}=l_{cp(1/2)}-l_a$$

式中：q 是每极每相槽数；l_a 是电枢铁心的轴向长度，cm；τ 是极距，cm；l_{end} 是半匝电枢线圈的平均端部长度，cm；$l_{cp(1/2)}$ 是半匝电枢线圈的平均长度，cm。

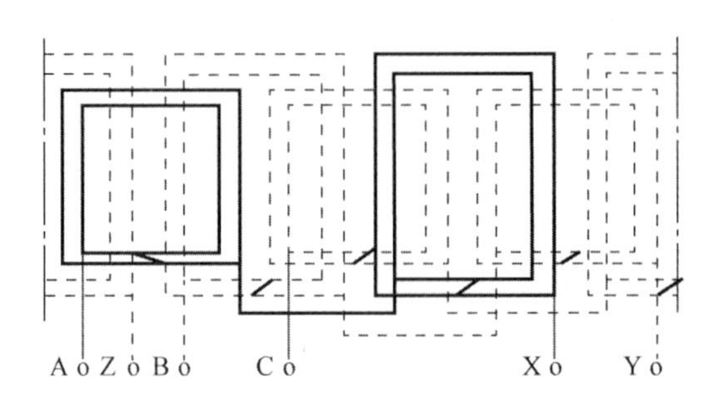

图 1.3.53　单层两平面绕组

对于图 1.3.54 所示的单层三平面绕组而言，比端部漏磁导 λ_{end} 可以按下式估算：

$$\lambda_{end}=0.47\times\frac{q}{l_a}(l_{end}-0.64\tau) \tag{1-3-169}$$

对于一般双层短距绕组而言，比端部漏磁导 λ_{end} 可以按下式估算：

$$\lambda_{end}=（0.34\sim0.39）\times\frac{q}{l_a}(l_{end}-0.64\beta\tau) \tag{1-3-170}$$

这里，$\beta=y_1/\tau$（其中 y_1 为电枢绕组的第一节距，τ 为极距）。

在已知比端部漏磁导 λ_{end} 的情况下，每相电枢绕组的端部漏电抗 x_{send} 为

$$\begin{aligned}x_{send}&=4\pi f_1\mu_0\frac{w_\Phi^2}{pq}l_a\ (\lambda_{end})\\&=15.8\ f_1\frac{w_\Phi^2}{pq}l_a(\lambda_{end})\times10^{-8}\end{aligned} \tag{1-3-171}$$

式中：w_Φ 是电枢绕组的每相串联匝数。

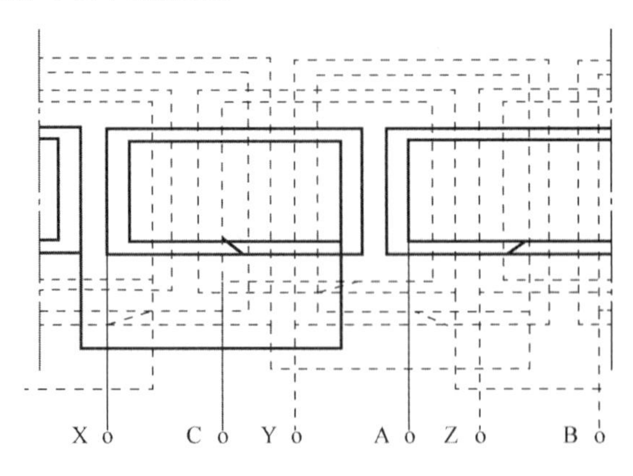

图 1.3.54　单层三平面绕组

3）比差异漏磁导 λ_d 和差异漏电抗 x_{sd} 的计算

比差异漏磁导 λ_d 与比槽漏磁导 λ_n 和比端部漏磁导 λ_{end} 的概念完全不一样。它是由气隙主磁场内的高次谐波磁通和齿谐波磁通所引起的，我们把这些谐波磁通看成为定子绕组的一种差异漏磁通 Φ_{sd}，它们将在定子三相电枢绕组内感生出相应的差异漏磁电动势，与之相对应的电抗被称为差异漏电抗 x_{sd}。

比差异漏磁导 λ_d 可以按如下的经验公式进行近似估算：

$$\lambda_{\mathrm{d}} \approx \alpha_{\mathrm{p}} \frac{5\dfrac{\delta}{a_{\mathrm{c}}}}{5+4\dfrac{\delta}{a_{\mathrm{c}}}} \tag{1-3-172}$$

式中：$\alpha_{\mathrm{p}}=b_{\mathrm{p}}/\tau$ 是磁极的跨越系数（覆盖系数）；b_{p} 是转子磁极的极弧宽度，cm；δ 是最小气隙长度；a_{c} 是定子槽开口宽度，cm。

在已知比差异漏磁导 λ_{d} 的情况下，每相电枢绕组的差异漏电抗 x_{sd} 为

$$\begin{aligned} x_{\mathrm{sd}} &= 4\pi f_1 \mu_0 \frac{w_{\Phi}^2}{pq} l_{\mathrm{a}} (\lambda_{\mathrm{d}}) \\ &= 15.8 f_1 \frac{w_{\Phi}^2}{pq} l_{\mathrm{a}} (\lambda_{\mathrm{d}}) \times 10^{-8} \end{aligned} \tag{1-3-173}$$

1.3.5.3　直轴和交轴电枢反应电抗 x_{ad} 和 x_{aq}

当三相定子电枢绕组内通过三相对称电流时，三相电枢绕组将各自产生随时间而变化的磁动势，其合成结果将在定子内腔的圆周表面空间内产生一个以一定角速旋转的恒定磁动势。这个恒定的旋转磁动势在相应的磁路内产生旋转磁通，并在电枢绕组内感生电动势。通常，电枢反应磁通在电枢绕组内所感生电动势可以采用电抗的形式来描述，但是，同样的电枢磁动势，对于不同结构形式的转子而言，就有不同的电枢反应磁通和不同的电枢反应电抗。这里，我们分析几种具有典型转子结构的同步电动机的电枢反应电抗。

1）一般电磁式隐极同步电动机的电枢反应电抗 x_{a}

一般电磁式隐极同步电动机的一个特点是具有均匀的气隙长度，气隙磁导 $\Lambda_{\delta}(\theta)$ 不随着转子的转角位置 θ 的变化而变化，即 $\Lambda_{\delta}(\theta)$=常数。

众所周知，当对称的三相定子电枢绕组内通过对称的三相交变电流时，它产生的每极电枢反应磁动势 F_{a} 的幅值为

$$F_{\mathrm{a}}=1.35\frac{w_{\Phi}k_{\mathrm{W1}}}{p} I_{\mathrm{a}} \quad （安匝/极） \tag{1-3-174}$$

式中：w_{Φ} 是电枢绕组的一相串联总匝数；k_{W1} 是电枢绕组的基波绕组系数；I_{a} 是每相电枢绕组内的相电流有效值，A。

在不考虑磁路饱和的情况下，由电枢反应磁动势 F_a 所产生的电枢反应磁通 Φ_{a} 为

$$\Phi_{\mathrm{a}}=\Lambda_{\delta} F_{\mathrm{a}} \quad （\mathrm{Mx}^{①}）$$

式中：Λ_{δ} 是对应于电枢反应磁通 Φ_{a} 的气隙磁导，可以按下式计算：

$$\Lambda_{\delta}=\mu_0 \frac{\alpha_{\mathrm{i}}\tau l_{\delta}}{\delta k_{\delta}} \quad （\mathrm{A/Mx}） \tag{1-3-175}$$

μ_0 是真空的磁导率，$\mu_0=0.4\pi\times10^{-8}$（H/cm）；$\alpha_{\mathrm{i}}$ 是计算极弧系数；τ 是极距，cm；l_{δ} 是气隙的计算轴向长度，cm；δ 是气隙的径向长度，cm；k_{δ} 是一个考虑到电枢铁心开槽而导致有效气隙增大的系数。

---

① $1\mathrm{Mx}=10^{-8}\mathrm{Wb}$。

于是，电枢反应磁通 Φ_a 可以被写成

$$\begin{aligned}\Phi_a &= \mu_0 \frac{\alpha_i \tau l_\delta}{\delta k_\delta} \times 1.35 \frac{w_\Phi k_{W1}}{p} I_a \\ &= 1.35\, \mu_0 \frac{\alpha_i \tau l_\delta}{\delta k_\delta} \frac{w_\Phi k_{W1}}{p} I_a \end{aligned} \tag{1-3-176}$$

由电枢反应磁通 Φ_a 在一相电枢绕组内感生的电动势 E_a 为

$$\begin{aligned}E_a &= 4.44\, f_1 w_\Phi k_{W1} \Phi_a \\ &= 4.44\, f_1 w_\Phi k_{W1} \times 1.35\, \mu_0 \frac{\alpha_i \tau l_\delta}{\delta k_\delta} \frac{w_\Phi k_{W1}}{p} I_a \\ &= 7.532 \times f_1 \frac{\alpha_i \tau l_\delta}{\delta k_\delta} \frac{(w_\Phi k_{W1})^2}{p} I_a \times 10^{-8}\end{aligned} \tag{1-3-177}$$

最后，根据 $E_a = x_a I_a$，可以求得一般隐极式同步电动机的电枢反应电抗 x_a 的表达式为

$$x_a = \frac{E_a}{I_a} = 7.532 \times f_1 \frac{\alpha_i \tau l_\delta}{\delta k_\delta} \frac{(w_\Phi k_{W1})^2}{p} \times 10^{-8} \tag{1-3-178}$$

根据图 1.3.33 所示的等效电路图和图 1.3.34 所示的向量图，一般隐极式同步电动机的同步电抗 x_c 和同步阻抗 z_c 分别为

$$x_c = x_s + x_a$$

$$z_c = r_a + jx_c$$

2）表面贴装式永磁同步电动机的电枢反应电抗 x_a

表面贴装式永磁同步电动机的转子结构是把 $2p$ 块径向磁化的等厚扇形永磁体均匀分布地贴装在转子磁轭铁心的外圆表面上，它与一般电磁式隐极同步电动机相比较，虽然其具有不同的磁路结构［图 1.3.55（a）］，但是由于永磁体的相对磁导率 μ_r 接近于单位值，即可以认为永磁体的磁导率等同于空气的磁导率，可以把气隙 δ 和永磁体的径向厚度 h_m 之和看成电动机的一个等效气隙，用一个等效的磁导 Λ_a 来表示，如图 1.3.55（b）所示。

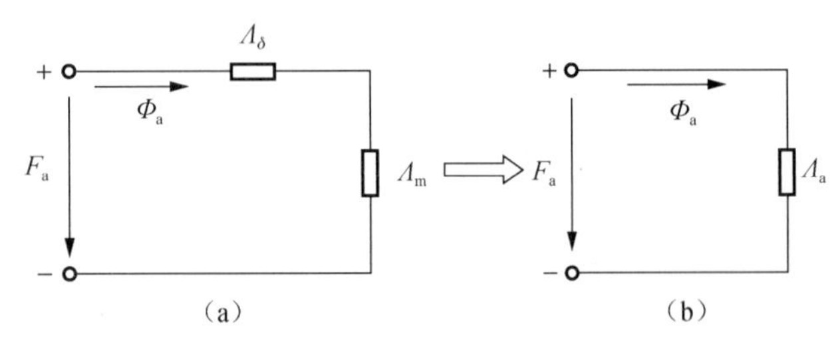

图 1.3.55　表面贴装式转子结构的电枢反应等效磁路

因此，表面贴装式永磁同步电动机仍然具有工作气隙均匀和转子表面光滑的特点，可以把它看成是隐极式永磁同步电动机。可以采用上述计算电磁式隐极同步电动机电抗参数的同样的方法来计算其电枢反应电抗 x_a、同步电抗 x_c 和同步阻抗 z_c。

每极电枢反应磁动势 F_a 的幅值仍为

$$F_a = 1.35 \frac{w_\Phi k_{W1}}{p} I_a \quad \text{（安匝/极）}$$

对于表面贴装式转子结构的永磁同步电动机而言，其电枢反应的等效磁路如图 1.3.55 所示。在不考虑磁路饱和的情况下，由电枢反应磁动势 F_a 在电枢反应磁路内所产生的电枢反应磁通 Φ_a 为

$$\Phi_a = F_a \Lambda_a = 1.35\frac{w_\Phi k_W}{p} I_a \Lambda_a \tag{1-3-179}$$

其中

$$\begin{aligned}\Lambda_a &= \frac{\Lambda_\delta \Lambda_m}{\Lambda_\delta + \Lambda_m} \\ &= \frac{\mu_0 \dfrac{\alpha_i \tau l_\delta}{\delta k_\delta} \times \mu_0 \mu_r \dfrac{b_m l_m}{h_m}}{\mu_0 \dfrac{\alpha_i \tau l_\delta}{\delta k_\delta} + \mu_0 \mu_r \dfrac{b_m l_m}{h_m}} \\ &= \mu_0 \mu_r \frac{b_m l_m}{h_m + \mu_r \dfrac{b_m l_m}{\alpha_i \tau l_\delta} k_\delta \delta}\end{aligned} \tag{1-3-180}$$

$$\Lambda_\delta = \mu_0 \frac{\alpha_i \tau l_\delta}{\delta k_\delta}$$

$$\Lambda_m = \mu_0 \mu_r \frac{b_m l_m}{h_m}$$

式中：Λ_a 是电枢反应等效磁路的总磁导；μ_r 是永磁体的相对磁导率，$\mu_r \approx 1.05$；b_m 是每极永磁体的平均圆弧长度，cm；l_m 是每极永磁体的轴向长度，cm；h_m 是每极永磁体的平均径向高度，cm。

这里，电枢反应等效磁路的总磁导 Λ_a 也可以按下式近似地估算：

$$\Lambda_a \approx \mu_0 \frac{\alpha_i \tau l_\delta}{k'_\delta \left(\delta + h_m\right)} \tag{1-3-181}$$

其中

$$k'_\delta = \frac{t}{t - \dfrac{\gamma^2 \left(\delta + h_m\right)}{5 + \gamma}}, \quad r = \frac{b_0}{\delta + h_m}$$

式中：k'_δ 为气隙系数。

考虑到式（1-3-179），电枢反应磁通 Φ_a 在一相电枢绕组内感生的电动势 E_a 为

$$\begin{aligned}E_a &= 4.44 f_1 w_\Phi k_{W1} \Phi_a \\ &= 4.44 f w_\Phi k_{W1} \times 1.35 \times \frac{w_\Phi k_{W1}}{p} \Lambda_a I_a \\ &= 5.994 \times f_1 \frac{(w_\Phi k_{W1})^2}{p} \Lambda_a I_a\end{aligned} \tag{1-3-182}$$

最后，根据 $E_a = x_a I_a$，可以求得表面贴装式永磁同步电动机的电枢反应电抗 x_a 的表达式为

$$x_a = \frac{E_a}{I_a} = 5.994 \times f_1 \frac{(w_\Phi k_{W1})^2}{p} \Lambda_a \tag{1-3-183}$$

把式（1-3-180）或式（1-3-182）代入式（1-3-183），便可以得到

$$x_a = 5.994\times f_1 \frac{(w_\Phi k_{W1})^2}{p}\mu_0\mu_r \frac{b_m l_m}{h_m + \mu_r \dfrac{b_m l_m}{\alpha_i \tau l_\delta} k_\delta \delta} \tag{1-3-184a}$$

$$x_a = 5.994\times f_1 \frac{(w_\Phi k_{W1})^2}{p}\mu_0 \frac{\alpha_i \tau l_\delta}{k'_\delta(\delta + h_m)} \tag{1-3-184b}$$

表面贴装式永磁同步电动机的同步电抗 x_c 和同步阻抗 z_c（75℃时）分别为

$$x_c = x_s + x_a$$

$$z_c = r_{a(75℃)} + \mathrm{j}\, x_c$$

式中：x_s 和 $r_{a(75℃)}$ 分别为每相电枢绕组的漏电抗和 75℃时的电阻。

3）内置式永磁同步电动机的直轴和交轴电枢反应电抗 x_{ad} 和 x_{aq}

内置式永磁同步电动机的转子结构是把按一定方向磁化的一定数量的矩形永磁体，按一定的结构形式对称地嵌埋在转子铁心的内部，形成$2p$个转子磁极。它与表面贴装式永磁同步电动机相比较，虽然它具有光滑的转子外圆表面和不变的定转子之间的气隙长度δ，但是，它的直轴和交轴电枢反应磁通所经过的磁路的结构是不一样的，直轴电枢反应磁路的磁阻主要取决于气隙磁阻R_δ和永磁体本身的磁阻R_m之和，而交轴电枢反应磁路的磁阻，由于永磁体外面的转子铁心起到极靴的作用，可以近似地认为仅由气隙磁阻R_δ所决定。因此，直轴电枢反应磁路的磁阻R_{ad}不等于交轴电枢反应磁路的磁阻R_{aq}，存在着明显的凸极效应，从而我们可以把内置式永磁同步电动机看成是凸极式永磁同步电动机。下面我们来分析和讨论内置式永磁同步电动机的直轴电枢反应电抗x_{ad}、交轴电枢反应电抗x_{aq}、直轴同步电抗x_d、交轴同步电抗x_q、直轴同步阻抗z_d和交轴同步阻抗z_q的估算方法。

在此情况下，我们可以把电枢电流I_a、电枢反应磁动势F_a、电枢磁通Φ_a和电枢反应电抗x_a分别分解为直（d-）轴分量和交（q-）轴分量，即I_{ad}和I_{aq}、F_{ad}和F_{aq}、Φ_{ad}和Φ_{aq}、x_{ad}和x_{aq}。它们的直（d-）轴电枢反应和交（q-）轴电枢反应所对应的等效磁路分别如图 1.3.56（a）和（b）所示。

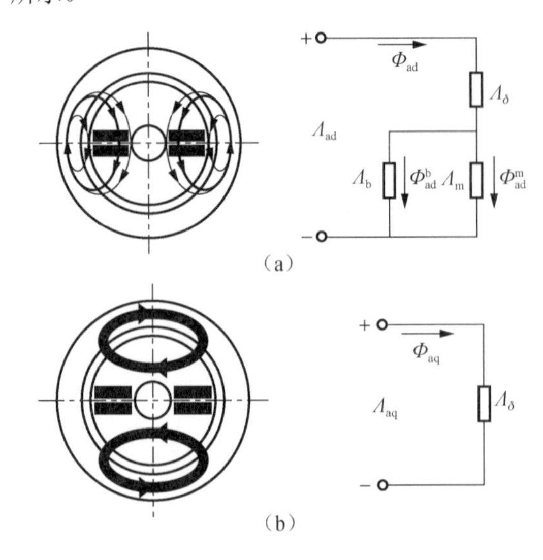

图 1.3.56　内置式转子结构的电枢反应的直轴和交轴等效磁路

根据图 1.3.56 所示的等效磁路，直（d-）轴电枢反应磁路的磁导 Λ_{ad} 和交（q-）轴电枢反应磁路的磁导 Λ_{aq} 的表达式分别为

$$\begin{aligned}\Lambda_{ad} &= \frac{\Lambda_\delta(\Lambda_m+\Lambda_b)}{\Lambda_\delta+\Lambda_m+\Lambda_b} \\ &= \frac{\Lambda_\delta\Lambda_m(1+\Lambda_b/\Lambda_m)}{\Lambda_\delta+\Lambda_m(1+\Lambda_b/\Lambda_m)} \\ &= \frac{\Lambda_\delta k_b \Lambda_m}{\Lambda_\delta+k_b\Lambda_m}\end{aligned} \tag{1-3-185}$$

$$\Lambda_{aq}=\frac{\Lambda_\delta}{k_{sa}} \tag{1-3-186}$$

其中

$$\Lambda_\delta=\mu_0\frac{\alpha_i\tau l_\delta}{(k_\delta\delta+\Delta\delta)} \tag{1-3-187}$$

$$\Lambda_m=\mu_0\mu_r\frac{b_m l_m}{h_m} \tag{1-3-188}$$

$$k_{sa}\approx\frac{\sum F}{F_\delta+F_{m\Delta}}$$

式中：Λ_δ 是气隙磁导；Λ_m 是永磁体的磁导；Λ_b 是计及由磁极之间的磁桥对直（d-）轴电枢反应磁通所形成的磁导，$k_b=(1+\Lambda_b/\Lambda_m)$，它是考虑穿过气隙的直（$d$-）轴电枢反应磁通 Φ_{ad} 在磁导 Λ_m 和 Λ_b 之间如何分配的一个系数，可以称为永磁体的旁路系数，换言之，它是描述 Λ_m 和 Λ_b 两个并联支路内的磁通之比，即（Φ_{ad}^b/Φ_{ad}^m）的一个系数，暂取 $k_b\approx1.20\sim1.30$；$\Delta\delta$ 为永磁体与转子磁轭铁心之间的安装气隙，cm；h_m、b_m 和 l_m 分别是嵌埋在转子铁心内部的矩形永磁体的径向高度，横向宽度和轴向长度，cm；k_{sa} 是考虑磁路饱和的一个系数；$\sum F$ 是消耗在永磁体的整个外磁路上的总磁动势，A；（$F_\delta+F_{m\Delta}$）是消耗在外磁路的空气隙内的磁动势，A。

在已知 Λ_{ad} 和 Λ_{aq} 情况下，电枢反应的直（d-）轴电抗 x_{ad} 和交（q-）轴电抗 x_{aq} 可以分别按下列公式计算：

$$x_{ad}=5.994\,f_1\frac{(w_\Phi k_{W1})^2}{p}\cdot\Lambda_{ad} \tag{1-3-189}$$

$$x_{aq}=5.994\,f_1\frac{(w_\Phi k_{W1})^2}{p}\cdot\Lambda_{ad} \tag{1-3-190}$$

直（d-）轴同步电抗 x_d 和交（q-）轴同步电抗 x_q 分别为

$$x_d=x_s+x_{ad}$$

$$x_q=x_s+x_{aq}$$

当转子磁桥磁导 Λ_b 增大时，旁路系数 k_b 就随之增大，电枢反应直（d-）轴磁路的磁导 Λ_{ad} 也将随之增大；当磁路的饱和系数 k_{sa} 增大时，交（q-）轴磁路的磁导 Λ_{aq} 随之减小。因此，当旁路系数 k_b 和磁路的饱和系数 k_{sa} 增大时，电枢反应的直（d-）轴电抗 x_{ad} 和交（q-）轴电抗 x_{aq} 之间的差异就将被缩小。

直（d-）轴电感 L_d 和交（q-）轴电感 L_q 分别为

$$L_d = \frac{x_d}{2\pi f_1} \quad (\text{mH})$$

$$L_q = \frac{x_q}{2\pi f_1} \quad (\text{mH})$$

直（d-）轴和交（q-）轴的同步阻抗 z_d 和 z_q（75℃时）分别为

$$z_d = r_{a(75℃)} + jx_d$$

$$z_q = r_{a(75℃)} + jx_q$$

上述 x_S、x_a、x_{ad} 和 x_{aq} 等参数的计算，尤其是 λ_n、λ_{end} 和 λ_d 等比漏磁导，以及 Λ_a、Λ_{ad} 和 Λ_{aq} 等电枢反应磁导的计算，都是近似的工程估算，虽然精确度不高，但很实用。研究人员可以采用三维磁网格法对不同转子结构的电磁场进行数值计算，在此基础上获得比较精确的参数计算公式。尽管设定的边界条件和提供的材料特性曲线不一定能够反映电动机的真实面貌，但从中可以找到一些具有规律性的变化关系和经验系数，以便对现用的工程计算公式进行修正，提高其计算的正确性，并使之更适用；或编制工程设计软件，以供广大工程技术人员使用。

1.4 电磁力、电磁转矩、齿槽效应力矩、转矩脉动和径向磁拉力

电动机气隙中的磁场是定子磁场和转子磁场两者的合成磁场，通常被称为定子和转子之间的耦合场。当电动机运行时，合成的气隙磁场在电枢绕组中感生电动势，这个电动势企图与外加电压相平衡，从电源吸收电功率；与此同时，转子在气隙磁场的作用下，将受到一个电磁力，使之按一定的方向旋转，并通过转轴向负载输出一个机械功率。因此，气隙磁场是电动机实现能量变换的枢纽。

学习本节的主要目的在于掌握电磁场的一些基础知识和一些基本概念，在此基础上，能够更加深刻和更加本质地理解电动机内出现的一些物理现象，如电磁力、电磁转矩、电磁转矩脉动、齿槽效应力矩、单向磁拉力、振动和噪声等，从而能够更加合理地设计电动机。这将是本节需要说明的主要内容。

1.4.1 麦克斯韦方程组

电场和磁场不是彼此孤立的，而是一个相互联系和相互激励的不可分割的电磁场整体。麦克斯韦方程组（Maxwell's equations）是由英国物理学家詹姆斯·麦克斯韦在全面审视了前辈科学家，如库仑、安培、洛仑兹、毕奥、萨伐尔、法拉第等所做出的卓越成果的基础上，于 19 世纪 80 年代建立的，它系统完整地描述了电场和磁场的基本规律、电场和磁场之间的基本关系，揭示了电磁波的存在，为现代电工学建立了完整的电磁场理论体系。

电磁场是一种客观存在的特殊物质，描写它的基本物理量有 5 个矢量和一个标量，它们是：

电场强度矢量 $\boldsymbol{E}$，V/m；

磁场强度矢量 $\boldsymbol{H}$，A/m，Oe[①]；

---

① 1Oe=79.5775A/m，下同。

电位移矢量 $\boldsymbol{D}$，C/m^2；

磁感应强度矢量 $\boldsymbol{B}$，Wb/m^2，T，Gs[①]；

电流密度矢量 $\boldsymbol{J}$，A/m^2；

电荷密度 ρ，C/m^3。

在现代电气工程中，电磁场的各种物理现象，在 200 多年长期科学实验的基础上，于 1873 年前后，由英国科学家麦克斯韦提出了上述描述电磁场的 6 个物理量之间相互关系的方程组，这个方程组被称为麦克斯韦方程组，它的积分表达形式为

$$\oint_S \boldsymbol{D}\cdot \mathrm{d}\boldsymbol{S}=\int_V \rho \mathrm{d}\boldsymbol{V}=\sum q \tag{1-4-1a}$$

$$\oint_S \boldsymbol{B}\cdot \mathrm{d}\boldsymbol{S}=0 \tag{1-4-2a}$$

$$\oint_l \boldsymbol{E}\cdot \mathrm{d}\boldsymbol{l}=-\int_S \frac{\partial \boldsymbol{B}}{\partial t}\cdot \mathrm{d}\boldsymbol{S}=-\frac{\partial \Phi}{\partial t} \tag{1-4-3a}$$

$$\oint_l \boldsymbol{H}\cdot \mathrm{d}\boldsymbol{l}=\int_S \boldsymbol{J}\cdot \mathrm{d}\boldsymbol{S}+\int_S \frac{\partial \boldsymbol{D}}{\partial t}\cdot \mathrm{d}\boldsymbol{S} \tag{1-4-4a}$$

在式（1-4-1a）和式（1-4-2a）中，$\boldsymbol{S}$ 是一个闭合曲面矢量，d$\boldsymbol{S}$ 是单元表面积矢量，$\boldsymbol{V}$ 是由 $\boldsymbol{S}$ 所界定的体积矢量；d$\boldsymbol{S}$ 是单元表面积矢量，在式（1-4-3a）和式（1-4-4a）中，$\boldsymbol{l}$ 是一个闭合回线矢量，$\boldsymbol{S}$ 是由 $\boldsymbol{l}$ 所界定的曲面。

麦克斯韦方程组的积分形式反映了空间某区域的电磁场矢量（$\boldsymbol{D}$、$\boldsymbol{E}$、$\boldsymbol{B}$、$\boldsymbol{H}$）和场源（电荷 q、电流 I）之间的关系。此外，它们之间还有一些与电磁场所在空间的媒介质的性质有关的联系，被称为物质方程。在各向同性媒介质中的物质方程为

$$\boldsymbol{J}=\sigma \boldsymbol{E}$$

$$\boldsymbol{D}=\varepsilon \boldsymbol{E}$$

$$\boldsymbol{B}=\mu \boldsymbol{H}$$

式中：σ 是媒介质的电导率（电导率的单位是 S/m，真空的电导率为零）；ε 是媒介质的介电常数（介电常数又被称电容率，在真空中，介电常数的值 ε_0=8.85×10^{-12} F/m）；μ 是媒介质的磁导率（在真空中，磁导率的值 μ_0=4π×10^{-7} H/m）。对于线性媒介质而言，它们是常数；对于非线性媒介质而言，它们将随着电场强度 $\boldsymbol{E}$ 或磁场强度 $\boldsymbol{H}$ 的变化而变化。

在实际使用中，经常要知道某一空间内任何一点的电磁场量和电荷、电流之间的关系，这就需要在数学形上把麦克斯韦方程组的积分形式变换成它的微分形式，即

$$\nabla\cdot \boldsymbol{D}=\mathrm{div}\boldsymbol{D}=\rho \tag{1-4-1b}$$

$$\nabla\cdot \boldsymbol{B}=\mathrm{div}\boldsymbol{B}=0 \tag{1-4-2b}$$

$$\nabla\times \boldsymbol{E}=\mathrm{rot}\boldsymbol{E}=-\frac{\partial \boldsymbol{B}}{\partial t} \tag{1-4-3b}$$

$$\nabla\times \boldsymbol{H}=\mathrm{rot}\boldsymbol{H}=\boldsymbol{J}+\frac{\partial \boldsymbol{D}}{\partial t} \tag{1-4-4b}$$

麦克斯韦方程组的微分形式中，∇ 是一个矢量微分的运算符号，又被称为哈密顿算子，它具有矢量和求导的双重功能，即

① 1Gs=10^{-4}T，下同。

$$\nabla = \frac{\partial}{\partial x}\boldsymbol{i} + \frac{\partial}{\partial y}\boldsymbol{j} + \frac{\partial}{\partial z}\boldsymbol{k}$$

式中：$\boldsymbol{i}$、$\boldsymbol{j}$、$\boldsymbol{k}$ 为三维单位矢量。

它乘以一个标量函数时，得到的是该标量函数的梯度（grad）；当它点乘一个矢量函数时，得到的是该矢量函数的散度（div）；当它又乘一个矢量函数时，得到的是该矢量函数的旋度（rot）。

上述方程组中，式（1-4-1a）和式（1-4-1b）被称为电场高斯定理，它描述电场与空间中电荷分布的关系。电场力线开始于正电荷，终止于负电荷。因此，电场是一个有源场。计算穿过某一个给定封闭曲面的电场力线数量，即电通量，可以得知被包封在这个封闭曲面内的总电荷。换言之，电场高斯定理描述了穿过任意封闭曲面的电通量与这封闭曲面内的电荷之间的关系。式（1-4-2a）和式（1-4-2b）被称为磁场高斯定理，它表明，磁场中没有孤立的磁荷，磁场力线没有初始点，也没有终止点。磁场力线将形成闭合回线或延伸至无穷远处。换言之，进入任何区域的磁场力线，必须从那个区域离开，通过任意封闭曲面的磁通量等于零，或者也可以说磁场是一个无源场。式（1-4-3a）和式（1-4-3b）被称为法拉第电磁感应定理，它描述了时变磁场怎样感应出电场。式（1-4-4a）和式（1-4-4b）被称为麦克斯韦-安培定理，它表明磁场可以用两种方法生成：一种是靠传导电流，即原本的安培定理，另一种是靠时变电场，或称位移电流，这是麦克斯韦对安培定理所作的重要修正。

1.4.2　电磁力

本节的目的是在上述麦克斯韦电磁场基本理论的基础上，对电动机内产生的电磁力和转矩（或力矩）进行分析和讨论。

电磁场对媒介质、媒介质中的自由电荷和传导电流等的作用力被称为电磁力。电磁力可以通过体积力和表面张力来描述。

1.4.2.1　体积力

电磁场内单位体积的媒介质所受到的电磁力称为体积力密度矢量，用符号 $\boldsymbol{f}$ 来表示。因此，电磁场内体积矢量为 $\boldsymbol{V}$ 的媒介质所受到的总电磁力矢量 $\boldsymbol{F}$ 为

$$\boldsymbol{F}=\int_V \boldsymbol{f}\mathrm{d}\boldsymbol{V} \tag{1-4-5}$$

在麦克斯韦方程组的基础上，根据能量关系，可以推导出电磁力体密度矢量 $\boldsymbol{f}$ 的表达式为

$$\begin{aligned}\boldsymbol{f} = {} & \boldsymbol{E}(\nabla\cdot\boldsymbol{D}) + \boldsymbol{H}(\nabla\cdot\boldsymbol{B}) + (\nabla\times\boldsymbol{E})\times\boldsymbol{D} + (\nabla\times\boldsymbol{H})\times\boldsymbol{B} \\ & -\frac{1}{2}\boldsymbol{E}^2\nabla\varepsilon - \frac{1}{2}\boldsymbol{H}^2\nabla\mu + \frac{1}{2}\nabla\left(\boldsymbol{E}^2\tau\frac{\partial\varepsilon}{\partial\tau}\right) + \frac{1}{2}\nabla\left(\boldsymbol{H}^2\tau\frac{\partial\mu}{\partial\tau}\right)\end{aligned} \tag{1-4-6}$$

考虑到麦克斯韦方程组的微分形式：$\nabla\cdot\boldsymbol{D}=\rho$、$\nabla\cdot\boldsymbol{B}=0$、$\nabla\cdot\boldsymbol{E}=-\dfrac{\partial\boldsymbol{B}}{\partial t}$ 和 $\nabla\cdot\boldsymbol{H}=\boldsymbol{J}+\dfrac{\partial\boldsymbol{D}}{\partial t}$，式（1-4-6）可以写成

$$\begin{aligned}\boldsymbol{f} = {} & \rho\boldsymbol{E} + \boldsymbol{J}\times\boldsymbol{B} - \frac{1}{2}\boldsymbol{E}^2(\nabla\varepsilon) - \frac{1}{2}\boldsymbol{H}^2(\nabla\mu) + \frac{1}{2}\nabla\left(\boldsymbol{E}^2\tau\frac{\partial\varepsilon}{\partial\tau}\right) \\ & + \frac{1}{2}\nabla\left(\boldsymbol{H}^2\tau\frac{\partial\mu}{\partial\tau}\right) + \frac{\partial}{\partial t}(\boldsymbol{D}\times\boldsymbol{B})\end{aligned} \tag{1-4-7}$$

式（1-4-7）是计算电磁力体密度矢量 $\boldsymbol{f}$ 的普遍公式，式中，第一项是作用在自由电荷上的力，即库仑力；第二项是作用在传导电流上的力，即洛仑兹力；第三项是由于电磁场

范围内的媒介质的介电常数 ε 的不均匀而引起的作用在媒介质上的力；第四项是由于电磁场范围内的媒介质的磁导率 μ 的不均匀而引起的作用在媒介质上的力；第五项及第六项表示媒介质受到应力发生形变而引起的电磁力，式中 τ 是媒介质的密度，通常把这两项称为场致伸缩力；最后一项，即第七项，只有在时变场中才存在，它是由电磁波所引起的作用力，称为辐射力。

一般情况下，对于电动机而言，可以不考虑静电场和电磁波的存在。因此，在计算它的电磁力体密度矢量 $\boldsymbol{f}$ 时，只要考虑式（1-4-7）中与磁场有关的三项为

$$\boldsymbol{f}=\boldsymbol{J}\times\boldsymbol{B}-\frac{1}{2}\boldsymbol{H}^2(\nabla\mu)+\frac{1}{2}\nabla\left(\boldsymbol{H}^2\tau\frac{\partial\mu}{\partial\tau}\right) \tag{1-4-8}$$

式（1-4-8）的第三项就是磁致伸缩力，它是致使电动机的铁心振动而产生音频噪声的一个原因；但是，它的体积分为零，即它将被磁性介质内部的弹性力所平衡，因此它只影响媒质内部力的分布而不影响作用在整个媒介质上的总力或力矩。于是，在讨论作用在整个媒介质上的总力或总力矩时，可以不考虑磁致伸缩力的影响。因此，在稳恒磁场中，只需考虑式（1-4-8）中的两项，即

$$\boldsymbol{f}=\boldsymbol{J}\times\boldsymbol{B}-\frac{1}{2}\boldsymbol{H}^2(\nabla\mu)=\boldsymbol{f}_i+\boldsymbol{f}_m \tag{1-4-9}$$

$$\boldsymbol{f}_i=\boldsymbol{J}\times\boldsymbol{B} \tag{1-4-10}$$

$$\boldsymbol{f}_m=-\frac{1}{2}\boldsymbol{H}^2(\nabla\mu) \tag{1-4-11}$$

根据式（1-4-10），我们可以写出作用在载流导体的单元体积上的微分电磁力矢量为

$$\mathrm{d}\boldsymbol{F}=\int_V \boldsymbol{f}_i\mathrm{d}\boldsymbol{V}=\int_V(\boldsymbol{J}\times\boldsymbol{B})\,\mathrm{d}\boldsymbol{V}=\int_V \boldsymbol{J}\mathrm{d}\boldsymbol{V}\times\boldsymbol{B}=\int_V \boldsymbol{J}q\mathrm{d}\boldsymbol{l}\times\boldsymbol{B}$$

式中：$\mathrm{d}V=q\mathrm{d}\boldsymbol{l}$，$q$ 是载流导体的截面积，$\mathrm{d}\boldsymbol{l}$ 是载流导体的单元长度；$\boldsymbol{J}q$ 是导体内流过的电流 i，即 $\boldsymbol{J}q=i$，$\boldsymbol{J}qi=i\mathrm{d}\boldsymbol{l}$。于是，我们可以求得作用于整个载流导体上的电磁力矢量为

$$\boldsymbol{F}=\int_l i\mathrm{d}\boldsymbol{l}\times\boldsymbol{B} \tag{1-4-12}$$

式（1-4-12）就是我们熟知的安培定律。安培定理表明，当通电导体被放置在磁场中时，导体内做定向运动的载流子将受到磁场力的作用。这些力最终将传递给导体，使整个导体受到一个沿其长度分布的作用力；导体又将这些力传递给转子，最终形成转矩，使转子按一定方向旋转。

在式（1-4-11）中，$\boldsymbol{f}_m$ 是由于电磁场范围的媒介质的磁导率 μ 的不均匀或在不同磁介质的交界面处 μ 的变化而引起的作用在媒介质上的电磁力。在均匀磁介质的内部 $\boldsymbol{f}_m=\boldsymbol{0}$。

1.4.2.2　面积力

在某些情况下，为了使作用在媒介质上的体积力问题易于计算，通常把电磁场的体积力转变成一组等效的面积力。所谓等效，就是指作用在给定体积 V 内的电磁介质上的合力，恰好等于作用在该体积 V 的包封面 $\boldsymbol{S}$ 上的诸面积力的合力矢量，即

$$\boldsymbol{F}=\int_V \boldsymbol{f}\mathrm{d}\boldsymbol{V}=\oint_S \boldsymbol{T}\cdot\mathrm{d}\boldsymbol{S}\quad 或\quad \mathrm{div}\boldsymbol{T}=\nabla\cdot\boldsymbol{T}=\boldsymbol{f} \tag{1-4-13}$$

式中：$\boldsymbol{f}$ 是电磁场内的力密度矢量，即单位体积内媒介质所受到的电磁力；$\boldsymbol{T}$ 是单位面积上受到的电磁力，通常把这种面积力称为电磁场的张力张量（tension tensor）。

对于电动机而言，一般情况下可以不考虑静电场的存在，因此，这里只考虑磁场的张力张量。求出单位面积上的张力张量 $\boldsymbol{T}$，就能确定电磁力在体积 $\boldsymbol{V}$ 的包封表面上的分布情况。

设 $\boldsymbol{T}_x$、$\boldsymbol{T}_y$ 和 $\boldsymbol{T}_z$ 分别代表直角坐标系中相互垂直的三个平面的单位面积上的张力，这三个平面的外法线方向分别指向 x 轴、y 轴和 z 轴。在一般情况下，$\boldsymbol{T}_x$、$\boldsymbol{T}_y$ 和 $\boldsymbol{T}_z$ 不一定与 x 轴、y 轴和 z 轴相平行，它们沿坐标轴的分量分别用（T_{xx}、T_{xy}、T_{xz}）、（T_{yx}、T_{yy}、T_{yz}）和（T_{zx}、T_{zy}、T_{zz}）来表示，则有

$$\begin{cases}\boldsymbol{T}_x = T_{xx}\boldsymbol{e}_x + T_{xy}\boldsymbol{e}_y + T_{xz}\boldsymbol{e}_z \\ \boldsymbol{T}_y = T_{yx}\boldsymbol{e}_x + T_{yy}\boldsymbol{e}_y + T_{yz}\boldsymbol{e}_z \\ \boldsymbol{T}_z = T_{zx}\boldsymbol{e}_x + T_{zy}\boldsymbol{e}_y + T_{zz}\boldsymbol{e}_z\end{cases}$$

式中：$\boldsymbol{e}_x$、$\boldsymbol{e}_y$ 和 $\boldsymbol{e}_z$ 分别是指向 x 轴、y 轴和 z 轴的单位矢量，因此张力需要 9 个分量来确定，它是一个二阶张量，可以写成

$$\boldsymbol{T} = \begin{bmatrix} T_{xx} & T_{xy} & T_{xz} \\ T_{yx} & T_{yy} & T_{yz} \\ T_{zx} & T_{zy} & T_{zz} \end{bmatrix} \tag{1-4-14}$$

利用式（1-4-13），并考虑到 $f_x = \nabla \cdot \boldsymbol{T}_x$，便可以写出

$$\begin{cases}\int_V f_x \mathrm{d}v = \oint_S \boldsymbol{T}_x \mathrm{d}\boldsymbol{S} = \int_V \left(\nabla \cdot \boldsymbol{T}_x\right) \mathrm{d}v \\ \int_V f_y \mathrm{d}v = \oint_S \boldsymbol{T}_y \mathrm{d}\boldsymbol{S} = \int_V \left(\nabla \cdot \boldsymbol{T}_y\right) \mathrm{d}v \\ \int_V f_z \mathrm{d}v = \oint_S \boldsymbol{T}_z \mathrm{d}\boldsymbol{S} = \int_V \left(\nabla \cdot \boldsymbol{T}_z\right) \mathrm{d}v\end{cases}$$

由此，可以得到

$$\begin{cases} f_x = \nabla \cdot \boldsymbol{T}_x = \dfrac{\partial T_{xx}}{\partial x} + \dfrac{\partial T_{xy}}{\partial y} + \dfrac{\partial T_{xz}}{\partial z} \\ f_x = \nabla \cdot \boldsymbol{T}_y = \dfrac{\partial T_{yx}}{\partial x} + \dfrac{\partial T_{yy}}{\partial y} + \dfrac{\partial T_{yz}}{\partial z} \\ f_z = \nabla \cdot \boldsymbol{T}_z = \dfrac{\partial T_{zx}}{\partial x} + \dfrac{\partial T_{zy}}{\partial y} + \dfrac{\partial T_{zz}}{\partial z} \end{cases} \tag{1-4-15}$$

式（1-4-15）可以被写成：$\boldsymbol{f} = \nabla \cdot \boldsymbol{T} = \mathrm{div}\boldsymbol{T}$，这就是体积力密度矢量与张力张量之间关系，即体积力密度等于张力张量的散度。

下面，我们分析张力张量 $\boldsymbol{T}$ 与磁场矢量 $\boldsymbol{E}$ 和 $\boldsymbol{B}$ 等之间的关系。因为

$$\begin{aligned} & E_x\left(\nabla \cdot \boldsymbol{D}\right) + \left[\left(\nabla \times \boldsymbol{E}\right) \times \boldsymbol{D}\right]_x - \frac{1}{2}\boldsymbol{E}^2\left(\nabla \varepsilon\right)_x + \frac{1}{2}\left[\nabla\left(\boldsymbol{E}^2 \tau \frac{\partial \varepsilon}{\partial \tau}\right)\right]_x \\ & = E_x\left(\frac{\partial D_x}{\partial x} + \frac{\partial D_y}{\partial y} + \frac{\partial D_z}{\partial z}\right) + D_y\left(\frac{\partial E_x}{\partial y} - \frac{\partial E_y}{\partial x}\right) + D_z\left(\frac{\partial E_x}{\partial z} - \frac{\partial E_z}{\partial x}\right) \\ & \quad - \frac{1}{2}\boldsymbol{E}^2 \frac{\partial \varepsilon}{\partial x} + \frac{\partial}{\partial x}\left(\frac{1}{2}\boldsymbol{E}^2 \tau \frac{\partial \varepsilon}{\partial \tau}\right) \end{aligned}$$

$$=\frac{\partial}{\partial x}\left(E_xD_x\right)+\frac{\partial}{\partial y}\left(E_xD_y\right)+\frac{\partial}{\partial z}\left(E_xD_z\right)-\frac{\partial}{\partial x}\left(\frac{1}{2}\boldsymbol{E}\cdot\boldsymbol{D}\right)+\frac{\partial}{\partial x}\left(\frac{1}{2}\boldsymbol{E}^2\tau\frac{\partial\varepsilon}{\partial\tau}\right)$$

同理，可以得到

$$H_x\left(\nabla\cdot\boldsymbol{B}\right)+\left[\left(\nabla\times\boldsymbol{H}\right)\times\boldsymbol{B}\right]_x-\frac{1}{2}\boldsymbol{H}^2\left(\nabla\mu\right)_x+\frac{1}{2}\left[\nabla\left(\boldsymbol{H}^2\tau\frac{\partial\mu}{\partial\tau}\right)\right]_x$$

$$=H_x\left(\frac{\partial B_x}{\partial x}+\frac{\partial B_y}{\partial y}+\frac{\partial B_z}{\partial z}\right)+B_y\left(\frac{\partial H_x}{\partial y}-\frac{\partial H_y}{\partial x}\right)+B_z\left(\frac{\partial H_x}{\partial z}-\frac{\partial H_z}{\partial x}\right)$$

$$-\frac{1}{2}\boldsymbol{H}^2\frac{\partial\mu}{\partial x}+\frac{\partial}{\partial x}\left(\frac{1}{2}\boldsymbol{H}^2\tau\frac{\partial\mu}{\partial\tau}\right)$$

$$=\frac{\partial}{\partial x}\left(H_xB_x\right)+\frac{\partial}{\partial y}\left(H_xB_y\right)+\frac{\partial}{\partial z}\left(H_xB_z\right)-\frac{\partial}{\partial x}\left(\frac{1}{2}\boldsymbol{H}\cdot\boldsymbol{B}\right)+\frac{\partial}{\partial x}\left(\frac{1}{2}\boldsymbol{H}^2\tau\frac{\partial\mu}{\partial\tau}\right)$$

把上述结果代入式（1-4-6），便可以得到

$$f_x=\frac{\partial}{\partial x}\left[E_xD_x+H_xB_x-\frac{1}{2}\left(\boldsymbol{D}\cdot\boldsymbol{E}+\boldsymbol{B}\cdot\boldsymbol{H}\right)+\frac{1}{2}\left(\boldsymbol{E}^2\tau\frac{\partial\varepsilon}{\partial\tau}+\boldsymbol{H}^2\tau\frac{\partial\mu}{\partial\tau}\right)\right]$$

$$+\frac{\partial}{\partial y}\left[E_xD_y+H_xB_y\right]+\frac{\partial}{\partial y}\left[E_xD_z+H_xB_z\right]$$

把上式与式（1-4-15）相比较，可知

$$\begin{cases}T_{xx}=E_xD_x+H_xB_x-\dfrac{1}{2}\left(\boldsymbol{D}\cdot\boldsymbol{E}+\boldsymbol{B}\cdot\boldsymbol{H}\right)+\dfrac{1}{2}\left(\boldsymbol{E}^2\tau\dfrac{\partial\varepsilon}{\partial\tau}+\boldsymbol{H}^2\tau\dfrac{\partial\mu}{\partial\tau}\right)\\T_{xy}=E_xD_y+H_xB_y\\T_{xz}=E_xD_z+H_xB_z\end{cases}\tag{1-4-16a}$$

同理，可以得到

$$\begin{cases}T_{yx}=E_yD_x+H_yB_x\\T_{yy}=E_yD_y+H_yB_y-\dfrac{1}{2}\left(\boldsymbol{D}\cdot\boldsymbol{E}+\boldsymbol{B}\cdot\boldsymbol{H}\right)+\dfrac{1}{2}\left(\boldsymbol{E}^2\tau\dfrac{\partial\varepsilon}{\partial\tau}+\boldsymbol{H}^2\tau\dfrac{\partial\mu}{\partial\tau}\right)\\T_{yz}=E_yD_z+H_yB_z\end{cases}\tag{1-4-16b}$$

$$\begin{cases}T_{zx}=E_zD_x+H_zB_x\\T_{zy}=E_zD_y+H_zB_y\\T_{zz}=E_zD_z+H_zB_z-\dfrac{1}{2}\left(\boldsymbol{D}\cdot\boldsymbol{E}+\boldsymbol{B}\cdot\boldsymbol{H}\right)+\dfrac{1}{2}\left(\boldsymbol{E}^2\tau\dfrac{\partial\varepsilon}{\partial\tau}+\boldsymbol{H}^2\tau\dfrac{\partial\mu}{\partial\tau}\right)\end{cases}\tag{1-4-16c}$$

如果在电动机内只考虑磁场的张力张量，则由式（1-4-16）可以得到

$$\boldsymbol{T}=\begin{bmatrix}H_xB_x-\dfrac{1}{2}B\cdot H+\dfrac{1}{2}H^2\tau\dfrac{\partial\mu}{\partial\tau} & H_xB_y & H_xB_z\\H_yB_x & HB-\dfrac{1}{2}B\cdot H+\dfrac{1}{2}H^2\tau\dfrac{\partial\mu}{\partial\tau} & H_yB_z\\H_zB_x & H_zB_y & H_zB_z-\dfrac{1}{2}B\cdot H+\dfrac{1}{2}H^2\tau\dfrac{\partial\mu}{\partial\tau}\end{bmatrix}\tag{1-4-17}$$

对于固体磁性媒质而言，通常其形变可以忽略不计，在此情况下，张力张量可以表达为

$$
\boldsymbol{T}=\begin{bmatrix} H_xB_x-\frac{1}{2}B\cdot H & H_xB_y & H_xB_z \\ H_yB_x & H_yB_y-\frac{1}{2}B\cdot H & H_yB_z \\ H_zB_x & H_zB_y & H_zB_z-\frac{1}{2}B\cdot H \end{bmatrix} \tag{1-4-18}
$$

对于各向同性媒介质中，$\boldsymbol{T}$ 是一个对称张量。利用坐标变换，把张力 $\boldsymbol{T}$ 变换到主轴上。主轴的指向为：新的 x 轴平行于 $\boldsymbol{B}$，新的 y 轴和 z 轴垂直于 $\boldsymbol{B}$。这样，由式（1-4-18）描述的张量将变成对角张量为

$$
\boldsymbol{T}=\begin{bmatrix} -\frac{1}{2}HB & 0 & 0 \\ 0 & -\frac{1}{2}HB & 0 \\ 0 & 0 & -\frac{1}{2}HB \end{bmatrix} \tag{1-4-19}
$$

主轴的张力为主张力，式（1-4-19）表明，与磁力线 $\boldsymbol{B}$ 方向一致的张力称为主张力，它等于 $\frac{1}{2}\boldsymbol{HB}$；垂直于磁力线 $\boldsymbol{B}$ 方向的张力称为侧压力，它也等于 $\frac{1}{2}\boldsymbol{HB}$，如图 1.4.1 所示。

上述张力张量首先是由麦克斯韦提出的，所以，通常被称为麦克斯韦张力。

利用麦克斯韦张力的概念，可以比较形象地解释一系列有质动力的现象。例如载流导体被放置在均匀磁场中时，导体一边的合成磁场比较强，而另一边比较弱，于是作用在导体一边的侧压力大于另一边的侧压力，使导体上受到一个合成的电磁力，其方向为从磁场较强的地点指向磁场较弱的地点，如图 1.4.2 所示。

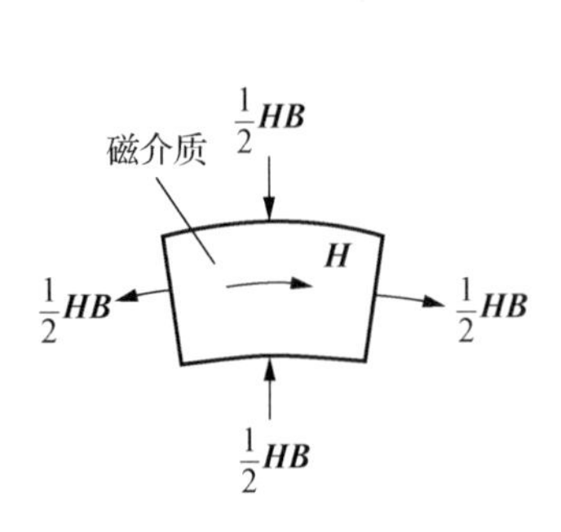

图 1.4.1　主张力和侧压力

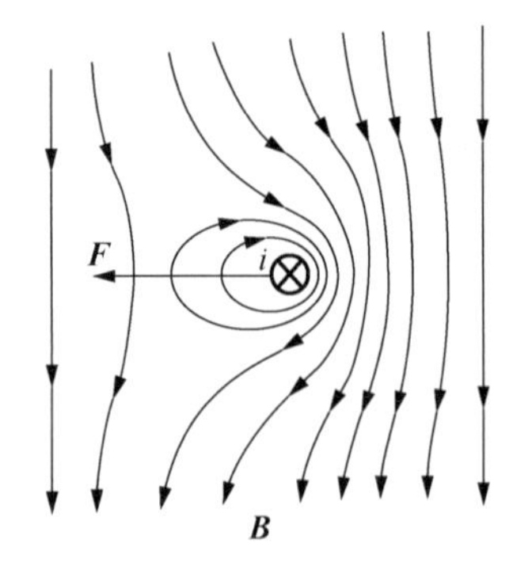

图 1.4.2　用麦克斯韦张力来解释载流导体在磁场中受到的力

总之，在磁场中，不管是通电导体受到的力，还是由于磁通路径的磁导的变化所产生的力，实质上都是由于磁场的变形，磁通力线被弹性地扭曲和拉伸，从而在磁通力线的内部产生弹性张力。磁通力线在这种张力的作用下，企图恢复到没有变形之前的“自由”状态，与此同时，它把这种弹性张力传递给导体或铁心，使转子旋转，这就是电磁场产生电磁力的物理机制。

图 1.4.3 展示了处于稳恒磁场中的导体通电前后磁场的变化。当导体没有通电时，磁场

力线处于平静均匀的“自由”状态，图 1.4.3（a）所示；当导体通以电流后，在导体的周围便产生圆环形分布的磁场，导体磁场与原本就存在的稳恒磁场之间发生相互作用，形成一个合成的磁场，打破了原有磁场力线的均匀分布状态，使磁场发生变形，如图 1.4.3（b）所示。导体右边的磁场力线的密度大于导体左边的磁场力线的密度，右边的磁场力线被弹性地扭曲和拉伸，在其内部产生弹性张力，企图恢复原本的“自由”状态，从而迫使导体向左运动。这时，原本的磁场将在运动的导体内感生电动势，阻止或减缓导体内电流的增长。

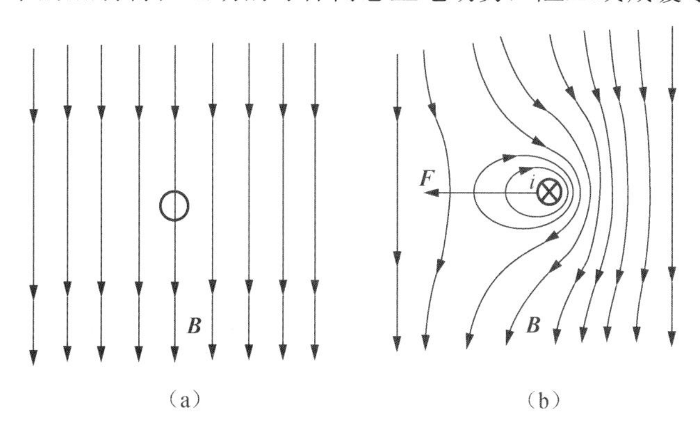

图 1.4.3　导体通电前后磁场的变化

图 1.4.4 描述了电动机内，当永磁转子和定子处在不同的相对位置上时，气隙磁通具有不同的路径和磁导而产生的电磁力。当定转子处在图 1.4.4（b）所示的定转子相对位置时，磁场力线，即主磁场磁通所走的路径最短，磁导最大，我们可以把它称为“稳定”状态。当定转子处在图 1.4.4（a）和（c）所示的定转子相对位置时，气隙磁场将发生变形，磁通力线将被扭曲和拉伸，磁通力线内部将产生弹性张力。这种弹性张力作用在转子上，将力求使转子恢复到原本的“稳定”状态。对于励磁转子而言，其情况也是如此。

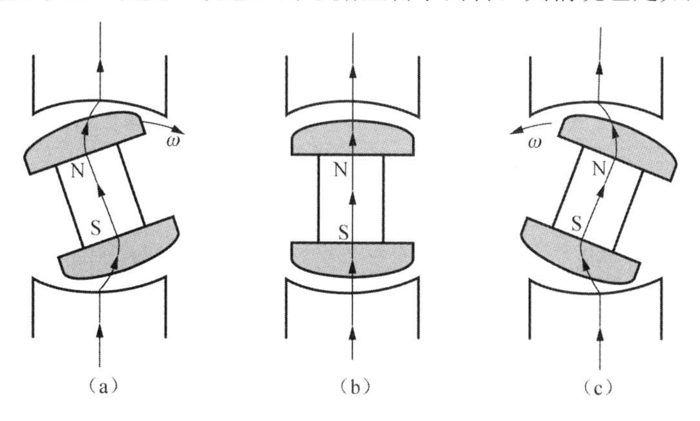

图 1.4.4　永磁转子和定子处在不同的相对位置上时所产生的磁场力

综上所述，不管是作用磁场中通电导体上的力，还是定转子处在不同的相对位置时作用在转子上的力，都是由于磁场变形，磁通力线被扭曲和拉伸而产生的弹性张力所致。

1.4.3　电磁转矩

电磁转矩是永磁同步电动机的一个重要技术指标，电磁转矩的分析和计算主要有下列几种方法：①解析法；②虚位移法；③麦克斯韦张力张量（Maxwell stress tensor）法。

上面的三种方法可以被应用在不同的场合。通常，第①种解析法主要应用于永磁同步电动机的预先设计中；第②种虚位移法主要应用永磁式步进电动机和磁阻式电动机的预先设计中，也可以用来分析和估算永磁同步电动机的齿槽效应力矩；第③种麦克斯韦张力张量法主要用来分析和计算永磁同步电动机内的齿槽效应力矩、转矩脉动和径向磁拉力。一般情况下，第②种和第③种方法还必须与有限元分析（FEA）方法结合起来。

1.4.3.1　解析法

解析法是在已知电动机参数的情况下，根据电压平衡方程式、向量图和能量守恒定律，通过代数和三角函数的运算，推导出电磁转矩的计算公式。

为便于分析，假设电动机具有不饱和的磁路。在此条件下，电动机内的各个独立磁动势相互之间线性无关，它们将各自在对应的磁路和电枢绕组内分别产生相应的磁通和电动势：永磁体产生气隙主磁通 Φ_0，主磁通 Φ_0 产生空载反电动势 E_0。对于凸极永磁同步电动机而言，根据双反应原理，每相电枢电流有效值 I_a 可以被分解成直轴分量有效值 I_d 和交轴分量有效值 I_q，即 $\dot{\boldsymbol{I}}_a=\dot{\boldsymbol{I}}_d+\dot{\boldsymbol{I}}_q$，因而 $\dot{\boldsymbol{I}}_d$ 和 $\dot{\boldsymbol{I}}_q$ 可以被写成 $\dot{\boldsymbol{I}}_d=\dot{\boldsymbol{I}}_a\sin\psi$ 和 $\dot{\boldsymbol{I}}_q=\dot{\boldsymbol{I}}_a\cos\psi$，角 ψ 是 $\dot{\boldsymbol{I}}_a$ 与 $\dot{\boldsymbol{E}}_0$ 之间的夹角（电角度），角 ψ 被称为内功率因数角，$\dot{\boldsymbol{I}}_a$ 超前 $\dot{\boldsymbol{E}}_0$ 时角 ψ 为正，$\dot{\boldsymbol{I}}_a$ 滞后 $\dot{\boldsymbol{E}}_0$ 时角 ψ 为负。电枢电流有效值 I_a 的直轴分量有效值 I_d 产生直轴电枢反应磁动势 F_{ad}，直轴电枢反应磁动势 F_{ad} 产生直轴电枢反应磁通 Φ_{ad}，直轴电枢反应磁通 Φ_{ad} 产生直轴电枢反应电动势 E_{ad}，E_{ad} 可以用电枢电流有效值 I_a 的直轴分量有效值 I_d 和直轴电抗 x_{ad} 的乘积来表示，即 $E_{ad}=I_dx_{ad}$；电枢电流有效值 I_a 的交轴分量有效值 I_q 产生交轴电枢反应磁动势 F_{aq}，交轴电枢反应磁动势 F_{aq} 产生交轴电枢反应磁通 Φ_{aq}，交轴电枢反应磁通 Φ_{aq} 产生交轴电枢反应电动势 E_{aq}，E_{aq} 可以用电枢电流有效值 I_a 的交轴分量有效值 I_q 和交轴电抗 x_{aq} 的乘积来表示，即 $E_{aq}=I_qx_{aq}$。漏磁动势 F_s 产生漏磁通 Φ_s，漏磁通 Φ_s 产生漏磁电动势 E_s。上述各个电动势之间可以相互叠加。

因此，凸极永磁同步电动机稳定运行时，便可以写出其电压平衡方程式为

$$
\begin{aligned}
\dot{\boldsymbol{U}}&=\dot{\boldsymbol{E}}_0+\dot{\boldsymbol{I}}_a r_a+\mathrm{j}\dot{\boldsymbol{I}}_a x_s+\mathrm{j}\dot{\boldsymbol{I}}_d x_{ad}+\mathrm{j}\dot{\boldsymbol{I}}_q x_{aq}\\
&=\dot{\boldsymbol{E}}_0+\dot{\boldsymbol{I}}_a r_a+\mathrm{j}\dot{\boldsymbol{I}}_d x_d+\mathrm{j}\dot{\boldsymbol{I}}_q x_q
\end{aligned}
\tag{1-4-20}
$$

式中：$\dot{\boldsymbol{U}}$ 是外加相电压有效值，V；$\dot{\boldsymbol{E}}_0$ 是气隙基波主磁通在每相电枢绕组内产生的空载反电动势有效值，V；$\dot{\boldsymbol{I}}_a$ 是每相电枢电流的有效值，A；r_a 是每相电枢绕组的电阻值，Ω；x_s 是每相电枢绕组的漏抗值，Ω；x_{ad} 是每相电枢绕组的直轴电枢反应电抗值，Ω；x_{aq} 是每相电枢绕组的交轴电枢反应电抗值，Ω；$x_d=x_s+x_{ad}$ 是每相电枢绕组的直轴同步电抗值，Ω；$x_q=x_s+x_{aq}$ 是每相电枢绕组的交轴同步电抗值，Ω。

图 1.4.5（a）展示了对应于电压平衡的方程式（1-4-20）的向量图。根据图 1.4.5（a），我们可以得到如下的关系式：

$$\varphi=\psi-\theta$$

$$U\sin\theta=I_qx_q+I_dr_a \tag{1-4-21}$$

$$U\cos\theta=E_0-I_dx_d+I_qr_a \tag{1-4-22}$$

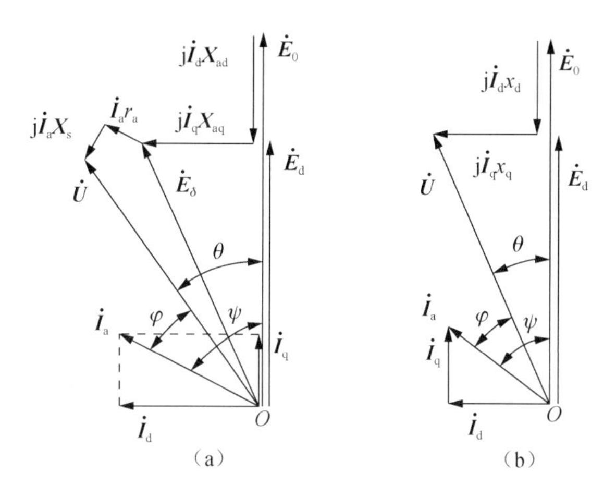

图 1.4.5　$\psi>\varphi$ 时凸极永磁同步电动机的向量图

依据式（1-4-21）和式（1-4-22），便可以导出电动机定子电枢电流的直轴分量 I_{d}、交轴分量 I_{q} 和电枢电流 I_{a} 数学表达式，即

$$I_{\mathrm{d}}=\frac{r_{\mathrm{a}}U\sin\theta+x_{\mathrm{q}}(E_0-U\cos\theta)}{r_{\mathrm{a}}^2+x_{\mathrm{d}}x_{\mathrm{q}}} \tag{1-4-23}$$

$$I_{\mathrm{q}}=\frac{x_{\mathrm{d}}U\sin\theta-r_{\mathrm{a}}(E_0-U\cos\theta)}{r_{\mathrm{a}}^2+x_{\mathrm{d}}x_{\mathrm{q}}} \tag{1-4-24}$$

$$\begin{aligned}I_{\mathrm{a}}&=\sqrt{I_{\mathrm{d}}^2+I_{\mathrm{q}}^2}\\&=\sqrt{\left[\frac{r_{\mathrm{a}}U\sin\theta+x_{\mathrm{q}}(E_0-U\cos\theta)}{r_{\mathrm{a}}^2+x_{\mathrm{d}}x_{\mathrm{q}}}\right]^2+\left[\frac{x_{\mathrm{d}}U\sin\theta-r_{\mathrm{a}}(E_0-U\cos\theta)}{r_{\mathrm{a}}^2+x_{\mathrm{d}}x_{\mathrm{q}}}\right]^2}\end{aligned} \tag{1-4-25}$$

众所周知，m 相交流电动机的输入功率 P_1 为

$$\begin{aligned}P_1&=mUI_{\mathrm{a}}\cos\varphi=mUI_{\mathrm{a}}\cos(\psi-\theta)\\&=mUI_{\mathrm{a}}\cos\psi\cos\theta+mUI_{\mathrm{a}}\sin\psi\sin\theta\\&=mUI_{\mathrm{q}}\cos\theta+mUI_{\mathrm{d}}\sin\theta\end{aligned} \tag{1-4-26}$$

把式（1-4-23）和式（1-4-24）的 I_{d} 和 I_{q} 代入式（1-4-26），便可以写出输入功率 P_1 的表达式，即

$$P_1=\frac{mU\left[E_0(x_{\mathrm{q}}\sin\theta-r_{\mathrm{a}}\cos\theta)+r_{\mathrm{a}}U+\dfrac{1}{2}U(x_{\mathrm{d}}-x_{\mathrm{q}})\sin2\theta\right]}{r_{\mathrm{a}}^2+x_{\mathrm{d}}x_{\mathrm{q}}} \tag{1-4-27}$$

在忽略电枢绕组的电阻 r_{a} 时，凸极永磁同步电动机的向量图如图 1.4.5（b）所示。这时，电磁功率 P_{em} 近似地等于输入功率 P_1，即

$$\begin{aligned}P_{\mathrm{em}}&\approx P_1\approx mU\frac{U\sin\theta}{x_{\mathrm{q}}}\cos\theta+mU\frac{(E_0-U\cos\theta)}{x_{\mathrm{d}}}\sin\theta\\&=m\frac{UE_0}{x_{\mathrm{d}}}\sin\theta+mU^2\left(\frac{1}{x_{\mathrm{q}}}-\frac{1}{x_{\mathrm{d}}}\right)\sin\theta\cos\theta\end{aligned}$$

$$=m\frac{UE_0}{x_\mathrm{d}}\sin\theta+mU^2\frac{(x_d-x_q)}{2x_\mathrm{d}x_\mathrm{q}}\sin 2\theta \tag{1-4-28}$$

在隐极式永磁同步电动机中，$x_\mathrm{d}=x_\mathrm{q}=x_\mathrm{c}$，式（1-4-28）的第二项等于零，于是便得到隐极式同步电动机的电磁功率P_em的表达式，即

$$P_\mathrm{em}=m\frac{UE_0}{x_\mathrm{c}}\sin\theta \tag{1-4-29}$$

由此，可以求得凸极永磁同步电动机电磁转矩的表达式为

$$T_\mathrm{em}=\frac{P_\mathrm{em}}{\omega_\mathrm{m}}=\frac{mpUE_0}{\omega_\mathrm{e}x_\mathrm{d}}\sin\theta+\frac{mpU^2(x_\mathrm{d}-x_\mathrm{q})}{2\omega_\mathrm{e}x_\mathrm{d}x_\mathrm{q}}\sin 2\theta \tag{1-4-30}$$

或

$$T_\mathrm{em}=\left[\frac{mpUE_0}{\omega_\mathrm{e}x_\mathrm{d}}\sin\theta+\frac{mpU^2(x_\mathrm{d}-x_\mathrm{q})}{2\omega_\mathrm{e}x_\mathrm{d}x_\mathrm{q}}\sin 2\theta\right]\times\frac{10^5}{9.81} \tag{1-4-31}$$

式中：ω_m是电动机的机械角速度，rad/s；ω_e是电动机的电气角速度，$\omega_\mathrm{e}=p\omega_\mathrm{m}$，rad/s；$p$是电动机的磁极对数。

同样，隐极同步电动机的电磁转矩T_em的表达式为

$$T_\mathrm{em}=\frac{mpUE_0}{\omega_\mathrm{e}x_\mathrm{d}}\sin\theta \tag{1-4-32}$$

或

$$T_\mathrm{em}=\left(\frac{mpUE_0}{\omega_\mathrm{e}x_\mathrm{d}}\sin\theta\right)\times\frac{10^{-3}}{9.81} \tag{1-4-33}$$

式（1-4-30）和式（1-4-31）表示，凸极永磁同步电动机（即或内置式永磁同步电动机）的稳态电磁转矩T_em由两部分所组成：第一项是由永磁转子的磁场和电枢反应磁场在气隙内相互作用产生的基本电磁转矩，称为永磁转矩T_magnet；第二项是由于直轴和交轴电枢反应磁路的磁导不一样，即$\Lambda_\mathrm{ad}\neq\Lambda_\mathrm{aq}$，所引起的附加转矩，称为磁阻转矩$T_\mathrm{rel}$，有

$$T_\mathrm{em}=T_\mathrm{magnet}+T_\mathrm{rel}$$

对于隐极同步电动机（即或表面贴装式永磁同步电动机）而言，由于$\Lambda_\mathrm{ad}\approx\Lambda_\mathrm{aq}$，式（1-4-30）和式（1-4-31）中的第二项几乎等于零，只留下第一项，便成了式（1-4-32）和式（1-4-33）。

式（1-4-30）～式（1-4-33）表明，在外加电压U、空载反电动势E_0、电动机参数x_d和x_q确定的情况下，稳态电磁转矩T_em是功角θ的函数，通常它被称为电动机的功角特性曲线，如图 1.4.6 所示。图 1.4.6（a）是凸极永磁同步电动机（即或内置式永磁同步电动机）的稳态电磁转矩T_em与功角θ之间的关系，图中曲线 1 是式（1-4-30）和式（1-4-31）中的第一项函数关系式，曲线 2 是第二项函数关系式，曲线 3 为曲线 1 和曲线 2 的合成。电磁转矩最大值出现在功角大于 90°电气角的地方，即θ>90°。图 1.4.6（b）是隐极同步电动机（即或表面贴装式永磁同步电动机）稳态电磁转矩T_em与功角θ之间的关系，它的电磁转矩最大值出现在功角等于 90°电气角的地方，即θ=90°。电动机设计时，在已知外加电压U、空载反电动势E_0、电气角速度ω_e、电动机参数x_d和x_q的条件下，就可以画出被设计电动机的功角特性曲线。

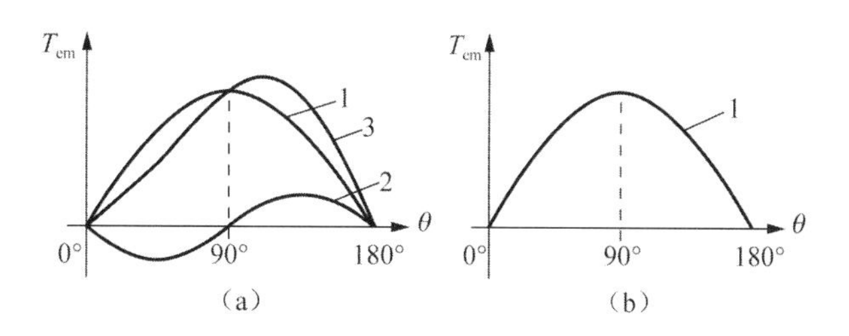

图 1.4.6　永磁同步电动机的功率角特性曲线

在永磁同步电动机中，一般而言，在几何尺寸和选用材料相同的条件下，内置式永磁同步电动机由于其永磁体的漏磁导比表面贴装式永磁同步电动机的永磁体的漏磁导大，它的永磁转矩 T_{magnet} 要比表面贴装式永磁同步电动机的小一些；但它具有磁阻转矩 T_{rel}，而表面贴装式永磁同步电动机的磁阻转矩 $T_{rel}\approx 0$。最终，哪种电动机具有比较大的合成电磁转矩要根据具体情况来进行具体分析。

最大电磁转矩 T_{max} 与额定电磁转矩 T_N 之比称为电动机的过载能力，用符号 k_m 来表示，即

$$k_m = \frac{T_{max}}{T_N} \tag{1-4-34}$$

要提高电动机的过载能力，显然要减小直轴同步电抗 x_d 的数值。为此，必须增大有效工作气隙 δk_δ 或减小电枢绕组的有效匝数 wk_{W1}；而要在保持额定电磁转矩 T_N 不变的条件下提高电动机的过载能力，不管采用哪一种方法都必将增加电动机的体积、质量和制造成本。因此，设计时必须加以控制，合理地选定过载能力 k_m。

1.4.3.2　虚位移法

虚位移法又可以被称为虚功法和电磁能量转换法。众所周知，电动机是一种把电能转换成机械能的机电能量转换装置，从物理学观点来分析，它由载流的电路系统、机械运动系统和用作耦合-储存能量的电磁场三部分所组成。电动机实现机电能量转换过程是电磁场和载流导体相互作用的结果。当电动机的转子发生位移时，或当它的供电电压（或电流）发生变化时，或两者同时发生变化时，电动机内部的电磁场的储能也必然发生相应的变化，反之亦然。

我们学习电动机能量转换原理的重点和目的，在于了解和研究电路系统和机械运动系统的变化对电磁场能量的影响；反之，在于了解和研究电路系统和机械运动系统对电磁场能量变化的反应。在此基础上，推导出磁储能、磁共能和电磁转矩的数学表达式。

1）电动机在实现机电能量转换过程中的能量关系

对于一个电动机驱动系统而言，根据能量守恒原理，由电源输入电动机的电能等于耦合磁场内储能的增加、电动机内部的损耗和输出的机械能之和，如图 1.4.7 所示。

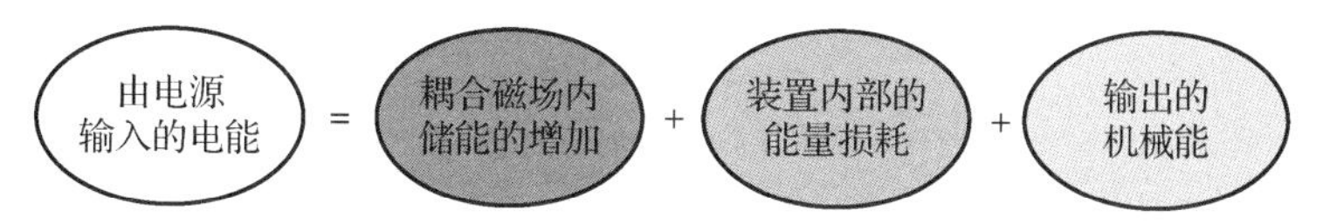

图 1.4.7　能量守恒原理

为了便于分析，我们把电阻损耗和机械损耗移出分别用电阻 R 和旋转阻力系数 K_n 中的损耗来表示，并不计铁磁介质中的介质损耗，则系统的中心部分将成为一个由无铁心损耗、无铜耗和无机械损耗的“电路-磁场-机械”动态耦合所组成的无损耗的磁储能系统，如图 1.4.8 所示。

图 1.4.8　无损耗的磁储能系统

对于图 1.4.8 中心部分所示的无损耗的磁储能系统而言，在时间 dt 内，输入和输出的能量关系为

$$\mathrm{d}W_{\mathrm{e}}=\mathrm{d}W_{\mathrm{m}}+\mathrm{d}W_{\mathrm{em}} \tag{1-4-35}$$

式中：dW_{e} 是无损耗的磁储能系统的微分电能输入；dW_{m} 是无损耗的磁储能系统的微分磁能增量；dW_{em} 是无损耗的磁储能系统的微分机械能输出。

机电能量转换过程是一个涉及耦合场及其对电路系统和机械运动系统之间相互作用的过程，感应电动势 e 和电磁转矩 T_{em} 是耦合场与电路系统和机械运动系统的两个耦合项。其中，感应电动势 e 是磁场与电路系统之间的耦合项，电磁转矩 T_{em} 是磁场与机械运动系统之间的耦合项。

2）机电装置中的磁储能、磁共能和电磁转矩

为了理解电动机的机电能量转换过程，必须了解耦合场的储能，即存储在磁场中的能量，通过感应电动势和电磁转矩两个耦合项的分析，推导出磁场储能和电磁转矩的数学表达式。

图 1.4.9 是一个最简单的机电装置，它是由定子铁心、转子铁心和气隙构成的一个闭合磁路；定子铁心上装有一个与电源相接的绕组；转子为凸极，没有绕组。当这个机电装置的定子绕组中通过电流时，便在气隙内形成主磁场，即耦合场。这个机电装置有一个电气端口和一个机械端口。下面来推导出它的磁场储能和电磁转矩。

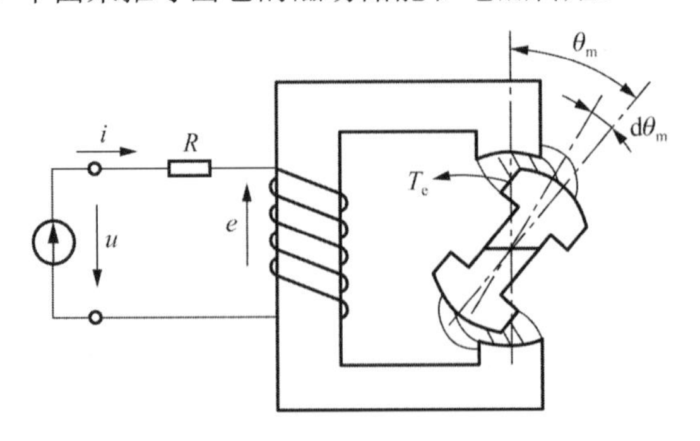

图 1.4.9　最简单的机电装置

（1）磁储能和电磁转矩。

把定子绕组的电阻损耗和转子的机械损耗移出，不计铁心损耗，使装置的中心部分成为一个如图 1.4.8 所示的无损耗的磁储能系统。

当耦合磁场的磁状态发生变化时，耦合场将对定子电路作出反应。假设定子绕组的磁链为ψ，根据法拉第电磁感应定律，ψ的变化将在定子绕组内感生电动势e，其数学表达式为

$$e=-\frac{\mathrm{d}\psi}{\mathrm{d}t} \tag{1-4-36}$$

磁链ψ是一个变量，它描述了磁场的一种状态，它的大小取决于绕组中的电流i和定转子之间的机械夹角θ_{m}，电流i和机械夹角θ_{m}是独立的自变量，磁链ψ是电流i和机械夹角θ_{m}的函数，被称为磁场的状态函数$\psi(i,\theta_{\mathrm{m}})$。

在电路中，由于电动势e的出现，电源将向耦合场输入电能。扣除电阻R上的损耗后，在时间$\mathrm{d}t$内，电源向耦合场输入的净电能为

$$\mathrm{d}W_{\mathrm{e}}=-ei\mathrm{d}t$$

把式（1-4-36）代入上式，可得

$$\mathrm{d}W_{\mathrm{e}}=i\mathrm{d}\psi \tag{1-4-37}$$

式（1-4-36）和式（1-4-37）表明：电能的输入是通过绕组内的磁链ψ发生变化，并在绕组内感生电动势e而实现的。换言之，产生感应电动势e是耦合场从电源吸收电能的必要条件。

当耦合场的磁能发生变化时，作为机械运动系统的反应，转子上将受到电磁转矩T_{em}的作用。设时间$\mathrm{d}t$内，转子转过的机械角度为$\mathrm{d}\theta_{\mathrm{m}}$，则耦合场向机械运动系统输出的总机械能为

$$\mathrm{d}W_{\mathrm{em}}=T_{\mathrm{em}}\mathrm{d}\theta_{\mathrm{m}} \tag{1-4-38}$$

对于无损耗的磁储能系统而言，输入耦合场的能量与耦合场输出的能量之差为耦合场的能量变化$\mathrm{d}W_{\mathrm{m}}$，其数学表达式为

$$\mathrm{d}W_{\mathrm{m}}=\mathrm{d}W_{\mathrm{e}}-\mathrm{d}W_{\mathrm{em}}=i\mathrm{d}\psi-T_{\mathrm{em}}\mathrm{d}\theta_{\mathrm{m}} \tag{1-4-39}$$

如果转子转过的机械角度$\mathrm{d}\theta_{\mathrm{m}}$用电角度$\mathrm{d}\theta_{\mathrm{e}}$来表示，由于$\theta_{\mathrm{e}}=p\theta_{\mathrm{m}}$，$p$为磁极对数，$p\mathrm{d}\theta_{\mathrm{m}}=\mathrm{d}\theta_{\mathrm{e}}$，式（1-4-39）也可以写成

$$\mathrm{d}W_{\mathrm{m}}=i\mathrm{d}\psi-\frac{1}{p}T_{\mathrm{em}}\,\mathrm{d}\theta_{\mathrm{e}} \tag{1-4-40}$$

式（1-4-40）中的磁储能W_{m}是自变量ψ和θ_{e}的函数，即$W_{\mathrm{m}}=W_{\mathrm{m}}(\psi,\theta_{\mathrm{e}})$；电流$i$和电磁转矩$T_{\mathrm{e}}$也都是自变量磁链$\psi$和角度$\theta_{\mathrm{e}}$的函数，即$i=i(\psi,\theta_{\mathrm{e}})$，$T_{\mathrm{e}}=T_{\mathrm{e}}(\psi,\theta_{\mathrm{e}})$。因此，式(1-4-40)可以写成

$$\mathrm{d}W_{\mathrm{m}}(\psi,\theta_{\mathrm{e}})=i(\psi,\theta_{\mathrm{e}})\,\mathrm{d}\psi-\frac{1}{p}T_{\mathrm{em}}(\psi,\theta_{\mathrm{e}})\,\mathrm{d}\theta_{\mathrm{e}} \tag{1-4-41}$$

如果磁链ψ和角度θ_{e}的初始值为零，则当磁链ψ和角度θ_{e}发生变化，它们变化的终值分别为ψ_0和θ_{e0}，即磁链ψ从$0\to\psi_0$，角度θ_{e}从$0\to\theta_{\mathrm{e0}}$，在已知电流i的函数关系$i(\psi,\theta_{\mathrm{e}})$和电磁转矩$T_{\mathrm{e}}$的函数关系$T_{\mathrm{e}}(\psi,\theta_{\mathrm{e}})$的情况下，对式（1-4-41）进行积分，便可求得磁链ψ和角度θ_{e}的终值分别为ψ_0和θ_{e0}时耦合场的磁储能$W_{\mathrm{m}}(\psi_0,\theta_{\mathrm{e0}})$为

$$W_{\mathrm{m}}(\psi_0,\theta_{\mathrm{e0}})=\int_{\psi=0,\theta_{\mathrm{e}}=0}^{\psi_0,\theta_{\mathrm{e0}}}\left[i(\psi,\theta_{\mathrm{e}})\mathrm{d}\psi-\frac{1}{p}T_{\mathrm{em}}(\psi,\theta_{\mathrm{e}})\mathrm{d}\theta_{\mathrm{e}}\right] \tag{1-4-42}$$

对于无损耗的磁储能系统而言，由于不存在磁滞损耗，磁储能$W_{\mathrm{m}}(\psi,\theta_{\mathrm{e}})$是由自变量$\psi$

和θ_e的数值决定的单值函数。因此，磁链ψ和角度θ_e是系统的状态变量，磁储能$W_m(\psi,\theta_e)$是描写耦合场内磁能状态的状态函数，这就意味着：无损耗的磁储能系统在某一时刻的磁储能$W_m(\psi,\theta_e)$将唯一地由该时刻的状态变量ψ和θ_e的数值来确定，而与通过哪一条路径达到此值无关。式（1-4-42）表明，磁储能$W_m(\psi_0,\theta_{e0})$的数值大小仅与状态变量磁链ψ和角度θ_e的终值（ψ_0，θ_{e0}）有关，而与通过哪条路径达到此终点无关，在图 1.4.10 中，O 为起始点，O 点的ψ和θ_e值均为零；P 点为终点，其ψ和θ_e的终值为(ψ_0,θ_{e0})。因此，可以选取图 1.4.10 中的任意一条路径，例如选取路径 OCP 来确定终值为(ψ_0,θ_{e0})的 P 点的磁能。但是，我们一定选取一条最易于积分计算的路径，如图 1.4.10 中的路径 OAP。

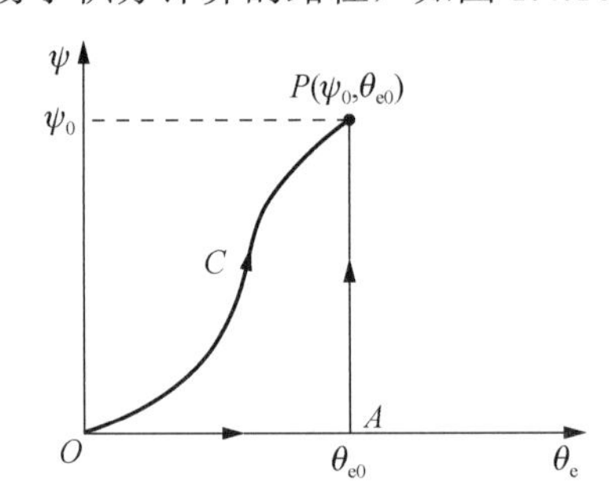

图 1.4.10　到达点 $P(\psi_0,\theta_{e0})$ 的不同积分路径

路径 OAP 由两段组成，一段为 OA，另一段为 AP。在 OA 段，磁链ψ一直保持为零值，产生此磁链的电流i也应为零值，转角θ_e由 0 增加到θ_{e0}。在此段路径上，无磁链变化，$d\psi=0$，同时，因为电流$i=0$，$\psi=0$，则电磁转矩$T_{em}=0$，于是组成耦合场的磁储能$W_m(\psi_0,\theta_{e0})$的两项积分值均为零，即

$$\int_{OA}\left(i\mathrm{d}\psi-\frac{1}{p}T_{em}\mathrm{d}\theta_e\right)=0$$

在 AP 段路径上，转子位置θ_{e0}保持不变，磁链从零增大至终值ψ_0，磁链ψ和电流i之间的关系是转子处在位置为θ_{e0}时的主磁路的磁化曲线，如图 1.4.11 所示。在此段路径上，由于无转角变化，$d\theta_e=0$，故组成耦合场的磁储能$W_m(\psi_0,\theta_{e0})$的两项积分中，第二项为 0，仅剩下第一项，即

$$\int_{AP}\left(i\mathrm{d}\psi-\frac{1}{p}T_{em}\mathrm{d}\theta_e\right)=\int_{AP}i\mathrm{d}\psi=\int_0^{\psi_0}i(\psi,\theta_{e0})\mathrm{d}\psi$$

于是，达到终值$P(\psi_0,\theta_{e0})$点时，磁储能$W_m(\psi_0,\theta_{e0})$的表达式为

$$\begin{aligned}W_m(\psi_0,\theta_{e0})&=\int_{OA}\left(i\mathrm{d}\psi-\frac{1}{p}T_{em}\mathrm{d}\theta_e\right)+\int_{AP}\left(i\mathrm{d}\psi-\frac{1}{p}T_{em}\mathrm{d}\theta_e\right)\\&=\int_0^{\psi_0}i(\psi,\theta_{e0})\mathrm{d}\psi\end{aligned}\qquad(1\text{-}4\text{-}43)$$

式（1-4-43）表示：要确定点(ψ_0,θ_{e0})的磁储能$W_m(\psi_0,\theta_{e0})$，可先把转子固定在位置θ_{e0}上，然后再计算当磁链ψ从 0 增长到ψ_0时，耦合场从电源吸入的净电能，此净电能就是磁储能$W_m(\psi_0,\theta_{e0})$。

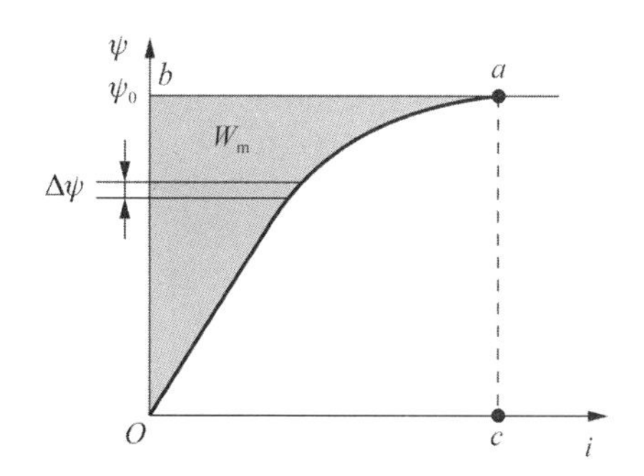

图 1.4.11　根据给定的 θ_{e0} 处的磁化曲线（$\psi - i$），计算磁储能 W_m

图 1.4.11 是磁场能量的图解表示，图中 ψ - i 曲线是 $\theta_e = \theta_{e0}$ 时的主磁路的磁化曲线，即 $\theta_e = \theta_{e0}$ 时的主磁路的空载特性曲线，它可以通过磁路计算求得，阴影部分 Oba 的面积就代表系统的磁场能量。

若磁路为线性，ψ - i 曲线便是一条直线，$\psi = i\ L(\theta_e)$，$L(\theta_e)$ 是定子绕组的自感，它仅是转角 θ_e 的函数，则电流可以表达为：$i = \psi / L(\theta_e)$，在此情况下，磁储能可以表达为

$$W_m(\psi, \theta_e) = \int_0^{\psi(x)} i(\psi, \theta_e)\,\mathrm{d}\psi = \int_0^{\psi(x)} \frac{\psi}{L(\theta_e)}\mathrm{d}\psi = \frac{1}{2} \cdot \frac{[\psi(x)]^2}{L(\theta_e)} \tag{1-4-44}$$

式中：$\psi(x)$ 是积分上限，即磁链 ψ 的终值，这是取它作为磁储能的变化量。

众所周知，磁场能量分布在存在磁场的整个空间。电磁学证明：磁场内单位体积的磁能，即磁能密度为

$$w_m = \int_0^{B(x)} H(x)\mathrm{d}B = \frac{1}{2}\ H(x)\ B(x) \tag{1-4-45}$$

对于 μ 为常数的磁性介质而言，式（1-4-45）可以写成

$$w_m = \frac{1}{2}\ \frac{[B(x)]^2}{\mu} \tag{1-4-46}$$

式（1-4-46）表明：在一定的磁通密度下，介质的磁导率越大，磁场的储能密度就越小。因此，对于电动机而言，当磁通量从 0 开始上升时，大部分磁场能量将储存在磁路的气隙内。铁心中的磁能很少，常可以忽略不计。

现在，我们来分析如何根据磁储能来确定电磁转矩。

磁储能 $W_m(\psi, \theta_e)$ 是 ψ 和 θ_e 两个自变量的函数，所以它的全微分 $\mathrm{d}W_m(\psi, \theta_e)$ 可以表示为

$$\mathrm{d}W_m(\psi, \theta_e) = \frac{\partial W_m(\psi, \theta_e)}{\partial \psi}\mathrm{d}\psi + \frac{\partial W_m(\psi, \theta_e)}{\partial \theta_e}\mathrm{d}\theta_e \tag{1-4-47}$$

然后，把式（1-4-47）与式（1-4-41）进行对比，便可以得到

$$i(\psi, \theta_e) = \frac{\partial W_m(\psi, \theta_e)}{\partial \psi} \tag{1-4-48}$$

和

$$T_{em}(\psi, \theta_e) = -p\ \frac{\partial W_m(\psi, \theta_e)}{\partial \theta_e} = -\frac{\partial W_m(\psi, \theta_e)}{\partial \theta_m} \tag{1-4-49}$$

式（1-4-49）表明：当转子的微小角位移引起系统的磁储能变化时，转子上将受到电磁

转矩的作用。电磁转矩的大小等于当转子发生单位微小角位移时磁储能的变化率，即等于磁储能对转角的偏导数$\partial W_{\mathrm{m}}(\psi,\theta_{\mathrm{e}})/\partial\theta_{\mathrm{m}}$，电磁转矩的方向是在磁链不变的情况下使磁储能趋向减小的方向。

对于线性磁路而言，把式（1-4-44）代入式（1-4-49），便可以得到电磁转矩的表达式为

$$T_{\mathrm{em}}(\psi,\theta_{\mathrm{e}})=-p\frac{\partial}{\partial\theta_{\mathrm{e}}}\frac{1}{2}\frac{\left[\psi(x)\right]^2}{L(\theta_{\mathrm{e}})}=-\frac{1}{2}p\left[\frac{\psi(x)}{L(\theta_{\mathrm{e}})}\right]^2\frac{\partial L(\theta_{\mathrm{e}})}{\partial\theta_{\mathrm{e}}} \tag{1-4-50}$$

如果电磁转矩$T_{\mathrm{e}}(\psi,\theta_{\mathrm{e}})$用电流$i$和转角$\theta_{\mathrm{e}}$表示时，式（1-4-50）也可以被写成

$$T_{\mathrm{em}}(\psi,\theta_{\mathrm{e}})=-\frac{1}{2}pi^2\frac{\partial L(\theta_{\mathrm{e}})}{\partial\theta_{\mathrm{e}}} \tag{1-4-51}$$

（2）磁共能和电磁转矩。

上面的分析中是以磁链ψ和转角θ_{e}为自变量的电流$i(\psi,\theta_{\mathrm{e}})$，在$\theta_{\mathrm{e}}=\theta_{\mathrm{e0}}$的位置上对$\mathrm{d}\psi$积分；现在，若以电流$i$和转角$\theta_{\mathrm{e}}$为自变量的磁链$\psi(i,\theta_{\mathrm{e}})$对$\mathrm{d}i$积分，便可以求得电流终值为$i_0$时的积分值$W'_{\mathrm{m}}(i_0,\theta_{\mathrm{e0}})$为

$$W'_{\mathrm{m}}(i_0,\theta_{\mathrm{e0}})=\int_0^{i_0}\psi(i,\theta_{\mathrm{e}})\,\mathrm{d}i \tag{1-4-52}$$

式中：$W'_{\mathrm{m}}(i_0,\theta_{\mathrm{e0}})$是磁共能。

图 1.4.12 是磁场能量图解，由图可见，磁共能可以用阴影部分 $OacO$ 的面积来表示，磁共能和磁储能之间具有如下的关系：

$$W_{\mathrm{m}}(\psi,\theta_{\mathrm{e}})+W'_{\mathrm{m}}(i,\theta_{\mathrm{e}})=\psi i \tag{1-4-53}$$

式中：磁储能$W_{\mathrm{m}}(\psi,\theta_{\mathrm{e}})$和磁共能$W'_{\mathrm{m}}(i,\theta_{\mathrm{e}})$之和可用图 1.4.12 中的（$\psi$-$i$）曲线的矩形面积$\psi i$来代表，也因此而得到“磁共能”的名称。磁共能$W'_{\mathrm{m}}(i,\theta_{\mathrm{e}})$也可定义为

$$W'_{\mathrm{m}}(i,\theta_{\mathrm{e}})=\psi i-W_{\mathrm{m}}(\psi,\theta_{\mathrm{e}}) \tag{1-4-54}$$

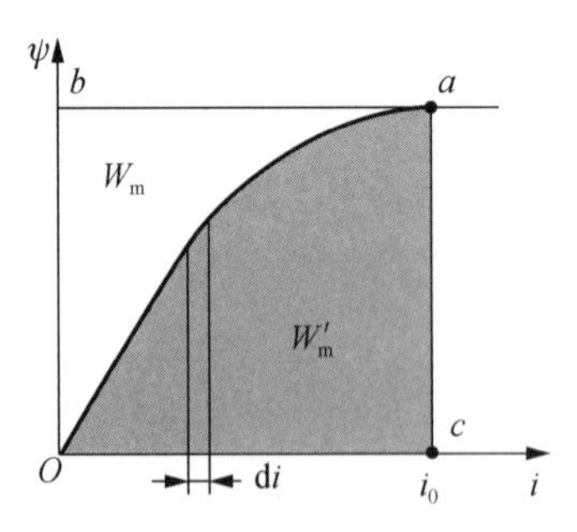

图 1.4.12　磁场能量图解

由图 1.4.12 可见，当磁化曲线为非线性时，磁储能$W_{\mathrm{m}}(\psi,\theta_{\mathrm{e}})$和磁共能$W'_{\mathrm{m}}(i,\theta_{\mathrm{e}})$将互不相等。当磁路不饱和时，磁化曲线（$\psi$-$i$）是一条直线，此时分别代表磁储能$W_{\mathrm{m}}(\psi,\theta_{\mathrm{e}})$和磁共能$W'_{\mathrm{m}}(i,\theta_{\mathrm{e}})$的两块面积将相等，即

$$W_{\mathrm{m}}(\psi,\theta_{\mathrm{e}})=W'_{\mathrm{m}}(i,\theta_{\mathrm{e}})=\frac{1}{2}\psi i=\frac{1}{2}i^2L(\theta_{\mathrm{e}}) \tag{1-4-55}$$

现在，我们来分析如何根据磁共能来确定电磁转矩。

由式（1-4-54）可知，磁共能的微分量$\mathrm{d}W'_{\mathrm{m}}(i,\theta_{\mathrm{e}})$为

$$\mathrm{d}W'_{\mathrm{m}}(i,\theta_{\mathrm{e}})=\mathrm{d}(\psi i)-\mathrm{d}W_{\mathrm{m}}(\psi,\theta_{\mathrm{e}}) \tag{1-4-56}$$

考虑到 $\mathrm{d}(\psi i)=i\mathrm{d}\psi+\psi\mathrm{d}i$，式（1-4-56）便可以写成

$$\mathrm{d}W_{\mathrm{m}}'(i,\theta_{\mathrm{e}})=i\left(\psi,\theta_{\mathrm{e}}\right)\mathrm{d}\psi+\psi(i,\theta_{\mathrm{e}})\,\mathrm{d}i-\mathrm{d}W_{\mathrm{m}}(\psi,\theta_{\mathrm{e}}) \tag{1-4-57}$$

然后，把式（1-4-41）代入式（1-4-57），可得

$$\mathrm{d}W_{\mathrm{m}}'(i,\theta_{\mathrm{e}})=\psi\left(i,\theta_{\mathrm{e}}\right)\mathrm{d}i+\frac{1}{p}T_{\mathrm{em}}\left(\psi,\theta_{\mathrm{e}}\right)\mathrm{d}\theta_{\mathrm{e}} \tag{1-4-58}$$

另外，当作为全微分的 $\mathrm{d}W_{\mathrm{m}}'(i,\theta_{\mathrm{e}})$ 用偏导数表示时，有

$$\mathrm{d}W_{\mathrm{m}}'(i,\theta_{\mathrm{e}})=\frac{\partial W_{\mathrm{m}}'(i,\theta_{\mathrm{e}})}{\partial i}\,\mathrm{d}i+\frac{\partial W_{\mathrm{m}}'(i,\theta_{\mathrm{e}})}{\partial\theta_{\mathrm{e}}}\,\mathrm{d}\theta_{\mathrm{e}} \tag{1-4-59}$$

比较式（1-4-58）和式（1-4-59），并考虑到自变量 i 和 θ_{e} 是独立变量，就有

$$\psi\left(i,\theta_{\mathrm{e}}\right)=\frac{\partial W_{\mathrm{m}}'(i,\theta_{\mathrm{e}})}{\partial i} \tag{1-4-60}$$

和

$$T_{\mathrm{em}}\left(\psi,\theta_{\mathrm{e}}\right)=p\,\frac{\partial W_{\mathrm{m}}'(i,\theta_{\mathrm{e}})}{\partial\theta_{\mathrm{e}}}=\frac{\partial W_{\mathrm{m}}'(i,\theta_{\mathrm{e}})}{\partial\theta_{\mathrm{m}}} \tag{1-4-61}$$

式（1-4-61）就是用磁共能来表示的电磁转矩的表达式，它表示：当转子的微小角位移引起系统的磁共能发生变化时，就会产生电磁转矩。电磁转矩的大小等于单位微小角位移时磁共能的变化率，即磁共能对转角的偏导数 $\partial W_{\mathrm{m}}'(i,\theta_{\mathrm{e}})/\partial\theta_{\mathrm{m}}$，电磁转矩的方向是在电流不变的情况下使磁共能趋向增加的方向。

当磁路不饱和时，磁化曲线（ψ - i）是一条直线，磁共能 $W_{\mathrm{m}}'(i,\theta_{\mathrm{e}})=(1/2)\,i^2\,L(\theta_{\mathrm{e}})$，于是电磁转矩的表达式为

$$T_{\mathrm{em}}\left(\psi,\theta_{\mathrm{e}}\right)=\frac{1}{2}pi^2\,\frac{\partial L(\theta_{\mathrm{e}})}{\partial\theta_{\mathrm{e}}} \tag{1-4-62}$$

式（1-4-62）和式（1-4-51）的结果是一致的。电磁转矩的方向是致使自感增大（即磁阻减小）的方向。总之，由磁储能出发或由磁共能出发求取电磁转矩，它们的结果是完全相同的，然而在许多场合下，采用以 i 和 θ_{e} 作为自变量（状态变量）的磁共能作为状态函数，对电磁转矩的计算比较方便。

另外，表达式 $T_{\mathrm{em}}\left(\psi,\theta_{\mathrm{e}}\right)=-p\,\dfrac{\partial W_{\mathrm{m}}(\psi,\theta_{\mathrm{e}})}{\partial\theta_{\mathrm{e}}}$ 和 $T_{\mathrm{em}}\left(\psi,\theta_{\mathrm{e}}\right)=p\,\dfrac{\partial W_{\mathrm{m}}'(i,\theta_{\mathrm{e}})}{\partial\theta_{\mathrm{e}}}$ 对线性和非线性情况均适用。

3）应用例题

下面举几个虚功法的应用例子，以便加深对虚功法，即电磁能量转换法的理解。

【例 1】 交流电动机电磁转矩的通用表达式的推导。

这里，我们把交流电动机的电磁转矩的通用表达式的推导作为学习磁储能和磁共能的一个例子。

解 为简单起见，假设电动机为隐极结构，不计饱和的影响，定子磁动势和转子磁动势在气隙中各自产生的磁场 b_{s} 和 b_{r} 均为正弦分布，且转子磁场比定子磁场滞后一个 α_{12} 电角度，即

$$b_{\mathrm{s}}=B_{\mathrm{S}}\cos\theta,\quad b_{\mathrm{r}}=B_{\mathrm{R}}\cos\left(\theta-\alpha_{12}\right) \tag{1-4-63}$$

式中：B_{S} 和 B_{R} 分别是定转子磁场的气隙磁通密度的幅值。b_{s} 和 b_{r} 既可以表示静止不动的磁

场，也可以表示旋转磁场，取决于上式是在静止坐标系中还是在旋转坐标系中写出的。气隙合成磁场b应为

$$b = b_s + b_r = B_S \cos\theta + B_R \cos(\theta - \alpha_{12}) \tag{1-4-64}$$

根据式（1-4-46），气隙内的磁储能W_m或磁共能W'_m等于气隙磁场的磁能密度w_m和气隙磁场的体积的乘积为

$$\begin{aligned} W'_m &= \int_v \frac{b^2}{2\mu_0} dv = \frac{l_\delta \delta}{2\mu_0} \int_0^{2\pi} \left[B_S \cos\theta + B_R \cos(\theta - \alpha_{12}) \right]^2 r d\theta_m \\ &= \frac{l_\delta \delta r}{2\mu_0 p} \int_0^{p2\pi} \left[B_S^2 \cos^2\theta + B_R^2 \cos^2(\theta - \alpha_{12}) + 2B_S B_R \cos\theta \cdot \cos(\theta - \alpha_{12}) \right] d\theta_e \\ &= \frac{l_\delta \delta r}{2\mu_0 p} \left[\frac{B_S^2}{2} p2\pi + \frac{B_R^2}{2} p2\pi + B_S B_R p2\pi \cos\alpha_{12} \right] \\ &= \frac{l_\delta \delta \pi D}{4\mu_0} \left[B_S^2 + B_R^2 + 2B_S B_R \cos\alpha_{12} \right] \end{aligned} \tag{1-4-65}$$

式中：dv是气隙的微分体积元，$dv = l_\delta \delta r d\theta_m$；$l_\delta$是电动机气隙的轴向长度；$\delta$是电动机气隙的径向长度；$\alpha_{12}$是定子磁场和转子磁场之间的空间电气夹角；$r$和$D$分别是电动机气隙的平均半径和直径，$r = D/2$；$\theta_m$是机械角度；$\theta_e$是电气角度，$\theta_e = p\theta_m$。

对于隐极电动机而言，工作气隙δ被认为是均匀的，气隙磁通密度的幅值可以表达为

$$B = \mu_0 \frac{F}{\delta}$$

式中：F是作用在工作气隙δ上的正弦分布的磁动势的幅值，因而式（1-4-65）可以改写成

$$W'_m = \frac{\mu_0 l_\delta \pi D}{4\delta} \left(F_S^2 + F_R^2 + 2F_S F_R \cos\alpha_{12} \right) \tag{1-4-66}$$

式中：F_S和F_R分别是定转子正弦分布的磁动势的幅值。

在定转子绕组内的电流保持不变的条件下，当转子做微分虚位移$\Delta\alpha_{12}$时，根据式（1-4-61），可以求得电动机的电磁转矩的一般表达式为

$$T_{em} = p \frac{\partial W'_m}{\partial \alpha_{12}} = -\frac{\mu_0 l_\delta \pi D}{2\delta} F_S F_R \sin\alpha_{12} \tag{1-4-67}$$

式（1-4-67）表明：电磁转矩与定转子的磁动势幅值和它们之间夹角的正弦成正比，当定转子磁动势相互垂直时，电磁转矩达到最大值；公式中的负号表示电磁转矩的方向是迫使角度α_{12}缩小的方向。

【例 2】 计算电磁场内体积力密度矢量$\boldsymbol{f}$的普遍表达式的推导。

电磁场对媒介质中的自由电荷、传导电流和媒介质本身等的作用力称为电磁力矢量$\boldsymbol{F}$，换言之，电磁力是电磁场中的自由电荷、传导电流和媒介质本身所受到的作用力的总称。电磁场内单位体积的媒介质所受到的总电磁力矢量$\boldsymbol{F}$称为体积力密度矢量，用符号$\boldsymbol{f}$来表示。因此，电磁场内体积V内的媒介质所受到的总电磁力矢量$\boldsymbol{F}$为

$$\boldsymbol{F} = \int_V \boldsymbol{f} dV \tag{1-4-68}$$

下面，我们将对如何利用虚位移法和能量转换法，来推导出电磁场的体积力密度矢量$\boldsymbol{f}$的普遍表达式作一简单说明，以便加深对电磁场和电磁力的理解。

电磁场能量分布在电磁场存在的整个空间，电磁学证明：电磁场内的电场能密度 w_e 和磁场能密度 w_m 分别为

$$w_e = \frac{1}{2}\varepsilon E^2, \quad w_m = \frac{1}{2}\mu H^2 \tag{1-4-69}$$

式中：E 是电磁场空间的电场强度；ε 是媒介质的介电常数；H 是电磁场空间的磁场强度；μ 是媒介质的磁导率。

因此，电磁场能量的表达式为

$$W = \int_V \frac{1}{2}\left(\varepsilon E^2 + \mu H^2\right)\mathrm{d}v \tag{1-4-70}$$

假设电磁场的某一个媒质体在电磁力矢量 $\boldsymbol{F}$ 的作用下发生了微小的位移（虚位移）$\mathrm{d}\boldsymbol{r}$，则电磁力所做的功为

$$\mathrm{d}A = \boldsymbol{F}\cdot\mathrm{d}\boldsymbol{r} = F_x\mathrm{d}x + F_y\mathrm{d}y + F_z\mathrm{d}z \tag{1-4-71}$$

如果这时没有其他形式的能量转换，则电磁力所做的功应该等于电磁能量的改变量，即

$$\mathrm{d}A = -\mathrm{d}W = -\left(\frac{\partial W}{\partial x}\mathrm{d}x + \frac{\partial W}{\partial y}\mathrm{d}y + \frac{\partial W}{\partial z}\mathrm{d}z\right) \tag{1-4-72}$$

对照比较式（1-4-71）和式（1-4-72），可以得出

$$F_x = -\frac{\partial W}{\partial x} \tag{1-4-73}$$

$$F_y = -\frac{\partial W}{\partial y} \tag{1-4-74}$$

$$F_z = -\frac{\partial W}{\partial z} \tag{1-4-75}$$

把式（1-4-70）分别代入式（1-4-73）、式（1-4-74）和式（1-4-75），便可以分别求得电磁力的各个分量为

$$F_x = -\left(\int_V \frac{1}{2}E^2\frac{\partial\varepsilon}{\partial x}\mathrm{d}v + \int_V \varepsilon\boldsymbol{E}\cdot\frac{\partial\boldsymbol{E}}{\partial x}\mathrm{d}v + \int_V \frac{1}{2}H^2\frac{\partial\mu}{\partial x}\mathrm{d}v + \int \mu\boldsymbol{H}\cdot\frac{\partial\boldsymbol{H}}{\partial x}\mathrm{d}v\right) \tag{1-4-76}$$

$$F_y = -\left(\int_V \frac{1}{2}E^2\frac{\partial\varepsilon}{\partial y}\mathrm{d}v + \int_V \varepsilon\boldsymbol{E}\cdot\frac{\partial\boldsymbol{E}}{\partial y}\mathrm{d}v + \int_V \frac{1}{2}H^2\frac{\partial\mu}{\partial y}\mathrm{d}v + \int \mu\boldsymbol{H}\cdot\frac{\partial\boldsymbol{H}}{\partial y}\mathrm{d}v\right) \tag{1-4-77}$$

$$F_z = -\left(\int_V \frac{1}{2}E^2\frac{\partial\varepsilon}{\partial z}\mathrm{d}v + \int_V \varepsilon\boldsymbol{E}\cdot\frac{\partial\boldsymbol{E}}{\partial z}\mathrm{d}v + \int_V \frac{1}{2}H^2\frac{\partial\mu}{\partial z}\mathrm{d}v + \int \mu\boldsymbol{H}\cdot\frac{\partial\boldsymbol{H}}{\partial z}\mathrm{d}v\right) \tag{1-4-78}$$

根据电磁学理论，电磁场的媒介质由 ε 和 μ 两个参量来描述，它们与媒介质的密度 τ 有关，如果媒介质受力后发生形变，则 ε 和 μ 的变化将由两部分构成，即

$$\mathrm{d}\varepsilon = \mathrm{d}\varepsilon^{(1)} + \mathrm{d}\varepsilon^{(2)} \tag{1-4-79}$$

$$\mathrm{d}\mu = \mathrm{d}\mu^{(1)} + \mathrm{d}\mu^{(2)} \tag{1-4-80}$$

式（1-4-79）和式（1-4-80）中的第一项 $\mathrm{d}\varepsilon^{(1)}$ 和 $\mathrm{d}\mu^{(1)}$，表示不考虑媒介质发生形变时电磁场内的 ε 和 μ 随着空间位置（x，y，z）的变化而变化的情况，即

$$\mathrm{d}\varepsilon^{(1)} = \frac{\partial\varepsilon}{\partial x}\mathrm{d}x + \frac{\partial\varepsilon}{\partial y}\mathrm{d}y + \frac{\partial\varepsilon}{\partial z}\mathrm{d}z = \nabla\varepsilon\cdot\mathrm{d}\boldsymbol{r} \tag{1-4-81}$$

$$\mathrm{d}\mu^{(1)}=\frac{\partial\mu}{\partial x}\mathrm{d}x+\frac{\partial\mu}{\partial y}\mathrm{d}y+\frac{\partial\mu}{\partial z}\mathrm{d}z=\nabla\mu\cdot\mathrm{d}\boldsymbol{r} \tag{1-4-82}$$

式（1-4-79）和式（1-4-80）中的第二项$\mathrm{d}\varepsilon^{(2)}$和$\mathrm{d}\mu^{(2)}$表示由于媒介质形变而引起的电磁场内的$\varepsilon$和$\mu$的变化，设空间某一点的体积元$\mathrm{d}v$由$\zeta$变为$\zeta+\mathrm{d}\zeta$时，相应的媒介质密度由$\tau$变为$\tau-\mathrm{d}\tau$，则有

$$\mathrm{d}\varepsilon^{(2)}=\frac{\partial\varepsilon}{\partial\tau}\mathrm{d}\tau \tag{1-4-83}$$

$$\mathrm{d}\mu^{(2)}=\frac{\partial\mu}{\partial\tau}\mathrm{d}\tau \tag{1-4-84}$$

媒介质的质量不会由于形变而发生变化，即体积元$\mathrm{d}v$变化前后的媒介质的质量保持不变，有

$$\tau\zeta=(\zeta+\mathrm{d}\zeta)(\tau-\mathrm{d}\tau)=\zeta\tau-\zeta\,\mathrm{d}\tau+\tau\,\mathrm{d}\zeta-\mathrm{d}\zeta\,\mathrm{d}\tau$$

$$0=-\zeta\,\mathrm{d}\tau+\tau\,\mathrm{d}\zeta-\mathrm{d}\zeta\,\mathrm{d}\tau$$

忽略二阶无穷小量$\mathrm{d}\zeta\,\mathrm{d}\tau$，可得

$$\mathrm{d}\tau=\tau\,\frac{\mathrm{d}\zeta}{\zeta} \tag{1-4-85}$$

当被包围的某一个体积元的表面的面积元$\mathrm{d}\boldsymbol{S}$移动距离$\mathrm{d}\boldsymbol{r}$时，其体积增大了$\mathrm{d}r\cdot\mathrm{d}\boldsymbol{S}$，即增加了由该面积元$\mathrm{d}\boldsymbol{S}$移动时在空间所画出的柱状体的体积，也就是体积元的增量$\mathrm{d}\zeta$通过面积元$\mathrm{d}\boldsymbol{S}$来表示，即

$$\mathrm{d}\zeta=\oint_S\mathrm{d}r\cdot\mathrm{d}\boldsymbol{S}=\int_\zeta(\nabla\cdot\mathrm{d}r)\mathrm{d}\zeta$$

由于ζ的数值很小，所以上式可以被写成

$$\mathrm{d}\zeta=(\nabla\cdot\mathrm{d}r)\zeta$$

把上式的$\mathrm{d}\zeta$代入式（1-4-85），可得

$$\mathrm{d}\tau=\tau\,(\nabla\cdot\mathrm{d}r) \tag{1-4-86}$$

把式（1-4-86）的$\mathrm{d}\tau$分别代入式（1-4-83）和式（1-4-84），便可以分别得到

$$\mathrm{d}\varepsilon^{(2)}=\tau\frac{\partial\varepsilon}{\partial\tau}(\nabla\cdot\mathrm{d}r) \tag{1-4-87}$$

$$\mathrm{d}\mu^{(2)}=\tau\frac{\partial\mu}{\partial\tau}(\nabla\cdot\mathrm{d}r) \tag{1-4-88}$$

于是，把式（1-4-81）、式（1-4-82）和式（1-4-87）、式（1-4-88）分别代入式（1-4-79）和式（1-4-80），便可以获得媒介质受力形变之后，媒介质的ε和μ发生的变化，有

$$\mathrm{d}\varepsilon=\mathrm{d}\varepsilon^{(1)}+\mathrm{d}\varepsilon^{(2)}=\nabla\varepsilon\cdot\mathrm{d}r+\tau\frac{\partial\varepsilon}{\partial\tau}(\nabla\cdot\mathrm{d}r) \tag{1-4-89}$$

$$\mathrm{d}\mu=\mathrm{d}\mu^{(1)}+\mathrm{d}\mu^{(2)}=\nabla\mu\cdot\mathrm{d}r+\tau\frac{\partial\mu}{\partial\tau}(\nabla\cdot\mathrm{d}r) \tag{1-4-90}$$

把式（1-4-89）和式（1-4-90）分别代入式（1-4-76）～式（1-4-78），并经过矢量运算和整理后，便可以分别写出

$$\begin{aligned}F_x=\int_V\Big\{&E_x(\nabla\cdot\boldsymbol{D})+H_x(\nabla\cdot\boldsymbol{B})+\big[(\nabla\times\boldsymbol{E})\times\boldsymbol{D}\big]_x+\big[(\nabla\times\boldsymbol{H})\times\boldsymbol{B}\big]_x\\&-\frac{1}{2}E^2(\nabla\varepsilon)_x-\frac{1}{2}H^2(\nabla\mu)_x+\frac{1}{2}\left[\nabla\left(E^2\tau\frac{\partial\varepsilon}{\partial\tau}\right)\right]_x+\frac{1}{2}\left[\nabla\left(H^2\tau\frac{\partial\mu}{\partial\tau}\right)\right]_x\Big\}\mathrm{d}v\end{aligned}$$

$$F_y=\int_V\left\{E_y(\nabla\cdot\boldsymbol{D})+H_y(\nabla\cdot\boldsymbol{B})+\left[(\nabla\times\boldsymbol{E})\times\boldsymbol{D}\right]_y+\left[(\nabla\times\boldsymbol{H})\times\boldsymbol{B}\right]_y\right.$$

$$\left.-\frac{1}{2}E^2(\nabla\varepsilon)_y-\frac{1}{2}H^2(\nabla\mu)_y+\frac{1}{2}\left[\nabla\left(E^2\tau\frac{\partial\varepsilon}{\partial\tau}\right)\right]_y+\frac{1}{2}\left[\nabla\left(H^2\tau\frac{\partial\mu}{\partial\tau}\right)\right]_y\right\}\mathrm{d}v$$

$$F_z=\int_V\left\{E_z(\nabla\cdot\boldsymbol{D})+H_z(\nabla\cdot\boldsymbol{B})+\left[(\nabla\times\boldsymbol{E})\times\boldsymbol{D}\right]_z+\left[(\nabla\times\boldsymbol{H})\times\boldsymbol{B}\right]_z\right.$$

$$\left.-\frac{1}{2}E^2(\nabla\varepsilon)_z-\frac{1}{2}H^2(\nabla\mu)_z+\frac{1}{2}\left[\nabla\left(E^2\tau\frac{\partial\varepsilon}{\partial\tau}\right)\right]_z+\frac{1}{2}\left[\nabla\left(H^2\tau\frac{\partial\mu}{\partial\tau}\right)\right]_z\right\}\mathrm{d}v$$

然后，电磁力 $\boldsymbol{F}$ 可以表达为

$$\boldsymbol{F}=F_x\,\boldsymbol{i}+F_y\,\boldsymbol{j}+F_z\,\boldsymbol{k}$$

$$=\int_V\left\{\left\{E_x(\nabla\cdot\boldsymbol{D})+H_x(\nabla\cdot\boldsymbol{B})+\left[(\nabla\times\boldsymbol{E})\times\boldsymbol{D}\right]_x+\left[(\nabla\times\boldsymbol{H})\times\boldsymbol{B}\right]_x\right.\right.$$

$$\left.-\frac{1}{2}E^2(\nabla\varepsilon)_x-\frac{1}{2}H^2(\nabla\mu)_x+\frac{1}{2}\left[\nabla\left(E^2\tau\frac{\partial\varepsilon}{\partial\tau}\right)\right]_x+\frac{1}{2}\left[\nabla\left(H^2\tau\frac{\partial\mu}{\partial\tau}\right)\right]_x\right\}\boldsymbol{i}$$

$$+\left\{E_y(\nabla\cdot\boldsymbol{D})+H_y(\nabla\cdot\boldsymbol{B})+\left[(\nabla\times\boldsymbol{E})\times\boldsymbol{D}\right]_y+\left[(\nabla\times\boldsymbol{H})\times\boldsymbol{B}\right]_y\right.$$

$$\left.-\frac{1}{2}E^2(\nabla\varepsilon)_y-\frac{1}{2}H^2(\nabla\mu)_y+\frac{1}{2}\left[\nabla\left(E^2\tau\frac{\partial\varepsilon}{\partial\tau}\right)\right]_y+\frac{1}{2}\left[\nabla\left(H^2\tau\frac{\partial\mu}{\partial\tau}\right)\right]_y\right\}\boldsymbol{j}$$

$$+\left\{E_z(\nabla\cdot\boldsymbol{D})+H_z(\nabla\cdot\boldsymbol{B})+\left[(\nabla\times\boldsymbol{E})\times\boldsymbol{D}\right]_z+\left[(\nabla\times\boldsymbol{H})\times\boldsymbol{B}\right]_z\right.$$

$$\left.\left.-\frac{1}{2}E^2(\nabla\varepsilon)_z-\frac{1}{2}H^2(\nabla\mu)_z+\frac{1}{2}\left[\nabla\left(E^2\tau\frac{\partial\varepsilon}{\partial\tau}\right)\right]_z+\frac{1}{2}\left[\nabla\left(H^2\tau\frac{\partial\mu}{\partial\tau}\right)\right]_z\right\}\boldsymbol{k}\right\}\mathrm{d}v$$

$$=\int\left\{\boldsymbol{E}(\nabla\cdot\boldsymbol{D})+\boldsymbol{H}(\nabla\cdot\boldsymbol{B})+(\nabla\times\boldsymbol{E})\times\boldsymbol{D}+(\nabla\times\boldsymbol{H})\times\boldsymbol{B}\right.$$

$$\left.-\frac{1}{2}E^2\nabla\varepsilon-\frac{1}{2}H^2\nabla\mu+\frac{1}{2}\nabla\left(E^2\tau\frac{\partial\varepsilon}{\partial\tau}\right)+\frac{1}{2}\nabla\left(H^2\tau\frac{\partial\mu}{\partial\tau}\right)\right\}\mathrm{d}v \tag{1-4-91}$$

把式（1-4-91）与式（1-4-68）相对照，可以得到单位体积内的媒介质所受到的电磁力，即体积力密度矢量 $\boldsymbol{f}$ 为

$$\boldsymbol{f}=\boldsymbol{E}(\nabla\cdot\boldsymbol{D})+\boldsymbol{H}(\nabla\cdot\boldsymbol{B})+(\nabla\times\boldsymbol{E})\times\boldsymbol{D}+(\nabla\times\boldsymbol{H})\times\boldsymbol{B}$$

$$-\frac{1}{2}E^2\nabla\varepsilon-\frac{1}{2}H^2\nabla\mu+\frac{1}{2}\nabla\left(E^2\tau\frac{\partial\varepsilon}{\partial\tau}\right)+\frac{1}{2}\nabla\left(H^2\tau\frac{\partial\mu}{\partial\tau}\right) \tag{1-4-92}$$

考虑到麦克斯韦方程组的微分形式：$\nabla\cdot\boldsymbol{D}=\rho$，$\nabla\cdot\boldsymbol{B}=0$，$\nabla\times\boldsymbol{E}=-\dfrac{\partial\boldsymbol{B}}{\partial t}$ 和 $\nabla\times\boldsymbol{H}=\boldsymbol{J}+\dfrac{\partial\boldsymbol{D}}{\partial t}$，式（1-4-92）可以写成

$$\boldsymbol{f}=\rho\boldsymbol{E}+\boldsymbol{J}\times\boldsymbol{B}-\frac{1}{2}E^2\nabla\varepsilon-\frac{1}{2}H^2\nabla\mu$$
$$+\frac{1}{2}\nabla\left(E^2\tau\frac{\partial\varepsilon}{\partial\tau}\right)+\frac{1}{2}\nabla\left(H^2\tau\frac{\partial\mu}{\partial\tau}\right)+\frac{\partial}{\partial t}(\boldsymbol{D}\times\boldsymbol{B}) \quad (1\text{-}4\text{-}93)$$

式(1-4-93)就是计算电磁力体密度的普遍公式，它的推导过程进一步注释了式(1-4-7)。为了加深理解，我们将对式（1-4-93）所描述的 7 个电磁力重复说明一下：第一项是作用在自由电荷上的力，即库仑力；第二项是作用在传导电流上的力，即洛仑兹力；第三项及第四项系由媒介质不均匀而引起的力；第五项及第六项表示媒介质受到应力发生形变而引起的电磁力，这两项的体积分数为零，即被媒介质内部的弹性力所平衡，因此它们只影响媒介质内部力的分布而不影响整个媒介质上的总力或力矩，通常把这两项称为场致伸缩力；最后一项只有时变场中才存在，是由电磁波所引起的作用力，称为辐射力。

【例 3】 有一台如图 1.4.13（a）所示的单相磁阻电动机，磁极对数 $p=1$，定子上有一个线圈，转子为凸极，转子上没有线圈。已知磁路为线性，定子线圈的自感随转子转角的变化规律为 $L(\theta)=L_0+L_2\cos 2\theta$，如图 1.4.13（b）所示。试求定子线圈通以正弦电流 $i=\sqrt{2}I\sin\omega t$ 时，电磁转矩的瞬时值和平均值。

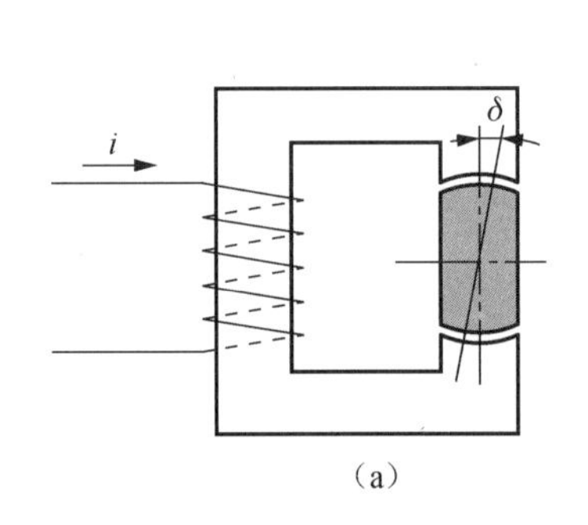

（a）

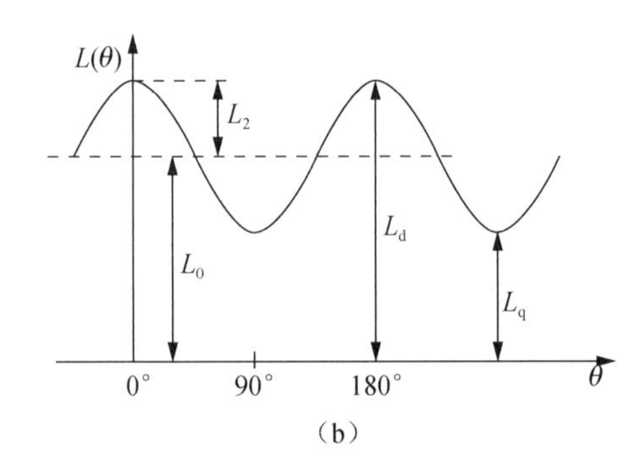

（b）

图 1.4.13　单相磁阻电动机的简单示意图和它的自感 $L(\theta)$ 随转角 θ 的变化

解 对于线性系统而言，根据式（1-4-55）和式（1-4-62），电动机的磁共能和电磁转矩分别为

$$W'_{\mathrm{m}}(i,\theta_{\mathrm{e}})=\frac{1}{2}i^2\ L(\theta_{\mathrm{e}})$$
$$T_{\mathrm{em}}(\psi,\theta_{\mathrm{e}})=\frac{1}{2}pi^2\ \frac{\partial L(\theta_{\mathrm{e}})}{\partial\theta_{\mathrm{e}}}$$

把已知的磁极对数 p、电流 i 和自感 $L(\theta)$ 的表达式代入上式，可得

$$T_{\mathrm{em}}(\psi,\theta_{\mathrm{e}})=-\frac{1}{2}\left(\sqrt{2}I\sin\omega t\right)^2\ (2L_2\sin 2\theta)=-2I^2\ L_2\sin 2\theta\ \sin^2\omega t$$

设转子的机械角速度为 Ω，$t=0$ 时转子 d- 轴与定子绕组的轴线之间到夹角为 δ，则 $\theta=\Omega t+\delta$，于是电磁转矩 $T_{\mathrm{em}}(\psi,\theta_{\mathrm{e}})$ 为

$$T_{\mathrm{em}}=-I^2L_2\left[\sin 2(\Omega t+\delta)-\frac{1}{2}\sin 2(\Omega t+\omega t+\delta)-\frac{1}{2}\sin 2(\Omega t-\omega t+\delta)\right]$$

由此可见，若 $\Omega \neq \omega$，上式括号内的三项都是时间的正弦函数，它们在一个周期内的平均值都是零，所以一个周期内的平均电磁转矩 $T_{\mathrm{em(av)}}=0$，瞬时电磁转矩为脉振波形；若 $\Omega = \omega$，上述公式可以写成

$$T_{\mathrm{em}}=-I^2L_2\left[\sin 2(\omega t+\delta)-\frac{1}{2}\sin 2(2\omega t+\delta)-\frac{1}{2}\sin 2\delta\right]$$

上式括号内的第一和第二项是时间的正弦函数，它们在一个周期内的平均值是零，而第三项与时间无关，是仅取决于角度 δ 的一个常量。因而，在此情况下，平均电磁转矩 $T_{\mathrm{em(av)}}$ 为

$$T_{\mathrm{em(av)}}=\frac{1}{2}\ I^2\ L_2\ \sin 2\delta=\frac{1}{4}\ I^2\left(L_{\mathrm{d}}-L_{\mathrm{q}}\right)\sin 2\delta$$

式中：L_{d} 和 L_{q} 分别是电动机的直轴电感和交轴电感，如图 1.4.13（b）所示。

磁阻电动机是一种同步电动机，只有在电动机的旋转速度等于同步转速 $\Omega = \omega$，并且 $L_{\mathrm{d}} \neq L_{\mathrm{q}}$ 时，它才有平均电磁转矩，电动机才能旋转。这种由于 $L_{\mathrm{d}} \neq L_{\mathrm{q}}$，也就是由于直轴磁阻不等于交轴磁阻而引起的转矩称为磁阻转矩，在电流一定的情况下，它与交直轴电感之间的差值（$L_{\mathrm{d}}-L_{\mathrm{q}}$）和 $\sin 2\delta$ 成正比。

1.4.3.3　麦克斯韦张力张量法

利用麦克斯韦张力张量法来计算转矩时，由于它只需要知道工作气隙范围内的磁通密度的分布情况，对于具有平行平面磁场的电动机而言，计算比较简单，它也是计算电磁转矩的一种很好的选择。

简而言之，计算总电磁力的麦克斯韦张力张量的表达式为

$$\boldsymbol{F}=\int_S \frac{1}{2\mu_0}\left(\boldsymbol{B}_{\mathrm{n}}^2-\boldsymbol{B}_{\mathrm{t}}^2\right)\mathrm{d}S\boldsymbol{n}+\int_S \frac{1}{\mu_0}\boldsymbol{B}_{\mathrm{n}}\boldsymbol{B}_{\mathrm{t}}\mathrm{d}S\boldsymbol{t} \tag{1-4-94}$$

式中：$\boldsymbol{B}_{\mathrm{n}}$ 和 $\boldsymbol{B}_{\mathrm{t}}$ 分别是气隙磁通密度的法向分量和切向分量；$\boldsymbol{S}$ 是围绕气隙区域的积分表面；$\boldsymbol{n}$ 是积分表面 $\boldsymbol{S}$ 的单位法向矢量；$\boldsymbol{t}$ 是积分表面 $\boldsymbol{S}$ 的单位切向矢量；μ_0 是自由空间的磁导率。

考虑到在旋转电动机中，只有麦克斯韦张力张量的切向分量能够产生旋转力矩，所以在计算电动机的电磁转矩时，我们只需要考虑电磁力的切向分量为

$$\boldsymbol{F}_{\mathrm{t}}=\int_S \frac{1}{\mu_0}\boldsymbol{B}_{\mathrm{n}}\boldsymbol{B}_{\mathrm{t}}\mathrm{d}S\boldsymbol{t} \tag{1-4-95}$$

对于二维平面模型而言，积分表面可以被变换到气隙区域中心的半径为 r 的一个闭合轮廓表面上。当气隙区域内的每一个离散点上的磁通密度的法向分量和切向分量被计算出来后，就可以计算出圆周路径上每一点的切向力的面密度 f_{t}（$\mathrm{N/m^2}$）为

$$f_{\mathrm{t}}=\frac{\boldsymbol{B}_{\mathrm{n}}\cdot\boldsymbol{B}_{\mathrm{t}}}{\mu_0} \tag{1-4-96}$$

然后，可以通过求取每一个点上的切向力的面密度 f_t 的总和的方法来实现由式（1-4-95）描述的切向力的面密度 f_t 的曲面积分为

$$\boldsymbol{F}_{\mathrm{t}}=\left(\sum\frac{1}{\mu_0}\boldsymbol{B}_{\mathrm{n}}\boldsymbol{B}_{\mathrm{t}}\right)d\cdot l \tag{1-4-97}$$

式中：d 是路径的长度；l 是定子铁心的轴向长度。

于是，便可以求出作用在电动机电枢圆周表面（等同于转子表面）上的电磁转矩为

$$\boldsymbol{T}=\boldsymbol{F}_{\mathrm{t}}\ r=r\left(\sum\frac{1}{\mu_0}\boldsymbol{B}_{\mathrm{n}}\boldsymbol{B}_{\mathrm{t}}\right)d\cdot l \tag{1-4-98}$$

式中：r 是所取圆周路径的半径。

借助方程式（1-4-98）的电磁转矩的计算很大程度上取决于网格结构和积分路径的选择，并且需要十分小心地处理气隙内的网格离散化，以便获得比较高的计算精度。图 1.4.14～图 1.4.16 分别展示了由麦克斯韦商用软件包建立的单层、三层和五层网格结构的二维模型。

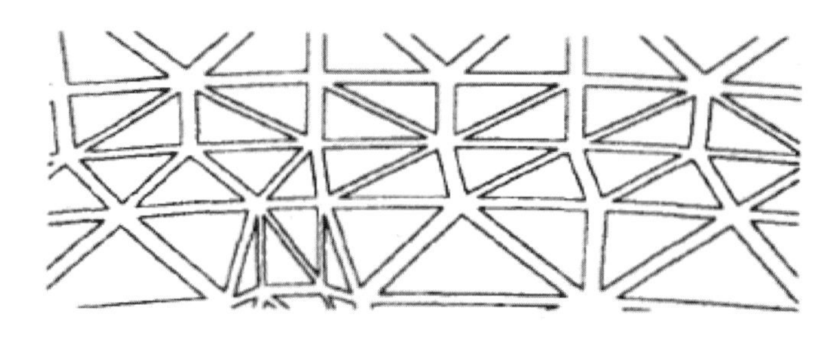

图 1.4.14　单层网格

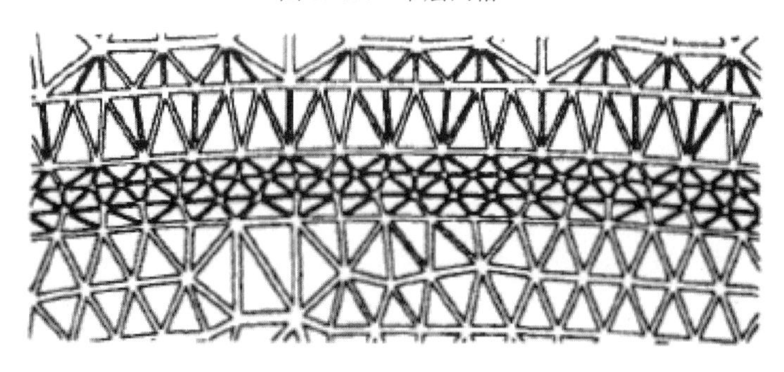

图 1.4.15　三层网格

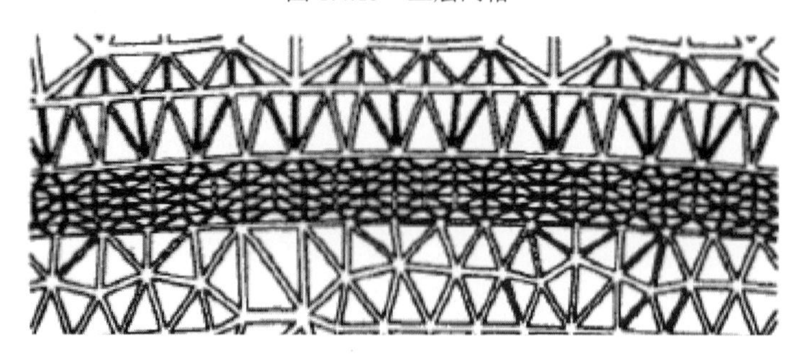

图 1.4.16　五层网格

采用麦克斯韦张力张量来计算电磁转矩时，必须利用有限元分析（FEA）技术来计算电动机气隙内的磁通密度的法向分量和磁通密度的切向分量。因此，对于一个现代的电机

设计工程师而言，有限元分析方法是电机仿真的一个非常重要的工具，必须很好地掌握，并能正确熟练地应用。

1.4.4　齿槽效应力矩

随着高性能自控式永磁同步电动机的应用的日益广泛，齿槽效应力矩越来越引起人们的重视，例如在高精度位置控制系统、机器人、机床主轴、汽车电动助力转向（EPS）系统，以及那些确实把最小化转矩脉动、机械振动和噪声作为一个重要品质指标的任何应用领域，齿槽效应力矩产生的机理、估算和它的最小化技术确实已成为一个重要的设计考虑因素。

1.4.4.1　齿槽效应现象的一些基本概念

虽然绕组的短距和分布改善了电枢绕组内的感应电动势的波形，但是在每极槽数较少的凸极同步电动机的运行过程中，由于气隙磁导随着转子空间角位移的变动而有比较明显的变化，电枢绕组内的反电动势波形曲线上会出现锯齿形状的高次谐波，这种高次谐波被称为齿谐波，这种现象被称为齿槽效应，这种由于气隙磁导的变化而导致的转轴上出现的脉动力矩被称为齿槽效应力矩。

为了更好地理解这种齿槽效应现象，我们先举一个 $m=3$、$q=2$ 和 $p=1$ 的具体的例子来加以说明。

在此情况下，每极槽数 $Q=6$。如果极弧宽度 b_p 等于 4.5 倍齿距 t_z 时，即 $b_p=4.5t_z$ 时，那么在图 1.4.17（a）所示的定转子之间的相对位置时，极面之上有 5 个齿和 4 个槽，气隙磁导有最大值 $\Lambda_\delta=[\Lambda_\delta]_{max}$；而在图 1.4.17（b）所示的定转子之间的相对位置时，极面之上则有 4 个齿和 5 个槽，气隙磁导有最小值 $\Lambda_\delta=[\Lambda_\delta]_{min}$。这样，当转子相对定子移动时，引起了每极气隙磁导 Λ_δ 的变化，也必将引起每极气隙磁通量 Φ_δ 大小的变化、电枢绕组内感应电动势的变化、存储在气隙内的磁能 W 的变化和作用在转子上的力矩的变化。由于这种磁通变化发生在沿着磁路的全部长度上，它们被称为磁通的纵向变化或纵向振荡。当我们改变极弧宽度，使 $b_p=4t_z$ 时，纵向振荡就被显著地减小。这一事实说明：极弧宽度 b_p 将直接影响到齿槽效应力矩的大小。

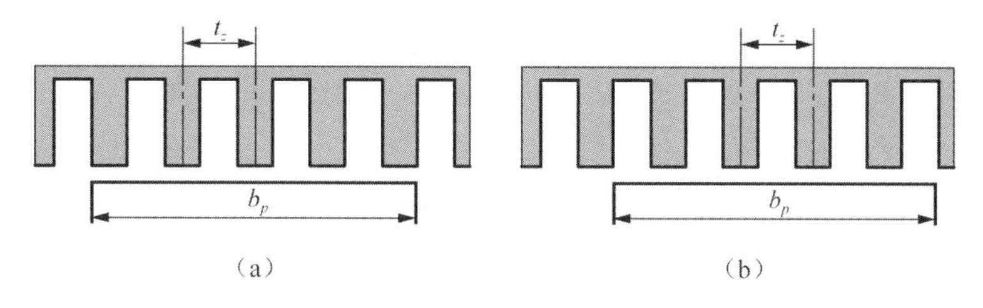

图 1.4.17　气隙磁导的变化

图 1.4.18（a）和（b）展示了气隙磁通变化的另一种现象。在定子和转子相对移动时，假设定子齿的中心线（$z-z$）处在转子磁极中心线（$o-o$）的右边时，由定子齿内出来的磁通力线向右边的磁极边缘偏斜，如图 1.4.18（a）所示；当定子齿的中心线（$z-z$）越过磁极中心线（$o-o$），进入磁极中心线（$o-o$）的左边时，磁通从左边倾斜地进入定子齿，如图 1.4.18（b）所示。这样，当定子齿在极间移动时，通过齿的磁力线出现左右摆动的现

象，我们把它称为磁通的横向振荡。这意味着每当一个定子齿从一个磁极的下面进入另一个磁极的下面时，该定子齿将经受一次磁力推拉的作用，从而产生齿槽效应力矩；同时，磁力线相对于由该齿所构成的槽内的导体的运动速度是围绕着一个平均速度在振荡的，这也将引起绕组内的感应电动势的变化，从而产生转矩的脉动。然而，在一个极距范围内，至多只有两个槽内的导体经受到这种磁通的横向振荡，而且极间的磁通密度比较低，磁力线比较稀疏，因此，在一般情况下，可以不计由这种磁力线的横向振动在电枢绕组内引起的高次谐波电动势和在电动机轴上引起的转矩脉动。

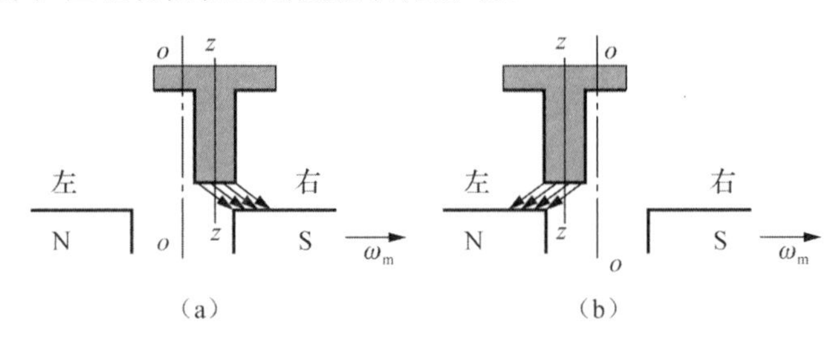

图 1.4.18　磁通的横向脉振

1.4.4.2　齿槽效应力矩的定义

综上分析，在永磁电动机内，当电枢铁心上开有齿槽时，气隙磁导的数值将随着定转子之间的相对角位置θ的变化而变化，存储在气隙内的磁场能量W也将随之而变化，气隙内磁场能量的变化必将产生力矩。因此，在电枢绕组不通电的情况下，永磁电动机内存在着转子会沿着电枢圆周的表面稳定地停留在若干个位置（即气隙磁导的最大值$\Lambda_\delta=[\Lambda_\delta]_{\max}$的点位）上的趋向的现象。这种现象被称为齿槽效应（cogging effect）；而这种仅由气隙磁导变化而产生的力矩被称为齿槽效应力矩（cogging torque）。

当转子角位移变化时，存储在气隙内的磁场能量变化的幅值越大，齿槽效应力矩的脉动幅值就越大。在一般情况下，电动机齿槽效应力矩的大小可以按下式来评估：

$$t_c=\frac{T_{c\max}-T_{c\min}}{T_{av}}\times 100\% \tag{1-4-99}$$

式中：t_c是齿槽效应力矩的百分值，被称为齿槽效应力矩因数；$T_{c\max}$和$T_{c\min}$分别是齿槽效应力矩的最大值和最小值；T_{av}是电动机的平均转矩。

气隙磁场能量变化的频率决定了齿槽效应力矩变化的频率，它们与定子上的齿槽数目Z、转子上的磁极数目$2p$，以及齿槽数目和磁极数目之间的组合有着直接的关系。电动机转子每一周转出现的齿槽效应力矩波形的基波周期数目γ_c的数学表达式为

$$\gamma_c=\mathrm{LCM}(Z,2p) \tag{1-4-100}$$

式中：$\mathrm{LCM}(Z,2p)$是齿槽数目Z和磁极数目$2p$之间的最小公倍数。

齿槽效应力矩的变化也可以用频率来表示为

$$f_c=\frac{n\times \mathrm{LCM}(Z,2p)}{60} \tag{1-4-101}$$

式中：f_c是齿槽效应力矩变化的频率，Hz；n是电动机的转速，r/min。

数学上在两个整数（例如，Z和$2p$）的最小公倍数$\mathrm{LCM}(Z,2p)$与最大公约数$\mathrm{GCD}(Z,2p)$之间存在着一定的关系：$Z\times 2p=\mathrm{LCM}(Z,2p)\times \mathrm{GCD}(Z,2p)$，因此电动机转

子每一周转出现的齿槽效应力矩波形的基波周期数目也可以表达为

$$\gamma_{\mathrm{c}}=\frac{2pZ}{\mathrm{GCD}(Z,2p)} \tag{1-4-102}$$

式中：$\mathrm{GCD}(Z,2p)$是齿槽数目 Z 和磁极数目 $2p$ 之间的最大公约数，它表示在围绕气隙的定子齿槽和转子磁极之间，每 $360°/\mathrm{GCD}(Z,2p)$ 机械角度存在着周期性的结构重复。

根据式（1-4-102），我们可以导出关于齿槽效应力矩的基波频率的另一种描述：齿槽效应力矩的波形在旋转一个定子槽节距之内的周期数γ_{p}，它取决于磁极数目（$2p$）与齿槽数目（Z）之间的最大公约数$\mathrm{GCD}(Z,2p)$之比为

$$\gamma_{\mathrm{p}}=\frac{2p}{\mathrm{GCD}(Z,2p)} \tag{1-4-103}$$

一般而言，齿槽效应力矩波形的基波频率γ_{c}或γ_{p}越高，它的基波幅值就越小，因此，齿槽数目（Z）和磁极数目（$2p$）之间的最小公数$\mathrm{LCM}(Z,2p)$越大，或者齿槽数目（Z）和磁极数目（$2p$）之间的最大公约数$\mathrm{GCD}(Z,2p)$越小，齿槽效应力矩波形的基波幅值就越小。

表 1.4.1 列出了几种典型电枢绕组的齿槽数目（Z）、磁极数目（$2p$）、对应绕组的槽节距（t_Z）（机械角度）和极距（τ）（机械角度）、齿槽数目和磁极数目之间的最小公倍数（LCM）和最大公约数（GCD）与齿槽效应力矩的周期数γ_{c}和γ_{p}之间的关系。

表 1.4.1　齿槽效应力矩的周期数γ_{c}和γ_{p}

Z	$2p$	q	LCM	GCD	γ_{c}	γ_{p}	槽节距 t_Z	极距 τ
9	6	0.5	18	3	18	2	40°	60°
12	8	0.5	24	4	24	2	30°	45°
12	10	0.4	60	2	60	5	30°	36°
36	8	1.5	72	4	72	2	10°	45°
48	20	0.8	240	4	240	5	7.5°	18°
24	20	0.4	120	4	120	5	15°	18°
66	64	0.34	2112	2	2112	32	5.45°	5.625°

1.4.4.3　齿槽效应力矩的估算

我们可以利用有限元方法，通过麦克斯韦张力张量方程式来计算齿槽效应力矩，但是，这种计算方法比较复杂、冗长和麻烦，并且有限元方法是一种数值方法，它不便于设计人员对某一个特定参数进行分析研究。因此，我们将在磁储能$W(\theta_{\mathrm{m}})$的变化引起力矩变化的原理的基础上，介绍一种既比较直观，又能够洞察产生齿槽效应力矩的机理的方法，这种方法通常被称为磁通-磁动势（Φ-MMF）图解法。这种方法非常适合于工程师在电动机设计的初始阶段进行齿槽效应力矩的估算和最小化分析。

永磁同步电动机的磁回路主要由软磁铁心、气隙和永磁体等三种不同类型的材料所构成。在分析之前先做如下假设。

（1）不考虑软磁铁心的饱和，即认为它的相对磁导率 $\mu_{\mathrm{r}}\approx\infty$。

（2）电动机内的永磁体被外部的强磁场深度磁化，它内部的分子磁矩取向排列整齐；

它的工作点 P 处在第二象限的回复直线上。对于钕铁硼（NdFeB）永磁材料而言，它的相对磁导率 $\mu_r \approx 1.05$，一般可以认为它的去磁曲线是一条直线，它的回复直线与它的去磁曲线是重合的，因此钕铁硼（NdFeB）永磁材料的去磁特性可以用直线方程式来描述，$\boldsymbol{B} = \mu_0 \mu_r \boldsymbol{H} + \boldsymbol{B}_r$。

（3）电枢绕组内没有电流。

图 1.4.19 展示了一台永磁电动机在 B-H 平面内的一个典型的磁铁工作图。图中直线 $H_c B_r$ 是钕铁硼永磁材料的去磁曲线，也是它的回复直线；直线 L 是由气隙磁导决定的负载线，也可以被称为外磁路的空载特性。回复直线与负载线的交点 P 就是永磁体的工作点，它反映了磁路系统的某一个磁状态。

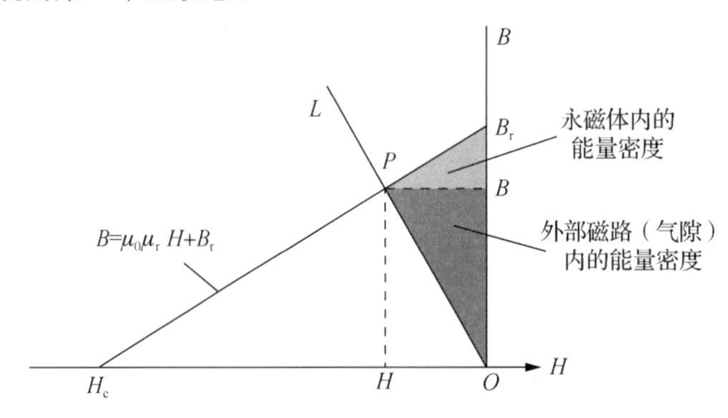

图 1.4.19　B-H 磁铁工作图和磁路系统的能量密度

在永磁同步电动机的磁路系统中，由永磁体产生的磁场能量 $W(\theta_m)$ 与永磁体的性能和磁路系统的几何尺寸直接相关，它主要存储在永磁体和气隙内。因此，存储在磁路系统的总磁能 $W(\theta_m)$ 可以表达为

$$\begin{aligned} W(\theta_m) &= W_m(\theta_m) + W_\delta(\theta_m) \\ &= \int_{V_m}\left(\int_{B_r}^{B} H_m \mathrm{d}B_m\right)\mathrm{d}v + \int_{V_\delta}\left(\int_0^{B} H_\delta \mathrm{d}B_\delta\right)\mathrm{d}v \end{aligned} \tag{1-4-104}$$

式中：V_m 和 V_δ 分别是永磁体和气隙的体积；H_m 和 B_m 分别是沿着回复直线上的永磁体内的磁场强度和磁感应强度；H_δ 和 B_δ 分别是沿着空载特性线上的气隙内的磁场强度和磁感应强度；B 是工作点上的磁感应强度；B_r 是永磁体的剩余磁感应强度。

式（1-4-104）中的第一项是存储在永磁体内的磁能；第二项是存储在气隙内的磁能。图 1.4.19 中，$\triangle BPB_r$ 和 $\triangle OPB$ 的面积分别对应于存储在永磁体内的能量密度和存储在气隙内的能量密度。

如果已知存储在电动机磁路系统内的磁场能量与转子机械角位置 θ_m 之间的函数关系 $W(\theta_m)$，那么，根据虚功原理，就可以按下式计算齿槽效应力矩 $T_{cog}(\theta_m)$：

$$T_{cog}(\theta_m) = -\frac{\mathrm{d}W(\theta_m)}{\mathrm{d}\theta_m} \tag{1-4-105}$$

然而，借助有限元方法计算能量密度和实施体积分，像求解麦克斯韦张力张量方程式一样，不是一件容易的事情。为了简化计算，我们进一步假设：永磁体是均质的，永磁体内的磁场是均匀分布的，任何一点都具有同样的剩余磁通密度 B_r 和矫顽力 H_c；任何一点都具有同样的磁通密度 B_m 和磁场强度 H_m，并与磁回路内的磁通的方向保持一致；永磁体向外路路

发出的磁通 Φ_m 都垂直地穿过永磁体的中性截面。在此情况下，我们把图 1.4.19 所示的 B-H 平面内的磁铁工作图变换成图 1.4.20 所示的 Φ-MMF 平面内的磁铁工作图。于是，我们可以不采用麦克斯韦张力张量方程或能量密度的体积分方法，而依据虚功原理，借助如图 1.4.20 所示的磁铁工作图，采用磁通-磁动势（Φ-MMF）方法就可以估算出永磁电动机的齿槽效应力矩的数值。

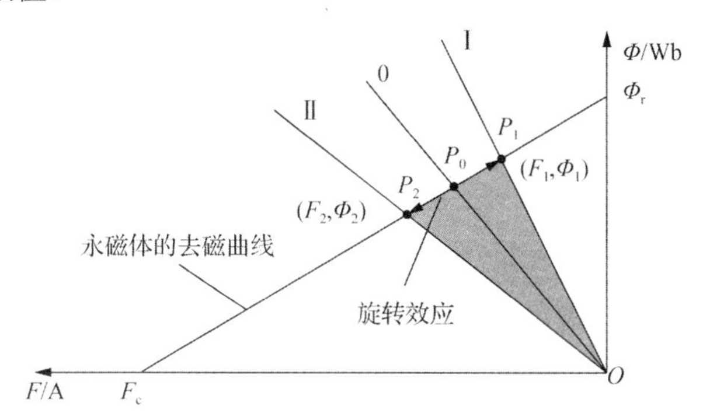

图 1.4.20　永磁体的磁通-磁动势（Φ-MMF）图

图 1.4.20 中，通过坐标原点与永磁体的去磁曲线相交的曲线是永磁体的外磁路的空载特性曲线，主要由气隙磁导所决定，在定子铁心和转子铁心不饱和的情况下，它是一条直线。对于每一个转子角位置 θ_m 而言，就有一个被确定的气隙磁导 $\Lambda_\delta(\theta_m)$ 与之相对应，直线“Ⅰ”是对应于气隙磁导最大值 $[\Lambda_\delta]_{max}$ 的空载特性曲线；直线“Ⅱ”是对应于气隙磁导最小值 $[\Lambda_\delta]_{min}$ 的空载特性曲线。空载特性曲线与去磁曲线的交点被称为永磁体的空载工作点。直线“Ⅰ”与去磁曲线的交点 P_1 是气隙磁导最大值 $[\Lambda_\delta]_{max}$ 时的永磁体的空载工作点；直线“Ⅱ”与去磁曲线的交点 P_2 是气隙磁导最小值 $[\Lambda_\delta]_{min}$ 时的永磁体的空载工作点。在凸极和定子铁心被开槽的永磁电动机中，当转子转动时，永磁体的空载工作点将沿着回复直线移动；对于钕铁硼永磁体而言，它的空载工作点将沿着去磁曲线在点 P_1 与点 P_2 之间移动，如图 1.4.20 所示。直线“0”是任意转子位置 θ_m 时的永磁体的外磁路的空载特性曲线，而直线“0”与去磁曲线的交点 P_0 是任意转子位置 θ_m 时的永磁体的空载工作点，它将处在永磁体的回复直线上的 P_1 和 P_2 两点之间的任意一个位置上。这里，我们应该知道：对于非稀土类永磁体而言，如铝镍钴（AlNiCo）类永磁体，它们的回复直线将不会与它们的去磁曲线相重合。

在图 1.4.20 中，$\triangle OP_1\Phi_r$ 的面积代表当气隙磁导最大值 $[\Lambda_\delta]_{max}$ 时存储在整个磁路系统的能量 W_1，其计算式为

$$W_1(\theta_m)=\frac{1}{2}\Phi_r F_1 \tag{1-4-106}$$

式中：Φ_r 是永磁体的剩余磁通，$\Phi_r = B_r\ S_m$，其中 B_r 是永磁体的剩余磁通密度，S_m 是与磁化方向相垂直的永磁体的中性截面的面积；F_1 是永磁体在工作点 P_1 时向外磁路提供的磁动势，它与磁通 Φ_1 相对应，可以通过磁路计算求得。

$\triangle OP_2\Phi_r$ 的面积代表当气隙磁导最小值 $[\Lambda_\delta]_{min}$ 时存储在整个磁路系统的能量 W_2，其计算式为

$$W_2(\theta_m)=\frac{1}{2}\varPhi_r F_2 \tag{1-4-107}$$

式中：F_2 是永磁体在工作点 P_2 时向外磁路提供的磁动势，它与磁通 $\varPhi_2$ 相对应，可以通过磁路计算求得。

当永磁转子由对应于最小的气隙磁导值 P_2 点的不稳定位置朝着向对应于最大的气隙磁导值 P_1 点的稳定位置移动时，即在永磁转子磁极与定子齿槽取向排的过程中，永磁转子转动角位移 $\Delta\theta$ 所扫过的 $\triangle OP_2P_1$ 面积，即图 1.4.20 中的灰色三角形的面积，等于磁路系统的能量变化，它等于式（1-4-107）减去式（1-4-106）为

$$\Delta W(\theta_m)=\frac{1}{2}\varPhi_r(F_2-F_1) \tag{1-4-108}$$

简而言之，齿槽效应力矩的估算可以按下列步骤实施。

（1）利用有限元方法（FEM）建立气隙磁导或磁阻的网格模型，分别计算气隙磁导的最大值 $[\varLambda_\delta]_{max}$ 和最小值 $[\varLambda_\delta]_{min}$。

（2）在磁铁工作图上分别找到工作点 P_1 和 P_2 的位置，求得（$\varPhi_1$、F_1）和（$\varPhi_2$、F_2）的数值。

（3）把 F_1、F_2 和 $\varPhi_r$ 的数值代入式（1-4-108），求得磁路系统的能量变化 $\Delta W(\theta_m)$。

（4）根据齿槽效应力矩变化的周期数 γ_c，计算永磁转子从气隙磁导的最小值 $[\varLambda_\delta]_{min}$ 移动至气隙磁导的最大值 $[\varLambda_\delta]_{max}$ 所转过的机械角度 $\Delta\theta_m$。

（5）在已知 $\Delta W(\theta_m)$ 和 $\Delta\theta_m$ 的情况下，便可以按下式估算齿槽效应力矩的数值，即

$$T_{cog}=\frac{\Delta W(\theta_m)}{\Delta\theta_m} \tag{1-4-109}$$

1.4.5 电磁转矩脉动

当今自控式永磁同步电动机被广泛地应用于各种精密控制领域，而电磁转矩脉动已成为实现速度和位置的高精度控制的一个主要障碍，因此设计者和制造者都迫切地希望能够在实现电磁转矩脉动最小化方面作出一定的贡献。

前面，我们已经对齿槽效应和齿槽效应力矩做了比较详细的分析；下面我们将着重分析电磁转矩脉动以及电磁转矩脉动和齿槽效应力矩两者之间的相互关系。

1.4.5.1 电磁转矩脉动的定义

电磁转矩脉动是在永磁同步电动机正常运转时，三相电枢绕组内感生的反电动势的高次谐波分量与三相电枢电流相互作用产生的电磁转矩内的高次谐波分量，由此电磁转矩呈现出脉动。

电磁转矩脉动可以分成瞬时电磁转矩脉动和平均电磁转矩脉动。通常我们所说的电磁转矩脉动是指平均电磁转矩脉动的百分值 t_r，又被称为电磁转矩脉动因数，它被定义为

$$t_r=\frac{T_{em\max}-T_{em\min}}{T_{em(av)}}\times 100\% \tag{1-4-110}$$

式中：$T_{em\max}$、$T_{em\min}$ 和 $T_{em(av)}$ 分别是电磁转矩的最大值、最小值和平均值。

在我们分析和研究电磁转矩脉动之初，必须首先明白一点，电动机内部的电磁转矩脉

动有别于在电动机的转轴上测量得到的输出转矩的脉动。

1.4.5.2　电磁转矩脉动与齿槽效应力矩之间的关系

电磁转矩脉动和齿槽效应力矩是两个不同的概念。在自控式永磁同步电动机中，齿槽效应力矩是一种寄生现象，它是在电枢绕组没有电流 $i_a=0$ 的情况下，由于气隙磁导随转子角位移的变化而产生的一种寄生力矩。它是引起电磁转矩脉动的一个重要因素。

众所周知，电枢绕组的反电动势 e 与通过电枢绕组的电流 i 相互作用产生电磁功率 P，即电磁功率 P 等于反电动势 e 与电枢绕组的电流 i 之积；而电磁功率 P 除以转子旋转的机械角速度 ω_m 便等于电磁转矩 t_{em}，它们的数学表达式分别为

$$P = ei \tag{1-4-111}$$

$$t_{em} = \frac{P}{\omega_m} \tag{1-4-112}$$

在电动机负载运行时，在假设输入三相电枢绕组的电流是三相对称的正弦电流的条件下，我们可以这样来分析电枢绕组内发生的物理过程，在电枢圆周表面不存在齿槽的情况下，非正弦的气隙主磁场将在电枢绕组内感生基波反电动势和高次谐波反电动势；在电枢圆周表面存在齿槽的情况下，气隙磁导将随着转子角位置的变化而变化，这种变化的气隙磁导也将在电枢绕组内感生高次谐波反电动势。基波反电动势与电枢电流相互作用产生基波电磁功率和基波电磁转矩。同时，在三相电枢绕组的反电动势内存在着两种类型的高次谐波：一种是由非正弦的气隙主磁场的高次谐波磁通密度感生的；另一种是由气隙磁导变化产生的齿谐波磁通密度感生的。在磁路不饱和的情况下，两种高次谐波反电动势叠加产生合成的高次谐波反电动势，它与电枢电流相互作用，便产生合成的高次谐波的电磁功率和合成的高次谐波的电磁转矩，从而使电磁转矩呈现出脉动，这意味着电磁转矩脉动是由上述两种类型的高次谐波的电磁转矩分量叠加而成的。由于产生这两种高次谐波的电磁转矩分量的两种高次谐波的反电动势，即由气隙主磁场的高次谐波在电枢绕组内感生的高次谐波反电动势和由齿谐波气隙磁通密度在电枢绕组内感生的高次谐波反电动势，在序次、幅值和相位之间存在着差异，且在它们叠加时可能会得到两种结果：合成的高次谐波反电动势的幅值被增大了，从而电磁转矩脉动被增大了；或者合成的高次谐波反电动势的幅值被减小了，从而电磁转矩脉动被减小了。

许多技术人员以为减小齿槽效应力矩同时也将会减小电磁转矩脉动，其实不然，因为减小齿槽效应力矩所采取的措施，即减小气隙磁导 $\Lambda_\delta(\theta_m)$ 随着转子角位移 θ_m 的变化量所采取的措施，例如改变永磁转子的极弧宽度 b_p、偏心距以及定子铁心齿槽部分的几何形状和尺寸，也必将影响到气隙主磁场的波形，从而影响到气隙主磁场的高次谐波分量。因此，在减小齿槽效应力矩的同时也将改变气隙主磁场的高次谐波在电枢绕组内感生的反电动势的波形，两者是相互影响的。这样，对于电磁转矩波形内的高次谐波分量而言，就存在两种变化相互累加或相互削弱的可能性。因此，齿槽效应力矩的减小不一定能够确保电磁转矩脉动也随之减小，有时可能还会出现齿槽效应力矩的减小反而导致电磁转矩脉动增大的现象。设计人员只有通过有限元仿真和多次反复实践，来避免这种不希望有的现象出现，达到减小电磁转矩脉动的目的。

1.4.5.3 电磁转矩脉动的最小化技术

在自控式永磁同步电动机中，产生电磁转矩脉动的原因比较多，它们大致可以分成两组：第一组是造成逆变器输送给电动机的电流波形中含有高次谐波分量的诸多因素，如逆变器的调制方式、调制频率和开关速度等；第二组是电动机本身的气隙主磁场波形中存在高次谐波分量和气隙磁导随着转子角位置的移动而变化所产生的高次谐波分量。本节着重分析第二组原因，依据电动机的最佳设计观念，在确保获得尽可能大的平均电磁转矩的前提下，采取不同的措施获得尽可能小的电磁转矩脉动。

1）选择具有高的$\mathrm{LCM}(Z,2p)$值或低的$\mathrm{GCD}(Z,2p)$值的齿槽数目和磁极数目的组合

一台电动机的磁极数目$2p$和齿槽数目Z的组合对齿槽效应力矩波形的频率和峰值有影响。由于一个比较高的齿槽效应力矩的周期数γ_c具有比较低的气隙磁导的变化量，这将导致比较小的齿槽效应力矩峰-峰值的变化。同时，一个高的γ_c值对于由电流波形中的高次谐波分量引起的电磁转矩脉动也具有一定的缓和效应。因此，最小公倍数$\mathrm{LCM}(Z,2p)$和最大公约数$\mathrm{GCD}(Z,2p)$两个数值能够被用来寻找可以使齿槽效应力矩实现最小化的磁极数目和齿槽数目的组合。在设计时，就是要选择尽可能高的$\mathrm{LCM}(Z,2p)$，或者尽可能低的$\mathrm{GCD}(Z,2p)$。

作为一个例证，这里介绍两台具有不同齿槽数目与磁极数目组合的表面贴装式永磁同步电动机的齿槽效应力矩和电磁转矩脉动。图 1.4.21（a）和（b）分别是A和B两台电动机的横截面，两台电动机的主要技术数据列在表 1.4.2 中。表 1.4.3 列出这两台电动机的齿槽数Z、磁极数$2p$、每极每相槽数q、槽距t_Z、极距τ、定子齿槽数Z和磁极数$2p$之间的最小公倍数$\mathrm{LCM}(Z,2p)$、每个定子槽节距的齿槽力矩波形的周期数γ_p、定子齿槽数Z和磁极数$2p$之间的最大公约数$\mathrm{GCD}(Z,2p)$等技术数据。

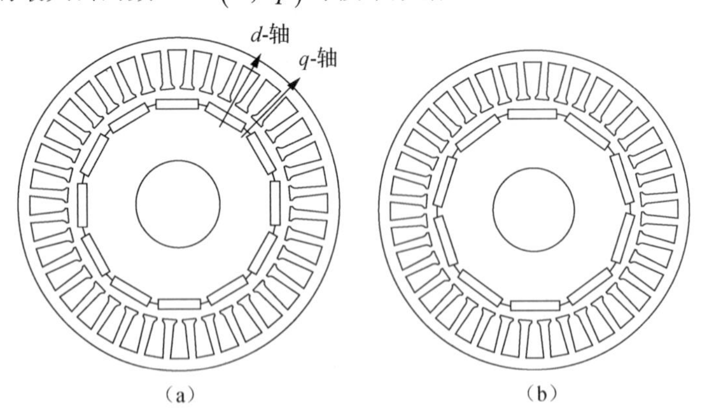

图 1.4.21 A和B两台电动机的横截面

表 1.4.2 A和B两台电动机的主要技术数据（一）

名称	技术数据	
	电动机 A（星形）	电动机 B（星形）
功率定额/kW	6	6
磁极数目	12	10

续表

名称	技术数据	
	电动机 A（星形）	电动机 B（星形）
输入电压的频率/Hz	19.2	16
定子齿槽数目	36	36
转子外径/mm	158	158
定子内径/mm	160	160
定子外径/mm	240	240
永磁体材料	NdFeB	NdFeB
永磁体的厚度/mm	6	6
永磁体的宽度/mm	32	39
永磁体的极弧对极距比例	0.79	0.81
矫顽磁化强度/（kA/m）	920	920
剩余磁通密度/T	1.16	1.16

表 1.4.3　A 和 B 两台电动机的主要技术数据（二）

电动机	Z	$2p$	q	k_{W1}	t_Z	τ	LCM	γ_p	GCD
A	36	12	1	1	10°	30°	36	1	12
B	36	10	1.2	0.956	10°	36°	180	5	2

图 1.4.22 展示了 A 和 B 两台电动机的齿槽效应力矩与转子机械角位置之间的函数关系。图 1.4.23 展示了 A 和 B 两台电动机的电磁转矩脉动与转子机械角位置之间的函数关系。表 1.4.4 分别展示了 A 和 B 两台被分析电动机的电磁转矩的最大值$[T_{em}]_{max}$、最小值$[T_{em}]_{min}$、平均值$[T_{em}]_{av}$，电磁转矩脉动因数（t_r）、齿槽效应力矩的峰-峰值（T_{cpp}）、齿槽效应力矩因数（t_c）。

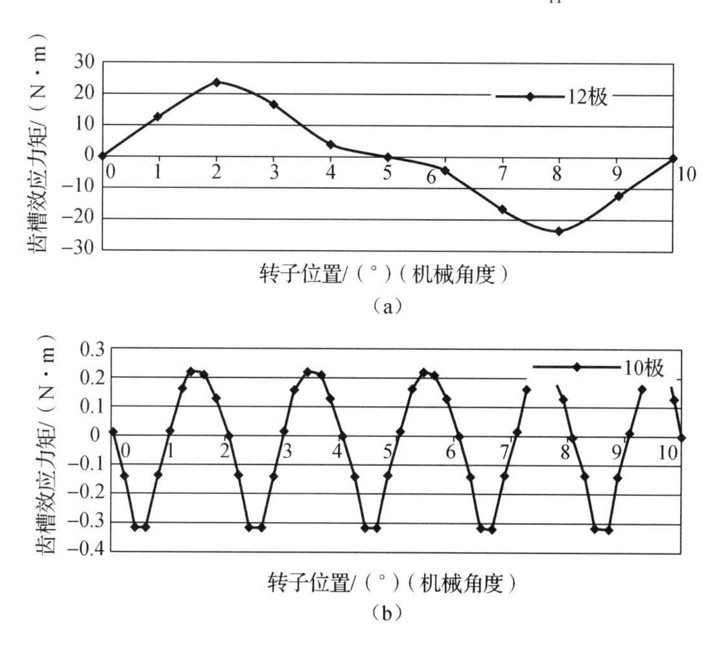

图 1.4.22　A 和 B 两台电动机的齿槽效应力矩与转子机械角位置之间的函数关系

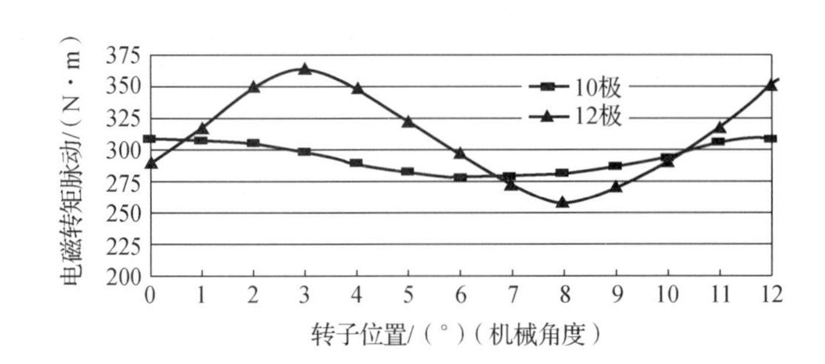

图 1.4.23　A 和 B 两台电动机的电磁转矩脉动与转子机械角位置之间的函数关系

表 1.4.4　A 和 B 两台电动机的转矩脉动因数和齿槽效应力矩峰-峰值及应力矩因数

电动机	$[T_{em}]_{max}$ /（N · m）	$[T_{em}]_{min}$ /（N · m）	$[T_{em}]_{av}$ /（N · m）	t_r /%	T_{cpp} /（N · m）	t_c /%
A	364	258	308	34.4	46	15
B	307	278	293	9.9	0.53	0.18

根据上述图表所给出的曲线和数据，可得出如下结论。

（1）电动机 A（12 极/36 槽）的平均电磁转矩$[T_{em}]_{av}$是 308 N · m，而电动机 B（10 极/36 槽）的平均电磁转矩$[T_{em}]_{av}$是 293 N · m，可见，电动机 B 的平均电磁转矩要比电动机 A 的平均电磁转矩低 4.9%。

（2）A 和 B 两台电动机的结构具有同样大小的槽节距t_Z=10° 机械角度，但是，一个定子槽节距之内的齿槽效应力矩波形的周期数γ_p是不一样的，电动机 A 的γ_p=1，而电动机 B 的γ_p=5。

（3）电动机 A 的齿槽效应力矩因数t_c=15%，电动机 B 的齿槽效应力矩因数t_c=0.18%，电动机 B 的齿槽效应力矩的峰-峰值与电动机 A 的齿槽效应力矩的峰-峰值相比较，它被减少了 98.8%。

（4）电动机 A 的电磁转矩脉动的周期是 10° 机械角度，电动机 B 的电磁转矩脉动的周期是 12° 机械角度，但是 A 和 B 两台电动机的每一个极距之内的电磁转矩脉动的周波数都等于 3，即或在反电动势基波的一个周期内，电磁转矩脉动的周波数等于 6。

（5）电动机 A 的电磁转矩脉动因数t_r=34.4%，电动机 B 的电磁转矩脉动因数t_r=9.9%，可见电动机 B 的电磁转矩脉动因数要比电动机 A 的电磁转矩脉动因数低 72%。

（6）A 和 B 两台电动机的最小公倍数$\mathrm{LCM}(Z,2p)$分别是 36 和 180；而 A 和 B 两台电动机的最大公约数$\mathrm{GCD}(Z,2p)$分别是 12 和 2。电动机 B 具有高的$\mathrm{LCM}(Z,2p)$值或低的$\mathrm{GCD}(Z,2p)$值的磁极数目$2p$和齿槽数目Z的组合，因此电动机 B 的齿槽效应力矩系数t_c和电磁转矩脉动系数t_r都明显地被减小了，然而，它们被减小的比例不一样。同时，我们也应该注意到问题的另一方面：电动机 A 的基波绕组系数k_{W1}=1，电动机 B 的基波绕组系数k_{W1}=0.956，这将导致电动机 A 的平均电磁转矩要比电动机 B 的平均电磁转矩高一些。这说明在齿槽效应力矩/电磁转矩脉动的减小与平均电磁转矩的增大之间存在着一定的矛盾，设计时，应该根据具体情况综合加以考虑。

2）尽可能地选择分数槽绕组

在整数槽绕组电动机中，后面一对磁极区间的齿槽空间电气角位置重复着前面一对磁极区间的齿槽空间电气角位置；而在数分槽绕组电动机中，后面一对磁极区间的齿槽空间电气角位置不会重复着前面一对磁极区间的齿槽空间电气角位置，而以若干对磁极区间之内的齿槽空间电气角位置为单位，前后重复。换言之，分数槽绕组电动机的齿槽数目 Z 和磁极数目 $2p$ 之间有比较低的最大公约数 $\text{GCD}(Z,2p)$。因此，分数槽绕组电动机的齿槽效应力矩和电磁转矩脉动比较低。

在上述的例证中，电动机 A（$Z=36$，$2p=12$）是一台整数槽（$q=1$）电动机，最大公约数 $\text{GCD}(Z,2p)=12$；而电动机 B（$Z=36$，$2p=10$）是一台分数槽（$q=1.2$）电动机，最大公约数 $\text{GCD}(Z,2p)=2$。所以，分数槽电动机 B 的齿槽效应力矩和电磁转矩脉动要比整数槽电动机 A 的齿槽效应力矩和电磁转矩脉动低很多。

3）定子槽开口宽度对齿槽效应力矩的影响

在本节中，仍然以图 1.4.21 所示的电动机为例，检验如图 1.4.24 所示的定子槽开口宽度对电动机的齿槽效应力矩的影响。

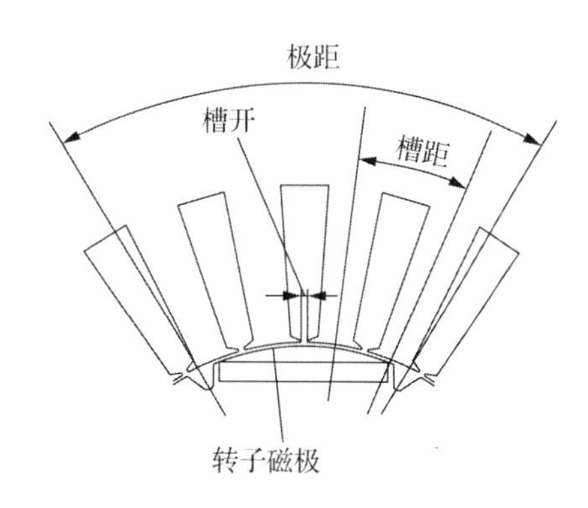

图 1.4.24　定子槽开口宽度对电动机的齿槽效应力矩的影响

图 1.4.25 展示了一台表面贴装式永磁同步电动机的定子内径为 160 mm、最小气隙为 $\delta_{\min}=1$ mm、转子磁极半径等于 70 mm 和偏心距为 9 mm 时，不同定子槽开口宽度的齿槽效应力矩与转子机械角度之间的函数关系。坐标原点对应于永磁体的中心对准定子槽中心时的转子位置。由图 1.4.25 可见，槽开口宽度等于 2 mm 时的齿槽效应力矩与槽开口宽度等于 4 mm 时的齿槽效应力矩相比较，被减小了 64%。这表明齿槽效应力矩与槽开口宽度有很大的关系。

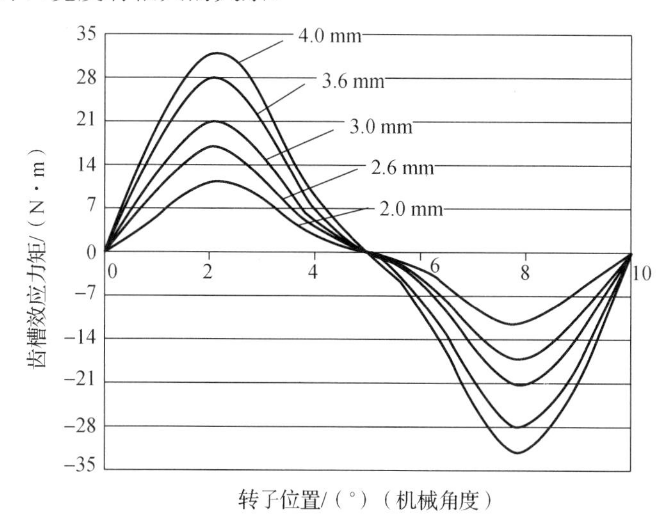

图 1.4.25　定子槽开口宽度的齿槽效应力矩与转子机械角度之间的函数关系

槽开口宽度的选择，除了考虑减小齿槽效应力矩和电磁转矩脉动外，还应考虑电枢线圈嵌入等制造工艺因素。一般情况下，槽开口的宽度不应该小于槽内导体的绝缘外径的 2 倍。

4）磁极宽度对齿槽效应力矩和电磁转矩脉动的影响

对于表面贴装式永磁同步电动机而言，永磁体的宽度 b_p 与极距 τ 之比，即永磁体的极弧宽度系数 $\alpha_p = b_p / \tau$ 对齿槽效应力矩和电磁转矩脉动有明显的影响。

图 1.4.26 展示了一台 18 槽/6 极的表面贴装式永磁电动机在不同永磁体的极弧宽度时的齿槽效应力矩与机械角度之间的函数关系。由图可见，改变永磁体的极弧宽度对齿槽效应力矩曲线的幅值和形状具有显著的影响。图 1.4.26 中，180° 电角度代表满极弧宽度，即 $b_p = \tau$，当永磁体的极弧宽度被减小时，齿槽效应力矩的峰值也被减小，直至永磁体的极弧宽度被减小至某一数值（如 130° 电角度）为止，超过这个数值时它再开始增加（如 125°、120° 和 100° 电角度）。

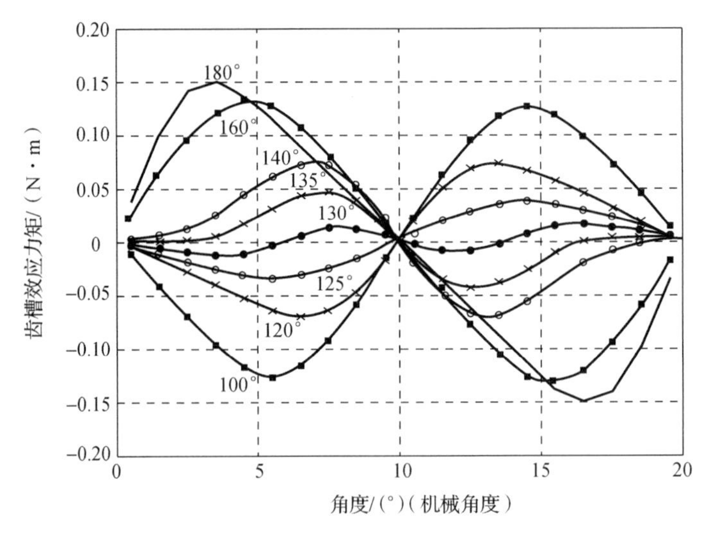

图 1.4.26　一台 18 槽/6 极的表面贴装式永磁电动机在不同永磁体的极弧宽度时的齿槽效应力矩与机械角度之间的函数关系

图 1.4.27 展示了一台 24 槽/16 极的电动机在不同的 α_p 数值时的电磁转矩与电角度之间的函数关系。由此可见，$\alpha_p = b_p / \tau$=0.7 时电磁转矩脉动要明显地小于 $\alpha_p = b_p / \tau$=0.8 时的电磁转矩脉动。

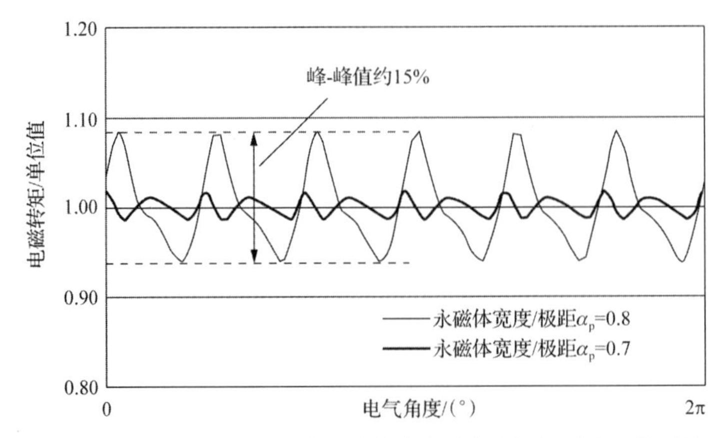

图 1.4.27　一台 24 槽/16 极表面贴装式永磁电动机在不同 α_p 值时的电磁转矩与电角度之间的函数关系

这里我们再次重复：气隙主磁场的高次谐波分量和寄生的齿谐波分量是引起电磁转矩脉动的两个主要因素。改变永磁体的极弧宽度系数 α_p，使气隙主磁场尽可能地接近于正弦波的形状，以期减少它的高次谐波的含量；然而，在改变永磁体的极弧宽度系数 α_p 的同时也必将会影响到齿谐波的形状，如它的幅值和相位。因此，为了最小化电磁转矩脉动，在电动机设计时必须综合考虑这两个因素，做出合理的选择。

5）磁极偏心对电磁转矩脉动的影响

本节以图 1.4.28 所示 12 槽/8 极模块化集中非重叠绕组表面贴装式永磁同步电动机为例，分析改变永磁体磁极的偏心距对齿槽效应力矩和电磁转矩脉动的影响。

表面贴装式永磁同步电动机的转子外径和定子外径分别为 160 mm 和 290 mm。当转子永磁体的极弧半径（即永磁体的外圆半径）为 80 mm 时，永磁体的外圆半径的圆心 O' 与转子的圆心 O 相重合，偏心距等于零。随着偏心距的增大，永磁体的外圆半径的圆心 O' 就偏离转子的圆心 O。

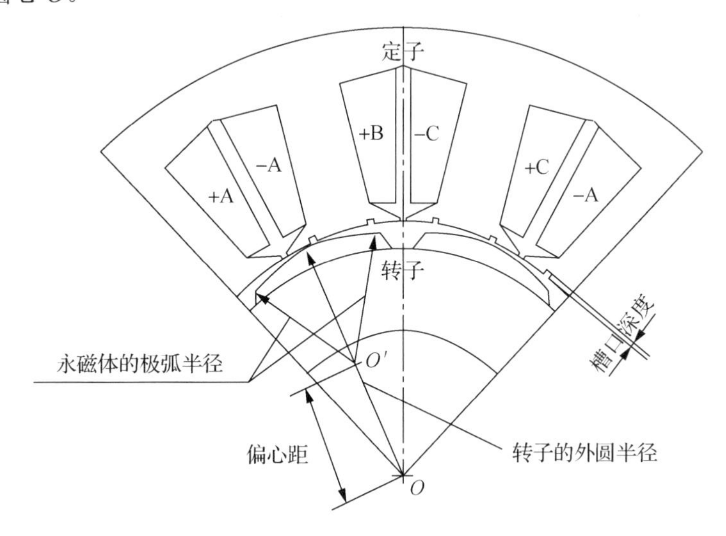

图 1.4.28　12 槽/8 极的表面贴装式永磁同步电动机的 1/4 横截面视图

图 1.4.29 展示了偏心距从 0 mm 增大至 50 mm 时电动机的齿槽效应力矩的波形与电气角位置之间的关系曲线。由此可见，借助改变永磁体的极弧半径，即借助增大永磁体的偏心距能够比较显著地减小齿槽效应力矩的幅值。

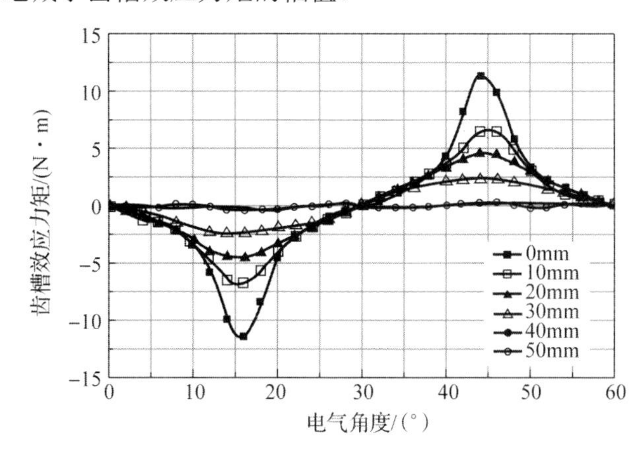

图 1.4.29　不同偏心距时的齿槽效应力矩的波形与电气角位置之间的关系曲线

图 1.4.30 展示了偏心距变化时电磁转矩的波形。一般而言，电动机的电磁转矩的幅值正比于贴装在转子表面上的永磁体的体积。由于偏心距的数值增大时，永磁体的体积随之减小，电动机产生的电磁转矩的平均值也会随之减小。然而，一般而言，在偏心距数值范围的中间，如偏心距约 40 mm 时，有一个电磁转矩脉动的最小值。

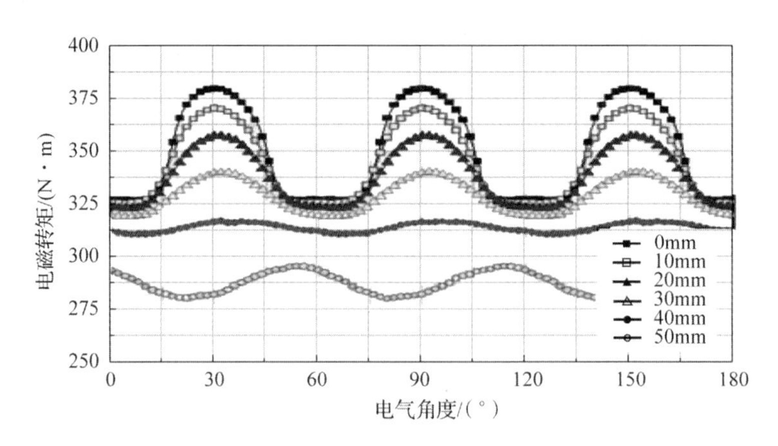

图 1.4.30 偏心距变化时的电磁转矩的波形

图 1.4.31 展示了齿槽效应力矩的峰-峰值和电磁转矩脉动的百分值与偏心距的关系。由图可见，齿槽效应力矩的峰-峰值随着永磁体偏心距的增大而减小，变化最显著的点位出现在 40～50 mm 的偏心距上。在此区间内，齿槽效应力矩的峰-峰值迅速地下降；在永磁体的偏心距大于 40 mm 之后，齿槽效应力矩的峰-峰值下降至饱和状态。

图 1.4.31 也展示了电动机产生的电磁转矩脉动随着永磁体的偏心距变化的情况。在永磁体的偏心距从 0 mm 增大到 40 mm 之前，电磁转矩脉动的变化与齿槽效应力矩的峰-峰值的变化具有同样的趋势。然而，当永磁体的偏心距在 40 mm 之后，继续增大时，又导致电磁转矩脉动增加。因此在永磁体的偏心距约 40 mm 时电磁转矩脉动有一个最小值。这意味着偏心距在 40～50 mm 之间时，改善了气隙磁场的波形，谐波畸变（THD）比较小，使之接近于正弦波形；偏心距在大于 40 mm 之后，磁路趋于饱和，气隙磁场波形中的高次谐波的成分增加。一般而言，电磁转矩脉动随着齿槽效应力矩的减小而减小；然而，齿槽效应力矩与电磁转矩脉动之间的关系不总是遵循这种趋势。电磁转矩脉动不是正比于齿槽效应力矩峰-峰值的。这涉及气隙主磁场的高次谐波和齿谐波分别在电枢绕组内感生的高次谐波电动势的序次、幅值和它们之间的相位关系；而序次、幅值和相位等参量将随着定子上的齿槽和转子上的永磁体或者极靴的几何形状和尺寸的变化而变化。

在图 1.4.28 所示的表面贴装式永磁电动机中，在不考虑定子铁心齿冠表面开设辅助槽和保持其他设计参数不变的情况下，图 1.4.32 展示了仅考虑永磁体的偏心距对反电动势波形的影响。由图可见，永磁体偏心对反电动势的波形具有决定性的影响。当永磁体的偏心距为 50 mm 和 40 mm 时，反电动势波形近似于正弦波形。这意味着当永磁体偏心距为 50 mm 和 40 mm 时，反电动势波形内的高次谐波成分低，反电动势波形的谐波畸变（THD）比较小，这正是电磁转矩内的电磁转矩脉动的百分值被减小的主要原因。

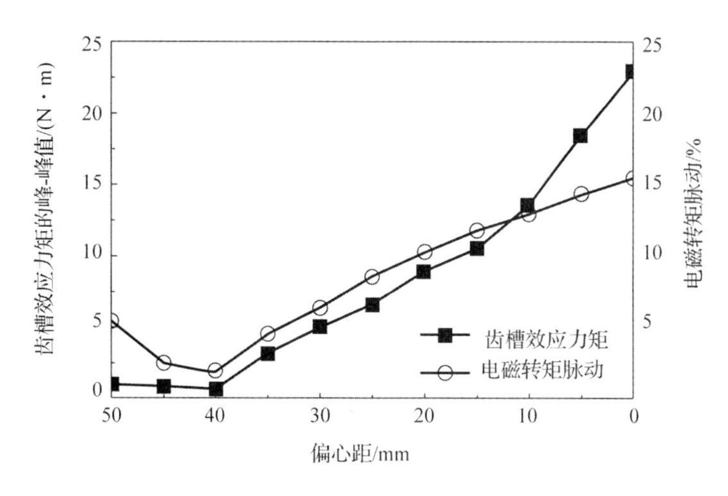

图 1.4.31　齿槽效应力矩的峰-峰值和电磁转矩脉动的百分值与偏心距的关系

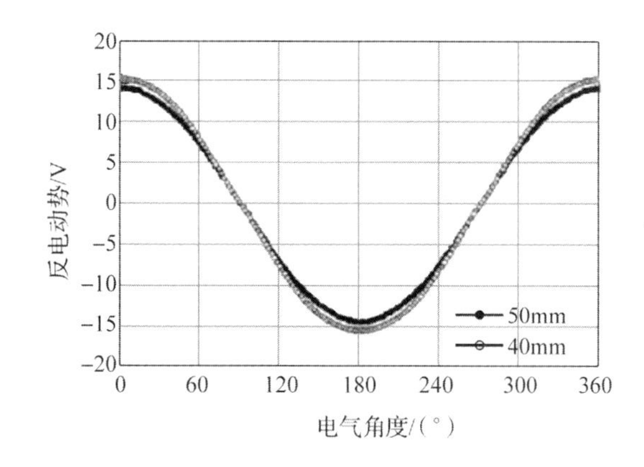

图 1.4.32　永磁体偏心距为 50 mm 和 40 mm 时的反电动势波形

6）定子铁心齿冠开设辅助槽口对齿槽效应力矩的影响

分析证明，齿谐波电动势的绕组系数与气隙主磁场在电枢绕组内感生的基波电动势的绕组系数是一样的，这就意味着绕组的短距和分布不能明显地削弱电枢绕组内的齿谐波电动势。因此，在定子齿槽数目 Z 和转子磁极数目 $2p$ 比较少的模块化永磁电动机中，通常在定子铁心的齿冠表面开设辅助槽口，以期提高气隙磁导在转子每一周转期间的变化周期数，降低气隙磁导和磁场能量的变化量，达到减小齿槽效应力矩和电磁转矩脉动的目的。本节仍以图 1.4.28 所示的 12 槽/8 极模块化表面贴装式永磁同步电动机为例，分析辅助槽的深度对齿槽效应力矩和电磁转矩脉动的影响。

图 1.4.33 展示了电动机在不同槽口深度时的齿槽效应力矩的波形与电气角位置之间的关系曲线。由此可见，增加辅助槽口的深度，从 0 mm 增加到 2 mm，齿槽效应力矩的幅值随之缓慢地减小。然而，对于减小齿槽效应力矩而言，增加辅助槽口深度的效果没有增加永磁体的偏心距的效果那么明显。如果槽口不够深，它们就不能起到像实际槽口那样的作用，这也是为什么齿槽效应力矩不能被减少得那么多的原因。

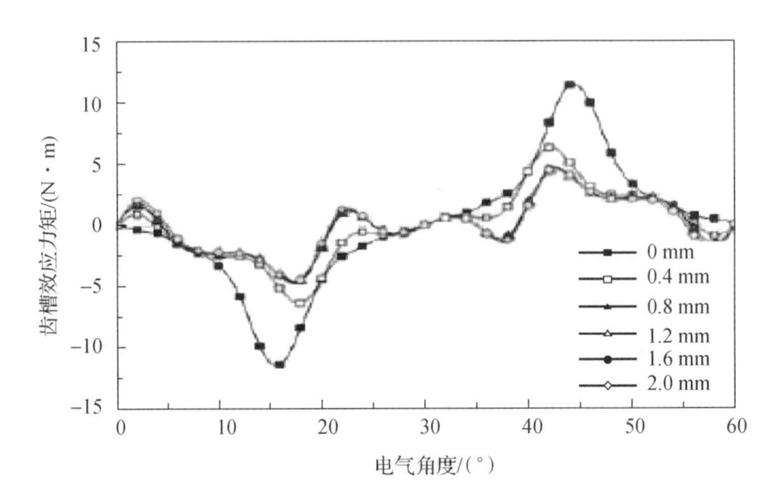

图 1.4.33　不同辅助槽口深度时的齿槽效应力矩的波形

由于辅助槽口深度的变化对齿槽效应力矩的影响不明显，因此个别曲线相互差异不大，且重合

图 1.4.34 展示了齿槽效应力矩的峰-峰值和电磁转矩脉动的百分值与槽口深度的关系。在槽口深度从 0 mm 增加到 2 mm 的整个变化区间，齿槽效应力矩和电磁转矩脉动的变化方向是相反的，即齿槽效应力矩的峰-峰值随着辅助槽口深度的增加而缓慢地下降；而电磁转矩脉动的百分值却随着辅助槽口深度的增加而缓慢上升。由此可见，借助在定子铁心齿冠上开设辅助槽口，齿槽效应力矩的峰-峰值肯定被减小；然而这种几何尺寸的改变将影响到气隙主磁场的反电动势波形和电磁转矩波形的形状，从而影响到电磁转矩的脉动。例如，通过把辅助槽口的深度从 0 mm 增加至 2 mm，可使齿槽效应力矩减小 60%，与此相反，电磁转矩脉动却增加 3.5%。

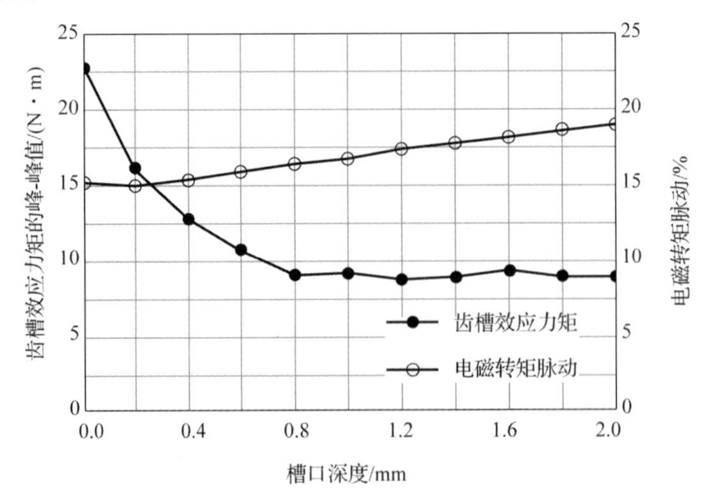

图 1.4.34　齿槽效应力矩的峰-峰值和电磁转矩脉动的百分值与槽口深度的关系

7）电枢铁心齿槽或永磁转子磁极扭斜

定子铁心齿槽扭斜使气隙磁导沿圆周均匀化，是减小齿槽效应力矩的一种最普通的方法，也是一种最有效的方法。

图 1.4.35 是一台 18 槽/6 极的永磁电动机在不同的定子扭斜系数上获得的齿槽效应力矩曲线的比较。它展示了扭斜半个槽节距的峰值齿槽效应力矩大约是没有扭斜的峰值齿槽效

应力矩的 50%。在扭斜一个槽节距时，齿槽效应力矩几乎是零，获得了令人满意的结果。但是，定子铁心扭斜要增加制造成本和降低槽内导体的槽满率，影响到电动机的输出功率和运行效率，设计时要综合考虑。

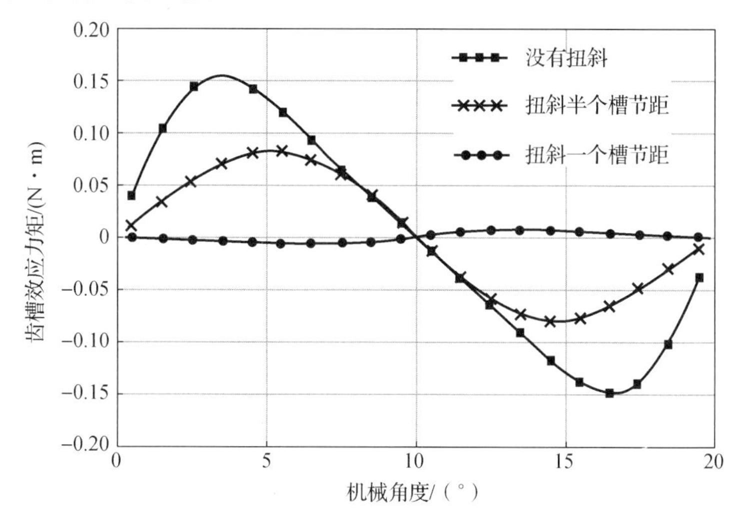

图 1.4.35　在不同定子斜槽系数时的齿槽效应力矩曲线的比较

对于磁极数目和齿槽数目较少的模块化电动机而言，可以采取永磁转子磁极扭斜或阶梯式分段扭斜转子永磁体的方法，也可以达到类似的目的。

8）改变永磁体的磁化方向

改变永磁体的磁化方向，例如对永磁体采取径向磁化或者平行磁化，它们的磁通分布图分别如图 1.4.36（a）和（b）所示。

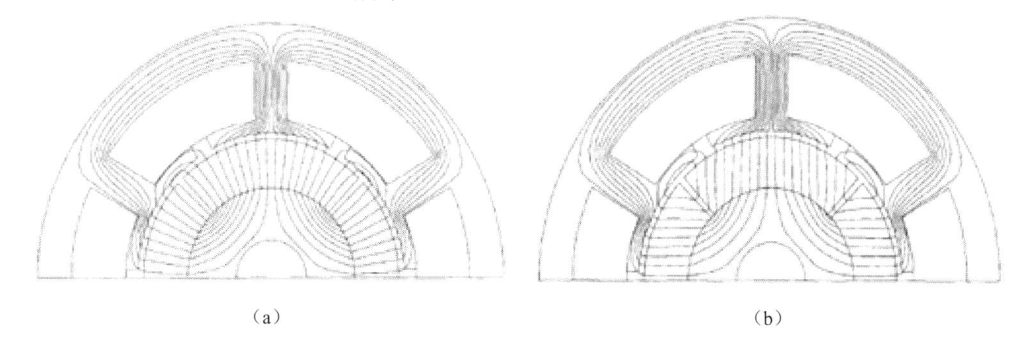

图 1.4.36　一台 6 槽/4 极的永磁电动机在采取径向磁化和平行磁化时的磁通分布图

图 1.4.37 展示了两台分别具有径向磁化永磁体和平行磁化永磁体的电动机的齿槽效应力矩曲线，由图 1.4.37 可见，永磁体被平行磁化时的齿槽效应力矩的峰值要比永磁体被径向磁化时的齿槽效应力矩的峰值约降低 20%。

9）增大工作气隙的长度

增大工作气隙的长度旨在减小气磁导随着转子角位变化时出现的脉动百分值。这是减小齿槽效应力矩和电磁转矩脉动的一个有效方法，但是工作气隙的长度增大时，电动机的输出功率和输出转矩也将随之减小，所以在一般情况下，不常采取增大气隙长度的方法来减小齿槽效应和转矩脉动，它只有在特殊要求的高性能低速力矩电动机中被采用。

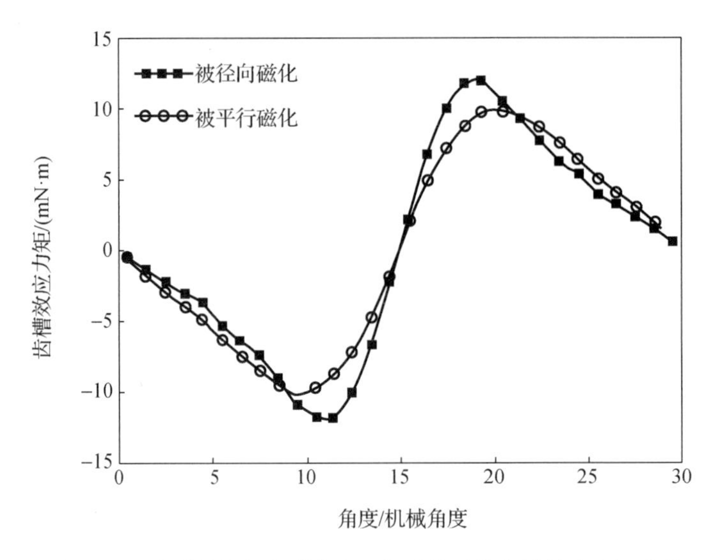

图 1.4.37　永磁体被径向磁化和平行磁化时的齿槽效应力矩曲线

综上所述，为了减小齿槽效应力矩和电磁转矩脉动，除了尽可能选择具有高数值的最小公倍数 $\text{LCM}(Z,2p)$ 或低数值的最大公约数 $\text{GCD}(Z,2p)$ 的齿槽数目和磁极数目的配合、选择分数槽绕组、扭斜定子铁心或分段扭斜转子永磁体磁极、改变永磁体的磁化方向和增大气隙长度之外，还可以采取改变定子和转子部件的有关几何尺寸和形状，如转子磁极的极弧宽度系数、转子永磁体的偏心值、定子铁心的槽开口宽度、定子铁心齿冠增设辅助槽和调节辅助槽开口的深度等措施。

气隙主磁场的非正弦分布和气隙磁导随着转子角位移变化是产生电磁转矩脉动的两个主要因素，并且它们之间还存在着一定的关联性。为了减小齿槽效应力矩所采取的一些改变定转子几何尺寸和形状的措施，必将影响到气隙主磁场的空间分布，即影响到气隙主磁场的高次谐波分量的序次、幅值和相位；同样，为了减小气隙主磁场的高次谐波分量所采取的一些改变定转子几何尺寸和形状的措施，也必将影响到气隙磁导随着转子角位移的变化情况，即必将影响到齿谐波的幅值和相位。如果改变定转子几何尺寸和形状之后，齿槽效应力矩波形的相位刚好与受到影响的气隙主磁场内的高次谐波分量引起的高次谐波电磁转矩分量的相位相反，则电磁转矩脉动就被减小；反之，如果改变定转子几何尺寸和形状之后，气隙主磁场内的高次谐波分量引起的高次谐波电磁转矩分量的相位与受到影响的齿槽效应力矩波形的相位刚好相同，则电磁转矩脉动非但没有被减小，反而被增大。因此，设计人员必须综合考虑，通过有限元仿真和反复实践，来避免这种不希望有的现象出现，以达到减小电磁转矩脉动的目的。

1.4.6　单向磁拉力、振动和噪声

永磁同步电动机与感应电动机和开关磁阻电动机相比较，它内部产生的振动和噪声要小一些，然而，在精密数控机床、机器人、汽车和家用电器等高性能应用领域，更希望和要求电动机具有安静运行的性能。因此，振动和噪声便成为这些应用领域内的电动机的一个重要指标。

1.4.6.1　振动和噪声

振动和噪声是一台电动机内相互关联的两个现象。尽管通常认为一台电动机的振动特性与它的齿槽效应力矩和电磁转矩脉动的含量相关联，然而“安静运行”不应该误解为仅是比较低的齿槽效应力矩和电磁转矩脉动，而应该理解为比较小的振动和噪声。“齿槽效应力矩和电磁转矩脉动”与“振动和噪声”是两个完全不同的物理概念。在永磁同步电动机内，比较低的齿槽效应力矩和电磁转矩脉动能够确保电动机的平稳运转，却不能保证电动机运行时一定具有比较小的振动和噪声。

一般而言，有振动就有噪声，因此噪声和振动的根源是相同的。在永磁同步电动机内，振动和噪声有以下三个主要的根源。

（1）空气动力学因素，例如冷却风扇和类似通风效应的气流的撞击。

（2）机械因素，例如转子静态平衡度、动态平衡度、轴承精度和电动机的装配质量，以及由电动机的机械结构决定的固有频率（即自然频率）、振动模式和被驱动负载的特性等因素。

（3）电磁因素，主要是指电动机的电磁场内的电磁力。

为了使电动机能够“安静运行”，必须针对上述三个根源，分别采取具体的措施来抑制振动和噪声。对于额定功率低于 15 kW，转速低于 1500 r/min 的永磁同步电动机而言，噪声和振动的主要根源来自电磁因素，即主要根源是电磁力，因而，它将是本节分析和讨论的重点。

引起振动和噪声的电磁根源，在电动机内经常以齿槽效应力矩、电磁转矩脉动和不平衡的径向磁拉力（即单向磁拉力）形式呈现出来。其中，齿槽效应力矩和电磁转矩脉动将主要影响到驱动系统运转的平滑性，并通过负载向外传递；不平衡的径向磁拉力将撞击定子铁心和机壳，是电动机产生振动和噪声的主要根源，尤其当它的撞击频率等于或者接近于被分析电动机的固有频率时，振动和噪声将更加严重。因此，在设计电动机时，要特别重视径向磁拉力的平衡问题，必要时应该调整电动机的机械结构，尽可能地使单向磁拉力撞击定子铁心和机壳的频率远离固有频率，避免发生共振现象，确保电动机能够实现“安静运行”。

1.4.6.2　单向磁拉力

电动机正常运行时，对称的三相电枢绕组通入对称的三相电流后，当它的任何一相电枢绕组产生的磁动势在电枢圆周空间分布不对称和不均匀时，就会出现不对称的径向磁拉力，这种不对称的径向磁拉力被称为单向磁拉力，它是引起振动和噪声的主要电磁根源。

理论上，可以借助有限元方法计算出气隙内沿着特定路线或轮廓的磁通密度的分布，然后根据麦克斯韦张力张量方程就能够求得作用在电动机电枢圆周表面（等同于转子表面）上的径向力 $\boldsymbol{F}_n$ 为

$$\boldsymbol{F}_n = \int_S \frac{1}{2\mu_0}\left(\boldsymbol{B}_n^2 - \boldsymbol{B}_t^2\right)\mathrm{d}\boldsymbol{S}\boldsymbol{n} \tag{1-4-113}$$

式中：$\boldsymbol{B}_n$ 是气隙磁通密度的法向分量；$\boldsymbol{B}_t$ 是气隙磁通密度的切向分量；$\mathrm{d}\boldsymbol{S}$ 是积分表面的单元面积；$\boldsymbol{n}$ 是积分表面单元面积的单位法向矢量；μ_0 是自由空间的磁导率。

对于二维平面模型而言，在积分面积被转换到一个半径为r的气隙区域中心的闭合轮廓表面上，气隙区域的离散点上的磁通密度被计算出来后，借助下面的表达式，就能够求得圆形路径的每个点的径向磁力为

$$F_{\mathrm{n}}=\frac{B_{\mathrm{n}}^{2}-B_{\mathrm{t}}^{2}}{2\mu_{0}}dl \tag{1-4-114}$$

式中：d是两个连续节点之间的路径长度；l是叠片铁心的轴向长度。

根据方程式（1-4-114），就可以确切地知道径向磁力沿着气隙区域中心的闭合轮廓表面上的分布情况，但是这种分析和计算需要花费很大的精力和时间。

事实上，径向磁力沿着电枢圆周表面的分布是否平衡主要取决于电枢磁动势（MMF）沿着电枢圆周表面的分布是否对称。一般而言，电枢磁动势分布的对称性主要取决于电枢绕组的结构、转子磁极对数p与定子齿槽数Z之间的合理配合。下面我们举几个例子来说明单向磁拉力产生的机理，并从中找出一些规律，以便设计时使用。

【例 1】 分析比较三台 3 kW 不同磁极数目/齿槽数目组合的表面贴装式永磁同步电动机的径向磁拉力。

（1）A、B 和 C 三台 3 kW 电动机的主要技术数据如表 1.4.5 所示。

表 1.4.5　三台被分析的电动机的主要技术数据

名称	技术数据		
	电动机 A（星形）	电动机 B（星形）	电动机 C（星形）
电动机的输入电压的频率/Hz	15.5	15.5	15.5
额定功率（在 15.5 Hz 时）/kW	3	3	3
额定电流/A	10	10	10
磁极数 $2p$	20	20	20
定子齿槽数 Z	60	48	24
每极每相槽数 q	1	0.8	0.4
转轴直径/mm	80	80	80
定子内径/mm	320	320	320
定子外径/mm	420	420	420
定子铁心长度/mm	80	80	80
永磁体弧/极距之比	0.855	0.855	0.855
永磁体材料	NdFeB	NdFeB	NdFeB
永磁体的厚度/mm	5	5	5
永磁体的宽度/mm	42	42	42
矫顽磁化强度/（kA/m）	920	920	920
剩余磁通密度/T	1.16	1.16	1.16

（2）A、B 和 C 三台电动机的磁极数/齿槽数组合的主要结构数据。

表 1.4.6 展示了 A、B 和 C 三台电动机的磁极数/齿槽数组合的主要结构数据，例如槽数Z、磁极数$2p$、每极每相槽数q、槽距t_{Z}、极距τ、定子齿槽数Z和磁极数$2p$之间的最小公倍数$\mathrm{LCM}(Z,2p)$、每个槽节距的齿槽力矩波形的周期数γ_{p}、齿槽效应力矩的峰-峰值T_{cpp}和定子齿槽数Z和磁极数$2p$之间的最大公约数$\mathrm{GCD}(Z,2p)$。

表 1.4.6　A、B 和 C 三台电动机的磁极数/齿槽数组合的主要结构数据

项目	Z	$2p$	q	t_Z	τ	LCM	γ_p	T_{cpp} /（N • m）	GCD
电动机 A	60	20	1	6°	18°	60	1	104.5	20
电动机 B	48	20	0.8	7.5°	18°	240	5	0.9	4
电动机 C	24	20	0.4	15°	18°	120	5	19.2	4

（3）A、B 和 C 三台电动机的径向磁拉力。

A、B 和 C 三台电动机中，电动机 A 是一台整数槽电动机，它的绕组系数 k_W =1。电动机 B 和 C 都是分数槽电动机，它们又分别被绕制成单层绕组和双层绕两种形式，电动机 B（48 槽单层）的绕组系数 k_{W1}=0.958，电动机 B（48 槽双层）的绕组系数 k_{W1}=0.925，电动机 C（24 槽单层）k_{W1}=0.966，电动机 C（24 槽双层）k_{W1}=0.933。在电动机 B 中，每一个槽内的绕组层被水平分离放置（非重叠式）；而在电动机 C 中，每一个槽内的绕组层被垂直地放置（重叠式）。对于所有电动机而言，所有槽的总面积、槽开口宽度、槽的高度和每相的安匝数保持不变。对所有电动机而言，转子是一样的。

借助式（1-4-114），分别对于上述 A、B 和 C 三台电动机的 5 种绕组形式，进行了气隙内的径向磁力的计算，其结果被分别展示在图 1.4.38～图 1.4.42 中。

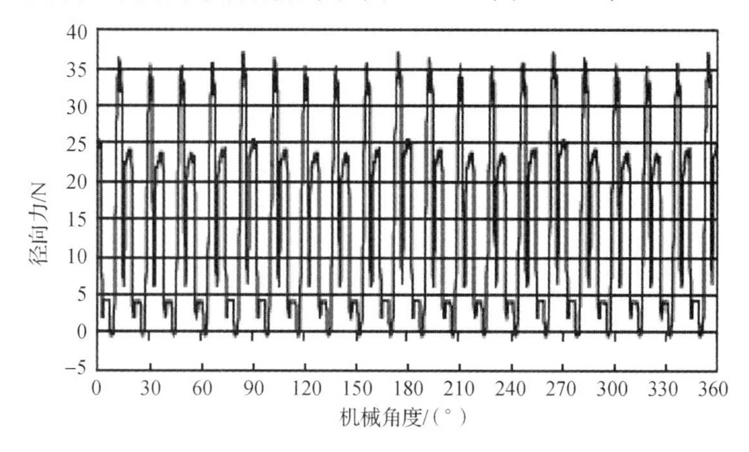

图 1.4.38　电动机 A（60 槽）的径向磁力

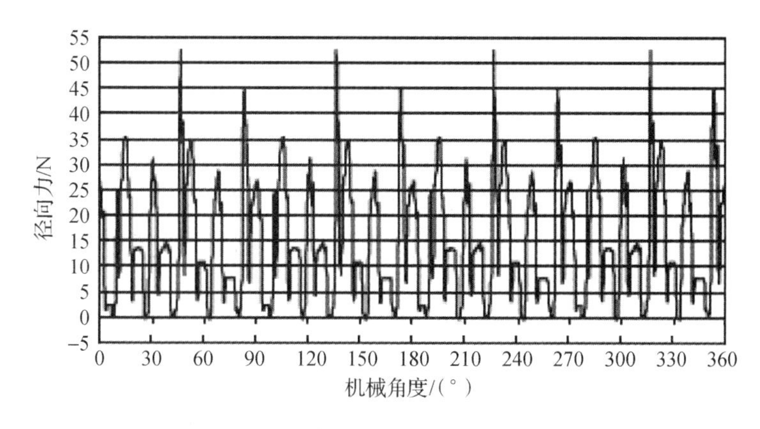

图 1.4.39　电动机 B（48 槽单层）的径向磁力

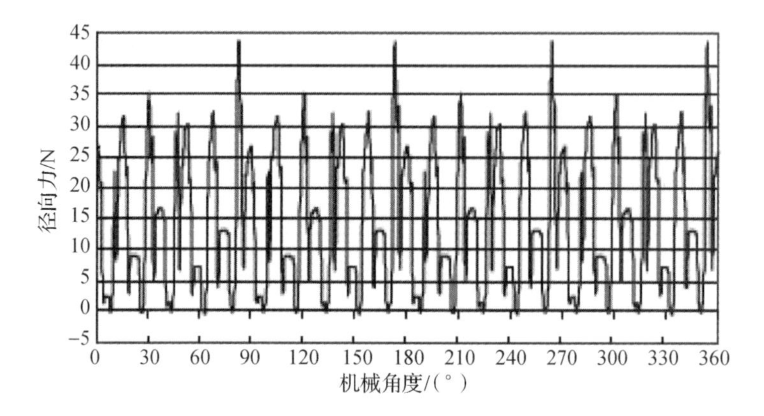

图 1.4.40　电动机 B（48 槽双层）的径向磁力

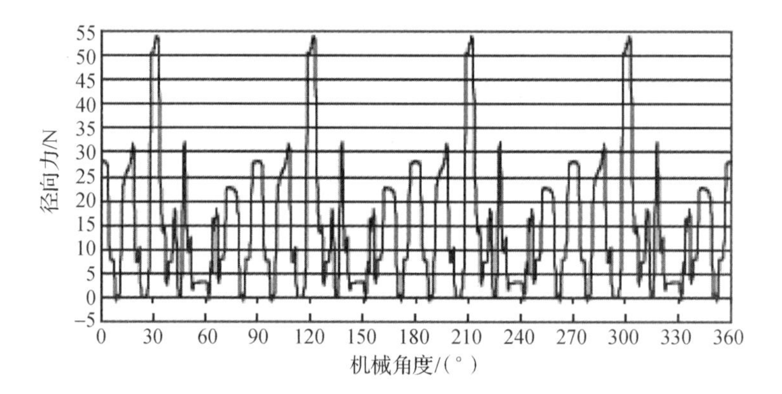

图 1.4.41　电动机 C（24 槽单层）的径向磁力

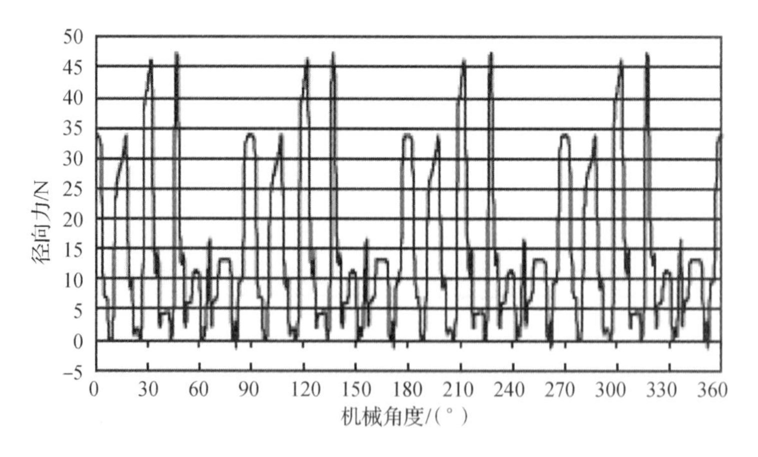

图 1.4.42　电动机 C（24 槽双层）的径向磁力

根据表 1.4.6 所列的数据和图 1.4.38～图 1.4.42 所示的径向磁拉力的波形，我们能够观察到以下几种情况。

（1）在 A、B 和 C 三台电动机中，电动机 A（60 槽）是一台整数槽电动机，展示了比较对称平衡的径向磁拉力；而电动机 C（24 槽单层）是一台分数槽电动机，它的径向磁拉力分布最不平衡，运行时将会有比较大的振动和噪声。

（2）对于具有同样齿槽数和磁极数的电动机而言，采用双层绕组时的径向磁拉力的平衡度要比采用单层绕组时的径向磁拉力的平衡度好。

（3）磁极数 $2p$ 和齿槽数 Z 之间的最大公约数 $\mathrm{GCD}(Z,2p)$ 表示围绕气隙呈现出来的结构上的周期性。当最大公约数 $\mathrm{GCD}(Z,2p)$ 是一个偶数时，三相电枢绕组的磁动势沿电枢圆周表面空间的分布基本上是对称平衡的，并且 $\mathrm{GCD}(Z,2p)$ 越高，磁动势沿电枢圆周表面空间的分布越平衡。电动机 A 的 $\mathrm{GCD}(Z,2p)$ 是 20，而其他两台分数槽电动机 B 和 C 的 $\mathrm{GCD}(Z,2p)$ 是 4，因此，这三台电动机中，电动机 A 的磁动势沿电枢圆周表面空间的分布最均匀，径向磁拉力最平衡，运行时振动和噪声最小。

（4）在 A、B 和 C 三台电动机中，电动机 A（60 槽）的齿槽效应力矩峰-峰值最大，T_{cpp}=104.5 N·m；而对于电动机 B（48 槽）和电动机 C（24 槽）而言，它们的齿槽效应力矩峰-峰值分别被减小 99%和 78.1%。

（5）当我们要求电动机具有比较对称平衡的径向磁拉力，以便减小电动机的振动和噪声时，希望选择 $\mathrm{GCD}(Z,2p)$ 值高的磁极数 $2p$ 和齿槽数 Z 的组合；而当我们要求每一槽节距内的齿槽效应力矩的周波数 γ_{p} 比较高和齿槽效应力矩的峰-峰值比较低时，又希望选择 $\mathrm{GCD}(Z,2p)$ 值低的磁极数 $2p$ 和齿槽数 Z 的组合。这意味着，在径向磁拉力和齿槽效应力矩两者之间存在着某些矛盾，设计人员应该根据电动机的具体应用和运行要求，尽量在它们之间进行折中处理。

以上分析了若干种具有不同磁极数 $2p$/齿槽数 Z 组合和不同绕组形式的电动机，它们在运行时，虽然电枢磁动势沿气隙圆周表面空间分布的均匀性各不相同，有的比较好一些，有的比较差一些，但是，它们的径向磁拉力没有出现不对称和不平衡的情况。下面再举两个例子，看一看在什么情况下将会出现径向磁拉力完全不平衡和不对称的现象。

【例 2】 电动机 A：m=3、Z=9、p=3；电动机 B：m=3、Z=9、p=4。分析比较 A 和 B 两台电动机的径向磁拉力。

（1）A 和 B 两台电动机的主要结构数据如表 1.4.7 所示。

表 1.4.7　A 和 B 两台电动机的主要结构数据

名称	结构数据	
	A	B
磁极数 $2p$	6	8
定子齿槽数 Z	9	9
每极每相槽数 q	1/2	3/8
相邻两齿之间的机械夹角 θ_{m} /（°）	40	40
相邻两齿之间的电气夹角 θ_{e} /（°）	120	160
虚拟单元电动机数 t	3	1
$\mathrm{LCM}(Z,2p)$	18	72
一个定子槽节距之内的周期数 γ_{p}	2	8
$\mathrm{GCD}(Z,2p)$	3	1

（2）A 和 B 两台电动机的反电动势星形图分别如图 1.4.43（a）和（b）所示。

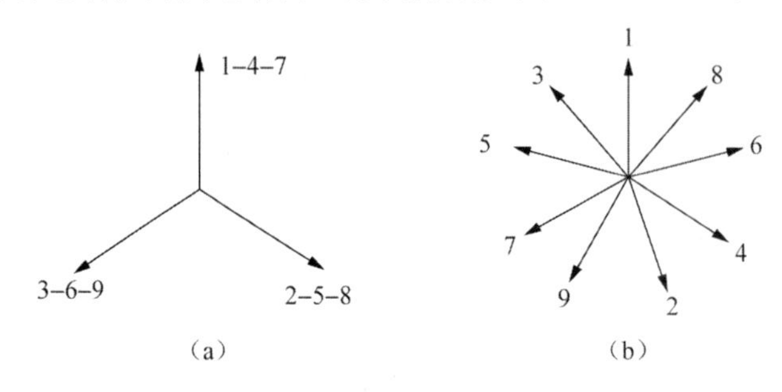

图 1.4.43　A 和 B 两台电动机的反电动势星形图

（3）电枢绕组的连接。

根据图 1.4.43 所示的 A 和 B 两台电动机的反电动势星形图和 60° 相带法，属于 A、B 和 C 三相的齿线圈分别列于表 1.4.8 和表 1.4.9 中。

表 1.4.8　A 电动机的电枢绕组的连接（m=3、Z=9、$2p$=6）

相序	电枢线圈的编号				备注
A 相	（头）1（尾）	（头）4（尾）	（头）7（尾）	X	串联连接
B 相	（头）2（尾）	（头）5（尾）	（头）8（尾）	Y	
C 相	（头）3（尾）	（尾）6（头）	（尾）9（头）	Z	

表 1.4.9　B 电动机的电枢绕组的连接（m=3、Z=9、$2p$=8）

相序	电枢线圈的编号				备注
A 相	（头） 1 （尾）	（尾） 2 （头）	（尾） 9 （头）	X	串联连接
B 相	（头） 4 （尾）	（尾） 5 （头）	（尾） 3 （头）	Y	
C 相	（头） 7 （尾）	（尾） 8 （头）	（尾） 6 （头）	Z	

（4）电动机通电运转时，定子齿线圈内三相磁动势的分布情况。

当电动机通电运转时，A 和 B 两台电动机的定子三相齿线圈内磁动势的分布情况分别如图 1.4.44（a）和（b）所示，图中数字序号表示定子齿线圈的空间排列顺序。

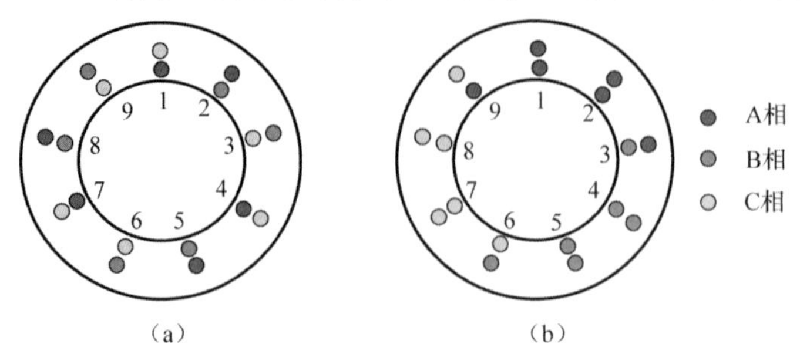

图 1.4.44　定子齿线圈内三相磁动势的分布

（5）分析比较 A 和 B 两台电动机的径向磁拉力。

图 1.4.44（a）展示了电动机 A（m=3、Z=9、$2p$=6）三相电枢绕组的每一相磁动势沿电枢圆周的对称和均匀分布的情况，作用在电枢圆周表面上的径向磁拉力基本上保持平衡，

不存在单向磁拉力，振动和噪声比较小；而图 1.4.44（b）展示了电动机 B（m=3，Z=9，$2p$=8）三相电枢绕组的每一相磁动势沿电枢圆周的不对称和不均匀分布的情况，任何一相电枢绕组的磁动势都集中在电枢圆周空间的 1/3 区间（120° 机械角度的空间范围）内，有单向磁拉力作用在电枢圆周的表面上，电动机运行时将出现明显的振动和噪声。

电动机 A（m=3，Z=9，$2p$=6）运行时，振动和噪声比较低，但是它的 $\mathrm{LCM}(Z,2p)/\mathrm{GCD}(Z,2p)$=18/3=6，齿槽效应力矩比较大；而电动机 B（m=3，Z=9，$2p$=8）运行时，振动和噪声大，但是它的 $\mathrm{LCM}(Z,2p)/\mathrm{GCD}(Z,2p)$=72/1=72，齿槽效应力矩小。上述比较意味着齿槽效应力矩与振动和噪声之间存在着矛盾，即齿槽效应力矩小不一定能够保证振动和噪声低。

【例 3】 电动机 A：$m=3$，$Z=24$，$p=10$；电动机 B：$m=3$，$Z=21$，$p=10$。分析比较 A 和 B 两台电动机的单向磁拉力。

（1）A 和 B 两台电动机的主要结构数据如表 1.4.10 所示。

表 1.4.10　A 和 B 两台电动机的主要结构数据

名称	结构数据	
	A	B
磁极数 $2p$	20	20
定子槽数 Z	24	21
每极每相槽数 q	2/5	7/20
相邻两齿之间的机械夹角 θ_{m} /（°）	15	17.143
相邻两齿之间的电气夹角 θ_{e} /（°）	150	171.43
虚拟单元电动机数 t	2	1
$\mathrm{LCM}(Z,2p)$	120	420
一个定子槽节距之内的周期数 γ_{p}	5	20
$\mathrm{GCD}(Z,2p)$	4	1

（2）A 和 B 两台电动机的反电动势星形图分别如图 1.4.45（a）和（b）所示。

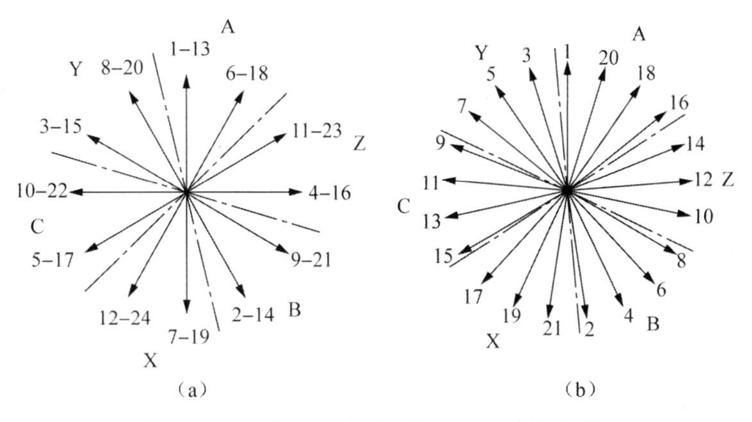

图 1.4.45　A 和 B 两台电动机的反电动势星形图

（3）分别属于 A、B 和 C 三相电枢绕组的齿线圈。

根据图 1.4.45（a）和（b）所示的反电动势星形图和 60° 相带法，属于 A、B 和 C 三相电枢绕组的齿线圈分别列于表 1.4.11 和表 1.4.12 中。

表 1.4.11　A、B 和 C 三相电枢绕组的齿线圈（m=3、Z=24、2p=20、t=2）

相序	定子齿线圈的编号
A	1、6、7、12、13、18、19 和 24
B	2、9、3、8、21、14、15 和 20
C	5、10、4、11、17、22、16 和 23

表 1.4.12　A、B 和 C 三相电枢绕组的齿线圈（m=3、Z=21、2p=20、t=1）

相序	定子齿线圈的编号
A	1、20、18、16、17、19 和 21
B	8、6、4、2、3、5 和 7
C	15、13、11、9、10、12 和 14

（4）电动机通电运转时，定子齿线圈内三相磁动势的分布情况。

当电动机通电运转时，A 和 B 两台电动机的定子三相齿线圈内磁动势的分布情况分别如图 1.4.46（a）和（b）所示，图中数字序号表示定子齿线圈的空间排列顺序。

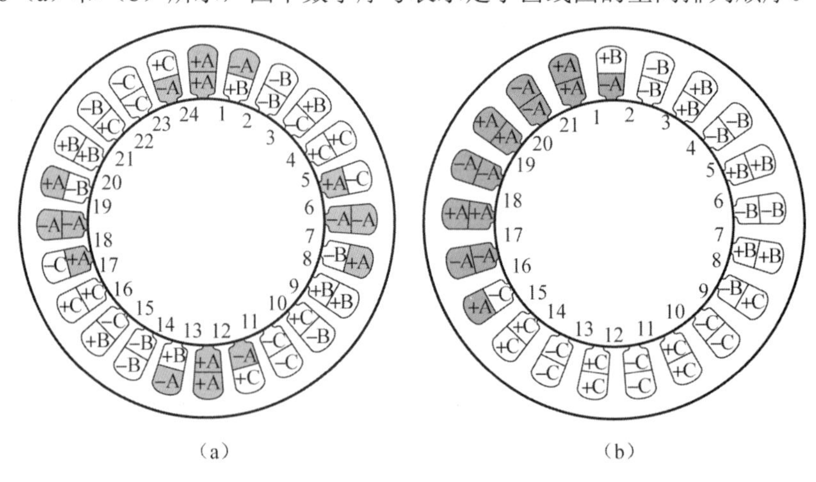

（a）　　（b）

图 1.4.46　三相定子齿线圈内磁动势的分布

（5）分析比较 A 和 B 两台电动机的径向磁拉力。

图 1.4.46（a）展示了电动机 A（m=3、Z=24、2p=20）的三相电枢绕组的每一相磁动势沿着电枢圆周呈均匀对称的分布情况，作用在电枢圆周表面上的径向磁拉力基本上平衡，因此，电动机运行时不会有太大的振动和噪声；而图 1.4.46（b）展示了电动机 B（m=3、Z=21、2p=20）的三相电枢绕组的每一相磁动势沿着电枢圆周呈不均匀不对称的分布情况，任何一相电枢绕组的磁动势都集中在电枢圆周空间的 1/3 区间（120° 机械角度的空间范围）内，电枢圆周表面上将出现单向磁拉力。以某一瞬间为例，在采用 180° （电角度）导通的逆变器时，假设 A 相绕组内的峰值电流为 $+i$，而 B 相和 C 相绕组内的峰值电流只有 $-0.5i$，在此情况下，每一相电枢绕组的径向磁拉力不能相互抵消，从而沿着定子内腔表面就会出现不平衡的径向磁拉力，如图 1.4.47 所示。这种不平衡的径向磁拉力将作用在电动机的定子和转子上，从而产生振动和噪声。

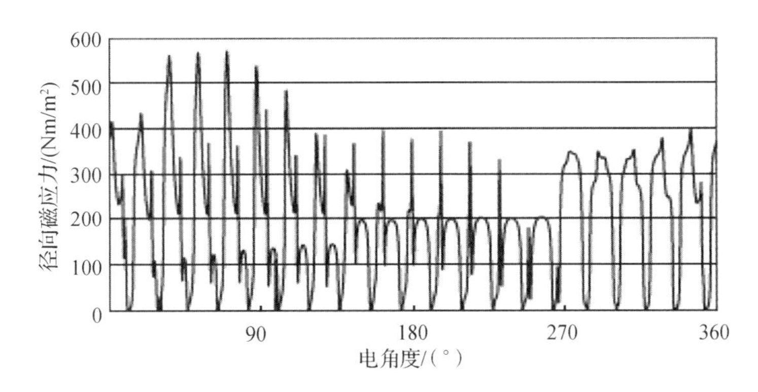

图 1.4.47　不平衡的径向磁拉力沿圆周的分布情况

（$m=3$，$2p=20$，$Z=21$）

同时，通过对 A 和 B 两台电动机的比较分析，可以看出：对于电动机 A（m=3，Z=24，$2p$=20）而言，振动和噪声比较低，而 $\mathrm{LCM}(Z,2p)/\mathrm{GCD}(Z,2p)$=120/4=30，齿槽效应力矩比较大；然而，对于电动机 B（m=3，Z=21，$2p$=20）而言，振动和噪声大，而 $\mathrm{LCM}(Z,2p)/\mathrm{GCD}(Z,2p)$=420/1=420，齿槽效应力矩比较小。由此可见，齿槽效应力矩小不能保证振动和噪声也一定小，这意味着它们两者之间存在着一定的矛盾。

根据上述分析和试验证实：从减小电动机的运行振动和噪声的观点出发，在设计集中线圈分数槽永磁电动机时，不应选择最大公约数 $\mathrm{GCD}(Z,2p)$=1 的磁极数和齿槽数的配合，更不应选择磁极数和齿槽数相邻的配合，例如 $Z/2p$=9/8、9/10、15/14、15/16…21/20…的配合；而应该尽可能选择高偶数值的最大公约数 $\mathrm{GCD}(Z,2p)$ 的磁极数 $2p$ 和齿槽数 Z 的配合，以便确保三相电枢绕组的任意一相的磁动势沿着电枢圆周表面空间对称均匀地分布，避免产生不平衡的径向磁拉力和由此引发的机械振动、噪声和附加损耗，从而使电动机能够实现“安静运行”，尤其在低速永磁力矩电动机中，电枢磁场分布的对称性和均匀性是一个十分重要的问题。

另外，永磁同步电动机负载运行时，当饱和的定子铁心遭受到快速变化的外部磁场作用时能够产生相当大的磁致伸缩力，它也是电动机产生振动和噪声的一个因素，我们可以改善定子铁心的叠装和电枢绕组的浸漆工艺，增加定子部件的牢固性，从而达到抑制磁致伸缩力、减小振动和降低噪声的目的。

1.5　自控式永磁同步电动机的基本控制理念

电力驱动系统有直流驱动和交流驱动两大类。直流驱动采用直流电动机，而交流驱动一般采用异步感应电动机。长期以来，由于直流驱动系统在伺服控制性能方面优于交流驱动系统，在有调速控制要求的电力驱动领域内，直流驱动系统一直占据主导地位。近年来，随着电力电子器件、大规模集成电路、模拟/数字控制器、逆变器、变流技术、传感器、数字信号处理技术和现代控制理论的迅速发展，人们先后在 20 世纪 70 年代和 90 年代，提出了交流电动机的磁场取向控制和直接转矩控制，交流驱动系统在运行可靠性和环境适应性方面越来越显示出它的优越性，并逐步被国民经济的各个生产领域所采用，尤其是自控式永磁同步电动机的开发成功，使电力驱动系统面貌焕然一新。在此情况下，产品制造企业积极组织力量，着重开发交流电动机和相应的控制器；

使用部门试图尽量采用交流驱动来替代传统的直流驱动，从而为新产品的发展提供了较好的市场前景。

本节着重分析和讨论自控式永磁同步电动机的基本控制理念和控制策略。

1.5.1　数学模型

当永磁同步电动机的定子三相电枢绕组同时与外部的对称三相正弦电压连接时，三相电枢绕组内便流过对称的三相正弦电流，并在气隙内产生一个连续旋转的电枢磁场。这个电枢磁场与永磁体产生的转子磁场相互作用产生电磁转矩，带动转子做机械旋转运动。因此，永磁同步电动机的运行是把电能变换成磁能，然后由磁能变换成机械能的过程。为此，我们必须首先建立永磁同步电动机的电气系统和机械运动系统的数学模型，它们是永磁同步电动机实现转矩和转速控制的理论基础。

根据永磁体在转子上的安装位置和方式，永磁同步电动机能够被分成两大类，即表面贴装式永磁同步电动机和内置式永磁同步电动机，分别如图 1.5.1（a）和（b）所示。

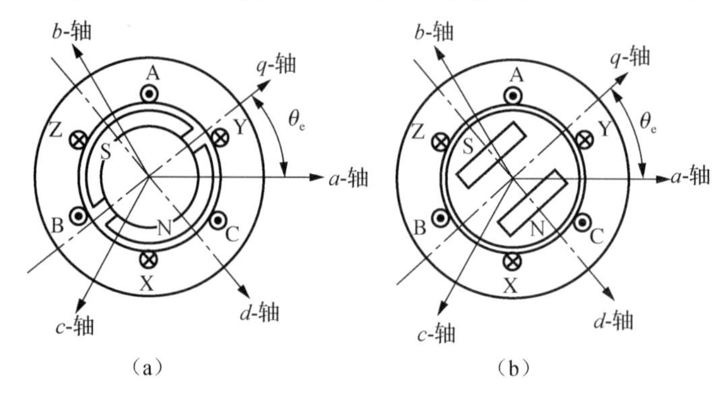

图 1.5.1　永磁同步电动机的结构和参考坐标系

图 1.5.1 中，a-轴、b-轴和 c-轴是 A、B 和 C 三相电枢绕组的轴线，它们在空间形成了静止的 abc-参考坐标系。d-轴是永磁体转子产生气隙主磁场的方向，被称为直轴；q-轴是与直轴相正交的轴线，被称为交轴，它们在空间形成了旋转的 dq-参考坐标系。角度 θ_e 是转子的 q-轴与定子 A 相电枢绕组的 a-轴线之间的空间电气夹角。

下面，我们将在着重介绍表面贴装式永磁同步电动机的数学模型的基础上，对内置式永磁同步电动机的数学模型作适当的说明。

1）位置和速度的定义

在描述电动机运行性能的过程中，位置和速度是两个重要的参数，通常它们由两种度量方法来定义：机械的度量方法和电气的度量方法。转子的机械位置关系到转子转轴的旋转，当转子转轴完成 360° 机械角度的旋转时，转子又返回到它启转时的同样位置。转子的电气位置关系到转子磁场的旋转，转子只需完成对应于一对磁极的机械角度的旋转，转子便又返回到它启转时的同样空间磁状态位置。由此可见，转子的电气位置与它上面所具有的磁极对数有关。

转子的空间电气位置与转子的空间机械位置之间存在下列关系。

$$\theta_{\mathrm{e}} = \theta_{\mathrm{m}} \times p \tag{1-5-1}$$

式中：θ_{e} 是空间电气角度；θ_{m} 是空间机械角度；p 是磁极对数。

由于速度与位置的关系为 $\omega = \mathrm{d}\theta / \mathrm{d}t$，电气角速度 ω_{e} 和机械角速度 ω_{m} 之间存在着下列关系：

$$\omega_{\mathrm{e}} = \omega_{\mathrm{m}} \times p \tag{1-5-2}$$

2）电气方程式

在推导电气方程式之前，我们先提出如下几个假设。

（1）通过电流的定子电枢绕组在空间精确地产生按正弦规律分布的磁动势，即不考虑高次谐波磁动势，只考虑基波磁动势。

（2）永磁转子在气隙内产生的径向磁通密度是精确地按正弦规律分布的，即不考虑高次谐波磁通密度，只考虑基波磁通密度，由此永磁转子在定子电枢绕组中产生的磁通链仅含有基波分量。

（3）忽略齿槽效应。

（4）不考虑定子铁心内的磁滞和涡流损耗。

（5）忽略定子铁心的磁饱和效应。

在上述假设的基础上，*abc*-静止参考坐标系内的三相永磁同步电动机的电压方程式是

$$\begin{cases} v_{\mathrm{a}} = r_{\mathrm{s}} i_{\mathrm{a}} + \dfrac{\mathrm{d}\varPsi_{\mathrm{a}}}{\mathrm{d}t} \\ v_{\mathrm{b}} = r_{\mathrm{s}} i_{\mathrm{b}} + \dfrac{\mathrm{d}\varPsi_{\mathrm{b}}}{\mathrm{d}t} \\ v_{\mathrm{c}} = r_{\mathrm{s}} i_{\mathrm{c}} + \dfrac{\mathrm{d}\varPsi_{\mathrm{c}}}{\mathrm{d}t} \end{cases} \tag{1-5-3}$$

式中：v_{a}、v_{b} 和 v_{c} 是分别施加在 A、B 和 C 三相电枢绕组端头上的相电压；i_{a}、i_{b} 和 i_{c} 分别是 A、B 和 C 三相电枢绕组内的相电流；r_{s}（也可以用符号 r_{a} 来表示）是 A、B 和 C 三相电枢绕组的相电阻。

式（1-5-3）中的 $\varPsi_{\mathrm{a}}$、$\varPsi_{\mathrm{b}}$ 和 $\varPsi_{\mathrm{c}}$ 分别是 A、B 和 C 三相电枢绕组的磁通链，它们的数学表达式分别为

$$\begin{cases} \varPsi_{\mathrm{a}} = L_{\mathrm{sa}}(\theta_{\mathrm{e}}) i_{\mathrm{a}} + L_{\mathrm{m,ab}}(\theta_{\mathrm{e}}) i_{\mathrm{b}} + L_{\mathrm{m,ac}}(\theta_{\mathrm{e}}) i_{\mathrm{c}} + \varPsi_{\mathrm{ma}} \\ \varPsi_{\mathrm{b}} = L_{\mathrm{sb}}(\theta_{\mathrm{e}}) i_{b} + L_{\mathrm{m,ba}}(\theta_{\mathrm{e}}) i_{\mathrm{a}} + L_{\mathrm{m,bc}}(\theta_{\mathrm{e}}) i_{\mathrm{c}} + \varPsi_{\mathrm{mb}} \\ \varPsi_{\mathrm{c}} = L_{\mathrm{sc}}(\theta_{\mathrm{e}}) i_{\mathrm{c}} + L_{\mathrm{m,ca}}(\theta_{\mathrm{e}}) i_{\mathrm{a}} + L_{\mathrm{m,cb}}(\theta_{\mathrm{e}}) i_{\mathrm{b}} + \varPsi_{\mathrm{mc}} \end{cases} \tag{1-5-4}$$

式中：$L_{\mathrm{sa}}(\theta_{\mathrm{e}})$、$L_{\mathrm{sb}}(\theta_{\mathrm{e}})$ 和 $L_{\mathrm{sc}}(\theta_{\mathrm{e}})$ 分别是 A、B 和 C 三相电枢绕组的自感；$L_{\mathrm{m,ca}}(\theta_{\mathrm{e}})$、$L_{\mathrm{m,ab}}(\theta_{\mathrm{e}})$ 和 $L_{\mathrm{m,bc}}(\theta_{\mathrm{e}})$ 分别是 A、B 和 C 三相电枢绕组之间的互感；$\varPsi_{\mathrm{ma}}$、$\varPsi_{\mathrm{mb}}$ 和 $\varPsi_{\mathrm{mc}}$ 是由永磁转子分别在 A、B 和 C 三相电枢绕组内产生的磁通链，它们可以被分别表达为

$$\begin{cases} \varPsi_{\mathrm{ma}} = \varPsi_{\mathrm{m}} \cos(\theta_{\mathrm{e}}) \\ \varPsi_{\mathrm{mb}} = \varPsi_{\mathrm{m}} \cos\left(\theta_{\mathrm{e}} - \dfrac{2\pi}{3}\right) \\ \varPsi_{\mathrm{mc}} = \varPsi_{\mathrm{m}} \cos\left(\theta_{\mathrm{e}} + \dfrac{2\pi}{3}\right) \end{cases} \tag{1-5-5}$$

这里，$\varPsi_{\mathrm{m}}$ 是永磁转子产生的气隙主磁通链的幅值。

在图 1.5.1（a）所示的表面贴装式永磁同步电动机中，永磁体被安装在转子铁心的表面，虽然永磁体产生的磁场会使得沿 d- 轴的铁心的饱和程度大于沿 q- 轴的铁心的饱和程度，使得沿 d- 轴方向的有效气隙要比沿 q- 轴方向的有效气隙要大一点，沿 d- 轴方向的磁导要比沿 q- 轴方向的磁导小一点，从而使得电枢绕组的交轴电感 L_q 要比直轴电感 L_d 稍大一点。但是，由于永磁体本身的磁导率低，不论沿着 d- 轴方向还是沿着 q- 轴方向，有效气隙都相当大，磁导都相当小，电枢绕组的电感都比较小，直轴电感 L_d 和交轴电感 L_q 之间的差异也小。因此，在定性分析时，可以认为在表面贴装式永磁同步电动机中，基本上不存在凸极性，电枢绕组的直轴电感 L_d 和交轴电感 L_q 基本上没有差异，即 $L_d \approx L_q$。对于表面贴装式永磁同步电动机而言，式（1-5-4）中的 A、B 和 C 三相电枢绕组的自感和 A、B 和 C 三相电枢绕组之间的互感将不会随着转子的空间角位置的变化而变化，即与转子的空间角位置无关。

在图 1.5.1（b）所示的内置式永磁同步电动机中，由于转子结构的各向不均匀性和磁饱和效应，电动机具有明显的凸极性。在上述假设的条件下，这种凸极性和与其相对应的磁导沿气隙圆周表面是按正弦规律分布的，当转子的 q- 轴与某一相的电枢绕组的轴线重合时，该相电枢绕组的自感最大。例如，当转子的 q- 轴与 A 相的电枢绕组的 a- 轴线重合时，A 相电枢绕组的自感就最大；而当转子的 q- 轴处于某两相电枢绕组的轴线的中间位置时，则它们之间的互感就最大。因此，式（1-5-4）中的 A、B 和 C 三相电枢绕组的自感和 A、B 和 C 三相电枢绕组之间的互感都是电气角度（$2\theta_e$）的正余弦函数，它们的数学表达式分别是

$$\begin{cases} L_{sa}(\theta_r) = L_{s0} + L_{s2}\cos(2\theta_e) \\ L_{sb}(\theta_r) = L_{s0} + L_{s2}\cos\left(2\theta_e - \dfrac{2\pi}{3}\right) \\ L_{sc}(\theta_r) = L_{s0} + L_{s2}\cos\left(2\theta_e + \dfrac{2\pi}{3}\right) \end{cases} \tag{1-5-6}$$

$$\begin{cases} L_{m,ab}(\theta_r) = L_{m0} + L_{m2}\cos\left(2\theta_e - \dfrac{2\pi}{3}\right) \\ L_{m,ca}(\theta_r) = L_{m0} + L_{m2}\cos\left(2\theta_e + \dfrac{2\pi}{3}\right) \\ L_{m,bc}(\theta_r) = L_{m0} + L_{m2}\cos(2\theta_e) \end{cases} \tag{1-5-7}$$

式中：L_{s0} 和 L_{m0} 分别是三相电枢绕组的自感和互感的平均分量；L_{s2} 和 L_{m2} 分别是三相电枢绕组的自感和互感的正弦分量的幅值。

3）驱动系统的动力学方程式

能量变换过程中所产生的电磁转矩 T_{em} 被用来驱动机械负载，可通过如下动力学的基本定理来描述，即

$$\sum T = J\frac{d\omega_m}{dt} \tag{1-5-8}$$

式中：$\sum T$ 是作用在电动机转轴上的转矩总和；J 是电动机和被联结负载的惯量；ω_m 是机械角速度。

根据方程式（1-5-8），便可以写出与驱动系统的机械参数有关的电磁转矩 T_{em} 的表达式为

$$T_{\mathrm{em}} = T_{\mathrm{L}} + J\frac{\mathrm{d}\omega_{\mathrm{e}}}{\mathrm{d}t} + B\omega_{\mathrm{e}} \tag{1-5-9}$$

式中：ω_{e} 是电气角速度；T_{L} 是负载力矩；B 是一个阻尼系数，它与电动机和机械负载构成的旋转系统有关。

1.5.2　坐标变换

由 A、B 和 C 三相对称的电枢绕组的轴线构成的 abc-参考坐标系是被固定在电枢上的静止参考坐标系，如图 1.5.2（a）所示。在静止的 abc-参考坐标系内，a-轴、b-轴和 c-轴分别与 A、B 和 C 三相对称的电枢绕组的轴线相重合。当三相对称的电枢电流 i_{a} 、i_{b} 和 i_{c} 流通过 A、B 和 C 三相对称的电枢绕组时，便在定子内腔产生一个旋转的基波磁动势 $\boldsymbol{F}_{\mathrm{a}}$ ，它以电气角速度 $\omega_{\mathrm{e}} = 2\pi f_1$ 朝逆时针方向旋转。

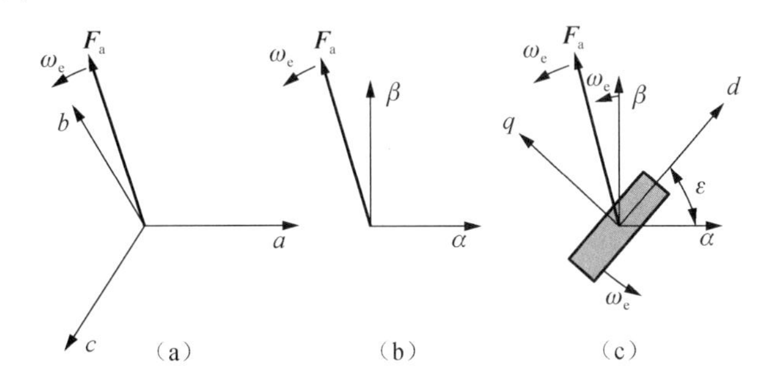

图 1.5.2　三种不同的参考坐标系

在保持由 A、B 和 C 三相对称电枢绕组内的电流 i_{a} 、i_{b} 和 i_{c} 产生的旋转磁动势 $\boldsymbol{F}_{\mathrm{a}}$ 的幅值、相位和旋转角速度不变的条件下，可以用同样被固定在电枢上的 $\alpha\beta$- 静止直角参考坐标系来描述它，或者更确切地说，可以把 abc-静止参考坐标系内的对称三相电流 i_{a} 、i_{b} 和 i_{c} 变换成同样静止的 $\alpha\beta$- 直角参考坐标系内的相互垂直的两相电流 i_α 和 i_β ，如图 1.5.2（b）所示。换言之，我们可以用 $\alpha\beta$- 静止直角参考坐标系内的相互垂直的两相电流 i_α 和 i_β 来代替 abc- 静止参考坐标系内的对称三相电流的 i_{a} 、i_{b} 和 i_{c} ，这种变换被称为 Clarke 变换。对于三相对称电流 i_{a} 、i_{b} 和 i_{c} 而言，只要知其中任意两相电流，例如 i_{a} 和 i_{b} ，就于以求得第三相的电流 i_{c} ，因此， Clarke 变换的数学表达式为

$$\begin{bmatrix} i_\alpha \\ i_\beta \end{bmatrix} = \begin{bmatrix} 1 & 0 \\ \dfrac{1}{\sqrt{3}} & \dfrac{2}{\sqrt{3}} \end{bmatrix} \begin{bmatrix} i_{\mathrm{a}} \\ i_{\mathrm{b}} \end{bmatrix} \tag{1-5-10}$$

式中：$\begin{bmatrix} 1 & 0 \\ \dfrac{1}{\sqrt{3}} & \dfrac{2}{\sqrt{3}} \end{bmatrix}$ 是 Clarke 变换的转换矩阵。

我们也可把 $\alpha\beta$- 静止直角参考坐标系内的相互垂直的两相电流 i_α 和 i_β 变换成 abc- 静止参考坐标系内的对称三相电流 i_{a} 、i_{b} 和 i_{c} ，这种变换被称为 Clarke 反变换，其数学表达式为

$$\begin{bmatrix} i_{\mathrm{a}} \\ i_{\mathrm{b}} \end{bmatrix} = \begin{bmatrix} 1 & 0 \\ -\dfrac{1}{2} & \dfrac{\sqrt{3}}{2} \end{bmatrix} \begin{bmatrix} i_{\alpha} \\ i_{\beta} \end{bmatrix} \tag{1-5-11}$$

同样，在保持由 $\alpha\beta$- 静止直角参考坐标系内的相互垂直的两相电流 i_{α} 和 i_{β} 产生的旋转磁动势 $\boldsymbol{F}_{\mathrm{a}}$ 的幅值、相位和旋转角速度不变的条件下，可以用被固定在转子上以电气角速度 ω_{e} 逆时针方向旋转的 dq- 直角参考坐标系内的相互垂直的两相电流 i_{d} 和 i_{q} 来描述它，或者更确切地说，可以把 $\alpha\beta$- 静止直角参考坐标系内的相互垂直的两相电流 i_{α} 和 i_{β} 变换成 dq- 旋转直角参考坐标系内的相互垂直的两相电流 i_{d} 和 i_{q}，如图 1.5.2（c）所示。换言之，我们可以用 dq- 旋转参考坐标系内的相互垂直的两相电流 i_{d} 和 i_{q} 来代替 $\alpha\beta$- 静止直角参考坐标系内的相互垂直的两相电流 i_{α} 和 i_{β}，或者进一步直接代替 abc- 静止参考坐标系内的对称三相电流 i_{a}、i_{b} 和 i_{c}，从而实现了电枢磁动势矢量 $\boldsymbol{F}_{\mathrm{a}}$ 的旋转变换。因而这种变换被称为矢量旋转变换，又被称为 Park 变换，其数学表达式为

$$\begin{bmatrix} i_{\mathrm{d}} \\ i_{\mathrm{q}} \end{bmatrix} = \begin{bmatrix} \cos\varepsilon & \sin\varepsilon \\ -\sin\varepsilon & \cos\varepsilon \end{bmatrix} \begin{bmatrix} i_{\alpha} \\ i_{\beta} \end{bmatrix} \tag{1-5-12}$$

式中：ε 是 α- 轴与 d- 轴之间的夹角；$\begin{bmatrix} \cos\varepsilon & \sin\varepsilon \\ -\sin\varepsilon & \cos\varepsilon \end{bmatrix}$ 是 Park 变换的转换矩阵。

我们也可把 dq – 旋转直角参考坐标系内的相互垂直的两相电流 i_{d} 和 i_{q} 变换成 $\alpha\beta$- 静止参考坐标系内的相互垂直的两相电流 i_{α} 和 i_{β}，这种变换被称为 Park 反变换，其数学表达式为

$$\begin{bmatrix} i_{\alpha} \\ i_{\beta} \end{bmatrix} = \begin{bmatrix} \cos\varepsilon & -\sin\varepsilon \\ \sin\varepsilon & \cos\varepsilon \end{bmatrix} \begin{bmatrix} i_{\mathrm{d}} \\ i_{\mathrm{q}} \end{bmatrix} \tag{1-5-13}$$

以上是以对称的三相电枢电流 i_{a}、i_{b} 和 i_{c} 产生的电枢反应磁动势矢量 $\boldsymbol{F}_{\mathrm{a}}$ 为例来说明 Clarke 变换和 Park 变换，对于其他物理参量，如电压、磁通和磁通链等的坐标变换，也是如此。

借助 Clarke 和 Park 变换，可以把方程式（1-5-3）描写的 abc- 静止参考坐标系内的数学模型变换成 dq- 旋转参考坐标系内的数学模型，即

$$\begin{cases} v_{\mathrm{d}} = r_{\mathrm{s}} i_{\mathrm{d}} + \dfrac{\mathrm{d}\Psi_{\mathrm{d}}}{\mathrm{d}t} - \omega_{\mathrm{e}} \Psi_{\mathrm{q}} \\ v_{\mathrm{q}} = r_{\mathrm{s}} i_{\mathrm{q}} + \dfrac{\mathrm{d}\Psi_{\mathrm{q}}}{\mathrm{d}t} + \omega_{\mathrm{e}} \Psi_{\mathrm{d}} \end{cases} \tag{1-5-14}$$

其中

$$\begin{cases} \Psi_{\mathrm{d}} = \Psi_{\mathrm{m}} + L_{\mathrm{d}} i_{\mathrm{d}} \\ \Psi_{\mathrm{q}} = L_{\mathrm{q}} i_{\mathrm{q}} \end{cases} \tag{1-5-15}$$

把式（1-5-15）代入式（1-5-14），可以得到

$$\begin{cases} v_{\mathrm{d}} = r_{\mathrm{s}} i_{\mathrm{d}} + L_{\mathrm{d}} \dfrac{\mathrm{d}i_{\mathrm{d}}}{\mathrm{d}t} - \omega_{\mathrm{e}} L_{\mathrm{q}} i_{\mathrm{q}} \\ v_{\mathrm{q}} = r_{\mathrm{s}} i_{\mathrm{q}} + L_{\mathrm{q}} \dfrac{\mathrm{d}i_{\mathrm{q}}}{\mathrm{d}t} + \omega_{\mathrm{e}} \left(\Psi_{\mathrm{m}} + L_{\mathrm{d}} i_{\mathrm{d}} \right) \end{cases} \tag{1-5-16}$$

根据方程式（1-5-16），可以画出一台内置式永磁同步电动机在 dq- 旋转参考坐标系内的一个等效电路，如图 1.5.3 展示，其中图（a）为 q- 轴等效电路；图（b）为 d- 轴等效电路。

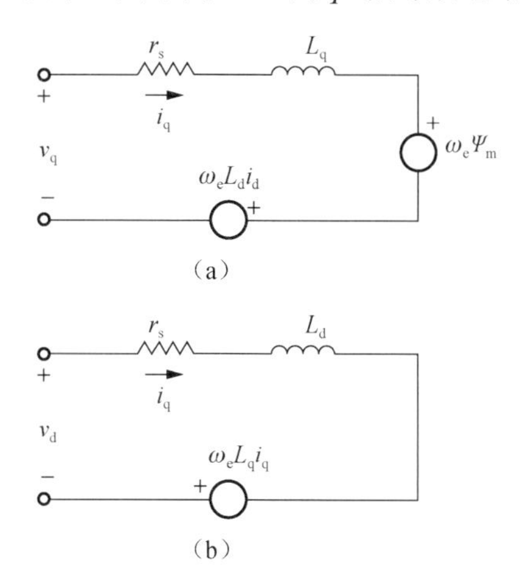

图 1.5.3　一台内置式永磁同步电动机的等效电路

根据由方程式（1-5-3）、方程式（1-5-14）和方程式（1-5-16）描述的内置式永磁同步电动机的数学模型，能够推导出电动机的输入功率的表达式为

$$\boldsymbol{P}_{\text{in}}=\begin{bmatrix}v_a & v_b & v_c\end{bmatrix}\begin{bmatrix}i_a\\ i_b\\ i_c\end{bmatrix}=\frac{3}{2}\begin{bmatrix}v_q & v_d\end{bmatrix}\begin{bmatrix}i_q\\ i_d\end{bmatrix}=\frac{3}{2}\left(v_q i_q+v_d i_d\right) \tag{1-5-17}$$

通过用与速度相关的反电动势 $\omega_e\Psi_d$ 和 $-\omega_e\Psi_q$ 来代替 v_q 和 v_d，即 $v_q=\omega_e\Psi_d$，$v_d=-\omega_e\Psi_q$，就能够获得电磁功率的表达式为

$$P_{\text{em}}=\frac{3}{2}\left(-\omega_e\Psi_q\, i_d+\omega_e\Psi_d\, i_q\right) \tag{1-5-18}$$

式中：Ψ_q 是 dq - 旋转参考坐标系内的交轴磁通链，$\Psi_q=L_q\, i_q$，其中 L_q 是交轴的同步电感，$L_q=L_s+L_{aq}$（L_s 是电枢绕组的漏电感，L_{aq} 是电枢反应的交轴电感）；Ψ_d 是 dq - 旋转参考坐标系内的直轴磁通链，$\Psi_d=\Psi_m+L_d\, i_d$，其中 L_d 是直轴的同步电感，$L_d=L_s+L_{ad}$（L_{ad} 是电枢反应的直轴电感）。

把 $\Psi_d=\Psi_m+L_d\, i_d$ 和 $\Psi_q=L_q\, i_q$ 代入方程式（1-5-18），并除以机械角速度（$\omega_m=\omega_e/p$），便可以获得内置式永磁同步电动机的电磁转矩的数学表达式为

$$T_{\text{em}}=\frac{3}{2}\cdot p\left[\Psi_m i_q+\left(L_d-L_q\right)i_d i_q\right] \tag{1-5-19}$$

对于表面贴装式永磁同步电动机而言，由于 $L_d\approx L_q$，其电磁转矩的数学表达式为

$$T_{\text{em}}=\frac{3}{2}\ p\left[\Psi_m i_q\right] \tag{1-5-20}$$

方程式（1-5-19）和式（1-5-20）表明：一台内置式永磁同步电动机的电磁转矩是由两种不同的物理机制产生的两个不同的转矩所构成的。第一项是由交轴电流分量 i_q 和永磁转子产生的气隙主磁通链 Ψ_m 相互作用而产生的，它可以被称为“永磁转矩”；而第二项起因于 d- 轴电感（或磁阻）和 q- 轴电感（或磁阻）之间的差异，它可以被称为“磁阻转矩”。

这样，我们可以把一台内置式永磁同步电动机看成是由一台表面贴装式永磁同步电动机与一台磁阻式同步电动机的组合。

一台三相永磁同步电动机，经过 Clarke 变换和 Park 变换，最终被变换成一台直流电动机，其变换过程可以进一步用图解来说明，如图 1.5.4 所描述。图中，$\boldsymbol{F}_a$ 是由对称的三相电枢电流产生的、以同步转速旋转的定子旋转磁场；$\boldsymbol{F}_m$ 是由永磁转子产生的、以同步转速旋转的转子旋转磁场；角度 ε 是 $\alpha\beta$- 和 dq- 两个直角参考坐标系之间的电气夹角。Clarke 变换使图 1.5.4（a）变成了图 1.5.4（b）；Park 变换使图 1.5.4（b）变成了图 1.5.4（c）；图 1.5.4（c）与图 1.5.4（d）所示的直流永磁电动机相等效。

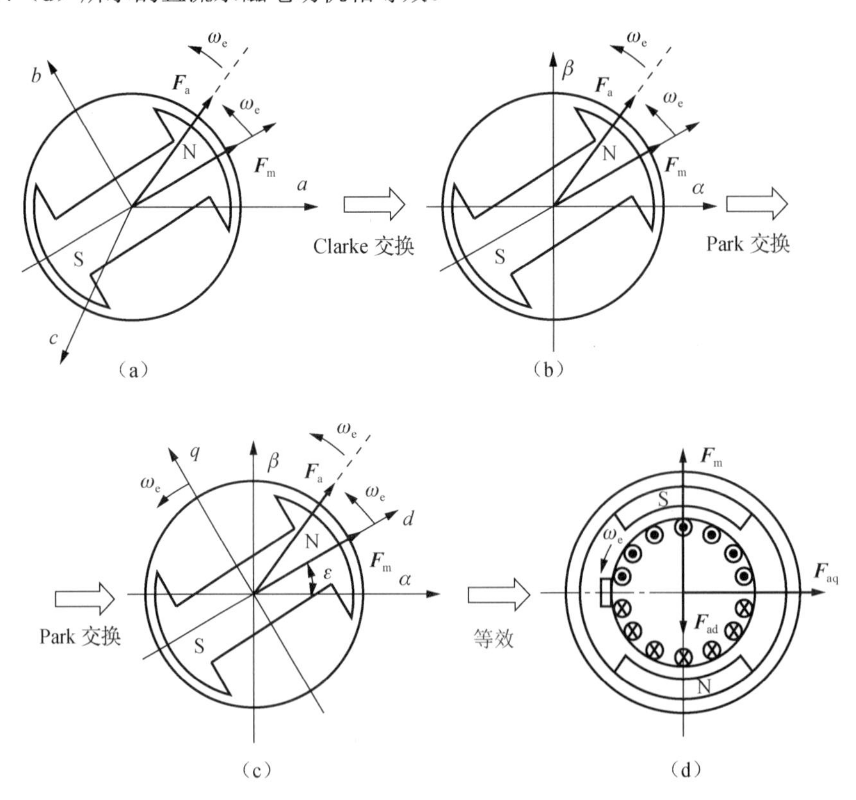

图 1.5.4　交流永磁同步电动机变换成直流电动机的过程示意图

在静止的 abc- 参考坐标系内，电压（v_a、v_b 和 v_c）、电流（i_a、i_b 和 i_c），三相电枢绕组的磁动势（F_a、F_b、F_c）、三相电枢绕组的磁通链（Ψ_a、Ψ_b 和 Ψ_c），永磁转子分别在 A、B 和 C 三相电枢绕组内产生的磁通链（Ψ_{ma}、Ψ_{mb} 和 Ψ_{mc}）和感生的反电动势（e_a、e_b 和 e_c）等物理量都是时间 t 和电气角位置 θ_e 的函数，它们相互之间存在着电磁耦合的关系，相互影响。Clarke 变换之后，在静止的 $\alpha\beta$- 直角参考坐标系内，虽然在电枢绕组之间实现了磁的解耦，但是电压、电流、永磁转子产生的磁通链和感生的反电动势等物理量仍然是时间 t 和电气角位置 θ_e 的函数。然而，Park 变换之后，由于 dq- 旋转直角参考坐标系与永磁转子之间是相对静止的，它们之间没有相对运动，情况就不一样了，在旋转的 dq- 直角参考坐标系内，电压（v_d 和 v_q）、电流（i_d 和 i_q）、磁动势（F_d 和 F_q）、d- 轴磁通链和 q- 轴磁通链（Ψ_d 和 Ψ_q）、永磁转子产生的磁通链（$\Psi_{md}=\Psi_m$ 和 $\Psi_{mq}=0$）和感生的反电动势（$e_d=\omega_e\Psi_m$ 和 $e_q=0$）等物理量都是直流量，当电动机稳态运行时，它们都是恒定不变的常量。由此可见，通过

Clarke 和 Park 变换，实现了这些物理量与时间 t 和电气角位置 θ_e 之间的“解耦”。

1.5.3　空间矢量的概念

电压 u 、电流 i 和反电动势 e 等物理量仅是时间 t 的正弦函数，以电流 i 为例，它的数学表达式是

$$i = I_m \sin\left(\omega_e t + \varphi\right) \tag{1-5-21}$$

式中：I_m 是幅值；ω_e 是电气角速度；φ 是初始相位角，它们是描写一个正弦量的三个要素。通常一个时间的正弦函数可以用复平面上的一个旋转向量（或矢量）来表示。例如，式（1-5-21）所描述的瞬时电流 i 是时间的正弦函数，可以用复平面上的一个电流的时间向量（或矢量）$\dot{\boldsymbol{I}}$ 来表示。

现在我们来讨论在 *abc*- 静止参考坐标系内，当三相对称的电压 u_a 、u_b 和 u_c 被施加到对称的 A、B 和 C 三相电枢绕组的端头上时，三相电枢绕组内便流通对称的三相电流 i_a 、i_b 和 i_c，A、B 和 C 三相电枢绕组将各自产生 A 相、B 相和 C 相的空间磁动势基波矢量的瞬时值 f_{a1} 、f_{b1} 和 f_{c1}，然后它们合成产生一个旋转的空间磁动势基波矢量 $\boldsymbol{F}_{a1}$（或采用符号 $\boldsymbol{F}_{s1}$ 来表示），如图 1.5.5 所示，其数学表达式为

$$\boldsymbol{F}_{a1} = f_{a1} + f_{b1}\,e^{j\frac{2}{3}\pi} + f_{c1}\,e^{j\frac{4}{3}\pi} \tag{1-5-22}$$

式中：$e^{j\frac{2}{3}\pi}$ 和 $e^{j\frac{4}{3}\pi}$ 是空间运算子。

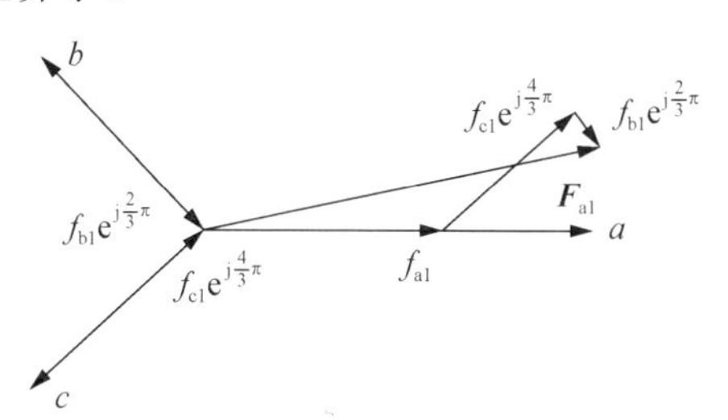

图 1.5.5　*abc*- 静止参考坐标系内的合成的空间磁动势基波矢量

合成的电枢磁动势基波矢量 $\boldsymbol{F}_{a1}$ 是一个实实在在的空间矢量，它描述了一个圆形等幅的旋转磁场，在一个 2π 时间周期内它将沿着电枢圆周表面空间扫过两个极距。由合成的电枢空间磁动势基波矢量 $\boldsymbol{F}_{a1}$ 在电动机的气隙内产生的合成的电枢空间磁通基波矢量 $\boldsymbol{\Phi}_{s1}$ 和合成的电枢空间磁通链基波矢量 $\boldsymbol{\Psi}_{s1}$ 也是实实在在的空间矢量，它们可以分别被表达为

$$\boldsymbol{\Phi}_{s1} = \phi_{a1} + \phi_{b1}\,e^{j\frac{2}{3}\pi} + \phi_{c1}\,e^{j\frac{4}{3}\pi} \tag{1-5-23}$$

$$\boldsymbol{\Psi}_{s1} = \psi_{a1} + \psi_{b1}\,e^{j\frac{2}{3}\pi} + \psi_{c1}\,e^{j\frac{4}{3}\pi} \tag{1-5-24}$$

式中：ϕ_{a1} 、ϕ_{b1} 和 ϕ_{c1} 是 A、B 和 C 三相电枢绕组各自产生的电枢反应基波磁通的瞬时值；ψ_{a1} 、ψ_{b1} 和 ψ_{c1} 是 A、B 和 C 三相电枢绕组各自产生的电枢反应基波磁通链的瞬时值。

现在我们再来讨论图 1.5.6 所示的 180° 导通的电压型三相半桥逆变器，它是如何借助开关状态信号 $\left(S_a S_b S_c\right)$ 对逆变器实施控制，致使电动机的 A、B 和 C 三相电枢绕组产生圆形旋转的磁动势空间基波矢量 $\boldsymbol{F}_{a1}$（或 $\boldsymbol{F}_{s1}$）、在工作气隙内产生圆形旋转的磁通空间基波矢量 $\boldsymbol{\Phi}_{s1}$ 和磁通链空间基波矢量 $\boldsymbol{\Psi}_{s1}$ 的基本原理。

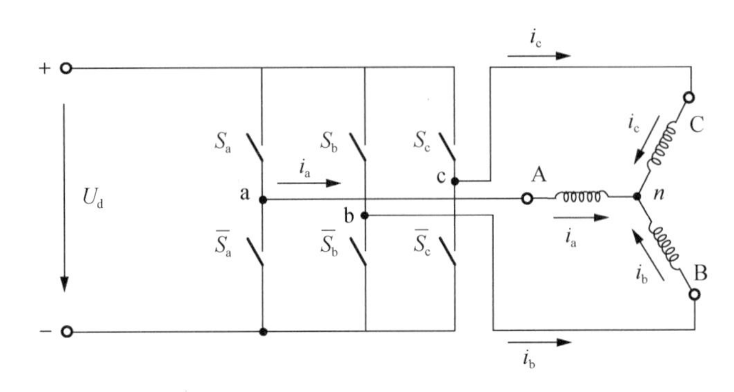

图 1.5.6　由开关状态信号$(S_aS_bS_c)$控制的 180° 导通的电压型三相半桥逆变器

在图 1.5.6 中，S_a、S_b、S_c、$\overline{S}_a$、$\overline{S}_b$和$\overline{S}_c$是对逆变器中 6 个功率开关器件实施控制的信号，也可以说它们是描写逆变器中 6 个功率开关器件是处在导通状态还是处在截止状态的信号。当信号$S_a=1$时，表示逆变器 a 相半桥上臂的功率开关器件处于导通状态，电动机的 A 相电枢绕组与电源的正极接通，从而给电动机的 A 相电枢绕组供电；信号$\overline{S}_a$是S_a的互补信号，当信号$S_a=1$时，$\overline{S}_a=0$，逆变器 a 桥下臂的功率开关器件处于截止状态；当信号$S_a=0$时，$\overline{S}_a=1$，表示逆变器 a 相半桥上臂的功率开关器件被断开，而下臂的功率开关器件被开通，电动机的 A 相电枢绕组与电源的负极接通；信号（S_b或$\overline{S}_b$）和（S_c或$\overline{S}_c$）分别控制 b 相半桥和 c 相半桥上下臂的功率开关器的导通或截止，进而控制 B 相和 C 相电枢绕组内的电流的导通或截止的情况也是如此。根据 180° 导通的电压型三相半桥逆变器的运行原则，a、b 和 c 三相桥臂的控制信号（S_a或$\overline{S}_a$）、（S_b或$\overline{S}_b$）和（S_c或$\overline{S}_c$）必须同时存在，以便确保 A、B 和 C 三相电枢绕组同时与直流电源的正极或负极接通。这种由S_a、S_b、S_c、$\overline{S}_a$、$\overline{S}_b$和$\overline{S}_c$ 6 个控制信号组成的不同组合（$S_A\ S_B\ S_C$）被称为逆变器的开关模式或开关状态信号。

根据逆变器的拓扑结构，它有 8 种开关模式，即$S_1(100)$、$S_2(110)$、$S_3(010)$、$S_4(011)$、$S_5(001)$、$S_6(101)$、$S_7(111)$和$S_8(000)$。对应于这 8 种开关模式，逆变器将相应地输出 8 个合成的电压空间矢量$\boldsymbol{u}_1(100)$、$\boldsymbol{u}_2(110)$、$\boldsymbol{u}_3(010)$、$\boldsymbol{u}_4(011)$、$\boldsymbol{u}_5(001)$、$\boldsymbol{u}_6(101)$、$\boldsymbol{u}_7(111)$和$\boldsymbol{u}_8(000)$，如图 1.5.7 所示，其中$\boldsymbol{u}_7(111)$和$\boldsymbol{u}_8(000)$为零矢量；$\boldsymbol{u}_1(100)$、$\boldsymbol{u}_2(110)$、$\boldsymbol{u}_3(010)$、$\boldsymbol{u}_4(011)$、$\boldsymbol{u}_5(001)$和$\boldsymbol{u}_6(101)$为非零矢量，它们的幅值均为直流母线电压U_d，相互间隔 60° 电角度，把 360° 电角度的圆周空间划分成 6 个扇形区域。这 6 个合成的电压空间矢量可以被称为逆变器输出的基本电压空间矢量，它们的数学表达形式为

$$\boldsymbol{u}_s=U_d\left(S_a+S_b e^{j120^\circ}+S_c e^{j240^\circ}\right) \tag{1-5-25}$$

式中：U_d是直流母线电压。

逆变器运行时，根据伏秒平衡原则，把 6 个基本的电压空间矢量和它们各自的作用时间进行适当的线性组合处理，然后输出期望的电压空间矢量$\boldsymbol{u}_s$；电动机的 A、B 和 C 三相电枢绕组，在期望的电压空间矢量$\boldsymbol{u}_s$的作用之下，产生相应的电流空间矢量$\boldsymbol{i}_s$，致使在工作气隙内形成一个幅值和速度均可调节的圆形旋转的空间磁动势的基波矢量$\boldsymbol{F}_{s1}$、圆形旋转的空间磁通的基波矢量$\boldsymbol{\Phi}_{s1}$和圆形旋转的空间磁通链的基波矢量$\boldsymbol{\Psi}_{s1}$。

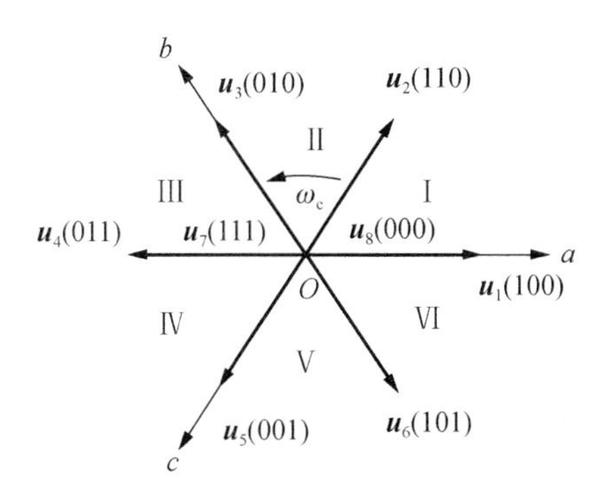

图 1.5.7　电压空间矢量 $\boldsymbol{u}_s$

1.5.4　自控式永磁同步电动机的主要控制方法

由于描述交流电动机电磁转矩的电流和磁通链两个参数是时间和空间角位置的函数，采用常规方法是不容易对交流电动机的电磁转矩实现有效和精确控制的。为了克服这一问题而提出的解决方法是对交流电动机实施的磁场取向控制和直接转矩控制。磁场取向控制和直接转矩控制都属于矢量控制的范畴，实质上都是对 A、B 和 C 三相电枢绕组产生的合成的空间磁动势的基波矢量 $\boldsymbol{F}_{a1}$ 和合成的空间磁通链的基波矢量 $\boldsymbol{\Psi}_{s1}$ 的幅值和相位实施控制。

1.5.4.1　*磁场取向控制*

磁场取向控制（FOC）是自控式永磁同步电动机实现电流、转矩和转速调节的有效方法，其本质是通过坐标变换，把静止坐标参照系内的交流永磁同步电动机变换成旋转坐标参照系内的等效直流永磁电动机，使通电的三相电枢绕组产生的磁动势、磁通、磁通链和永磁转子产生的磁通链等物理量与时间 t 和电气角位置 θ_e 之间实现“解耦”，从而可以像控制直流永磁电动机那样方便地控制交流永磁同步电动机。

下面我们来分析和说明磁场取向控制的机理。在永磁同步电动机里，有两个磁场（这里仅考虑基波磁场）：一个是由永磁转子产生的转子磁场，另一个是由通电的三相电枢绕组产生的定子磁场。转子上的永磁体通过其中性横截面发出总磁通 $\varPhi_{PM}$，它是由没有穿过气隙的漏磁通 $\varPhi_\sigma$ 和穿过气隙进入定子电枢铁心的主磁通 $\varPhi_m$ 两部分所构成，即 $\varPhi_{PM}=\varPhi_\sigma+\varPhi_m$，穿过气隙的主磁通 $\varPhi_m$ 与定子电枢绕组相匝联形成主磁通链 $\varPsi_m$。同时，通入对称三相电流的三相对称电枢绕组产生一个合成的磁通链 $\varPsi_s$，它是由没有穿过气隙的漏磁通链 $\varPsi_{ss}$ 和进入气隙的电枢反应磁通链 $\varPsi_a$ 两部分所构成，即 $\varPsi_s=\varPsi_{ss}+\varPsi_a$。因此，电动机气隙内的合成的磁通链矢量 $\boldsymbol{\Psi}_\delta$ 是由永磁转子所产生的主磁通链矢量 $\boldsymbol{\Psi}_m$ 与由通电的三相对称电枢绕组产生的电枢反应磁通链矢量 $\boldsymbol{\Psi}_a$ 之和给定的，如图 1.5.8 所示，即有

$$\boldsymbol{\Psi}_\delta=\boldsymbol{\Psi}_m+\boldsymbol{\Psi}_a \tag{1-5-26}$$

式（1-5-26）是电动机负载运行时的磁通链平衡方程式。电枢反应磁通链 $\varPsi_a=L_a\ I_a$，式中 L_a 被定义为电枢反应电感，它对应于穿过气隙的电枢反应磁通所走的路径的磁导。在 dq-旋转直角参考坐标系内，这个电枢反应磁通链矢量 $\boldsymbol{\Psi}_a$ 能够被分解成如下的形式：

$$\begin{cases}\varPsi_{ad}=L_dI_d=L_dI_a\cos\theta\\ \varPsi_{aq}=L_qI_q=L_qI_a\sin\theta\end{cases} \tag{1-5-27a}$$

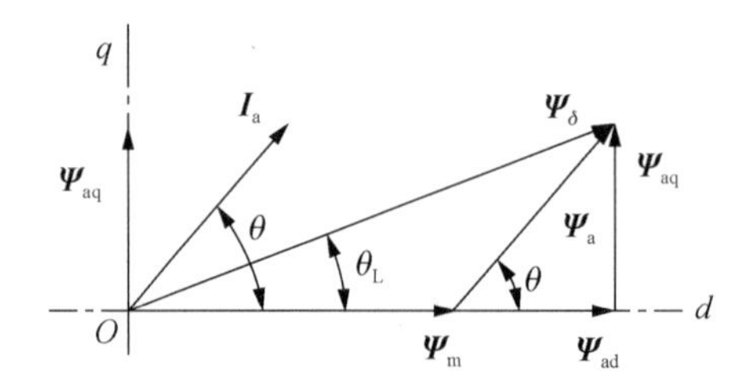

图 1.5.8 合成的气隙磁通链矢量和定子电流矢量之间的空间关系

于是，在 dq - 旋转直角参考坐标系内的合成气隙磁通链矢量 $\boldsymbol{\Psi}_\delta$ 由下式给定：

$$\begin{cases}\Psi_d = \Psi_m + \Psi_{ad} = \Psi_m + L_d I_d \\ \Psi_q = \Psi_{aq} = L_q I_q\end{cases} \tag{1-5-27b}$$

合成的气隙磁通链矢量 $\boldsymbol{\Psi}_\delta$ 和图 1.5.8 中所描述的其他磁通链矢量之间的空间关系由下式确定：

$$\Psi_\delta^2 = (L_q I_a \sin\theta)^2 + (\Psi_m + L_d I_a \cos\theta)^2 \tag{1-5-28}$$

角度 θ 是定子电流矢量 $\boldsymbol{I}_a$ 和 d - 轴之间的夹角，也是电枢反应磁通链矢量 $\boldsymbol{\Psi}_a$ 和 d - 轴之间的夹角，因而它又是电枢反应磁通链矢量 $\boldsymbol{\Psi}_a$ 和永磁转子产生的主磁通链矢量 $\boldsymbol{\Psi}_m$ 之间的夹角，是内功率因数角 ψ 的余角，它的大小是决定电磁转矩大小的一个重要因素。由图 1.5.8 可见，d - 轴与永磁转子产生的主磁通矢量 $\boldsymbol{\Phi}_m$ 的取向是一致的，合成的气隙磁通链矢量 $\boldsymbol{\psi}_\delta$ 的幅值取决于定子电流矢量 $\boldsymbol{I}_a$ 的空间电气角位置和幅值。

图 1.5.9 给出 dq - 旋转直角参考坐标系内的三个幅值相等、但所处的空间电气角位置不同的定子电流矢量 $\boldsymbol{I}_{a1}$、$\boldsymbol{I}_{a2}$ 和 $\boldsymbol{I}_{a3}$ 的情况。这三个定子电流矢量与 d - 轴之间有不同的电气夹角 θ_1、θ_2 和 θ_3，因此，它们在 d - 轴和 q - 轴上有大小不同的投影(I_{d1}, I_{q1})、(I_{d2}, I_{q2})和(I_{d3}, I_{q3})，并将对电动机的运行性能，如转矩大小和转速高低等，产生不同的影响。当夹角 $\theta_1 < 90°$ 电角度时，定子电流矢量 $\boldsymbol{I}_{a1}$ 在 d - 轴上的投影 I_{d1}，与永磁转子所产生的主磁通链矢量 $\boldsymbol{\Psi}_m$ 的方向相同，定子电流矢量 $\boldsymbol{I}_{a1}$ 起增磁作用，电动机的磁路处于过激状态；当夹角 $\theta_3 > 90°$ 电角度时，定子电流矢量 $\boldsymbol{I}_{a3}$ 在 d - 轴上的投影 I_{d3}，与永磁转子所产生的主磁通链矢量 $\boldsymbol{\Psi}_m$ 的方向相反，定子电流矢量 $\boldsymbol{I}_{a3}$ 起去磁作用，电动机的磁路处于欠激状态；当夹角 $\theta_2 = 90°$ 电角度时，定子电流矢量 $\boldsymbol{I}_{a2}$ 在 d - 轴上的投影 I_{d2} 等于零，即定子电流矢量 $\boldsymbol{I}_{a2}$ 与永磁转子所产生的主磁通链 $\boldsymbol{\Psi}_m$ 成正交状态，这时，定子电流矢量 $\boldsymbol{I}_{a2}$ 的 q - 轴分量就等定子电流矢量的幅值 $I_{q2} = I_{a2}$，而它的 d - 轴分量 $I_{d2} = 0$，根据方程式（1-5-19）和式（1-5-20），电磁转矩将达到它的最大值，即每单位电枢电流产生的电磁转矩最大，在此情况下，电动机的各个电磁变量之间的相互关系如图 1.5.10 所示。

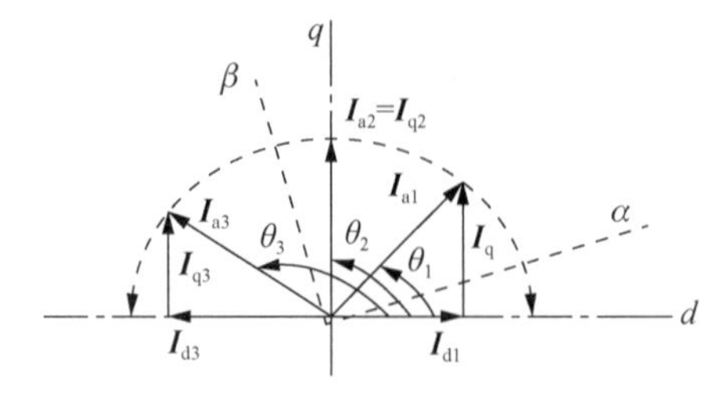

图 1.5.9 空间电气角位置不同的定子电流矢量 $\boldsymbol{I}_{a1}$、$\boldsymbol{I}_{a2}$ 和 $\boldsymbol{I}_{a3}$ 的情况

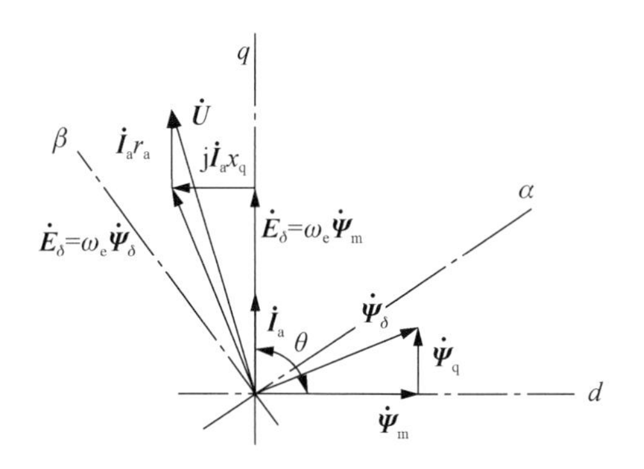

图 1.5.10　各个电磁变量之间的相互关系

总之，图 1.5.9 和图 1.5.10 展示了定子电流矢量 $\boldsymbol{I}_a$ 的 d - 轴和 q - 轴电流分量 I_d 和 I_q 是如何随着定子电流矢量 $\boldsymbol{I}_a$ 的空间电气角位置的变化而变化的，定子电流矢量 $\boldsymbol{I}_a$ 的空间电气角位置变化将导致角 θ 的变化，进而导致定子电流矢量 $\boldsymbol{I}_a$ 在 dq - 同步旋转坐标系的 d - 轴和 q - 轴上的分量 I_d 和 I_q 的变化，从而使电动机的输出转矩和运行转速发生变化。由此可见，所谓磁场取向控制就是通过对 dq- 同步旋转直角参考坐标系内的定子电流矢量 $\boldsymbol{I}_a$ 的两个分量 I_d 和 I_q 的大小进行控制，从而改变电枢磁场基波矢量 $\boldsymbol{F}_{a1}$ 的大小和方向，因此磁场取向控制又可以被称为矢量控制，最终达到控制电动机的电磁转矩和转速的目的。

图 1.5.11 是利用 d- 轴与永磁转子所产生的主磁通链取向一致排列的原则，来描述 dq- 同步旋转直角参考坐标系内的内置式永磁同步电动机的基本电磁矢量之间的空间关系，它与式（1-3-56）所描述的电压平衡方式是相互对应的。

根据式（1-5-28），定子电流矢量 $\boldsymbol{I}_a$ 的变化将引起气隙内的合成的磁通链 $\boldsymbol{\Psi}_\delta$ 的变化。如果定子电流矢量 $\boldsymbol{I}_a$ 和 d - 轴之间的夹角 θ 小于 90° 电角度时，如图 1.5.11（a）所示，永磁同步电动机气隙内的合成的磁通链 $\boldsymbol{\Psi}_\delta$ 要比永磁转子产生的主磁通链 $\boldsymbol{\Psi}_m$ 高；与之相反，如果定子电流矢量 $\boldsymbol{I}_a$ 和 d - 轴之间的夹角 θ 大于 90° 电角度时，则永磁同步电动机气隙内的合成的磁通链 $\boldsymbol{\Psi}_\delta$ 将低于永磁转子产生的主磁通链 $\boldsymbol{\Psi}_m$ ，如图 1.5.11（b）所示。

事实上，对于定子电流矢量 $\boldsymbol{I}_a$ 和 d - 轴之间的夹角 θ 小于 90° 电角度的情况而言，其定子电流矢量 $\boldsymbol{I}_a$ 在 d- 轴上的分量 $\dot{\boldsymbol{I}}_d$ 的方向与永磁转子的主磁通 $\boldsymbol{\Psi}_m$ 的方向是一致的，因此 d- 轴方向上的合成的气隙磁通链 $\Psi_{\delta d}$ 由永磁转子所产生的主磁通链 $\boldsymbol{\Psi}_m$ 和电枢反应磁通链在 d- 轴上的分量 $\Psi_{ad}=L_{ad}I_d$ 之和所给定，所以由合成的气隙磁通链的直轴分量 $\Psi_{\delta d}$ 在每相电枢绕组内感生的反电动势 $\dot{\boldsymbol{E}}_d$ 要比由永磁转子的主磁通链 $\boldsymbol{\Psi}_m$ 单独在每相电枢绕组内感生的空载反电动势 E_0 高一些，如图 1.5.11（a）所示。与此相反，对于定子电流矢量 $\boldsymbol{I}_a$ 和 d - 轴之间的夹角 θ 大于 90° 电角度的情况而言，其定子电流矢量 $\boldsymbol{I}_a$ 在 d - 轴上的分量 $\dot{\boldsymbol{I}}_d$ 的方向与永磁转子的主磁通链 $\boldsymbol{\Psi}_m$ 的方向是相反的，因此在 d- 轴方向上的合成的气隙磁通链 $\Psi_{\delta d}$ 由永磁体转子的主磁通链 $\boldsymbol{\Psi}_m$ 和电枢反应磁通链 Ψ_{ad} 在 d- 轴上的分量 $\Psi_{ad}=L_{ad}I_d$ 之差所给定，所以由合成的气隙磁通链的直轴分量 $\Psi_{\delta d}$ 在每相电枢绕组内感生的反电动势 $\dot{\boldsymbol{E}}_d$ 要比由永磁转子的主磁通链 $\boldsymbol{\Psi}_m$ 单独在每相电枢绕组内感生的空载反电动势 E_0 低一些，如图 1.5.11（b）所示。

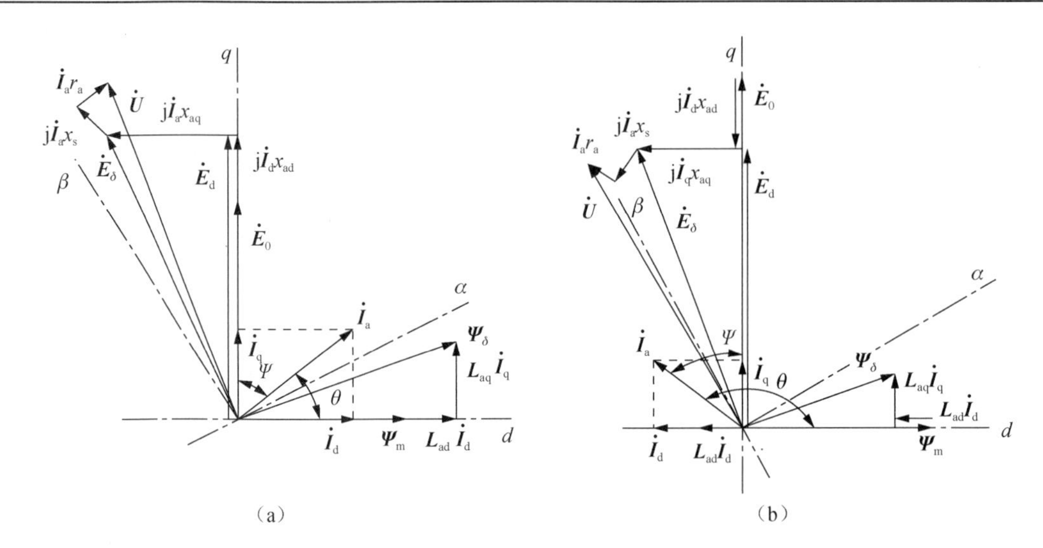

图 1.5.11　*dq*-同步旋转直角参考坐标系内的基本电磁矢量之间的空间关系

自控式永磁同步电动机磁场取向控制的策略有多种。为了掌握一些有关电动机运行的基本概念，这里先介绍两种常用的控制方法。

1）$i_d=0$ 的控制策略

在 dq-同步旋转直角参考坐标系内，定子电流矢量 $\boldsymbol{I}_a$（或用符号 $\boldsymbol{I}_s$ 来表示）的直轴电流分量 I_d 起到调节气隙磁通量大小的作用，通常被称为磁场电流分量；而定子电流矢量 $\boldsymbol{I}_a$ 的交轴电流分量 I_q 与气隙主磁场相互作用产生电磁转矩，通常被称为转矩电流分量。我们可以对定子电流矢量 $\boldsymbol{I}_a$ 的两个分量 I_d 和 I_q 分别进行调控，使 $i_d=0$，即没有磁场电流分量，只有转矩电流分量 $I_q=I_a$。这时，定子电流矢量 $\boldsymbol{I}_a$ 与永磁转子产生的气隙主磁 $\boldsymbol{\Psi}_m$ 场处于正交状态，即内功率因数角 $\psi=0$，而它的余角 $\theta=\pi/2$。

对于表面贴装式永磁同步电动机而言，采用 $i_d=0$ 的控制策略，可以使电枢电流全部成为转矩电流分量，从而产生最大的电磁转矩。这时，表面贴装式永磁同步电动机处于最佳的运行状态，具有最高的能量转换效率，这就是为什么表面贴装式永磁同步电动机通常采用 $i_d=0$ 控制策略的主要原因和目的。对于内置式永磁同步电动机而言，情况有所不同，我们以后再讨论。

2）磁场弱化的控制策略

在自控式永磁同步电动机中，每相电枢绕组的电压平衡方程式为

$$u=\frac{\mathrm{d}\Psi_\delta}{\mathrm{d}t}+z_s i_a$$

式中：z_s 是漏阻抗，$z_s=r_s+\mathrm{j}x_s$，Ω。

在不计每相电枢绕组的漏阻抗值，即 $z_s\approx 0$ 时，上述公式就可以写成

$$\begin{cases} u\approx\dfrac{\mathrm{d}\Psi_\delta}{\mathrm{d}t}=\dfrac{\mathrm{d}\Psi_\delta}{\mathrm{d}\theta}\dfrac{\mathrm{d}\theta}{\mathrm{d}t}\approx \mathrm{j}\,\Psi_\delta\omega_e \\ \omega_e\approx\dfrac{u}{\mathrm{j}\,\Psi_\delta} \end{cases} \tag{1-5-29}$$

式中：Ψ_δ 是气隙内的合成磁通，它是永磁转子产生的主磁通链矢量 $\boldsymbol{\Psi}_m$ 和电枢反应的磁通

链矢量$\boldsymbol{\Psi}_{\mathrm{a}}$的空间合成，即为

$$\boldsymbol{\Psi}_{\delta}=\boldsymbol{\Psi}_{\mathrm{m}} \pm \boldsymbol{\Psi}_{\mathrm{a}} \tag{1-5-30}$$

式（1-5-29）和式（1-5-30）表明，在特定的条件下，自控式永磁同步电动机具有与有刷电磁式并激直流电动机相类似的调速特性。在正常情况下，永磁转子磁极产生的气隙磁通$\boldsymbol{\Psi}_{\mathrm{m}}$保持恒定，电动机的转速$\omega_{\mathrm{e}}$与外加电压$U$成正比例关系变化，即可以通过改变外加电压$U$的大小来调节电动机的转速$\omega_{\mathrm{e}}$，这种调节被称之为电压控制；但是，在外加电压$U$已经达到逆变器的极限输出电压$[U]_{\max}$的情况下，如果还需要继续提高电动机的转速时，就不能再采用提高外加电压U的方法，而要采取适当措施来减小合成的气隙磁通链矢量$\boldsymbol{\Psi}_{\delta}$，从而达到继续提高电动机转速的目的。在有刷电磁式并激直流电动机中，我们可以减小激磁电流来弱化气隙磁通；在自控式永磁同步电动机中，虽然不具备调节激磁电流的条件，但是可以利用磁场电流分量，即定子电流矢量$\boldsymbol{I}_{\mathrm{a}}$在$d$-轴上的分量$i_{\mathrm{d}}$的去磁作用来达到弱化气隙磁场的目的。为此，把定子电流矢量$\boldsymbol{I}_{\mathrm{a}}$沿逆时针旋转方向推进，使定子电流矢量$\boldsymbol{I}_{\mathrm{a}}$和$d$-轴之间的夹角$\theta > \pi/2$，从而在$d$-轴上引入一个去磁电流分量，使气隙磁场弱化，达到提高转速的目的，这就是磁场弱化的控制策略。

在采用磁场弱化的控制策略时，我们应该注意到：在外加电压U保持不变的情况下，通过增大定子电流矢量$\boldsymbol{I}_{\mathrm{a}}$的直轴去磁电流分量$i_d$，来降低合成的气隙磁通链$\Psi_{\delta}$，从而可以反比例地提高电动机的转速。在此过程中，为了维持一定的电磁转矩，必须适当地增加电枢电流I_{a}，但不应超过逆变器允许的电流极限值$[I_a]_{\max}$。

自控式永磁同步电动机磁场取向控制的结构形式是多种多样的，但它们的控制本质和控制特性是相同的。比较典型的结构如图 1.5.12 所示，它的内部是一个转矩回环（即电流回环），它的外部是一个闭合的速度反馈回环。速度控制器依据速度误差产生转矩要求，即输出一个参考的转矩电流分量i_{q}^{*}。在此情况下，如果我们把定子电流矢量$\dot{\boldsymbol{I}}_{\mathrm{a}}$的磁场分量冻结在零的状态，即把一个参考的磁场电流分量i_{d}^{*}设置为零，则定子电流矢量$\dot{\boldsymbol{I}}_{\mathrm{a}}$正好被放置在交轴上，如图 1.5.10 所示，这时电动机将产生最大的电磁转矩；我们也可以把参考的磁场电流分量i_{d}^{*}设置在某一数值上，起到调节合成的气隙磁通链$\boldsymbol{\Psi}_{\delta}$的作用，从而达到调节电动机转速的目的。

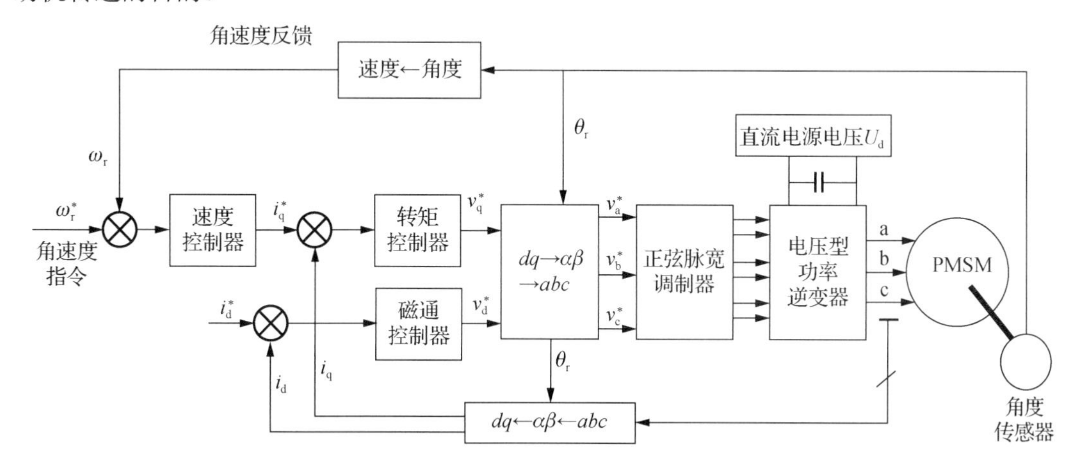

图 1.5.12　具有内部电流环和闭合速度环的典型磁场取向控制结构

1.5.4.2　直接转矩控制

直接转矩控制的结构要比磁场取向控制系统的结构简单得多。因为磁场取向控制系统需要坐标变换、位置或速度传感器；而直接转矩控制的基本理念是选择最佳的电压空间矢量，直接独立地控制定子磁通链和电磁转矩，从而能够获得快速的转矩响应。

对于直接转矩控制系统而言，为了获得足够的控制精度，使电动机能够平稳地运行，通常需要在高于 40 kHz 左右的频率上，对逆变器输出的三相电流中的任意两个相电流，如 i_{sA} 和 i_{sB} 以及它的直流母线电压 U_d 进行采样。

根据每一次的采样数据，在静止的 $\alpha\beta$- 参考坐标系内的定子电压空间矢量 $\boldsymbol{u}_s$ 的两个分量 $u_{s\alpha}$ 和 $u_{s\beta}$ 可以分别按下列公式计算：

$$u_{s\alpha}=\frac{2}{3}U_d\left(S_a-\frac{S_b-S_c}{2}\right) \tag{1-5-31}$$

$$u_{s\beta}=\frac{2}{3}U_d\frac{S_b-S_c}{\sqrt{3}} \tag{1-5-32}$$

式中：S_a、S_b、S_c 表示逆变器的开关状态，如果半桥上臂的功率开关器件被开通，则 $S_i=1$（i=a、b、c）；如果半桥上臂的功率开关器件被关断，则 $S_i=0$。

假设电动机的三相定子电枢绕组为星形连接，定子电枢电流空间矢量 $\boldsymbol{i}_s$ 在静止的 $\alpha\beta$- 参考坐标系内的分量 $i_{s\alpha}$ 和 $i_{s\beta}$ 可以分别按下列公式计算：

$$i_{s\alpha}=i_{sA} \tag{1-5-33}$$

$$i_{s\beta}=\frac{i_{sA}+2i_{sB}}{\sqrt{3}} \tag{1-5-34}$$

式中：i_{sA} 和 i_{sB} 分别是定子电枢绕组 A 相和 B 相内的电流。

在定子静止的 abc- 参考坐标系内，永磁同步电动机的电压平衡方程式为

$$\boldsymbol{u}_s=r_s\boldsymbol{i}_s+\frac{d\boldsymbol{\Psi}_s}{dt} \tag{1-5-35}$$

式中：$\boldsymbol{u}_s$ 是定子电压空间矢量；$\boldsymbol{i}_s$ 是定子电流空间矢量；$\boldsymbol{\Psi}_s$ 是定子磁通链空间矢量；r_s 是定子电阻。

定子磁通链空间矢量 $\boldsymbol{\Psi}_s$ 在静止的 $\alpha\beta$- 参考坐标系内的两个分量分别为 $\Psi_{s\alpha}$ 和 $\Psi_{s\beta}$，如图 1.5.13 所示。于是，可以写出静止的 $\alpha\beta$- 参考坐标系内的电压平衡方程式为

$$u_{s\alpha}=r_s i_{s\alpha}+\frac{d\Psi_{s\alpha}}{dt} \tag{1-5-36}$$

$$u_{s\beta}=r_s i_{s\beta}+\frac{d\Psi_{s\beta}}{dt} \tag{1-5-37}$$

式中：$u_{s\alpha}$ 和 $u_{s\beta}$ 分别是定子电压空间矢量 $\boldsymbol{u}_s$ 在 α- 轴和 β- 轴上的分量；$i_{s\alpha}$ 和 $i_{s\beta}$ 分别是定子电流空间矢量 $\boldsymbol{i}_s$ 在 α- 轴和 β- 轴上的分量。

在已知定子电阻 r_s 的情况下，利用式（1-5-31）～式（1-5-37），就可以写出定子磁通链空间矢量 $\boldsymbol{\Psi}_s$ 在 α- 轴和 β- 轴上的分量 $\Psi_{s\alpha}$ 和 $\Psi_{s\beta}$ 的计算公式为

$$\Psi_{s\alpha}=\int\left(u_{s\alpha}-r_s i_{s\alpha}\right)dt \tag{1-5-38}$$

$$\Psi_{s\beta}=\int\left(u_{s\beta}-r_s i_{s\beta}\right)dt \tag{1-5-39}$$

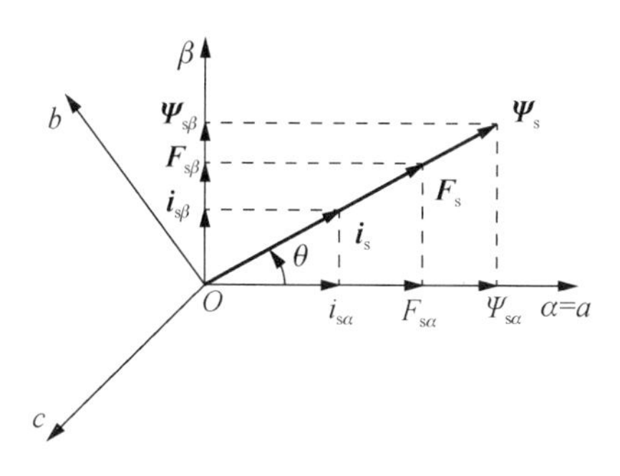

图 1.5.13　静止的 $\alpha\beta$- 参考坐标系内的定子磁通链空间矢量图

然后，利用式（1-5-33）～式（1-5-39），定子磁通链和电磁转矩的幅值可以按下列公式计算：

$$\Psi_s=\sqrt{\Psi_{s\alpha}^2+\Psi_{s\beta}^2} \tag{1-5-40}$$

$$\theta=\arcsin\left(\frac{\Psi_{s\beta}}{\Psi_s}\right) \tag{1-5-41}$$

$$T_{em}=\frac{3}{2}p\left(\Psi_{s\alpha}i_{s\beta}-\Psi_{s\beta}i_{s\alpha}\right) \tag{1-5-42}$$

式中：p 是磁极对数。

典型的永磁同步电动机的直接转矩控制方框图如图 1.5.14 所示，其主要由两电平磁通链滞后回环控制器、三电平转矩滞后回环控制器、定子磁通链和电磁转矩估算器（又可以被称为定子磁通链和电磁转矩观察器）、一个开关表（即查找表）和一个电压源逆变器所组成，如图 1.5.14 所示。

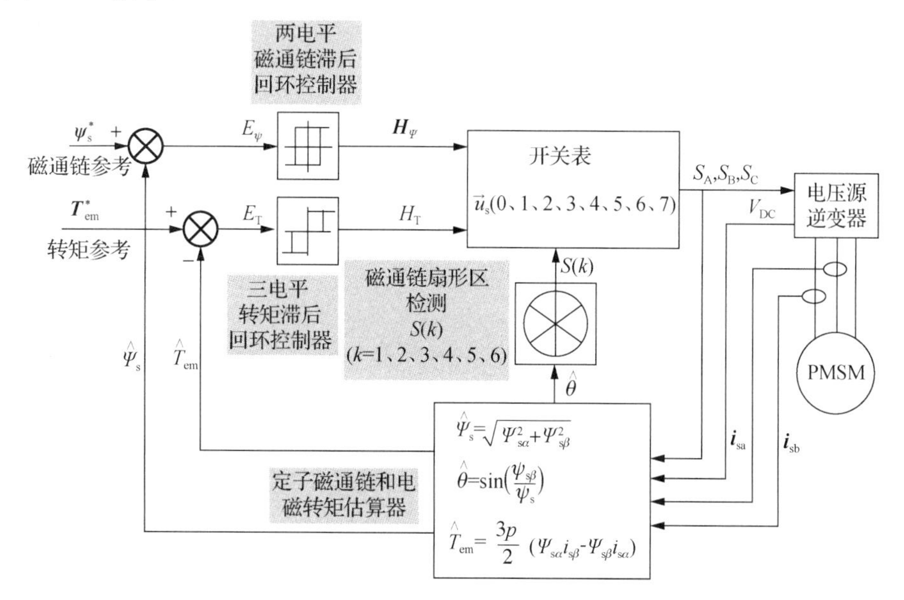

图 1.5.14　典型的直接转矩控制方框图

直接转矩控制的特征在于：通过选择最佳的逆变器开关模式，即选择最佳的逆变器的开关状态信号，直接独立地对定子磁通链和电磁转矩进行控制。选择最佳开关模式的目的是要把定子磁通链和电磁转矩的误差分别严格地限制在磁通链的滞后带宽和转矩的滞后带宽之内，以便获得快速的转矩响应、低的逆变器的开关频率、低的谐波损耗和足够的控制精确度。

定子磁通链的指令值$\boldsymbol{\varPsi}_{\mathrm{s}}^{*}$和电磁转矩的指令值$T_{\mathrm{em}}^{*}$与它们各自的估算值$\hat{\varPsi}_{\mathrm{s}}$和$\hat{T}_{\mathrm{em}}$分别在磁通链比较器和转矩比较器内进行比较，磁通链比较器和转矩比较器的输出误差$E_{\varPsi}$和E_{T}分别通过它们各自的滞后回环控制器进行处理，如图 1.5.14 所示。

磁通链滞后回环控制器具有两等级的数字输出，它的输出量与输入误差之间的关系为

对于$E_{\varPsi} > +(HB)_{\varPsi}$，

$$H_{\varPsi} = +1 \tag{1-5-43}$$

对于$E_{\varPsi} < -(HB)_{\varPsi}$，

$$H_{\varPsi} = -1 \tag{1-5-44}$$

式中：$E_{\varPsi}$是磁通链滞后回环控制器的输入磁通链误差；$(HB)_{\varPsi}$是磁通链滞后回环控制器的带宽；$H_{\varPsi}$是磁通链滞后回环控制器的输出量。

转矩滞后回环控制器具有三等级的数字输出，它的输出量与输入误差之间的关系为

对于$E_{\mathrm{T}} > +(HB)_{\mathrm{T}}$，

$$H_{\mathrm{T}} = +1 \tag{1-5-45}$$

对于$E_{\mathrm{T}} < -(HB)_{\mathrm{T}}$，

$$H_{\mathrm{T}} = -1 \tag{1-5-46}$$

对于$-(HB)_{\mathrm{T}} < E_{\mathrm{T}} < +(HB)_{\mathrm{T}}$，

$$H_{\mathrm{T}} = 0 \tag{1-5-47}$$

式中：E_{T}是转矩滞后回环控制器的输入转矩误差；$(HB)_{\mathrm{T}}$是转矩滞后回环控制器的带宽；H_{T}是转矩滞后回环控制器的输出量。

根据式（1-5-40）、式（1-5-41）和式（1-5-42），定子磁通链和电磁转矩估算器（即定子磁通链和电磁转矩观察器）进行定子磁通链空间矢量$\boldsymbol{\varPsi}_{\mathrm{s}}$的幅值$\varPsi_{\mathrm{s}}$、定子磁通链空间矢量$\boldsymbol{\varPsi}_{\mathrm{s}}$的空间电气位置角度$\theta$和电磁转矩$T_{\mathrm{em}}$的估算，求得它们的估算值$\hat{\varPsi}_{\mathrm{s}}$、$\hat{\theta}$和$\hat{T}_{\mathrm{em}}$，并把定子磁通链空间矢量$\boldsymbol{\varPsi}_{\mathrm{s}}$的估算幅值$\hat{\varPsi}_{\mathrm{s}}$和电磁转矩的估算值$\hat{T}_{\mathrm{em}}$分别反馈给磁通链比较器和转矩比较器；把定子磁通链空间矢量$\boldsymbol{\varPsi}_{\mathrm{s}}$的空间电气位置角度的估算值$\hat{\theta}$送至磁通链扇形区的检测单元，以便识别当前的定子磁通链空间矢量$\boldsymbol{\varPsi}_{\mathrm{s}}$处在图 1.5.15 所示的定子磁通链空间矢量的圆环形轨迹的哪个区域$S(k)$之内。

表 1.5.1 列出了逆变器输出的电压空间矢量的开关表（或查找表），表中有 8 个电压空间矢量，即$\boldsymbol{u}_1$、$\boldsymbol{u}_2$、$\boldsymbol{u}_3$、$\boldsymbol{u}_4$、$\boldsymbol{u}_5$、$\boldsymbol{u}_6$、$\boldsymbol{u}_7$和$\boldsymbol{u}_8$，其中$\boldsymbol{u}_1$、$\boldsymbol{u}_2$、$\boldsymbol{u}_3$、$\boldsymbol{u}_4$、$\boldsymbol{u}_5$和$\boldsymbol{u}_6$为非零矢量，$\boldsymbol{u}_7$和$\boldsymbol{u}_8$为零矢量，如图 1.5.16 所示。当定子磁通链空间矢量$\boldsymbol{\varPsi}_{\mathrm{s}}$处在$S(1)$扇形区内时，在$\boldsymbol{u}_1$、$\boldsymbol{u}_2$和$\boldsymbol{u}_6$三个非零电压空间矢量的作用之下，定子磁通链空间矢量$\boldsymbol{\varPsi}_{\mathrm{s}}$能够被增加，电磁转矩也被增加；而在$\boldsymbol{u}_3$、$\boldsymbol{u}_4$和$\boldsymbol{u}_5$ 3 个非零电压空间矢量的作用之下，定子磁通链空间矢量$\boldsymbol{\varPsi}_{\mathrm{s}}$能够被减小，电磁转矩也被减小；6 个非零电压空间矢量的作用能够使定子磁通链空间矢量$\boldsymbol{\varPsi}_{\mathrm{s}}$的末端朝上、下、左、右等 6 个方向移动，如图 1.5.16 所示。在$\boldsymbol{u}_7$和$\boldsymbol{u}_8$两个零矢量的作用之下，电动机的三相电枢绕组的端头被短接，使定子磁通链空间矢量$\boldsymbol{\varPsi}_{\mathrm{s}}$和电磁转矩保持不变；但是由于在电阻$r_{\mathrm{s}}$上存在一些电压降落，磁通链和电磁转矩将稍微下降。

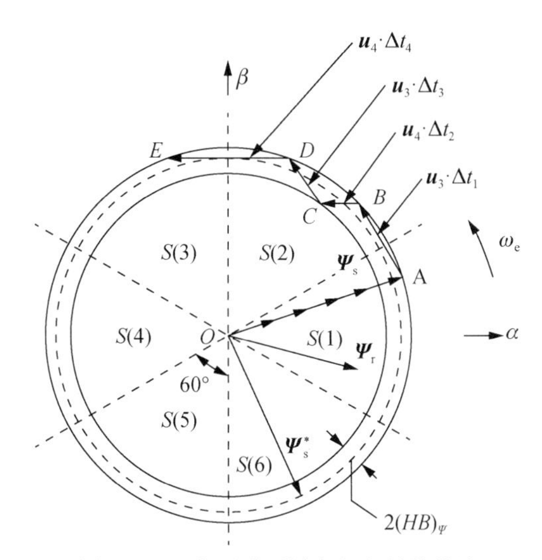

图 1.5.15　定子磁通链空间矢量的轨迹

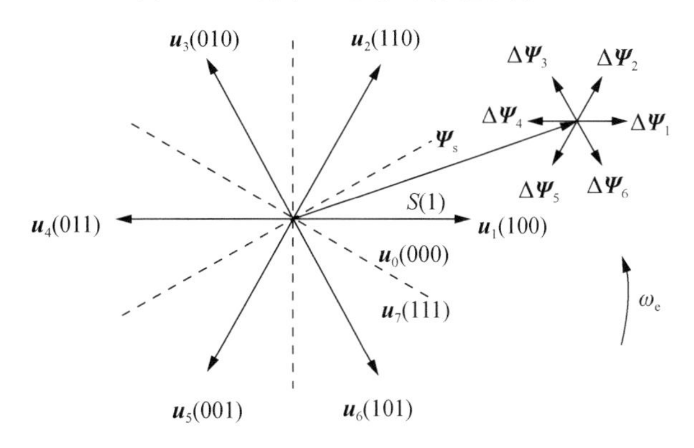

图 1.5.16　逆变器的电压空间矢量

根据图 1.5.15 所示定子磁通链空间矢量的圆形轨迹的 6 个扇形区域，即 $S(1)$、$S(2)$、$S(3)$、$S(4)$、$S(5)$ 和 $S(6)$，磁通链滞后回环控制器的两个等级和力矩滞后回环控制器的三个等级，把开关表划分成 36 个可供选择的开关状态。当开关表接收到磁通链滞后回环控制器的输出量 H_Ψ、转矩滞后回环控制器的输出量 H_T 和来自磁通链扇形区的检测单元的 $S(k)$ 之后，它将立即给逆变器提供一个最佳的开关电压信号 u_i（S_a S_b S_c），把定子磁通链空间矢量 Ψ_s 的移动轨迹严格控制在规定的带宽范围之内。

表 1.5.1　逆变器输出的电压空间矢量的开关

H_Ψ	H_T	$S(1)$	$S(2)$	$S(3)$	$S(4)$	$S(5)$	$S(6)$
1	1	u_2	u_3	u_4	u_5	u_6	u_1
	0	u_8	u_7	u_8	u_7	u_8	u_7
	−1	u_6	u_1	u_2	u_3	u_4	u_5
−1	1	u_3	u_4	u_5	u_6	u_1	u_2
	0	u_7	u_8	u_7	u_8	u_7	u_8
	−1	u_5	u_6	u_1	u_2	u_3	u_4

电压源逆变器通常采用 180°导通的电压型三相半桥逆变电路，它由 a、b、c 3 个桥臂和 S_1 、S_2 、S_3 、S_4 、S_5 、S_6 6 个功率开关器件构成，可以实现 8 种开关模式，即输出 $\boldsymbol{u}_1(100)$ 、$\boldsymbol{u}_2(110)$ 、 $\boldsymbol{u}_3(010)$ 、 $\boldsymbol{u}_4(011)$ 、 $\boldsymbol{u}_5(001)$ 、 $\boldsymbol{u}_6(101)$ 、 $\boldsymbol{u}_7(111)$ 和 $\boldsymbol{u}_8(000)$ 8 个电压空间矢量。

根据式（1-5-35），在忽略电动机定子电阻 r_{s} 的条件下，我们能够写出

$$\boldsymbol{u}_{\mathrm{s}} = \frac{\mathrm{d}}{\mathrm{d}t} \boldsymbol{\varPsi}_{\mathrm{s}} \tag{1-5-48}$$

$$\Delta \boldsymbol{\varPsi}_{\mathrm{s}} = \boldsymbol{u}_{\mathrm{s}} \cdot \Delta t \tag{1-5-49}$$

式（1-5-49）表明：通过把定子电压空间矢量 $\boldsymbol{u}_{\mathrm{s}}$ 施加一个时间增量 Δt ，定子磁通链矢量 $\boldsymbol{\varPsi}_{\mathrm{s}}$ 就能够以增量的方式发生改变。对应于 6 个电压空间矢量 $\boldsymbol{u}_{\mathrm{s}}$ 的每一个磁通链增量矢量 $\Delta \boldsymbol{\varPsi}_{\mathrm{s}}$ 示于图 1.5.16 中。

参照图 1.5.15，在电动机中初始磁通链的建立是沿着轨迹线 OA 在零频率上（即借助直流）实施的。依据额定的定子磁通链，施加指令电磁转矩，参考定子磁通链空间矢量 $\boldsymbol{\varPsi}_{\mathrm{s}}^{*}$ 开始旋转。依据表 1.5.1，施加被选择的空间电压矢量，它基本上能够同时影响电磁转矩和定子磁通链两者的量值。在电压空间矢量 $\boldsymbol{u}_1$、 $\boldsymbol{u}_2$ 、 $\boldsymbol{u}_3$ 和 $\boldsymbol{u}_4$ 的作用之下，分别产生磁通链轨迹的线段 AB 、 BC 、 CD 和 DE ，如图 1.5.15 所示。由于转子具有比较大的惯量，转子磁通链空间矢量 $\boldsymbol{\varPsi}_{\mathrm{r}}$ 变化非常缓慢，它在角频率 ω_{e} 上运动均匀；而定子磁通链空间矢量 $\boldsymbol{\varPsi}_{\mathrm{s}}$ 变化快，它的运动是不均匀的，有时有颠簸现象，然而在稳态条件下两者的平均速度是相同的。

为了便于进一步理解，把定子磁通链空间矢量 $\boldsymbol{\varPsi}_{\mathrm{s}}$ 在扇形区 $S(2)$ 内的运行作为一个例子，当定子磁通链空间矢量 $\boldsymbol{\varPsi}_{\mathrm{s}}$ 处在 B 点时，磁通链太高而转矩又太低，即有 $H_{\varPsi}=-1$ 和 $H_{\mathrm{T}}=+1$。根据表 1.5.1，空间电压矢量 $\boldsymbol{u}_4$ 将被施加到逆变器上，它将产生轨迹线 BC 。在点 C 上， $H_{\varPsi}=+1$ 和 $H_{\mathrm{T}}=+1$，根据表 1.5.1，这将产生空间电压矢量 $\boldsymbol{u}_3$ ，迫使定子磁通链空间矢量 $\boldsymbol{\varPsi}_{\mathrm{s}}$ 沿着轨迹线 CD 移动，以此类推。直接转矩控制能够容易地在 4 个象限内运行，如果需要的话，可以增加速度回环和磁场弱化控制。

在直接转矩控制（DTC）系统中，基于基本的数学方程式，采用观察器、查找表和空间矢量脉宽调制技术的组合代替角位置传感器，实现了自控式永磁同步电动机的无传感器控制，具有宽广的发展前景。

1.6 自控式永磁同步电动机的稳态运行分析

本节着重分析矢量控制范畴内的自控式永磁同步电动机及其伺服驱动系统稳态运行状况。

在驱动控制系统中，电磁式有刷直流电动机是通过调节它的输入电压（或电流）和激磁电流来实现转矩和转速的调节；而对于由逆变器供电的自控式永磁同步电动机而言，电动机的驱动电压受到逆变器可能输出的最大电压的限制，在永磁转子产生的气隙磁通恒定不变的条件下，电动机的转速达到某一数值后就无法继续提高。在此情况下，就要采取磁场弱化策略，即利用电枢反应的直轴去磁分量来减小由永磁转子产生的气隙主磁通的方法，使自控式永磁同步电动机的转速能够被继续提高，电动机得以在一个比较宽的转速范围内运行。

目前，大多数用于电动汽车、越野汽车、电气火车和其他牵引伺服驱动系统的自控式

永磁同步电动机通常设计为：随着逆变器输出电压的逐步提高，电动机的转速能够从零开始逐步增加，并能够提供一个恒定的转矩直至达到一个基准转速 ω_b。在这个基准转速上逆变器的输出电压达到了它的电压极限值，这个 $0<\omega<\omega_b$ 的区域被称为恒定转矩运行区域。然后，逆变器提供给电动机的电压被保持在这个受到限制的电压极限值上，我们采用磁场弱化的策略，使电动机的转速能够继续增加，并以与转速成反比例的方式提供的转矩，即转矩随着转速的增加而下降，电动机的输出功率保持恒定，直至达到一个最大的转速 ω_{max}，这个 $\omega_b<\omega<\omega_{max}$ 的区域被称为恒定功率运行区域。恒定功率运行区域的转速范围是磁场弱化驱动的一个指标，它被定义为

$$\text{CPSR}=\frac{\omega_{max}-\omega_b}{\omega_b} \tag{1-6-1}$$

由此可见，电动机的整个稳态运行特性由恒定转矩运行和恒定功率运行两个区域所组成，如图 1.6.1 所示。所谓稳态运行，就是电动机在三相正弦定子电压和三相正弦定子电流的幅值和频率保持恒定不变的条件下的运行。为了使自控式永磁同步电动机的伺服驱动系统在额定稳态运行时，能够以比较小的体积、比较轻的质量和比较低的价格，可靠地给负载提供额定转矩，并使电动机在额定转速上或在一定的转速范围内运行，满足用户对运行效率、过载能力、动态响应和功率因数等技术指标提出的合理要求，就必须合理设计由电动机和控制器构成的系统的每一个环节，并使之相互匹配；而分析研究自控式永磁同步电动机的稳态运行的主要变化规律，是系统最佳化设计的基础。

在分析自控式永磁同步电动机的稳态运行之前，我们需要先做如下某些简化的假设。

（1）电枢绕组的电阻被忽略。

（2）铁心的磁导率被认为是无穷的，因此不考虑饱和效应。

（3）忽略铁心损耗。

（4）假设永磁体所采用的永磁材料具有一个合适的矫顽力，或者沿着磁力线的方向具有足够的厚度，不考虑由电枢反应引起的永磁体的不可逆去磁。

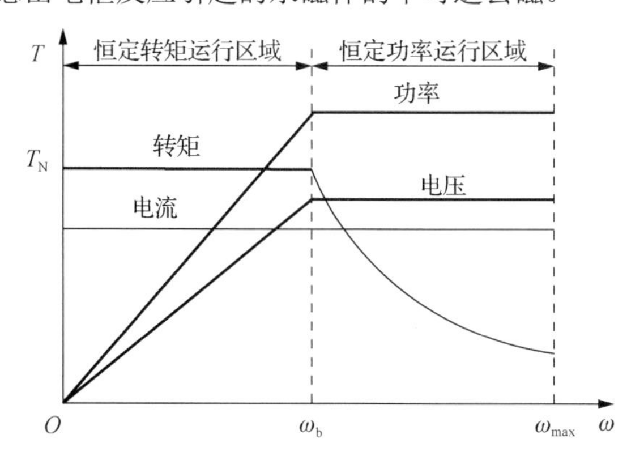

图 1.6.1　自控式永磁同步电动机可变速度驱动中理想的“转矩/转速”特性

1.6.1　电流圆图和电压圆图

在 dq- 旋转直角参考坐标系内的定子电流空间矢量 $\boldsymbol{i}_s$ 可以用 i_d-i_q 坐标平面内的数学表达式来描述为

$$i_s = \sqrt{i_d^2 + i_q^2} \tag{1-6-2a}$$

它稳态运行时的幅值可以表达为

$$I_s = \sqrt{I_d^2 + I_q^2} \tag{1-6-2b}$$

上述式中：i_s 是 dq- 旋转直角参考坐标系内的定子电流空间矢量 $\boldsymbol{i}_s$ 的瞬时值；i_d 是定子电流空间矢量 $\boldsymbol{i}_s$ 的 d- 轴分量的瞬时值；i_q 是定子电流空间矢量 $\boldsymbol{i}_s$ 的 q- 轴分量的瞬时值；I_s 是系统稳态运行时定子电流空间矢量 $\boldsymbol{i}_s$ 的幅值；I_d 是系统稳态运行时定子电流空间矢量 $\boldsymbol{i}_s$ 的 d- 轴分量的幅值；I_q 是系统稳态运行时定子电流空间矢量 $\boldsymbol{i}_s$ 的 q- 轴分量的幅值。

在 dq- 旋转直角参考坐标系内的定子电流空间矢量 $\boldsymbol{i}_s$ 的幅值保持不变的情况下，i_d-i_q 坐标平面内的数学表达式（1-6-2a）是一个圆方程式；由这个圆方程式描写的圆被称为电流圆图，如图 1.6.2（a）所示。

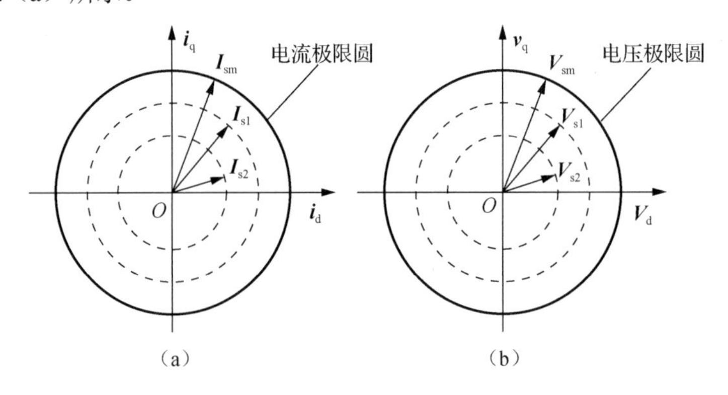

图 1.6.2　电流圆图和电压圆图

同样，在 dq- 旋转直角参考坐标系内的定子电压空间矢量 $\boldsymbol{v}_s$，可以用 v_d-v_q 坐标平面内的数学表达式来描述

$$v_s = \sqrt{v_d^2 + v_q^2} \tag{1-6-3a}$$

它稳态运行时的幅值可以表达为

$$V_s = \sqrt{V_d^2 + V_q^2} \tag{1-6-3b}$$

上述式中：v_s 是 dq- 旋转直角参考坐标系内的定子电压空间矢量 $\boldsymbol{v}_s$ 的瞬时值；v_d 是定子电压空间矢量 $\boldsymbol{v}_s$ 的 d- 轴分量的瞬时值；v_q 是定子电压空间矢量 $\boldsymbol{v}_s$ 的 q- 轴分量的瞬时值；V_s 是系统稳态运行时定子电压空间矢量 $\boldsymbol{v}_s$ 的幅值；V_d 是系统稳态运行时定子电压空间矢量 $\boldsymbol{v}_s$ 的 d- 轴分量的幅值；V_q 是系统稳态运行时定子电压空间矢量 $\boldsymbol{v}_s$ 的 q- 轴分量的幅值。

在 dq- 旋转直角参考坐标系内的定子电压空间矢量 $\boldsymbol{v}_s$ 的幅值保持不变的情况下，v_d-v_q 坐标平面内的数学表达式（1-6-3a）是一个圆方程式；由这个圆方程式描写的圆被称为电压圆图，如图 1.6.2（b）所示。

1.6.2　电流极限圆和电压极限圆

在可变转速驱动中，永磁同步电动机是由逆变器供电的。为了节省成本，通常逆变器的功率定额与电动机的功率定额是相互匹配的。由于受到逆变器的功率定额和电动机的设计容量（发热）的限制，电动机的稳态运行时的定子电流和定子电压将受到约束。系统稳态运行时，电动机和逆变器所允许的最大连续运行的定子电流的数值被称为电流极限；逆变器能够给电动机提供的最大定子电压的数值被称为电压极限。因此，方程式（1-6-2b）和（1-6-3b）必须满足下列条件：

$$I_s=\sqrt{I_d^2+I_q^2}\leqslant I_{sm} \tag{1-6-4a}$$

$$V_s=\sqrt{V_d^2+V_q^2}\leqslant V_{sm} \tag{1-6-4b}$$

式中：I_{sm} 是系统稳态运行时的定子电流空间矢量 $\boldsymbol{i}_s$ 的极限幅值；V_{sm} 是系统稳态运行时的定子电压空间矢量 $\boldsymbol{v}_s$ 的极限幅值。

所谓电压极限值就是逆变器能够给电动机提供的定子电压空间矢量 $\boldsymbol{v}_s$ 的最大幅值 V_{Sm}，它取决于逆变器内的功率开关器件的容量等级和直流母线电压；所谓电流极限值就是逆变器和电动机允许连续流通的定子电流空间矢量 $\boldsymbol{i}_s$ 的最大幅值 I_{sm}，它取决于逆变器和电动机的匹配容量。电压极限值 V_{sm} 和电流极限值 I_{sm} 是系统稳态运行必须满足的主要约束条件。

根据方程式（1-6-2a），在 i_d-i_q 坐标平面内，表面贴装式永磁同步电动机（SPMSM）和内置式永磁同步电动机（IPMSM）的定子电流空间极限矢量 $\boldsymbol{i}_{sm}$ 末端的移动轨迹线都是一个圆，它们被称之为电流极限圆，如图 1.6.2（a）所示。根据方程式（1-6-3a），在 v_d-v_q 坐标平面内，表面贴装式永磁同步电动机和内置式永磁同步电动机的定子电压空间极限矢量 $\boldsymbol{v}_{sm}$ 末端的移动轨迹线也都是一个圆，它们被称之为电压极限圆，如图 1.6.2（b）所示。

系统稳态运行时，应该把定子电压空间矢量 $\boldsymbol{v}_s$ 的幅值（V_{s1}，V_{s2}，…）控制在电压极限幅值 V_{sm} 之内；把定子电流空间矢量 $\boldsymbol{i}_s$ 的幅值（I_{s1}，I_{s2}，…）控制在电流极限幅值 I_{sm} 之内。

1.6.3　i_d - i_q 坐标平面内的电压圆图

为了能够比较清晰的分析，伺服驱动系统在稳态运行时，定子电流空间矢量 $\boldsymbol{i}_s$ 末端的移动轨迹线（即电流圆图）和定子电压空间矢量 $\boldsymbol{v}_s$ 末端的移动轨迹线（即电压圆图）随着电动机参数的变化而变化的规律，以及它们之间的相互关系，通常需要把 v_d - v_q 坐标平面内的电压圆图变换成 i_d - i_q 坐标平面内的电压圆图，从而使电流圆图和电压圆图能够展示在同一个 i_d - i_q 坐标平面内。对于表面贴装式永磁同步电动机而言，v_d - v_q 坐标平面内的电压圆图变换到 i_d - i_q 坐标平面内之后，它仍然是一个圆；而对于内置式永磁同步电动机而言，当电压圆图从 v_d - v_q 坐标平面变换到 i_d - i_q 坐标平面内之后，它将是一个椭圆。现在，我们将对表面贴装式永磁同步电动机和内置式永磁同步电动机的不同变换情况分别进行分析和讨论。

1.6.3.1　i_d-i_q 坐标平面内的表面贴装式永磁同步电动机的电压圆图

根据表面贴装式永磁同步电动机在 dq- 旋转直角参考坐标系内的数学模型，可以写出表面贴装式永磁同步电动机的定子电压空间矢量 $\boldsymbol{v}_s$ 的 d- 轴分量和 q- 轴分量的瞬态表达式为

$$v_d=r_s i_d+L_d\left(\frac{\mathrm{d}i_d}{\mathrm{d}t}\right)-\omega_e L_q i_q \tag{1-6-5}$$

$$v_q=r_s i_q+L_q\left(\frac{\mathrm{d}i_q}{\mathrm{d}t}\right)+\omega_e\left(\Psi_m+L_d i_d\right) \tag{1-6-6}$$

当系统稳态运行时，定子电压空间矢量 $\boldsymbol{v}_s$ 的 d- 轴分量 v_d 和 q- 轴分量 v_q 的表达式分别为

$$v_d = r_s i_d - \omega_e L_q i_q \tag{1-6-7}$$

$$v_q = r_s i_q + \omega_e L_d i_d + \omega_e \Psi_m \tag{1-6-8}$$

忽略定子电阻，即 r_s=0，并考虑到表面贴装式永磁同步电动机有 $L_d = L_q = L_s$，方程式（1-6-7）和式（1-6-8）便可以分别被改写为

$$v_d = -\omega_e L_s i_q \tag{1-6-9}$$

$$v_q = \omega_e L_s i_d + \omega_e \Psi_m \tag{1-6-10}$$

于是，可以求得

$$v_d^2 = \omega_e^2 \left(L_s i_q\right)^2 \tag{1-6-11}$$

$$v_q^2 = \omega_e^2 \left(L_s i_d + \Psi_m\right)^2 \tag{1-6-12}$$

把方程式（1-6-11）和方程式（1-6-12）代入方程式（1-6-3a），并进行适当的运算，便可以把 v_d-v_q 坐标平面内的电压圆图变换成 i_d-i_q 坐标平面内的电压圆图，即

$$v_d^2 + v_q^2 = \omega_e^2 \left(L_s i_q\right)^2 + \omega_e^2 \left(L_s i_d + \Psi_m\right)^2 = v_s^2$$

$$\left(L_s i_q\right)^2 + \left(L_s i_d + \Psi_m\right)^2 = L_s^2\, i_q^2 + L_s^2 \left(i_d + \frac{\Psi_m}{L_s}\right)^2 = \left(\frac{v_s}{\omega_e}\right)^2$$

$$i_q^2 + \left(i_d + \frac{\Psi_m}{L_s}\right)^2 = \left(\frac{v_s}{\omega_e L_s}\right)^2 \tag{1-6-13a}$$

用定子电压空间矢量 $\boldsymbol{v}_s$ 的极限幅值 V_{sm} 代替上式中的 v_s，便得到定子电压空间极限矢量 $\boldsymbol{v}_{sm}$ 末端的移动轨迹线的数学表达式为

$$i_q^2 + \left(i_d + \frac{\Psi_m}{L_s}\right)^2 = \left(\frac{V_{sm}}{\omega_e L_d}\right)^2 \tag{1-6-13b}$$

方程式（1-6-13a）就是表面贴装式永磁同步电动机的定子电压空间矢量 $\boldsymbol{v}_s$ 的末端在 i_d-i_q 坐标平面内的移动轨迹线的数学表达式，它在 i_d-i_q 坐标平面内描述了定子电压空间矢量 $\boldsymbol{v}_s$ 的瞬时值 $\boldsymbol{v}_s$ 与定子电流空间矢量 $\boldsymbol{i}_s$ 的 d- 轴分量 i_d 和 q- 轴分量 i_q，以及与电动机的参数（Ψ_m / L_s）之间的关系。在 i_d-i_q 坐标平面内，方程式（1-6-13）仍然是一个圆，但是它的圆心已从 v_d-v_q 坐标平面内的坐标原点移至 i_d-i_q 坐标平面内的点（$-\Psi_m / L_s$，0），圆的半径是（$v_s / \omega_e L_s$）。由此，电压圆图的半径正比于逆变器给电动机提供的定子电压空间矢量 $\boldsymbol{v}_s$ 的瞬时值 $\boldsymbol{v}_s$；而反比于电气角速度 ω_e 和电枢绕组的电感 L_s。方程式（1-6-13b）描述了对应于定子电压空间矢量 $\boldsymbol{v}_s$ 的极限幅值 V_{sm} 的电压圆图，它被称为电压极限圆。对于一台给定的表面贴装式永磁同步电动机而言，电压极限圆的半径随着定子电压空间矢量 $\boldsymbol{v}_s$ 的极限幅值 V_{sm} 的增加而增大；而随着电气角速度 ω_e 的增加而减小，如图 1.6.3 所示。图中，ω_{e1} 是对应于电压极限圆的电气角速度，$\omega_{e3} > \omega_{e2} > \omega_{e1}$，当电气角速度 ω_e 趋向无穷大时，电压极限圆的半径就趋向于零。

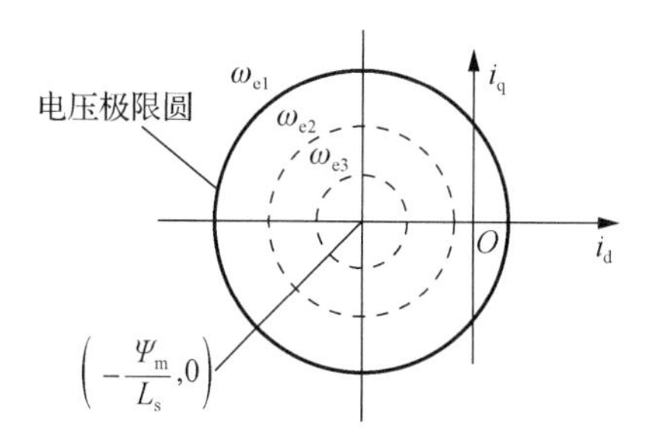

图 1.6.3　i_d-i_q 坐标平面内表面贴装式永磁同步电动机的电压圆图

在电压极限圆的圆心（$-\Psi_m / L_s$，0）上，i_d =（$-\Psi_m / L_s$），它是一个重要的参数，它被称为电动机的特征电流，用符号 I_{ch} 来表示，即有 I_{ch} =（$-\Psi_m / L_s$）。显然，它是一个与电动机的参数有关的量值，在忽略电枢绕组电阻 r_s 的条件下，特征电流 I_{ch} 实质上是电动机作发电机状态运行时的短路电流。当特征电流 I_{ch} 小于电流极限值时，电压极限圆的圆心处在电流极限圆之内；而当特征电流 I_{ch} 大于电流极限值，电压极限圆的圆心将落在电流极限圆的外面。电压极限圆的圆心的另一个坐标值为 0，即 i_q =0，这意味着电动机将不能建立电磁转矩，即 T_{em} =0。

为了便于分析，我们必须把电流极限圆和电压极限圆按照同样的比例画在同一个 i_d-i_q 坐标平面上，如图 1.6.4 所示。这时会出现了两种不同的情况：第一种情况是特征电流小于电流极限，即 $I_{ch} < I_{sm}$，如图 1.6.4（a）所示，在此情况下，表面贴装式永磁同步电动机的伺服驱动系统的恒功率运行区域的速度范围理论上是无穷的；第二种情况是特征电流大于电流极限，即 $I_{ch} > I_{sm}$，如图 1.6.4（b）所示，在此情况下，表面贴装式永磁同步电动机的伺服驱动系统的恒功率运行区域的转速范围是有限的。由此可见，通过增大电动机的电枢绕组的电感 L_s 和减小由永磁转子产生的气隙主磁链的幅值 Ψ_m，来减小特征电流 I_{ch}，就可以达到扩大表面贴装式永磁同步电动机的伺服驱动系统的恒功率运行区域的转速范围的目的。

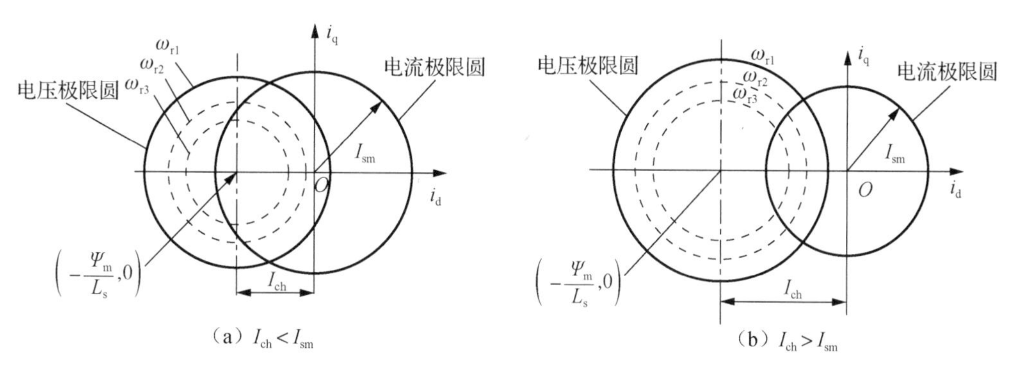

图 1.6.4　两种不同特征电流数值时的表面贴装式永磁同步电动机的电流极限圆和电压极限圆

表面贴装式永磁同步电动机伺服驱动系统稳态运行时，必须同时满足电流极限和电压极限。因此表面贴装式永磁同步电动机伺服驱动系统在磁场弱化区域运行时，定子电流空间矢量 $\boldsymbol{i}_s$ 末端的移动轨迹线必须处在由两个极限圆的相互交叉所确定的面积之内，即处在如图 1.6.5（a）中阴影线所示的区域之内。因此，如果 $L_{sm} > \left|\Psi_m / L_s\right|$，电压极限圆的圆心将

落在电流极限圆的里面，则恒功率运行区域的转速范围在理论上是无穷的；另外，如果 $I_{sm}<\left|\Psi_m / L_s\right|$，则当电动机的机械角速度 ω_r（电气角速度 $\omega_e=p\omega_r$）从对应于图 1.6.5（b）中的 B 点的机械角速度 ω_{rB} 开始升高至某一个机械角速度 ω_{r3} 时两个极限圆之间的相互交叉的面积将消失。因此，对于具有一定设计参数的表面贴装式永磁同步电动机而言，在恒功率运行区域内将存在一个对应于图 1.6.5（b）中的 C 点的最大的机械角速度 ω_{rC}，在这个最大的机械角速度 ω_{rC} 上电动机能够建立起设计所规定的电磁转矩，我们把这个最大的机械角速度 ω_{rC} 称为临界机械角速度（或简称为临界转速），即电动机在恒功率运行区域内能够提供的设计规定的电磁转矩的最大的机械角速度 $\omega_{r\max}$，它是恒功率运行区域的转速范围的极限。图 1.6.5（b）展示了借助磁场弱化，表面贴装式永磁同步电动机在恒功率运行区域的转速范围内的定子电流空间极限矢量 $\boldsymbol{i}_{sm}$ 末端的移动轨迹线，从 B 点移动至 C 点。因此，恒功率运行区域的转速范围是从 ω_{rB} 开始到 ω_{rC} 结束，即 $\omega_{rB}\leqslant\omega_r\leqslant\omega_{rC}$。

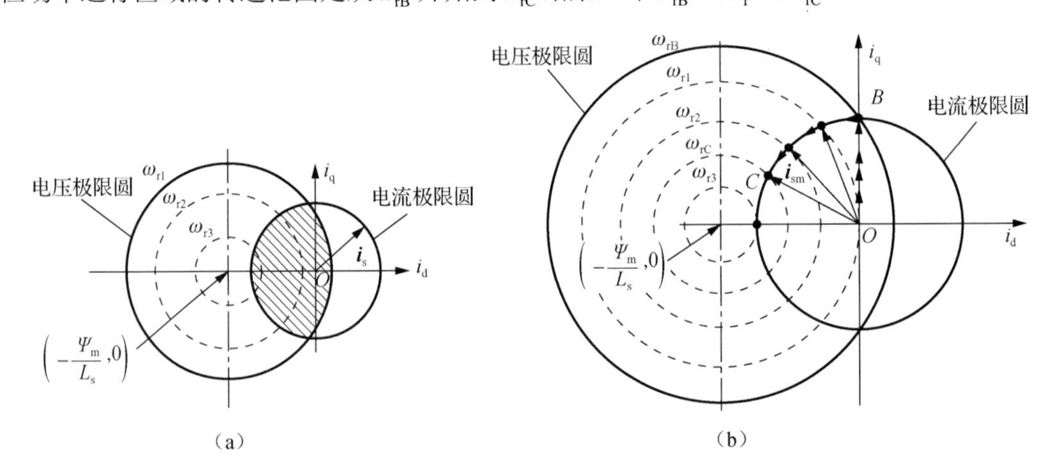

图 1.6.5　表面贴装式永磁同步电动机伺服驱动系统的电流极限圆和电压极限圆

1.6.3.2　i_d-i_q 坐标平面内的内置式永磁同步电动机的电压椭圆图

现在，我们再来推导内置式永磁同步电动机的定子电压空间矢量 $\boldsymbol{v}_s$ 末端在 i_d-i_q 坐标平面内的移动轨迹线的数学表达式。根据式（1-6-7）和式（1-6-8），在忽略定子电阻，即 $r_s=0$，并考虑到内置式永磁同步电动机的 $L_d\neq L_q$，可以得到

$$v_d=-\omega_e L_q i_q \tag{1-6-14}$$

$$v_q=\omega_e L_d i_d+\omega_e \Psi_m \tag{1-6-15}$$

于是，可以求得

$$v_d^2=\omega_e^2\left(L_q i_q\right)^2 \tag{1-6-16}$$

$$v_q^2=\omega_e^2\left(L_d i_d+\Psi_m\right)^2 \tag{1-6-17}$$

把方程式（1-6-16）和（1-6-17）代入方程式（1-6-3a），并进行适当的运算，便可以获得 i_d-i_q 坐标平面内的定子电压空间矢量 $\boldsymbol{v}_s$ 末端的移动轨迹线的数学表达式为

$$v_d^2+v_q^2=\omega_e^2\left(L_q i_q\right)^2+\omega_e^2\left(L_d i_d+\Psi_m\right)^2=v_s^2$$

$$\omega_e^2\left(L_q i_q\right)^2+\omega_e^2\left[L_d\left(i_d+\frac{\Psi_m}{L_d}\right)\right]^2=\omega_e^2 L_q^2 i_q^2+\omega_e^2 L_d^2\left(i_d+\frac{\Psi_m}{L_d}\right)^2=v_s^2$$

$$\left(i_d+\frac{\Psi_m}{L_d}\right)^2+\left(\frac{L_q}{L_d}\right)^2 i_q^2=\left(\frac{v_s}{\omega_e L_d}\right)^2 \tag{1-6-18a}$$

用定子电压空间矢量 $\boldsymbol{v}_s$ 的极限幅值 V_{sm} 代替上式中的 v_s，便得到定子电压空间极限矢量 $\boldsymbol{v}_{sm}$ 末端的移动轨迹线的数学表达式为

$$\left(i_d+\frac{\Psi_m}{L_d}\right)^2+\left(\frac{L_q}{L_d}\right)^2 i_q^2=\left(\frac{V_{sm}}{\omega_e L_d}\right)^2 \tag{1-6-18b}$$

方程式（1-6-18b）可以改写成另一种数学表达的形式为

$$\left(\frac{i_d+\dfrac{\Psi_m}{L_d}}{\dfrac{V_{sm}}{\omega_e L_d}}\right)^2+\left(\frac{i_q}{\dfrac{V_{sm}}{\omega_e L_q}}\right)^2=1 \tag{1-6-19}$$

方程式（1-6-18b）和方程式（1-6-19）是同一个椭圆的两种不同的数学表达式，因此内置式永磁同步电动机的定子电压空间极限矢量 $\boldsymbol{v}_{sm}$ 末端在 i_d-i_q 坐标平面内移动的轨迹线是一组对应于不同电气角速度 ω_e 的椭圆，它们具有同一个椭圆中心坐标（$-\Psi_m/L_d$，0），椭圆的长轴的半径是（$V_{sm}/\omega_e L_d$），椭圆的短轴的半径是（$V_{sm}/\omega_e L_q$），如图 1.6.6 所示，这些椭圆被称为电压极限椭圆。在电压极限椭圆范围内，当电气角速度 ω_e 不变时，定子电压空间矢量 $\boldsymbol{v}_s$ 的幅值 V_s 增加时，椭圆朝外扩张；当电气角速度 ω_e 增加时，椭圆朝中心点（$-\Psi_m/L_d$，0）收缩。

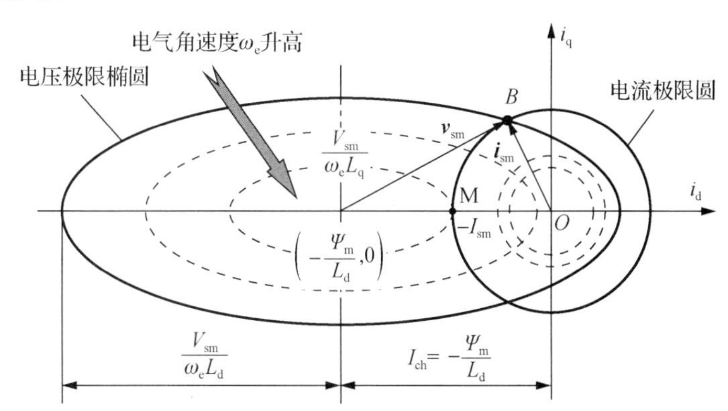

图 1.6.6　在 i_d-i_q 坐标平面内的内置式永磁同步电动机的电流极限圆和电压极限椭圆

图 1.6.6 中的 B 点是在一个给定的电气角速度 ω_e（机械角速度 $\omega_r=\omega_e/p$）上获得最大电磁转矩的定子电流空间极限矢量 $\boldsymbol{i}_{sm}$ 的位置。M 点是电流极限圆与负 d- 轴之间的交点。随着电动机转速的升高，电压极限椭圆就收缩，直至它与 M 点相切为止，在这一点上电动机具有它的最大的理想电气角速度 $\omega_{e\max}$。

根据前面的分析，内置式永磁同步电动机的电压极限椭圆中心点上的 d- 轴电流分量称为该电动机的特征电流 I_{ch}，它是一台电动机所具有的最佳磁场弱化能力的判据。因此，根据图 1.6.6 所示，一台内置式永磁同步电动机的特征电流的数学表达式为

$$I_{ch}=I_d=-\frac{\Psi_m}{L_d} \tag{1-6-20}$$

方程式（1-6-20）表示：借助减小由永磁转子所产生的气隙主磁链Ψ_m或者增加d-轴的电感值L_d，能够得到比较低的I_{ch}的数值，反之亦然。

在M点上，$I_d=-I_{sm}$和$I_q=0$。这样，根据方程式(1-6-18b)，最大的理想电气角速度$\omega_{e\max}$能够借助特征电流I_{ch}来表达，即

$$\left(-I_{sm}+\frac{\Psi_m}{L_d}\right)^2=\left(\frac{V_{sm}}{\omega_{e\max}L_d}\right)^2,\quad \left(-I_{sm}+I_{ch}\right)^2=\left(\frac{V_{sm}}{L_d}\right)^2\frac{1}{\omega_{e\max}^2}$$

$$\omega_{e\max}=\frac{V_{sm}}{L_d\left(I_{ch}-I_{sm}\right)} \tag{1-6-21}$$

方程式（1-6-21）表示：减小特征电流I_{ch}将增加电动机的最大的理想电气角速度$\omega_{e\max}$。如果$I_{ch}\leqslant I_{sm}$，理论上电动机能够具有一个无穷大的理想电气角速度$\omega_{e\max}$。虽然，大多数内置式永磁同步电动机所具有的特征电流I_{ch}的数值都高于逆变器能够给电动机提供的定子电流空间矢量$\boldsymbol{i}_s$的极限幅值I_{sm}，即$I_{ch}>I_{sm}$；但是，一个电动机的设计者总是试图尽可能地减小特征电流I_{ch}的数值，以便扩展恒功率运行区域的转速范围。

一般而言，内置式永磁同步电动机的电感量要比表面贴装式永磁同步电动机的电感量大，在其他设计条件相同的情况下，内置式永磁同步电动机的特征电流I_{ch}要比表面贴装式永磁同步电动机的特征电流I_{ch}小，这也是为什么内置式永磁同步电动机比较适合于采用磁场弱化策略来实现恒功率高转速运行的一个主要原因。

1.6.4 i_d - i_q 坐标平面内的电磁转矩曲线

在i_d-i_q坐标平面上画出表面贴式永磁同步电动机和内置式永磁同步电动机的电磁转矩曲线，可以清晰地展示电流极限圆、电压极限圆（或电压极限椭圆）和电磁转矩曲线三者之间的相互关系，更便于对自控式永磁同步电动机的稳定运行状况进行分析。

1.6.4.1 i_d-i_q 坐标平面内的表面贴装式永磁同步电动机的电磁转矩曲线

根据表面贴装式永磁同步电动机的电磁转矩方程式（1-5-20）

$$T_{em}=\frac{3}{2}\,p\left[\Psi_m i_q\right]$$

便可知道：i_d-i_q坐标平面内的表面贴装式永磁同步电动机的电磁转矩曲线是一组平行于i_d-轴的直线，如图 1.6.7 所示。

当伺服驱动系统稳态运行时，定子电流空间矢量$\boldsymbol{i}_s$的q-轴分量I_q越大，电磁转矩T_{em}就越大，离开d-轴就越远；反之亦然。横坐标i_d-轴上方的电磁转矩是主动的电磁转矩，横坐标i_d-轴下面的电磁转矩是制动的电磁转矩。

系统稳态运行时，在图 1.6.7 中，B点对应于定子电流空间矢量$\boldsymbol{i}_s$的极限幅值I_{sm}的最大电磁转矩$T_{em\max}$，可视为额定电磁转矩T_{emN}；M点的电磁转矩等于零，它对应于定子电压空间矢量$\boldsymbol{v}_s$的极限幅值V_{sm}的最大电气角速度$\omega_{e\max}$。

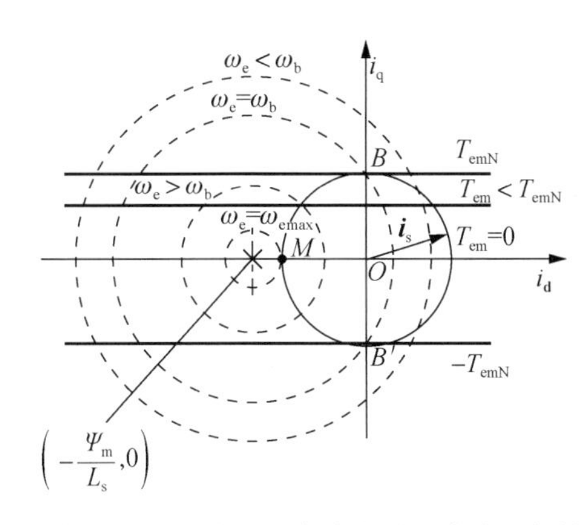

图 1.6.7　i_d-i_q 坐标平面内的表面贴装式永磁同步电动机的电磁转矩曲线

1.6.4.2　i_d-i_q 坐标平面内的内置式永磁同步电动机的电磁转矩曲线

根据内置式永磁同步电动机的电磁转矩方程式（1-5-19）

$$T_{em} = \frac{3}{2} \cdot p \left[\Psi_m i_q + \left(L_d - L_q \right) i_d i_q \right]$$

便可知道：i_d-i_q 坐标平面内的内置式永磁同步电动机的电磁转矩曲线是一组双曲线，它有两条渐近线：一条是 $i_q = 0$ 轴线，另一条是 $i_d = -\Psi_m / (L_d - L_q)$ 的垂直线，如图 1.6.8 所示。对于每一个合理的电磁转矩 T_{em}，曲线族内就有一条双曲线与之相对应。由于内置式永磁同步电动机的电感呈现 $L_d < L_q$，$I_d = -\Psi_m / (L_d - L_q)$ 是正值，后一条渐近线 $I_d = -\Psi_m / (L_d - L_q)$ 处在纵坐标 i_q- 轴的右半平面内。

电动机的额定电流和额定电压必须在逆变器的容量之内，即受到电动机-逆变器组合的电压极限 V_{sm} 和电流极限 I_{sm} 的约束。同样，在图 1.6.8 中，B 点对应于定子电流空间矢量 $\boldsymbol{i}_s$ 的极限幅值 I_{sm} 的最大电磁转矩 $T_{em\max}$，可视为额定电磁转矩 T_{emN}；M 点的电磁转矩等于零，它对应于定子电压空间矢量 $\boldsymbol{v}_s$ 的极限幅值 V_{sm} 的最大电气角速度 $\omega_{e\max}$。

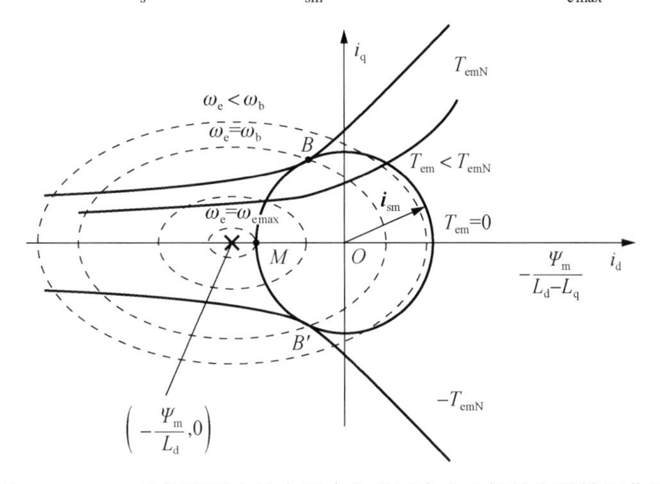

图 1.6.8　i_d-i_q 坐标平面内的内置式永磁同步电动机的电磁转矩曲线

1.6.5　自控式永磁同步电动机的几种典型的稳态运行模式

对于一台已经设计好的自控式永磁同步电动机而言，气隙主磁链$\varPsi_m$、直轴电感L_d和交轴电感L_q等电磁参数已经被确定。在此情况下，一个稳态运行的自控式永磁同步电动机的伺服驱动系统的转速由它的供电电源的频率所决定，电磁转矩由dq-旋转直角参考坐标系内的定子电流空间矢量$\boldsymbol{i}_s$的幅值和转矩角两者的量值所决定。在低于基准转速ω_b时，自控式永磁同步电动机能够被控制在恒转矩区域上运行；在基准转速ω_b之上，自控式永磁同步电动机能够被控制在恒功率区域上运行。然而，没有适当的控制策略，即使电动机设计得很好，自控式永磁同步电动机伺服驱动系统也不能被充分地利用和发挥它的潜在的功率容量。本节将着重对内置式永磁同步电动机在采用以下几种控制策略时的运行情况进行分析和说明。

（1）电流限制条件下的最大电磁转矩运行。

（2）电流和电压限制条件下的最大电磁功率的运行。

（3）电压限制条件下的最大电磁功率的运行。

1.6.5.1　电流限制条件下的最大电磁转矩的运行

在分析内置式永磁同步电动机的运行情况之前，首先对表面贴装式永磁同步电动机的运行情况作一个简单说明。

在表面贴装式永磁同步电动机中，由于没有凸极效应（$L_d \approx L_q$），没有磁阻转矩，只有采用$i_d=0$的控制策略，定子电流空间矢量$\boldsymbol{i}_s$的末端沿着i_d-i_q坐标平面的i_q-纵轴移动，维持交轴电流分量$i_q=i_s$；当伺服驱动系统稳态运行时，维持$I_d=0$，$I_q=I_s$，从而使伺服驱动系统实现每安培电枢电流产生最大电磁转矩的模式运行。由此可见，对于表面贴装式永磁同步电动机而言，在采用每安培电枢电流产生最大的电磁转矩的模式运行时，其定子电流空间矢量$\boldsymbol{i}_s$末端将的沿着i_d-i_q坐标平面的i_q-纵轴移动，如图 1.6.9 所示，因此，实施$i_d=0$的控制策略，就是实现每安培电枢电流产生最大电磁转矩的控制策略；反之亦然，两者是一致的。

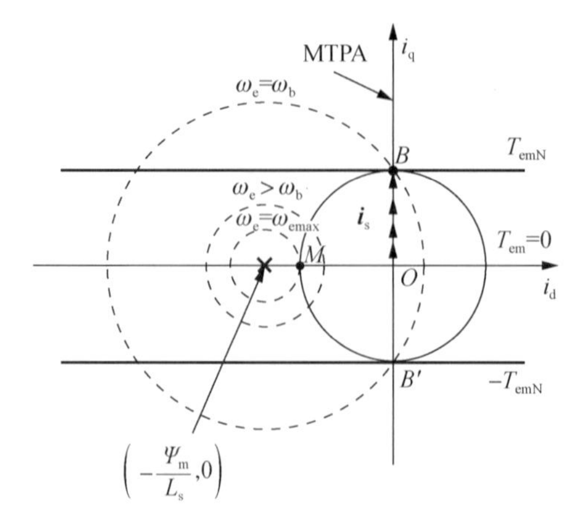

图 1.6.9　表面贴装式永磁同步电动机的最大电磁转矩轨迹线

对于内置式永磁同步电动机而言，由于它具有凸极性（$L_d < L_q$），因而，可以获得磁阻转矩；在此情况下，为了实现每安培电枢电流产生最大电磁转矩模式的运行，定子电流空间矢量 $\boldsymbol{i}_s$ 的末端在 i_d-i_q 坐标平面内将不再沿着 i_q-纵轴移动，它的移动轨迹将偏离 i_q-纵轴。

现在，我们来寻找内置式永磁同步电动机在恒定转矩区域内，为了实现每安培电枢电流产生最大电磁转矩模式的运行，其定子电流空间矢量 $\boldsymbol{i}_s$ 末端在 i_d-i_q 坐标平面内的移动轨迹线，以便对定子电流空间矢量 $\boldsymbol{i}_s$ 实施有效的控制。

根据图 1.6.10 所示的在 dq-同步旋转直角参考坐标系内的定子磁链空间矢量图，我们能够写出关系式为

$$\begin{cases} i_d = i_s \cos\theta \\ i_q = i_s \sin\theta \end{cases} \tag{1-6-22}$$

式中：θ 是定子电流空间矢量 $\boldsymbol{i}_s$ 和 d-轴之间的夹角，即转矩角。把式（1-6-22）代入内置式永磁同步电动机的电磁转矩的式（1-5-19），便可以得到

$$T_{em} = \frac{3}{2} \cdot p\left[\Psi_m i_s \sin\theta + \frac{1}{2}\left(L_d - L_q\right) \cdot i_s^2 \sin 2\theta\right] \tag{1-6-23}$$

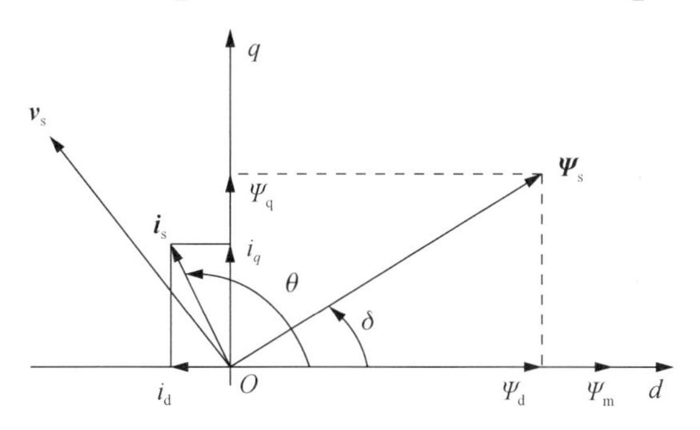

图 1.6.10　在 dq-旋转直角参考坐标系内的定子磁链空间矢量图

为了推导出电动机在实施每安培电枢电流产生最大电磁转矩的控制模式运行时的定子电流空间矢量 $\boldsymbol{i}_s$ 的幅值和转矩角 θ，我们把式（1-6-23）描述的电磁转矩 T_{em} 对转矩角 θ 的导数设置为零，即

$$\frac{dT_{em}}{d\theta} = \frac{3}{2} \cdot p\left[\Psi_m i_s \cos\theta + \left(L_d - L_q\right) \cdot i_s^2 \cos 2\theta\right] = 0 \tag{1-6-24}$$

把式（1-6-22）代入式（1-6-24），利用三角函数公式 $\sin 2\theta = 2\sin\theta\cos\theta$ 和 $\cos 2\theta = \cos^2\theta - \sin^2\theta$，就可以得到定子电流空间矢量 $\boldsymbol{i}_s$ 在 d-轴上的投影 i_d 分量和在 q-轴上的投影 i_q 分量之间的关系式为

$$\left(L_d - L_q\right) \cdot i_d^2 + \Psi_m i_d - \left(L_d - L_q\right) \cdot i_q^2 = 0 \tag{1-6-25}$$

利用一元二次方程式 $ax^2 + bx + c = 0$ 的根 x_1，$x_2 = (-b \pm \sqrt{b^2 - 4ac})/2a$ 的代数公式，由式（1-6-25），便可以求得每安培电枢电流产生最大电磁转矩的轨迹线上的定子电流空间矢量 $\boldsymbol{i}_s$ 的直轴分量 i_d 与交轴分量 i_q 之间的关系式为

$$i_d = \frac{\Psi_m}{2\left(L_q - L_d\right)} - \sqrt{\frac{\Psi_m^2}{4\left(L_q - L_d\right)} + i_q^2} \tag{1-6-26}$$

根据方程式（1-6-26）计算得到的定子电流空间矢量被称为最佳定子电流空间矢量，它描述了一台内置式永磁同步电动机以每安培电枢电流产生最大电磁转矩的模式运行时的定子电流空间矢量$\boldsymbol{i}_{\mathrm{s}}$末端的移动轨迹线，换言之，控制器必须按照MTPA的轨迹线对dq-旋转直角参考坐标系内的定子电流空间矢量$\boldsymbol{i}_{\mathrm{s}}$的直轴分量$i_{\mathrm{d}}$和交轴分量$i_{\mathrm{q}}$实施控制，如图1.6.11所示。比较图1.6.11和图1.6.9，可见内置式永磁同步电动机在恒定转矩区域内运行时产生最大电磁转矩的B点已经进入了i_{d}-i_{q}坐标平面的左半边，它向左偏离了表面贴装式永磁同步电动机在恒定转矩区域内运行时产生的位于i_{q}-纵轴上的最大电磁转矩的B点。

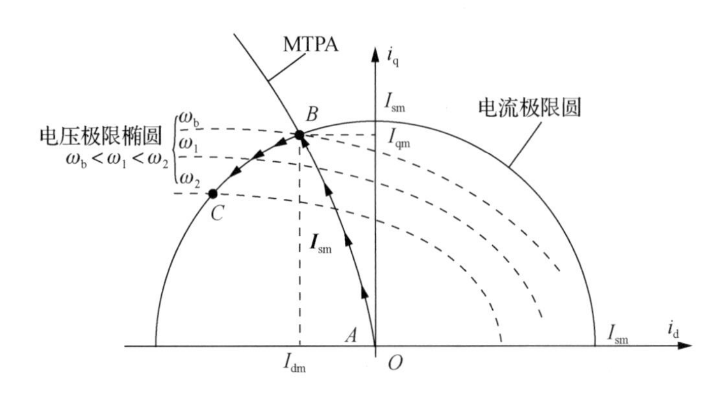

图 1.6.11　内置式永磁同步电动机的电流极限圆和电压极限椭圆

在图1.6.11中，B点是伺服驱动系统稳态运行时MTPA的轨迹线与由方程式（1-6-4a）描写的电流极限圆的交点，它对应于基准转速ω_{b}时的最大电磁转矩$\left[T_{\mathrm{em}}\right]_{\mathrm{b}}$，这个最大的电磁转矩$\left[T_{\mathrm{em}}\right]_{\mathrm{b}}$取决于$B$点对应的某一个定子电流空间极限矢量$\boldsymbol{I}_{\mathrm{sm}}=$（$I_{\mathrm{dm}}+j\ I_{\mathrm{qm}}$）的幅值和相位。

用定子电流空间极限矢量$\boldsymbol{I}_{\mathrm{sm}}$的$d$-轴分量$I_{\mathrm{dm}}$和$q$-轴分量$I_{\mathrm{qm}}$代替方程式（1-6-25）中的$i_{\mathrm{d}}$和$i_{\mathrm{q}}$，便可以得到对应于$B$点的定子电流空间极限矢量$\boldsymbol{I}_{\mathrm{sm}}$的$d$-轴分量$I_{\mathrm{dm}}$和$q$-轴分量$I_{\mathrm{qm}}$之间的关系式为

$$\left(L_{\mathrm{d}}-L_{\mathrm{q}}\right)\cdot I_{\mathrm{dm}}^{2}+\Psi_{\mathrm{m}}I_{\mathrm{dm}}-\left(L_{\mathrm{d}}-L_{\mathrm{q}}\right)\cdot I_{\mathrm{qm}}^{2}=0 \qquad (1\text{-}6\text{-}27)$$

$$I_{\mathrm{qm}}^{2}=I_{\mathrm{sm}}^{2}-I_{\mathrm{dm}}^{2} \qquad (1\text{-}6\text{-}28)$$

然后，利用一元二次方程式$ax^2+bx+c=0$的根x_1，$x_2=(-b\pm\sqrt{b^2-4ac})/2a$的代数公式，就可以分别推导出定子电流空间极限矢量$\boldsymbol{I}_{\mathrm{sm}}$的$d$-轴分量$I_{\mathrm{dm}}$和$q$-轴分量$I_{\mathrm{qm}}$的表达式为

$$I_{\mathrm{dm}}=\frac{\Psi_{\mathrm{m}}}{4\left(L_{\mathrm{q}}-L_{\mathrm{d}}\right)}-\sqrt{\frac{\Psi_{\mathrm{m}}^{2}}{16\left(L_{\mathrm{q}}-L_{\mathrm{d}}\right)^{2}}+\frac{I_{\mathrm{sm}}^{2}}{2}} \qquad (1\text{-}6\text{-}29)$$

$$I_{\mathrm{qm}}=\sqrt{I_{\mathrm{sm}}^{2}-I_{\mathrm{dm}}^{2}} \qquad (1\text{-}6\text{-}30)$$

因此，在恒定转矩运行区域内，对应于B点的最大电磁转矩$T_{\mathrm{em\,max}}$为

$$T_{\mathrm{em\,max}}=\frac{3}{2}\cdot p\left[\Psi_{\mathrm{m}}I_{\mathrm{qm}}+\left(L_{\mathrm{d}}-L_{\mathrm{q}}\right)I_{\mathrm{dm}}I_{\mathrm{qm}}\right] \qquad (1\text{-}6\text{-}31)$$

同时，可以求得对应于这个最大电磁转矩$T_{\mathrm{em,max}}$的转矩角θ_{b}为

$$\theta_b = \arctan\left(\frac{I_{qm}}{I_{dm}}\right) \tag{1-6-32}$$

一台内置式永磁同步电动机以最大电磁转矩模式运行时，随着施加给电动机的定子电压空间矢量 $\boldsymbol{v}_s$ 的幅值的增高，它的工作点将沿着最大电磁转矩轨迹线向上移动，直至达到电流极限圆与电压极限圆的相交点 B 为止。这时，电动机将受到定子电压空间矢量 $\boldsymbol{v}_s$ 的极限幅值 V_{sm} 的驱动，电动机的转速 $\omega_s = \omega_b$，这个转速 ω_b 被定义为基准转速。电动机在基准转速 ω_b 以下运行时，它能够被最大电磁转矩 $T_{em,max}$ 加速。

一台内置式永磁同步电动机在恒定转矩区域内运行时，它的最高的运行转速，即基准转速 ω_b 为

$$\omega_b = \frac{V_{sm}}{\sqrt{\left(L_d I_{dm} + \Psi_m\right)^2 + \left(L_q I_{qm}\right)^2}} \tag{1-6-33}$$

上述式（1-6-24）$\mathrm{d}T_{em} / \mathrm{d}\theta$ 求导过程的物理意义在于：对于在 i_d-i_q 坐标平面上任意一条给定的电磁转矩曲线而言，曲线上不同的点对应于不同的定子电流空间矢量 $\boldsymbol{i}_s$，但是它们产生同一个恒定的电磁转矩；这样在诸多定子电流空间矢量中必定存在一个最小数值的定子电流空间矢量，如图 1.6.12 所示。例如，电磁转矩曲线 $\left[T_{em}\right]_i$ 上的点 1、点 2 和点 3 各自对应定子电流空间矢量 $\boldsymbol{i}_{s1}$、$\boldsymbol{i}_{s2}$ 和 $\boldsymbol{i}_{s3}$，其中，点 2 对应的定子电流空间矢量 $\boldsymbol{i}_{s2}$ 的数值最小；同样，电磁转矩曲线 $\left[T_{em}\right]_{i+1}$ 上的点 4、点 5 和点 6 点又各自对应定子电流空间矢量 $\boldsymbol{i}_{s4}$、$\boldsymbol{i}_{s5}$ 和 $\boldsymbol{i}_{s6}$，其中，点 5 对应的定子电流空间矢量 $\boldsymbol{i}_{s5}$ 的数值最小。以此类推，可以在许多条电磁转矩曲线上寻找出对应于最小定子电流空间矢量的许多点，然后我们把每一条电磁转矩曲线上对应于最小定子电流空间矢量的点连接成一条曲线，这条曲线就是式（1-6-26）描述的每安培电流产生最大电磁转矩的轨迹线。每安培电流产生最大电磁转矩的轨迹线和电流极限圆的交点 B 对应于电动机在恒定转矩区域内运行时能够产生的最大电磁转矩。根据式（1-6-29）和式（1-6-30）可以计算出 B 点对应的定子电流空间极限矢量 $\boldsymbol{I}_{sm}$ 的直轴分量 I_{dm} 和交轴分量 I_{qm}；根据式（1-6-31）和式（1-6-32）可以计算出 B 点对应的最大电磁转矩 $T_b = T_{em,max}$ 和转矩角 θ_b。在此基础上，便可以对内置式永磁同步电动机实施每安培电流产生最大电磁转矩的控制，达到提高伺服驱动系统的运行效率和降低逆变器容量的目的。

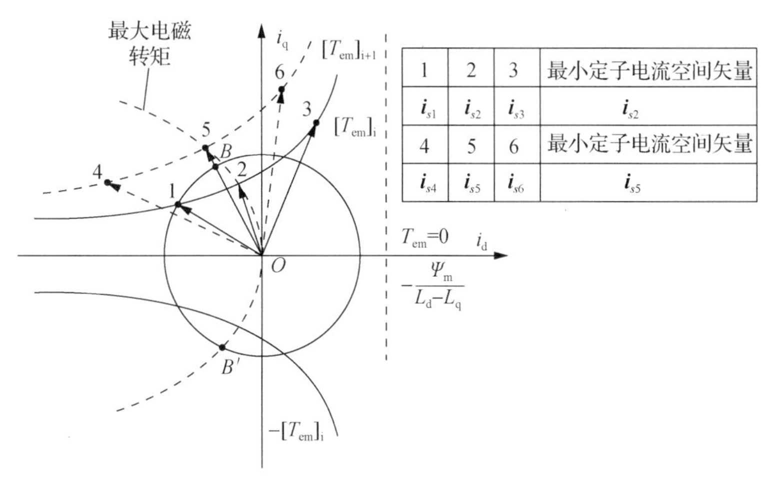

1	2	3	最小定子电流空间矢量
$\boldsymbol{i}_{s1}$	$\boldsymbol{i}_{s2}$	$\boldsymbol{i}_{s3}$	$\boldsymbol{i}_{s2}$
4	5	6	最小定子电流空间矢量
$\boldsymbol{i}_{s4}$	$\boldsymbol{i}_{s5}$	$\boldsymbol{i}_{s6}$	$\boldsymbol{i}_{s5}$

图 1.6.12　每安培最大电磁转矩轨迹线

综上分析，最大电磁转矩轨迹线实质上是不同定子电流空间矢量值时的恒定电磁转矩双曲线与电流圆之间的切点的轨迹线。

1.6.5.2 电流和电压限制条件下的最大电磁功率的运行

在 i_d-i_q 坐标平面内，方程式（1-6-4a）和（1-6-4b）描述的电流和电压的临界条件由电流极限圆和电压极限椭圆给定，随着转速的增加，电压极限椭圆变得越来越小，如图 1.6.11 所示。其结果是：当电动机的转速超过基准转速 ω_b 时，由于受到电压约束条件的限制，就不能利用方程式（1-6-29）、（1-6-30）和（1-6-31）来求取定子电流空间极限矢量 $\boldsymbol{I}_{sm}$ 的 d- 轴分量 I_{dm}、q- 轴分量 I_{qm} 和电磁转矩 $[T_{em}]_b$，电动机也不能再按照每安培电枢电流产生最大电磁转矩的模式运行了。在此情况下，伺服驱动系统将进入磁场弱化运行区域，它将同时受到电压极限和电流极限的双重约束。

首先，根据方程式（1-6-13），必须控制定子电流空间矢量 $\boldsymbol{i}_s$ 的 d- 轴分量 i_d 和 q- 轴分量 i_q，调节它们之间的分配比例，使其满足电压极限的约束条件为

$$\sqrt{\left(L_d i_d+\Psi_m\right)^2+\left(L_q i_q\right)^2}=\frac{V_{sm}}{\omega_e} \tag{1-6-34}$$

根据式（1-6-34），我们就可以推导出：在电压极限的约束条件下，定子电流空间矢量 $\boldsymbol{i}_s$ 的 d- 轴分量 i_d 和 q- 轴分量 i_q 之间的关系表达式为

$$i_d=-\frac{\Psi_m}{L_d}+\frac{1}{L_d}\sqrt{\left(\frac{V_{sm}}{\omega_e}\right)^2-\left(L_q i_q\right)^2} \tag{1-6-35}$$

把式（1-6-2a）代入式（1-6-35），我们就能够求得在电流和电压被限制的条件下，基准转速 ω_b 以上的最大电磁功率运行模式时的定子电流空间矢量 $\boldsymbol{i}_s$ 的 d- 轴电流分量 i_d 相对于电动机转速 ω_e 的关系表达式为

$$\left(L_d^2-L_q^2\right)\cdot i_d^2+2L_d\Psi_m i_d+\Psi_m^2+L_q^2 i_s^2-\left(\frac{V_{sm}}{\omega_e}\right)^2=0 \tag{1-6-36}$$

由此，利用一元二次方程式 $ax^2+bx+c=0$ 的根 x_1，$x_2=(-b\pm\sqrt{b^2-4ac})/2a$ 的代数公式，便可以求得方程式（1-6-36）的解，即可以获得定子电流空间矢量 $\boldsymbol{i}_s$ 的 d- 轴电流分量 i_d 的表达式为

$$i_d=\frac{-2L_d\Psi_m+\sqrt{\left(2L_d\Psi_m\right)^2-4\left(L_d^2-L_q^2\right)\left[\Psi_m^2+L_q^2 i_s^2-\left(\frac{V_{sm}}{\omega_e}\right)^2\right]}}{2\left(L_d^2-L_q^2\right)}$$

用定子电流空间矢量 $\boldsymbol{i}_s$ 的极限幅值 I_{sm} 代替上式中的 i_s，便获得稳态运行时定子电流空间矢量 $\boldsymbol{i}_s$ 的 d- 轴分量，我们用符号 I_{dn} 来标记这个 d- 轴电流分量，则它的表达式为

$$I_{dn}=\frac{-2L_d\Psi_m+\sqrt{\left(2L_d\Psi_m\right)^2-4\left(L_d^2-L_q^2\right)\left[\Psi_m^2+L_q^2 I_{sm}^2-\left(\frac{V_{sm}}{\omega_e}\right)^2\right]}}{2\left(L_d^2-L_q^2\right)} \tag{1-6-37}$$

最后，可以求得在此条件下的定子电流空间矢量 $\boldsymbol{i}_s$ 的 q- 轴电流分量 I_{qn} 为

$$I_{qn}=\sqrt{I_{sm}^2-I_{dn}^2} \tag{1-6-38}$$

把式（1-6-37）和式（1-6-38）代入式（1-5-19），我们可以得到电动机在电流极限和电压极限双重约束条件之下的最大电磁转矩$[T_{em}]_n$与电气角速度ω_e之间的关系表达式为

$$\begin{aligned}[T_{em}]_n&=\frac{3}{2}\times p\left[\varPsi_m I_{qn}+\left(L_d-L_q\right)I_{dn}I_{qn}\right]\\&=\frac{3}{2}\times p\left[\varPsi_m+\frac{-2L_d\psi_m+\sqrt{\left(2L_d\varPsi_m\right)^2-4\left(L_d^2-L_q^2\right)\left[\varPsi_m^2+L_q^2I_{sm}^2-\left(\dfrac{V_{sm}}{\omega_e}\right)^2\right]}}{2\left(L_d+L_q\right)}\right]I_{qn}\end{aligned} \tag{1-6-39}$$

而电动机的电气角速度ω_e将满足的电压方程式为

$$\omega_e=\frac{V_{sm}}{\sqrt{\left(L_dI_{dn}+\varPsi_m\right)^2+\left(L_qI_{qn}\right)^2}} \tag{1-6-40}$$

在图 1.6.11 上，从 B 点开始，电动机进入磁场弱化模式运行区域，伺服驱动系统的控制器按照式（1-6-37）和式（1-6-38）对定子电流空间矢量$\boldsymbol{i}_s$的 d- 轴分量I_{dn}和 q- 轴分量I_{qn}实施控制；随着电动机转速的升高，迫使定子电流空间矢量$\boldsymbol{i}_s$的末端沿着电流极限圆的轨迹线向 C 点的方向移动，从而电动机能够在电流和电压限制的条件下，在每一个转速上都能够产生相对应的最大电磁转矩和获得最大的电磁功率。

1.6.5.3　电压限制条件下的最大电磁功率的运行

在i_d-i_q坐标平面上，我们把内置式永磁同步电动机在仅受到电流限制的条件下采用每安培电流产生最大电磁转矩控制策略的运行区域称为第 I 区域；把在电流和电压同时受到限制的条件下采用磁场弱化控制策略能够产生相对应的最大电磁转矩和获得相对应的最大电磁功率的运行区域称为第 II 区域；把在仅考虑电压约束而无须考虑电流约束的条件下，采用磁场弱化控制策略能够产生相对应的最大电磁转矩和获得相对应的最大电磁功率的运行区域称为第III区域，如图 1.6.13 所示。

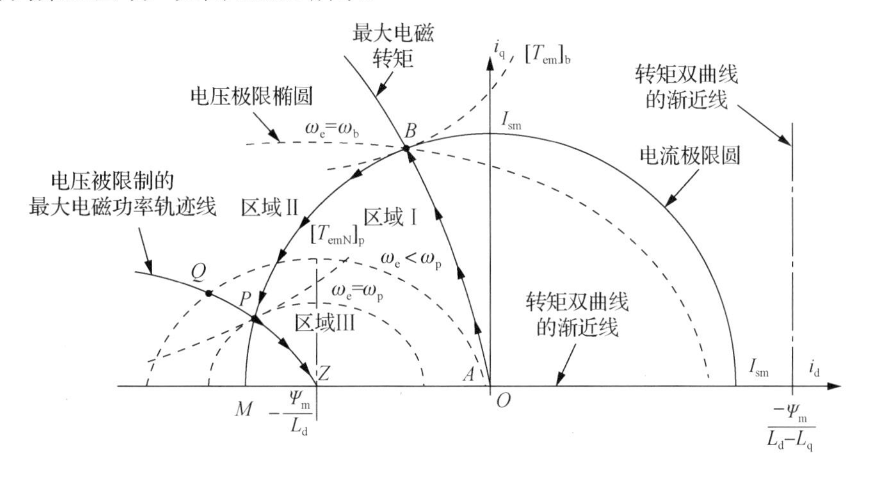

图 1.6.13　在$\varPsi_m<L_dI_{sm}$情况下i_d-i_q坐标平面内的最佳电流矢量的轨迹线

在本节中，我们将推导出在第Ⅲ区域内运行的内置式永磁同步电动机能够产生相对应的最大电磁转矩和获得相对应的最大电磁功率的定子电流空间矢量 $\boldsymbol{i}_\mathrm{s}$ 末端的移动轨迹线。

对于内置式永磁同步电动机而言，在基准转速 ω_b 以上，即 $\omega_\mathrm{e}>\omega_\mathrm{b}$，受到电压极限约束的条件下运行时，它的电压方程式为

$$\left(\Psi_\mathrm{m}+L_\mathrm{d}i_\mathrm{d}\right)^2+\left(L_\mathrm{q}i_\mathrm{q}\right)^2=\left(\frac{V_\mathrm{sm}}{\omega_\mathrm{e}}\right)^2 \tag{1-6-41}$$

方程式（1-6-41）可以被重新写成

$$\begin{cases}\Psi_\mathrm{m}+L_\mathrm{d}i_\mathrm{d}=\dfrac{V_\mathrm{sm}}{\omega_\mathrm{e}}\cos\alpha\\ L_\mathrm{q}i_\mathrm{q}=\dfrac{V_\mathrm{sm}}{\omega_\mathrm{e}}\sin\alpha\end{cases} \tag{1-6-42}$$

于是得到

$$\begin{cases}i_\mathrm{d}=\dfrac{V_\mathrm{sm}}{\omega_\mathrm{e}L_\mathrm{d}}\cos\alpha-\dfrac{\Psi_\mathrm{m}}{L_\mathrm{d}}\\ i_\mathrm{q}=\dfrac{V_\mathrm{sm}}{\omega_\mathrm{e}L_\mathrm{q}}\sin\alpha\end{cases} \tag{1-6-43}$$

式中：α 是运算过程中采用的一个过渡的中间变量。

把方程式（1-6-43）代入电磁转矩的方程式（1-5-19），可得

$$\begin{aligned}T_\mathrm{em}&=\frac{3}{2}\times p\left[\Psi_\mathrm{m}\frac{V_\mathrm{sm}}{\omega_\mathrm{e}L_\mathrm{q}}\sin\alpha+\left(L_\mathrm{d}-L_\mathrm{q}\right)\times\left(\frac{V_\mathrm{sm}}{\omega_\mathrm{e}L_\mathrm{d}}\cos\alpha-\frac{\Psi_\mathrm{m}}{L_\mathrm{d}}\right)\left(\frac{V_\mathrm{sm}}{\omega_\mathrm{e}L_\mathrm{q}}\sin\alpha\right)\right]\\&=\frac{3}{2}\times p\left[\frac{\Psi_\mathrm{m}V_\mathrm{sm}}{\omega_\mathrm{e}L_\mathrm{q}}+\left(L_d-L_q\right)\frac{V_\mathrm{sm}}{\omega_\mathrm{e}L_\mathrm{d}}\frac{V_\mathrm{sm}}{\omega_\mathrm{e}L_\mathrm{q}}\cos\alpha-\left(L_\mathrm{d}-L_\mathrm{q}\right)\frac{\Psi_\mathrm{m}}{L_\mathrm{d}}\frac{V_\mathrm{sm}}{\omega_\mathrm{e}L_\mathrm{q}}\right]\times\sin\alpha\\&=\frac{3}{2}\times p\left[L\left(\cos\alpha\right)\right]\times\sin\alpha\end{aligned}$$

式中：$L\left(\cos\alpha\right)=\left[\dfrac{\Psi_\mathrm{m}V_\mathrm{sm}}{\omega_\mathrm{e}L_\mathrm{q}}+\left(L_\mathrm{d}-L_\mathrm{q}\right)\dfrac{V_\mathrm{sm}}{\omega_\mathrm{e}L_\mathrm{d}}\dfrac{V_\mathrm{sm}}{\omega_\mathrm{e}L_\mathrm{q}}\cos\alpha-\left(L_\mathrm{d}-L_\mathrm{q}\right)\dfrac{\Psi_\mathrm{m}}{L_\mathrm{d}}\dfrac{V_\mathrm{sm}}{\omega_\mathrm{e}L_\mathrm{q}}\right]$。

然后，写出电磁转矩 T_em 对中间变量 α 的导数，并将其设置为零，即 $\mathrm{d}T_\mathrm{em}/\mathrm{d}\alpha=0$。由于 $3p/2$ 是常数，便有

$$\frac{\mathrm{d}T_\mathrm{em}}{\mathrm{d}\alpha}=\frac{\mathrm{d}\left[L\left(\cos\alpha\right)\right]\times\sin\alpha}{\mathrm{d}\alpha}=\left[L'\left(\cos\alpha\right)\right]\times\sin\alpha+\left[L\left(\cos\alpha\right)\right]\times\left(\sin\alpha\right)'=0 \tag{1-6-44}$$

其中

$$L'\left(\cos\alpha\right)=-\left(L_\mathrm{d}-L_\mathrm{q}\right)\frac{V_\mathrm{sm}}{\omega_\mathrm{e}L_\mathrm{d}}\frac{V_\mathrm{sm}}{\omega_\mathrm{e}L_\mathrm{q}}\left(\sin\alpha\right)$$

$$\left(\sin\alpha\right)'=\cos\alpha$$

把 $L'\left(\cos\alpha\right)$ 和 $\left(\sin\alpha\right)'$ 代入式（1-6-44），可得

$$\frac{\mathrm{d}T_\mathrm{em}}{\mathrm{d}\alpha}=-\left(L_\mathrm{d}-L_\mathrm{q}\right)\frac{V_\mathrm{sm}}{\omega_\mathrm{e}L_\mathrm{d}}\frac{V_\mathrm{sm}}{\omega_\mathrm{e}L_\mathrm{q}}\left(\sin\alpha\right)\times\sin\alpha$$

$$
+\left[\frac{\Psi_{\mathrm{m}}V_{\mathrm{sm}}}{\omega_{\mathrm{e}}L_{\mathrm{q}}}+\left(L_{\mathrm{d}}-L_{\mathrm{q}}\right)\frac{V_{\mathrm{sm}}}{\omega_{\mathrm{e}}L_{\mathrm{d}}}\frac{V_{\mathrm{sm}}}{\omega_{\mathrm{e}}L_{\mathrm{q}}}\cos\alpha-\left(L_{\mathrm{d}}-L_{\mathrm{q}}\right)\frac{\Psi_{\mathrm{m}}}{L_{\mathrm{d}}}\frac{V_{\mathrm{sm}}}{\omega_{\mathrm{e}}L_{\mathrm{q}}}\right]\times\cos\alpha
$$

$$
=\left\{-\left(L_{\mathrm{d}}-L_{\mathrm{q}}\right)\frac{V_{\mathrm{sm}}}{\omega_{\mathrm{e}}L_{\mathrm{d}}}\frac{V_{\mathrm{sm}}}{\omega_{\mathrm{e}}L_{\mathrm{q}}}\sin^{2}\alpha+\left(L_{\mathrm{d}}-L_{\mathrm{q}}\right)\frac{V_{\mathrm{sm}}}{\omega_{\mathrm{e}}L_{\mathrm{d}}}\frac{V_{\mathrm{sm}}}{\omega_{\mathrm{e}}L_{\mathrm{q}}}\cos^{2}\alpha\right\}
$$

$$
+\left\{\frac{\Psi_{\mathrm{m}}V_{\mathrm{sm}}}{\omega_{\mathrm{e}}L_{\mathrm{q}}}\cos\alpha-\left(L_{\mathrm{d}}-L_{\mathrm{q}}\right)\frac{\Psi_{\mathrm{m}}}{L_{\mathrm{d}}}\frac{V_{\mathrm{sm}}}{\omega_{\mathrm{e}}L_{\mathrm{q}}}\cos\alpha\right\}
$$

$$
=2\left(L_{\mathrm{d}}-L_{\mathrm{q}}\right)\frac{V_{\mathrm{sm}}}{\omega_{\mathrm{e}}L_{\mathrm{d}}}\frac{V_{\mathrm{sm}}}{\omega_{\mathrm{e}}L_{\mathrm{q}}}\cos^{2}\alpha+\frac{L_{\mathrm{q}}}{L_{\mathrm{d}}}\ \frac{\Psi_{\mathrm{m}}V_{\mathrm{sm}}}{\omega_{\mathrm{e}}L_{\mathrm{q}}}\cos\alpha
$$

$$
-\left(L_{\mathrm{d}}-L_{\mathrm{q}}\right)\frac{V_{\mathrm{sm}}}{\omega_{\mathrm{e}}L_{\mathrm{d}}}\frac{V_{\mathrm{sm}}}{\omega_{\mathrm{e}}L_{\mathrm{q}}}=0 \tag{1-6-45}
$$

然后，利用一元二次方程式 $ax^2+bx+c=0$ 的根 x_1， $x_2=(-b\pm\sqrt{b^2-4ac})/2a$ 的代数公式，便可以求得方程式（1-6-45）的解

$$
\cos\alpha=\frac{-\dfrac{L_{\mathrm{q}}}{L_{\mathrm{d}}}\Psi_{\mathrm{m}}\dfrac{V_{\mathrm{sm}}}{\omega_{\mathrm{e}}L_{\mathrm{q}}}+\sqrt{\left(\dfrac{L_{\mathrm{q}}}{L_{\mathrm{d}}}\Psi_{\mathrm{m}}\dfrac{V_{\mathrm{sm}}}{\omega_{\mathrm{e}}L_{\mathrm{q}}}\right)^{2}+8\left[\left(L_{\mathrm{d}}-L_{\mathrm{q}}\right)\dfrac{V_{\mathrm{sm}}}{\omega_{\mathrm{e}}L_{\mathrm{d}}}\dfrac{V_{\mathrm{sm}}}{\omega_{\mathrm{e}}L_{\mathrm{q}}}\right]^{2}}}{4\left(L_{\mathrm{d}}-L_{\mathrm{q}}\right)\dfrac{V_{\mathrm{sm}}}{\omega_{\mathrm{e}}L_{\mathrm{d}}}\dfrac{V_{\mathrm{sm}}}{\omega_{\mathrm{e}}L_{\mathrm{q}}}}
$$

$$
=\frac{-\dfrac{L_{\mathrm{q}}}{L_{\mathrm{d}}}\Psi_{\mathrm{m}}+\sqrt{\left(\dfrac{L_{\mathrm{q}}}{L_{\mathrm{d}}}\Psi_{\mathrm{m}}\right)^{2}+8\left[\left(L_{\mathrm{d}}-L_{\mathrm{q}}\right)\dfrac{V_{\mathrm{sm}}}{\omega_{\mathrm{e}}L_{\mathrm{d}}}\right]^{2}}}{4\left(L_{\mathrm{d}}-L_{\mathrm{q}}\right)\dfrac{V_{\mathrm{sm}}}{\omega_{\mathrm{e}}L_{\mathrm{d}}}}
$$

$$
=\frac{-\rho\psi_{\mathrm{m}}+\sqrt{\left(\rho\Psi_{\mathrm{m}}\right)^{2}+8\left(1-\rho\right)^{2}\left(\dfrac{V_{\mathrm{sm}}}{\omega_{\mathrm{e}}}\right)^{2}}}{4\left(1-\rho\right)\left(\dfrac{V_{\mathrm{sm}}}{\omega_{\mathrm{e}}}\right)} \tag{1-6-46}
$$

式中： ρ 是电动机的凸极性比率， $\rho=L_{\mathrm{q}}/L_{\mathrm{d}}>1$ 。

把式（1-6-46）代入式（1-6-43），我们就能够求得仅在电压限制条件下产生相对应的最大电磁转矩的定子电流空间矢量 $\boldsymbol{i}_{\mathrm{s}}$ 的 d- 轴电流分量 I_{d} 。现在我们用符号 I_{dp} 来标记这个 d-轴电流分量，则它的表达式为

$$
I_{\mathrm{dp}}=\frac{V_{\mathrm{sm}}}{\omega_{\mathrm{e}}L_{\mathrm{d}}}\cos\alpha-\frac{\Psi_{\mathrm{m}}}{L_{\mathrm{d}}}
$$

$$
=\frac{V_{\mathrm{sm}}}{\omega_{\mathrm{e}}L_{\mathrm{d}}}\times\frac{-\rho\Psi_{\mathrm{m}}+\sqrt{\left(\rho\Psi_{\mathrm{m}}\right)^{2}+8\left(1-\rho\right)^{2}\left(\dfrac{V_{\mathrm{sm}}}{\omega_{\mathrm{e}}}\right)^{2}}}{4\left(1-\rho\right)\left(\dfrac{V_{\mathrm{sm}}}{\omega_{\mathrm{e}}}\right)}-\frac{\psi_{\mathrm{m}}}{L_{\mathrm{d}}}
$$

$$=-\frac{\Psi_{\mathrm{m}}}{L_{\mathrm{d}}}+\frac{-\rho\Psi_{\mathrm{m}}+\sqrt{\left(\rho\Psi_{\mathrm{m}}\right)^{2}+8(1-\rho)^{2}\left(\frac{V_{\mathrm{sm}}}{\omega_{\mathrm{e}}}\right)^{2}}}{4(1-\rho)L_{\mathrm{d}}} \tag{1-6-47}$$

如果定义

$$\Delta I_{\mathrm{d}}=\frac{-\rho\Psi_{\mathrm{m}}+\sqrt{\left(\rho\Psi_{\mathrm{m}}\right)^{2}+8(1-\rho)^{2}\left(\frac{V_{\mathrm{sm}}}{\omega_{\mathrm{e}}}\right)^{2}}}{4(1-\rho)L_{\mathrm{d}}} \tag{1-6-48}$$

那么，由方程式（1-6-47）描述的 d- 轴电流分量 I_{dp} 能够被改写成

$$I_{\mathrm{dp}}=-\frac{\Psi_{\mathrm{m}}}{L_{\mathrm{d}}}+\Delta I_{\mathrm{d}}=-I_{\mathrm{ch}}+\Delta I_{\mathrm{d}} \tag{1-6-49}$$

并通过把式（1-6-49）代入电压方程式（1-6-41），我们可以求得定子电流空间矢量 $\boldsymbol{i}_{\mathrm{s}}$ 的 q- 轴电流分量 I_{qp} 的表达式为

$$\left(\Psi_{\mathrm{m}}+L_{\mathrm{d}}I_{\mathrm{dp}}\right)^{2}+\left(L_{\mathrm{q}}I_{\mathrm{qp}}\right)^{2}=\left(\frac{V_{\mathrm{sm}}}{\omega_{\mathrm{e}}}\right)^{2} \tag{1-6-50}$$

$$\left[\Psi_{\mathrm{m}}+L_{\mathrm{d}}\left(-\frac{\Psi_{\mathrm{m}}}{L_{\mathrm{d}}}+\Delta I_{\mathrm{d}}\right)\right]^{2}+L_{\mathrm{q}}^{2}I_{\mathrm{qp}}^{2}=\left(\frac{V_{\mathrm{sm}}}{\omega_{\mathrm{e}}}\right)^{2}$$

$$L_{\mathrm{d}}^{2}\left(\Delta I_{\mathrm{d}}\right)^{2}+L_{\mathrm{q}}^{2}I_{\mathrm{qp}}^{2}=\left(\frac{V_{\mathrm{sm}}}{\omega_{\mathrm{e}}}\right)^{2}$$

$$\left(\frac{L_{\mathrm{q}}}{L_{\mathrm{d}}}\right)^{2}I_{\mathrm{qp}}^{2}=\left(\frac{V_{\mathrm{sm}}}{\omega_{\mathrm{e}}L_{\mathrm{d}}}\right)^{2}-\left(\Delta I_{\mathrm{d}}\right)^{2}$$

$$I_{\mathrm{qp}}^{2}=\frac{\left(\frac{V_{\mathrm{sm}}}{\omega_{\mathrm{e}}L_{\mathrm{d}}}\right)^{2}-\left(\Delta I_{\mathrm{d}}\right)^{2}}{\left(\frac{L_{\mathrm{q}}}{L_{\mathrm{d}}}\right)^{2}}=\frac{\left(\frac{V_{\mathrm{sm}}}{\omega_{\mathrm{e}}L_{\mathrm{d}}}\right)^{2}-\left(\Delta I_{\mathrm{d}}\right)^{2}}{(\rho)^{2}}=\frac{\left(\frac{V_{\mathrm{sm}}}{\omega_{\mathrm{e}}}\right)^{2}-\left(L_{\mathrm{d}}\Delta I_{\mathrm{d}}\right)^{2}}{\left(\rho L_{\mathrm{d}}\right)^{2}}$$

$$I_{\mathrm{qp}}=\frac{\sqrt{\left(\frac{V_{\mathrm{sm}}}{\omega_{\mathrm{e}}}\right)^{2}-L_{\mathrm{d}}^{2}\left(\Delta I_{\mathrm{d}}\right)^{2}}}{\rho L_{\mathrm{d}}} \tag{1-6-51}$$

根据定子电流空间矢量 $\boldsymbol{i}_{\mathrm{s}}$ 的 d- 轴分量 i_{dp} 和 q- 轴分量 i_{qp}，可以分别求得伺服驱动系统稳态运行时的定子电流空间矢量 $\boldsymbol{i}_{\mathrm{s}}$ 的幅值 I_{sn} 和电动机的电气角速度 ω_{p} 为

$$I_{\mathrm{sn}}=\sqrt{I_{\mathrm{dp}}^{2}+I_{\mathrm{qp}}^{2}} \tag{1-6-52}$$

$$\omega_{\mathrm{p}}=\frac{V_{\mathrm{sm}}}{\sqrt{\left(L_{\mathrm{d}}I_{\mathrm{dp}}+\Psi_{\mathrm{m}}\right)^{2}+\left(L_{\mathrm{q}}I_{\mathrm{qp}}\right)^{2}}} \tag{1-6-53}$$

把式（1-6-47）和式（1-6-51）代入方程式（1-5-19），就能够得到电压限制条件下的最大电磁转矩的表达式为

$$\left[T_{em}\right]_p = \frac{3}{2} \times p\left[\Psi_m I_{qp} + \left(L_d - L_q\right) I_{dp} I_{qp}\right] \tag{1-6-54}$$

综上分析，在第Ⅱ区域内运行的内置式永磁同步电动机，随着转速逐步升高至 $\omega_e = \omega_p$，定子电流空间矢量 $\boldsymbol{i}_s$ 末端的轨迹沿着电流极限圆周从 B 点逐渐移动至 P 点。当 $\omega_e > \omega_p$ 时，电动机便进入第Ⅲ区域运行。因此，对于第Ⅱ区域而言，电气角速度 ω_p 是在电流和电压同时被限制的条件下电动机能够产生最大电磁转矩的最高运行速度；而对于第Ⅲ区域而言，电气角速度 ω_p 是在仅受到电压被限制条件下电动机能够产生最大电磁转矩的最低运行速度。

当电动机在第Ⅲ区域内采取磁场弱化策略运行时，驱动控制器将依据式（1-6-49）和式（1-6-51）对定子电流空间矢量 $\boldsymbol{i}_s$ 的 d- 轴分量和 q- 轴分量实施控制，迫使电枢电流矢量 $\boldsymbol{i}_s$ 的末端沿着 PZ 轨迹线移动，如图 1.6.13 所示，从而在 $\omega_e > \omega_p$ 的速度范围内的每一个速度上能够产生相对应的最大的电磁转矩和获得相对应的最大的电磁功率。

当电动机的运行速度 ω_e 低于 ω_p，即 $\omega_e < \omega_p$ 时，电压被限制的最大电磁功率轨迹线与电压极限椭圆的交点将落在电流极限圆周的外面，如图 1.6.13 中的 Q 点，这种运行状态是不允许的。

1.6.6　综合分析：最佳电枢电流矢量的轨迹线

内置式永磁同步电动（IPMSM）的伺服驱动系统的稳态运行状况与它的特征电流 I_{ch} 的大小，亦即与它的气隙主磁链 Ψ_m 和直轴电感 L_d 的比值的大小有很大关系。现在，我们分两种情况来分析。

第一种情况：$\Psi_m < L_d I_{sm}$

对于内置式永磁同步电动机而言，它的特征电流 $I_{ch} = -(\Psi_m / L_d)$。当 $\Psi_m < L_d I_{sm}$ 时，它表示：电压极限椭圆的圆心将处在电流极限圆的里面。在此情况下，为了在所有的速度范围内产生最大的电磁转矩和获得最大的电磁功率，必须采取上述的三种控制策略。这三种控制策略对应于图 1.6.13 中的三个区域，对于不同的运行区域应该选择不同的最佳定子电流空间矢量 $\boldsymbol{i}_s$，并对它们实施控制。

（1）区域Ⅰ（$\omega_e \leqslant \omega_b$）。

区域Ⅰ对应于 $I_s = I_{sm}$，$V_s < V_{sm}$，它是恒转矩运行区域。由于电动机的运行转速低于基准速度 ω_b，电压极限椭圆包容了电流极限圆，电动机的运行仅受到定子电流空间矢量 $\boldsymbol{i}_s$ 的极限幅值 I_{sm} 的约束，控制器按照方程式（1-6-26）的计算值对定子电流空间矢量 $\boldsymbol{i}_s$ 实施控制，迫使其在 i_d-i_q 坐标平面内沿着最大电磁转矩轨迹线移动；随着逆变器提供给电动机的定子电压空间矢量 $\boldsymbol{v}_s$ 的幅值 V_s 的升高，电动机运行转速就随之升高，电压极限椭圆逐步向椭圆中心收缩，当电动机的转速 $\omega_e = \omega_b$ 时，定子电压空间矢量 $\boldsymbol{v}_s$ 的幅值 V_s 就达到它的极限幅值 $V_s = V_{sm}$；当定子电流空间矢量 $\boldsymbol{i}_s$ 的幅值 I_s 达到它的极限幅值 $I_s = I_{sm}$ 时，定子电流空间矢量 $\boldsymbol{i}_s$ 被固定在图 1.6.13 中的 B 点上，B 点是电流极限圆、对应于基准转速 ω_b 的电压极限椭圆、最大电磁转矩轨迹线和电磁转矩 $\left[T_{em}\right]_b$ 曲线四者的交点，定子电流空间矢量 $\boldsymbol{i}_{sm}$ 的 d- 轴分量 I_{dm} 和 q- 轴分量 I_{qm} 是分别由式（1-6-29）和式（1-6-30）给定的恒定常量。本区域的运行特征是：定子电流空间矢量 $\boldsymbol{i}_s$ 的调节仅受到电流极限的约束；在约束范围内，通过调节定子电流空间矢量 $\boldsymbol{i}_s$ 在 i_d-i_q 坐标平面内的 d- 轴分量 i_d 和 q- 轴分量 i_q 的大小和它们之间的比例来实现定子电流空间矢量 $\boldsymbol{i}_s$ 的幅值 I_s 和相位角（即转矩角）θ 的同时调节，从而迫使定

子电流空间矢量$\boldsymbol{i}_s$的末端沿着最大电磁转矩轨迹线移动。

（2）区域Ⅱ（$\omega_b < \omega_e \leqslant \omega_p$）。

区域Ⅱ对应于$I_s = I_{sm}$，$V_s = V_{sm}$，它是借助磁场弱化实现恒功率运行的区域，电动机的运行将受到定子电流空间矢量$\boldsymbol{i}_s$的极限幅值I_{sm}和定子电压空间矢量$\boldsymbol{v}_s$的极限幅值V_{sm}两者的约束。在转速$\omega_e > \omega_b$，并继续升高时，定子电流空间矢量$\boldsymbol{i}_s$的末端将沿着电流极限圆的圆周从B点移动至P点，P点是电流极限圆、对应于转速ω_p的电压极限椭圆、电压被限制的最大电磁功率轨迹线和电磁转矩$\left[T_{em}\right]_p$曲线四者的交点。在此区域内，依据式（1-6-37）和式（1-6-38）来计算定子电流空间矢量$\boldsymbol{i}_{sm}$的d-轴分量I_{dn}和q-轴分量I_{qn}，并对它们实施控制。本区域的运行特征是：定子电流空间矢量$\boldsymbol{i}_s$的调节受到电流极限和电压极限的双重约束；在约束范围内，定子电流空间矢量$\boldsymbol{i}_s$的极限幅值始终保持不变，即$I_s = I_{sm}$；通过调节定子电流空间矢量$\boldsymbol{i}_s$在i_d-i_q坐标平面内的d-轴分量I_{dn}和q-轴分量I_{qn}的大小和它们之间的比例来实现定子电流空间矢量$\boldsymbol{i}_s$的相位角（即转矩角）$\angle\theta$的调节，从而迫使定子电流空间矢量$\boldsymbol{i}_s$的末端沿着电流极限圆的圆周在B点和P点之间移动。

（3）区域Ⅲ（$\omega_e > \omega_p$）。

区域Ⅲ对应于$I_s < I_{sm}$，$V_s = V_{sm}$，它属于磁场弱化的运行区域之内。转速ω_p是对应于P点的电气角速度，当转速继续升高（$\omega_e > \omega_p$）时，定子电流空间矢量$\boldsymbol{i}_s$将沿着电压被限制的最大电磁功率轨迹线从P点向Z点移动，在此区域内，电流极限圆包容了电压极限椭圆，电动机的运行仅受到定子电压空间矢量$\boldsymbol{v}_s$的极限幅值V_{sm}的约束，依据公式（1-6-49）和公式（1-6-51）来计算定子电流空间矢量$\boldsymbol{i}_s$的d-轴分量I_{dp}和q-轴分量I_{qp}，并对它们实施控制。本区域的运行特征是：定子电流空间矢量$\boldsymbol{i}_s$的调节仅受到定子电压空间矢量$\boldsymbol{v}_s$的极限幅值V_{sm}的约束；在约束范围内，通过调节定子电流空间矢量$\boldsymbol{i}_s$在i_d-i_q坐标平面内的d-轴分量I_{dp}和q-轴分量I_{qp}的大小和它们之间的比例来实现定子电流空间矢量$\boldsymbol{i}_s$的幅值I_s和相位角（即转矩角）θ的同时调节，从而迫使定子电流空间矢量$\boldsymbol{i}_s$的末端沿着电压被限制的最大电磁功率轨迹线（亦即是电压被限制的最大电磁转矩轨迹线）移动。

按照上述三个运行区域内的最佳定子电流空间矢量$\boldsymbol{i}_s$轨迹线，对定子电流空间矢量$\boldsymbol{i}_s$的直轴电流分量i_d和交轴电流分量i_q实施控制，就能获得所有允许的转速范围内的最大电磁转矩的轮廓线，如图1.6.14所示。

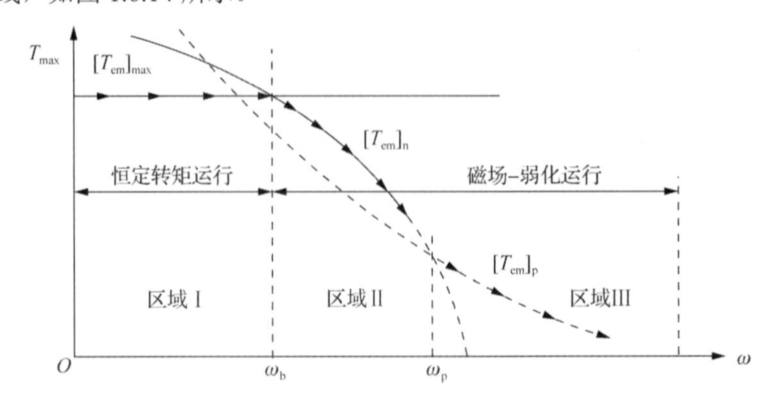

图1.6.14　可以获得的最大电磁转矩/速度的轮廓线

第二种情况：$\Psi_{m} > L_{d}I_{sm}$

对于内置式永磁同步电动机而言，当$\Psi_{m} > L_{d}I_{sm}$时，它表示：电压极限椭圆的圆心将落在电流极限圆的外面。在此情况下，特征电流I_{ch}大于定子电流空间矢量$\boldsymbol{i}_{s}$的极限幅值I_{sm}，这意味着永磁转子的气隙主磁链Ψ_{m}很强，电枢反应的直轴去磁磁动势对它影响比较小，不能起到明显的控制作用，致使电压被限制的最大输出功率轨迹线将处于电流极限圆周的外边，因此，区域Ⅲ就不存在，也就不存在电压被限制的最大输出功率轨迹线与电流极限圆相交的P点，如图 1.6.15 所示。在此情况下，随着转速的升高，定子电流空间矢量$\boldsymbol{i}_{s}$将沿着电流极限圆从B点直接移动至M点，M点的坐标是（$-I_{sm}$，0），在M点上，定子电流空间矢量$\boldsymbol{i}_{s}$的q-轴分量I_{q}等于零，电动机的电磁转矩和电磁功率变成为零，所有的电枢电流被用来对永磁体的磁通进行去磁。在此情况下，对应于与M点相切的电压极限圆的电动机的电气角速度$\omega_{e} = \omega_{m}$，可以按下式计算：

$$\omega_{m} = \frac{V_{sm}}{\Psi_{m} - L_{d}I_{sm}} \tag{1-6-55}$$

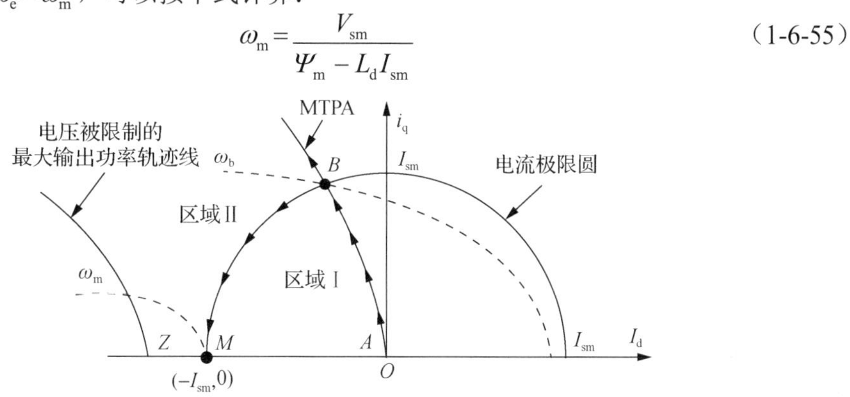

图 1.6.15　在$\Psi_{m} > L_{d}I_{sm}$情况下i_{d}-i_{q}坐标平面内的最佳定子电流相量的轨迹线

图 1.6.16 展示了具有最佳电流矢量轨迹的转矩对速度的特性。在$\Psi_{m} < L_{d}I_{sm}$情况下，内置式永磁同步电动机的典型的电磁转矩/转速的特性曲线如图 1.6.16（a）所示；在$\Psi_{m} > L_{d}I_{sm}$情况下，典型的转矩/转速的特性曲线如图 1.6.16（b）所示。对图 1.6.16（a）和图 1.6.16（b）做一比较，显然，图 1.6.16（a）描述的$\Psi_{m} < L_{d}I_{sm}$的内置式永磁同步电动机的转矩容量和转速范围均大于图 1.6.16（b）描述的$\Psi_{m} > L_{d}I_{sm}$的内置式永磁同步电动机的转矩容量和转速范围。

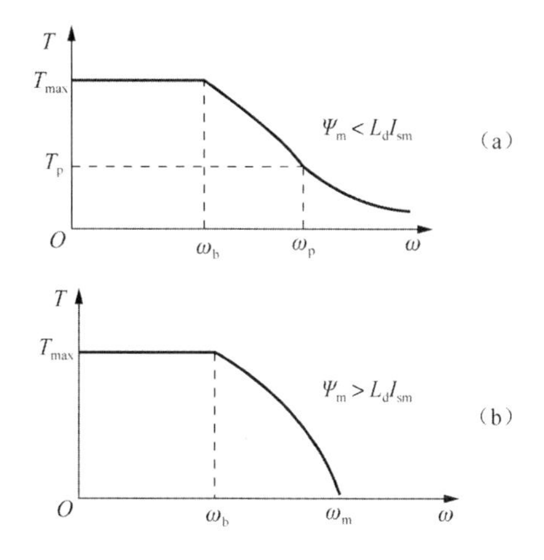

图 1.6.16　采用最佳电流矢量轨迹线的转矩/速度的特性

1.6.7　内置式永磁同步电动机的最佳电流矢量控制的实例

本节着重说明内置式永磁同步电动机的运行如何从图 1.6.13 和图 1.6.14 所示的恒定转矩运行区域平稳地转换到磁场弱化运行区域，即从区域Ⅰ（$\omega_e \leqslant \omega_b$）转换到区域Ⅱ（$\omega_b < \omega_e \leqslant \omega_p$）的过程。

图 1.6.17 是内置式永磁同步电动机的一个伺服驱动系统的方框图，它主要由速度控制、电流控制、逆变器和内置式永磁同步电动机等四部分所组成。系统通过调节电动机的定子电流空间矢量 $\boldsymbol{i}_s$ 的幅值和相位角来实现对电动机的电磁转矩和转速的控制。当电动机的转速低于或等于基准转速，即 $\omega_e \leqslant \omega_b$ 时，系统采取最大电磁转矩的控制策略，使电动机的定子电流空间矢量 $\boldsymbol{i}_s$ 在受到电流极限约束的区域内，即在图 1.6.13 和图 1.6.14 所示的区域Ⅰ内运行，产生最大的恒定电磁转矩；当电动机的转速高于基准转速，即 $\omega_e > \omega_b$ 时，系统采取磁场弱化的控制策略，使电动机的定子电流空间矢量 $\boldsymbol{i}_s$ 和定子电压空间矢量 $\boldsymbol{v}_s$ 在同时受到电流极限和电压极限双重约束的区域内，即在图 1.6.13 和图 1.6.14 所示的区域Ⅱ内运行，产生最大的电磁转矩和获得相对应的最大的电磁功率。

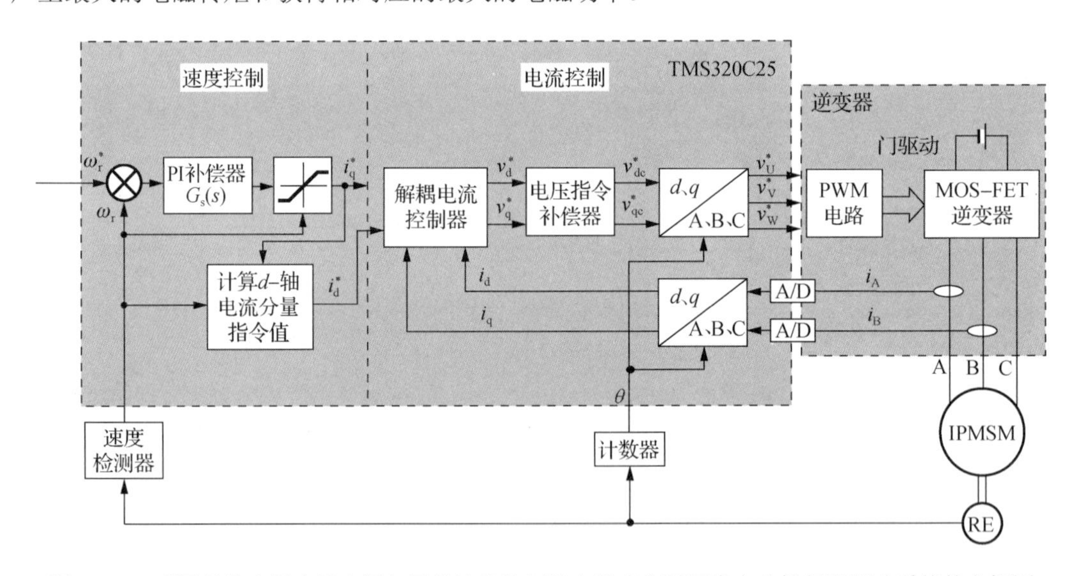

图 1.6.17　采用最佳定子电流空间矢量轨迹线控制的内置式永磁同步电动机伺服驱动系统的方框图

1.6.7.1　控制模式的转换

在图 1.6.17 所示的伺服驱动系统的方框图中，控制模式的转换是通过速度控制环节来实施的。速度控制环节的输入信号有两个，一个是转子机械角速度的指令值（即参考信号）ω_r^*，另一个是转子机械角速度的实测值（即反馈信号）ω_r。它们之间的差值（$\omega_r^* - \omega_r$），经过比较器检测，再通过比例-积分补偿器 $G_s(s)$，便获得定子电流空间矢量 $\boldsymbol{i}_s$ 的 q-轴分量的指令值 i_q^*。然后，在电动机的转速小于或等于基准转速（即 $p\ \omega_r \leqslant \omega_b$）和定子电压空间矢量 $\boldsymbol{v}_s$ 的幅值小于或等于电压极限值（即 $V_s \leqslant V_{sm}$）的条件下，按照式（1-6-26），依据定子电流空间矢量 $\boldsymbol{i}_s$ 的 q-轴分量的指令值 i_q^* 来计算定子电流空间矢量 $\boldsymbol{i}_s$ 的 d-轴分量 i_d，并把它作为 d-轴分量的指令值 i_d^*，图 1.6.18 中用符号 i_{db}^* 来标记，即 $i_d^* = i_{db}^*$，这时系统在 i_d^* 和 i_q^* 的控制下，将采取最大电磁转矩的控制策略在恒定转矩区域Ⅰ内运行；在电动机的转速大于基准转速（即 $p\omega_r > \omega_b$）和定子电压空间矢量 $\boldsymbol{v}_s$ 的幅值等于它的极限幅值（即 $V_s = V_{sm}$）的条件下，按照式（1-6-35），依据定子电流空间矢量 $\boldsymbol{i}_s$ 的 q- 轴分量的指令值 i_q^* 和电气角速度 ω_e（即 $p\omega_r$）来计算定子电流空间矢量 $\boldsymbol{i}_s$ 的 d- 轴分量 i_d，并把它作为 d- 轴分量的指令值 i_d^*，图 1.6.18 中用符号 i_{dp}^* 来标记，即 $i_d^* = i_{dp}^*$，这时，系统在 i_d^* 和 i_q^* 的控制下，将采取磁场弱化的控制策略在恒定功率的区域 II 内运行。定子电流空间矢量 $\boldsymbol{i}_s$ 的控制方框图和控制模式的转换流程如图 1.6.18 所示。

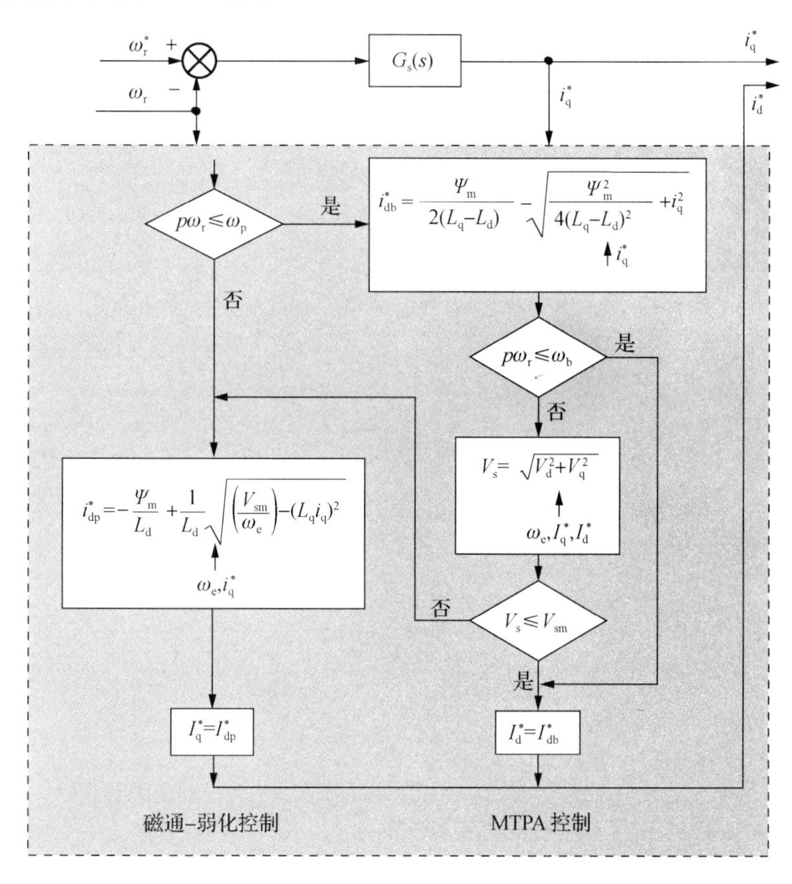

图 1.6.18　定子电流空间矢量控制过程中的控制模式的转换流程方框图

1.6.7.2　提高电流控制环节性能的措施

电流控制环节的功能很重要，它的品质将直接影响到内置式永磁同步电动机伺服驱动系统的稳态和动态性能，为此，在图 1.6.17 方框图中增设了解耦电流控制器和电压指令补偿器。

1）解耦电流控制器

内置式永磁同步电动机在 dq- 同步旋转参考坐标系内的电压方程式是

$$
\begin{cases}
v_d = R_s i_d + L_d \dfrac{\mathrm{d}i_d}{\mathrm{d}t} - \omega_e L_q i_q \\
v_q = R_s i_q + L_q \dfrac{\mathrm{d}i_q}{\mathrm{d}t} + \omega_e \left(\Psi_m + L_d i_d\right)
\end{cases}
\tag{1-6-56}
$$

方程式（1-6-56）表明，在定子电压矢量 $\boldsymbol{v}_s$ 的 d- 轴电压分量 v_d 的计算公式中含有 q- 轴电流分量 i_q 的 $\omega_e L_q i_q$ 项，而在定子电压矢量 $\boldsymbol{v}_s$ 的 q- 轴电压分量 v_q 的计算公式中含有 d- 轴电流分量 i_d 的 $\omega_e L_d i_d$ 项，因而在 d- 轴和 q- 轴之间存在着交叉耦合效应，致使定子电流空间矢量 $\boldsymbol{i}_s$ 的 d- 轴电流分量 i_d 和 q- 轴电流分量 i_q 不能分别独立地控制定子电压矢量 v_s 的 d- 轴电压分量 v_d 和 q- 轴电压分量 v_q。由于内置式永磁同步电动机具有相对大的电感量，它的交叉耦合效应是显著的。当速度 ω_e 增加时，这些耦合效应随之增加。因此，在磁场弱化的高速运行区域内，电流响应和转矩响应将会受到这些交叉耦合效应的影响。

借助解耦前馈补偿，这些交叉耦合效应能够被消除掉，如图 1.6.19 所示，解耦前馈补偿的数学运算如下。

$$\begin{cases} v_d^* = G_{cd}(s)(i_d^* - i_d) + v_{d0} \\ v_q^* = G_{cq}(s)(i_q^* - i_q) + v_{q0} \end{cases} \tag{1-6-57}$$

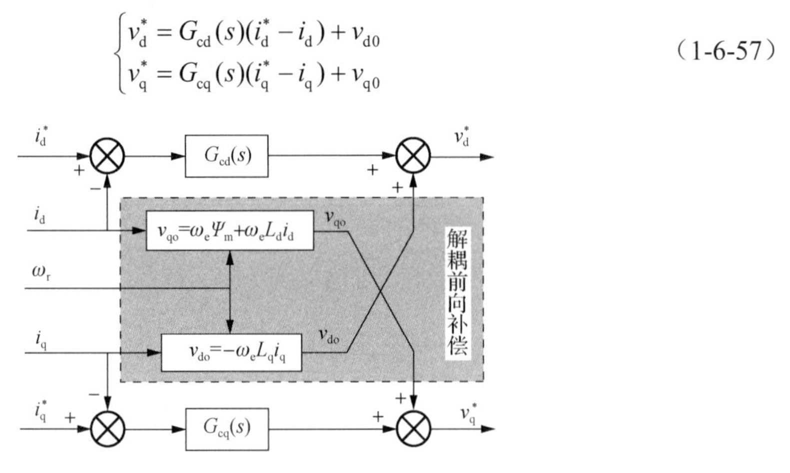

图 1.6.19　解耦电流控制器的方框图

这种具有解耦前馈补偿功能的电流控制器被称之为解耦电流控制器。采用图 1.6.19 所示的解耦电流控制器后，定子电压空间矢量 $\boldsymbol{v}_s$ 的 d- 轴分量的电压指令值 v_d^* 由比例-积分补偿器 $G_{cd}(s)$ 的输出和解耦前馈补偿的输出 v_{do} 两者所决定；定子电压空间矢量 $\boldsymbol{v}_s$ 的 q- 轴分量的电压指令值 v_q^* 由比例-积分补偿器 $G_{cq}(s)$ 的输出和解耦前馈补偿的输出 v_{qo} 两者所决定，从而消除了交叉耦合，电流控制器被线性化，定子电流空间矢量 $\boldsymbol{i}_s$ 的 d- 轴电流分量 i_d 和 q- 轴电流分量 i_q 能够分别独立地对定子电压矢量 $\boldsymbol{v}_s$ 的 d- 轴电压分量 v_d 和 q- 轴电压分量 v_q 实施控制。

2）电压指令补偿器

在磁通弱化区域内，由于内置式永磁同步电动机的伺服驱动系统受到定子电压空间矢量 $\boldsymbol{v}_s$ 的极限幅值 V_{sm} 和定子电流空间矢量 $\boldsymbol{i}_s$ 的极限幅值 I_{sm} 两者的约束，伺服驱动系统通常在接近它们的极限幅值的条件下运行；然而，在瞬变过程中，例如当 d- 轴电流分量的指令值 i_d^* 或 q- 轴电流分量的指令值 i_q^* 发生阶跃变化时，解耦电流控制器输出的定子电压空间矢量的 d- 轴分量的指令值 v_d^* 和 q- 轴分量的指令值 v_q^*，有时将超过逆变器可能的输出电压水平，在此情况下，d- 轴和 q- 轴电流调节器将被饱和，并且 d- 轴电流控制和 q- 轴电流控制将相互影响。因此，电流响应将变坏，有时实际的电流不能跟随指令电流。

电压指令补偿器的功能是对 d- 轴电压分量的指令值 v_d^* 和 q- 轴电压分量的指令值 v_q^* 进

行补偿，一旦定子电压空间矢量 $\boldsymbol{v}_s$ 的幅值 V_s 处在 v_d - v_q 坐标平面内的电压极限圆外面，即 $V_s > V_{sm}$ 时，电压指令补偿器将迫使其返回到电压极限圆之内。

采取电压指令补偿器后，明显地提高了驱动控制系统的电流响应和速度响应等的动态性能。

1.6.7.3　两种不同控制策略的稳态转矩/转速特性的比较

表 1.6.1 列出了一台内置式永磁同步电动机的试验伺服驱动系统的主要技术规格，图 1.6.20 展示了该试验伺服驱动系统在采用 i_d =0 控制策略和采用 MTPA / FW 控制策略，即采用图 1.6.17 所示的控制伺服驱动系统时得到的两条不同的稳态转矩/转速特性比较曲线。

表 1.6.1　被试验的内置式永磁同步电动机伺服驱动系统的主要技术规格

名称	数值
磁极对数 p	2
电枢电阻 R / Ω	0.57
永磁体转子产生的气隙主磁链 Ψ_m /Wb	0.108
d- 轴电感/mH	8.72
q- 轴电感/mH	22.8
电压极限幅值/V	50
电流极限幅值/A	8.66
基准速度/（r/min）	1200

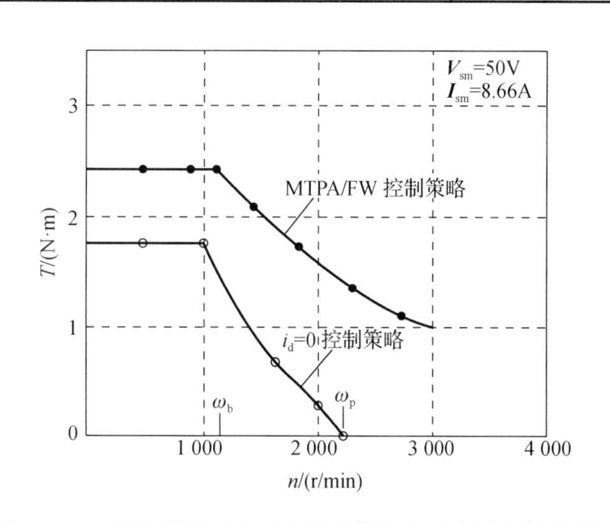

图 1.6.20　两种不同控制策略的稳态转矩/转速特性的比较曲线

在采用传统的 i_d =0 的控制策略时，定子电流空间矢量 $\boldsymbol{i}_s$ 的 d- 轴电流分量总是被保持在零值上，没有直轴电枢反应的去磁作用。当转速升高到 1000 r/min 时，电动机的端电压已经达到被限制的电压极限幅值 V_{sm}。在转速超过 1000 r/min 时，转矩就很快地下降；当转速达到 2200 r/min 时，转矩变为零。在采用 MTPA / FW 控制策略时，电动机的端电压在基准转速 ω_b =1200 r/min 时才达到被限制的电压极限幅值 V_{sm}。在低于基准转速 ω_b 的恒定转矩区域Ⅰ内运行时，它的最大转矩要比采用 $i_d=0$ 控制策略时的最大转矩大40%左右；在基准转速 ω_b 以上的恒定功率区域Ⅱ内运行时，借助磁通弱化控制，显著地扩展了恒定功率运行区域的转速范围，能够从 1200 r/min 达到 3000 r/min 以上。

1.6.8　电动机参数对稳态转矩/转速特性的影响

表面贴装式永磁同步电动机的参数主要包括电枢绕组的电阻 r_s（也可用符号 r_a 来表示）、电枢绕组的电感 L_s（或采用符号 L_a 来表示）和永磁体转子在定子电枢绕组内产生的气隙主磁链的幅值 Ψ_m；内置式永磁同步电动机的参数主要包括电枢绕组的电阻 r_s、d-轴电感 L_d、q-轴电感 L_q 和永磁体转子在定子电枢绕组内产生的气隙主磁链的幅值 Ψ_m。电动机的参数与表征电动机运行性能的转矩-转速特性（即机械特性曲线）之间有着密切的关系。

首先，根据描写电动机电磁转矩的式（1-5-19）和式（1-5-20），可以明显地看到电动机的转矩容量在很大程度上取决于：①永磁转子在定子电枢绕组内产生的主磁链 Ψ_m，主磁链 Ψ_m 越大，电动机的永磁转矩就越大；②交轴电感和直轴电感的差异（L_d-L_q），（L_d-L_q）的差值越大，电动机的磁阻转矩分量就越大。

根据描写表面贴装式永磁同步电动机和内置式永磁同步电动机的电流极限圆和电压极限圆（或椭圆）的方程式（1-6-2a）、式（1-6-3a）、式（1-6-13b）、式（1-6-18b）和式（1-6-19），为了扩大自控式永磁同步电动机伺服驱动系统的恒定功率运行区域的转速范围，希望电流极限圆和电压极限圆（或椭圆）相互交叠的面积大一些。换言之。要求特征电流 I_{ch} 小一些，从而使电压极限圆（或椭圆）的圆心处在电流极限圆的圆周之内，在理论上电动机的转速可以达到无穷高。因此，根据表面贴装式永磁同步电动机和内置式永磁同步电动机的特征电流 I_{ch} 的表达式为

$$I_{ch}=-\frac{\Psi_m}{L_s}<I_{sm}\quad(\text{SPMSM})\tag{1-6-58a}$$

$$I_{ch}=-\frac{\Psi_m}{L_d}<I_{sm}\quad(\text{IPMSM})\tag{1-6-58b}$$

可见，通过增大表面贴装式永磁同步电动机的电枢电感 L_s 或内置式永磁同步电动机的 d-轴电感 L_d，以及减小由永磁体转子产生的主磁链 Ψ_m 来减小特征电流 I_{ch}，就可以达到扩大自控式永磁同步电动机伺服驱动系统的恒定功率运行区域的转速范围。

图 1.6.21 描述了一台内置式永磁同步电动机，在保持 d-轴电感 L_d 和 q-轴电感 L_q 不变，而仅改变它的主磁链 Ψ_m 的条件下，它的转矩/转速运行特性的变化情况。

图 1.6.21 表明：转速范围与永磁转子产生的主磁链 Ψ_m 的量值是有关系的，当主磁链 Ψ_m 增加时，磁场弱化运行区域的转速范围随之缩小，而恒定转矩运行区域内的电磁转矩却随之增大；反之亦然。“气隙内的主磁通 Φ_m 和每相电枢绕组的主磁链 Ψ_m 比较小”就意味着电动机产生永磁转矩的能力比较小；但是磁场弱化的效果比较明显，换言之，它具有比较大的磁场弱化能力。因此，恒定功率运行区域内的转速范围的扩展是以牺牲恒定转矩运行区域内的电磁转矩为代价的，这也表示恒定转矩运行区域内的电磁转矩的大小和恒定功率运行区域内的转速范围的大小之间存在着一定的矛盾。

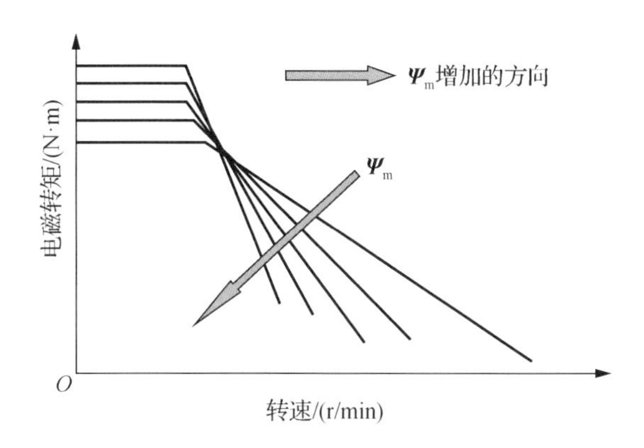

图 1.6.21　不同永磁体磁链时的转矩-转速特性

图 1.6.22 展示了不同的 q- 轴电感 L_q 对内置式永磁同步电动机的转矩/转速特性的影响，它表明比较高的 q- 轴电感 L_q 仅提高了恒定转矩运行区域内的电磁转矩，即在基准转速 ω_b 以下的电磁转矩；但对于磁通弱化运行区域的转速范围的扩展没有影响。

图 1.6.23 展示了不同的 d- 轴电感 L_d 对内置式永磁同步电动机的转矩/转速特性的影响。在 q- 轴电感 L_q 保持不变的条件下，d- 轴电感 L_d 的增加意味着交直轴电感之间的差异（$L_d - L_q$）和磁阻转矩的减小，这将导致在恒定转矩运行区域内电磁转矩的减小，它具有类似于主磁链 Ψ_m 的减小对恒定转矩运行区域内电磁转矩的影响；但是，比较高的 d- 电感 L_d 的数值明显地扩展了磁通弱化运行区域的转速范围。

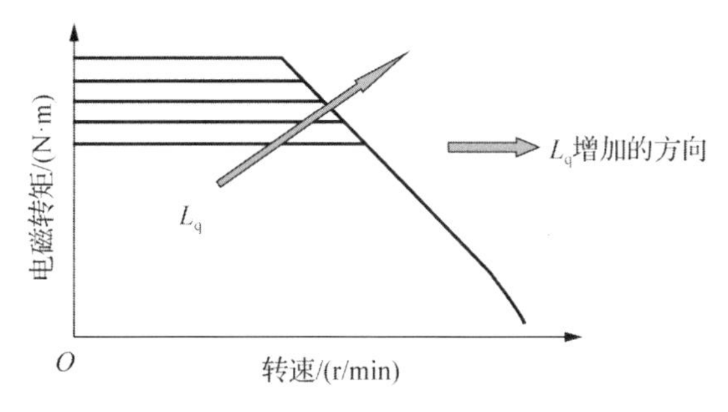

图 1.6.22　不同的 q- 轴电感 L_q 对转矩-转速特性的影响

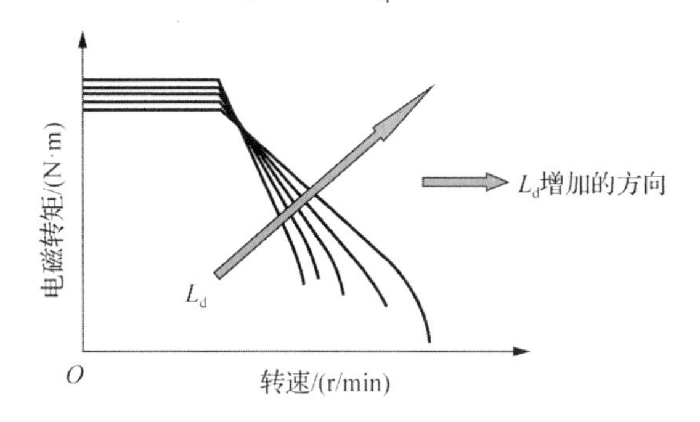

图 1.6.23　不同的 d- 轴电感 L_d 对转矩-速度特性的影响

根据图 1.6.1 和恒定功率运行区域的转速范围的定义，即在电流和电压的约束条件下，采取磁场弱化控制策略，电动机伺服驱动系统能够被维持在额定功率上运行的转速范围，它可以被描述为电动机参数的一个函数

$$\text{CPSR} = f\left(L_{\text{d}}, L_{\text{q}}, \Psi_{\text{m}}\right) \tag{1-6-59}$$

综上分析，我们能够得出结论：如果需要一个大的恒定功率运行区域的转速范围，可以选择低的气隙主磁链的幅值Ψ_{m}和高的电枢电感L_{s}，或高的d-轴电感L_{d}。然而，电动机的设计还受到其他技术指标和机械结构的制约；同时，还要考虑气隙磁场波形、磁路饱和、损耗发热等因素的复杂影响。因此，我们需要通过最佳化设计和反复实践，来获得L_{s}、L_{d}、L_{q}和$\boldsymbol{\Psi}_{\text{m}}$之间的最佳组合。

1.7 永磁同步电动机的主要参数测量

永磁同步电动机参数是指电枢绕组每相电阻r_{a}（也可用符号r_{s}来表示）、永磁转子的每极磁链ψ_{m}、同步电抗x_{c}，直（d-）轴同步电抗x_{d}和交（q-）轴同步电抗x_{q}，电枢电感L_{a}（或采用符号L_{s}来表示），直（d-）轴电感L_{d}和交（q-）轴电感L_{q}，它们将直接影响到电动机本体和驱动控制系统的设计，也直接影响到永磁同步电动机的运行性能。因此，精确测量电动机的参数是十分重要和必需的。

1.7.1 永磁同步电动机参数测量的理论基础

这里，我们要通过分析表面贴装式永磁同步电发机与表面贴装式永磁同步电动机，内置式永磁同步发电机与内置式永磁同步电动机之间的差别和它们之间的可逆原理，在此基础上，了解和掌握永磁同步电动机的参数测量的方法。

1.7.1.1 表面贴装式永磁同步电机的同步电抗x_{c}

表面贴装式永磁同步发电机的电压平衡方程式为

$$\begin{aligned}\dot{\boldsymbol{E}}_0 &= \dot{\boldsymbol{U}} + \dot{\boldsymbol{I}}_{\text{a}}\ (r_{\text{a}} + \text{j}\,x_{\text{s}} + \text{j}\,x_{\text{a}}) \\ &= \dot{\boldsymbol{U}} + \dot{\boldsymbol{I}}_{\text{a}}\ (r_{\text{a}} + \text{j}\,x_{\text{c}}) \\ &= \dot{\boldsymbol{U}} + \dot{\boldsymbol{I}}_{\text{a}}\ z_{\text{c}}\end{aligned} \tag{1-7-1}$$

式中：$\dot{\boldsymbol{E}}_0$是每相空载励磁电动势，V；$\dot{\boldsymbol{U}}$是每相端电压，V；$\dot{\boldsymbol{I}}_{\text{a}}$是每相电流，A；$r_{\text{a}}$是电枢绕组的每相电阻，Ω；$x_{\text{s}}$是电枢绕组的每相漏电抗，Ω；$x_{\text{a}}$是电枢绕组的每相电枢反应电抗，Ω；$x_{\text{c}} = x_{\text{s}} + x_{\text{a}}$是同步发电机的同步电抗，Ω；$z_{\text{c}} = r_{\text{a}} + \text{j}\,x_{\text{c}}$是同步发电机的同步阻抗，Ω。

图 1.7.1（a）是对应于式（1-7-1）的表面贴装式永磁同步发电机的电动势-电压相量图。

表面贴装式永磁同步电动机的电压平衡方程式为

$$\begin{aligned}\dot{\boldsymbol{U}} &= \dot{\boldsymbol{E}}_0 + \dot{\boldsymbol{I}}_{\text{a}}\ (r_{\text{a}} + \text{j}\,x_{\text{s}} + \text{j}\,x_{\text{a}}) \\ &= \dot{\boldsymbol{E}}_0 + \dot{\boldsymbol{I}}_{\text{a}}\ (r_{\text{a}} + \text{j}\,x_{\text{c}}) \\ &= \dot{\boldsymbol{E}}_0 + \dot{\boldsymbol{I}}_{\text{a}}\ z_{\text{c}}\end{aligned} \tag{1-7-2}$$

式中：$\dot{\boldsymbol{E}}_0$是每相空载反电动势，V。

图 1.7.1（b）是对应于式（1-7-2）的表面贴装式永磁同步电动机的电压-反电动势相量图。

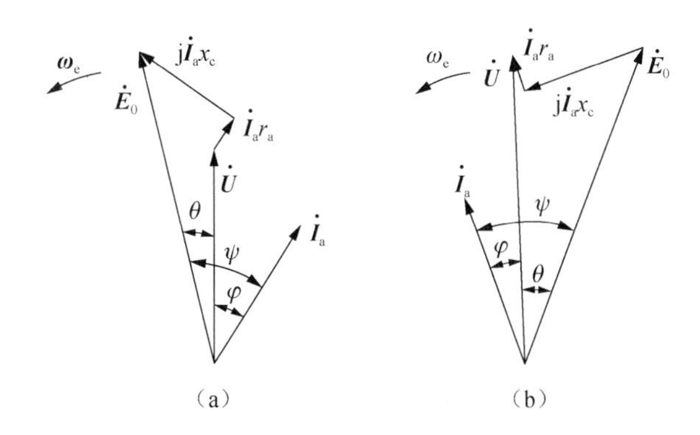

图 1.7.1　表面贴装式永磁同步发电机和永磁同步电动机的简化向量图

图 1.7.1 中，电压向量 $\dot{\boldsymbol{U}}$ 和电流向量 $\dot{\boldsymbol{I}}_a$ 之间的夹角 φ 被称为功率因数角，电动势向量 $\dot{\boldsymbol{E}}_0$ 和电流向量 $\dot{\boldsymbol{I}}_a$ 之间的夹角 ψ 被称为内功率因数角，电压向量 $\dot{\boldsymbol{U}}$ 和电动势向量 $\dot{\boldsymbol{E}}_0$ 之间的夹角 θ 被称为功率角（或力矩角），简称功角。不管永磁同步电机是作发电机状态运行还是作电动机状态运行，这些有关功率因数角、内功率因数角和功率角的定义都是一样的。

当表面贴装式永磁同步电机在额定负载条件下，作发电机状态运行时，在测量电枢绕组的每相电阻 r_a、每相空载励磁电动势 E_0、电枢绕组每相端电压 U、每相电流 I_a、功率因数角 φ 和功率角 θ 之后，便可以按下式计算同步电抗 x_c：

$$x_c = \frac{E_0 - U\cos\theta - I_a \boldsymbol{r}_a \cos(\theta+\varphi)}{I_a \sin(\theta+\varphi)} \tag{1-7-3}$$

当表面贴装式永磁同步电机在额定负载条件下，作电动机状态运行时，同步电抗 x_c 可以按下式计算：

$$x_c = \frac{E_0 - U\cos\theta + I_a r_a \cos(\theta+\varphi)}{I_a \sin(\theta+\varphi)} \tag{1-7-4}$$

1.7.1.2　内置式永磁同步电机的直轴同步电抗 x_d 和交轴同步电抗 x_q

内置式永磁同步发电机（IPMSG）的电压平衡方程式为

$$\begin{aligned}\dot{\boldsymbol{E}}_0 &= \dot{\boldsymbol{U}} + \dot{\boldsymbol{I}}_a\ \boldsymbol{r}_a + j\left(\dot{\boldsymbol{I}}_d + \dot{\boldsymbol{I}}_q\right)x_s + j\ \dot{\boldsymbol{I}}_d\ x_{ad} + j\ \dot{\boldsymbol{I}}_q\ x_{aq} \\ &= \dot{\boldsymbol{U}} + \dot{\boldsymbol{I}}_a\ \boldsymbol{r}_a + j\dot{\boldsymbol{I}}_d\left(x_s + x_{ad}\right) + j\dot{\boldsymbol{I}}_q\left(x_s + x_{aq}\right) \\ &= \dot{\boldsymbol{U}} + \dot{\boldsymbol{I}}_a\ \boldsymbol{r}_a + j\dot{\boldsymbol{I}}_d x_d + j\dot{\boldsymbol{I}}_q x_q\end{aligned} \tag{1-7-5}$$

式中：$\dot{\boldsymbol{I}}_d$ 是电枢电流 $\dot{\boldsymbol{I}}_a$ 的直轴分量，$\dot{\boldsymbol{I}}_d = \dot{\boldsymbol{I}}_a\ \sin\psi$；$\dot{\boldsymbol{I}}_q$ 是电枢电流 $\dot{\boldsymbol{I}}_a$ 的交轴分量，$\dot{\boldsymbol{I}}_q = \dot{\boldsymbol{I}}_a\ \cos\psi$；$x_{ad}$ 是直轴电枢反应电抗，Ω；x_{aq} 是交轴电枢反应电抗，Ω；$x_d = x_s + x_{ad}$ 是直轴同步电抗，Ω；$x_q = x_s + x_{aq}$ 是交轴同步电抗，Ω。

图 1.7.2（a）是对应于式（1-7-5）的内置式永磁同步发电机的电动势-电压向量图。

内置式永磁同步电动机的电压平衡方程式为

$$\begin{aligned}\dot{\boldsymbol{U}} &= \dot{\boldsymbol{E}}_0 + \dot{\boldsymbol{I}}_a\ \boldsymbol{r}_a + j\left(\dot{\boldsymbol{I}}_d + \dot{\boldsymbol{I}}_q\right)x_s + j\dot{\boldsymbol{I}}_d x_{ad} + j\dot{\boldsymbol{I}}_q x_{aq} \\ &= \dot{\boldsymbol{E}}_0 + \dot{\boldsymbol{I}}_a\ \boldsymbol{r}_a + j\dot{\boldsymbol{I}}_d\left(x_s + x_{ad}\right) + j\dot{\boldsymbol{I}}_q\left(x_s + x_{aq}\right) \\ &= \dot{\boldsymbol{E}}_0 + \dot{\boldsymbol{I}}_a\ \boldsymbol{r}_a + j\ \dot{\boldsymbol{I}}_d\ x_d + j\ \dot{\boldsymbol{I}}_q\ x_q\end{aligned} \tag{1-7-6}$$

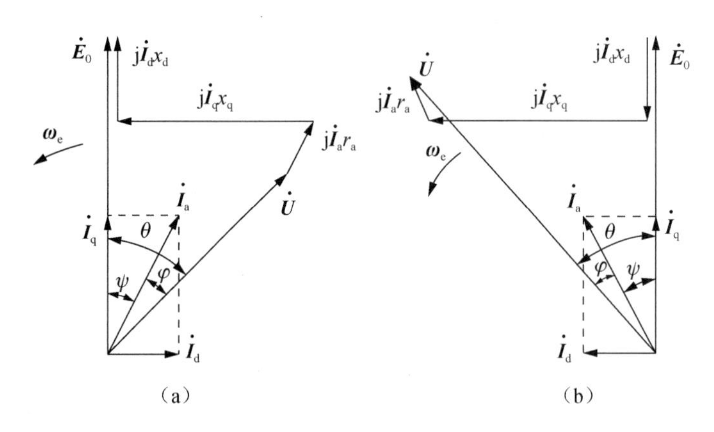

图 1.7.2　内置式永磁同步电机的简化向量图

图 1.7.2（b）是对应于式（1-7-6）的内置式永磁同步电动机的电压-反电动势向量图。

当内置式永磁同步电机在额定负载条件下，作发电机状态运行时，在测量电枢绕组的每相电阻 r_a、每相空载励磁电动势 E_0、电枢绕组每相端电压 U、每相电流 I_a、功率因数角 φ 和功率角 θ 之后，便可以求得电枢电流 $\dot{I}_a$ 的 d- 轴分量 $I_d = I_a\sin(\theta-\varphi)$ 和 q- 轴分量 $I_q = I_a\cos(\theta-\varphi)$。然后，直交轴同步电抗 x_d 和 x_q 可以按下列公式计算：

$$x_d = \frac{E_0 - U\cos\theta - I_a r_a \cos(\theta-\varphi)}{I_a \sin(\theta-\varphi)} \tag{1-7-7}$$

$$x_q = \frac{U\sin\theta + I_a r_a \sin(\theta-\varphi)}{I_a \cos(\theta-\varphi)} \tag{1-7-8}$$

当内置式永磁同步电机在额定负载条件下，作电动机状态运行时，直交轴同步电抗 x_d 和 x_q 可以按下列公式计算：

$$x_d = \frac{E_0 - U\cos\theta + I_a r_a \cos(\theta-\varphi)}{I_a \sin(\theta-\varphi)} \tag{1-7-9}$$

$$x_q = \frac{U\sin\theta - I_a r_a \sin(\theta-\varphi)}{I_a \cos(\theta-\varphi)} \tag{1-7-10}$$

1.7.1.3　永磁同步发电机和永磁同步电动机运行的可逆原理

永磁同步电发机运行时的内部电磁关系与永磁同步电动机运行时的内部电磁关系在本质上是一样，比较图 1.7.1 的（a）与（b）和图 1.7.2 的（a）与（b），我们可以发现：发电机的功率角 θ 以 $\dot{E}_0$ 超前于 $\dot{U}$ 为正，功率因数角 φ 以 $\dot{I}_a$ 超前于 $\dot{U}$ 为正，内功率因数角 ψ 以 $\dot{E}_0$ 超前于 $\dot{I}_a$ 为正；电动机的功率角 θ 以 $\dot{U}$ 超前于 $\dot{E}_0$ 为正，功率因数角 φ 以 $\dot{U}$ 超前于 $\dot{I}_a$ 为正，内功率因数角 ψ 以 $\dot{I}_a$ 超前于 $\dot{E}_0$ 为正。永磁同步电发机运行时，在旋转方向（ω_e）上永磁体在电枢绕组内感生的电动势向量 $\dot{E}_0$ 领前电压向量 $\dot{U}$ 一个功率角 θ；而永磁同步电动机运行时，在旋转方向（ω_e）上电压向量 $\dot{U}$ 领前永磁体在电枢绕组内感生的反电动势向量 $\dot{E}_0$ 一个功率角 θ，这是它们之间的唯一差别。

在不计定子电枢绕组的电阻的情况下，我们可以认为电压向量 $\dot{U}$ 对应于定子上的一个旋转磁场，而电动势向量 $\dot{E}_0$ 对应于一个由永磁体激励的转子磁场，这两个磁场之间的夹角，即是电压向量$\dot{\boldsymbol{U}}$与电动势向量$\dot{\boldsymbol{E}}_0$之间的夹角，被定义为功率角。当原动机拖着一台永磁电机作发电机状态运行时，永磁体激励的转子磁场$\boldsymbol{F}_{\mathrm{m}}$领先定子上的三相电枢绕组产生的旋转磁场$\boldsymbol{F}_{\mathrm{a}}$一个功率角$\theta$，就好像是转子磁场拖着定子磁场以同步速度旋转一样，如图 1.7.3（a）所示。这时，发电机产生了电磁制动力矩，把由原动机产生的机械功率转变成电功率送到电网。如果减少原动机的输入功率，功率角θ就要减小。这样，发电机向电网输送的电功率也就减少了。当原动机输给发电机的功率仅仅能够低偿发电机的无载损耗时，功率角θ便等于零，如图 1.7.3（b）所示。这时，发电机处于无载运行状态，便不再给电网输送电功率。

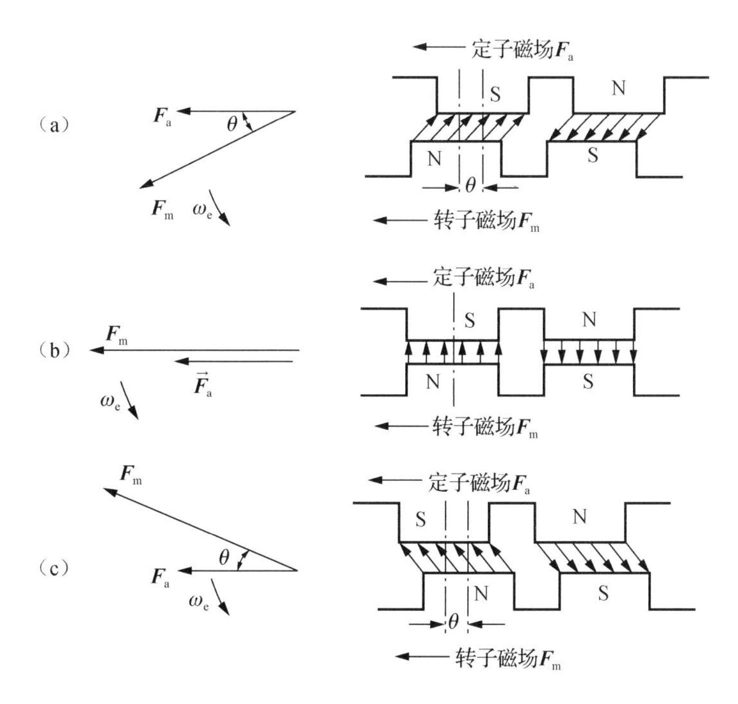

图 1.7.3　定子磁场和转子磁场之间的相对位置

如果把拖动发电机的原动机撤离，那么功率角θ就变为负值了。这意味着原本领先定子旋转磁场$\boldsymbol{F}_{\mathrm{a}}$的转子磁场$\boldsymbol{F}_{\mathrm{m}}$已经逐渐演变成落后于定子旋转磁场$\boldsymbol{F}_{\mathrm{a}}$了，即现在已经是定子旋转磁场$\boldsymbol{F}_{\mathrm{a}}$拖着转子磁场$\boldsymbol{F}_{\mathrm{m}}$以同步速度旋转了，如图 1.7.3（c）所示。这时，永磁同步电机已经由发电机运行状态转变成了电动机运行状态，电网给电动机输送电功率，电动机产生了电磁主动力矩，把电功率转变成机械功率，去驱动机械负载。

从上面的分析可知，永磁同步电机并联到电网上，如果用原动机去拖它，它就以发电机状态运行；如果让它去拖一个机械负载，它就以电动机状态运行。同步电机的这种运行性质，就是它的运行可逆性原理。这意味着在发电机状态运行时测量得到的参数，就是电动机的参数；反之，在电动机状态运行时测量得到的参数，也就是发电机的参数。

1.7.2　永磁同步电动机的主要参数的测量

永磁同步电动机运行时内部发生的电磁关系和电磁式永磁同步电动机运行时内部发生的电磁关系基本上是相同的，因此，它们的参数测试的理论基础也基本上是一致的。但是，由于永磁同步电动机的转子磁场不能调节，因此凡是需要通过调节励磁磁场或在去磁条件下测量的试验方法都不能被用来测量永磁同步电动机的电抗参数。例如，测量电磁式同步电动机参数时所采用的无载（空载）试验、短路试验和转差法等就不能被用来测量永磁同步电动机的电抗参数。由此可见，永磁同步电动机的参数测量具有一定的特殊性。

1.7.2.1　电枢绕组每相电阻 r_a 的测量

采用什么方法和什么仪表来测量电枢绕组的每相电阻 r_a（这里指直流电阻）取决于被测量的电阻值的大小。对于永磁同步电动机而言，通常采用单臂电桥或双臂电桥（即凯尔文电桥或汤姆逊电桥），然而，在测量电阻值小于 1Ω 以下的电枢绕组的电阻值时，必须采用双臂电桥，以便消除测量用导线和接触电阻的影响。

有时也可以采用伏安法来测量，这是一种根据欧姆定律，利用 0.2 级的直流电流表和毫伏表的间接测量方法。但是采用这种方法时，测量时间不能过长，以便避免因温度升高而使电阻值发生变化。

首先测量电枢绕组三个出线端 A、B 和 C 之间的电阻值 r_{ab}、r_{bc} 和 r_{ca}，然后计算它们的平均值 r_{av} 为

$$r_{av}=\frac{r_{ab}+r_{bc}+r_{ca}}{3} \tag{1-7-11}$$

对于星形连接的三相电枢绕组而言，它的每相电阻 r_a 为

$$r_a=\frac{1}{2}r_{av} \tag{1-7-12}$$

而对三角形连接的三相电枢绕组而言，它的每相电阻 r_a 为

$$r_a=\frac{3}{2}r_{av} \tag{1-7-13}$$

绕组电阻值是与温度高度相关的。当绕组电阻 r_a 被测量时，在记录电阻值 r_{a0} 的同时，必须记录下被测量绕组的温度 T_0（℃）。这样，在另一个温度 T（℃）上的电阻值 r_{aT} 就应该按下列公式计算：

$$r_{aT}=r_{a0}\frac{K+T}{K+T_0} \tag{1-7-14}$$

式中：K 是一个由材料决定的常量（对于铜而言，K=234.5）。在 25℃上的电阻值通常被作为标称的电阻值数据。

1.7.2.2　永磁转子每极基波主磁链 Ψ_{m1} 的测量

电枢绕组每相的基波电动势 $E_{\Phi1}$ 的表达式为

$$E_{\Phi1}=4.44\,f\,w_{\Phi}\,k_{W1}\,\Phi_{m1} \tag{1-7-15}$$

式中：f 是频率，$f=pn/60$ Hz；w_{Φ} 是每相电枢绕组的串联匝数；k_{W1} 是基波绕组系数；Φ_{m1} 是永磁转子的每极基波主磁通，即空载时的气隙磁通量 $\Phi_{\delta01}$，Wb。

当电动机做发电机空载（开路）运行时，式（1-7-15）可以改写成

$$E_{\Phi1}=4.44\,f\,\psi_{m1} \tag{1-7-16}$$

式中：ψ_{m1} 是永磁转子的每极基波主磁通与每相电枢绕组形成的基波主磁链，Wb。由此，可以求得每极基波主磁链 ψ_{m1} 的表达式为

$$\psi_{m1} = \frac{E_{\Phi 1}}{4.44f} \tag{1-7-17}$$

图 1.7.4 是磁链测量装置的连接图，图中（–V）和（–A）分别是直流电压表和直流电流表，（~V）是交流电压表。被测量的永磁同步电动机通过力矩传感器与直流电动机实现弹性连接。测试时用直流电动机拖动被测量的永磁同步电动机样机旋转，使永磁同步电动机样机成发电机运行状态，拖动转速从低到高，直至达到额定的同步转速。在不同的旋转速度上用交流电压表测量电枢绕组的任意两相之间的基波反电动势 E_{L1}，即基波开路线电压 $U_{L1} = E_{L1}$，并求出电枢绕组的每相反电动势，即 $E_{\Phi 1} = E_{L1} / \sqrt{3} = U_{L1} / \sqrt{3}$。把测试数据和按照公式（1-7-17）计算得到的每极基波主磁链 ψ_{m1} 的计算值记录入表 1.7.1 中。

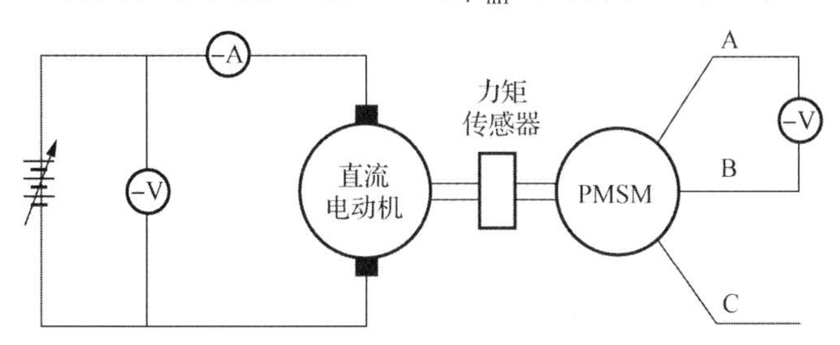

图 1.7.4　磁链的测量装置

表 1.7.1　永磁同步电动机反电动势的测量数据和 ψ_{m1} 的计算值

空载转速 n_0 /（r/min）	开路线电压 U_{L1} /V	频率 f /Hz	相反电动势有效值 $E_{\Phi 1}$ /V	ψ_{m1} /Wb
××	××	××	××	××
××	××	××	××	××
额定同步转速	××	××	××	××
平均值	—	—	—	××

1.7.2.3　功率角 θ 的测量

功率角 θ 是电枢电流产生的定子磁场 $\boldsymbol{F}_a$ 和永磁体产生的转子磁场 $\boldsymbol{F}_m$ 之间的空间电气夹角，如图 1.7.3 所示；通常我们把电压向量 $\dot{\boldsymbol{U}}$ 和激励电动势向量 $\dot{\boldsymbol{E}}_0$ 之间的电气夹角 θ 定义为功率角，如图 1.7.1 和图 1.7.2 所示。

式（1-7-3）、式（1-7-4）和式（1-7-7）～式（1-7-10）表明，一般情况下，当我们通过试验测量到电动机在额定转速运行条件下的电枢绕组的每相电阻 r_a、每相空载励磁电动势 E_0、每相端电压 U、每相电流 I_a、功率因数角 φ 和功率角 θ 之后，就可以计算出表面贴装式永磁同步电动机的同步电抗 x_c，内置式的直轴电抗 x_d 和交轴电抗 x_q。在这些电抗参数的计算过程中，功率角 θ 的测量是关键。同时，功率角 θ 本身也是永磁同步电动机的一个重要参数，有的系统需要把功率角 θ 作为一个反馈信号，与某一个参考量做比较，从而实现自动控制。因此，永磁同步电动机的功率角 θ 的测量是整个参数测量的一个十分重要的组成部分。

功率角 θ 的测量方法有若干种，这里我们将介绍两种测量功率角 θ 的方法。

1）闪光灯法

闪光灯法又叫作频闪法，它是利用人们的眼睛在一段时间内仍保持着已从他们的视觉中消失的物体的视觉印象的残（暂）留效应来观测功率角 θ 的变化。在采用闪光灯法测量永磁同步电动机的功率角时，需要准备用铝材制作一个转盘和一个圆环形刻度盘，如图 1.7.5 所示。在转盘的外表面粘贴由荧光纸制成的通过圆心的径向指针；在同心的外圆环的外表面上均匀刻录 360 等份的线条。

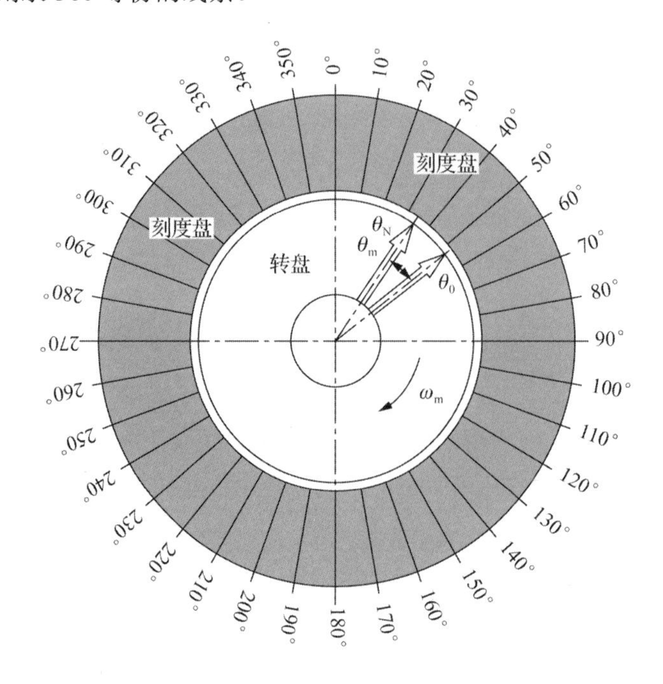

图 1.7.5　转盘/刻度盘测量构件

测试时，首先把被测量的永磁同步电动机和刻度盘安装在专门设计的测试装置上，然后把转盘安装固定在电动机的转轴上，电动机运行时带动转盘一起旋转。闪光灯的光线从前面照射到转盘的表面上。当闪光灯的闪光频率 f_{L} 与电动机的旋转速度 n_{c} 同步，或两者之间具有一个公约数，即 $f_{\mathrm{L}}/\left(n_{\mathrm{c}}/60\right)=k$（$k$ 为正整数）时，转盘上的指针传送给测试人员的视觉印象是静止不动的。这就是采用闪光灯方法来测量永磁同步电动机的功率角 θ 的基本原理。

（1）空载试验。

测试时用直流电动机拖动被测量的永磁同步电动机样机旋转，使被测量的永磁同步电动机成发电机空载运行状态，拖动转速从低到高，直至达到额定的同步转速 n_{c}。在此条件下，用闪光灯照射转盘正表面，调节闪光灯的闪光频率 f_{L}。当指针出现静止不动的视觉印象时，根据指针的位置，记录下刻度盘上的机械角位置 θ_0。

（2）负载试验。

借助三相对称的纯电阻组合器，给以发电机状态运行的被测量的永磁同步电动机施加负载，调节三相电阻组合器，逐步增加发电机的负载，在保持同步转速 n_{c} 和额定负载力矩 T_{LN} 的条件下，用闪光灯照射转盘正表面，调节闪光灯的闪光数率 f_{L}。当指针出现静止不动的视觉印象时，根据指针的位置，记录下刻度盘上的机械角位置 θ_{N}。

于是，永磁同步电动机的功率角 θ 为

$$\theta = p\ (\theta_0 - \theta_N) \tag{1-7-18}$$

式中： p 是电动机的磁极对数。

这种测量方法的关键在于光源频率的稳定性，光源的频率稳定性高，则功率角的测试精确度也随之而高；同时，闪光频率 f_L 越高，指针静止不动的视学印象越清晰，因此一般采用 2 倍或 2 倍以上的同步转速作为的闪光频率，即 $f_L \geqslant 2(pn_c/60)$。

2）传感器法

传感器法是在电动机的转轴上安装一个转子角位置传感器（PS），来替代和标记永磁转子在电枢绕组内感生的励磁电动势 $\dot{\boldsymbol{E}}_0$ 的位置，从而实现功率角 θ 的测量。

一般而言，我们可以选用旋转变压器、光学编码器或霍尔传感器等作为测量永磁同步电动机功率角 θ 的转子位置传感器。这里我们将介绍一种测量数据比较精确而测量装置又比较简单的一种方法，并依此来说明采用传感器法来测量永磁同步电动机功率角 θ 的基本原理和具体的测试方法。

图 1.7.6 所展示了这种方法的测量装置。直流电动机拖动被测试的永磁同步电动机作发电机状态运行。A 相电枢绕组输出的电压 $\dot{\boldsymbol{U}}_a$ 和角位置传感器输出的标记信号被同时送至同一台数字示波器。我们把 A 相电枢绕组输出的电压 $\dot{\boldsymbol{U}}_a$ 作为数字示波器的参考信号；转子角位置传感器输出的标记信号代表励磁电动势 $\dot{\boldsymbol{E}}_0$ 在时间坐标轴上的位置。当通过调节三相对称的纯电阻组合器来改变发电机负载的时候，功率角 θ 便发生变化，转子角位置传感器输出的标记信号在时间轴上的位置也随之作相应的变化，因此通过空载试验和负载试验，可以求出被测试的永磁同步电动机作发电机状态运行时，在一定负载条件下的功率角 θ。

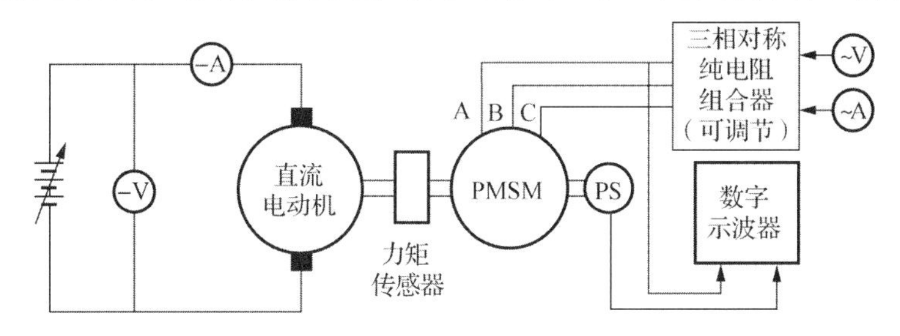

图 1.7.6　功率角 θ 的测量装置

（1）空载试验。

直流电动机拖动被测试的永磁同步电动机作空载发电机状态运行，并保持其转速等于额定的同步转速 n_c，这时测量到的每相开路端电压就是永磁转子在每相电枢绕组内感生的激励电动势，即 $\dot{\boldsymbol{U}} = \dot{\boldsymbol{E}}_0$，或者更确切地讲，每相开路端电压向量 $\dot{\boldsymbol{U}}$ 和激励电动势向量 $\dot{\boldsymbol{E}}_0$ 的相位是重叠一致的。然后，激励电动势 $\dot{\boldsymbol{E}}_0$ 的波形和转子角位置传感器输出的标记信号将被显示在同一台数字示波器的屏幕上，如图 1.7.7 所示。

在空载试验的示波图中，正弦波形代表永磁转子的每极基波主磁通 $\boldsymbol{\Phi}_{m1}$ 在每相电枢绕组内感生的激励电动势 $\dot{\boldsymbol{E}}_0$ 的波形；方波的跳变时刻代表转子角位置的标记信号。由于激励电动势 $\dot{\boldsymbol{E}}_0$ 波形的过零点表示转子 d- 轴的轴线，而标记信号来自被固定在转子转轴上的转子角位置传感器，因此，我们就能够测量出它们两者之间的时间位移 ΔT_0，从而知道空载运行时转子 d- 轴的位置和标记信号的位置两者之间的相对角位移 θ_0 为

$$\theta_0 = \frac{\Delta T_0}{T} \times \pi \text{ (rad)（机械角弧度）} \tag{1-7-19}$$

式中：T 是转子位置传感器输出的脉冲占空度为 50%的方波信号的脉冲时间宽度，它对应于 π 机械角弧度。这里，由空载试验测量得到的相对角位移 θ_0，实际上就是转子的 d- 轴与安装在同一轴上的转子角位置传感器输出的标记信号之间的相对机械角位移。

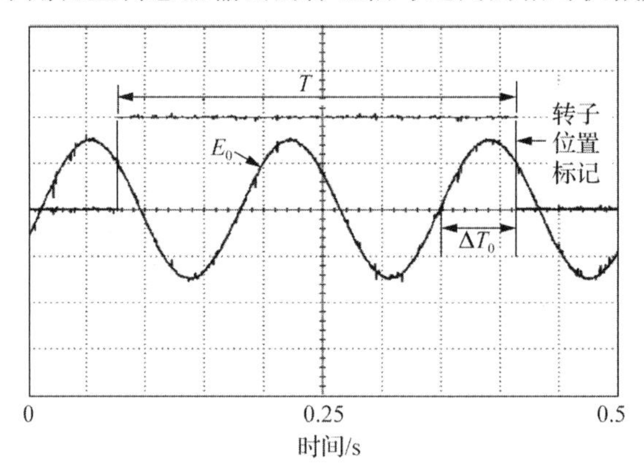

图 1.7.7　空载试验时 d- 轴位置的测量

（2）负载试验。

负载试验时，直流电动机拖动被测试的永磁同步电动机作发电机状态运行，并把发电机的三相电枢绕组的 A、B 和 C 输出端连接到电阻量可以调节的三相对称的纯电阻组合器。通过调节直流电动机的驱动电压值和纯电阻组合器的电阻值，使发电机在额定状态下运行，即 $I_a = I_N$，$U_a = U_N$ 和 $n = n_c$。在此条件下，我们把 A 相电枢绕组的端电压 U_a 的波形和转子角位置传感器输出的标记信号显示在同一台数字示波器的屏幕上，负载试验时功率角 θ 的测量如图 1.7.8 所示。

采用空载试验时的同样的测量方法，测量出 A 相电压波形的过零点与转子角位置传感器输出方波的跳变时刻（点）之间的时间位移 ΔT_N，从而可以知道负载运行时电压向量 $\dot{\boldsymbol{U}}$ 和标记信号之间的相对机械角位移 θ_N 为

$$\theta_N = \frac{\Delta T_1}{T} \times \pi \text{ (rad)（机械角弧度）} \tag{1-7-20a}$$

$$\theta_N = \frac{\Delta T_1}{T} \times 180° \text{ (°)（机械角度）} \tag{1-7-20b}$$

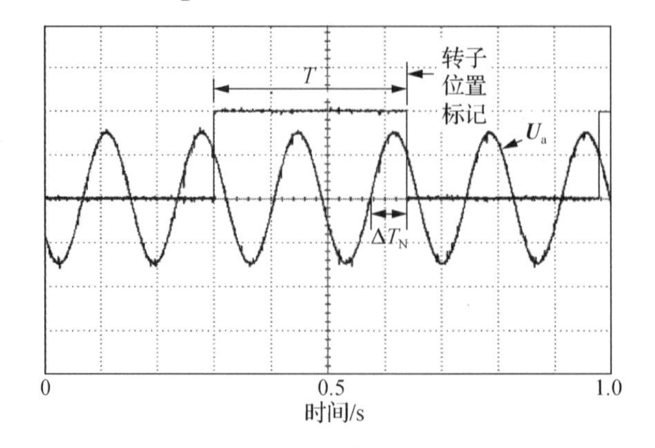

图 1.7.8　负载试验时功率角 θ 的测量

这里，我们应该注意到：发电机空载运行时，每相电压波形的过零点和每相电枢绕组内的激励电动势的过零点是重合的，而发电机负载运行时，每相电枢绕组内的激励电动势将领前于每相电枢绕输出的端电压一个角度，这两个过零点就不再重合了，它们之间出现了一个时间位移，这个时间位移对应的电气角度就是功率角 θ 。

（3）功率角的计算。

根据空载试验测量得到的 d- 轴位置（即励磁电动势 $\dot{\boldsymbol{E}}_0$ 的过零点）与转子角位置传感器输出的标记信号之间的相对机械角位移 θ_0 和负载试验测量得到的电压向量 $\dot{\boldsymbol{U}}$ 的过零点与转子角位置传感器输出的标记信号之间的相对机械角位移 θ_{N} ，可以计算出功率角的机械角位移 θ_{m} 为

$$\theta_{\mathrm{m}}=\theta_{\mathrm{N}}-\theta_0 \text{（rad）（机械角弧度）} \tag{1-7-21a}$$

$$\theta_{\mathrm{m}}=\theta_{\mathrm{N}}-\theta_0 \text{（°）（机械角度）} \tag{1-7-21b}$$

这里，我们应该注意：对于上述测试中采用的转子角位置传感器而言，转子每一个机械周转仅输出一个占空度为 50%的方波信号；而被测试的永磁同步电动机有四对磁极（$2p=8$）。当被测试电动机作发电机状态运行时，转子每一个机械周转，A 相电枢绕组输出的端电压波形将交变四次。因此，在此测量条件下获得的功率角是转子的机械角位移 θ_{m} ，而永磁同步电动机的功率角是用电气角弧度（或电气角度）来计量的。因此，功率角 θ 的数值应该是

$$\theta=\theta_{\mathrm{e}}=p\theta_{\mathrm{m}} \text{（rad）（电气角弧度）} \tag{1-7-22a}$$

$$\theta=\theta_{\mathrm{e}}=p\theta_{\mathrm{m}} \text{（°）（电气角度）} \tag{1-7-22b}$$

式中： p 是被试电动机的磁极对数。

由此可见，当采用的转子角位置传感器，每一周转输出的方波数（或脉冲数）等于被测试电动机的磁极对数时，式（1-7-22a）和式（1-7-22b）中的 p 应该取 1，即 $p=1$。换言之，在此情况下，示波图上显示的机械角位置就等于电气角位置。

1.7.2.4　直轴电感 L_{d} 和交轴电感 L_{q} 的估算

上述负载试验时，永磁同步电动机作发电机状态运行，负载是纯电阻，这时，每相电压向量 $\dot{\boldsymbol{U}}$ 和每相电流向量 $\dot{\boldsymbol{I}}_{\mathrm{a}}$ 保持同相位，功率因数 $\cos\varphi=1$，功率因数角 $\varphi=0$，因此，内置式永磁同步电机作发电机状态运行时，其直轴电抗 x_{d} 和交轴电抗 x_{q} 的计算式（1-7-7）和式（1-7-8）便可以分别简化成如下的形式：

$$x_{\mathrm{d}}=\frac{E_0-U\cos\theta-I_{\mathrm{a}}r_{\mathrm{a}}\cos\theta}{I_{\mathrm{a}}\sin\theta} \tag{1-7-23}$$

$$x_{\mathrm{q}}=\frac{U\sin\theta+I_{\mathrm{a}}r_{\mathrm{a}}\sin\theta}{I_{\mathrm{a}}\cos\theta} \tag{1-7-24}$$

上式中的功率角 θ 应该采用电气角度的数值。

于是，可以分别求得相应的直轴电感 L_{d} 和交轴电感 L_{q} 的估算值为

$$L_{\mathrm{d}}=\frac{x_{\mathrm{d}}}{\omega_{\mathrm{e}}} \tag{1-7-25}$$

$$L_{\mathrm{q}}=\frac{x_{\mathrm{q}}}{\omega_{\mathrm{e}}} \tag{1-7-26}$$

式中：ω_e 是电气角频率，$\omega_e = 2\pi f$，rad/s。

为了保证测试精确度，应在被测试永磁同步电动机的额定负载 T_{LN} 和额定转速 n_c 附近选择若干测试点进行负载试验，把测量数据和参数 x_d、x_q、L_d、L_q 的计算结果记录在表 1.7.2 中，然后再计算它们的平均值。

表 1.7.2 L_d 和 L_q 的负载试验记录和计算

测量数据					计算结果（已知 ψ_{m1} 和 r_a）				
n /（r/min）	T /（N · m）	U /V	I_a /A	θ_e /（°）	E_0 /V	x_d / Ω	x_q / Ω	L_d /H	L_q /H
××	××	××	××	××	××	××	××	××	××
××	××	××	××	××	××	××	××	××	××
××	××	××	××	××	××	××	××	××	××
平均值	—	—	—	—	—	××	××	××	××

1.7.2.5 直轴电感 L_d 和交轴电感 L_q 的直接测量方法

在 dq- 旋转直角坐标系内，方程式（1-7-27）和方程式（1-7-28）给出了永磁同步电动机的数学模型为

$$u_d = Ri_d - \omega_e L_q i_q + L_d \frac{di_d}{dt} \tag{1-7-27}$$

$$u_q = Ri_q + \omega_e L_d i_d + L_q \frac{di_q}{dt} \tag{1-7-28}$$

在电动机处在静止状态的情况下，当我们给永磁同步电动机施加电压空间矢量 $\boldsymbol{u}_i$，由于存在着电气时间常数和机械时间常数，电动机不会立刻开始旋转，在此情况下，即在 $\omega_e=0$ 的条件下，方程式（1-7-27）和方程式（1-7-28）将变成下面的形式：

$$u_d = Ri_d + L_d \frac{d\boldsymbol{i}_d}{dt} \tag{1-7-29}$$

$$u_q = Ri_q + L_q \frac{d\boldsymbol{i}_q}{dt} \tag{1-7-30}$$

从给电枢绕组施加电压空间矢量 $\boldsymbol{u}_i$ 的时刻起到电动机开始旋转的这一段时间区间内，电枢绕组内的电流将按指数规律上升。当被施加电压空间矢量 $\boldsymbol{u}_i$ 的电枢绕组分别处在转子的直轴位置或交轴位置时，电枢绕组内的直轴电流 $i_d(t)$ 或交轴电流 $i_q(t)$ 对阶跃电压的响应分别为

$$i_d(t) = \frac{U}{R}\left(1 - e^{-\frac{R}{L_d}t}\right) \tag{1-7-31}$$

$$i_q(t) = \frac{U}{R}\left(1 - e^{-\frac{R}{L_q}t}\right) \tag{1-7-32}$$

式中：U 是电压空间矢量 $\boldsymbol{u}_i$ 的幅值，V；R 是三相电枢绕组的等效电阻，$R=(3/2)r_a$，Ω；r_a 是每相电枢绕组的电阻，Ω。

于是，我们根据电气时间常数的定义，就可以分别求得直轴电感 L_d 和交轴电感 L_q 。

下面我们将介绍直轴电感 L_d 和交轴电感 L_q 的具体测量方法。

1）直轴电感 L_d 的测量

把被测试的永磁同步电动机装夹在试验支架上，对电动机的 A、B 和 C 三相电枢绕组施加空间电压矢量 $\boldsymbol{u}_1(100)$ ，当空间电流矢量 $\boldsymbol{i}_1$ 达到一定数值时，永磁转子将被牵引转动到和空间电压矢量 $\boldsymbol{u}_1$ 相重合的位置，也即永磁转子的直（ $-d$ ）轴与 A 相电枢绕组的轴线相重合，如图 1.7.9 所示。在此条件下，锁定电动机的定子和转子之间的相对空间位置，然后关断空间电压矢量 $\boldsymbol{u}_1(100)$ 。

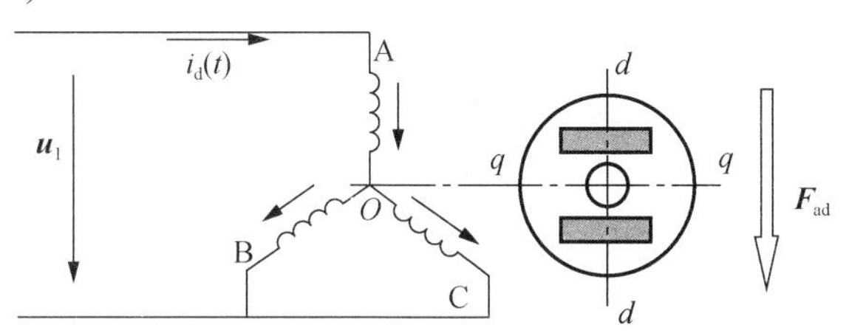

图 1.7.9　直轴电感 L_d 的测量

在完成上述试验准备工作之后，正式开始对电动机的 A、B 和 C 三相电枢绕组施加空间电压矢量 $\boldsymbol{u}_1(100)$ ，借助采样电阻和数字示波器，把直轴电流 $i_d(t)$ 对阶跃电压的响应曲线记录下来，然后便可以按照下式计算直轴电感 L_d 为

$$L_d = t_{0.632} \times R \tag{1-7-33}$$

式中：电感的计量单位是 H，如果当电路中的电流每秒变化 1A 时会产生 1V 的感应电动势，则该电路的电感量被定义为 1H； $t_{0.632}$ 是在直轴电流 $i_d(t)$ 的响应曲线上，达到 0.632 的稳定值时所对应的时间，s。

2）交轴电感 L_q 的测量

在试验支架上，松开电动机的定子和转子之间的锁定；把永磁转子按顺时针方向或逆时针方向旋转 90°电角度，也即使永磁转子的交（ $-q$ ）轴与 A 相电枢绕组的轴线相重合，如图 1.7.10 所示。在此条件下，锁定电动机的定子和转子之间的相对空间位置。

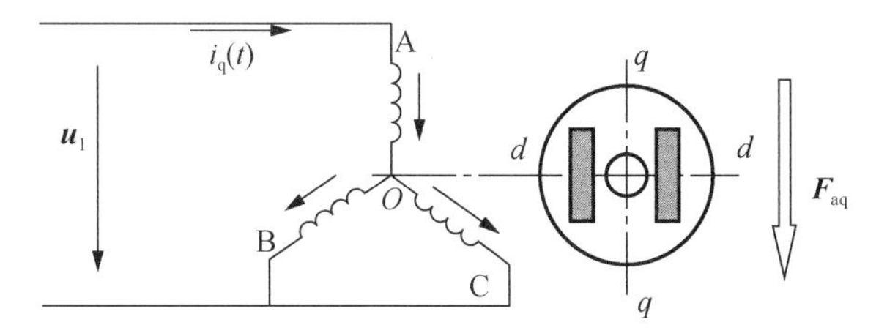

图 1.7.10　交轴电感 L_q 的测量

在完成上述试验准备工作之后，正式开始对电动机的 A、B 和 C 三相电枢绕组施加空间电压矢量 $\boldsymbol{u}_1(100)$ ，借助采样电阻和数字示波器，把交轴电流 $i_q(t)$ 对阶跃电压的响应曲线记录下来，然后便可以按照下式计算交轴电感 L_q ：

$$L_q = t_{0.632} \times R \tag{1-7-34}$$

式中：$t_{0.632}$是在交轴电流$i_q(t)$的响应曲线上，达到0.632的稳定值时所对应的时间，s。

在已知直轴电感L_d和交轴电感L_q的情况下，便可以分别求得相应的直轴电抗x_d和交轴电抗x_q的估算值为

$$x_d = \omega_e L_d \tag{1-7-35}$$

$$x_q = \omega_e L_q \tag{1-7-36}$$

在测试过程中，应合理地选择施加的电压空间矢量$\boldsymbol{u}_i$的幅值和作用时间。幅值和作用时间太小，采样点少，获取的电流信息少，会影响到测量的精确度；幅值和作用时间过大，电流可能会超过系统和电枢绕组所允许的极限值。因此，测试人员应该根据具体的永磁同步电动机，探索出一个合理的施加电压的幅值和一个合理的作用时间。

表面贴装式永磁同步电动机和内置式永磁同步电动机的ψ_{m1}、L_a、L_d和L_q的实测数据与采用有限元仿真或解析方法的计算值之间存在一定的差异，有时这种差异还是比较明显的。造成这种差异的主要原因有：

（1）在有限元仿真和解析方法中所采用的材料特性与电动机样机制造时实际采用的材料特性之间存在着一定的差别。例如，被测量的电动机的永磁体的实际剩余磁通密度B_r和矫顽力H_c比由材料制造商提供的材料规格书上的数值要小一些，从而导致ψ_{m1}的测量值要比计算值小一些。

（2）在我们的设计方法中，通常采用不饱和的线性模型来估算电动机的参数。然而，电动机的一些主要参数是设计变量和负载条件的非线性函数。因此，电动机的性能是这些参数的一个非线性函数。这是为什么样机的测量性能有时会低于设计值的另一个原因。

因此，在必要时，我们应该研究电动机参数的饱和模型和参数的在线识别方法，以便能够给伺服控制系统提供更精确的实时数据。

1.8 自控式永磁同步电动机的设计考虑

电动机设计的任务是：根据用户给定的额定值和技术要求，选用合适的材料，决定电动机的主要尺寸和其他各部分尺寸，计算其性能，以达到节省材料、制造方便和性能好的目标要求。所谓性能好，对于工业驱动控制应用的产品而言，就是要实现高效率、高功率密度、高功率因数、高的力矩/转动惯量之比，能满足伺服驱动的具体要求和合理的价格等；对于家用电器产品而言，就是要实现节能、高效、静音和满足环境保护要求。

自控式永磁同步电动机的设计与一般电动机的设计一样，由电磁设计和结构设计两部分组成。一般而言，电磁设计分为预先初步设计和有限元分析仿真两个阶段。在预先初步设计阶段，设计人员要根据电动机的工作原理和电磁场的基本概念，确定电动机的主要尺寸，设计磁路和电路（即电枢绕组），计算电动机的主要电磁参数，估算电动机的工作特性，分析损耗、效率和温升等；然后，进行有限元分析仿真，对预先初步设计进行必要的调整和修改，从而获得比较合理的电磁设计方案。结构设计是在电磁设计的基础上，确定电动机的总体结构、零部件和标准件，选择合理的尺寸公差和配合，并完成尺寸链计算，绘制符合国家标准化规定、适合企业生产工艺和文档管理要求的全套工程图纸。

当然，在预先初步设计开始的时候，我们首先必须对用户提出的每一项技术要求和产品使用场合的具体情况进行认真的分析，并与用户协商确定产品设计的原始数据、检测标

准和测试方法。

下面，我们将依据自控式永磁同步电动机的某些特点，着重讨论电磁设计中必须考虑的几个问题。

1.8.1 产品设计的总体方案

对于自控式永磁同步电动机而言，在预先初步设计时，首先必须考虑的总体方案主要包括逆变器的供电系统（即采用什么样的驱动电源）、电枢绕组的类型、磁极数和齿槽数之间的组合和转子的结构形式等。

1.8.1.1 逆变器的供电系统

在自控式永磁同步电动机的驱动系统中，逆变器通常采用 180°导通的电压型三相半桥电路。给逆变器供电的直流电压可以来自蓄电池，也可以来自与交流电源相连接的整流器。下面分几种情况来加以说明。

1）三相交流电源（380V/50Hz）供电

三相交流电源供电时，自控式永磁同步电动机的功率驱动模块采用带滤波电容器的三相桥式不控整流电路和 180° 导通的电压型三相半桥逆变电路，如图 1.8.1 所示。逆变电路的同一半桥（即同一相）的上下桥臂交替导通，每个桥臂持续导通 180° 电角度，相邻两相开始导通的时间相差 120° 电角度。这样，在任何一个时刻，逆变器将有三个桥臂同时导通，可能是一个上桥臂和两个下桥臂，也可能是两个上桥臂和一个下桥臂。同一半桥的上下轿臂内的功率器件的导通与截止是互补的，在死区的保护下，必须先断后通，绝不能同时导通。

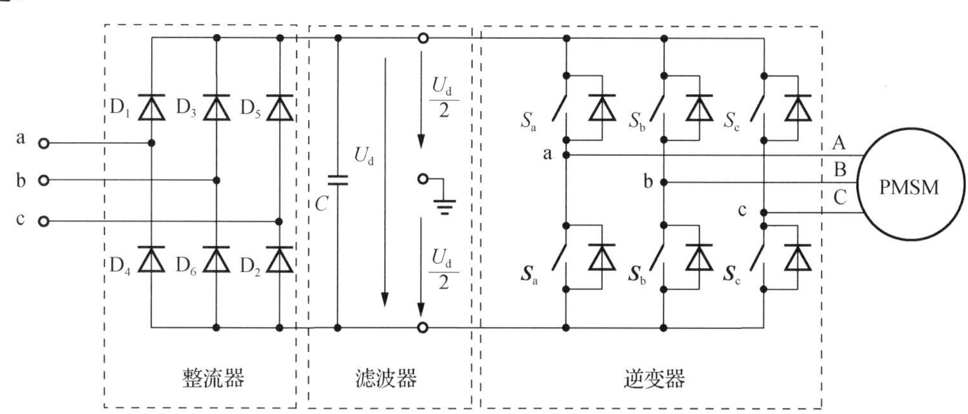

图 1.8.1 三相交流电源的功率驱动模块

（1）整流器输出的直流电压平均值 U_d。

三相桥式不控整流电路的输入端是对称的三相交流电源，它的瞬时相电压为 u_a、u_b 和 u_c，瞬时线电压为 u_{ab}、u_{bc} 和 u_{ca}。当整流器空载时，由于存在滤波电容器 C，电容器的放电时间常数为无穷大，整流器输出的直流电压平均值 U_d 等于三相交流电源线电压的幅值，即为

$$U_d=\sqrt{2}\ \sqrt{3}\ U_2=\sqrt{6}\ U_2=2.45U_2=539\text{（V）}$$

式中：U_2 是三相交流电源相电压的有效值，即 U_2=220 V；三相交流电源线电压的瞬时值为

$u_{ab}=\sqrt{2}\sqrt{3}U_2\sin\omega t$ 。因此，整流器空载时，它的输出电压 U_d 等于三相交流电源线电压的幅值。

在整流器的输出端没有滤波电容器 C 的情况下，整流器的输出电压的瞬时值 u_d 将追随三相交流电源电压瞬时值的变化而变化，整流器的输出电压的波形便变成了被整流后的线电压的包络线，在三相交流电源的一个电气周期内，整流器输出电压的瞬时值 u_d 将脉动 6 次，这时，整流器输出电压的平均值 U_d 为

$$U_d=2.34U_2=514.8\text{V}$$

在实际运行中，整流器输出电压的平均值 U_d 在 $2.34U_2\sim2.45U_2$ 变化。在预先初步设计时，取 $U_d=2.34U_2=514.8\text{V}$ 为宜。

（2）逆变器的输出电压。

当采用不同的调制方法时，逆变器输出的相电压也是不同的。因此，当采用正弦波脉宽调制（SPWM）技术时，逆变器输出的等效正弦波的幅值为

$$U_{a0}=U_{b0}=U_{c0}=\frac{mU_d}{2}$$

式中：m 是调制度，一般取 $m\approx0.8\sim0.9$。在取调制度 $m\approx0.9$ 的情况下，施加在电动机 A、B 和 C 三相对称电枢绕组端头上的等效正弦波的有效值约为

$$U_{A0}=U_{B0}=U_{C0}=\frac{mU_d}{2\sqrt{2}}=\frac{0.9\times514.8}{2\sqrt{2}}=163.81\text{（V）}$$

当采用空间矢量脉宽调制技术时，逆变器输出的基波相电压幅值为

$$U_{a01}=U_{b01}=U_{c01}=\frac{U_d}{\sqrt{3}}=\frac{514.8}{\sqrt{3}}=297.23\text{（V）}$$

施加在电动机 A、B 和 C 三相电枢绕组端头上的相电压基波有效值约为

$$U_{A01}=U_{B01}=U_{C01}=\frac{U_d}{\sqrt{3}\sqrt{2}}=210.17\text{（V）}$$

2）单相交流电源（220V/50Hz）供电

单相交流电源供电时，自控式永磁同步电动机的功率驱动模块通常采用带滤波电容器的单相桥式不可控整流电路和 180° 导通的电压型三相半桥逆变电路，如图 1.8.2 所示。

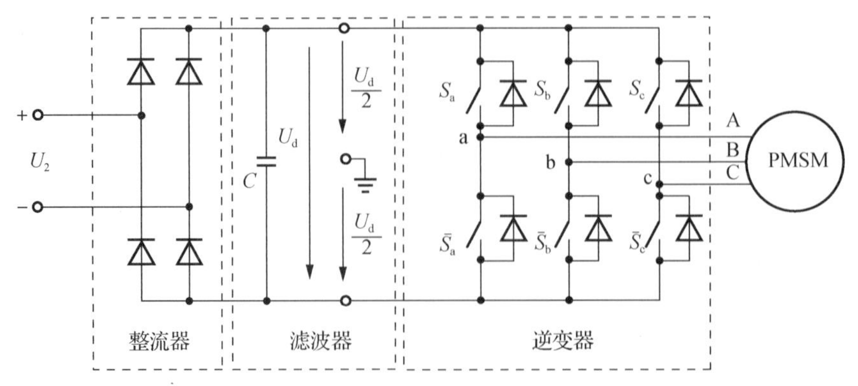

图 1.8.2　单相交流电源的功率驱动模块

（1）整流器输出的直流电压平均值 U_D 。

在图 1.8.2 所示的电路中，当整流器空载时，由于存在滤波电容 C，电容器的放电时间

常数为无穷大，整流器输出的直流电压平均值U_d为

$$U_d=\sqrt{2}\ U_2=\sqrt{2}\times 220=311.13\text{（V）}$$

式中：U_2是交流电源电压的有效值，U_2=220 V；交流电源电压的瞬时值$u_2=\sqrt{2}U_2\sin\omega t$。因此，整流器空载时，它的输出电压$U_d$等于交流电源电压的幅值。

在整流器的输出端没有滤波电容器 C 的情况下，整流器的输出电压的瞬时值将追随交流电源电压瞬时值u_2的变化而变化，这时，整流器输出电压的平均值U_d为

$$U_d=0.9U_2=0.9\times 220=198\text{（V）}$$

在实际运行中，整流器输出电压的平均值U_d将随着负载电流的变化而变化，负载电流越大，电容器的放电越快，它起的平滑作用就显得越小，整流器的输出电压的平均值U_d就趋近于 $0.9U_2$。因此，一般而言，我们可以近似地取整流器输出电压的平均值U_d为

$$U_d\approx 1.2U_2=1.2\times 220=264\text{（V）}$$

（2）逆变器的输出电压。

当采用正弦波脉宽调制技术时，逆变器输出的等效正弦波的幅值为

$$U_{a0}=U_{b0}=U_{c0}=\frac{mU_d}{2}$$

式中：m是调制度，一般取$m\approx 0.8$～0.9。在取调制度$m\approx 0.9$的情况下，施加在电动机 A、B 和 C 三相对称电枢绕组端头上的等效正弦波的有效值约为

$$U_{A0}=U_{B0}=U_{C0}=\frac{mU_d}{2\sqrt{2}}=0.9\times 264/2\sqrt{2}=84\text{（V）}$$

当采用空间矢量脉宽调制（SVPWM）技术时，逆变器输出的基波相电压幅值为

$$U_{a01}=U_{b01}=U_{c01}=\frac{U_d}{\sqrt{3}}=\frac{264}{\sqrt{3}}=152.42\text{（V）}$$

施加在电动机 A、B 和 C 三相电枢绕组端头上的相电压基波有效值约为

$$U_{A0}=U_{B0}=U_{C0}=\frac{U_d}{\sqrt{3}\sqrt{2}}=107.78\text{（V）}$$

3）蓄电池（U_2）供电

图 1.8.3 展示了由蓄电池直接给 180° 导通的电压型三相半桥逆变电路供电的驱动功率模块。这时，蓄电池的输出电压就是逆变器的输入电压$U_2=U_d$。

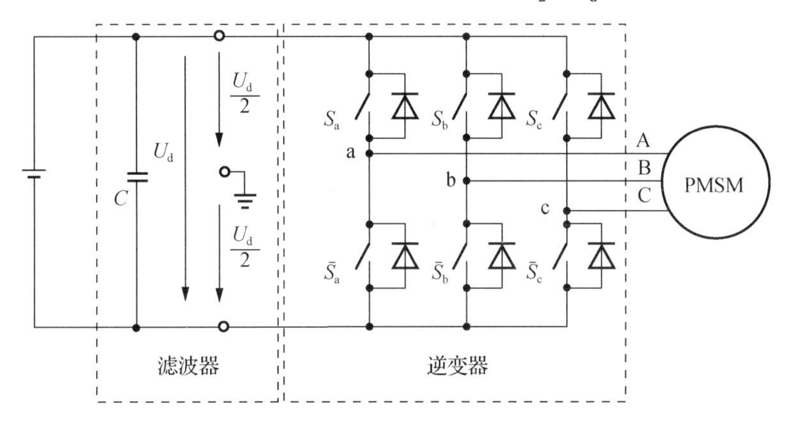

图 1.8.3　蓄电池供电的功率驱动模块

当采用正弦波脉宽调制技术时，逆变器输出的等效正弦波的幅值为

$$U_{a01}=U_{b01}=U_{c01}=\frac{mU_d}{2}$$

式中：m 是调制度，一般取 $m\approx0.8\sim0.9$。在取调制度 $m\approx0.9$ 的情况下，施加在电动机 A、B 和 C 三相对称电枢绕组端头上的等效正弦波的有效值约为

$$U_{A0}=U_{B0}=U_{C0}=\frac{mU_d}{2\sqrt{2}}$$

当采用空间矢量脉宽调制技术时，逆变器输出的基波相电压幅值为

$$U_{a01}=U_{b01}=U_{c01}=\frac{U_d}{\sqrt{3}}$$

施加在电动机 A、B 和 C 三相电枢绕组端头上的相电压基波有效值约为

$$U_{A0}=U_{B0}=U_{C0}=\frac{U_d}{\sqrt{3}\sqrt{2}}$$

根据技术要求和产品的具体使用场合，必须从上述三种供电方式中选择一种，以便确定逆变器给电动机的三相电枢绕组提供的相电压的基波有效值，它的数值是设计电枢绕组的依据。

1.8.1.2　电枢绕组的类型

电动机运行时，驱动电源输出的电流通过电枢绕组，同时在电枢绕组内感生反电动势，因此电枢绕组是实现能量转换的枢纽，是电动机的核心部件。

表 1.8.1 列出了几种不同类型的电枢绕组，以及它们各自的主要优缺点和适用场合。表 1.8.2 给出了单层分数槽集中绕组和双层分数槽集中绕组之间的比较。

表 1.8.1　不同类型的电枢绕组

<table>
<tr><th colspan="2">绕组类型</th><th>主要优点</th><th>主要缺点</th><th>适用场合</th></tr>
<tr><td rowspan="2">整数槽绕组</td><td>单层整距同心式</td><td rowspan="2">（1）反电动势和磁动势内的高次谐波合量比较少；
（2）磁动势内不含有次谐波；
（3）径向磁拉力对称平衡</td><td rowspan="2">（1）绕组端部连接比较长；
（2）槽满率相对低一些；
（3）散热条件差一些；
（4）制造成本高</td><td rowspan="2">（1）高效率的驱动系统；
（2）振动小和噪声低的“安静运行”</td></tr>
<tr><td>双层短距分布</td></tr>
<tr><td rowspan="3">分数槽绕组</td><td>一般分数槽绕组</td><td>（1）磁极数多，槽数多；
（2）电枢铁心外圆直径与内孔直径之比大；
（3）齿槽效应力矩小，旋转平稳</td><td>（1）绕组端部连接比较长；
（2）槽满率相对低一些；
（3）散热条件差；
（4）制造成本高</td><td>磁极对数 p 和齿槽数 Z 比较多，而虚拟单元电动机数又比较少，如 $t=1$ 的分数槽绕组结构适合于多极扁平式结构，低速直驱式系统</td></tr>
<tr><td>重叠集中式</td><td rowspan="2">（1）绝缘材料用量少，铁铜等有效材料的利用率高；
（2）绕组端部连接短；
（3）散热条件好；
（4）容错能力高；
（5）当采用拼块式定子铁心时，槽满率高；可以自动化制作电枢线圈，生产成本低</td><td rowspan="2">（1）反电动势和磁动势内的高次谐波含量比较多；
（2）磁动势波形内存在次谐波，有明显的转子损耗</td><td rowspan="2">（1）L_a 和 L_d 比较高，磁场-弱化效果显著；
（2）非重叠式绕组与重叠式绕组相比较，它的磁场-弱化效果更加明显；恒定功率区域的速度范围宽；
（3）齿槽效应力矩小，旋转平稳；
（4）虚拟单元电动机数比较多，如 $t\geqslant5$ 的分数槽绕组结构适合于无人飞机和其他航空航天飞行器的驱动系统，因为它具有高的容错率</td></tr>
<tr><td>非重叠集中式</td></tr>
</table>

表 1.8.2　单层分数槽集中绕组和双层分数槽集中绕组之间的比较

项目	单层	双层
基波绕组系数	比较高	比较低
绕组端部	比较长	比较短
槽满率	比较高	比较低
自感	比较高	比较低
互感	比较低	比较高
反电动势	比较梯形	比较正弦形
磁动势的谐波成分	比较高	比较低
在永磁体内的涡流损耗	比较高	比较低
过负载力矩的能力	比较高	比较低
制造	容易	比较困难

自控式永磁同步电动机的电枢绕组可以分成整数槽绕组和分数槽绕组两大类，其中整数槽绕组主要有整距同心式单层绕组和短距分布双层绕组两种类型，分数槽电枢绕组主要有一般短距分布式绕组和集中式绕组两种类型。一般短距分布式分数槽绕组的线圈节距 $y_1>1$，通常采用整体式定子铁心；而集中式分数槽绕组的线圈节距 $y_1=1$，即每个齿上绕制一个线圈，因而这种线圈通常被称为齿线圈。集中式分数槽绕组又可以分成重叠式和非重叠式两种类型：重叠式分数槽集中绕组通常采用整体式定子铁心；而非重叠式分数槽集中绕组可以采用拼块式定子铁心。重叠式和非重叠式集中绕组都可以看成是双层绕组，即一个槽有两个线圈边，当然，集中绕组也可以制作成单层绕组的结构形式。

在选择电枢绕组的类型时，一般情况下，首先要选择基波绕组系数大的绕组结构，以便获得尽可能大的反电动势和磁动势，从而产生尽可能大的电磁转矩；然后，要根据用户提出的技术要求、负载情况和具体使用场合，参考表 1.8.1 和表 1.8.2，选择合适的电枢绕组；最后，确定磁极数（$2p$）、齿槽数（Z）、每极每相槽数（q）和线圈节距（y_1）等具体参数。

在设计电枢绕组时，除了考虑上述因素之外，还应该确保电枢绕组具足够的绝缘强度、机械强度、线圈的端部连接和线圈之间的连接线要尽可能地短一些。

1.8.1.3　磁极数（$2p$）和齿槽数（Z）之间的组合

在电枢绕组的选择过程中，磁极数（$2p$）和齿槽数（Z）之间的组合的选择是十分重要的。磁极数和齿槽数之间的组合将直接影响到自控式永磁同步电动机的齿槽效应力矩、转矩脉动、径向磁拉力、振动和噪声的大小，因此在电动机的预先初步设计阶段应该考虑到下列几条规则。

（1）当自控式永磁同步电动机驱动系统被用于需要平滑的转矩和转速的场合时，要尽可能选择最小公倍数 $\mathrm{LCM}(Z,2p)$ 高的磁极数和齿槽数的组合，或者尽可能选择最大公约数 $\mathrm{GCD}(Z,2p)$ 低的磁极数和齿槽数的组合。换言之，要尽可能选择 $\mathrm{LCM}(Z,2p)/\mathrm{GCD}(Z,2p)$ 比值大的磁极数和齿槽数的组合。一般而言，当齿槽数（Z）越接近于磁极数（$2p$）时，它们的最小公倍数 $\mathrm{LCM}(Z,2p)$ 就越大，而它们的最大公约数 $\mathrm{GCD}(Z,2p)$ 却越小，从而可以提高齿槽效应力矩的周期数 γ_c 和减小气隙磁导的变化量，达到降低齿槽效应力矩和转矩脉动的目的。

（2）在降低齿槽效应力矩和转矩脉动的同时，电动机的平均电磁转矩也会随之而减小。这说明在齿槽效应力矩和转矩脉动的减小与平均电磁转矩的增大之间存在着一定的矛盾。

（3）当自控式永磁同步电动机被用于需要“安静运行”的场合时，不要选择最大公约数 $\text{GCD}(Z,2p)=1$ 的磁极数和齿槽数的组合，更不应该选择磁极数和齿槽数相邻的配合，例如，$Z/2p$ =9/8、9/10、15/14、15/16…21/20…的配合；而应该尽可能选择高偶数值的最大公约数 $\text{GCD}(Z,2p)$ 的磁极数和齿槽数的配合，以便确保三相电枢绕组的任何一个相绕组的磁动势沿着电枢圆周表面空间对称均匀地分布，避免产生不平衡的径向磁拉力和由此引发的机械振动、噪声和附加损耗，使电动机能够实现“安静运行”。

（4）齿槽效应力矩和转矩脉动小不能保证振动和噪声也一定小；反之，齿槽效应力矩和转矩脉动大不一定振动和噪声也一定大。“齿槽效应力矩和转矩脉动”与“振动和噪声”是两个完全不同的物理概念。有时，齿槽效应力矩和转矩脉动比较大，而振动和噪声却比较小；有时，齿槽效应力矩和转矩脉动比较小，而振动和噪声却比较大。这意味着它们两者之间存在着一定的矛盾。

（5）在一般情况下，认为在同步电动机的转子永磁体和磁轭铁心中不存在交变的磁通，也就不考虑转子中的铁损耗。然而，在采用分数槽集中绕组的永磁同步电动机中，情况发生了变化。由于集中绕组的磁动势分布中存在大量的谐波，尤其是次谐波的含量很大，它们将引起转子的铁损耗，高次谐波造成转子铁心表面或永磁体表面的损耗，而次谐波能够透入转子内部铁心，在磁轭铁心和水磁体内造成更大的损耗。研究表明，一台采用分数槽集中绕组的永磁同步电动机的磁动势分布中的次谐波的数量和幅值取决于磁极数和齿槽数的组合。对于同样的槽数，转子铁损耗随着磁极数的增加而增加。因此，在分数槽集中绕组永磁同步电动机的预先初步设计阶段，从转子铁损耗最小化的观点出发，我们应该通过有限元仿真，分析次谐波的频谱和幅值，选择合理的磁极数（$2p$）和齿槽数（Z）的组合，尽量减小转子的铁损耗。另外，可以通过采用叠片式转子磁轭铁心，把整块永磁体沿着轴向和圆周分割成若干小块，采用电阻率高的永磁材料（例如黏结永磁体的电阻率要比烧结永磁体的电阻率高很多）等措施，尽可能地减小分数槽集中绕组的永磁同步电动机的转子铁损耗。

（6）磁极数（$2p$）和齿槽数（Z）组合的选择，实际上与电枢绕组的选择是相互联系在一起的，在预先初步设计阶段，两者应该被统筹考虑。

1.8.1.4 表面贴装式和内置式转子结构的选择

一台永磁同步电动机的特性在很大程度上取决于它的转子结构，而不同的转子结构主要取决于永磁体在转子中所处的位置。一般而言，永磁同步电动机主要有两种类型，即内置式永磁同步电动机与表面贴装式永磁同步电动机。

内置式永磁同步电动机具有比较高的交直轴电感 L_q 和 L_d，且 $L_q > L_d$，具有显著的凸极性。因此，内置式永磁同步电动机具有以下特点。

（1）电动机在保持电磁负荷值和体积不变的条件下，由于存在磁阻转矩，它的转矩体积密度比较高；同时，当电动机在恒定转矩区域内运行时，可以实施每安培电枢电流产生最大电磁力矩的控制策略。当转子永磁体采用串并联混合式磁路结构时，能够显著地提高气隙磁通密度，从而增大电动机的功率容量。

（2）电动机在保持气隙主磁链ψ_m值不变的情况下，它具有比较小的特征电流$I_{ch}=-\left(\psi_m/L_d\right)$。这样，电压极限椭圆的圆心（$-\psi_m/L_d$，0）离开$i_d$-$i_q$坐标平面的纵轴$i_q$比较近，有可能落在电流极限圆之内，磁场弱化区域的速度范围就比较宽。

（3）由于永磁体被放置在转子铁心的内部，永磁体的漏磁系数σ（即漏磁导）比较大，电枢反应电抗比较大，这意味着电枢反应磁通所走的路径的磁导比较大，对永磁体影响比较小，即使瞬时出现大的负载电流也不容易使永磁体去磁，换言之，转子铁心对永磁体起到了一定程度的保护作用。

由此，内置式永磁同步电动机适用于负载转矩比较大，并需要采用磁场弱化控制策略来扩大恒定功率区域的速度范围的驱动领域，如电动汽车等。

表面贴装式永磁同步电动机的交直轴电感L_q和L_d的数值是很低的，且$L_q\approx L_d$，它类似于一台隐极同步电动机，可以用一个同步电感L_a（或采用符号L_s来表示）来描述。由于永磁体被贴装在转子磁轭铁心的表面，允许电动机具有比较小的转子外径尺寸，机械惯量比较小；同时，由于同步电感L_a比较小，允许逆变器具有比较高的开关频率，从而系统的电流响应比较快。因而，表面贴装式永磁电动机一般采用$I_d=0$的控制策略，适用于高精度的速度和位置伺服系统，例如数控机床的主轴伺服驱动系统等。

如上所述，由于表面贴装式永磁同步电动机电枢绕组的同步电感L_a比较小，不适宜采用磁场弱化的控制策略，换言之，即使采用磁场弱化控制策略，它的运行速度范围也是不宽的。然而，设计者可以通过调节齿尖部分的尺寸可以改变同步电感L_a的数值，即在保持定子槽开口宽度不变的条件下，改变齿尖部分的厚度尺寸能够改变同步电感L_a的量值，齿尖部分越厚，同步电感就越大；只有当负载电流增大到一定数值时，齿尖部分出现饱和，同步电感才开始下降。同时，我们应该注意到：增加齿尖部分的厚度，定子铁心的损耗也会随之增大。这表明槽口齿尖尺寸在增大同步电感和减小定子铁心损耗之间存在着一定的矛盾，设计时必须小心地折中考虑。由此可见，槽口齿尖部分的尺寸是表面贴装式永磁同步电动机的一个重要的设计参数。

对于需要高速运转的表面贴装式永磁同步电动机而言，必须十分重视的另一个问题是：一定要选用黏结强度高和耐热性能好的胶黏剂把永磁体贴装在转子磁轭铁心的表面。当电动机高速运转时，例如，当$n>1500$r/min 时，被贴装在转子磁轭铁心表面的永磁体将承受极大的离心力。为了防止永磁体飞离转子磁轭铁心表面，确保产品的可靠性，必须采取必要加固措施。例如，在转子永磁体的外圆表面安装一个不导磁的不锈钢套或采用环氧玻璃丝布带绑扎等，决不能掉以轻心。

1.8.2　主要尺寸的决定

电动机中各部分的尺寸很多，在进行电动机设计时，一般从决定主要尺寸开始。电动机的主要尺寸是指电枢铁心的内径（当采用外转子结构时，是指电枢铁心的外径）D_a和电枢铁心的长度l_a。之所以要把这两个尺寸作为主要尺寸，是因为电枢铁心的内径（或外径）和长度与电动机的额定功率直接相关。在一定的额定功率下，如果电枢的尺寸偏大，就会使铁和铜等原材料造成浪费；如果电枢的尺寸过小，又会使电动机在温升和效率等方面不能达到规定的要求。电动机的质量、运行特性、可靠性和价格等与D_a和l_a直接相关，因此主要尺寸是电动机设计时的关键数据。再者说，主要尺寸一经选定后，电动机的其他尺寸，如永磁体、电枢冲片和转子冲片的尺寸，以及机座、端盖和转轴等的尺寸都可以随之相应地被确定。所以主要尺寸的确定应视为电动机设计的最基本的步骤。

确定交流电动机主要尺寸的公式推导如下。

（1）电动机的计算功率 P' 为

$$P' = mE_a I_a \tag{1-8-1}$$

式中：m 是电动机的相数；E_a 是每相电枢绕组内的反电动势，V；I_a 是每相电枢绕组内的电流，A。

（2）每相电枢绕组内的反电动势 E_a 为

$$E_a = 4k_\Phi f w_\Phi k_W \Phi_\delta \times 10^{-8} \tag{1-8-2}$$

式中：k_Φ 是气隙磁场曲线的形状系数，对于正弦波形而言，k_B=1.11；$f = pn/60$ Hz；p 是电动机的磁极对数；n 是电动机的机械转速，r/min；w_Φ 是电枢绕组的每相串联匝数；k_W 是绕组系数；Φ_δ 是每极气隙磁通，Mx，按下式计算：

$$\Phi = \alpha_i \tau l_\delta B_\delta \tag{1-8-3}$$

式中：α_i 是计算极弧系数；B_δ 是气隙磁通密度，Gs，在电动机设计中，通常把 B_δ 称为磁负荷。

（3）每相电枢绕组内的电流 I_a。

电动机的线负荷被定义为单位电枢圆周长度上的电流值，其数学表达式为

$$A = \frac{2mw_\Phi I_a}{\pi D_a} \quad (\text{A/cm}) \tag{1-8-4}$$

根据式（1-8-4），便可写出相电流的表达式为

$$I_a = \frac{\pi D_a A}{2mw_\Phi} \tag{1-8-5}$$

把式（1-8-2）和式（1-8-5）代入式（1-8-1），整理后便可以得到用计算功率、转速和电磁负荷来描述的电动机的主要尺寸表达式为

$$D_a^2 l_\delta = \frac{6.1P'}{\alpha_i k_\Phi k_W n A B_\delta} \times 10^8 \quad (\text{cm}^3) \tag{1-8-6}$$

（4）额定功率 P_N 与计算功率 P' 之间的关系。

在一般情况下，用户提出的是额定功率 P_N 而不是计算功率 P'。计算功率 P' 是电动机内部的能够转换的功率，而额定功率 P_N 是电动机的对外输出功率，计算功率 P' 应该略大于额定功率 P_N。

当设计者在决定电动机的主要尺寸时，对于小功率电动机而言，计算功率 P' 可按下面两种情况来估算。

① 连续工作制，有

$$P' = P_N \times \frac{1+2\eta}{3\eta} \tag{1-8-7}$$

式中：η 是电动机的效率。

② 重复短时工作制，有

$$P' = P_N \times \frac{1+3\eta}{4\eta} \tag{1-8-8}$$

式（1-8-6）表明：电动机的主要尺寸$\left[D_{\mathrm{a}}^{2}l_{\delta}\right]$与计算功率$P'$成正比；与转速$n$和电磁负荷$AB_{\delta}$成反比。

由于计算功率P'与转速n之比正比于电动机的计算转矩，式（1-8-6）又可以表达为

$$D_{\mathrm{a}}^{2}l_{\delta}=\frac{6.1T'}{\alpha_{\mathrm{i}}k_{\Phi}k_{\mathrm{W}}AB_{\delta}}\times 10^{8}\ (\mathrm{cm}^{3}) \tag{1-8-9}$$

式中：T'是电动机的计算转矩，W • min/r。

由于功率P、转速n和转矩T三者之间存在着如下的关系式：

$$T=\frac{9550\times P}{n} \tag{1-8-10}$$

式中：转矩T的单位是 N • m；功率P的单位是 kW；转速n的单位是 r/min，因而可以得到

$$T\ (\mathrm{N\cdot m})=\frac{9550\times\dfrac{\mathrm{p}}{1000}}{n}\ (\mathrm{W\cdot min/r})$$

$$\frac{P}{n}\ (\mathrm{W\cdot min/r})=\frac{1000\times T}{9550} \tag{1-8-11}$$

把式（1-8-11）代入式（1-8-9），便有

$$D_{\mathrm{a}}^{2}l_{\delta}=\frac{6.1T'}{9.550\times\alpha_{\mathrm{i}}k_{\Phi}k_{\mathrm{W}}AB_{\delta}}\times 10^{8} \tag{1-8-12}$$

式中计算转矩T'可按下面两种情况估算。

① 连续工作制，有

$$T'=T_{\mathrm{N}}\times\frac{1+2\eta}{3\eta}\ (\mathrm{N\cdot m}) \tag{1-8-13}$$

式中：T_{N}是电动机的输出转矩，N • m；η是电动机的效率。

② 重复短时工作制，有

$$T'=T_{\mathrm{N}}\times\frac{1+3\eta}{4\eta}\ (\mathrm{N\cdot m}) \tag{1-8-14}$$

1.8.3　永磁体的体积的估算

式（1-8-6）表明：在电动机的计算功率和转速不变的条件下，电动机的主要尺寸取决于根据经验选择的电磁负荷AB_{δ}，其中A是线负荷，它取决于电枢绕组允许的温升，亦即取决于电枢电流和导体的电流密度；B_{δ}是磁负荷，在电磁式电动机中，它是由激磁绕组和激磁电流来保证的，而在永磁电动机中，它是由永磁体向外磁路提供的磁动势和磁通量来保证的。这就要求我们合理地选择永磁体的材料和体积，达到既能满足电动机的技术要求，又能节省原材料和降低产品成本的目的。下面我们来分析如何根据已知的技术要求来估算所需要的永磁体的体积。

在本节中，我们将针对表面贴装式永磁同步电动机来推导，为简化起见，并假设：①不考虑电动机的凸极性；②忽略定子电枢绕组的电阻；③忽略磁路系统的铁心饱和；④气隙磁通密度按正弦规律分布。

基于上面的假设，可以画出如图 1.8.4 所示的永磁同步电动机的向量图。图中$\dot{\boldsymbol{U}}$是外加相电压有效值向量，V；$\dot{\boldsymbol{E}}_0$是永磁转子产生的气隙基波主磁通在每相电枢绕组内感生的空载反电动势有效值向量，V；$\dot{\boldsymbol{I}}_a$是每相电枢绕组内的相电流有效值向量，A；x_c是电动机的同步电抗，它等于电枢漏电抗x_s和电枢反应电抗x_a之和，即$x_c = x_s + x_a$，Ω；θ是$\dot{\boldsymbol{U}}$与$\dot{\boldsymbol{E}}_0$之间的夹角，称之为功角或转矩角；ψ是电枢绕组内的相电流$\dot{\boldsymbol{I}}_a$与$\dot{\boldsymbol{E}}_0$之间的夹角，称之为内功率因数角；φ是外加相电压$\dot{\boldsymbol{U}}$与相电流$\dot{\boldsymbol{I}}_a$之间的夹角，称之为功率因数角。

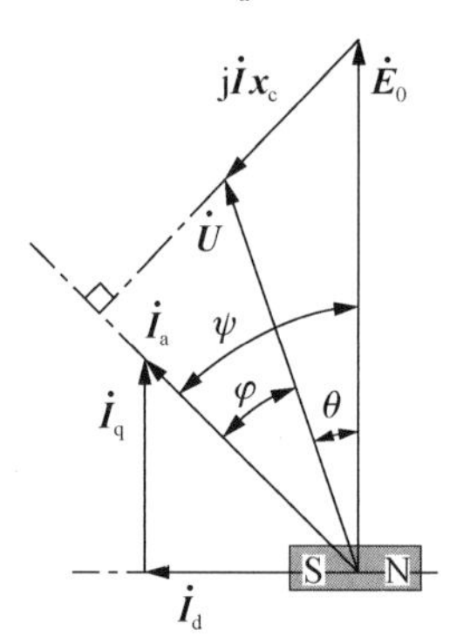

图 1.8.4　表面贴装式永磁同步电动机的向量图

根据图 1.8.4，能够写出表面贴装式永磁同步电动机的输入功率P_1为

$$P_1 = m\ I_a\ U\ \cos\varphi \tag{1-8-15}$$

式中：m是相数。

同时，根据向量图的几何关系：$U\ \cos\phi = E_0\ \cos\psi$，式（1-8-15）可以被写成

$$P_1 = m\ I_a\ E_0\ \cos\psi \tag{1-8-16}$$

每相电枢绕组内的空载反电动势E_0可以被表达为

$$E_0 = 4.44\ f\ w_\Phi\ k_W\ \Phi_{\delta 0} \times 10^{-8} \tag{1-8-17}$$

式中：f是频率，Hz；w_Φ是每相串联匝数；k_W是绕组系数；$\Phi_{\delta 0}$是空载条件下的每极气隙磁通量，Mx。

作用在一对磁极的磁路上的电枢反应磁动势F_a为

$$F_a = 2\times\left(1.35\times\frac{w_\Phi k_W}{p}I_a\right) \tag{1-8-18}$$

根据向量图的几何关系：$I_d = I_a\ \sin\psi$，由此可以写出作用在一对磁极的磁路上的电枢反应磁动势的直轴分量F_{ad}的表达式为

$$F_{ad} = 2.7\times\frac{w_\Phi k_W}{p}I_a\sin\psi \tag{1-8-19}$$

因此，电枢电流I_a可以被表达为

$$I_a = \frac{F_{ad}\,p}{2.7 w_\Phi k_W \sin\psi} \tag{1-8-20}$$

把式（1-8-17）和式（1-8-20）代入式（1-8-16），可得

$$
\begin{aligned}
P_1 &= m \times \frac{F_{\mathrm{ad}} p}{2.7 w_{\Phi} k_{\mathrm{W}} \sin\psi} \times 4.44 f w_{\Phi} k_{\mathrm{W}} \Phi_{\delta 0} \times 10^{-8} \times \cos\psi \\
&= \frac{4.9333 \times p \times f}{\tan\psi} \times F_{\mathrm{ad}} \Phi_{\delta 0} \times 10^{-8}
\end{aligned} \tag{1-8-21}
$$

然后，用永磁体发出的每极总磁通 Φ_{m0} 和漏磁系数 σ 来描述每极气隙磁通 $\Phi_{\delta 0}$，即 $\Phi_{\delta 0} = \Phi_{\mathrm{m0}} / \sigma$。在此情况下，当用额定负载时作用在一对磁极的磁路上的电枢反应的直轴分量 F_{adN} 代入式（1-8-21）时，便获得电动机在额定负载时的输入功率 P_{1N} 的表达式为

$$
P_{\mathrm{1N}} = \frac{4.9333 \times p \times f}{\sigma \tan\psi} \times F_{\mathrm{adN}} \Phi_{\mathrm{m0}} \times 10^{-8} \tag{1-8-22}
$$

图 1.8.5 是采用稀土永磁材料的永磁同步电动机的磁铁工作图（一对磁极）。图中，$\Phi_{\mathrm{m}} = f_{\mathrm{D}}(F_{\mathrm{m}})$ 是稀土永磁体的去磁曲线；$\Phi_{\mathrm{m}} = f_0(F_{\mathrm{m}})$ 是电动机内相对于永磁体之外的磁路的空载特性曲线，在不考虑饱和的情况下，它是一条直线；P 点是电动机空载时的永磁体的工作点；N 是电动机额定负载时的永磁体的工作点；$F_{\delta 0}$ 是电动机空载时消耗在外磁路上的磁动势，在我们假设的条件下，它近似于消耗在气隙上的磁动势；F_{adN} 是电动机额定负载时作用在一对磁极的磁路上的电枢反应的直轴去磁分量；F_{mN} 是电动机额定负载时永磁体需要克服的外磁路的总磁动势，即 $F_{\mathrm{mN}} = F_{\delta\mathrm{N}} + F_{\mathrm{adN}}$，式中 $F_{\delta\mathrm{N}}$ 是电动机额定负载时消耗在气隙上的磁动势。对于稀土永磁体而言，可以认为它的回复直线与它的去磁曲线是重合的，在电动机的运行过程中，不管永磁体遭受到多大的去磁磁动势的作用，例如，直接从电网实现异步启动的永磁同步电动机在运行过程中可能遇到的“反向接入”状态时出现的去磁磁动势，但是只要永磁体遭受到的去磁磁场强度小于它的内禀矫顽力 ${}_J H_{\mathrm{c}}$，它的额定工作点 N 的位置是不会变动的。

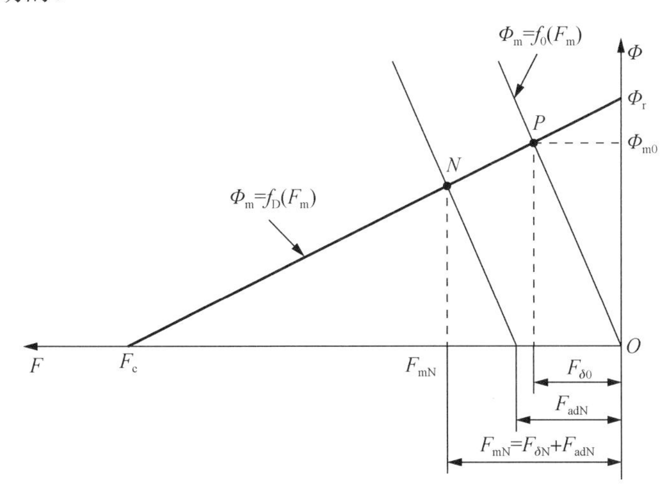

图 1.8.5　稀土永磁同步电动机的磁铁工作图（一对磁极）

这里，我们要引入两个系数，即永磁体的磁通利用系数 k_{Φ} 和磁动势利用系数 k_{F}，它们被分别定义为

$$
\begin{cases}
k_{\Phi} = \dfrac{\Phi_{\mathrm{m0}}}{\Phi_{\mathrm{r}}} \\
k_{\mathrm{F}} = \dfrac{F_{\mathrm{adN}}}{F_{\mathrm{c}}}
\end{cases} \tag{1-8-23}
$$

式中：Φ_{m0} 是在电动机空载条件下，永磁体发出的每极总磁通，Mx；Φ_r 是永磁体的每极总剩余磁通，Mx；F_c 是在一对磁极的磁路上永磁体具有的总矫顽磁动势，A。于是，式（1-8-22）可以写成

$$P_{1N}=\frac{4.9333\times pfk_{\Phi}k_F}{\sigma\tan\psi}\times F_c\Phi_r\times10^{-8} \tag{1-8-24}$$

对于表面贴装式永磁同步电动机而言，它具有串联永磁体的磁路结构，永磁体的每极的总剩余磁通 Φ_r、在一对磁极的磁路上永磁体具有的总矫顽磁动势 F_c 和它们两者的乘积 $F_c\Phi_r$，可以按下列公式计算：

$$\begin{cases}\Phi_r=S_mB_r\\ F_c=2h_mH_c\\ F_c\Phi_r=2S_mh_mB_rH_c\end{cases} \tag{1-8-25}$$

式中：S_m 是在一对磁极磁路上垂直于磁通的一个永磁体的中性载面，cm^2；B_r 是被选用的稀土永磁体材料的剩余磁通密度，Gs；h_m 是在一对磁极磁路上沿着磁通方向的一个永磁体的厚（长）度，cm；H_c 是被选用的稀土永磁体材料的矫顽力，A/cm。

然后，把式（1-8-25）代入式（1-8-24），便可以得到

$$\begin{aligned}P_{1N}&=\frac{4.9333\times pfk_{\Phi}k_F}{\sigma\tan\psi}\times\left(2S_mh_mB_rH_c\right)\times10^{-8}\\&=\frac{4.9333\times fk_{\Phi}k_F}{\sigma\tan\psi}\times\left(2pS_mh_m\right)B_rH_c\times10^{-8}\end{aligned} \tag{1-8-26}$$

式中：$\left(2pS_mh_m\right)$ 是一台永磁同步电动机的总永磁体的体积 V_m，cm^3，它应该被理解为：一台电动机有 $2p$ 个磁极，一个磁极的永磁体的体积由永磁体沿着磁化方向的长度 h_m 和垂直于磁通的中性截面 S_m 决定的。因此，一台永磁同步电动机所需的永磁体的体积的估算值 $\hat{V}_m$ 能够被表达为

$$\hat{V}_m=\left(\frac{\sigma\tan\psi}{4.9333\times k_{\Phi}k_F}\right)\times\frac{P_{1N}}{fB_rH_c}\times10^8\ (cm^3) \tag{1-8-27}$$

电动机的额定输入功率 P_{1N} 可以通过它的额定输出功率 P_{2N} 和效率 η 来表示为

$$P_{1N}=\frac{P_{2N}}{\eta} \tag{1-8-28}$$

最后，把式（1-8-28）代入式（1-8-27），一台永磁同步电动机所需的永磁体的体积的估算值 $\hat{V}_m$ 能够被表达为

$$\begin{aligned}\hat{V}_m&=\left(\frac{\sigma\tan\psi}{4.9333\times\eta k_{\Phi}k_F}\right)\times\frac{P_{2N}}{fB_rH_c}\times10^8\\&=C_V\times\frac{P_{2N}}{fB_rH_c}\times10^8\ (cm^3)\end{aligned} \tag{1-8-29}$$

式中：C_V 是一个体积系数，即

$$C_V=\left(\frac{\sigma\tan\psi}{4.9333\times\eta k_{\Phi}k_F}\right) \tag{1-8-30}$$

在设计电动机时，应尽可能地使额定负载条件下永磁体的工作点 N 处在对应于它的最

大磁能积位置的附近。为此，应把磁通利用系数 k_{Φ}、磁动势利用系数 k_{F} 和内功率因数角 ψ 控制在一定的范围之内，根据经验，$k_{\Phi}\approx0.6\sim0.85$，$k_{\mathrm{F}}\approx0.2\sim0.5$，$\psi\approx25°\sim45°$。

考虑到实际电动机铁心的饱和、实际采用的软磁材料的磁化曲线和永磁材料的去磁特性曲线与有关手册上的标准曲线之间的偏差以及上述各种经验系数（如 σ、k_{Φ}、k_{F}、ψ 和 η 效率等）的取值的不确定性等因素，在初步设计时，可以把根据式（1-8-29）求得的所需永磁体体积的估算值 $\hat{V}_{\mathrm{m}}$ 加大 20%，待有限元分析仿真分析后，再做适当调整，力求最佳化。

式（1-8-29）也可以用来估算一台内置式永磁同步电动机所需要的永磁体的体积。尽管由于种种原因，也许这种估算存在着一定的偏差，但是它仍然是有限元分析仿真的出发点，是永磁同步电动机初步设计阶段的重要内容。

当自控式永磁同步电动机作为力矩电动机运行时，我们可以根据磁路系统的磁动势平衡方程式来推导出一台被设计的力矩电动机所需永磁体的体积的估算值 $\hat{V}_{\mathrm{m}}$。

在永磁电动机中，永磁体是一个磁源，它的功能在于：克服外磁路的去磁磁动势，在工作气隙内产生一定数值的磁通量和磁通密度，当电枢绕组内通入电流时，将能够向被驱动的负载系统提供一个连续的堵转转矩。

当力矩电动机处在连续堵转状态时，一对磁极的磁路系统的磁动势平衡方程式为

$$[F_{\mathrm{m}}]_{\mathrm{cs}}=[F_{\delta}]_{\mathrm{cs}}+[F_{\mathrm{Fe}}]_{\mathrm{cs}}+[F_{\mathrm{ad}}]_{\mathrm{cs}} \tag{1-8-31}$$

$$[F_{\mathrm{m}}]_{\mathrm{cs}}=0.8\,L_{\mathrm{M}}\,[H_{\mathrm{m}}]_{\mathrm{cs}} \tag{1-8-32}$$

其中

$$[F_{\delta}]_{\mathrm{cs}}=1.6\,\delta\,k_{\delta}\,[B_{\delta}]_{\mathrm{cs}} \tag{1-8-33}$$

式中：$[F_{\mathrm{m}}]_{\mathrm{cs}}$ 是连续堵转状态时一对磁极的永磁体向外磁路提供的磁动势；$[F_{\delta}]_{\mathrm{cs}}$ 是连续堵转状态时消耗在工作气隙上的磁动势；$[F_{\mathrm{Fe}}]_{\mathrm{cs}}$ 是连续堵转状态时消耗在一对磁极的定转子铁心上的磁动势，A；$[F_{\mathrm{ad}}]_{\mathrm{cs}}$ 是连续堵转状态时电枢反应产生的一对磁极的去磁磁动势，A；L_{M} 是沿着磁化方向一对磁极的永磁体的长（厚）度，cm；$[H_{\mathrm{m}}]_{\mathrm{cs}}$ 是连续堵转状态时永磁体内的磁场强度，Oe；δ 是工作气隙的长度，cm；k_{δ} 是气隙系数；$[B_{\delta}]_{\mathrm{cs}}$ 是连续堵转状态时工作气隙内的磁通密度的幅值，Gs。

式（1-8-31）表明，当力矩电动机处在连续堵转状态时，永磁体向外磁路提供的磁动势 $[F_{\mathrm{m}}]_{\mathrm{cs}}$ 主要消耗在以下三个方面。

（1）消耗在工作气隙上的磁动势 $[F_{\delta}]_{\mathrm{cs}}$。消耗在工作气隙上的磁动势旨在工作气隙内建立足够大的气隙磁通密度。一般情况下，永磁体向外磁路提供的磁动势主要消耗在工作气隙上。

（2）消耗在定子铁心的齿部和轭部，以及转子铁心的轭部等外磁路上的磁动势 $[F_{\mathrm{Fe}}]_{\mathrm{cs}}$。当定转子铁心不饱和时，它们在总的外磁路磁动势中所占的比例很小；但是它们的数值将随着定转子铁心的饱和程度的增加而增加，当定转子铁心被过度饱和时，磁动势 $[F_{\mathrm{Fe}}]_{\mathrm{cs}}$ 甚至会大大地超过消耗在工作气隙上的磁动势 $[F_{\delta}]_{\mathrm{cs}}$。因此，在设计时，必须调整定子铁心齿部、定子铁心轭部和转子铁心轭部的几何尺寸，防止它们被过度地饱和。

（3）$[F_{\mathrm{ad}}]_{\mathrm{cs}}$ 是指通电的电枢绕组对一对磁极的永磁体产生的直轴去磁磁动势，因此在连续堵转状态时，永磁体必须克服这个由电枢反应产生的直轴去磁磁动势 $[F_{\mathrm{ad}}]_{\mathrm{cs}}$。

根据上述分析，我们可以在气隙磁动势的基础上，采用去磁系数 k_{D} 和饱和系数 k_{S} 来分

别考虑直轴电枢反应和磁路饱和所引起的去磁作用。于是，由式（1-8-31）所描述的永磁体向外磁路发出的磁动势可以表达为

$$[F_{\mathrm{m}}]_{\mathrm{cs}} = k_{\mathrm{D}}\ k_{\mathrm{S}}\ [F_{\delta}]_{\mathrm{cs}}\quad (\mathrm{A}) \tag{1-8-34}$$

式中：k_{D} 是去磁系数，$k_{\mathrm{D}} \approx 1.10 \sim 1.30$；$k_{\mathrm{S}}$ 是饱和系数，$k_{\mathrm{S}} \approx 1.05 \sim 1.35$。

把式（1-8-32）和式（1-8-33）代入式（1-8-34），可得到

$$0.8\, L_{\mathrm{M}}\, [H_{\mathrm{m}}]_{\mathrm{cs}} = 1.6\,\delta\ k_{\delta}\ k_{\mathrm{D}}\ k_{\mathrm{S}}\ [B_{\delta}]_{\mathrm{cs}}\quad (\mathrm{A}) \tag{1-8-35}$$

由此，可以求得沿着磁化方向一对磁极的永磁体长（厚）度 L_{M} 的表达式为

$$L_{\mathrm{M}} = \frac{1.6\delta k_{\delta} k_{\mathrm{D}} k_{\mathrm{S}} [B_{\delta}]_{\mathrm{cs}}}{0.8[H_{\mathrm{m}}]_{\mathrm{cs}}} = \frac{2\delta k_{\delta} k_{\mathrm{D}} k_{\mathrm{S}} [B_{\delta}]_{\mathrm{cs}}}{[H_{\mathrm{m}}]_{\mathrm{cs}}}\quad (\mathrm{cm}) \tag{1-8-36}$$

另外，当力矩电动机处于连续堵转状态时，每极永磁体发出的磁通量 $[\Phi_{\mathrm{m}}]_{\mathrm{cs}}$ 和工作气隙内的磁通量 $[\Phi_{\delta}]_{\mathrm{cs}}$ 之间有如下的关系：

$$[\Phi_{\mathrm{m}}]_{\mathrm{cs}} = [B_{\mathrm{m}}]_{\mathrm{cs}}\ S_{\mathrm{M}} \tag{1-8-37}$$

$$[\Phi_{\mathrm{m}}]_{\mathrm{cs}} = \sigma\ [\Phi_{\delta}]_{\mathrm{cs}} \tag{1-8-38}$$

$$S_{\mathrm{M}} = \frac{\sigma[\Phi_{\delta}]_{\mathrm{cs}}}{[B_{\mathrm{m}}]_{\mathrm{cs}}} \tag{1-8-39}$$

式中：S_{M} 是每极永磁体的中性截面积，cm^2；σ 是永磁体的漏磁系数，$\sigma = \Phi_{\mathrm{m0}} / \Phi_{\delta 0} \approx 1.10 \sim 1.35$；$[B_{\mathrm{m}}]_{\mathrm{cs}}$ 是连续堵转状态时永磁体内的磁感应强度，Gs。

把式（1-8-36）与式（1-8-39）相乘，便可以获得一对磁极的永磁体的有效体积估算值 $\hat{V}_{\mathrm{mp}}$ 的表达式为

$$\hat{V}_{\mathrm{mp}} = L_{\mathrm{M}}\ S_{\mathrm{M}} = \frac{2\delta k_{\delta} k_{\mathrm{D}} k_{\mathrm{S}} \sigma [B_{\delta}]_{\mathrm{cs}} [\Phi_{\delta}]_{\mathrm{cs}}}{[B_{\mathrm{m}}]_{\mathrm{cs}} [H_{\mathrm{m}}]_{\mathrm{cs}}}\quad (\mathrm{cm}^3) \tag{1-8-40}$$

现在，我们引入两个系数：永磁体的磁感应强度利用系数 k_{B} 和磁场强度利用系数 k_{H}，它们被分别定义为

$$\begin{cases} k_{\mathrm{B}} = \dfrac{[B_{\mathrm{m}}]_{\mathrm{cs}}}{B_{\mathrm{r}}} \\ k_{\mathrm{H}} = \dfrac{[H_{\mathrm{m}}]_{\mathrm{cs}}}{H_{\mathrm{c}}} \end{cases} \tag{1-8-41}$$

式中：B_{r} 是选用永磁体的剩余磁感应强度，Gs；H_{c} 是选用永磁体的矫顽力，Oe。

于是，公式（1-8-40）可以写成

$$\hat{V}_{\mathrm{mp}} = \frac{2k_{\mathrm{D}} k_{\mathrm{S}} \sigma}{k_{\mathrm{B}} k_{\mathrm{H}}} \frac{\delta k_{\delta} [B_{\delta}]_{\mathrm{cs}} [\Phi_{\delta}]_{\mathrm{cs}}}{B_{\mathrm{r}} H_{\mathrm{c}}} \tag{1-8-42}$$

式（1-8-42）表明：一对磁极的永磁体的体积的估算值 $\hat{V}_{\mathrm{mp}}$ 与工作气隙内的磁感应强度 $[B_{\delta}]_{\mathrm{cs}}$、磁通量 $[\Phi_{\delta}]_{\mathrm{cs}}$ 和工作气隙的有效长度 $k_{\delta}\delta$ 成正比；而与选用永磁体的剩余磁感应强度 B_{r} 和矫顽力 H_{c} 的乘积成反比。

在设计电动机时，应尽可能地使连续堵转状态时的永磁体的工作点 P_{cs} 处在对应于它的最大磁能积位置的附近。为此，应把永磁体的磁感应强度利用系数 k_{B} 和磁场强度利用系数

k_H控制在一定的范围之内，根据经验，$k_B \approx 0.70 \sim 0.85$，$k_H \approx 0.15 \sim 0.35$。

考虑到实际采用的软磁材料的磁化曲线和永磁材料的去磁特性曲线与手册上的标准曲线之间的偏差以及上述各种经验系数，例如σ、k_B、k_H、k_D和k_S等的取值的不确定性等因素，在初步设计时，可以把根据式（1-8-42）求得的一对磁极所需的永磁体体积的估算值加大 20%，待有限元仿真分析后，再做适当调整，力求最佳化。

于是，一台被设计的力矩电动机所需永磁体的体积的估算值为

$$\hat{V}_m = 1.2 p \hat{V}_{mp} \tag{1-8-43}$$

1.9 设 计 例 题

本例题是设计一台 22kW 自控式永磁同步电动机，电枢铁心外径为 264 mm，电枢铁心内径为 170 mm。电动机采用分数槽组绕（$2p=10$，$Z=12$）；转子采用表面贴装式结构，永磁体材料为 38SH 烧结型钕铁硼。电枢铁心拼块构件和转子磁轭铁心均采用 DW310-50 电工钢片冲制叠装而成。电动机的运行方式为连续工作状态。

1）主要技术指标

（1）相数m：3。

（2）供电线电压U_L：380 V。

（3）输出力矩：$T_{2N}=140$ N·m（相当于 1 428 000 g·cm）。

（4）转速：$n_N=1500$ r/min。

（5）输出功率：$P_{2N}=22\,000$ W。

2）驱动方案

电动机的伺服驱动系统采用三相交流电源（380V/50Hz），三相桥式不控整流电路和 180° 导通的电压型三相半桥逆变电路，如图 1.8.1 所示，逆变电路的同一相的上下桥臂交替导通，每个桥臂的持续导通 180° 电角度，相邻两相开始导通的时间相差 120° 电角度：采用空间矢量脉宽调制技术，对自控式永磁同步电动机的输出转矩和转速实施控制。

（1）三相桥式不控整流器的输出电压。

对于图 1.8.1 所示的三相交流电源的功率驱动模块而言，初步设计时，取整流器输出电压的平均值U_d为

$$U_d = 2.34 U_2 = 514.8 \text{（V）}$$

（2）逆变器的输出电压。

采用空间矢量脉宽调制（SVPWM）技术时，逆变器输出的基波相电压幅值为

$$U_{a01} = U_{b01} = U_{c01} = \frac{U_d}{\sqrt{3}} = 514.8/\sqrt{3} = 297.23 \text{（V）}$$

施加在电动机 A、B 和 C 三相电枢绕组端头上的相电压基波有效值约为

$$U_{A01} = U_{B01} = U_{C01} = \frac{U_d}{\sqrt{3}\sqrt{2}} = 210.17 \text{（V）}$$

在初步设计阶段，我们可以利用施加在电动机 A、B 和 C 三相电枢绕组端头上的相电

压基波有效值U_{A01}=210.17 V，来平衡电动机理想空载转速时每相电枢绕组内的反电动势E_0。在产品试制过程中，根据实测数据再加以适当的调整，为了获得高品质和产品，甚至需要反复多次。

3）主要尺寸的决定

自控式永磁同步电动机与一般永磁同步电动机一样，在电动机的主要尺寸、容量、转速和电磁负荷之间存在着一定的关系，即必须满足式（1-8-6）为

$$D_a^2 l_a = \frac{6.1 \times P' \times 10^8}{\alpha_i n_N k_\Phi k_w A B_\delta} = \frac{6.1 \times 22\,468 \times 10^8}{0.75 \times 1500 \times 1.11 \times 0.930\,87 \times 250 \times 7600}$$
$$= \frac{137\,054.8}{22.0861} = 6205.48\ (\text{cm}^3)$$

式中：D_a是电枢直径，即电枢铁心的内径，cm；l_δ是电枢铁心的计算轴向长度，cm；P'是计算容量，W，$P' = E_i I_a$，其中E_i为反电势，I_a为电枢电流；α_i是计算极弧系数，取$\alpha_i \approx 0.75$；n_N是电动机的额定转速，n_N=1500 r/min；k_Φ是磁场波形系数，$k_\Phi \approx 1.11$；k_W是绕组系数，$k_W \approx 0.930\,87$；A是线负荷，取$A \approx 250$ A/cm；B_δ是气隙磁通密度，$B_\delta \approx 8000$ Gs。

在本例题中，电动机为连续工作状态的电动机，其计算容量可按下式估算：

$$P' = \frac{1+2\eta}{3\eta} \times P_2 = \frac{1+2\times 0.94}{3\times 0.94} \times 22\,000 = 1.0213 \times 22\,000 = 22\,468\ (\text{W})$$

式中：η是电动机的效率，取$\eta \approx 0.94$。

当D_a=17cm 时，电枢铁心计算长度l_δ为

$$l_\delta = \frac{[D_a^2 l_\delta]}{D_a^2} = \frac{6205.48}{289} = 21.47\ (\text{cm})$$

取电枢铁心的长度l_a=23.6 cm。

4）所需要的永磁体体积的核算

一台永磁同步电动机所需的永磁体的体积$\hat{V}_m$与电动机的额定输出功率P_{2N}、转速n_N、永磁材料的剩磁B_r和矫顽力H_c等参数之间存在着一定的关系，即必须满足式（1-8-29）：

$$\hat{V}_m = C_V \times \frac{P_{2N}}{f B_r H_c} \times 10^8$$
$$= 1.2408 \times \frac{22\,000}{125 \times 12\,200 \times 9040} \times 10^8 = \frac{27\,297.6}{137.86} = 198.01\ (\text{cm}^3)$$

$$C_V = \left(\frac{\sigma \tan\psi}{4.9333 \times \eta k_\Phi k_F}\right)$$
$$= \frac{1.2\tan 40^\circ}{4.9333 \times 0.94 \times 0.7 \times 0.25} = \frac{1.0069}{0.8115} = 1.2408$$

式中：C_V被称为永磁体的体积系数；P_{2N}是电动机的额定输出功率，P_{2N}=22 000 W；f是频率，$f = pn/60$=125 Hz；永磁体采用 38SH 型烧结 NdFeB 永磁材料，B_r=12 200 Gs；H_c=11 300 Oe=9040 A/cm；σ是永磁体的漏磁系数，现在暂取$\sigma \approx 1.2$；ψ是内功率因数角，现在暂取$\psi \approx 40^\circ$；η是电动机的效率，现在暂取$\eta \approx 0.94$；k_Φ是磁通利用系数，$k_\Phi = \Phi_{m0}/\Phi_r$，其中，$\Phi_{m0}$是在电动机空载条件下，永磁体发出的每极总磁通，Mx，Φ_r是永磁体的每极总剩余磁通，Mx，现在暂取$k_\Phi \approx 0.7$；k_F是磁动势利用系数，$k_F = F_{adN}/F_c$，F_{adN}是在额定负载

条件下，一对磁极的电枢反应的直轴去磁分量，A，F_c 是在一对磁极的磁路上永磁体具有的总矫顽磁动势，A，现在暂取 $k_F \approx 0.25$。

考虑到实际电动机铁心的饱和、实际采用的软磁材料的磁化曲线和永磁材料的去磁特性曲线与手册上提供的标准曲线之间的偏差以及上述各种经验系数（如 σ、k_Φ、k_F、ψ 和 η 等）的取值的不确定性等因素，为了可靠起见，实际永磁体的体积取上述估算值的 1.2 倍，即为

$$\hat{V}_m = 1.2\,V_m = 1.2 \times 198.01 = 237.61\ (\text{cm}^3)$$

然后，每一个磁极的永磁体的估算体积 $\hat{V}_{mp}$ 为

$$\hat{V}_{mp} = \frac{\hat{V}_m}{2p} = \frac{237.61}{2 \times 5} = 23.761\ (\text{cm}^3)$$

5）磁路系统的结构设计（尺寸确定）

电动机的定子采用拼块结构，转子采用表面贴装结构。图 1.9.1（a）是电枢铁心示意图，图 1.9.1（b）是一个齿距的定子拼块构件，12 块定子拼块构件拼接成一个电枢铁心；图 1.9.1（c）是被贴装在转子磁轭铁心表面的永磁体，共有 10 块；图 1.9.1（d）是转子磁轭铁心。设计人员可以依据表 1.9.1 所列的磁路系统各段的磁通密度的推荐数据，来初步确定磁路系统的各段组成部分的具体几何尺寸。

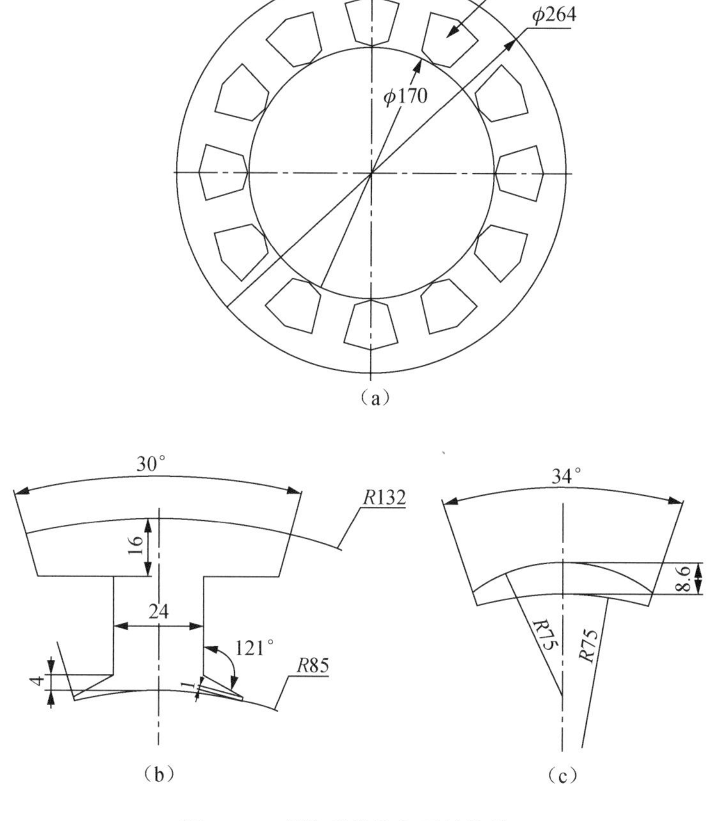

图 1.9.1　磁路系统的主要结构件

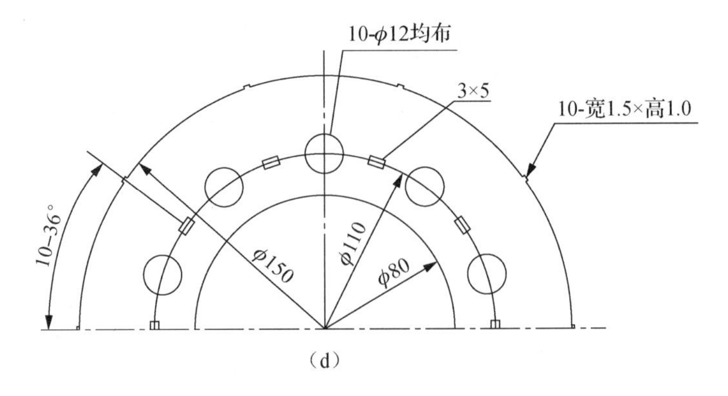

(d)

图 1.9.1 （续）

表 1.9.1　磁路系统各段磁路的磁通密度的推荐数值范围

气隙磁通密度 B_{δ} /Gs		齿部磁通密度 B_{aZ} /Gs	轭部磁通密度 B_{aj} （或 B_{rj} ）/Gs
小型电机	5 000～9 000	15 000～19 000	12 000～15 000
中、大型电机	8 500～10 500		

【定子侧的主要结构尺寸】

（1）定子铁心外径：D_{aj} =26.4 cm。

（2）定子铁心内径：D_{a} =17 cm。

（3）定子铁心轴向长度：l_{a} =23.6 cm。

（4）工作气隙长度：δ_{min} =1.4 mm；δ_{max} ≈5.4 mm。

（5）磁极数：2 p =10。

（6）齿数：Z =12。

（7）极距 τ 为

$$\tau=\frac{\pi D_{a}}{2p}=\frac{\pi\times17}{10}=5.3407\text{（cm）}$$

（8）齿距 t 为

$$t=\frac{\pi D_{a}}{Z}=\frac{\pi\times17}{12}=4.4506\text{（cm）}$$

（9）定子齿宽 b_{aZ} 为

$$b_{aZ}=\frac{tB_{\delta}}{k_{Fe}B_{aZ}}\approx\frac{4.4506\times7600}{0.96\times16\,000}=\frac{33\,824.56}{15\,360}=2.2021\text{（cm）}$$

式中：k_{Fe} 是定子铁心的叠装系数，k_{Fe} ≈0.96；B_{δ} 是气隙磁通密度，取 B_{δ} ≈7600 Gs；B_{aZ} 是定子齿部磁通密度，取 B_{aZ} ≈16 000 cm。取 b_{aZ} =2.4 cm。

（10）电枢铁心轭部高度 h_{aj} 。电枢铁心轭部高度可以按下式估算：

$$\hat{h}_{aj}=\frac{\alpha_{i}\tau B_{\delta0}}{2k_{Fe}B_{aj}}=\frac{0.75\times5.3407\times7600}{2\times0.96\times12\,000}=\frac{30\,441.99}{23\,040}=1.3213\text{（cm）}$$

取 $[h_{aj}]_{max}$ =1.6 cm。

（11）定子齿冠的最大高度：$[h_{Ts}]_{max}$ =4 mm。

（12）定子槽开口宽度：b_{0} =0.8 mm。

（13）定子槽开口高度：h_0 =1.0 mm。

（14）定子槽截面积 S_Π 估算为

$$S_\Pi = \frac{b_{n1} + b_{n2}}{2} \times h_s = \frac{36.7375 + 22.6003}{2} \times 27 = 801.0603 \text{（mm}^2\text{）}$$

$$b_{n1} = \frac{\pi\left(D_{aj} - 2\left[h_{aj}\right]_{max}\right)}{Z} - b_{aZ} = \frac{\pi\left(264 - 2\times16\right)}{12} - 24 = 36.7375 \text{（mm）}$$

$$b_{n2} = \frac{\pi\left(D_a + 2\left[h_{Ts}\right]_{max}\right)}{Z} - b_{aZ} = \frac{\pi\left(170 + 2\times4\right)}{12} - 24 = 22.6003 \text{（mm）}$$

$$h_s \approx \frac{D_{aj} - 2\left[h_{aj}\right]_{max} - D_a - 2\left[h_{Ts}\right]_{max}}{2}$$

$$\approx \frac{264 - 2\times16 - 170 - 2\times4}{2} \approx 27 \text{（mm）}$$

式中：b_{n1} 是定子梯形槽的下底宽度；b_{n2} 是定子梯形槽的上底宽度；h_s 是定子梯形槽的高度。

【转子侧的主要结构尺寸】

（1）转子最大外径（永磁体外径）D_{ro} 为

$$D_{ro} = D_a - 2\delta_{mim} = 17 - 2\times0.14 = 17 - 0.28 = 16.72 \text{（cm）}$$

（2）转子磁轭高度 h_{rj}。转子磁轭高度可以按下式估算：

$$\hat{h}_{rj} = \frac{\sigma\alpha_i\tau B_{\delta0}}{2k_{Fe}B_{rj}} = \frac{1.2\times0.75\times5.3407\times7600}{2\times0.96\times12\,000} = \frac{36\,530.388}{23\,040} = 1.5855 \text{（cm）}$$

式中：取转子轭部磁通密度 $B_{rj} \approx 12\,000$ Gs。

转子磁轭高度 h_{rj} 的确切尺寸可以依转子的机械结构尺寸而定。根据图 1.9.1（d），转子磁轭铁心（冲片）上，在直径 11 cm 处均布 10 个圆孔，孔径为 1.2 cm。因此，转子磁轭的平均高度 h_{rjcp} 可以按下式计算：

$$h_{rjcp} \approx \frac{D_{ro} - D_{ri}}{2 - 1.2} = \frac{15 - 8}{2 - 1.2} = 2.3 \text{（cm）}$$

（3）转子磁轭铁心的轴向长度：l_r =24 cm。

（4）转子磁轭铁心（冲片）的内径：D_{ri} =8 cm。

（5）转子磁轭铁心（冲片）的外径：D_{ro} =15 cm。

（6）转子永磁体沿磁场方向的平均厚度：$h_{mcp} \approx 0.64$ cm。

（7）转子永磁体极弧宽度 b_m 为

$$b_m \approx \frac{\pi(D_{ro} + 2h_{mcp})}{2p} - \Delta b = \frac{\pi(15 + 2\times0.64)}{10} - 0.2 = 4.91 \text{（cm）}$$

式中：Δb 是相邻两块永磁体之间的间隔，Δb =0.2 cm。

（8）转子永磁体的中性截面积 S_M 为

$$S_M = b_m\, l_m = 4.91\times24 = 117.84 \text{（cm}^2\text{）}$$

其中

$$l_m = l_r = 24 \text{ cm}$$

（9）转子永磁体沿磁场方向一对磁极的平均长度 h_M 为

$$h_M = 2h_{mcp} \approx 2\times0.64 = 1.28\text{（cm}^2\text{）}$$

（10）每极永磁体的体积 V_{mp} 为

$$V_{mp} = S_M h_{mcp} = 117.84\times0.64 = 75.4176\text{（cm}^3\text{）} > \hat{V}_{mp} = 23.761\text{（cm}^3\text{）}$$

6）磁路计算（永磁体外磁路的空载特性计算）

（1）气隙磁通密度 $B_{\delta0}$ 为

$$B_{\delta0} = \frac{\Phi_{\delta0}}{\alpha_i \tau l_\delta} = \frac{\Phi_{\delta0}}{0.75\times5.3407\times23.8} = \frac{\Phi_{\delta0}}{95.33}\text{（Gs）}$$

其中

$$l_\delta = \frac{l_a + l_r}{2} = \frac{23.6+24}{2} = 23.8\text{（cm）}$$

（2）气隙磁动势 F_δ 为

$$F_\delta = 1.6\delta k_\delta B_{\delta0} = 1.6\times0.34\times1.008\times B_{\delta0} = 0.5484B_{\delta0}\text{（A）}$$

其中

$$\delta \approx \frac{\delta_{min} + \delta_{max}}{2} = \frac{1.4+5.4}{2} = 3.4\text{（mm）} = 0.34\text{（cm）；}$$

$$k_\delta = \frac{t}{t - \dfrac{r^2\delta}{5+r}} = \frac{4.4506}{4.4506 - \dfrac{0.2353^2\times3.4}{5+0.2353}} = \frac{4.4506}{4.4506 - 0.035\,96} = 1.008$$

$$\gamma = \frac{b_0}{\delta} = \frac{0.8}{3.4} = 0.2353$$

（3）电枢铁心齿部磁通密度 B_{aZ} 为

$$B_{aZ} = \frac{t}{b_z k_{Fe}}\cdot B_{\delta0} = \frac{4.4506}{2.4\times0.96}\cdot B_{\delta0} = 1.9317B_{\delta0}\text{（Gs）}$$

（4）电枢铁心齿部磁动势 F_{aZ} 为

$$F_{aZ} = 2h_{aZ}H_{aZ} = 2\times3.1H_{aZ} = 6.2H_{aZ}\text{（A）}$$

其中

$$h_{aZ} \approx \frac{D_{aj} - D_a - 2[h_{aj}]_{max}}{2} = \frac{26.4 - 17 - 2\times1.6}{2} = 3.1\text{（cm）}$$

式中：h_{aZ} 是定子铁心的齿部高度；H_{aZ} 是定子铁心齿部的磁场强度，A/cm。

根据 B_{aZ} 的数值，在 DW310-50 电工钢片的磁化曲线上可以查得 H_{aZ} 的数值。

（5）电枢铁心轭部磁通密度 B_{aj} 为

$$B_{aj} = \frac{\Phi_{\delta0}}{2l_a h_{ajcp} k_{Fe}} = \frac{95.33B_{\delta0}}{2\times23.6\times1.3\times0.96} = \frac{95.33B_{\delta0}}{58.9056} = 1.6184B_{\delta0}\text{（Gs）}$$

式中：h_{ajcp} 是电枢铁心轭部的平均高度，取 $h_{ajcp} \approx 1.3$ cm。

（6）电枢铁心轭部磁动势 F_{aj} 为

$$F_{aj}=L_{aj}\ H_{aj}=9.1854\,H_{aj}\ \text{(A)}$$

其中

$$L_{aj}=\frac{\pi\left(D_{aj}-h_{ajcp}\right)}{2p}+h_{ajcp}=\frac{\pi\left(26.4-1.3\right)}{10}+1.3=9.1854\ \text{(cm)}$$

式中：L_{aj} 是电枢铁心轭部沿磁路方向一对磁极的平均长度；H_{aj} 是定子铁心轭部的磁场强度，A/cm。

根据 B_{aj} 的数值，在 DW310-50 电工钢片的磁化曲线上可以查得 H_{aj} 的数值。

（7）两个定子齿铁心拼接处的磁动势 $F_{aj\Delta}$ 为

$$F_{aj\Delta}=1.6\times\Delta\delta\times B_{aj}=0.0048\,B_{aj}\ \text{(A)}$$

式中：$\Delta\delta$ 为两个定子齿铁心之间的拼接气隙，取 $\Delta\delta\approx0.003$ cm。

（8）转子磁轭铁心的磁通密度 B_{rj} 为

$$B_{rj}=\frac{\sigma\Phi_{\delta0}}{2l_{r}h_{rjcp}k_{fe}}=\frac{1.2\times95.33B_{\delta0}}{2\times24\times2.3\times0.96}=\frac{114.396B_{\delta0}}{105.984}=1.0794\,B_{\delta0}\ \text{(Gs)。}$$

（9）转子磁轭铁心的磁动势 F_{rj} 为

$$F_{rj}=L_{rj}\ H_{rj}=6.2898\,H_{rj}\ \text{(A)}$$

其中

$$L_{rj}=\frac{\pi\left(D_{ro}-h_{rjcp}\right)}{2p}+h_{rjcp}=\frac{\pi\times\left(15-2.3\right)}{10}+2.3=6.2898\ \text{(cm)}$$

式中：L_{rj} 是转子磁轭铁心沿磁场方向一对磁极的平均长度；H_{rj} 是转子磁轭铁心的磁场强度，A/cm。

根据 B_{rj} 的数值，在 DW310-50 电工钢片的磁化曲线上可以查得 H_{rj} 的数值。

（10）永磁体与转子磁轭铁心接合处的磁动势 $F_{rj\Delta}$ 为

$$F_{rj\Delta}=1.6\times\Delta\delta\times B_{rj}=0.0032\,B_{rj}\ \text{(A)}$$

式中：$\Delta\delta$ 为永磁体与转子磁轭铁心之间的安装气隙，取 $\Delta\delta\approx0.002$ cm。

（11）电动机空载时消耗在外磁路（相对永磁体而言）上的总磁势为

$$\sum F=F_{m}=F_{\delta}+F_{aZ}+F_{aj}+F_{aj\Delta}+F_{rj}+F_{rj\Delta}$$

（12）电动机空载时永磁体向外磁路发出的总磁通为

$$\Phi_{m0}=\sigma\Phi_{\delta0}=1.2\,\Phi_{\delta0}\ \text{(Mx)}$$

综合上述分析，永磁体外磁路的空载特性曲线的计算如表 1.9.2 所示。

表 1.9.2　空载特性曲线 $\Phi_{m0}=f(F_{m})$ 的计算（一对磁极）

名称	计算点				
	1	2	3	4	5
气隙磁通 $\Phi_{\delta0}$ /Mx	476 650	571 980	667 310	762 640	857 970
气隙磁通密度 $B_{\delta0}$ /Gs	5 000	6 000	7 000	8 000	9 000
气隙磁势 F_{δ} /A	2 742	3 290.4	3 838.8	4 387.2	4 935.6
齿部磁通密度 B_{aZ} /Gs	9 658.5	11 590.2	13 521.9	15 453.6	17 385.3

续表

名称	计算点				
	1	2	3	4	5
齿部磁场强度 H_{aZ} /（A/cm）	1.082 1	1.715 0	4.274 2	23.516 0	98.934 9
齿部磁势 F_{aZ} /A	6.709 0	10.633 0	26.50	145.799 2	613.396 4
电枢轭部磁通密度 B_{aj} /Gs	8 092	9 710.4	11 328.8	12 947.2	14 565.6
电枢轭部磁场强度 H_{aj} /（A/cm）	0.858 6	1.087 8	1.599 4	2.941 4	10.076 4
电枢轭部磁势 F_{aj} /A	7.886 6	9.991 9	14.691 1	27.017 9	92.555 8
两齿铁心拼接处的磁势 $F_{aj\Delta}$ /A	38.841 6	46.609 9	54.378 2	62.146 6	69.914 9
转子磁轭磁通密度 B_{rj} /Gs	5 397	6 476.4	7 555.8	8 635.2	9 714.6
转子磁轭磁场强度 H_{rj} /（A/cm）	0.636 8	0.714 7	0.784 7	0.961 0	1.089 8
转子磁轭磁势 F_{rj} /A	4.005 3	4.495 3	4.935 6	6.044 5	6.854 6
永磁体与转子磁轭接合处的磁势 $F_{rj\Delta}$ /A	17.270 4	20.724 5	24.178 6	27.632 6	31.086 7
转子永磁体外磁路的总磁势 $\sum F$ /A	2 816.71	3 382.85	3 963.48	4 655.84	5 749.41
转子永磁体外磁路的总磁通 Φ_{m0} /Mx	571 980	686 376	800 772	915 168	1 029 564

注：1Gs=10^{-4}T。

（13）永磁体的去磁曲线。

把永磁体的去磁曲线从 B - H 平面换算到 Φ - F 平面，便可以得到 Φ - F 平面内的永磁体的去磁曲线 $\Phi_m = f_0(F_m)$。本例题永磁体采用38SH型NdFeB烧结永磁材料，B_r =12 200 Gs，H_c =11 300 Oe。去磁曲线的换算结果如表1.9.3所示。

表 1.9.3　永磁体的去磁曲线 $\Phi_m = f_0(F_m)$

名称	计算点					
	1	2	3	4	5	8
B_m /Gs	12 200	—	—	—	—	0
H_m /Oe	0	—	—	—	—	11 300
Φ_m /Mx	1 437 648	—	—	—	—	0
F_m /A	0	—	—	—	—	11 571

注：$\Phi_m = S_M$ B_m =117.84 B_m（Mx）；

F_m =0.8 h_M H_m =0.8×1.28× H_m =1.024 H_m（A）。

（14）画制磁铁工作图。

根据上述计算，作磁铁工作图，如图1.9.2所示。

（15）工作气隙内的估算磁通。

在磁铁工作图1.9.3上，永磁体外磁路的空载特性曲线 $\Phi_{m0} = f_0(F_m)$ 和永磁体本身的去磁曲线 $\Phi_m = f_0(F_m)$ 的交点 p 点是电动机磁路系统的空载工作点。根据空载工作点，可以求得空载条件下永磁体发出的磁通和工作气隙内的磁通，它们分别为：$\Phi_{m0}\approx$880 000 Mx；$\Phi_{\delta 0}\approx$733 333 Mx；$B_{\delta 0}\approx$7693Gs。

这里估算得到的空载气隙磁通$\Phi_{\delta 0}$将作为设计电枢绕组的重要依据。

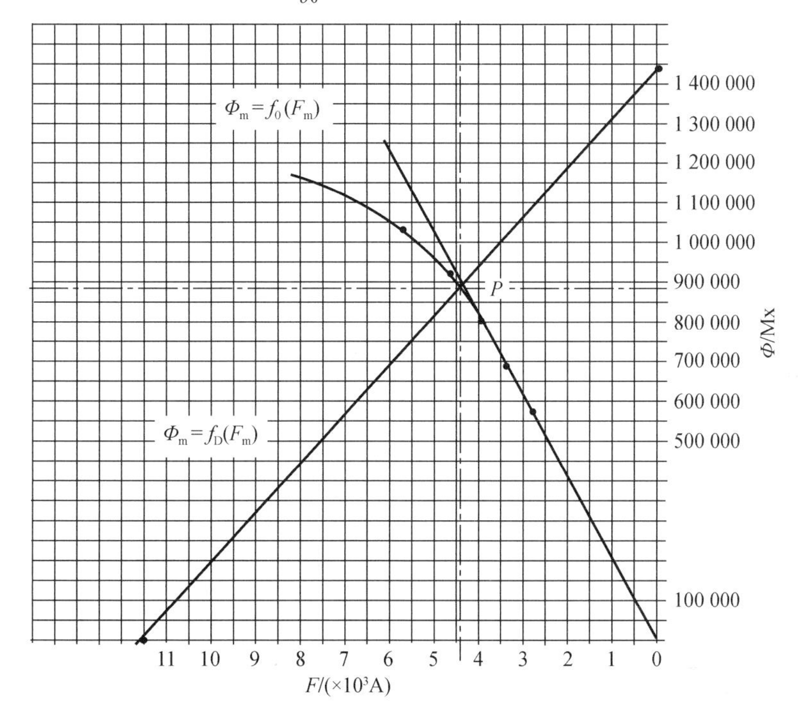

图 1.9.2　磁铁工作图

7）电枢绕组的设计

（1）电枢绕组的基本结构参数。

转子的磁极数 $2p$=10，电枢绕组的相数 m=3，定子铁心的槽数 Z=12。

相邻两槽之间的机械角度θ_m：

$$\theta_m=360^\circ/Z=30^\circ$$

相邻两槽之间的电气角度θ_e：

$$\theta_e=p\theta_m=5\times 30^\circ=150^\circ$$

（2）每个齿线圈在圆周空间的电气角位置。

整个电枢绕组由 12 个齿线圈组成，每相电枢绕组由 s=4 个齿线圈串联而成。表 1.3.7 列出了每个齿线圈在圆周空间的电气空间位置，亦即是定子 12 个槽所对应的空间电气角位置。

（3）磁动势星形向量图。

根据表 1.3.7，可以画出如图 1.3.16 所示的电枢绕组的反电动势星形图，即每槽导体内的反电动势向量图，亦等同于每个齿线圈的磁动势向量图。

（4）定子齿线圈的连接方式。

根据图 1.3.16 所示的反电动势星形图和 60°相带法，把分别属于 A、B 和 C 三相绕组的齿线圈列在表 1.3.8 中，并画出了如图 1.3.17 所示的电枢绕组展开图，即齿线圈的连接图。

（5）绕组系数 k_{W} 为

$$k_{\mathrm{W}}=k_{\mathrm{y}}\ k_{\mathrm{p}}\ k_{\mathrm{CK}}=0.9659\times0.9660\times0.997\,65=0.930\,87$$

其中

$$k_{\mathrm{CK}}=\frac{\sin\dfrac{\theta}{2}}{\dfrac{\theta\pi}{360^\circ}}=\frac{\sin\dfrac{15^\circ}{2}}{\dfrac{15^\circ\pi}{360^\circ}}=\frac{0.130\,526}{0.130\,833}=0.997\,65$$

式中：k_{y} 为短距系数；k_{p} 为分布系数；k_{CK} 为扭斜系数。

转子磁轭铁心的轴向长度 $l_{\mathrm{r}}=24$ cm，现设计成由四段铁心组成，每段铁心的轴向长度为 6 cm，相互之间扭斜 5° ±10′，整个转子磁轭铁心沿圆周方向扭斜了 $\theta=15^\circ$ ，相当于扭斜了半个齿距。

（6）电枢绕组每相串联匝数估算值 $\hat{w}_{\Phi}$ 。

众所周知，电动机空载时，每相反电动势有效值为

$$E_0=4.44f_0\hat{w}_{\Phi}k_{\mathrm{W}}\Phi_{\delta0}\times10^{8}=0.074\,pn_0\ \hat{w}_{\Phi}k_{\mathrm{W}}\Phi_{\delta0}\times10^{-8}\ \text{(V)}$$

由此，电枢绕组每相串联匝数的估算值 $\hat{w}_{\Phi}$ 为

$$\hat{w}_{\Phi}=\frac{E_0}{0.074\,pn_{0\mathrm{i}}k_{\mathrm{W}}\Phi_{\delta0}}\times10^{8}$$

$$=\frac{210.17}{0.074\times5\times1800\times0.930\,87\times733\,333}\times10^{-8}=\frac{210.17}{4.5464}=46.2278$$

式中：E_0 是理想空载转速时每相电枢绕组内感生的反电动势，它必须与逆变电路的输出相电压的基波有效值相平衡，即 $E_0=U_{\mathrm{A01}}=210.17\mathrm{V}$；$n_{0\mathrm{i}}$ 是理想空载转速，一般情况下，$n_{0\mathrm{i}}\approx$（1.1～1.3）n_{N}（在本例题中，$n_{\mathrm{N}}=1500$ r/min，因此 $n_{0\mathrm{i}}\approx$（1650～1950）r/min，取 $n_{0\mathrm{i}}\approx1800$ r/min）；$\Phi_{\delta0}$ 是空载时的每极磁通量，$\Phi_{\delta0}\approx733\,333$ Mx。

（7）每个齿线圈的匝数 w_{K} 为

$$w_{\mathrm{K}}=\frac{\hat{w}_{\Phi}}{s}=\frac{46.2278}{4}=11.56$$

式中：s 是每相电枢绕组的串联齿线圈数；取 $w_{\mathrm{K}}=12$。

（8）每相电枢绕组的串联匝数 w_{Φ} 为

$$w_{\Phi}=4\,w_{\mathrm{K}}=48$$

（9）每槽标称导体数 $N_{\mathrm{N\Pi}}$ 为

$$N_{\mathrm{N\Pi}}=2\,w_{\mathrm{K}}=2\times12=24$$

（10）导线规格。

本方案选用导线的规格如表 1.9.4 所示。

表 1.9.4　导线规格

导线牌号	铜线公称直径 d/mm	截面积 q_{d}/mm^2	1m 长的电阻 $r_{\mathrm{m(20℃)}}$ /（Ω/m）	绝缘导线最大直径 d_{u3}/mm
QY	1.6	2.010 6	0.008 502	1.706

（11）每槽实际导体数 $N_{R\Pi}$ 为

$$N_{\mathrm{R\Pi}}=a\ N_{\mathrm{N\Pi}}=6\times24=144$$

式中：a 是并绕导体根数，a=6。

（12）槽满率 k_3 为

$$k_3=\frac{N_{R\Pi}d_{\text{цз}}^2}{S_\Pi}=\frac{144\times1.706^2}{801.0603}=0.5232$$

式中：S_Π 为定子槽截面积，S_Π =801.0603 mm^2。

8）电动机的主要参数

（1）电枢绕组的每相电阻 r_Φ 。

图 1.9.3 展示了定子铁心下线后的电枢示意图。图 1.9.4 是定子齿线圈的计算尺寸示意图。

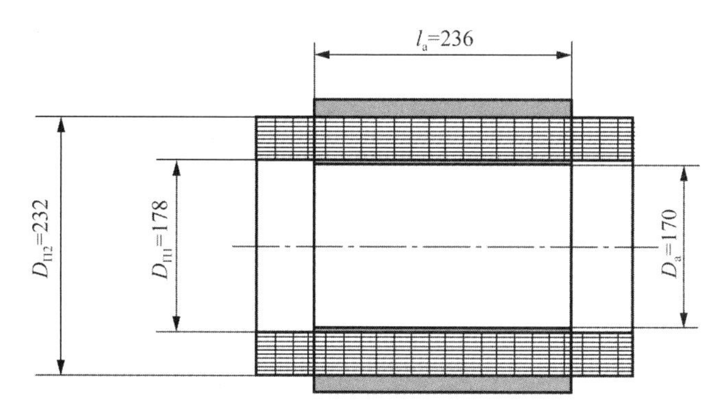

图 1.9.3　电枢示意图

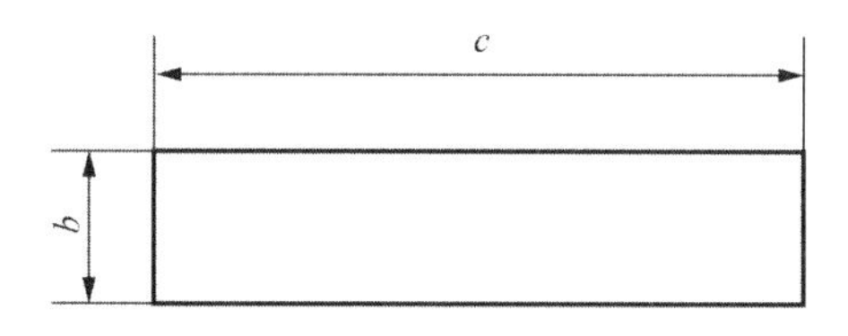

图 1.9.4　齿线圈的平均一匝长度

根据图 1.9.4 所示的定子齿线圈的计算尺寸示意图，20℃时的电枢绕组每相电阻值 $r_{\Phi(20℃)}$ 可以按下式估算：

$$r_{\Phi(20℃)}=\frac{1}{a}\left(w_\Phi l_{\mathrm{cp}}r_{\mathrm{m}(20℃)}\right)=\frac{1}{6}\ （48\times0.6952\times0.008\,502）=0.0473（\Omega）$$

其中

$$l_{\mathrm{cp}}=2k\ （b+c）=2\times1.2\times（38.8345+250.8435）=695.2272（\mathrm{mm}）$$

$$=0.6952（\mathrm{m}）$$

$$b=b_{\mathrm{aZ}}+\frac{b_{\mathrm{n1}}+b_{\mathrm{n2}}}{4}=24+\frac{36.7375+22.6003}{4}=38.8345（\mathrm{mm}）$$

$$c=l_{\mathrm{a}}+\frac{b_{\mathrm{n1}}+b_{\mathrm{n2}}}{4}=236+\frac{36.7375+22.6003}{4}=250.8435（\mathrm{mm}）$$

式中：l_{cp} 是电枢齿线圈的平均一匝长度；k 是绕制齿线圈的工艺系数，$k\approx1.2$；b 是齿线圈的平均宽度；c 是齿线圈的平均轴向长度；b_{n1} 是定子梯形槽的下底宽度，b_{n1}=36.7375 mm；b_{n2} 是定子梯形槽的上底宽度，b_{n2}=22.6003 mm；b_{aZ} 是齿宽，b_{aZ}=24 mm；l_a 是电枢铁心的轴向长度，l_a=236 mm。

75℃时的电枢绕组每相电阻 $r_{\Phi(75℃)}$ 的数值为

$$r_{\Phi(75℃)}=1.24\,r_{\Phi(20℃)}=1.24\times0.0473=0.058\,65\ (\Omega)$$

（2）漏电抗 x_s。

设计电动机的定子槽形尺寸如图 1.9.5 所示。图中，$h\approx h_s\approx$27 mm；$h_3\approx$0 mm；h_4=4 mm；h_5=1 mm；a_c=0.8 mm；$b_n\approx(b_{n1}+b_{n2})/2$=（36.7375+22.6003）/2=29.6689（mm）。

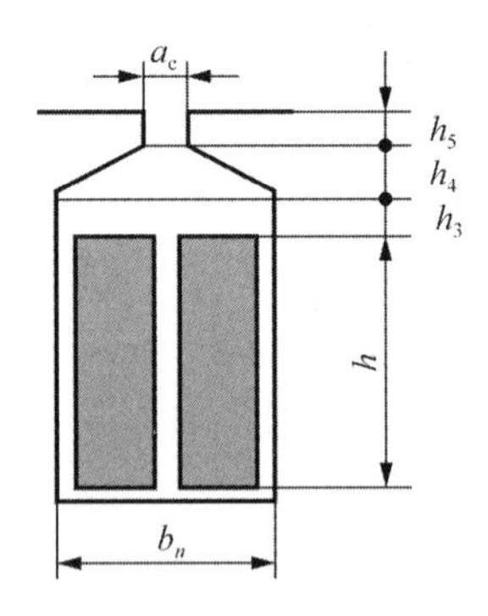

图 1.9.5　定子槽形尺寸简图

根据式（1-3-151），每相电枢绕组的槽漏电抗 x_{sn} 按下式估算：

$$x_{sn}=\omega L_{sn}=4\pi f\mu_0\left(w_K\right)^2 l_a\lambda_n$$

式中：w_K 是齿线圈的匝数；λ_n 是比槽漏磁导，$\lambda_n=7\lambda_a$，λ_a 是一个槽内的一条齿线圈边的自感比槽漏磁导。

根据式（1-3-63），每相电枢绕组的端部漏电抗和差异漏电抗 $\left(x_{end}+x_d\right)$ 之和可以按下式估算：

$$\left(x_{end}+x_d\right)=4\pi f\mu_0\frac{w_\Phi^2}{pq}l_a(\lambda_{end}+\lambda_d)=4\pi f\mu_0\frac{16w_K^2}{pq}l_a(\lambda_{end}+\lambda_d)$$

式中：w_Φ 是每相电枢绕组的串联匝数，$w_\Phi=4\,w_K$。因此，每相电枢绕组的漏电抗 x_s 按下式估算：

$$\begin{aligned}
x_s&=x_n+\left(x_{end}+x_d\right)=4\pi f\mu_0\left(w_K\right)^2 l_a\lambda_n+4\pi f\mu_0\frac{16w_K^2}{pq}l_a(\lambda_{end}+\lambda_d)\\
&=4\pi f\mu_0\left(w_K\right)^2 l_a\left[\lambda_n+\frac{16}{pq}\left(\lambda_{end}+\lambda_d\right)\right]\\
&=15.8f\left(w_K\right)^2 l_a\left[7\lambda_a+\frac{16}{pq}\left(\lambda_{end}+\lambda_d\right)\right]\times10^{-8}\\
&=15.8\times125\times12^2\times23.6\\
&\quad\times\left[7\times1.8159+\frac{16}{5\times0.4}\left(0.02172+0.8883\right)\right]\times10^{-8}\\
&=15.8\times125\times12^2\times23.6\times19.9915\times10^{-8}=1.3418\ (\Omega)
\end{aligned}$$

$$f = \frac{pn_{\mathrm{N}}}{60} = \frac{5\times1500}{60} = 125\ (\mathrm{Hz})$$

式中：f 是频率，Hz；μ_0 是真空的磁导率，$\mu_0 = 0.4\pi\times10^{-8}$ H/cm；w_{K} 是齿线圈的匝数，$w_{\mathrm{K}} = 12$；l_{a} 是电枢铁心的轴向长度，$l_{\mathrm{a}} = 23.6$ cm；p 是磁极对数，$p = 5$；q 是每极每相槽数，$q = 0.4$。

根据图 1.3.46 和图 1.9.5 所示的定子槽形尺寸，一个槽内的一条齿线圈边的自感比槽漏磁导 λ_{a} 按下式估算：

$$\lambda_{\mathrm{a}} = \left(\frac{h}{3b_{\mathrm{n}}} + \frac{h_3}{b_{\mathrm{n}}} + \frac{2h_4}{b_{\mathrm{n}} + a_{\mathrm{c}}} + \frac{h_5}{a_{\mathrm{c}}}\right)$$

$$= \left(\frac{27}{3\times29.6689} + \frac{2\times4}{29.6689 + 0.8} + \frac{1}{0.8}\right) = 1.8159$$

λ_{end} 是比端部漏磁导，可以按下式估算：

$$\lambda_{\mathrm{end}} = 0.47\times\frac{q}{l_{\mathrm{a}}}(l_{\mathrm{end}} - 0.64\tau)$$

$$= 0.47\times\frac{0.4}{236}\times(61.4449 - 0.64\times53.407)$$

$$= 0.47\times\frac{0.4}{236}\times27.2644 = \frac{5.4025}{236} = 0.02172$$

$$l_{\mathrm{end}} \approx kb + (c - l_{\mathrm{a}}) = 1.2\times38.8345 + (250.8435 - 236)$$

$$= 46.6014 + 14.8435 = 61.4449\ (\mathrm{mm})$$

$$\tau = 53.407\ \mathrm{mm}$$

λ_{d} 是比齿顶漏磁导（比差异漏磁导），可以按下式估算：

$$\lambda_{\mathrm{d}} = \alpha_{\mathrm{p}}\frac{5\dfrac{\delta}{a_{\mathrm{c}}}}{5 + 4\dfrac{\delta}{a_{\mathrm{c}}}} = 0.9197\times\frac{5\times\dfrac{3.4}{0.8}}{5 + 4\times\dfrac{3.4}{0.8}} = 0.8883$$

其中

$$\alpha_{\mathrm{p}} = \frac{b_{\mathrm{p}}}{\tau} \approx \frac{49.119}{53.407} = 0.9197$$

$$b_{\mathrm{p}} \approx b_{\mathrm{m}} \approx 49.119\ \mathrm{mm}$$

$$\delta \approx 3.4\ \mathrm{mm}$$

（3）电枢反应电抗 x_{a}。

表面贴装式转子结构的电枢反应等效磁路如图 1.9.6 所示，其电枢反应电抗 x_{a} 可以按下式计算：

$$x_{\mathrm{a}} = 5.994 f \frac{(w_{\Phi}k_{\mathrm{W}})^2}{p}\Lambda_{\mathrm{a}}$$

$$= 5.994\times125\times\frac{(48\times0.930\,87)^2}{5}\times143.3616\times10^{-8} = 0.4289\ (\Omega)$$

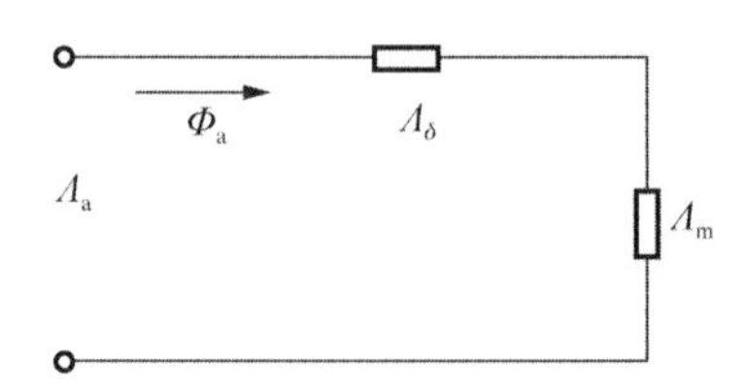

图 1.9.6　表面贴装式转子结构的电枢反应等效磁路（一个磁极）

其中

$$\Lambda_a=\frac{\Lambda_\delta\Lambda_m}{\Lambda_\delta+\Lambda_m}=\frac{349.5480\times10^{-8}\times243.0412\times10^{-8}}{349.5480\times10^{-8}+243.0412\times10^{-8}}$$

$$=\frac{84\,954.565\,38\times10^{-8}}{592.5892}=143.3616\times10^{-8}\text{（A/Mx）}$$

$$\Lambda_\delta=\mu_0\frac{\alpha_i\tau l_\delta}{\delta k_\delta}$$

$$=0.4\,\pi\times10^{-8}\times\frac{0.75\times5.3407\times23.8}{0.34\times1.008}=349.5480\times10^{-8}\text{（A/Mx）}$$

$$\Lambda_m=\mu_0\mu_r\frac{b_m l_m}{h_{mcp}}$$

$$=0.4\,\pi\times10^{-8}\times1.05\times\frac{4.9119\times24}{0.64}=243.0412\times10^{-8}\text{（A/Mx）}$$

式中：Λ_δ是气隙磁导；Λ_m是永磁体的磁导；μ_r是永磁体的相对磁导率，$\mu_r=1.05$；h_{mcp}是永磁体的径向平均高度，$h_{mcp}\approx0.64$ cm；b_m是永磁体沿圆弧方向的宽度，$b_m\approx4.9119$ cm；l_m是永磁体的轴向长度，$l_m=24$ cm。

（4）同步电抗x_c为

$$x_c=x_s+x_a=1.3418+0.4289=1.7707\text{（}\Omega\text{）}$$

（5）同步阻抗z_c为

$$z_c=r_a+jx_c=0.058\,65+j\,1.7707\text{（}\Omega\text{）}$$

9）电动机稳态运行的主要性能指标

下面对电动机稳态运行的主要性能指标进行分析。

（1）理想空载转速n_{0i}为

$$n_{0i}=13.5\times\frac{U_{A01}}{pw_\Phi k_W\Phi_{\delta0}}\times10^8$$

$$=13.5\times\frac{210.17}{5\times48\times0.930\,87\times733\,333}\times10^8=\frac{2837.295}{1.6383}=1731.85\text{（r/min）}$$

式中：U_{A01}是逆变器输出的施加在 A、B 和 C 三相电枢绕组端头上的相电压基波有效值，$U_{A01}=210.17$ V；$\Phi_{\delta0}$是电动机的空载气隙磁通，$\Phi_{\delta0}\approx733\,333$ Mx。

（2）当电动机在额定转速n_N上运行时，每相空载反电动势有效值E_0。

当电动机在额定转速n_N上运行时，永磁体的气隙基波磁场所产生的每相空载相反电动势的有效值E_0按下式计算：

$$E_0 = 4.44\, f_N w_\Phi k_W \Phi_{\delta 0} \times 10^{-8} = 4.44 \times \left(\frac{pn_N}{60}\right) w_\Phi k_W \Phi_{\delta 0} \times 10^8$$

$$= 0.074 \times 5 \times 1500 \times 48 \times 0.930\,87 \times 733\,333 \times 10^{-8} = 181.85\ (\text{V})$$

式中：n_N 是电动机的额定转速，n_N =1500 r/min。

（3）驱动的相电压基波有效值 U_{A01}。

为了使电动机能够在高效率和高功率因数条件下运行，应该对逆变器进行调制，使施加在 A、B 和 C 三相电枢绕组端头上的相电压基波有效值 U_{A01} 基本上等于空载相反电动势有效值 E_0，即 $U_{A01} \approx E_0 \approx 181.85$ V。

（4）电枢电流 I_a。

我们可以把表面贴装式永磁同步电动机看成隐极同步电动机。对于隐极同步电动机而言，电枢电流 I_a 可以按下式计算：

$$I_a = \sqrt{\frac{U^2 - 2UE_0 \cos\theta + E_0^2}{x_c^2 + r_a^2}}$$

式中：U 是调制后施加在三相电枢绕组端头上的相电压基波有效值，V。

（5）输入功率 P_1。

对于隐极同步电动机而言，电动机的输入功率 P_1 的表达式为

$$P_1 = \frac{mU[E_0(x_c \sin\theta - r_a \cos\theta) + r_a U]}{r_a^2 + x_c^2}$$

（6）电磁力矩 T_{em}。

对于隐极同步电动机而言，电动机的电磁力矩 T_{em} 的表达式为

$$T_{em} = \frac{mpE_0 U}{\omega_e x_c} \cdot \sin\theta\ \ (\text{N} \cdot \text{m})$$

式中：ω_m 为电动机的机械角速度，$\omega_m = 2\pi n_N/60 = 157.0795$（rad/s）；$\omega_e$ 为电动机的电气角速度，$\omega_e = p\ \omega_m = 785.3975$（rad/s）。

（7）输出功率 $\hat{P}_2$。

不考虑铁损耗和机械损耗的情况下，输出功率的近似估算值 $\hat{P}_2$ 为

$$\hat{P}_2 = \frac{T_{em} n_N}{9550}\ \ (\text{kW})$$

（8）电动机运行效率的估算值 $\hat{\eta}$ 为

$$\hat{\eta} = \frac{\hat{p}_2}{p_1} \times 100\%$$

电动机稳态运行的主要性能指标与功率角 θ 有很大关系。功率角 θ 是 $\dot{\boldsymbol{U}}$ 与 $\dot{\boldsymbol{E}}$ 之间的电气夹角。电动机运行时，电枢电流 I_a、输入功率 P_1、电磁力矩 T_{em}、输出功率 P_2 和效率 η 都会随着功率角 θ 的变化而变化。

在把如表 1.9.5 所列的已知的电动机的参数 U、E_0、m、p、ω_e、r_a 和 x_c 代入上述公式之后，功率角 θ 便成为电枢电流 I_a、输入功率 P_1、电磁力矩 T_{em}、输出功率 P_2 和效率 η 的唯一变量。当功率角 θ 连续取不同的数值时，电枢电流 I_a、输入功率 P_1、电磁力矩 T_{em}、输出功率 P_2 和效率 η 等电动机的性能参量将随着功率角 θ 的变化而变化，它们的估算数值列

于表 1.9.6 中，它们随着功率角 θ 的变化曲线如图 1.9.7 所示。

表 1.9.5 计算电动机稳态运行性能所需的参数值

参数名称	U /V	E_0 /V	m	p	ω_e /（rad/s）	r_a /Ω	x_c /Ω
数值	181.85	181.85	3	5	785.3975	0.058 65	1.7707

表 1.9.6 当功率角 θ 变化时电枢电流 I_a、输入功率 P_1、电磁力矩 T_{em}、输出功率 P_2 和效率 η 的估算数值

θ	$\sin\theta$	$\cos\theta$	I_a	T_{em}	P_1	P_2	η
0°	0	1	0	0	0	0	0
5°	0.087 155 74	0.996 194 7	9.056 396 468	31.798 796 4	4 996.680 7	4 994.571	96.959
10°	0.173 648 18	0.984 807 8	18.095 553 57	63.355 584 77	9 969.764 7	9 951.131	96.819
15°	0.258 819 05	0.965 925 8	27.100 264 76	94.430 198 87	14 881.404	14 831.96	96.678
20°	0.342 020 14	0.939 692 6	36.053 389 05	124.786 142 1	19 694.218	19 599.9	96.535
25°	0.422 618 26	0.906 307 8	44.937 883 67	154.192 387 5	24 371.578	24 218.68	96.391
30°	0.5	0.866 025 4	53.736 836 48	182.425 135 7	28 877.887	28 653.14	96.245
35°	0.573 576 44	0.819 152	62.433 498 16	209.269 518 5	33 178.848	32 869.53	96.096
40°	0.642 787 61	0.766 044 4	71.011 314 13	234.521 233 9	37 241.73	36 835.76	95.943
45°	0.707 106 78	0.707 106 8	79.453 956 02	257.988 101 1	41 035.611	40 521.66	95.785
50°	0.766 044 44	0.642 787 6	87.745 352 8	279.491 523	44 531.617	43 899.16	95.622
55°	0.819 152 04	0.573 576 4	95.869 721 31	298.867 845 8	47 703.142	46 942.55	95.453
60°	0.866 025 4	0.5	103.811 596 4	315.969 603 7	50 526.049	49 628.69	95.277
65°	0.906 307 79	0.422 618 3	111.555 860 1	330.666 642 2	52 978.852	51 937.13	95.093
70°	0.939 692 62	0.342 020 1	119.087 771	342.847 107 8	55 042.886	53 850.29	94.898
75°	0.965 925 83	0.258 819	126.392 991 5	352.418 3	56 702.441	55 353.61	94.693
80°	0.984 807 75	0.173 648 2	133.457 615 8	359.307 376 1	57 944.888	56 435.67	94.474
85°	0.996 194 7	0.087 155 7	140.268 195 9	363.461 906 1	58 760.77	57 088.21	94.239
90°	1	6.126×10^{-17}	146.811 767 5	364.850 271 5	59 143.878	57 306.28	93.986
95°	0.996 194 7	−0.087 156	153.075 874 6	363.461 906 1	59 091.297	57 088.21	93.712
100°	0.984 807 75	−0.173 648	159.048 593	359.307 376 1	58 603.426	56 435.67	93.412
105°	0.965 925 83	−0.258 819	164.718 553 5	352.418 3	57 683.979	55 353.61	93.081
110°	0.939 692 62	−0.342 02	170.074 962 7	342.847 107 8	56 339.954	53 850.29	92.714
115°	0.906 307 79	−0.422 618	175.107 624 7	330.666 642 2	54 581.578	51 937.13	92.300
120°	0.866 025 4	−0.5	179.806 959 3	315.969 603 7	52 422.235	49 628.69	91.831
125°	0.819 152 04	−0.573 576	184.164 021 1	298.867 845 8	49 878.358	46 942.55	91.291
130°	0.766 044 44	−0.642 788	188.170 516 3	279.491 523	46 969.308	43 899.16	90.660
135°	0.707 106 78	−0.707 107	191.818 818 2	257.988 101 1	43 717.224	40 521.66	89.910
140°	0.642 787 61	−0.766 044	195.101 982 1	234.521 233 9	40 146.856	36 835.76	89.000
145°	0.573 576 44	−0.819 152	198.013 758 2	209.269 518 5	36 285.378	32 869.53	87.869
150°	0.5	−0.866 025	200.548 604	182.425 135 7	32 162.178	28 653.14	86.417
155°	0.422 618 26	−0.906 308	202.701 694	154.192 387 5	27 808.635	24 218.68	84.478
160°	0.342 020 14	−0.939 693	204.468 929 9	124.786 142 1	23 257.882	19 599.9	81.744

续表

θ	$\sin\theta$	$\cos\theta$	I_a	T_{em}	P_1	P_2	η
165°	0.258 819 05	−0.965 926	205.846 947 5	94.430 198 87	18 544.555	14 831.96	77.581
170°	0.173 648 18	−0.984 808	206.833 123 8	63.355 584 77	13 704.523	9 951.131	70.434
175°	0.087 155 74	−0.996 195	207.425 581 4	31.798 796 4	8 774.622 2	4 994.571	55.213
180°	$1.225\ 1\times10^{-16}$	−1	207.623 192 7	$4.469\ 96\times10^{-14}$	3 792.372 6	7.02×10^{-12}	0.000

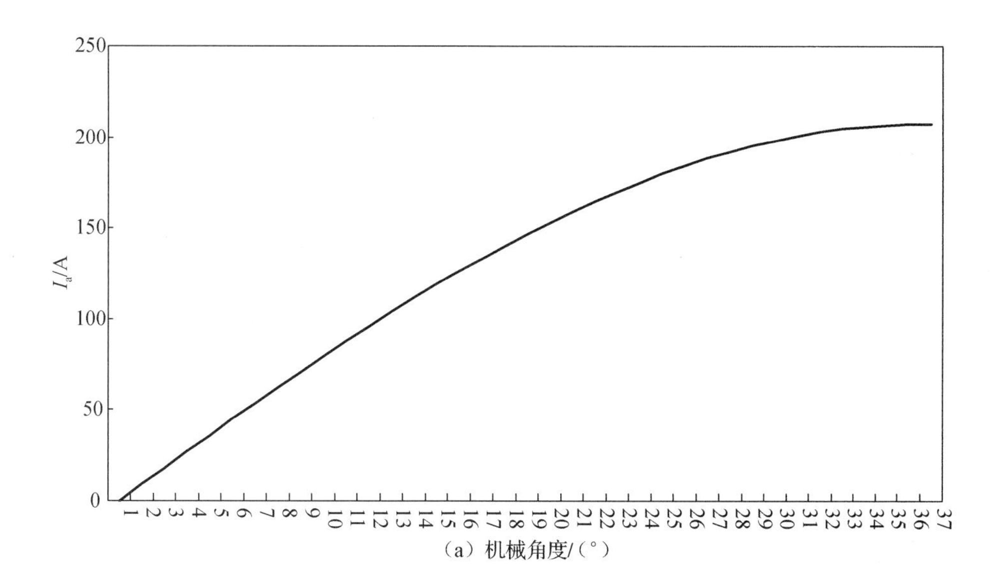

（a）机械角度/（°）

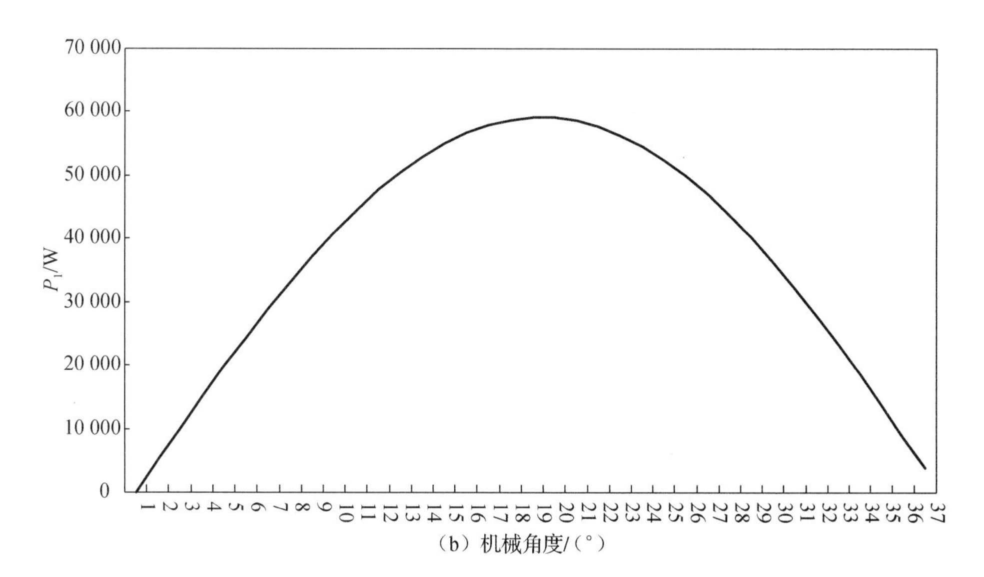

（b）机械角度/（°）

图 1.9.7　电枢电流 I_a、电磁转矩 T_{em}、输入功率 P_1、输出功率 P_2、效率 η 与功率角 θ 的变化曲线

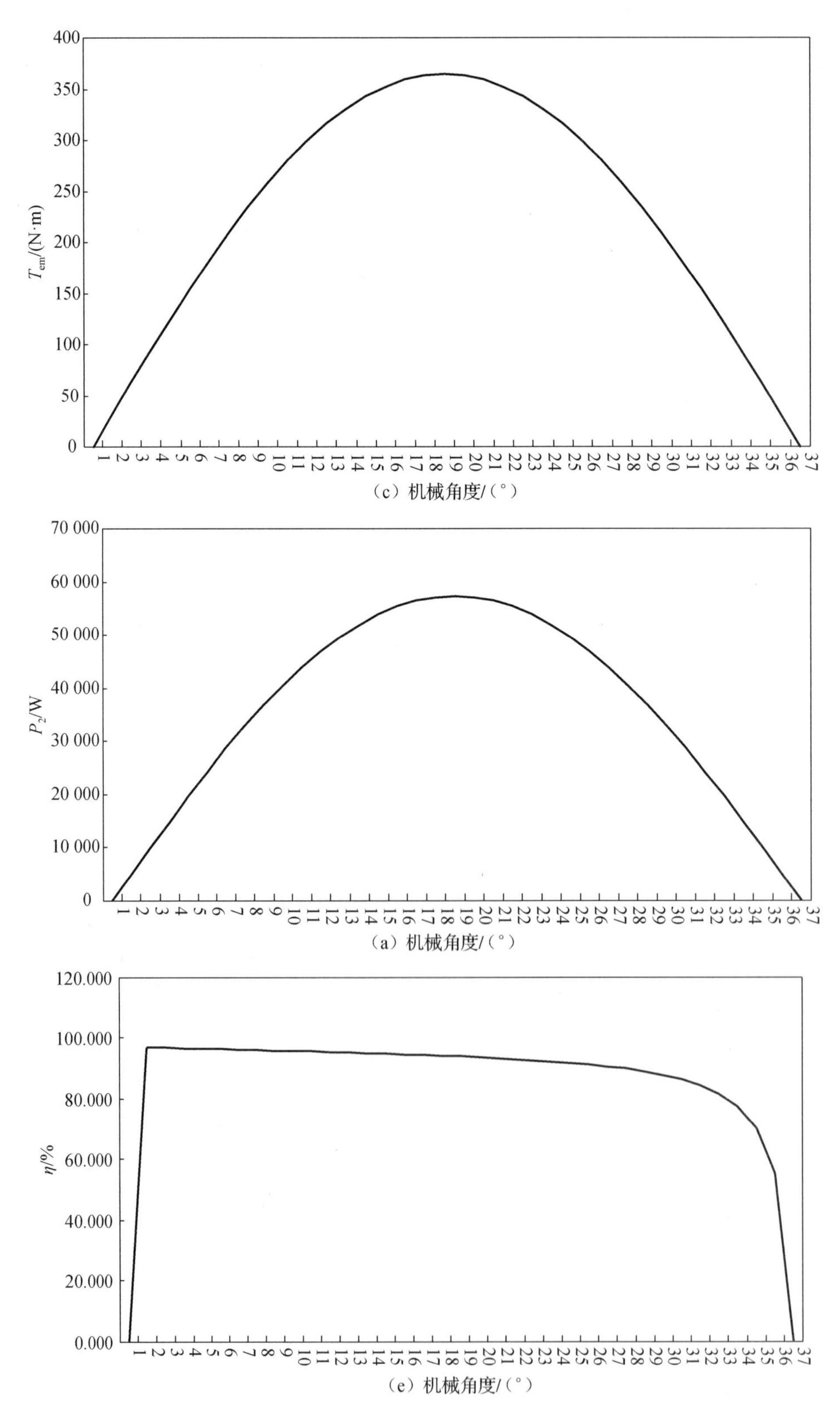

400
350
300
250
200
150
100
50
0
T_{em}/(N·m)
1 2 3 4 5 6 7 8 9 10 11 12 13 14 15 16 17 18 19 20 21 22 23 24 25 26 27 28 29 30 31 32 33 34 35 36 37
（c）机械角度/（°）
70 000
60 000
50 000
40 000
30 000
20 000
10 000
0
P_2/W
1 2 3 4 5 6 7 8 9 10 11 12 13 14 15 16 17 18 19 20 21 22 23 24 25 26 27 28 29 30 31 32 33 34 35 36 37
（a）机械角度/（°）
120.000
100.000
80.000
60.000
40.000
20.000
0.000
η/%
1 2 3 4 5 6 7 8 9 10 11 12 13 14 15 16 17 18 19 20 21 22 23 24 25 26 27 28 29 30 31 32 33 34 35 36 37
（e）机械角度/（°）

图 1.9.7 （续）

（9）电动机额定运行时的额定电磁转矩 $\hat{T}_{emN}$、额定电枢电流 $\hat{I}_{aN}$、额定输入功率 $\hat{P}_{1N}$、额定输出功率 $\hat{P}_{2N}$ 和效率 $\hat{\eta}_N$ 的估算值。

根据表 1.9.6 的数据和图 1.9.7 所示的特性曲线，电动机额定运行时的功角 $\theta \approx 25°$ 电角度，表 1.9.7 给出了电动机额定运行时的额定电磁转矩 $\hat{T}_{emN}$、额定电枢电流 $\hat{I}_{aN}$、额定输入功率 $\hat{P}_{1N}$、额定输出功率 $\hat{P}_{2N}$ 和额定效率 $\hat{\eta}_N$ 的估算值（没有计及铁心损耗和机械损耗）。

表 1.9.7　额定运行时的 $\hat{T}_{emN}$、$\hat{I}_{aN}$、$\hat{P}_{1N}$、$\hat{P}_{2N}$ 和 $\hat{\eta}_N$ 的估算值

名称	电磁转矩 $\hat{T}_{emN}$ /（N • m）	电枢电流 $\hat{I}_{aN}$ /A	输入功率 $\hat{P}_{1N}$ /W	输出功率 $\hat{P}_{2N}$ /W	效率 $\hat{\eta}_N$ /%
数值	140	40	22 900	22 000	96

（10）同步运行时的最大电磁转矩 $[T_{em}]_{max}$。

根据表 1.9.6 的数据和图 1.9.7 所示的特性曲线，可以求得电动机同步运行时的最大电磁转矩 $[T_{em}]_{max}$ =364.8503N • m。

（11）电动机的过载能力（亦即失步转矩倍数）k_{ol} 为

$$k_{ol} = \frac{[T_{em}]_{max}}{T_{emN}} = \frac{364.8503}{140} = 2.6$$

（12）线负荷 $\hat{A}$ 为

$$\hat{A} = \frac{N\hat{I}_{aN}}{\pi D_a} = \frac{288\times 40}{3.141\,59\times 17} = \frac{11\,520}{53.4070} = 215.7021\text{（A/cm）}$$

式中：N 是电枢的总导体数，$N=2Zw_K=2\times 12\times 12=288$。

（13）电流密度 $\hat{\Delta}$ 为

$$\hat{\Delta} = \frac{\hat{I}_{aN}}{\sum q_d} = \frac{40}{12.0637} = 3.3157\text{（A/mm}^2\text{）}$$

式中：$\sum q_d$ 是计算导体的总截面积，它由 $a=6$ 根导线并联构成，$\sum q_d = 6q_d = 6\times 2.0106 = 12.0637$（mm^2）。

10）损耗分析和效率

下面分析估算电动机本体的损耗和效率。

（1）电损耗 P_E。

电动机本体内的铜损耗 P_E 为

$$P_E = P_{Cu} = m\hat{I}_{aN}^2\, r_{a(75℃)} = 3\times 40^2 \times 0.058\,65 = 281.52\text{（W）}$$

（2）铁损耗 P_{Fe}。

基本的电枢铁心铁损耗 P_{Fe} 可以按下式计算：

$$\begin{aligned} P_{Fe} &= p_{aj}\left(\frac{B_{aj}}{10\,000}\right)^2 G_{aj} + p_z\left(\frac{B_{aZ}}{10\,000}\right)^2 G_z \\ &= 8.2188\times\left(\frac{12\,450}{10\,000}\right)^2\times 22.0292 + 8.625\times\left(\frac{14\,861}{10\,000}\right)^2\times 15.7773 \\ &= 280.6376+300.53=581.1676\text{（W）} \end{aligned}$$

$$p_{aj}=2\varepsilon\left(\frac{f}{100}\right)+2.5\rho\left(\frac{f}{100}\right)^2=2\times1.1\times\left(\frac{125}{100}\right)+2.5\times1.4\times\left(\frac{125}{100}\right)^2$$

$$=2.75+5.4688=8.2188\text{（W/kg）}$$

$$f=\frac{pn_N}{60}=\frac{5\times1500}{60}=125\text{（Hz）}$$

$$p_z=1.5\varepsilon\left(\frac{f}{100}\right)+3\rho\left(\frac{f}{100}\right)^2=1.5\times1.1\times\left(\frac{125}{100}\right)+3\times1.4\times\left(\frac{125}{100}\right)^2$$

$$=2.0625+6.5625=8.625\text{（W/kg）}$$

$$G_{aj}=0.0078\cdot\frac{\pi}{4}(D_{aj}^2-D_{Z2}^2)l_a k_{fe}$$

$$=0.0078\frac{\pi}{4}(26.4^2-23.2^2)\times23.6\times0.96=22.0292\text{（kg）}$$

$$G_z\approx0.0078b_z h_z Z l_a k_{fe}$$

$$=0.0078\times2.4\times3.1\times12\times23.6\times0.96=15.7773\text{（kg）}$$

式中：p_{aj}为电枢铁心轭部中的单位铁损耗；B_{aj}为电枢铁心轭部的磁通密度，$B_{aj}\approx12\,450$ Gs；B_{aZ}为电枢铁心齿部的磁通密度，$B_{aZ}\approx14\,861$ Gs；p_z为电枢铁心齿部中的单位铁损耗；G_{aj}为电枢铁心轭部的质量；G_z为电枢铁心齿部的质量；ε和ρ为材料常数，一般取$\varepsilon=1.1$，$\rho=1.4$。

（3）机械损耗P_{MECH}。

机械损耗主要包括轴承摩擦损耗P_B和风损P_W两部分，即有

$$P_{MECH}=P_B+P_W=163.50+7.57=171.07\text{（W）}$$

$$P_B=k_m\ G_{rotor}\ n_H\times10^{-6}=3\times36\,333\times1500\times10^{-6}=163.50\text{（W）}$$

$$G_{rotor}=G_{mag}+G_{rj}+G_{shaft}=36\,333\text{ g}$$

$$P_W=2D_r^3n_H^3l_r10^{-14}=2\times16.72^3\times1500^3\times24\times10^{-14}=7.57\text{（W）}$$

式中：P_B为轴承摩擦损耗；P_W为风损；k_m为经验系数，$k_m\approx3$；n_H为电动机的额定转速，$n_H=1500$ r/min；G_{rotor}为转子质量；G_{mag}为永磁体质量；G_{rj}为转子磁轭铁心的质量；G_{shaft}为转轴质量。

（4）总损耗$\sum P$为

$$\sum P=k\,(P_E+P_{FE}+P_{MECH})$$

$$=1.1\times(281.52+581.1676+171.07)$$

$$=1.1\times1033.7576=1137.1334\text{（W）}$$

式中：k是考虑到电动机本体内的附加杂散损耗后的增大系数，$k\approx1.1$。

（5）输入功率P_1为

$$P_1=P_{2N}+\sum P=22\,000+1137.1334=23\,137.1334\text{（kW）}$$

（6）效率η为

$$\eta=\frac{P_{2N}}{P_1}\times100\%=\frac{22\,000}{23\,137.1334}\times100\%=95.085\%$$

上述分析没有计及驱动控制器的损耗。电动机本体的损耗是一个复杂的问题，负载条件下的气隙磁通密度B_δ不容易正确地估算，损耗计算中又采用了很多经验系数，因此损耗计算的结果仅供参考。

11）仿真

图 1.9.8～图 1.9.15 给出了电动机空载时的磁通云图、磁通密度云图、气隙磁通密度分布的波形、反电动势的波形、槽效应力矩脉动的波形；电动机负载时气隙磁通密度分布的波形、反电动势的波形和电磁转矩脉动的波形。

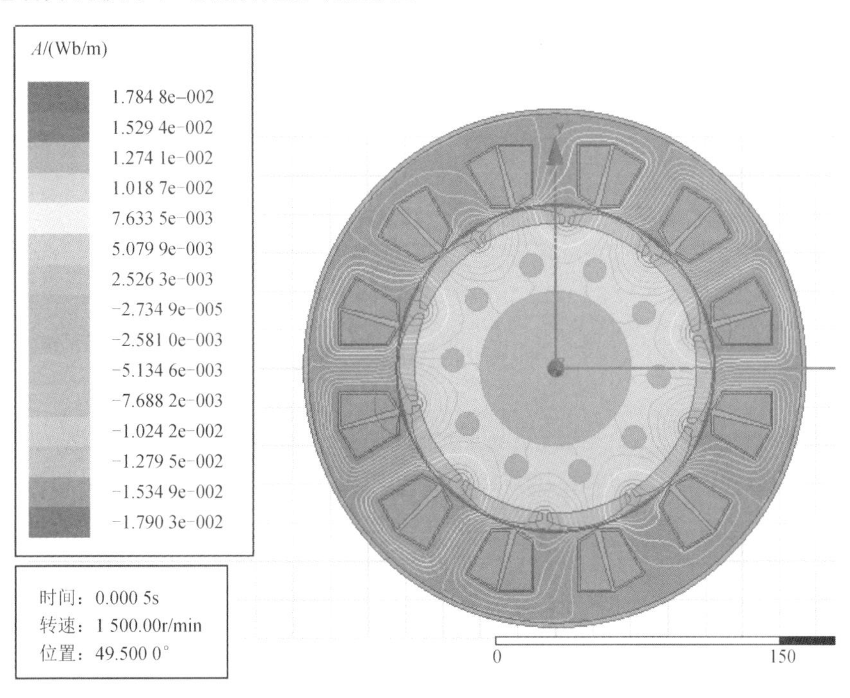

图 1.9.8　电动机空载时的磁通云图

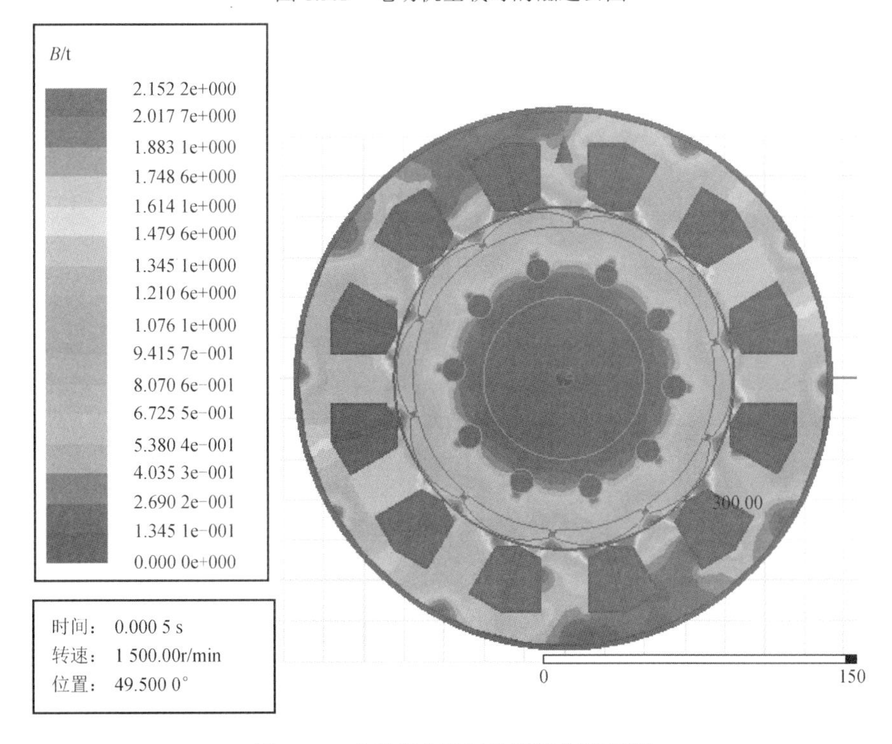

图 1.9.9　电动机空载时的磁通密度云图

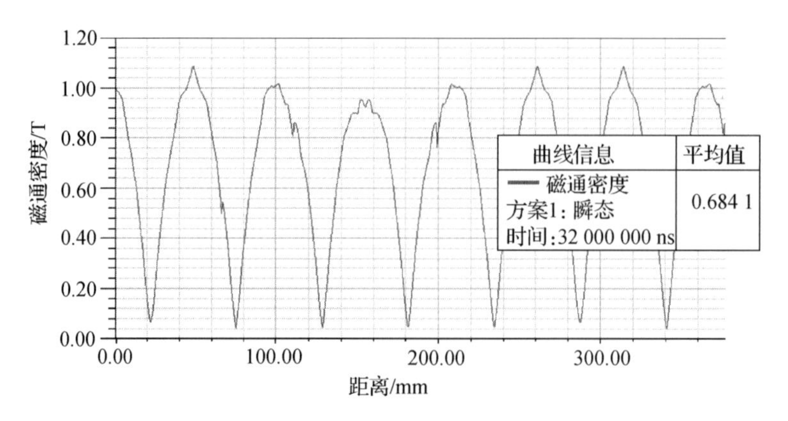

图 1.9.10　电动机空载时气隙磁通密度分布的波形

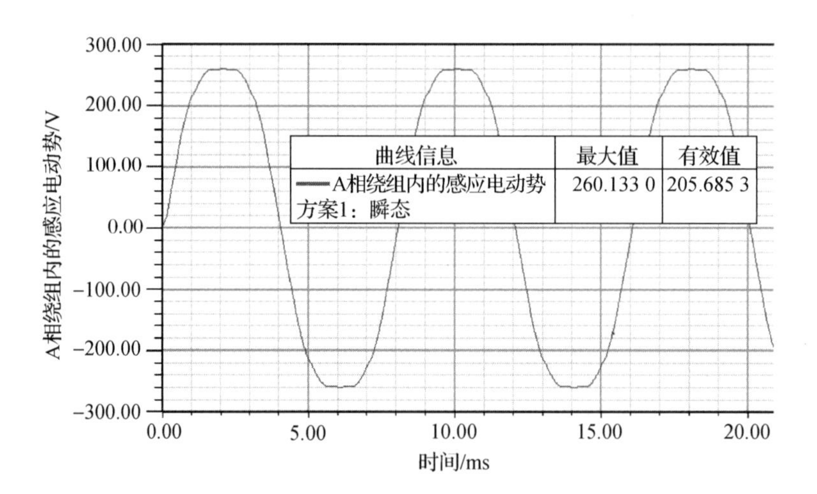

图 1.9.11　电动机空载时的反电动势的波形

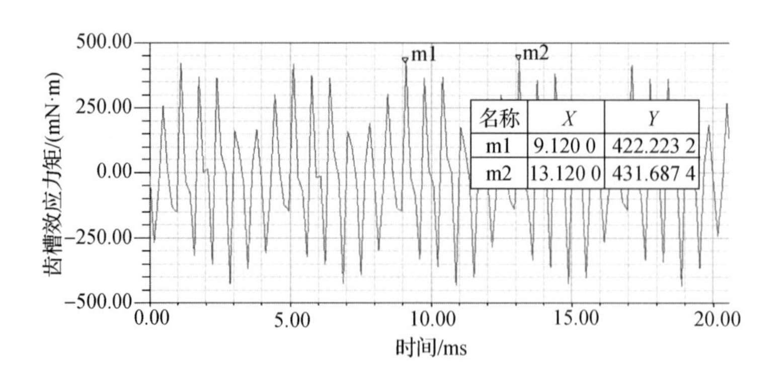

图 1.9.12　电动机空载时槽效应力矩脉动的波形

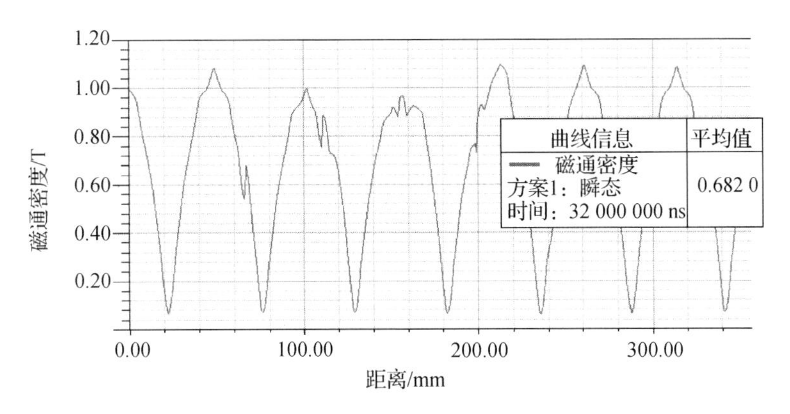

图 1.9.13　电动机负载时气隙磁通密度分布的波形

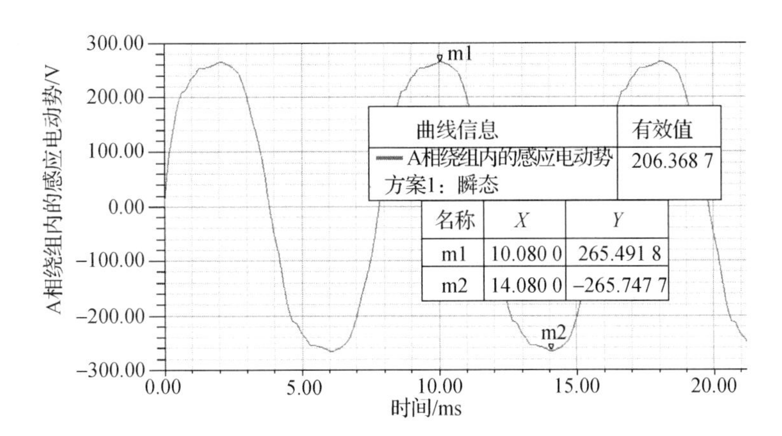

图 1.9.14　电动机负载时的反电动势的波形

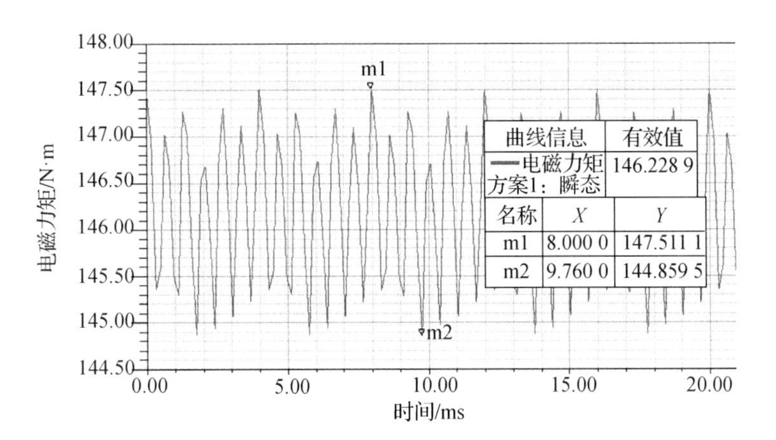

图 1.9.15　电动机负载时电磁力矩脉动的波形

第 2 章　异步启动永磁同步电动机

一台异步启动的永磁同步电动机是一台鼠笼式异步电动机和一台内置式永磁同步电动机在同一个定子电枢条件下的一种组合。其实，人们早就熟知这种结构形式的电动机，但是长期以来没有给予重视，见到的只是在电磁式凸极转子的极靴上的阻尼笼而已。直到 20 世纪 70 年代，随着煤炭、石油和天然气等自然资源的短缺和不能再生的资源越来越少的趋势，以及人类赖以生活的环境受到严重的污染，人们开始重视节约能源和减少二氧化碳排放，于是许多国家在联合国有关部门的组织和领导下，制定了有关“节能减排”的法律法规和不同等级的实施标准，并开始寻求一种高效节能的电动机。

恰逢其时，随着科学技术的进步，20 世纪 70 年代出现了高磁能积的钐钴永磁材料，80 年代又生产出了价格低廉而磁能积更高的钕铁硼永磁材料，从而为开发制造永磁同步电动机创造了良好的条件。

众所周知，永磁同步电动机的功率因数和运行效率都比较高，但是不能自启动，而鼠笼式异步电动机能够自启动，但是功率因数和运行效率比较低，需要电网提供落后的无功功率，从而又增加了电网在输电过程中的负担和损耗。因此，把两者的优点结合起来，便产生了异步启动的永磁同步电动机，由于它能够从交流电网供电线上直接启动，又被称为线启动永磁同步电动机。

由于异步启动永磁同步电动机具有启动简便和稳态运行效率高等显著优点，从 20 世纪 80 年代开始，它又引起了人们的重视，目前已经被用来替代牵引和驱动领域内原先的鼠笼式异步电动机，达到了“节能减排”的目的。

在第 1 章中，对永磁同步电动机已经进行了比较详细的分析和讨论，本章将着重介绍和分析鼠笼式异步电动机的向量图、简化等效电路、启动过程中的电磁转矩和这类电动机在设计过程中的若干具体问题。

2.1　异步启动永磁同步电动机的结构

目前，异步启动永磁同步电动机被广泛地用来替代牵引和驱动领域的鼠笼式异步电动机，达到高效节能的目的；为了降低制造成本，定子铁心基本上采用被替代的鼠笼式异步电动机的定子铁心，设计者仅依据产品的技术要对它的电枢绕组进行适当的调整性设计。因此，异步启动永磁同步电动机的特点在于内置式的转子结构。根据永磁体在相邻两个磁极的磁路中所起的作用，内置式永磁转子的磁路结构主要有串联式、并联式和串并联混合式三种类型。

在内置式永磁转子中，为了提高产品性能和降低生产成本，通常采用矩形截面的长方形永磁体，每块永磁体沿着磁力线方向的长度为 h_m，垂直于磁力线方向的宽度为 b_m，轴向长度为 l_m，永磁体的几何尺寸如图 2.1.1 所示。当尺寸大时，宽度 b_m 和轴向长度 l_m 可以由多块永磁体拼接而成。

图 2.1.2（a）展示了并联式的磁路结构，每个磁极的磁通由该磁极的相邻两块永磁体并联提供，而磁通在一对磁极的外磁路上流通所需要的磁动势由两块永磁体各自提供。因此，在一对磁极的磁路上，永磁体的等效中性截面积 $S_M = 2b_m l_m$（cm^2），永磁体沿着磁力线方向的等效长度 $L_M = h_m$（cm）。由于这种并联式磁路结构的每个极的转子表面积小于每个磁极的永磁体的等效中性截面积，它具有“聚磁”效应，可以在工作气隙内产生比较高的气隙磁通密度。

图 2.1.1　永磁体的几何尺寸

图 2.1.2　内置式永磁转子的磁路结构

图 2.1.2（b）～（d）展示了串联式的磁路结构，每个磁极的磁通由该磁极的永磁体单独提供，而磁通在一对磁极的外磁路上流通所需要的磁动势由相邻两个磁极的永磁体串联起来提供。因此，在一对磁极的磁路上，永磁体沿着磁力线方向的等效长度 $L_M=2h_m$（cm），永磁体的等效中性截面积 $S_M=n\,b_m\,l_m$（cm^2），式中 n 是构成每一个磁极的永磁体的数目，n=1，2，3，…

图 2.1.2（e）展示了串并联混合式的磁路结构，对于每一个磁极而言，两邻两块切向磁化的永磁体形成并联结构，而相邻两块径向磁化的永磁体形成串联结构，因此切向磁化永磁体的厚度为径向磁化永磁体厚度的 2 倍。在此情况下，每一个磁极的磁通由两块相邻的切向磁化的并联永磁体和两块相邻的径向磁化的串联永磁体组合起来提供，而磁通在一对磁极的外磁路上流通所需要的磁动势由一块切向磁化的并联永磁体和两块径向磁化的串联永磁体各自提供。因此，在一对磁极的磁路上，永磁体沿着磁力线方向的等效长度 $L_M=2h_m$（cm），式中 h_m 是一块径向磁化永磁体厚度；永磁体的等效中性截面积 $S_M=2(b_{mp}+b_{ms})\,l_m$（cm），式中 b_{mp} 是并联永磁体的宽度；b_{ms} 是串联永磁体的宽度。

图 2.1.2（f）展示了另一种串并联混合式的磁路结构，它类似于图 2.1.2（e）所示的转子结构，其差异仅在于：用两块切向磁化的永磁体代替了一块切向磁化的永磁体，但两块切向磁化的永磁体的厚度应该等于原来的一块切向磁化的永磁体的厚度。

2.2　等效磁路和磁铁工作图

等效磁路和磁铁工作图是一切含有永磁体的机电产品的设计基础，我们要从不同的角度来描述它，加深对它的认识和理解。

对于目前被广泛采用的铁氧体和钕铁硼永磁材料而言，由于它们具有近似直线性的去磁曲线，去磁曲线与回复直线基本上重合，永磁体内某一点的磁感应强度和磁场强度之间的关系，在 B-H 坐标平面上可以近似地用线性方程式来描述，即

$$B=B_r-\mu_0\,\mu_r\,H \tag{2-2-1}$$

$$H=H_c-B_r/\mu_0\mu_r \tag{2-2-2}$$

上述式中：B 是永磁体内某一点的磁感应强度，T；H 是永磁体内某一点的磁场强度，A/m；B_r 和 H_c 分别是铁氧体或钕铁硼永磁材料的剩余磁感应强度和矫顽力；μ_0 是空气的磁导率，$\mu_0=4\pi\times10^{-7}$ H/m；μ_r 是铁氧体或钕铁硼永磁材料的相对磁导率，$\mu_r\approx1.05$。

在磁路计算时，通常需要依据永磁体的尺寸，把由式（2-2-1）和式（2-2-2）描写的 B-H 坐标平面内的去磁曲线相应地变换成 Φ-F 坐标平面内的一对磁极的去磁曲线，即

$$\Phi_m=\Phi_r-\Lambda_m\,F_m \tag{2-2-3}$$

$$F_m=F_c-R_m\,\Phi_m \tag{2-2-4}$$

其中

$$\Lambda_m=\frac{1}{R_m}=\mu_0\,\mu_r\,\frac{S_m}{L_m}\ \text{(Mx/A)} \tag{2-2-5}$$

上述式中：Φ_m 是 Φ-F 坐标平面内的去磁曲线上任意一点的磁通量，Mx；F_m 是 Φ-F 坐标平面内的去磁曲线上任意一点的去磁磁动势，也是永磁体向外磁路提供的磁动势，A；Φ_r 是

对应于剩余磁感应强度 B_r 的剩余磁通量，$\Phi_r = S_m B_r$，Mx；F_c 是对应于矫顽力 H_c 的矫顽磁动势，F_c =0.8 $L_m H_c$，A；R_m 是永磁体的内磁阻；Λ_m 是永磁体的内磁导；S_m 是一个磁极的永磁体的等效中性截面积（依据永磁转子的具体结构而定），cm^2；L_m 是在磁化的方向上一对磁极的永磁体的等效长度（依据永磁转子的具体结构而定），cm。

因此，永磁体可以用一个恒定磁通源 Φ_r 和一个并联的内磁导 Λ_m 来等效，如图 2.2.1（a）所示：也可以用一个恒定磁动势 F_c 和一个串联的内磁阻 R_m 来等效，如图 2.2.1（b）所示。

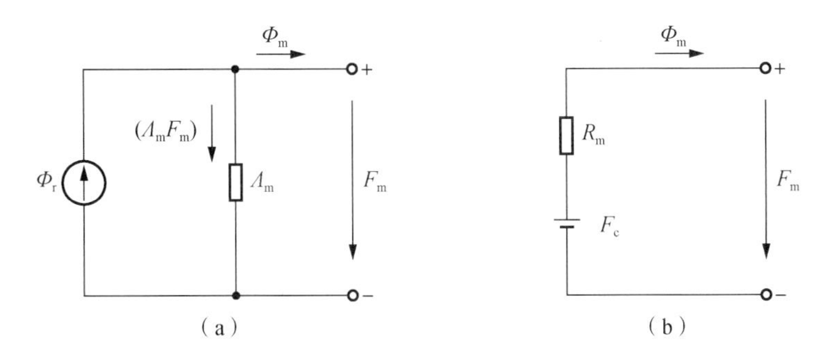

图 2.2.1　永磁体的等效磁路

在磁路计算过程中，要特别注意公式中的物理量应该采用什么单位，以及不同单位之间的换算关系，例如 1Wb=10^{+8} Mx，1T=10^{+4} Gs，1Oe=0.8A/cm 等。

图 2.2.1（a）和（b）描述的两种永磁体的等效磁路是完全等同的，在下面的分析讨论中，我们采用图 2.2.1（b）描述的永磁体的等效磁路。在此情况下，异步启动永磁同步电动机空载时，即可以不计及电枢反应的直轴去磁磁动势时的简化等效磁路，如图 2.2.2 所示。图中，Λ_σ 是永磁体的漏磁导；$R_{\Delta\delta}$ 是对应于永磁体与转子铁心之间的安装气隙的磁阻；R_{rj} 是对应于转子铁心磁轭的磁阻；R_{Z2} 是对应于转子铁心齿部的磁阻；R_δ 是对应于工作气隙的磁阻；R_{Z1} 是对应于定子铁心齿部的磁阻，R_{aj} 是对应于定子铁心磁轭的磁阻。

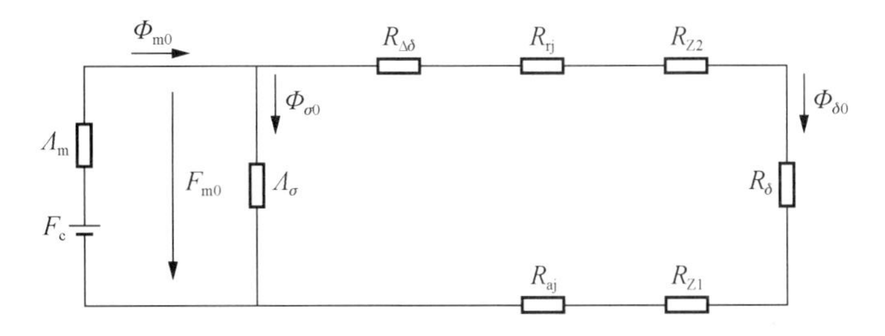

图 2.2.2　空载情况下异步启动永磁同步电动机的简化等效磁路

根据图 2.2.2 所示的简化等效磁路，可以得到如下的关系式：

$$\Phi_{m0} = \Phi_{\sigma 0} + \Phi_{\delta 0} \tag{2-2-6}$$

式中：Φ_{m0} 是电动机空载时通过永磁体的等效中性截面的每极磁通量，Mx；$\Phi_{\delta 0}$ 是电动机空载时通过工作气隙的每极磁通量，Mx；$\Phi_{\sigma 0}$ 是永磁体的每极漏磁通量，Mx。

图 2.2.3 是 Φ-F 坐标平面内的电动机的磁铁工作图。图中，$\Phi_m = f_D(F_m)$ 是永磁体的去磁曲线，对于钕铁硼和铁氧体永磁材料而言，亦即是它们的回复直线，它可以根据所采用

的永磁体材料在 B-H 坐标平面内的去磁曲线 $B(H)$、一个磁极的永磁体的等效中性截面积 S_M 和在一对磁极的磁路上永磁体沿着磁力线方向的等效长度 L_M，通过简单的计算求得。$\Phi_m = f_0(F_m)$ 是电动机的磁路系统中永磁体之外的磁路的磁化特性曲线，当磁路不饱和时，它是一条直线，如实线所示；当磁路饱和时，它是一条曲线，如虚线所示，它可以通过磁路计算求得。永磁体的去磁曲线 $\Phi_m = f_D(F_m)$ 与外磁路的空载磁化特性曲线 $\Phi_m = f_0(F_m)$ 的交点 P_0（Φ_{m0}，F_{m0}）是永磁体在空载状态时的工作点，简称空载工作点。

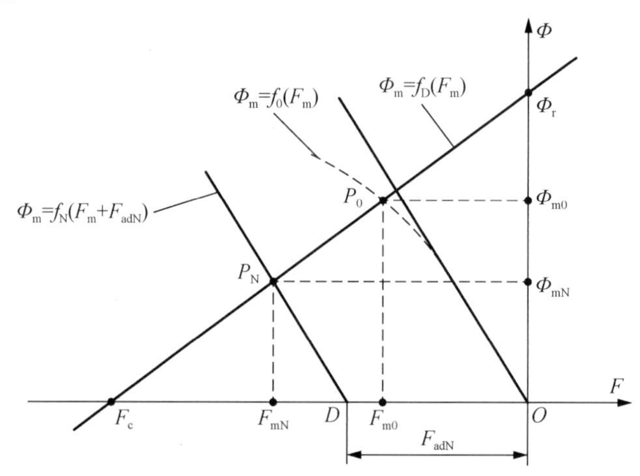

图 2.2.3　Φ-F 坐标平面内的磁铁工作图

根据永磁体的空载工作点 P_0，可以求得空载时通过永磁体的等效中性截面积发出的每极磁通量 Φ_{m0}，进而求得工作气隙内主磁场的每极磁通量 $\Phi_{\delta 0}$ 为

$$\Phi_{\delta 0} = \Phi_{m0} / k_\sigma \tag{2-2-7}$$

式中：k_σ 是永磁体在磁路系统内的漏磁数，根据式（2-2-6）和式（2-2-7），它的物理意义是：电动机空载时，永磁体从中性截面发出的磁通量 Φ_{m0} 与穿过工作气隙进入定子铁心的磁通量 $\Phi_{\delta 0}$ 之比。对于内置式永磁转子而言，漏磁系数比较大，$k_\sigma \approx 1.28 \sim 1.36$。

在已知空载时工作气隙内主磁场的每极磁通量 $\Phi_{\delta 0}$ 的情况下，就可以计算出电动机在同步转速 n_c 时每相电枢绕组内的空载反电动势 E_0 为

$$E_0 = 4.44 f_1 w_\Phi k_{W1} \Phi_{\delta 0} \times 10^{-8} \tag{2-2-8}$$

式中：f_1 是同步频率，$f_1 = pn_c/60$，Hz；w_Φ 是每相电枢绕组的串联匝数；k_{W1} 是定子绕组的基波绕组系数。

电动机负载时，电枢绕组内就有电流通过，于是产生电枢反应磁动势。对永磁体而言，电枢反应的直轴分量有可能起增磁作用，也可能起去磁作用。对于异步启动永磁同步电动机而言，为了获得高的功率因数和效率，电枢反应的直轴分量通常呈现出去磁作用。

图 2.2.4 展示了异步启动永磁同步电动机额定负载时的简化的直轴等效磁路。图 2.2.4 中，F_{adN} 是额定负载时作用在一对磁极的磁路上的电枢反应磁动势的直轴分量，它的数学表达式为

$$F_{adN} = 2.7 \times \frac{w_\Phi k_{W1}}{p} I_{aN} \sin\psi \quad \text{（安匝/一对磁极）} \tag{2-2-9}$$

式中：I_{aN} 是额定的电枢电流，A；ψ 是内功率因数角。

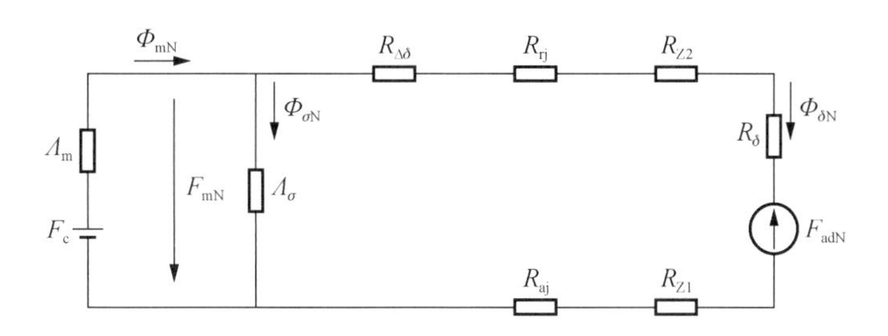

图 2.2.4　额定负载情况下异步启动永磁同步电动机的简化的直轴等效磁路

根据图 2.2.3 所示的磁铁工作图，在已知额定负载时电枢反应磁动势的直轴分量 F_{adN} 的情况下，把空载特性曲线从坐标原点开始沿着横坐标轴线向左移动至 D 点，使横坐标轴上的线段 $OD = F_{adN}$，便得到额定负载时外磁路的磁化特性曲线 $\Phi_m = f_N\left(F_m + F_{adN}\right)$。永磁体的去磁曲线 $\Phi_m = f_D\left(F_m\right)$ 与额定负载时外磁路的磁化曲线 $\Phi_m = f_N\left(F_m + F_{adN}\right)$ 的交点 P_N（Φ_{mN}，F_{mN}）是永磁体在额定负载时的工作点。由此，可以求得电动机额定负载时工作气隙内的磁通量 $\Phi_{\delta N} = \Phi_{mN} / k_\sigma$，从而就可以计算出电动机在同步转速 n_c 时每相电枢绕组内的负载反电动势 $E_{\delta N}$ 为

$$E_{\delta N} = 4.44 f_1 w_\Phi k_{W1} \Phi_{\delta N} \times 10^{-8} \tag{2-2-10}$$

2.3　异步电动机的分析

在我们讨论的异步电动机内，有两套绕组：一套在定子上，被称为定子绕组，它类同于同步电动机的三相电枢绕组；另一套在转子上，被称为转子绕组，它可以是线绕式绕组，也可以是鼠笼式绕组。两套绕组之间只有磁的联系，没有电的联系。当定子三相绕组内通入频率为 f_c 的三相对称正弦电流 $\dot{I}_1$ 后，便产生一个旋转的空间磁动势 $\dot{F}_1$，在工作气隙内产生主磁通，并在定子绕组的导体周围出现漏磁通，进而主磁通在转子绕组内感应出转子电流 $\dot{I}_2$，并形成转子的空间旋转磁动势 $\dot{F}_2$。定子空间磁场 $\dot{F}_1$ 以同步速度 $n_c = 60 f_c / p$ 旋转，转子空间磁场随之以速度 n 旋转，n 总是略低于同步速度 n_c，因此，以这种方式运行的电动机被称为异步电动机。通常，同步速度 n_c 和转子本身的转速 n 二者之间的差值与同步速度 n_c 的比值被称为异步电动机的转差 s 为

$$s = \frac{n_c - n}{n_c} \tag{2-3-1}$$

工作气隙内的主磁通是由定子绕组内通过的磁化电流分量产生，而不是由专门的励磁磁场产生的，同时转子绕组内的电动势、电流和磁动势都是由定子磁场感应产生的，因此异步电动机又被称为感应电动机。

在本节里，我们将着重分析两个问题：第一个问题是如何把转子绕组折算到定子绕组，并在折算的基础上，写出电压平衡方程式，画出向量图和等效电路图；第二个问题是如何考虑鼠笼绕组的磁极对数、相数、每相匝数和绕组系数，以及怎样计算转子回路的电流、电阻和漏电抗，并对电动机的主要性能进行计算。

现在，我们将以转子不转（$n=0$，$s=1$）和转子正常运转（$0<n<n_c$，$0<s<1$）的两种情况来讨论和解决上述两个问题。

2.3.1 三相异步电动机在转子不转（n=0，s=1）时的情况

当定子三相对称绕组接在三相对称的交流电源上，而异步电动机的转子不转时，有两种可能的情况：一种是转子绕组开路；另一种是转子绕组被短路，转子被堵住。下面我们以绕线式转子异步电动机为例，对两种情况分别进行分析。

2.3.1.1 转子绕组开路时的情况

当定子三相对称绕组接在三相对称的交流电源上时，定子绕组里便有三相对称电流 $\dot{I}_0$ 流过，三相对称电流 $\dot{I}_0$ 会在三相对称绕组里产生三相合成的基波旋转磁动势和高次谐波旋转磁动势。基波旋转磁动势用空间向量 $\dot{\boldsymbol{F}}_0$ 表示。$\dot{\boldsymbol{F}}_0$ 的旋转角速度决定于定子电流 $\dot{\boldsymbol{I}}_0$ 的角频率 ω_1；$\dot{\boldsymbol{F}}_0$ 的旋转方向与定子电流 $\dot{\boldsymbol{I}}_0$ 的相序一致。三相合成的基波旋转磁动势的幅值为

$$F_0=\frac{m_1}{2}\frac{4}{\pi}\frac{\sqrt{2}}{2}\frac{w_1k_{\mathrm{W1}}}{p}I_0 \text{（安匝/极）} \tag{2-3-2}$$

式中：m_1 是定子绕组的相数（一般 m_1=3）；w_1 是定子绕组的每相串联匝数；k_{W1} 是定子绕组的基波绕组系数；p 是定子绕组的磁极对数；I_0 是三相对称的定子绕组内流通的每相电流的有效值，A。

在基波旋转磁动势 F_0 的作用之下，工作气隙内产生一个按正弦规律分布的磁通密度波，用向量 $\dot{\boldsymbol{B}}_\delta$ 来表示。在此情况下，每极工作气隙内的磁通量 $\Phi_{\delta0}$ 可以按下式计算：

$$\Phi_{\delta0}=\frac{2}{\pi}\tau l_\delta B_\delta$$

式中：τ 是工作气隙内的磁通密度波的极距；l_δ 是工作气隙的轴向有效长度；B_δ 是按正弦规律分布的磁通密度波的幅值。

1）每相定转子绕组内感生的电动势和电压比 k_{e}

假设转子 A 相绕组的轴线 $+A_2$ 在电枢圆周表面空间领先定子 A 相绕组的轴线 $+A_1$ 一个电角度 α_0，在转子不转（n=0，s=1）的条件下，它们在空间上是静止的。当气隙磁通密度波 $\dot{B}_\delta$ 在工作气隙空间内旋转时，穿过定转子每相绕组的磁通量将随着时间发生变化，每相绕组的磁链也将随着时间按正弦规律变。在此情况下，定子 A 相绕组的磁链 ψ_{A1} 和转子 A 相绕组的磁链 ψ_{A2} 的数学表达式分别为

$$\psi_{\mathrm{A1}}=w_1k_{\mathrm{W1}}\Phi_{\delta0}\sin\omega_1 t$$

$$\psi_{\mathrm{A2}}=w_2k_{\mathrm{W2}}\Phi_{\delta0}\sin\left(\omega_1 t-\alpha_0\right)$$

式中：w_2 是转子绕组的每相串联匝数；k_{W2} 是转子绕组的基波绕组系数。

当转子绕组的轴线相对定转子绕组的轴线变化时，角度 α_0 将随之变化；但是，转子绕组内感生的电动势仅在相位上发生变化，其幅值大小不发生变化。

由定子磁链 ψ_{A1} 和转子磁链 ψ_{A2} 分别在定子 A 相绕组和转子 A 相绕组内感生的电动势的有效值为

$$E_1=4.44f_1w_1k_{\mathrm{W1}}\Phi_{\delta0}\times10^{-8}$$

$$E_2=4.44f_1w_2k_{\mathrm{W2}}\Phi_{\delta0}\times10^{-8}$$

定子绕组内感生的电动势的有效值 E_1 和转子绕组内感生的电动势的有效值 E_2 之比被定义为电压比 k_e，其数学表达式为

$$k_e = \frac{E_1}{E_2} = \frac{w_1 k_{W1}}{w_2 k_{W2}} \tag{2-3-3}$$

由此，可得

$$E_1 = k_e E_2$$

令 $k_e E_2 = E_2'$，于是有

$$E_1 = E_2' \tag{2-3-4}$$

E_2' 的物理意义是：把转子绕组的每相有效匝数，看成和定子每相有效匝数一样时，转子每相绕组内感生的电动势。

根据感应电动势的定义：$e = -\mathrm{d}\psi/\mathrm{d}t$，时间向量 $\dot{\boldsymbol{E}}_1$ 和 $\dot{\boldsymbol{E}}_2$ 分别在时间相位上落后磁链向量 $\dot{\boldsymbol{\psi}}_{A1}$ 和 $\dot{\boldsymbol{\psi}}_{A2}$ 90°电角度。

由于转子绕组开路，转子绕组内只有感应电动势 E_2，而没有转子电流 I_2。

2）定子回路的电压方程式

定子一相回路的电压方程式为

$$\dot{\boldsymbol{U}}_1 = -\dot{\boldsymbol{E}}_1 + \dot{\boldsymbol{I}}_0 r_1 + j\dot{\boldsymbol{I}}_0 x_{1s} = -\dot{\boldsymbol{E}}_1 + \dot{\boldsymbol{I}}_0 Z_{1s} \tag{2-3-5}$$

式中：$\dot{\boldsymbol{E}}_1$ 是定子一相绕组内感生的电动势的有效值，V；r_1 是定子一相绕组的电阻，Ω；$\mathrm{j}\dot{\boldsymbol{I}}_0 x_{1s} = -\dot{\boldsymbol{E}}_{1s}$ 是由定子电流 $\dot{\boldsymbol{I}}_0$ 产生的槽漏磁通，端部漏磁通和高次谐波漏磁通在定子绕组内感生的漏电动势，它可以用定子电流 $\dot{I}_0$ 通过定子漏电抗 x_{1s} 时成形的电压降来表示；x_{1s} 是定子一相绕组的漏电抗，它是定子槽漏抗、端部漏抗和差异漏抗之和，Ω；Z_{1s} 是定子一相绕组的漏阻抗，$Z_{1s} = r_1 + \mathrm{j}x_{1s}$，Ω。

3）时空向量图

图 2.3.1 展示了异步电动机转子绕组开路时的时空向量图。图中，$+A_1$ 和 $+A_2$ 分别是定子 A 相绕组的轴线和转子 A 相绕组的轴线，它们在空间相差 α_0 电角度，我们把它们分别作为定子和转子的空间参考坐标轴线。$+j_1$ 和 $+j_2$ 分别是定转子电磁参量的时间参考坐标轴线，由于定转子电磁参数的参考时间是同一个 $t=0$ 时刻，因此 $+j_1$ 和 $+j_2$ 总是重合的，为分析方便起见，把它们与定子的空间参考坐标轴线 $+A_1$ 重叠在一起。

三相对称的定子电流 i_0 产生三相合成的基波旋转磁动势 $\dot{\boldsymbol{F}}_0$，它们在空间同相位，重合在一起；气隙磁通密度 $\dot{\boldsymbol{B}}_\delta$ 和它产生的定子 A 相绕组的磁链 $\dot{\boldsymbol{\psi}}_1$ 重合在一起；定子磁链 $\dot{\boldsymbol{\psi}}_1$ 在定子 A 相绕组内感生的电动势 $\dot{E}_1$ 落后于 $\dot{B}_\delta$ 90°电角度。转子 A 相绕组的磁链 $\dot{\boldsymbol{\psi}}_2$ 落后于气隙磁通密度 $\dot{\boldsymbol{B}}_\delta$ α_0 电角度，因此，转子磁链 $\dot{\boldsymbol{\psi}}_2$ 在转子 A 绕组内感生的电动势 $\dot{\boldsymbol{E}}_2$ 要落后于气隙磁通密度 $\dot{\boldsymbol{B}}_\delta$（90°+$\alpha_0$）电角度。

由于电动机存在铁心损耗（涡流和磁滞损耗），定子电流向量 $\dot{\boldsymbol{I}}_0$ 与磁链向量 $\dot{\boldsymbol{\psi}}_1$ 不可能是同相位的，$\dot{\boldsymbol{I}}_0$ 要领先 $\dot{\boldsymbol{\psi}}_1$ 一个小小的角度。把 $\dot{\boldsymbol{I}}_0$ 分成两个分量：一个分量是 $\dot{\boldsymbol{I}}_{0r}$，它与定子磁链 $\dot{\boldsymbol{\psi}}_1$ 同相位，是产生 $\dot{\boldsymbol{\psi}}_1$ 的磁化电流，也被称为无功电流；另一个分量是 $\dot{\boldsymbol{I}}_{0a}$，它领先 $\dot{\boldsymbol{I}}_{0r}$ 90°电角度，与 $-\dot{\boldsymbol{E}}_1$ 同相位，它是代表铁心损耗的电流分量，也被称为有功分量。

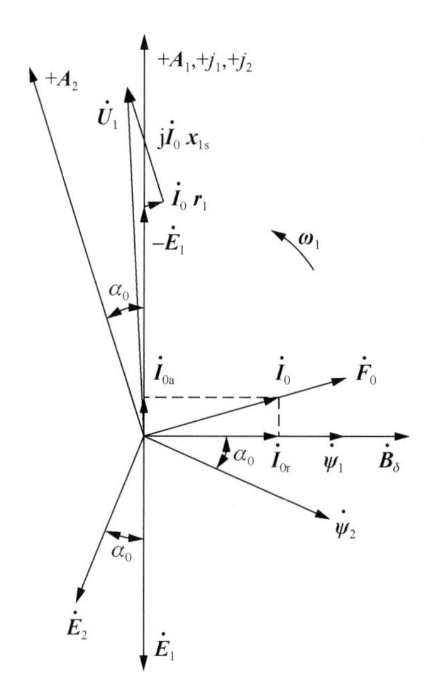

图 2.3.1　转子绕组开路时的时空向量图

4）等效电路

为了得到等效电路，可以把$-\dot{E}_1$看成为电流$\dot{I}_0$通过由电导g_0和电纳b_0构成的一条并联电路所产生的电压降落，其数学表达式为

$$\dot{I}_0=\dot{I}_{0a}+\dot{I}_{0r}=-\dot{E}_1\ (g_0-\mathrm{j}b_0)$$

$$-\dot{E}_1=\frac{\dot{I}_0}{g_0-\mathrm{j}b_0} \tag{2-3-6}$$

与上面的方程式相对应的等效电路如图 2.3.2（a）所示。

我们也可以把$-\dot{E}_1$看成为电流$\dot{I}_0$通过由电阻r_{m}和电抗x_{m}构成的一条串联电路所产生的电压降落，其数学表达式为

$$-\dot{E}_1=\dot{I}_0 r_{\mathrm{m}}+\dot{I}_0 \mathrm{j}x_{\mathrm{m}}=\dot{I}_0\left(r_{\mathrm{m}}+\mathrm{j}x_{\mathrm{m}}\right)=\dot{I}_0 Z_{\mathrm{m}} \tag{2-3-7}$$

式中：$Z_{\mathrm{m}}=\left(r_{\mathrm{m}}+\mathrm{j}x_{\mathrm{m}}\right)$可以称为励磁阻抗。于是，方程式（2-3-5）可以被写成如下的形式：

$$\dot{U}_1=-\dot{E}_1+\dot{I}_0 Z_{1\mathrm{s}}=\dot{I}_0\left(Z_{\mathrm{m}}+Z_1\right) \tag{2-3-8}$$

与上面的方程式相对应的等效电路如图 2.3.2（b）所示。

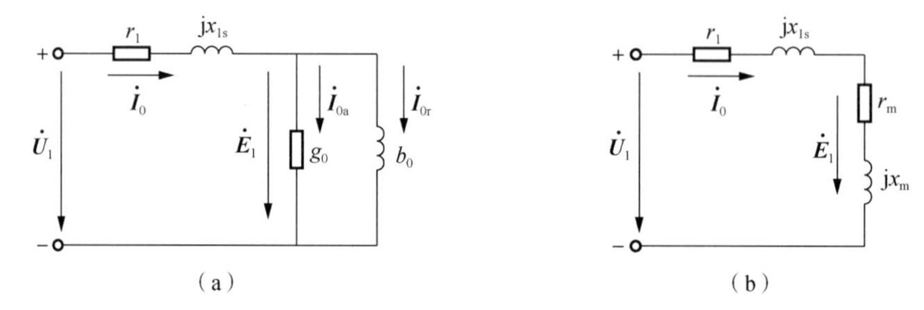

图 2.3.2　转子绕组开路时的等效电路

2.3.1.2　转子绕组短路和转子被堵住不转（n=0，s=1）时的情况

转子绕组短路与转子绕组开路时的情况就不一样了，这时转子绕组的端电压U_2=0，转子绕组里便有对称的三相电流$\dot{I}_2$流过。这个转子电流也必然要产生转子的基波旋转磁动势，用空间向量$\dot{F}_2$来表示，它相对于转子空间坐标轴线$+A_2$的旋转角速度为ω_2。由于转子静止不动，$\omega_2=\omega_1$，它的旋转方向与转子电流$\dot{I}_2$的相序一致，其数值大小按下式计算：

$$\dot{F}_2=\frac{m_2}{2}\frac{4}{\pi}\frac{\sqrt{2}}{2}\frac{w_2k_{W2}}{p}I_2\ \text{（安匝/极）} \tag{2-3-9}$$

式中：m_2是转子绕组的相数；p是转子绕组的磁极对数；I_2是三相对称的转子绕组的每相电流的有效值，A。

转子的基波旋转磁动势$\dot{\boldsymbol{F}}_2$与定子电流产生的基波旋转磁动势$\dot{\boldsymbol{F}}_1$作用在同一条磁路上，它们之间会相互影响，转子绕组对定子绕组的作用仅仅是通过磁动势$\dot{\boldsymbol{F}}_2$的作用反映出来的。在此情况下，定子绕组内的电流不再是$\dot{\boldsymbol{I}}_0$，而用符号$\dot{\boldsymbol{I}}_1$来表示；三相定子绕组产生基波旋转磁动势不再是$\dot{\boldsymbol{F}}_0$，而用符号$\dot{\boldsymbol{F}}_1$来表示。转子磁动势$\dot{\boldsymbol{F}}_2$和定子磁动势$\dot{\boldsymbol{F}}_1$产生合成的磁动势，由于这个合成的磁动势与转子绕组开路时的定子磁动势的性质相同，都是产生气隙磁通密度$\dot{B}_\delta$的，所以通常用同一个符号$\dot{\boldsymbol{F}}_0$来表示这个合成的磁动势；同样，用符号$\dot{\boldsymbol{I}}_0$来表示转子电流$\dot{\boldsymbol{I}}_2$和定子电流$\dot{\boldsymbol{I}}_1$的合成电流。

1）转子回路的电压方程式

当转子绕组里有电流时，也要产生槽漏磁通，端部漏磁通和高次谐波漏磁通，它们都要在转子绕组内感生转子漏电动势，用符号$\dot{\boldsymbol{E}}_{2s}$来表示，并可以写成漏电抗压降的形式为

$$\dot{\boldsymbol{E}}_{2s}=-\mathrm{j}\dot{\boldsymbol{I}}_2x_{2s} \tag{2-3-10}$$

式中：x_{2s}是转子绕组的每相漏电抗，它包括槽漏电抗、端部漏电抗和差异漏电抗。

此外，转子电流在转子绕组的每相电阻r_2上也要产生电压降$\dot{\boldsymbol{I}}_2r_2$。于是，我们便可以写出转子回路的电压方程式为

$$\begin{cases}\dot{\boldsymbol{U}}_2=-\dot{\boldsymbol{E}}_2+\dot{\boldsymbol{I}}_2r_2+\mathrm{j}\dot{\boldsymbol{I}}_2x_{2s}=-\dot{\boldsymbol{E}}_2+\dot{I}_2\left(r_2+\mathrm{j}x_{2s}\right)=-\dot{\boldsymbol{E}}_2+\dot{\boldsymbol{I}}_2Z_{2s}=0\\ \dot{\boldsymbol{E}}_2=\dot{\boldsymbol{I}}_2Z_{2s}\end{cases} \tag{2-3-11}$$

式中：$\dot{\boldsymbol{U}}_2$是转子绕组的端电压，由于处于三相短路状态，$\dot{\boldsymbol{U}}_2$=0，V；$\dot{\boldsymbol{E}}_2$是气隙主磁场在每相转子绕组内感生的电动势，V；Z_{2s}是转子绕组的漏阻抗，$Z_{2s}=r_2+\mathrm{j}x_{2s}$，Ω。

根据方程式（2-3-11），便可以写出转子电流$\dot{I}_2$的表达式为

$$\begin{cases}\dot{\boldsymbol{I}}_2=\dfrac{\dot{E}_2}{Z_{2s}}=\dfrac{\dot{E}_2}{\sqrt{r_2^2+x_{2s}^2}}\mathrm{e}^{-\mathrm{j}\varphi_2}\\ \varphi_2=\arctan\dfrac{x_{2s}}{r_2}\end{cases} \tag{2-3-12}$$

式中：φ_2是转子绕组漏阻抗的阻抗角。

转子电流$\dot{\boldsymbol{I}}_2$的频率与$\dot{\boldsymbol{E}}_2$一样，都是$f_2=f_1$。在时间上，转子电流$\dot{\boldsymbol{I}}_2$落后于$\dot{\boldsymbol{E}}_2$一个φ_2电角度。

2）转子位置角的折合（图 2.3.3）

一般而言，定子绕组的轴线$+A_1$不一定与转子绕组的轴线$+A_2$相重合，如在图 2.3.3（a）

中，转子的空间坐标轴线$+A_2$沿着顺相序的方向领先定子的空间坐标轴线$+A_1$一个电角度$\alpha_0 \neq 0$；在时间上，转子电流$\dot{\boldsymbol{I}}_2$再转过（$180^\circ+\alpha_0+\varphi_2$）电角度，它就将与$+j_2$的时间坐标轴线相重合，即转子电流$\dot{\boldsymbol{I}}_2$的瞬时值将达到正的最大值，在此时刻，转子磁动势$\dot{\boldsymbol{F}}_2$就应该转到$+A_2$的转子空间坐标轴线上。所以，作图的瞬间，转子磁动势$\dot{\boldsymbol{F}}_2$距离转子空间坐标轴线$+A_2$的空间距离也为（$180^\circ+\alpha_0+\varphi_2$）电角度。我们知道，转子磁动势$\dot{\boldsymbol{F}}_2$和气隙磁通密度$\dot{\boldsymbol{B}}_\delta$相对于转子空间坐标轴线$+A_2$的旋转角速度都是$\omega_2=\omega_1$，转子磁动势$\dot{\boldsymbol{F}}_2$和气隙磁通密度$\dot{\boldsymbol{B}}_\delta$两者之间没有相对运动；同时，由图可见，气隙磁通$\dot{\boldsymbol{B}}_\delta$与转子空间坐标轴线$+A_2$之间的空间距离为（$90^\circ+\alpha_0$）电角度，那么，转子磁动势$\dot{\boldsymbol{F}}_2$和气隙磁通密度$\dot{\boldsymbol{B}}_\delta$之间的空间距离必然为一个恒定的（$90^\circ+\varphi_2$）电角度；在转子空间坐标系内，转子磁动势$\dot{\boldsymbol{F}}_2$和气隙磁通密度$\dot{\boldsymbol{B}}_\delta$两者一前一后同步旋转，它们之间的空间距离为（$90^\circ+\varphi_2$）电角度。

当我们从定子边观察时，不管转子绕组轴线$+A_2$是否与定子绕组轴线$+A_1$相重合，转子绕组的磁动势$\dot{\boldsymbol{F}}_2$与气隙磁通密度$\dot{\boldsymbol{B}}_\delta$之间的夹角始终保持一个恒定值（$90^\circ+\varphi_2$）；这个角度的大小与转子空间坐标轴线$+A_2$相对于定子空间坐标轴线$+A_1$的角位置是无关的。换言之，不管转子空间坐标轴线$+A_2$与定子空间坐标轴线$+A_1$之间的空间电角度$\alpha_0$有多大，转子磁动势$\dot{\boldsymbol{F}}_2$与气隙磁通密度$\dot{\boldsymbol{B}}_\delta$之间的空间夹角总是（$90^\circ+\varphi_2$）电角度。因此，我们不必再探讨转子绕组的轴线$+A_2$处在什么位置了。为了简便起见，可以把转子绕组的轴线$+A_2$与定子绕组的轴线$+A_1$重合在一起，两者之间没有空间相位差角，即$\alpha_0=0$，这种处理方法被称为转子位置角的折合。

经过这种转子位置角的折合之后，在绘制异步电动机转子堵转时的时间空间向量图时，为了简便起见，就可以把转子空间坐标轴线$+A_2$与定子空间坐标轴线$+A_1$，以及两个时间坐标轴线$+j_1$和$+j_2$，全部都重合在一起，如图 2.3.3（b）所示。在此情况下，定子电流$\dot{\boldsymbol{I}}_1$和它产生的磁动势$\dot{\boldsymbol{F}}_1$相互重合，转子电流$\dot{\boldsymbol{I}}_2$和它产生的磁动势$\dot{\boldsymbol{F}}_2$相互重合，定子合成电流$\dot{\boldsymbol{I}}_0$和合成磁动势$\dot{\boldsymbol{F}}_0$相互重合；转子绕组内感生的电动势$\dot{\boldsymbol{E}}_2$与定子绕组内感生的电动势$\dot{\boldsymbol{E}}_1$也同相位了。

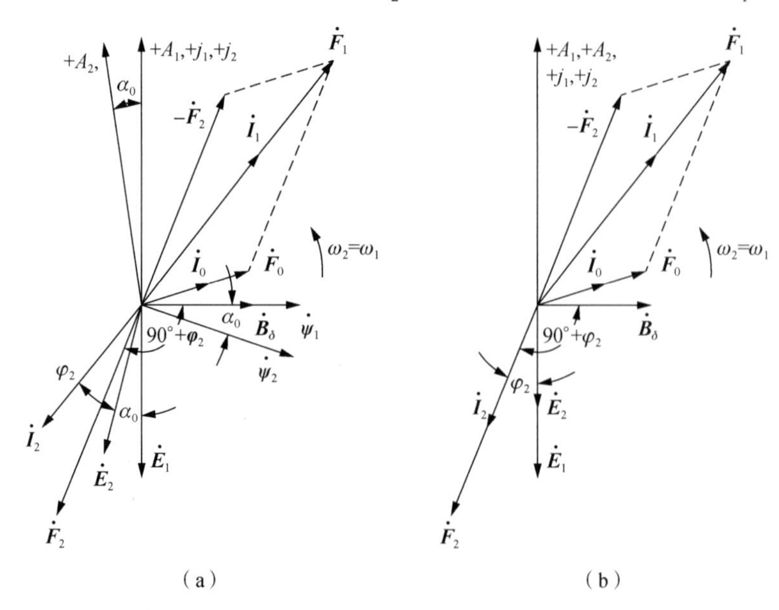

图 2.3.3　转子位置角折合后的转子堵转时的时空向量图

在此情况下，可以得到定子绕组的磁动势 $\dot{\boldsymbol{F}}_1$、转子绕组的磁动势 $\dot{\boldsymbol{F}}_2$ 和它们的合成磁动势 $\dot{\boldsymbol{F}}_0$ 之间的关系表达式为

$$\dot{\boldsymbol{F}}_0=\dot{\boldsymbol{F}}_1+\dot{\boldsymbol{F}}_2 \tag{2-3-13}$$

如果把上式改写式 $\dot{\boldsymbol{F}}_1=(-\dot{\boldsymbol{F}}_2)+\dot{\boldsymbol{F}}_0$，就可以把定子磁动势 $\dot{\boldsymbol{F}}_1$ 看成是由两个分量组成的：一个分量的大小恰好等于 $\boldsymbol{F}_2$，而方向与 $\dot{F}_2$ 相反，用（$-\dot{\boldsymbol{F}}_2$）来表示，它的作用是抵消转子磁动势 $\dot{F}_2$ 对气隙主磁通的影响；另一个分量就是 $\dot{\boldsymbol{F}}_0$，它的作用是产生气隙旋转磁通密度 $\dot{\boldsymbol{B}}_\delta$。

产生合成磁动势 $\dot{\boldsymbol{F}}_0$ 的电流 $\dot{\boldsymbol{I}}_0$ 可以被称为异步电动机的磁化电流，同样，它可以被看成是定子电流 $\dot{\boldsymbol{I}}_1$ 和转子电流 $\dot{\boldsymbol{I}}_2$ 的合成，可以表达为

$$\dot{\boldsymbol{I}}_0=\dot{\boldsymbol{I}}_1+\dot{\boldsymbol{I}}_2 \tag{2-3-14}$$

在我们分析研究定转子磁场之间相互作和相互影响的时候，这种转子位置角的折合是一种非常有用又十分简捷的方法。然而，在研究转子回路的实际电动势和电流的时候，是不能采用这种转子位置角的折合方法的。

3）绕组折算和电流变比 k_i

根据图 2.3.3（b）和方程式（2-3-13），我们可以把定转子磁动势之间的关系式写成

$$\frac{m_1}{2}\frac{4}{\pi}\frac{\sqrt{2}}{2}\frac{w_1k_{\mathrm{W}1}}{p}\dot{\boldsymbol{I}}_0=\frac{m_1}{2}\frac{4}{\pi}\frac{\sqrt{2}}{2}\frac{w_1k_{\mathrm{W}1}}{p}\dot{\boldsymbol{I}}_1+\frac{m_2}{2}\frac{4}{\pi}\frac{\sqrt{2}}{2}\frac{w_2k_{\mathrm{W}2}}{p}\dot{\boldsymbol{I}}_2 \tag{2-3-15}$$

令

$$\frac{m_2}{2}\frac{4}{\pi}\frac{\sqrt{2}}{2}\frac{w_2k_{\mathrm{W}2}}{p}\dot{\boldsymbol{I}}_2=\frac{m_1}{2}\frac{4}{\pi}\frac{\sqrt{2}}{2}\frac{w_1k_{\mathrm{W}1}}{p}\dot{\boldsymbol{I}}_2'$$

由此可得

$$m_2w_2k_{\mathrm{W}2}\dot{\boldsymbol{I}}_2=m_1w_1k_{\mathrm{W}1}\dot{\boldsymbol{I}}_2'$$

$$\dot{\boldsymbol{I}}_2'=\frac{m_2w_2k_{\mathrm{W}2}}{m_1w_1k_{\mathrm{W}1}}\dot{\boldsymbol{I}}_2=\frac{1}{k_\mathrm{i}}\dot{\boldsymbol{I}}_2$$

其中

$$k_\mathrm{i}=\frac{m_1W_1k_{\mathrm{W}1}}{m_2W_2k_{\mathrm{W}2}}=\frac{\dot{\boldsymbol{I}}_2}{\dot{\boldsymbol{I}}_2'} \tag{2-3-16}$$

式中：k_i 被称之为电流变比。

于是，式（2-3-15）可以写成

$$\frac{m_1}{2}\frac{4}{\pi}\frac{\sqrt{2}}{2}\frac{w_1k_{\mathrm{W}1}}{p}\dot{\boldsymbol{I}}_0=\frac{m_1}{2}\frac{4}{\pi}\frac{\sqrt{2}}{2}\frac{w_1k_{\mathrm{W}1}}{p}\dot{\boldsymbol{I}}_1+\frac{m_1}{2}\frac{4}{\pi}\frac{\sqrt{2}}{2}\frac{w_1k_{\mathrm{W}1}}{p}\dot{\boldsymbol{I}}_2'$$

然后，可得

$$\dot{\boldsymbol{I}}_0=\dot{\boldsymbol{I}}_1+\dot{\boldsymbol{I}}_2' \tag{2-3-17}$$

由此可见，原来异步电动机定子和转子之间只有磁的联系，没有电路上的直接联系，经过这种变换后，可以被等效地看成在异步电动机定子和转子之间有了电路上的直接联系。这为我们用等效电路来描述异步电动机创造了条件。

这种把转子绕组实际的相数和有效匝数（m_2、w_2 和 $k_{\mathrm{W}2}$）看成为与定子绕组的相数和有效匝数（m_1、w_1 和 $k_{\mathrm{W}1}$）一样的方法，被称为转子绕组向定子绕组的折合，电流 $\dot{I}_2'$ 被称为转子的折合电流。这里，除了把转子的有效匝数折合成与定子的有效匝数一样之外，还把转子绕组的相数折合成与定子绕组的相数相等。

4）转子绕组漏阻抗的折合

既然转子绕组的匝数和相数被折合到定子绕组，转子绕组的电动势和电流被折合成为 $\dot{\boldsymbol{E}}_2'$ 和 $\dot{\boldsymbol{I}}_2'$ 了，转子绕组的漏阻抗 z_{2s} 也必须进行相应的折合。

设折合后的转子绕组的漏阻抗为 z_{2s}'，则便有

$$z_{2s}' = r_2' + \mathrm{j}x_{2s}' = \frac{\dot{\boldsymbol{E}}_2'}{\dot{\boldsymbol{I}}_2'} = \frac{k_e\dot{\boldsymbol{E}}_2}{\dfrac{\dot{\boldsymbol{I}}_2}{k_i}} = k_e k_t \frac{\dot{\boldsymbol{E}}_2}{\dot{\boldsymbol{I}}_2} = k_e k_t\left(r_2 + \mathrm{j}x_{2s}\right)$$

$$= k_e k_t r_2 + \mathrm{j}k_e k_t x_{2s}$$

于是，可以分别求得折合后的转子绕组的电阻 r_2'、漏电抗 x_{2s}' 和阻抗角 φ_2' 为

$$r_2' = k_e k_i r_2 \tag{2-3-18}$$

$$x_{2s}' = k_e k_i x_{2s} \tag{2-3-19}$$

$$\varphi_2' = \arctan\frac{k_e k_i x_{2s}}{k_e k_i r_2} = \arctan\frac{x_{2s}}{r_2} = \varphi_2 \tag{2-3-20}$$

综上分析，经过折合后的转子绕组，其参数由原来的 m_2、w_2、k_{W2}、r_2、x_{2s} 变成了 m_1、w_1、k_{W1}、r_2'、x_{2s}'；但是，折合前后的阻抗角的大小没有变化，即 $\varphi_2' = \varphi_2$；转子绕组中原来的电动势 $\dot{E}_2$ 和电流 $\dot{\boldsymbol{I}}_2$ 也变成了 $\dot{\boldsymbol{E}}_2'$ 和 $\dot{\boldsymbol{I}}_2'$，但是，它们产生的三相基波旋转磁动势仍然是 $\dot{F}_2$，对定子边的影响完全一样。

这种折合方法也不会改变折合前后的功率关系。例如，在转子绕组里的铜损耗，用折合后的参数表达为

$$m_1 I_2'^2 r_2' = \frac{m_2}{m_2} m_1 \left(\frac{I_2}{k_i}\right)^2 k_e k_i r_2 = m_2 I_2^2 r_2$$

上面的公式表明，折合前后转子电阻里的铜损耗没有发生变化。

5）基本方程式和等效电路

根据前面的分析，在把转子回路的各个物理量进行匝数、相数和转子位置的折合之后，可以写出异步电动机转子不动（$n=0$，$s=1$），并且转子绕组短路时的基本方程式为

$$\dot{\boldsymbol{U}}_1 = -\dot{\boldsymbol{E}}_1 + \dot{\boldsymbol{I}}_1（r_1 + \mathrm{j}x_{1s}） \tag{2-3-21}$$

$$\dot{\boldsymbol{E}}_1 = -\dot{\boldsymbol{I}}_0（r_m + \mathrm{j}x_m） \tag{2-3-22}$$

$$\dot{\boldsymbol{E}}_1 = \dot{\boldsymbol{E}}_2' \tag{2-3-23}$$

$$\dot{\boldsymbol{E}}_2' = \dot{\boldsymbol{I}}_2'（r_2' + \mathrm{j}x_{2s}'） \tag{2-3-24}$$

$$\dot{\boldsymbol{I}}_1 + \dot{\boldsymbol{I}}_2' = \dot{\boldsymbol{I}}_0 \tag{2-3-25}$$

根据这些基本方程式可以画出异步电动机的三相转子绕组被短路，并把转子堵住时的等值电路，如图 2.3.4 所示。

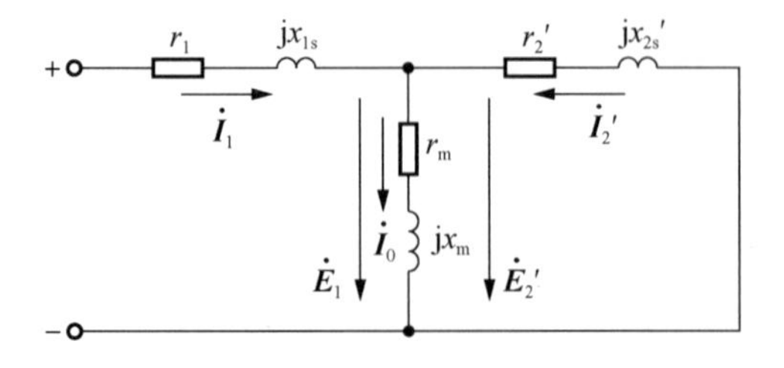

图 2.3.4　转子堵转时的等值电路

6）时空向量图

根据基本方程式可以绘制出异步电动机的三相转子绕组被短路，并把转子堵住（n=0，s=1）时的时空向量图，如图 2.3.5 所示。

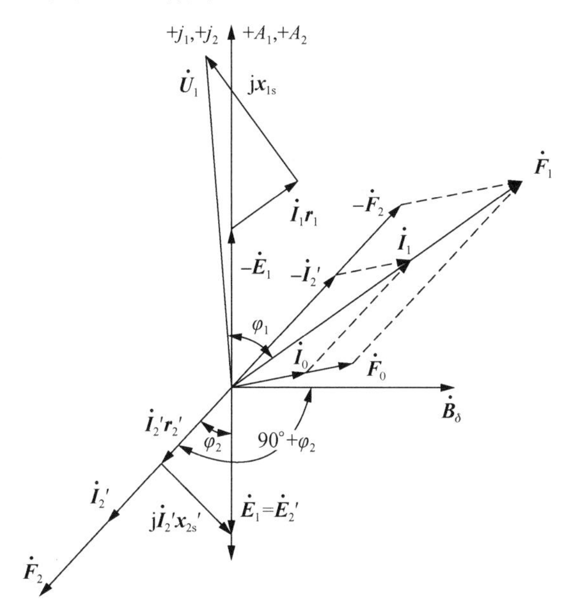

图 2.3.5　转子堵转时的时空向量图

2.3.2　三相异步电动机正常运转时的状况

当转子绕组的磁动势和气隙主磁通相互作用而产生的电磁转矩大于负载转矩和机械静摩擦转矩之和时，异步电动机的转子就会顺着气隙旋转磁通密度 $\dot{\boldsymbol{B}}_\delta$ 的旋转方向旋转，直至被加速到接近同步转速，在一个固定的转速 n 上稳定运行为止。在此情况下，定子回路的电压方程式仍为

$$\dot{U}_1 = -\dot{E}_1 + \dot{I}_1(r_1 + \mathrm{j}x_{1s})$$

转子以转速 n 旋转，转子回路的电压方程式为

$$\dot{E}_2(s) = \dot{I}_2(s)\left[r_2 + \mathrm{j}x_{2s}(s)\right] \tag{2-3-26}$$

式中：转子绕组的电动势、电流和漏电抗分别用 $\dot{E}_2(s)$、$\dot{I}_2(s)$ 和 $x_{2s}(s)$ 来表示，这是为了有别于转子不转时的电动势 $\dot{E}_2$、电流 $\dot{I}_2$ 和漏电抗 x_{2s}。

上式表明，电动机旋转时，转子每相绕组里的感应电动势的有效值 $E_2(s)$ 与转差率 s 成正比。转子漏电抗 $x_{2s}(s)$ 的大小与转子绕组内的电流的频率 f_2 成正比，亦即与转差率 s 成正比。因此，电动机旋转时，$x_{2s}(s) = sx_{2s}$，式中 x_{2s} 是转子静止不动时的转子绕组的漏电抗；转子每相绕组的电阻在不考虑趋肤效应和温度变化的影响时，可以认为与转子的转速无关，仍为 r_2。

当转子以转速 n 旋转之后，转子绕组里的感应电动势、电流和漏电抗的大小以及转子回路的频率就不同于转子静止不转时它们各自的数值。由于转子的旋转方向和气隙磁通密度 $\dot{\boldsymbol{B}}_\delta$ 的旋转方向是一致的，它们之间的相对转速为 $n_2 = n_1 - n$。因此，气隙磁通密度 $\dot{\boldsymbol{B}}_\delta$ 在转子绕组里的感应电动势 $\dot{E}_2(s)$ 和电流 $\dot{I}_2(s)$ 的频率 f_2 为

$$f_2=\frac{pn_2}{60}=\frac{p(n_1-n)}{60}=\frac{pn_1}{60}\frac{(n_1-n)}{n_1}=f_1\ s$$

式中：$s=\dfrac{(n_1-n)}{n_1}$ 是异步电动机的转差率。

由此可见，异步电动机旋转时，转子绕组里流通着频率为 $f_2=f_1\ s$ 的电流 $\dot{\boldsymbol{I}}_2(s)$，对称的转子电流 $\dot{\boldsymbol{I}}_2(s)$ 在转子的三相对称绕组里产生转子旋转磁场，它与定子旋转磁场一起在工作气隙内产生一个合成的旋转磁场。这个合成的旋转磁场相对于定子绕组以同步速度 n_1 旋转；相对于转子绕组以速度 $n_2=n_1\ s$ 旋转。

电动机旋转时，转子每相绕组里的感应电动势的有效值 $E_2(s)$ 为

$$E_2(s)=4.44\ f_2 w_2 k_{W2}\varPhi_\delta\times10^{-8}=4.44\ f_1 s w_2 k_{W2}\varPhi_\delta\times10^{-8}=sE_2$$

式中：E_2 是转子静止不动时每相转子绕组的开路电动势，V。

电动机旋转时，转子回路的电流 $\dot{I}_2(s)$ 落后于 $\dot{E}_2(s)$ 一个阻抗角 φ_2，其大小为

$$\varphi_2=\arctan\frac{x_{2s}(s)}{r_2}$$

电动机旋转时，对称的转子电流 $\dot{\boldsymbol{I}}_2(s)$ 产生旋转的转子磁动势 $\dot{\boldsymbol{F}}_2$，旋转的角速度 ω_2 取决于转子电流 $\dot{\boldsymbol{I}}_2(s)$ 的频率，$\omega_2=s\omega_1$，旋转的方向与电流的相序一致，也是正相序的，它的幅值为

$$F_2=\frac{m_2}{2}\frac{4}{\pi}\frac{\sqrt{2}}{2}\frac{w_2k_{W2}}{p}I_2(s)$$

现在，我们再来分析一下转子旋转时转子电流 $\dot{I}_2(s)$ 产生的转子磁动势 $\dot{\boldsymbol{F}}_2$ 的性质。由于气隙旋转磁通密度 $\dot{\boldsymbol{B}}_\delta$ 相对于转子的转速为（n_c-n），在图 2.3.6（a）所表示的瞬间，$\dot{B}_\delta$ 离开转子的+ A_2 坐标轴线的空间电角度为（$90°+\alpha$），α 角是异步电动机旋转时定子 A 相绕组轴线 A_1 与转子 A 相绕组轴线 A_2 之间的空间电气夹角。所以在图 2.3.6（b）所示的时间向量图中，转子磁链 $\dot{\boldsymbol{\psi}}_2$ 落后于+ j_2 时间坐标轴线（$90°+\alpha$）电角度，转子绕组的电动势 $\dot{\boldsymbol{E}}_2(s)$ 又落后于 $\dot{\boldsymbol{\psi}}_2$ $90°$ 电角度，转子绕组的电流 $\dot{\boldsymbol{I}}_2(s)$ 落后于 $\dot{\boldsymbol{E}}_2(s)$ 一个 φ_2 电角度。不过，由于转子旋转起来之后，转子绕组内感生的电动势 $\dot{\boldsymbol{E}}_2(s)$ 和电流 $\dot{\boldsymbol{I}}_2(s)$ 的频率是 f_2；转子静止不动时，转子绕组内感生的电动势 $\dot{\boldsymbol{E}}_2$ 和电流 $\dot{\boldsymbol{I}}_2$ 的频率是 f_1，因此异步电动机转子旋转时的转子漏电抗 $x_{2s}(s)$ 的数值不同于转子静止不动时的转子漏电抗 x_{2s} 的数值，当然两种情况下的阻抗角 φ_2 也不一样。

从图 2.3.6（b）可见，当时间再过（$180°+\alpha+\varphi_2$）电角度时，电流 $\dot{\boldsymbol{I}}_2(s)$ 就转到+ j_2 时间坐标轴线上，那时 $\dot{\boldsymbol{F}}_2$ 就应该在+ A_2 空间坐标轴线上。绘图的瞬间，$\dot{F}_2$ 落后+ A_2 轴线（$180°+\alpha+\varphi_2$）电角度，如图 2.3.6（a）所示。恰好 $\dot{\boldsymbol{F}}_2$ 与 $\dot{\boldsymbol{B}}_\delta$ 之间的夹角仍然是（$90°+\varphi_2$）空间电角度，而与 α 角的大小无关。这就是说，转子旋转也好，转子不旋转也好，$\dot{\boldsymbol{F}}_2$ 与 $\dot{\boldsymbol{B}}_\delta$ 之间的夹角都是（$90°+\varphi_2$）空间电角度。转子磁动势 $\dot{\boldsymbol{F}}_2$ 以角速度 ω_2 相对于+ A_2 转子空间坐标系的轴线逆时针旋转，并且与气隙旋转磁通密度 $\dot{\boldsymbol{B}}_\delta$ 保持距离为（$90°+\varphi_2$）的空间电角度一起同步旋转。由于+ A_2 空间坐标系轴线是被放置在转子上的，随着转子以角速度 ω 旋转，相对于+ A_1 定子空间坐标系来说，它是以角速度 ω_1 旋转的，因为 $\omega_1=\omega_2+\omega$。实际上可

以这样说，气隙旋转磁通密度 $\dot{\boldsymbol{B}}_\delta$ 在空间领先转子磁动势 $\dot{\boldsymbol{F}}_2$（$90°+\varphi_2$）电角度，两者都以 ω_1 的角速度在$+A_1$定子空间坐标系内逆时针方向旋转。当我们站在定子上看转子磁动势 $\dot{\boldsymbol{F}}_2$ 时，不管转子的旋转速度是多少，它与 $\dot{\boldsymbol{B}}_\delta$ 之间的距离总是（$90°+\varphi_2$）空间电角度。

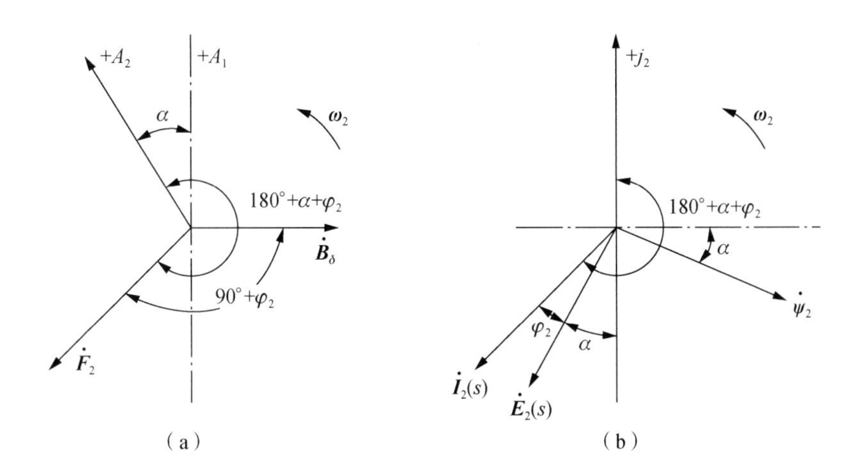

图 2.3.6　异步电动机转子旋转时的关系

1）转子绕组频率的折合

在异步电动机运行时，每相定子绕组内通过的电流为 $\dot{\boldsymbol{I}}_1$，其频率为 f_1，由此定子三相电流产生的空间基波磁场以同步角速度 ω_1 旋转；转子绕组内通过的电流为 $\dot{I}_2(s)$，其频率为 $f_2=sf_1$，由此转子三相电流产生的空间基波磁场相对转子参考坐标系以角速度 ω 旋转，但是，相对于定子参考坐标系而言，仍然以同步角速度 ω_1 旋转。

通过对转子磁动势 $\dot{\boldsymbol{F}}_2$ 的分析，可见转子电流的频率只影响 $\dot{\boldsymbol{F}}_2$ 相对于$+A_2$坐标轴线的旋转速度，而 $\dot{\boldsymbol{F}}_2$ 相对于$+A_1$坐标轴线的旋转速度与 ω_2 无关。前面已经说过，异步电动机定子与转子之间的联系仅有磁的联系，没有电路上的直接联系，转子对定子的作用是通过磁动势来实现的。这就有可能用转子不动时的情况来代替转子转动时的情况，只要让两种情况下的磁动势一样即可。要达到这一点，应使静止的转子里三相电流的大小和转子电路的阻抗角，与转子旋转起来时的电流大小和电路的阻抗角一样。

根据转子回路的电压方程式（2-3-26），可以得到

$$\dot{\boldsymbol{I}}_2(s)=\frac{\dot{\boldsymbol{E}}_2(s)}{r_2+\mathrm{j}x_{2s}(s)}=\frac{s\dot{\boldsymbol{E}}_2}{r_2+\mathrm{j}sx_{2s}}=\frac{\dot{\boldsymbol{E}}_2}{\dfrac{r_2}{s}+\mathrm{j}x_{2s}}=\dot{\boldsymbol{I}}_2 \tag{2-3-27}$$

式中：$\dot{\boldsymbol{E}}_2$ 是转子静止不动时，在转子每相绕组内感生的电动势，V；x_{2s} 是转子静止不动时，转子每相绕组的漏电抗，Ω；$\dot{\boldsymbol{I}}_2$ 是转子静止不动时，转子每相绕组里流过的电流，A。

同时，转子电路的功率因数角 φ_2 也与原来的一样，即

$$\varphi_2=\arctan\frac{x_{2s}(s)}{r_2}=\arctan\frac{sx_{2s}}{r_2}=\arctan\frac{x_{2s}}{\dfrac{r_2}{s}} \tag{2-3-28}$$

上面式（2-3-27）和式（2-3-28）表明：经过这样的变换得到的电流 $\dot{\boldsymbol{I}}_2$ 在大小和相位上与 $\dot{\boldsymbol{I}}_2(s)$ 完全一样，但是物理意义却大不相同了。电流 $\dot{\boldsymbol{I}}_2$ 等于转子静止不动时的转子每相绕

组里的感应电动势 $\dot{\boldsymbol{E}}_2$ 除以转子静止不动时的转子每相绕组漏电抗 x_{2x} 和等效电阻（r_2/s）。这样变换后，即把一个原来旋转的转子绕组变换成一个静止不动的转子绕组之后，在转子每相绕组内流过的电流 $\dot{\boldsymbol{I}}_2$ 的频率已由 f_2 变成了 f_1。由这个电流所产生的基波旋转磁动势的大小，转旋方向、空间相位以及相对于定子的转速等，都和原来转子旋转时的一样，即从定子边来看，是同一个磁动势 $\dot{\boldsymbol{F}}_2$，$\dot{\boldsymbol{F}}_2$ 与 $\dot{\boldsymbol{B}}_\delta$ 之间在空间仍然相差（$90°+\varphi_2$）电角度，对定子边的各个物理量没有产生任何不同的影响。这种把一个实际旋转着的转子看成为一个静止不转的转子，从而使转子电路的频率由 f_2 变为 f_1 的方法，叫作异步电动机的转子绕组频率的折合。

这种转子绕组的频率折合，可以用转子回路变换前后的两种等效电路来描述，如图 2.3.7 所示。

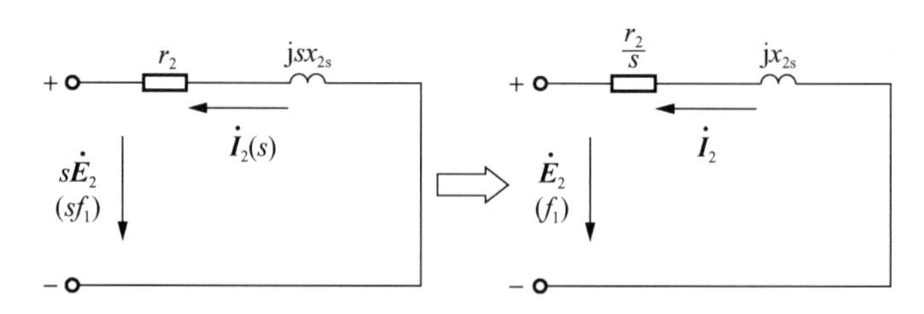

图 2.3.7　转子回路的频率折合

转子绕组频率的折合，只要把转子电路中的电抗 sx_{2s} 改为转子静止不动时的电抗 x_{2s}，把电阻 r_2 改为 r_2/s，即在转子绕组回路中串联了一个电阻，即

$$\left(\frac{r_2}{s}-r_2\right)=\frac{(1-s)}{s}r_2$$

再考虑到把转子绕组的匝数和相数全都折合到定子边，这时转子回路的电压方程式为

$$\dot{\boldsymbol{E}}_2'=\dot{\boldsymbol{I}}_2'\left(\frac{r_2'}{s}+\mathrm{j}x_{2s}'\right) \tag{2-3-29}$$

2）异步电动机的基本方程式、等效电路和时空趋势图

在对转子绕组进行了匝数、相数、频率和转子位置角的折合之后，便可以写出异步电动机正常运转时的基本方程式为

$$\dot{\boldsymbol{U}}_1=-\dot{\boldsymbol{E}}_1+\dot{\boldsymbol{I}}_1（r_1+\mathrm{j}x_{1s}） \tag{2-3-30}$$

$$\dot{\boldsymbol{E}}_1=-\dot{\boldsymbol{I}}_0（r_m+\mathrm{j}x_m） \tag{2-3-31}$$

$$\dot{\boldsymbol{E}}_1=\dot{\boldsymbol{E}}_2' \tag{2-3-32}$$

$$\dot{\boldsymbol{E}}_2'=\dot{\boldsymbol{I}}_2'（r_2'/s+\mathrm{j}x_{2s}'） \tag{2-3-33}$$

$$\dot{\boldsymbol{I}}_1+\dot{\boldsymbol{I}}_2'=\dot{I}_0 \tag{2-3-34}$$

式中：$\dot{\boldsymbol{U}}_1$ 是施加在定子每相绕组端头上的电压，V；r_1 是定子绕组的一相电阻，Ω；x_{1s} 是定子绕组的一相漏电抗，Ω；$z_{1s}=$（$r_1+\mathrm{j}x_{1s}$）是定子绕组的一相漏阻抗，Ω；r_m 是励磁电阻，Ω；x_m 是励磁电抗，Ω；$\dot{\boldsymbol{I}}_2'=\dot{\boldsymbol{I}}_2/k_i$ 是折合后的转子电流，$k_i=\dot{\boldsymbol{I}}_2/\dot{\boldsymbol{I}}_2'$ 是电流变比；r_2' 是折合后的转子绕组的电阻，$r_2'=k_ek_ir_2$；x_{2s}' 是折合后的转子绕组的漏电抗，$x_{2s}'=k_ek_ix_{2s}$；$\dot{E}_1$ 是定子每相绕组内的感应电动势，V；$\dot{\boldsymbol{E}}_2'=\dot{\boldsymbol{E}}_1$ 是折合后的转子每相绕组内的感应电动势，

$\dot{E}_2{}'=k_e\dot{E}_2$，$k_e=\dot{E}_1/\dot{E}_2$ 是电压变比；$\dot{I}_1$ 是定子每相绕组内的电流，A；$\dot{I}_0$ 是励磁电流，A。

根据基本方程式（2-3-30）～（2-3-34），可以画出异步电动机正常运转时的等效电路和时空相量图，它们分别如图 2.3.8 和图 2.3.9 所示。

图 2.3.9 所示的异步电动机正常运转时的时空向量图由三部分组成：第一部分是由电压方程式（2-3-30）描述的定子回路的时间向量图；第二部分是由电压方程式（2-3-33）描述的转子回路的时间向量图；第三部分是由磁动势方程式（2-3-13）描述的定子磁场和转子磁场之间的空间趋势图。图中也清晰地展示了气隙磁通密度 $\dot{B}_\delta$ 和转子绕组的磁动势 $\dot{F}_2$ 之间的空间夹角是（$90^\circ+\varphi_2$）电角度。

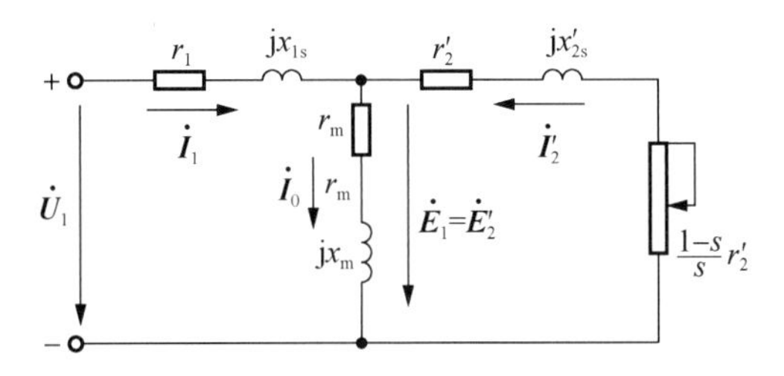

图 2.3.8　异步电动机正常运转时的等效电路

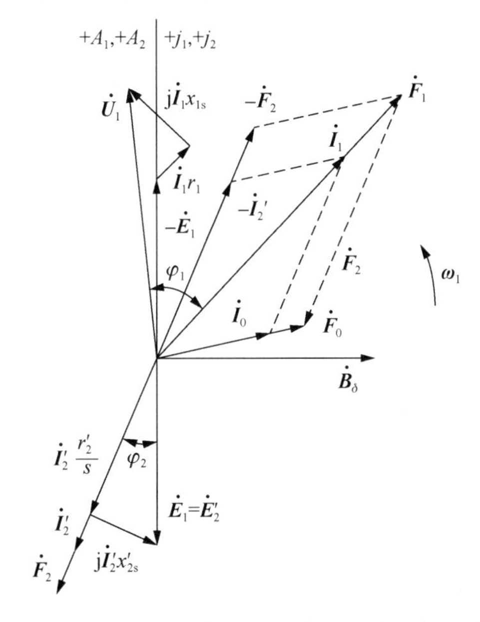

图 2.3.9　异步电动机正常运转时的时空向量图

当异步电动机启动时，$s=1$，$r_2'/s=r_2'$，这种状态相当于转子绕组被短路和转子被堵转的情况，这时转子回路的功率因数比较低，电流很大，定子电流也很大。通常，异步电动机的最初启动电流为额定电流的 4～7 倍。

2.3.3　等效电路的简化

为了用等效电路方便地计算出异步电动机的各个物理量和运行特性，需要对图 2.3.8 所示的等效电路做进一步的简化，把励磁阻抗（$r_m+\mathrm{j}x_m$）移到输入端，这样就可以把整个电路变成单纯的并联支路，从而便于计算应用。

为此，令等效电路图 2.3.8 中的$\left(r_2'+\frac{1-s}{s}r_2'+\mathrm{j}x_{2s}'\right)=Z_{2s}''$，于是可得

$$\dot{I}_2'=\frac{\dot{E}_1}{Z_{2s}''} \tag{2-3-35}$$

$$\dot{I}_0=\frac{(-\dot{E}_1)}{Z_m} \tag{2-3-36}$$

$$\dot{I}_1=\dot{I}_0-\dot{I}_2'=\frac{(-\dot{E}_1)}{Z_m}+\frac{(-\dot{E}_1)}{Z_{2s}''}=\left(-\dot{E}_1\right)\left(\frac{1}{Z_m}+\frac{1}{Z_{2s}''}\right) \tag{2-3-37}$$

又

$$\begin{aligned}(-\dot{E}_1)&=\dot{U}_1-\dot{I}_1Z_{1s}=\dot{U}_1-\left(-\dot{E}_1\right)\left(\frac{1}{Z_m}+\frac{1}{Z_{2s}''}\right)Z_{1s}\\&=\dot{U}_1+\dot{E}_1\left(\frac{Z_{1s}}{Z_m}+\frac{Z_{1s}}{Z_{2s}''}\right)\end{aligned} \tag{2-3-38}$$

于是

$$(-\dot{E}_1)=\frac{\dot{U}_1}{1+\frac{Z_{1s}}{Z_m}+\frac{Z_{1s}}{Z_{2s}''}}=\frac{\dot{U}_1}{\dot{c}_1+\frac{Z_{1s}}{Z_{2s}''}} \tag{2-3-39}$$

其中

$$\dot{c}_1=1+\frac{Z_{1s}}{Z_m}$$

因此，根据式（2-3-35）～式（2-3-39），有

$$(-\dot{I}_2')=\frac{(-\dot{E}_1)}{Z_{2s}''}=\frac{\dot{U}_1}{\dot{c}_1Z_{2s}''+Z_{1s}} \tag{2-3-40}$$

$$\dot{I}_0=\frac{(-\dot{E}_1)}{Z_m}=\frac{\dot{U}_1-\dot{I}_1Z_{1s}}{Z_m} \tag{2-3-41}$$

$$\dot{I}_1=\dot{I}_0-\dot{I}_2'=\frac{\dot{U}_1-\dot{I}_1Z_{1s}}{Z_m}+\frac{\dot{U}_1}{\dot{c}_1Z_{2s}''+Z_{1s}} \tag{2-3-42}$$

根据式（2-3-42），对$\dot{I}_1$求解，可得

$$\begin{cases}\dot{I}_1=\frac{\dot{U}_1}{Z_m}-\frac{\dot{I}_1Z_{1s}}{Z_m}+\frac{\dot{U}_1}{\dot{c}_1Z_{2s}''+Z_{1s}}\\ \dot{I}_1+\frac{\dot{I}_1Z_{1s}}{Z_m}=\frac{\dot{U}_1}{Z_m}+\frac{\dot{U}_1}{\dot{c}_1Z_{2s}''+Z_{1s}}\\ \dot{I}_1\left(1+\frac{Z_{1s}}{Z_m}\right)=\dot{c}_1\dot{I}_1=\frac{\dot{U}_1}{Z_m}+\frac{\dot{U}_1}{\dot{c}_1Z_{2s}''+Z_{1s}}\\ \dot{I}_1=\frac{\dot{U}_1}{\dot{c}_1Z_m}+\frac{\dot{U}_1}{\dot{c}_1^2Z_{2s}''+\dot{c}_1Z_{1s}}=\dot{I}_0'-\dot{I}_2''\end{cases} \tag{2-3-43}$$

根据式（2-3-42）和式（2-3-43），可得

$$\begin{cases} \dot{\boldsymbol{I}}_0' = \dfrac{\dot{\boldsymbol{U}}_1}{\dot{c}_1 Z_{\mathrm{m}}} = \dfrac{\dot{\boldsymbol{U}}_1}{\left(1+\dfrac{Z_{1\mathrm{s}}}{Z_{\mathrm{m}}}\right) Z_{\mathrm{m}}} = \dfrac{\dot{\boldsymbol{U}}_1}{\left(Z_{1\mathrm{s}}+Z_{\mathrm{m}}\right)} \\ -\dot{\boldsymbol{I}}_2'' = \dfrac{\dot{\boldsymbol{U}}_1}{\dot{c}_1^{\,2} Z_{2\mathrm{s}}'' + \dot{c}_1 Z_{1\mathrm{s}}} = -\dfrac{\dot{\boldsymbol{I}}_2'}{\dot{c}_1} \end{cases} \tag{2-3-44}$$

根据式（2-3-43）和式（2-3-44），就可以画出图 2.3.10 所示的经过改造后的等效电路。这样，就把图 2.3.8 所示的异步电动机正常运转时的等效电路改造成了单纯的两条并联支路。在以上的改造运算过程中，没有忽略任何一项。

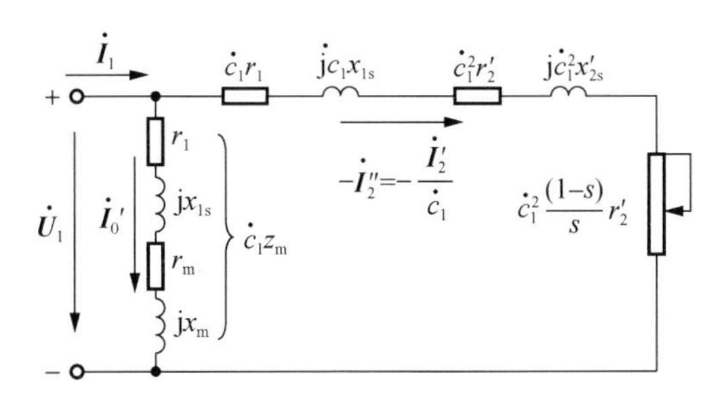

图 2.3.10 经过改造后的等效电路

注意到 $\dot{c}_1$ 的数值稍大于 1，它的复数角很小，我们就可以近似地认为 $\dot{c}_1 \approx c_1 = 1 + x_{1\mathrm{s}} / x_{\mathrm{m}}$；进而让 $\dot{\boldsymbol{I}}_2''$ 支路中的 $\dot{c}_1 \approx 1$，就可以得出图 2.3.11 所示的简化等效电路，它将使计算工作更加简单。当然，利用这种简化等效电路计算得到的定子电流和转子电流的数值会稍稍偏大一些。电动机的容量越大，这种计算结果的偏差就越小。

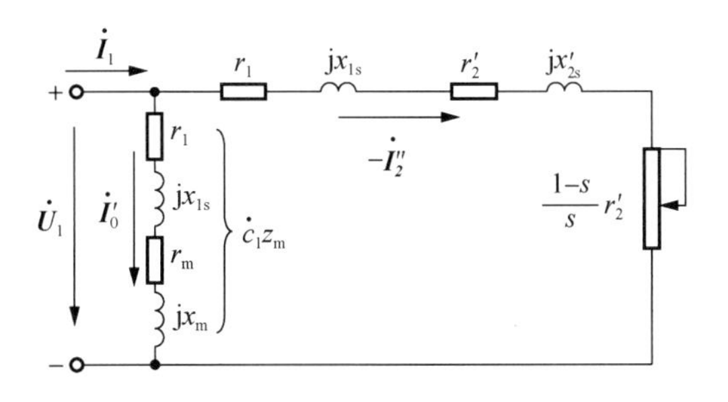

图 2.3.11 简化等效电路

2.3.4 鼠笼转子的磁极对数、相数和参数的折算

本节将简单地介绍鼠笼转子的参数和它们的折算问题，也就是如何考虑和如何折算鼠笼式绕组的磁极对数 p、相数 m_2、每相匝数 w_2 和绕组系数 k_{W2}，以及怎样计算转子电流 I_2'、电阻 r_2' 和漏电抗 $x_{2\mathrm{s}}'$。

2.3.4.1 鼠笼绕组的磁极对数 p、相数 m_2、每相匝数 w_2 和绕组系数 k_{W2}

1）磁极对数 p

鼠笼式转子绕组本身并没有固定的磁极对数，它的磁极对数取决于气隙磁通密度的磁

极对数，而气隙磁通密度的磁极对数是由定子绕组的结构决定的。换言之，对于鼠笼式转子绕组而言，它的磁极对数不决定于鼠笼绕组本身，而是取决于定子绕组的磁极对数。因此，鼠笼式转子绕组的磁极对数始终等于定子绕组的磁极对数，从而确保电动机能够产生电磁转矩。如果不考虑定转子槽数之间的配合问题，具有足够多导条数的鼠笼转子能够适应于任何磁极对数的电动机，这是鼠笼式绕组的一个很大的特点。

当然，异步启动的永磁同步电动机而言，在设计定子电枢绕组的结构时，必须确保它的磁极对数等于永磁转子的磁极对数。因此，鼠笼式转子绕组的磁极对数最终取决于永磁转子的磁极对数。

2）相数 m_2

众所周知，交流电动机绕组的相数是按照绕组内通过的电流的相位来区分的，即属于同一相的绕组内通过的电流是同相位的。由此，可以导出鼠笼绕组的相数 m_2 为

$$m_2 = \frac{Z_2}{p} \tag{2-3-45}$$

式中：Z_2 是转子槽数，即鼠笼绕组的导条数；p 是磁极对数。

相与相之间的空间相位差，即相邻两导条之间的空间相位差 α_2，其数学表达式为

$$\alpha_2 = \frac{2\pi p}{Z_2}\ （空间电角度） \tag{2-3-46}$$

3）每相匝数 w_2

鼠笼式绕组的相数 $m_2 = Z_2 / p$，这意味着在每对磁极下有几根导条鼠笼绕组就有几相。由此可见，每相绕组在每对磁极下面只有一根导条，它相当于一匝的一条边，应以半匝计算，即

$$w_2 = \frac{1}{2} \tag{2-3-47}$$

4）绕组系数 k_{W2}

对于一根导条而言，根本就不存在短距和分布问题，所以鼠笼绕组的绕组系数 $k_{W2}=1$。但是，如果鼠笼转子采用斜槽时，就应该考虑转子的斜槽系数 k_{ck2}，即 $k_{W2}=k_{ck2}$。

2.3.4.2　鼠笼绕组的参数计算和折算

这里，我们将以图 2.3.12 所示的铸铝鼠笼导条的截面图形和图 2.3.13 所示的端环尺寸示意图为例，来介绍鼠笼绕组的参数计算和折算。

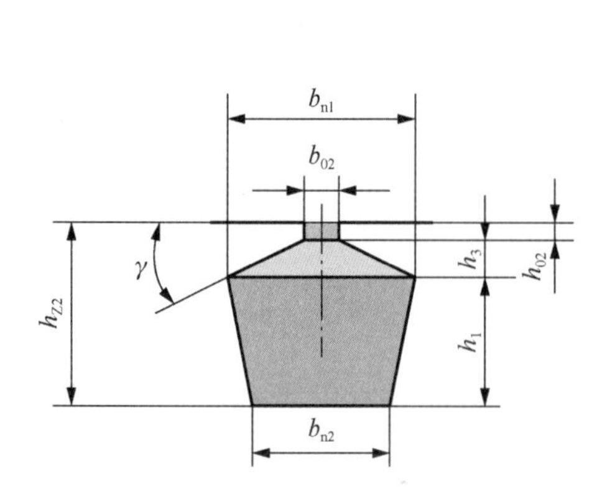

图 2.3.12　铸铝鼠笼导条的截面图形

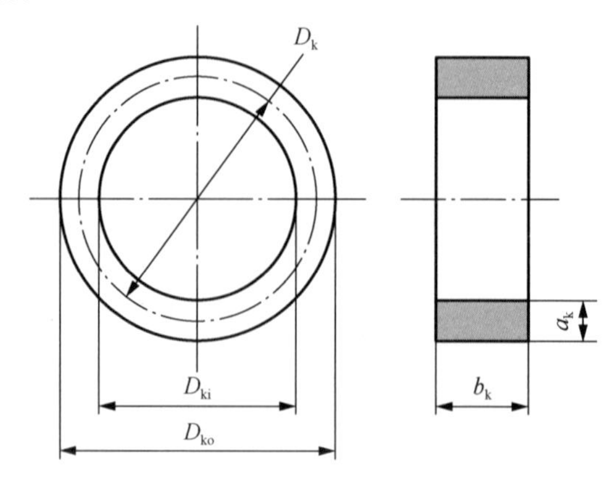

图 2.3.13　鼠笼绕组的端环尺寸示意图

1）每根导条的电阻 r_{C}

$$r_{\mathrm{C}}=\rho\frac{l_2}{s_{\mathrm{c}}} \tag{2-3-48}$$

式中：s_{c} 根据图 2.3.12，可以按下式估算：

$$s_{\mathrm{c}}=b_{02}h_{02}+\frac{b_{02}+b_{n1}}{2}\times h_3+\frac{b_{n1}+b_{n2}}{2}\times h_1\ \ (\mathrm{mm}^2)$$

$$h_3=\frac{b_{n1}-b_{02}}{2}\times\tan\gamma\ \ (\mathrm{mm})$$

$$h_1=h_{Z2}-(h_{02}+h_3)\ (\mathrm{mm})$$

ρ 是导条的电阻率，15℃时铸铝导条的电阻率 ρ=0.029Ω·mm²/m（当采用硬紫铜导条时，15℃时的电阻率 ρ=0.0175Ω·mm²/m）；l_2 是每根导条的长度，m；s_{c} 是每根铸铝导条的截面积。

每根导条 75℃时的电阻 $r_{\mathrm{C}(75℃)}$ 为

$$r_{\mathrm{C}(75℃)}=1.24\,r_{\mathrm{C}}\ \ (\Omega)$$

2）每段端环的电阻 r_{k}

$$r_{\mathrm{k}}=\rho\frac{l_{\mathrm{k}}}{S_{\mathrm{k}}} \tag{2-3-49}$$

式中：l_{k} 是每段端环的长度，$l_{\mathrm{k}}=\pi D_{\mathrm{k}}/Z_2$，m；$S_{\mathrm{k}}$ 是端环截面积，根据图 2.3.13，端环截面积 $S_{\mathrm{k}}=a_{\mathrm{k}}b_{\mathrm{k}}$，mm²。

每段端环 75℃时的电阻 $r_{\mathrm{k}(75℃)}$ 为

$$r_{\mathrm{k}(75℃)}=1.24\,r_{\mathrm{k}}$$

3）鼠笼转子每条支路的总电阻 r

每支路的总电阻 r，即一根导条和两侧两段端环的电阻之和为

$$r=r_{\mathrm{C}}+2\,r_{\mathrm{k}}' \tag{2-3-50}$$

式中：r_{C} 是每根导条的电阻，Ω；r_{k}' 是折算到转子每条支路后的每段端环的电阻，Ω。

根据折算前后端环里的铜损耗不变的原则，可以导出折算后每段端环电阻 r_{k}' 的计算公式为

$$r_{\mathrm{k}}'=\frac{r_{\mathrm{k}}}{4\sin^2\left(\dfrac{\alpha}{2}\right)} \tag{2-3-51}$$

其中

$$\alpha=\frac{2\pi p}{Z_2}$$

式中：r_{k} 是折算前的每段端环的电阻，Ω；α 是相邻两根导条内的电动势和电流，或者相邻两段端环内的电动势和电流，在时间上的相位差电角度。于是，每条支路的总电阻 r 为

$$r=r_{\mathrm{C}}+2\,r_{\mathrm{k}}'=r_{\mathrm{C}}+\frac{r_{\mathrm{k}}}{2\sin^2\left(\dfrac{\alpha}{2}\right)} \tag{2-3-52}$$

75℃时的每条支路的总电阻 $r_{75℃}$ 为

$$r_{75℃}=1.24r$$

4）转子每相的电阻 r_2

考虑到 p 对磁极下属于同一相的转子导条是并联的，所以转子每相电阻 r_2 为

$$r_2=\frac{r}{p}=\frac{1}{p}\left[r_C+\frac{r_k}{2\sin\left(\frac{\alpha}{2}\right)}\right] \tag{2-3-53}$$

75℃时的每相的电阻 $r_{2(75℃)}$ 为

$$r_{2(75℃)}=1.24\,r_2$$

5）转子鼠笼绕组每条支路的漏电抗 x

当转子鼠笼绕组里有电流时，便产生槽漏磁通、端部漏磁通和差异漏磁通，它们都要在鼠笼绕组内感生电动势，这个电动势被称为转子漏电动势，用符号 $\dot{\boldsymbol{E}}_{s2}$ 来表示，并可以用漏电抗压降的形式来描述：

$$\dot{\boldsymbol{E}}_{s2}=-\mathrm{j}\dot{\boldsymbol{I}}_2 x$$

式中：$\dot{\boldsymbol{I}}_2$ 是鼠笼绕组每条支路电流的有效值，A；x 是鼠笼绕组每条支路的漏电抗，Ω。

鼠笼绕组每条支路的漏电抗 x，它包括槽漏电抗、端部漏电抗和差异漏电抗，可以按下式估算：

$$x=7.9\,f_1 l_2\times(\lambda_{s2}+\lambda_{end2}+\lambda_{d2})\times10^{-8}\ \Omega \tag{2-3-54}$$

式中：f_1 是定子电压和电流的频率，Hz；l_2 是转子铁心的轴向长度，cm；λ_{s2} 是鼠笼绕组的比槽漏磁导；λ_{end2} 是鼠笼绕组的比端部漏磁导；λ_{d2} 是鼠笼绕组的比差异漏磁导。

对于图 2.3.12 所示的转子冲片的鼠笼导条的槽形和图 2.3.13 所示的鼠笼绕组的端环尺寸而言，鼠笼绕组的槽漏磁导 λ_{s2} 可以按下式估算：

$$\lambda_{s2}=\frac{2h_1}{3(b_{n1}+b_{n2})}+\frac{2h_3}{b_{02}+b_{n1}}+\frac{h_{02}}{b_{02}}$$

鼠笼绕组的差异漏磁导 λ_{d2}，可以按下式估算：

$$\lambda_{d2}=\frac{t_{Z1}-a_c-a_p}{16\delta}(0.4\beta_2+0.6)$$

式中：t_{Z1} 是定子是齿距，mm；a_c 是定子槽开口宽度，mm；a_p 是转子槽开口宽度，mm；δ 是定子铁心与转子铁心之间的气隙，mm；β_2 是转子绕组的节距与极距之比，对于鼠笼绕组而言，$\beta_2=1$。

鼠笼绕组的比端部漏磁导 λ_{end2}，可以按下式估算：

$$\lambda_{end2}=\frac{2.3D_k}{Z_2 l_2\left(4\sin^2\frac{\pi p}{Z_2}\right)}\lg\frac{4.7D_k}{a_k+2b_k}$$

式中：D_k 是鼠笼绕组的端环的平均直径，cm；Z_2 是鼠笼转子的槽数；l_2 是转子铁心的轴向长度，cm；a_k 是鼠笼绕组的端环的径向高度，cm；b_k 是鼠笼绕组的端环的轴向宽度，cm。

6）转子每相漏电抗 x_{2s}

考虑到 p 对磁极下属于同一相的转子导条是并联的，所以转子每相漏电抗 x_{2s} 为

$$x_{2s}=\frac{x}{p} \tag{2-3-55}$$

7）转子鼠笼绕组的折合

（1）电动势的折合 k_e 为

$$k_e=\frac{E_1}{E_2}=\frac{w_1k_{W1}}{w_2k_{W2}}=\frac{w_1k_{W1}}{\frac{1}{2}}=2\,w_1k_{W1} \tag{2-3-56}$$

（2）电流的折合 k_i。

仍然根据折合前后转子鼠笼绕组电流所产生的磁动势保持不变的原则，即

$$\frac{m_1}{2}\frac{4}{\pi}\frac{\sqrt{2}}{2}\frac{w_1k_{W1}}{p}I_2'=\frac{m_2}{2}\frac{4}{\pi}\frac{\sqrt{2}}{2}\frac{w_2k_{W2}}{p}I_2$$

把 $m_2=\frac{Z_2}{p}$，$w_2=\frac{1}{2}$，$k_{W2}=1$ 代入上式，得

$$\frac{m_1}{2}\frac{4}{\pi}\frac{\sqrt{2}}{2}\frac{w_1k_{W1}}{p}I_2'=\frac{1}{2}\frac{Z_2}{p}\frac{4}{\pi}\frac{\sqrt{2}}{2}\frac{1}{2p}I_2$$

由此，求得电流变比 k_i 为

$$k_i=\frac{I_2}{I_2'}=\frac{m_1w_1k_{W1}}{\frac{Z_2}{p}\times\frac{1}{2}}=\frac{2pm_1w_1k_{W1}}{Z_2} \tag{2-3-57}$$

（3）阻抗的折合。

阻抗的变比 k_ek_i 为

$$k_ek_i=2w_1k_{W1}\times\frac{2pm_1w_1k_{W1}}{Z_2}=\frac{4pm_1(w_1k_{W1})^2}{Z_2} \tag{2-3-58}$$

式中：m_1 是定子绕组的相数；p 是三相定子绕组形成的磁极对数，亦即是永磁转子的磁极对数；w_1 是定子绕组的每相串联匝数，$w_1=w_\Phi$；k_{W1} 是定子绕组的绕组系数；Z_2 是鼠笼转子的槽数。

8）转子每相电阻的折合值 r_2'

根据上面的阻抗折合 k_ek_i，转子每相电阻的折合值 r_2' 按下式计算：

$$r_2'=\frac{4pm_1\left(w_1k_{W1}\right)^2}{Z_2}\cdot r_2 \tag{2-3-59}$$

75℃时的转子每相电阻的折合值 $r'_{2(75℃)}$ 为

$$r'_{2(75℃)}=1.24\,r_2'\ (\Omega)$$

9）转子每相漏电抗的折合值 x_{2s}'

同样，转子每相漏电抗的折合值 x_{2s}' 按下式计算：

$$x_{2s}'=\frac{4pm_1\left(w_1k_{W1}\right)^2}{Z_2}\cdot x_{2s} \tag{2-3-60}$$

最后，还需要说明一个问题。在上面的分析中，认为鼠笼绕组的相数 $m_2=Z_2/p$=整数。当 $m_2=Z_2/p\neq$整数时，所有导条里的电流都不会同相，这种情况相当于分数槽鼠笼绕组，我们可以把具有磁极对数 p 的电动机看成一个虚拟的两极（$p=1$）单元电动机，把转子的总导条数 Z_2 看成鼠笼绕组的相数 m_2，即 $m_2=Z_2$。经分析证明：虽然两种分析处理的方法不同，但是每相电阻和每相漏电抗的折算值是一样的。

2.4 启动过程中的转矩

我们讨论的异步启动永磁同步电动机在启动过程中，同时呈现出两台异步电动机和一台永磁同步发电机的物理功能。首先，以定子三相绕组为原边与转子鼠笼绕组为副边形成第一台三相异步电动机；然后，以转子鼠笼绕组为原边与定子三相绕组为副边形成第二台三相异步电动机；当电动机的转速 n 大于零而小于同步转速 n_1 时，永磁转子与定子三相绕构成一台永磁发电机。整个启动过程是三相永磁同步电动机从产生制动转矩的发电机运行状态向提供正常驱动转矩的电动机运行状态转变的过程；同时，启动过程也是第一台三相异步电动机从提供启动转矩的电动机运行状态向仅产生阻尼转矩的阻尼器运行状态转变的过程，也是第二台三相异步电动机的功能消失的过程。

2.4.1 启动过程中出现在工作气隙内的旋转磁场和作用在转子上的电磁转矩

图 2.4.1 展示了异步启动永磁同步电动机启动过程中在工作气隙内出现的三组不同的旋转磁场和相应的电磁转矩。下面让我们对启动过程中的三种不同性质的电磁转矩做一个简单分析。

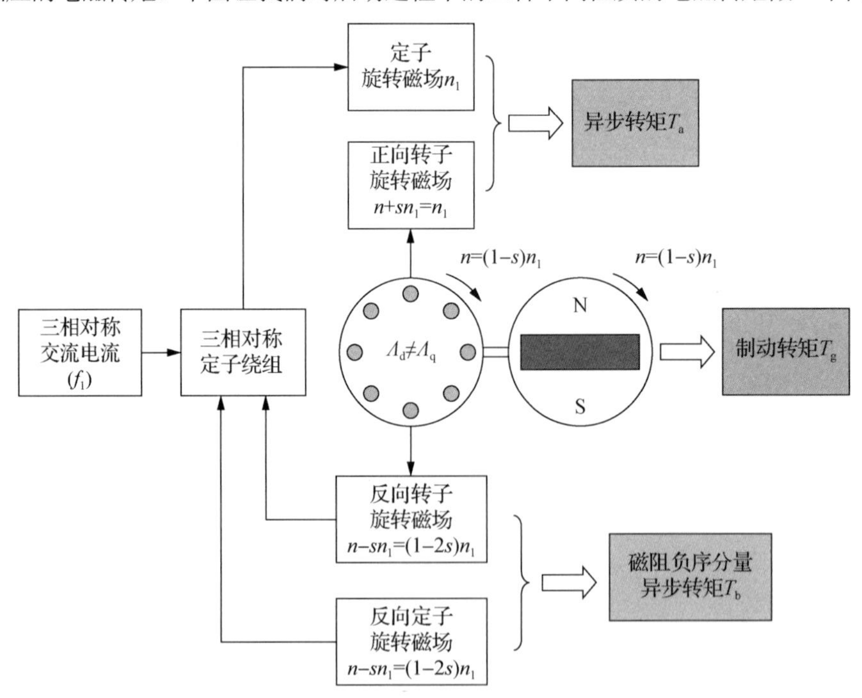

图 2.4.1 启动过程中在工作气隙内出现的三组不同的旋转磁场和相应的电磁转矩

首先，在不考虑永磁体作用的情况下，可以把三相异步启动永磁同步电动机看成一台鼠笼式三相异步电动机。在启动过程中，当频率为 f_1 的三相对称的交流电流 I_a 通入三相对称的定子绕组时，将在气隙中产生以同步转速 n_1 旋转的磁场。在启动过程中的某一时刻，假设电动机的转差率为 s，电动机的转子以 $n=(1-s)n_1$ 的转速旋转，则以同步转速 n_1 旋转的定子磁场将在转子鼠笼启动绕组中感生出频率为 sf_1 的交流电流。由于转子磁路结构的不对称，直轴磁导不等于交轴磁导，即 $\Lambda_d \neq \Lambda_q$，转子电流产生的磁场可以分解成正向和反向两个旋转磁场，它们相对于转子的转速分别为 sn_1 和 $-sn_1$，相对于定子的转速分别为 $n+sn_1=n_1$ 和 $n-sn_1=(1-2s)n_1$。

转子正向旋转磁场的转速与定子旋转磁场的转速，相对于定子而言都是 n_1，因此，它们之间是相对静止的，这两个定转子磁场相互作用便产生异步电动机那样的异步转矩 T_a，异步转矩 T_a 随着转差率 s 变化的关系曲线 $T_a(s)$ 如图 2.4.2 中的曲线 1 所示。

转子鼠笼绕组产生的反向旋转磁场将在定子绕组中感生出频率为 $(1-2s)f_1$ 的电流 I_b。定子绕组内的电流 I_b 将产生一个以 $(1-2s)n_1$ 转速朝反向旋转的定子磁场，它与转子反向旋转磁场也是彼此相对静止，它们相互作用将产生另一个异步转矩 T_b，T_b 通常又被称为磁阻负序分量转矩，异步转矩 T_b 随着转差率 s 变化的关系曲线 $T_b(s)$ 如图 2.4.2 中的曲线 2 所示。这两个彼此相对静止的定转子反向旋转磁场相当于又一台异步电动机。对于这台异步电动机而言，转子鼠笼绕组是初级绕组，定子三相绕组是次级绕组。当 $n=n_1/2$，即 $s=0.5$ 时，$(1-2s)f_1=0$，相当于这台异步电动机在同步转速上运行，定子次级绕组中没有感应电流，异步转矩 $T_b=0$。当 $n>n_1/2$，即 $s<0.5$ 时，$(1-2s)n_1$ 为正值，这意味着这一对旋转磁场的转向与 n_1 的转向相同，定子次级绕组受到沿着 n_1 方向的一个异步转矩的作用，但是，由于定子静止不动，从而转子受到一个与 n_1 方向相反的转矩，即一个制动转矩，$T_b<0$；反之，当 $n<n_1/2$，即 $s>0.5$ 时，转子将受到一个与 n_1 方向相同的驱动转矩，$T_b>0$。

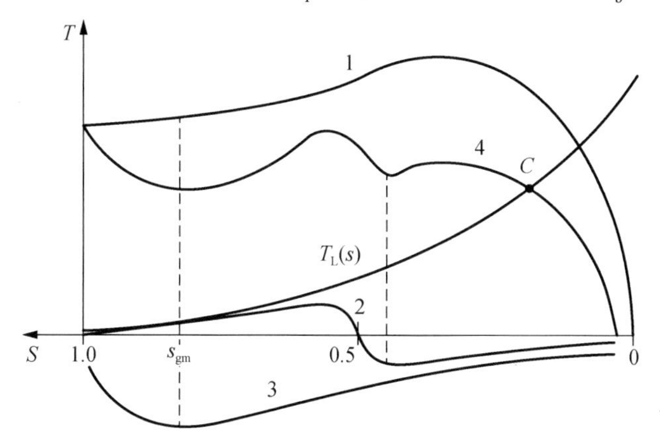

图 2.4.2　异步启动永磁同步电动机的平均转矩-转差率曲线

然后，再分析转子铁心内的永磁体的作用。转子永磁体产生的磁场以 $n=(1-s)n_1$ 的转速旋转，在定子绕组内感生出频率为 $(1-s)f_1$ 的电流 I_g，这相当于一台转速为 n，三相定子绕组通过电网短路的同步发电机，这时作用在转子上的转矩是一个发电制动转矩 T_g，它随着转差率 s 变化的关系曲线 $T_g(s)$ 如图 2.4.2 中的曲线 3 所示。

由此可见，异步启动永磁同步电动机启动过程中的总平均电磁转矩 T_{emcp} 是由上述 T_a、T_b 和 T_g 三个平均转矩分量合成的，它随着转差率 s 变化的关系曲线 $T_{emcp}(s)$ 如图 2.4.2 中的曲线 4 所示，也就是说，图中的曲线 4 是由曲线 1、2 和 3 三条曲线合成的，其表达式为

$$T_{emcp}=T_a+T_b+T_g \tag{2-4-1}$$

分析图 2.4.2 中的曲线 4，可知异步启动永磁同步电动机在异步启动过程中将会出现两个最小转矩，一个出现在低速处，另一个出现在稍高于半同步转速处。

相应地，在异步启动永磁同步电动机的启动过程中，定子绕组中流过的启动电流有效值 I_{st} 也由三个电流分量组成，即

$$I_{st}=\sqrt{I_a^2+I_b^2+I_g^2} \tag{2-4-2}$$

式中：I_a 是对应于异步转矩频率为 f_1 的电流；I_b 是对应于磁阻负序分量异步转矩频率为 $(1-2s)f_1$ 的电流；I_g 是对应于发电制动电磁转矩频率为 $(1-s)f_1$ 的电流。

由此可知，异步启动永磁同步电动机的启动电流要比同容量的一般异步感应电动机的启动电流大。

2.4.2　平均电磁转矩的估算

对于内置式转子结构而言，由于磁路的不对称，T_a 和 T_b 的准确计算是非常复杂的。实践表明：对于设计合理的异步启动永磁同步电动机而言，由磁阻负序分量异步转矩 T_b 导致总平均电磁转矩的最小转矩值通常大于由发电制动转矩 T_g 导致总平均电磁转矩的最小转矩值，因此，在不要求得到具体的转矩/转差率关系曲线的情况下，在工程设计中通常采用近似的估算方法，可以把 T_a 与 T_b 合并计算，即 $T_c=T_a+T_b$，并近似采用三相感应电动机的转矩计算方法，然后对转子磁路的不对称性再加以修正，即可以获得 T_a 和 T_b 的合成转矩 T_c 的估算公式为

$$T_c=\frac{m_1pU_1^2\dfrac{r_2'}{s}}{2\pi f_1\left[\left(r_1+c_1\dfrac{r_2'}{s}\right)^2+\left(x_{1s}+c_1x_{2s}'\right)^2\right]} \tag{2-4-3}$$

$$c_1=1+x_{1s}/x_m$$

$$x_m=\frac{2x_{ad}x_{aq}}{x_{ad}+x_{aq}}\quad(\Omega)$$

式中：m_1 是定子绕组的相数；p 是三相定子绕组形成的磁极对数；U_1 是额定相电压，V；f_1 是定子电压和电流的频率，Hz；r_1 是定子绕组 75℃时的相电阻，Ω；r_2' 是归算到定子边的 75℃时的转子电阻，Ω；x_{1s} 是定子绕组的相漏电抗，Ω；x_{2s}' 是归算到定子边的转子漏电抗，Ω；s 是电动机的转差率；c_1 是考虑采用感应电动机 Γ 形简化等效电路而引入的一个修正系数；x_m 是励磁电抗。

当 $x_m >> x_{1s}$ 时，$c_1\approx 1$，上面的式（2-4-3）可以被进一步简化为

$$T_c\approx\frac{m_1pU_1^2\dfrac{r_2'}{s}}{2\pi f_1\left[\left(r_1+\dfrac{r_2'}{s}\right)^2+\left(x_{1s}+x_{2s}'\right)^2\right]}\quad(\text{N}\cdot\text{m}) \tag{2-4-4}$$

式（2-4-4）表明：平均异步电磁转矩 T_c 仅与图 2.3.11 所示的简化等效电路中的一条并联支路内的电磁参数 r_1、x_{1s}、r_2' 和 x_{2s}'' 有关；对于一台设计电动机而言，当外加电压 U_1 和同步转速 n_c 一定时，平均异步电磁转矩 T_c 只是转差率 s 的函数。因此，根据式（2-4-4）便可以计算和画出异步电动机的机械特性曲线 $T(s)$。

经过复杂的推导，电动机在异步启动过程中，产生的发电制动转矩 T_g 可以按下式估算：

$$T_g \approx -\frac{mp}{2\pi f_1(1-s)}\left[\frac{r_1^2+x_q^2(1-s)^2}{r_1^2+x_d x_q(1-s)^2}\right]\left[\frac{r_1 E_0^2(1-s)^2}{r_1^2+x_d x_q(1-s)^2}\right] \tag{2-4-5}$$

上式中第二个中括号内的因式是该式的主要项，表示永磁体磁链所产生的转矩；第一个中括号内的数值代表电动机转子凸极效应所引起的凸极效应系数，当 $x_d = x_q$ 时，该中括号内的数值等于 1。这时，式（2-4-5）变为

$$T_g \approx \frac{mp}{2\pi f_1(1-s)}\frac{r_1 E_0^2(1-s)^2}{r_1^2+x_d x_q(1-s)^2} \tag{2-4-6}$$

式中：E_0 是定子三相绕组的空载相电动势，V；x_d 是直轴同步电抗，Ω；x_q 是交轴同步电抗，Ω。

把式（2-4-5）对 s 求导数，并令其导数等于零，便可以获得发电制动转矩 T_g 达到最大值时的转差率 s_{gm} 的估算公式为

$$s_{gm} = 1-\frac{r_1}{x_q}\sqrt{\frac{3(x_q-x_d)}{2x_d}+\sqrt{\left[\frac{3(x_q-x_d)}{2x_d}\right]^2+\frac{x_q}{x_d}}} \tag{2-4-7}$$

式（2-4-7）表示：当 x_d 和 x_q 一定时，s_{gm} 与定子电阻 r_1 有关。r_1 越大，则 s_{gm} 越小，即 T_g 达到最大值时的转速越高。

一般而言，永磁发电制动转矩 T_g 对小容量电动机的平均电磁转矩 T_{emcp} 的影响较大，而对大容量电动机的平均电磁转矩 T_{emcp} 的影响则相对小一些。

2.4.3　启动过程中的脉动转矩

由前面的分析可知，在异步启动永磁同步电动机的启动过程中，气隙中存在着以不同转速旋转的三个旋转磁场，它们的转速分别为 n_1、$(1-s)n_1$ 和 $(1-2s)n_1$。转速相同的定转子磁场相互作用产生三个平均转矩；而转速不同的定转子磁场之间的相互作用则产生平均值为零的脉动转矩。

转速为 n_1 的定（转）子磁场与转速为 $(1-2s)n_1$ 的转（定）子磁场相互作用产生脉动频率为 $2sf_1$ 的脉动转矩，这是由于转子存在启动鼠笼绕组和转子磁路不对称而引起的磁阻脉动转矩，其幅值用符号 T_{pc} 来标记，这种脉动转矩的幅值与转子铁心里的永磁体无关，只与电动机转子交直轴磁路的不对称程度有关。如果 $x_d = x_q$，这种脉动频率为 $2sf_1$ 的脉动转矩就将不存在。

转速为 $(1-s)n_1$ 的永磁转子磁场与转速为 n_1 和 $(1-2s)n_1$ 的定子磁场相互作用产生脉动频率为 sf_1 的脉动转矩，其幅值用符号 T_{pm} 来标记，这种脉动转矩的幅值与电动机的永磁体、定子绕组和转子磁路的不对称程度有关。

就上述两个脉动转矩而言，由永磁转子磁场引起的脉动转矩的幅值 T_{pm} 要显著地大于由启动鼠笼绕组和转子磁路不对称引起的脉动转矩的幅值 T_{pc}。

除了上面分析的两种脉动频率为 $2sf_1$ 和 sf_1 脉动转矩之外，由于三相定子绕组产生的磁动势中存在着一系列高次谐波，它们各自具有不同的磁极对数，以不同的转向和转速在工

作气隙内旋转。所有（$6k+1$）次的谐波磁动势是正向旋转的；而（$6k-1$）次的谐波磁动势是反向旋转的，式中k为正整数。同时，由于转子鼠笼绕组本身没有固定的磁极对数，它的磁极对数由工作气隙内的旋转谐波磁动势的磁极对数所决定，鼠笼转子可以遭受到任何一个谐波磁动势的影响，定子磁动势内的所有谐波磁动势都能够在转子鼠笼绕组内感应出与它们各自的磁极对数相同的转子磁动势，并与它们相互作用，产生谐波转矩。谐波次数越高，它们的同步转速越靠近$n=0$处，即将会在总的平均电磁转矩/转差率关系曲线$T_{\text{emcp}}(s)$的起始段上出现凹坑，因此高次谐波的异步转矩将对电动机的启动造成一定的影响。对于叠加在气隙磁场上的齿谐波而言，亦应考虑它对启动的影响。但是，在异步启动永磁同步电动机中，高次谐波的异步转矩要显著地小于永磁体的发电制动转矩，因此通常可以不予考虑它们对启动性能的影响。

2.5 牵入同步过程的分析

电动机在启动和牵入同步的过程中，驱动系统应满足的机械运动方程式为

$$T_{\text{emcp}}-T_{\text{L}}=J\frac{\text{d}\varOmega}{\text{d}t} \tag{2-5-1}$$

式中：T_{emcp}是电动机在启动和牵入同步的过程中作用在转子上的平均电磁转矩；T_{L}是作用在转子上的负载转矩，如图 2.4.2 中的曲线$T_{\text{L}}(s)$所示；J是驱动系统的转动惯量，它是电动机本身的转动惯量J_{m}和负载的转动惯量J_{L}之和；$\varOmega$是机械角速度，rad/s。

机械角速度$\varOmega$与机械同步角速度之间的关系为$\varOmega=(1-s)\varOmega_{\text{c}}$，机械同步角速度$\varOmega_{\text{c}}$与电气同步角速度$\omega_{\text{c}}$之间的关系为$\omega_{\text{c}}=p\varOmega_{\text{c}}$；电气角度$\theta$和时间$t$的关系为$\text{d}\theta=\omega\text{d}t$，$\text{d}\theta=s\omega_{\text{c}}\text{d}t$，$\text{d}t=\text{d}\theta/s\omega_{\text{c}}$，由此可得

$$\frac{\text{d}\varOmega}{\text{d}t}=\frac{\text{d}\left[(1-s)\varOmega_{\text{c}}\right]}{\dfrac{\text{d}\theta}{s\omega_{\text{c}}}}=\frac{\text{d}\left[(1-s)\omega_{\text{c}}\dfrac{1}{p}\right]}{\dfrac{\text{d}\theta}{s\omega_{\text{c}}}}=-\frac{1}{p}\omega_{\text{c}}^{2}s\frac{\text{d}s}{\text{d}\theta} \tag{2-5-2}$$

于是，式（2-5-1）可以写成

$$T_{\text{emcp}}-T_{\text{L}}=-\frac{1}{p}J\omega_{\text{e}}^{2}s\frac{\text{d}s}{\text{d}\theta} \tag{2-5-3}$$

式（2-5-3）表示，牵入同步过程中转子能量的增加应等于同一过程中转矩所做的功。若负载转矩比较大，图 2.4.2 中所示的电动机负载转矩曲线$T_{\text{L}}(s)$与平均电磁转矩曲线$T_{\text{emcp}}(s)$的交点C所对应的转速离同步转速较远，即牵入同步过程开始时的转差率s比较大，这意味着需要更多的能量来加速该负载达到同步转速。同样，驱动系统的转动惯量J越大，电动机所需的平均电磁转矩越大，相应的牵入同步所需要的能量也越大，电动机就越难被牵入同步。

由前面的分析可知，启动过程中，异步启动永磁同步电动机气隙内的电磁转矩主要由平均电磁转矩T_{emcp}、转差频率sf的脉动转矩和两倍转差频率$2sf$的脉动转矩所组成。电动

机从静止状态开始，由于起始阶段转速低，滑差率接近于 1，电枢电流是高的，平均电磁转矩也是高的，转子以高的加速度运行。这样，在平均电磁转矩 T_{emcp} 的驱动下，电动机被加速到接近同步转速，速度继续被提升，但是加连度变低，电枢电流显著地被减小，电动机由启动阶段进入一个被牵入同步化运行的阶段。这时，电动机的转速与同步转速非常接近，即转差率 s 很小，并向零值趋近，脉动转矩的变化很缓慢，以致可以把脉动转矩看成一种稳态转矩，在这种转矩作用之下，电动机进入被阻尼的振荡状态，并在若干个振荡之后，电枢电流的波形趋于稳定。转子被进一步加速而进入同步运行状态。

因此，电动机能否达到同步转速，既与电动机的负载转矩、牵入同步时的脉动转矩和系统的转动惯量有关，也与异步转矩 T_c 、发电制动转矩 T_g 和电动机平均转矩-转速特性曲线 $T_{emcp}(s)$ 在接近同步转速时的斜率有关。

对于一台具有良好稳态运行性能的异步启动永磁同步电动机而言，在启动和牵入同步运行的过程中也可能会出现一些问题。图 2.5.1 以时间为函数的速度描述了一台水泵用 75kW、四极 U 形内置式转子结构的异步启动永磁同步电动机在启动和牵入同步运行过程中出现的三种情况。情况 1 是发电制动转矩大大地高于异步转矩，致使启动失败。情况 2 是驱动系统具有一个很高的转动惯量，致使牵入同步运行失败；也可能是由于转子电阻 r_2' 太大，而永磁体磁化方向的厚度 h_m 又太薄，这种组合最终导致系统未能被牵入同步运行。情况 3 是一台合理设计的电动机被顺利启动和成功牵入同步运行的情况。

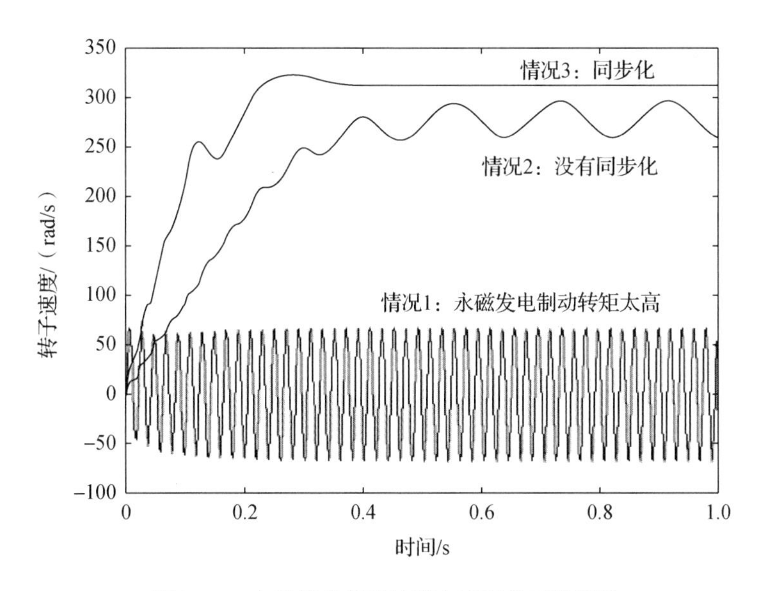

图 2.5.1　电动机在启动过程中出现的三种情况

图 2.5.2 展示了一台电动机能够驱动一个系统，该系统的转动惯量比电动机自身惯量 J_m 大 2.3 倍，并成功地把这个系统牵入同步运行。图 2.5.3 展示了同一台电动机当供电电压下降至 $0.85U_1$ 时，它仍能把系统牵入同步运行状态。图 2.5.4 展示了当同一台电动机转子处在两个截然不同的初始位置时，在启动和牵入同步运行过程中定子电流的瞬时值随时间变化的情况。

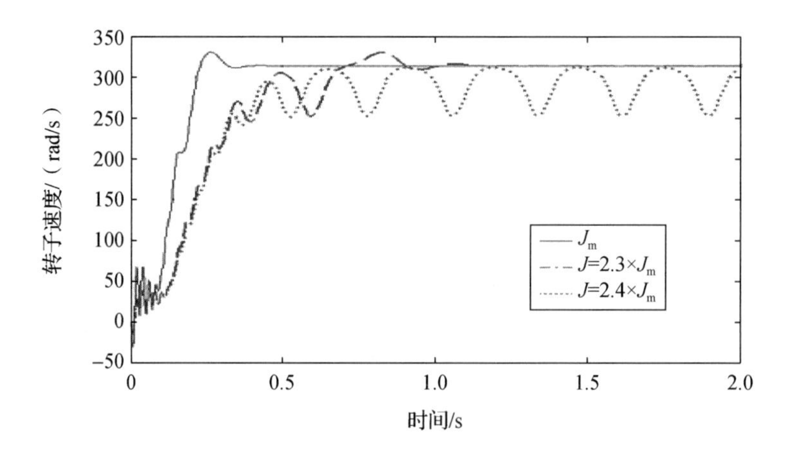

图 2.5.2　电动机在不同转动惯量的瞬态启动过程中的转速随时间的瞬变曲线

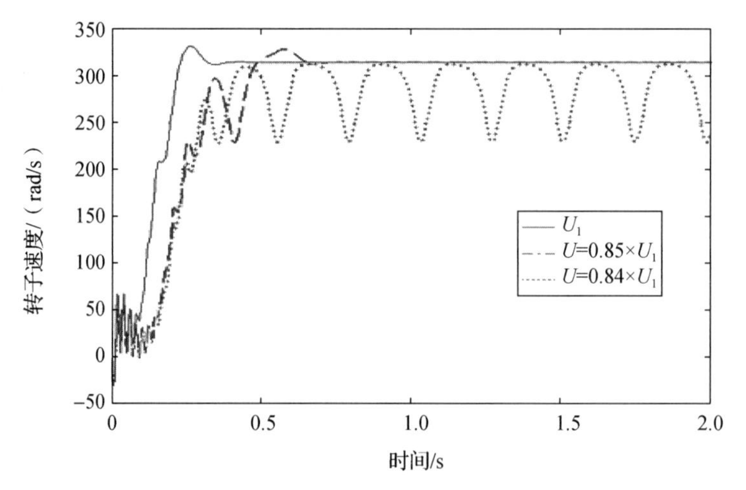

图 2.5.3　电动机在不同外加电压下的瞬态启动过程中的转速随时间的瞬变曲线

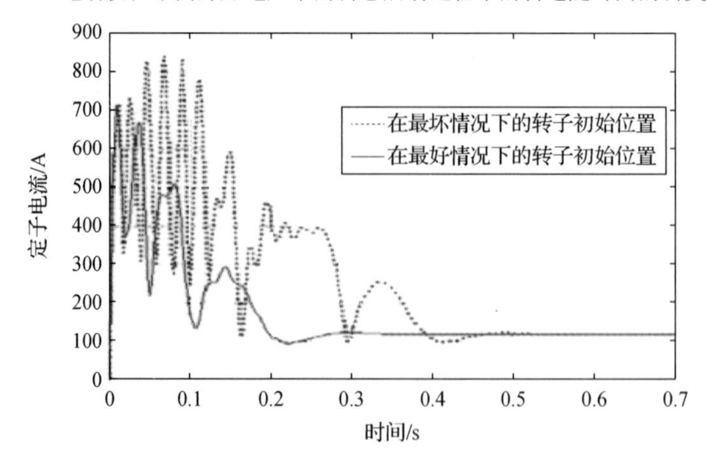

图 2.5.4　当电动机的转子处在两个不同的初始位置时，
启动和牵入同步运行过程中定子电流的瞬时曲线

图 2.5.2～图 2.5.4 展示了一台合理设计的电动机，在高效率和高功率因数前提下，在稳态同步运行与异步启动和牵入同步运行之间获得了很好的折中。

2.6　异步启动永磁同步电动机的设计考虑

目前，异步启动永磁同步电动机被广泛地用来替代驱动和牵引领域的异步电动机，达到高效节能的目的；而一台异步启动永磁同步电动机的设计和制造都是以被替代的异步电动机为基础的，例如，7.5kW 的异步启动永磁同步电动机采用 Y2-132-4 型异步电动机的定子冲片，11kW 的异步启动永磁同步电动机采用 Y2-160-6 型异步电动机的定子冲片，22kW 的异步启动永磁同步电动机采用 Y2-200L-6 型异步电动机的定子冲片，45kW 的异步启动永磁同步电动机采用 Y2-225-4 型异步电动机的定子冲片等，以便达到降低生产成本的目的。在此情况下，异步启动永磁同步电动机设计的主要任务是：根据选定的定子冲片，合理地设计电枢绕组；合理设计转子结构，尽可能地减小永磁体的漏磁通，提高永磁体的利用率；尽可能地提高电动机的功率因数和运行效率。

2.6.1　功率因数 $\cos\varphi$ 和效率 η 的提高

接到电网上的负载，除了少数电热设备外，绝大多数的负载是电感性的负载，它们的功率因数都小于 1。因此，一个电力系统，除了要供给负载有功功率之外，还要给负载提供大量的电感性无功功率。据有关电业部门统计，异步电动机所需要的无功功率约占电网输出的总无功功率的 70%。

一般而言，处于过激励状态的永磁同步电动机运行时，具有比较高的功率因数，并向电网输送一个容性的无功电流。由此可见，当企业广泛地用永磁同步电动机来替代异步电动机之后，不仅减少了企业本身的耗电量，降低了生产成本，同时还将显著地减轻电网的负荷，提高电网的品质和运行效率，为国家节省大量的能源。由此可见，为了节能减排，提高电动机运行时的功率因数和效率是何等的重要。

为了说明这个问题，先让我们来分析一台电励磁的隐极同步电动机，在外加电压 $\dot{\boldsymbol{U}}$ 和负载转矩 T_{L} 不变的情况下，当它的励磁电流 i_{b} 变化时，它的反电动势 $\dot{\boldsymbol{E}}_0$、电枢电流 $\dot{\boldsymbol{I}}_{\mathrm{a}}$ 和功率因数 $\cos\varphi$ 等将如何变化。为了简化分析，忽略电枢电阻和不计空载损耗，因而，当电动机的励磁电流变化时，它的反电动势 $\dot{\boldsymbol{E}}_0$、电枢电流 $\dot{\boldsymbol{I}}_{\mathrm{a}}$ 和功率因数 $\cos\varphi$ 等将随之而变化；但是，它的电磁转矩 T_{em} 和输入功率 P_1 都将维持不变，电动机的向量图如图 2.6.1 所示，它展示了三个不同励磁电流的情况，它们都必须满足下面的三个条件。

（1）$\dot{\boldsymbol{U}}=\dot{\boldsymbol{E}}_0+\mathrm{j}\dot{\boldsymbol{I}}_{\mathrm{a}}x_{\mathrm{c}}$。

（2）$T_{\mathrm{em}}=\dfrac{P_{\mathrm{em}}}{\omega_{\mathrm{m}}}=\dfrac{mE_0U}{\omega_{\mathrm{m}}x_{\mathrm{c}}}\sin\theta=$常数，$E_0\sin\theta=$常数。

（3）$P_1=mUI_{\mathrm{a}}\cos\varphi=$常数，$I_{\mathrm{a}}\cos\varphi=$常数。

图 2.6.1 为负载不变时，同步电动机的向量图。在图 2.6.1 中，φ 是功率因数角；θ 是功率角；x_{c} 是同步电抗；$\dot{\boldsymbol{U}}$ 是施加到电动机的电枢绕组端头上的电网电压；$\dot{\boldsymbol{I}}_{\mathrm{a}}$、$\dot{\boldsymbol{I}}_{\mathrm{a1}}$ 和 $\dot{\boldsymbol{I}}_{\mathrm{a2}}$ 分别是对应于三个不同励磁电流的电枢电流，其中，$\dot{\boldsymbol{I}}_{\mathrm{a}}$ 与 $\dot{\boldsymbol{U}}$ 同相位，$\cos\varphi=1$，它是纯粹的有功分量，$\dot{\boldsymbol{I}}_{\mathrm{a1}}$ 是超前的容性电流，它的有功分量是 $\dot{\boldsymbol{I}}_{\mathrm{a1}}\cos\varphi_1$，$\dot{\boldsymbol{I}}_{\mathrm{a2}}$ 是滞后的感性电流，它的有功分量是 $\dot{\boldsymbol{I}}_{\mathrm{a2}}\cos\varphi_2$，同时它们必须满足条件：$\dot{\boldsymbol{I}}_{\mathrm{a1}}\cos\varphi_1=\dot{\boldsymbol{I}}_{\mathrm{a2}}\cos\varphi_2=\boldsymbol{I}_{\mathrm{a}}\cos\varphi=$常数，以便确保输入功率 P_1 不变；$\dot{\boldsymbol{E}}_0$、$\dot{\boldsymbol{E}}_{01}$ 和 $\dot{\boldsymbol{E}}_{02}$ 分别是对应于三个不同励磁电流的反电动势，它们必须

满足条件 $E_0 \sin\theta =$ 常数，以便确保电磁转矩 T_{em} 不变。当励磁电流 i_b 变化时，电枢电流 $\dot{I}_a$ 的末端的轨迹是一条平行于横坐标轴的直线 HG，而反电动势 $\dot{E}_0$ 的末端的轨迹是一条平行于纵坐标轴的直线 AB。

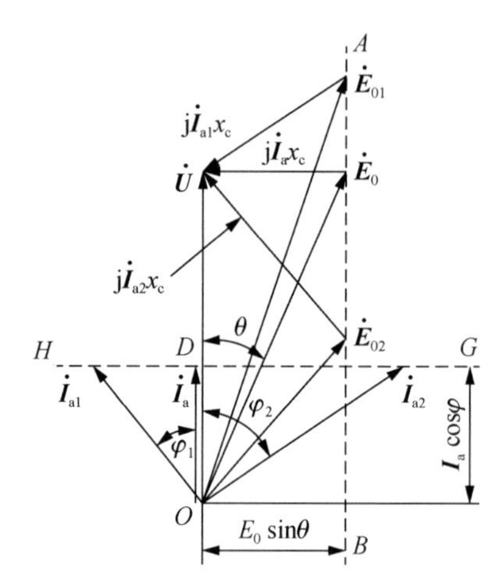

图 2.6.1　负载转矩不变时，同步电动机的向量图

在此情况下，当知道电枢电流 I_a 的数值后，就可以求得对应的反电动势 E_0 的数值，然后根据空载试验时得到的气隙线 $E_0 = f(i_b)$，可以求得对应的励磁电流 i_b，由此，可以得到电枢电流 I_a 与励磁电流 i_b 之间的关系曲线 $I_a = f(i_b)$，由于这条曲线呈 V 字形，通常被称为 V 形曲线。这样，在不同的负载情况下，就可以得到一组 V 形曲线族，如图 2.6.2 所示。

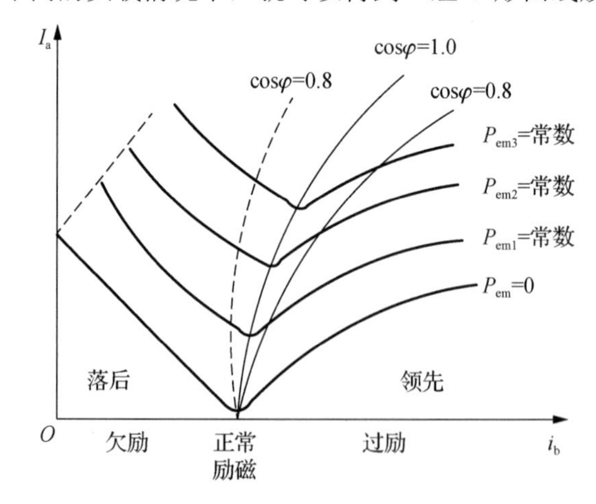

图 2.6.2　电励磁的隐极同步电动机的 V 形曲线族

分析图 2.6.1 和图 2.6.2，可以得到如下结果。

（1）当电动机在某一个恒定的电磁功率 P_{em} 或电磁转矩 T_{em} 上运行时，调节励磁电流 i_b 数值，实质上就是调节电枢电流的无功分量的大小，而电枢电流的有功分量维持不变。

（2）$\cos\varphi=1$ 线的左边是欠激励的落后功率因数区域；$\cos\varphi=1$ 线的右边是过激励的领先功率因数区域。

（3）有功功率越大，V 形曲线越高，如图 4.6.2 中 $P_{em3} > P_{em2} > P_{em1} > P_{em}$。

（4）在图 2.6.2 中的最左边，由于励磁电流 i_b 过小，功率角 θ 达到 90°，电动机进入不稳定运行区域。

（5）当电动机在某一个恒定的电磁功率 P_{em} 或电磁转矩 T_{em} 上运行时，可以把励磁电流 i_b 调节至某一个数值，得到功率因数 $\cos\varphi=1$ 的运行点，即 V 形曲线的谷点，这时，电枢电流 I_a 全部是有功电流，是电动机恒功率运行过程中的最小电流，这个电枢电流 I_a 对应的激励电流 i_b 被称为“正常励磁”电流。我们把不同电磁功率的 V 形曲线上的谷点联结起来，便得到一条 $\cos\varphi=1$ 的曲线，即电动机在不同负载上运行的最小电枢电流 I_a 的轨迹线。这意味着我们可以调节励磁电流 i_b 的大小，使电动机在 $\cos\varphi=1$ 的状态上运行，从而获得最小的电枢电流 I_a 和最高的效率 η 。

对于内置式永磁同步电动机而言，没有励磁电流 i_b 可以调节，但是永磁体通过中性截面发出的磁通可以被认为是由永磁体本身的分子电流产生的，这种分子电流相当于励磁电流，因此由永磁体产生的气隙主磁通与电枢绕组相互耦合的主磁链 ψ_m 可以表达为

$$\psi_m = L_{md} i_{PM} \tag{2-6-1}$$

式中：L_{md} 为直轴磁路的磁化电感；i_{PM} 为永磁体本身的分子电流，它的大小取决于永磁体所采用永磁材料的性能和永磁体的几何尺寸。

因此，理论上可以通过选择不同的永磁体，即不同性能的永磁材料和不同几何尺寸的永磁体，也包括其他磁路材料和几何尺寸的调整，来改变空载反电动势 E_0 的数值，达到调节功率因数 $\cos\varphi$ 和电枢电流 I_a 的目的。

图 2.6.3 描述了三种不同调节情况的向量图。图 2.6.3（a）描述了 $\cos\varphi=1$ 时的向量图；图 2.6.3（b）描述了过激励的领先功率因数 $\cos\varphi\approx0.98$ 时的向量图；2.6.3（c）描述了过激励的落后功率因数 $\cos\varphi\approx0.98$ 时的向量图。

通过分析图 2.6.3（a）～（c），可以看到如下几点。

（1）选用不同性能的永磁材料、定转子铁心材料和改变相应的结构尺寸，可以逐一求得电枢绕组的主磁链 ψ_m 、空载反电动势的基波有效值 E_0 、电枢电流 I_a 和功率因数 $\cos\varphi$ ，最后可以画出一条类似于电励磁同步电动机的 V 形曲线 $I_a = f\left(E_0/U\right)$。某台内置式永磁同步电动机在外加电压不变时的 V 形试验曲线如图 2.6.4 所示。

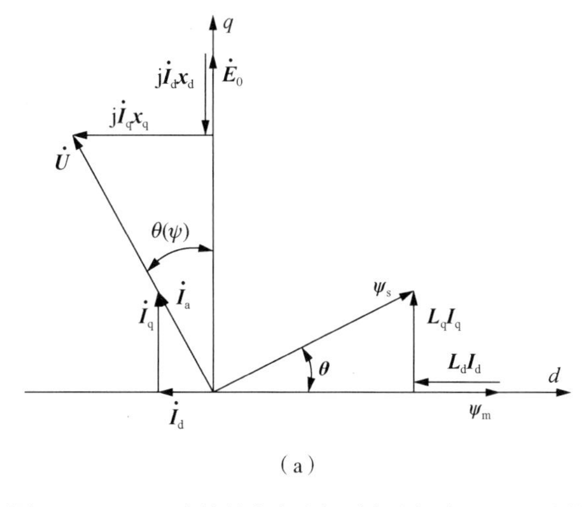

（a）

图 2.6.3　dq-同步旋转参考坐标系内电枢电阻 $r_a\approx0$ 时的内置式永磁同步电动机的三种不同调节情况的向量图

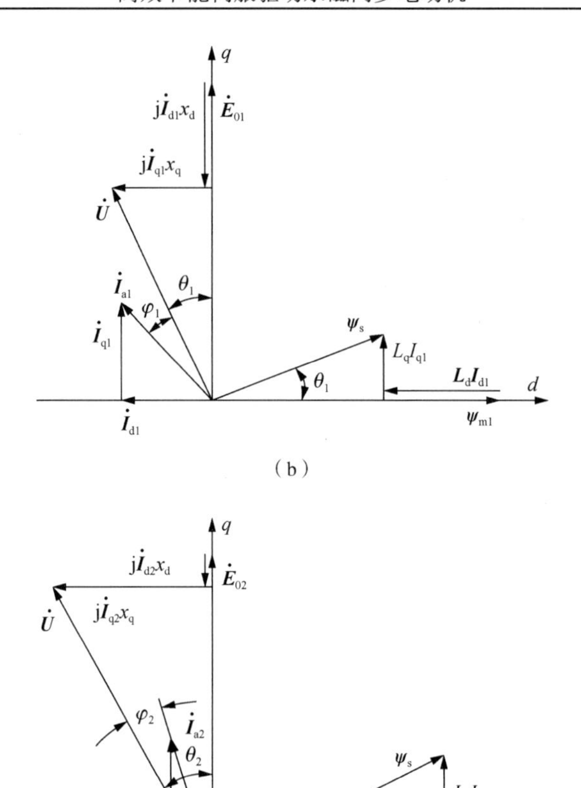

（b）

（c）

图 2.6.3 （续）

（2）当 $E_0/U \approx 1$ 时，电动机在功率因数 $\cos\varphi=1$ 的情况下运行，电动机的电枢电流 I_a 最小，运行效率 η 最高，如图 2.6.4 所示。

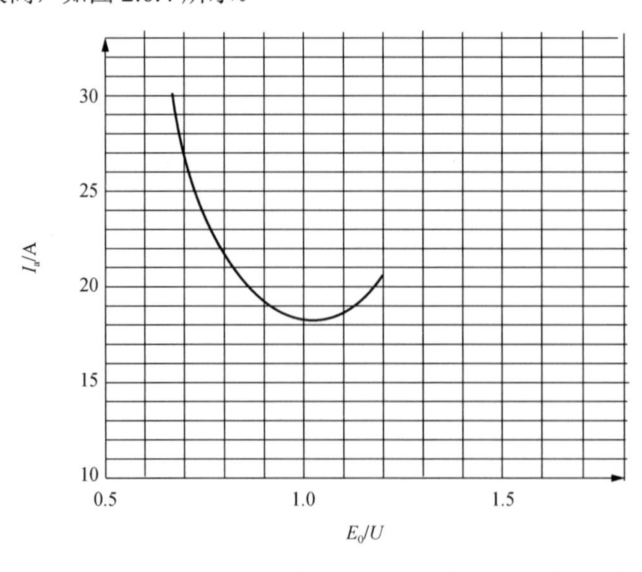

图 2.6.4　一台永磁同步电动机的 V 形试验曲线 $I_a=f\left(E_0/U\right)$

图 2.6.5 展示了一台内置式永磁同步电动机，在外加电压不变时的空载试验曲线，图 2.6.5（a）是一条空载损耗 P_0 随着反电动势 E_0 的变化而变化的曲线，图 2.6.5（b）展示了空载电枢电流 I_0，以及它的交直轴分量 I_{d0} 和 I_{q0} 随着反电动势 E_0 的变化而变化的曲线。

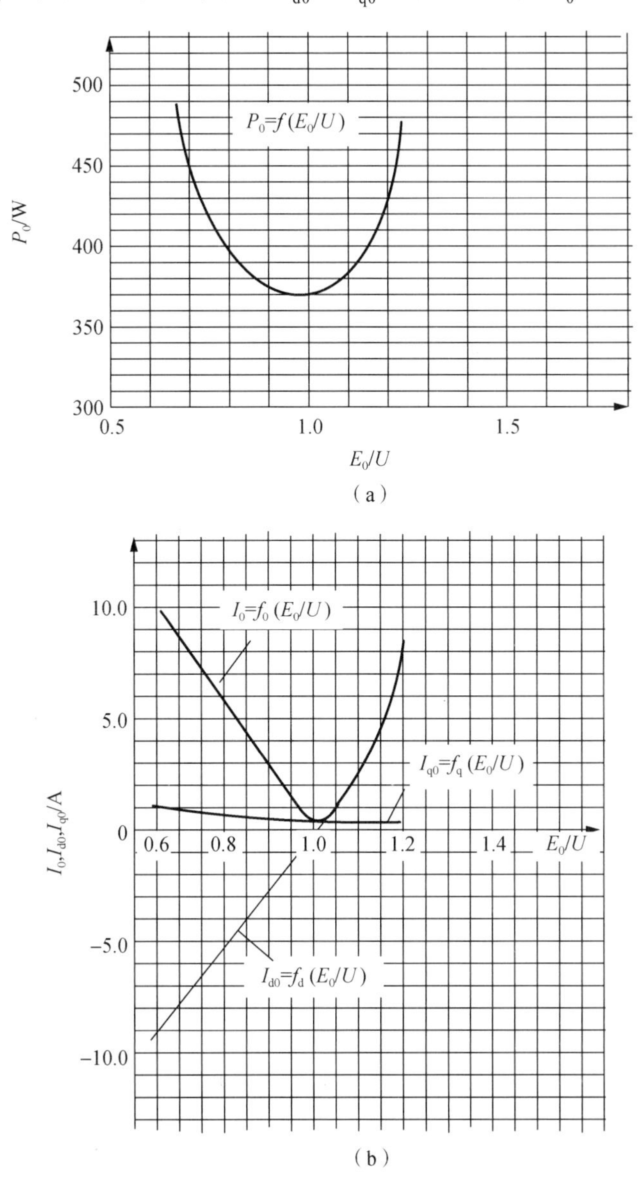

图 2.6.5　一台内置式永磁同步电动机空载试验曲线

分析图 2.6.5（a）和（b），我们可以看到如下几点。

（1）空载损耗 P_0 和空载电流 I_0 也以 V 形曲线的规律，随着反电动势 E_0 的变化而变化，并且它们随着反电动势 E_0 的变化比较剧烈。

（2）当 $E_0/U\approx1$ 时，电动机在功率因数 $\cos\varphi=1$ 的状态下运行，空载损耗 P_0 和空载电流 I_0 的数值最小。

（3）电动机空载运行时，转轴上仅受到机械摩擦转矩的作用，机械摩擦转矩的量值比较小，并基本上保持不变，因此空载电流的交轴分量I_{q0}沿着横坐标轴（E_0/U）的变化不大；而空载电流的直轴分量I_{d0}承担着改变电枢绕组的主磁链ψ_m，调节反电动势E_0的功能，使之与外加电压相平衡，因此空载电流的直轴分量I_{d0}沿着横坐标轴（E_0/U）的变化比较明显。即同样大小的（E_0/U）的变化量，空载电流的交轴分量I_{q0}的变化不大，而它的直轴分量I_{d0}的变化却比较大。

众所周知，三相同步电动机的每相电枢绕组内的空载基波感应电动势E_0的有效值为

$$E_0=4.44\,fw_{\Phi}k_{W1}\Phi_{\delta 0}\times 10^{-8} \tag{2-6-2}$$

式中：f是交变频率；w_{Φ}是每相电枢绕组的串联匝数；k_{W1}是基波绕组系数；$\Phi_{\delta 0}$是每极空载基波磁通量，Mx；$w_{\Phi}k_{W1}\Phi_{\delta 0}=\psi_m$是每相电枢绕组的空载基波主磁通链，Mx。

式（2-6-2）表明，调节每极空载磁通量$\Phi_{\delta 0}$和每相绕组的串联匝数w_{Φ}可以改变每相电枢绕组的空载基波主磁通链ψ_m的数值，进而改变空载反电动势E_0的大小。每极空载基波磁通量主要取决于永磁体材料和定转子铁心材料的性能、气隙长度和磁路系统的结构尺寸。然而，在电动机的实际设计过程中，空载基波感应电动势E_0的调节将受到诸多因素的限制。

（1）可供选用的永磁材料和定转子铁心材料的品种有限，并且永磁体和铁心材料性能的离散度比较大，即设计时采用的永磁体的去磁曲线和定转子铁心材料的直流磁化曲线与生产时实际使用的相应材料的性能之间存在很大的差异。

（2）当采用改变电枢绕组的每相串联匝数w_{Φ}和气隙长度δ来调节空载反电动势的基波有效值E_0时，将会同时改变交直轴同步电抗x_d和x_q的数值。如若采取增加电枢绕组的每相串联匝数w_{Φ}和减小气隙长度δ的方法，来提高空载反电动势的基波有效值E_0时，将会同时导致交直轴同步电抗x_d和x_q数值的增加，以及（x_q-x_d）差值的减小；根据内置式永磁同步电动机的电磁转矩公式，这将导致电动机的电磁转矩T_{em}、电磁功率P_{em}和过载能力的减小。

（3）一旦生产厂商按照设计参数制造出永磁同步电动机的试验样机后，就无法像电励磁同步电动机那样，可以通过调节励磁电流来改变反电动势E_0的大小。如果再要改变电动机的某些参数，就必须重新试制。因此，空载反电动势的基波有效值E_0的调节还将受到产品开发成本的限制。

基于上述分析，为了尽可能地提高异步启动永磁同步电动机的功率因数$\cos\varphi$和运行效率η，在产品的初步设计阶段，我们应该考虑如下几点。

（1）反电动势基波有效值E_0是一个非常重要的参数，应该把它的数值控制在$E_0/U\approx 1.0\sim 1.15$。

（2）永磁体产生的主磁通链ψ_m应该有一定高度，使电动机处于过激励状态，给电枢电流I_a的直轴分量I_d留出一个调节的余度，以便在额定负载时获得一个合适的电枢电流，使电动机能够在$\cos\varphi=1$点的附近运行，并尽可地给电网输送容性电流。

（3）相对异步电动机而言，异步启动永磁同步电动机的工作气隙δ可以适当取大一些，以便在减小电枢反应电抗和漏电抗的同时，减小气隙磁场内的谐波成分，在提高过载能力的同时，减小附加损耗，提高一点效率。

（4）合理选用轴承和润滑油脂，并确保零部件的加工精度和装配精度，尽可能地减小机械损耗。

（5）应该对永磁体的供应商提出永磁体性能的一致性（即离散度）和稳定性的要求，

同时，必须对入厂的永磁体进行严格的检测。在此情况下，第一次试制新设计的产品时，试制样机的数量不要超过 3 台，避免不必要的浪费，因为试制新产品基本上不会一次成功的，一般而言，要反复几次才能得到比较满意的结果。

（6）样机测试时，应该把外部施加电压的数值保持在产品技术条件规定的数值上，因为外部施加电压的变化同样会影响到电动机的运行状态，致使功率因数 $\cos\varphi$ 和效率 η 的测量数据不真实。

2.6.2　内置式转子结构的磁通壁垒和磁桥

在图 2.1.2 所示的内置式永磁转子的磁路结构中，必须十分重视磁通壁垒和磁桥的设计。所谓磁通壁垒（magnetic flux barrier）是为了防止内置式永磁体被转子铁心磁轭短路，特意在沿着永磁体磁化方向的侧面开设的空间，以便减少和阻止永磁体的磁通直接通过转子磁轭铁心从 N 极流向 S 极；所谓磁桥（magnetic bridge）是为确保转子铁心冲片的完整性，并具有一定的机械强度，特意在转子磁轭铁心冲片的相邻两个磁通壁垒之间，或者在磁通壁垒和鼠笼导条孔之间保留下来的一条窄带，这条窄带便成了漏磁通的桥梁通道，如图 2.6.6（a）～（c）所示。磁桥是转子冲片的一部分，是导磁材料；而磁通壁垒是由空气形成，如图 2.6.6（a）所示，或者由铜和不导磁不锈钢等非磁性材料构成，如图 2.6.6（b）所示。图 2.6.7（a）～（c）是几种典型的内置式转子结构内部磁通分布的有限元仿真，清晰地展示了磁通力线在转子铁心内的走向和分布情况。

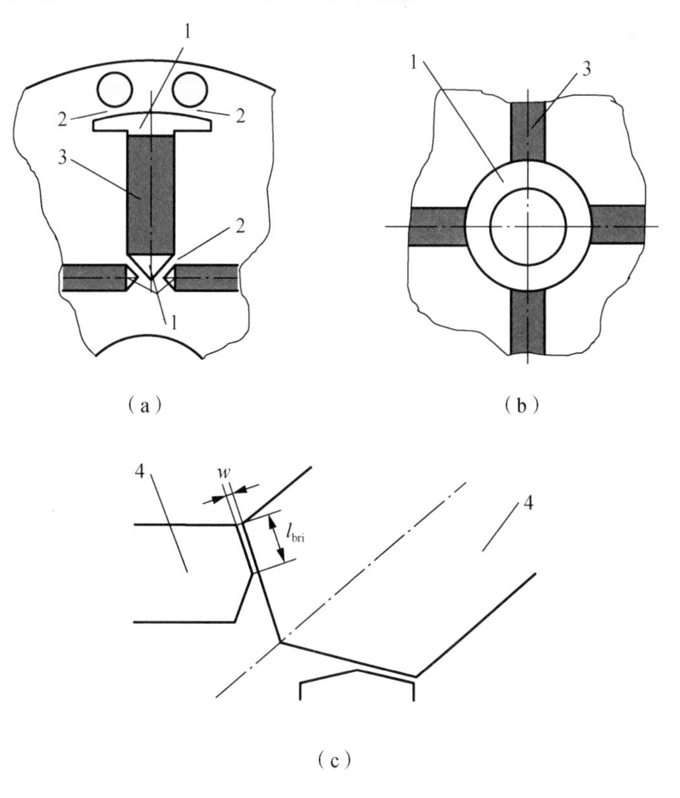

1．磁通壁垒；2．磁桥；3．永磁体；4．镶嵌永磁体的槽。

图 2.6.6　磁通壁垒和磁桥示意图

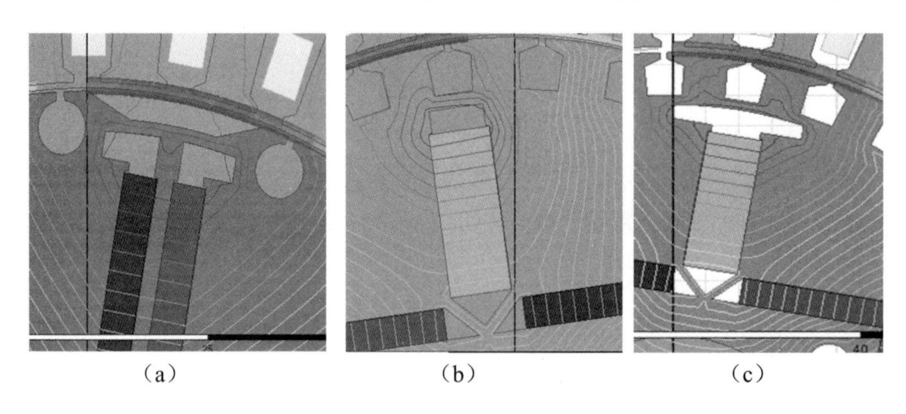

图 2.6.7　几种典型的磁场分布有限元仿真

为了提高电动机的效率、功率因数、启动性能和运行性能，必须减小永磁体的漏磁系数和提高永磁体的利用率。因此，磁通壁垒的空间尺寸应该尽可能地大一些，而磁桥的宽度 w 应该尽可能地窄一些，长度 l_{bri} 尽可能地长一些。

2.6.3　空载漏磁通系数 σ_0

空载漏磁通系数 σ_0 通常被简称为漏磁系数 σ，对于内置式永磁同步电动机而言，它是一个十分重要的设计参数。它的大小将直接影响到永磁体的利用率、每相电枢绕组内的空载感应电动势的基波有效值 E_0、d-轴电抗 X_d 和 q-轴电抗 X_q 的数值，进而影响到电动机的启动性能和运行性能。

当电动机的磁路不饱和时，图 2.2.2 所示的空载情况下的电动机的等效磁路可以被进一步地简化，如图 2.6.8（a）所示。

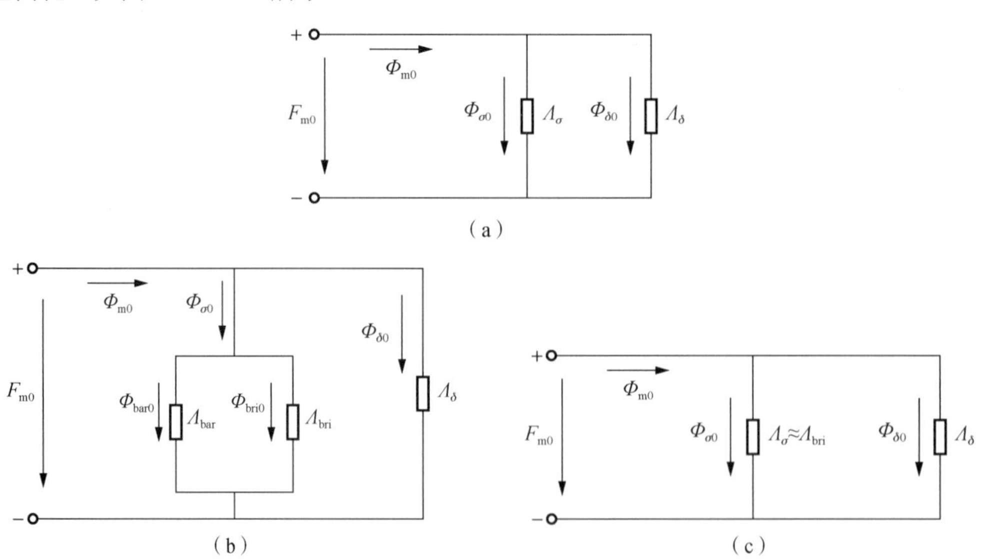

图 2.6.8　不考虑磁饱和情况的空载时的简化等效磁路

空载漏磁系数 σ_0 被定义为

$$\sigma_0 = \frac{\Phi_{m0}}{\Phi_{\delta0}} = \frac{\Phi_{\delta0} + \Phi_{\sigma0}}{\Phi_{\delta0}}$$

$$=\frac{F_{m0}\left(\Lambda_{\delta}+\Lambda_{\sigma}\right)}{F_{m0}\Lambda_{\delta}}=\frac{\Lambda_{\delta}+\Lambda_{\sigma}}{\Lambda_{\delta}}=1+\frac{\Lambda_{\sigma}}{\Lambda_{\delta}} \tag{2-6-3}$$

式中：F_{m0} 为电动机空载时永磁体向外磁路提供的磁动势，A；Λ_{δ} 为工作气隙的磁导，A/Mx；Λ_{σ} 为永磁体的漏磁导，A/Mx。

式（2-6-3）表明：当漏磁导等于零时，亦即漏磁阻无穷大时，工作气隙内的磁通就等于永磁体通过中性截面发出的磁通 $\Phi_{\delta0}=\Phi_{m0}$；漏磁导越大，通过工作气隙的磁通量 $\Phi_{\delta0}$ 就越少。

工作气隙的磁导 Λ_{δ} 可以按下式估算：

$$\Lambda_{\delta}=\mu_{0}\frac{\alpha_{i}\tau l_{\delta}}{\delta k_{\delta}} \tag{2-6-4}$$

在内置式转子结构里，永磁体的漏磁通有两条通路：一条是穿过磁通壁垒的空间，另一条是沿着磁桥通过，如图 2.6.8（b）所示。因而，可以写出如下的关系式：

$$\Phi_{\sigma0}=\Phi_{bri0}+\Phi_{bar0} \tag{2-6-5}$$

$$\Phi_{bri0}=F_{m0}\ \Lambda_{bri} \tag{2-6-6}$$

$$\Phi_{bar0}=F_{m0}\ \Lambda_{bar} \tag{2-6-7}$$

$$\Lambda_{\sigma}=\Lambda_{bri}+\Lambda_{bar}$$

其中

$$\Lambda_{bri}=\mu_{0}\ \mu_{r}\ \frac{wl_{r}}{l_{bri}} \tag{2-6-8}$$

$$\Lambda_{bar}=\mu_{0}\ \frac{S_{bar}}{l_{bar}} \tag{2-6-9}$$

式中：Φ_{bri0} 为通过磁桥的漏磁通，Mx；Φ_{bar0} 为通过磁通壁垒的漏磁通，Mx；Λ_{bri} 为对应于磁桥的漏磁导，Mx/A；Λ_{bar} 为对应于磁通壁垒的漏磁导，Mx/A；μ_{0} 为真空的磁导率，μ_{0}=0.4π×10^{-8} H/cm；μ_{r} 为磁桥的相对磁导率，硅钢片的相对磁导率 μ_{r}≈2000～6000；在饱和情况下，硅钢片的相对磁导率 μ_{r} 趋近于 1；w 为磁桥的宽度，cm；l_{bri} 是磁桥的长度，cm；l_{r} 为转子铁心的轴向长度，cm；S_{bar} 为磁通壁垒区域内与漏磁通相垂直的平均截面积，cm^{2}；l_{bar} 为磁通壁垒区域内沿着漏磁通方向的平均长度，cm。

由于磁桥的漏磁导要比磁通壁垒的漏磁导大得多，即 $\Lambda_{bar}\ll\Lambda_{bri}$，$\Lambda_{\sigma}\approx\Lambda_{bri}$。于是，把式（2-6-4）和式（2-6-8）代入式（2-6-3），并考虑到 $l_{r}\approx l_{\delta}$，便可以得到空载漏磁系数 σ_{0} 的估算式为

$$\sigma_{0}\approx1+\frac{\mu_{0}\mu_{r}\dfrac{wl_{r}}{l_{bri}}}{\mu_{0}\dfrac{\alpha_{i}\tau l_{\delta}}{\delta k_{\delta}}}=1+\frac{\mu_{r}w\delta k_{\delta}}{\alpha_{i}\tau l_{bri}} \tag{2-6-10}$$

分析式（2-6-10），我们可以采取以下措施来减小空载漏磁系数 σ_{0}。

（1）空载漏磁系数 σ_{0} 随着气隙长度 δ 的增加而增加。这是由于工作气隙长度 δ 的增加将导致工作气隙磁导 Λ_{δ} 的减小，从而改变了永磁体发出的磁通 Φ_{m0} 在工作气隙磁导和漏磁导之间的分配关系，漏磁通获得了相对的增加。显然，定转子槽开口的大小将直接决定气隙系数 k_{δ} 的大小，在设计时也必须加以考虑。

（2）空载漏磁系数 σ_0 随着磁桥的相对磁导率 μ_r 和磁桥宽度 w 的增加而增加；而随着磁桥长度 l_{bri} 的增加而减小。因此，在设计应尽可能地减小磁桥的宽度 w 和增加磁桥的长度 l_{bri}；同时，减小磁桥的宽度 w 可以增加磁桥的饱和程度，致使磁桥的相对磁导率 μ_r 趋近于 1，从而可以大大地减小空载漏磁系数 σ_0。

（3）一般而言，磁桥的长度 l_{bri} 与磁通壁垒的面积和永磁体磁化方向的厚（高）度 h_m 有关，它随着磁通壁垒的面积和永磁体磁化方向的厚（高）度 h_m 的增大而增长，这意味着空载漏磁系数也将随着磁通壁垒的面积和永磁体磁化方向的厚（高）度 h_m 的增加而减小。

图 2.6.9 展示了图 2.1.2（d）所示的 U 形内置式转子结构的空载漏磁系数 σ_0 与气隙长度 δ 和永磁体厚度 h_m 之间的关系曲线。图 2.6.10（a）展示了图 2.1.2（d）所示的 U 形内置式转子结构的空载漏磁系数 σ_0 与磁桥长度 l_{bri} 的关系曲线；图 2.6.10（b）展示了图 2.1.2（d）所示的 U 形内置式转子结构的空载漏磁系数 σ_0 与磁桥宽度 w 之间的关系曲线。

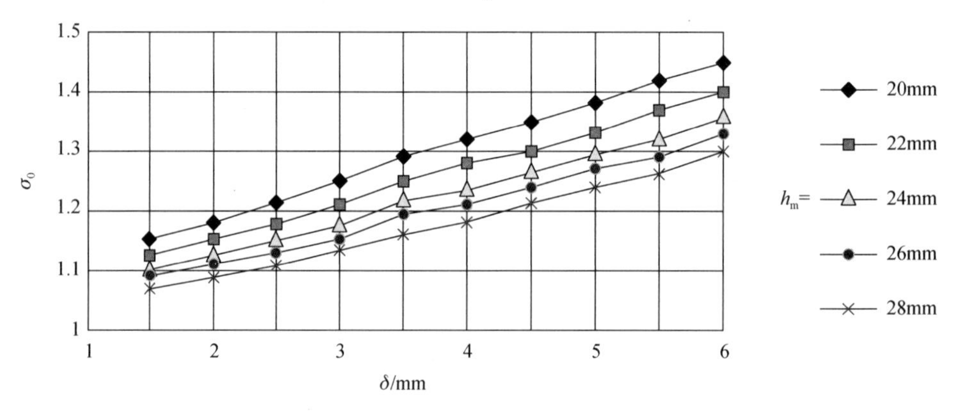

图 2.6.9　空载漏磁系数 σ_0 与气隙长度 δ 和永磁体厚度 h_m 之间的关系曲线

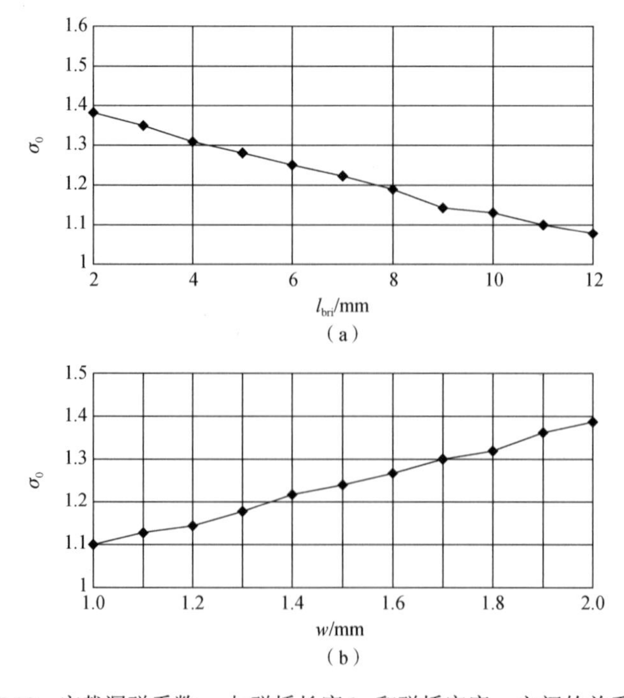

图 2.6.10　空载漏磁系数 σ_0 与磁桥长度 l_{bri} 和磁桥宽度 w 之间的关系曲线

2.6.4　电磁参数对启动和运行性能的影响

异步启动永磁同步电动机能否顺利启动、能否牵入同步和能否正常运行，与启动过程中和正常运行时的转矩特性有着直接的关系，其中启动转矩、最小转矩、牵入转矩和失步转矩是四个重要的转矩指标。下面将分别对这四个转矩进行简单的分析。

1）启动转矩 T_{st}

转差率 $s=1$ 时的异步电磁转矩 T_c 被定义为异步启动永磁同步电动机的启动转矩 T_{st}，根据式（2-4-3），启动转矩 T_{st} 的数学表达式为

$$T_{st}=\frac{m_1 p}{2\pi f_1}\frac{U_1^2 r_2'}{\left(r_1+c_1 r_2'\right)^2+\left(x_{1s}+c_1 x_{2s}'\right)^2} \tag{2-6-11}$$

式（2-6-11）表明，启动转矩的大小主要取决于外加电压 U_1、定子电阻 r_1、定子漏电抗 x_{1s}、转子电阻 r_2' 和转子漏电抗 x_{2s}'。为了提高启动转矩，我们可以采用以下的方法。

（1）适当地提高外加电压 U_1。

（2）适当地减少定子绕组每相串联匝数，以便减小定转子漏电抗 x_{1s} 和 x_{2s}'。

（3）适当地增大转子电阻 r_2'，例如可以采取减小鼠笼导条和短路端环的截面积或利用趋肤效应等措施。减小转子槽深和槽截面积不仅可以增大转子电阻 r_2'，同时也能够减小转子漏电抗 x_{2s}'。

对式（2-6-11）求自变量 r_2' 的导数，并令导数等于零，便可以获得对应于最大启动转矩的转子电阻 r_2' 和相应的最大启动转矩 $T_{st\max}$ 的数学表达式为

$$r_2{}'=\frac{1}{c_1}\sqrt{r_1^2+\left(x_{1s}+c_1 x_{2s}'\right)^2} \tag{2-6-12}$$

$$T_{st\max}=\frac{m_1 p}{2\pi f_1}\frac{U_1^2}{2c_1\left[r_1+\sqrt{r_1^2+\left(x_{1s}+c_1 x_{2s}{}'\right)^2}\right]} \tag{2-6-13}$$

减小绕组的匝数和增加磁路的饱和程度，可以减小定转子漏电抗 x_{1s} 和 x_{2s}'，达到提高启动转矩 $T_{st\max}$ 的目的。

2）最小转矩 $T_{\min}$

在启动过程中，异步启动永磁同步电动机的最小转矩 $T_{\min}$ 被定义为发电制动转矩 T_g 的最大值与相应转差率下异步电磁转矩 T_c 之间的差值。我们可以通过增大异步电磁转矩 T_c 和减小发电制动转矩 T_g 来达到提高最小转矩的目的。

首先，我们来分析如何减小发电制动转矩 T_g 的最大值。为此，求式（2-4-5）对转差率 s 的导数，并令该导数等于零，便可以获得发电制动转矩 T_g 达到最大值时的转差率 s_{gm} 为

$$s_{gm}=1-\frac{r_1}{x_q}\sqrt{\frac{3}{2}(k-1)+\sqrt{\frac{9}{4}(k-1)^2+k}} \tag{2-6-14}$$

式中：$k=x_q/x_d$。然后，把 s_{gm} 代入式（2-4-5），并进行简化，便求得发电制动转矩的最大值 T_{gm} 的表达式为

$$T_{gm} = \frac{mpE_0^2}{2\pi f_1 x_q} \frac{k^2 \sqrt{\frac{3}{2}(k-1) + \sqrt{\frac{9}{4}(k-1)^2 + k}}}{1 + \frac{3}{2}(k-1) + \sqrt{\frac{9}{4}(k-1)^2 + k}} \tag{2-6-15}$$

式（2-6-15）表明，影响发电制动转矩最大值 T_{gm} 的因素主要有空载反电动势 E_0、交轴同步电抗 x_q，以及交轴同步电抗与直轴同步电抗二者之间的比值 k。因此，我们可以采取降低空载电动势 E_0、增大交轴同步电抗 x_q 和减小交直轴同步电抗的比值 k 等方法来减小发电制动转矩的最大值 T_{gm}。

然后，我们来分析如何提高异步电磁转矩 T_c 的数值。根据式（2-4-3）可以看出，影响异步电磁转矩的因素主要定转子电阻 r_1 和 r_2'，以及定转子漏电抗 x_{1s} 和 x_{2s}'。

定子绕组的电阻 r_1、定转子绕组的漏电抗 x_{1s} 和 x_{2s}'，它们与异步电磁转矩 T_c 的关系简单，减小它们的数值就可以提高异步电磁转矩 T_c。

但是，转子电阻 r_2' 与异步电磁转矩 T_c 的关系比较复杂，下面我们来分析转子电阻对异步电磁转矩的影响。为此，将描述异步电磁转矩 T_c 的式（2-4-3）对转差率 s 求导数，并令其等于零，便可以获得对应于最大异步电磁转矩的临界转差率 s_m 为

$$s_m = \frac{c_1 r_2'}{\sqrt{r_1^2 + \left(x_{1s} + c_1 x_{2s}'\right)^2}} \tag{2-6-16}$$

把临界转差率 s_m 代入式（2-4-3），就可以得到最大异步电磁转矩 $T_{c\max}$ 的表达式为

$$T_{c\max} = \frac{mp}{2\pi f_1} \frac{U_1^2}{2c_1\left[r_1 + \sqrt{r_1^2 + \sqrt{r_1^2 + \left(x_{1s} + c_1 x_{2s}'\right)^2}}\right]} \tag{2-6-17}$$

式（2-6-16）和式（2-6-17）表明，改变转子电阻 r_2' 的大小，只会改变临界转差率的大小，而不会改变最大异步电磁转矩的大小，也就是说，改变转子电阻只能改变最大异步电磁转矩出现的位置。

综上分析，改变转子电阻 r_2' 的数值可以改变异步电磁转矩最大值 $T_{c\max}$ 出现的位置，即改变 s_m 的大小；改变定子电阻 r_1 的数值可以改变发电制动转矩最大值 T_{gm} 出现的位置，即改变 s_{gm} 的大小。因此，从理论上讲，可以通过调节定转子电阻 r_1 和 r_2' 的数值大小，使 $s_m = s_{gm}$，这样发电制动转矩的最大值恰好与异步电磁转矩的最大值重合，从而最大限度地提高了最小转矩的数值。但是，在工程设计中很难实现这一目标，因为设计人员只有采用折中方法来综合考虑产品的各项性能指标和经济指标。

3）牵入转矩 T_{pi}

牵入转矩 T_{pi} 是异步启动永磁同步电动机启动过程中的一个重要指标。电动机即使具有足够的启动转矩 T_{st} 和最小转矩 T_{min}，如果没有足够的牵入转矩，也无法达到同步，导致启动失败。

牵入转矩的数值大小展示了一种把电动机牵入同步运行的能力，通常可以用［$0, s_m$］转差率区间内的异步电磁转矩曲线 $T_c(s)$ 的斜率来描写，即可以用 $T_c(s)$ 对 s 的导数来表征牵入同步能力的强弱，斜率越大，牵入同步的能力越强。

为此，首先对异步转矩 $T_c(s)$ 求 s 的导数，获得异步电磁转矩曲线 $T_c(s)$ 的斜率的数学表达；然后，再把异步电磁转矩曲线的斜率 $dT_c(s)/ds$ 分别对定子电阻 r_1、定子漏电抗 x_{1s}、转子电阻 r_2' 和转子漏电抗 x_{2s}' 求导数，从而可以得知它们对电动机的牵入同步能力的影响。

（1）定子电阻 r_1。定子绕组的电阻值 r_1 增大，斜率减小；反之，斜率增大。因此，在满足主要技术性能指标的条件下，尽可能地减少每相电枢绕组的串联匝数，在槽满率允许的情况下，选择裸导体直径大一些的导线，以及采用合理的绕制工艺，尽可能地减小每相串联导线的平均总长度。

（2）定子漏电抗 x_{1s}。定子绕组的漏电抗值增大，斜率减小；反之，斜率增大。因此，也可以采取减小每相电枢绕组的串联匝数和尽可能地缩短每相串联导线的平均总长度的方法来减小定子漏电抗 x_{1s}。

（3）转子电阻 r_2'。根据前面的分析，转子电阻 r_2' 的变化不会影响到异步电磁转矩曲线 $T_c(s)$ 的最大值 $T_{c\max}$ 的大小，但是会影响到临界转差率 s_m 的大小。随着转子电阻 r_2' 的增大，临界转差率 s_m 也随之增大，异步电磁转矩曲线 $T_c(s)$ 的最大值 $T_{c\max}$ 向转差率 $s=1$ 的方向移动。在［s_m,0］的转差率区间内，异步电磁转矩曲线 $T_c(s)$ 从它的最大值 $T_{c\max}$ 下降到零，异步电磁转矩 $T_c(s)$ 曲线的斜率变小，并且转子电阻 r_2' 越大，斜率越小，牵入同步的能力就越弱。因此，为了提高电动机的牵入同步能力，必须减小转子电阻的数值，这意味着要增大转子鼠笼导条的截面积和端环的截面积。由此可见，为了提高牵入同步的能力所采取的措施与为了提高启动转矩所采取的措施是相互矛盾的，设计时必须折中考虑。

（4）转子漏电抗 x_{2s}'。转子鼠笼绕组的漏电抗 x_{2s}' 的数值增大，异步电磁转矩 $T_c(s)$ 曲线的斜率减小；反之，斜率增大。这要求转子槽形浅一些和宽一些，槽开口大一些，工作气隙 δ 大一些。

4）失步转矩 T_{po}

异步启动永磁同步电动机稳定运行时，它能够创建的最大电磁转矩被定义为它的失步转矩 T_{po}。因此，永磁同步电动机的电磁转矩 T_{em} 的表达式就是它的失步转矩的计算公式为

$$T_{em} = \frac{mpE_0U_1}{\omega_e x_d}\sin\theta + \frac{mpU_1^2}{2\omega_e}\left(\frac{1}{x_q} - \frac{1}{x_d}\right)\sin 2\theta \tag{2-6-18}$$

式中：θ 是功率角（或称转矩角）。

通常，$\theta \approx 115°$ 电角度时，内置式永磁同步电动机创建的电磁转矩最大。

式（2-6-18）表明，失步转矩 T_{po}，即最大的电磁转矩 $T_{em\max}$，与外加电压 U_1、空载反电动势 E_0、直轴电抗 x_d 和交直轴同步电抗的比值 x_q/x_d 有关。因此，为了提高电动机的失步转矩，通常采用以下几种方法。

（1）提高空载反电动势 E_0。我们可以采用两种方法来提高电动机的空载反电动势 E_0，一种方法是增加定子绕组的每相串联匝数；另一种方法是选用性能比较好的永磁体和（或者）增加永磁体的体积来增加工作气隙内的主磁通 $\varPhi_{\delta 0}$。如果采用前者，在提高空载反电动势数值的同时，由于交直轴同步电抗与匝数的平方成正比，直轴同步电抗 x_d 将显著增大，而交直轴同步电抗的比值 x_q/x_d 保持不变，其结果反而减小了失步转矩。因此，采用后者来增加工作气隙内的主磁通 $\varPhi_{\delta 0}$ 是一种提高空载反电动势 E_0 的有效方法。

（2）减小直轴同步电抗 x_d。在确保空载反电动势能够满足电动机效率 η 和功率因数 $\cos\varphi$ 等设计要求的前提下，通过适当减少定子绕组的每相串联匝数，或者适当增大工作气隙的方法，来减小直轴同步电抗 x_d，从而达到提高失步转矩的目的。

（3）适当地调节内置式转子的磁路结构参数，尽可能地增大交直轴同步电抗的比值 x_q / x_d。

综上所分析，把电磁参数 r_1、x_{1s}、r_2' 和 x_{2s}' 对异步启动永磁同步电动机的启动性能和稳态运行性能的影响汇总在表 2.6.1 中。由此可见，对于某一个电磁参数而言，它数值的增加或减小，可能有利于电动机的某一个性能指标，而不利于另一个性能指标。换言之，对于某一个性能指标而言，希望增加某一个电磁参数的数值；而对另一个性能指标而言，又希望减小其数值。因此，在设计时，我们必须根据具体情况，具体分析后，采取折中的方法和选择折中的方案。

表 2.6.1　电磁参数对电动机性能的影响

电动机性能	电磁参数	措施
启动转矩 T_{st}	在供电电网允许的情况下，可以适当地提高施加在电动机端头上的电压 U_1；为确保供电电网的容量，要把外加电压保持在规定的范围之内的情况下，启动转矩 T_{st} 的增大与下列电磁参数的变化有关，即 r_2' ↑、x_{1s} ↓和 x_{2s}' ↓	（1）适当地提高外加电压 U_1； （2）减小导条和端环的截面积； （3）减小每相电枢绕组的串联匝数； （4）减小定子槽的深度； （5）增加定子槽开口宽度； （6）增加磁路的饱和程度； （7）适当增加工作气隙 δ 的长度
最小转矩 T_{min}	增大异步电磁转矩 T_c 和减小发电制动转矩 T_g 来达到提高最小转矩的目的： （1）增大异步电磁转矩 T_c 的措施，即 r_1 ↓、x_1 ↓和 x_2' ↓； （2）减小发电制动转矩 T_g 的措施，即 E_0 ↓，x_q ↑，$k = x_q / x_d$ ↓	（1）减少每相电枢绕组的串联匝数，在槽满率允许的情况下，选择直径大一些的导线，以及采用合理的绕制工艺，尽可能地减小每相串联导线的平均总长度； （2）适当增大永磁体与转子铁心之间的安装气隙 $\Delta\delta$； （3）防止磁路的过度饱和
牵入转矩 T_{pi}	牵入转矩 T_{pi} 的增大与下列电磁参数的变化有关，即 r_1 ↓，x_{1s} ↓，r_2' ↓，x_{2s}' ↓	（1）减小每相电枢绕组的串联匝数和尽可能地缩短每相串联导线的平均总长度； （2）增大转子槽截面积和端环截面积； （3）转子槽形浅一些和宽一些，槽开口大一些； （4）工作气隙 δ 适当增大一些
失步转矩 T_{po}	稳态运行时的最大电磁转矩就是失步转矩 T_{po}，即 E_0 ↑，x_d ↓，$k = x_q / x_d$ ↑	（1）选用性能比较好的永磁体和（或者）增加永磁体的体积 V_m，增加永磁体的磁化方向的长度； （2）适当增大工作气隙 δ 和永磁体与转子铁心之间的安装气隙 $\Delta\delta$； （3）减小永磁体的空载漏磁系数 σ_0

续表

<table>
<tr><th>电动机性能</th><th>电磁参数</th><th>措施</th></tr>
<tr><td>功率因数 $\cos\varphi$</td><td rowspan="2">为了提高电动机正常运行时的功率因数 $\cos\varphi \approx 1$ 和效率 η：
尽可能地减小定子绕组的电阻 $r_1\downarrow$，调节 E_0/U_1 的比值，空载电流 $I_0\downarrow$，空载损耗 $P_0\downarrow$</td><td rowspan="2">（1）选用性能比较好的永磁体和（或者）增加永磁体的体积 V_m；
（2）减小永磁体的空载漏磁系数 σ_0；
（3）调节 $E_0/U_1\approx 1$；
（4）减小每相电枢绕组的串联匝数和尽可能地缩短每相串联导线的平均总长度；
（5）相对异步电动机而言，异步启动永磁同步电动机的工作气隙 δ 可以适当取大一些，在提高过载能力的同时，减小附加杂散损耗，要选择合适的极弧系数，使气隙主磁场的磁通密度的分布尽可能地接近于正弦波形，以便减小气隙主磁场内的高次谐波引起的损耗，合理选挥定转子之间的槽配合数和采取斜槽等措施，可以减小齿谐波引起的损耗；
（6）合理选用轴承和润滑油脂，并确保零部件的加工精度和装配精度，尽可能地减小机械损耗</td></tr>
<tr><td>效率 η</td></tr>
</table>

2.7 设 计 例 题

本例题是设计一台功率为 11kW 和转速为 1000r/min 的异步启动永磁同步电动机。设计由三部分组成：第一部分为永磁同步电动机的设计，第二部分为鼠笼式异步电动机的设计，第三部分为有限元仿真分析。

第一部分：永磁同步电动机

1）主要技术指标

（1）额定电压 U_H=380V。

（2）额定输出功率 P_H=11kW。

（3）额定电流 $I_{aN}\approx$18A。

（4）额定转速 n_N=1000r/min。

（5）额定输出力矩 $T_N=97\,500\,P_H/n_H=1\,072\,500$g·cm=105.15N·m。

（6）频率 f=50Hz。

（7）功率因数 $\cos\varphi\approx$0.98。

（8）效率 $\eta\approx$95%。

2）主要尺寸的决定和所需永磁体的体积的核算

（1）主要尺寸的决定。

$$\left[D_a^2 l_a\right]=\frac{6.1P'}{\alpha_\delta n_N k_\Phi k_W A B_\delta}\times 10^8$$

$$=\frac{6.1\times 11\,578.95}{0.78\times 1000\times 1.1\times 0.9408\times 200\times 7800}\times 10^8$$

$$=5609.07\ (\text{cm}^3)$$

式中：α_δ 是计算极弧系数，取 $\alpha_i \approx 0.78$；n_N 是额定转速，n_H =1000 r/min；k_W 是绕组系数，k_W =0.9408；k_Φ 是气隙磁场的波形系数，对于正弦分布的气隙磁场而言，取 $k_\Phi \approx 1.1$；A 是线负荷，$A \approx 200$ A/cm；B_δ 是气隙磁通密度，取 $B_\delta \approx 7800$ Gs；P' 是计算功率，$P' \approx P_H / \eta$ = 11 000/0.95=11 578.95 W。

在选定电枢内径 D_a =18cm 的情况下，可以求得电枢铁心的长度 l_a 为

$$l_a = \frac{[D_a^2 l_a]}{D_a^2} = \frac{5609.07}{18^2} = 17.31\text{（cm）}$$

取定子铁心的轴向长度 l_a =17.4 cm，转子铁心和永磁体的轴向长度 $l_r = l_m$ =17.6 cm。

（2）所需永磁体的体积的核算。

一台永磁同步电动机所需的永磁体的体积 $\hat{V}_m$ 与电动机的额定输出功率 P_{2N}、转速 n_N、永磁材料的剩磁 B_r 和矫顽力 H_c 等参数之间存在着如下的关系式：

$$\begin{aligned} V_m &= C_V \times \frac{P_{2N}}{f B_r H_c} \times 10^8 \\ &= 1.351 \times \frac{11\,000}{50 \times 12\,200 \times 9040} \times 10^8 = \frac{14\,861}{55.144} \\ &= 215.60\text{（cm}^3\text{）} \end{aligned}$$

其中

$$\begin{aligned} C_V &= \left(\frac{\sigma \tan \psi}{4.9333 \times \eta k_\Phi k_F} \right) \\ &= \frac{1.32 \tan 40^\circ}{4.9333 \times 0.95 \times 0.7 \times 0.25} \\ &= \frac{1.1076}{0.820} = 1.351 \end{aligned}$$

上述式中：C_V 被称为永磁体的体积系数；k_Φ 是磁通利用系数，$k_\Phi = \Phi_{m0} / \Phi_r$，$\Phi_{m0}$ 是在电动机空载条件下，永磁体发出的每极总磁通，Mx；Φ_r 是永磁体的每极总剩余磁通，Mx；现在暂取 $k_\Phi \approx 0.7$；k_F 是磁动势利用系数，$k_F = F_{adN} / F_c$（F_{adN} 是在额定负载条件下，一对磁极的电枢反应的直轴分量，A；F_c 是在一对磁极的磁路上永磁体具有的总矫顽磁动势，A），现在暂取 $k_F \approx 0.25$；σ 是永磁体的漏磁系数，现在暂取 $\sigma \approx 1.32$；P_{2N} 是电动机的额定输出功率，P_{2N} =11 000W；f 是频率，$f = pn / 60$ =50 Hz；永磁体采用 38SH 型烧结 NdFeB 永磁材料，B_r =12 200 Gs；H_c =11 300 Oe=9040 A/cm；ψ 是内功率因数角，现在暂取 $\psi \approx 40^\circ$；η 是电动机的效率，现在暂取 $\eta \approx 0.95$。

考虑到实际电动机铁心的饱和程度、实际采用的软磁材料的磁化曲线和永磁材料的去磁特性曲线与手册上提供的标准曲线之间的偏差以及上述各种经验系数（如 σ、k_Φ、k_F、ψ 和 η 效率等）的取值的不确定性等因素。为了可靠起见，实际永磁体的体积取上述估算值的 1.2 倍，即为

$$\hat{V}_m = 1.2 V_m = 1.2 \times 269.49 = 323.39\text{（cm}^3\text{）}$$

然后，每一个磁极的永磁体的估算体积 $\hat{V}_{mp}$ 为

$$\hat{V}_{mp} = \frac{\hat{V}_m}{2p} = \frac{323.39}{2 \times 3} = 53.8983\text{（cm}^3\text{）}$$

3）磁路系统的结构设计

为了进行磁路计算，必须首先在磁路分析的基础上，根据电动机的主要尺寸、有关技术要求和经验数据，确定磁路系统各部分的几何形状和尺寸，然后进行磁路计算。

【定子方面的尺寸】

本电动机的定子冲片选用 Y2-160-6 感应异步电动机的定子冲片，其与槽形的主要尺寸如图 2.7.1 所示。定子冲片材料选用 DW350-50。

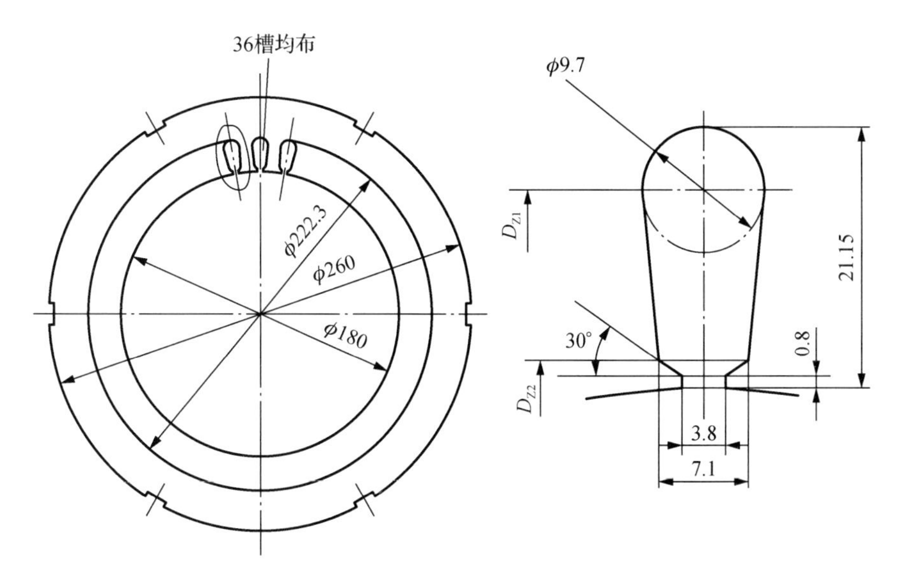

图 2.7.1　定子冲片与槽形的主要尺寸

（1）磁极数 $2p=6$。

（2）定子齿数 $Z=36$。

（3）电枢铁心外径 $D_{aj}=260$ mm。

（4）电枢铁心内径 $D_a=180$ mm。

（5）电枢铁心的轴向长度 $l_a=174$ mm。

（6）定子极距 $\tau=\dfrac{\pi D_a}{2p}=\dfrac{\pi\times 18}{2\times 3}=9.4248$（cm）。

（7）定子齿距 $t_{Z1}=\dfrac{\pi D_a}{z}=\dfrac{\pi\times 18.0}{36}=1.5708$（cm）。

（8）槽底圆的直径 $d_1=9.7$ mm。

（9）槽底圆的外切圆的直径 $D_\Pi=222.3$ mm。

（10）通过槽底圆圆心的圆的直径 D_{Z1} 为

$$D_{Z1}=D_\Pi-d_1=222.3-9.7=212.6\text{（mm）}$$

（11）电枢铁心的轭部高度 h_{aj} 为

$$h_{aj}=h_{sj}=\frac{D_{aj}-D_\Pi}{2}=\frac{26-22.23}{2}=1.885\text{（cm）}$$

（12）电枢铁心轭部沿磁路方向一对磁极的平均长度 L_{aj} 为

$$L_{aj}=\frac{\pi\left(D_{aj}-h_{aj}\right)}{2p}+h_{aj}=\frac{\pi\times\left(26-1.885\right)}{2\times3}+1.885=14.5116\text{（cm）}$$

（13）定子齿宽 b_{aZ} 为

$$b_{aZ}=\frac{\pi D_{Z1}}{Z}-d_1=\frac{\pi\times21.26}{36}-0.97=0.8853\text{（cm）}$$

（14）定子齿高 h_{aZ} 为

$$h_{aZ}=\frac{D_{\Pi}-D_a}{2}=\frac{22.23-18}{2}=2.115\text{（cm）}$$

（15）槽部梯形的上底宽度 b_2=7.1 mm。

（16）槽部梯形的下底宽度 $b_1=d_1$=9.7 mm。

（17）槽开口宽度 b_{01}=3.8 mm。

（18）槽部梯形顶（上底）的计算直径 D_{Z2} 为

$$D_{Z2}=D_a+2\times\left(0.8+\frac{7.1-3.8}{2}\tan30^\circ\right)$$

$$=180+2\times\text{（}0.8+1.65\times\tan30^\circ\text{）}$$

$$=183.5053\text{（mm）}$$

（19）梯形的高度 h_s 为

$$h_s=\frac{D_{Z1}-D_{Z2}}{2}=\frac{212.6-183.5053}{2}=14.5474\text{（mm）}$$

（20）槽截面积 S_{Π} 为

$$S_{\Pi}=\frac{\pi d_1^2}{8}+\frac{b_1+b_2}{2}\times h_s$$

$$=\frac{\pi\times9.7^2}{8}+\frac{9.7+7.1}{2}\times14.5474$$

$$=159.1473\text{（mm}^2\text{）}$$

【转子方面的几何尺寸】

转子磁轭冲片选用 DW350-50，转子永磁体选用 38SH 型烧结钕铁硼。转子冲片的主要几何尺寸和形状示于图 2.7.2 中。

（1）转子冲片外圆直径 D_{ro}=177.6 mm（在制作转子冲片时，其外径尺寸要留有一定余量，待转子冲片被叠装成转子铁心和铸铝后，再把它的外圆尺寸切削到 177.6 mm）。

（2）转子铁心的轴向长度 l_r=176 mm。

（3）单边气隙长度 δ=1.2 mm。

（4）转子冲片的内径 D_{ri}=60 mm。

（5）转子齿数 Z_2=42。

（6）转子齿距 $t_{Z2}=\frac{\pi D_{ro}}{Z_2}=\frac{\pi\times177.6}{42}$=13.2844（mm）=1.3284 cm。

（7）转子齿高 h_{Z2}=6.0 mm。

（8）鼠笼导条槽的槽底定位节圆的直径 D_{rs} 为

$$D_{rs}=D_{ro}-2h_{Z2}=177.6-12=165.6\text{（mm）}$$

（9）鼠笼导条槽开口宽度 b_{02}=1.2 mm。

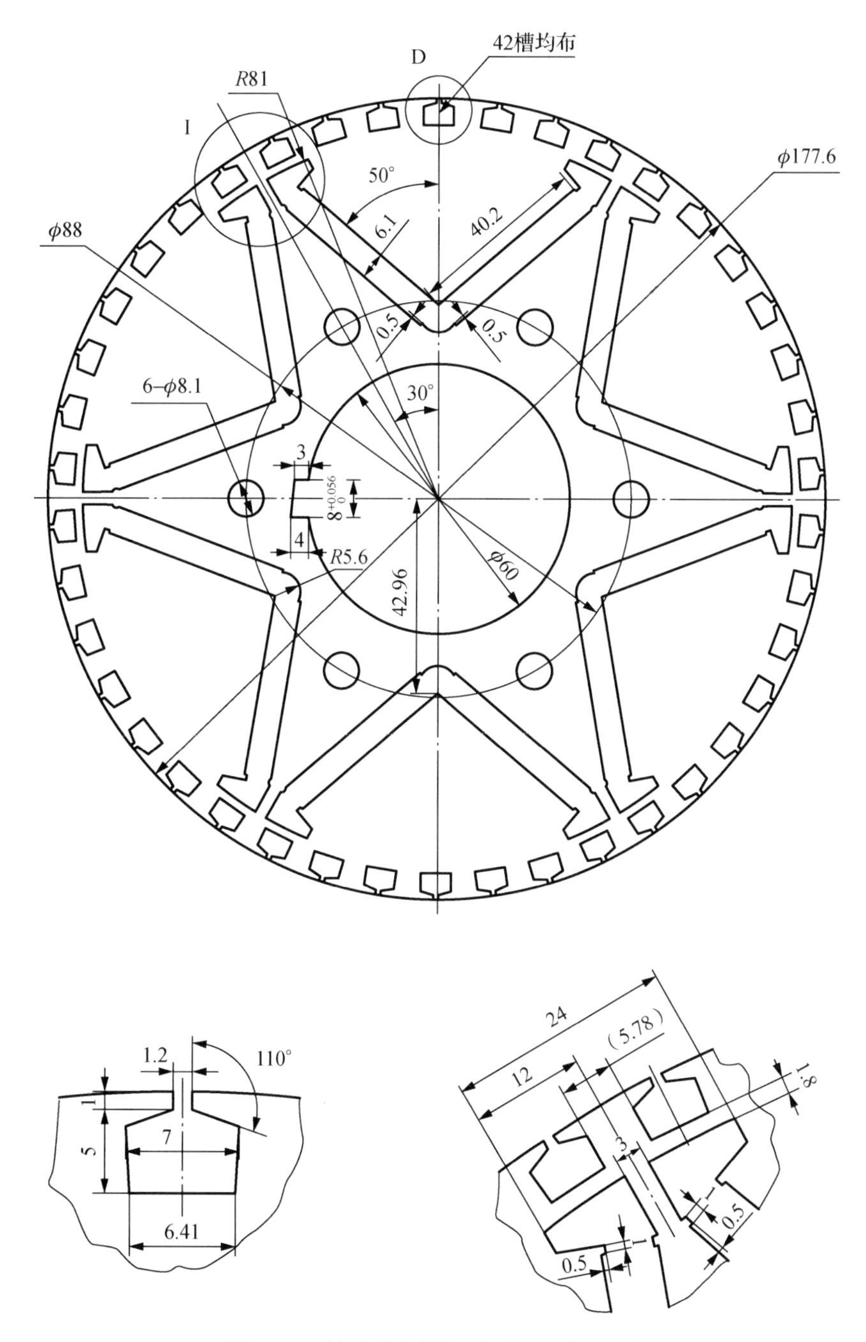

图 2.7.2　转子冲片的主要几何尺寸和形状

（10）鼠笼导条槽开口高度 h_{02} =1.0 mm。

（11）鼠笼导条槽的顶部宽度 b_{n1} =7.0 mm。

（12）鼠笼导条槽的底部宽度 b_{n2} =6.41 mm。

（13）转子齿宽 $b_{Z2}=\dfrac{\pi D_{rs}}{Z_2}-b_{n2}=\dfrac{\pi\times 165.6}{42}-6.41=5.9769$（mm）。

（14）永磁体的尺寸。

每台电动机采用 48 块同一种规格的 38SH 型 NdFeB 烧结稀土永磁体，转子永磁体的尺寸如图 2.7.3 所示：h_m=6.0 mm，b_{mi}=40 mm，l_{mi}=44 mm，每块永磁体的中性截面积 $S_{mi}=b_{mi}\times l_{mi}$=4.0×4.4=17.6（cm²）。每个磁极的永磁体由 8 块上述的永磁体拼接而成：$l_m=l_r=4l_{mi}$=4×44=176（mm），$b_m=2b_{mi}$=2×40=80（mm），如图 2.7.3（b）所示。

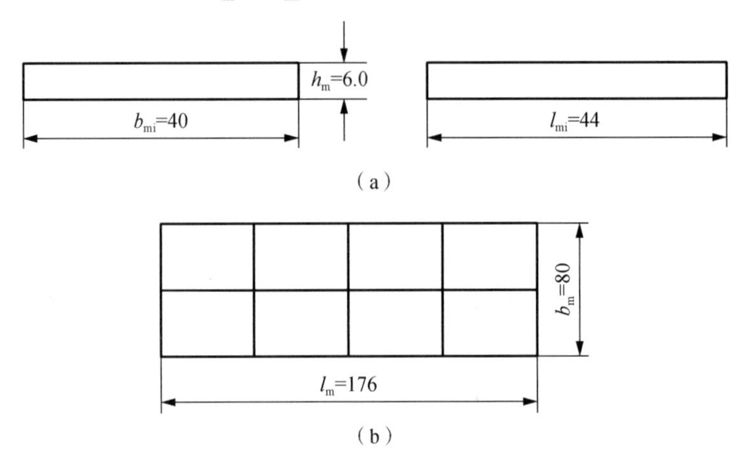

图 2.7.3　转子永磁体的尺寸

（15）每极永磁体的中性截面积 S_M 为

$$S_M=l_m b_m=17.6\times 8=140.8\ (\text{cm}^2)$$

（16）永磁体沿磁路方向一对磁极的平均长度 L_M 为

$$L_M=2h_m=2\times 0.6=1.2\ (\text{cm})$$

（17）每一个磁极的永磁体的体积 V_{mp} 为

$$V_{mp}=S_M\times h_{m1}=140.8\times 0.6=84.48\ (\text{cm}^3)$$

$$V_{mp}=84.48\ \text{cm}^3>\hat{V}_{mp}=53.8983\ (\text{cm}^3)$$

（18）转子铁心（冲片）上，镶嵌永磁体的矩形槽孔的尺寸为

槽高 $h_{m\Pi}$=6.1 mm，槽宽 $b_{m\Pi}$=40.2 mm

（19）转子冲片上共有 6 个螺栓孔，它们的直径均为 d_b=8.1 mm，它们的圆心均布在直径 D_{b1}=88 mm 的定位圆上（螺栓孔的数量、尺寸和分布也可以由工厂根据具体情况决定）。

4）磁路计算（空载特性曲线计算）

电动机的每个磁极由 2 条永磁体组成，每极产生的空载气隙磁通为 $\Phi_{\delta 0}$。电动机内永磁体发出的磁通的简化路径如图 2.7.4（a）和（b）所示，其相应的简化等效磁路如图 2.7.4（c）所示。

永磁体外磁路的空载特性曲线 $\Phi_m=f_0(F_m)$ 计算如下。

（1）气隙磁通密度 $B_{\delta 0}$ 为

$$B_{\delta 0}=\frac{\Phi_{\delta 0}}{\alpha_i \tau l_\delta}=\frac{\Phi_{\delta 0}}{0.78\times 9.4248\times 17.5}=\frac{\Phi_{\delta 0}}{128.6485}\ (\text{Gs})$$

或

$$\Phi_{\delta 0}=128.6485\,B_{\delta 0}\ \text{（Mx）}$$

$$l_\delta=\frac{l_\mathrm{a}+l_\mathrm{r}}{2}=\frac{17.4+17.6}{2}=17.5\ \text{（cm）}$$

式中：α_i 是计算极弧系数，取 $\alpha_\mathrm{i}=0.78$；$\tau=9.4248$ cm；l_δ 是气隙的轴向计算长度。

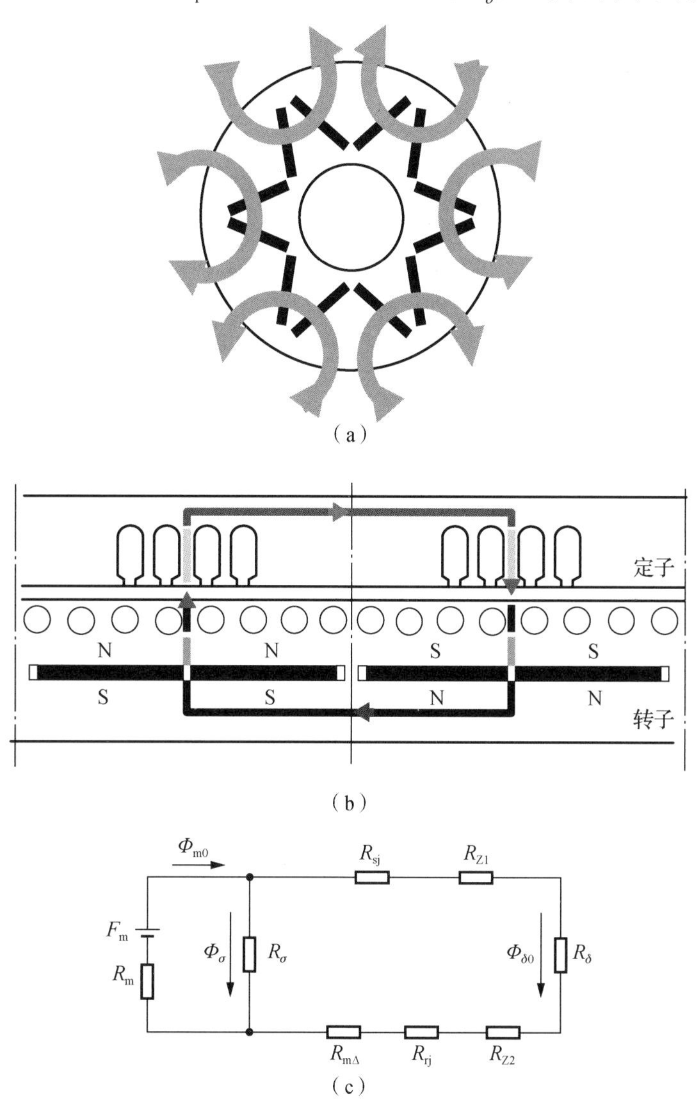

R_m：永磁体的内磁阻；R_{Z2}：转子齿部磁阻；R_δ：工作气隙的磁阻；F_m：永磁体提供的磁势；R_rj：转子轭部磁阻；R_sj：定子轭部磁阻；R_{Z1}：定子齿部磁阻；$R_{\mathrm{m}\Delta}$：永磁体与转子铁心之间的装配气隙的磁阻；R_σ：转子永磁体的漏磁阻。

图 2.7.4　磁通的简化路径和等效磁路

（2）气隙磁动势 F_δ 为

$$\begin{aligned}F_\delta&=1.6\,\delta k_\delta B_{\delta 0}\\&=1.6\times0.12\times1.1476\times B_{\delta 0}\\&=0.2203\,B_{\delta 0}\ \text{（A）}\end{aligned}$$

$$k_\delta = k_{\delta 1}\ k_{\delta 2} = 1.1275 \times 1.017\,85 = 1.1476$$

$$\begin{aligned} k_{\delta 1} &= \frac{t_{Z1}(4.4\delta + 0.75b_{01})}{t_{Z1}(4.4\delta + 0.75b_{01}) - b_{01}^2} \\ &= \frac{1.5708 \times (4.4 \times 0.12 + 0.75 \times 0.38)}{1.5708 \times (4.4 \times 0.12 + 0.75 \times 0.38) - 0.38^2} \\ &= 1.1275 \end{aligned}$$

$$\begin{aligned} k_{\delta 2} &= \frac{t_{Z2}(4.4\delta + 0.75b_{02})}{t_{Z2}(4.4\delta + 0.75b_{02}) - b_{02}^2} \\ &= \frac{1.3284 \times (4.4 \times 0.12 + 0.75 \times 0.12)}{1.3284 \times (4.4 \times 0.12 + 0.75 \times 0.12) - 0.12^2} \\ &= 1.017\,85 \end{aligned}$$

式中：t_{Z1}是定子齿距，t_{Z1}=1.5708 cm；t_{Z2}是转子齿距，t_{Z2}=1.3284 cm；b_{01}是定子槽开口宽度，b_{01}=0.38 cm；b_{02}是转子槽开口宽度，b_{02}=0.12 cm。

（3）定子齿部磁通密度B_{Z1}为

$$B_{Z1} = \frac{t_{Z1}}{b_{Z1}k_{Fe}} \cdot B_{\delta 0} = \frac{1.5708}{0.8853 \times 0.96} B_{\delta 0} = 1.8482\, B_{\delta 0} \quad (\text{Gs})$$

式中：t_{Z1}=1.5708 cm；b_{Z1}=0.8853 cm；$k_{Fe}\approx$0.96。

（4）定子齿部磁动势F_{Z1}为

$$F_{Z1} = 2\,h_{Z1}\ H_{Z1} = 2 \times 2.115\, H_{Z1} = 4.23\, H_{Z1} \quad (\text{A})$$

式中：h_{Z1}为定子齿高，$h_{Z1} \approx h_{aZ}$=2.115 cm；H_{Z1}为电枢齿部的磁场强度，A/cm。根据B_{Z1}的数值，在DW350电工钢片的磁化曲线上可以查得H_{Z1}的数值。

（5）定子轭部的磁通密度B_{aj}为

$$B_{aj} = \frac{\Phi_{\delta 0}}{2l_a h_{aj} k_{Fe}} = \frac{128.6485 B_{\delta 0}}{2 \times 17.4 \times 1.885 \times 0.96} = 2.042\,88\, B_{\delta 0} \quad (\text{Gs})$$

式中：l_a是电枢铁心的长度，l_a=17.4 cm；h_{aj}是电枢轭部高度，h_{aj}=1.885 cm。

（6）定子轭部的磁动势F_{aj}为

$$F_{aj} = L_{aj}\ H_{sj} = 14.5116\, H_{sj} \quad (\text{A})$$

式中：L_{aj}是定子铁心轭部沿磁路方向一对磁极的平均长度，L_{aj}=14.5116 cm；H_{sj}为电枢轭部的磁场强度，A/cm，根据B_{sj}的数值，在DW350电工钢片的磁化曲线上可以查得H_{sj}的数值。

（7）转子齿部磁通密度B_{Z2}为

$$B_{Z2} = \frac{t_{Z2}}{b_{Z2}k_{Fe}} \cdot B_{\delta 0} = \frac{1.3284}{0.5977 \times 0.96} \times B_{\delta 0} = 2.3151\, B_{\delta 0} \quad (\text{Gs})$$

式中：t_{Z2}是转子齿距，t_{Z2}=1.3284 cm；b_{Z2}是转子齿宽，b_{Z2}=0.5977 cm。

（8）转子齿部的磁动势F_{Z2}为

$$F_{Z2} = 2\,h_{Z2}\ H_{Z2} = 2 \times 0.6 \times H_{Z2} = 1.2\, H_{Z2} \quad (\text{A})$$

式中：h_{Z2}是转子齿部的计算高度，h_{Z2}=6.0 mm；H_{Z2}是转子齿部的磁场强度，A/cm。根据B_{Z2}的数值，在DW350电工钢片的磁化曲线上可以查得H_{Z2}的数值。

（9）转子轭部的磁通密度 B_{rj} 为

$$B_{rj}=\frac{\Phi_{\delta 0}}{2h_{rj}l_r k_{Fe}}=\frac{128.6485B_{\delta 0}}{2\times 4\times 17.6\times 0.96}=0.9518\,B_{\delta 0}\ （Gs）$$

式中：h_{rj} 是转子轭部的平均计算高度，$h_{rj}\approx b_m=4.0$ cm；$l_r=17.6$ cm。

（10）转子轭部的磁动势 F_{rj} 为

$$F_{rj}=L_{rj}\,H_{rj}=10.5764\,H_{rj}\ （A）$$

$$L_{rj}\approx\frac{\pi\left[\left(D_{ro}-2h_{Z2}\right)-h_{rj}\right]}{2p}+h_{rj}$$

$$=\frac{\pi\times\left[\left(17.76-2\times 0.6\right)-4\right]}{2\times 3}+4$$

$$=10.5764\ （cm）$$

式中：L_{rj} 是转子铁心轭部沿着磁场方向一对磁极的平均长度；H_{rj} 是转子轭部的磁场强度，A/cm。

根据 B_{rj} 的数值，在 DW350 电工钢片的磁化曲线上可以查得 H_{rj} 的数值。

（11）永磁体与转子铁心接合处的磁动势 $F_{m\Delta}$ 为

$$F_{m\Delta}=1.6\times\Delta_\delta B_{rj}=1.6\times 0.02\times B_{rj}=0.032\,B_{rj}\ （A）$$

式中：Δ_δ 为两块永磁体与转子铁心之间的安装气隙，$\Delta_\delta=2\times(h_{m\Pi}-h_m)\approx 2\times(0.61-0.60)=0.02$（cm）。

（12）电动机空载时消耗在外磁路（相对永磁体而言）上的总磁动势 F_m 为

$$F_m=\sum F=F_\delta+F_{Z1}+F_{sj}+F_{Z2}+F_{rj}+F_{m\Delta}\ （A）$$

（13）电动机空载时永磁体向外磁路发出的总磁通 Φ_{m0} 为

$$\Phi_{m0}=\sigma_0\Phi_{\delta 0}=1.32\,\Phi_{\delta 0}\ （Mx）$$

式中：σ_0 是永磁体的漏磁系数，$\sigma_0\approx 1.32$。

上述计算结果列于表 2.7.1。根据表 2.7.1 的数据，可以在图 2.7.5 所示的磁铁工作图上画出永磁体外磁路的空载特性曲线 $\Phi_m=f_0(F_m)$。

表 2.7.1　空载特性曲线 $\Phi_m=f_0(F_m)$ 的计算（一对磁极）

名称	计算点				
	1	2	3	4	5
气隙磁通 $\Phi_{\delta 0}$ /Mx	514 594	643 243	771 891	900 540	1 029 188
气隙磁通密度 $B_{\delta 0}$ /Gs	4 000	5 000	6 000	7 000	8 000
气隙磁势 F_δ /A	881.2	1 101.5	1 321.8	1 542.1	1 762.4
定子齿部磁通密度 B_{Z1} /Gs	7 393	9 241	11 089	12 937	14 786
定子齿部磁场强度 H_{Z1} /（A/cm）	0.69	0.91	1.32	2.3	9.0
定子齿部磁势 F_{Z1} /A	2.918 7	3.849 3	5.583 6	9.729	38.07
定子轭部磁通密度 B_{aj} /Gs	8 172	10 214	12 257	14 300	16 343

续表

名称	计算点				
	1	2	3	4	5
定子轭部磁场强度 H_{aj} /（A/cm）	0.78	1.10	1.80	5.40	37
定子轭部磁势 F_{aj} /A	11.319 0	15.962 8	26.120 9	78.362 6	536.929 2
转子齿部磁通密度 B_{Z2} /Gs	9 260	11 576	13 891	16 206	18 521
转子齿部磁场强度 H_{Z2} /A/cm	0.92	1.46	3.9	32	≈173
转子齿部磁势 F_{Z2} /A	1.104	1.752	4.68	38.4	207.6
转子轭部磁通密度 B_{rj} /Gs	3 807	4 759	5 711	6 663	7 614
转子轭部磁场强度 H_{rj} /（A/cm）	0.43	0.49	0.55	0.64	0.73
转子轭部磁势 F_{rj} /A	4.547 9	5.182 4	5.817 0	6.768 9	7.720 8
永磁体与转子铁心之间的接合磁势 $F_{m\Delta}$ /A	121.824	152.288	182.752	213.216	243.648
转子永磁体外磁路的总磁势 $\sum F$ /A	1 022.91	1 280.53	1 546.75	1 888.58	2 796.35
转子永磁体外磁路的总磁通 Φ_{m0} /Mx	679 264	849 080	1 018 896	1 188 712	1 358 528

注：1T=10 000 Gs。

（14）永磁体的去磁曲线的制作。

把永磁体的去磁曲线从 B-H 平面换算到 Φ-F 平面，便可以得到 Φ-F 平面内的永磁体的去磁曲线 $\Phi_m = f_D(F_m)$（表 2.7.2）。本例题永磁体采用 38SH 型 NdFeB 烧结永磁材料，B_r =12 200 Gs，H_c =11 300 Oe。去磁曲线的换算结果如表 2.7.2 所列。根据表 2.7.2 的数据，可以在图 2.7.5 所示的磁铁工作图上画出永磁体的去磁特性曲线 $\Phi_m = f_D(F_m)$。

表 2.7.2　永磁体的去磁曲线 $\Phi_m = f_D(F_m)$

名称	计算点					
	1	2	3	4	5	6
B_m /Gs	12 200	—	—	—	—	0
H_m /Oe	0	—	—	—	—	11 300
Φ_m /Mx	1 717 760	—	—	—	—	0
F_m /A	0	—	—	—	—	10 848

注：$\Phi_m = S_M B_m$ =140.8 B_m （Mx）；

F_m =0.8 $L_M H_m$ =0.8×1.2× H_m =0.96 H_m （A）。

（15）工作气隙内的估算磁通。

在磁铁工作图 2.7.5 上，永磁体外磁路的空载特性曲线 $\Phi_{m0} = f_0$（F_m）和永磁体本身的去磁曲线 $\Phi_m = f_D$（F_m）的交点 P 点是电动机磁路系统的空载工作点。根据空载工作点，可以求得空载条件下永磁体发出的磁通和工作气隙内的磁通，它们分别为 Φ_{m0} ≈1 340 000 Mx；$\Phi_{\delta 0}$ ≈1 015 152 Mx；$B_{\delta 0}$ ≈7890 Gs。

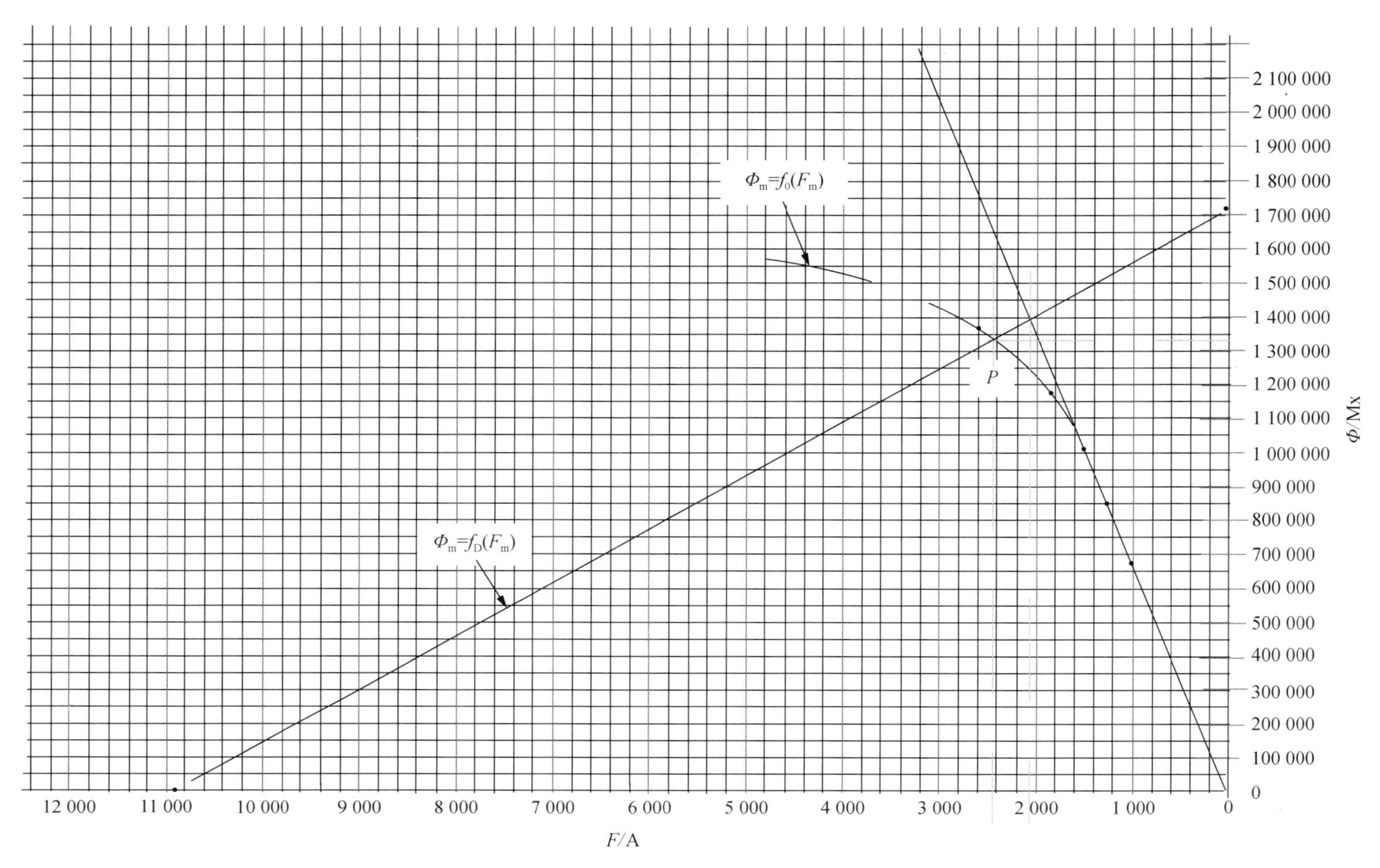

Φ/Mx
2 100 000
2 000 000
1 900 000
1 800 000
1 700 000
1 600 000
1 500 000
1 400 000
1 300 000
1 200 000
1 100 000
1 000 000
900 000
800 000
700 000
600 000
500 000
400 000
300 000
200 000
100 000
0
12 000
11 000
10 000
9 000
8 000
7 000
6 000
5 000
4 000
3 000
2 000
1 000
0
F/A
P
Φm=f0(Fm)
Φm=fD(Fm)

图 2.7.5　磁铁工作图

5）电枢绕组设计

电枢绕组的设计主要包括电枢绕组的基本结构、电枢绕组的反电势星形图、电枢绕组的连接和绕组系数 k_{W1} 的计算等。

（1）电枢绕组的基本结构。

相数 $m=3$，磁极数 $2p=6$ 和槽数 $Z_1=36$。

（2）每极每相槽数 q，即

$$q=\frac{Z_1}{2pm}=\frac{36}{6\times 3}=2$$

（3）反电动势星形图。

相邻两槽之间的机械夹角：

$$\theta_m=360°/36=10°$$

相邻两槽之间的电气夹角：

$$\theta_e=p\theta_m=30°$$

定子 36 个槽号所对应的空间电气角位置列于表 2.7.3。根据表 2.7.3，可以画出电枢绕组的反电动势星形图，如图 2.7.6 所示。

表 2.7.3　槽号所对应的空间电气角位置

槽号	1	2	3	4	5	6	7	8	9
空间角位置/（°）	0	30	60	90	120	150	180	210	240
槽号	10	11	12	13	14	15	16	17	18
空间角位置/（°）	270	300	330	360（0）	30	60	90	120	150
槽号	19	20	21	22	23	24	25	26	27
空间角位置/（°）	180	210	240	270	300	330	360（0）	30	60
槽号	28	29	30	31	32	33	34	35	36
空间角位置/（°）	90	120	150	180	210	240	270	300	330

（4）电枢绕组展开图。

电枢绕组采用双层短距分布绕组，极距 $\tau=Z/2p=36/6=6$。电枢采用短距绕组，短一个齿距，绕组线圈的节距 $y_1=5$。

在此情况下，组成绕组的每一个线圈的节距为 5，例如 A 相第 1 个线圈的一条边在第 1 号槽的上层，而它的另一条边在第 6 号槽的下层，这个线圈以［1-（6）］表示，“1”代表这个线圈的上层边，“（6）”代表这个线圈的下层边。同样，A 相第 2 个线圈的一条边在第 2 号槽的上层，而它的另一条边在第 7 号槽的下层，这个线圈以［2-（7）］表示，“2”代表这个线圈的上层边，“（7）”代表这个线圈的下层边。第 1 个线圈和第 2 个线圈头尾串联，成为 A 相电枢绕组的一个磁极（例如 N 极）下的第 1 个线圈组；第 3 个线圈［7-（12）］和第 4 个线圈［8-（13）］是另一个磁极（例如 S 极）下面的两个线圈，它们先相互头尾串联成第 2 个线圈组；第 1 个线圈组与第 2 个线圈组尾尾串联成第 1 个磁极对下面的 1 个线圈组。按同样的连接规则，由［13-（18）］、［14-（19）］、［19-（24）］、［20-（24）］4 个线圈和

[25-（30）]、[26-（31）]、[31-（36）]、[32-（25）] 4 个线圈分别串联成另外两个磁极对下面的两个线圈组。最后把 3 个磁极（ $p=3$）对下面的 3 个组线圈串联成 A 相电枢绕组。B 相和 C 相也是如此。这样，定子 A、B 和 C 三相电枢绕组的连接列于表 2.7.4，对应的电枢绕组的展开图示于图 2.7.7。

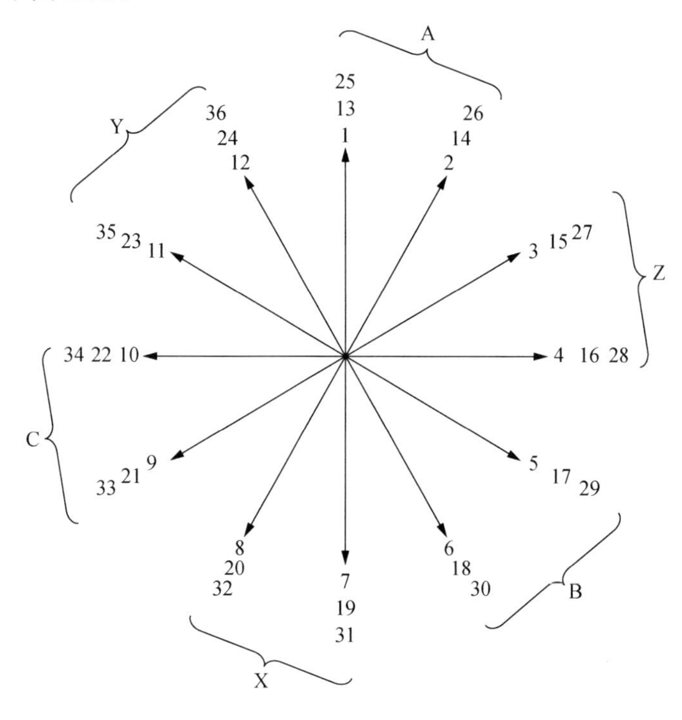

图 2.7.6　反电动势星形图

表 2.7.4　定子 A、B 和 C 三相电枢绕组的连接

内容	线圈的连接	相位
A 相电枢绕组	头 [1-（6）] 尾→头 [2-（7）] 尾→尾 [7-（12）] 头→尾 [8-（13）] 头→	X
	→头 [13-（18）] 尾→头 [14-（19）] 尾→尾 [19-（24）] 头→尾 [20-（24）] 头→	
	→头 [25-（30）] 尾→头 [26-（31）] 尾→尾 [31-（36）] 头→尾 [32-（25）] 头→	
B 相电枢绕组	头 [5-（10）] 尾→头 [6-（11）] 尾→尾 [11-（16）] 头→尾 [12-（17）] 头→	Y
	→头 [17-（22）] 尾→头 [18-（23）] 尾→尾 [23-（28）] 头→尾 [24-（29）] 头→	
	→头 [29-（34）] 尾→头 [30-（35）] 尾→尾 [35-（4）] 头→尾 [36-（5）] 头→	
C 相电枢绕组	头 [9-（14）] 尾→头 [10-（15）] 尾→尾 [15-（20）] 头→尾 [16-（21）] 头→	Z
	→头 [21-（26）] 尾→头 [22-（27）] 尾→尾 [27-（32）] 头→尾 [28-（33）] 头→	
	→头 [33-（2）] 尾→头 [34-（3）] 尾→尾 [3-（8）] 头→尾 [4-（9）] 头→	

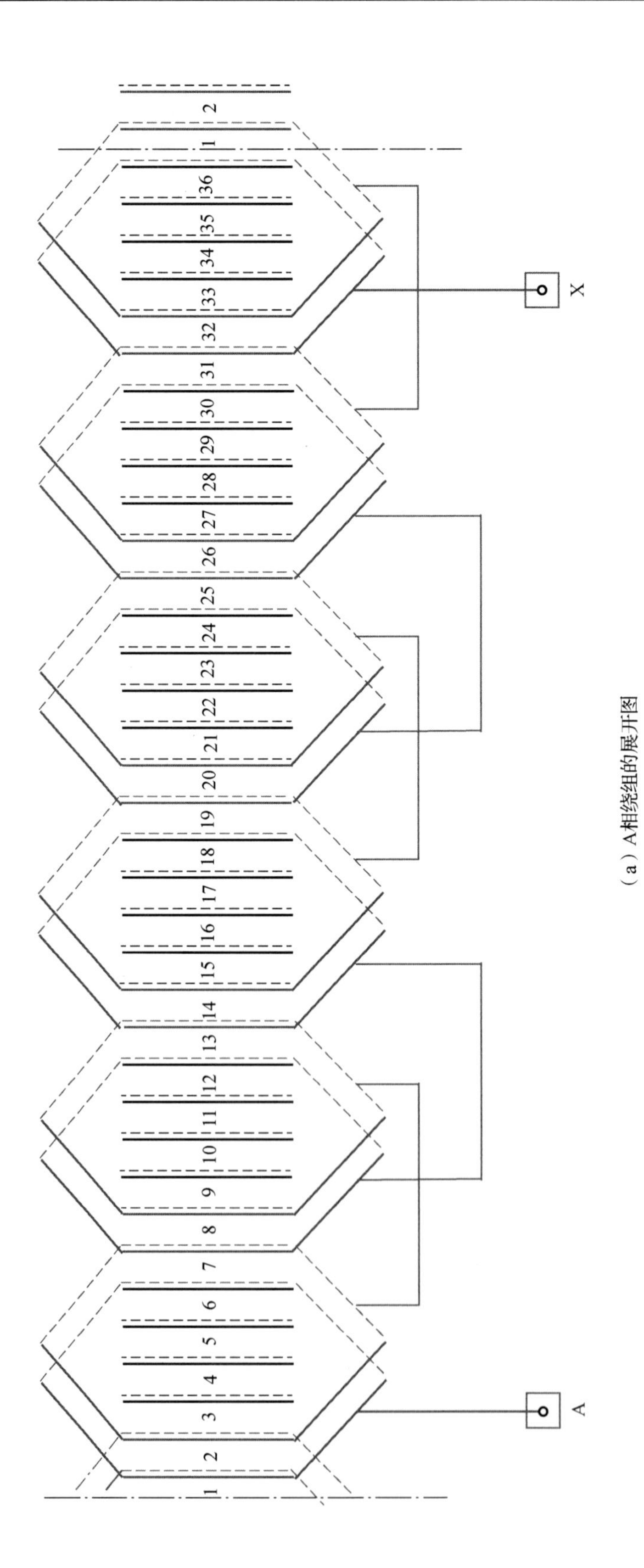

（a）A相绕组的展开图

图 2.7.7　A、B 和 C 相绕组的展开图

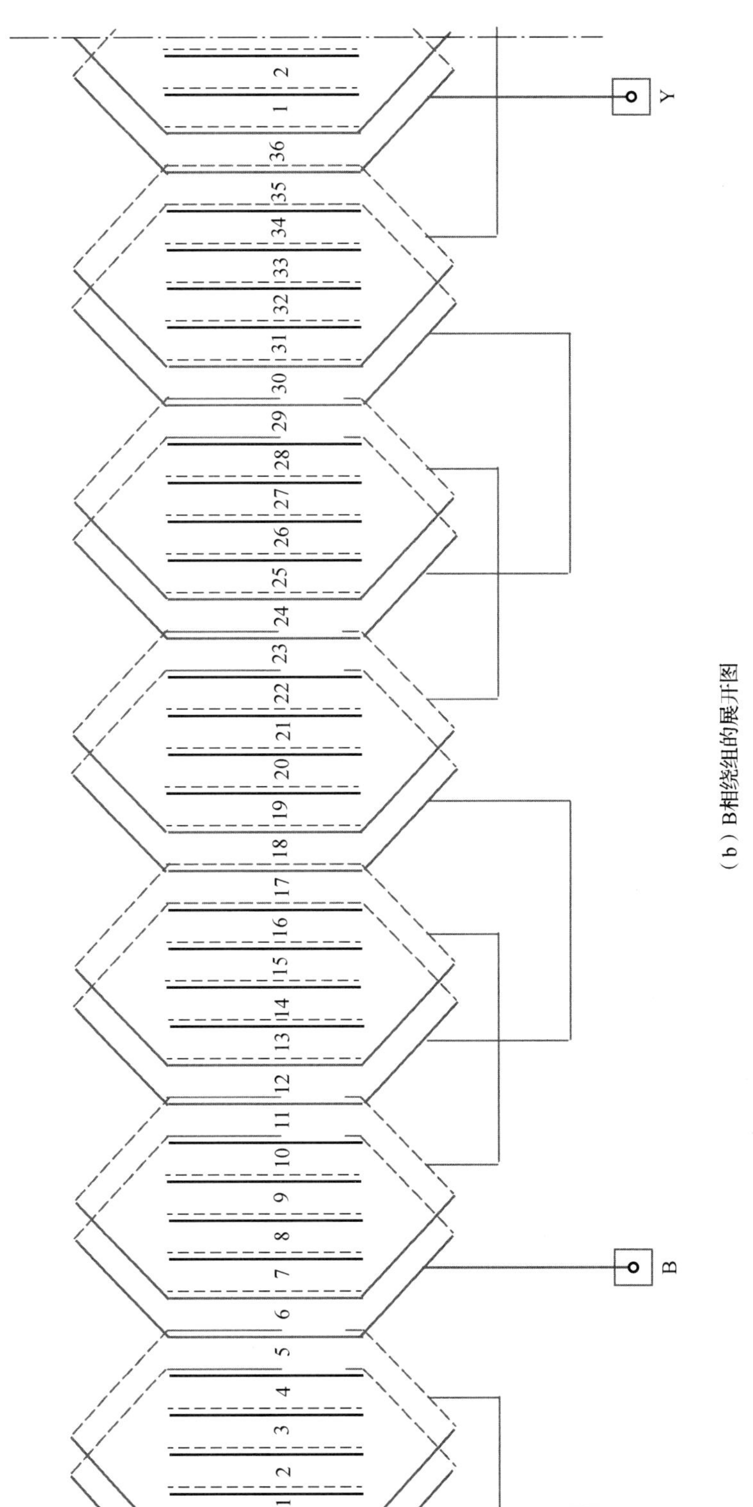

（b）B相绕组的展开图

图 2.7.7 （续）

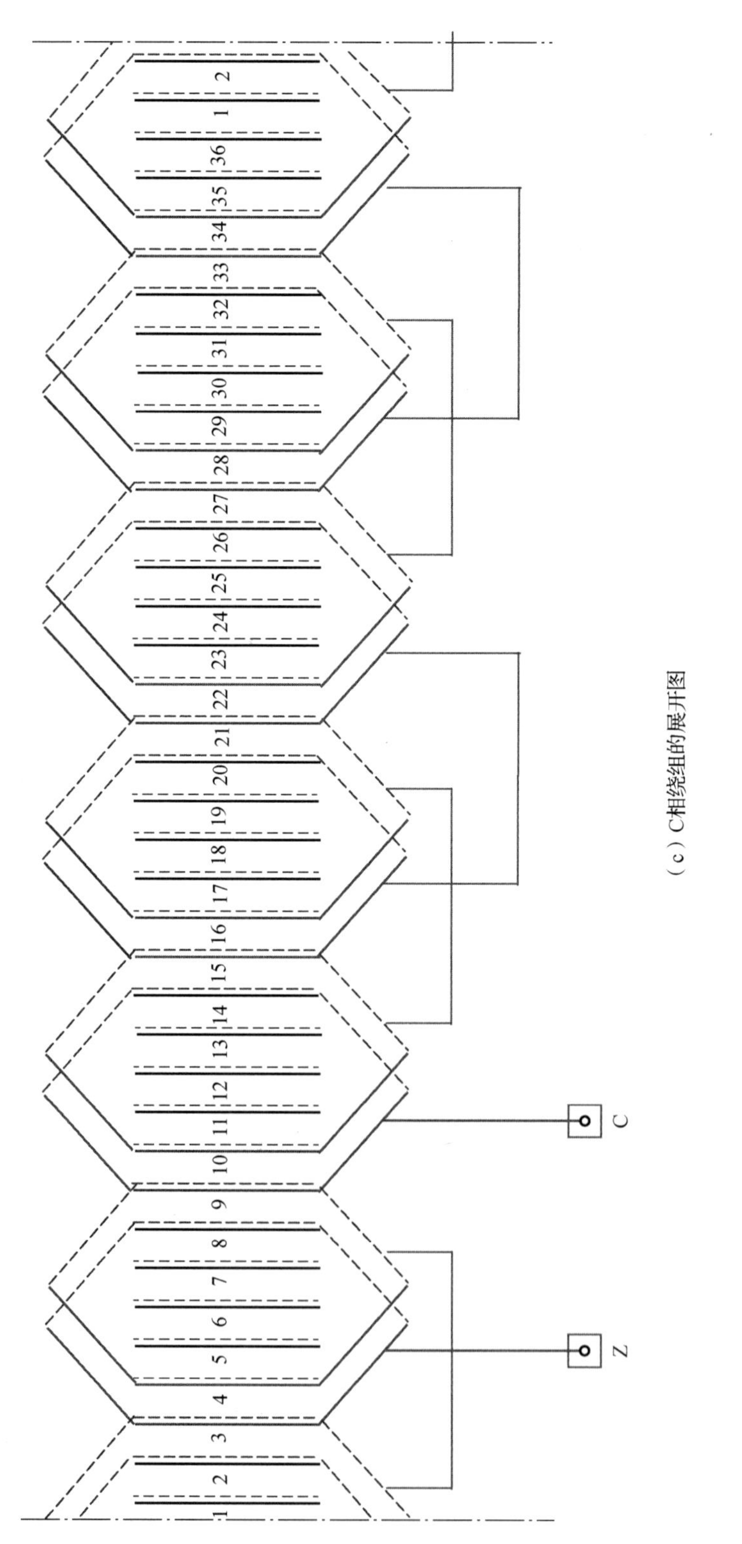

（c）C相绕组的展开图

图 2.7.7 （续）

（5）基波绕组系数 k_{W1} 为

$$k_{W1}=k_{y1}\ k_{p1}\ k_{ck}=0.9659\times0.9660\times0.9885=0.9223$$

其中

$$k_{y1}=\cos\frac{\beta}{2}=\cos\frac{\tau-y_1}{2\tau}\times180^\circ=\cos\frac{6-5}{12}\times180^\circ=\cos15^\circ=0.9659$$

$$k_{p1}=\frac{\sin q\dfrac{\alpha}{2}}{q\sin\dfrac{\alpha}{2}}=\frac{\sin\dfrac{2\times30^\circ}{2}}{2\sin\dfrac{30^\circ}{2}}=\frac{\sin30^\circ}{2\sin15^\circ}=\frac{0.5}{0.5176}=0.9660$$

$$k_{ck1}=\frac{\sin\dfrac{t_1}{\tau}\cdot\dfrac{\pi}{2}}{\dfrac{t_1}{\tau}\cdot\dfrac{\pi}{2}}=\frac{\sin\dfrac{1}{6}\times90^\circ}{\dfrac{1}{6}\times\dfrac{\pi}{2}}=\frac{0.2588}{0.2618}=0.9885$$

式中：k_{y1} 是电枢绕组的基波短矩系数；β 是基波的短矩角，$\beta=30^\circ$；k_{p1} 是电枢绕组的基波分布系数；α 是相邻两槽之间的电气夹角，$\alpha=\theta_e=30^\circ$；k_{ck} 是斜槽系数；t_1 是扭斜的齿距，当定子铁心扭斜一个齿距时，$t_1=1$。

（6）电枢绕组每相串联匝数估算值 $\hat{w}_\Phi$。

根据表 2.7.4 给出的定子 A、B 和 C 三相电枢绕组的连接和图 2.7.7 所展示的电枢线圈的连接图，可知每相定子绕组由 $s=12$ 个线圈串联而成。在此条件下，首先，计算电枢绕组的每相串联匝数。

众所周知，电动机空载时，每相反电动势有效值 E_0 为

$$E_0=4.44f_1\hat{w}_\Phi k_{W1}\Phi_{\delta0}\times10^8$$

由此，电枢绕组每相串联匝数估算值 $\hat{w}_\Phi$ 为

$$\hat{w}_\Phi=\frac{E_0}{4.44f_1k_{W1}\Phi_{\delta0}}\times10^8=\frac{220}{4.44\times50\times0.9223\times1\,015\,152}\times10^8=105.85$$

其中

$$f_1=50;\quad k_{W1}=0.9223;\quad \Phi_{\delta0}\approx1\,015\,152\ \text{Mx};\quad E_0\approx220\ \text{V}。$$

（7）每个电枢线圈的匝数 w_k 为

$$\hat{w}_k=\frac{\hat{w}_\Phi}{s}=\frac{105.85}{12}=8.8205$$

式中：s 是每相电枢绕组的串联线圈数，$s=12$，取 $w_s=9$。

（8）电枢绕组每相串联匝数 w_Φ 为

$$w_\Phi=sw_s=12\times9=108$$

（9）导线规格。

本项目选择表 2.7.5 所列的导线规格。

表 2.7.5　导线规格

导线牌号	铜线公称直径 d/mm	截面积 q_d /mm²	1m 长的电阻 $r_{m(20℃)}$ /（Ω/m）	绝缘导线最大直径 d_{IN} /mm	备注
QY	0.9	0.636 2	0.026 87	0.989	1 根

（10）每槽标称导体数 $N_{N\Pi}$ 为

$$N_{N\Pi}=2w_s=2\times9=18$$

（11）并绕导线数 a 为

$$a=5$$

（12）每槽实际导体数 $N_{R\Pi}$ 为

$$N_{R\Pi}=a\ N_{N\Pi}=5\times18=90$$

（13）槽满率 k_3 为

$$k_3=\frac{N_{R\Pi}d_{IN}^2}{S_\Pi}=\frac{90\times0.989^2}{159.1473}=0.5531$$

式中：S_Π 为槽面积，$S_\Pi=159.1473\ \text{mm}^2$。

6）电路的主要参数的计算

（1）定子电枢绕组每相电阻的估算值 $r_{a\Phi}$。

20℃时电枢绕组每相实际电阻值 $r_{a\Phi(20℃)}$ 为

$$\begin{aligned}r_{a\Phi(20℃)}&\approx\frac{1}{a}\left(2\,w_\Phi l_{cp(1/2)}\gamma_{m(20℃)}\right)\\&=\frac{1}{5}\left(2\times108\times0.3093\times0.026\,87\right)\\&=0.3590\ (\Omega)\end{aligned}$$

其中

$$\begin{aligned}l_{cp(1/2)}&=l_a+k\times\frac{\pi D_{Zcp}}{Z}\times y_1+2B\\&=174+1.2\times\frac{\pi\times201.15}{36}\times5+2\times15\\&=174+105.3219+30\\&=309.3219\ (\text{mm})\\&=0.3093\ (\text{m})\end{aligned}$$

$$D_{Zcp}\approx D_a+h_{Z1}=180+21.15=201.15\ (\text{mm})$$

上述式中：a 是并绕导线数，$a=5$；w_Φ 是电枢绕组的每相串联匝数，$w_\Phi=108$；$r_{m(20℃)}$ 是1m长度的采用导线的电阻值，$r_{m(20℃)}=0.026\,87\ \Omega/\text{m}$；$l_{cp(1/2)}$ 是电枢线圈的平均半匝长度；l_a 是电枢铁心的轴向长度，$l_a=174$ mm；k 是工艺系数，取 $k\approx1.2$；D_{Zcp} 是通过电枢铁心槽部高度中间的直径，$D_{Zcp}\approx D_a+h_{Z1}=180+21.15=201.15(\text{mm})$，其中 D_a 是电枢直径，$D_a=180$ mm，h_{Z1} 是电枢铁心的齿高，$h_{Z1}=21.15$ mm；y_1 是线圈节距，$y_1=5$；B 是电枢绕组端部伸出定子铁心的平均长度，$B\approx15$ mm。

75℃时的电枢绕组每相电阻 $r_{a\Phi(75℃)}$ 的数值为

$$r_{a\Phi(75℃)}=1.24\,r_{a\Phi(20℃)}=1.24\times0.3590=0.4452\ (\Omega)$$

（2）定子漏电抗 x_{1s}。

众所周知，对于一定的电路和磁路而言，即对于一定的电枢绕组和铁心而言，不同的频率将呈现出不同的电抗。这里，以额定转速 $n_N=1000$ r/min 为例，根据电枢绕组的连接方式、电枢冲片尺寸和图 2.7.8 所示的槽形的尺寸，每相定子电枢绕组的漏电抗 x_{1s} 可按下式估算：

$$
\begin{aligned}
x_{1s} &= 15.8 f \frac{w_{\Phi}^2}{pq} l_a (\lambda_n + \lambda_{end} + \lambda_d) \times 10^{-8} \\
&= \frac{15.8 \times 50 \times 108^2 \times 17.4}{3 \times 2} \times (1.065\,65 + 0.3101 + 0.4027) \times 10^{-8} \\
&= \frac{15.8 \times 50 \times 108^2 \times 17.4}{2 \times 3} \times 1.778\,45 \times 10^{-8} \\
&= 0.4752\ (\Omega)
\end{aligned}
$$

其中

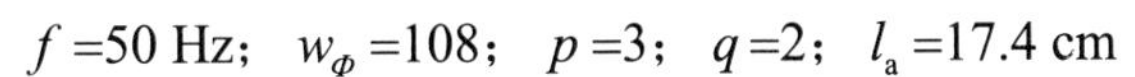

$$f = 50\ \text{Hz};\quad w_{\Phi} = 108;\quad p = 3;\quad q = 2;\quad l_a = 17.4\ \text{cm}$$

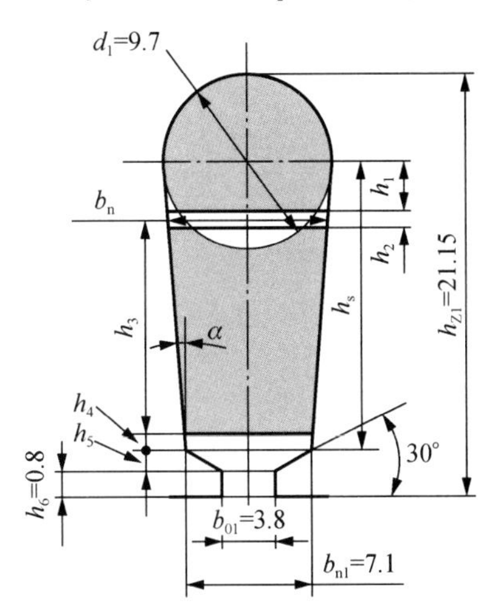

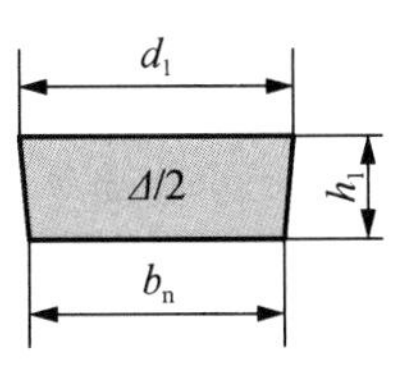

$d_1 = 9.7$ mm；$h_1 \approx 4.5884$ mm；$h_2 \approx 0$ mm；$h_3 \approx 9.959$ mm；$h_4 \approx 0$ mm；

$h_5 = [(b_{n1} - b_{01})/2] \tan 30° = [(7.1-3.8)/2] \times 0.5774 = 0.9526$ mm；$h_6 = 0.8$ mm；

$h_S = 14.5474$ mm；$b_n \approx 8.8796$ mm；$b_{n1} = 7.1$ mm；$b_{01} = 3.8$ mm；$S_{\Pi} = 159.1473$ mm^2。

图 2.7.8　定子槽形尺寸计算

首先，要把能够填放导体的槽面积分成两半。根据下列关系：

$$S_1(\text{半圆面积}) = \frac{\pi d_1^2}{8} = \frac{\pi \times 9.7^2}{8} = 36.9491\ (\text{mm}^2)$$

$$S_2(\text{梯形面积}) = \frac{d_1 + b_{n1}}{2} \cdot h_s = \frac{9.7 + 7.1}{2} \times 14.5474 = 122.1982\ (\text{mm}^2)$$

$$\Delta(\text{面积之差}) = S_2 - S_1 = 122.1982 - 36.9491 = 85.2491\ (\text{mm}^2)$$

依据图 2.7.8 所示的尺寸之间的几何三角关系为

$$\tan\alpha = \frac{d_1 - b_{n1}}{2h_s} = \frac{9.7 - 7.1}{2 \times 14.5474} = 0.0894,\quad \frac{d_1 + b_n}{2} \times h_1 = \frac{\Delta}{2}$$

$$(d_1 + b_n) h_1 = \Delta,\quad b_n = d_1 - 2h_1 \tan\alpha,\quad (d_1 + d_1 - 2h_1 \tan\alpha) h_1 = \Delta$$

$$2 d_1 h_1 - 2 h_1^2 \tan\alpha = \Delta$$

可以写出方程式为

$$(2\tan\alpha) h_1^2 - (2 d_1) h_1 + \Delta = 0$$

于是，可以求得

$$h_1=\frac{2d_1\pm\sqrt{(-2d_1)^2-4(2\tan\alpha)\varDelta}}{2(2\tan\alpha)}$$
$$=\frac{d_1\pm\sqrt{d_1^2-(2\tan\alpha)\varDelta}}{2\tan\alpha}$$
$$=\frac{9.7\pm\sqrt{9.7^2-(2\times0.0894)\times85.2491}}{2\times0.0894}$$
$$=4.5884\text{（mm）}$$

$$b_n=d_1-2h_1\tan\alpha=9.7-2\times4.5884\times0.0894=8.8796\text{（mm）}$$

$$h_3\approx h_s-h_1=14.5474-4.5884=9.959\text{（mm）}$$

λ_s 为比槽漏磁导，按照图 2.7.8 所示的简化槽形尺寸，可以按下式估算：

$$\lambda_n=\frac{1}{4}\left[0.31+\frac{2}{3}\frac{h_1}{d_2+b_n}+\frac{h_2}{b_n}+k_3\frac{h_3}{b_n+b_{n1}}+k_2\left(\frac{h_4}{b_{n1}}+\frac{2h_5}{b_{n1}+b_{01}}+\frac{h_6}{b_{01}}\right)\right]$$
$$=\frac{1}{4}\left[0.31+\frac{2}{3}\times\frac{4.5884}{9.7+8.8796}+3.5\times\frac{9.959}{8.8796+7.1}\right.$$
$$\left.+4.17\times\left(\frac{2\times0.9526}{7.1+3.8}+\frac{0.8}{3.8}\right)\right]=1.065\,65$$

其中

$$k_3=3\beta+1=3.5$$
$$k_2=3\beta+1.67=4.17$$
$$\beta=\frac{y}{\tau}=\frac{5}{6}=0.8333$$

$$\lambda_{end}=0.34\frac{q}{l_a}\left(l_{end}-0.64\tau\beta\right)k_{y1}^2$$
$$=0.34\times\frac{2}{174}\times(135.3-0.64\times94.2478\times0.8333)\times0.9659^2$$
$$=0.3101$$

$$q=2，\tau=94.2478\text{ mm}，\beta=\frac{y}{\tau}=\frac{5}{6}=0.8333，k_{y1}=0.9659$$

$$l_a=174\text{ mm}，\quad l_{cp(1/2)}=309.3\text{ mm}$$

$$l_{end}\approx l_{cp(1/2)}-l_a=309.3-174=135.3\text{（mm）}$$

$$\lambda_d=\frac{t_{Z2}-a_c-a_p}{16\delta}(0.4\beta_1+0.6)$$
$$=\frac{13.2844-3.8-1.2}{16\times1.2}\times(0.4\times0.8333+0.6)$$
$$=0.4027$$

式中：λ_{end} 为比端部漏磁导；λ_d 为比齿顶漏磁导（比差漏磁导）；t_{Z2} 是转子的槽距，$t_{Z2}=13.2844$ mm；a_c 是定子铁心上的槽开口宽度，$a_c=b_{01}=3.8$ mm；a_p 是转子铁心上的槽

开口宽度，$a_p = b_{02} = 1.2$ mm；$\delta \approx 1.2$ mm；β_1是定子绕组的节距与极距之比，$\beta_1 = 0.8333$。

（3）电枢反应电抗 x_{ad} 和 x_{aq}。

当永磁同步电动机正常运行时，三相电压施加在定子三相电枢绕组上，在三相电枢绕组内通过三相电流，形成电枢磁动势，并在相应的磁路中产生磁通，在工作气隙内形成了旋转磁场。通常，这种由三相电流在三相定子绕组中所产生的旋转磁动势被称为“电枢反应磁动势”。在内置式永磁同步电动机中，由于其转子磁路的结构不同于表面贴装式转子磁路的结构，对于一定的电枢反应磁动势 F_a 而言，当转子处于不同的角度位置时，在对应的磁路中所产生的磁通 Φ_a 是不一样的。为了便于分析和计算，在磁路不饱和的情况下，把电枢反应磁通所走的路径分解成两条特殊的路径：一条沿着永磁体的磁化方向，另一条沿着与永磁体磁化方向成正交的方向，前者称谓直轴磁路，后者称谓交轴磁路，这两条不同的磁通路径所对应的不同磁导分别标记为 Λ_{ad} 和 Λ_{aq}。在此情况下，我们可以把电枢电流 I_a、电枢磁动势 F_a、电枢磁通 Φ_a 和电枢反应电抗 x_a 分别分解为直（d-）轴分量和交（q-）轴分量，即 I_{ad} 和 I_{aq}、F_{ad} 和 F_{aq}、Φ_{ad} 和 Φ_{aq}、x_{ad} 和 x_{aq}。

在内置式永磁同步电动机中，直轴磁通路径的磁导 Λ_{ad} 不等于交轴磁通路径的磁导 Λ_{aq}，直轴电枢反应电抗 x_{ad} 不等于交轴电枢反应电抗 x_{aq}，它们的直轴和交轴电枢反应所对应的等效磁路分别如图 2.7.9（a）和（b）所示。

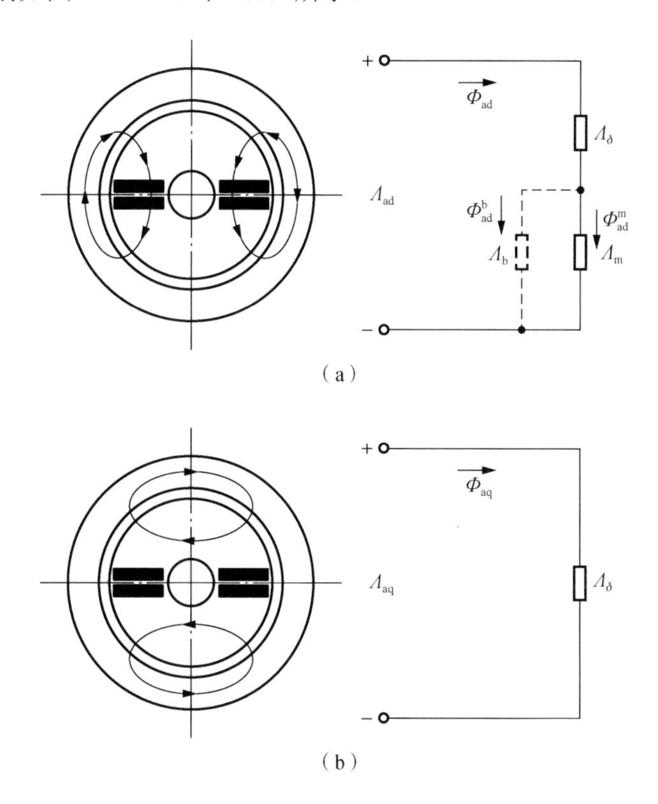

图 2.7.9　内置式转子结构的电枢反应的直轴和交轴等效磁路

根据图 2.7.9 所示的等效磁路图，电枢反应直轴磁路的磁导 Λ_{ad} 和交轴磁路的磁导 Λ_{aq} 的表达式分别为

$$\begin{aligned}\Lambda_{\mathrm{ad}} &= \frac{\Lambda_\delta(\Lambda_\mathrm{m}+\Lambda_\mathrm{b})}{\Lambda_\delta+\Lambda_\mathrm{m}+\Lambda_\mathrm{b}} \\ &= \frac{\Lambda_\delta\Lambda_\mathrm{m}(1+\Lambda_\mathrm{b}/\Lambda_\mathrm{m})}{\Lambda_\delta+\Lambda_\mathrm{m}(1+\Lambda_\mathrm{b}/\Lambda_\mathrm{m})} \\ &= \frac{\Lambda_\delta\sigma'\Lambda_\mathrm{m}}{\Lambda_\delta+\sigma'\Lambda_\mathrm{m}} \\ &= \frac{1103.3026\times10^{8}\times1.30\times309.6354\times10^{8}}{1103.3026\times10^{8}+1.30\times309.6354\times10^{8}} \\ &= 294.9260\times10^{-8}\ (\mathrm{A/Mx})\end{aligned}$$

$$\Lambda_{\mathrm{aq}} = \frac{\Lambda_\delta}{k_{\mathrm{sa}}} = \frac{1103.3026}{1.1731}\times10^{-8} = 940.5017\times10^{-8}\ (\mathrm{A/Mx})$$

其中

$$\begin{aligned}\Lambda_\delta &= \mu_0\frac{\alpha_\mathrm{i}\tau l_\delta}{(\delta k_\delta+\Delta\delta)} \\ &= 0.4\pi\times10^{-8}\times\frac{0.78\times9.4248\times17.64}{(0.12\times1.1476+0.01)} \\ &= \frac{162.9578}{0.1477}\times10^{-8} \\ &= 1103.3026\times10^{-8}\ (\mathrm{A/Mx})\end{aligned}$$

$$l_\delta = l_\mathrm{a}+2\delta = 17.4+2\times0.12 = 17.64\ (\mathrm{cm})$$

$$\begin{aligned}\Lambda_\mathrm{m} &= \mu_0\mu_\mathrm{r}\frac{b_\mathrm{m}l_\mathrm{m}}{h_\mathrm{m}} \\ &= 0.4\pi\times10^{-8}\times1.05\times\frac{8\times17.6}{0.6} \\ &= 309.6354\times10^{-8}\ (\mathrm{A/Mx})\end{aligned}$$

$$k_{\mathrm{sa}} \approx \frac{\sum F}{F_\delta+F_{\mathrm{m}\Delta}} = \frac{2440}{2080} = 1.1731$$

式中：Λ_δ 是气隙磁导；μ_0 是空气的磁导率，$\mu_0=0.4\pi\times10^{-8}$ H/cm；α_i 是计算极弧系数，$\alpha_\mathrm{i}=0.78$；τ 是极距，$\tau=9.4248$ cm；l_δ 是工作气隙的轴向计算长度；δ 是工作气隙的长度，$\delta=0.12$ cm；$\Delta\delta$ 是永磁体与转子磁轭铁心之间的安装气隙，$\Delta\delta\approx0.01$ cm；k_δ 是气隙系数，$k_\delta\approx1.1476$；Λ_m 是永磁体的磁导；μ_r 是永磁体的相对磁导率，$\mu_\mathrm{r}=1.05$；h_m 是永磁体的高度，$h_\mathrm{m}=0.6$ cm；b_m 是一个磁极的永磁体的宽度，$b_\mathrm{m}=8$ cm；l_m 是一个磁极的永磁体的轴向长度，$l_\mathrm{m}=l_\mathrm{r}=17.6$ cm；$\sigma'=(1+\Lambda_\mathrm{b}/\Lambda_\mathrm{m})$ 是考虑穿过气隙的直轴电枢反应磁通 Φ_{ad} 在磁导 Λ_m 和 Λ_b 之间如何分配的一个系数，换言之，它是描述 Λ_m 和 Λ_b 两个并联支路内的磁通之比（$\Phi_{\mathrm{ad}}^{b}/\Phi_{\mathrm{ad}}^{m}$）的一个系数，实质上是计及由磁极之间的磁桥对直（$d$-）轴电磁反应磁通所形成的漏磁导，暂取 $\sigma'\approx1.30$；k_{sa} 是考虑磁路饱和的一个系数。

这里，在图 2.7.5 所示的磁铁工作图上，根据空载工作点 P 的位置，可以求得 $\sum F\approx2440$ A 和 $F_\delta+F_{\mathrm{m}\Delta}\approx2080$ A。

在已知 Λ_{ad} 和 Λ_{aq} 的情况下，电枢反应的直（d-）轴电抗 x_{ad} 和交（q-）轴电抗 x_{aq} 可以按下式计算：

$$x_{ad}=5.994f\frac{(w_{\Phi}k_{W})^2}{p}\cdot\Lambda_{ad}$$
$$=5.994\times50\times\frac{(108\times0.9223)^2}{3}\times294.9260\times10^{-8}$$
$$=2.9233\ (\Omega)$$
$$x_{aq}=5.994f\frac{(w_{\Phi}k_{W})^2}{p}\cdot\Lambda_{aq}$$
$$=5.994\times50\times\frac{(108\times0.9223)^2}{3}\times940.5017\times10^{-8}$$
$$=9.3222\ (\Omega)$$

（4）同步电抗 x_d 和 x_q 分别为

$$x_d=x_{1s}+x_{ad}=0.4752+2.9233=3.3985\ (\Omega)$$
$$x_q=x_{1s}+x_{aq}=0.4752+9.3222=9.7974\ (\Omega)$$

（5）直轴电感 L_d 和交轴电感 L_q 分别为

$$L_d=\frac{x_d}{2\pi f}=\frac{3.3985}{2\times\pi\times50}=\frac{3.3985}{314.159}=10.82\ (\text{mH})$$
$$L_q=\frac{x_q}{2\pi f}=\frac{9.7974}{2\times\pi\times50}=\frac{9.7974}{314.159}=31.19\ (\text{mH})$$

（6）同步阻抗 z_d 和 z_q 分别为

$$z_d=r_a+\text{j}\,x_d=0.4452+\text{j}3.3985\ (\Omega)$$
$$z_q=r_a+\text{j}\,x_q=0.4452+\text{j}9.7974\ (\Omega)$$

根据上面的计算，电动机的电枢绕组的主要设计参数见表 2.7.6。

表 2.7.6　选定绕组的主要设计参数

<table>
<tr><th colspan="2">名称</th><th>设计参数</th><th>备注</th></tr>
<tr><td colspan="2">每相串联的线圈数 s</td><td>12</td><td></td></tr>
<tr><td colspan="2">每个线圈的匝数 w_s</td><td>9</td><td></td></tr>
<tr><td colspan="2">每相串联匝数 w_{Φ}</td><td>108</td><td></td></tr>
<tr><td colspan="2">每个线圈的并绕导线数 a</td><td>5</td><td></td></tr>
<tr><td colspan="2">基波绕组系数 k_{W1}</td><td>0.922 3</td><td></td></tr>
<tr><td colspan="2">铜线公称直径 d /mm</td><td>0.9</td><td rowspan="4">5 根导线并绕
[5 q_d]=3.180 9</td></tr>
<tr><td colspan="2">绝缘导线最大直径 d_{IN} /mm</td><td>0.989</td></tr>
<tr><td colspan="2">导线的截面积 q_d /mm^2</td><td>0.636 2</td></tr>
<tr><td colspan="2">1m 长的电阻 $r_{m(20℃)}$ /（Ω/m）</td><td>0.026 87</td></tr>
<tr><td rowspan="2">每相电阻</td><td>$r_{a\Phi(20℃)}$ / Ω</td><td>0.359 0</td><td></td></tr>
<tr><td>$r_{a\Phi(75℃)}$ / Ω</td><td>0.445 2</td><td></td></tr>
</table>

续表

名称	设计参数	备注
定子漏电抗 x_{1s} / Ω	0.475 2	
直轴电枢反应电抗 x_{ad} / Ω	2.923 3	
交轴电枢反应电抗 x_{aq} / Ω	9.322 2	
直轴同步电抗 x_d / Ω	3.398 5	
交轴同步电抗 x_q / Ω	9.797 4	

7）电动机稳态运行的主要性能指标

电动机稳态运行的主要性能指标与功率角 θ 有很大关系。功率角 θ 是外加相电压 $\dot{U}$ 和每相空载反电动势 $\dot{\boldsymbol{E}}_0$ 之间的夹角，通常称为功率角或转矩角。电动机运行时，电枢电流 I_a、输入功率 P_1、电磁力矩 T_{em}、输出功率 P_2 和效率 η 都会随着功率角 θ 的变化而变化。

下面，对电动机稳态运行的主要性能指标进行分析。

（1）当电动机在 1000 r/min 上运行时，每相空载反电动势有效值 E_0 为

$$\begin{aligned} E_0 &= 4.44 f_1 w_{\Phi} k_{W1} \Phi_{\delta 0} \times 10^{-8} \\ &= 4.44 \times 50 \times 108 \times 0.9223 \times 1\,015\,152 \times 10^{-8} \\ &= 224.48\ (\text{V}) \end{aligned}$$

（2）电枢电流 I_a。

分别按下列公式计算出电枢电流的直（d-）轴分量 I_d、交（q-）轴分量 I_q 和电枢电流 I_a，即

$$I_d = \frac{r_a U_1 \sin\theta + x_q (E_0 - U_1 \cos\theta)}{r_a^2 + x_d x_q}$$

$$I_q = \frac{x_d U_1 \sin\theta - r_a (E_0 - U_1 \cos\theta)}{r_a^2 + x_d x_q}$$

$$I_a = \sqrt{I_d^2 + I_q^2}$$

式中：U 是电动机的外加相电压，U =220 V；E_0 是每相电枢绕组内的空载反电动势，E_0 =224.48 V；x_d =3.3985 Ω；x_q =9.7974 Ω；$r_a = r_{a\Phi(75°C)}$ =0.4452 Ω。

在把如表 2.7.7 所示的已知的电动机的参数值 U_1、E_0、r_a、x_d 和 x_q 代入上述公式之后，功率角 θ 便成为电枢电流 I_a 的唯一变量。当功率角 θ 连续取不同的数值时，电枢电流 I_a 及它的直轴分量 I_d 和交轴分量 I_q 随着功率角 θ 的变化而变化的计算结果列于表 2.7.9 中，它们随着功率角 θ 的变化曲线如图 2.7.10 所示。

表 2.7.7　计算电枢电流 I_a 所需的参数值

名称	U_1 /V	E_0 /V	x_d / Ω	x_q / Ω	r_a / Ω
参数值	220	224.48	3.398 5	9.797 4	0.445 2

（3）电磁力矩 T_{em}。

对于凸极永磁同步电动机而言，电动机的电磁力矩 T_{em} 表达式为

$$T_{em}=\frac{mpE_0U_1}{\omega_e x_d}\sin\theta+\frac{mpU_1^2}{2\omega_e}\left(\frac{1}{x_q}-\frac{1}{x_d}\right)\sin 2\theta$$

式中：ω_m 是电动机的机械角速度，$\omega_m=2\pi n_N/60=104.7197$ rad/s；ω_e 为电动机的电气角速度，$\omega_e=p\omega_m=3\times\omega_m=314.1593$ rad/s；p 为电动机的磁极对数，$p=3$。

在把如表 2.7.8 所示的已知的电动机的参数值 U、E_0、m、p、ω_e、x_d 和 x_q 代入上述公式之后，功率角 θ 便成为电磁力矩 T_{em} 的唯一变量。当功率角 θ 连续取不同的数值时，电枢电流 I_a、输入功率 P_1、电磁力矩 T_{em}、输出功率 P_2 和效率 η 随着功率角 θ 的变化而变化的估算数值列于表 2.7.9 中，它们随着功率角 θ 的变化曲线 $T_{em}(\theta)$ 如图 2.7.10 所示。

表 2.7.8　计算电磁力矩 T_{em} 所需的参数值

名称	U /V	E_0 /V	m	p	ω_e /（rad/s）	x_d /Ω	x_q /Ω
参数值	220	224.48	3	3	314.1593	3.3985	9.7974

表 2.7.9　当功率角 θ 变化时电枢电流 I_a、输入功率 P_1、电磁力矩 T_{em}、输出功率 P_2 和效率 η 的估算数值

功率角 θ /（°）	估算数值								
	$\sin\theta$	$\cos\theta$	I_d	I_q	I_a	T_{em}	P_1	P_2	η /%
0	0	1	1.310 428	−0.059 55	1.311 78	0	—	0	—
5	0.087 156	0.996 195	1.810 162	1.874 822	2.606 078	13.147 03	1 336.799	1 349.119	—
10	0.173 648	0.984 808	2.795 846	3.772 214	4.695 355	26.720 89	2 772.263	2 742.039	98.910
15	0.258 819	0.965 926	4.259 978	5.618 189	7.050 636	41.129 16	4 309.35	4 220.585	97.940
20	0.342 02	0.939 693	6.191 415	7.398 699	9.647 506	56.741 55	5 986.26	5 822.694	97.268
25	0.422 618	0.906 308	8.575 458	9.100 192	12.504 08	73.872 49	7 835.335	7 580.633	96.749
30	0.5	0.866 025	11.393 96	10.709 72	15.637 15	92.765 58	9 881.434	9 519.401	96.336
35	0.573 576	0.819 152	14.625 48	12.215 03	19.055 49	113.580 4	12 140.57	11 655.37	96.004
40	0.642 788	0.766 044	18.245 41	13.604 67	22.759 22	136.382 1	14 618.81	13 995.23	95.734
45	0.707 107	0.707 107	22.226 21	14.868 07	26.740 68	161.134	17 311.54	16 535.22	95.516
50	0.766 044	0.642 788	26.537 58	15.995 6	30.985 52	187.693 8	20 203.09	19 260.73	95.336
55	0.819 152	0.573 576	31.146 71	16.978 68	35.473 84	215.813 4	23 266.63	22 146.3	95.185
60	0.866 025	0.5	36.018 52	17.809 84	40.181 14	245.141 7	26 464.6	25 155.9	95.055
65	0.906 308	0.422 618	41.115 93	18.482 75	45.079 18	275.232 1	29 749.39	28 243.71	94.939
70	0.939 693	0.342 02	46.400 16	18.992 29	50.136 63	305.552 2	33 064.44	31 355.1	94.830
75	0.965 926	0.258 819	51.830 97	19.334 57	55.319 76	335.497 2	36 345.56	34 427.99	94.724

续表

功率角 θ /(°)	估算数值								
	$\sin\theta$	$\cos\theta$	I_d	I_q	I_a	T_{em}	P_1	P_2	η /%
80	0.984 808	0.173 648	57.367 05	19.507	60.592 92	364.406 0	39 522.69	37 394.55	94.615
85	0.996 195	0.087 156	62.966 25	19.508 26	65.919 05	391.579 3	42 521.76	40 183.01	94.500
90	1	6.13×10^{-17}	68.585 97	19.338 35	71.260 14	416.299 3	45 266.74	42 719.72	94.373
95	0.996 195	−0.087 16	74.183 44	18.998 55	76.577 59	437.851	47 681.91	44 931.31	94.231
100	0.984 808	−0.173 65	79.716 05	18.491 45	81.832 65	455.543 5	49 694.02	46 746.87	94.069
105	0.965 926	−0.258 82	85.141 7	17.820 91	86.986 74	468.731 2	51 234.59	48 100.17	93.882
110	0.939 693	−0.342 02	90.419 09	16.992 04	92.001 86	476.834 5	52 241.99	48 931.72	93.664
115	0.906 308	−0.422 62	95.508 07	16.011 14	96.840 84	479.358 5	52 663.45	49 190.72	93.406
120	0.866 025	−0.5	100.369 9	14.885 67	101.467 7	475.909 8	52 456.83	48 836.82	93.099
125	0.819 152	−0.573 58	104.967 6	13.624 21	105.848 1	466.211 4	51 592.12	47 841.6	92.730
130	0.766 044	−0.642 79	109.266 1	12.236 36	109.949 1	450.113 6	50 052.63	46 189.68	92.282
135	0.707 107	−0.707 11	113.232 8	10.732 67	113.740 3	427.602 1	47 835.84	43 879.59	91.730
140	0.642 788	−0.766 04	116.837 4	9.124 589	117.193 2	398.801 9	44 953.8	40 924.18	91.036
145	0.573 576	−0.819 15	120.052 6	7.424 357	120.282	363.978 5	41 433.26	37 350.68	90.147
150	0.5	−0.866 03	122.853 8	5.644 914	122.983 4	323.533 7	37 315.26	33 200.32	88.973
155	0.422 618	−0.906 31	125.219 8	3.799 802	125.277 4	277.998 9	32 654.41	28 527.64	87.362
160	0.342 02	−0.939 69	127.132 4	1.903 063	127.146 7	228.023 9	27 517.75	23 399.32	85.034
165	0.258 819	−0.965 93	128.577 3	−0.030 87	128.577 3	174.363 2	21 983.33	17 892.77	81.392
170	0.173 648	−0.984 81	129.543 3	−1.987 27	129.558 6	117.858 3	16 138.35	12 094.36	74.942
175	0.087 156	−0.996 19	130.023 2	−3.951 26	130.083 2	59.418 72	10 077.2	6 097.419	60.507
180	1.23E-16	−1	130.013 2	−5.907 88	130.147 3	8.36×10^{-14}	3 899.201	8.58E-12	0.000

（4）电枢电流的额定值 I_{aN} 。

根据表 2.7.9 的数据和图 2.7.10 所示的关系曲线，可以求得电动机额定运行时的电枢电流 I_{aN} 、电磁力矩 T_{emN} 、输入功率 P_{1N} 、输出功率 P_{2N} 和效率 η_N ，如表 2.7.10 所列。电枢电流的额定值 $I_{aN}\approx18$ A，电动机的效率约 $\eta_N\approx96\%$（没有计及铁心损耗和机械损耗）。

（5）同步运行时的最大电磁力矩 $[T_{em}]_{max}$ 。

根据表 2.7.9 的数据和图 2.7.10 所示的关系曲线，可以求得电动机同步运行时的最大电磁力矩 $[T_{em}]_{max}=479.3585$ N • m。

（6）电动机的过载能力（亦即失步转矩倍数）k_{ol} 为

$$k_{ol}=\frac{[T_{em}]_{max}}{T_{emN}}=\frac{479.3585}{105.15}=4.5588$$

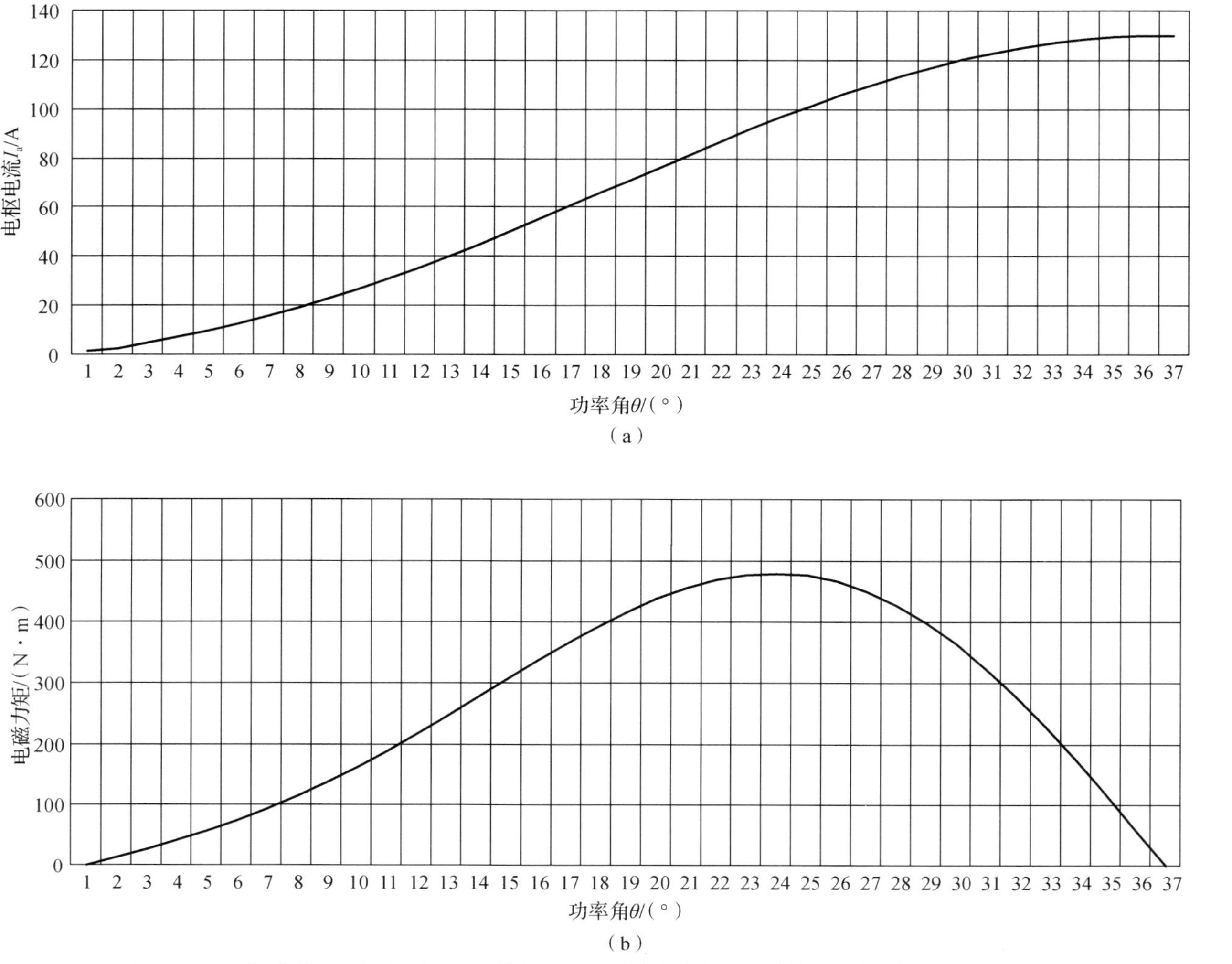

图2.7.10　电枢电流I_a、电磁力矩T_{em}、输入功率P_1、输出功率P_2和效率η与功率角θ的关系曲线

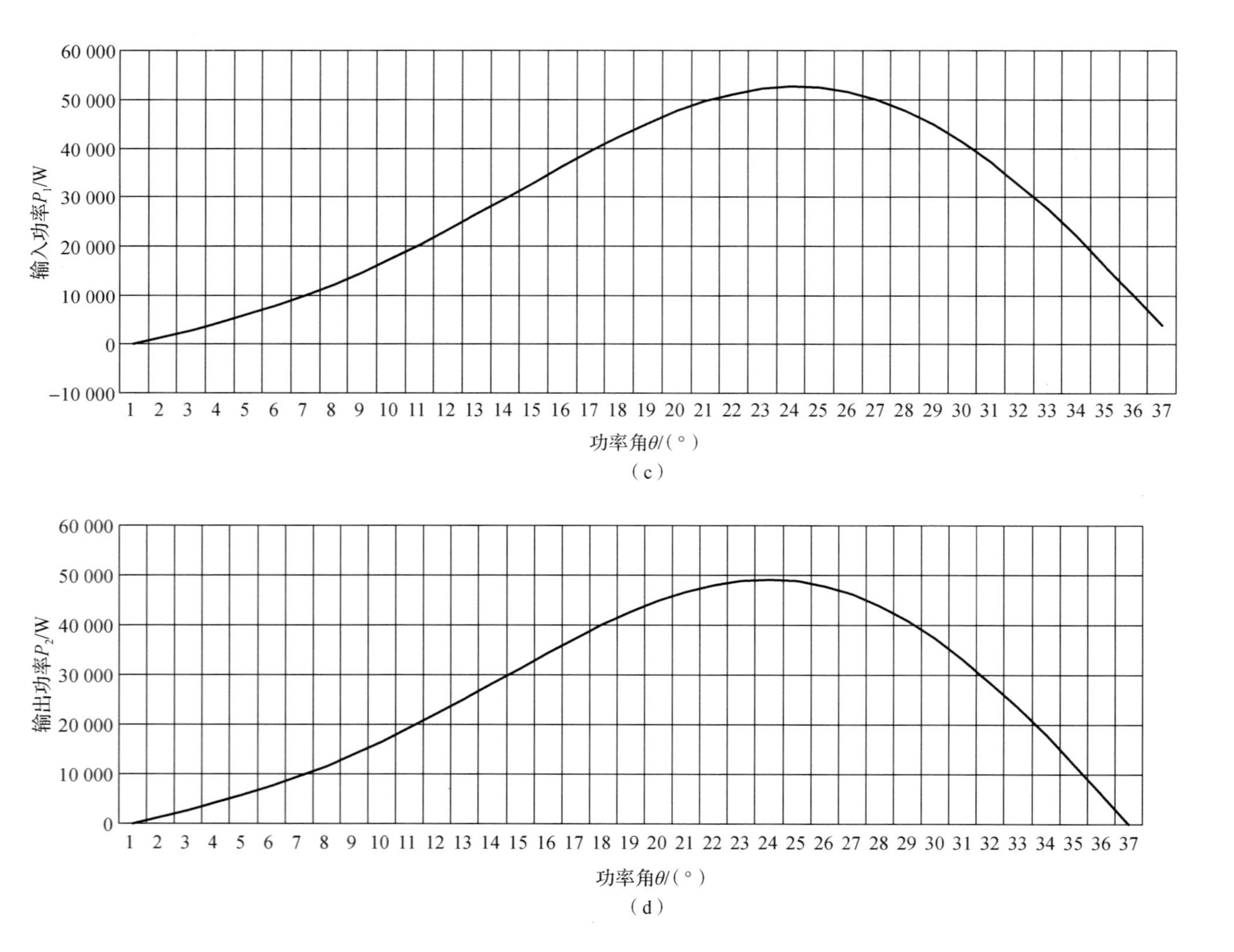
输入功率P_1/W
60 000
50 000
40 000
30 000
20 000
10 000
0
−10 000
1 2 3 4 5 6 7 8 9 10 11 12 13 14 15 16 17 18 19 20 21 22 23 24 25 26 27 28 29 30 31 32 33 34 35 36 37
功率角θ/(°)
(c)
输出功率P_2/W
60 000
50 000
40 000
30 000
20 000
10 000
0
1 2 3 4 5 6 7 8 9 10 11 12 13 14 15 16 17 18 19 20 21 22 23 24 25 26 27 28 29 30 31 32 33 34 35 36 37
功率角θ/(°)
(d)

图 2.7.10 （续）

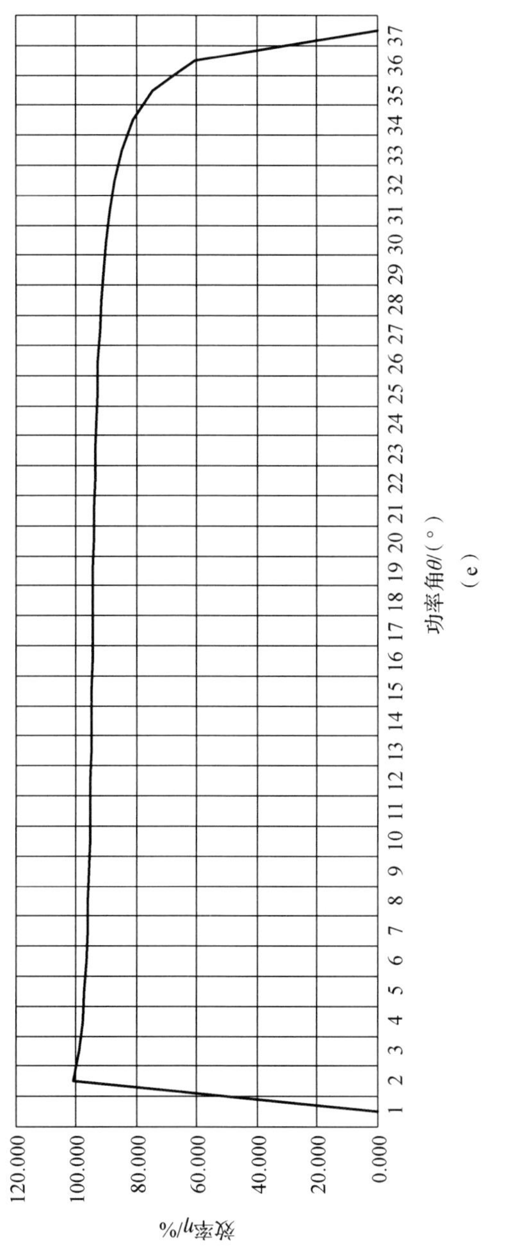

效率η/%
120.000
100.000
80.000
60.000
40.000
20.000
0.000
1 2 3 4 5 6 7 8 9 10 11 12 13 14 15 16 17 18 19 20 21 22 23 24 25 26 27 28 29 30 31 32 33 34 35 36 37
功率角θ/(°)

(e)

图 2.7.10 （续）

表 2.7.10　额定运行时的 I_{aN}、T_{emN}、P_{1N}、P_{2N} 和 η_N

名称	电枢电流 I_{aN} /A	电磁力矩 T_{emN} /（N·m）	输入功率 P_{1N} /W	输出功率 P_{2N} /W	效率 η_N /%
数值	18	105.15	11 458	11 000	96

（7）线负荷 A 为

$$A=\frac{NI_{aN}}{\pi D_a}=\frac{648\times18}{\pi\times18}=206.26\text{（A/cm）}$$

式中：N 是电枢的总导体数，$N=ZN_{N\Pi}=36\times18=648$，$N_{N\Pi}$ 是每槽标称导体数，$N_{N\Pi}=18$；Z 是电枢铁心的槽数，$Z=36$；I_{aN} 是电枢绕组内的额定相电流，$I_{aN}\approx18$ A；D_a 是电枢内径，$D_a=18$ cm。

（8）电流密度 Δ 为

$$\Delta=\frac{I_a}{\sum q_d}=\frac{18}{3.1809}=5.6588\text{（A/mm}^2\text{）}$$

式中：$\sum q_d$ 是计算导体的总截面积，它由 $a=5$ 根导线并联构成，$[5\,q_d]=3.1809\ \text{mm}^2$。

8）损耗分析和效率

下面分析估算电动机本体的损耗和效率。

（1）电损耗 P_E。电动机本体内的电损耗 P_E 为

$$P_E=P_{Cu}=m\ I_{aN}^2\ r_{\Phi_{a(75℃)}}=3\times18^2\times0.4452=432.7344\text{（W）}$$

式中：m 是电动机的相数，$m=3$；I_{aN} 是电枢绕组内的额定相电流，$I_{aN}\approx18$ A；$r_{\Phi_{a(75℃)}}$ 是 75℃时电枢绕组每相电阻的数值，$r_{\Phi_{a(75℃)}}=0.4452\,\Omega$。

（2）铁损耗 P_{Fe}。基本的电枢铁心铁损耗 P_{Fe} 可以按下式来计算：

$$\begin{aligned}P_{Fe}&=p_{aj}\left(\frac{B_{aj}}{10\,000}\right)^2G_{aj}+p_{az}\left(\frac{B_{aZ}}{10\,000}\right)G_{az}\\&=1.975\times\left(\frac{16\,118}{10\,000}\right)^2\times18.6065+1.875\times\left(\frac{14\,582}{10\,000}\right)^2\times8.7825\\&=95.47+35.01\\&=130.48\text{（W）}\end{aligned}$$

$$\begin{aligned}p_{aj}&=2\varepsilon\left(\frac{f}{100}\right)+2.5\rho\left(\frac{f}{100}\right)^2\\&=2\times1.1\times\left(\frac{50}{100}\right)+2.5\times1.4\times\left(\frac{50}{100}\right)^2\\&=1.1+0.875\\&=1.975\text{（W/kg）}\end{aligned}$$

$$f=\frac{pn_N}{60}=\frac{3\times1000}{60}=50\text{（Hz）}$$

$$n_H=1000\ \text{r/min}$$

$$p_{az}=1.5\varepsilon\left(\frac{f}{100}\right)+3\rho\left(\frac{f}{100}\right)^2$$
$$=1.5\times1.1\times\left(\frac{50}{100}\right)+3\times1.4\times\left(\frac{50}{100}\right)^2$$
$$=0.825+1.05$$
$$=1.875\text{（W/kg）}$$
$$G_{aj}=0.0078\times\frac{\pi}{4}\left(D_{aj}^2-D_{\Pi}^2\right)\times l_a\times k_{Fe}$$
$$=0.0078\times\frac{\pi}{4}\left(26^2-22.23^2\right)\times17.4\times0.96$$
$$=18.6065\text{（kg）}$$
$$G_{az}\approx0.0078b_{az}h_{az}Z_a l_a k_{Fe}$$
$$=0.0078\times0.8853\times2.115\times36\times17.4\times0.96$$
$$=8.7825\text{（kg）}$$
$$B_{aj}\approx2.042\,88\,B_{\delta0}\approx2.042\,88\times7890=16\,118\text{（Gs）}$$
$$B_{az}\approx1.8482\,B_{\delta0}\approx1.8482\times7890=14\,582\text{（Gs）}$$

式中：p_{aj}为电枢铁心轭部中的单位铁损耗；ε和ρ为材料常数，一般取$\varepsilon=1.1$、$\rho=1.4$；p_{az}为电枢铁心齿部中的单位铁损耗；G_{aj}为电枢铁心轭部的质量；G_{az}为电枢铁心齿部的质量；B_{aj}和B_{az}分别为电枢铁心轭部的磁通密度和电枢铁心齿部的磁通密度。

（3）机械损耗P_{MECH}。机械损耗主要包括轴承摩擦损耗P_B和风损P_W两部分，即有

$$P_{MECH}=P_B+P_W=68.0163+1.9718=69.9881\text{（W）}$$

其中

$$P_B=k_m\ G_{rotor}\ n_H\ \times10^{-6}$$
$$=2.0\times34\,008.16\times1000\times10^{-6}$$
$$=68.0163\text{（W）}$$
$$G_{rotor}\approx7.8\times\frac{\pi}{4}\times D_{ro}^2\times l_r$$
$$=7.8\times\frac{\pi}{4}\times(17.76)^2\times17.6$$
$$=34\,008.16\text{（g）}$$
$$D_{ro}=17.76\text{ cm，}\ l_r=17.6\text{ cm}$$
$$P_W\approx2D_{ro}^3n_H^3l_r10^{-14}=2\times17.76^3\times1000^3\times17.6\times10^{-14}=1.9718\text{（W）}$$

上述式中：P_B为轴承摩擦损耗；k_m为经验系数，$k_m\approx2.0$；n_H为电动机的额定转速，$n_H=1000$ r/min；G_{rotor}为转子质量；P_W为风损。

（4）杂散损耗P_{other}为

$$P_{other}\approx0.008\,p_{2N}=0.008\times11\,000=88\text{（W）}$$

（5）总损耗$\sum P$为

$$\sum P=P_E+P_{Fe}+P_{MECH}+P_{other}$$
$$=432.7344+130.48+69.9881+88$$

$$=721.2025\text{（W）}$$

（6）输入功率 P_1 为

$$P_1 = P_{2N} + \sum P = 11\,000 + 721.2025 = 11\,721.2025\text{（W）}$$

（7）效率 η 为

$$\eta = \frac{P_2}{P_1} \times 100\% = \frac{11\,000}{11\,721.2025} \times 100\% = 93.85\%$$

电动机的损耗是一个复杂的问题，负载条件下的气隙磁通密度 B_δ 不容易被正确地估算，损耗计算中又采用了很多经验系数，因此，电动机损耗计算的结果仅供参考。

9）发热计算

（1）电枢绕组在槽绝缘形成的温度降落 $\theta_{ИЗ}$。

假设本项目设计的电动机采用 B 级绝缘，因此

$$\begin{aligned}\theta_{ИЗ} &= \frac{A\varDelta t_{Z1}\delta_{ИЗ}}{6.4\varPi_Z} \\ &= \frac{206.26 \times 5.6588 \times 1.5708 \times 1.0}{6.4 \times 49.7421} \\ &= \frac{1833.4128}{318.349\,44} \\ &= 5.7591\text{（℃）}\end{aligned}$$

其中

$$\varPi_Z \approx A + B + C + D = 49.7421\text{（mm）}$$

$$A = \pi d_1/2 = \pi \times 9.7/2 = 15.2367\text{（mm）}$$

$$B \approx 2h_s = 2 \times 14.5474 = 29.0948\text{（mm）}$$

$$C = 2 \times \frac{b_{n1} - b_{01}}{2\cos 30^\circ} = \frac{7.1 - 3.8}{\cos 30^\circ} = 3.8106\text{（mm）}$$

$$D = 2h_6 = 2 \times 0.8 = 1.6\text{（mm）}$$

$$d_2 = 9.7\ \text{mm}$$

$$h_s = 14.5474\ \text{mm}$$

$$b_{n1} = 7.1\ \text{mm}$$

$$b_{01} = 3.8\ \text{mm}$$

$$h_6 = 0.8\ \text{mm}$$

上述式中：A 为电动机的线负荷，$A = 206.26$ A/cm；$\varDelta$ 为电动机的电流密度，$\varDelta = 5.6588$ A/mm^2；t_{Z1} 为定子铁心的齿距，$t_{Z1} = 1.5708$ cm；$\delta_{ИЗ}$ 为绝缘厚度，$\delta_{ИЗ} \approx 1.0$ mm；$\varPi_Z$ 是槽的周长（图 2.7.1 和图 2.7.8）。

（2）定子铁心外表面相对冷态空气的温升 θ_α。

首先求取定子内孔圆柱表面每 1cm^2 的比热通量 α_C 为

$$\begin{aligned}\alpha_C &= \frac{k_{Доб}(P_{Fe} + P_{Cu(c)})}{\pi D_a l_a} \\ &= \frac{1.4 \times (130.48 + 243.4220)}{\pi \times 18 \times 17.4}\end{aligned}$$

$$=\frac{523.4628}{983.9468}$$
$$=0.5320\ (\mathrm{W/cm^2})$$

其中

$$P_{Cu(c)}=P_{Cu}\cdot\frac{l_a}{l_{cp(1/2)}}=432.7344\times\frac{17.4}{30.9322}=243.4220\ (\mathrm{W})$$

式中：P_{Fe} 为电动机空载运行时的铁心损耗，$P_{Fe}=130.48$ W；$P_{Cu(c)}$ 为处在定子铁心槽内部分的电枢绕组内的铜耗；$P_{Cu}=432.7344$ W；$D_a=18$ cm；$l_a=17.4$ cm；$l_{cp(1/2)}=30.9322$ cm；$k_{Доб}$ 是一个考虑到由磁路饱和、电枢反应和气隙磁场中高次谐波分量等因素导致附加损耗增加的系数，$k_{Доб}\approx1.4$。于是，可以求得发热的定子铁心外表面相对冷态空气的温升 θ_α，即

$$\theta_\alpha=\frac{\alpha_C}{\alpha(1+k_0v)}=\frac{0.5320}{8.1\times10^{-3}\times(1+0.1\times9.2991)}=34.0321\ (℃)$$

其中

$$v=\frac{n_N\pi D_{ro}}{60\times100}=\frac{1000\times\pi\times17.76}{6000}=9.2991\ \mathrm{m/s}$$

$$D_{ro}=17.76\ \mathrm{cm}$$

式中：k_0=0.1；v 是转子外径的圆周速度，m/s。

α 的数值与定子铁心的长度 l_a 对极距 τ 的比值有关，它可以按下列关系选取：

当 $l_a/\tau\leqslant2$ 时，$\alpha=8.1\times10^{-3}$ W/（℃ • cm^2）；

当 $l_a/\tau\leqslant4$ 时，$\alpha=6.6\times10^{-3}$ W/（℃ • cm^2）；

当 $l_a/\tau\leqslant5$ 时，$\alpha=5.7\times10^{-3}$ W/（℃ • cm^2）。

对于本项目设计的电动机而言，$\tau=9.4248$ cm，$l_a/\tau=17.4/9.4248\leqslant2$，所以 $\alpha=8.1\times10^{-3}$ W/（℃ • cm^2）。

（3）电枢绕组端部外表面相对冷态空气的温升 θ_{END}。

首先求取 1cm^2 的电枢绕组端部外表面的比热通量 α_{END}，对于不同的绝缘有不同的计算公式。

本项目设计的电动机采用 B 级绝缘，因此有

$$\alpha_{END}=\frac{A\Delta t_{z1}}{4000\Pi_Z}=\frac{206.26\times5.6588\times1.5708}{4000\times4.9742}=0.0921\ (\mathrm{W/cm^2})$$

于是，电枢绕组端部外表面相对冷态空气的温升 θ_{END} 为

$$\theta_{END}=\frac{\alpha_{END}}{\alpha(1+k_0v)}=\frac{0.0921}{1.33\times10^{-3}\times(1+0.07\times9.2991)}=41.9456\ (℃)$$

式中：k_0=0.07；v 是转子外径的圆周速度，$v=9.2991$ m/s。α 的数值与极距 τ 有关，它可以按下列关系选取：当 $\tau\leqslant40$ cm 时，$\alpha=1.33\times10^{-3}$ W/（℃ • cm^2）；当 40 cm<$\tau\leqslant60$ cm 时，$\alpha=1.0\times10^{-3}$ W/（℃ • cm^2）；当 $\tau>60$ cm 时，$\alpha=0.66\times10^{-3}$ W/（℃ • cm^2）。

对于本项目设计的电动机而言，$\tau=9.4248$ cm$\leqslant$40 cm，所以取 $\alpha=1.33\times10^{-3}$ W/（℃ • cm^2）。

（4）电枢绕组的平均温升 θ_{Wcp}。

电枢绕组的平均温升 θ_{Wcp} 可以按下式计算：

$$\theta_{Wcp}=\frac{(\theta_{ИЗ}+\theta_{\alpha})l_a+(\theta_{ИЗ}+\theta_{END})l_{END}}{l_a+l_{END}}$$
$$=\frac{(5.7591+34.0321)\times 17.4+(5.7591+41.9456)\times 13.5322}{17.4+13.5322}$$
$$=43.25（℃）$$

其中

$$l_{END}=l_{cp(1/2)}-l_a=30.9322-17.4=13.5322（cm）$$

温度场计算是很复杂的，数据仅供参考。根据以往的试制情况，预计本项目设计的电动机的温升不是一个问题。

第二部分：鼠笼式异步电动机

1）定子绕组的参数

（1）定子三相绕组的磁极对数 p =3。

（2）定子铁心的齿数 Z_1=36。

（3）定子绕组的相数 m_1=3。

（4）定子绕组的每相串联匝数 W_1=108。

（5）定子绕组的绕组系数 k_{W1}=0.9223。

（6）定子绕组的每相电阻 $r_1=r_{\Phi a(75℃)}=0.4452\,\Omega$。

（7）定子绕组的每相漏电抗 $x_{1s}=0.4752\,\Omega$。

2）转子鼠笼绕组的参数的计算

（1）转子鼠笼绕组的极对数 p =3。

（2）转子齿数 Z_2=42，转子齿数 Z_2 也就是转子的导条数。

（3）相数 $m_2=\dfrac{Z_2}{p}=\dfrac{42}{3}=14$。

（4）每相匝数 $W_2=\dfrac{1}{2}$。

（5）绕组系数 k_{W2}=1。

（6）15℃时的每根铝导条的电阻 r_C。

$$r_C=\rho\frac{l_2}{S_C}=0.029\times\frac{0.176}{31.9754}=1.5962\times 10^{-4}（\Omega）$$

其中

$$S_C=b_{02}h_{02}+\frac{b_{02}+b_{n1}}{2}\times h_3+\frac{b_{n1}+b_{n2}}{2}\times h_1$$
$$=1.2\times 1.0+\frac{1.2+7.0}{2}\times 1.0555+\frac{7.0+6.41}{2}\times 3.9445$$
$$=1.2+4.327\,55+26.4479$$
$$=31.9754（mm^2）$$

式中：ρ 是铝导条 15℃时的电阻率，$\rho=0.029\,\Omega\cdot mm^2/m$；$l_2$ 是每根铝导条的长度，

l_2=0.176 m；S_C 是每根铸铝导条的截面积（图 2.7.11）。

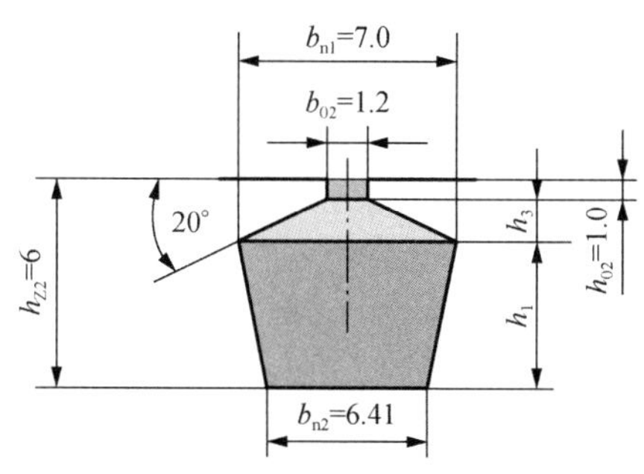

b_{02}=1.2 mm；h_{02}=1.0 mm；b_{n1}=7.0 mm；b_{n2}=6.41 mm；$h_3=\dfrac{b_{n1}-b_{02}}{2}\times\tan 20°=\dfrac{7.0-1.2}{2}\times 0.363\,97$=1.0555 mm；

$h_1=h_{Z2}-(h_{02}+h_3)$=6–（1.0+1.0555）=3.9445 mm。

图 2.7.11　鼠笼导条的截面积

每根铝导条 75℃时的电阻 $r_{C(75℃)}$ 为

$$r_{C(75℃)}=1.24\,r_C=1.24\times1.5962\times10^{-4}=1.9793\times10^{-4}\ (\Omega)$$

（7）每段铝端环的电阻 r_K。

图 2.7.12 是鼠笼绕组的铝端环尺寸示意图，其中铝端环的外径 D_{ko}=176 mm，内径 D_{ki}=163.6 mm，轴向厚度 b_k=16 mm，铝端环的平均直径 D_k=169.8 mm。每段铝端环 15℃时的电阻 r_K 可以按下式计算，即

$$r_K=\rho\frac{l_K}{S_K}=0.029\times\frac{0.0127}{99.2}=0.0371\times10^{-4}\ (\Omega)$$

其中

$$l_K=\frac{\pi D_k}{Z_2}=\frac{\pi\times0.1698}{42}=0.0127\ (\mathrm{m})$$

$$S_K=a_k b_k=6.2\times16=99.2\ (\mathrm{mm}^2)$$

式中：l_K 是每段端环的长度，m；S_K 是铝端环截面积，mm^2。

每段铝端环 75℃时的电阻 $r_{K(75℃)}$ 为

$$r_{K(75℃)}=1.24r_K=1.24\times0.0371\times10^{-4}=0.046\,04\times10^{-4}\ (\Omega)$$

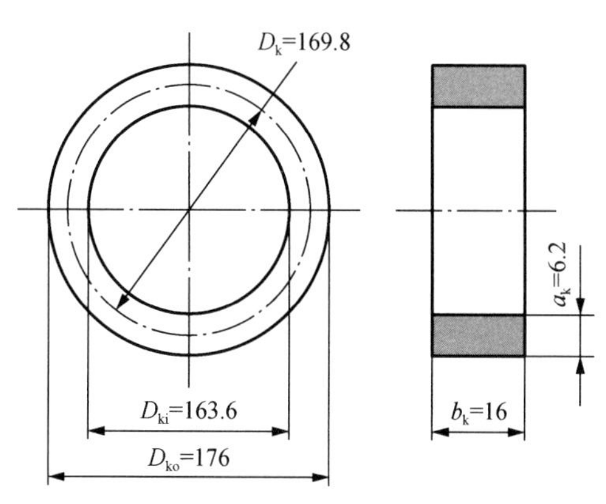

图 2.7.12　鼠笼绕组的铝端环尺寸示意图

（8）转子每支路的总电阻 r 。

15℃时的每支路的总电阻 r，即导条和端环的电阻之和为

$$
\begin{aligned}
r &= r_C + 2r'_K \\
&= 1.5962\times10^{-4} + 2\times0.1874\times10^{-4} \\
&= 1.5962\times10^{-4} + 0.3748\times10^{-4} \\
&= 1.9710\times10^{-4}\ (\Omega)
\end{aligned}
$$

其中

$$
\begin{aligned}
r'_K &= \frac{r_K}{4\sin^2\left(\dfrac{\alpha}{2}\right)} \\
&= \frac{0.0371\times10^{-4}}{4\sin^2\left(\dfrac{25.7143^\circ}{2}\right)} \\
&= \frac{0.0371\times10^{-4}}{4\times(0.2225)^2} \\
&= \frac{0.0371\times10^{-4}}{0.1980} \\
&= 0.1874\times10^{-4}\ (\Omega)
\end{aligned}
$$

$$
\alpha = \frac{2\pi p}{Z_2} = \frac{3\times360^\circ}{42} = 25.7143^\circ
$$

式中：r_C 是每根导条 15℃时的电阻，$r_C = 1.5962\times10^{-4}\ \Omega$；$r'_K$ 是折算后每段端环 15℃时的电阻；r_K 是折算前每段端环 15℃时的电阻，$r_K = 0.0371\times10^{-4}\ \Omega$；$\alpha$ 是相邻两导条内的电动势和电流，或者相邻两段端环内的电动势和电流在时间上的相位电角度。

75℃时的每支路的总电阻 $r_{75℃}$ 为

$$
r_{75℃} = 1.24r = 1.24\times1.9710\times10^{-4} = 2.4440\times10^{-4}\ (\Omega)
$$

（9）15℃时的转子每相的电阻 r_2 为

$$
r_2 = \frac{r}{p} = \frac{1.9710}{3}\times10^{-4} = 0.6570\times10^{-4}\ (\Omega)
$$

75℃时的每相的电阻 $r_{2(75℃)}$ 为

$$
r_{2(75℃)} = 1.24r_2 = 1.24\times0.6570\times10^{-4} = 0.8147\times10^{-4}\ (\Omega)
$$

（10）15℃时的转子每相电阻的折合值 r'_2 为

$$
\begin{aligned}
r'_2 &= \frac{4pm_1(W_1k_{W1})^2}{Z_2}\cdot r_2 \\
&= \frac{4\times3\times3\times(108\times0.9223)^2}{42}\times0.6570\times10^{-4} \\
&= 5484.51\times10^{-4} \\
&= 0.5587\ (\Omega)
\end{aligned}
$$

式中：m_1 是定子绕组的相数，$m_1=3$；p 是三相定子绕组形成的磁极对数，$p=3$；W_1 是定子绕组的每相串联匝数，$W_1 = w_\Phi = 108$；k_{W1} 是定子绕组的绕组系数，$k_{W1}=0.9223$；Z_2 是鼠

笼转子的槽数，Z_2=42。

75℃时的转子每相电阻的折合值 $r'_{2(75℃)}$ 为

$$r'_{2(75℃)}=1.24\,r'_2=1.24\times0.5587=0.6928\text{（Ω）}$$

（11）转子每条支路的漏电抗 x 为

$$\begin{aligned}x&=7.9\,f_1l_2\times(\lambda_{s2}+\lambda_{d2}+\lambda_{end2})\times10^{-8}\\&=7.9\times50\times17.6\times(1.2868+0.5577+0.3522)\times10^{-8}\\&=7.9\times50\times17.6\times2.1967\times10^{-8}\\&=15\,271.46\times10^{-8}\text{（Ω）}\end{aligned}$$

其中

$$\begin{aligned}\lambda_{n2}&=\frac{2h_1}{3(b_{n1}+b_{n2})}+\frac{2h_3}{b_{02}+b_{n1}}+\frac{h_{02}}{b_{02}}\\&=\frac{2\times3.9445}{3\times(7.0+6.41)}+\frac{2\times1.0555}{1.2+7.0}+\frac{1.0}{1.2}\\&=1.2868\end{aligned}$$

b_{n1}=7.0 mm，b_{n2}=6.41 mm，h_1=3.9445 mm，

h_3=1.0555 mm，$a_p=b_{02}$=1.2 mm，h_{02}=1.0 mm

$$\lambda_{d2}=\frac{t_{Z1}-a_c-a_p}{16\delta}(0.4\beta_2+0.6)=\frac{15.708-3.8-1.2}{16\times1.2}=0.5577$$

$$\begin{aligned}\lambda_{end2}&=\frac{2.3D_k}{Z_2l_2\left(4\sin^2\dfrac{\pi p}{Z_2}\right)}\lg\frac{4.7D_k}{a_k+2b_k}\\&=\frac{2.3\times16.98}{42\times17.6\times(4\sin^2 12.8571°)}\lg\frac{4.7\times16.98}{0.62+2\times1.6}\\&=0.3522\end{aligned}$$

$$\frac{\pi p}{Z_2}=\frac{3\times180°}{42}=12.8571°$$

式中：f_1 是定子电压和电流的频率，f_1=50 Hz；l_2 是转子铁心的轴向长度，l_2=17.6 cm；λ_{n2} 是转子的比槽漏磁导（图 2.6.12）；λ_{d2} 是转子的比微分漏磁导；t_{Z1} 是定子齿距，t_{Z1}=15.708 mm；a_c 是定子槽开口宽度，$a_c=b_{01}$=3.8 mm；a_p 是转子槽开口宽度，$a_p=b_{02}$=1.2 mm；δ 是定子铁心与转子铁心之间的气隙，δ=1.2 mm；β_2 是转子绕组的节距与极距之比，对于鼠笼绕组而言，β_2=1。λ_{end2} 是转子的比端部漏磁导；D_k 是鼠笼绕组短路环的平均直径，D_k=16.98 cm；Z_2 是鼠笼转子的槽数，Z_2=42；l_2 是转子铁心长度，$l_2=l_r$=17.6 cm；p 是磁极对数，p=3；a_k 是鼠笼绕组短路环的径向高度，a_k=0.62 cm；b_k 是鼠笼绕组短路环的轴向宽度，b_k=1.6 cm。

（12）转子每相漏电抗 x_{2s} 为

$$x_{2s}=\frac{x}{p}$$

（13）转子每相漏电抗的折合值 x'_{2s} 为

$$x'_{2s}=\frac{4pm_1(w_1k_{W1})^2}{Z_2}\cdot x_2$$

$$=\frac{4pm_1(w_1k_{W1})^2}{Z_2}\cdot\frac{x}{p}$$

$$=\frac{4m_1(w_1k_{W1})^2}{Z_2}\cdot x$$

$$=\frac{4\times3\times\left(108\times0.9223\right)^2}{42}\times15\ 271.46\times10^{-8}$$

$=0.4329$（Ω）

3）电动机异步启动性能的估算

（1）电动机异步运行时的简化等效电路如图 2.7.13 所示。

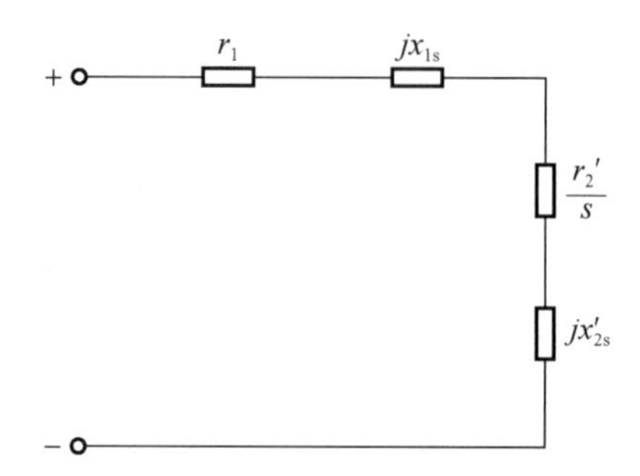

r_1 为 75℃时的定子每相电阻，$r_1=0.4452\,\Omega$； x_{1s} 为定子每相漏电抗， $x_{1s}=0.4752\,\Omega$；
r_2' 为 75℃时的转子每相电阻的折合值，$r_2'=0.6928\,\Omega$； x_{2s}' 为转子每相漏电抗的折合值， $x_{2s}'=0.4329\,\Omega$ 。

图 2.7.13　简化的等效电路

（2）电动机的平均异步电磁转矩 T_c 为

$$T_c=\frac{m_1pU_1^2\frac{r_2'}{s}}{2\pi f_1\left[\left(r_1+c_1\frac{r_2'}{s}\right)^2+\left(x_{1s}+c_1x_{2s}'\right)^2\right]}$$

其中

$$c_1=1+\frac{x_{1s}}{x_m}=1+\frac{0.4752}{4.4509}=1+0.1068=1.1068$$

$$x_m=\frac{2x_{ad}x_{aq}}{x_{ad}+x_{aq}}=\frac{2\times2.9233\times9.3222}{2.9233+9.3222}=\frac{54.5032}{12.2455}=4.4509$$

$$x_{ad}=2.9233$$

$$x_{aq}=9.3222$$

式中：m_1 和 p 分别是定子绕组的相数和磁极对数，$m_1=3$；$p=3$；U_1 是额定相电压，$U_1=220\text{ V}$；f_1 是定子电压和电流的频率，$f_1=50\text{ Hz}$；r_1 是定子绕组 75 ℃时的相电阻，$r_1=r_{\Phi_{a(75℃)}}=0.4452\,\Omega$；$r_2'$ 是归算到定子边的 75℃时的转子电阻，$r_2'=r_{2(75℃)}'=0.6928\,\Omega$；$x_{1s}$ 是定子绕组的相漏电抗，$x_{1s}=0.4752\,\Omega$；x_{2s}' 是归算到定子边的转子每相漏电抗，$x_{2s}'=0.4329\,\Omega$；s 是电动机的转差率。

当 $c_1\approx1$ 时，上面公式可以被进一步简化为

$$T_c \approx \frac{m_1 p U_1^2 \frac{r_2'}{s}}{2\pi f_1\left[\left(r_1+\frac{r_2'}{s}\right)^2+\left(x_{1s}+x_{2s}'\right)^2\right]}$$

上面的公式表明：在已知表 2.7.11 所示的参数的情况下，转差率 s 是启动过程中电动机的平均异步电磁转矩 T_c 的唯一变量，T_c 将随着转差率 s 的变化而变化，估算值列于表 2.7.13 中。

表 2.7.11　计算电动机的平均异步电磁转矩 T_c 所需的参数值

参数名称	U_1/V	m_1	p	f_1/Hz	r_1/Ω	x_{1s}/Ω	r_2'/Ω	x_{2s}'/Ω
数值	220	3	3	50	0.445 2	0.475 2	0.692 8	0.432 9

（3）转子永磁体的发电制动转矩。

电动机在异步启动过程中，转子永磁体处于发电机运行状态，这时将产生制动转矩 T_g，它可以按下式估算：

$$T_g \approx \frac{m_1 p E_0^2 r_1 (1-s)\left[r_1^2+(1-s)^2 x_q^2\right]}{2\pi f_1\left[r_1^2+(1-s)^2 x_d x_q\right]}$$

式中：E_0 是定子三相绕组的空载相电动势，E_0=224.48 V；x_d 是直轴同步电抗，x_d=3.3985 Ω；x_q 是交轴同步电抗，x_q=9.7974 Ω。

上面的公式表明：在已知表 2.7.12 所需的参数值的情况下，转差率 s 是启动过程中的转子永磁体的发电制动转矩 $T_g(s)$ 的唯一变量，即 $T_g(s)$ 将随着 s 的变化而变化，估算值列于表 2.7.13 中。

表 2.7.12　计算永磁体的发电制动转矩 $T_g(s)$ 所需的参数值

名称	E_0/V	m_1	p	f_1/Hz	r_1/Ω	x_d/Ω	x_q/Ω
参数值	224.48	3	3	50	0.445 2	3.398 5	9.797 4

表 2.7.13　$T_c(s)$，$T_g(s)$ 和 $T_{cp}(s)$ 的估算值　　（单位：N · m）

转差率 s	估算值		
	T_c	T_g	T_{ac}-T_{cp}
0.10	174.058 6	61.084 61	112.974
0.15	241.959 9	64.583 57	177.376 4
0.20	298.205	68.500 86	229.704 2
0.25	343.999 3	72.914 69	271.084 6
0.30	380.645 1	77.923 5	302.721 6
0.35	409.428 6	83.652 75	325.775 9
0.40	431.551 6	90.264 36	341.287 3
0.45	448.095 6	97.970 19	350.125 4

续表

转差率 s	估算值		
	T_c	T_g	T_{ac}-T_{cp}
0.50	460.008 7	107.051 2	352.957 5
0.55	468.106 7	117.884 6	350.222 1
0.60	473.081 7	130.981 2	342.100 6
0.65	475.515 5	147.029 9	328.485 5
0.70	475.892 8	166.928 1	308.964 7
0.75	474.615 8	191.683 1	282.932 7
0.80	472.016 7	221.695 2	250.321 5
0.85	468.368 9	253.272 3	215.096 5
0.90	463.896 8	263.805 3	200.091 5
0.95	458.784 6	177.761 1	281.023 5
1.00	453.183	0	453.183

（4）画特性曲线。

异步启动永磁同步电动机的启动过程是十分复杂的，很难对它的性能进行精确地分析和计算。这里，我们可以近似地认为：在启动过程中，鼠笼绕组产生的异步平均电磁转矩 $T_c(s)$ 和永磁体产生的发电制动力矩 $T_g(s)$ 之和，是作用在电动机转子上的合成平均驱动电磁转矩 T_{cp}，即 $T_{cp}(s)=T_c(s)+T_g(s)$。按照上述近似公式，$T_c(s)$，$T_g(s)$ 和 $T_{cp}(s)$ 的估算值列于表 2.7.13 中，图 2.7.14 展示了由此获得的三条近似估算特性曲线。

根据表 2.7.13 的数据和图 2.7.14 所示的曲线，可知电动机的异步启动平均电磁转矩的最大值 $[T_c]_{max}$ ≈453.183 N • m，异步启动平均电磁转矩/额定转矩之比是 453.183 N • m/105.15 N • m=4.31；在启动过程中，当转差率 s≈0.9 时，转子永磁体产生的最大制动转矩 $[T_g]_{max}$ ≈263.8053 N • m。

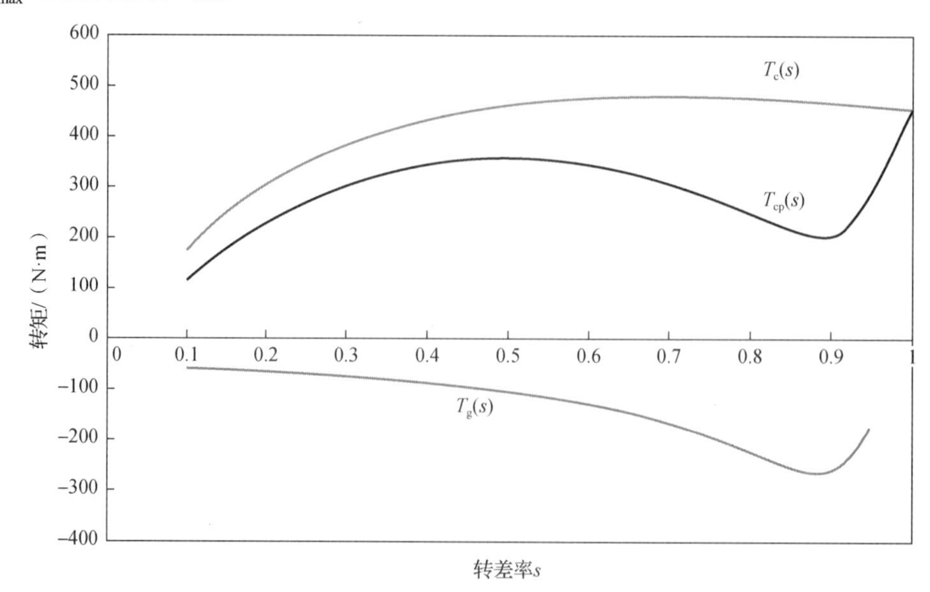

图 2.7.14　$T_c(s)$，$T_g(s)$ 和 $T_{cp}(s)$ 的近似估算特性曲线

第三部分：仿真分析

图 2.7.15～图 2.7.24 分别展示了异步启动永磁同步电动机在空载和负载条件下，磁通分布、磁通密度分布、反电动势波形、气隙磁通密度、齿槽效应转矩、电磁转矩波形和电动机转速曲线等的仿真结果。

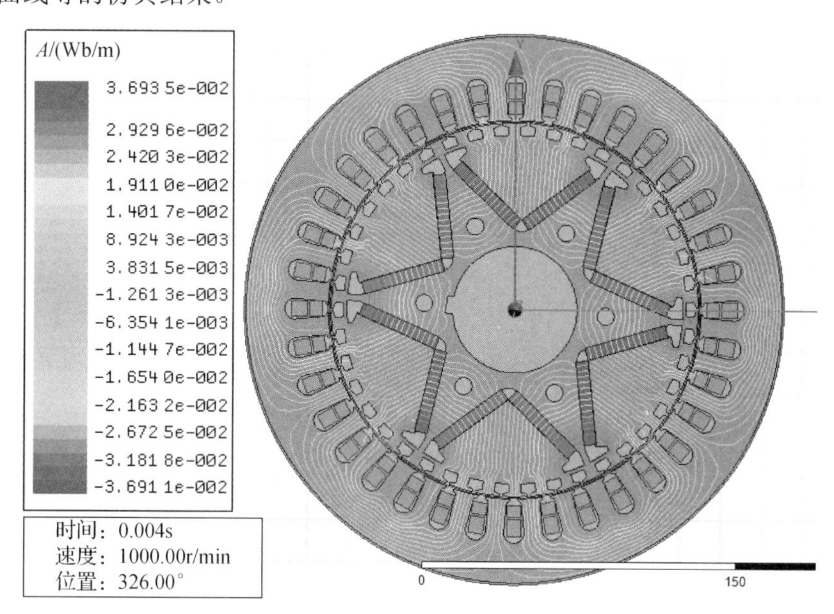

图 2.7.15　空载时磁路系统的磁通分布图

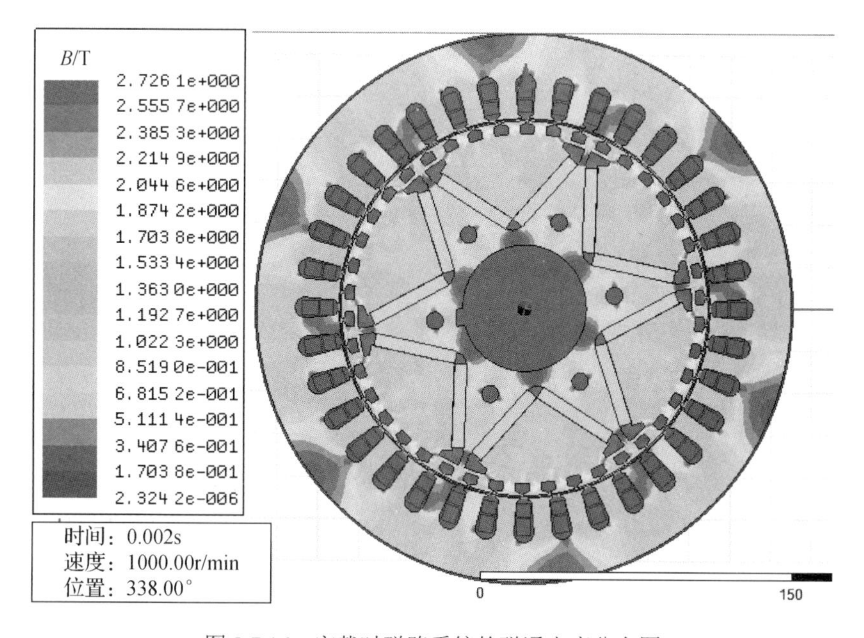

图 2.7.16　空载时磁路系统的磁通密度分布图

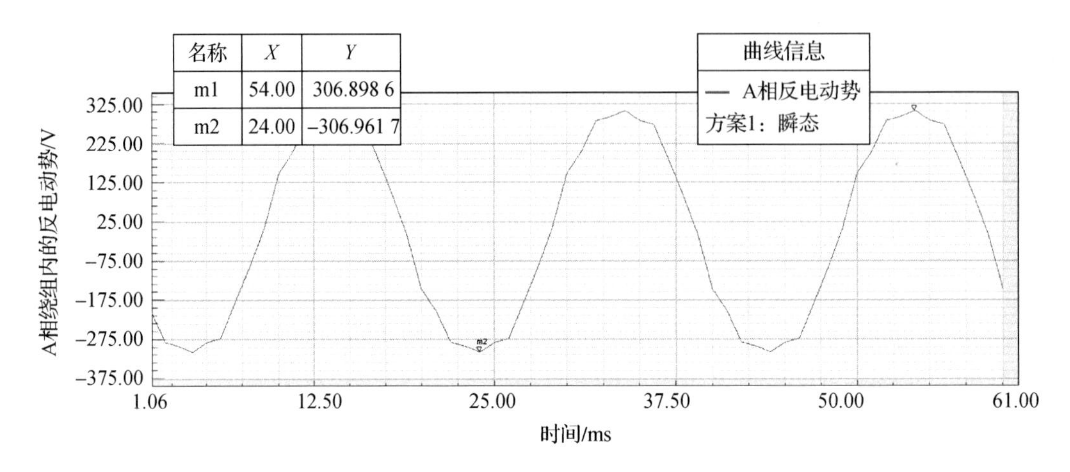

图 2.7.17　空载相反电动势波形（1 000r/min）：U_{rms}=214V

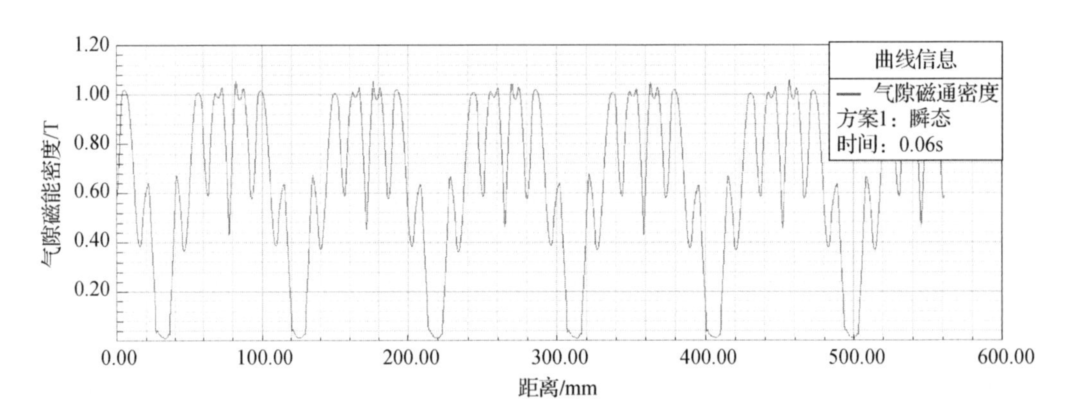

图 2.7.18　空载时的气隙磁通密度

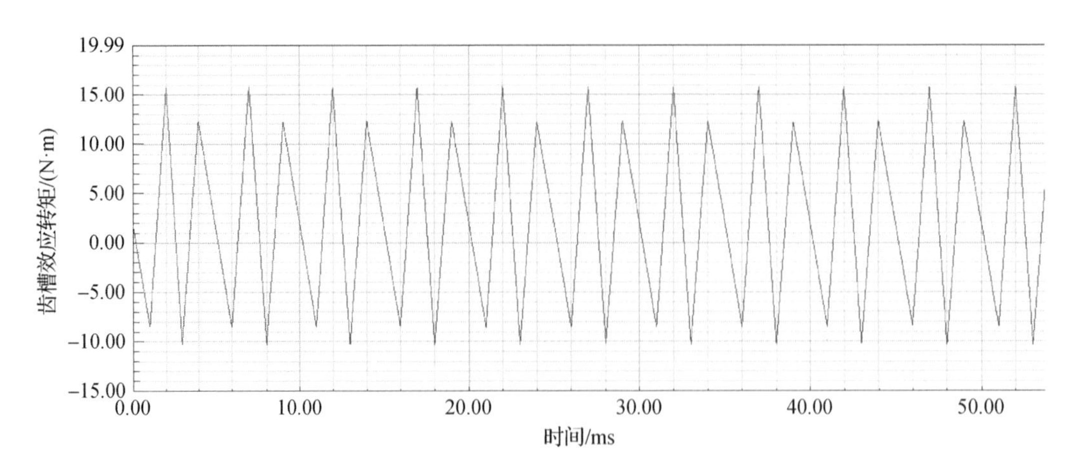

图 2.7.19　齿槽效应转矩（未斜槽）

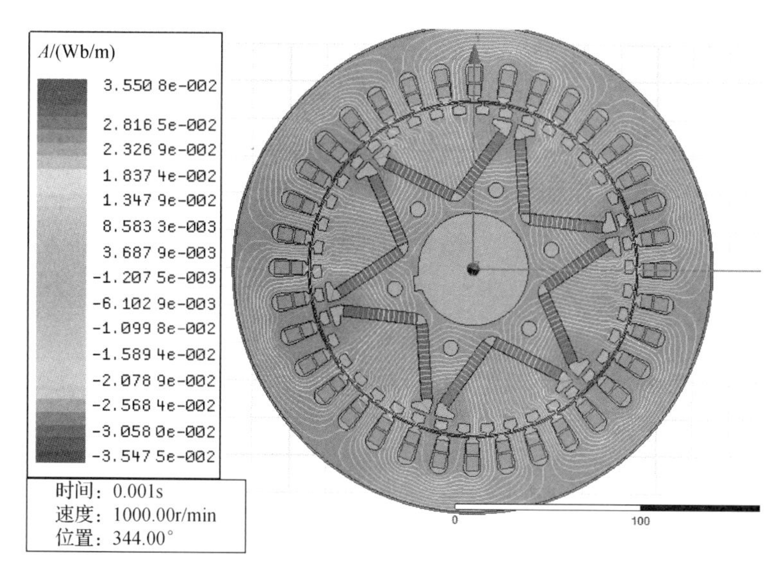

图 2.7.20　负载（105N・m，18A）时的磁通分布图

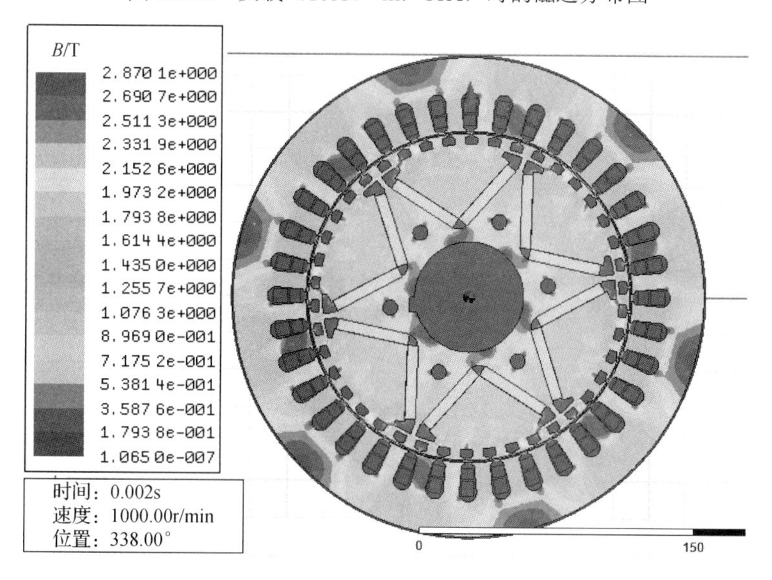

图 2.7.21　负载（105N・m，18A）时的磁通密度分布图

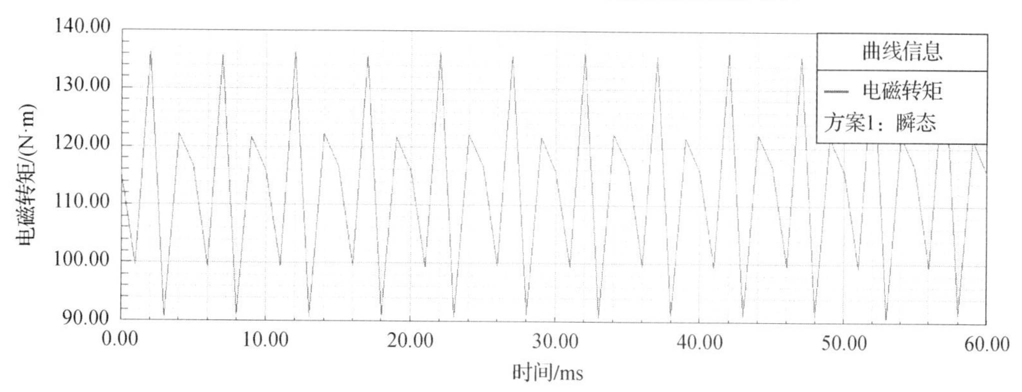

图 2.7.22　负载时的电磁转矩波形（输入电流 18A）

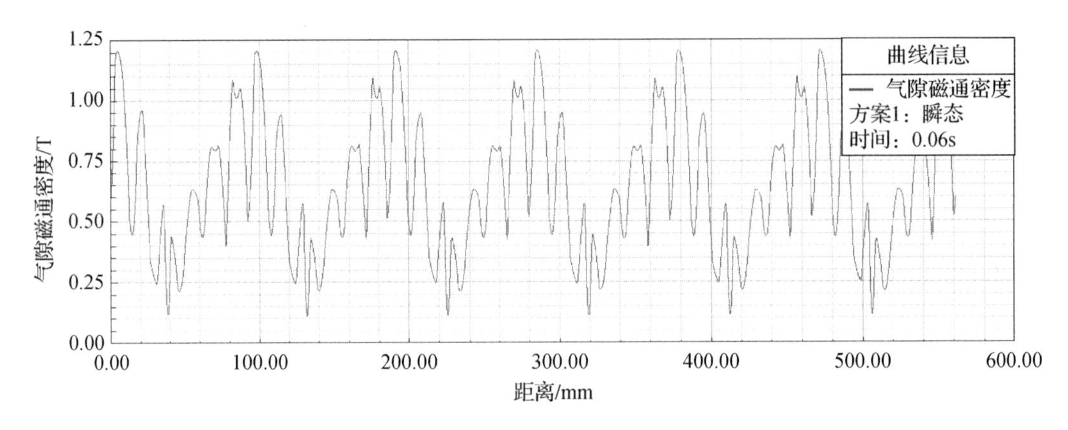

图 2.7.23　负载时的气隙磁通密度（输入电流 18A）

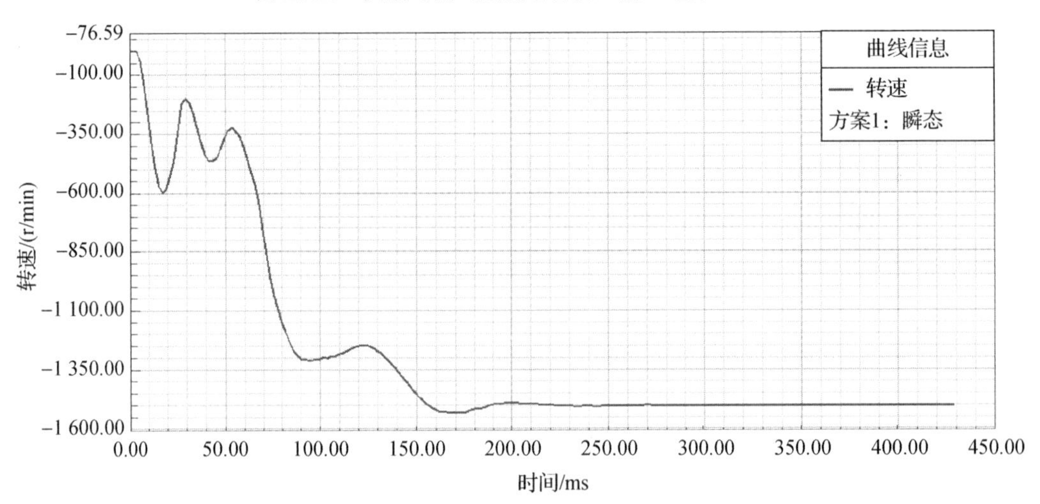

图 2.7.24　电动机转速曲线

第 3 章　无转子位置传感的无刷直流永磁电动机

与有刷直流永磁电动机相比较，无刷直流永磁电动机与有刷直流电动机的性能特征比较，前者具有如表 3.0.1 所示的许多优点，其中效率高、功率密度高和寿命长是无刷直流永磁电动机的主要优点。因此，从 20 世纪 90 年代中期开始，无刷直流永磁电动机在视听设备、办公机械、计算机外部设备、自动化生产设备、家用电器，以及航空航天等领域得到了广泛应用。

表 3.0.1　无刷直流电动机与有刷直流电动机的性能特征比较

性能特征	无刷直流电动机	有刷直流电动机
维护	不需要	周期性的维护
寿命	比较长	比较短
效率	高	中等
功率/尺寸比	高	中等
惯量	低	高
电气噪声	低	高（火花）
价格	高	中等
控制	复杂	简单
控制需要与否	必需	有时需要

在无刷直流永磁电动机中，为了根据转子永磁体磁极与定子电枢绕组轴线之间的相对位置来实现电子换相（向），并对力矩和转速实施控制，就需要采用转子位置传感器。转子位置传感器有多种类型，常用的有霍尔器件、光电编码器、磁性编码器和旋转变压器等。随着无刷直流永磁电动机的日益普及，在它的生产制造和使用过程中也随之出现了如下一些问题。

（1）这些转子位置传感器的价格都比较贵；同时，在制造过程中需要精确的机械定位和安装；传感器与驱动电路之间需要连接等。所有这些都将增加产品的成本。

（2）对于霍尔器件而言，由于它对温度的敏感性，仅能在一定的环境温度下使用；光电编码器耐振动冲击的能力差，并需要洁净的工作环境条件。所有这些都将影响到产品的适用范围和运行的可靠性。

（3）在某些情况下，电动机需要浸泡在某种液体里工作，定转子必须各自采取密封措施；在有些应用场合，其质量和空间受到严格的限制。在这些特殊的应用领域，根本无法采用带有转子位置传感器的无刷直流永磁电动机。

因而近 10 多年来，国内外业内人士致力于研究开发质量更轻、尺寸更小、功率密度更高、运行可靠性更高和成本价格更低的无转子位置传感器的无刷直流永磁电动机，并取得了显著成果。随着永磁材料性能的继续提高和逐步降价，功率电子器件和大规模集成电路的日趋成熟和逐步降价，以及无转子位置传感的无刷直流永磁电动机本身技术的发展，它们的应用领域和销售市场必将进一步扩大。

在结构上，无转子位置传感器的无刷直流永磁电动机本体与有转子位置传感器的无刷直流永磁电动机本体是一样的。在大多数情况下，定子电枢采用分数槽绕组，三相电枢绕组被连接成星形（Y）；但是，在驱动电压比较低、负载电流比较大和负载转速比较高的情况下，可以把电枢绕组连接成三角形（△）。转子的结构形式可以是多样的，可以采用内转子结构形式也可以采用外转子结构形式。当采用内转子结构形式时，对于 50W 以下的微型电动机而言，一般采用胶黏剂直接把圆环形永磁体套装在转子磁轭铁心的外圆表面；对于 100W 以上的小功率电动机而言，通常采用胶黏剂把瓦片形永磁体贴装在转子磁轭铁心的外圆表面。为了节省永磁材料和降低制造成本，可以采用“弧形永磁体内外圆表面的圆周半径相同，内外圆表面的圆心位于同一条中心线上，但不同心，即同半径不同心（偏心）”的切割工艺；当转速高于 3000r/min 时，可以在永磁体外圆表面再套装一个由非导磁材料制成的护套，防止永磁体在正常运行时飞离转子磁轭铁心表面。

对于无转子位置传感的无刷直流永磁电动机而言，如何可靠地实现三相电枢绕组之间的换向和如何可靠地使处于静止状态的电动机启动是两个核心问题。本章将主要参考意法半导体（STMicroelectronics）公司的ST72141微控制器，但不涉及电路的具体结构，仅围绕这两个核心问题对无转子位置传感器的无刷直流永磁电动机的基本工作原理加以说明。

3.1　无刷直流永磁电动机的运行机制

无转子位置传感器的无刷直流永磁电动机的运行机制与有转子位置传感器的无刷直流永磁电动机的运行机制是一样的，所谓运行机制就是电动机本体的工作原理。

为了便于理解，这里仍以有转子位置传感器的无刷直流永磁电动机和“二相导通星形三相六状态”的典型的运行方式为例，说明其运行机制。一般而言，无刷直流永磁电动机由电动机本体、转子位置传感器、逆变器和控制器等四部分所构成，逆变器一般采用 120°导通型三相半桥逆变电路，其总体结构框图如图 3.1.1 所示。

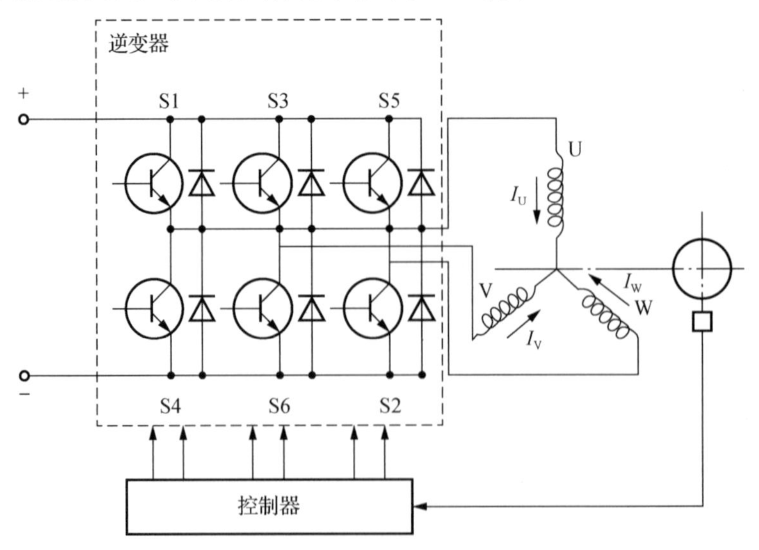

图 3.1.1　总体结构框图

我们规定电流进入电枢绕组的方向为电流正方向，电流离开电枢绕组的方向为电流负方向；定子三相电枢绕组的轴线在空间相互间隔 120°电角度；可以采用三个霍尔器件作为电动机的转子位置传感器的定子，它们沿定子内腔圆周空间可以相互间隔 60° 电角度配置，也可以相互间隔 120° 电角度配置。对于小功率无刷直流永磁电动机而言，可以把三个霍尔器件贴装在电枢铁心的端部，同时，利用电动机本体的永磁转子作为转子位置传感器的转子；当电动机的功率超过 1kW 时，转子位置传感器应该采用独自的定转子结构，以避免电枢电流对霍尔器件输出信号的影响和防止因电枢（绕组和铁心）过热而损坏霍尔器件。

电动机运行时，三相电枢绕组将二相二相地轮流导通，每相电枢绕组持续通电 120° 电角度。在一个电气周期内，工作气隙内将形成六个空间磁状态，相邻两个磁状态之间的空间夹角为 60° 电角度，即定子电枢磁场将跳跃六步完成一个电气周期。

无刷直流永磁电动机运行时，施加在电枢绕组端头上的电压是直流电压，通入电枢绕组的电流是矩形波电流，每相电枢绕组内感生的反电动势呈梯形波。电动机为了获得最高的效率，必须使每相电枢绕组内感生的反电动势与每相电枢绕组内流过的矩形波电流保持同相位。这也是对无刷直流永磁电动机的一般定义。

无刷直流永磁电动机是在有刷直流永磁电动机的基础上逐渐发展起来的，它们的工作原理本质上也是一样的。电动机稳态运行时，将在一定转速上产生一定的反电动势 E_a 和一定的电磁转矩 T_{em}，它们可以分别用下列公式来描述：

$$E_a = k_E\ n\ \Phi_\delta \tag{3-1-1}$$

式中：n 是电动机的转速，r/min；Φ_δ 是电动机的每极气隙磁通量，Wb；k_E 是由电动机的参数所决定的反电动势常数，V/［(r/min)·Wb］。

$$T_{em} = k_T\ I_a\ \Phi_\delta \tag{3-1-2}$$

式中：k_T 是由电动机的参数所决定的转矩常数，N·m/（A·Wb）；I_a 是进入电枢绕组的电流，A。

电动机内产生的电磁动率 P_{em} 可以用下列公式来表示：

$$P_{em} = E_a I_a = T_{em}\Omega \tag{3-1-3}$$

式中：E_a 是由于永磁转子的磁极的运动在电枢绕组内感生的反电动势，V；Ω 是电动机转子的机械角速度，rad/s。

电动机稳态运行时，并将满足下列电压平衡方程式：

$$U = E_a + I_a\ r_a \tag{3-1-4}$$

式中：U 是施加在电枢绕组上的电压，V；r_a 是电枢绕组的直流电阻，Ω。

现在，根据图 3.1.1，以“二相导通星形三相六状态”运行方式为例说明无刷直流永磁电动机三相电枢绕组的电子换向（相）过程。

第一步，当 $t = 0^{0+}$ 时，功率开关晶体管 S1、S6 导通，电流走向为电源正端→S1→U→V→S6→电源负端。

第二步，当 $t = 60^{0+}$ 时，功率开关晶体管 S1、S2 导通，电流走向为电源正端→S1→U→W→S2→电源负端。

第三步，当 $t = 120^{0+}$ 时，功率开关晶体管 S3、S2 导通，电流走向为电源正端→S3→V→W→S2→电源负端。

第四步，当 $t = 180^{0+}$ 时，功率开关晶体管 S3、S4 导通，电流走向为电源正端→S3→V→U→S4→电源负端。

第五步，当 $t=240^{0+}$ 时，功率开关晶体管 S5 、S4 导通，电流走向为电源正端 →S5→W→U→S4→电源负端。

第六步，当 $t=300^{0+}$ 时，功率开关晶体管 S5 、S6 导通，电流走向为电源正端 →S5→W→V→S6→电源负端。

第七步，当 $t=360^{0+}$ 时，又重复 $t=0^{0+}$ 时的状态。

在上述六步运行的换向（相）过程中，若以 U 相绕组为例，它持续导通的 120°电角度区间由前后两部分所组成，前 60°电角度区间，电流从电源正极 DC+通过功率开关晶体管 Sl 流入 U 相绕组，然后从 V 相绕组流出，并通过功率开关晶体管 S6 返回电源负极 DC–，期间电枢电流将形成第 I 状态的定子电枢磁场 F_{UV}；后 60°电角度区间，功率开关晶体管 S6 截止，而 S2 开始导通，电流从电源正极 DC+仍然通过功率开关晶体管 S1 流入 U 相绕组，但然后从 W 相绕组流出，并通过功率开关晶体管 S2 返回电源负极 DC–，期间电枢电流将形成第 II 状态的定子电枢磁场 F_{UW}。我们把原先流入 V 相绕组的电流在某一时刻开始改变而流入 W 相绕组的过程称为换向（相）。表 3.1.1 和表 3.1.2 分别列出电动机顺时针方向旋转和逆时针方向旋转时的驱动顺序。

表 3.1.1　电动机顺时针方向旋转时的驱动顺序

状态顺序	相电流			三相电枢绕组	定子电枢磁场
	U	V	W		
I	DC+	悬空	DC–	U, V, W	F_{WU}, F_{VU}, ω, F_{WV}, F_{VW}, F_{UV}, F_{UW}
II	DC+	DC–	悬空		
III	悬空	DC–	DC+		
IV	DC–	悬空	DC+		
V	DC–	DC+	悬空		
VI	悬空	DC+	DC–		

表 3.1.2　电动机逆时针方向旋转时的驱动顺序

状态顺序	相电流			三相电枢绕组	定子电枢磁场
	U	V	W		
I	悬空	DC–	DC+	U, V, W	F_{WU}, F_{VU}, ω, F_{WV}, F_{VW}, F_{UV}, F_{UW}
II	DC+	DC–	悬空		
III	DC+	悬空	DC–		
IV	悬空	DC+	DC–		
V	DC–	DC+	悬空		
VI	DC–	悬空	DC+		

上述电枢绕组的导通顺序与功率开关晶体管的导通顺序之间的关系列于表 3.1.3。三相电枢绕组按上述导通顺序换向时，电动机将按逆时针方向旋转。同时，图 3.1.2 给出电动机逆时针方向旋转时，三相电枢绕组的每相电枢绕组在外加直流电压的驱动下，每相电枢绕组内的电流波形和每相反电动势波形的示意图。

表 3.1.3　电枢绕组与功率开关晶体管的导通顺序之间的关系（逆时针方向旋转时）

	0°～60°	60°～120°	120°～180°	180°～240°	240°～300°	300°～360°
导通顺序	U		V		W	
	V	W		U		V
S1	■	■				
S3			■	■		
S5					■	■
S4				■	■	
S6	■					■
S2		■	■			

注：表中黑条表示导通，白条表示未导通。

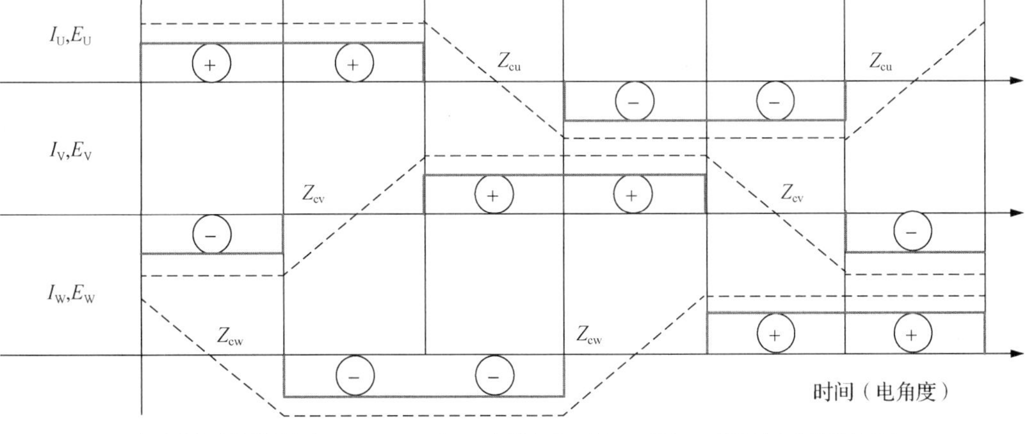

Z_c 表示反电动势的过零点；Z_{cu}、Z_{cv} 和 Z_{cw} 分别表示 U 相、V 相和 W 相的反电动势的过零点。

图 3.1.2　三相电枢绕组的每相电流波形和每相反电动势波形的示意图（逆时针方向旋转）

在电动机运行过程中，根据图 3.1.2，假定 U 相绕组与电源的正极 DC + 相连，当永磁转子的 N 极扫过 U 相绕组时，U 相绕组内便产生处于横向坐标轴线上方的正向（+）反电动势，并将通过处于横向坐标轴线上方的正向（+）电流；之后，当永磁转子的 S 极扫过 U 相绕组时，U 相绕组内将产生处于横向坐标轴线下方的负向（–）反电动势，并将通过处于横向坐标轴线下方的负向（–）电流。U 相绕组内的反电动势由正向（+）变成负向（–）的过程中，功率开关晶体管 S1 和 S4 都将截止，U 相绕组将与电源的正极 DC + 和负极 DC – 同时脱开，处于"悬空"状态，这一状态在时间上将持续 60° 电角度。通常，我们把处于"悬空"状态的 U 相称之为悬空相。悬空相的绕组内虽然没有电流通过，但仍有反电动势，并且这个反电动势正经历着由正值经过与横坐标轴的交点零值，变成负值的过程。

综上所述，对于"二相导通星形三相六状态"运行方式而言，我们可以归纳出以下几个要点：

（1）对于无刷直流永磁电动机而言，理论上希望把它的一个极距范围内的气隙主磁场的磁通密度设计成按空间梯形波规律分布，使之在略大于 120° 电角度的范围内能够保持恒定的数值，从而在电动机运行时，电枢绕组导体内感生的反电动势成时间梯形波，即幅值不随时间而变化的平顶梯形波，处在电枢圆周表面不同空间电角度上的导体内的反电动势基本上具有同样的数值，相邻两相电枢绕组内感生的反电动势之间没有时间相位移。

（2）在一个电气周期内，每相电枢绕组内感生的反电动势将两次经过零点，一次由正值变到负值，另一次由负值变到正值，反之亦然。这两个横轴上的过零点之间的时间距离为 180° 电角度。

（3）在一个电气周期内，三相电枢绕组内感生的反电动势总共有六个过零点，相邻两个过零点之间的时间距离为 60° 电角度。六个过零点对应于电动机运行时的六个磁状态，每一个过零点标志着一个原有磁状态的即将结束，而一个相继的新的磁状态即将开始。

（4）对于每相电枢绕组而言，在从通过正向电流变成通过负向电流，或从通过负向电流变成通过正向电流的过程中，都要经过一个“悬空”状态。这一事实确保了逆变器内同一桥臂的上下两个功率开关器件不可能同时导通，使电动机能够可靠地运行；同时，我们可以对悬空相内的反电动势进行检测，利用反电动势的过零点信号来实现无转子位置传感器的无刷直流永磁电动机的正确换向，使每相电枢绕组内感生的反电动势尽可能地与该相电枢绕组内的电流保持同相位，确保电动机能够高效率运行。

3.2　换向与续流

换向与续流是无刷直流电动机运行中的两个重要的物理过程。本节主要说明：无刷直流电动机的换向和续流过程，如何实现正确的换向？什么是续流？续流的路径是如何形成的？为什么要采取续流保护措施？无转子位置传感器的无刷直流永磁电动机在反电动势过零点的检测过程中如何考虑续流问题？

3.2.1　换向

如上所述，由电源进入电动机定子的电枢电流，在控制器的支配下，根据转子位置状态信号，按一定的规则在各相电枢绕组之间流通，从而提供了一个按一定方向旋转的跳跃式旋转磁场。原先在一个相绕组流动的电流被迫流入另一个相绕组的过程称为换向，也称为换相或换流。对于有转子位置传感器的无刷直流永磁电动机而言，转子位置状态信号由转子位置传感器的输出信号经过逻辑处理后产生；对于无转子位置传感器的无刷直流永磁电动机而言，转子位置状态信号由悬空相内的反电动势过零点的检测信号经过处理后产生。

六步控制创建了总计有六个可能的定子磁动势矢量（或磁通矢量）。这里，为了便于分析，转子位置状态信号用符号［*uvw*］来表示，表 3.2.1 给出了顺时针旋转时的换向顺序，表 3.2.2 给出了反时针旋转时的换向顺序，它们描述了转子位置状态信号［*uvw*］与 U、V 和 W 三相电枢绕组的导通或截止状态之间的关系。与之相对应，顺时针旋转时，转子位置状态信号与六步控制的定子磁动势之间的关系如图 3.2.1 所示；而反时针旋转时，转子位置状态信号与六步控制的定子磁动势之间的关系如图 3.2.2 所示。

表 3.2.1　顺时针旋转时的换向顺序

转子位置状态信号[*uvw*]			U 相	V 相	W 相
1	0	1	$+V_{DC}$	$-V_{DC}$	NC
1	0	0	NC	$-V_{DC}$	$+V_{DC}$
1	1	0	$-V_{DC}$	NC	$+V_{DC}$
0	1	0	$-V_{DC}$	$+V_{DC}$	NC
0	1	1	NC	$+V_{DC}$	$-V_{DC}$
0	0	1	$+V_{DC}$	NC	$-V_{DC}$

注：NC（not conduction）表示不导通。

表 3.2.2　反时针旋转时的换向顺序

转子位置状态信号[uvw]			U 相	V 相	W 相
1	0	1	$+V_{DC}$	$-V_{DC}$	NC
1	0	0	$+V_{DC}$	NC	$-V_{DC}$
1	1	0	NC	$+V_{DC}$	$-V_{DC}$
0	1	0	$-V_{DC}$	$+V_{DC}$	NC
0	1	1	$-V_{DC}$	NC	$+V_{DC}$
0	0	1	NC	$-V_{DC}$	$+V_{DC}$

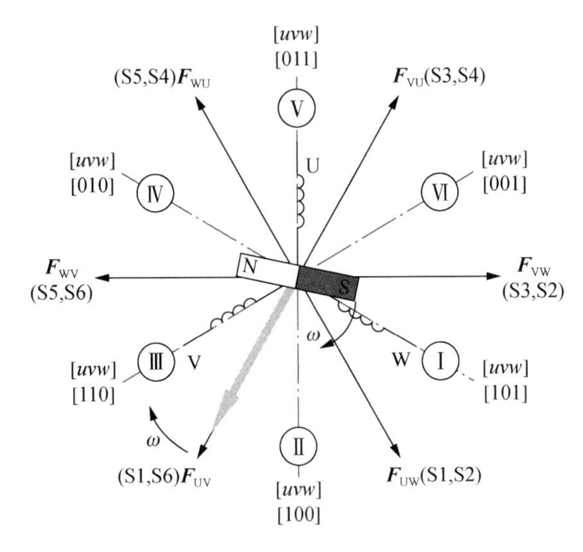

图 3.2.1　顺时针旋转时转子位置状态信号与六步控制的电枢磁动势之间的关系

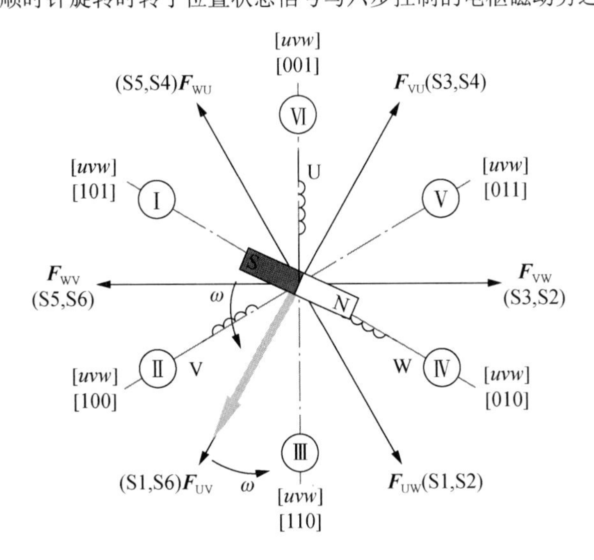

图 3.2.2　反时针旋转时的转子位置状态信号与六步控制的电枢磁动势之间的关系

如上所述，每一个转子状态信号将会驱动逆变器三个桥臂中相应的上下两个功率开关器件，从而产生相应的定子磁动势，带动转子旋转。为了使电动机的转子能够有力地朝一定的方向旋转，定子磁动势必须在一定的转子位置上被改变。

图 3.2.3 和图 3.2.4 描述了电动机反时针方向旋转时的换向过程。图 3.2.3 描述了刚好是换向之前的瞬间状态，转子实际位置对应于六个转子位置状态信号［uvw］之中的第 I 状态［101］。这时，U 相电枢绕组通过功率开关器件 S1 被连接到正直流母线电压+DC；V 相电枢绕组通过功率开关器件 S6 被连接到地；W 相电枢绕组没有被供电，即 W 相是悬空相。

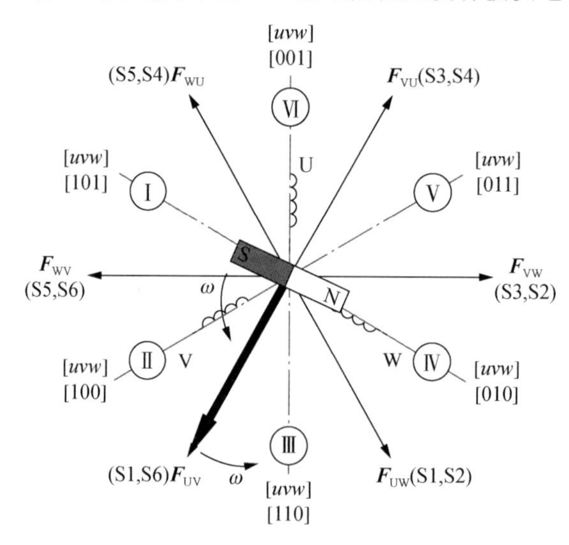

图 3.2.3　电动机反时针旋转时，恰好在换向之前的定子磁场和转子磁场之间的关系

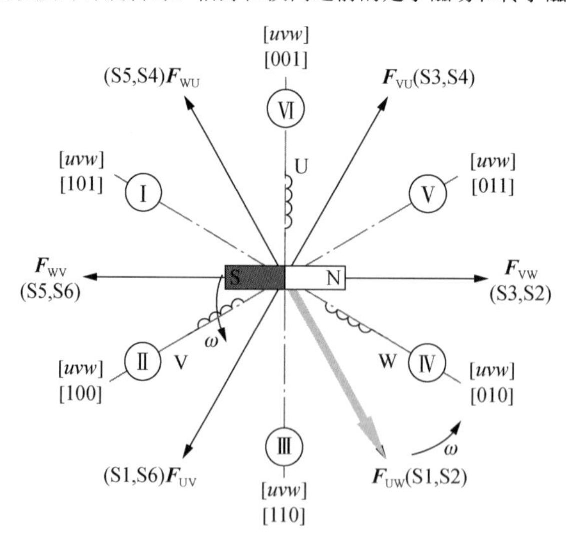

图 3.2.4　电动机反时针旋转时，恰好在换向之后的定子磁场和转子磁场之间的关系

在此情况下，转子磁场在定子磁场 $\boldsymbol{F}_{UV}$ 的驱动下，朝反时针方向旋转，一旦转子到达第 I 状态［101］的边界，转子位置状态信号［uvw］就从数值［101］跳变到第 II 状态的数值［100］。这时，U 相电枢绕组仍然通过功率开关器件 S1 被连接到正直流母线电压+DC；而原先流经 V 相电枢绕组，并通过功率开关器件 S6 流入地的电流，经过短时间的续流后，就改变流向，流入原先的悬空相电枢绕组 W，并通过功率开关器件 S2 流入地，即被连接到

负直流母线电压 −DC，如图 3.2.4 所示，这刚好是换向之后的瞬间状态。

正如前面所述，当采用六步控制技术时，在一个电气周期内，电动机需要换向六次。虽然，企图把转子磁通和定子磁通之间的夹角始终精确地维持在 90° 是不可能的，但是为了使一台无刷直流电动机能够正常运行，必须使各相电枢绕组内的电流实现正确的换向，确保定子磁通和转子磁通之间的夹角在 60°～120° 变化，能够维持在 90° 附近。如果换向偏离了正确的换向角度（时刻），将会导到电磁转矩的下降，并引起显著的转矩脉动和转速的变化。

所谓正确换向，就是要确保电动机在正常额定运行时能够产生最大的电磁转矩或最大的电磁功率。众所周知，电磁转矩 T_{em} 和电磁功率 P_{em} 的数学表达式分别为

$$T_{em} = F_a \, \Phi_{m\delta} \sin\theta \tag{3-2-1}$$

$$P_{em} = E_a \, I_a \cos\psi \tag{3-2-2}$$

式中：F_a 是由电枢绕组内的电流 I_a 所产生的电枢磁动势；$\Phi_{m\delta}$ 是由永磁转子产生的气隙主磁通；θ 是永磁转子产生的气隙磁通与电枢磁动势之间的空间电气夹角；I_a 是电枢绕组内的电流；E_a 是由永磁转子产生的气隙主磁通 $\Phi_{m\delta}$ 在电枢绕组内感生的反电动势；ψ 是 E_a 和 I_a 之间的时间电气夹角，通常被称为内功率因数角。

式（3-2-1）和式（3-2-2）表示：当电枢磁动势 F_a 与永磁转子产生的气隙主磁通 $\Phi_{m\delta}$ 相互垂直时，即它们之间的空间电气夹角 $\theta=90°$ 时，电动机产生的电磁转矩 T_{em} 最大，如图 3.2.5 所示；当电枢绕组内的电流 I_a 与电枢绕组内所感生的反电动势 E_a 之间的时间电气夹角 $\psi=0°$ 时，即电枢电流 I_a 与反电动势 E_a 保持同相位时，电动机产生的电磁功率 P_{em} 最大，如图 3.2.6 所示。

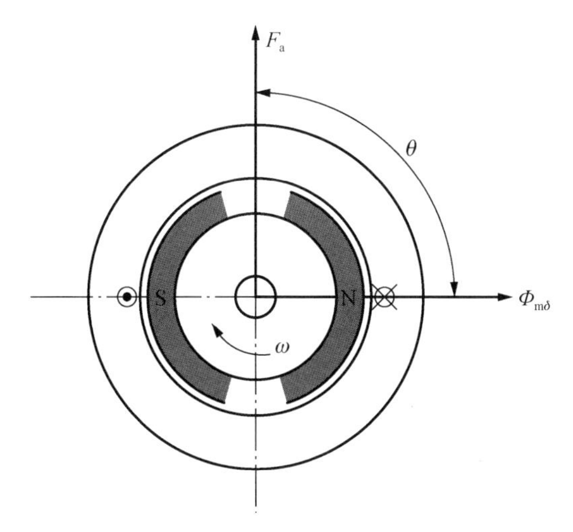

图 3.2.5 定子电枢磁场 F_a 与转子磁场 $\Phi_{m\delta}$ 相互垂直

实质上，式（3-2-1）和式（3-2-2）描述是同一个机电能量相互转换的物理现象，也可以说，式（3-2-1）和式（3-2-2）是同一个物理现象的两种不同的表达形式。因此，当电枢磁动势 F_a 与永磁转子产生的气隙主磁通 $\Phi_{m\delta}$ 相互垂直的时候，电枢电流 I_a 与反电动势 E_a 必定同相，即 $\theta=90°$ 电角度时，必定 $\psi=0°$ 电角度。正确换向，就是满足上述条件的换向，从而能够确保电动机具有最高的运行效率。

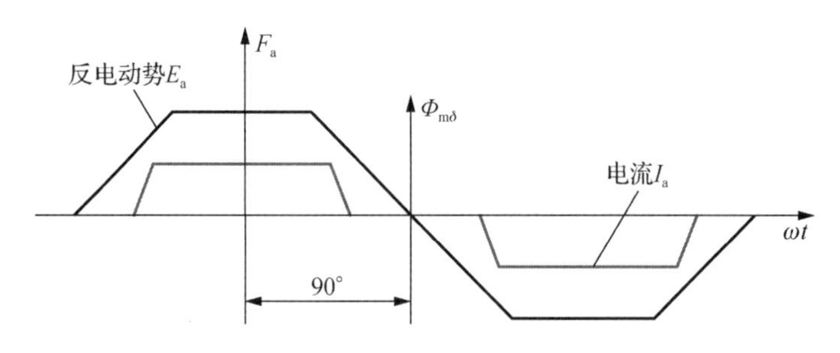

图 3.2.6　每相电流与每相反电动势保持同相位

这里，我们应该知道：在有刷直流永磁电动机中，电刷的空间位置决定了电枢磁场的空间位置。在一般情况下，正负电刷的轴线与永磁体产生的定子磁场的轴线在空间是正交设置的。因此，在电枢槽数和换向片数相当多的条件下，电枢磁场与永磁体产生的定子磁场之间的空间关系是始终处于正交状态的，即θ=90°电角度，两个磁场之间没有相对运动；而对于无刷直流永磁电动机而言，在每一个 60°电角度的空间磁状态中，定子电枢磁场的轴线与永磁体产生的转子磁场的轴线之间的夹角是在相当于（60°～120°）空间电角度的范围之内变化的，即在正交状态的前后 30°电角度的范围之内变化，它们之间的正交状态只是某一瞬间出现的状态。因此，无刷直流永磁电动机的所谓正确换向只是一个平均的正交概念。就此而论，在主要尺寸和电磁负荷相同的情况下，有刷直流永磁电动机的输出功率要比无刷直流永磁电动机的输出功率大一些。

3.2.2　续流

对于图 3.1.1 所示的三相桥式连接的无刷直流永磁电动机而言，在正常运行时，定子上 U、V 和 W 三个电枢绕组将二相二相地轮流导通。例如，在由转子位置所决定的某一时刻，电枢电流i_a从 U 相电枢绕组流向 V 相电枢绕组，即 $U \to V$；而在由下一个相继的转子位置所决定的时刻，电枢电流i_a从 U 相电枢绕组流向 W 相电枢绕组，即 $U \to W$，定子电枢磁场在空间跳跃了 60°电角度。在此换流过程中，V 相电枢绕组由“通电状态”变成“断电状态”，而 W 相电枢绕组由“断电状态”变成“通电状态”。

由此可见，在永磁无刷直流电动机的运行过程中，总有一相电枢绕组内的电流要改变方向，或总有一相电枢绕组由“通电状态”变成“断电状态”，或由“断电状态”变成“通电状态”。

众所周知，线圈通电的过程就是在其周围建立磁场的过程，在通电线圈的磁场内储存着一定的能量，其数值大小由下式决定：

$$w_L(t)=\frac{1}{2}Li^2(t) \tag{3-2-3}$$

式中：L 是通电线圈的电感；$i(t)$ 是外电路从某一时刻 t_0 开始向电感线圈输送的电流，且在 t_0 时刻时 $i(t_0)=0$，即电感线圈是从零电流开始通电的。

在绕组之间进行换流过程中，一方面，储存在磁场中的能量要释放；同时，另一方面，由“断电状态”变成“通电状态”时，或由“通电状态”变成“断电状态”时，电枢绕组内的电流要发生急剧变化，从而会产生很大的感应电动势，其数值为$\pm L(\mathrm{d}i/\mathrm{d}t)$。当由“断电状态”变成“通电状态”时，感应电动势的数值为$-L(\mathrm{d}i/\mathrm{d}t)$，这个电动势的方向与外加电压的方向相反，即$[u(t)-L(\mathrm{d}i/\mathrm{d}t)]$，通常被称为反电动势。根据电枢绕组内的电流不会产生跃变的原则，这个反电动势将阻止电枢线圈内的电流上升，使电枢线圈内的电流尽量维持原有的状态；当由“通电状态”变成“断电状态”时，感应电动势的数值为$+L(\mathrm{d}i/\mathrm{d}t)$，这个电动势的方向与外加电压的方向相同，即$[u(t)+L(\mathrm{d}i/\mathrm{d}t)]$，它将维持电枢线圈内的原有电流尽量不变，但是，这个感应电动势和外加电压一起施加在刚被截止的功率开关晶体管的集电极与发射极之间，它可能损坏与刚被“断电”的电枢绕组相连接的功率开关晶体管。为此，我们必须在电路上采取适当的措施，给电枢线圈内的磁场能量的释放提供一条通道，同时对有关的功率开关晶体管加以保护，这就是所谓的“续流”和续流在电路中起到的保护作用。

图 3.2.7（a）～（c）描述了三相桥式驱动电路的“换向和续流”过程。图 3.2.7（a）是定转子磁场处于第 I 状态时的电流通路，这时，功率开关晶体管 S1 和 S6 导通，电流$i(t)$从 U 相电枢绕组向 V 相电枢绕组流通时的运行情况，图中的实线箭头表示了“工作”电流的流通路线。当转子旋转至某一位置时，定转子磁场之间的关系进入第 II 状态时，功率开关晶体管 S1 仍然保持导通状态，而功率开关晶体管 S6 将由导通变成截止，原先截止的功率开关晶体管 S2 将开始导通，V 相电枢绕组将由“通电状态”变成“断电状态”，而原来处于“断电状态”的 W 相电枢绕组开始通电。这时，功率开关晶体管 S6 虽已截止，但储存在 V 相电枢绕组中的能量需要释放，于是 V 相电枢绕组内的电流将沿着原方向，按图 3.2.7（b）中虚线箭头所示的路线“续流”，即储存在 V 相电枢绕组中的能量将消耗在由“V 相电枢绕组$\rightarrow$D3$\rightarrow$S1$\rightarrow$U 相电枢绕组$\rightarrow$V 相电枢绕组”构成的回路内。这条续流路径是由续流二极管 D3 提供的。

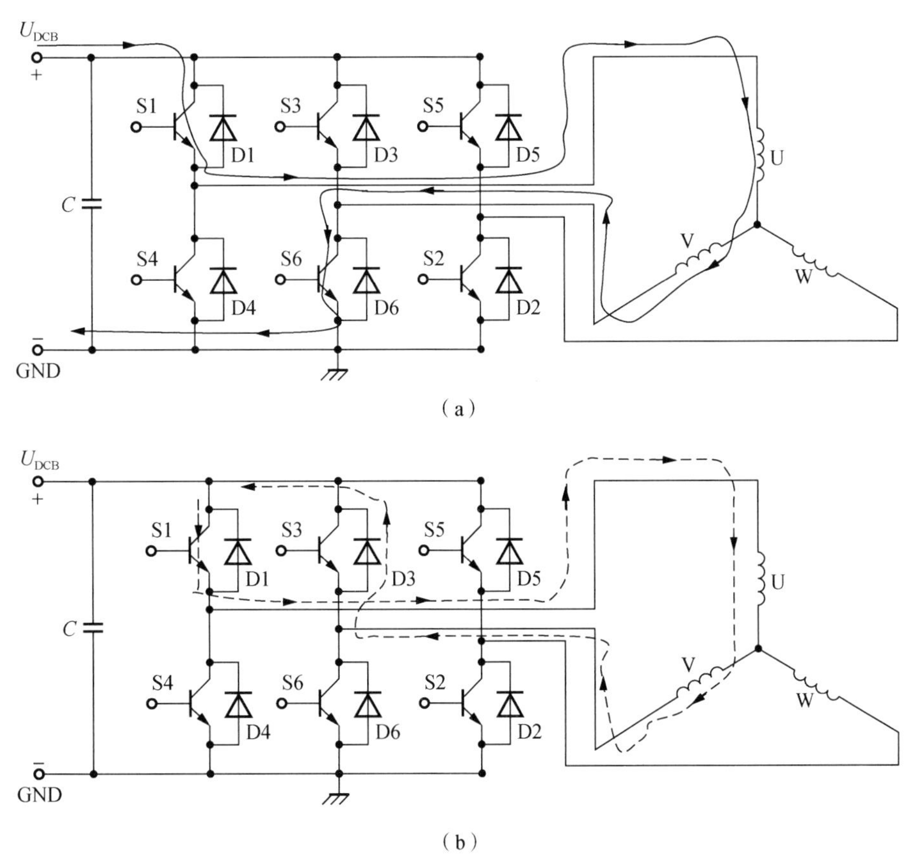

图 3.2.7　三相桥式驱动电路的“换向和续流”过程

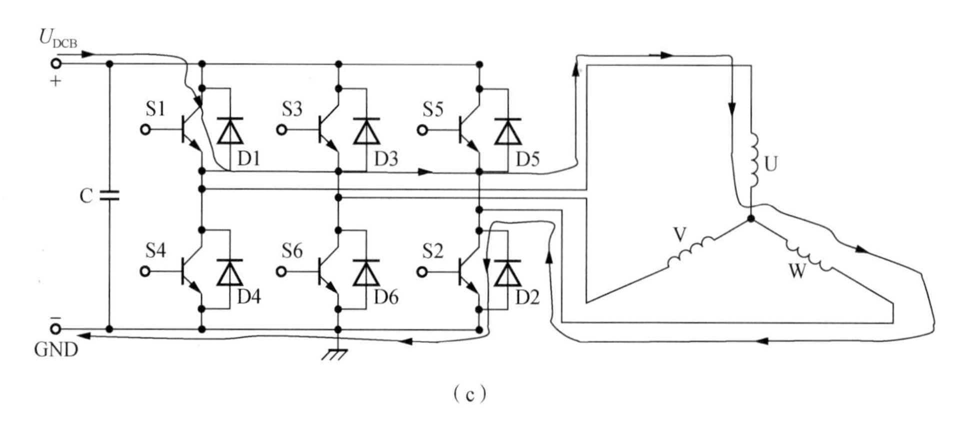

（c）

图 3.2.7 （续）

经过一段时间的续流，储存在 V 相电枢绕组中的能量释放完毕，V 相电枢绕组内的电流才等于零，成为悬空相；W 相电枢绕组内的电流达到稳定值，电枢电流由 V 相电枢绕组转移到 W 相电枢绕组的换向过程结束，新的“工作”电流的流通路线如图 3.2.7（c）中的实线箭头所示。

如果逆变器中的六个功率开关器件没有并联续流二极管，那么，在换向过程中就无法形成续流路径，无法为能量的释放提供通道。例如，在所讨论的情况中，如果不存在与功率开关器件 S3 并联的续流二极管 D3，那么，在第 I 状态转换到第 II 状态的换向过程中，将会有一个很高的电压 [$U_{DCB}+L(\mathrm{d}i/\mathrm{d}t)$] 施加在被截止的功率开关器件 S6 的集电极 c 和发射极 e 之间，对逆变器的运行造成很大的危害，如图 3.2.8 所示。

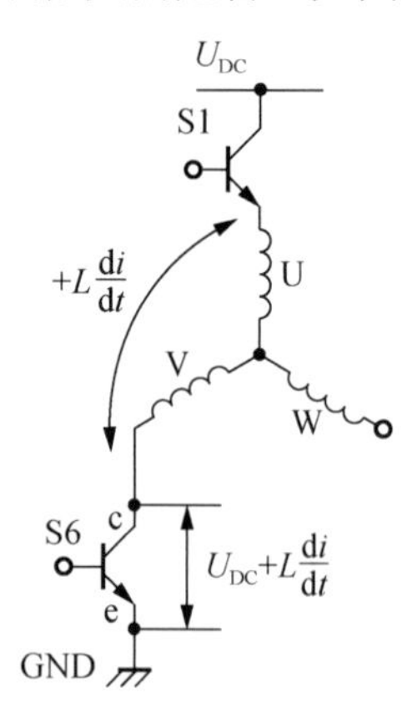

图 3.2.8　在没有续流二极管的情况下，换向过程中作用在一个被截止的功率开关器件（S6）上的电压

在无转子位置传感器的无刷直流永磁电动机中，是通过对悬空相内的反电动势过零点的检测，给控制器提供正确的转子位置状态信号，使电枢电流在 U、V 和 W 三相电枢绕组之间实现换向（相），从而确保电动机能够正常高效地运行。然而，为了能够正确地检测悬空相内反电动势的过零点，必须等待续流结束，让存储在悬空相内的磁场能量释放完毕，自感电动势 $L(\mathrm{d}i/\mathrm{d}t)$ 等于零。只有当悬空相的绕组内仅剩下由永磁体产生的转子磁场所感生的反电动势的情况下，才能对反电动势的过零点实施检测。

3.3　基本数学方程式

无转子位置传感器的无刷直流永磁电动机的基本数学方程式由电气系统和机械运动系统两部分所组成，它们是建立无转子位置传感器的无刷直流永磁电动机的运行机制的理论基础。

这里，我们仅对三相电枢绕组被连接成星形的无刷直流永磁电动机的基本数学方程式进行比较详细的讨论和分析。

3.3.1　电气系统的基本数学方程式

对于无转子位置传感器的无刷直流永磁电动机而言，描述悬空相绕组内反电动势的方程式和描述星形连接的三相电枢绕组的中心点电位的方程式是它的电气系统的基本数学方程式。

无刷直流永磁电动机运行时，其悬空相绕组内的反电动势过零点的位置信息是反应永磁转子的磁场轴线与三相电枢绕组产生的电枢磁场的轴线之间相互关系的特殊的空间电气角位置信息，即转子位置状态信息。因此，我们可以利用悬空相的绕组内反电动势过零点的位置信息来确定三相电枢绕组之间的正确换向（相）的时刻。换言之，我们可以通过悬空相绕组内的反电动势过零点的位置信息的检测，来实现三相电枢绕组之间的正确换相。可见，悬空相绕组内的内反电动势过零点的位置信息的检测是无转子位置传感器的无刷直流永磁电动机实现正确换向的先决条件。因此，描写悬空相绕组内的反电动势的方程式是无转子位置传感器的无刷直流永磁电动机的电气系统的基本数学方程式。

对于不同应用场合的无转子位置传感器的无刷直流永磁电动机而言，它们将采用不同的驱动电压。通常可供选择的驱动电压有两类：矩形波驱动电压和脉宽调制（pulse width modulation，PWM）驱动电压。当采用不同类型的驱动电压时，星形连接的三相电枢绕组的中心点的电位是不一样的，反电动势过零点的检测方也是不同的，即反电动势过零点的检测方法将随着驱动电压的不同而选择不同的检测方法。因此，描写星形连接的三相电枢绕组的中心点的电位的方程式也是无转子位置传感器的无刷直流永磁电动机的电气系统的基本数学方程式。

下面，我们将分别推导和分析采用矩形波驱动电压和脉宽调制驱动电压的无刷直流永磁电动机的电气系统的基本数学方程式。

3.3.1.1　采用矩形波驱动电压的电气系统的基本数学方程式

图 3.3.1 是一般无转子位置传感器的无刷直流永磁电动机的驱动等效电路图，当施加对称的三相矩形波电压时，我们可以写出 U、V 和 W 三相电枢绕组端头电压 u_U、u_V 和 u_W 的平衡方程式为

$$\begin{cases} u_U = r_\Phi i_U + L_\Phi \dfrac{di_U}{dt} + e_U + u_n \\ u_V = r_\Phi i_V + L_\Phi \dfrac{di_V}{dt} + e_V + u_n \\ u_W = r_\Phi i_W + L_\Phi \dfrac{di_W}{dt} + e_W + u_n \end{cases} \tag{3-3-1}$$

式中：u_U、u_V和u_W分别是U、V和W三相电枢绕组的端头的对地电压；i_U、i_V和i_W分别是U、V和W三相电枢绕组内的电流；e_U、e_V和e_W分别是永磁转子在U、V和W三相电枢绕组内感生的反电动势；u_n是U、V和W三相电枢绕组星形连接点的对地电压；r_Φ和L_Φ分别是每相电枢绕组的电阻和电感。

把式（3-3-1）中的u_U、u_V和u_W三项相加，便可得到对称的U、V和W三相电枢绕组星形连接点（即中心点）n的对地电压u_n的表达式，即

$$u_n = \frac{1}{3}(u_U + u_V + u_W) \tag{3-3-2}$$

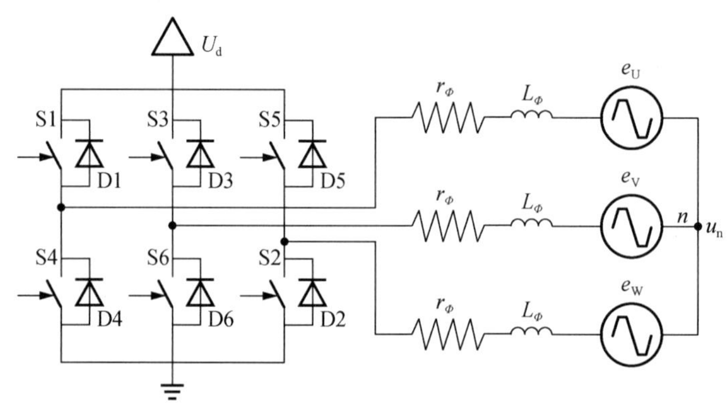

图 3.3.1　无刷直流永磁电动机的驱动等效电路图

如果施加的三相对称的正弦波驱动电压，由于$u_U + u_V + u_W = 0$，在此情况下，U、V 和W三相电枢绕组星形连接中心点n的对地电压u_n就等于零。

对于一般“二相导通星形三相六状态”的无刷直流永磁电动机而言，在运行的任一时刻只有两相电枢绕组导通，第三相电枢绕组处于悬空状态，图3.3.2展示了U和V两相电枢绕组导通时的等效驱动电路图。在此情况下，对称的三相电枢绕组内的电流i_U、i_V和i_W之间，以及对称的三相电枢绕组内的反电动势e_U、e_V和e_W之间存在着下列关系式：

$$i_V = -i_U \text{（通电相）} \tag{3-3-3}$$

$$i_W = 0 \text{（悬空相）} \tag{3-3-4}$$

$$i_U + i_V + i_W = 0 \tag{3-3-5}$$

$$e_U + e_V + e_W = 0 \tag{3-3-6}$$

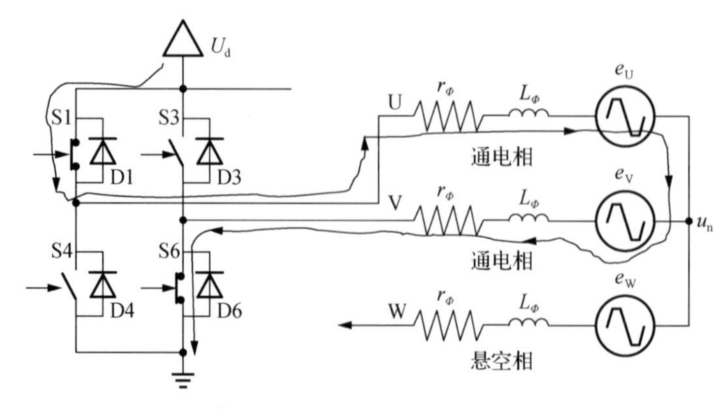

图 3.3.2　U和V两相电枢绕组导通时的等效电路图

根据悬空相绕组内电流等于零，即根据式（3-3-4），则不通电的悬空相电枢绕组 W 内的电压平衡方程式，即式（3-3-1）中的第三项将变成

$$u_W = e_W + u_n \tag{3-3-7}$$

据此，我们可以写出电枢绕组悬空相端头对地电压 $u_{NON-FED}$ 的一般表达式为

$$u_{NON-FED} = e_{NON-FED} + u_n \tag{3-3-8}$$

式中：$u_{NON-FED}$ 是悬空相电枢绕组的端头对地电压；$e_{NON-FED}$ 是悬空相电枢绕组内感生的反电动势。由此，可以写出悬空相电枢绕组内感生的反电动势 $e_{NON-FED}$ 的一般表达式为

$$e_{NON-FED} = u_{NON-FED} - u_n \tag{3-3-9}$$

式（3-3-8）和式（3-3-9）表明：悬空相电枢绕组的端头电压是悬空相电枢绕组内感生的反电动势与星形连接的 U、V 和 W 三相电枢绕组的中心点电压 u_n 之和。换言之，悬空相电枢绕组内感生的反电动势是悬空相电枢绕组的端头电压与星形连接的 U、V 和 W 三相电枢绕组的中心点电压 u_n 之差。

根据图 3.3.2 所示的 U 和 V 两相电枢绕组导通时的等效电路图，V 相绕组的端头电平 u_V 为

$$u_V = V_{ON}$$

U 相绕组的端头电平 u_U 为

$$u_U = V_{DC} - V_{ON}$$

于是，星形连接的 U、V 和 W 三相电枢绕组中心点 n 的电平 u_n 为

$$u_n = \frac{1}{2}（u_U + u_V）= \frac{1}{2}（V_{DC} - V_{ON} + V_{ON}）= \frac{1}{2} V_{DC} \tag{3-3-10}$$

式中：V_{DC} 是电源电压；V_{ON} 是功率开关器件 S6 和 S1 导通时的正向电压降落。

式（3-3-10）表明：当采用矩形波电压来驱动星形连接的无刷直流永磁电动机时，它的三相电枢绕组中心点 n 的电平 $u_n = (1/2)V_{DC}$，这意味着它的中心点 n 处于高电平。

采用矩形波驱动电压时，悬空相电枢绕组内的反电动势和端头电压之间的关系可以用图 3.3.3 所展示的图形来描述。

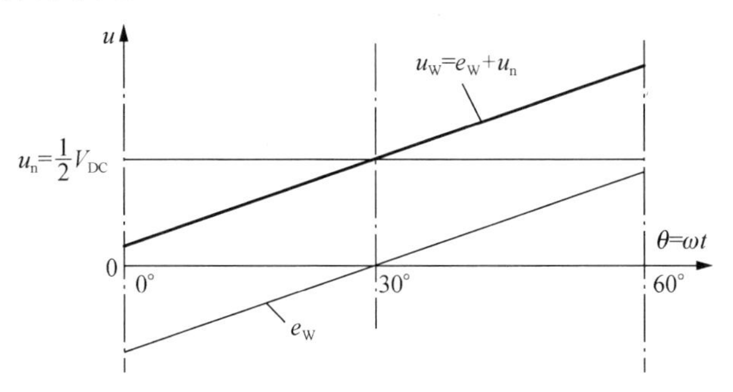

图 3.3.3 悬空相电枢绕组内的反电动势和端头电压之间的关系

3.3.1.2 采用脉宽调制驱动电压的电气系统的基本数学方程式

脉宽调制驱动电压的一个电气周期 T 由“ON”时间区间和“OFF”时间区间所组成，即

$$T = t_{ON} + t_{OFF} \tag{3-3-11}$$

在脉宽调制驱动电压的一个电气周期T内，“ON”时间区间t_{ON}与周期T的比值，即t_{ON}/T的数值被称之为脉宽调制驱动电压的占空度。无转子位置传感器的无刷直流永磁电动机采用脉宽调制电压驱动时，除了可以提高的电动机运行效率外，还可以借助改变占空度的大小来实现电动机的电流和转速的调节。

当无转子位置传感器的无刷直流永磁电动机采用脉宽调制电压驱动时，对三相半桥逆变电路施加脉宽调制驱动电压的方式有三种。在采用不同的施加方式时，星形连接的三相电枢绕组中心点就会出现不同的电压u_n。下面，我们将分别加以说明。

1）PWM 驱动电压信号施加在逆变器桥臂的上侧

在此情况下，按照换向逻辑，仅对逆变器的三条桥臂上侧的三只功率开关器件 S1、S3 和 S5 轮流施加 PWM 驱动电压；而逆变器的三条桥臂下侧的三只功率开关器件 S4、S6 和 S2 将按照相应的换向顺序在整个导通区间内施加矩形波驱动电压信号，使它们在各自的工作区间内连续地保持对地导通。

如果我们以 U 相绕组和 V 相绕组导通的磁状态 I 为例，这时在功率开关器件 S1 的基极上施加 PWM 驱动电压信号，而在功率开关器件 S6 的基极上持续地施加高电平信号。当 PWM 驱动电压信号处在“ON”时，S1 和 S6 都处于导通状态，如图 3.3.4 所示。

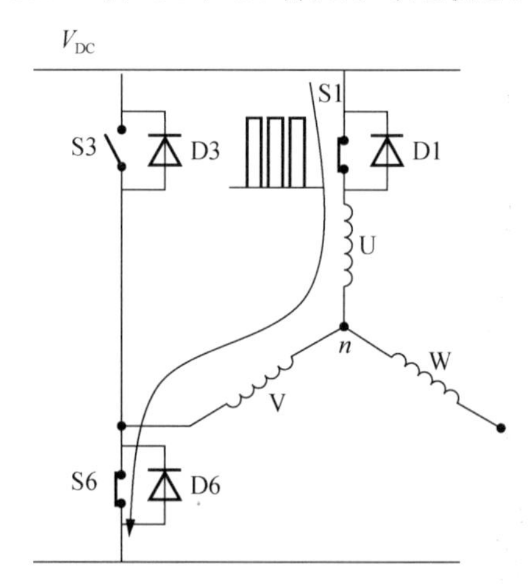

图 3.3.4　桥臂上侧的 PWM 驱动信号处在“ON”时间区间内的导通状态

这时，图 3.3.4 所示的导通状态与图 3.3.2 所示的矩形波电压驱动的情况是一样的。因此，当施加在逆变器桥臂上侧的 PWM 驱动电压信号处于“ON”时间区间内时，U、V 和 W 三相电枢绕组的中心点n处于高电平，即它的中心点n电平$u_n=(1/2)V_{DC}$。

当施加在功率开关器件 S1 的基极上的 PWM 驱动电压信号处在“OFF”时间区间内时，功率开关器件 S1 就断开，但 U 相和 V 相绕组内的电流将通过续流二极管 D4 仍按原方向续流，如图 3.3.5 所示。

在此情况下，V 相绕组的端头电平u_V是电流在功率开关器件 S6 上形成的正向压降V_{ON}，即有

$$u_V=V_{ON}$$

U 相绕组的端头电平u_U是在续流二极管 D4 上的正向压降V_D，即有

$$u_U=-V_D$$

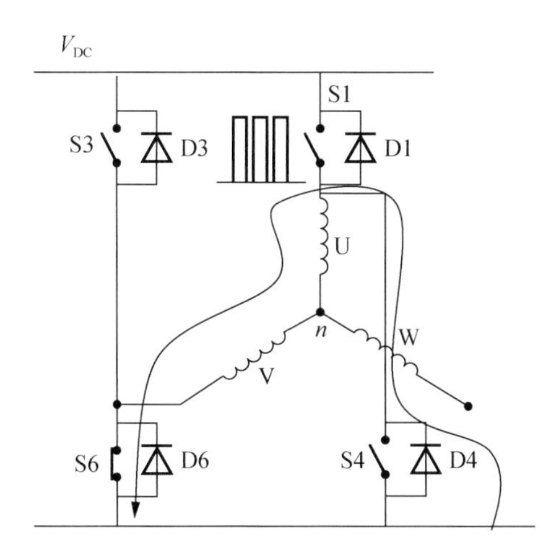

图 3.3.5　桥臂上侧的 PWM 驱动信号处在“OFF”时间区间内的续流状况

这时，U、V 和 W 三相电枢绕组的中心点 n 的电平 u_n 为

$$u_n=\frac{1}{2}(u_U+u_V)=\frac{1}{2}(V_{ON}-V_D)\approx 0 \tag{3-3-12}$$

在大多数情况下，$V_{ON}\approx V_D$，所以 U、V 和 W 三相电枢绕组的中心点 n 的电平 $u_n\approx 0$。

PWM 驱动电压信号施加在逆变器桥臂的上侧时，悬空相电枢绕组内感生的反电动势（亦即是悬空相电枢绕组 W 的端头电压）可以用图 3.3.6 展示的图形来描述，图 3.3.6（a）是反电动势由负值上升至正值的过程，图 3.3.6（b）是反电动势由正值下降至负值的过程。脉冲的顶部代表“ON”时间区间内反电动势的数值，脉冲底部代表“OFF”时间区间内反电动势的数值。

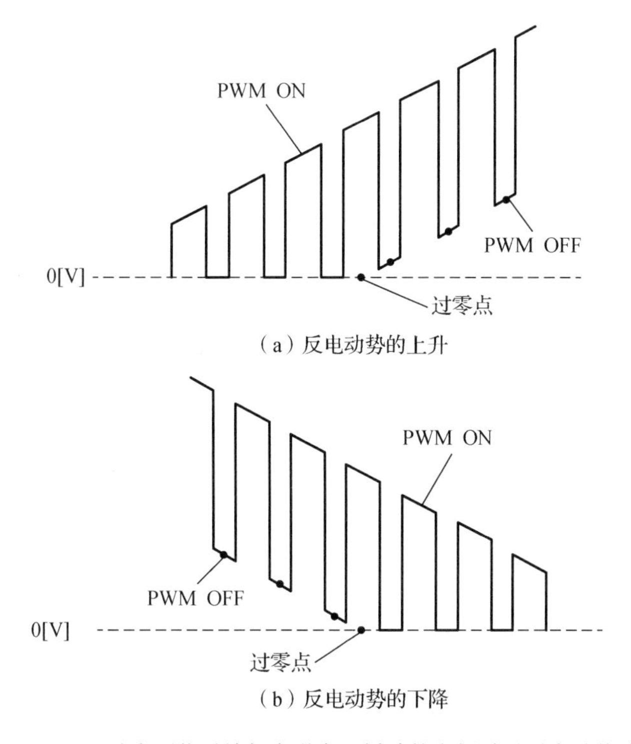

图 3.3.6　PWM 驱动电压信号施加在逆变器桥臂的上侧时对反电动势波形描述

在此情况下，我们可以确信：在桥臂上侧的 PWM 驱动信号处在“OFF”时间区间内检测到的悬空相绕组 W 的端头电压信号就是该绕组对地的反电动势信号，因此，控制器就能够在悬空相绕组 W 的端头处直接读取反电动势信号。

2）PWM 驱动电压信号施加在逆变器桥臂的下侧

在此情况下，按照换向逻辑，仅对逆变器的三条桥臂下侧的三只功率开关器件 S4、S6 和 S2 轮流施加 PWM 驱动电压信号；而逆变器的三条桥臂上侧的三只功率开关器件 S1、S3 和 S5 将按照相应的换向顺序在整个导通区间内施加矩形波驱动电压信号，使它们在各自的工作区间内连续地保持对直流母线+V_{DC} 导通。

首先讨论，当 PWM 驱动电压信号处在“ON”时间区间内时，S1 和 S6 都处于导通状态，如图 3.3.4 所示。根据前面的分析，在此情况下，三相电枢绕组的中心点 n 的电平 u_n 为

$$u_n = \frac{1}{2} V_{DC} \tag{3-3-13}$$

当施加在逆变器桥臂下侧功率开关器件 S6 的基极上的 PWM 驱动电压信号处在“OFF”时间区间内时，功率开关器件 S6 就断开，但 U 相和 V 相绕组内的电流将通过续流二极管 D3 仍按原方向续流，如图 3.3.7 所示。

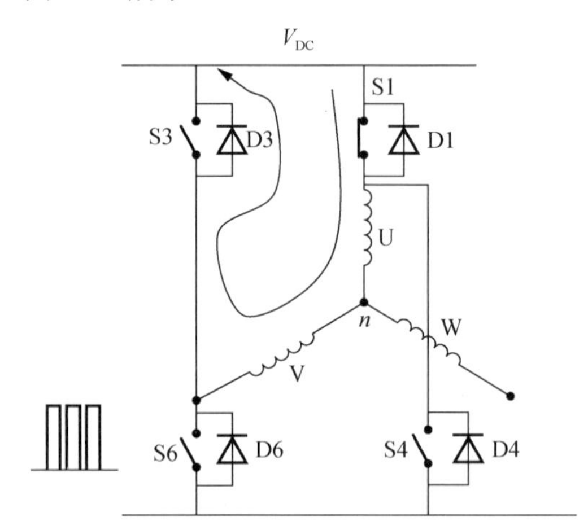

图 3.3.7　桥臂下侧的 PWM 驱动电压信号处在“OFF”时间区间内的续流状况

在此情况下，V 相绕组的端头电平 u_V 是

$$u_V = V_{DC} + V_D \tag{3-3-14}$$

U 相绕组的端头电平 u_U 是

$$u_U = V_{DC} - V_{ON} \tag{3-3-15}$$

因而，三相电枢绕组的中心点 n 的电平 u_n 为

$$u_n = \frac{1}{2}（u_U + u_V）= \frac{1}{2}(2V_{DC} + V_D - V_{ON}) \approx V_{DC} \tag{3-3-16}$$

由于 $V_{ON} \approx V_D$，所以 U、V 和 W 三相电枢绕组的中心点 n 的电平 $u_n \approx V_{DC}$。这时，悬空相的绕组 W 的端头电压信号将不是该绕组对地的反电动势信号。在此情况下，不管施加在逆变器桥臂下侧功率开关器件 S6 的基极上的 PWM 驱动电压信号是处在“ON”时间区间，还是处在“OFF”时间区间，控制器都不能够在悬空相绕组 W 的端头处直接读取反电动势信号。

3）PWM 驱动电压信号同时施加在逆变器桥臂的上、下侧

在此情况下，按照换向逻辑，对逆变器的三条桥臂的上、下侧的六只功率开关器件 S1、S3、S5、S4、S6 和 S2 轮流同步施加 PWM 驱动电压信号。

我们仍以 U 相绕组和 V 相绕组导通的磁状态 I 为例，这时在上侧功率开关器件 S1 和下侧功率开关器件 S6 的基极上都施加 PWM 驱动电压信号。当 PWM 驱动电压信号处在“ON”时间区间内时，S1 和 S6 都处于导通状态，如图 3.3.4 所示。根据前面的推导，在此情况下，三相电枢绕组的中心点 n 的电平 u_n 为

$$u_n = \frac{1}{2} V_{DC} \tag{3-3-17}$$

当上侧功率开关器件 S1 和下侧功率开关器件 S6 的基极都处在 PWM 驱动电压信号的“OFF”时间区间内时，上侧功率开关器件 S1 和下侧功率开关器件 S6 都将断开，但 U 相和 V 相绕组内的电流将通过续流二极管 D4 和 D3 仍按原方向续流，如图 3.3.8 所示。

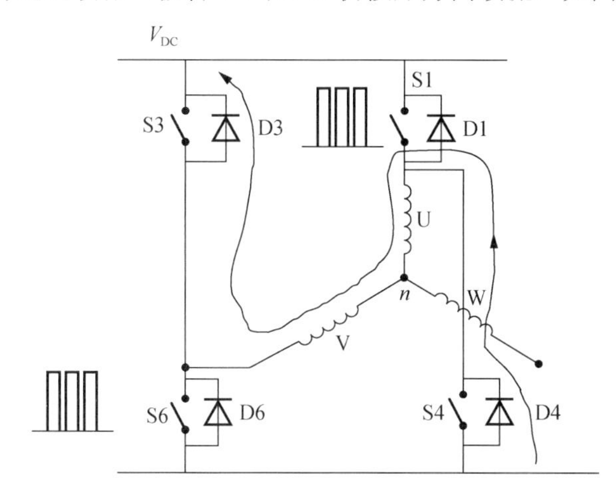

图 3.3.8　桥臂上下侧的 PWM 驱动电压信号处在“OFF”时间区间内的续流状况

在此情况下，V 相绕组的端头电平 u_V、U 相绕组的端头电平 u_U 和三相电枢绕组的中心点 n 的电平 u_n 分别为

$$u_V = V_{DC} + V_D \tag{3-3-18}$$

$$u_U = -V_D \tag{3-3-19}$$

$$u_n = \frac{1}{2}(u_U + u_V) = \frac{1}{2}(V_{DC} + V_D - V_D) = \frac{1}{2} V_{DC} \tag{3-3-20}$$

由此可见，在 PWM 驱动电压信号同时施加在逆变器桥臂的上、下侧的情况下，不管施加在桥臂下侧功率开关器件 S6 和桥臂上侧功率开关器件 S1 的基极上的 PWM 驱动电压信号是处在“ON”时间区间内，还是处在“OFF”时间区间内，悬空相绕组 W 的端头电压信号都将不是该绕组对地的反电动势信号，亦即 U、V 和 W 三相电枢绕组中心点 n 都不是处于零电平状态，即 $u_n \neq 0$。因此，控制器都不能够在悬空相绕组 W 的端头处直接读取反电动势信号。

综上分析，在 PWM 驱动电压信号的三种不同施加结构的情况下，U、V 和 W 三相电枢绕组中心点 n 将获得不同的电平 u_n，如表 3.3.1 所示。由此可见，只有当 PWM 驱动电压信号施加在逆变器桥臂的上侧的功率开关器件（S1、S3 和 S5）上的时候，才能够在 PWM

驱动电压信号的“OFF”时间区间内获得 U、V 和 W 三相电枢绕组中心点 n 的零电平状态，即 $u_n \approx 0$，也才有可能在悬空相绕组的端头直接读取反电动势信号。

表 3.3.1　当施加不同阶跃结构的 PWM 驱动信号时三相电枢绕组中心点 n 上的电平 u_n

在不同的阶跃结构上施加 PWM 信号	三相电枢绕组中心点 n 的电平 u_n /V	
	“ON”区间	“OFF”区间
施加在逆变器桥臂的上侧（S1、S3 和 S5）	$0.5V_{DC}$	≈ 0
施加在逆变器桥臂的下侧（S4、S6 和 S2）	$0.5V_{DC}$	$\approx V_{DC}$
同时施加在逆变器桥臂的上下侧（S1－S6，S1－S2，S3－S2，S3－S4，S5－S4 和 S5－S6）	$0.5V_{DC}$	$0.5V_{DC}$

图 3.3.9 展示了 PWM 驱动电压信号施加在逆变器桥臂的上侧的逻辑门处理方法；图 3.3.10 展示了当 PWM 驱动电压信号施加在逆变器桥臂的上侧时，逆变器内六个功率开关器件上的控制信号波形的示意图。

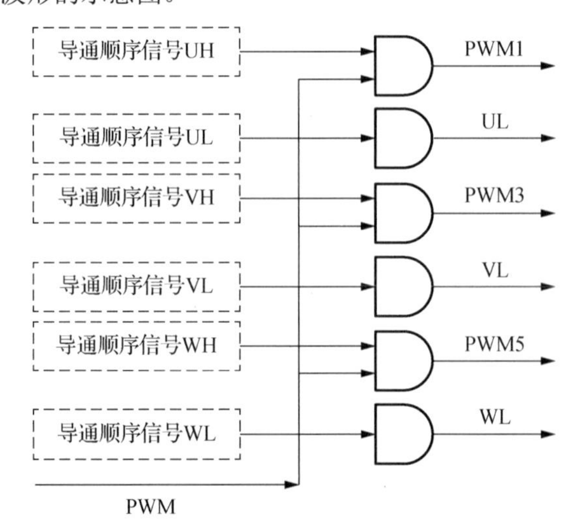

图 3.3.9　PWM 驱动电压信号施加在逆变器桥臂的上侧的逻辑门处理方法

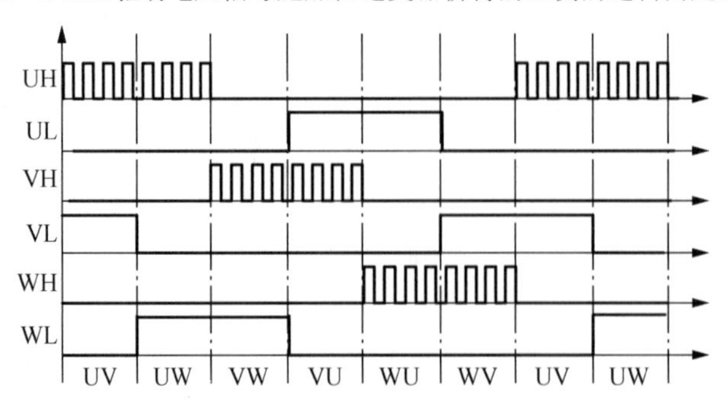

图 3.3.10　PWM 驱动电压信号施加在逆变器桥臂的上侧时，
逆变器内六个功率开关器件上的控制信号波形的示意图

对于采用 PWM 电压信号驱动的无转子位置传感器的无刷直流永磁电动机而言，如果我们仍以 U 相绕组和 V 相绕组导通的磁状态 I 为例。当施加在逆变器桥臂的上侧的功率开关器件 S1 基极上的 PWM 驱动电压信号处在“OFF”时间区间内时，其续流状态如图 3.3.5

所示。在此情况下，我们可以画出与之相对应的等效电路图，如图 3.3.11 所示。

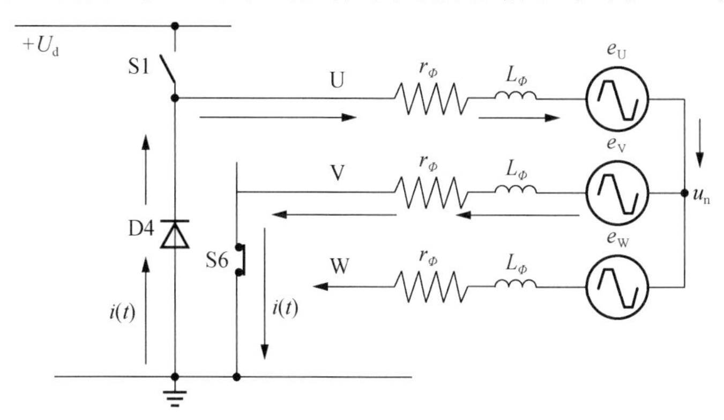

图 3.3.11　对应于 PWM 电压信号的“OFF”时间区间内的等效电路图

根据图 3.3.11 所示的等效电路图，可以得到悬空相绕组 W 的端电压 u_W 为

$$u_W = e_W + u_n \tag{3-3-21}$$

式中：e_W 是悬空相绕组 W 内感生的反电动势；u_n 是电动机 U、V 和 W 三相电枢绕组中心点的电压。

对 U 相绕组而言，如果不计二极管 D4 的正向电压降，根据式（3-3-1），我们可以得到

$$u_n = 0 - r_\Phi i(t) - L_\Phi \frac{di(t)}{dt} - e_U \tag{3-3-22}$$

对 V 相绕组而言，如果不计功率开关器件 S6 的正向电压降，我们可以得到

$$u_n = r_\Phi i(t) + L_\Phi \frac{di(t)}{dt} - e_V \tag{3-3-23}$$

把式（3-3-22）和式（3-3-23）相加，可以得到 U、V 和 W 三相电枢绕组中心点的电压 u_n 为

$$u_n = -\frac{e_U + e_V}{2} \tag{3-3-24}$$

对于平衡对称的三相电枢绕组而言，在忽略其三次谐波分量 e_3 的条件下，应有

$$e_U + e_V + e_W = 0 \tag{3-3-25}$$

由式（3-3-25），可以得到

$$e_U + e_V = -e_W \tag{3-3-26}$$

把式（3-3-26）代入式（3-3-24），可以得到 U、V 和 W 三相电枢绕组中心点的电压 u_n 的表达式为

$$u_n = \frac{e_W}{2} \tag{3-3-27}$$

由此，在忽略其三次谐波分量 e_3 的条件下，根据式（3-3-7），可以得到悬空相绕组 W 的基波端电压 u_W 的数学表达式为

$$u_W = e_W + u_n = \frac{3}{2} e_W \tag{3-3-28}$$

于是，可以写出对应于 PWM 驱动电压信号处在“OFF”时间区间内的悬空相绕组内感生的反电动势 $e_{NON-FED}$ 的一般数学表达式为

$$e_{NON-FED} = \frac{2}{3} u_{NON-FED} \tag{3-3-29}$$

式（3-3-28）和式（3-3-29）表示：当 PWM 驱动电压信号处在“OFF”时间区间内时，即当 U 和 V 两相电枢绕组内的电流 $i(t)$ 通过二极管 D4 续流的期间，悬空相绕组 W 内感生的反电动势 e_W 正比于它的端电压 u_W。

同时，比较式（3-3-29）和式（3-3-7）可以看出，对于由矩形波电压驱动的无转子位置传感器的无刷直流永磁电动机而言，其电气系统的基本数学方程式（3-3-7）的特征在于：在悬空相绕组内感生的反电动势的运算过程中，是把 U、V 和 W 三相电枢绕组的中心点的电压 u_n 作为悬空相绕组内感生的反电动势运算的参考量的；而对于由 PWM 电压驱动的无转子位置传感器的无刷直流永磁电动机而言，当施加在逆变器桥臂的上侧的 PWM 驱动电压处在“OFF”时间区间内时，其电气系统的基本数学方程式（3-3-29）的特征在于：悬空相绕组内感生的反电动势是可以直接从其端电压中提取的，在整个运算过程中，不需要利用 U、V 和 W 三相电枢绕组的中心点的电压 u_n 来作为悬空相绕组内感生的反电动势运算的参考电压。

由于采用这种 PWM 电压驱动的施加策略，可以从悬空相绕组的端头直接提取真实的反电动势信号，从而反电动势过零点能够被精确地检测出来。因此，这种方法具有若干优点：①由于没有采用分压器，没有衰减，灵敏度高；由于在“OFF”时间区间内对反电动势进行同步采样，从而避免了高频开关噪声。②由于以接地电平为参考进行反电动势的检测，共模电压被最小化。③这种感知技术能够被容易地应用于高电压系统或者低电压系统，而不需要花费精力去测量电压。④由于反电动势过零点能够被精确地检测出来，电动机就有可能比较快速地被启动起来。⑤实施简单、容易和便宜。

综上所述，我们应该认识到：U、V 和 W 三相电枢绕组的中心点的电位 u_n 和悬空相绕组的端头电压 $u_{NON-FED}$ 的计算公式是正确检测悬空相绕组内感生的反电动势过零点的数学基础。

现在我们再来分析三次谐波对反电动势基波过零点的影响问题。在不忽略其三次谐波分量 e_3 的条件下，下列关系式将成立：

$$e_U + e_V + e_W = e_3 \tag{3-3-30}$$

根据式（3-3-30），有 $e_U + e_V = e_3 - e_W$，并将其代入式（3-3-24），便可以得到 U、V 和 W 三相电枢绕组中心点的电压 u_n 为

$$u_n = \frac{e_W}{2} - \frac{e_3}{2} \tag{3-3-31}$$

在此情况下，根据式（3-3-8），悬空相绕组 W 的端电压 u_W 的表达式为

$$u_W = e_W + u_n = \frac{3}{2}e_W - \frac{e_3}{2} \tag{3-3-32}$$

图 3.3.12 给出了对称的三相电枢绕组内感生的反电动势的基波和三次谐波的时间关系。由图可见，基波的过零点与三次谐波的过零点在横坐标轴线上是相互重合的。因此，三次谐波将不会影响到基波反电动势过零点的位置，也就是说，在悬空相绕组内感生的反电动势过零点的检测过程中可以忽略三次谐波的影响。

逆变器在 PWM 电压信号驱动下，每相电枢绕组的端电压和反电动势的示波图如图 3.3.13 所示。图中，T1～T2 时间区间内，该相电枢绕组处于悬空状态；T2～T4 时间区间内，该相电枢绕组处于导通状态；T4～T5 时间区间内，该相电枢绕组再又处于悬空状态。当 PWM 驱动电压信号处在“OFF”时间区间内时，反电动势信号就能被检测。如果反电动

势是负值，它将被逆变器中与功率开关器件并联的续流二极管箝位在 0.7V 左右；如果反电动势是正值，则它将在端电压中显露出来。因此，悬空相绕组内的反电动势信号可以直接从它的端电压信息中读取。

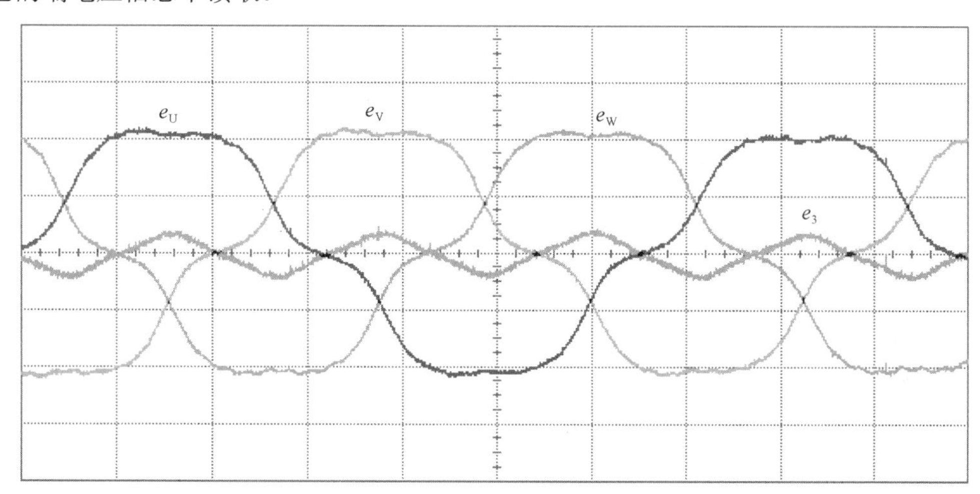

图 3.3.12　反电动势内的基波和三次谐波的时间关系

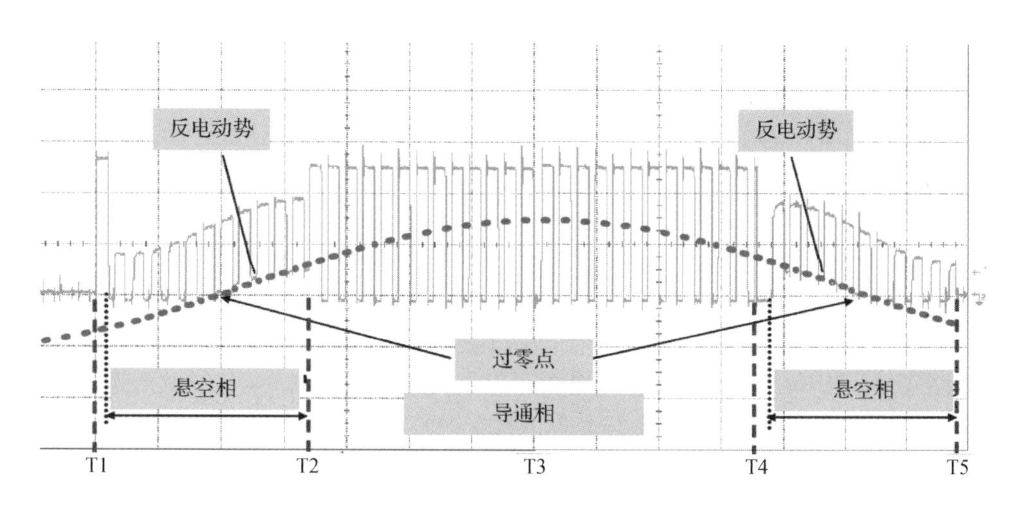

图 3.3.13　每相电枢绕组的端电压和反电动势的示波图

3.3.2　机械运动系统的基本数学方程式

描写机械旋转系统的基本动态性能的方程式是电动机转轴上的转矩平衡方程式，其数学表达式为

$$J\frac{\mathrm{d}^2\theta}{\mathrm{d}t^2}=\sum_i T_i \tag{3-3-33}$$

式中：J 为归算到电动机转轴上的系统惯量；θ 为轴角位置；T_i 为作用在电动机转轴上的各个转矩。

上述电气系统和机械运动系统的基本数学方程式是无刷直流永磁电动机实现无转子位置传感器控制的理论基础。

3.4　反电动势过零点的检测

在讨论无转子位置传感器的无刷直流永磁电动机的关键问题之前，我们再次把无刷直流永磁电动机定义为：功率逆变器采用 120° 导通型半桥逆变电路；电动机运行时，永磁转子磁极在定子每相电枢绕组内感生呈梯形波的反电动势；每相电枢绕组的驱动电压是宽度为 120° 电角度的直流电压或 PWM 电压，每相电枢绕组内的电流呈矩形波（实际上也是一个有上升边沿和下降边沿的梯形波）；在 360° 电角度范围，即一个电气周期内电枢绕组换相（向）6 次，每相电枢绕组持续导通 120° 电角度，每个磁状态持续 60° 电角度，从而在 360° 电角度的气隙范围内形成六步跳跃式旋转磁场；对于星形连接的三相电枢绕组而言，在运行过程中的任何时刻，只有两相通电，第三相不通电，即处于“悬空”状态；为了使电动机能够高效运行，每相的反电动势应尽量与相电流保持同相位。

3.4.1　悬空相绕组内的反电动势过零点 *Z* 的特殊作用

根据上述定义，以“二相导通星形三相六状态”运行的无刷直流永磁电动机的三相电枢绕组内感生的反电动势波形和相应的驱动电流波形如图 3.4.1 所示。在每一个状态内，一相电枢绕组的端头被接至电源电压正极 DC＋，另一相电枢绕组的端头被接至电源电压负极 DC－，第三相电枢绕组是不通电的悬空相。悬空相绕组内感生的反电动势在某一时刻将出现一个“过零点”，图 3.4.1 中用符号 *Z* 来标记。所谓反电动势的“过零点”就是梯形波反电动势的上升边沿和下降边沿与横坐标轴线的交点，在交点前后反电动势的极性符号将发生由“-”到“+”，或由“+”到“-”的变化。过零点出现在相邻两次换相（向）的中间，当转速恒定时，或在转速缓慢变化的情况下，从某一个换相（向）点到过零点所经过的时间等于从该过零点到下一个换相（向）点所经过的时间，即在过零点的前后 30° 电角度所对应的时刻电枢绕组将前后分别进行两次换相（向）。借助被检测出来的反电动势过零点，我们就可以判别出转子的磁极轴线相对于三相电枢绕组轴线的空间电气角位置。因此，过零点的检测是无转子位置传感器的无刷直流永磁电动机实现换相（向）控制的基础。

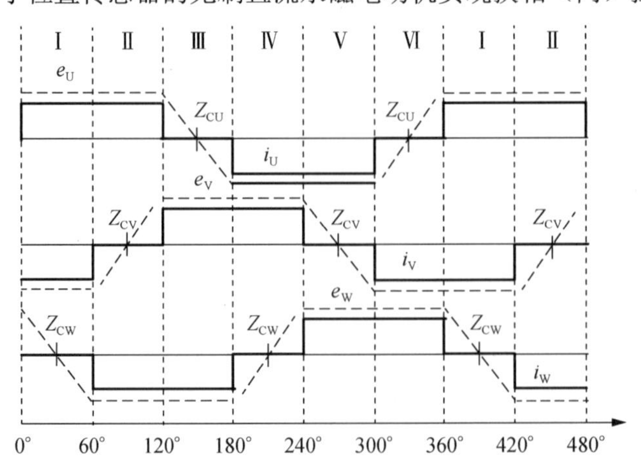

图 3.4.1　反电动势波形和相应的驱动电流波形

电动机运行时，三相电枢绕组随着转子位置状态信号（即磁状态）的变化将轮流逐一地变成悬空相，而悬空相内感生的反电动势的波形是永磁转子空间角位置的函数。我们感兴趣的不是悬空相绕组内感生的整个反电动势的波形，而是要检测出悬空相绕组内感生的反电动势波形的过零点，然后从过零点开始计算，在往后再经过 30° 电角度的位移量所对应的时刻发出一个信号，并以此信号去控制逆变器内所对应的功率开关器件，使电动机的运行从一个磁状态变换成下一个相继的磁状态，从而使无转子位置传感器的无刷直流永磁电动机实现电子换相（向）。为清楚起见，现举例说明。参照图 3.4.1，假定电动机运行在磁状态 I，逆变器电路中的功率开关器件 S1 和 S6 导通，电枢绕组 U 相和 V 相为通电的工作相，电枢绕组 W 为不通电的悬空相，悬空相绕组 W 内感生的反电动势的过零点为 Z_{CW}。当检测电路检测出与电动机转速相对应的过零点 Z_{CW} 之后，就以此过零点 Z_{CW} 为起点求出 30° 电角度的位移量所对应的时间。然后，通过控制电路迫使逆变器电路内原来导通的功率开关器件 S6 截止，而原来截止的功率开关器件 S2 导通；使原来不通电的悬空相绕组 W 通电，而使原来通电的工作相绕组 V 变成了新的不通电的悬空相绕组，从而完成了 V 和 W 两个电枢绕组之间的换相（向），使电动机的运行从磁状态 I 转换到磁状态 II。

表 3.4.1 列出了当电动机按逆时针方向旋转时，逆变器电路内各功率开关器件在不同磁状态时的导通情况、悬空相绕组内感生的反电动势波形的过零点和磁状态之间的相互关系。表 3.4.1 揭示：每一个悬空相绕组内感生的反电动势波形的过零点将控制所在桥臂的上下两个功率开关器中的一个截止或导通；同时，它还将控制相邻桥臂的上下两个功率开关器中的一个截止或导通。因此，我们可以利用悬空相绕组内感生的反电动势波形的过零点的位置信息，来实现无转子位置传感器的无刷直流永磁电动机的正确换向。

表 3.4.1　逆变电路内各功率开关器件的导通情况、反电动势过零点和磁状态之间的相互关系（当电动机按逆时针方向旋转时）

磁状态	导通的功率开关器件	通电的工作相	不通电的悬空相	反电动势过零点	过零点控制（产生下一个磁状态）	
					截止	导通
I	S1，S6	U→V	W	Z_{CW}	S6	S2
II	S1，S2	U→W	V	Z_{CV}	S1	S3
III	S3，S2	V→W	U	Z_{CU}	S2	S4
IV	S3，S4	V→U	W	Z_{CW}	S3	S5
V	S5，S4	W→U	V	Z_{CV}	S4	S6
VI	S5，S6	W→V	U	Z_{CU}	S5	S1

3.4.2　换向开始点 C、去磁化结束点 D 和反电动过零点 Z 的特征和它们之间的相互关系

在无转子位置传感器的无刷直流永磁电动机的运行过程中，一个电气周期由六个磁状态所组成，如图 3.4.2 所示。对于每相电枢绕组而言，一个电气周期内要换向两次，由正向（或负向）电流变成负向（或正向）电流，然后再由负向（或正向）电流变成正向（或负向）电流。在每一次换向过程中，存在着三个特征点，它们是：换向开始点、去磁化结束点和反电动势过零点，换向开始点可以被简称为 C 点，去磁化结束点可以被简称为 D 点，反电动势过零点可以被简称为 Z 点，如图 3.4.3 所示。

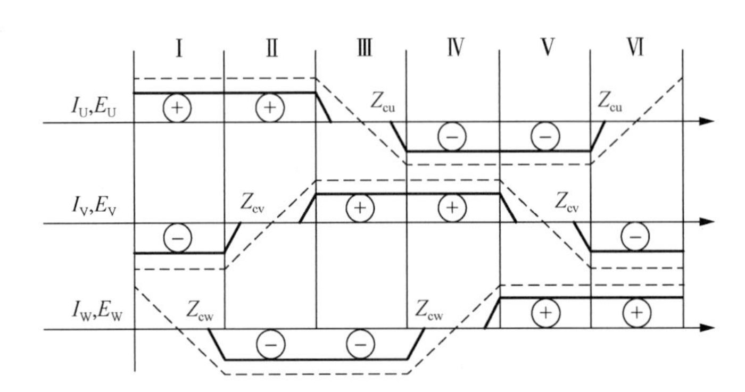

图 3.4.2　一个电气周期由六个磁状态所组成

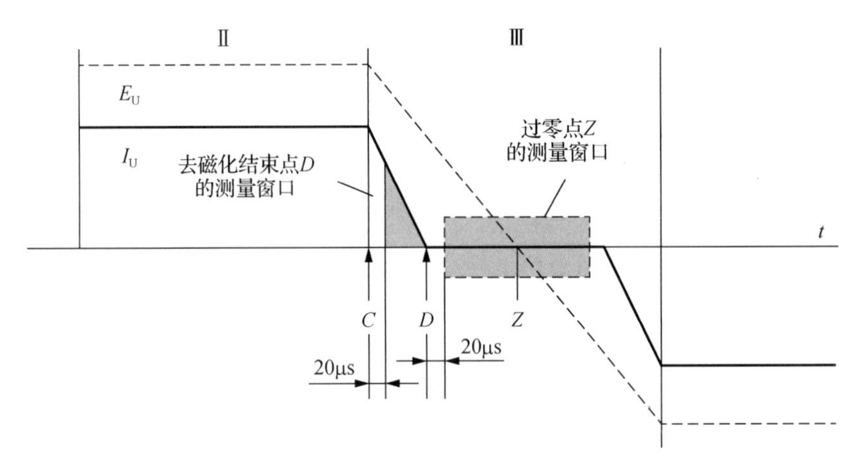

图 3.4.3　换向过程中的三个特征点

在 3.4.1 节中，我们对反电动势过零点 Z 在换向过程中所起的特殊作用进行了比较详尽的分析，本节将着重说明换向开始点 C、去磁化结束点 D 和反电动势过零点 Z 的特征，以及它们三者之间的关系。这里，我们以Ⅱ、Ⅲ两个相邻的磁状态为例来说明。当悬空相绕组 V 内感生的反电动势 e_V 过零点 Z_{CV} 被检测出来之后，再经过与 30° 电角度相对应的时间之后，就到达 U 和 V 两相的换向开始点 C，如图 3.4.2 和图 3.4.3 所示。U 相绕组内的电流将由正值变为零值，即由通电相变为悬空相；V 相绕组内的电流将由零值变为正值，即由悬空相变为通电相。现在，我们来分析和研究 U 相绕组（即悬空相的绕组）内的电流和反电动势的变化情况。换向开始点 C 之后，由于电枢绕组是一个感性储能元件，V 相绕组内的电流不会立刻达到额定值，有一个逐步建立的过程，即逐步激励和磁化的过程；而 U 相绕组内的电流不会立刻消失，它要随着绕组内能量的释放，逐步去磁化，最后才到达去磁化结束点 D。所谓去磁化结束点 D，实质上就是悬空相的绕组内的续流消失的那个时刻所对应的点。从有利于电动机换向的角度来考虑，应该采取适当的措施，加速绕组内的能量释放，使悬空相内的去磁化过程尽快结束。在换向开始点 C 刚一出现的时刻，亦即是功率开关器件 S1 关断和 U 相绕组通过二极管 D4 开始续流的时刻，U 相绕组内将会出现一个 $\mathrm{d}i(t)/\mathrm{d}t$ 的瞬时急剧变化，反电动势的波形上将会出现频率很高的换向噪声，因此，必须经过一定的延时量，约 20μs 之后，控制器的管理部门才打开去磁化结束点 D 的检测窗口，进行去磁化结束点 D 的检测，这样既可以避开高频噪声的干扰，又可以避免过早地对去磁化

结束点 D 进行检测，以便保证去磁化结束点 D 的检测正确性。同样，在 U 相绕组的去磁化结束点 D 上，即与 U 相绕组相匝联的磁通完全消失的时刻，亦即是 U 相真正成为悬空相的时刻，反电动势的波形上也会出现高频噪声，因此，也必须经过一定的延时量，约 20μs 之后，控制器的管理部门才会打开反电动势过零点 Z，即图 3.4.2 中的 Z_{CU} 点的检测窗口，进行反电动势过零点 Z（即 Z_{CU}）的检测，以便保证反电动势过零点 Z 的检测正确性。反电动势过零点 Z 的检测是为了正确地控制下一个换向开始点 C 在时间轴线上出现的位置，也可以说，反电势过零点 Z 的正确检测是换向开始点 C 正确出现的重要保证条件；换向开始点 C 也就是 U 相绕组的去磁化开始的时刻，正确地检测 U 相绕组的去磁化结束点 D 在时间轴线上出现的时刻又为新的悬空相绕组内的反电势过零点 Z 的正确检测做好了必要的准备。由此可见，每一个磁状态内的反电动势过零点的检测决定了下一步换向的正确性；而每一个换向过程中，C、D、Z 三点是三个重要时刻，它们之间存在着一环扣一环的紧密关系，是无刷直流永磁电动机实现无转子位置传感驱动的基础。

图 3.4.4 展示了换向开始点 C、去磁化结束点 D 和反电动过零点 Z 的定时图，在 C、D、Z 三个点中，D 和 Z 是换向过程中悬空相绕组内的两个物理现象相继发生的时刻，它们的检测可以由同一个比较检测电路来完成的，只是它们的检测采样频率不同，反电势过零点 Z 的检测采样频率是 PWM 驱动电压信号的频率，而去磁结束点 D 的检测采样频率约为 800kHz。然而，换向开始点 C 是在微控制器内通过计算求得的，并由微控制器自动触发，以便电动机实现最佳效率的运行。

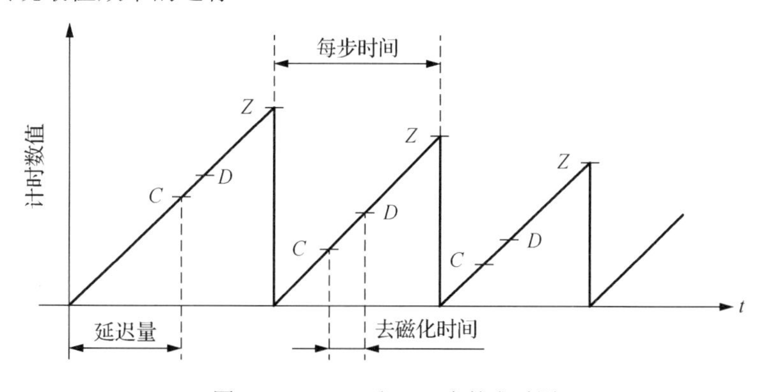

图 3.4.4　C、D 和 Z 三点的定时图

3.4.3　悬空相绕组内的去磁化管理

悬空相绕组内感生的反电动势过零点 Z 的正确检测，是确保无转子位置传感器的无刷直流永磁电动机的正确换向、高效率和平稳运行的关键，因此，必须对悬空相绕组内的去磁化过程中的换向开始点 C 和去磁结束点 D 实施有效的管理。

当电动机在微控制器的控制下从一个磁状态（一个阶跃）变换成下一个相邻的磁状态（一个相邻的阶跃）时，U、V 和 W 三相电枢绕组中的一个绕组将从原先的不通电状态变成通电状态，而另一个绕组将从原先的通电状态变成不通电状态。一个绕组从不通电状态变成通电状态的过程就是该绕组被磁化的过程，而另一个绕组从通电状态变成不通电状态的过程就是该绕组被去磁化的过程。我们要讨论的是那个从原先的通电状态变成不通电状态的电枢绕组，这个电枢绕组就是能够让我们进行反电动势过零点 Z 检测的悬空相电枢绕组，我们要研究的就是悬空相的绕组内发生的物理变化和变化过程，并从中找出一些规律，以便更有效地管理它的去磁化过程。

从换向开始点C起，一个原先通电的电枢绕组将要变成不通电的悬空相的绕组，然而，由于电枢绕组本身存在比较大的电感量，一个通过二极管的续流电流仍将在悬空相的绕组内按原方向流通，悬空相的绕组的去磁化的过程需要一定的时间。我们知道：只要悬空相的绕组内存在电流和U、V和W三相电枢绕组的中心点n上的电位$u_n \neq 0$，就不能进行反电动势过零点的检测。这也就是说：悬空相的绕组内的电流$i_{NON-FED}$等于零和U、V和W三相电枢绕组的中心点n上的电位u_n等于零，即$i_{NON-FED}=0$和$u_n=0$，是对悬空相的绕组内的反电动势过零点Z进行检测的必要条件。因此，从有利于悬空相绕组内感生的反电动势过零点Z的检测出发，希望从换向开始点C之后，能够尽快地加速悬空相绕组的去磁化过程，从而可以为反电动势过零点的检测留出比较大的窗口，确保反电动势过零点的正确检测。

根据电路理论，如果能够增加悬空相的绕组内的反向电压的数值，则悬空相绕组的去磁化过程所需要的时间可以被缩短。

现在，为便于分析，我们举例说明，图3.4.5表示磁状态Ⅳ，即功率开关器件S3和S4导通的第四步阶跃结构，即电流从V相绕组流向U相绕组的磁状态（V→U）。在对功率开关器件施加PWM信号的情况下，在PWM信号的“ON”时间区间内，正常电流从电源正极出发，通过S3→V相绕组→U相绕组→S4，然后回到电源负极，在图3.4.5中用实线表示；在PWM信号的“OFF”时间区间内，功率开关器件S3断开，（V→U）绕组内的电流通过二极管D6续流，在图3.4.5中用虚线表示。

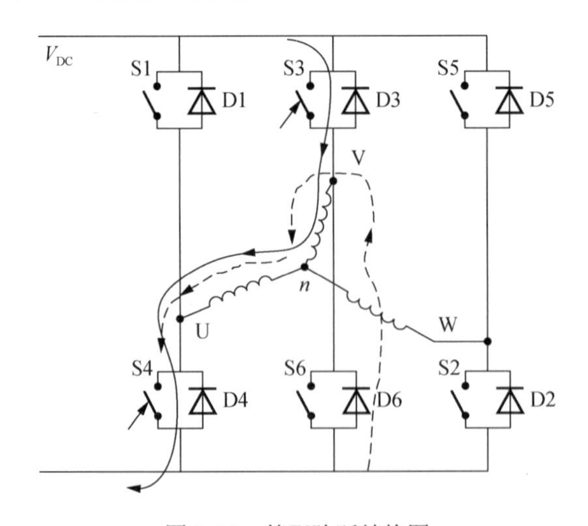

图3.4.5　第Ⅳ阶跃结构图

图3.4.6表示磁状态Ⅴ，即功率开关器件S5和S4导通的第五步阶跃结构，即电流从W相绕组流向U相绕组的磁状态（W→U）。当电动机从磁状态Ⅳ变成磁状态Ⅴ，即从第四步的阶跃结构变成第五步的阶跃结构时，原先导通的V相绕组将变成不通电的悬空相绕组。当阶跃结构变化开始的时候，通过续流二极管D6和V相绕组端头“V”的正在减小的去磁化电流还仍然存在，在图3.4.6中，仍用虚线表示；而沿着从电源正极→S5→W相绕组→U

相绕组→S4→电源负极的一条通路上，出现了一个正在增加的从 W 相绕组流向 U 相绕组的磁化电流，在图 3.4.6 中用实线表示。由此可见，当施加在功率开关器件 S5 上的 PWM 信号处在“ON”时间区间内时，这两个电流同时存在。这意味着在 PWM 信号的“ON”时间区间内，绕组电路的基本情况如下。

（1）“V”点的电位等于零。

（2）三相电枢绕组中心点 n 的电位 u_{n} 等于 $V_{\mathrm{DC}}/2$，即 $u_{\mathrm{n}}=V_{\mathrm{DC}}/2$。

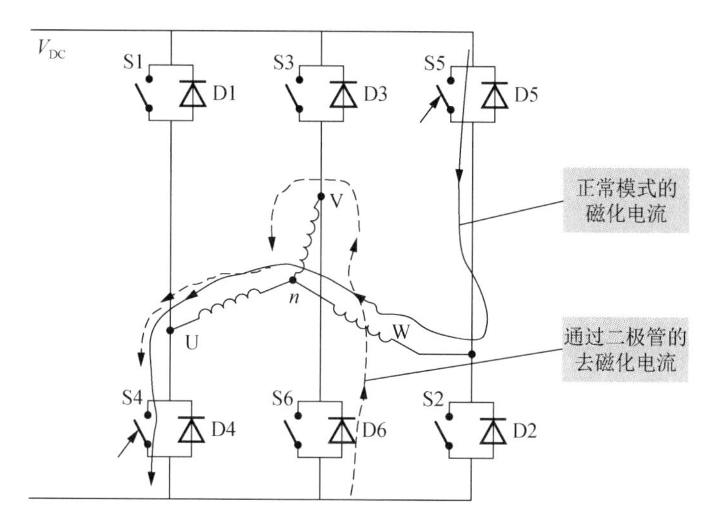

图 3.4.6　在去磁化时间区间内的第 V 阶跃结构

现在，我们来讨论：在 PWM 信号的“OFF”时间区间内读取反电动势信号时（在悬空相绕组的换向开始点 C 和去磁化结束点 D 之间的时间区间内），我们把 PWM 信号施加于哪一个功率开关器件，即选择施加于上边的 S5 还是选择施加于下边的 S4，便可以达到加速悬空相绕组的去磁化过程的目的？

在我们所举的例子中，在第四个阶跃期间，即在采用如图 3.4.5 所示的S3 和 S4 导通的阶跃结构期间，V 相绕组端头“V”对 U、V 和 W 三相绕组中心点 n 的电压 $u_{(V\to n)}$ 是正的。在第五个阶跃，即如图 3.4.6 所示的 S5 和 S4 导通的阶跃结构开始的时候，V 相绕组端头“V”将通过续流二极管 D6 被连接到 0[V]，而能够在 U、V 和 W 三相绕组中心点 n 上提供较高电平的阶跃结构是去磁化时间最短的结构。

根据第 3.3.1 节的电气系统的数学方程式，我们很容易证明：在图 3.4.6 所示的第五步阶跃结构中，即功率开关器件 S5 和 S4 导通的阶跃结构中，只有当 PWM 信号被施加在下侧边的功率开关器件 S4 上时，即把原本施加在上侧边的功率开关器件 S5 上的 PWM 信号施加到下侧边的功率开关器件 S4 上时，即如图 3.4.7 所示，就可以在 PWM 信号的“OFF”时间区间内，在 U、V 和 W 三相绕组中心点 n 上获得较高的电平。否则，当 PWM 信号施加在上侧边的功率开关器件 S5 上时，在 PWM 信号的“OFF”时间区间内，U、V 和 W 三相绕组中心点 n 上的电平就等于 0[V]；当 PWM 信号施加到下侧边的功率开关器件 S4 上时，在 PWM 信号的“OFF”时间区间内，U、V 和 W 三相绕组中心点 n 上的电平就等于 $V_{\mathrm{DC}}/2$，从而提高了 U、V 和 W 三相绕组中心点 n 上的电位，即增加了悬空相绕组内的反向电压的数值，达到了加速悬空相绕组的去磁化过程的目的。

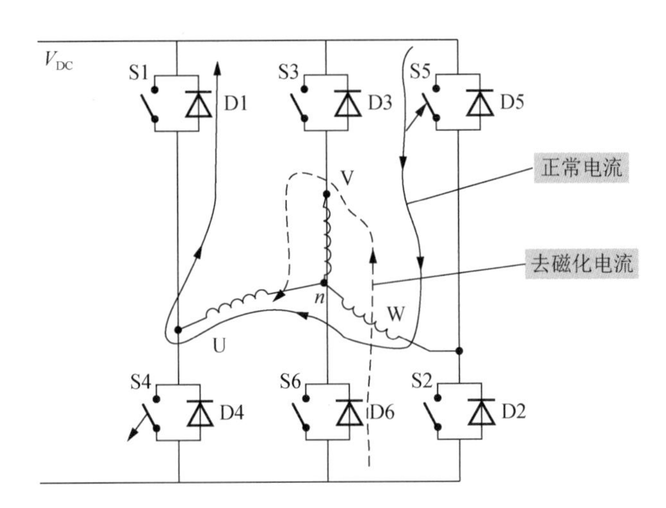

图 3.4.7　当 PWM 信号被施加在下边的功率开关器件上时，
在“OFF”时间区间内加速悬空相绕组的去磁化过程的阶跃结构

由此可见，我们可以通过控制器内部的通道管理，在同一个阶跃结构的不同的时间区间内实现 PWM 信号的不同的施加方式。例如，在换向开始点 C 与去磁结束点 D 之间，可以把 PWM 信号施加到下边的功率开关器件 S4 上，以便最小化悬空相绕组的去磁化过程所需要的时间；而在去磁结束点 D 之后，必须把 PWM 信号施加在上边的功率开关器件 S5 上，以便正确地检测悬空相绕组内感生的反电动势的过零点。

3.4.4　悬空相绕组内的反电动势过零点 Z 的检测

对于电动机的驱动方式、电源电压的高低和转速的高低等不同的应用场合，应该设计不同的电动机，选择不同的控制电路，采取不同的过零点检测策略和不同的检测方法。本节将着重分析讨论采用矩形波驱动电压信号和采用 PWM 驱动电压信号时的几种典型的反电动势过零点的检测策略和检测方法。

3.4.4.1　采用矩形波驱动电压信号时反电动势过零点 Z 的检测方法

在此情况下，根据式（3-3-8）和式（3-3-9），选择 U、V 和 W 三相电枢绕组的中性点电压 u_n 作为参考电压，将其与悬空相绕组的端电压 $u_{NON-FED}$ 一起送至比较器进行比较，从而获知悬空相绕组内感生的反电动势过零点的位置。

在能够直接与星形连接的 U、V 和 W 三相电枢绕组的中心点 n 相连接，能够获取得中心点电压的情况下，其悬空相绕组内感生的反电动势过零点的检测电路如图 3.4.8（a）所示。在不能直接与星形连接的 U、V 和 W 三相电枢绕组的中心点 n 相连接的情况下，通常采用三个等值电阻 R 来建立一个虚拟的中心点 n'，在理论上，虚拟中心点 n' 与实际中心点 n 具有同样的电位，其悬空相绕组内感生的反电动势过零点的检测电路如图 3.4.8（b）所示。

在此情况下，利用由电阻 R_1、R_2 和电容器 C_3 组成的三个桥式电路，分别测量处于悬空状态的 U、V 和 W 三相电枢绕组的端头的对地电压 u_U、u_V 和 u_W。当频率低时，桥式电路起到分压器的作用；当频率高时，桥式电路对斩波高频起到滤波器的作用。因此，测量电路通常又被称为分压器/低通滤波器环节，U、V 和 W 三相电枢绕组的端头分别与它们各自的分压器/低通滤波器环节相连接，如图 3.4.8 和图 3.4.9 所示。

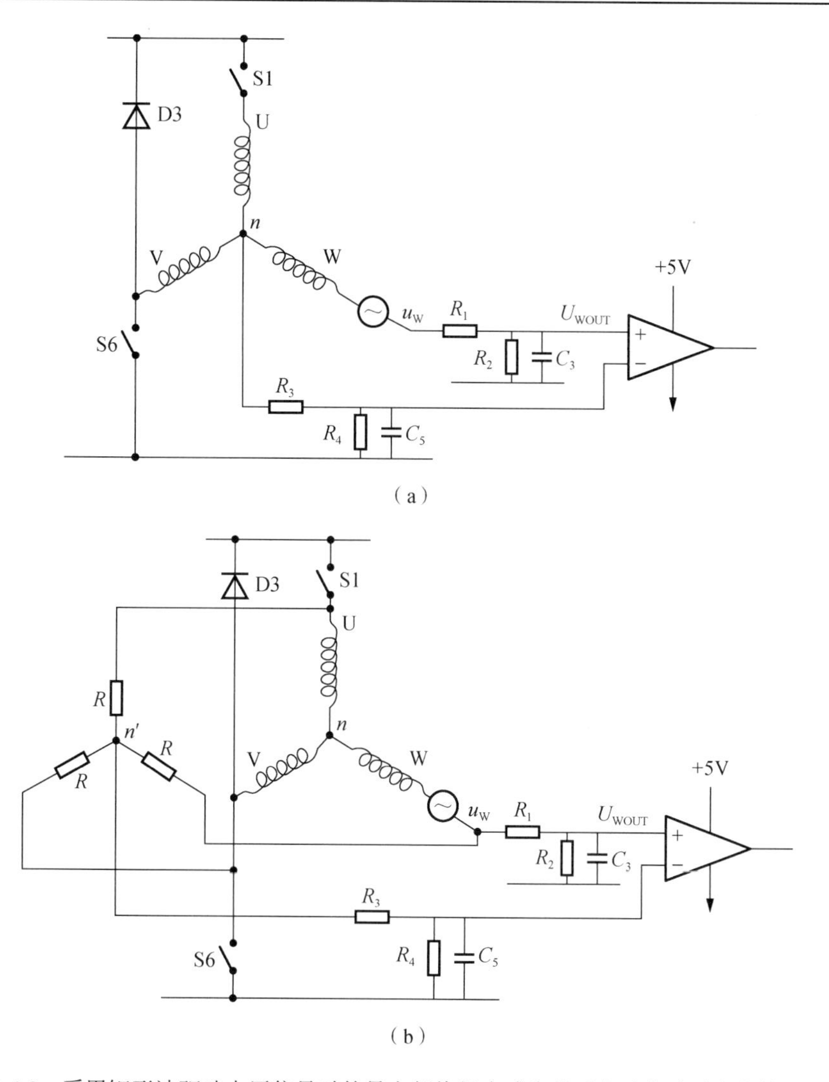

图 3.4.8　采用矩形波驱动电压信号时的悬空相绕组内感生的反电动势过零点的检测电路

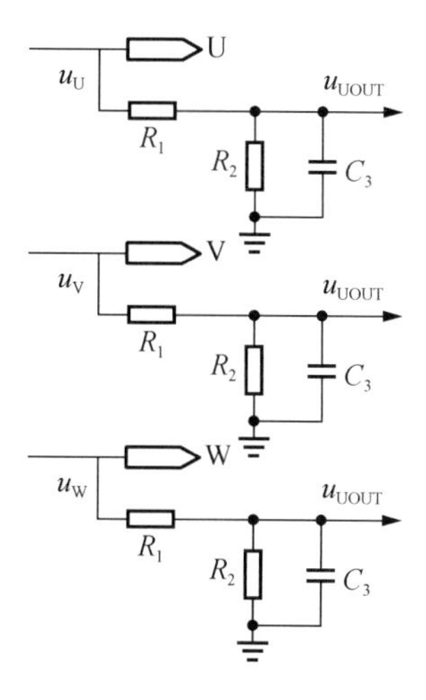

图 3.4.9　测量三相电枢绕组端头电压的分压器/低通滤波器环节

图 3.4.9 中，它的三个输出模拟量U_{UOUT}、U_{VOUT}和U_{WOUT}由下式决定：

$$\begin{cases} U_{\text{UOUT}}=\dfrac{R_2}{R_1+R_2}u_{\text{U}} \\ U_{\text{VOUT}}=\dfrac{R_2}{R_1+R_2}u_{\text{V}} \\ U_{\text{WOUT}}=\dfrac{R_2}{R_1+R_2}u_{\text{W}} \end{cases} \tag{3-4-1}$$

上述三个模拟输出信号U_{UOUT}、U_{VOUT}和U_{WOUT}实际上是按比例缩小后的 U、V 和 W 三相电枢绕组端头的对地电压u_{U}、u_{V}和u_{W}，它们经滤波后被分别送至比较器；或根据不同的电路和不同的检测策略，可以被送至 A/D 变换器和数字信号处理器（DSP）内部进行不同的处理。

同样，U、V 和 W 三相电枢绕组的中心点电压u_{n}，通过如图 3.4.8 和图 3.4.10 所示的桥式电路来测量，桥式电路是由电阻R_3、R_4和电容器C_5组成的分压器/低通滤波器环节。

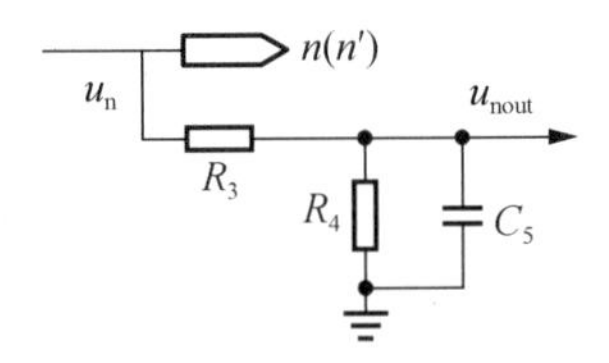

图 3.4.10　测量三相电枢绕组中心点电位的分压器/低通滤波器环节

在图 3.4.10 中，u_{nout}是被送至比较器作为参考电压，可以按下式计算：

$$u_{\text{nout}}=\frac{R_4}{R_3+R_4}u_{\text{n}} \tag{3-4-2}$$

当然，根据不同的电路和不同的检测策略，亦可以把三相电枢绕组的端电压U_{UOUT}、U_{VOUT}和U_{WOUT}送至 A/D 变换器和数字信号处理器（DSP），依据式（3-3-7），通过其内部运算，求得所需的三相电枢绕组中心点电压u_{n}的数值。

为了防止通过滤波器的电流过大，应把参考电压控制在 0～5V，（R_1+R_2）或（R_3+R_4）的数值应大于（10～100）kΩ。由于斩波频率一般被设置在 80kC，滤波电容器C_3或C_5的电容量只需要 nF 数量级。

上述采用矩形波驱动电压信号时的过零点检测方法十分简单，很久以来一直被人们所采用，但也存在不少缺陷。人们首先注意到：在无刷直流永磁电动机的运行过程中，U、V 和 W 三相电枢绕组的中心点的电位u_{n}不是静止不变的，逆变器的六个功率开关器件的开关动作将扰动中心点的电位，尤其在采用 PWM 电压信号驱动的情况下，U、V 和 W 三相电枢绕组的中心点电位将上下跳动，出现很高的共模电压和高频噪声。例如，当直流母线电压为 300V 时，三相电枢绕组的中心点电位u_{n}将在 0～300V 内变化；而作为检测悬空相绕组内感生的反电动势的参考量被送至比较器进行比较的中心点电位只需 5V 左右。为此，在检测电路中必须要采用分压器/低通滤波器，以便衰减和抑制共模电压和高频噪声。但是，在检测电路中，采用分压器/低通滤波器又将导致发生两个严重的问题。

1）分压器将大大降低测量的灵敏度

为了把共模电压从 300V 衰减到 5V 左右，就需要一个分压比很大的分压器。这样，分压器在衰减共模电压的同时，也衰减了有用的信号电压值，即同时降低被检测的悬空相绕组内的反电动势的幅值，从而降低了测量的信噪比和灵敏度，尤其当电动机处在低速运行和启动状态时，测量灵敏度的下降将成为无转子位置传感器的无刷直流永磁电动机的一个严重问题。

2）低通滤波器将产生一个与电动机运行转速无关的固定延时

当电动机的转速升高时，换向周期和测量周期在缩短，但低通滤波器的延时量仍然保持不变。这意味着低通滤波器的延时量相对于换向周期的百分比在提高。在严重的情况下，低通滤波器的延时量将扰动每相电枢绕组内的相电流与相反电动势之间的取向排列，亦即将影响到它们之间的同相位性，从而对处在高速运行状态下的无转子位置传感器的无刷直流永磁电动机的换向造成严重的不利影响。

总之，在基于采用矩形波驱动电压信号的基本数学方程式（3-3-8）和式（3-3-9）的过零点检测电路中，由于采用了分压器/低通滤波器环节，限制了无转子位置传感器的无刷直流永磁电动机的转速运行范围，只能在一个较窄的转速范围内运行。因此，我们必须寻求一种性能/价格比更好的检测方法。

3.4.4.2　采用 PWM 驱动电压信号时反电动势过零点 Z 的检测方法

对于由 PWM 电压信号驱动的无转子位置传感器的无刷直流永磁电动机而言，首先，施加 PWM 电压信号的方式有三种，即施加在逆变器三相桥臂的上侧边，或施加在下侧边，或者上下侧边同时施加。本节仅讨论最常采用的在桥臂的上侧边施加方式。其次，是在 PWM 驱动电压信号的“ON”时间区间内，还是在“OFF”时间区间内对悬空相电枢绕组内感生的反电动势信号进行采样检测，本节将根据基本数学方程式（3-3-28）和式（3-3-29），着重考虑在“OFF”时间区间内对悬空相电枢绕组内感生的反电动势信号进行直接同步采样和检测。采用这种采样检测方法，可以直接从悬空相电枢绕组的端头电压 $u_{\text{NON-FED}}$ 中提取反电动势信号，而不必采用三相电枢绕组的中心点（或虚拟的中心点）电压 u_n 作为测量的参考电压，从而消除了由中心点引入的共模电压和高频噪声，大大提高了测量灵敏度和精确度，并且还可以提高电动机的转速运行范围。这种针对 PWM 电压信号驱动的无转子位置传感器的无刷直流永磁电动机提出来的检测方法，又可以称为反电动势直接检测方法，其具体检测电路如图 3.4.11 所示。在这种测量电路中，由于没有分压器/低通滤波器环节，具有检测精度高和电动机的转速运行范围比较宽等显著优点。

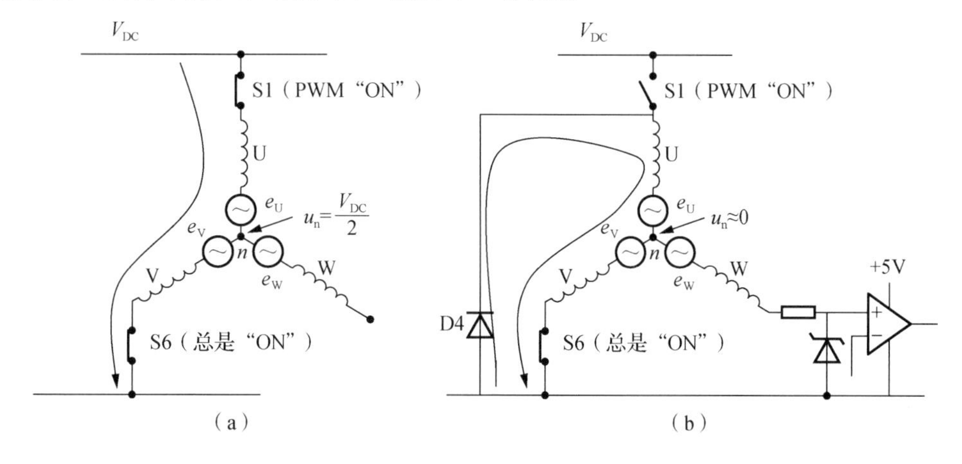

图 3.4.11　在 PWM 电压信号的“OFF”时间区间内进行过零点直接检测的电路

图 3.4.11（a）和（b）给出了由 PWM 电压信号驱动的无转子位置传感器的无刷直流永磁电动机两种运行状态，图 3.4.11（a）是当施加在逆变器的上臂侧的功率开关器件 S1 基极上的 PWM 电压信号处于“ON”时间区间内时的等效电路。在此情况下，上臂侧的功率开关器件 S1 和下臂侧的功率开关器件 S6 都处于导通状态，电流的走向是：电源的正极→功率开关器件 S1→U 相绕组→V 相绕组→功率开关器件 S6→电源的负极。这时，根据式（3-3-10），U、V 和 W 三相电枢绕组的中心点 n 的电平为 $0.5V_{DC}$。图 3.4.11（b）是当施加在逆变器的上臂侧的功率开关器件 S1 基极上的 PWM 电压信号处于“OFF”时间区间内时的等效电路和测量电路的组合，在此情况下，上臂侧的功率开关器件 S1 将断开，但 U 相和 V 相绕组内的电流将通过续流二极管 D4 仍按原方向续流。假定 U 相绕组内的反电动势为 e_U，V 相绕组内的反电动势为 e_V，W 相绕组内的反电动势为 e_W，当悬空相绕组内的反电动势 e_W 穿越零点时，$e_U=-e_V$，这时，根据式（3-3-12），U、V 和 W 三相电枢绕组的中心点 n 的电平 $u_n\approx0$，控制器就能够在悬空相的绕组的端头 W 处直接读取反电动势信号。

悬空相绕组内感生的反电动势过零点的检测过程，从换向开始点 C 开始计算，在延时 20μs 左右之后，便打开去磁结束点 D 的检测窗口，对去磁结束点 D 进行检测；在检测出去磁结束点 D 之后，再延时 20μs 左右，就打开反电动势过零点 Z 的检测窗口，对悬空相绕组内感生的反电动势过零点 Z 进行检测。整个检测过程由控制器内专伺管理的部门统一管理，并由同一个比较器对去磁结束点 D 和反电动势过零点 Z 进行比较检测，但它们在比较器输出端的采样频率是不一样的：检测去磁结束点 D 时的采样频率是 800kHz 左右，而检测反电动势过零点 Z 时的采样频率必须与 PWM 驱动电压信号的频率保持同步。

设置在控制器内部的比较器的一个输入是来自悬空相绕组 W 的端头的反电动势的电压信号，另一个输入是一个阈值电压，如图 3.4.11（b）中所标的 1V。我们感兴趣的并不是悬空相绕组内感生的整个反电动势 e_W 的数值，而只是它穿越横坐标轴线的零值，因此，在控制器芯片上设置了一个稳压二极管，把来自悬空相绕组 W 的端头的反电动势的电压信号箝位在+5V～−0.6V。在每一次施加在逆变器的上臂侧的功率开关器件基极上的 PWM 电压信号处于“OFF”时间区间内时，在比较器的输出端就对其输出信号进行一次采样，等待和检测反电动势过零点 Z 的出现。

图 3.4.12 给出换向过程中悬空相绕组内的相电流和反电动势的示波图，在图 3.4.12（a）中，悬空相电枢绕组内的相电流由负值走向零值，悬空相绕组内感生的反电动势由负值走向正值。当施加在逆变器的上臂侧的功率开关器件基极上的 PWM 电压信号处于“OFF”时间区间时，U、V 和 W 三相电枢绕组的中心点电压 $u_n\approx0$，只要反电动势信号是负值，在每一次“OFF”时间区间，反电动势就被取零值电压，控制器等待一个穿越阈值的上升边沿的出现。一旦反电动势信号变成正值，反电动势就被加在零值电压上。当反电动势信号达到阈值时，控制器内的比较器的输出状态就改变，从而检测出反电动势过零点 Z 的时刻。

在图 3.4.12（b）中，悬空相电枢绕组内的相电流由正值走向零值，悬空相绕组内感生的反电动势由正值走向负值。控器制等待一个穿越阈值电压的下降边沿的出现。因此，只要反电动势是正值，在“OFF”时间区间内其大于零值的电压，将会逐渐下降；一旦信号穿过阈值电压，比较器的输出状态就改变，从而检测出反电动势过零点 Z 的时刻。

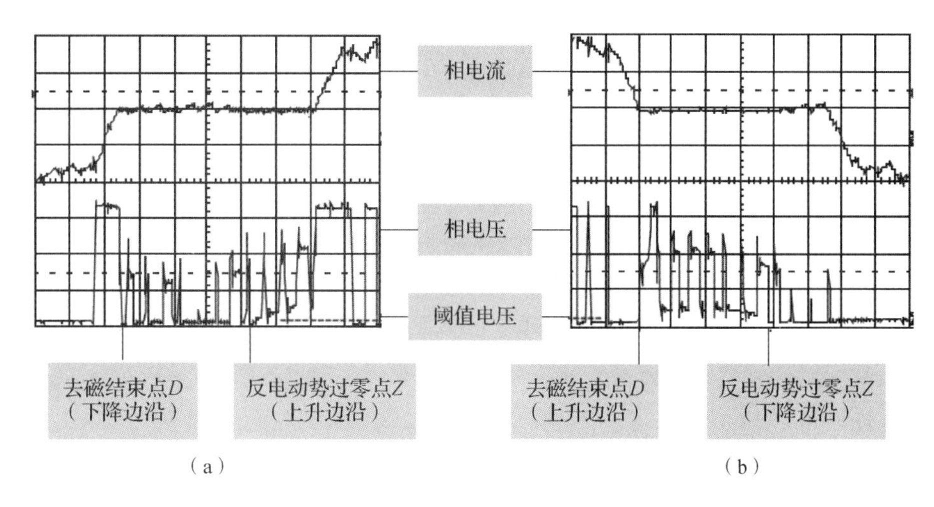

图 3.4.12　换向过程中悬空相绕组内的相电流和反电动势的示波图

这里，我们有必要对悬空相绕组内的去磁化结束点 D 的检测作一说明。一般而言，在换向过程中，悬空相绕组内的去磁化结束点 D 和反电动势的过零点 Z 是由同一个比较器检测的，只是在比较器输出端的采样频率不一样。但是，在 360° 电气周期内，有六个去磁化结束点 D，其中 3 个 D 点出现在它们各自对应的悬空相绕组内的电流和反电动势由负值走向正值的过程中，如图 3.4.12（a）所示；另外 3 个 D 点则出现在它们各自对应的悬空相绕组内的电流和反电动势由正值走向负值的过程中，如 3.4.12（b）所示。对于这两种不同的情况，我们将采用不同的方法来检测它们的去磁化结束点 D。

在图 3.4.12（a）中，悬空相绕组内的电流原先是负的，所以悬空相绕组的端头被接至地，我们能够看到，正好在开始换向之后，该悬空相相绕组的端头电压是高电压。一旦去磁化完毕，悬空相绕组的端头电压将降落到接近零值。这时，微控制器正在等待去磁化结束的下降边沿。当电压信号达到阈值电压（平均 0.6V）时，比较器输出端上的状态将立即改变，于是，微控制器检测出去磁化结束点 D。但是，在悬空相绕组的端头处在下降边沿的结构中，要可靠地检测出去磁化结束点 D 是困难的，其困难的原因在于：在此情况下，PWM 信号被施加在逆变器半桥上侧边的功率开关器件，悬空相绕组内的反电动势信号正在从负值走向正值，而悬空相绕组的端头的电压正在下降，由高电平向阈值靠近，这时，如果电动机的速度被用户借助改变电动机内的电流或者目标速度而突然增高，悬空相绕组内感生的反电动势就有可能提前穿越过零点 Z，而去磁化结束点 D 还没有达到它的阈值，从而不能打开反电动势过零点 Z 的检测窗口，微控制器就无法对过零点 Z 进行检测；而当去磁化结束点 D 被检测出来之后 20μs，打开反电动势过零点 Z 的检测窗口时，反电动势已经穿越了过零点 Z，因而微控制器没有发出过零点被检测出来的信号，电动机将停止运转。在此情况下，在换向开始点 C 之后，微控制器就启动软件去磁化功能，允许你仿真模拟去磁化结束点 D，一般而言，每一个软件去磁化的时间等于前一个阶跃中的硬件去磁化时间的 1.25 倍。这意味着软件去磁化的时间直接正比于硬件去磁化时间。如果比例系数设置得太高，软件去磁化的时间就会太长，其危险是：微控制器将会看不到反电动势的过零点 Z，尤其是在信号很弱的启动过程中。另外，比例系数必须大于 1，使软件去磁化时间具有足够的长度，以便确保软件去磁化结束点也能像硬件去磁结束点一样地出现。因此，对于不同规格的电动机，必须经过多次调试，寻找到一个合适的比例系数。

在图 3.4.12（b）中，悬空相绕组内的电流从正值走向零值。高电压原先被施加在悬空相绕组的端头，在图中我们能够看到：在去磁化期间，即从换向开始点 C 开始，悬空相绕组的端头被带至地。在去磁化结束时，悬空相绕组的端头的电压具有上升边沿，当它达到阈值时，比较器的输出状态立即改变，微控制器就检测出去磁化结束点 D。

综上所述，在那些把一个相电压信号的下降边沿作为检测去磁结束点 D 的阶跃中，如图 3.4.12（a）所示，就采用软件去磁化；而在那些把一个相电压信号的上升边沿作为检测去磁结束点的阶跃中，如图 3.4.12（b）所示，就采用硬件去磁化。相邻阶跃交替轮流地采用硬件去磁化和软件去磁化的方式，能够可靠地检测出去磁化结束点 D，进而确保反电动势过零点 Z 的成功检测。

采用上述反电动势过零点 Z 的检测方法，可以在 PWM 电压信号的“OFF”时间区间内，直接从悬空相电枢绕组的端点电压 $u_{\mathrm{NON-FED}}$ 中读取悬空相绕组内感生的反电动势信号，而不必利用 U、V 和 W 三相电枢绕组的中心点（或虚拟的中心点）电压 u_{n} 作为测量的参考电压，从而消除了由中心点引入的共模电压和高频噪声，大大提高了测量灵敏度和精确度，以及提高了电动机的转速运行范围。但是，当电动机在低电压/低转速条件下运行，或在高电压/高转速条件下运行时，尚存在一些不足之处。为此，我们必须提出新的策略，对上述检测方法和电路做进一步的改进。

1）低电压/低速运行时的检测策略

上述反电动势过零点的直接检测方法是在 PWM 电压信号的“OFF”时间区间内实施的，这就要求 PWM 电压信号具有最小的“OFF”时间区间，以便保证过零点的正确检测所必需的时间窗口。但是，在一些低直流母线电压的应用中，为了满足一定的负载要求，必须提高 PWM 电压信号的占空度，以便充分利用直流母线电压，然而这将导致“OFF”时间区间的缩小。这表示在低直流母线电压的应用中，精确检测反电动势过零点，以便保证正确换向的要求与满足电动机的负载要求之间存在着一定“矛盾”。

同时，对于在“二相导通星形三相六状态”方式下运行的无刷直流永磁电动机而言，一个电气周期内有六个反电动势过零点，即反电动势的过零点每隔 60° 电角度发生一次。理论上讲，在一个电气周期内，六个反电动势过零点将均匀分布，U、V 和 W 三相电枢绕组之间能够正确换向，从而保证电动机在运行过程中具有六个均匀分布的磁状态，或称为具有平衡的相状，如图 3.4.13（a）所示；然而，当电动机在低电压/低转速状态下运行时，反电动势的幅值将会变得很低，容易受到噪声的干扰，以致无法精确地检测其过零点，就会出现反电动势过零点不均匀（不对称）分布的“现象”，这将导致发生不正确的换向，致使电动机在运行过程中具有六个不均匀（不对称）分布的磁状态，或称为具有不平衡的相状，如图 3.4.13（b）所示，这将恶化电动机的运行，对速度调节造成不良的影响，在负荷重的情况下，电动机甚至就不能工作。

上述检测期间出现的“矛盾”和“现象”主要是由“续流”电流在二极管上的电压降落对反电动势的偏置所造成的；而我们在上述的电气系统的基本数学方程式的推导过程中，恰恰忽略了续流二极管 D4 的正向电压降和功率开关管 S6 上的正向电压降。因此，对于低电压/低转速运行的电动机而言，这种忽略是不允许的，必须进一步采取改进的措施和策略。

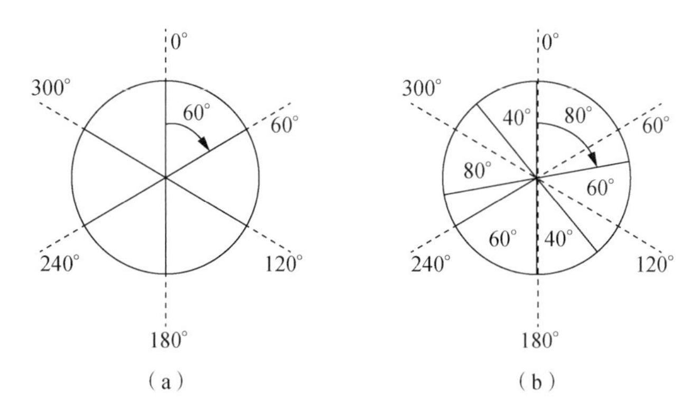

图 3.4.13　平衡相状和不平衡相状

为了便于分析，我们将在图 3.3.11 的基础上，画制了如图 3.4.14 所示的在 PWM 电压信号的“OFF”时间区间内的反电动势直接检测电路，假设 U 和 V 两相是导通相，W 相是悬空相。PWM 电压信号施加在 U 相桥臂的上侧的功率开关器件 S1 的基极上，以便调节电动机的转速和电流；换向顺序信号施加在 V 相桥臂的下侧的功率开关器件 S6 的基极上，使之处于关闭（导通）状态。当 U 相桥臂的上侧的功率开关器件 S1 处于“OFF”状态时，就对悬空相绕组 W 的端头电压 u_W 进行检测。当 U 相桥臂的上侧的功率开关器件 S1 处于“OFF”状态时，电流将通过二极管 D4 续流。在续流期间，被检测的端电压 u_W 可视为悬空相绕组 W 内感生的反电动势 e_W。

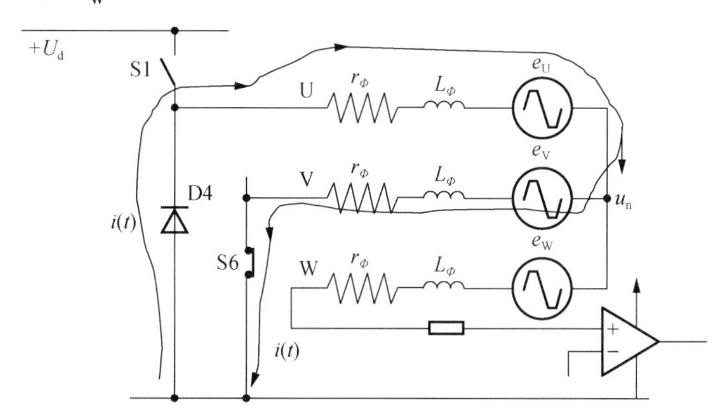

图 3.4.14　在“OFF”时间区间内的反电动势直接检测电路

按照图 3.4.14，对 U 相的绕组而言，我们可以写出 U、V 和 W 三相电枢绕组中心点的电压 u_n 为

$$u_n = 0 - V_D - r_\Phi i(t) - L_\Phi \frac{di(t)}{dt} - e_U \tag{3-4-3}$$

式中：V_D 是与功率开关器件 S4 并联的续流二极管 D4 上的正向电压降落。

对 V 相绕组而言，如果计及在功率开关器件 S6 上的正向电压降，我们也可以写出 U、V 和 W 三相电枢绕组中心点的电压 u_n 为

$$u_n = V_{MOS} + r_\Phi i(t) + L_\Phi \frac{di(t)}{dt} - e_V \tag{3-4-4}$$

式中：V_{MOS} 是功率开关器件 S6 上的正向电压降落。

把式（3-4-3）和式（3-4-4）相加，可得

$$2u_{\mathrm{n}} = V_{\mathrm{MOS}} - V_{\mathrm{D}} - (e_{\mathrm{U}} + e_{\mathrm{V}}) \tag{3-4-5}$$

或者

$$u_{\mathrm{n}} = \frac{V_{\mathrm{MOS}} - V_{\mathrm{D}}}{2} - \frac{e_{\mathrm{U}} + e_{\mathrm{V}}}{2} \tag{3-4-6}$$

同时，对于三相平衡系统而言，有

$$\begin{cases} e_{\mathrm{U}} + e_{\mathrm{V}} + e_{\mathrm{W}} = 0 \\ e_{\mathrm{U}} + e_{\mathrm{V}} = -e_{\mathrm{W}} \end{cases} \tag{3-4-7}$$

根据式（3-4-6）和式（3-4-7），可得

$$u_{\mathrm{n}} = \frac{V_{\mathrm{MOS}} - V_{\mathrm{D}}}{2} + \frac{e_{\mathrm{W}}}{2} \tag{3-4-8}$$

由此，根据式（3-3-7），可以得到悬空相绕组 W 的端头电压 u_{W} 为

$$u_{\mathrm{W}} = e_{\mathrm{W}} + u_{\mathrm{n}} = \frac{3}{2}e_{\mathrm{W}} + \frac{V_{\mathrm{MOS}} - V_{\mathrm{D}}}{2} \tag{3-4-9}$$

在高转速运行情况下，悬空相绕组 W 内感生的反电动势 e_{W} 有足够的高度，式（3-4-9）的第二项可以被忽略不计；然而，在低转速运行情况下，尤其在启动状态下，悬空相绕组 W 内感生的反电动势 e_{W} 本身就很小，第二项将起到明显的作用。对于低电压应用的场效应功率开关器件（MOSFET）而言，它导通时在其上面形成的电压降落 V_{MOS} 与在二极管上的电压降落 V_{D} 相比较，可以不计，即认为 $V_{\mathrm{MOS}} \approx 0$。于是，式（3-4-9）可以改写成

$$u_{\mathrm{W}} = e_{\mathrm{W}} + u_{\mathrm{n}} = \frac{3}{2}e_{\mathrm{W}} - \frac{V_{\mathrm{D}}}{2} \tag{3-4-10}$$

式（3-4-10）表明，在二极管上的电压降落 V_{D} 将偏置悬空相绕组 W 的端头电压 u_{W}。

综上所述，当电动机高速运行时，悬空相绕组 W 内感生的反电动势具有足够的高度，式（3-4-10）中第二项所起的影响可以被忽略；当电动机低速运行时，悬空相绕组 W 内感生的反电动势的幅值比较小，反电动势过零点的斜率比较平坦，容易造成反电动势过零点的不均匀分布，从而使换向不正常，运行性能变坏。由于二极管上的电压降落 V_{D}，U、V 和 W 三相电枢绕组内的反电动势过零点的不均匀或不对称分布的仿真结果如图 3.4.15 所示。因此，我们必须考虑二极管上的电压降落 V_{D} 对悬空相绕组 W 的端头电压 u_{W} 的偏置所造成的影响。

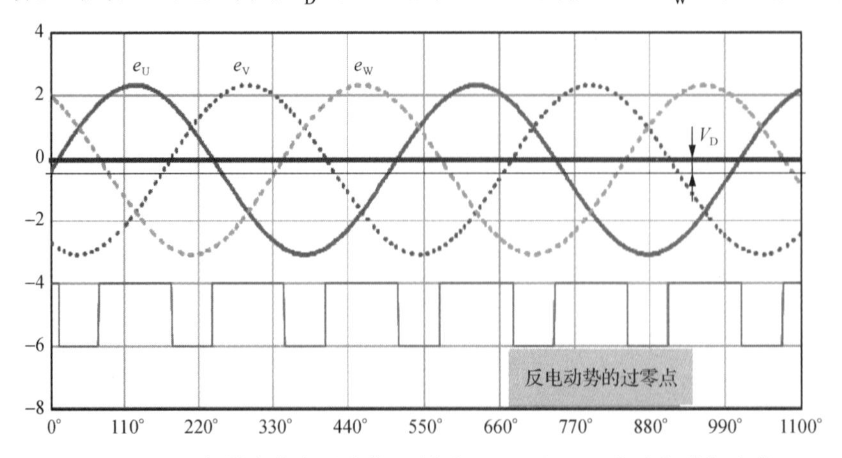

图 3.4.15　二极管上的电压降落 V_{D} 导致 U、V 和 W 三相电枢绕组内的反电动势过零的不均匀或不对称分布的仿真结果

下面我们来介绍和分析解决上述问题的两个方法。

（1）互补 PWM 驱动。

这里，我们仍以图 3.4.14 所示的 U 相和 V 相绕组通电（工作相），而 W 相绕组不通电（悬空相）的工作情况为例来分析。在采用如图 3.4.16 所示的互补 PWM 驱动演算的情况下，U 相桥臂的上侧的 S1 导通时，下侧的 S4 截止；而上侧的 S1 截止时，下侧 S4 导通。因此，U 相桥臂的下侧的 S4 将代替二极管 D4，U 相和 V 相绕组内的电流 $i(t)$ 将通过功率开关器件 S4 续流。这样，U 相和 V 相绕组的两个端头都将被 S1 和 S4 接地，从而消除了由二极管 D4 引起的偏置电压。

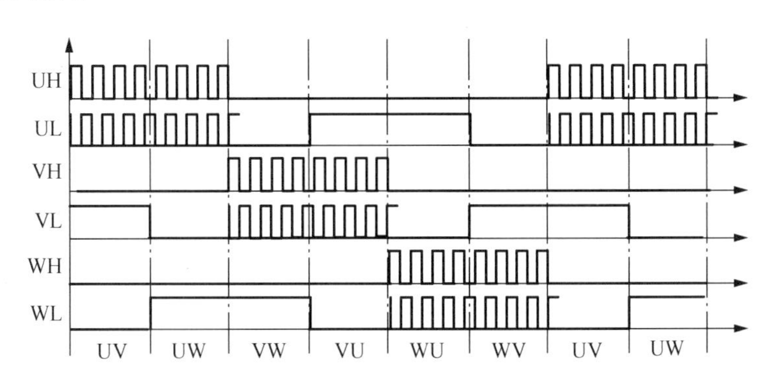

图 3.4.16　互补 PWM 驱动

（2）预置补偿电路。

当电动机低转速运行时，我们可以采用放大器来放大悬空相绕组内感生的反电动势的幅值，以便提高反电动势波形在过零点附近的斜率；同时，给偏置点提供一个辅助电压。这种功能电路被称为预置补偿电路，如图 3.4.17 所示。

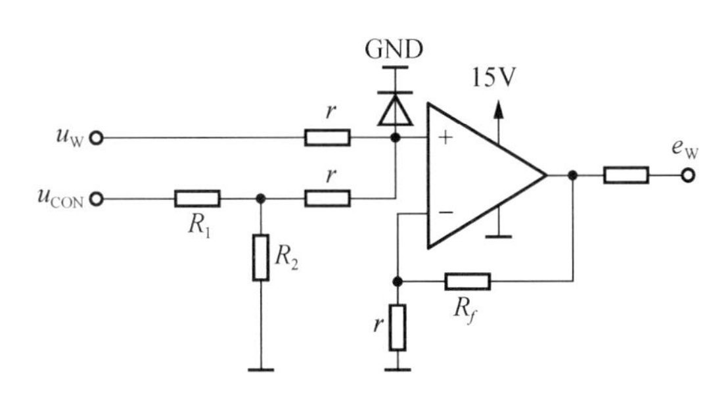

图 3.4.17　用于检测反电动势过零点的预置补偿电路

根据式（3-4-10），为了抵消公式中的第二项 $V_D/2$，图 3.4.17 中的电阻 R_1 和 R_2 的数值应按下式确定：

$$u_{CON} \times \frac{R_2}{(R_1+R_2)} = \frac{V_D}{2} \tag{3-4-11}$$

式中：u_{CON} 是施加在电阻分压器上的控制电压。

由于我们仅对接近反电动势过零点的信号感兴趣，运算放大器的正端输入被一个二极管箝位于 0.7V，我们仅需削尖接近反电动势过零点附近的反电动势的斜率。

预置补偿电路不仅调节了偏置，而且放大了反电动势过零点附近的信号（被放大约 10

倍）。图 3.4.18 中上面的波形是预置补偿电路的输入信号，而下面的波形是预置补偿电路的输出信号。没有进入预置补偿电路的反电动势的过零点是 A，采用预置补偿电路后，被检测的反电动势的过零点是 B，从而将显著地提高反电动势过零点的检测精度。

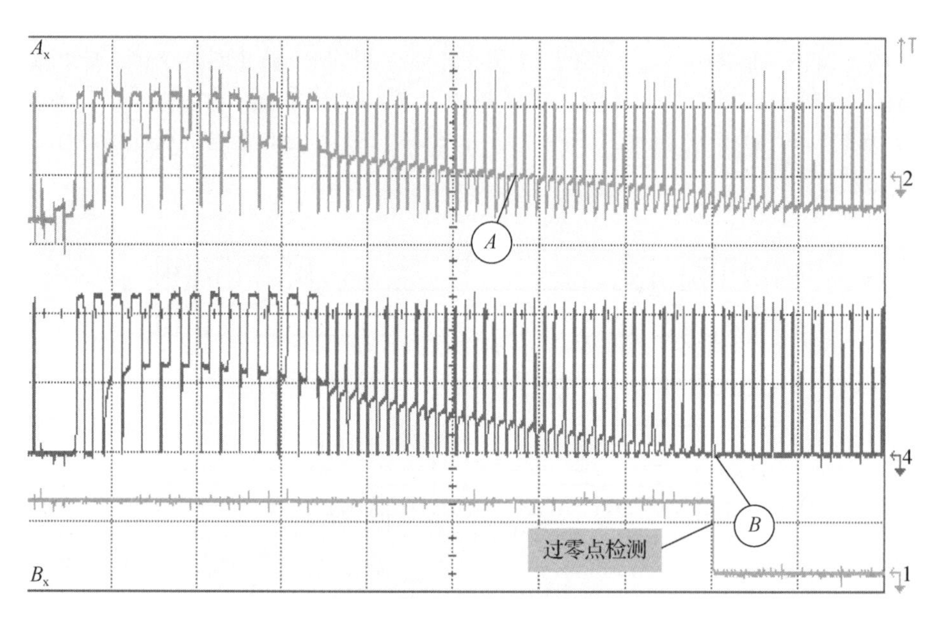

图 3.4.18　预置补偿电路的输入信号和输出信号

2）高电压/高速运行时的检测策略

图 3.4.19 是采用ST72141集成电路的无转子位置传感器的无刷直流永磁电动机的控制框图。在某些应用场合，直流母线电压可以达到 300V，为了把注入集成电路的电流限制在 2mA 左右，电动机的 U、V 和 W 三相电枢绕组的端电压需要各自通过一个高约 160 kΩ 的限流电阻 R，然后被直接送至集成电路。限流电阻 R 和集成电路内部的寄生电容 C 构成一个 RC 网络，即使集成电路内部的寄生电容值比较小，但由于限流电阻的阻值很大，因此，RC 网络就具有一定数值的时间常数。当 PWM 的占空度高时，即在“ON”时间大于“OFF”时间的情况下，悬空相绕组内的反电动势过零点的检测容易出差错。

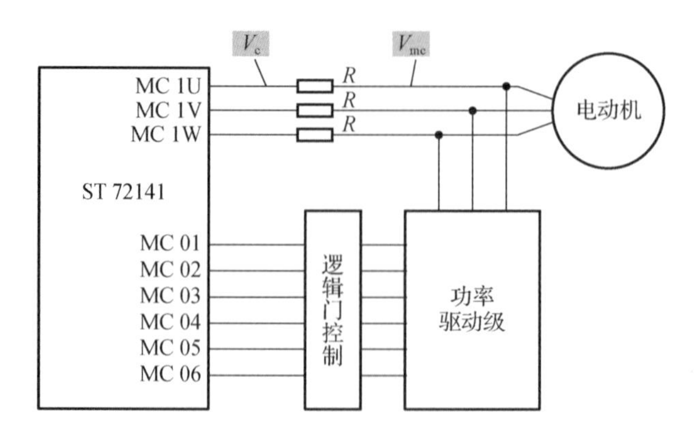

图 3.4.19　无转子位置传感的无刷直流永磁电动机的控制框图

寄生电容 C 的充放电等效电路如图 3.4.20 所示。图中，V_{mc} 是电枢绕组的端头电压；V_c

是集成电路输入引脚上的电压。由于 RC 网络在充放电时的激励电压源不同，充电时的激励电压源是电枢绕组的端头电压 V_{mc}≈300V，注入电流对集成电路内部的寄生电容的充电很快，它的上升斜率大，充电的上升边沿很陡；而放电时的激励电压源是集成电路引脚上的电压 V_c，仅 V_c≈5V，经过高值电阻 R 的放电电流很小，它的放电很慢，下降边沿的斜率很小，放电的下降边沿就平坦。V_{mc} 充电时的上升边沿的波形和 V_c 放电时的下降边沿的波形如图 3.4.21 所示。

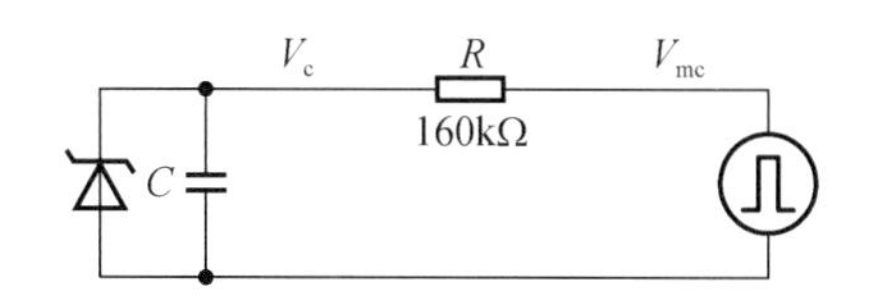

图 3.4.20　寄生电容 C 的充放电等效电路

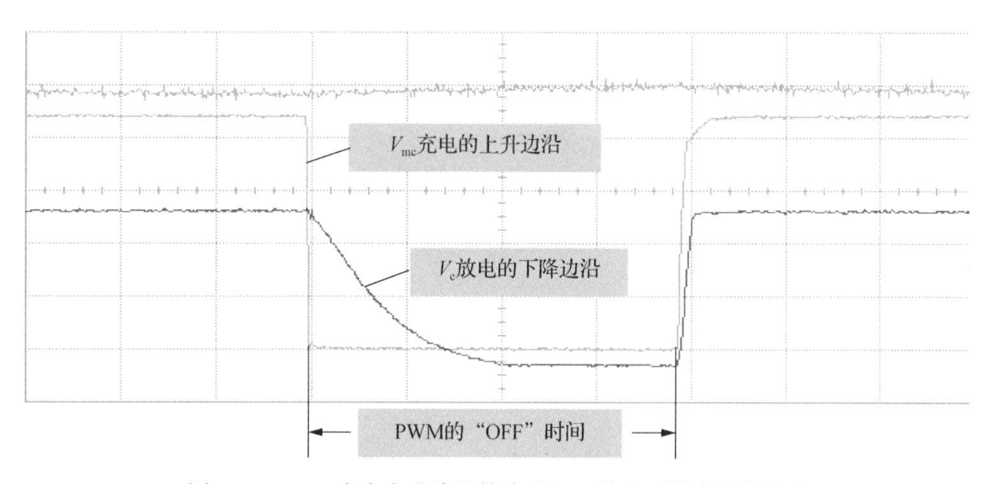

图 3.4.21　V_{mc} 充电上升边沿的波形和 V_c 放电下降边沿的波形

反电动势信号的采样是在 PWM 驱动电压信号的“OFF”时间区间的末端进行的。如果 PWM 驱动电压信号的占空度高到一定的程度，即当“ON”时间增大，而“OFF”时间减小到小于 10μs 数值及开始对反电动势信号进行采样的时候，RC 网络的放电周期还没有结束，这将导致反电动势过零点的采样和检测不正确，从而发生错误的换向（相）。为了解决这个问题，必须为 RC 网络的放电提供一条由二极管和 20kΩ 的电阻组成的通路，其具体措施如图 3.4.22 和图 3.4.23 所示。采取改进措施后，放电时间被显著地缩短了，如图 3.4.24 所示。

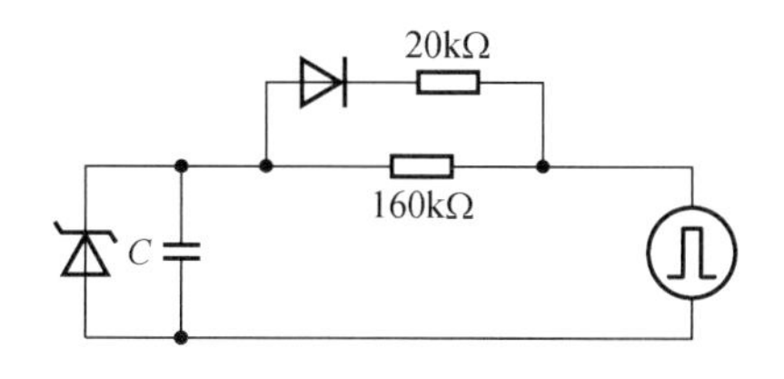

图 3.4.22　寄生电容 C 的加速放电等效电路

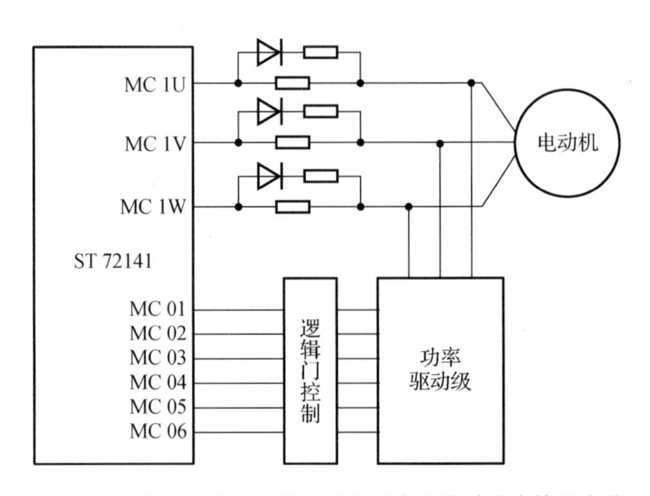

图 3.4.23　高电压应用时的改进的反电动势过零点检测电路

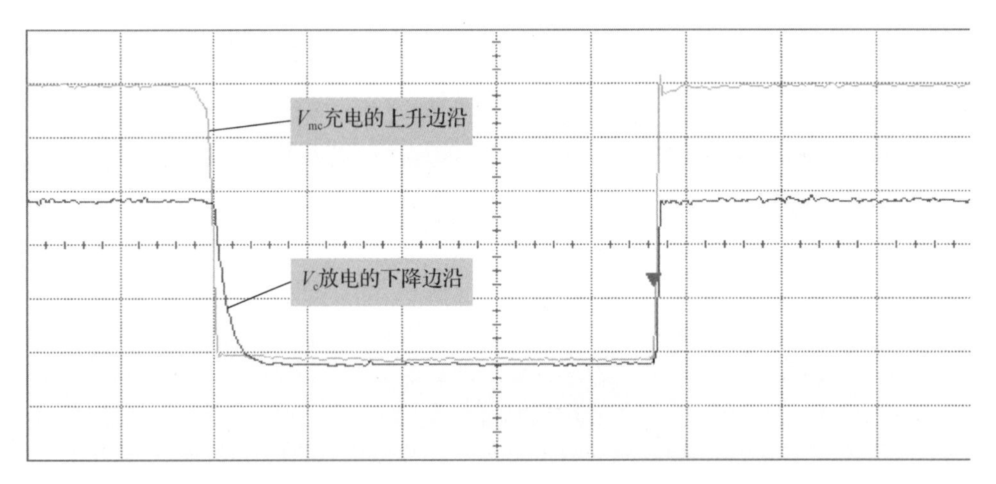

图 3.4.24　采取改进措施后 V_{mc} 充电的上升边沿的波形和 V_c 的放电下降边沿的波形

3.4.5　延迟管理

首先，让我们来分析一下空间电气角位移与电动机的机械旋转速度之间关系。在 360°电角度范围之内，对三相电枢绕组而言，存在六个不通电的悬空状态的扇形区，每个悬空状态的扇形区的夹角为 60°电角度。悬空相绕组内感生的反电动势的过零点 Z 出现在悬空状态的扇形区的正中间，悬空状态的扇形区的前后两条边界线是两个分别与悬空状态相毗邻的阶跃结构的换向开始点 C，它们将受前后两个相毗邻的悬空相绕组内感生的反电动势过零点 Z 的控制，可见悬空相绕组内感生的反电动势的过零点 Z 与毗邻的换向开始点 C 之间相差 $\alpha=30°$ 电角度，如图 3.4.25（a）所示。因此，在无转子位置传感器的无刷直流永磁电动机借助六个反电动势过零点 Z 的检测来实现正确换向的过程中，必须计算出电动机转子从检测到的反电动势过零点 Z 到下一个换向开始点 C 之间的 $\alpha=30°$ 电角度的位移量所对应的时间。通常，这个对应于 $\alpha=30°$ 电角度的位移量的时间被称为位移时间，并用符号 t_{SHIFT} 来标记，如图 3.4.25（b）所示。

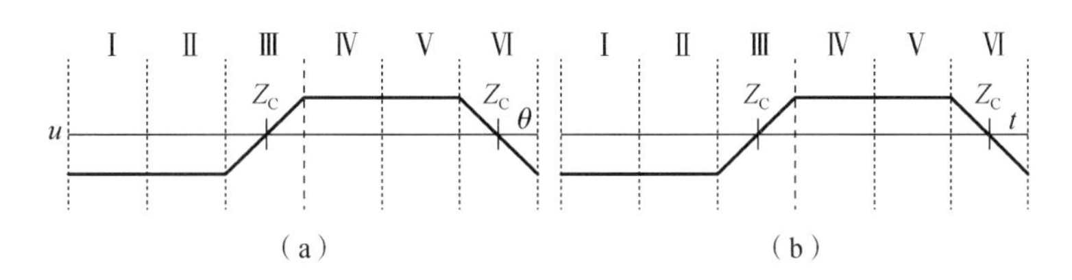

图 3.4.25　反电动势的过零点 Z 与换相开始点 C 之间的关系

当电动机的旋转速度不同时，其 $\alpha=30^\circ$ 电角度的位移量所对应的时间当量是不同的。实际上，换向开始点 C 的计算就是要把图 3.4.25（a）中横轴坐标的电角度转换成图 3.4.25（b）中等效的时间。

电动机的转子完成一个电气周期的旋转所花费的时间等于 $1/f$ [s]，从反电动势过零点 Z 到下一个换向开始点 C 之间的 $\alpha=30^\circ$ 电角度的位移量所对应的位移时间 t_{SHIFT} 为

$$t_{\text{SHIFT}}=\frac{\alpha}{360^\circ}\times\left(\frac{1}{f}\right)=\frac{30^\circ\times 60}{360^\circ pn}=\frac{5}{pn} \tag{3-4-12}$$

式中：$f=pn/60$，1/s；n 是电动机的转速，r/min；p 是电动机的磁极对数。

在运行过程中，当电动机的速度变慢时，计算位移时间将显著地小于实际所需的位移时间，这将导致提前换向，产生电动机被加速的趋势；如果电动机的速度变快时，则计算位移时间将显著地大于实际所需的位移时间，这将导致滞后换向，从而产生电动机被减速的趋势。

通常，位移时间 t_{SHIFT} 被称为反电动势过零点 Z 到达下一个换向开始点 C 所需要的延迟量 τ。这个延迟量是由微控制器内的以计时器为核心的延迟管理部门来实现的，它能够自动地计算和调节每一个反电动势过零点 Z 与下一个换向开始点 C 之间的延迟量。

图 3.4.26 展示了延迟管理框图。当电动机在自动换向模式运行期间，每当悬空相绕组内感生的反电动势穿越过零点 Z 时，微控制器内置的计时器的计时数值就被捕获，同时该计时器又立即被复位。这个被捕获的数值就是两个连续的反电动势过零点 Z 之间的时间间隔 t_Z，即电动机正常运行时的阶跃时间（或每步时间）。图中 t_{zn} 是计时器在第 n 个反电动势过零点 Z_{n} 时捕获的数值，t_{zprv} 是计时器在第（$n-1$）个反电动势过零点 Z_{prv} 时捕获的数值。在计时器被复位的同时，延迟管理部门就开始计算电动机换向过程中所需要的延迟量 τ，计算基于阶跃时间与一个特殊的延迟系数的乘积，其表达式为

$$\tau=K\left(\frac{t_Z}{32}\right) \tag{3-4-13}$$

式中：K 是一个延迟权重系数；（$t_Z/32$）是 1/32 的每步时间。

由此可见，延迟量 τ 是当前被检测出来的反电动势波形的过零点 Z 与下一个换向开始点 C 之间的时间区间。相对于两个连续的反电动势波形的过零点 Z 之间的总时间 t_Z 而言，$(t_Z/32)$ 具有足够的分辨率。在换向过程中，一旦当前阶跃的反电动势波形的过零点 Z 被检测出来，微控制器便开始运算，并等待下一个换向开始点 C 的出现。这一过程可以这样描述：当前的反电动势波形的过零点 Z 被检测出来的同时，计时器将立即被复位；当刚被复位后的计时器又达到新的运算值 $K(t_Z/32)$ 时，就产生下一个阶跃的换向开始点 C。阶跃时间和延迟量之间关系如图 3.4.27 所示。

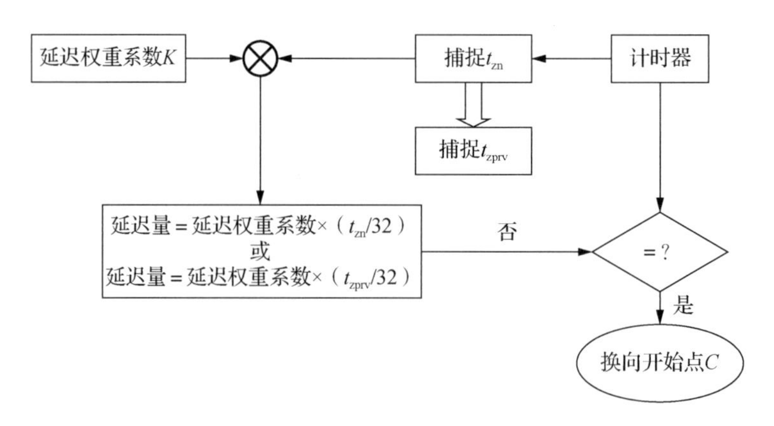

图 3.4.26　延迟管理框图

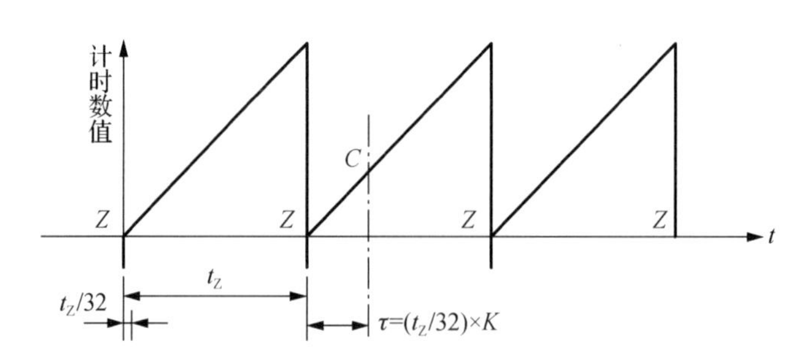

图 3.4.27　阶跃时间 t_Z 和延迟量 τ 之间关系

在电动机运行存在不对称（或不平衡）的情况下，微控制器将有一个自动补偿的方法。事实上，软件编程员能够选择计算最后两个连续的反电动势波形的过零点 Z_n 之间所需要的延迟量 τ_{zn}，或者选择计算先前的两个连续的反电动势波形的过零点 Z_{prv} 之间所需要的延迟量 τ_{zprv}。这里，先前的两个连续的反电动势波形的过零点之间所需要的延迟量 τ_{zprv} 被用来对不对称运行的电动机进行补偿。

延迟系数是由软件编程员设定的一个重要参数，它是电动机特性、使用环境条件和运行速度的一个函数。微控制器不能对延迟系数进行自动更新。用户必须根据具体情况，对具体的电动机进行若干次或多次试验，从而求得最佳的延迟系数。例如，如果电动机的转速增加，反电动势过零点将提前发生，所以被检测的反电动势过零点 Z 与下一个换向开始点 C 之间的延迟量 τ 应该被减小，从而延迟权重系数 K 的量值也应该被减小。电动机的转速越高，延迟权重系数 K 的量值就越小。

延时管理是微控制器的一个关键功能。正确的计算和调节延迟量 τ，就能够使电动机每相电枢绕组内的电流与由永磁转子产生的气隙磁通在该相电枢绕组内感生的反电动势保持同相位，从而使电动机能够以最佳的效率运行。

3.5　无转子位置传感器的无刷直流永磁电动机的自启动

一般而言，在电动机启动之前，永磁转子随机地处于某个静止的初始位置，我们不知道它相对三相电枢绕组轴线的电气角位置。因此，我们不知道应该给逆变器施加什么样的阶跃结构，即无法确定三相半桥逆变电路中哪些功率开关器件应该被导通，哪些功率开关器件必须被截止，才能使电动机按照要求的程序平稳启动。同时，众所周知，电动机电枢绕组内感生的反电动势与电动机的旋转速度成正比，电动机启动时，由于转速等于零，电枢绕组内感生的反电动势也就等于零，控制器就不能借助检测反电动势的过零点来实现正确的换向，从而无法使电动机正常运转。因此，自启动无疑是任何无转子位置传感器的无刷直流永磁电动机的控制运算所必须克服的最大障碍。

无转子位置传感器的无刷直流永磁电动机可以采用不同的方法实现自启动，这主要取决于转子的不同结构。例如，嵌入式和内置式转子结构可以利用电枢绕组的电感量是转子在电枢圆周表面所处空间电气角位置的函数，即不同的转子空间电气角位置，每相绕组就具有不同的电感量；或者当转子处在电枢圆周的不同空间电气角位置时，三相电枢绕组所对应的磁路的磁饱和程度不一样，三相电枢绕组的电感量也随之不同。根据这个原理，在电动机被启动之前，我们就可以探测出初始位置时的永磁转子与三相电枢绕组轴线之间的空间电气角位置，并可以把被测量到的初始位置直接作为转子开始启动的位置，从而可以确定给逆变器施何种驱动的阶跃结构。这里，我们将着重介绍具有表面贴装式转子结构的无传感器的无刷直流永磁电动机实现平稳自启动的具体方法和分析自启动的全过程。

为了实现表面贴装式转子结构的无转子位置传感器的无刷直流永磁电动机的自启动需要解决两个问题：①如何确定转子起始位置；②如何平稳地加速启动。

一般而言，无转子位置传感器的无刷直流永磁电动机的自启动过程将主要包括两个阶段。第一阶段是预先定位阶段，其目的在于确定电动机转子的起始位置；第二阶段是启动阶段，在此阶段内，必须根据设定的启动斜坡表，给电动机施加一定的电压或电流，加速电动机转子，致使控制器能够对反电动势信号及其过零点进行检测，并在一定的条件下，把电动机切换到正常的运行状态。

对应于上述启动过程中的两个阶段，必须编制相应的软件。对于不同的电动机而言，软件将具有相同的程序形式，但是，软件内的具体参数将随着电动机性能的变化而变化。因此，我们应该根据电动机的具体特性来设定软件的具体参数。

3.5.1　预先定位阶段

对于无转子位置传感器的无刷直流永磁电动机而言，在电动机被启动之前，转子所处的初始位置是不知道的。预先定位阶段的目的就是要在不知道转子初始位置的情况下，来确定电动机转子的启动位置。所谓初始位置就是电动机开始通电时转子随机所处的空间电气角位置；所谓启动位置就电动机按一定的方向开始转动时转子所处的空间电气角位置。对于表面贴装式转子结构的无转子位置传感器的无刷直流永磁电动机而言，通常在一个预先定位阶段的时间内，把转子移动到一个已知的位置上，并以此位置作为转子的启动位置。

3.5.1.1　预先定位阶段的阶跃结构

一般情况下，电动机控制基于图 3.5.1 所示的三相半桥逆变电路的六步驱动原理，每一步对应一个空间磁状态，六个空间磁状态组成一个电气周期。

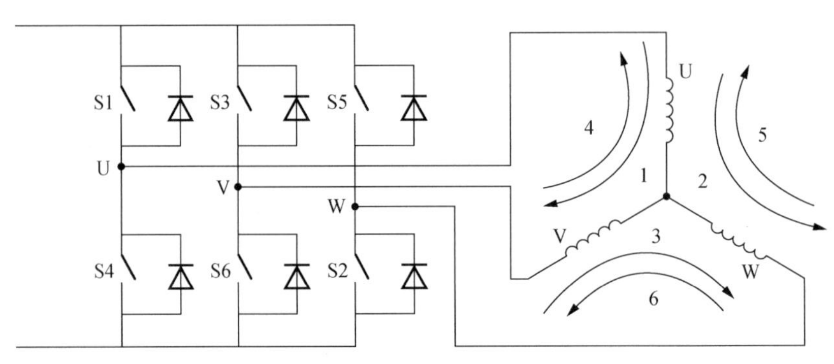

图 3.5.1　六步驱动的无刷直流永磁电动机的示意图

当电动机按逆时针方向旋转时，三相半桥逆变电路内 S1、S3、S5、S4、S6 和 S2 六个功率开关器件的驱动顺序列于表 3.5.1，U、V 和 W 三相电枢绕组内的驱动电流如图 3.5.2 所示；当电动机按顺时针方向旋转时，三相半桥逆变电路内 S1、S3、S5、S4、S6 和 S2 六个功率开关器件的驱动顺序列于表 3.5.2，U、V 和 W 三相电枢绕组内的驱动电流如图 3.5.3 所示。

表 3.5.1　逆时针方向旋转时的驱动顺序

磁状态	导通的功率开关器件（阶跃结构）	工作相	悬空相
Ⅱ	S1、S2	U→W	V
Ⅲ	S3、S2	V→W	U
Ⅳ	S3、S4	V→U	W
Ⅴ	S5、S4	W→U	V
Ⅵ	S5、S6	W→V	U
Ⅰ	S1、S6	U→V	W

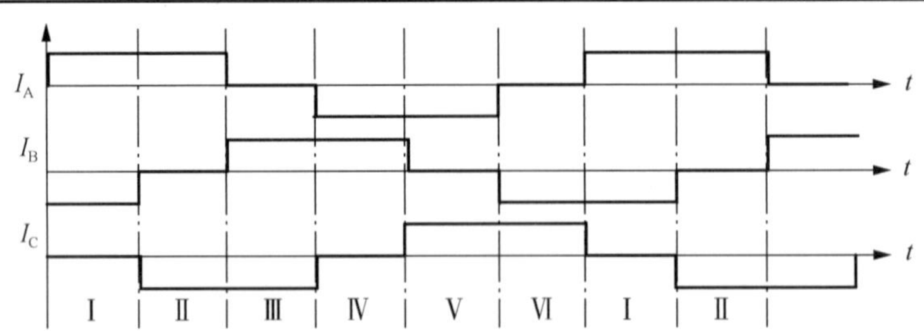

图 3.5.2　逆时针方向旋转时 U、V 和 W 三相电枢绕组内的驱动电流

表 3.5.2　顺时针方向旋转时的驱动顺序

磁状态	导通的功率开关器件（阶跃结构）	工作相	悬空相
Ⅰ	S1、S6	U→V	W
Ⅱ	S5、S6	W→V	U
Ⅲ	S5、S4	W→U	V
Ⅳ	S3、S4	V→U	W
Ⅴ	S3、S2	V→W	U
Ⅵ	S1、S2	U→W	V

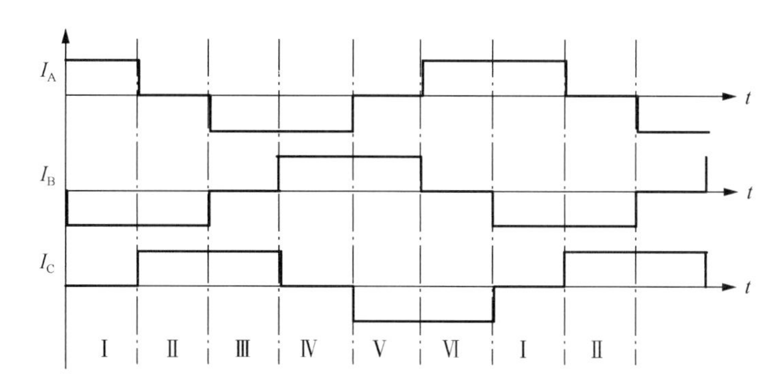

图 3.5.3　顺时针方向旋转时 U、V 和 W 三相电枢绕组内的驱动电流

在预先定位阶段，我们要把转子从它的一个未知的初始位置移动到一个特定的已知位置上。所以，在整个预先定位阶段内，电枢绕组内的电流方向将保持一个不变的流向，于是作用转子上的转矩方向也不变，从而迫使转子朝着一定的方向移动到希望的位置上，即移动到启动位置上。

在预先定位阶段内，为了减小转子在当接近它的启动位置时出现的振荡，所有的电枢绕组都将被施加电流。在此情况下，例如，图 3.5.1 中的功率开关器件 S1、S6 和 S2 被导通，这意味着当我们以此形式的导通结构施加电流时，U 相电枢绕组内将通过正向电流，而 V 相电枢绕组内和 W 相电枢绕组内将通过负向电流，V 相和 W 相电枢绕组内通过的负向电流的数值是 U 相电枢绕组内通过的正向电流的数值的一半。这时，转子将被带到一个如图 3.5.4 所示的两个磁状态（S1、S6 被导通时的磁状态和 S1、S2 被导通的磁状态）所对应的两个空间电气角位置之间的中间位置上。一般而言，在以此形式的导通结构对 U、V 和 W 三相电枢绕组同时通电的情况下，在预先定位阶段结束时，转子将被移动至六个磁状态中某两个相邻的磁状态所对应两个相邻的空间电气角位置之间的中间位置上，即将被移动至预先确定的启动位置上。

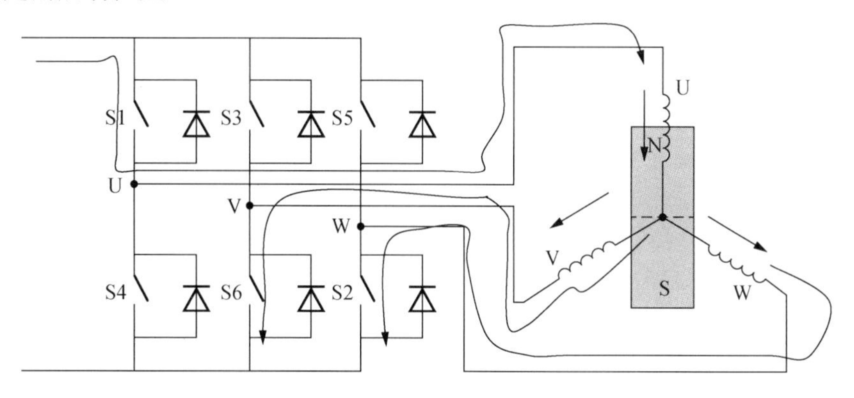

图 3.5.4　转子的启动位置

由于转子的启动位置是一个已知的预定位置，因此，在此情况下，借助符合正确驱动程序的阶跃结构和合理地给 U、V 和 W 三相电枢绕组施加电压或电流，我们就能够使电动机沿着正确的旋转方向启动。

3.5.1.2　预先定位的电流斜坡

在预先定位阶段，为了把转子从它的一个未知的初始位置带到一个预先确定的启动位置，我们将在一个足够长的时间内，以一定的阶跃结构形式，例如以 S1、S6 和 S2 被导通的阶跃结构，对 U、V 和 W 三相电枢绕组施加一个幅值等级逐次递增的电流，代替直接施加一个恒值电流的方法，把转子带到希望的启动位置上。在此过程中，我们要依据归算到电动机轴上的惯量来确定所需施加的电流幅值等级，以便能够使转子移动。如果直接施加一个强幅值等级的电流，将使转子移动过快，导致转子围绕着它的最终启动位置振荡。这就是为什么在预先定位阶段对 U、V 和 W 三相电枢绕组施加一个幅值等级逐次递增的斜坡电流要比直接施加一个恒值电流来得好的道理。

这个电流斜坡是由一定数目的阶梯所组成的，每一个阶梯都具有相同的时间长度和相应的幅值等级。例如，一个如图 3.5.5 所示的由 25 个阶梯所组成的电流斜坡的波形，它的每一个阶梯的时间长度为 30ms。这意味着预先定位阶段的时间长度为 750ms。

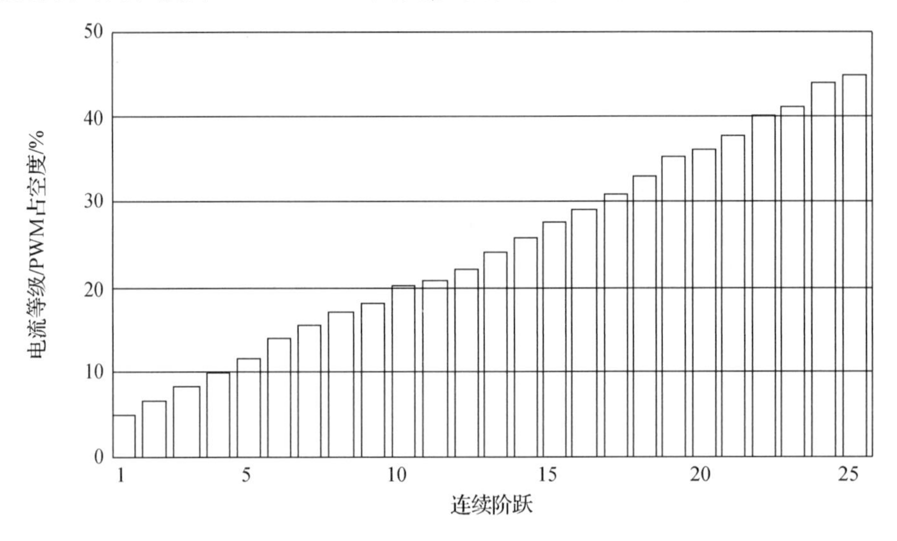

图 3.5.5　预先定位的电流斜坡

采用参考电流还是采用参考电压取决于电动机是以电流模式运行还是以电压模式运行。当电动机以电流模式运行时，就采用参考电流；而当电动机以电压模式运行时，就采用参考电压。图 3.5.5 中的纵坐标轴代表这些参考值，它们是由一个定时器的 PWM 信号的占空度给定的。当 PWM 信号的频率固定时，增加占空度就意味着增加这些参考值。由此可见，在预先定位阶段内将发生的情况是：以同一个阶跃结构形式，例如以功率开关器件 S6 和 S2 被开通，而在功率开关器件 S1 上施加 PWM 信号的形式，对 U、V 和 W 三相电枢绕组施加幅值等级逐次递增的电流 25 次，每次作用的时间为 30ms。于是，电动机的转子将在一个不变的阶跃结构和一个幅值等级逐次递增的电流斜坡的联合作用下，被带到如图 3.5.4 所示的预知的中间位置，即预知的启动位置。

对于不同的电动机而言，其所需的预先定位阶段的时间长短是不一样的，有的需要长一些，而有的需要短一些。通过规定电流斜坡内的阶梯数目的多少和每个阶梯持续时间的长短，就可以获得不同时间长度的预先定位阶段。根据电动机的不同性能，每个阶梯的电流等级和斜坡的形状也需要进行调整。如果电流等级太低，在斜坡作用结束时还不足以使转子移动；而如果电流等级太高时，则将可能导致转子围绕着启动位置振荡。某些电动机可能需要一个指数形状的斜坡；而另外一些电动机则可能需要一个线性形状的斜坡。对于每一个具体的电动机而言，需要进行若干次或多次试验来确定最佳的斜坡，试验包括对电动机施加不同的斜坡和对转子性能进行必要的检测。图 3.5.6 给出了在预先定位阶段内，在对某一台电动机施加如图 3.5.5 所示的斜坡的条件下，利用电流传感器在 U 相电枢绕组内检测到的电流波形。

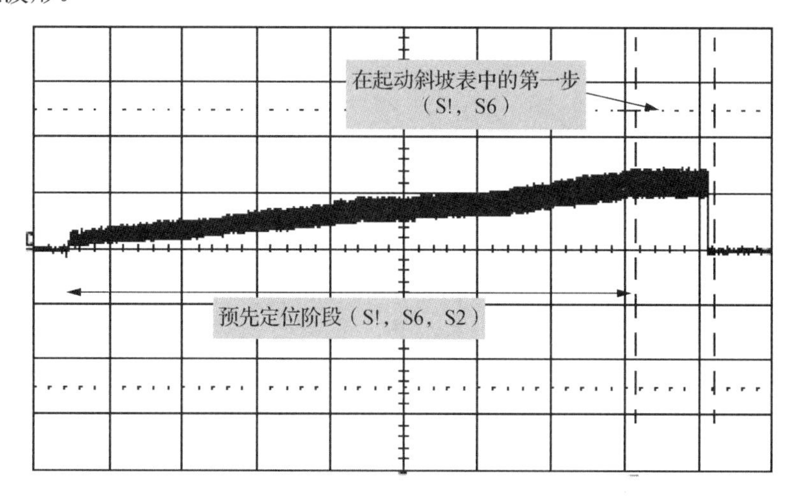

图 3.5.6　在预先定位阶段内检测到的 U 相电枢绕组内电流波形

由图 3.5.6 可见，施加给电动机的电流是按线性规律逐次递增的，在预先定位斜坡结束的时候，输入电动机的电流达到 2A；控制器在等待转子到达启动位置之后，便开始执行启动程序。

3.5.2　启动阶段

一旦当转子到达在它的启动位置时，我们就对电动机施加启动斜坡表，电动机的运行进入启动阶段。施加启动斜坡表的目的是要加速电动机，以便能够对悬空相绕组内感生的反电动势过零点 Z 的信息进行检测，从而能够尽快地把电动机的运行模式从启动模式切换到自动换向模式。因此，启动阶段一方面要与前面的预先定位阶段衔接；另一方面，它又要与后面的电动机正常运行的自动换向模式实现自动切换，是一个在自启动过程中实现承上启下的重要阶段。

本节的目的在于列出无转子位置传感器的无刷直流永磁电动机在启动阶段内所采用的不同条件和相对应的不同参数，并解释它们对电动机性能的影响。

3.5.2.1　设定正确的启动方向

图 3.5.1 所示的六步驱动原理是由六个连续不同的阶跃结构所组成的。电动机按正确的方向启动是启动阶段的第一步。表 3.5.1 和表 3.5.2 分别列出了电动机按逆时针方向旋转和按顺时针方向旋转时的阶跃结构程序。电动机从预先确定的启动位置启动时，对应于表 3.5.1 和表 3.5.2 所列的两种不同的驱动阶跃结构程序的第一步阶跃，就有如图 3.5.7 所示的两个不同的转子位置。

在预先定位阶段，以功率开关器件 S1、S6 和 S2 导通的阶跃结构在预选先定位斜坡电流的作用之下，把转子带到如图 3.5.4 所示的预知启动位置。在此情况下，如果电动机需要按逆时针方向旋转，则在启动斜坡内的第一步阶跃结构应该是功率开关器件 S1 和 S2 导通，如图 3.5.7（a）所示，然后按表 3.5.1 所列的阶跃结构程序施加启动斜坡；如果电动机需要按顺时针方向旋转，则在启动斜坡内的第一步阶跃结构应该是功率开关器件 S1 和 S6 导通，如图 3.5.7（b）所示，然后按表 3.5.2 所列的阶跃结构程序施加启动斜坡。

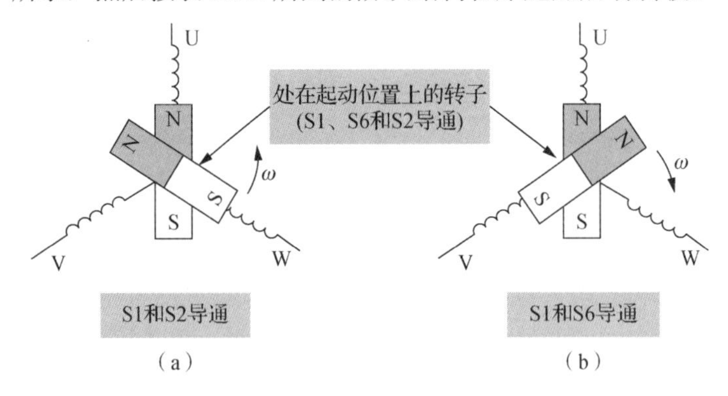

图 3.5.7　对应于两种不同阶跃结构程序的第一步阶跃的两个不同的转子位置

上述例子所给定的启动位置是 U 相电枢绕组的轴线，如果用户需要选择 V 相或 W 相电枢绕组的轴线作为启动位置时，则必须调整启动斜坡内的第一步阶跃的结构形式，以便确保电动机在预先定位阶段结束之后能够按正确的旋转方向启动。

3.5.2.2　启动斜坡表的建立

在预先定位阶段结束时，转子便处在启动位置等待启动，当电动机的外部施加由预先定位斜坡表转换成启动斜坡表时，电动机立即进入启动运行模式，并在一定的条件下由启动运行模式切换到自动换向的正常运行状态。

1）建立启动斜坡表的原则

在启动阶段内，电动机的旋转速度从零开始，逐步升高，在到达某一转速之前，反电动势信号中存在着 N_d 个没有能够被检测出来的连续过零点 Z，而在该转速之后，反电动势信号中存在着 N_a 个能够被检测出来的连续过零点 Z。因此，在启动阶段内，反电动势信号中总共存在着（N_d+N_a）$=N_Z$ 个的连续过零点 Z，亦即存在着 N_Z 个连续的阶跃数目。数目 N_d、N_a 和 N_Z 是电动机启动阶段的重要参数，它们将由用户根据电动机的特性设定在相应的软件中。

各个阶段和不同模式之间的转换是无转子位置传感器的无刷直流永磁电动机实现自启动的关键问题之一。用户将对不同阶段、不同模式以及它们之间的转换设置不同的参数和转换条件，并把它们编入相应的软件。

一般而言，预先定位阶段之后，在启动阶段（程序）期间有三个很重要的主要参数，如下所述。

（1）启动斜坡表的形状（递减阶跃时间的应用）。

（2）没有能够被检测出来的连续过零点 Z 的数目 N_d，亦即是当电动机的转速低于某一数值时，启动斜坡表内检测不出来的过零点 Z 的连续阶跃数目。

（3）在切换到自动换向模式之前，能够被检测出来的连续过零点 Z 的数目 N_a。

在启动阶段，上述每一个参数都对电动机的性能有影响，它们都是软件可编程的。

通常，我们把启动斜坡表内检测不出来的连续过零点 Z_d 所对应的连续阶跃区间称为强制同步模式。在强制同步模式中需要有足够多的阶跃数目，即足够多的 N_d，以便电动机能够达到一个比较稳定的运行状态。但是，如果 N_d 数目太多，就太接近启动斜坡的总阶跃数目 N_Z，这将导致斜坡表已经结束，但还没有检测出为了切换到自动换向模式所需的足够的连续过零点 Z 的数目 N_a。

我们把启动斜坡表内能够检测出来的连续过零点 Z_a 所对应的连续阶跃区间称为同步模式。N_a 也是一个非常重要的参数，太多的连续过零点 N_a 将具有像在强制同步模式中有太多的阶跃数目 Z_d 一样的效果，存在着当启动斜坡表结束时还没有检测出足够的连续过零点 N_a 的危险；而太少的连续过零点 N_a 将使电动机太快地被切换到自动换向模式，其危险是：由于这时电动机还没有达到足够的稳定，而将停止运转。

启动斜坡表的形状必须使电动机的转子移动，并将其加速到足够的高度，允许对连续过零点 Z 的目标数目 Z_d、N_a 和 N_Z 进行检测，从而把电动机从强制同步模式过渡到同步模式，最终把电动机平稳可靠地切换到自动换向模式。

对于不同规格和不同性能的电动机而言，为了寻求适合它们的最佳启动斜坡表，需要对具体的电动机进行若干次或多次试验，并借助示波器来观察启动斜坡表的形状和反电动势过零点 Z 的检测情况。

2）启动斜坡表内的电流等级的设定

为了加速电动机，需要对电动机施加启动斜坡表中的特定参考电流或参考电压。在启动斜坡表内的电流等级或电压等级是由用户选定，并由软件设定的。这些特定的参考值与电动机在自动换向模式下运行时由用户选定和施加给电动机的参考值完全无关。再强调一次，它与电动机在预先定位阶段的情况一样，自动换向模式运行时的参考值也是由同一个计时器的 PWM 信号给定的。

设定启动斜坡表内的电流等级要考虑到下列两个情况。

（1）在低转速时，悬空相绕组内感生的反电动势信号比较弱，反电动势过的零点 Z 不易被检测。因此，在启动斜坡期间需要施加一个高等级强度的电流，致使反电动势信号比较强，从而比较容易对反电动势的过零点 Z 进行检测。

（2）同时，在预先定位阶段结束之后，为了避免在启动斜坡开始时出现电流浪涌，预先定位阶段结束时的电流等级应接近于启动斜坡表期间的电流等级。图 3.5.8 给出电动机以电流模式运行时，利用电流传感器和示波器在 U 相电枢绕组内观察到的预先定位阶段和启动阶段的启动斜坡表图。图 3.5.8 是在利用图 3.5.5 所示的预先定位斜坡和一个 45%占空度的 PWM 信号作为启动斜坡期间的电流等级的条件下获得的。

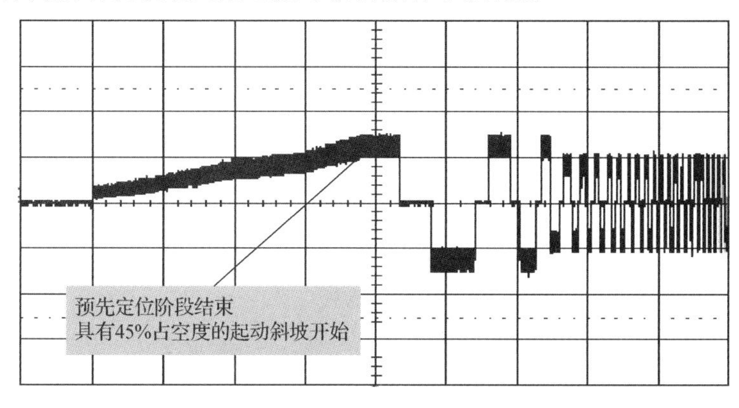

图 3.5.8　电流模式时的预先定位阶段和启动斜坡表（45%占空度）

图 3.5.8 揭示预先定位阶段结束时的电流等级与启动斜坡表期间所施加的电流等级是一样的。这样，可以避免在运行模式转换时出现电流浪涌。

3）设定阶跃时间逐次递减的启动斜坡表内的阶跃数目

为一台电动机规定正确的启动斜坡表的困难在于：阶跃时间的递减程序必须把电动机的转速加速到足够的高度，从而在强制同步运行模式之后可能检测出反电动势的过零点 Z，并获得切换到自动换向模式所需的连续过零点 Z 的目标数目 Z_a；以与预先定位斜坡表一样的设定方法，启动斜坡表的形状也取决于转子惯量和电动机的负载。对于一台给定的电动机，必须进行若干次或多次试验，才能确定其最佳的启动斜坡表。图 3.5.9 给出了一个具有 38 个阶梯的启动斜坡表的例子。这里，我们选择这个阶跃数目仅只是作为一个例子，因而可以根据电动机的性能，设定一个比较高的阶跃数目，或者设定一个比较低的阶跃数目。

图 3.5.9 所示的启动斜坡表具有一个指数加速特性。对某些电动机而言，它们也许需要一个线性加速特性。寻找正确启动斜坡表的最好方法是在检测反电动势的过零点 Z 的软件中放置一个标识，然后对若干个不同的启动斜坡表进行试验，根据一相电枢绕组内的电流信号，并利用一个探测器对反电动势的过零点 Z 被检测的标志进行监视，然后在示波器上观察其试验结果，分析被试启动斜坡表和反电动势的过零点 Z 被检测的情况。当一个启动斜坡表使转子移动，并把转子加速到足以检测出若干个反电动势的过零点，在启动斜坡表结束之前至少有两个连续的过零点被检测，那么这样的启动斜坡表就是适合该电动机的一个好的启动斜坡表。

图 3.5.10 给出了启动程序期间的一个示波图，它是在利用一个电流传感器监视 U 相，并利用另一个传感器监视反电动势的过零点 Z 被检测的标识的情况下显示在示波器上的两个波形。

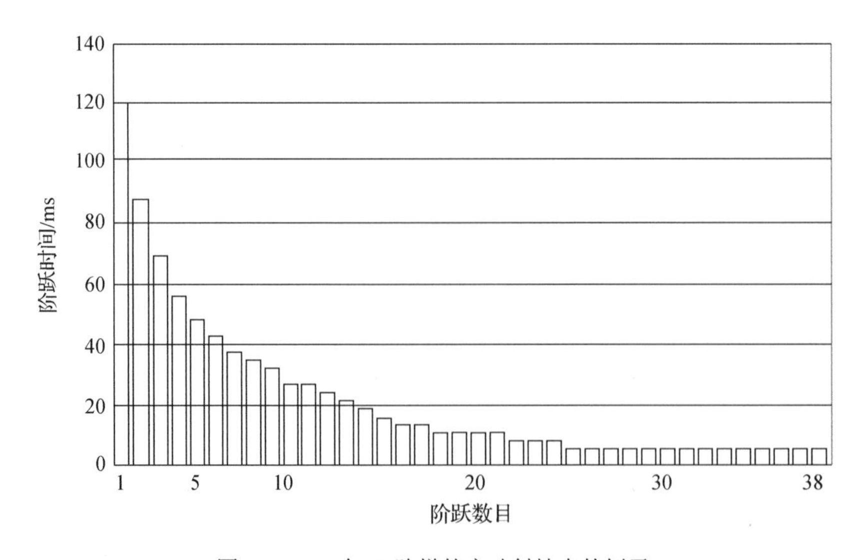

图 3.5.9　一个 38 阶梯的启动斜坡表的例子

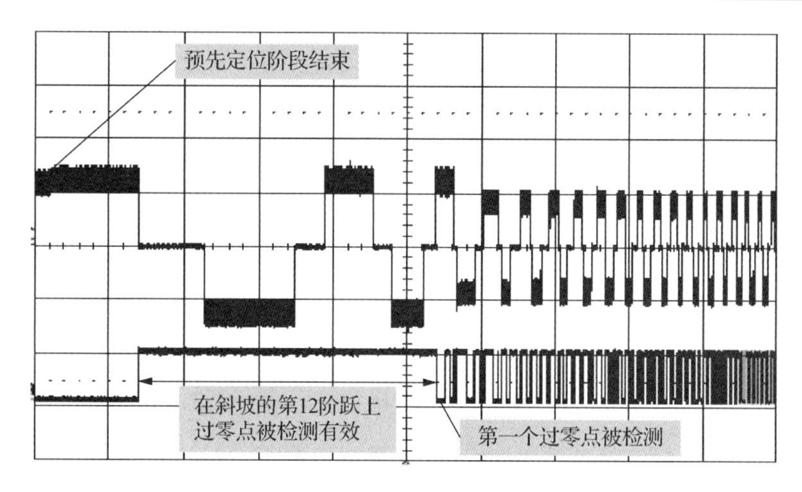

图 3.5.10　启动斜坡表和过零点的示波图

根据图 3.5.10 的波形，我们可以看到三个不同的阶段。

第一阶段，预先定位阶段结束。

第二阶段，强制同步模式（没有连续过零点 Z_d 被检测）。

第三阶段，在被切换到自动换向模式之前的连续过零点 Z_a 被检测。

在上述例子中，软件中反电动势的过零点 Z 的标识是在换向开始点 C 上被置位，而在反电动势的过零点 Z 上被复位。

3.5.2.3　启动程序参数的设定

为了加速电动机，施加给电动机的启动斜坡表是由阶跃时间连续按指数规律递减，而所有的阶跃都具有由一个恒定的电流等级的若干个阶跃所组成的特点。启动斜坡表内的阶跃数目是通过软件编程的，在此，我们选定如图 3.5.9 所示的由 38 个阶跃所组成的启动斜坡表作为一个例子。在所有的情况下，如果电动机到达第 38 步时还没有被切换到自动换向运行模式的话，就应该停止电动机的运行，并重新启动。在正常的使用情况下，在施加启动斜坡表的几个阶跃之后，只要反电动势的过零点 Z 能被软件检测出来，电动机就立即被切换到自动换向运行模式。

电动机的启动程序基于由软件设定的不同参数。首先能够在启动斜坡表内设定那些不能被检测出来的反电动势的过零点 Z 的阶梯数目 N_d。这些不能被检测出来的反电动势的过零点 Z 的阶跃被称为强制同步模式。然后，能够在启动斜坡表期间内设定必须被检测出来的连续过零点 Z 的数目 N_a，以便把电动机切换到自动换向的运行模式。最后，能够在启动斜坡表期间内设定软件去磁化的时间。在电动机的启动程序中去磁结束点 D 的时刻是很重要的。以下两节的目的就是要说明这些参数在电动机的启动程序中所起的作用。

1）强制同步模式内的阶跃数目 N_d 的设定

强制同步模式内的阶跃数目的设定就是在同步模式内不能被软件所检测出来的反电动势过零 Z 的数目 N_d 的设定。

在启动斜坡表的开始的几个阶跃期间，反电动势过零点 Z 还不能被软件所检测。这些最初不能进行过零点检测的阶跃促使电动机能够进入稳定运行状态，经过这些阶跃之后，电动机的转速将被加速到足够的高度，致使反电动势信号被增大和反电动势过零点 Z 的检测成为可能。即使在启动斜坡表开始时就能够立即对反电动势过零点 Z 进行检测的情况下，也只有在开始的几个阶跃之后，才正式开始对反电动势过零点 Z 进行检测。这样，一方面可以让电动机进入稳定状态，另一方面可以避免反电动势过零点 Z 的虚假检测，从而确保反电动势过零点 Z 的可靠检测和向自动换向模式的可靠切换。因此，我们必须设定一个反电动势的过零点 Z 不能被或不被软件所检测的阶跃数目 N_d。

一般情况下，我们可以设定：不能进行反电动势过零点 Z 检测的阶跃数目 N_d 等于电动机旋转一个机械周期所需的驱动步数，亦即是电动机旋转一个机械周期所包含的空间磁状态的数目，其数学表达式为

$$N_d = 6p \tag{3-5-1}$$

式中：p 是电动机的磁极对数，一对磁极代表一个电气周期，一个电气周期由 6 个磁状态所组成。

然而，对于磁极对数 p 比较多的电动机而言，不进行反电动势过零点 Z 检测的阶跃数目 N_d 可能太高。例如，如果有一台 $2p=10$ 的电动机，根据式（3-5-1），不能检测过零点的阶跃数目 $N_d=6p=6\times5=30$。对于一个由 38 个阶跃所组成的启动斜坡表而言，数目 30 太多了，它必须减小。不然，如果过零点的检测只有在 $N_d=30$ 个阶跃之后才能进行的话，就可能存在“在启动斜坡表结束时，还没有检测出足够的连续过零点 Z 数目，亦即是检测出来的连续过零点 Z 的数目还没有达到切换到自动换向模式所设定的连续过零点的数目 N_a”的危险。在此情况下，电动机就不可能被切换到自动换向模式，并将停止运转。当然，这还将取决于“在切换到自动换向模式之前，必须检测出来的连续过零点数目 Z_a 的设定”。另外，如果不进行反电动势过零点 Z 检测的阶跃数目 N_d 太少，则在第一个反电动势过零点被正式检测出来之前，电动机将仍不够稳定。

根据上述分析，我们可以把式（3-5-1）给出的数据作为设定不进行反电动势过零点 Z 检测的阶跃数目 N_d 的一个参考。在某些情况下，式（3-5-1）不是一定要遵循的。我们必须根据电动机的实际情况，通过试验来确定不进行反电动势过零点 Z 检测的阶跃数目 N_d。

2）同步模式内的连续过零点数目 N_a 的设定

在强制同步模式之后，就能够进行反电动势过零点 Z 的检测。我们要设定“在允许电动机切换到自动换向模式之前，连续过零点被微控制器所检测出来的数目 N_a”。这个数目是一个非常重要的参数。如果这个数目太高，例如 4 个或 5 个连续过零点，其危险是：在微控制器检测出 2 个或 3 个连续过零点之后，电动机将完成启动斜坡表，但是没有达到切换到自动换向模式所必须被检测出来的过零点的目标数目，于是，在启动斜坡结束时电动机将停止运转；另外，如果这个数目等于 1，其危险是：在一个反电动势的过零点被检测出来之后，软件便使自动换向模式开始运行；但是，这时电动机可能还没有足够的稳定，因而在自动换向模式的第一阶跃内，可能检测不出来反电动势的过零点 Z，在此情况下，电动机便将停止运转。由此可见，2 个或 3 个连续过零点足以让电动机以稳定的状态切换到自动换向模式。

3.5.3 同步模式与自动换向模式之间的切换

在启动程序结束时，一旦微控制器检测到连续过零点的目标数目，电动机将被切换到

自动换向模式。对于电动机性能而言，这一切换是十分重要的，因此，必须十分重视参数的编程。

3.5.3.1　同步模式内的最后一个阶跃

现举例说明，如果你已经设定了在切换到自动换向模式之前的连续过零点 Z 的目标数目为 2，当微控制器检测到第二个过零点时，它将会记得：电动机正处在同步模式运行状态内的最后一个阶跃。在一般软件中，在切换到自动换向模式之前的最后一个过零点 Z 的检测是被定位在这个阶跃的中心位置上的。由于在同步模式运行时，阶跃时间是被施加的，而不像在自动换向模式运行时那样，阶跃时间是自动计算的，能够把这个过零点放置在这个阶跃内的任何位置上。

把同步模式内的最后一个过零点 Z 定位在相应阶跃的中心位置上，允许预测下一个过零点将出现在什么地方（位置）。同步模式的最后一个阶跃之后的阶跃将是自动换向模式内的第一个阶跃，我们不知道自动换向模式内的第一个过零点将要发生在第一个阶跃的什么地方（位置），但是我们确信这个过零点 Z 终将会出现。在自动换向模式内的第一个阶跃时间的长短取决于它的过零点 Z 什么时候出现，因为延时量的计算是在微控制器内自动进行的，所以我们不知道自动换向模式内的第一个阶跃的时间的长短。把在同步模式内的最后一个过零点 Z 定位在最后一个阶跃的中心位置上，与我们不把在同步模式内的最后一个过零点 Z 定位在最后一个阶跃的中心位置上的情况相比较，它能让我们在同步模式内获得一个比较合适的最后一个阶跃的时间，致使同步模式内的最后一个阶跃更接近于自动换向模式内的第一个阶跃。图 3.5.11 是切换到自动换向模式时所发生情况的示波图。

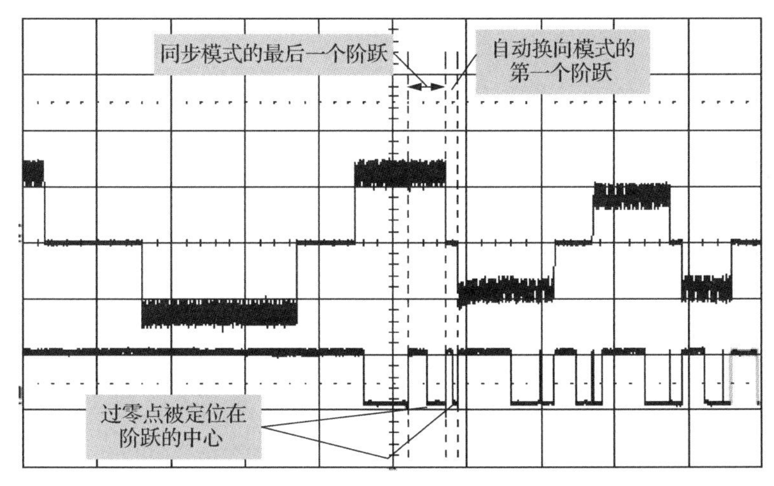

图 3.5.11　切换到自动换向模式时所发生情况的示波图

由图 3.5.11 可见，在切换到自动换向模式之前，最后一个过零点被定位在最后一个阶跃的中心位置上。

3.5.3.2　自动换向模式内的第一个阶梯

在自动换向模式的第一个阶跃期间，一个非常重要的参数就是延迟权重系数。微控制器将利用这个参数来自动地计算这个阶跃内反电动势的实际过零点 Z 与下一个换向开始点 C 之间的延迟量。微控制器寻求这个真实的延迟量的运算是：计时器的数值×延迟权重系数/32。

在自动换向模式内，计时器的数值等于电流阶跃的时间数值（即相邻两个过零点 Z 之间的时间），但是，由于在同步模式运行时，计时器在换向开始点 C 上被复位；而在自动换向模式运行时，计时器在过零点 Z 上被复位，所以在自动换向模式的第一个阶跃内，计时器的数值等于同步模式内的最后一个阶跃的换向开始点 C 和自动换向模式内的第一个阶跃的实际过零点 Z 之间的数值。由于这种特殊性，所以在自动换向模式的第一阶跃内的延迟权重系数将不同于在自动换向模式内第一阶跃以后的阶跃所采用的延迟权重系数。自动换向模式内的第一个延迟权重系数必须近似地把过零点定位在第一个阶跃的中心位置。延迟权重系数的单位是 1/32，所以一个 32 的延迟权重系数将把过零点定位在自动换向模式的第一阶跃的中心位置上。一个 8 的延时系数将把过零点放置在这个阶跃的 3/4 处。

综上所述，电动机启动程序的参数主要有以下几个。

（1）预先定位斜坡表。预先定位斜坡表的设定主要包括：设定预先定位斜坡表的阶梯数目和电流等级，并在具体的电动机上对设定的预先定位斜坡表进行试验，以期获得最佳的预先定位斜坡表，保证电动机在预先定位斜坡表作用之下，具有足够的转矩把转子从未知的初始位置移动到预定的启动位置上，并避免转子在启动位置上发生振荡。

（2）启动斜坡表。启动斜坡表的设定主要包括：设定阶跃时间逐次递减的阶跃数目和整个启动斜坡表的电流等级。启动斜坡表必须把转子加速到足够高的速度，以便能够检测出反电动势信号中的过零点。在启动斜坡表实施期间，电流等级将帮助加速转子。我们应该对若干个具有不同电流等级的启动斜坡表进行试验，并利用一个电流传感器把电动机的一相电枢绕组与一台示波器相连接，以便帮助我们观察电动机的性能。

（3）强制同步模式内不被检测出来的反电动势过零点的数目 N_d。

（4）同步模式内连续被检测出来的反电动势过零点的数目 N_a。同步模式内连续被检测出来的反电动势过零点的数目 N_a 是为电动机从同步模式切换到自动换向模式设定条件。

（5）自动换向模式的第一个阶跃内的起始延时系数。自动换向模式运行时，第一个阶跃内的起始延时系数的量值将决定自动换向模式运行时的第一个阶跃内被检测到的过零点的位置。

（6）自动换向模式的第一个阶跃以后的延时系数。自动换向模式运行时，第一个阶跃以后的延时系数不同于第一个阶跃内的起始延时系数，这是一个很重要的参数，必须另行设定。微控制器将利用这个参数来自动计算这一个阶跃内反电动势的实际过零点 Z 与下一个阶跃内的换向开始点 C 之间的延时。

为了给研发的电动机设定上述参数，我们将花费一定的时间进行试验。它们中的每一个参数都具有一个特定的作用，这意味着为了确定所有参数的最佳值，我们必须进行若干次试验。

3.5.4 自启动控制软件的基本结构

本节我们以一个带有调速功能并以电流模式运行的无转子位置传感器的无刷直流永磁电动机为例，对它的控制软件做一简单说明。

在发出启动命令之后，电动机首先经过预先定位阶段，将它的转子从一个未知的初始位置移动到一个预先设定的启动位置，然后对电动机施加一个电流等级不变而阶跃时间连续递减的启动斜坡电流，电动机在此启动斜坡电流的作用之下，便开始进入强制同步模式。

强制同步模式是同步模式内的起始阶段，在此阶段内，由于电动机刚被启动，转速还比较低，悬空相绕组内感生的反电动势信号的电平等级也太低，不足以被检测电路读取。这时，启动斜坡表的电流等级必须被设置得大于负载转矩、摩擦转矩和转子被加速时的惯性转矩之和。因此，在此阶段内施加给电动机的电流要比电动机在正常运行时所需要的电流大得多，在电动机启动阶段的强制同步模式内控制器给出的 PWM 信号的占空度要比电动机在正常运行时所需要的占空度高得多。

强制同步模式是同步模式的第一阶段，相当于启动斜坡表内的过零点 Z 能够被检测出来之前的起初几个阶跃，亦即是启动斜坡表内起初检测不出过零点的几个阶跃数目。强制同步模式内不能检测出反电动势过零点 Z 的阶跃数目 N_d 由软件编程员设定。

在经过强制同步模式内的 N_d 个阶跃之后，电动机被加速，反电动势过零点的检测成为可能，这时，电动机的运行模式将由同步模式的第一阶段，即由强制同步模式切换到同步模式的第二阶段，即通常所称的同步模式。虽然在整个同步模式运行期间，启动斜坡表始终被施加在电动机上，但在同步模式的第一阶段所对应的阶跃区间内，反电动势的过零点是不可能被检测出来的；而在同步模式的第二阶段所对应的阶跃区间内，由于电动机的转速已被加速到足够的高度，就有可能对反电动势的过零点进行检测。

电动机进入同步模式的第二阶段之后，悬空相绕组内感生的反电动势过零点 Z 将被连续地检测出来。当检测到的连续过零点的数目达到由软件编程员所设定的目标数目 N_a 时，电动机的运行模式将由同步模式被切换到自动换向模式。如果在启动斜坡表的最后一个阶跃，亦即在启动程序结束之前，电动机还没有被切换到自动换向模式，电动机将被停止运行和重新启动。

对无转子传感器的无刷直流永磁电动机的控制系统而言，强制同步模式、同步模式和自动换向模式所组成的启动过程是开环控制；之后，系统便进入闭环控制。我们可以根据用户对负载、转速或转矩的不同要求，对电动机实施电压模式、电流模式或电压电流综合模式的不同控制和调节。

在电动机被切换到自动换向运行模式之前，当同步模式内的第一个过零点 Z 被检测出来时，用户能够选择对两个或更多个连续过零点（Z）接着进行检测。

一旦电动机进入自动换向运行模式，它必须等待稳定阶段结束之后，才能进入速度调节回环。例如，在闭环驱动模式中，稳定化阶段由自动换向阶段的第一个阶跃和进入速度调节回环之后的一些阶跃所组成。稳定化阶段内的阶跃数目由软件编程员设定。

简言之，在接到启动命令之后，电动机开始在强制同步模式内运行，然后，当反电动势的过零点 Z 能被软件检测出来时，便进入同步模式。当两个或更多个连续过零点 Z 被检测出来时，就进入自动换向运行模式。

图 3.5.12 给出一个以电流模式运行的调速电动机的控制软件概观，在接到启动电动机的命令之后的基本流程。上述启动程序也可以用图 3.5.13 来综合描述。至于电动机正常运行时的换向开始点 C、去磁结束点 D 和反电动势过零点 Z 的检测和运算的软件程序，其他与电动机的运行有关的特殊软件以及软件的初始化等，本节不再说明。

图 3.5.14 展示了一台驱动汽车燃料泵的无转子位置传感器的无刷直流永磁电动机在启动过程中的电流和转速的示波图，燃料泵在 150ms 内完成启动过程。

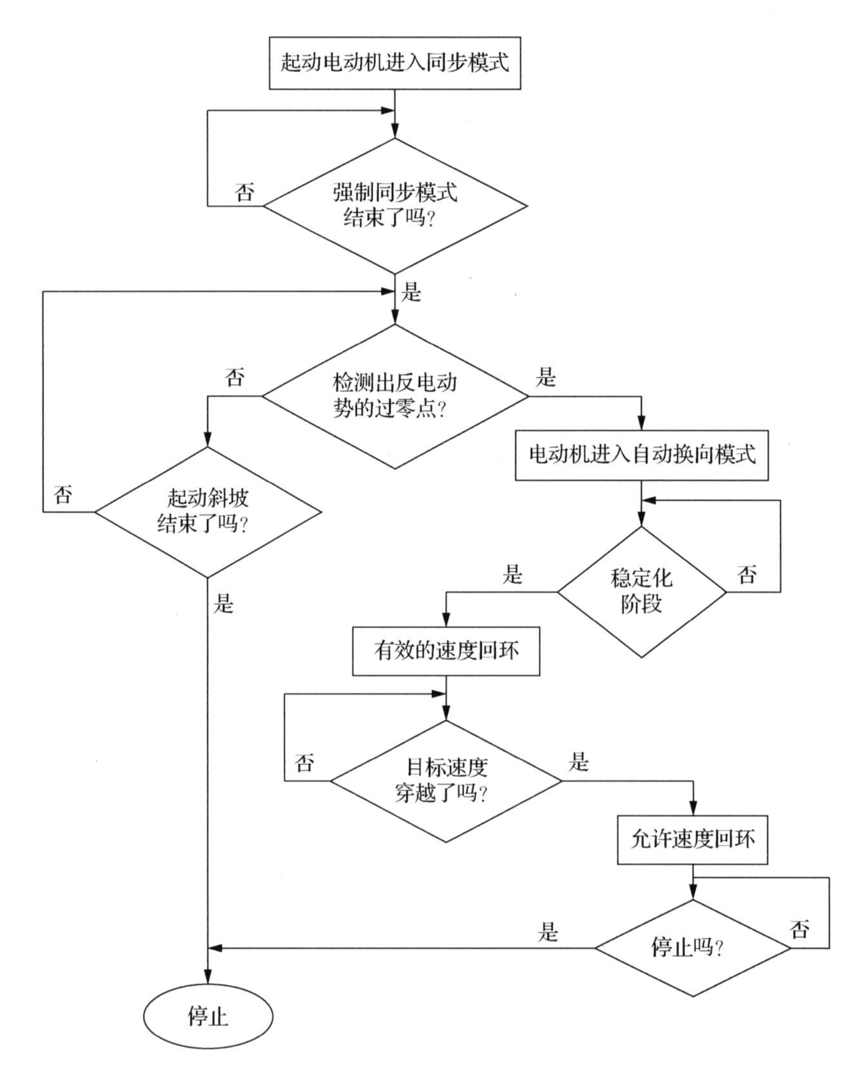

图 3.5.12　控制软件概观

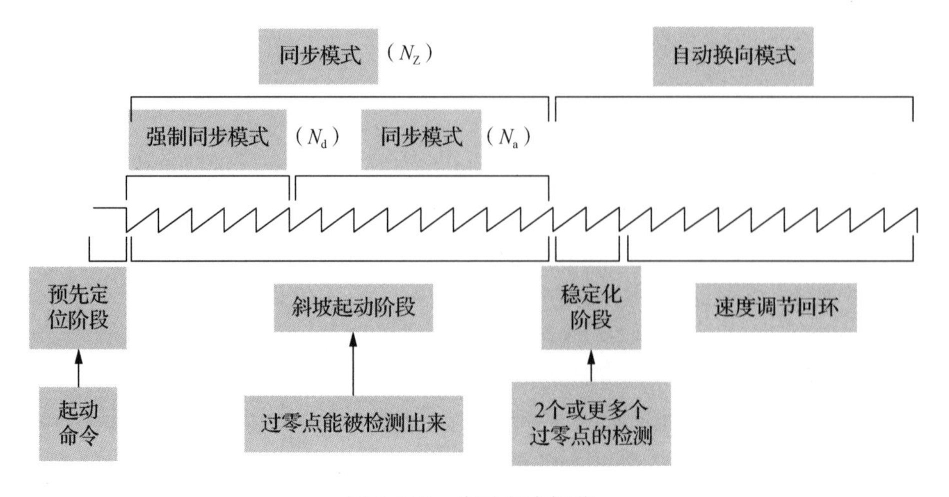

图 3.5.13　启动程序概览

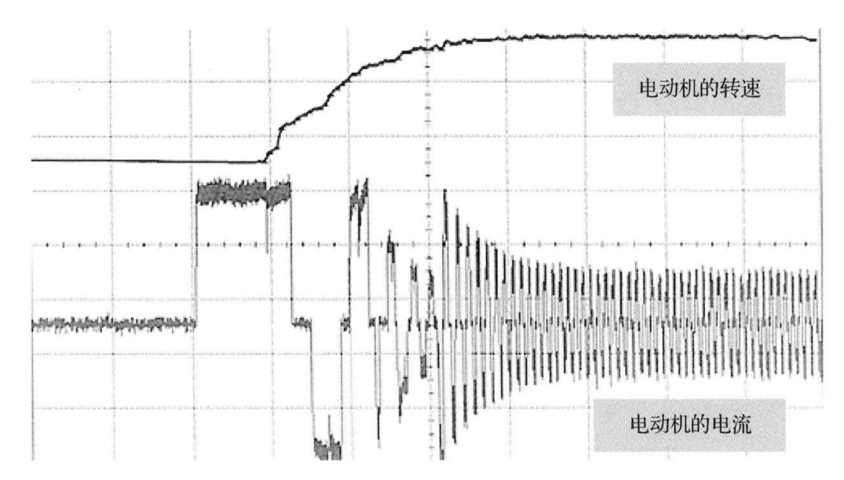

图 3.5.14　一台无转子位置传感器的无刷直流永磁电动机
在启动过程中的电流和转速的示波图

在启动阶段，即在开环控制阶段，为了加速电动机，阶跃时间逐步递减的启动斜坡表被强加于电动机，以便可以对反电动势过零点 Z 进行连续检测。在启动阶段，每相电枢绕组内的反电动势与相电流不是处于同相位的运行状态，电动机的运行效率比较低，如图 3.5.15（a）所示；当电动机的运行状态从启动阶段的开环控制模式切换到正常的闭环控制模式之后，电动机的转速将逐步提高，电流将逐步减小，每相电枢绕组内的反电动势与相电流之间的相位差也将被逐步自动调整，逐步减小，直至取向一致，电动机的运行效率也将随之而逐步提高，如图 3.5.15（b）所示。

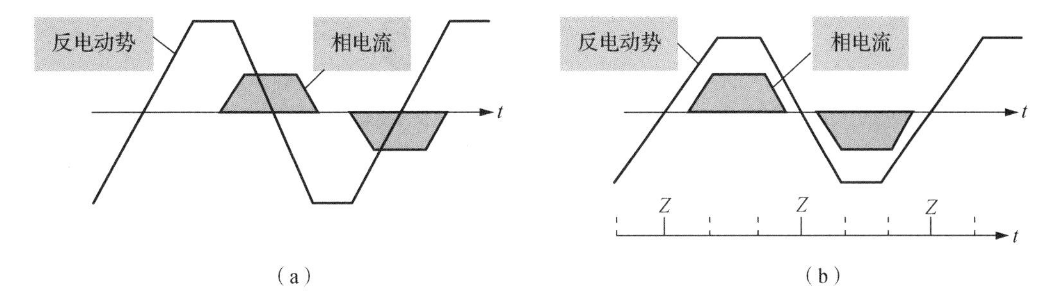

图 3.5.15　电动机在不同运行阶段时的相电流与反电动势之间的不同相位关系

综上所述，在无转子位置传感器的无刷直流永磁电动机中，用检测电路和运算软件代替了传统的转子位置传感器，从而不必安装转子位置传感器，减少了转子位置传感器与控制器之间的连接导线，电动机的转子位置信息对环境温度和振动不再敏感，因此，既显著地降低了产品的价格，又提高了产品运行的可靠性。

实现无转子位置传感器的无刷直流永磁电动机在静止状态下启动和正常运行的方法是多种多样的，上面分析讨论的启动和运行的方法也只是诸多方法种的一种。当今，国际上有许多著名的半导体器件公司都能提供驱动和控制无转子位置传感器的无刷直流永磁电动机的各类专用集成电路和专用软件；与此同时，无转子位置传感器的无刷直流永磁电动机本身也有不同形式的结构。因此，设计人员可以根据不同的应用场合和不同的技术要求，在设计无转子位置传感器的无刷直流永磁电动机的同时，选用合适的专用集成电路和控制软件，或者根据具体情况，开发适用的驱动控制电路和软件。

自 20 世纪 90 年代以来，无转子位置传感器的无刷直流永磁电动机的研究开发工作取得了显著的成绩，如汽车、宇航、医疗、消费类产品、办公机械、工业自动化设备和仪器仪表等行业，都已开始采用无转子位置传感器的无刷直流永磁电动机，或者用无转子位置传感器的无刷直流永磁电动机来替代原先的有转子位置传感器的无刷直流永磁电动机；但是，无转子位置传感器的无刷直流永磁电动机的研究开发的余地还比较大，尤其专用控制软件的研究开发更是如日当空、前景宽广，希望年轻的同行们努力，作出贡献。

3.6 无刷直流永磁电动机的设计考虑

无刷直流永磁电动机的设计不仅与电枢绕组的连接方式和导通状态有关，如是按“二相导通星形三相六状态”运行还是按“三角形三相导通六状态”运行，而且还与气隙主磁场的磁通密度的分布状况有着直接的关系，例如气隙主磁场的磁通密度是按正弦波规律分布还是按梯形波规律分布。

通常，无刷直流永磁电动机的气隙主磁场的磁通密度和每相电枢绕组内感生的反电动势均被假设为梯形波，由逆变器送入电枢绕组的电流是矩形波，每相绕组内的反电动势和相电流保持同相位。然而，对于小功率无刷直流永磁电动机而言，实践表明，气隙主磁场的磁通密度基本上是按正弦波规律分布的。因此，我们将讨论一台以“二相导通星形三相六状态”或“三角形三相导通六状态”，在气隙主磁场的不同的磁通密度波形下运行时的无刷直流永磁电动机设计的几个基本问题。

3.6.1 主要尺寸的决定

电动机中各部分的尺寸很多，在进行电动机设计时，一般从决定主要尺寸开始。电动机的主要尺寸是指电枢铁心的外径（或内径）D_{a} 和电枢铁心的轴向计算长度 l_{δ}（即气隙的轴向计算长度）。之所以要把这两个尺寸作为主要尺寸，是因为电枢铁心的外径（或内径）和轴向计算长度与电动机的额定功率、转速和有效材料的性能等直接相关。在一定的额定功率、转速和有效原材料的性能的条件下，如果电枢的尺寸偏大，就会造成硅钢片、永磁体和铜等有效原材料的浪费；如果电枢的尺寸过小，又会使电动机在温升和效率等方面不能达到规定的要求。由此可见，电动机的质量、价格和它的运行特性、可靠性等与 D_{a} 和 l_{δ} 直接相关，因此主要尺寸是电动机设计时的关键数据。我们之所以把电枢的 D_{a} 和 l_{δ} 尺寸称为电动机的主要尺寸，也在于：电枢尺寸一经选定后，电动机的其他结构尺寸，如机壳、电枢冲片、永磁体、转子磁轭冲片的尺寸，端盖、转轴和轴承等的几何尺寸都可以随之而相应地被确定；在通过磁路计算获知气隙主磁场产生的空载磁通量之后，便可以进行电枢绕组的设计。因此，主要尺寸的确定应被视为电动机设计的最基本的步骤。

3.6.1.1 气隙磁通密度按梯形波规律分布时的主要尺寸的决定

我们针对无刷直流永磁电动机以“二相导通星形三相六状态”和“三角形三相导通六状态”的两种不同的运行方式，在气隙主磁场的磁通密度按梯形波规律分布的条件下，分别推导出它们的主要尺寸的估算公式。

1）在气隙主磁场为梯形波和“二相导通星形三相六状态”运行时的主要尺寸

主要尺寸的确定是要找出电动机在给定功率和转速下主要尺寸与电磁负荷 A 和 B_δ 之间的关系。当电动机在额定状态下运行时，假设电枢绕组内感生的反电动势为 E_a，通过电枢绕组的电流为 I_a，则电动机内实现能量转换的电磁功率 P_{em} 为

$$P_{em}=E_a I_a \tag{3-6-1}$$

在永磁电动机内，永磁转子将在电动机的工作气隙内产生一定的主磁通量，当转子以一定的速度转动时，便在电枢绕组中感生一定的反电动势。反电动势的大小取决于每极的主磁通量、转子的转速、绕组的导体数和绕组的连接方式。

单根导体在气隙磁场中的感应电动势为

$$e=B_\delta l_\delta v\times10^{-8} \tag{3-6-2}$$

其中

$$v=\frac{\pi D_a n}{60}\ \text{(cm/s)} \tag{3-6-3}$$

式中：B_δ 是梯形波顶部的气隙磁通密度的幅值，Gs；l_δ 是气隙的轴向计算长度，cm；v 是导体相对主磁场移动的线速度，cm/s；D_a 是电枢圆周直径，cm；n 是电动机的转速，r/min。

对于“二相导通星形三相六状态”运行的无刷直流永磁电动机而言，两相串联的电枢绕组内感生的反电动势 E_a 可以按下式估算：

$$E_a=2\times2 w_\Phi B_\delta v l_\delta\times10^{-8} \tag{3-6-4}$$

式中：w_Φ 是每相电枢绕组的串联匝数。

把式（3-6-3）代入式（3-6-4），便可以得到反电动势 E_a 表达式为

$$E_a=\frac{\pi w_\Phi n B_\delta}{15}D_a l_\delta\times10^{-8} \tag{3-6-5}$$

电动机的电负荷（或称线负荷）A 是指电枢圆周表面每单位长度上导体中的电流的量值，对于以“二相导通星形三相六状态”运行的无刷直流永磁电动机而言，电负荷 A 的表达式为

$$A=\frac{4w_\Phi I_a}{\pi D_a}\ \text{(A/cm)} \tag{3-6-6}$$

式中：I_a 是两相串联绕组中通过的电枢电流，A。

由此，可以得到电枢电流 I_a 的表达式为

$$I_a=\frac{\pi D_a A}{4w_\Phi} \tag{3-6-7}$$

把式（3-6-5）和式（3-6-7）代入式（3-6-1），整理后可得电动机的计算容量（即电磁功率）P_{em} 为

$$P_{em}=\frac{\pi^2 nAB_\delta}{60}D_a^2 l_a\times10^{-8} \tag{3-6-8}$$

由此，我们可以在不计及电枢反应对气隙主磁场的影响的情况下，求得一台无刷直流永磁电动机以“二相导通星形三相六状态”额定运行时的主要尺寸的估算公式为

$$D_a^2 l_\delta=\frac{6.0793}{AB_\delta}\cdot\frac{P_{emN}}{n_N}\times10^8\ (\text{cm}^3) \tag{3-6-9}$$

式中：P_{emN} 和 n_N 分别是电动机的额定电磁功率和额定转速。

2）在气隙主磁场为梯形波 和“三角形三相导通六状态”运行时的主要尺寸

图 3.6.1 展示了三相电枢绕组呈三角形连接时的无刷直流永磁电动机的驱动电路，其六状态运行的导通顺序列于表 3.6.1 中。

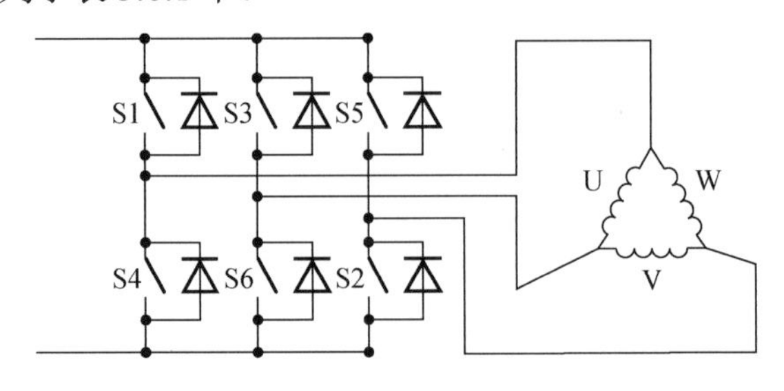

图 3.6.1　三相电枢绕组呈三角形连接时的驱动电路

表 3.6.1　“三角形三相导通六状态”运行情况下电动机按逆时针方向旋转时电枢绕组和功率开关器件的导通顺序

磁状态	Ⅰ	Ⅱ	Ⅲ	Ⅳ	Ⅴ	Ⅵ
电枢绕组导通顺序	U / /WV	W / /UV	V / /UW	U / /VW	W / /VU	V / /WU
开关器件导通顺序	S1,S6	S1,S2	S3,S2	S3,S4	S5,S4	S5,S6

当无刷直流永磁电动机的三相绕组呈封闭的三角形连接，并按六状态六步运行时，一相绕组内感生的反电动势 E_{Φ} 就是电枢绕组的反电动势 E_{a}，其数值可以按下式估算：

$$E_{a}=E_{\Phi}=2\,w_{\Phi}\,B_{\delta}\,v\,l_{\delta}\times 10^{-8} \tag{3-6-10}$$

把式（3-6-3）代入式（3-6-10），便可以得到反电动势 E_{a} 表达式为

$$E_{a}=\frac{\pi w_{\Phi} n B_{\delta}}{30}D_{a}l_{\delta}\times 10^{-8} \tag{3-6-11}$$

对于“三角形三相导通六状态”运行的无刷直流永磁电动机而言，电枢绕组的等效电路如图 3.6.2 所示，若以 W / /UV 导通状态为例，则电枢绕组的等效电阻 r_{a} 为

$$r_{a}=\frac{2r_{\Phi}\times r_{\Phi}}{2r_{\Phi}+r_{\Phi}}=\left(\frac{2}{3}\right)r_{\Phi} \tag{3-6-12}$$

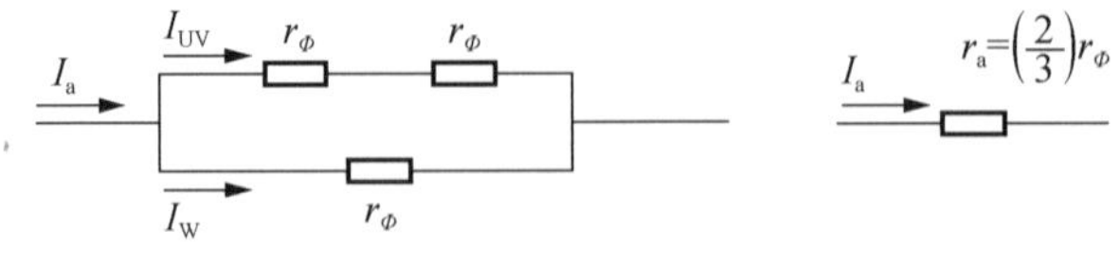

图 3.6.2　电枢绕组的等效电路

假设逆变器的输出直流电压为U_{d}，逆变器送至电动机的电枢电流 I_{a} 将流入两条并联支路 W / /UV，假设进入 W 相绕组的电流为I_{W}，进入 U 相与 V 相串联支路的电流为I_{UV}，即 $I_{a}=I_{W}+I_{UV}$，电流I_{a}、I_{W}和I_{UV}的数值可以分别按下列各式估算：

$$I_{a}=\frac{U_{d}}{r_{a}}=\frac{3U_{d}}{2r_{\Phi}} \tag{3-6-13}$$

$$I_{\mathrm{W}}=\frac{U_{\mathrm{d}}}{r_{\Phi}}=\frac{3U_{\mathrm{d}}}{2r_{\Phi}}\times\frac{2}{3}=\frac{2}{3}I_{\mathrm{a}} \tag{3-6-14}$$

$$I_{\mathrm{UV}}=\frac{U_{\mathrm{d}}}{2r_{\Phi}}=\frac{3U_{\mathrm{d}}}{2r_{\Phi}}\times\frac{1}{3}=\frac{1}{3}I_{\mathrm{a}} \tag{3-6-15}$$

在此情况下，电负荷 A 的表达式为

$$A=\frac{2w_{\Phi}I_{\mathrm{W}}+4w_{\Phi}I_{\mathrm{UV}}}{\pi D_{\mathrm{a}}}\ \text{（A/cm）} \tag{3-6-16}$$

把式（3-6-14）和式（3-6-15）代入式（3-6-16），便得到

$$A=\frac{2w_{\Phi}\times\frac{2}{3}I_{\mathrm{a}}+4w_{\Phi}\frac{1}{3}I_{\mathrm{a}}}{\pi D_{\mathrm{a}}}=\frac{8w_{\Phi}}{3\pi D_{\mathrm{a}}}I_{\mathrm{a}}\ \text{（A/cm）} \tag{3-6-17}$$

由此，可以得到电枢电流 I_{a} 的表达式为

$$I_{\mathrm{a}}=\frac{3\pi D_{\mathrm{a}}A}{8w_{\Phi}} \tag{3-6-18}$$

把式（3-6-11）和式（3-6-18）代入式（3-6-1），整理后可得电动机的计算容量（即电磁功率）P_{em} 的表达式为

$$P_{\mathrm{em}}=\frac{AB_{\delta}n}{8.1057}D_{\mathrm{a}}^{2}l_{\delta}\times10^{-8}$$

由此，我们可以在不计及电枢反应对气隙主磁场的影响的情况下，求得一台无刷直流永磁电动机以“三角形三相导通六状态”额定运行时的主要尺寸的估算公式为

$$D_{\mathrm{a}}^{2}l_{\delta}=\frac{8.1057}{AB_{\delta}}\cdot\frac{P_{\mathrm{emN}}}{n_{\mathrm{N}}}\times10^{8}\ \text{（cm}^{3}\text{）} \tag{3-6-19}$$

当设计者在决定电动机的主要尺寸时，对于小功率电动机而言，额定电磁功率（即额定计算容量）P_{emN} 可按下面两种情况来估算，即

（1）连续长期工作制。

$$P_{\mathrm{emN}}=P_{\mathrm{2N}}\times\frac{1+2\eta}{3\eta} \tag{3-6-20a}$$

式中：P_{2N} 是电动机输出的额定机械功率，W；η 是电动机的效率。

（2）重复短时工作制。

$$P_{\mathrm{emN}}=P_{\mathrm{2N}}\times\frac{1+3\eta}{4\eta} \tag{3-6-20b}$$

3.6.1.2　气隙磁通密度按正弦波规律分布时的主要尺寸的确定

我们针对无刷直流永磁电动机以“二相导通星形三相六状态”和“三角形三相导通六状态”的两种不同的运行方式，在气隙主磁场的磁通密度按正弦波规律分布的条件下，分别推导出它们的主要尺寸的估算公式。

1）在气隙主磁场为正弦波和“二相导通星形三相六状态”运行时的主要尺寸

当无刷直流永磁电动机以“二相导通星形三相六状态”运行时，假设电枢绕组内感生的平均反电动势为 E_{acp}，通过电枢绕组的平均电流为 I_{acp}，则电动机内实现能量转换的平均电磁功率 P_{emcp} 为

$$P_{\text{emcp}} = E_{\text{acp}}\ I_{\text{acp}} \tag{3-6-21}$$

当气隙主磁场的磁通密度按正弦波规律分布时，两相串联的电枢绕组内感生的平均反电动势的数学表达式为

$$\begin{aligned} E_{\text{acp}} &= \frac{3\sqrt{3}}{\pi} E_{\text{m}} = \frac{3\sqrt{3}}{\pi} \times \sqrt{2} \times 4.44 f w_{\Phi} k_{\text{W}} \Phi_{\delta} \times 10^{-8} \\ &= 10.3856 \times f w_{\Phi} k_{\text{W}} \Phi_{\delta} \times 10^{-8} \end{aligned} \tag{3-6-22}$$

其中

$$E_{\text{m}} = \sqrt{2} \cdot 4.44 f w_{\Phi} k_{\text{W}} \Phi_{\delta} \times 10^{-8}$$

式中：E_{m} 是当气隙主磁场的磁通密度按正弦波规律分布时，每相电枢绕组内感生的（基波）反电动势的幅值，V；k_{W} 是绕组系数；Φ_{δ} 是电动机的每一个磁极的（基波）磁通量，$\Phi_{\delta} = (2/\pi) B_{\delta} \tau l_{\delta}$，Mx；$B_{\delta}$ 是气隙主磁场的（基波）磁通密度的幅值，Gs；τ 是极距，cm。

对于“二相导通星形三相六状态”运行的无刷直流永磁电动机而言，根据式（3-6-6），其电负荷 A 的表达式为

$$A = \frac{4 w_{\Phi} I_{\text{acp}}}{\pi D_{\text{a}}} \quad (\text{A/cm})$$

由此，可以写出平均电枢电流 I_{acp} 的表达式：

$$I_{\text{acp}} = \frac{\pi D_{\text{a}} A}{4 w_{\Phi}} \tag{3-6-23}$$

把式（3-6-22）和式（3-6-23）代入式（3-6-21），便得到平均电磁功率 P_{emcp} 的表达式：

$$\begin{aligned} P_{\text{emcp}} &= 10.3856 \times f w_{\Phi} k_{\text{W}} \Phi_{\delta} \times \frac{\pi D_{\text{a}} A}{4 w_{\Phi}} \times 10^{-8} \\ &= 10.3856 \times \frac{pn}{60} w_{\Phi} k_{\text{W}} \frac{2}{\pi} B_{\delta} \frac{\pi D_{\text{a}}}{2p} l_{\delta} \times \frac{\pi D_{\text{a}} A}{4 w_{\Phi}} \times 10^{-8} \\ &= \frac{n k_{\text{W}} A B_{\delta}}{7.3558} D_{\text{a}}^2 l_{\delta} \times 10^{-8} \quad (\text{W}) \end{aligned}$$

由此，可以写出主要尺寸的估算公式为

$$D_{\text{a}}^2 l_{\delta} = \frac{7.3558 \times P_{\text{emcp}}}{k_{\text{W}} A B_{\delta} n} \times 10^{8} \quad (\text{cm}^3) \tag{3-6-24}$$

最后，我们可以在不计及电枢反应对气隙主磁场的影响的情况下，写出无刷直流永磁电动机以“二相导通星形三相六状态”，在额定条件下运行时的主要尺寸 $D_{\text{a}}^2 l_{\delta}$ 的表达式为

$$D_{\text{a}}^2 l_{\delta} = \frac{7.3558 \times P_{\text{emcpN}}}{k_{\text{W}} A B_{\delta} n_{\text{N}}} \times 10^{8} \quad (\text{cm}^3) \tag{3-6-25}$$

式中：P_{emcpN} 是电动机的平均额定电磁功率，W；n_{N} 是电动机的额定转速，r/min。

2）在气隙主磁场为正弦波和“三角形三相导通六状态”运行时的主要尺寸

当无刷直流永磁电动机的三相绕组呈封闭的三角形连接，并按“三角形三相导通六状态”运行时，一相绕组内感生的平均反电动势 $E_{\Phi\text{cp}}$ 就是电枢绕组的平均反电动势 E_{acp}，其数值可以按下式估算，即

$$E_{acp}=E_{\Phi cp}=\frac{3}{\pi}E_m=\frac{3}{\pi}\cdot\sqrt{2}\cdot 4.44 f w_{\Phi} k_W \Phi_\delta \times 10^{-8}$$
$$=5.9961\times f w_{\Phi} k_W \Phi_\delta \times 10^{-8} \tag{3-6-26}$$

在此情况下，根据式（3-6-18），平均电枢电流 I_{acp} 的表达式为

$$I_{acp}=\frac{3\pi D_a A}{8 w_{\Phi}} \tag{3-6-27}$$

把式（3-6-26）和式（3-6-27）代入式（3-6-21），便得到电动机在“三角形三相导通六状态” 运行时的平均电磁功率 P_{emcp} 的表达式为

$$P_{emcp}=5.9961\times f w_{\Phi} k_W \Phi_\delta \times \frac{3\pi D_a A}{8 w_{\Phi}}\times 10^{-8}$$
$$=5.9961\times\frac{pn}{60}w_{\Phi}k_W\frac{2}{\pi}\frac{\pi D_a}{2p}B_\delta l_\delta\times\frac{3\pi D_a A}{8 w_{\Phi}}\times 10^{-8}$$
$$=\frac{n}{8.4938}k_W A B_\delta D_a^2 l_\delta\times 10^{-8}\ \text{（W）}$$

由此，可以得到主要尺寸的估算公式为

$$D_a^2 l_\delta=\frac{8.4938}{k_W A B_\delta}\frac{P_{emcp}}{n}\times 10^{8}\ \text{（cm}^3\text{）}$$

最后，我们可以在不计及电枢反应对气隙主磁场的影响的情况下，写出无刷直流永磁电动机以“三角形三相导通六状态”，在额定条件下运行时的主要尺寸 $D_a^2 l_\delta$ 的表达式为

$$D_a^2 l_\delta=\frac{8.4938}{k_W A B_\delta}\frac{P_{emcpN}}{n_N}\times 10^{8}\ \text{（cm}^3\text{）} \tag{3-6-28}$$

式（3-6-9）、式（3-6-19）、式（3-6-25）和式（3-6-28）表明如下几点。

（1）在电磁负荷 A 和 B_δ 不变的情况下，电动机的主要尺寸[$D_a^2 l_\delta$]随着电动机的额定电磁功率 P_{emN} 的增加而增加；随着电动机的额定转速 n_N 的增加而减小。由于电动机的额定电磁力矩 T_{emN}=97 500×（P_{emN}/n_N）（g • cm），因此也可以说：电动机的主要尺寸[$D_a^2 l_\delta$]取决于电动机的额定电磁转矩的大小。对于具有同样输出功率的电动机而言，转速越低（即转矩越大），电动机的体积就越大；反之，转速越高（即转矩越小），则电动机的体积就越小。

（2）在电动机的电磁功率和转速不变的情况下，参数 A 和 B_δ 的数值越高，电动机的主要尺寸[$D_a^2 l_\delta$]越小，消耗硅钢片、永磁体和铜等有效原材料越少，但是电动机的发热会越高，这将有赖于通风散热条件的改善，以及采用优质导磁材料、永磁体和绝缘材料。

3.6.2　所需永磁体的体积的估算

在无刷直流永磁电动机中，永磁体是一个磁源，它的功能在于：克服外磁路的去磁磁动势，在工作气隙内产生一定数值的磁通量；当电枢绕组内通入电流时，将能够向被驱动的负载系统提供一个连续的驱动转矩。就磁路系统而言，不管是“二相导通星形三相六状态”运行的还是“三角形三相导通六状态”运行的无刷直流永磁电动机，它们的结构和功能基本上是一样的，它们所需永磁体的体积 $\hat{V}_m$ 的估算方法也应该基本上是一样的。这里，我们将基于图 3.6.3 所示的无刷直流永磁电动机负载时的直轴等效磁路图和图 3.6.4 所示的磁铁工作图，介绍一种简便的估算方法。

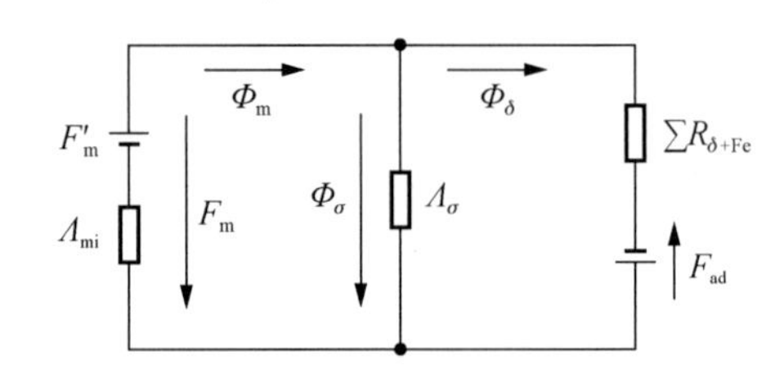

图 3.6.3　无刷直流永磁电动机负载时一对磁极的直轴等效磁路图

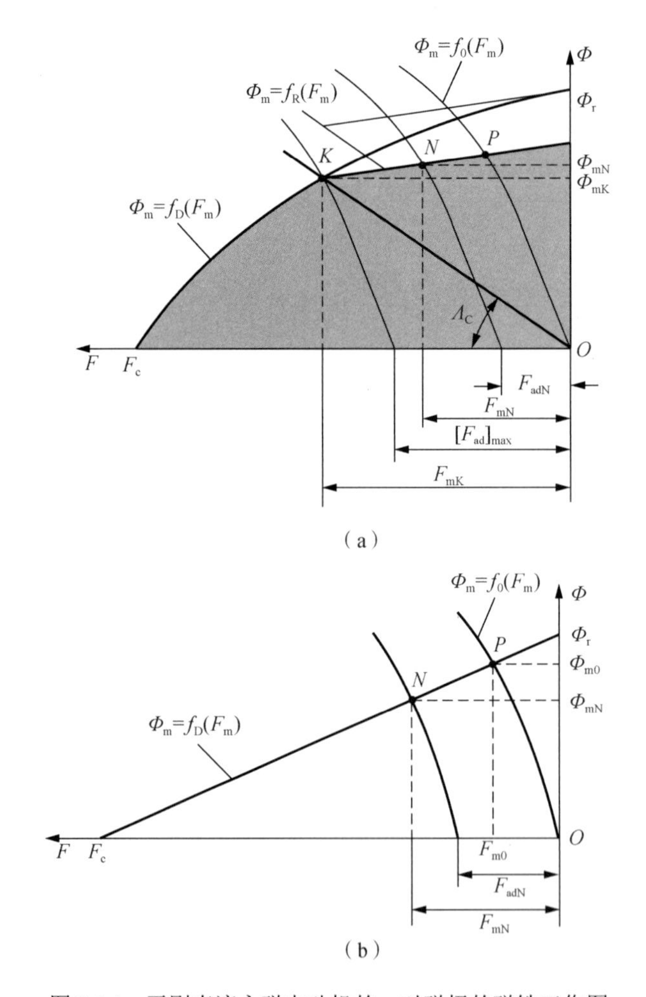

图 3.6.4　无刷直流永磁电动机的一对磁极的磁铁工作图

图 3.6.3 是一台无刷直流永磁电动机负载时一对磁极的直轴等效磁路图，图中 F_c 是一对磁极的永磁体的矫顽力磁动势；Λ_{mi} 是永磁体的内磁阻；R_{Fe} 是一对磁极的定转子铁心的磁阻；R_δ 是一对磁极的工作气隙的磁阻；F_m 是一对磁极的永磁体向外磁路提供的磁动势；Φ_m 是每极永磁体发出的总磁通量；Φ_σ 是每极永磁体的漏磁通量；Φ_δ 是通过每极工作气隙的磁通量，$\Phi_m=\Phi_\sigma+\Phi_\delta$，比值 $\Phi_m/\Phi_\delta=\sigma$ 被称为漏磁系数；F_{ad} 是作用在一对磁极的磁路上的合成的电枢反应磁动势的直轴分量。

图 3.6.4（a）是采用铝镍钴永磁材料做永磁体的电动机的磁铁工作图，图中 $P\left(\Phi_{m0},F_{m0}\right)$

点是电动机空载运行状态时的永磁体的工作点；$N\left(\Phi_{\mathrm{mN}},F_{\mathrm{mN}}\right)$ 点是电动机额定负载运行时的永磁体的工作点；$K\left(\Phi_{\mathrm{mK}},F_{\mathrm{mK}}\right)$ 点是回复直线 $\Phi_{\mathrm{m}}=f_{\mathrm{R}}\left(F_{\mathrm{m}}\right)$ 的起始点，它标志永磁体能够向外磁路提供的最大的磁通量和磁动势。对于装配后充磁的电动机而言，回复直线起始点的位置取决于电动机在运行过程中永磁体所遭受到的最大的合成的电枢反应磁动势的直轴去磁分量；而对于充磁后装配的电动机而言，它由处于自由状态时的永磁体的漏磁导 Λ_{c} 所决定。图 3.6.4（b）是采用钕铁硼永磁材料的电动机的磁铁工作图，其主要特征在于：第二象限内的去磁曲线可以被近似地看成是一条直线，不管采用何种制造工艺，“装配后充磁”还是采用“充磁后装配”，只要永磁体在运行过程中所遭受的最大去磁作用小于它的矫顽力，磁铁工作图上的回复直线就可以被认为是一条与去磁曲线相重合的直线。

当一台无刷直流电动机在额定状态下运行时，一对磁极的永磁体必须向外磁路提供的磁动势 F_{mN} 为

$$F_{\mathrm{mN}}=F_{\delta\mathrm{N}}+F_{\mathrm{FeN}}+F_{\mathrm{adN}}\ (\mathrm{A}) \tag{3-6-29}$$

$$F_{\mathrm{mN}}=0.8\,L_{\mathrm{M}}\,H_{\mathrm{mN}}\ (\mathrm{A}) \tag{3-6-30}$$

其中

$$F_{\delta\mathrm{N}}=1.6\,\delta\,k_{\delta}\,B_{\delta\mathrm{N}} \tag{3-6-31}$$

式中：$F_{\delta\mathrm{N}}$ 是电动机在额定状态下运行时，消耗在工作气隙上的磁动势；F_{FeN} 是电动机在额定状态下运行时，消耗在定转子铁心上的磁动势，A；F_{adN} 是电动机在额定状态下运行时，电枢反应作用在一对磁极的磁路上的直轴去磁磁动势，A；L_{M} 是沿着磁化方向一对磁极的永磁体的长（厚）度，cm；H_{mN} 是电动机在额定状态下运行时，永磁体内的磁场强度，Oe；δ 是工作气隙的长度，cm；k_{δ} 是气隙系数；$B_{\delta\mathrm{N}}$ 是电动机在额定状态下运行时，工作气隙内的磁通密度的幅值，Gs。

式（3-6-29）表明，当电动机在额定状态下运行时，永磁体向外磁路提供的磁动势 F_{mN} 主要消耗在以下三个方面。

（1）消耗在工作气隙上的磁动势 $F_{\delta\mathrm{N}}$。消耗在工作气隙上的磁动势旨在工作气隙内建立足够大的气隙磁通密度的幅值 $B_{\delta\mathrm{N}}$。一般情况下，永磁体向外磁路提供的磁动势主要消耗在工作气隙上。

（2）消耗在定子铁心的齿部和轭部，以及转子铁心的轭部等外磁路上的磁动势 F_{FeN}。当定转铁心不饱和时，它们在总的外磁路磁动势中所占的比例很小；但是，它们的数值将随着定转子铁心的饱和程度的增加而增加，当定转子铁心被过度饱和时，磁动势 F_{FeN} 甚至会大大地超过消耗在工作气隙上的磁动势 $F_{\delta\mathrm{N}}$。因此，在设计时，必须调整定子铁心齿部、定子铁心轭部和转子铁心轭部的几何尺寸，防止它们被过度地饱和。

（3）当电动机在额定状态下运行时，通电电枢绕组产生的磁动势（即电枢磁场）对永磁体在气隙内产生的主磁场的反作用被称为电枢反应。这里，F_{adN} 是指在一对磁极的磁路上电枢反应磁动势对永磁体产生直轴去磁分量。因此，永磁体必须克服由电枢反应对永磁体产生的直轴去磁磁动势 F_{adN}。

根据上述分析，我们可以在气隙磁动势的基础上，采用去磁系数 k_{D} 和饱和系数 k_{S} 来分别考虑电枢反应的直轴分量和磁路的饱和所引起的去磁作用。于是，由式（3-6-29）所描述的永磁体向外磁路提供的磁动势可以被表达为

$$F_{\mathrm{mN}}=k_{\mathrm{D}}\,k_{\mathrm{S}}\,F_{\delta\mathrm{N}}\ (\mathrm{A}) \tag{3-6-32}$$

式中：k_D是去磁系数，k_D≈1.10～1.3；k_S是饱和系数，k_S≈1.05～1.35。

把式（3-6-30）和式（3-6-31）代入式（3-6-32），可得到

$$0.8 L_M H_{mN} = 1.6 \delta k_\delta k_D k_S B_{\delta N} \text{（A）} \tag{3-6-33}$$

由此，可以求得沿着磁化方向一对磁极的永磁体长度L_M的表达式为

$$L_M = \frac{1.6\delta k_\delta k_D k_S B_{\delta N}}{0.8 H_{mN}} = \frac{2\delta k_\delta k_D k_S B_{\delta N}}{H_{mN}} \text{（cm）} \tag{3-6-34}$$

另外，电动机在额定状态下运行时，永磁体发出的磁通量Φ_{mN}和工作气隙内的磁通量$\Phi_{\delta N}$之间有如下的关系，即

$$\Phi_{mN} = B_{mN} S_M \text{（Mx）} \tag{3-6-35}$$

$$\Phi_{mN} = \sigma \Phi_{\delta N} \text{（Mx）} \tag{3-6-36}$$

$$S_M = \frac{\sigma \Phi_{\delta N}}{B_{mN}} \text{（cm}^2\text{）} \tag{3-6-37}$$

式中：B_{mN}是电动机在额定状态下运行时，永磁体内的磁感应强度，Gs；S_M是每极永磁体的中性截面积，cm^2；σ是永磁体的漏磁系数，$\sigma = \Phi_{m0} / \Phi_{\delta 0}$≈1.10～1.35。

把式（3-6-34）与式（3-6-37）相乘，便可以获得一对磁极所需的永磁体的体积的估算值$\hat{V}_{mp}$的表达式为

$$\hat{V}_{mp} = L_M S_M = \frac{2\delta k_\delta k_D k_S \sigma B_{\delta N} \Phi_{\delta N}}{B_{mN} H_{mN}} \text{（cm}^3\text{）} \tag{3-6-38}$$

现在，我们再引入两个系数：永磁体的磁感应强度利用系数k_B和磁场强度利用系数k_H，它们被分别定义为

$$\begin{cases} k_B = \dfrac{B_{mN}}{B_r} \\ k_H = \dfrac{H_{mN}}{H_c} \end{cases} \tag{3-6-39}$$

式中：B_r是永磁体的剩余磁感应强度，Gs；H_c是永磁体的矫顽力，Oe。于是，式（3-6-38）可以写成

$$\hat{V}_{mp} = \frac{2k_D k_S \sigma}{k_B k_H} \frac{\delta k_\delta B_{\delta N} \Phi_{\delta N}}{B_r H_c} \text{（cm}^3\text{）} \tag{3-6-40}$$

式（3-6-40）表明：一对磁极所需的永磁体的体积的估算值$\hat{V}_{mp}$与气隙磁感应强度$B_{\delta N}$、气隙磁通量$\Phi_{\delta N}$、工作气隙的有效长度$k_\delta \delta$、漏磁系数σ、电枢反应磁动势的直轴分量的去磁系数k_D和磁路的饱和系数k_S成正比；而与永磁体的剩余磁感应强度B_r、矫顽力H_c，以及它们的利用系数k_B和k_H成反比。

在设计电动机时，通过调节工作气隙内的每极磁通量$\Phi_{\delta N}$、每相电枢绕组的串联匝数w_Φ、定转子铁心的饱和程度，从而使额定负载时的永磁体的工作点N尽可能地处在永磁体的最大磁能积所对应的位置的附近。为此，应把永磁体的磁感应强度利用系数k_B和磁场强度利用系数k_H控制在一定的范围之内，根据经验，k_B≈0.70～0.85，k_H≈0.15～0.35。

考虑到实际采用的软磁材料的磁化曲线和永磁材料的去磁特性曲线与相关手册上的标准曲线之间的偏差，以及上述各种经验系数，如σ、k_B、k_H、k_D和k_S等的取值的不确定

性等因素，在初步设计时，可以把根据式（3-6-40）求得的所需永磁体的体积的估算值加大20%，待有限元仿真分析后，再做适当调整，力求最佳化。于是，一台被设计的无刷直流永磁电动机所需永磁体的体积的估算值为

$$\hat{V}_{\mathrm{m}}=1.2\,p\hat{V}_{\mathrm{mp}}\ (\mathrm{cm}^3) \tag{3-6-41}$$

式中：p 是电动机的磁极对数。

有时，考虑到电动机整体结构、制造工艺和使用环境等具体问题和要求，永磁体的体积的富余量可能会更大一些。

3.6.3　基本计算公式的推导

每相电枢绕组内感生的电动势 E_Φ 、电枢绕组内的感生电动势 E_{a} 、电枢电流 I_{a} 、电磁转矩 T_{em} 和理想空载转速 $n_{0\mathrm{i}}$ 是无刷直流永磁电动机的设计过程中常用的几个基本公式。

3.6.3.1　气隙主磁通密度按梯形波规律分布时的基本计算公式

我们针对无刷直流永磁电动机以“二相导通星形三相六状态”和“三角形三相导通六状态”的两种不同的运行方式，在气隙主磁场的磁通密度按梯形波规律分布的条件下，分别推导出它们的基本计算公式。

1）在气隙主磁场为梯形波和“二相导通星形三相六状态”运行时的基本计算公式

（1）每相电枢绕组内感生的反电动势 E_Φ 和电枢绕组内感生的反电动势 E_{a} 。

在气隙磁通密度按梯形波规律分布的情况下，在每一个导通（即每一个磁状态）区间，单根运动导体内感生的反电动势 e 的表达式为

$$e=B_\delta\ v\ l_\delta\times10^{-8} \tag{3-6-2}$$

式中：B_δ 是气隙主磁场的梯形波磁通密度的幅值，Gs。

把运动导体相对于主磁场的移动线速度，即 $v=\pi D_{\mathrm{a}}n/60$（cm/s），代入式（3-6-2），便可以得到

$$e=B_\delta\ \frac{\pi D_{\mathrm{a}}n}{60}\ l_\delta\times10^{-8} \tag{3-6-42}$$

由此，每相电枢绕组内感生的反电动势 E_Φ 为

$$E_\Phi=2\,w_\Phi\ e \tag{3-6-43}$$

把式（3-6-42）代入式（3-6-43），便可以得到每相电枢绕组内感生的反电动势 E_Φ 的表达式为

$$E_\Phi=2\,w_\Phi B_\delta l_\delta\ \frac{\pi D_{\mathrm{a}}n}{60}\times10^{-8}=\frac{\pi}{30}w_\Phi D_{\mathrm{a}}B_\delta l_\delta n\times10^{-8} \tag{3-6-44}$$

对于“二相导通星形三相六状态”运行而言，电枢绕组内感生的反电动势 E_{a} 就是相邻两相导通时感生的线反电动势 E_{L} 。由于气隙磁通密度 B_δ 在一个极距的空间范围内按梯形波规律分布，它在 120° 电角度范围内是一个不随空间位置而变化的平顶波，且在每一个导通区间，它在相邻两相电枢绕组内感生的相反电动势之间没有相位差。因此，在相邻两相绕组内感生的线反电动势 E_{L} 是它们各自感生的相反电动势 E_Φ 的代数和，即

$$E_{\mathrm{a}}=E_{\mathrm{L}}=2\,E_\Phi=\frac{\pi}{15}w_\Phi D_{\mathrm{a}}B_\delta l_\delta n\times10^{-8}=K_{\mathrm{e}}n \tag{3-6-45}$$

其中

$$K_{\mathrm{e}}=\frac{\pi}{15}w_{\Phi}D_{\mathrm{a}}B_{\delta}l_{\delta}\times 10^{-8}$$

式中：K_{e} 是电动机的反电动势常数，V · min/r。

（2）电枢电流 I_{a}。

在每一个导通区间内，电路的电压平衡方程式为

$$U-2\Delta U=E_{\mathrm{a}}+I_{\mathrm{a}}r_{\mathrm{a}} \tag{3-6-46}$$

式中：U 是电源电压（即逆变器的直流母线电压 U_{d}），V；ΔU 是逆变器内在导通功率开关器件上的电压降落，V；r_{a} 是电枢绕组的等效电阻，$r_{\mathrm{a}}=2r_{\Phi}$，Ω。

由此，可以求得电枢电流 I_{a} 的表达式为

$$I_{\mathrm{a}}=\frac{U-2\Delta U-E_{\mathrm{a}}}{r_{\mathrm{a}}}=\frac{U-2\Delta U-E_{\mathrm{L}}}{2r_{\Phi}} \tag{3-6-47}$$

（3）电磁转矩 T_{em}。

电动机的电磁转矩与电磁功率之间存在着如下的关系式，即

$$T_{\mathrm{em}}=\frac{P_{\mathrm{em}}}{\Omega}=\frac{E_{\mathrm{a}}I_{\mathrm{a}}}{\Omega}=\frac{\frac{\pi}{15}w_{\Phi}D_{\mathrm{a}}B_{\delta}l_{\delta}nI_{\mathrm{a}}\times 10^{-8}}{\frac{2\pi n}{60}}$$

$$=2w_{\Phi}D_{\mathrm{a}}B_{\delta}l_{\delta}I_{\mathrm{a}}\times 10^{-8}\ (\mathrm{N\cdot m}) \tag{3-6-48}$$

或

$$T_{\mathrm{em}}=2w_{\Phi}D_{\mathrm{a}}B_{\delta}l_{\delta}I_{\mathrm{a}}\times\frac{10^{-3}}{9.81}=K_{\mathrm{m}}I_{\mathrm{acp}}\ (\mathrm{g\cdot cm}) \tag{3-6-49}$$

其中

$$K_{\mathrm{m}}=0.2039\times w_{\Phi}D_{\mathrm{a}}B_{\delta}l_{\delta}\times 10^{-3}\ [(\mathrm{g\cdot cm})/\mathrm{A}]$$

式中：K_{m} 是电动机的转矩常数，g · cm/A。

（4）理想空载转速 $n_{0\mathrm{i}}$。

根据式（3-6-45）和式（3-6-46），电动机转速 n 的表达式为

$$n=\frac{U-2\Delta U-I_{\mathrm{a}}r_{\mathrm{a}}}{\frac{\pi}{15}w_{\Phi}D_{\mathrm{a}}B_{\delta}l_{\delta}}\times 10^{8} \tag{3-6-50}$$

电动机在理想空载转速时，$I_{\mathrm{a}}=0$、$2\Delta U=0$ 和 $B_{\delta}=B_{\delta 0}$，因此，电动机的理想空载转速 $n_{0\mathrm{i}}$ 的数学表达式为

$$n_{0\mathrm{i}}=\frac{U}{\frac{\pi}{15}w_{\Phi}D_{\mathrm{a}}B_{\delta 0}l_{\delta}}\times 10^{8} \tag{3-6-51}$$

2）在气隙主磁场为梯形波和“三角形三相导通六状态”运行时的基本计算公式

（1）每相电枢绕组内感生的电动势 E_{Φ} 和电枢绕组内感生的电动势 E_{a}。

对于“三角形联结三相导通六状态”运行的无刷直流永磁电动机而言，它的每相电枢绕组内感生的相反电动势 E_{Φ} 就等于电动机的线反电动势 E_{L}，并可将其视为电枢绕组内感生的反电动势 E_{a}，根据式（3-6-44），其表达式为

$$E_a = E_\Phi = E_L = 2w_\Phi e = \frac{\pi}{30} w_\Phi D_a B_\delta l_\delta n \times 10^{-8} = K_e n \tag{3-6-52}$$

其中

$$K_e = \frac{\pi}{30} w_\Phi D_a B_\delta l_\delta \times 10^{-8} \ [\text{V/（r/min）}]$$

式中：K_e 是电动机的反电动势常数，V • min/r。

（2）电枢电流 I_a。

在每一个导通区间内，电路的电压平衡方程式为

$$U = E_a + 2\Delta U + I_a r_a \tag{3-6-53}$$

由此，可以推导出电枢电流 I_a 的表达式为

$$I_a = \frac{U - 2\Delta U - E_a}{r_a} = \frac{U - 2\Delta U - E_\Phi}{(2/3) r_\Phi} \tag{3-6-54}$$

（3）电磁力矩 T_{em}。

电动机运行时，电磁力矩 T_{em} 的表达式为

$$T_{em} = \frac{E_a I_a}{\Omega} = \frac{\frac{\pi}{30} w_\Phi D_a B_\delta l_\delta n I_a \times 10^{-8}}{\frac{2\pi n}{60}} = w_\Phi D_a B_\delta l_\delta I_a \times 10^{-8} \ (\text{N} \cdot \text{m}) \tag{3-6-55}$$

或

$$T_{em} = w_\Phi D_a B_\delta l_\delta I_a \times \frac{10^{-3}}{9.81} = K_m I_a \ (\text{g} \cdot \text{cm}) \tag{3-6-56}$$

其中

$$K_m = w_\Phi D_a B_\delta l_\delta \times \frac{10^{-3}}{9.81}$$

式中：K_m 是电动机的转矩常数，g • cm/A。

（4）理想空载转速 n_{0i}。

根据式（3-6-52）和式（3-6-53），电动机转速 n 的表达式为

$$n = \frac{U - 2\Delta U - I_a r_a}{\frac{\pi}{30} w_\Phi D_a B_\delta l_\delta} \times 10^8 \ (\text{r/min}) \tag{3-6-57}$$

电动机在理想空载转速时，$I_{acp} = 0$、$2\Delta U = 0$ 和 $B_\delta = B_{\delta 0}$，因此，电动机的理想空载转速 n_{0i} 的数学表达式为

$$n_{0i} = \frac{U}{\frac{\pi}{30} w_\Phi D_a B_{\delta 0} l_\delta} \times 10^8 \ (\text{r/min}) \tag{3-6-58}$$

综上分析和推导，表 3.6.2 列出了气隙磁通密度按梯形波规律分布时，以“二相导通星形三相六状态”和“三角形三相导通六状态”运行的无刷直流永磁电动机的主要性能的基本计算公式。

表 3.6.2　气隙磁通密度按梯形波规律分布时的基本计算公式

参数名称		二相导通星形三相六状态	三角形连接三相导通六状态
相电动势 E_{Φ} /V		$\frac{\pi}{30}w_{\Phi}D_{a}B_{\delta}l_{\delta}n\times 10^{-8}$	$\frac{\pi}{30}w_{\Phi}D_{a}B_{\delta}l_{\delta}n\times 10^{-8}$
线电动势 E_{a} /V		$\frac{\pi}{15}w_{\Phi}D_{a}B_{\delta}l_{\delta}n\times 10^{-8}$	$\frac{\pi}{30}w_{\Phi}D_{a}B_{\delta}l_{\delta}n\times 10^{-8}$
电枢电流 I_{a} /A		$\frac{U-2\Delta U-E_{L}}{2r_{\Phi}}$	$\frac{U-2\Delta U-E_{\Phi}}{(2/3)r_{\Phi}}$
电磁转矩 T_{em}	N • m	$2w_{\Phi}D_{a}B_{\delta}l_{\delta}I_{a}\times 10^{-8}$	$w_{\Phi}D_{a}B_{\delta}l_{\delta}I_{a}\times 10^{-8}$
	g • cm	$2w_{\Phi}D_{a}B_{\delta}l_{\delta}I_{a}\times\frac{10^{-3}}{9.81}$	$w_{\Phi}D_{a}B_{\delta}l_{\delta}I_{a}\times\frac{10^{-3}}{9.81}$
理想空载转速 n_{0i} /（r/min）		$\frac{U}{\frac{\pi}{15}w_{\Phi}D_{a}B_{\delta 0}l_{\delta}}\times 10^{8}$	$\frac{U}{\frac{\pi}{30}w_{\Phi}D_{a}B_{\delta 0}l_{\delta}}\times 10^{8}$

3.6.3.2　气隙磁通密度按正弦波规律分布时的基本计算公式

我们针对无刷直流永磁电动机以“二相导通星形三相六状态”和“三角形三相导通六状态”的两种不同的运行方式，在气隙主磁场的磁通密度按正弦波规律分布的条件下，分别推导出它们的基本计算公式。

1）在气隙主磁场为正弦波和“二相导通星形三相六状态”运行时的基本计算公式

（1）每相电枢绕组内感生的平均反电动势 $E_{\Phi cp}$ 和电枢绕组内感生的平均反电动势 E_{acp} 。

在每一个导通区间（即磁状态角 60°电角度）内，每相电枢绕组内感生的平均反电动势 $E_{\Phi cp}$ 为

$$E_{\Phi cp}=\frac{3}{\pi}E_{m}=\frac{3}{\pi}\sqrt{2}\times 4.44fw_{\Phi}k_{W}\Phi_{\delta}\times 10^{-8}$$
$$=5.9961\times fw_{\Phi}k_{W}\Phi_{\delta}\times 10^{-8} \tag{3-6-59}$$

其中

$$E_{m}=\sqrt{2}\times 4.44fw_{\Phi}k_{W}\Phi_{\delta}\times 10^{-8}$$

式中：E_{m} 是每相电枢绕组内感生的瞬时正弦波反电动势 e 的幅值，V；Φ_{δ} 是正弦波气隙主磁场的每极磁通量，$\Phi_{\delta}=(2/\pi)\tau l_{\delta}B_{\delta}$ ，Mx。

“二相导通星形三相六状态”运行时，电枢绕组内感生的反电动势是由相邻两相串联绕组内感生的反电动势合成的。由于三相电枢绕组的相邻两相串联绕组的轴线在电枢圆周空间相差 120°电角度，其合成的平均反电动势为其中一相电枢绕组内感生的平均反电动势的 $\sqrt{3}$ 倍。由此，可以写出电枢绕组内感生的平均反电动势 E_{acp} 的表达式为

$$E_{acp}=\frac{3\sqrt{3}}{\pi}E_{m}=\frac{3\sqrt{3}}{\pi}\sqrt{2}\times 4.44fw_{\Phi}k_{W}\Phi_{\delta}\times 10^{-8}$$
$$=10.3856\times fw_{\Phi}k_{W}\Phi_{\delta}\times 10^{-8} \tag{3-6-60}$$

（2）平均电枢电流 I_{acp} 。

根据电压平衡方程式，电枢电流平均值 I_{acp} 的表达式为

$$I_{\mathrm{acp}}=\frac{U-2\Delta U-E_{\mathrm{acp}}}{2r_{\varPhi}} \tag{3-6-61}$$

（3）平均电磁转矩 T_{emcp} 为

$$T_{\mathrm{emcp}}=\frac{E_{\mathrm{acp}}I_{\mathrm{acp}}}{\varOmega}=\frac{\frac{3\sqrt{3}}{\pi}\sqrt{2}\times4.44fw_{\varPhi}k_{\mathrm{W}}\varPhi_{\delta}I_{\mathrm{acp}}\times10^{-8}}{\frac{2\pi n}{60}}$$

$$=\frac{13.32\sqrt{6}}{2\pi^{2}}\times pw_{\varPhi}k_{\mathrm{W}}\varPhi_{\delta}I_{\mathrm{acp}}\times10^{-8}\ （\mathrm{N}\cdot\mathrm{m}） \tag{3-6-62}$$

或

$$T_{\mathrm{emcp}}=\frac{13.32\sqrt{6}}{2\pi^{2}}\times pw_{\varPhi}k_{\mathrm{W}}\varPhi_{\delta}I_{\mathrm{acp}}\times\frac{10^{-3}}{9.81}$$

$$=K_{\mathrm{m}}\ I_{\mathrm{a}}\ （\mathrm{g}\cdot\mathrm{cm}） \tag{3-6-63}$$

其中

$$K_{\mathrm{m}}=\frac{13.32\sqrt{6}}{2\pi^{2}}\times pw_{\varPhi}k_{\mathrm{W}}\varPhi_{\delta}\times\frac{10^{-3}}{9.81}$$

式中：K_{m} 是电动机的转矩常数，g • cm/A。

（4）理想空载转速 $n_{0\mathrm{i}}$。

根据式（3-6-60）和式（3-6-61），电动机转速 n 的表达式为

$$n=\frac{U-2\Delta U-I_{\mathrm{acp}}r_{\mathrm{a}}}{\frac{4.44\sqrt{6}}{20\pi}\times pw_{\varPhi}k_{\mathrm{W}}\varPhi_{\delta}}\times10^{8}$$

电动机在理想空载转速时，$I_{\mathrm{a}}=0$、$2\Delta U=0$ 和 $\varPhi_{\delta}=\varPhi_{\delta0}$，因此，电动机的理想空载转速 $n_{0\mathrm{i}}$ 的数学表达式为

$$n_{0\mathrm{i}}=\frac{U}{\frac{4.44\sqrt{6}}{20\pi}\times pw_{\varPhi}k_{\mathrm{W}}\varPhi_{\delta0}}\times10^{8} \tag{3-6-64}$$

2）在气隙主磁场为正弦波和“三角形三相导通六状态”运行时的基本计算公式

（1）每相电枢绕组内感生的平均反电动势 $E_{\varPhi}$ 和电枢绕组内感生的平均反电动势 E_{a}。

$$E_{\mathrm{acp}}=E_{\varPhi\mathrm{cp}}=E_{\mathrm{Lcp}}=\frac{3}{\pi}E_{\mathrm{m}}=\frac{3}{\pi}\sqrt{2}\times4.44fw_{\varPhi}k_{\mathrm{W}}\varPhi_{\delta}\times10^{-8}$$

$$=5.9961\times fw_{\varPhi}k_{\mathrm{W}}\varPhi_{\delta}\times10^{-8} \tag{3-6-65}$$

（2）平均电枢电流 I_{acp} 为

$$I_{\mathrm{acp}}=\frac{U-2\Delta U-E_{\mathrm{acp}}}{\left(\frac{2}{3}\right)r_{\varPhi}}=\frac{U-2\Delta U-E_{\varPhi\mathrm{cp}}}{\left(\frac{2}{3}\right)r_{\varPhi}} \tag{3-6-66}$$

（3）平均电磁力矩 T_{emcp} 为

$$T_{\mathrm{emcp}}=\frac{E_{\mathrm{acp}}I_{\mathrm{acp}}}{\varOmega}=\frac{\frac{3}{\pi}\sqrt{2}\times4.44fw_{\varPhi}k_{\mathrm{W}}\varPhi_{\delta}I_{\mathrm{acp}}\times10^{-8}}{\frac{2\pi n}{60}}$$

$$=\frac{13.32\sqrt{2}}{2\pi^2}\times pw_{\Phi}k_{\mathrm{W}}\Phi_{\delta}I_{\mathrm{acp}}\times 10^{-8}\ (\mathrm{N \cdot m}) \tag{3-6-67}$$

或

$$T_{\mathrm{emcp}}=\frac{13.32\sqrt{2}}{2\pi^2}\times pw_{\Phi}k_{\mathrm{W}}\Phi_{\delta}I_{\mathrm{acp}}\times\frac{10^{-3}}{9.81}$$

$$=K_{\mathrm{m}}\ I_{\mathrm{a}}\ (\mathrm{g \cdot cm/A}) \tag{3-6-68}$$

其中

$$K_{\mathrm{m}}=\frac{13.32\sqrt{2}}{2\pi^3}\times pw_{\Phi}k_{\mathrm{W}}\Phi_{\delta}\times\frac{10^{-3}}{9.81}$$

式中：K_{m} 是电动机的转矩常数，g · cm/A。

（4）理想空载转速 $n_{0\mathrm{i}}$。

根据式（3-6-65）和式（3-6-66），电动机转速 n 的表达式为

$$n=\frac{U-2\Delta U-\left(\frac{2}{3}\right)r_{\Phi}I_{\mathrm{acp}}}{\frac{4.44\sqrt{2}}{20\pi}\times pw_{\Phi}k_{\mathrm{W}}\Phi_{\delta}}\times 10^{8}$$

电动机在理想空载转速时，$I_{\mathrm{a}}=0$、$2\Delta U=0$ 和 $\Phi_{\delta}=\Phi_{\delta 0}$，因此，电动机的理想空载转速 $n_{0\mathrm{i}}$ 的数学表达式为

$$n_{0\mathrm{i}}=\frac{U}{\frac{4.44\sqrt{2}}{20\pi}\times pw_{\Phi}k_{\mathrm{W}}\Phi_{\delta 0}}\times 10^{8} \tag{3-6-69}$$

气隙主磁场的磁通密度按正弦波规律分布时，以“二相导通星形三相六状态”和“三角形连接三相导通六状态”运行的无刷直流永磁电动机的主要性能的基本计算公式综合在表 3.6.3 中。

表 3.6.3　气隙磁通密度按正弦波规律分布时的基本计算公式

参数名称		二相导通星形三相六状态	三角形连接三相导通六状态
平均相电动势 $E_{\Phi\mathrm{cp}}$ /V		$5.9961\times fw_{\Phi}k_{\mathrm{W}}\Phi_{\delta}\times 10^{-8}$	$5.9961\times fw_{\Phi}k_{\mathrm{W}}\Phi_{\delta}\times 10^{-8}$
平均线电动势 E_{acp} /V		$10.3856\times fw_{\Phi}k_{\mathrm{W}}\Phi_{\delta}\times 10^{-8}$	$5.9961\times fw_{\Phi}k_{\mathrm{W}}\Phi_{\delta}\times 10^{-8}$
平均电枢电流 I_{acp} /A		$\frac{U-2\Delta U-E_{\mathrm{acp}}}{2r_{\Phi}}$	$\frac{U-2\Delta U-E_{\Phi\mathrm{cp}}}{(2/3)r_{\Phi}}$
平均电磁转矩 T_{emcp}	N · m	$\frac{13.32\sqrt{6}}{2\pi^2}\times pw_{\Phi}k_{\mathrm{W}}\Phi_{\delta}I_{\mathrm{acp}}\times 10^{-8}$	$\frac{13.32\sqrt{2}}{2\pi^2}\times pw_{\Phi}k_{\mathrm{W}}\Phi_{\delta}I_{\mathrm{acp}}\times 10^{-8}$
	g · cm	$\frac{13.32\sqrt{6}}{2\pi^3}\times pw_{\Phi}k_{\mathrm{W}}\Phi_{\delta}I_{\mathrm{acp}}\times\frac{10^{-3}}{9.81}$	$\frac{13.32\sqrt{2}}{2\pi^2}\times pw_{\Phi}k_{\mathrm{W}}\Phi_{\delta}I_{\mathrm{acp}}\times\frac{10^{-3}}{9.81}$
理想空载转速 $n_{0\mathrm{i}}$ / (r/min)		$\frac{U}{\frac{4.44\sqrt{6}}{20\pi}\times pw_{\Phi}k_{\mathrm{W}}\Phi_{\delta 0}}\times 10^{8}$	$\frac{U}{\frac{4.44\sqrt{2}}{20\pi}\times pw_{\Phi}k_{\mathrm{W}}\Phi_{\delta 0}}\times 10^{8}$

3.6.4　磁极数（$2p$）和齿槽数（Z）之间的组合

在无刷直流永磁电动机的预先初步设计阶段，磁极数（$2p$）和齿槽数（Z）之间的组

合的选择是十分重要的，它们之间的组合将直接影响到电动机的齿槽效应力矩、转矩脉动、径向磁拉力、振动和噪声的大小。读者可以参阅第 1 章 1.4.4 节～1.4.6 节，以便比较详细地了解这方面的内容。

对于无刷直流永磁电动机而言，总的转矩脉动是由高次谐波电磁转矩脉动、齿槽效应力矩、换相电磁转矩脉动、磁场取向电磁转矩脉动和脉宽调制（PWM）驱动过程中引发的转矩脉动等分量所组成的，它的平均电磁转矩脉动的百分值 t_r 高达 28%左右，要显著地大于自控式永磁同步电动机的转矩脉动，这是无法回避的一个缺点。

在构成无刷直流永磁电动机的总的转矩脉动中，由电枢磁场的六步跳跃式运行而产生的磁场取向电磁转矩脉动的百分值 t_r 高达 20%左右，占到总的转矩脉动 70%以上，因此，它是无刷直流永磁电动机产生转矩脉动的主要根源。在此情况下，借助选择磁极数（$2p$）和齿槽数（Z）之间的合理组合来减小转矩脉动的效果不明显，不是我们的主要目的；选择磁极数（$2p$）和齿槽数（Z）之间的合理组合的主要目的在于避免不平衡的单向磁拉力。为了加深对单向磁拉力的理解，下面，我们再举两个实际例子来加以说明。

第一个例子是一台 $m=3$、$2p=14$ 和 $Z=12$ 的无刷直流永磁电动机，它的反电动势星形图如图 3.6.5 所示。电枢绕组展开图和 U、V 和 W 三相电枢绕组齿线圈的空间分布分别如图 3.6.6 和图 3.6.7 所示。

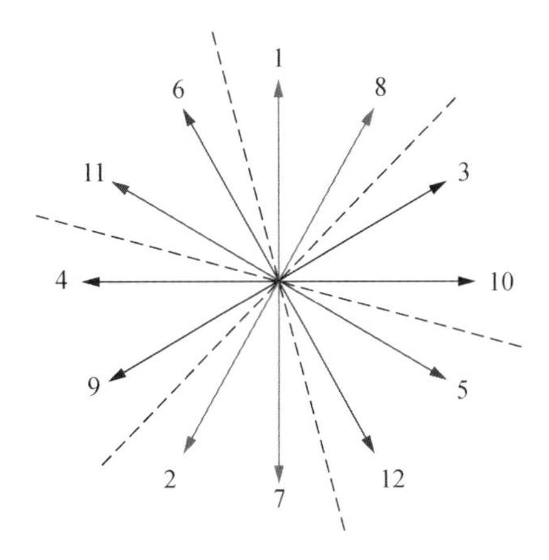

图 3.6.5　反电动势星形图（$m=3$、$2p=14$ 和 $Z=12$）

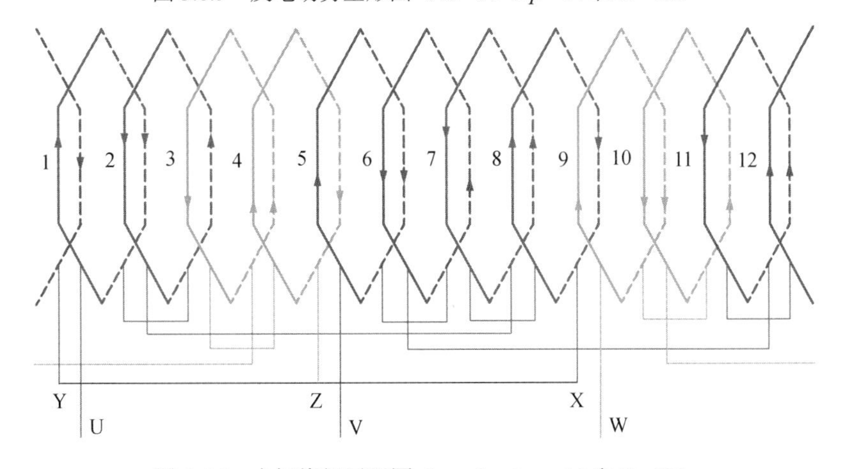

图 3.6.6　电枢绕组展开图（$m=3$、$2p=14$ 和 $Z=12$）

图 3.6.7　电动机负载时 U、V 和 W 三相电枢绕组齿线圈的空间分布
（m=3、$2p$=14 和 Z=12）

第二个例子是一台 m=3、$2p$=14 和 Z=15 的无刷直流永磁电动机，它的反电动势星形图如图 3.6.8 所示。电枢绕组展开图和 U、V 和 W 三相电枢绕组齿线圈的空间分布分别如图 3.6.9 和图 3.6.10 所示。

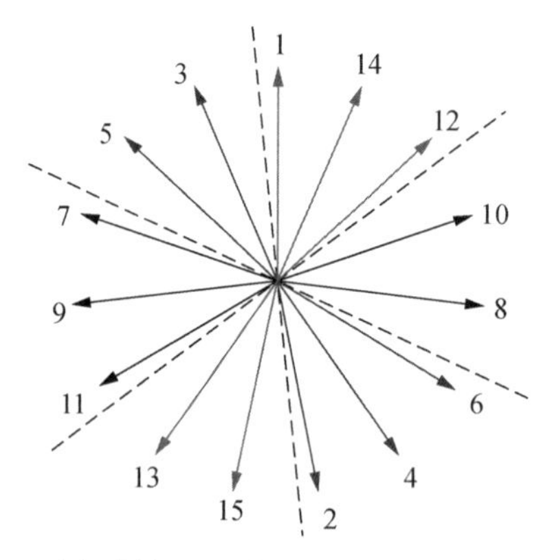

图 3.6.8　反电动势星形图（m=3、$2p$=14 和 Z=15）

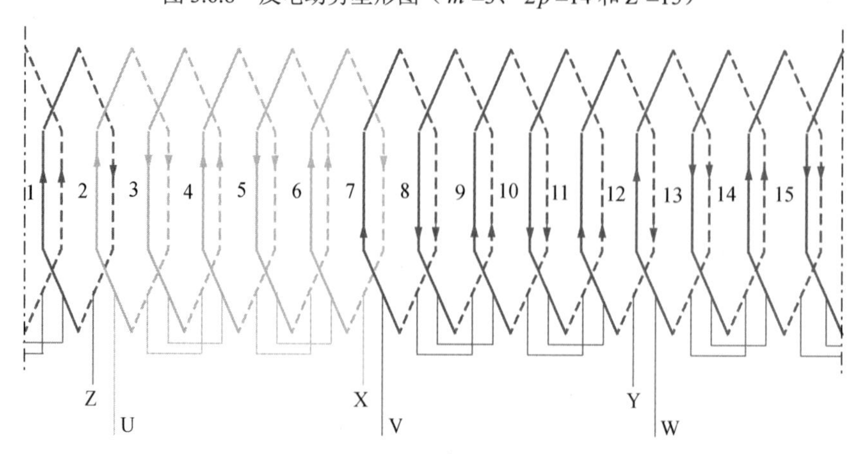

图 3.6.9　电枢绕组展开图（m=3、$2p$=14 和 Z=15）

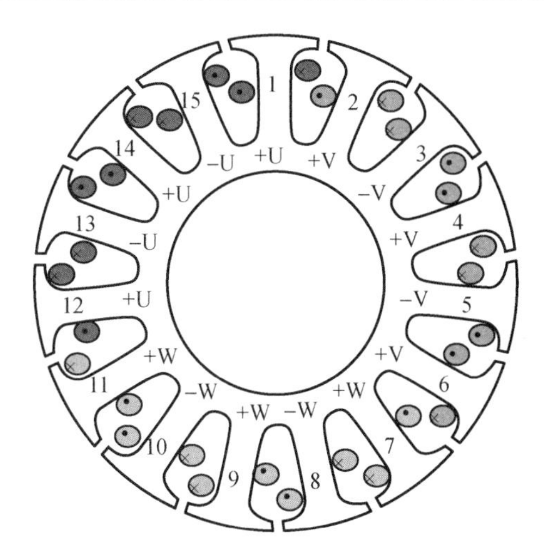

图 3.6.10　电动机负载时 U、V 和 W 三相电枢绕组齿线圈的空间分布
（$m=3$、$2p=14$ 和 $Z=15$）

比较图 3.6.7 和图 3.6.10 可见：在第一个例子中，U、V 和 W 三相电枢绕组齿线圈在电枢圆周空间对称均匀分布，它们的径向磁拉力能够相互抵消，电动机负载运行时比较平稳，振动和噪声小；在第二个例子中，U、V 和 W 三相电枢绕组齿线圈分别各自集中分布在电枢圆周空间的 120°机械角度范围内，当电动机负载运行时，它们的径向磁拉力就不能够相互抵消，从而将会出现不平衡的单边径向磁拉力，引起比较明显的振动和噪声。

在第一个例子中，磁极数 $2p=14$ 和齿槽数 $Z=12$，它们之间相差 2；在第二个例子中，磁极数 $2p=14$ 和齿槽数 $Z=15$，它们之间相差 1，这是导致 U、V 和 W 三相电枢绕组的齿线圈在电枢圆周表面空间分布不对称和不均匀的根本原因。因此，在要求分数槽绕组无刷直流电动机能够平稳安静运行的场合，电动机设计时就不能选择齿槽数（Z）与磁极数（$2p$）相互毗邻，即它们之间的差值等于 1 的配合。

3.7　设 计 例 题

本例题是设计一台空气泵用无刷直流永磁电动机。这类小功率多极无刷直流永磁电动机的气隙主磁场的磁通密度基本上是按正弦波规律分布的。

1）主要技术指标

（1）额定电压 $U_N=12V$。

（2）额定电流 $I_N\approx30A$。

（3）额定转速 $n_N=3000r/min$。

（4）额定功率 $P_{2N}=300W$。

（5）额定转矩 $T_N=97\ 500\ P_{2N}/n_N=10\ 263g\cdot cm=0.955\ 88N\cdot m$。

（6）环境温度−40～+85℃。

（7）工作方式重复短时工作制。

2）主要尺寸的估算

$$D_a^2 l_\delta=\frac{7.3558\times P_{emN}}{k_W A B_\delta n_N}\times10^8$$

$$=\frac{7.3558\times 325}{0.9331\times 160\times 7500\times 3000}\times 10^{8}$$
$$=\frac{2390.635}{33.5916}=71.1676\text{（cm}^3\text{）}$$

其中对于重复短时工作的电动机而言，P_{emN} 为

$$P_{\mathrm{emN}}=P_{2\mathrm{N}}\times\frac{1+3\eta}{4\eta}=300\times\frac{1+3\times 0.75}{4\times 0.75}=300\times\frac{3.25}{3}=325\text{（W）}$$

式中：P_{emN} 是电动机的额定电磁功率；η 是电动机的效率，$\eta\approx 0.75$；k_{W} 是基波绕组系数，$k_{\mathrm{W}}=0.9331$；A 是线负荷，$A\approx 160$ A/cm；B_δ 是气隙磁感应强度，$B_\delta\approx 7500$ Gs；n_{N} 是电动机的额定转速，$n_{\mathrm{N}}=3000$ r/min。

若电枢铁心的轴向长度取 $l_{\mathrm{a}}\approx l_\delta=4$ cm 时，则电枢铁心的直径 $\hat{D}_{\mathrm{a}}$ 为

$$\hat{D}_{\mathrm{a}}=\sqrt{\frac{\left[D_{\mathrm{a}}^2 l_\delta\right]}{l_{\mathrm{a}}}}=\sqrt{\frac{71.1676}{4}}=\sqrt{17.7919}=4.2180\text{（cm）}$$

取电枢铁心内径 $D_{\mathrm{a}}=4.2$ cm，电枢铁心的轴向长度 $l_{\mathrm{a}}=4$ cm。

3）所需永磁体的体积的估算

设计电动机的一对磁极所需永磁体的体积的估算值 $\hat{V}_{\mathrm{mp}}$ 为

$$\hat{V}_{\mathrm{mp}}=\frac{2k_{\mathrm{D}}k_{\mathrm{S}}\sigma}{k_{\mathrm{B}}k_{\mathrm{H}}}\times\frac{\delta k_\delta B_{\delta\mathrm{N}}\Phi_{\delta\mathrm{N}}}{B_{\mathrm{r}}H_{\mathrm{c}}}$$
$$=\frac{2\times 1.1\times 1.1\times 1.15}{0.7\times 0.3}\times\frac{0.08\times 1.05\times 7500\times 25\,829.81}{12\,300\times 11\,400}$$
$$=\frac{45\,287\,147.57}{29\,446\,200}$$
$$=1.5380\text{（cm}^3\text{）}$$

其中

$$\Phi_{\delta\mathrm{N}}\approx\alpha_{\mathrm{i}}\tau l_\delta B_{\delta 0}=0.6366\times 1.3195\times 4.1\times 7500=25\,829.81\text{（Mx）}$$
$$\tau=\frac{\pi D_{\mathrm{a}}}{2p}=\pi\times\frac{4.2}{10}=1.3195\text{（cm）}$$

式中：δ 是气隙长度，$\delta=0.08$ cm；k_δ 是气隙系数，暂取 $k_\delta\approx 1.05$；$B_{\delta\mathrm{N}}$ 是额定负载时的气隙磁通密度，$B_{\delta\mathrm{N}}\approx 7500$ Gs；$\Phi_{\delta\mathrm{N}}$ 是额定负载时的气隙磁通，Mx；τ 是极距，cm；p 是磁极对数，p=5；B_{r} 是 42UH 烧结型 NdFeB 永磁体的剩余磁感应强度，$B_{\mathrm{r}}\approx 12\,300$ Gs；H_{c} 是 42UH 烧结型 NdFeB 永磁体的矫顽力，$H_{\mathrm{c}}\approx 11\,400$ Oe。k_{D} 是直轴电枢反应的去磁系数，$k_{\mathrm{D}}\approx 1.1$；$k_{\mathrm{S}}$ 是磁路系统的饱和系数，取 $k_{\mathrm{S}}\approx 1.1$；$\sigma$ 是永磁体的漏磁系数，$\sigma\approx 1.15$；k_{B} 是永磁体的磁感应强度利用系数，$k_{\mathrm{B}}\approx 0.7$；$k_{\mathrm{H}}$ 是永磁体的磁场强度利用系数，$k_{\mathrm{H}}\approx 0.3$。

于是，本设计的无刷直流永磁电动机的一对磁极所需永磁体的体积的估算值为

$$\hat{V}_{\mathrm{mp}}=1.2\times 1.5380=1.8456\text{（cm}^3\text{）}$$

4）磁路系统的结构设计

在初步估算电动机的主要尺寸的基础上，进行结构设计，确定磁路系统的几何形状和尺寸，为磁路计算做好准备。

【电枢铁心的尺寸】

电枢铁心冲片的材料选择 DW310 电工钢片，其几何尺寸如图 3.7.1 所示。

（1）电枢铁心内径 D_a =42 mm。

（2）电枢铁心外径 D_{sjo} =77 mm。

（3）电枢铁心轴向长度 l_a =40 mm。

（4）槽底部直径 $D_{sji}=D_{\Pi1}=D_{Z1}$=70.6 mm。

（5）槽顶部直径 $D_{\Pi2}=D_{Z2}$=45 mm。

（6）磁极对数 p =5。

（7）齿数 Z =12。

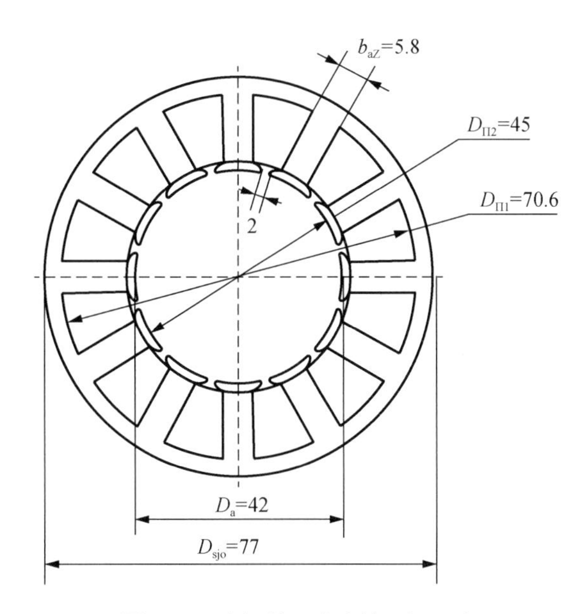

图 3.7.1　电枢铁心冲片的几何尺寸

（8）极距 $\tau=\dfrac{\pi D_a}{2p}=\dfrac{\pi\times 42}{2\times 5}$=13.1947（mm）。

（9）齿距 $t_{az}=\dfrac{\pi D_a}{Z}=\dfrac{\pi\times 42}{12}$=10.9956（mm）。

（10）齿宽 b_{az} =5.8（mm）。

（11）齿高 $h_{az}\approx\dfrac{D_{sji}-D_a}{2}=\dfrac{70.6-42}{2}$=14.3（mm）。

（12）电枢铁心轭部的高度 h_{aj} 为

$$h_{aj}\approx\frac{D_{sjo}-D_{sji}}{2}=\frac{77-70.6}{2}=3.2\text{（mm）}$$

（13）电枢铁心轭部沿着磁路方向的平均长度（按一对磁极计算）L_{aj} 为

$$L_{aj}\approx\frac{\pi\left(D_{sjo}-h_{aj}\right)}{2p}+h_{aj}=\frac{\pi\left(77-3.2\right)}{2\times 5}+3.2=26.3850\text{（mm）}$$

（14）槽面积 S_{Π} 为

$$S_{\Pi}=\left(\frac{b_{\Pi1}+b_{\Pi2}}{2}\right)h_{\Pi}=\left(\frac{12.6830+5.9810}{2}\right)\times 12.8=119.4496\ (\text{mm}^2)$$

其中

$$b_{\Pi1}=\frac{\pi D_{\Pi1}}{Z}-b_{az}=\frac{\pi\times 70.6}{12}-5.8=12.6830\ (\text{mm})$$

$$b_{\Pi2}=\frac{\pi D_{\Pi2}}{Z}-b_{az}=\frac{\pi\times 45}{12}-5.8=5.9810\ (\text{mm})$$

$$h_{\Pi}=\frac{D_{\Pi1}-D_{\Pi2}}{2}=\frac{70.6-45}{2}=12.8\ (\text{mm})$$

式中：$b_{\Pi1}$ 是槽下底的宽度；$b_{\Pi2}$ 是槽上底的宽度；h_{Π} 是槽的高度。

（15）槽开口的宽度 b_0=2.0 mm。

（16）齿尖厚度 h_0=0.7 mm。

【转子方尺寸】

转子采用表面贴装式结构，永磁转子示意图如图 3.7.2 所示。10 块如图 3.7.3 所示的 42UH 烧结型瓦片形 NdFeB 永磁体被均匀地贴装在如图 3.7.4 所示的由 DW310 电工钢片或 10 号钢制成的转子磁轭的表面；永磁体的外圆表面粘套一个 $\varDelta$=0.3 mm 厚的不导磁的 1Cr18Ni9Ti 不锈钢套，以防电动机高速旋转时被贴装在转子磁轭表面的瓦片形永磁体飞出。

（1）工作气隙 $\delta=\varDelta_1+\varDelta_2$=0.80 mm，包括单边气隙 $\varDelta_1$=0.5 mm 和不锈钢套壁厚 $\varDelta_2$=0.3 mm。

（2）永磁转子的外径 $D_{mo}=D_a-2\delta$=42−2×0.8=40.4（mm）。

（3）不锈钢套的外径（转子外径）$D_{ro}=D_a-2\varDelta_{01}$=42−2×0.5=41（mm）。

（4）瓦片形永磁体的最大径向厚度 h_m=4.4（mm）。

（5）瓦片形永磁体的内径 $D_{mi}=D_{mo}-2h_m$=40.4−2×4.4=31.6（mm）。

（6）瓦片形永磁体的内半径 R_{mi}=15.8 mm。

（7）瓦片形永磁体的外半径 R_{mo}=15.8 mm。

（8）瓦片形永磁体的内外半径的圆心之间的偏心距 oo'=4.4 mm。

（9）瓦片形永磁体的宽度 b_m=7.8 mm。

（10）瓦片形永磁体的轴向长度 l_m=42 mm。

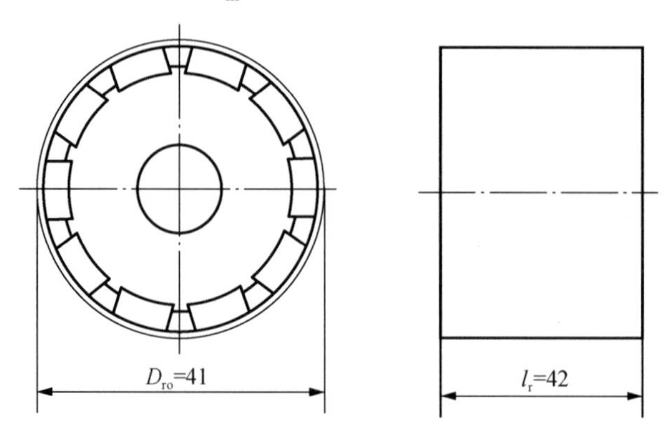

图 3.7.2　永磁转子示意图

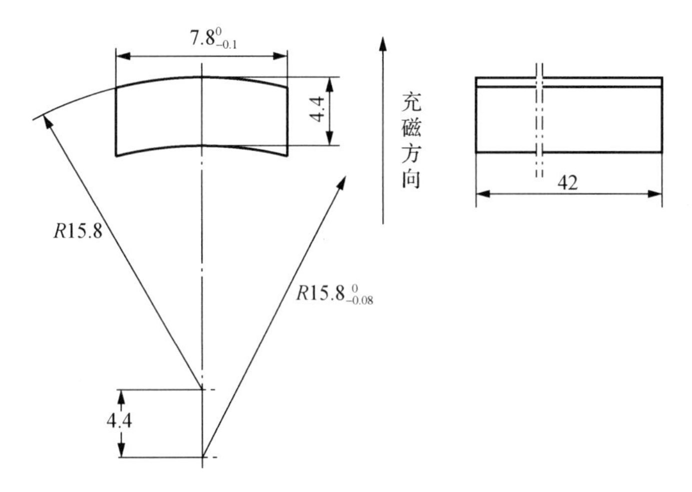

图 3.7.3　永磁体的几何尺寸

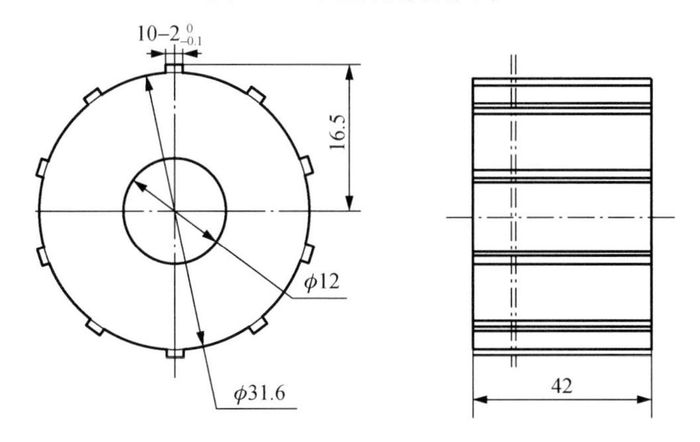

图 3.7.4　转子磁轭的尺寸示意图

（11）瓦片形转子永磁体的中性截面积的估算值 S_M 为

$$S_M \approx b_m\ l_m = 0.78 \times 4.2 = 3.276\ (\mathrm{cm}^2)$$

（12）转子永磁体沿磁场方向一对磁极的平均长度的估算值 L_M 为

$$L_M = 2\ h_m = 2 \times 0.44 = 0.88\ (\mathrm{cm})$$

（13）一对磁极的永磁体的体积 V_{mp} 为

$$V_{mp} \approx S_M\ L_M = 3.276 \times 0.88 = 2.8829\ (\mathrm{cm}^3) > \hat{V}_{mp} = 1.8456\ (\mathrm{cm}^3)$$

（14）转子磁轭的外径 D_{rjo}=31.6mm。

（15）转子磁轭的内径 D_{rji}=12mm。

（16）转子磁轭的轴向长度 l_{rj}=42mm。

（17）转子磁轭的高度 h_{rj} 为

$$h_{rj} = \frac{D_{rjo} - D_{rji}}{2} = \frac{31.6 - 12}{2} = 9.8\ (\mathrm{mm})$$

（18）转子磁轭沿磁路方向的平均长度（按一对磁极计算）L_{rj} 为

$$L_{rj} = \frac{\pi\left(D_{rjo} - h_{rj}\right)}{2p} + h_{rj} = \frac{\pi(31.6 - 9.8)}{2 \times 5} + 9.8 = 16.6487\ (\mathrm{mm})$$

（19）转子磁轭沿着外圆表面 10 个突起的宽度 b_δ=2mm。

5）磁路计算

（1）外磁路的空载特性曲线 $\Phi_m = f_0(F_m)$ 的计算。外磁路的空载特性曲线 $\Phi_m = f_0(F_m)$ 的具体计算如下。

① 气隙磁通密度 $B_{\delta 0}$ 为

$$B_{\delta 0}=\frac{\Phi_{\delta 0}}{\alpha_i \tau l_\delta}=\frac{\Phi_{\delta 0}}{0.6366\times 1.3195\times 4.1}=\frac{\Phi_{\delta 0}}{3.4440} \quad \text{(Gs)}$$

式中：α_i 为计算极弧系数，α_i=0.6366；τ 为极距，τ=1.3195cm；l_δ 为气隙轴向的计算长度，$l_\delta=(l_a+l_m)/2$=4.1cm。

② 气隙磁势 $F_{\delta 0}$ 为

$$F_{\delta 0}=1.6\,k_\delta\ \delta\ B_{\delta 0}=1.6\times 1.0645\times 0.08\times B_{\delta 0}=0.1363\,B_{\delta 0}$$

其中

$$k_\delta=\frac{t_{az}}{t_{azz}-\dfrac{r^2\delta}{5+r}}=\frac{10.9956}{10.9956-\dfrac{2.5^2\times 0.8}{5+2.5}}$$
$$=\frac{10.9956}{10.9956-0.6667}=\frac{10.9956}{10.3289}=1.0645$$
$$r=\frac{b_0}{\delta}=\frac{2.0}{0.8}=2.5$$

式中：δ=0.08cm；k_δ 为气隙系数；t_{aZ} 为齿距，t_{aZ}=10.9956mm。

③ 电枢齿部磁通密度 B_{aZ} 为

$$B_{aZ}=\frac{t_{aZ}}{b_{aZ}k_{fe}}\cdot B_{\delta 0}=\frac{1.099\,56}{0.58\times 0.96}\cdot B_{\delta 0}=1.9748\cdot B_{\delta 0} \quad \text{(Gs)}$$

式中：t_{aZ} 是齿距，t_{aZ}=1.099 56cm；b_{aZ} 是齿宽，b_{aZ}=0.58cm；k_{fe} 是电枢铁心叠装系数，k_{fe}≈0.96。

④ 电枢齿部磁势 F_{aZ} 为

$$F_{aZ}=2\,H_{aZ}h_{aZ}=2\times 1.43\times H_{aZ}=2.86\times H_{aZ} \quad \text{(A)}$$

式中：h_{aZ} 为齿高，取 h_{aZ}≈1.43cm；H_{aZ} 为电枢齿部的磁场强度，A/cm。

根据 B_{aZ} 的数值，在 DW310-35 电工钢片的磁化曲线上可以查得 H_{aZ} 的数值。

⑤ 电枢轭部磁通密度 B_{aj} 为

$$B_{aj}=\frac{\Phi_{\delta 0}}{2l_a h_{aj}k_{fe}}=\frac{3.4440B_{\delta 0}}{2\times 4\times 0.32\times 0.96}=\frac{3.4440B_{\delta 0}}{2.4576}=1.4014\,B_{\delta 0} \quad \text{(Gs)}$$

式中：$\Phi_{\delta 0}$ 为空载气隙磁通，$\Phi_{\delta 0}$=3.4440 $B_{\delta 0}$（Mx）；l_a 为电枢铁心轴向长度，l_a=4.0cm；h_{aj} 为电枢铁心轭部高度，h_{aj}≈0.32cm。

⑥ 电枢轭部磁势 F_{aj} 为

$$F_{aj}=L_{aj}\ H_{aj}=2.6385\,H_{aj} \quad \text{(A)}$$

式中：L_{aj} 为电枢铁心轭部沿磁路方向一对磁极的平均长度，L_{aj}≈2.6385cm；H_{aj} 为电枢轭部的磁场强度，A/cm。

根据 B_{aj} 的数值，在 DW310-35 电工钢片的磁化曲线上可以查得 H_{aj} 的数值。

⑦ 转子磁轭内的磁通密度 B_{rj} 为

$$B_{rj} \approx \frac{\Phi_{\delta 0}}{2h_{sj}l_{sj}} = \frac{3.4440B_{\delta 0}}{2\times 0.98\times 4.2} = \frac{3.4440B_{\delta 0}}{8.232} = 0.4184\,B_{\delta 0}\ \text{(Gs)}$$

式中：h_{rj} 是转子磁轭的厚度，h_{rj}=0.98cm；l_{rj} 是转子磁轭的轴向长度，l_{rj}=4.2cm。

⑧ 转子磁轭内的磁动势 F_{rj} 为

$$F_{rj} = L_{rj}\ H_{rj} = 1.664\,87\ H_{rj}$$

式中：L_{rj} 是转子磁轭沿磁路方向的平均长度（一对磁极），L_{rj}=1.664 87cm；H_{rj} 是根据 B_{rj} 的数值，在选定的转子磁轭材料 DW310 电工钢片或 10 号钢的磁化曲线上查得。

⑨ 永磁体与机壳之间接触气隙的磁势 F_{Δ} 为

$$F_{\Delta} = 1.6\times \Delta\delta \times B_{\Delta} = 1.6\times 0.004\times 1.0344\,B_{\delta 0} = 0.006\,62\,B_{\delta 0}\ \text{(A)}$$

其中

$$B_{\Delta} \approx \frac{\Phi_{\delta 0}}{S_{\Delta}} = \frac{3.4440B_{\delta 0}}{3.3295} = 1.0344\,B_{\delta 0}$$

$$S_{\Delta} \approx \left(\frac{\pi D_{rjo}}{2p} - b_{\delta}\right)\cdot l_{m} = \left(\frac{\pi\times 3.16}{2\times 5} - 0.2\right)\cdot 4.2 = 3.3295\ (\text{cm}^2)$$

上述式中：$\Delta\delta$ 是永磁体与转子磁轭之间的安装气隙，取 $\Delta\delta \approx 0.004$cm；$B_{\Delta}$ 是接触气隙内的磁通密度；D_{rjo} 是转子磁轭的外径，D_{rjo}=3.16cm；b_{δ} 是转子磁轭外径上的突起宽度，b_{δ}=0.2cm。

⑩ 电动机空载时消耗在外磁路（相对永磁体而言）上的总磁势 F_{m} 为

$$F_{m} = \sum F = F_{\delta} + F_{aZ} + F_{aj} + F_{rj} + F_{\Delta}$$

⑪ 转子永磁体外磁路的总磁通 Φ_{m0} 为

$$\Phi_{m0} = \sigma\ \Phi_{\delta 0} = 1.15\,\Phi_{\delta 0}$$

式中：σ 为漏磁系数，$\sigma \approx 1.15$。

外磁路的空载特性曲线 $\Phi_{m} = f_0(F_{m})$ 的计算结果列于表 3.7.1 中。

表 3.7.1　空载特性曲线 $\Phi_{m} = f_0(F_{m})$ 的计算结果（一对磁极）

名称	计算点					
	1	2	3	4	5	6
气隙磁通密度 $B_{\delta 0}$ /Gs	4 000	5 000	6 000	7 000	8 000	9 000
气隙磁势 $F_{\delta 0}$ /A	545.2	681.5	817.8	954.1	1 090.4	1 226.7
齿部磁通密度 B_{aZ} /Gs	7 899.2	9 874	11 848.8	13 823.6	15 798.4	17 773.2
齿部磁场强度 H_{aZ} /（A/cm）	0.836	1.142 4	1.870 0	5.270 7	31.012 8	118.795 2
齿部磁势 F_{aZ} /A	2.391	3.267 3	5.348 2	15.074 2	88.696 6	339.754 3
电枢轭部磁通密度 B_{aj} /Gs	5 605.6	7 007	8 408.4	9 809.8	11 211.2	12 612.6
电枢轭部磁场强度 H_{aj} /（A/cm）	0.653 0	0.748 5	0.907 7	1.130 7	1.534 0	2.565 9
电枢轭部磁势 F_{aj} /A	1.722 9	1.974 9	2.395 0	2.983 4	4.047 5	6.770 1
转子轭部磁通密度 B_{rj} /Gs	1 673.6	2 092	2 510.4	2 928.8	3 347.2	3 765.6
转子轭部磁场强度 H_{rj} /（A/cm）	0.394 8	0.429 8	0.470 6	0.495 9	0.533 0	0.562 5

续表

名称	计算点					
	1	2	3	4	5	6
转子轭部的磁动势 F_{rj} /A	0.657 3	0.715 6	0.783 5	0.825 6	0.887 4	0.936 5
永磁体与转子轭部之间的接合磁动势 F_{Δ} /A	26.48	33.1	39.72	46.34	52.96	59.58
外磁路的总磁势 $\sum F$ /A	576.45	720.56	866.05	1 019.32	1 236.99	1 633.74
气隙空载磁通 $\Phi_{\delta 0}$ /Mx	13 776	17 220	20 664	24 108	27 552	30 996
外磁路的总磁通 Φ_{m0} /Mx	15 842	19 803	23 764	27 724	31 685	35 645

（2）永磁体的去磁曲线的制作。把永磁体的去磁曲线从 $B-H$ 平面换算到 $\Phi-F$ 平面，便可以得到 $\Phi-F$ 平面内的永磁体的去磁曲线 $\Phi_m=f_D(F_m)$。本项目采用42UH烧结型瓦片形NdFeB永磁体，B_r=13 000Gs，H_c=11 400Oe。去磁曲线的换算如表3.7.2所示。

表3.7.2　永磁体的去磁曲线 $\Phi_m=f_0(F_m)$

名称	计算点				
	1	2	3	4	5
B_m /Gs	13 000	—	—	—	0
H_m /Oe	0	—	—	—	11 400
Φ_m /Mx	42 588	—	—	—	0
F_m /A	0	—	—	—	8 026

注：$\Phi_m=S_M$， B_m=3.276 B_m （Mx）；

F_m=0.8 L_M， H_m=0.8×0.88× H_m=0.704 H_m （A）。

（3）画磁铁工作图。根据表3.7.1，可以在第二象限内作出电动机空载时相对于永磁体之外的磁路的磁化特性曲线 $\Phi_m=f_0(F_m)$；根据表3.7.2，可以在第二象限内作出永磁体的去磁曲线 $\Phi_m=f_D(F_m)$。这两条曲线相交于点 P，如图3.7.5所示。在磁铁工作图上，交点 P 就是磁路系统的空载工作点。

（4）工作气隙内的估算磁通。根据磁铁工作图3.7.5上的空载工作点 P，可以估算出空载状态下永磁体发出的磁通 Φ_{m0} 和工作气隙内的磁通 $\Phi_{\delta 0}$，它们分别为：$\Phi_{m0}\approx$33 800Mx，$\Phi_{\delta 0}\approx$29 391Mx。由此，可以估算出空载时的气隙磁通密度 $B_{\delta 0}\approx$8534Mx。

6）电枢绕组设计

本设计采用集中式分数槽绕组，其基本结构参数为：m=3、2p=10、Z=12（Z_0=12，p_0=5、t=1），y=1，具体设计步骤如下。

（1）每极每相槽数 q 为

$$q=\frac{Z}{2pm}=b+\frac{c}{d}=\frac{12}{2\times5\times3}=\frac{2}{5}$$

$$b=0,\quad d=5,\quad c=2$$

（2）相邻两槽之间的机械夹角 θ_m 为

$$\theta_m=360°/Z=360°/12=30°$$

（3）相邻两槽之间的电气夹角 θ_e 为

$$\theta_e=p\ \theta_m=5\times30°=150°$$

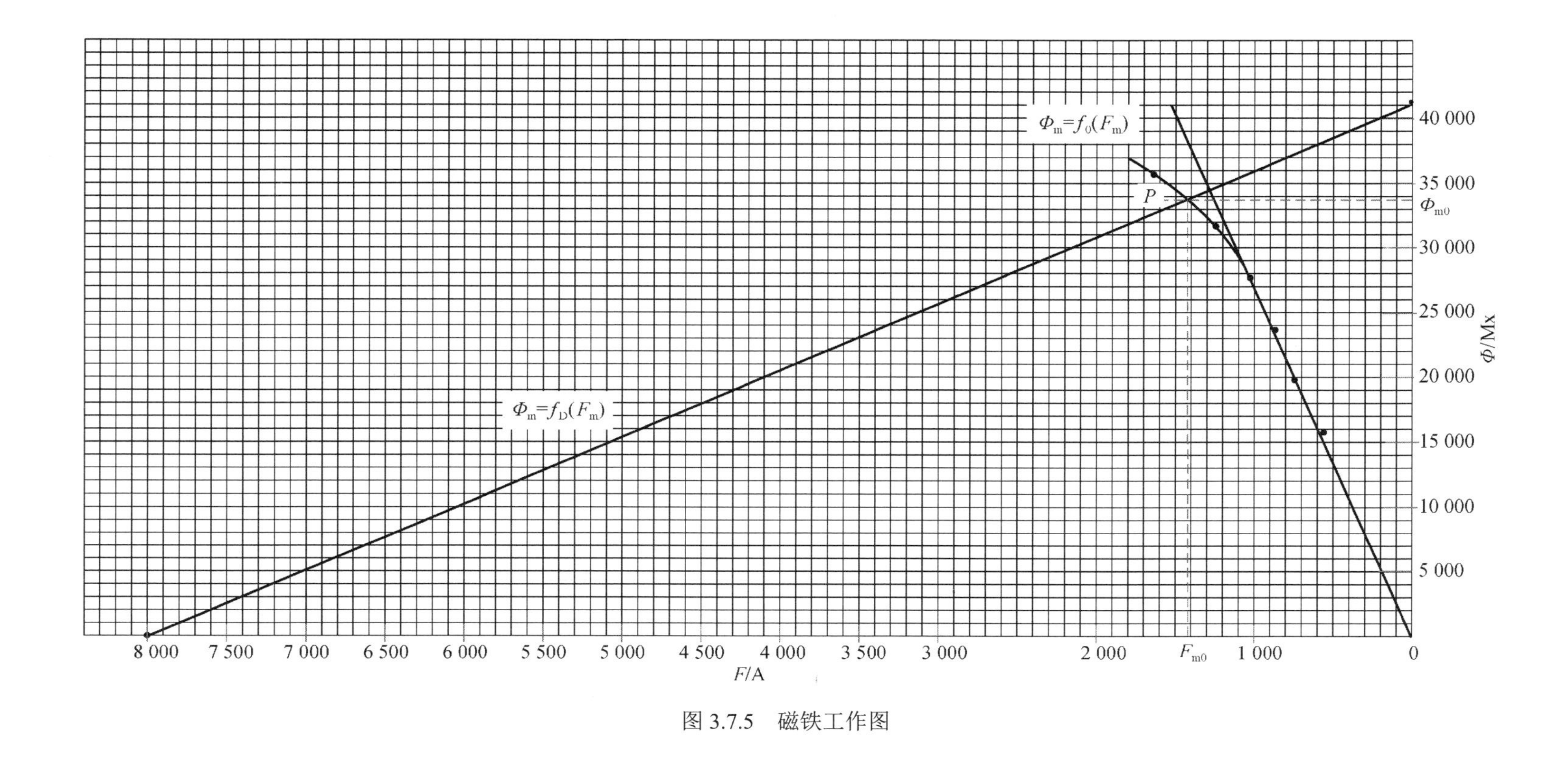

$\Phi_m=f_0(F_m)$
$\Phi_m=f_D(F_m)$
P
40 000
35 000
Φ_{m0}
30 000
25 000
20 000
15 000
10 000
5 000
Φ/Mx
8 000
7 500
7 000
6 500
6 000
5 500
5 000
4 500
4 000
3 500
3 000
2 000
F_{m0}
1 000
0
F/A

图 3.7.5　磁铁工作图

（4）定子上的每一个槽在空间所处的电气角位置。两相邻槽之间的电气夹角 $\theta_e=150^\circ$，我们以第一个槽的位置作为 0°电角度的起始位置，第二个槽将对第一个槽位移 150°电角度，第三个槽将对第一个槽位移 300°电角度，以此类推。这样，第 1～12 个槽各自处在虚拟单元电动机的气隙磁场的不同位置上，如表 3.7.3 所示。

表 3.7.3 每一个槽在气隙磁场中所处的位置（电角度）

槽号	1	2	3	4	5	6
电气角位置/（°）	0	150	300	90	240	30
槽号	7	8	9	10	11	12
电气角位置/（°）	180	330	120	270	60	210

（5）反电动势星形图。根据表 3.7.3 所示的数据，可以画出每个齿线圈内的反电动势星形图，如图 3.7.6 所示。

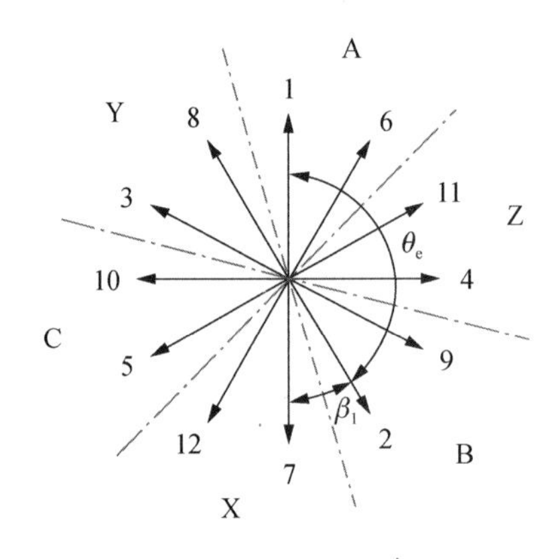

图 3.7.6 集中式分数槽绕组的反电动势星形图
（$m=3$、$2p=10$、$Z=12$）

（6）分别属于 A、B 和 C 三相绕组的齿线圈。本实例有 12 个齿线圈，根据图 3.7.6 所示的 60°相带法，属于 A 相带的线圈有第 1 号和第 6 号两个齿线圈，属于 X 相带的线圈有第 7 号和第 12 号两个齿线圈；属于 B 相带的线圈有第 9 号和第 2 号两个齿线圈，属于 Y 相带的线圈有第 3 号和第 8 号两个齿线圈；属于 C 相带的线圈有第 5 号和第 10 号两个齿线圈，属于 Z 相带的线圈有第 11 号和第 4 号两个齿线圈。于是，分别属于 A、B 和 C 三相电枢绕组的齿线圈列在表 3.7.4 中。

表 3.7.4 分别属于 A、B 和 C 三相电枢绕组的齿线圈

相带	线圈号码	相带
A	头（1）尾，头（6）尾，尾（7）头，尾（12）头	X
B	头（9）尾，头（2）尾，尾（3）头，尾（8）头	Y
C	头（5）尾，头（10）尾，尾（11）头，尾（4）头	Z

（7）电枢绕组展开图。根据表 3.7.4，可以画出本实例的电枢绕组展开图，即齿线圈的连接图，如图 3.7.7 所示。在连接过程中，不管 A、B 和 C 各相绕组内的 4 个齿线圈的连接顺序如何变动，只要每个齿线圈的头尾位置保持不变，其相电动势或相磁动势的数值仍保持不变，与齿线圈被连接的先后次序无关；制造者只需考虑：节省铜材、绕制方便和（头）

（尾）引出线应尽可能地彼此靠近。

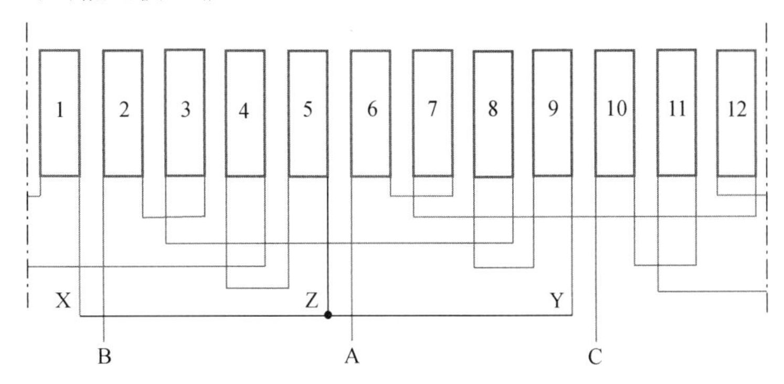

图 3.7.7　电枢绕组展开（m=3、2p=10、Z=12）

（8）绕组系数。基波绕组系数 k_W 为

$$k_{W1}=k_{y1}\ k_{p1}=0.9659\times0.9660=0.9331$$

其中

$$k_{y1}=\cos\frac{\beta_1}{2}=\cos\frac{30^\circ}{2}=\cos15^\circ=0.9659$$

$$k_{p1}=\frac{\sin q_0\dfrac{\alpha_0}{2}}{q_0\sin\dfrac{\alpha_0}{2}}=\frac{\sin\dfrac{2\times30^\circ}{2}}{2\times\sin\dfrac{30^\circ}{2}}=\frac{\sin30^\circ}{2\times\sin15^\circ}=0.9660$$

$$q_0=bd+c=0\times5+2=2$$

$$\alpha_0=\frac{60^\circ}{q_0}=\frac{60^\circ}{2}=30^\circ$$

式中：k_{y1} 是线圈的基波短距系数（线圈的基波短距角 β_1=30°）；k_{p1} 是基波分布系数。

（9）预测电动机的机械特性。电动机的额定负载转矩 T_N=10 263 g・cm=0.955 88 N・m，额定转速 n_N=3000 r/min。图 3.7.8 展示了电动机的预测机械特性，预估电动机的理想空载转速 $\hat{n}_{0i}$=1.2n_N=3600 r/min。在此基础上，估算电枢绕组的每相串联匝数 $\hat{w}_\Phi$。

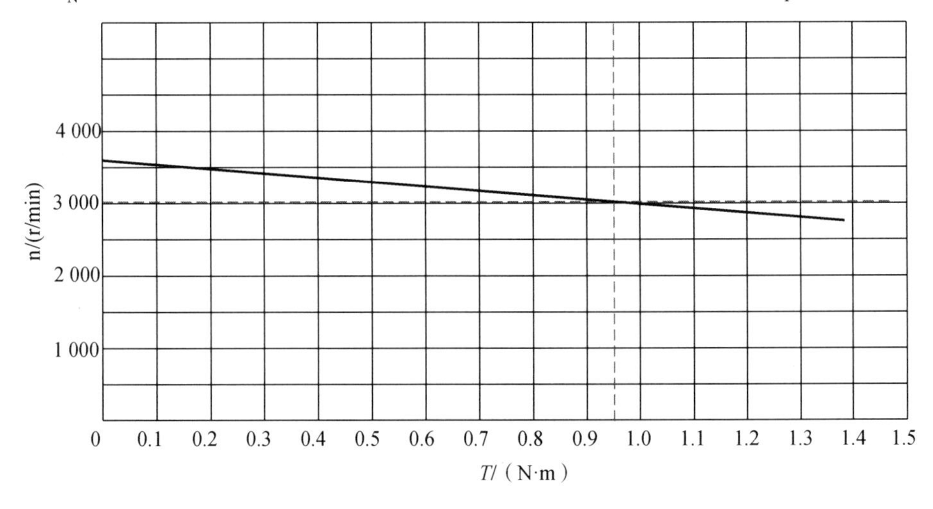

图 3.7.8　预测机械特性

（10）每相电枢绕组的串联匝数估算值 $\hat{w}_{\Phi}$。根据无刷直流永磁电动机的理想空载转速 n_{0i} 的数学表达式，便可以求得每相电枢绕组的串联匝数的估算值 $\hat{w}_{\Phi}$ 为

$$\hat{w}_{\Phi}=\frac{U}{\dfrac{4.44\sqrt{6}}{20\pi}\times pn_{0i}k_{W1}\Phi_{\delta0}}\times10^{8}$$

$$=5.777\times\frac{U}{pn_{0i}k_{W1}\Phi_{\delta0}}\times10^{8}=5.777\times\frac{12}{5\times3600\times0.9331\times29\,391}\times10^{8}$$

$$=\frac{69.324}{4.9365}=14.04$$

式中：U 是额定电压，$U=U_N$=12V；p 是电动机的磁极对数，p=5；$\Phi_{\delta0}$ 是空载情况下的气隙磁通，$\Phi_{\delta0}\approx$29 391Mx；$\hat{n}_{0i}$ 是电动机的理想空载转速的估算值，取 $\hat{n}_{0i}$=3600r/min；k_{W1} 是基波绕组系数，k_{W1}=0.9331。

（11）每个齿线圈的匝数 w_s。对于本设计的电动机而言，每相电枢绕组由 4 个齿线圈串联而成，因此每个齿线圈的匝数估算值为

$$\hat{w}_s=\frac{\hat{w}_{\Phi}}{4}=\frac{14.04}{4}=3.51$$

考虑到可能出现的永磁体性能的偏差，取每个齿线圈的匝数 w_s=4。

（12）每相电枢绕组的串联匝数 w_{Φ} 为

$$w_{\Phi}=4\,w_s=4\times4=16$$

（13）每槽导体数 N_{Π} 为

$$N_{\Pi}=2\,w_s=2\times4=8$$

（14）选用导线。本项目选用如表 3.7.5 所示的导线规格。

表 3.7.5　选用导线规格

导线牌号	铜线公称直径 d/mm	截面积 q_{cu} /mm^2	1m 的电阻 $r_{20℃}$ /（Ω/m）	绝缘导线最大直径 d_{IN} /mm
QZ	0.63	0.311 7	0.054 84	0.704

（15）槽满率 k_s 为

$$k_s=\frac{aN_{\Pi}d_{IN}^2}{S_{\Pi}}=\frac{14\times8\times0.704^2}{119.4496}=0.4647$$

式中：a 是并绕导线的根数，a=14，每槽实际上有 112 根表 3.7.5 所示的导线；S_{Π} 是定子铁心的槽面积，$S_{\Pi}\approx$119.4496mm^2。

（16）电枢绕组每相电阻计算值 $r_{\Phi(75℃)}$。定子铁心下线后的电枢示意图如图 3.7.9 所示。

温度 15℃时，电枢绕组的相电阻值 $r_{\Phi(15℃)}$ 按下式计算：

$$r_{\Phi(15℃)}=\rho\frac{l}{q_{cu}}\left(\frac{1}{a}\right)=0.0175\times\frac{2.0928}{0.3117}\times\left(\frac{1}{14}\right)=0.008\,393\ (\Omega)$$

其中

$$l=2\,w_{\Phi}\,l_{cp(1/2)}=2\times16\times0.0654=2.0928\ (\mathrm{m})$$

$$l_{cp(1/2)}=l_a+k\times\frac{\pi D_{\Pi cp}}{Z}\times y_1+2B$$

$$=40+1.15\times\frac{\pi\times57.8}{12}\times1+2\times4=40+17.4018+8$$

$$=65.4018\text{（mm）}=0.0654\text{m}$$

$$D_{\Pi\text{cp}}\approx\frac{D_{\Pi1}+D_{\Pi2}}{2}=\frac{70.6+45}{2}=57.8\text{（mm）}$$

$$D_{\Pi1}=D_{Z1}=70.6\text{mm}$$

$$D_{\Pi2}=D_{Z2}=45\text{mm}$$

式中：ρ 是铜导线的电阻率，温度 15℃时，ρ=1/57=0.0175Ω・mm^2/m；q_{cu} 是铜导线的截面积，q_{cu}=0.3117mm^2；a 是绕制电枢线圈的并联导线数，a=14；l 是电枢绕组每相串联导线的总长度，m；w_Φ 是每相电枢绕组的串联匝数，w_Φ=16；$l_{\text{cp}(1/2)}$ 是电枢线圈的平均半匝长度，m；l_{a} 是电枢铁心的轴向长度，l_{a}=40mm；k 是工艺系数，$k\approx1.15$；y_1 是绕组齿线圈的跨距，y_1=1；B 是电枢线圈端部伸出的平均长度，$B\approx4$mm。

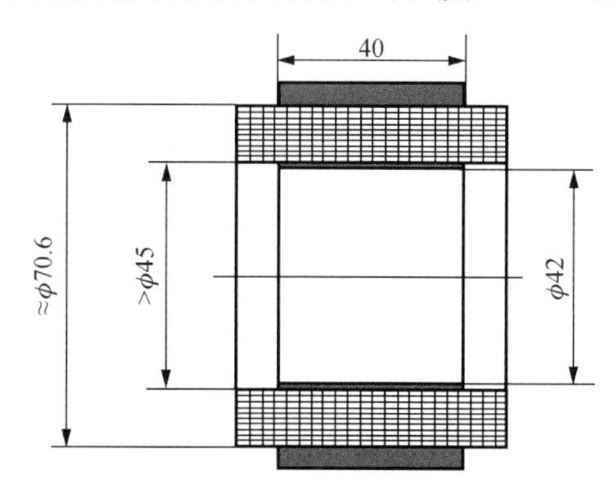

图 3.7.9　电枢示意图

在温度 75℃时，电枢绕组的每相电阻值 $r_{\Phi(75℃)}$ 为

$$r_{\Phi(75℃)}=1.24\,r_{\Phi(15℃)}=1.24\times0.008\,393=0.010\,41\text{（Ω）}$$

根据电枢线圈的半匝长度 $l_{\text{cp}(1/2)}$，可以制作绕线模具。

7）电动机的主要特性参数

（1）每相电枢绕组内感生的平均反电动势 $E_{\Phi\text{cp}}$。在每一个导通区间（即磁状态角 60°电角度）内，每相电枢绕组内感生的平均反电动势 $E_{\Phi\text{cp}}$ 为

$$E_{\Phi\text{cp}}=\frac{3}{\pi}E_{\text{m}}=\frac{3}{\pi}\sqrt{2}\times4.44fw_\Phi k_{\text{W}}\Phi_\delta\times10^{-8}$$

$$=5.9961\times fw_\Phi k_{\text{W}}\Phi_\delta\times10^{-8}$$

$$=5.9961\times250\times16\times0.9331\times29\,391\times10^{-8}$$

$$=6.5777\text{（V）}$$

式中：f 是电枢绕组内磁通的交变频率，$f=pn/60$=250Hz；Φ_δ 是正弦波气隙主磁场的每极磁通量，$\Phi_\delta\approx\Phi_{\delta0}$=29 391Mx。

（2）电枢绕组内感生的平均反电动势 E_{acp}。电枢绕组内感生的平均反电动势 E_{acp} 是其中一相电枢绕组内感生的平均反电动势 $E_{\Phi\text{cp}}$ 的 $\sqrt{3}$ 倍，由此可以求得电枢绕组内感生的平均反电动势 E_{acp} 的数值为

$$E_{acp}=\sqrt{3}E_{\Phi cp}=\sqrt{3}\times 6.5777=11.3929\text{（V）}$$

（3）平均电枢电流 I_{acp} 为

$$I_{acp}=\frac{U-2\Delta U-E_{acp}}{2r_{\Phi(75℃)}}=\frac{12-0-11.3929}{2\times 0.010\,41}$$

$$=\frac{0.6071}{0.020\,82}=29.1595\text{（A）}$$

式中：ΔU 是功率开关器件上的压降，取 $2\Delta U\approx 0$V；$r_{\Phi(75℃)}$ 是温度 75℃时的每相电枢绕组的电阻值，$r_{\Phi(75℃)}=0.010\,41\,\Omega$ 。

若取 $2\Delta U\approx 0.2$V，则平均电枢电流 I_{acp} 为

$$I_{acp}=\frac{12-0.2-11.3929}{2\times 0.010\,41}=\frac{0.4071}{0.020\,82}=19.5533\text{（A）}$$

若取 $2\Delta U\approx 0.5$V，则平均电枢电流 I_{acp} 为

$$I_{acp}=\frac{12-0.5-11.3929}{2\times 0.010\,41}=\frac{0.1071}{0.020\,82}=5.1441\text{（A）}$$

根据上述估算，保持外加电压 U 和电枢绕组的相电阻值 $r_{\Phi(75℃)}$ 不变的条件下，我们可以画出平均电枢电流 I_{acp} 与功率开关器件上的压降 $2\Delta U$ 之间的关系曲线，如图 3.7.10 所示。由图可见，功率开关器件上的压降 $2\Delta U$ 数值对平均电枢电流 I_{acp} 的数值有很大的影响。同时，每相电枢绕组的电阻值 $r_{\Phi(75℃)}$ 对平均电枢电流 I_{acp} 的数值影响也很大。

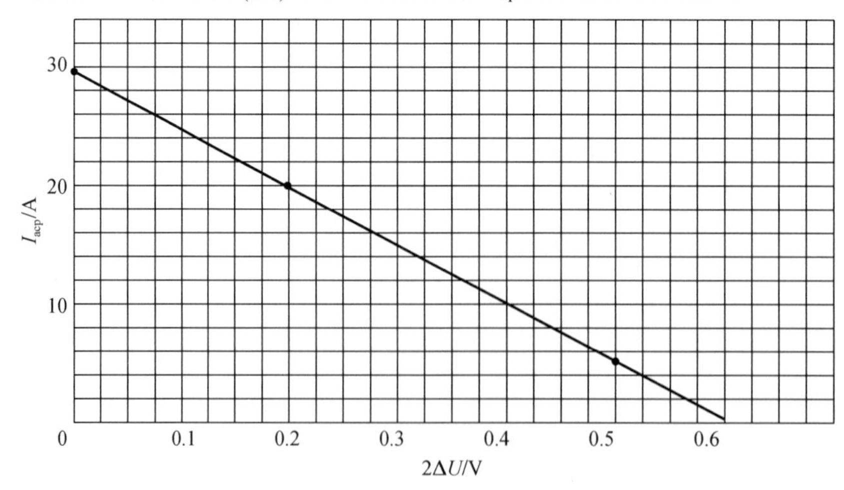

图 3.7.10　平均电枢电流 I_{acp} 与功率开关器件上的压降 $2\Delta U$ 之间的关系曲线

（4）平均电磁转矩 T_{emcp} 为

$$T_{emcp}=k_T I_{acp}=\frac{E_{acp}I_{acp}}{\Omega}=\frac{13.32\sqrt{6}}{2\pi^2}\times pw_{\Phi}k_W\Phi_{\delta}I_{acp}\times 10^{-8}$$

$$=0.036\,26\times 29.1595=1.0573\text{（N·m）}$$

其中

$$k_T=\frac{13.32\sqrt{6}}{2\pi^2}\times pw_{\Phi}k_W\Phi_{\delta}\times 10^{-8}$$

$$=\frac{13.32\sqrt{6}}{2\pi^2}\times5\times16\times0.9331\times29\,391$$

$$=0.036\,26\ (\text{N}\cdot\text{m/A})$$

式中：k_T 是电动机的转矩系数，N·m/A。

根据转矩系数 k_T，我们可以绘制出平均电磁转矩 T_{emcp} 与平均电枢电流 I_{acp} 之间的关系曲线，如图 3.7.11 所示。

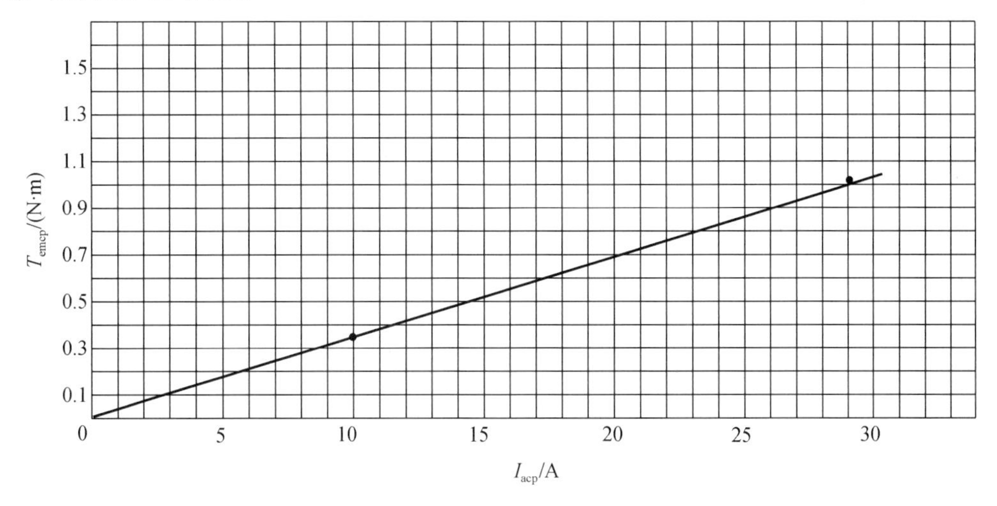

图 3.7.11　平均电磁转矩 T_{emcp} 与平均电枢电流 I_{acp} 之间的关系曲线

（5）理想空载转速 n_{0i} 为

$$n_{0i}=\frac{U}{\frac{4.44\sqrt{6}}{20\pi}\times pw_{\Phi}k_{W}\Phi_{\delta0}}\times10^{8}$$

$$=\frac{5.777\times12}{5\times16\times0.9331\times29\,391}$$

$$=\frac{69.324}{0.021\,94}$$

$$=3159\ (\text{r/min})$$

电动机的空载气隙磁通 $\Phi_{\delta0}$、电枢绕组的每相串联匝数 w_{Φ}、电枢绕组的每相电阻 $r_{\Phi(75℃)}$ 和功率开关器件上的电压降落 ΔU 将直接影响到每相电枢绕组内的瞬时反电动势的幅值 E_m、平均反电动势 E_{acp}、平均电枢电流 I_{acp}、平均电磁转矩 T_{emcp} 和理想空载转速 n_{0i} 的数值。因此，只要其中一个参数有误差，就会影响到电动机运行性能的估算值。因而，只有通过对试制样轨的测试，依据实测数值，进行多次试制和调整，才能获得满意的结果。

根据上述计算数据，在试制样机时，可以把齿线圈的匝数 $w_s=3$ 作为第二方案。图 3.7.12（g）和（h）分别展示了 $w_s=4$ 和 $w_s=3$ 两个方案的空载转速的仿真曲线，可供参考。

（6）线负荷 A。三相电枢绕组呈星形连接的无刷直流电动机运行时，两相电枢绕组成串联通导状态，因此，线负荷 A 为

$$A=\frac{2\times2w_{\Phi}I_N}{\pi D_a}=\frac{2\times2\times16\times29.1595}{\pi\times4.2}=\frac{1866.208}{13.1947}=141.4362\ (\text{A/cm})$$

其中

$$w_{\Phi}=16，\ I_{\mathrm{N}}\approx 29.1595\mathrm{A}，\ D_{\mathrm{a}}=4.2\mathrm{cm}$$

（7）电流密度 J 为

$$J=\frac{I_{\mathrm{N}}}{aq_{\mathrm{cu}}}=\frac{29.1595}{14\times 0.3117}=6.6821\ (\mathrm{A/mm^2})$$

式中：a 是并绕导线根数，$a=14$；q 是导线的截面积，$q_{\mathrm{cu}}=0.3117$（mm^2）。

8）损耗计算

我们在 $n_{\mathrm{N}}\approx 3000\mathrm{r/min}$、$I_{\mathrm{N}}\approx 29.1595\mathrm{A}$ 和气隙磁通密度 $B_{\delta 0}\approx 8534\mathrm{Gs}$ 的条件下，进行损耗计算。

（1）电损耗 P_{E}。在无刷直流电动机中，电损耗 P_{E} 有两部分：电控制器中的电损耗和电动机本体内的电损耗。电子控制器中的电损耗主要取决于功率开关器件中由饱和压降所造成的损耗 $P_{\Delta U}$；电动机本体内的电损耗是指电阻损耗 P_{cua}，通常称为铜损耗。

① 功率开关器件中的损耗 $P_{\Delta \mathrm{U}}$ 为

$$P_{\Delta\mathrm{U}}=2I_{\mathrm{N}}\ \Delta U\approx 29.1595\times 0.5=14.5798\ (\mathrm{W})$$

式中：$2\Delta U$ 是功率开关器件的饱和压降，$2\Delta U\approx 0.5\mathrm{V}$。

② 电动机本体内的铜损耗 P_{cua} 为

$$P_{\mathrm{cua}}=2I_{\mathrm{N}}^2\ r_{\Phi(75℃)}=2\times 29.1595^2\times 0.010\ 41=17.7028\ (\mathrm{W})$$

式中：$r_{\Phi(75℃)}$ 是在温度 75℃时的电枢绕组的每相电阻值，$r_{\Phi(75℃)}=0.010\ 41$（Ω）。

无刷直流电动机的电损耗 P_{E} 是上述两项耗损之和，即

$$P_{\mathrm{E}}=P_{\mathrm{cua}}+P_{\Delta\mathrm{U}}\approx 17.7028+14.5798=32.2826\ (\mathrm{W})$$

（2）铁损耗 P_{Fe}。基本的电枢铁心铁损耗 P_{Fe} 可以按下式计算：

$$\begin{aligned}P_{\mathrm{Fe}}&=p_{\mathrm{aj}}\left(\frac{B_{\mathrm{aj}}}{10\ 000}\right)^2G_{\mathrm{aj}}+p_{\mathrm{az}}\left(\frac{B_{\mathrm{aZ}}}{10\ 000}\right)^2G_{\mathrm{az}}\\&=27.375\times\left(\frac{11\ 960}{10\ 000}\right)^2\times 0.2222+30.375\times\left(\frac{16\ 853}{10\ 000}\right)^2\times 0.2981\\&=27.375\times 1.4304\times 0.2222+30.375\times 2.8402\times 0.2981\\&=8.7007+25.7174=34.4181\ (\mathrm{W})\end{aligned}$$

其中

$$\begin{aligned}p_{\mathrm{aj}}&=2\varepsilon\left(\frac{f}{100}\right)+2.5\rho\left(\frac{f}{100}\right)^2\\&=2\times 1.1\times\left[\frac{250}{100}\right]+2.5\times 1.4\times\left[\frac{250}{100}\right]^2\\&=2.2\times 2.5+3.5\times 6.25\\&=5.5+21.875\\&=27.375\ (\mathrm{W/kg})\end{aligned}$$

$$\varepsilon=1.1，\ \rho=1.4，\ p=5，\ f=250\mathrm{Hz}$$

$$p_{\mathrm{az}}=1.5\varepsilon\left(\frac{f}{100}\right)+3\rho\left(\frac{f}{100}\right)^2$$

$$=1.5\times1.1\times\left(\frac{250}{100}\right)+3\times1.4\times\left(\frac{250}{100}\right)^2$$
$$=1.65\times2.5+4.2\times6.25$$
$$=4.125+26.25$$
$$=30.375\text{（W/kg）}$$

$$G_{aj}=0.0078\cdot\frac{\pi}{4}\left(D_{sjo}^2-D_{sji}^2\right)l_a k_{Fe}$$
$$=0.0078\times\frac{\pi}{4}\times\left(7.7^2-7.06^2\right)\times4\times0.96$$
$$=0.0078\times\frac{\pi}{4}\times9.4464\times4\times0.96$$
$$=0.2222\text{（kg）}$$

$$G_{az}\approx0.0078Zb_{az}h_{az}l_a k_{Fe}$$
$$=0.0078\times12\times0.58\times1.43\times4\times0.96$$
$$=0.2981\text{（kg）}$$

式中：p_{aj} 是电枢铁心轭部中的单位铁损耗，W/kg；G_{aj} 是电枢铁心轭部的质量，kg；p_{az} 是电枢铁心齿部中的单位铁损耗，W/kg；D_{sjo} 是电枢铁心外径，D_{sjo} =7.7cm；D_{sji} 是槽底部直径，$D_{sji}=D_{\Pi1}=D_{Z1}$ =7.06cm；l_a 是电枢铁心的轴向长度，l_a =4.0cm。G_{az} 为电枢铁心齿部的质量，kg；Z 是齿数，Z =12；b_{aZ} 是齿宽，b_{aZ} =0.58cm；h_{aZ} 是齿高，$h_{aZ}\approx$1.43cm。

电枢铁心轭部的磁通密度 B_{aj} 和电枢铁心齿部的磁通密度 B_{aZ}，可以取额定状态时的数值作为计算铁损的依据，它们分别为

$$B_{aj}=1.4014\,B_{\delta0}=1.4014\times8534=11\,960\text{（Gs）;}$$
$$B_{az}=1.9748\,B_{\delta0}=1.9748\times8534=16\,853\text{（Gs）}$$

式中：$B_{\delta0}$ 是气隙磁通密度，$B_{\delta0}\approx$8534 Gs。

（3）机械损耗 P_{MECH}。机械损耗 P_{MECH} 主要包括轴承摩擦损耗 P_B 和风损 P_W 两部分，即有

$$P_{MECH}=P_B+P_W=1.6868+0.1563=1.8431\text{（W）}$$

式中：轴承摩擦损耗 P_B 和风损 P_W 可分别按下列经验公式估算。

① 轴承摩擦损耗 P_B。轴承摩擦损耗 P_B 可按下式计算：

$$P_B=k_m G_{rotor} n_N\times10^{-3}=1.3\times0.4325\times3000\times10^{-3}=1.6868\text{（W）}$$

$$G_{rotor}\approx0.0078\times\frac{\pi D_{ro}^2}{4}\times l_{rj}$$
$$=0.0078\times\frac{\pi\times4.1^2}{4}\times4.2$$
$$=0.4325\text{（kg）}$$

式中：k_m 是经验系数，k_m =1.0～1.5，取 $k_m\approx$1.3；n_N 为电动机的转速，n_N =3000r/min；G_{rotor} 为电动机的转子质量，kg；D_{ro} 是转子的外径，D_{ro} =4.1cm；l_{rj} 是转子磁轭的轴向长度，l_{rj} =4.2cm。

② 风损 P_W。风损 P_W 可按下式计算：

$$P_W=2D_{ro}^3 n_N^3 l_r 10^{-14}$$
$$=2\times4.1^3\times3000^3\times4.2\times10^{-14}$$
$$=0.1563\text{（W）}$$

式中：D_{ro} 为圆柱形转子的外径，D_{ro} =4.1cm；l_r 为圆环形转子永磁体的轴向长，$l_r = l_m$ =4.2cm。

（4）总损耗 $\sum P$ 为

$$\sum P = P_E + P_{Fe} + P_{MECH}$$
$$=32.2826+34.4181+1.8431$$
$$=68.5438\ (W)$$

（5）输入功率 P_{1N}。在不计控制器损耗的情况下，电动机的额定输入功率 P_{1N} 为

$$P_{1N} = P_{2N} + \sum P = 300+68.5438=368.5438\ (W)$$

（6）效率 η 为

$$\eta = \frac{P_{2N}}{P_{1N}} \times 100\% = \frac{300}{368.5438} \times 100\% = 81.40\%$$

电动机的损耗是一个复杂的问题，损耗计算中又采用了很多经验系数，因此计算结果仅供参考。

9）空载气隙磁场仿真

图 3.7.12（a）是磁路系统的磁通分布状况；（b）是磁路系统的磁通密度分布状况；（c）展示了电枢齿部磁通密度的分布情况；（d）是电枢轭部磁通密度的分布情况；（e）展示了气隙磁通密度的分布情况；（f）是电动机的空载相反电动势曲线；（g）是齿线圈的匝数 w_s =4 时的空载转速曲线；（h）是齿线圈的匝数 w_s =3 时的空载转速曲线。

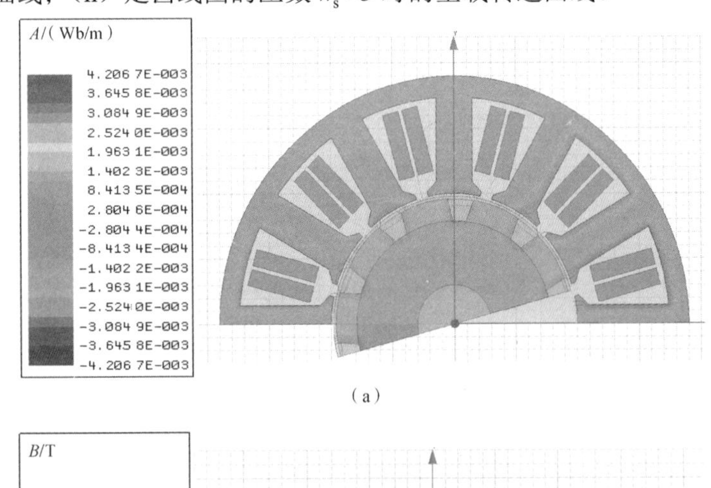

（a）

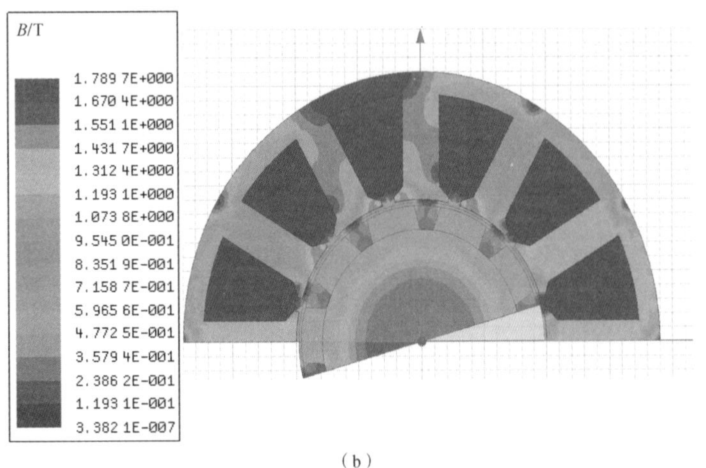

（b）

图 3.7.12　仿真结果

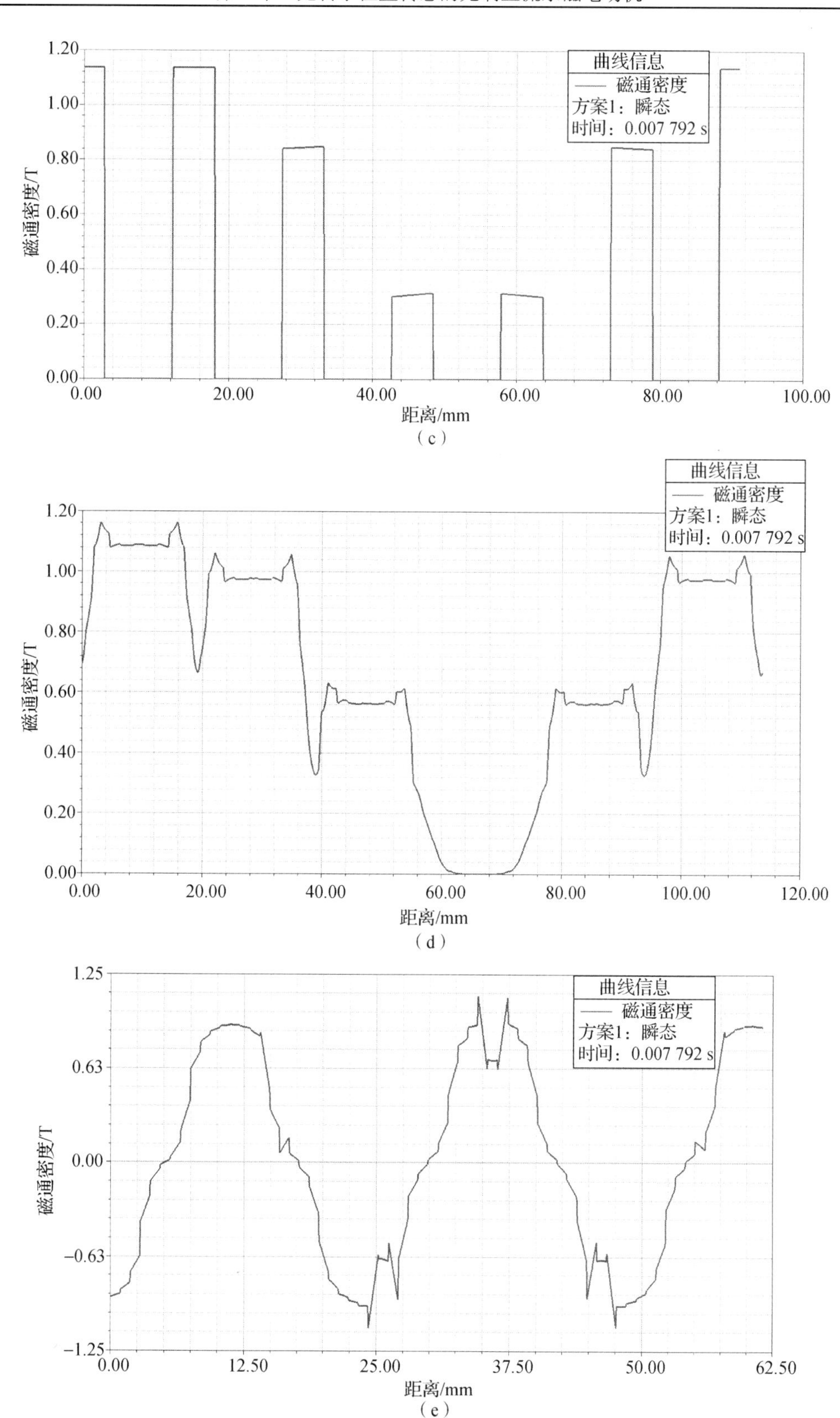

曲线信息
磁通密度
方案1：瞬态
时间：0.007 792 s
磁通密度/T
距离/mm
1.20
1.00
0.80
0.60
0.40
0.20
0.00
0.00
20.00
40.00
60.00
80.00
100.00
（c）
120.00
（d）
1.25
0.63
0.00
−0.63
−1.25
12.50
25.00
37.50
50.00
62.50
（e）

图 3.7.12 （续）

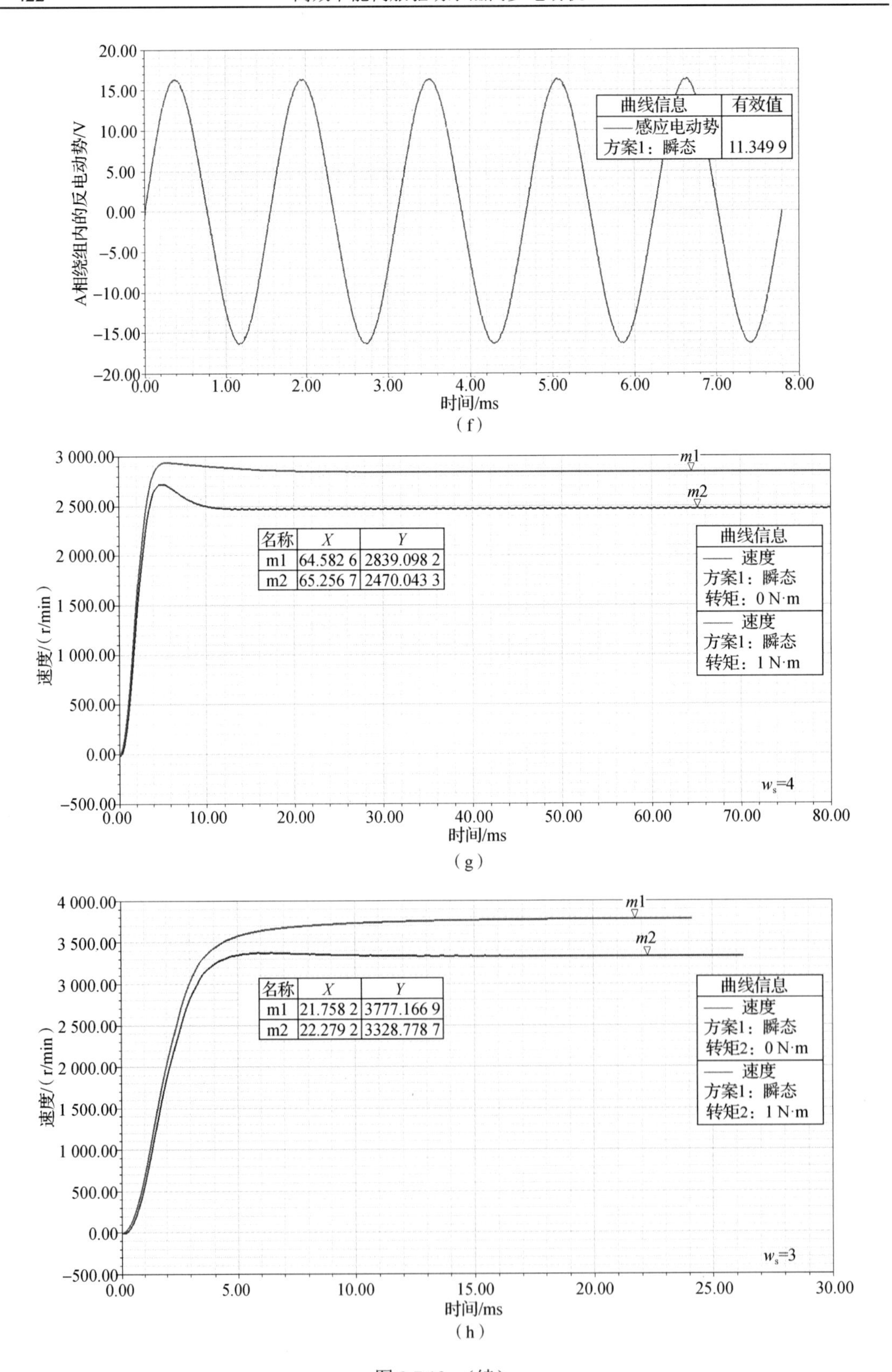

A相绕组内的反电动势/V
时间/ms
曲线信息
有效值
——感应电动势
方案1：瞬态
11.349 9
(f)
速度/(r/min)
时间/ms
名称 X Y
m1 64.582 6 2839.098 2
m2 65.256 7 2470.043 3
曲线信息
—— 速度
方案1：瞬态
转矩：0 N·m
—— 速度
方案1：瞬态
转矩：1 N·m
w_s=4
(g)
速度/(r/min)
时间/ms
名称 X Y
m1 21.758 2 3777.166 9
m2 22.279 2 3328.778 7
曲线信息
—— 速度
方案1：瞬态
转矩2：0 N·m
—— 速度
方案1：瞬态
转矩2：1 N·m
w_s=3
(h)

图 3.7.12 （续）

第 4 章　单相无刷直流永磁电动机

单相无刷直流永磁电动机主要被用来驱动各类小型风机和小型泵。以往我们把研究如何提高大中型风机和水泵的驱动效率作为节能的重点，但是近年来随着计算机外围设备、仪器仪表、医疗器械、军用电子装备和各类家用电器产品采用发热电子功率器件的增加，各类小型冷却风扇和小型泵的需求量也不断地增加。虽然每台小型风机和小型泵的耗电量不大，但是社会的总容量很大，因此提高各类小型风扇和小型泵的驱动效率具有显著的经济意义，越来越得到广大民众和政府管理部门的重视。单相无刷直流永磁电动机具有结构简单、质量轻、加速快、效率比较高、电气和机械噪声比较小，以及生产成本低和几乎不需要维护等优点，因此它们是替代原来被广泛采用的单相罩极电动机的理想产品，可以把小型风扇和小型泵的驱动效率从 30%左右提高到 60%以上。

4.1　单相无刷直流永磁电动机的工作原理

单相无刷直流永磁电动机，一般采用径向式磁路的内转子结构或外转子结构，定子主要由定子铁心和电枢绕组所组成，转子主要由永磁体和转子磁轭所构成。通常，它们的定子铁心由定子磁轭和凸极形状的齿部组成。根据不同的情况，定子铁心磁轭和齿部可以被做成整体式，也可以被做成分装式。电枢绕组采用集中式线圈，它们被集中地绕制在每一个定子齿上。转子上的永磁体被充制成一定的磁极对数，例如 $p=1$，2，3，…定子齿的数目必须与转子永磁体的磁极的数目相对应。例如，如果转子永磁体被充制成 $2p=2$，则在定子上应该设置两个齿；若转子永磁体被充制成 $2p=4$，则在定子上应该设置四个齿，依次类推。

4.1.1　电枢绕组的连接方式

单相无刷直流永磁电动机的定子上有一相电枢绕组，它由一个线圈或由若干个线圈，以串并联的方法对称均匀地连接而成。一般而言，由于定子齿距等于转子极距，可以把一个定子线圈看成为一个整距线圈。单相无刷直流永磁电动机电枢绕组（线圈）的具体连接方式如图 4.1.1（a）～（d）所示。图中的符号“*”表示线圈的同名端。

单相无刷直流永磁电动机的电枢绕组也可以由相互间隔 180° 电角度的两套绕组构成，每套绕组由两个整距线圈或由若干个整距线圈，以串并联的方法对称均匀地连接组合而成，电枢绕组（线圈）的具体连接方式如图 4.1.2（a）～（c）所示，有时，它们也被称为两相无刷直流永磁电动机。

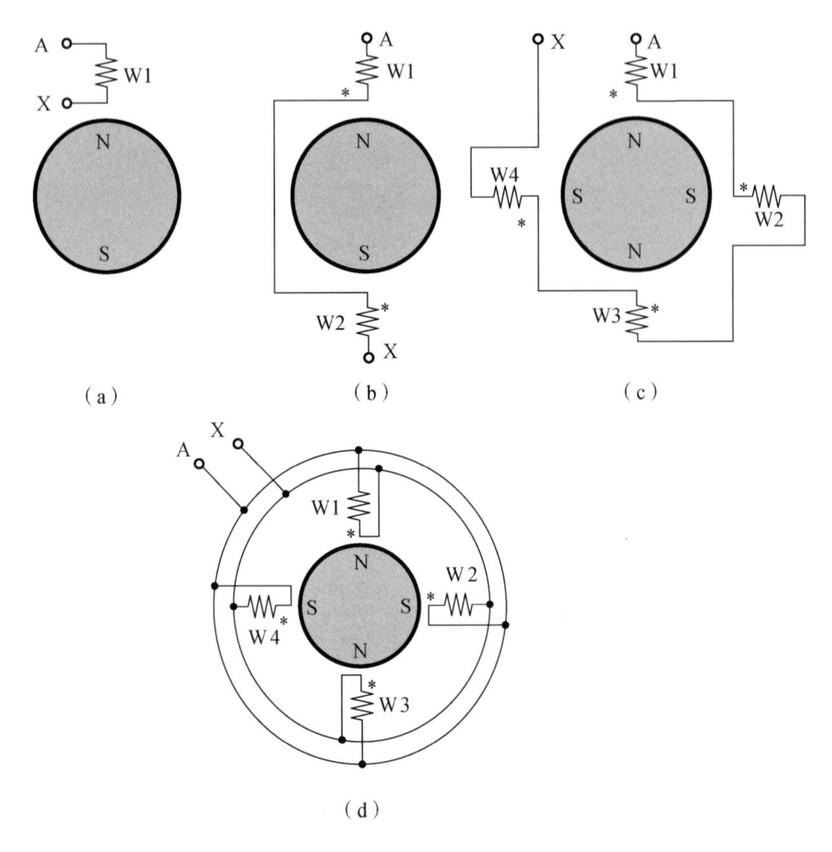

图 4.1.1　一套绕组构成的电枢绕组的示意图

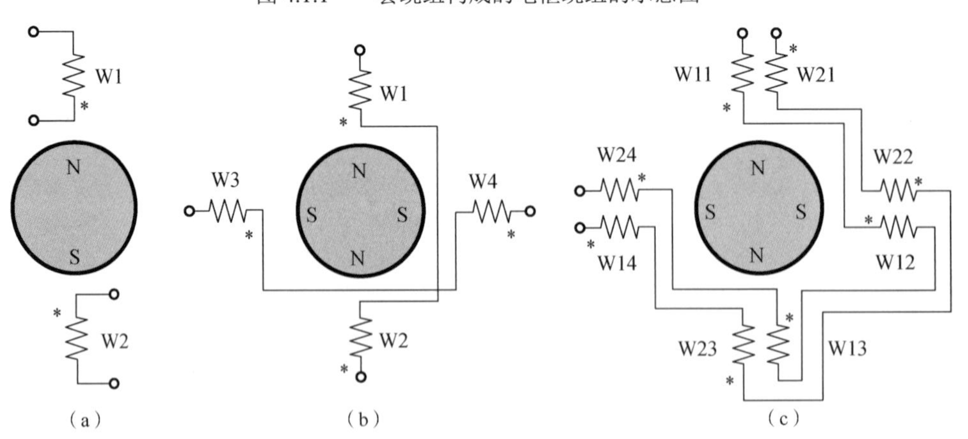

图 4.1.2　二套绕组构成的电枢绕组的示意图

在单相无刷直流永磁电动机的制造过程中，电枢线圈的绕制和连接是十分重要的，图 4.1.1 和图 4.1.2 只是介绍了若干种常见的绕组结构。我们在设计和制造单相无刷直流永磁电动机时，必须具体问题具体分析，确保电枢线圈的正确连接。

4.1.2　电枢绕组产生的定子磁场和电动机的磁状态

对于定子上有一套绕组 W1－W1′ 的单相无刷直流永磁电动机而言，当电枢绕组内通过

电流 I_a 时，便产生定子磁场 $+\boldsymbol{F}_a$，如图 4.1.3（a）所示；如果电枢绕组内的电流 I_a 改变了方向，即由“+”变为“-”时，定子磁场 $\boldsymbol{F}_a$ 的方向也将随之而改变，即由“$+\boldsymbol{F}_a$”变为“$-\boldsymbol{F}_a$”，如图 4.1.3（b）所示。由此可见，定子线圈 W1 – W1′ 内的电流 I_a 方向每改变一次，定子磁场 $\boldsymbol{F}_a$ 的方向也随之改变一次。这意味着在一个电气周期内，即在 360° 电角度范围之内，电动机的定子磁场有两个磁状态，两个磁状态之间的夹角为 180° 空间电角度，在 180° 空间电角度对应的时间区间内，每一个定子磁状态的空间角位置维持不变；而对应于每一个静止的定子磁状态而言，从开始到结束，永磁转子将转过 180° 空间电角度，这个电角度被称为定子的磁状态角，用符号 α_z 来表示。因而对于单相无刷直流永磁电动机而言，磁状态角 α_z=180° 空间电角度。

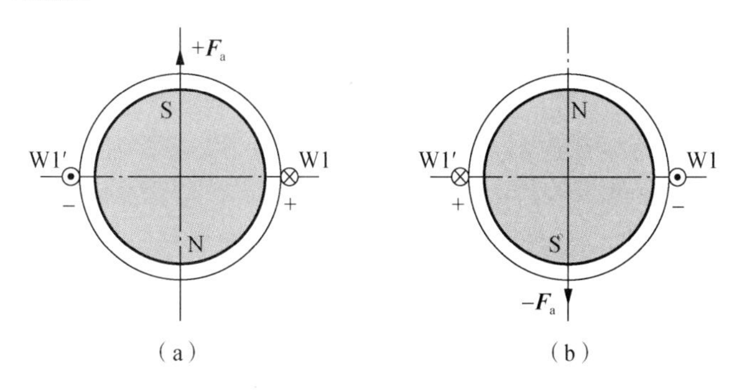

图 4.1.3　单相无刷直流永磁电动机的定转子磁场

对于定子上有相互间隔 180° 空间电角度的二套绕组 W1 – W1′ 和 W2 – W2′ 的单相无刷直流永磁电动机而言，两套绕组具有一条共同的磁路，但它们是反向绕制的；如果它们是同向绕制的话，则它们在与外部的驱动电路连接时，它们的头尾应该是被颠倒的。在此情况下，当电枢线圈 W1 – W1′ 通过电流 I_a 时，而电枢线圈 W2 – W2′ 不通电，这时，通电的电枢线圈 W1 – W1′ 将产生定子磁场 $+\boldsymbol{F}_a$，如图 4.1.4（a）所示；当电枢线圈 W2 – W2′ 通过电流 I_a 时，而电枢线圈 W1 – W1′ 不通电，这时，通电的电枢线圈 W2 – W2′ 将产生定子磁场 $-\boldsymbol{F}_a$，如图 4.1.4（b）所示。由此可见，每当两套电枢线圈 W1 – W1′ 和 W2 – W2′ 轮流通电一次时，定子磁场 $\boldsymbol{F}_a$ 的方向也随之改变一次。这意味着在一个电气周期内，即在 360° 空间电角度范围之内，二套电枢绕组轮流通电，当一套电枢绕组通电时，从开始到结束，定子电枢磁场的方向保持不变，而转子磁场将转过 180° 空间电角度；而当另一套电枢绕组通电时，定子电枢磁场将按照设定的方向跳跃 180° 空间电角度，进入另一个定子磁状态，从开始到结束，定子电枢磁场的方向又将保持不变，而转子磁场又将转过 180° 空间电角度。因此，对于定子上具有相互间隔 180° 空间电角度的二套电枢绕组的单相无刷直流永磁电动机而言，电动机的定子磁场也有两个磁状态，两个磁状态之间的夹角也为 180° 空间电角度，即每一个磁状态的状态角 α_z=180° 电角度。

上述分析表明；定子上具有一套绕组的单相无刷直流永磁电动机和定子上具有二套绕组的单相无刷直流永磁电动机的运行机制的本质是相同的，只是实现的方式不一样：定子上具有一套绕组的单相无刷直流永磁电动机是借助改变电枢线圈内的电流方向来实现定子磁场的跳跃式变化的；而定子上具有二套绕组的单相无刷直流永磁电动机是借助二套电枢线圈的轮流通电来实现定子磁场的跳跃式变化的。

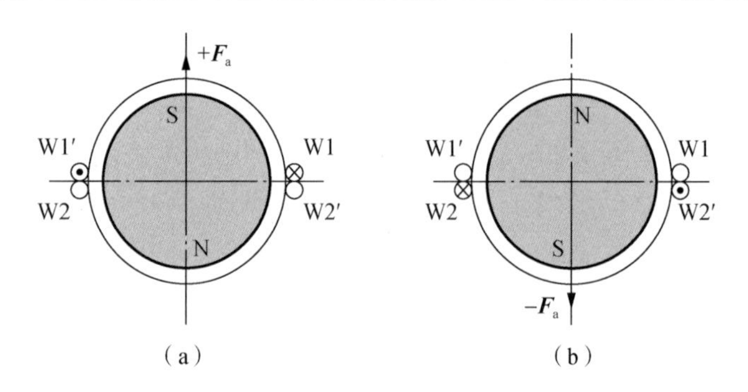

图 4.1.4　两相无刷直流永磁电动机的定转子磁场

4.1.3　电子换向（相）电路

为实现如图 4.1.5（a）所示的定子上具有一套绕组的单相无刷直流永磁电动机的正常运行，可以采用图 4.1.5（b）所示的功率驱动电路。功率开关器件 S1、S2、S3 和 S4 的导通角 α_t，即一个功率开关器件保持持续导通的电角度，等于定子磁场的状态角 $\alpha_t=\alpha_z$=180° 空间电角度。电动机运行时，功率驱动模块在换向逻辑信号的控制下，功率开关器件 S1、S2 和 S3、S4 将轮流导通，从而电枢电流 $i_a(t)$ 就以"正向"和"反向"的两种方式轮流地通过电枢线圈 W。在此情况下，电枢线圈的导通顺序与功率开关器件的导通顺序之间的关系列于表 4.1.1 中。

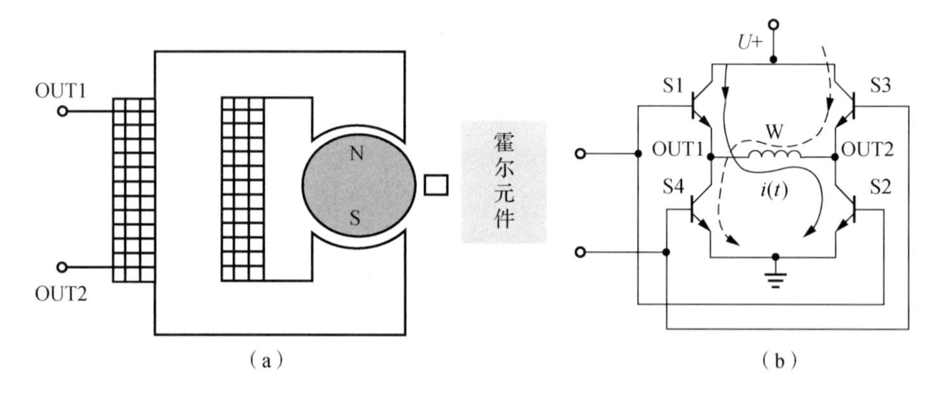

图 4.1.5　定子上具有一套绕组的单相无刷直流永磁电动机的结构示意及其驱动级电路

表 4.1.1　一套绕组的电枢线圈的导通顺序与功率开关器件的导通顺序之间的关系

时间（电角度）	0°～180°	180°～360°
电枢线圈	W（OUT1 → OUT2）	W（OUT2 → OUT1）
S1，S2	■	
S3，S4		■

注：深灰色表示功率开关器件导通；白色表示功率开关器件未导通（即截止或关断）。

对于定子上具有二套绕组的单相无刷直流永磁电动机而言，二套电枢线圈在同一条公共的磁路上，相邻的二套电枢线圈 W1 和 W2 之间成 180° 空间电角度配置，如图 4.1.6（a）所示，其功率驱动级电路如图 4.1.6（b）所示。功率开关器件 S1 和 S2 的导通角 α_t，即一个功率开关器件保持持续导通的电角度，等于定子磁场的状态角 α_z，即 $\alpha_t=\alpha_z$=180° 空间电角度。电动机运行时，驱动模块在换向逻辑信号的控制下，功率开关器件 S1 和 S2 将轮流地导通，从而电枢电流 $i_{a1}(t)$ 和 $i_{a2}(t)$ 就轮流地通过电枢线圈 W1 和 W2。在此情况下，二套电枢线圈（W1 和 W2）的导通顺序与功率开关器件（S1 和 S2）的导通顺序之间的关系列于表 4.1.2 中。

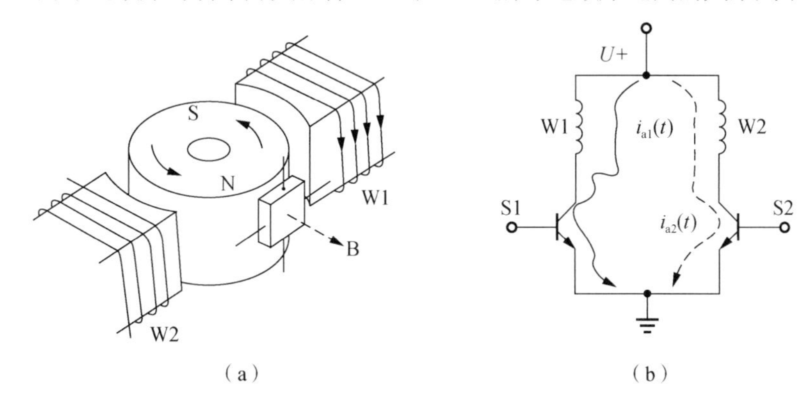

图 4.1.6　定子上具有两套绕组的单相无刷直流永磁电动机的结构示意及其驱动级电路

表 4.1.2　二套绕组的电枢线圈的导通顺序与功率开关器件的导通顺序之间的关系

时间（电角度）	0°～180°	180°～360°
电枢线圈	W1	W2
S1	深灰色	白色
S2	白色	深灰色

注：深灰色表示功率开关器件导通；白色表示功率开关器件未导通（即截止或关断）。

通常，图 4.1.5（b）所示的驱动级电路被称为双极性驱动电路；而图 4.1.6（b）所示的驱动级电路被称为单极性驱动电路。

4.1.4　霍尔器件的配置

对于单相无刷直流永磁电动机而言，不管定子上具有一套绕组还是具有二套绕组，不管是单极性驱动还是双极性驱动，它们的运行机制是相同的，定子磁场在 360° 电角度范围内有两个相互间隔 180° 电角度的磁状态。因此，单相无刷直流永磁电动机的转子位置传感器只需一个霍尔器件。一般情况下，这个霍尔器件被放置在两个相邻的定子凸极（齿）中心线的夹角的角平分线上，即被放置在相邻两个定子凸极（齿）之间的几何中心线上，如图 4.1.7 所示。

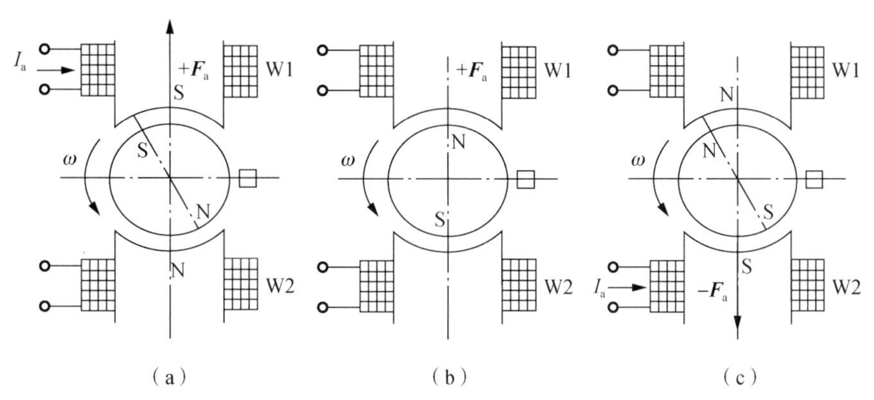

图 4.1.7　定子上具有二套绕组的单相无刷直流永磁电动机的电子换向（相）和定转子磁状态之间的关系

下面我们以定子上具有二套绕组的单极性驱动的单相无刷直流永磁电动机为例，来简单说明霍尔器件在电动机运行过程中所起的作用。根据图 4.1.7，电动机正常运转时，霍尔器件的“+”和“-”两个输出信号，将控制两个功率开关器件 S1 和 S2 的工作状态，致使定子上的二套电枢线圈 W1 和 W2 将分别轮流导通。电动机的具体运转过程如下。

（1）根据图 4.1.7（a）所示的状态，霍尔器件与永磁转子的 N 极相对，这时，霍尔器件的两个输出信号，经过逻辑电路处理后，将实现下列功能：一个输出信号使功率开关器件 S1 导通；另一个输出信号使功率开关器件 S2 截止。于是电流通入线圈 W1，使绕有线圈 W1 的定子齿磁极呈 S 极性，并产生定子磁场 $+\boldsymbol{F}_{\mathrm{a}}$。相对电动机的某一转速而言，这一磁状态将维持 180°空间电角度所对应的时间，于是定子磁场与转子磁场的相互作用便产生按逆时针方向旋转的电磁转矩。

（2）永磁转子在上述电磁转矩的作用下按逆时针方向旋转，当转子磁场转过 180°空间电角度时，两个方向相反的磁场的轴线相互重合，这时霍尔器件便处在转子磁场的物理中心线上，即处在气隙磁通密度等于零值的位置上，霍尔器件的两个输出均变成零，两个功率开关器件 S1 和 S2 均处于截止状态，两个定子线圈中均无电流通过，如图 4.1.7（b）所示。这时，虽然没有电磁转矩作用在转子上，但是转子的转动惯量将使转子继续按逆时针方向旋转。

（3）当转子在惯性的作用之下继续按逆时针方向旋转时，霍尔器件将与永磁转子的 S 极相对，这时霍尔器件的两个输出信号经过逻辑电路处理后，将实现下列功能：一个输出信号将使原来处于截止状态的功率开关器件 S2 导通；另一个输出信号将使原来处于导通状态的功率开关器件 S1 截止，于是迫使原先流入电枢线圈 W1 的电流开始流入电枢线圈 W2，使绕有电枢线圈 W2 的定子齿磁极呈 S 极性，并产生定子磁场 $-\boldsymbol{F}_{\mathrm{a}}$，定子磁场与转子磁场的相互作用便又产生按逆时针方向旋转的电磁转矩，转子继续按逆时针方向旋转，如图 4.1.7（c）所示，我们把这一过程称为“换流”，或称为“换向”。

在定子上具有二套绕组的单极性驱动的单相无刷直流永磁电动机的运行过程中，霍尔器件的输出信号经过适当处理后的逻辑控制信号 Hall(Sl) 和 Hall(S2)，将分别控制电枢线圈 W1 和 W2 在正确的位置(时间)上进行换向。施加在电枢线圈 W1 和 W2 上的电压 u_{W1} 和 u_{W2}、电枢线圈 W1 和 W2 内的反电动势 e_{W1} 和 e_{W2}、通过电枢线圈 W1 和 W2 的电流 i_{W1} 和 i_{W2}、电动机工作气隙内主磁场的磁通密度 $B_{\delta}(\theta)$、逻辑控制信号 Hall(Sl) 和 Hall(S2) 的波形相互之间的关系如图 4.1.8 所示。

在定子上具有一套绕组的双极性驱动的单相无刷直流永磁电动机的运行过程亦然如此，不再重复说明。

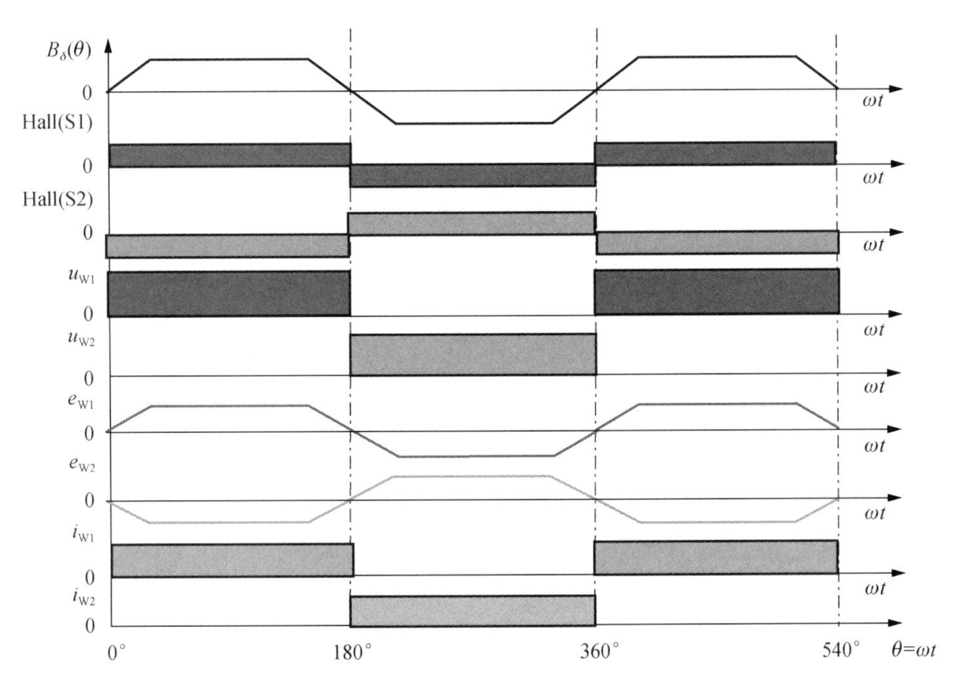

图 4.1.8　定子上具有二套绕组的单极性驱动的单相无刷直流永磁电动机的运行过程中的主要波形示意图

4.2　运行过程中出现的死点

在 360°空间电角度范围内，当永磁转子在某些角位置上，电动机不能启动，这些空间点位被称为“死点”。在单相无刷直流永磁电动机中，出现死点的原因有两个。

（1）逻辑驱动控制信号的处理有问题，在某些空间角位置上，驱动控制信号使功率驱动级内的所有功率开关器件处于截止状态，从而使电动机无法启动。

（2）在逻辑驱动控制信号正常的情况下，由于电动机本体在某些空间角位置上，它的电磁转矩等于零。

本节只说明单相无刷直流永磁电动机本身存在死点的原因和消除死点的具体方法。

4.2.1　电动机本体的死点

单相无刷直流永磁电动机实际上也是一种特殊运行的永磁同步电动机，众所周知，电动机产生的电磁转矩是定子磁场与转子磁场相互作用的结果，其数学表达式为

$$T = F_S F_R \sin\theta \tag{4-2-1}$$

式中：F_S 是定子磁场；F_R 是转子磁场；θ 是定子磁场与转子磁场之间的电气夹角。

式（4-2-1）表明：当定子磁场与转子磁场正交时，即它们之间的空间夹角 θ=90° 电角度时，则它们相互作用将产生最大的电磁转矩；而当定子磁场与转子磁场取向一致时，即它们之间的空间夹角 θ=0° 电角度时，则它们相互作用的结果将产生零电磁转矩。

图 4.2.1 给出了单相无刷直流永磁电动机的电磁转矩与转角 θ 的关系曲线。由此可见，当电动机的转子转动时，在转角 θ=0°，180°，360°，…空间电角度的点位上，单相无刷直

流永磁电动机的电磁转矩 $T_{em}=0$。这意味着当转子处在 $\theta=0°$（360°），180° 空间电角度的点位上时，单相无刷直流永磁电动机就启动不了。也就是说，单相无刷直流永磁电动机在 360° 电角度的空间范围内有两个无法启动的死点。对于单相无刷直流永磁电动机而言，只有把死点消除掉，它才具有实用价值。

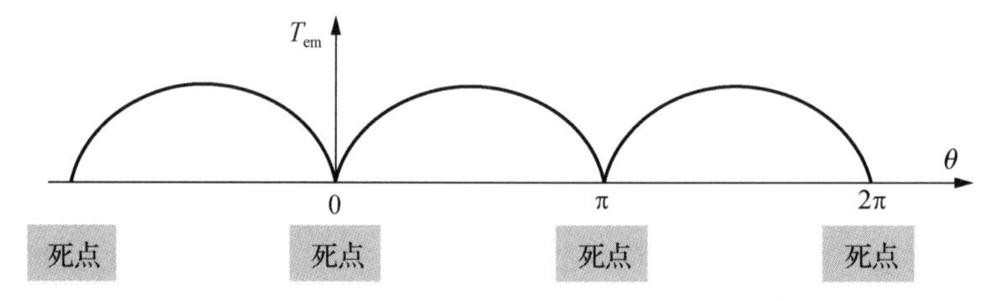

图 4.2.1　单相无刷直流永磁电动机的电磁转矩与转角的关系曲线

4.2.2　消除电动机本体死点的原理

众所周知，定转子对称结构的单相无刷直流永磁电动机的电磁转矩与功角之间的关系，即功角特性曲线，实质上与一般永磁同步电动机的功角特性曲线是一样的。工作气隙内的电磁转矩主要由两个分量所组成：一个是由转子永磁体产生的气隙主磁场与通电的定子绕组所产生的电枢反应磁场相互作用所产生的基本电磁转矩，它被称为永磁转矩 T_M，如图 4.2.2 中的曲线 1 所示；另一个是由于交（q-）轴磁路和直（d-）轴磁路的磁导不一样而产生的转矩，它被称为磁阻转矩 T_R，如图 4.2.2 中的曲线 2 所示。曲线 1 所示的永磁转矩与曲线 2 所示的磁阻转矩相加就是永磁同步电动机的电磁转矩（或称为永磁同步电动机的合成电磁转矩）T_{em}，如图 4.2.2 中的曲线 3 所示。

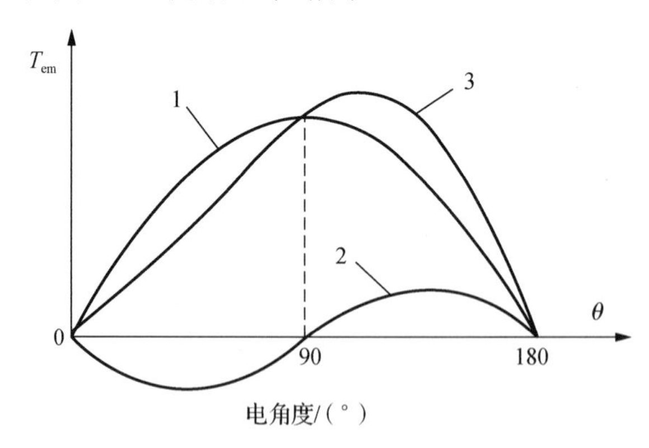

图 4.2.2　对称转子结构的同步电动机的矩角特性

由图 4.2.2 可知，当转子转动一个极距时，由于交直轴磁导不均匀所产生的磁阻转矩完成了一个周期的变化。也就是说，在 360° 空间电角度范围内，永磁转矩 T_M 变化一次，磁阻转矩 T_R 就变化两次。由于定转子结构的对称性，永磁转矩 T_M 的零点与磁阻转矩 T_R 的零点同时出现在 $\theta=0°$（360°）和 180° 电角度的空间位置上。也就是说，在这些点位上，永磁转矩 T_M 的零点与磁阻转矩 T_R 的零点相重合。因此，在永磁同步电动机和单相无刷直流永磁电动机中都同样存在着无法启动的死点。

根据上述分析，我们就可以导出消除单相无刷直流永磁电动机的启动死点的方法。这种方法的实质是改变定转子磁路结构的对称性，使对应于定转子气隙之间的最小（或最大）

磁导的轴线偏离定子齿磁极的中心轴线一个空间电角度，从而使得永磁转矩 T_M 的零点与磁阻转矩 T_R 的零点不会同时出现在电枢圆周空间的某些点位上，达到消除启动死点的目的。

在大多数情况下，采用不均匀工作气隙的方法是消除单相无刷直流永磁电动机死点的简单而有效的措施。如在图 4.2.3 所示的一台外转子结构的单相无刷永磁电动机中，采用不均匀气隙的方法，使它的定转子之间的气隙最大磁导的轴线偏离内定子齿磁极的中心轴线一个 α 空间电角度，从而达到了消除死点的目的。

当定转子之间的气隙最大磁导的轴线偏离内定子齿磁极的中心轴线 45° 空间电角度时，其矩角特性曲线如图 4.2.4 所示。图中，曲线 a 是永磁转矩 T_M 与转角 θ 的关系，曲线 b 是磁阻转矩 T_R 与转角 θ 的关系，曲线 c 是永磁转矩 T_M 与磁阻转矩 T_R 的合成转矩，即电动机的合成电磁转矩 T_{em} 与转角 θ 的关系。这时，矩角特性曲线上就不存在死点，电动机就能可靠地启动。

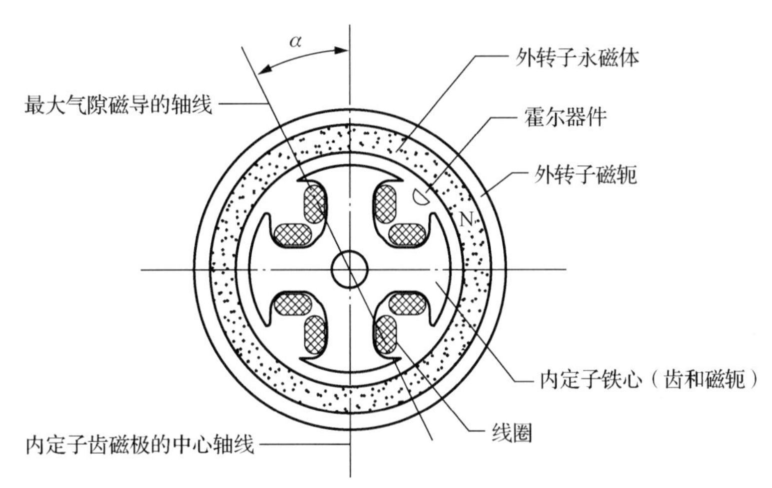

图 4.2.3　具有不均匀工作气隙的电动机的横截面图

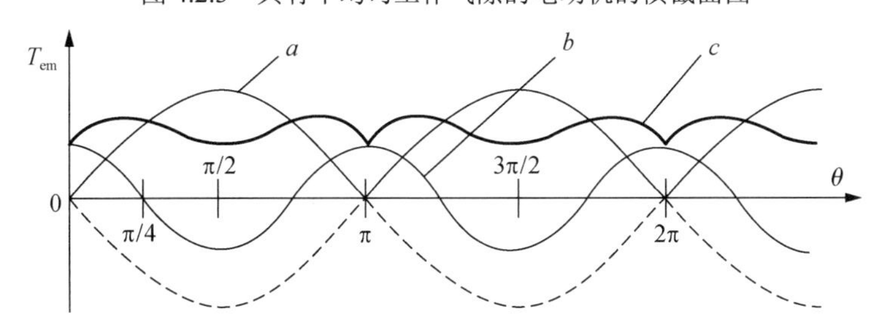

图 4.2.4　具有不均匀工作气隙的电动机的矩角特性曲线

在单相无刷直流永磁电动机中，消除死点的方法还有多种，如在定转子的适当位置上增设辅助磁极的方法等，但都不是常用的，这里不再介绍。

4.3　单相无刷直流永磁电动机设计考虑

这里，我们主要讨论三个问题，即主要尺寸的决定、所需永磁体的体积的估算和几个基本计算公式的推导。

4.3.1 主要尺寸的决定

我们将在气隙主磁场的磁通密度按正弦波规律分布的情况下，推导出单相无刷直流永磁电动机的主要尺寸的估算公式。

单相无刷直流永磁电动机正常运行时，不管是单极性驱动还是双极性驱动，电动机内实现能量转换的平均电磁功率 P_{emcp} 为

$$P_{\mathrm{emcp}} = E_{\mathrm{acp}}\ I_{\mathrm{a}} \tag{4-3-1}$$

其中

$$\begin{aligned}E_{\mathrm{acp}} &= \frac{2}{\pi}E_{\mathrm{m}} = \frac{2}{\pi}\times\sqrt{2}\times 4.44 f w_{\Phi} k_{\mathrm{W}} \Phi_{\delta}\times 10^{-8}\\ &= 3.9974\times f w_{\Phi} k_{\mathrm{W}} \Phi_{\delta}\times 10^{-8}\end{aligned} \tag{4-3-2}$$

$$E_{\mathrm{m}} = \sqrt{2}\times 4.44 f w_{\Phi} k_{\mathrm{W}} \Phi_{\delta}\times 10^{-8}$$

式中：E_{acp} 是电枢绕组内的平均反电动势，V；E_{m} 是当气隙主磁场的磁通密度按正弦波规律分布时，每相电枢绕组的（基波）反电动势的幅值，V；w_{Φ} 是一相电枢绕组（线圈）的串联匝数；k_{W} 是绕组系数，$k_{\mathrm{W}}=1$；Φ_{δ} 是每一个磁极的（基波）磁通量，$\Phi_{\delta}=(2/\pi)B_{\delta}\tau l_{\delta}$（其中 B_{δ} 是气隙主磁场的（基波）磁通密度的幅值，Gs；τ 是极距，cm；l_{δ} 是工作气隙的轴向长度，cm），Mx。

对于单相无刷直流永磁电动机而言，电负荷 A 的表达式为

$$A = \frac{2w_{\Phi}I_{\mathrm{a}}}{\pi D_{\mathrm{a}}}$$

由此，可以写出平均电枢电流 I_{acp} 的表达式为

$$I_{\mathrm{a}} = \frac{\pi D_{\mathrm{a}} A}{2w_{\Phi}} \tag{4-3-3}$$

把式（4-3-2）和式（4-3-3）代入式（4-3-1），便得到平均电磁功率 P_{emcp} 的表达式为

$$\begin{aligned}P_{\mathrm{emcp}} &= 3.9974\times f w_{\Phi} k_{\mathrm{W}} \Phi_{\delta}\times\frac{\pi D_{\mathrm{a}} A}{2w_{\Phi}}\times 10^{-8}\\ &= 3.9974\times\frac{pn}{60} w_{\Phi} k_{\mathrm{W}} \frac{2}{\pi} B_{\delta} \frac{\pi D_{\mathrm{a}}}{2p} l_{\delta}\times\frac{\pi D_{\mathrm{a}} A}{2w_{\Phi}}\times 10^{-8}\\ &= \frac{3.9974\times\pi}{60\times 2}\times k_{\mathrm{W}} A B_{\delta} n D_{\mathrm{a}}^{2} l_{\delta}\times 10^{-8}\end{aligned}$$

由此，可以写出单相无刷直流永磁电动机的主要尺寸的表达式为

$$D_{\mathrm{a}}^{2} l_{\delta} = 9.5555\times\frac{P_{\mathrm{emcp}}}{k_{\mathrm{W}} A B_{\delta} n}\times 10^{8} \tag{4-3-4}$$

最后，我们可以在不计及电枢反应对气隙主磁场的影响的情况下，写出单相无刷直流永磁电动机，在额定条件下运行时的主要尺寸的表达式为

$$D_{\mathrm{a}}^{2} l_{\delta} = 9.5555\times\frac{P_{\mathrm{emcpN}}}{k_{\mathrm{W}} A B_{\delta} n_{\mathrm{N}}}\times 10^{8} \tag{4-3-5}$$

式中：P_{emcpN} 是电动机的平均额定电磁功率，W；n_{N} 是电动机的额定转速，r/min。

对于小功率电动机而言，平均额定电磁功率（即平均额定计算容量）P_{emcpN}，可以根据电动机是连续长期工作制还是重复短时工作制，分别按照式（3-6-20a）和式（3-6-20b）来估算。

一般而言，定子上具有一套绕组的双极性驱动的单相无刷直流永磁电动机与定子上具有两套绕组的单极性驱动的单相无刷直流永磁电动机相比较，它的电枢绕组利用率比较高，因而在同样的几何尺寸条件下，它的输出功率也会大一些。

4.3.2　所需永磁体的体积的估算

对于单相无刷直流永磁电动机而言，不管是定子电枢上具有一套绕组（双极性驱动）还是具有两套绕组（单极性驱动），它们的磁路结构基本上是相同的，因而，根据磁动势平衡方程式（3-6-29），可以推导出一对磁极所需的永磁体的体积的估算值 $\hat{V}_{\text{mp}}$ 的表达式为

$$\hat{V}_{\text{mp}} = C_{\text{V}} \cdot \frac{\delta k_{\delta} B_{\delta\text{N}} \Phi_{\delta\text{N}}}{B_{\text{r}} H_{\text{c}}} \tag{4-3-6}$$

式中：C_{V} 是一个体积系数，$C_{\text{V}} = \dfrac{2k_{\text{D}} k_{\text{S}} \sigma}{k_{\text{B}} k_{\text{H}}}$。

一台被设计的无刷直流永磁电动机所需永磁体的体积的估算值为

$$\hat{V}_{\text{m}} = 1.2\, p \hat{V}_{\text{mp}}$$

式中：p 是电动机的磁极对数。

式（4-3-6）和体积系数 C_{V} 中的所有参数和系数的定义和它们的取值范围，请参阅第 3 章 3.6.2 节。

4.3.3　基本计算公式的推导

依据电动机的设计需要，单相无刷直流永磁电动机的基本计算公式是指理想空载转速 $n_{0\text{i}}$、平均电磁转矩 T_{em} 和电枢电流 I_{a} 的计算公式。这里，我们将在气隙主磁场的磁通密度按正弦波规律分布的情况下，推导出电动机的基本计算公式。在推导过程中，忽略电枢绕组的电感，不考虑驱动级内功率开关器件的瞬变脉冲。

1）理想空载转速 $n_{0\text{i}}$

在无刷直流永磁电动机中，可以认为每相电枢绕组内感生的反电动势 E_{a} 与每相电枢绕组内流过的电流 I_{a} 是同相位的。因此，它的电压平衡方程式为

$$U - \Delta U = I_{\text{a}}\, r_{\text{a}} + E_{\text{a}} \tag{4-3-7}$$

式中：U 是外加电压，V；ΔU 是功率开关器件上的电压降落，V，当采用双极性驱动电路时，等于两个功率开关器件上的电压降落之和，当采用单极性驱动电路时，等于一个功率开关器件上的电压降落；$U - \Delta U$ 是被施加到每相电枢绕组端头上的电压，V；r_{a} 是每相电枢绕组的电阻值，$r_{\text{a}} = r_{\Phi}$，Ω。

电动机理想空载状态时，电枢电流 $I_{\text{a}}=0$，$\Delta U=0$。因此，每相电枢绕组内的理想空载反电动势 $E_{0\text{i}}$ 必须与外加电压相平衡，即有

$$U = E_{0\text{i}} \tag{4-3-8}$$

对于单相无刷直流永磁电动机而言，电枢绕组内的反电动势可以认为是由旋转永磁转子在定子线圈内形成的交变磁通感生的，因此，理想空载反电动势 $E_{0\text{i}}$ 可以按下式计算：

$$E_{0i}=4.44\, f_{0i} w_{\Phi} k_{W} \Phi_{\delta 0}\times 10^{-8}$$
$$=4.44\frac{pn_{0i}}{60} w_{\Phi} k_{W} \Phi_{\delta 0}\times 10^{-8} \qquad (4\text{-}3\text{-}9)$$

式中：f_{0i} 是电动机在理想空载转速时的频率，$f_{0i}=pn_{0i}/60\text{Hz}$；$\Phi_{\delta 0}$ 是空载时气隙主磁场的每极磁通量，Mx，它可以通过磁路计算和绘制磁铁工作图求得。

由此，可以写出理想空载转速 n_{0i} 的表达式为

$$n_{0i}=\frac{60E_{0i}}{4,44\,pw_{\Phi} k_{W}\Phi_{\delta 0}}\times 10^{8}$$
$$=13.5135\times\frac{U}{pw_{\Phi} k_{W}\Phi_{\delta 0}}\times 10^{8} \qquad (4\text{-}3\text{-}10)$$

在知道理想空载转速 n_{0i} 的情况下，也可以得到每相电枢绕组的串联匝数 w_{Φ} 的数学表达式为

$$w_{\Phi}=13.5135\times\frac{U}{pn_{0i} k_{W}\Phi_{\delta 0}}\times 10^{8} \qquad (4\text{-}3\text{-}11)$$

2）电枢电流 I_a

根据式（4-3-7），可以得到电枢电流 I_a 的数学表达式为

$$I_a=\frac{[U-\Delta U]-E_a}{r_a} \qquad (4\text{-}3\text{-}12)$$

其中

$$E_a=4.44\, f_N w_{\Phi} k_W \Phi_{\delta N}\times 10^{-8} \qquad (4\text{-}3\text{-}13)$$

式中：E_a 是电动机额定运行时在每相电枢相绕组内感生的反电动势；f_N 是电动机额定运行时的频率，$f_N=pn_N/60$，Hz；$\Phi_{\delta N}$ 是电动机额定运行时的每极气隙磁通量，Mx。

3）电磁转矩 T_{em}

电动机的平均电磁转矩 T_{em} 与平均电磁功率 P_{em} 之间有如下的关系式：

$$T_{em}=\frac{P_{em}}{\omega}=\frac{E_a I_a}{\frac{2\pi n}{60}} \qquad (4\text{-}3\text{-}14)$$

式中：ω 是电动机额定运行时的机械角速度，$\omega=2\pi n_N/60$，rad/s；n 是电动机的转速，r/min。

把式（4-3-13）代入式（4-3-14），便可以得到电磁转矩 T_{em} 的数学表达式为

$$T_{em}=\frac{E_a I_a}{\frac{2\pi n}{60}}=4.44\frac{pn}{60} w_{\Phi} k_W \Phi_{\delta N}\frac{60}{2\pi n} I_a\times 10^{-8}$$
$$=0.7066\times pw_{\Phi} k_W \Phi_{\delta N} I_a\times 10^{-8}\ (\text{N}\cdot\text{m}) \qquad (4\text{-}3\text{-}15)$$

或

$$T_{em}=0.7066\times pw_{\Phi} k_W \Phi_{\delta N} I_a\times\frac{10^{-3}}{9.81}=K_m I_a\ (\text{g}\cdot\text{cm}) \qquad (4\text{-}3\text{-}16)$$

其中

$$K_m=0.7066\times pw_{\Phi} k_W \Phi_{\delta N}\times\frac{10^{-3}}{9.81}\ (\text{g}\cdot\text{cm/A})$$

式中：K_m 是电动机的转矩常数。

4.4 设 计 例 题

本例题是一台专为通风装置设计的单相无刷直流永磁电动机。

1）主要技术指标

（1）额定电压 U_N =110 V。

（2）额定转速 n_N =1800 r/min。

（3）额定输出功率 $P_N = P_2$ =187 W。

（4）额定输出转矩 T_N =9.55 P_N / n_N =0.9921 N • m。

（5）效率（估计值）$\eta =$（P_2 / P_1）×100%≥80%。

（6）额定输入功率（估计值）$P_1 = P_2 / \eta$ =187/0.8=233.75 W。

（7）额定电流（估计值）$I_N \approx P_1 / U_N$ =233.75/150=1.56 A。

（8）持续工作状态。

2）供电方式（电源）

本产品适用于 110V/60Hz 的交流电源，整流器采用电容滤波的单相桥式不可控整流电路，逆变器采用单相电压型全桥逆变电路。整流器给逆变器提供直流电压，整流器和逆变器的功率模块如图 4.4.1 所示。

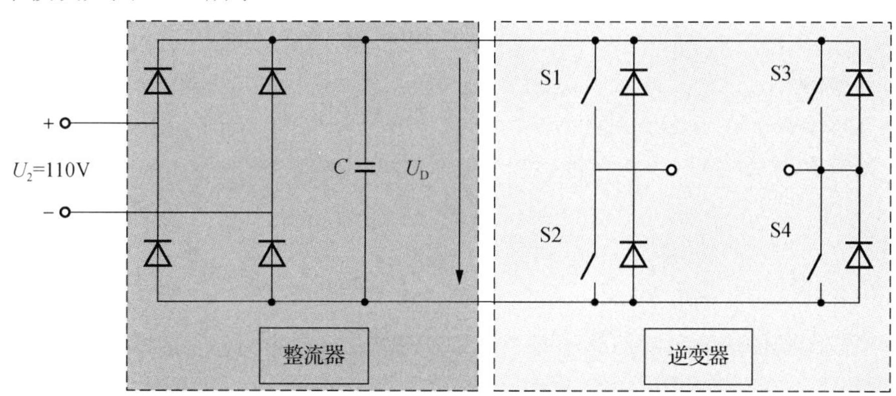

图 4.4.1　整流器和逆变器的功率模块

在图 4.4.1 所示的电路中，当整流器空载时，由于存在滤波电容 C，电容器的放电时间常数为无穷大，整流器输出的直流电压平均值 U_D 为

$$U_D = \sqrt{2}\ U_2$$

式中：U_2 是交流电源电压的有效值，根据本产品的技术要求，$U_2 = U_N$ =110V；交流电源电压的瞬时值 $u_2 = \sqrt{2} U_2 \sin \omega t$ 。因此，整流器空载时，它的输出电压 U_D 等于交流电源电压的幅值。

在整流器的输出端没有滤波电容 C 的情况下，整流器的输出电压的瞬时值将追随交流电源电压瞬时值 u_2 的变化而变化，这时整流器输出直流电压的平均值 U_D 为

$$U_D = 0.9 U_2$$

在实际运行中，整流器输出直流电压的平均值 U_D 将随着负载电流的变化而变化，负载电流越大，电容器的放电越快，它起的平滑作用就显得越小，整流器的输出直流电压的平均值 U_D 就趋近于 $0.9U_2$。因此一般而言，我们可以近似地取整流器输出直流电压的平均值 U_D 为

$$U_D \approx 1.2U_2$$

根据本产品的技术要求，整流器输出的直流电压的平均值U_D为

$$U_D \approx 1.2U_2 = 1.2 \times 110 = 132 \text{（V）}$$

3）主要尺寸的决定和所需永磁体的体积的估算

我们将在气隙主磁场的磁通密度按正弦波规律分布的情况下，对电动机的主要尺寸和所需永磁体的体积进行估算。

（1）主要尺寸的确定，即

$$\begin{aligned} D_a^2 l_\delta &= 9.5555 \times \frac{P_{emN}}{k_W A_s B_\delta n_N} \times 10^8 \\ &= 9.5555 \times \frac{202.58}{1 \times 200 \times 3500 \times 1800} \times 10^8 \\ &= \frac{1935.7532}{12.6} \\ &= 153.6312 \text{（cm}^3\text{）} \end{aligned}$$

其中对于持续工作状态的小功率电动机而言，P_{emN}可以按下式估算：

$$P' = \frac{1+2\eta}{3\eta} \times P_2 = \frac{1+2\times 0.8}{3\times 0.8} \times 187 = 202.58 \text{（W）}$$

上述式中：D_a是电动机的电枢直径，cm；l_δ是电枢铁心计算长度，cm；P_{emN}是额定计算功率；k_W是绕组系数，$k_W \approx 1.0$；n_N是电动机的额定转速，$n_N = 1800$ r/min；A_s是电动机的线负荷，$A_s \approx 200$ A/cm；B_δ是电动机的磁负荷，对于采用铁氧体的永磁电动机而言，气隙磁通密度$B_\delta \approx 3500$ Gs；η是电动机的效率，$\eta \approx 0.80$。

当电枢直径$D_a = 7.69$cm，电枢铁心长度l_a可按下式估算：

$$l_a = \frac{[D_a^2 l_\delta]}{D_a^2} = \frac{153.6312}{7.69^2} = \frac{153.6312}{59.1361} = 2.5979 \text{（cm）}$$

根据上述计算，我们取$D_a = 7.69$cm，$l_a = 2.6$cm。

（2）所需永磁体的体积的估算，即

$$\begin{aligned} \hat{V}_{mp} &= 1.2 \times \frac{2k_D k_S \sigma}{k_B k_H} \frac{\delta k_\delta B_{\delta N} \Phi_{\delta N}}{B_r H_c} \\ &= 1.2 \times \frac{2\times 1.2 \times 1.15 \times 1.1}{0.8 \times 0.2} \times \frac{0.092\,25 \times 1.0252 \times 3500 \times 24\,219.89}{4020 \times 3200} \\ &= 1.2 \times \frac{24\,339\,796.92}{2\,058\,240} \\ &= 1.2 \times 11.8255 \\ &= 14.1906 \text{（cm}^3\text{）} \end{aligned}$$

其中

$$\Phi_{\delta N} = \alpha_i \tau l_\delta B_{\delta N} = 0.6366 \times 4.026 \times 2.7 \times 3500 = 24\,219.89 \text{（Mx）}$$

上述式中：k_D是电枢反应的去磁系数，$k_D \approx 1.20$；k_S是饱和系数，$k_S \approx 1.10$；σ是永磁体的漏磁系数，$\sigma \approx 1.10$；δ是工作气隙的长度，$\delta = 0.092\,25$ cm；k_δ是气隙系数，$k_\delta = 1.0252$；$B_{\delta N}$是额定状态下气隙磁通密度的幅值，$B_{\delta N} \approx 3500$ Gs；$\Phi_{\delta N}$是额定状态下每极发出的磁通量，Mx；k_B是永磁体的磁感应强度利用系数，$k_B \approx 0.80$；k_H是磁场强度利用系数，$k_H \approx 0.20$；

B_r 是永磁体的剩余磁感应强度，$B_r \approx 4020$ Gs；H_c 是永磁体（Y30H-1 型铁氧体）的矫顽力，$H_c \approx 3200$ Oe；τ 是极距，$\tau = 4.026$ cm；l_δ 是计算气隙轴向长度，$l_\delta = 2.70$ cm。

4）磁路系统的结构设计

【定子方面的几何尺寸】

图 4.4.2 给出定子电枢铁心冲片的几何形状和尺寸，定转子冲片均采用 DW800 牌号的硅钢片。

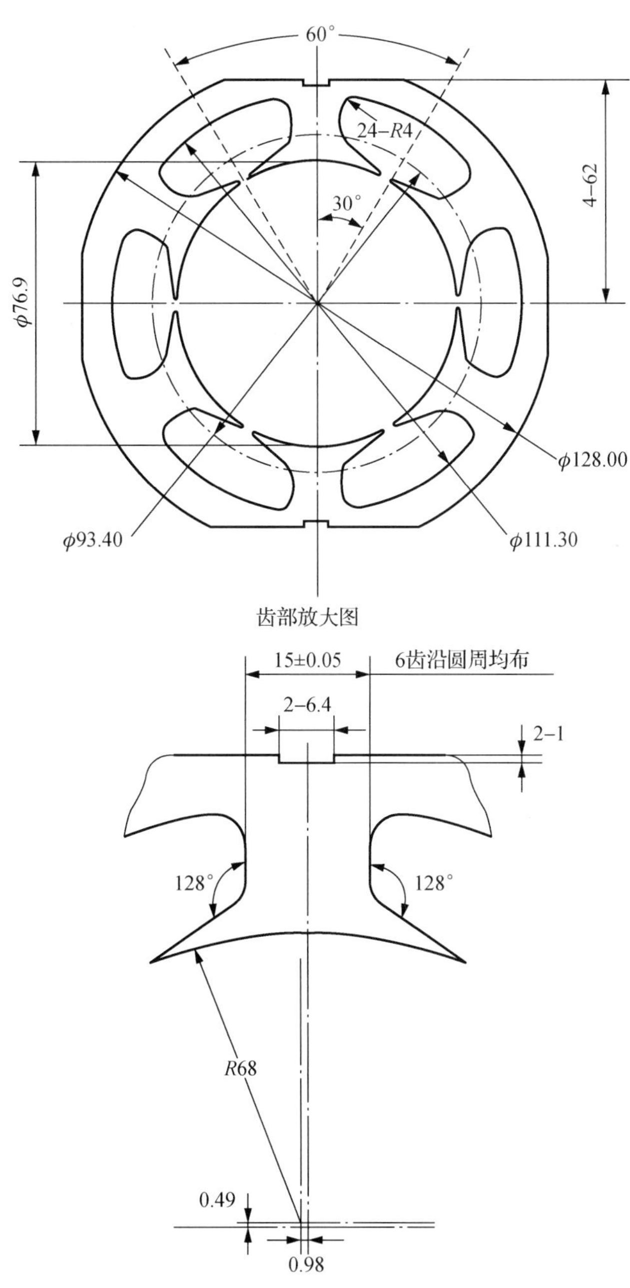

图 4.4.2　定子冲片的几何形状和尺寸

（1）定子冲片外径 $D_{aj} = 128$ mm。

（2）定子冲片内径（取平均值）D_{a}=76.90 mm。

（3）电枢铁心的轴向长度l_{a}=26 mm。

（4）齿数Z=6。

（5）磁极对数p=3。

（6）极距τ为

$$\tau=\frac{\pi D_{\mathrm{a}}}{2p}=\frac{\pi\times 76.90}{6}=40.26\ \mathrm{mm}$$

（7）齿距t为

$$t=\frac{\pi D_{\mathrm{a}}}{Z}=\frac{\pi\times 76.90}{6}=40.26\ \mathrm{mm}$$

（8）齿宽b_{aZ}=15mm。

（9）槽底圆直径D_1=111.3 mm。

（10）电枢铁心齿高h_{aZ}为

$$h_{\mathrm{aZ}}=\frac{D_1-D_{\mathrm{a}}}{2}=\frac{111.3-76.90}{2}=17.2\text{（mm）}$$

（11）电枢铁心磁轭高度h_{aj}为

$$h_{\mathrm{aj}}=\frac{D_{\mathrm{aj}}-D_1}{2}=\frac{128-111.3}{2}=8.35\text{（mm）}$$

（12）电枢铁心轭部沿磁场方向一对磁极的平均长度l_{aj}为

$$\begin{aligned}l_{\mathrm{aj}}&=\frac{\pi\left(D_{\mathrm{aj}}-h_{\mathrm{aj}}\right)}{2p}+h_{\mathrm{aj}}=\frac{\pi(128-8.35)}{6}+8.35\\&=62.6486+8.35\\&=70.9986\text{（mm）}\end{aligned}$$

（13）槽顶圆直径D_2=93.40 mm。

（14）定子槽开口宽度b_0=2.69 mm。

（15）定子槽形截面积S_{Π}为

$$\begin{aligned}S_{\Pi}&=\frac{\left[\left(\dfrac{\pi D_1}{Z}-b_{\mathrm{aZ}}\right)+\left(\dfrac{\pi D_2}{Z}-b_{\mathrm{aZ}}\right)\right]}{2}\times\frac{D_1-D_2}{2}\\&=\frac{\left[\left(\dfrac{\pi\times 111.3}{6}-15\right)+\left(\dfrac{\pi\times 93.40}{6}-15\right)\right]}{2}\times\frac{111.3-93.40}{2}\\&=\frac{43.2765+33.9041}{2}\times 8.95=345.38\text{（mm}^2\text{）}\end{aligned}$$

【转子方面的几何尺寸】

图 4.4.3 给出转子横截面的示意图，转子磁轭冲片采用 DW800，永磁体采用 Y30H－1型铁氧体。

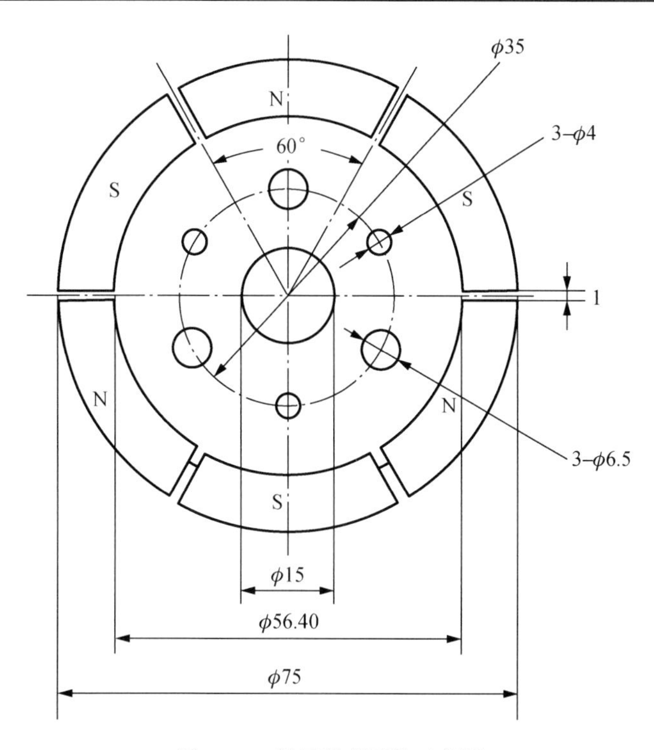

图 4.4.3　转子横截面的示意图

（1）转子外圆直径 D_r =75 mm。

（2）转子铁心及永磁体的轴向长度 l_r 为

$$l_r = l_m = l_a + 2 = 26 + 2 = 28\text{（mm）}$$

（3）气隙长度（取平均值）δ 为

$$\delta = \frac{\delta_{max} + \delta_{min}}{2} = \frac{1.39 + 0.455}{2} = 0.9225\text{（mm）}$$

式中：δ_{max} 是最大气隙，δ_{max} =（77.78−75）/2=1.39（mm）；δ_{min} 是最小气隙，δ_{min} =（75.91−75）/2=0.455（mm）。

（4）转子铁心磁轭的外径 D_{rj} =56.4 mm。

（5）转子铁心磁轭的内径 D_{ri} =15 mm。

（6）转子铁心的磁轭高度 h_{rj} 为

$$h_{rj} = \frac{D_{rj} - D_{ri}}{2} = \frac{56.4 - 15}{2} = 20.7\text{（mm）}$$

（7）转子铁心磁轭沿磁场方向一对磁极的平均长度 l_{rj} 为

$$\begin{aligned} l_{rj} &= \frac{\pi\left(D_{rj} - h_{rj}\right)}{2p} + h_{rj} \\ &= \frac{\pi\left(56.4 - 20.7\right)}{6} + 20.7 \\ &= 18.6925 + 20.7 \\ &= 39.3925\text{（mm）} \end{aligned}$$

（8）转子永磁体的平均宽度 b_m 为

$$b_m = \frac{\pi\left(D_r + D_{rj}\right)}{2 \times 2p} - 1 = \frac{\pi\left(75 + 56.4\right)}{12} - 1 = 34.40 - 1 = 33.4 \text{（mm）}$$

（9）转子永磁体中性截面积 S_m 为

$$S_m = b_m\ l_m = 3.34 \times 2.8 = 9.352 \text{（cm}^2\text{）}$$

（10）永磁体的径向高度 h_m 为

$$h_m = \frac{D_r - D_{rj}}{2} = \frac{75 - 56.4}{2} = 9.3 \text{（mm）}$$

（11）转子永磁体沿磁场方向一对磁极的平均长度 L_m 为

$$L_m = 2\ h_m = 2 \times 0.93 = 1.86 \text{（cm）}$$

（12）一对磁极的永磁体的 V_{mp} 为

$$V_{mp} = S_m\ L_m = 9.352 \times 1.86 = 17.3947 \text{（cm}^3\text{）} > \hat{V}_{mp} = 14.1906 \text{（cm}^3\text{）}$$

5）磁路计算（永磁体外磁路的空载磁化特性计算）

（1）空载特性曲线 $\Phi_m = f_0(F_m)$ 的计算。

① 气隙磁通密度 $B_{\delta 0}$ 为

$$B_{\delta 0} = \frac{\Phi_{\delta 0}}{\alpha_i \tau l_\delta} = \frac{\Phi_{\delta 0}}{0.6366 \times 4.026 \times 2.7} = \frac{\Phi_{\delta 0}}{6.92} \text{（Gs）}$$

式中：α_i 是计算极弧系数，α_i =0.6366；τ 是极距，τ =4.026cm；l_δ 是计算气隙轴向长度，l_δ =（$l_a + l_r$）/2=（2.6+2.8）/2=2.7（cm）。

② 气隙磁动势 $F_{\delta 0}$ 为

$$F_{\delta 0} = 1.6\, k_\delta\ \delta\ B_{\delta 0} = 1.6 \times 1.0252 \times 0.092\,25 \times B_{\delta 0} = 0.1513\, B_{\delta 0} \text{（A）}$$

其中

$$\delta = 0.9225 \text{ mm} = 0.092\,25 \text{ cm}$$

$$k_\delta = \frac{t}{t - \dfrac{\gamma^2 \delta}{5 + \gamma}} = \frac{40.26}{40.26 - \dfrac{2.916^2 \times 0.9225}{5 + 2.916}} = 1.0252$$

$$t = 40.26 \text{ mm}，\quad b_0 = 2.69 \text{ mm}；\quad r = \frac{b_0}{\delta} = \frac{2.69}{0.9225} = 2.916$$

式中：k_δ 是气隙系数。

③ 电枢铁心齿部磁通密度 B_{aZ} 为

$$\begin{aligned} B_{aZ} &= \frac{t}{b_{aZ} k_{Fe}} \times B_{\delta 0} \\ &= \frac{40.26}{15 \times 0.96} \times B_{\delta 0} \\ &= 2.7958 \times B_{\delta 0} \text{（Gs）} \end{aligned}$$

式中：t =40.26 mm；b_{aZ} =15 mm；k_{Fe} 电枢铁心的叠装系数，k_{Fe} ≈0.96。

④ 电枢铁心齿部磁动势 F_{aZ} 为

$$F_{aZ} = 2\, H_{aZ} h_{aZ} = 2 \times H_{aZ} \times 1.72 = 3.44\, H_{aZ} \text{（A）}$$

式中：H_{aZ} 是电枢齿部的磁场强度，A/cm；h_{aZ} 为齿高，h_{aZ} =1.72 cm。

根据 B_{aZ} 的数值，在 DW800 电工钢片的磁化曲线上可以查得 H_{aZ} 的数值。

⑤ 电枢铁心轭部磁通密度 B_{aj} 为

$$
\begin{aligned}
B_{aj} &= \frac{\Phi_{\delta 0}}{2 l_a h_{aj} k_{Fe}} \\
&= \frac{\Phi_{\delta 0}}{2 \times 2.6 \times 0.835 \times 0.96} \\
&= \frac{8.4788 B_{\delta 0}}{4.1683} \\
&= 2.034\, B_{\delta 0} \ (\text{Gs})
\end{aligned}
$$

式中：l_a 是电枢铁心的轴向长度，l_a =2.6cm；h_{aj} 是电枢磁轭高度，h_{aj} =0.835cm。

⑥ 电枢铁心轭部磁动势 F_{aj} 为

$$F_{aj} = l_{aj}\ H_{aj} = 7.099\,86\, H_{aj} \ (\text{A})$$

式中：l_{aj} 是电枢铁心磁轭沿磁路方向一对磁极的平均长度，l_{aj} =7.099 86cm；H_{aj} 是电枢磁轭的磁场强度，A/cm。

根据 B_{aj} 的数值，在 DW800 电工钢片的磁化曲线上可以查得 H_{aj} 的数值。

⑦ 转子铁心轭部磁通密度 B_{rj} 为

$$
\begin{aligned}
B_{rj} &= \frac{\Phi_{\delta 0}}{2 l_r h_{rj} k_{Fe}} \\
&= \frac{8.4788 B_{\delta 0}}{2 \times 2.8 \times 2.07 \times 0.96} \\
&= \frac{8.4788 B_{\delta 0}}{11.1283} \\
&= 0.7619\, B_{\delta 0} \ (\text{Gs})
\end{aligned}
$$

式中：l_r 是转子铁心的轴向长度，l_r =2.8cm。

⑧ 转子铁心磁轭磁动势 F_{rj} 为

$$F_{rj} = l_{rj}\ H_{rj} = 3.939\,25\, H_{rj} \ (\text{A})$$

式中：l_{rj} 是转子铁心磁轭沿磁场方向一对磁极的平均长度，l_{rj} =3.939 25cm；H_{rj} 是转子磁轭部的磁场强度，A/cm。

根据转子铁心磁轭磁通密度 B_{rj} 的数值，在牌号 DW800 的软磁材料的磁化特性表上查取。

⑨ 永磁体与转子磁轭接合处的磁动势 F_{Δ} 为

$$F_{\Delta} = 1.6 \times [\Delta\delta] \times B_{rj} = 0.0032\, B_{rj} \ (\text{A})$$

式中：$\Delta\delta$ 为永磁体与转子磁轭之间的安装气隙，取 $\Delta\delta \approx 0.002$cm。

⑩ 电动机空载时消耗在外磁路（相对永磁体而言）上的总磁动势 F_m 为

$$F_m = \sum F = F_{\delta} + F_{aZ} + F_{aj} + F_{rj} + F_{\Delta}$$

⑪ 转子永磁体外磁路的总磁通 Φ_{m0} 为

$$\Phi_{m0} = \sigma\ \Phi_{\delta 0} = 1.10\, \Phi_{\delta 0} \ (\text{Mx})$$

式中：σ 为漏磁系数，$\sigma \approx 1.10$。

空载磁化特性曲线 $\Phi_m = f_0(F_m)$ 的计算结果列于表 4.4.1 中。

表 4.4.1　空载磁化特性曲线 $\Phi_m = f_0(F_m)$ 的计算结果（一对磁极）

名称	计算点				
	1	2	3	4	5
气隙磁通 $\Phi_{\delta 0}$ /Mx	20 760	24 220	27 680	31 140	38 060
气隙磁通密度 $B_{\delta 0}$ /Gs	3 000	3 500	4 000	4 500	5 500
气隙磁势 $F_{\delta 0}$ /A	453.9	529.55	605.2	680.85	832.15
电枢铁心齿部磁通密度 B_{aZ} /Gs	8 387.5	9 785.3	11 183.2	12 581.1	15 376.9
电枢铁心齿部磁场强度 H_{aZ} /（A/cm）	1.45	1.62	1.96	2.55	12.00
电枢铁心齿部磁势 F_{aZ} /A	4.988	5.572 8	6.742 4	8.772	41.28
电枢铁心轭部磁通密度 B_{aj} /Gs	6 102	7 119	8 136	9 153	11 187
电枢铁心轭部磁场强度 H_{aj} /（A/cm）	1.28	1.35	1.44	1.54	2.0
电枢铁心轭部磁势 F_{aj} /A	9.087 8	9.584 8	10.223 8	10.933 8	14.199 7
转子铁心轭部磁通密度 B_{rj} /Gs	2 285.7	2 666.65	3 047.6	3 428.55	4 190.45
转子铁心轭部磁场强度 H_{rj} /（A/cm）	0.98	1.0	1.05	1.08	1.13
转子铁心磁轭磁势 F_{rj} /A	3.860 5	3.939 3	4.136 2	4.254 4	4.451 4
永磁体与转子铁心磁轭接合处的磁势 F_{Δ} /A	7.314 2	8.533 3	9.752 3	10.971 4	13.409 4
转子永磁体外磁路的总磁势 $\sum F$ /A	479.15	557.18	636.05	715.78	905.49
转子永磁体外磁路的总磁通 Φ_{m0} /Mx	22 836	26 642	30 448	34 254	41 866

（2）永磁体的去磁曲线的制作。把永磁体的去磁曲线从 $B-H$ 平面换算到 $\Phi-F$ 平面，便可以得到 $\Phi-F$ 平面内的永磁体的去磁曲线 $\Phi_m = f_D(F_m)$。本项目的永磁体采用 Y30H－1 型铁氧体，在去磁曲线上的（B_r =4020Gs，H_m =0Oe）和（B_m =3100Gs，H_m =900Oe）的两点之间，去磁曲线可以被近似地看作为一条直线，把曲线 B-H 曲线换算至 Φ - F 曲线的换算结果如表 4.4.2 所示。

表 4.4.2　Y30H-1 型铁氧体永磁体的去磁曲线 $\Phi_m = f_D(F_m)$

名称	计算点				
	1	2	3	4	5	8
B_m /Gs	4 020	—	—	3 100	—	—
H_m /Oe	0	—	—	900	—	—
Φ_m /Mx	37 595.04	—	—	28 991.2	—	—
F_m /A	0	—	—	1 339.2	—	—

注：$\Phi_m = S_m$，B_m =9.352　B_m（Mx）；
　　F_m =0.8 L_m，H_m =0.8×1.86× H_m =1.488 H_m（A）。

（3）画磁铁工作图（图 4.4.4）。根据表 4.4.1，在第二象限内画出永磁体外磁路的空载

磁化特性曲线 $\Phi_m = f_0(F_m)$；根据表 4.4.2，在第二象限内画出永磁体的去磁曲线 $\Phi_m = f_D(F_m)$。这两条曲线相交于点 P，如图 4.4.4 所示。图 4.4.4 被称为磁铁工作图，交点 P 就是磁路系统的空载工作点。

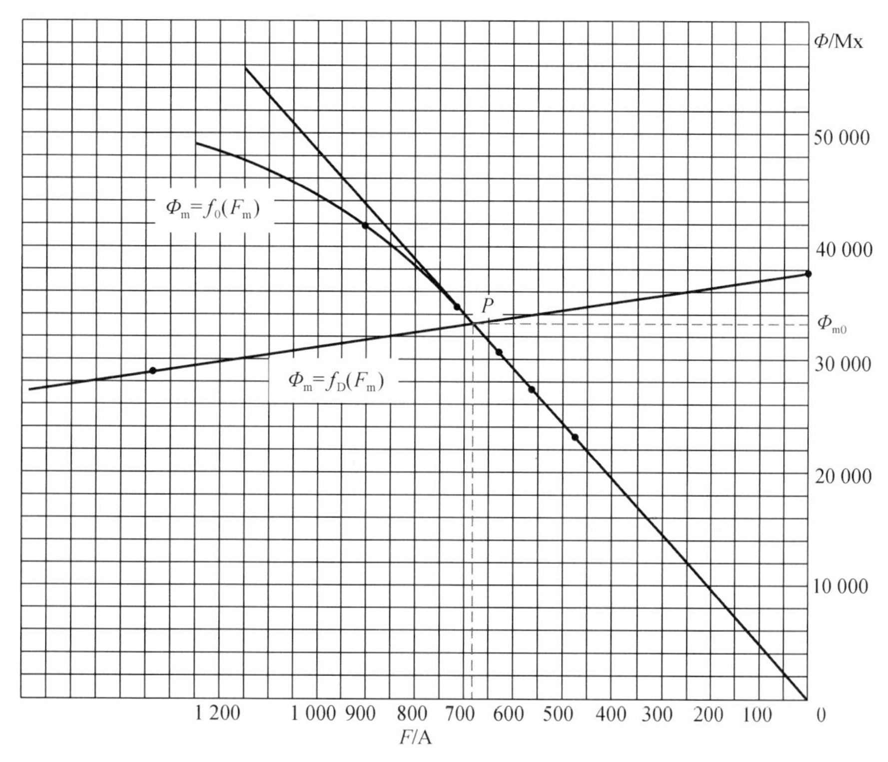

图 4.4.4　磁铁工作图

（4）工作气隙内的估算磁通。根据磁铁工作图 4.4.4，可以估算出空载状态下每极永磁体发出的磁通量 Φ_{m0} 和工作气隙内的磁通量 $\Phi_{\delta 0}$，它们分别为：$\Phi_{m0} \approx 33\,000$ Mx，$\Phi_{\delta 0} \approx 30\,000$ Mx。由此，可以估算出空载时气隙主磁场的磁通密度 $B_{\delta 0} \approx 4335$ Gs。

6）电动机的运行状态分析（期望的机械特性）

（1）电动机的运行性能主要是指电动机在外部额定电压 $U_N = U_2 = 110$ V 的作用之下所具有的机械特性 $T(n)$。

（2）负载转矩的估计值 $T_N = 0.9921$ N · m=10 119.42 g · cm。

（3）额定转速 $n_N = 1800$ r/min。

（4）理想空转转速估算：预设理想空载转速 $n_{0i} \approx 1.25\, n_N = 2250$ r/min。

根据上述分析，画出期望的机械特性，电动机的机械特性分析如图 4.4.5 所示。

7）电枢绕组的设计

（1）每极每相槽数为

$$q = \frac{Z}{2pm} = \frac{6}{2 \times 3 \times 1} = 1$$

根据每极每相槽数 $q=1$，双极性驱动的一相电枢绕组是由 6 个整距线圈构成的。图 4.4.6 展示了一相电枢绕组的连接展开图。

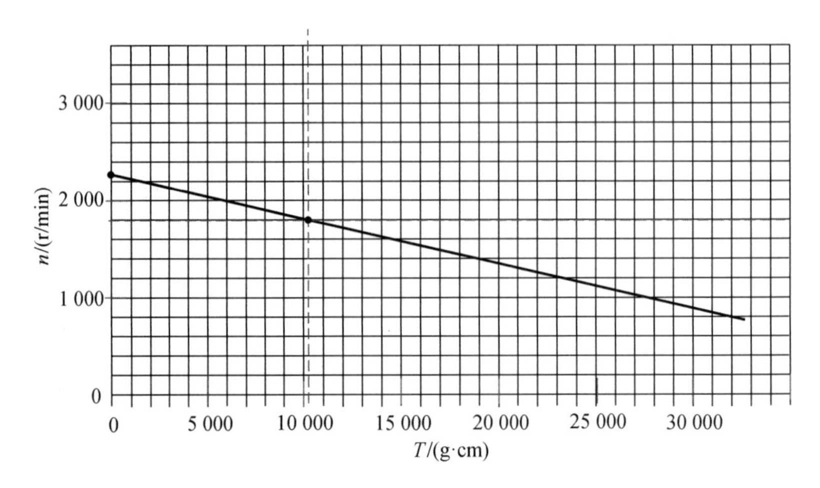

图 4.4.5　电动机的机械特性分析

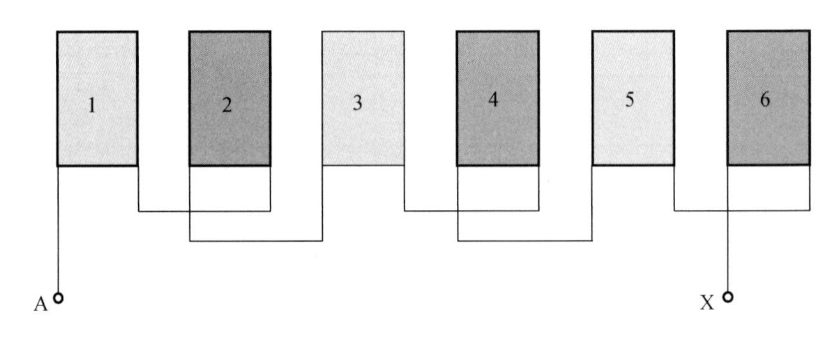

图 4.4.6　电枢绕组的连接展开图

（2）相邻两槽之间的夹角。包括机械夹角和电气夹角。

相邻两槽之间的机械夹角 $\theta_m = 360° / Z = 360° / 6 = 60°$；

相邻两槽之间的电气夹角 $\theta_e = p\ \theta_m = 3\times60° = 180°$。

（3）绕组系数 k_W 为

$$k_W = k_p\ k_y\ k_{ck} = 1.0$$

式中：分布系数 $k_p = 1.0$；短距系数 $k_y = 1.0$；斜槽系数 $k_{ck} = 1.0$。

（4）每相电枢绕组的串联匝数估算值 $\hat{w}_\Phi$。根据电动机的预测机械特性，估算的理想空载转速 $\hat{n}_{0i} \approx 2250$ r/min；根据图 4.4.4 所示的磁铁工作图，气隙磁通 $\Phi_{\delta0} \approx 30\ 000$ Mx，气隙磁通密度 $B_{\delta0} \approx 4335$ Gs。在此基础上，可以求得一相电枢绕组的串联匝数的估算值 $\hat{w}_\Phi$ 为

$$\hat{w}_\Phi = 13.5135\times\frac{U}{p\hat{n}_{0i}k_W\Phi_{\delta0}}\times10^8$$

$$= 13.5135\times\frac{132}{3\times2250\times30\ 000}\times10^8$$

$$= \frac{1783.782}{2.025} = 880.88$$

式中：U 是外加电压，$U = U_D$，U_D 是整流器输出的直流电压的平均值，$U_D \approx 132$ V。

（5）每个线圈的匝数 w_s。对于本电动机而言，每相电枢绕组由 6 个电枢线圈串联而成，因此每个线圈的匝数估算值为

$$w_s' = \frac{880.88}{6} = 146.81$$

取线圈匝数 w_s =148，每相电枢绕组的串联匝数 w_Φ =6×148=888。

（6）每槽导体数 $N_П$ 为

$$N_П = 2w_s = 2 \times 148 = 296$$

（7）选用导线。本项目选用的导线规格如表 4.4.3 所示。

表 4.4.3　可供选用的导线规格

导线牌号	铜线公称直径 d_0 /mm	截面积 q_{cu} /mm^2	1m 的电阻 $r_{20℃}$ /（Ω/m）	绝缘导线最大直径 $d_{ИЗ}$ /mm
QY	0.63	0.312	0.054 84	0.704

（8）槽满率 k_s 为

$$k_s = \frac{N_П d_{ИЗ}^2}{S_П} = \frac{296 \times 0.704^2}{345.38} = \frac{146.7023}{345.38} = 0.4248$$

式中：$N_П$ 是每槽导体数，$N_П$ =296；$S_П$ 是槽的截面积，$S_П$ =345.38 mm^2。

（9）一相电枢绕组的电阻的计算值 $r_{\Phi(20℃)}$ 。在选用表 4.4.3 所示的导线规格 d_0 =0.63 mm 绕制，齿线圈的截面如图 4.4.7（a）所示，其截面积 S 可以按下式估算：

$$S = bh = \frac{N_П d_{ИЗ}^2}{k} = \frac{296 \times 0.704^2}{0.85} = \frac{146.7023}{0.85} = 172.59\text{（mm}^2\text{）}$$

其中

$$h -（h_1 + h_2）/2 =（8.95+17.2）/2 = 13.075\text{（mm）}$$

$$h_1 =（D_1 - D_2）/2 =（111.3-93.4）/2 = 8.95\text{（mm）}$$

$$h_2 =（D_1 - D_a）/2 =（111.3-76.9）/2 = 17.2\text{（mm）}$$

$$b = \frac{S}{h} = \frac{172.59}{13.075} = 13.20\text{（mm）}$$

式中：b 是电枢齿线圈的宽度，mm；h 是电枢齿线圈的平均高度，mm；k 是绕制工艺系数，$k \approx 0.85$。

图 4.4.7(b)是齿线圈在定子齿的轴线方向的视图，由此电枢齿线圈平均半匝长度 $l_{cp(1/2)}$，可以按下式估算：

$$l_{cp(1/2)} = b_{az} + l_a + 2b = 15+26+2 \times 13.20 = 67.40\text{（mm）}$$

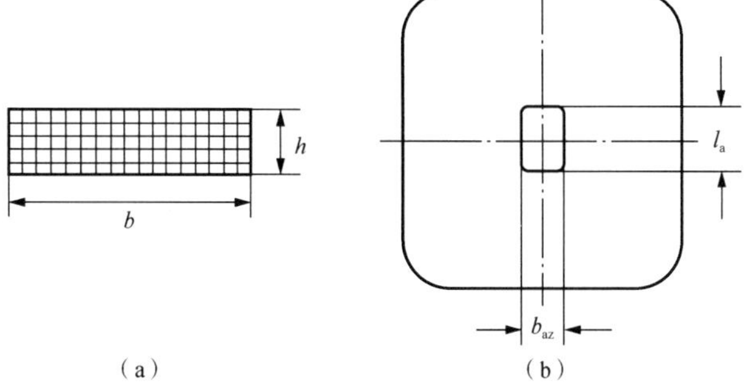

（a）　　　　（b）

图 4.4.7　齿线圈的几何形状和尺寸

环境温度为 20℃时，一相电枢绕组的电阻值 $r_{\Phi(20℃)}$ 为

$$r_{\Phi(20℃)}=2w_{\Phi}l_{cp(1/2)}\gamma_{20℃}=2\times888\times0.0674\times0.05484=6.56\ (\Omega)$$

环境温度为 75℃时，一相电枢绕组的电阻值 $r_{\Phi(20℃)}$ 为

$$r_{\Phi(75℃)}\approx1.22\,r_{\Phi(20℃)}=1.22\times6.56=8.0\ (\Omega)$$

综合上述计算，电枢绕组的主要参数列于表 4.4.4 中。

表 4.4.4　电枢绕组的主要参数

参数名称	估算值
导线规格 d_0 /mm	0.63
线圈匝数 w_s	148
每槽导体数 N_Π	296
每相电枢绕组的串联匝数 w_Φ	888
并绕导线的根数 a	1
槽满率 k_s /%	42.48
每相电枢电阻 $r_{\Phi(75℃)}$ / Ω	8.0

8）电动机的几个主要性能数据的估算

（1）每相电枢绕组内的反电动势 E_{aN} 为

$$\begin{aligned}E_a&=4.44f_N\,w_\Phi\,\Phi_{\delta N}\times10^{-8}\\&=4.44\times90\times888\times30\,000\times10^{-8}\\&=106.45\ (\text{V})\end{aligned}$$

其中

$$f_N=\frac{pn_N}{60}=\frac{3\times1800}{60}=90\ (\text{Hz})$$

式中：f_N 是额定频率，Hz；$\Phi_{\delta N}$ 是电动机额定运行时的每极气隙磁通量，$\Phi_{\delta N}\approx\Phi_{\delta0}\approx30\,000$ Mx。

（2）电枢电流 I_a 为

$$\begin{aligned}I_a&=\frac{(U-\Delta U)-E_a}{r_a}\\&=\frac{(U-\Delta U)-E_a}{r_{\Phi(75°C)}}\\&=\frac{(132-1)-106.45}{8}\\&=\frac{21.644}{8}\\&=3.0688\ (\text{A})\end{aligned}$$

式中：ΔU 是功率开关器件上的电压降落，取 $\Delta U=1$（V）。

（3）电磁转矩 T_{em}。电动机的平均电磁转矩 T_{emcp} 可以按下式估算：

$$\begin{aligned}T_{em}&=0.7066\times pw_\Phi k_W\Phi_{\delta N}I_a\times10^{-8}\\&=0.7066\times3\times888\times1\times30\,000\times3.0688\times10^{-8}\\&=1.733\ (\text{N}\cdot\text{m})\end{aligned}$$

或者

$$T_{em}=1.733\times0.102\times10^{5}=17\,676.6\text{（g·cm）}$$

（4）额定负载时的线负荷 A 为

$$A=\frac{Z(N_{\Pi})I_{acp}}{\pi D_{a}}=\frac{6\times296\times3.0688}{\pi\times7.69}=\frac{5450.1888}{24.1588}=225.5985\text{（A/cm）}$$

式中：N_{Π} 是每槽导体数，$N_{\Pi}=296$；D_{a} 是电枢直径，$D_{a}=7.69$ cm。

（5）电流密度 Δ 为

$$\Delta=\frac{I_{N}}{aq_{cu}}=\frac{3.0688}{1\times0.312}=9.8359\quad\text{（A/mm}^{2}\text{）}$$

式中：q_{cu} 是导线截面积，$q_{cu}=0.312$ mm^2。

9）损耗和效率

我们在 $n_{N}\approx1800$ r/min、$I_{a}\approx3.0688$（A）、$B_{aZ}=12\,119.79$ Gs 和 $B_{aj}=8817.39$ Gs 的条件下，进行损耗计算。

（1）电损耗 P_{E}。在该单相无刷直流电动机中，电损耗 P_{E} 可近似认为等于电动机的铜耗和功率开关器件的电压降损耗之和，即

$$P_{E}=P_{cu}+P_{\Delta U}=75.34+3.0688=78.4088\text{（W）}$$

其中

$$P_{cu}=I_{acp}^{2}\,r_{\Phi(75℃)}=3.0688^{2}\times8.0=75.34\text{（W）}$$

$$P_{\Delta U}=I_{acp}\,\Delta U=3.0688\times1=3.0688\text{（W）}$$

式中：P_{cu} 是电枢绕组的铜损耗，W；$P_{\Delta U}$ 是功率开关器件的电压降损耗，W。

（2）铁损耗 P_{Fe}。基本的电枢铁心铁损耗 P_{Fe} 可以按下式计算：

$$\begin{aligned}P_{Fe}&=p_{aj}\left(\frac{B_{aj}}{10\,000}\right)^{2}G_{aj}+p_{az}\left(\frac{B_{aZ}}{10\,000}\right)^{2}G_{az}\\&=4.815\times\left(\frac{8817.39}{10\,000}\right)^{2}\times0.611+1.468\times\left(\frac{12\,119.79}{10\,000}\right)^{2}\times0.302\\&=4.815\times0.7775\times0.611+1.468\times1.4689\times0.302\\&=2.2874+0.6512\\&=2.9386\text{（W）}\end{aligned}$$

其中

$$\begin{aligned}p_{aj}&=2\varepsilon\left(\frac{f}{100}\right)+2.5\rho\left(\frac{f}{100}\right)^{2}\\&=2\times1.1\times\left(\frac{90}{100}\right)+2.5\times1.4\times\left(\frac{90}{100}\right)^{2}\\&=1.98+2.835\\&=4.815\text{（W/kg）}\end{aligned}$$

$$\varepsilon=1.1，\ \rho=1.4，\ f=\frac{pn}{60}=\frac{3\times1800}{60}=90\text{（Hz）}，\ p=3$$

$$p_{az}=1.5\varepsilon\left(\frac{f}{100}\right)+3\rho\left(\frac{f}{100}\right)^2$$

$$=1.5\times1.1\times\left(\frac{90}{100}\right)+3\times1.4\times\left(\frac{90}{100}\right)^2$$

$$=1.485+3.402$$

$$=1.468\text{（W/kg）}$$

$$G_{aj}=0.0078\times\frac{\pi}{4}\left[D_{aj}^2-\left(D_{aj}-2\times h_{aj}\right)^2\right]l_a k_{Fe}$$

$$=0.0078\times\frac{\pi}{4}\times\left[12.8^2-\left(12.8-2\times0.835\right)^2\right]\times2.6\times0.96$$

$$=0.0078\times\frac{\pi}{4}\times39.9631\times2.6\times0.96$$

$$=0.611\text{（kg）}$$

$$G_{az}\approx0.0078Zb_{az}h_{az}l_a k_{Fe}$$

$$=0.0078\times6\times1.5\times1.723\times2.6\times0.96$$

$$=0.302\text{（kg）}$$

式中：p_{aj}是电枢铁心磁轭中的单位铁损耗，W/kg；p_{az}是电枢铁心齿部中的单位铁损耗，W/kg；G_{aj}是电枢铁心轭部的质量，kg；D_{aj}是定子冲片外径，D_{aj}=12.8 cm；h_{aj}是定子轭高，h_{aj}=0.835 cm；l_a是电枢铁心长度，l_a=2.6 cm；G_{az}是电枢铁心齿部的质量，kg；Z是齿数，Z=6；b_{az}是齿宽，b_{az}=1.5 cm；h_{az}是齿高，h_{az}≈1.723 cm。

（3）机械损耗P_{MECH}。机械损耗P_{MECH}主要包括轴承摩擦损耗P_B和风损P_W两部分，即有

$$P_{MECH}=P_B+P_W=2.4318+0.1378=2.5696\text{（W）}$$

$$P_B=k_m G_{rotor} n\times10^{-3}=1.4\times0.9650\times1800\times10^{-3}=2.4318\text{（W）}$$

$$G_{rotor}\approx0.0078\times\frac{\pi D_r^2}{4}\times l_r$$

$$=0.0078\times\frac{\pi\times7.5^2}{4}\times2.8$$

$$=0.9650\text{（kg）}$$

$$P_W=2D_r^3n^3l_r10^{-14}=2\times7.5^3\times1800^3\times2.8\times10^{14}=0.1378\text{（W）}$$

式中：P_B是轴承摩擦损耗，W；k_m是经验系数，k_m=1.0～1.5，对于本书介绍的电动机而言，取k_m≈1.4；G_{rotor}是电动机的转子质量，kg；D_r是转子外径，D_r=7.5 cm；l_r转子铁心的长度，l_r=2.6 cm；P_W是风损。

（4）总损耗$\sum P$为

$$\sum P=P_E+P_{Fe}+P_{MECH}=78.4088+2.9386+2.5696=83.917\text{（W）}$$

（5）电动机的输入功率P_1为

$$P_1=U_D\ I_a=132\times3.0688=405.0816\text{（W）}$$

（6）电动机的输出功率P_2为

$$P_2=P_1-\sum P=405.0816-83.917=321.1646\text{（W）}$$

（7）效率η为

$$\eta=\frac{P_2}{P_1}\times100\%=\frac{321.1646}{405.0816}\times100\%=79.28\%$$

10）仿真

本例题对电动机的空载磁通分布、空载磁通密度分布、空载反电动势、负载磁通分布、负载磁通密度分布、负载反电动势、负载转速曲线和负载转矩曲线进行了仿真分析，分别如图 4.4.8～图 4.4.15 所示。

（1）空载磁通分布。

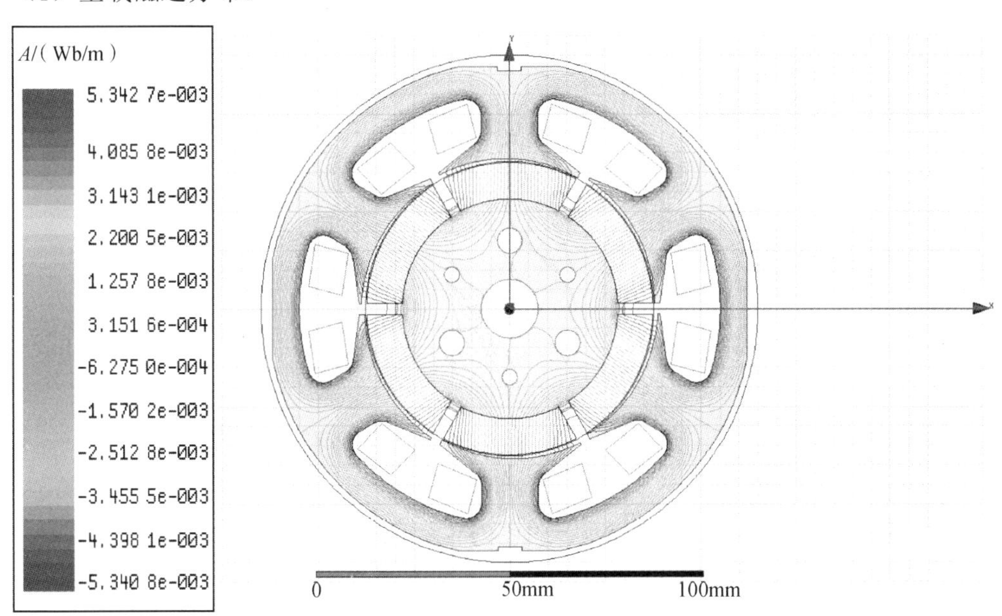

图 4.4.8　空载磁通分布

（2）空载磁通密度分布。

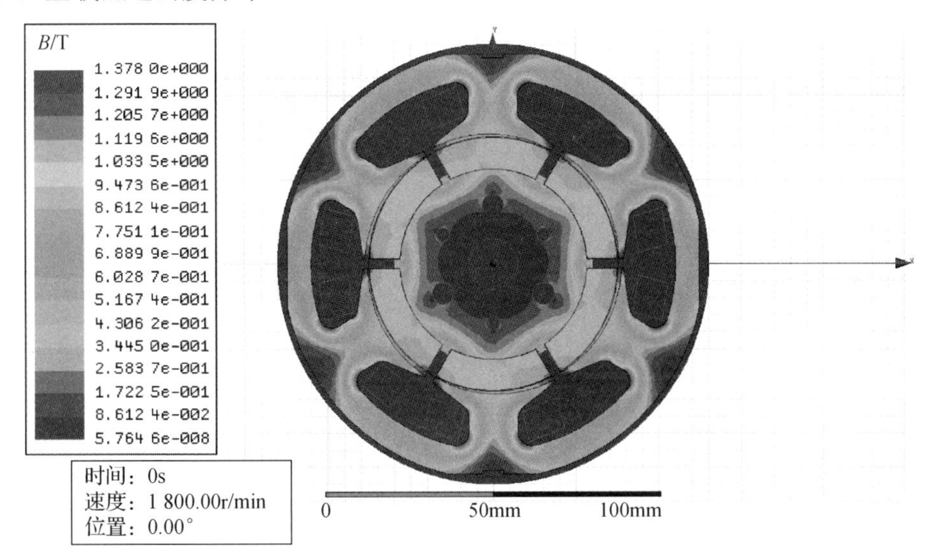

图 4.4.9　空载磁通密度分布

（3）空载反电动势。

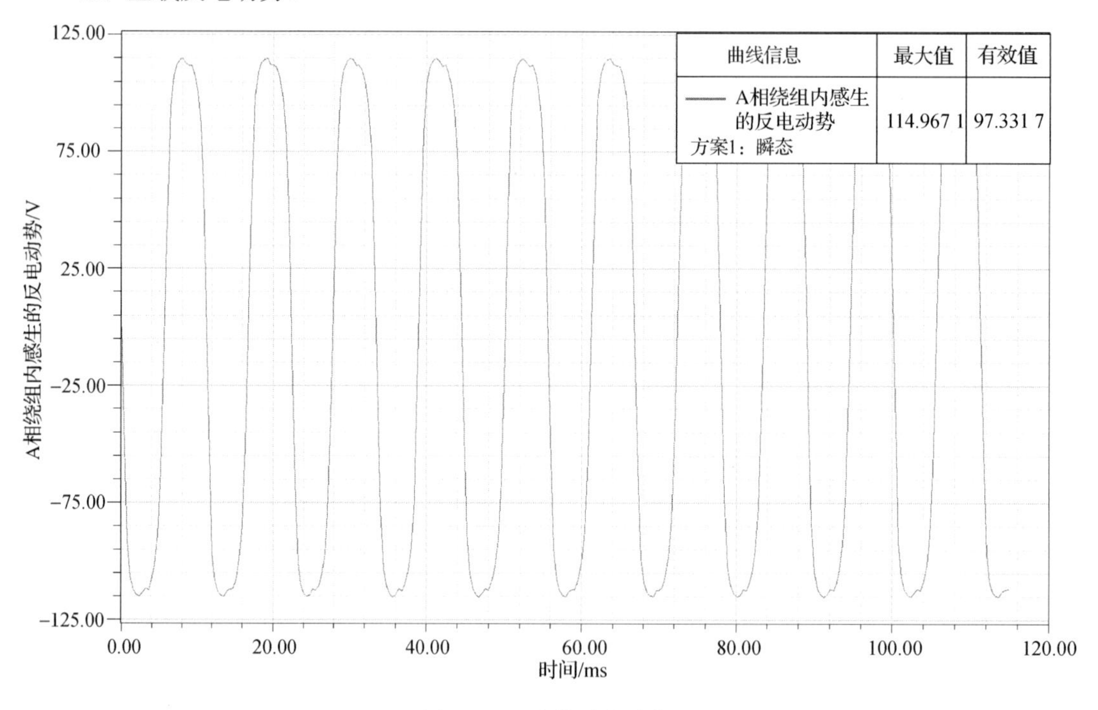

图 4.4.10　空载反电动势

（4）负载磁通分布。

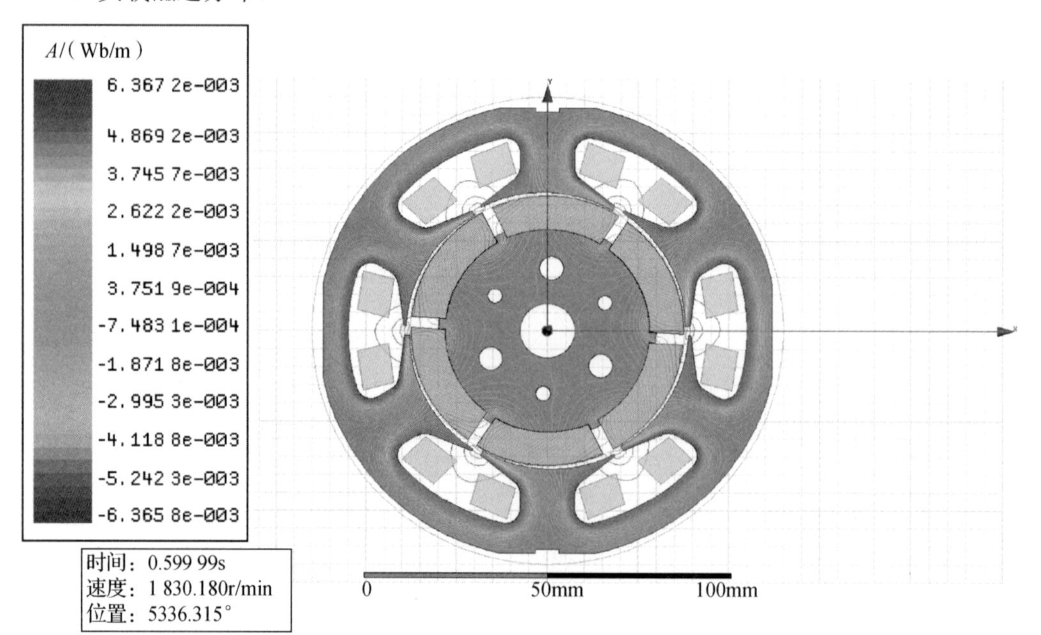

图 4.4.11　负载磁通分布

（5）负载磁通密度分布。

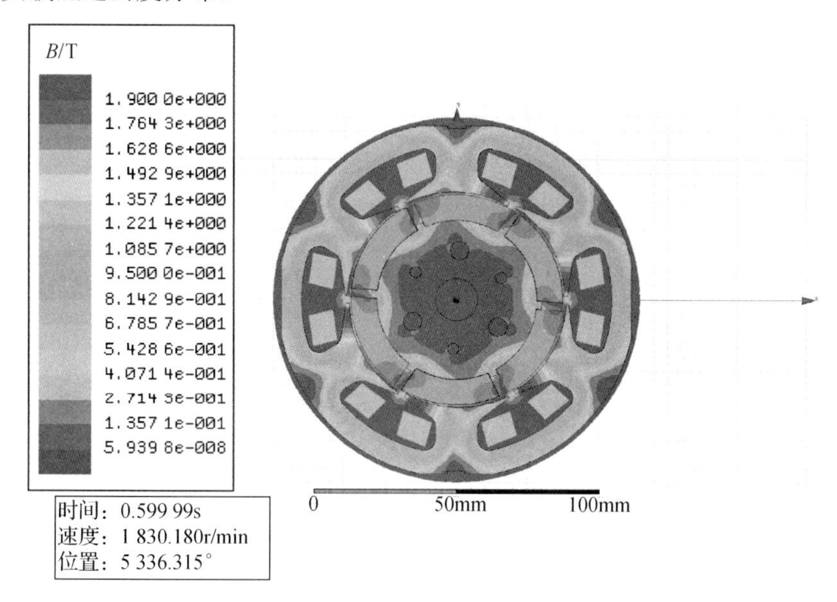

图 4.4.12　负载磁通密度分布

（6）负载反电动势。

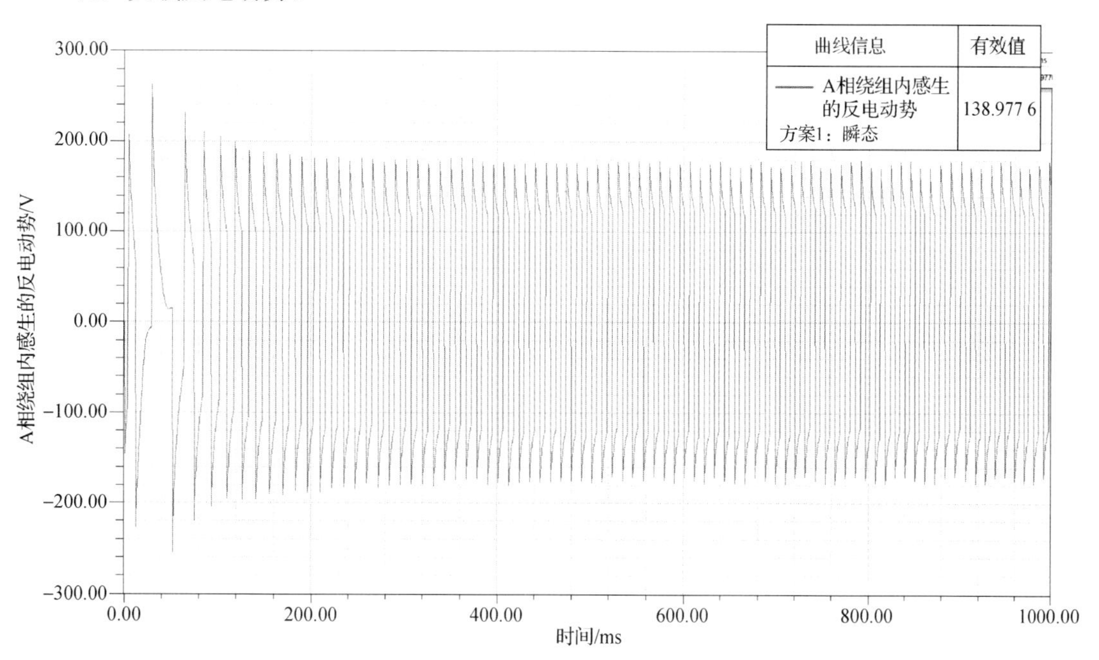

图 4.4.13　负载反电动势

（7）负载转速曲线。

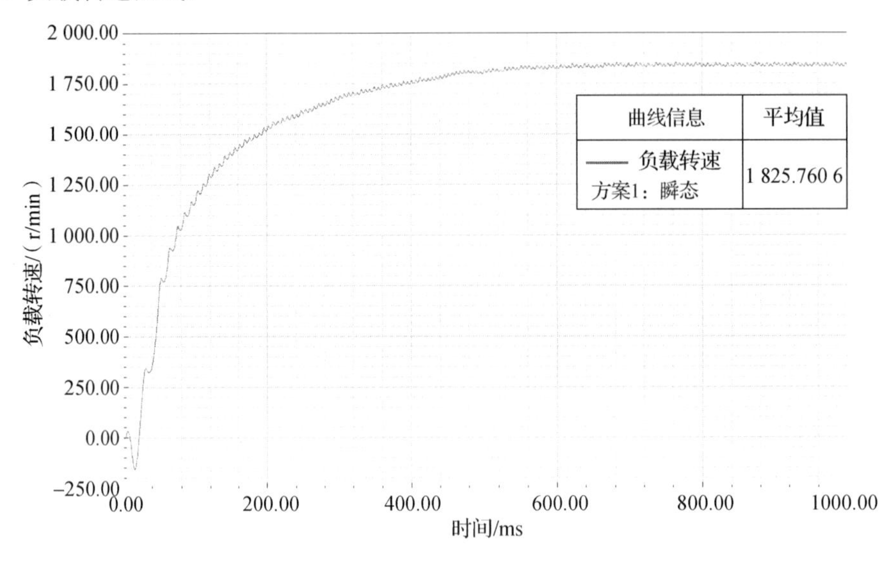

图 4.4.14　负载转速曲线

（8）负载转矩曲线。

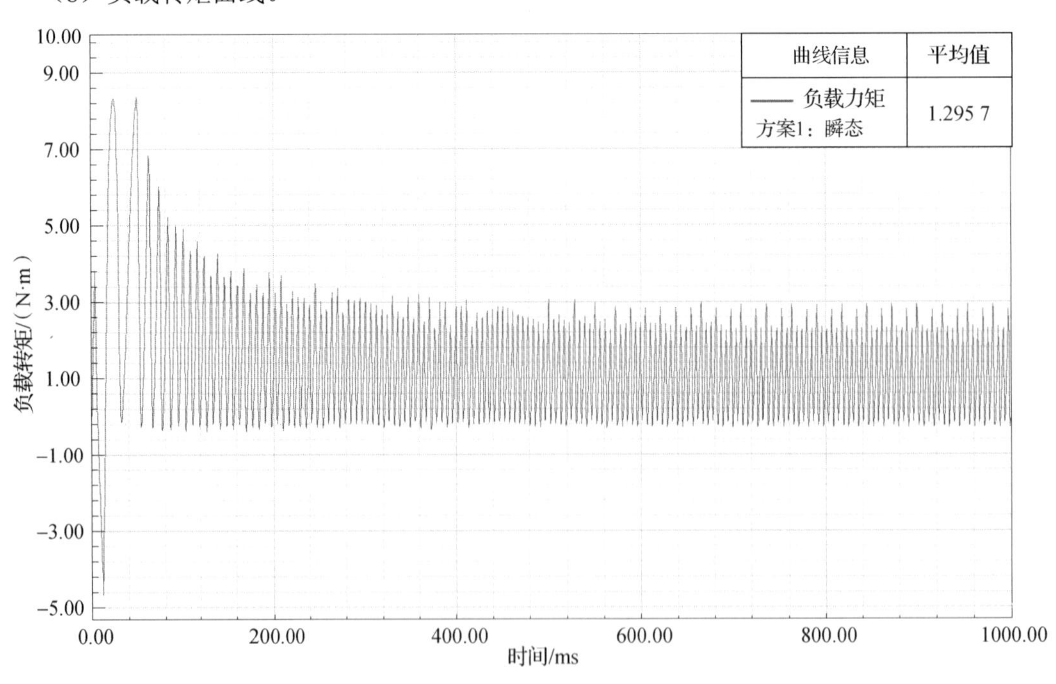

图 4.4.15　负载转矩曲线

（9）试验样机特性的测试曲线。

图 4.4.16 展示了本例题的试验样机的转速、电流、输入功率、输出功率随着负载转矩的变化而变化的实测曲线。

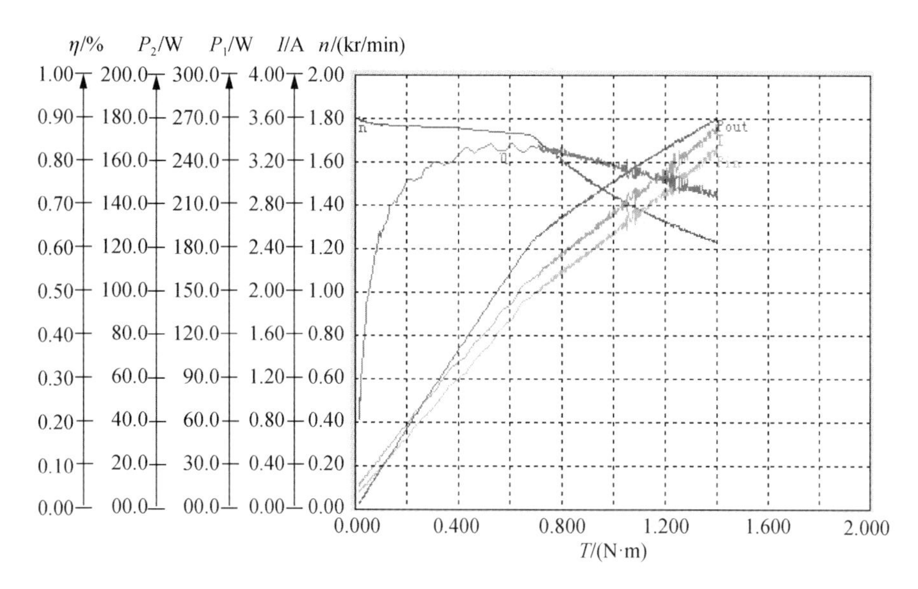

图 4.4.16　试验样机的实测曲线

主要参考文献

陈伯时，2005. 电力拖动自动控制系统[M]. 3 版. 北京：机械工业出版社.
金如麟，1995. 电力电子技术基础[M]. 北京：机械工业出版社.
李发海，朱东起，2013. 电机学[M]. 5 版. 北京：科学出版社.
谭建成，2011. 永磁无刷直流电机技术[M]. 北京：机械工业出版社.
汤蕴璆，史乃，2005. 电机学[M]. 2 版. 北京：机械工业出版社.
唐任远，等，2016. 现代永磁电机理论与设计[M]. 北京：机械工业出版社.
王秀和，等，2007. 异步启动永动同步电动机：理论、设计与测试[M]. 北京：机械工业出版社.
叶金虎，2007. 现代无刷直流永磁电动机[M]. 北京：科学出版社.

附录A 逆 变 器

逆变器是将直流电变成交流电的一种变流器。逆变器的输出端与交流电网相连接的逆变器称为有源逆变器，其输出电压的大小和频率的高低取决于交流电网的电压和频率，不能任意改变。逆变器的输出端与交流电网无关的逆变器称为无源逆变器，在其输出端可以得到所需的任意电压和频率的交流电，可给负载独立供电。根据逆变器在自控式永磁同步电动机中的应用情况，这里仅讨论无源逆变器。

我们根据直流侧不同性质的电源，无源逆变器又可以分成两类：电压型逆变器和电流型逆变器。电压型逆变器的直流端并联有大电容，一方面可以抑制直流电压的脉动，减小直流电源的内阻，使直流电源近似为恒压源；另一方面又可以为来自逆变器的无功电流提供通道；电流型逆变器的直流端串联有大电感，一方面可以抑制直流电流的脉动，使直流电源近似为恒流源；另一方面又可以承受来自逆变器的无功电压分量，维持电路间的电压平衡。一般而言，自控式永磁同步电动机中大多采用电压型逆变器。

目前，用于逆变器的功率开关元件主要有普通功率开关晶体管、可关断晶闸管、功率场效应管和绝缘门双极晶体管等几种器件，设计人员可以根据逆变器的容量等级和应用领域等具体情况来选择。对于中小功率的永磁同步电动机的控制系统而言，一般选用功率场效应管（MOSFET）作为可控功率开关器件。

A.1 单相逆变器

电压型单相全桥逆变电路如图 A.1.1 所示，每个导电臂分别由可控功率开关器件 S1、S2、S3、S4 和与之成反向并联的续流两极管 D1、D2、D3、D4 构成，四个导电臂组成对称的逆变桥。逆变电路的输出端 A、B 与负载相连接，有关波形示于图 A.1.2 中。

由图 A.1.1 和图 A.1.2 可见，功率开关器件的控制电压 u_{g_1} 和 u_{g_4} 、 u_{g_2} 和 u_{g_3} 是同相位的宽度为 180°电角度的方波，它们之间又有 180°电角度的相位差。当 S1 和 S4 同时导通时，A 点为正电位，B 点为负电位，直流电压 U_d 正向地加在负载 A、B 两端上；而当 S2 和 S3 同时导通时，A 点为负电位，B 点为正电位，直流电压 U_d 就以相反方向加到负载 A、B 两端。因此，在负载 A、B 两端上将获得极性交变的方波输出 u_0，其幅值为 U_d，频率取决于控制信号的频率。

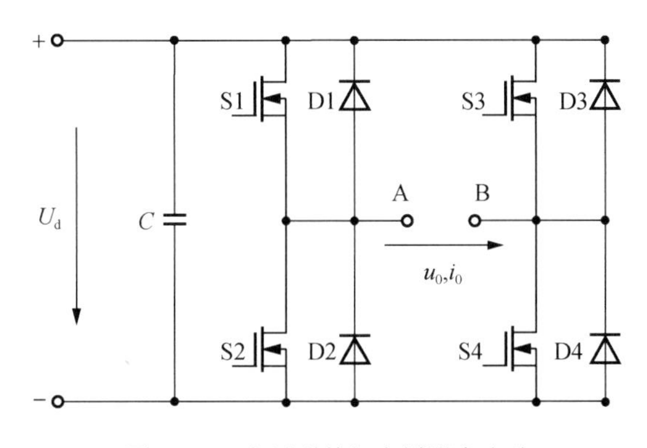

图 A.1.1 电压型单相全桥逆变电路

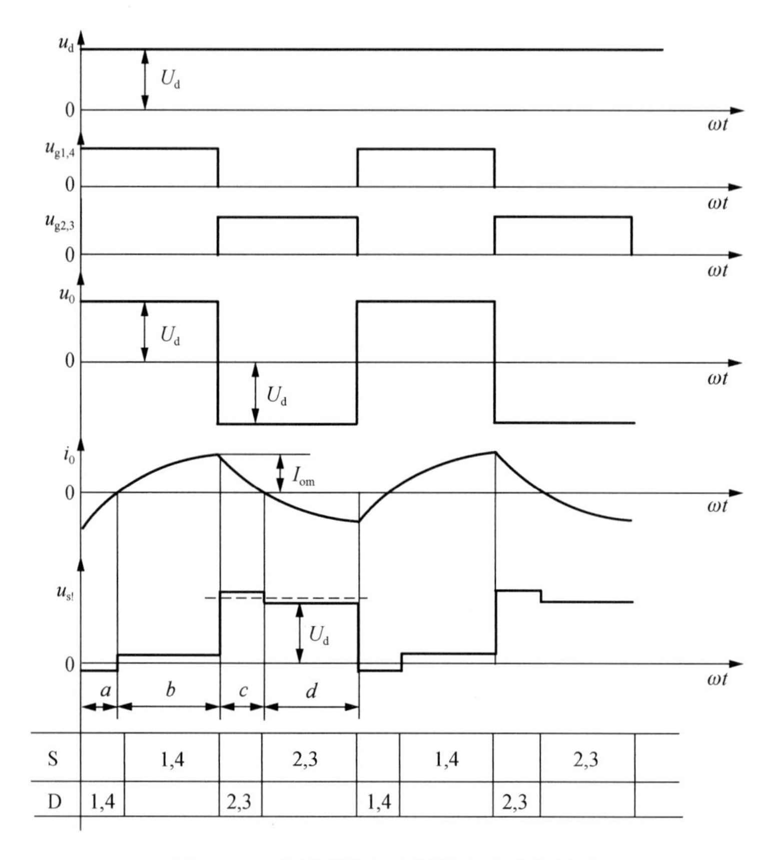

图 A.1.2　电压型单相全桥逆变电路的波形

若把u_0展开成傅里叶级数，则为

$$u_0=\frac{4U_d}{\pi}(\sin\omega t+\frac{1}{3}\sin3\omega t+\frac{1}{5}\sin5\omega t+\cdots) \tag{A-1-1}$$

基波幅值为

$$U_{01m}=\frac{4U_d}{\pi}=1.27U_d \tag{A-1-2}$$

基波有效值为

$$U_{01}=\frac{U_{01m}}{\sqrt{2}}=\frac{2\sqrt{2}}{\pi}U_d\approx0.9U_d \tag{A-1-3}$$

于是，可以求得电压增益为

$$G_U=\frac{U_{01}}{U_d}=0.9 \tag{A-1-4}$$

对于纯电阻性负载而言，电流波形与电压波形相同；对于电感性负载而言，负载电流i_0的变化将滞后于负载电压u_0的变化。电感性负载内的电流i_0在一个2π周期内的变化可以被分成a、b、c和d四个时区来讨论。例如，在时区a内，虽然功率开关器件S1和S4已经被开通，但由于回路内存在电感，负载电流i_0将通过续流二极管D1和D4形成回路，仍然按原来的负方向续流，负载中的无功能量将被反馈到直流电源侧，直至负方向的负载电流衰减到零（$-i_0=0$）为止；在时区b内，功率开关器件S1和S4导通，A点为正电位，B点为负电位，电流i_0正方向流过负载；在时区b结束进入时区c时，功率开关器件S1和S4关断，A 点的电位由正变为负，B 点的电位由负变为正，但由于回路内存在电感，在关断后的一段时间内负载电流将继续沿着原有的正方向续流，此时的负载电流将通过续流二极管 D2 和 D3 形成回路，负载中的无功能量将被反馈到直流电源侧，直至正方向的负载电流衰减到零（$+i_0=0$）为止；在时区 d 内，功率开关器件 S2 和 S3 导通，A 点为负电位，B 点为正电位，电流 i_0 负方向流过负载。

逆变器输出功率的瞬时值 $P_0=u_0\,i_0$，式中 u_0 为施压在负载上的瞬时电压，i_0 为流过负载的瞬时电流。公式表明：电感性负载时，逆变器的工作循环中会出现两种不同的工作状态，当 u_0 和 i_0 同方向时，电能从逆变器的直流侧传递到交流侧的负载，逆变器处于逆变工作状态；当 u_0 和 i_0 反方向时，电能将从负载的交流侧反馈到直流电源，逆变器处于整流工作状态。对一般的电感性负载而言，阻抗角 $\varphi<\pi/2$，逆变工作状态的持续时间大于整流工作状态的持续时间，因此平均而论，电能还是从逆变器的直流侧向交流侧的负载传送。对纯电感性负载而言，阻抗角 $\varphi=\pi/2$，则两种工作状态的持续时间相等，负载得到的有功功率为零，所以这种电路不能在纯电感负载下实现能量变换。

A.2 三相逆变器

电压型三相逆变器是频率和电压都可以改变的三相静止逆变器，其最常见的主电路是三相半桥结构的逆变电路。根据导电臂中功率开关器件的导通持续时间的长短，电压型三相半桥逆变电路可以分为 120°导通和 180°导通两种类型。通常，无刷直流永磁电动机采用 120°导通的电压型三相半桥逆变电路；而自控式永磁同步电动机采用 180°导通的电压型三相半桥逆变电路。

A.2.1 180°导通的电压型三相半桥逆变器

180°导通的电压型三相半桥逆变电路如图 A.2.1 所示。图中，点 O 是星形连接的三相对称负载的中心点，点 O' 是直流电源电压的中心点。这种电路的基本工作方式是：每个桥臂的持续导通时间为 180°电角度，同一相的上下桥臂交替导通，各相开始导通的时间相差 120°电角度。

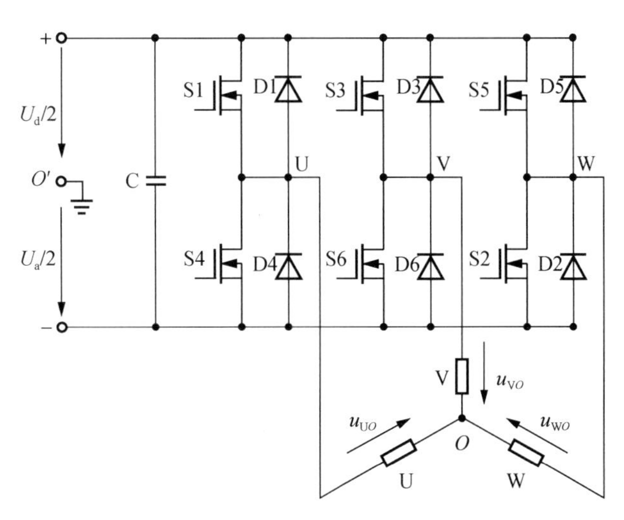

图 A.2.1 180°导通的电压型三相半桥逆变电路

下面我们对 180° 导通的电压型三相逆变器在纯电阻负载和电感性负载时的两种运行情况进行讨论。

1）纯电阻负载时逆变器的运行情况

这里，我们将对 180° 导通的电压型三相逆变器在纯电阻负载运行时的输出电压波形、输入电流波形和输入电流的量值进行分析。

（1）逆变器的输出电压波形。

在纯电阻负载情况下，180° 导通的电压型三相半桥逆变电路中各功率开关器件的控制信号和输出电压波形的工作情况如图 A.2.2 所示。

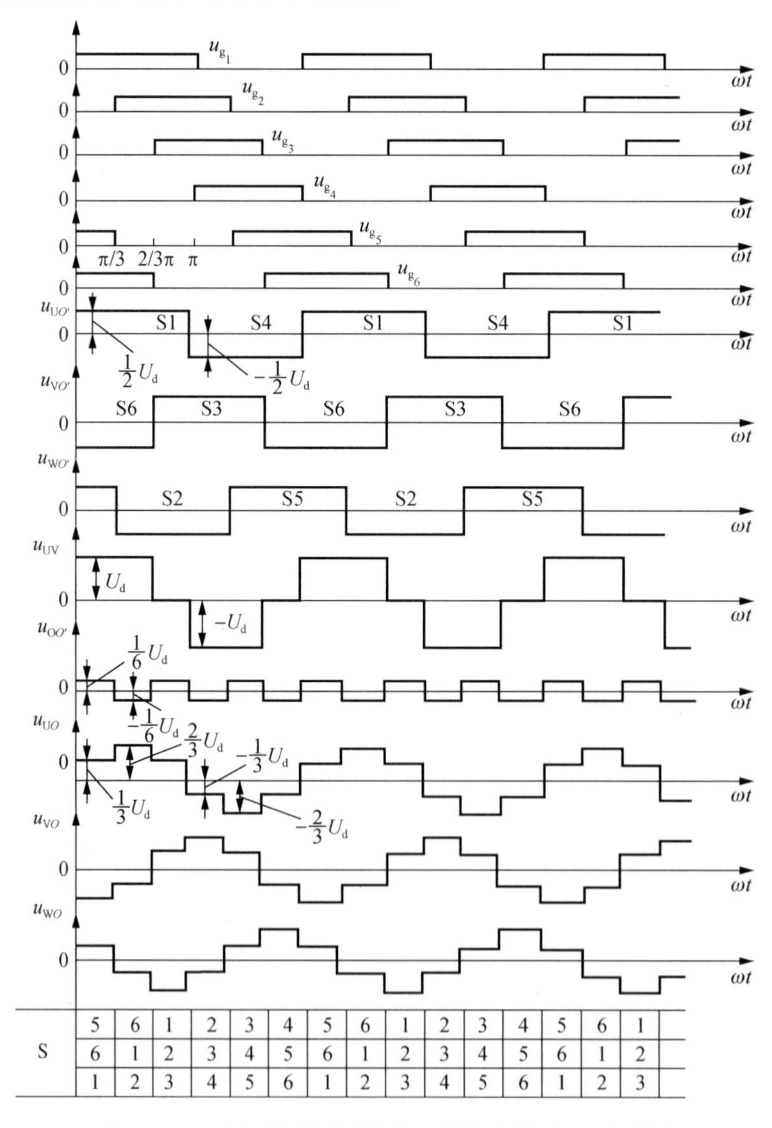

图 A.2.2　180° 导通型逆变器在纯电阻负载时的工作情况

逆变器运行时，各相上下臂功率开关器件的控制信号 u_{g_1} 和 u_{g_4}、u_{g_3} 和 u_{g_6}、u_{g_5} 和 u_{g_2} 在相位上是分别互补的，u_{g_1}、u_{g_3}、u_{g_5} 相互之间又存在 120° 电角度的相位差，从而在三相输出端头 U、V、W 和假设的电源中心点 O' 之间可以获得 3 个电位差 $u_{UO'}$、$u_{VO'}$ 和 $u_{WO'}$，它们的宽度为180°电角度，相互之间的相位差为120°电角度，幅值为$\pm U_d/2$。3个电位差$u_{UO'}$、$u_{VO'}$和$u_{WO'}$之间两两相减便可以得到三相对称负载上的线电压，即$u_{UV}=u_{UO'}-u_{VO'}$，$u_{VW}=u_{VO'}-u_{WO'}$，$u_{WU}=u_{WO'}-u_{UO'}$。线电压为交变矩形波，其宽度为120°电角度，相互之间的相位差为120°电角度，幅值为$\pm U_d$。

我们把线电压波形分解成傅里叶级数，可以得到如下的表达式为：

$$u_{UV}=\frac{2\sqrt{3}}{\pi}U_d(\sin\omega t-\frac{1}{5}\sin 5\omega t-\frac{1}{7}\sin 7\omega t+\frac{1}{11}\sin 11\omega t+\frac{1}{13}\sin 13\omega t-\cdots)$$
$$=\frac{2\sqrt{3}}{\pi}U_d\left[\sin\omega t+\sum_n\frac{1}{n}(-1)^k\sin n\omega t\right] \quad (A\text{-}2\text{-}1)$$

式中：$n=6k\pm1$，k为自然数。

由此可见，输出线电压的基波幅值U_{UV1m}和基波有效值U_{UV1}分别为

$$U_{UV1m}=\frac{2\sqrt{3}}{\pi}U_d=1.1U_d \quad (A\text{-}2\text{-}2)$$

$$U_{UV1}=\frac{U_{UV1m}}{\sqrt{2}}=\frac{\sqrt{6}}{\pi}U_d=0.78U_d \quad (A\text{-}2\text{-}3)$$

线电压的有效值为

$$U_{UV}=\sqrt{\frac{1}{2\pi}\int_0^{2\pi}u_{UV}^2\mathrm{d}\omega t}=0.816U_d \quad (A\text{-}2\text{-}4)$$

下面，我们分几个时区来讨论三相逆变桥输出的相电压的波形。

1-1时区：$0<\omega t<\pi/3$。

在本时区内，控制信号$u_{g_1}>0$、$u_{g_6}>0$、$u_{g_5}>0$，逆变器处于$S(101)$的开关状态，功率开关器件S1、S6、S5处于导通状态，逆变桥的等效电路如图A.2.3（a）所示。根据等效电路可以求得本时区内各个相电压的数值为

$$u_{UO}=\frac{1}{3}U_d,\quad u_{WO}=\frac{1}{3}U_d,\quad u_{VO}=-\frac{2}{3}U_d$$

星形连接的三相负载的中点为O，直流电源的假设中点为O'，O和O'两点之间的电位差也是交变的矩形波，其变化频率是相电压变化频率的3倍。

根据$u_{UO'}=\frac{1}{2}U_d$和$u_{UO}=\frac{1}{3}U_d$，便可以求得O和O'两点之间的交变电位差的幅值为

$$u_{OO'}=u_{UO'}-u_{UO}=\frac{1}{6}U_d$$

1-2时区：$\pi/3<\omega t<2\pi/3$。

在本时区内，控制信号$u_{g_1}>0$、$u_{g_2}>0$、$u_{g_6}>0$，逆变器处于$S(100)$的开关状态，功率开关器件S1、S6、S2处于导通状态，逆变桥的等效电路如图A.2.3（b）所示。根据等效电路可以求得本时区内各个相电压的数值为

$$u_{UO}=\frac{2}{3}U_d,\quad u_{VO}=u_{WO}=-\frac{1}{3}U_d$$

根据$u_{UO'}=\frac{1}{2}U_d$和$u_{UO}=\frac{2}{3}U_d$，便可以求得O和O'两点之间的交变电位差的幅值为

$$u_{OO'}=u_{UO'}-u_{UO}=\frac{1}{2}U_{d}-\frac{2}{3}U_{d}=-\frac{1}{6}U_{d}$$

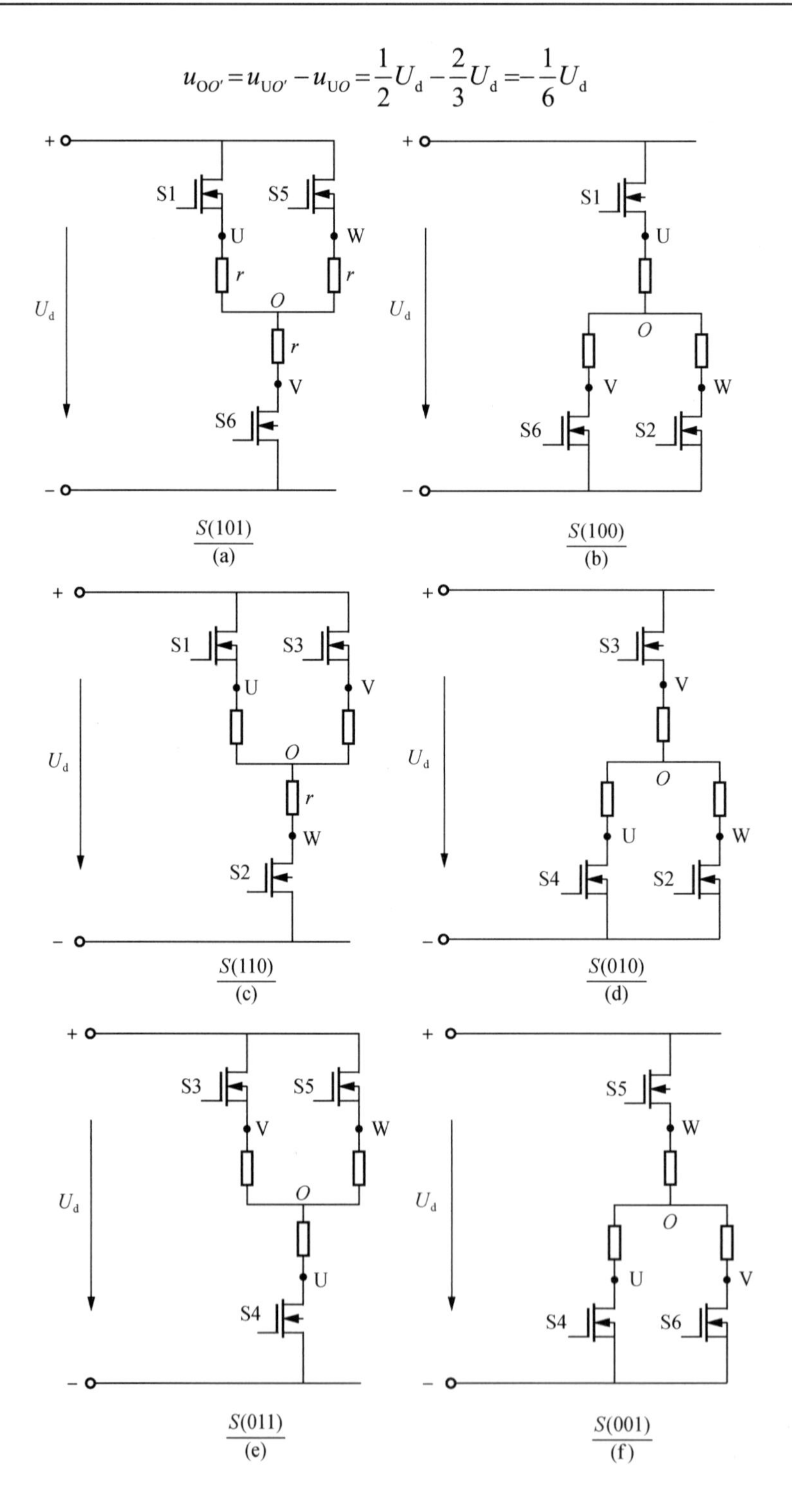

图 A.2.3　不同开关状态下逆变桥的等效电路

1-3 时区：$2\pi/3<\omega t<\pi$。

在本时区内，控制信号$u_{g_1}>0$、$u_{g_2}>0$、$u_{g_3}>0$，逆变器处于 $S(110)$ 的开关状态，功率开关器件 S1、S3、S2 处于导通状态，逆变桥的等效电路如图 A.2.3（c）所示。根据等效电路

可以求得本时区内各个相电压的数值为

$$u_{UO}=u_{VO}=\frac{1}{3}U_d,\quad u_{WO}=-\frac{2}{3}U_d$$

根据$u_{UO'}=\frac{1}{2}U_d$和$u_{UO}=\frac{1}{3}U_d$，便可以求得O和O'两点之间的交变电位差的幅值为

$$u_{OO'}=u_{UO'}-u_{UO}=\frac{1}{2}U_d-\frac{1}{3}U_d=\frac{1}{6}U_d$$

1-4 时区：$\pi<\omega t<4\pi/3$。

在本时区内，控制信号$u_{g_4}>0$、$u_{g_3}>0$、$u_{g_2}>0$，逆变器处于$S(010)$的开关状态，功率开关器件 S4、S3、S2 处于导通状态，逆变桥的等效电路如图 A.2.3（d）所示。根据等效电路可以求得本时区内各个相电压的数值为

$$u_{UO}=u_{WO}=-\frac{1}{3}U_d,\quad u_{VO}=\frac{2}{3}U_d$$

$$u_{OO'}=u_{UO'}-u_{UO}=-\frac{1}{2}U_d+\frac{1}{3}U_d=-\frac{1}{6}U_d$$

1-5 时区：$4\pi/3<\omega t<5\pi$。

在本时区内，控制信号$u_{g_4}>0$、$u_{g_3}>0$、$u_{g_5}>0$，逆变器处于$S(011)$的开关状态，功率开关器件 S4、S3、S5 处于导通状态，逆变桥的等效电路如图 A.2.3（e）所示。根据等效电路可以求得本时区内各个相电压的数值为

$$u_{UO}=-\frac{2}{3}U_d,\quad u_{VO}=u_{WO}=\frac{1}{3}U_d$$

$$u_{OO'}=u_{UO'}-u_{UO}=-\frac{1}{2}U_d+\frac{2}{3}U_d=\frac{1}{6}U_d$$

1-6 时区：$5\pi/3<\omega t<2\pi$。

在本时区内，控制信号$u_{g_4}>0$、$u_{g_6}>0$、$u_{g_5}>0$，逆变器处于$S(001)$的开关状态，功率开关器件 S4、S6、S5 处于导通状态，逆变桥的等效电路如图 A.2.3（f）所示。根据等效电路可以求得本时区内各个相电压的数值为

$$u_{UO}=u_{VO}=-\frac{1}{3}U_d,\quad u_{WO}=\frac{2}{3}U_d$$

$$u_{OO'}=u_{UO'}-u_{UO}=-\frac{1}{2}U_d+\frac{1}{3}U_d=-\frac{1}{6}U_d$$

由此可见，相电压为六阶梯形交变电压，梯形高度分别为$\pm\frac{1}{3}U_d$和$\pm\frac{2}{3}U_d$。通过傅里叶分解，可以得到相电压的表达式为

$$\begin{aligned}u_{UO}&=\frac{2}{\pi}U_d\left(\sin\omega t+\frac{1}{5}\sin 5\omega t+\frac{1}{7}\sin 7\omega t+\frac{1}{11}\sin 11\omega t+\cdots\right)\\&=\frac{2}{\pi}U_d(\sin\omega t+\sum_n\frac{1}{n}\sin n\omega t)\end{aligned}\tag{A-2-5}$$

式中：$n=6k\pm1$；k为自然数。

由此可见，负载相电压的基波幅U_{UO1m}和基波有效值U_{UO1}分别为

$$U_{UO1m}=\frac{2}{\pi}U_d=0.637U_d\tag{A-2-6}$$

$$U_{\mathrm{UO1}}=\frac{U_{\mathrm{UO1m}}}{\sqrt{2}}=0.45\,U_{\mathrm{d}} \tag{A-2-7}$$

负载相电压的有效值U_{UO}为

$$U_{\mathrm{UO}}=\sqrt{\frac{1}{2\pi}\int_{0}^{2\pi}u_{\mathrm{UO}}^{2}\mathrm{d}\omega t}=0.471\,U_{\mathrm{d}} \tag{A-2-8}$$

综上所述，控制信号每隔 60°电角度变化一次，这意味着逆变器运行时，在一个周期内有六个开关状态，从而形成“六阶梯波”的输出电压。我们也可以看到：在任一瞬间，将有三个桥臂同时导通，可能是上面一个臂下面两个臂，也可能是上面两个臂下面一个臂。每次开关状态变化时，总有一条支路从上臂导通转变成下臂导通，或者从下臂导通转变成上臂导通，每次换流都在同一条支路的上下臂之间进行，所以 180°导通型逆变器的换流属于纵向换流。因此，为了防止对应于某一相的同一条支路上下臂的功率开关器件同时导通而引起直流侧电源短路，要采取“先断后通”的措施，即先给应关断的器件一个关断信号，然后再给应导通的器件一个导通信号，两者之间应留有一个短暂的死区时间。死区时间的长短要视功率开关器件的开关速度而定，功率开关器件的开关速度越快，所留的死区时间就可以越短。这种“先断后通”的方法也适用于工作在上下臂通断互补方式下的其他电路。

（2）逆变器的输入电流波形及其量值。

在纯电阻负载情况下，各相电流波形与电压波形相同，无功功率等于零，所以逆变器运行时，反向并联续流二极管不参与工作。逆变桥的输入电流i_{d}为

$$i_{\mathrm{d}}=i_{\mathrm{S1}}+i_{\mathrm{S3}}+i_{\mathrm{S5}}=i_{\mathrm{S2}}+i_{\mathrm{S4}}+i_{\mathrm{S6}} \tag{A-2-9}$$

由图 A.2.2 和图 A.2.3 可知，在时区 $0<\omega t<\pi/3$ 内，有

$$\begin{cases} i_{\mathrm{S1}}=i_{\mathrm{U}}=\dfrac{U_{\mathrm{UO}}}{r}=\dfrac{U_{\mathrm{d}}}{3r} \\ i_{\mathrm{S3}}=0 \\ i_{\mathrm{S5}}=i_{\mathrm{W}}=\dfrac{U_{\mathrm{WO}}}{r}=\dfrac{U_{\mathrm{d}}}{3r} \end{cases} \tag{A-2-10}$$

把式（A-2-10）代入式（A-2-9），得到

$$i_{\mathrm{d}}=i_{\mathrm{S1}}+i_{\mathrm{S3}}+i_{\mathrm{S5}}=\frac{2U_{\mathrm{d}}}{3r} \tag{A-2-11}$$

同样，在时区 $\pi/3<\omega t<2\pi/3$ 内，有

$$\begin{cases} i_{\mathrm{S1}}=i_{\mathrm{U}}=\dfrac{U_{\mathrm{UO}}}{r}=\dfrac{2U_{\mathrm{d}}}{3r} \\ i_{\mathrm{S3}}=0 \\ i_{\mathrm{S5}}=0 \end{cases} \tag{A-2-12}$$

$$i_{\mathrm{d}}=i_{\mathrm{S1}}+i_{\mathrm{S3}}+i_{\mathrm{S5}}=\frac{2U_{\mathrm{d}}}{3r} \tag{A-2-13}$$

依次类推可知，在纯电阻负载情况下，逆变桥的输入电流i_{d}始终为正的恒定值$2U_{\mathrm{d}}/3r$。直流侧滤波电容 C 中的电流$i_{\mathrm{c}}=0$，负载只通过逆变桥从直流电源吸取能量。直流侧输入逆变桥的功率为

$$P_{\mathrm{d}}=U_{\mathrm{d}}i_{\mathrm{d}}=\frac{2U_{\mathrm{d}}^{2}}{3r}=\frac{U_{\mathrm{d}}^{2}}{r_{\mathrm{d}}} \tag{A-2-14}$$

其中

$$r_d = \frac{U_d}{r_d} = \frac{3r}{2}$$

式中：r_d为输入端的等效直流电阻。

2）电感性负载时逆变器的运行情况

当逆变器给电感性负载供电时，负载电流可以看成是输出端的阶梯波电压被分段施加于感性负载的结果。对各相负载回路而言，可以写出相应的电压平衡方程式。以U相为例，其电压平衡方程式为

$$u_{UO} = i_U r + L\frac{di_U}{dt}$$

式中：u_{UO}为施加在U相负载上的瞬时电压；i_U为通过U相负载的瞬时电流；r和L分别为U相负载的电阻和电感值。

将不同段阶梯的电压代入上述方程式，便可以求得各段按指数规律变化的i_U电流曲线。

下面，我们将对逆变器在给两种不同阻抗角φ电感性负载供电时的运行情况进行分析。

（1）负载阻抗角$\varphi < \pi/3$时的逆变器的运行情况。

图A.2.4示出了负载阻抗角$\varphi < \pi/3$时的U相电流i_U的波形。每一个可控功率开关器件的导通角$\theta_T = \pi - \theta_D$，式中$\theta_D$为三相半桥逆变电路中与可控功率开关器件成反向并联的续流二极管D1、D4、D3、D6、D5和D2的导通角。

下面我们分几个时区来分析逆变器给阻抗角$\varphi < \pi/3$的负载供电时的输出电流波形。

1-1时区：$0 < \omega t < \theta_D$。

在图A.2.4中，坐标原点（即$\omega t = 0$的点）取在功率开关器件S4关断（即$u_{g_4} = 0$）和S1开始加上正控制信号（即$u_{g_1} > 0$）的瞬间。

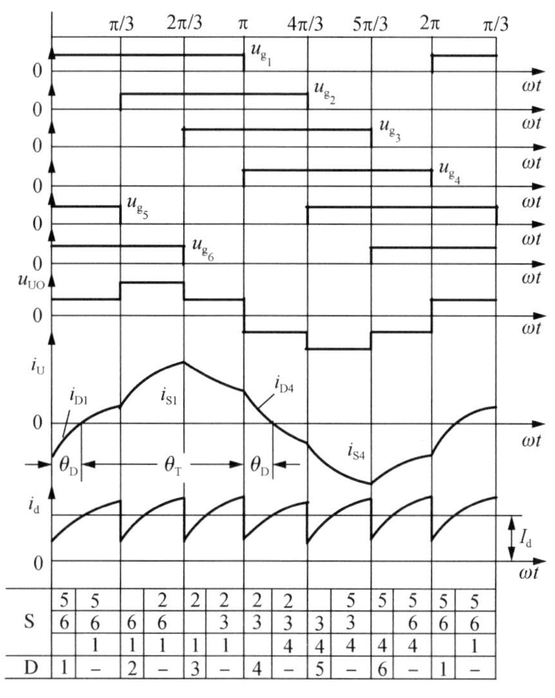

S	5	5		2	2	2	2	2		5	5	5	5	5
	6	6	6	6		3	3	3	3	3		6	6	6
		1	1	1	1	1		4	4	4	4	4		1
D	1	–	2	–	3	–	4	–	5	–	6	–	1	–

图A.2.4　180°导通型逆变器在感性负载$\varphi < \pi/3$时的有关波形

当 $\omega t<0$ 时，逆变器处于 $S(001)$ 的开关状态，功率开关器件 S4、S6 和 S5 处于导通状态，施加在 U 相负载上的电压 u_{UO} 为负值，通过 U 相负载的电流 i_U 也为负值；当 $\omega t \geqslant 0$ 时，逆变器处于 $S(101)$ 的开关状态，功率开关器件 S1、S6 和 S5 处于导通状态，施加在 U 相负载上的电压 u_{UO} 由负值变为正值，通过 U 相负载的电流 i_U 也应该由负值变为正值。在 $\omega t=0$ 的时刻，功率开关器件 S4 关断，功率开关器件 S1 开始导通；但是，通过 U 相的电感性负载的电流 i_U 不能跃变，电感性负载将尽力维持在其内部通过的“−”的 U 相电流 i_U 的瞬时值不变，在此情况下，“−”的 U 相电流 i_U 只能按指数规律开始逐渐上升（即 U 相的负值电流逐渐衰减），直至 $\omega t=\theta_D$。因此，在 $0<\omega t<\theta_D$ 的时区内，“−”的 U 相电流 i_U 将暂时通过续流二极管 D1 续流，用符号 i_{D1} 来表示；此时，虽然功率开关器件 S1 已经被加上了正的控制信号，即 $u_{g_1}>0$，但仍被续流二极管 D1 上的压降所阻断。在此工作状态下，S5、S6 和 D1 导通，其等效电路如图 A.2.5（a）所示。这时，一方面电源沿 S5 和 S6 向负载输送能量；另一方面由于 D1 的导通，“−”的 U 相电流 $i_U=i_{D1}$，它将通过 D1 和 S5 在 U、W 两相之间形成环流，储存在 U 相电感负载中的能量将逐渐释放，使 U 相电流 i_U 的负值逐渐衰减，直至 $i_U=0$。电感能量的释放，减轻了直流电源的负荷，电源将给电容 C 充电，并把一部分能量存储在电容 C 中。

1-2 时区：$\theta_D<\omega t<\pi/3$。

在 $\theta_D<\omega t<\pi/3$ 的时区内，逆变器本应处于 $S(101)$ 的开关状态，功率开关器件 S1、S6 和 S5 同时处于导通状态，其等效电路如图 A.2.5（b）所示。这时，各相负载都从直流电源获得能量，电容 C 也会向负载释放出一部分储能，从而对电流起到平波的作用。U 相电流在其他时段的变化情况如图 A.2.4 所示，这里不再表述。

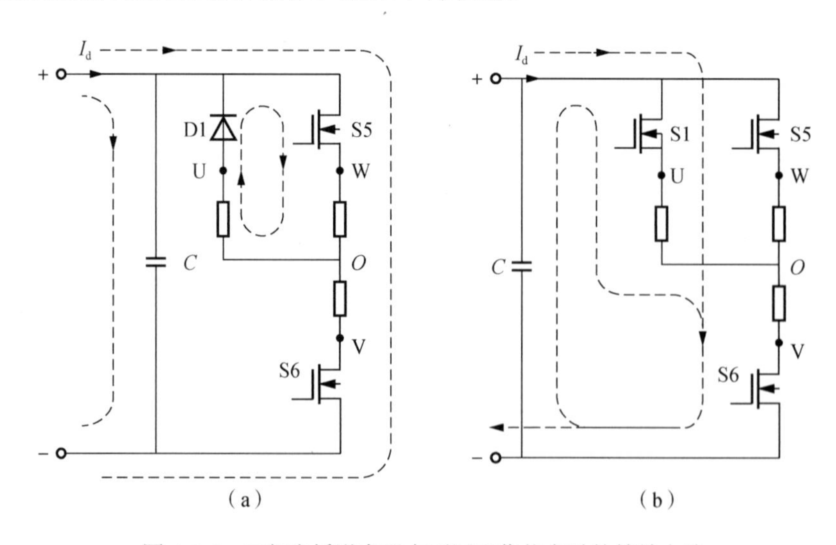

图 A.2.5　三相半桥逆变器在不同工作状态时的等效电路

（2）负载阻抗角 $\varphi>\pi/3$ 时的逆变器的运行情况。

图 A.2.6 示出了负载阻抗角 $\varphi>\pi/3$ 时的 U 相电压 u_U、U 相电流 i_U 和负载电流 i_d 的波形。当阻抗角 φ 增大时，感性负载的电感量 L 就增大，反向并联续流二极管 D 的导通时间也随之增大，这种电感量 L 增大的变化将对逆变器的运行产生一定的影响。

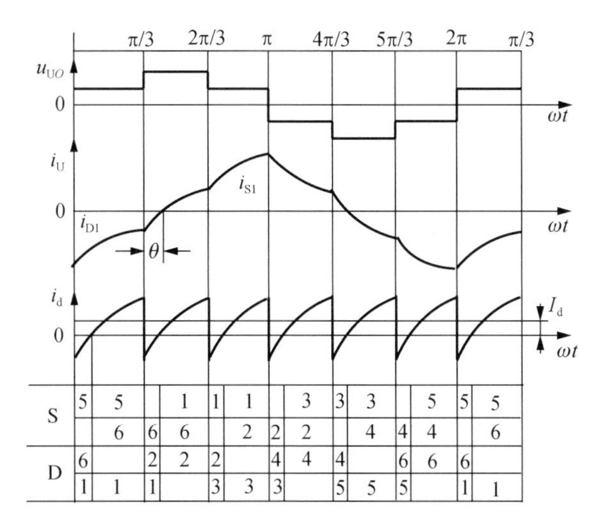

图 A.2.6 180°导通型逆变器在感性负载$\varphi>\pi/3$时的有关波形

下面，我们分几个时区来分析逆变器在给阻抗角$\varphi>\pi/3$的电感性负载供电时的输出电流波形。

2-1 时区：$0<\omega t<\pi/3$。

在此时区内，逆变器本应处于$S(101)$的开关状态。比较图 A.2.6 和图 A.2.4，可以看出：当负载阻抗角$\varphi>\pi/3$时，在$\omega t=\pi/3$瞬间之前，负的 U 相电流i_U尚未衰减到零，仍然维持负值。这意味着逆变器仍然处在 S5、S6 和 D1 导通的状态，即仍然维持在图 A.2.5（a）所示的导通状态，负的 U 相电流i_U仍然在 U、W 两相环路内流动。

2-2 时区：$\pi/3<\omega t<\pi/3+\theta$。

当$\omega t=\pi/3$时，逆变器将处于$S(100)$的开关状态，W 相半桥的上下桥臂将进行纵向换流：$u_{g_5}=0$，$u_{g_2}>0$；因而S5将截止，S2将导通。此时，虽然施加在功率开关器件 S2 上的控制信号$u_{g_2}>0$，但电感性负载电流使 S2 不能立即导通，而使续流二极管 D2 暂时导通，从而逆变器处在 S6、D1 和 D2 导通的状态，其等效电路如图 A.2.7 所示。在此状态下，U 和 W 两相的负载电流通过D1和D2向电容C反馈能量，负的 U 相电流i_U将继续衰减。同时，V 和 W 两相之间存在着一个通过 S6 和 D2 流动的环流。此时，$i_d=i_{D1}<0$，即电流i_d将朝相反的方向流动，这时电源电流I_d和逆变桥输入电流i_d一起向电容C充电，这种状态一直持续到$\omega t=\pi/3+\theta$时刻。

2-3 时区：当$\omega t=\pi/3+\theta$时刻。

当$\omega t=\pi/3+\theta$时刻，i_{D1}已衰减到零，并开始转变为正值，续流二极管D1关断，功率开关器件S1相继导通，从而又形成了两个功率开关器件 S6、S1 和一个反向并联续流二极管 D2 同时导通的状态。在此期间，当$i_d<I_d$时，电容C继续被充电；当$i_d>I_d$时，电容C放电，协助电源维持负载电流。相电流i_U和负载电流i_d在其他时段的变化情况如图 A.2.6 所示，这里不再表述。

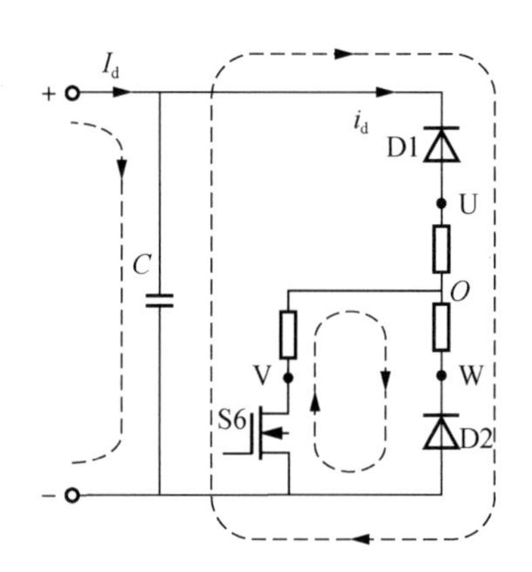

图 A.2.7　三相半桥逆变器在 S6、D1 和 D2 导通时的工作状态

A.2.2　120° 导通的电压型三相半桥逆变器

一般而言，120° 导通的电压型三相半桥逆变器中的六个功率开关器件按照 S1→S6、S1→S2、S3→S2、S3→S4、S5→S4 和 S5→S6 的程序导通，每个功率开关器件的持续导通时间为 120°，每隔 60° 换流一次，便构成了 120° 导通的电压型三相半桥六步阶跃式逆变器，如图 A.2.8 所示。这种电路的基本工作方式是：任何时刻均有两个控制信号为高电位，相应地有两个功率开关器件导通，其中一个是上桥臂，另一个是下桥臂，每个桥臂的持续导通时间为 120° 电角度，同一相的上下桥臂交替导通，U、V 和 W 三相各自开始导通的时间相差 120° 电角度。

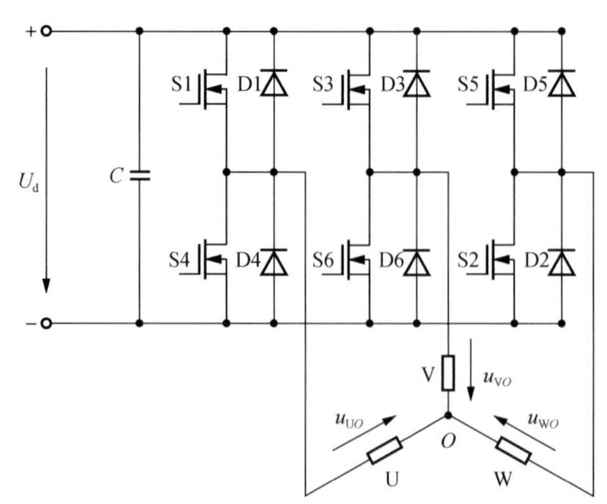

图 A.2.8　120° 导通的电压型三相半桥逆变器

下面，我们将对 120° 导通的电压型三相半桥逆变器在纯电阻负载和电感性负载时的运行情况作一个简单的说明。

（1）星形连接的纯电阻三相对称负载时的工作情况。

对于 120° 导通的电压型三相半桥逆变器而言，各控制信号和输出电压的波形如图 A.2.9 所示。由图可见，相电压为 120° 电角度宽的交变矩形波，其幅值为 $\pm U_d/2$。三个相电压 U_{UO}、U_{VO} 和 U_{WO} 是在时间上相互相差 120° 电角度的对称三相电压，两两相减便可以得到三相对称负载上的线电压，即 $u_{UV}=U_{UO}-U_{VO}$，$u_{VW}=U_{VO}-U_{WO}$，$u_{WU}=U_{WO}-U_{UO}$。线电压为六阶梯形的交变矩形波，其阶梯高度分别为 $\pm U_d/2$ 和 $\pm U_d$。

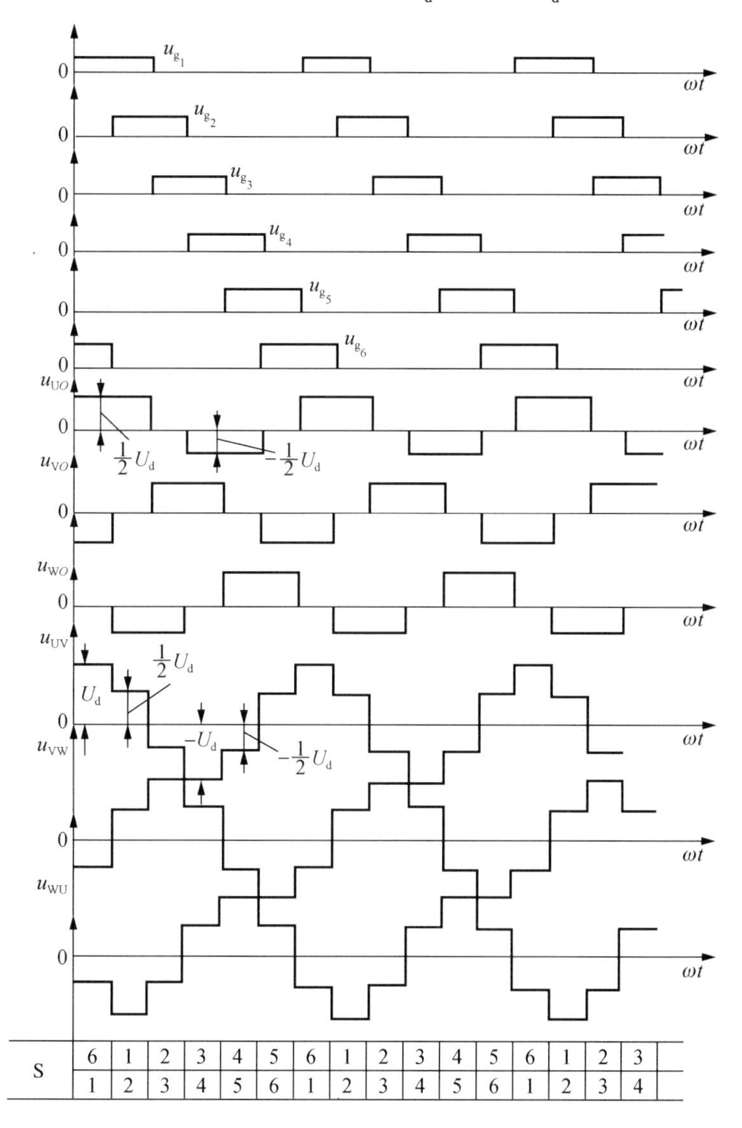

S	6	1	2	3	4	5	6	1	2	3	4	5	6	1	2	3	
	1	2	3	4	5	6	1	2	3	4	5	6	1	2	3	4	

图 A.2.9　120°导通的逆变器在纯电阻负载时的工作情况

把输出相电压波形分解成傅里叶级数，可以得到如下的相电压的表达式：

$$u_{UO}=\frac{\sqrt{3}U_d}{\pi}\left(\sin\omega t-\frac{1}{5}\sin 5\omega t-\frac{1}{7}\sin 7\omega t+\frac{1}{11}\sin 11\omega t+\cdots\right) \tag{A-2-15}$$

由此，可以求得相电压的基波幅值 U_{UO1m} 为

$$U_{UO1m}=\frac{\sqrt{3}U_d}{\pi}=0.55U_d$$

相电压的基波有效值 U_{UO1} 为

$$U_{UO1}=\frac{\sqrt{3}U_d}{\sqrt{2}\pi}=0.39U_d$$

相电压的有效值U_{UO}为

$$U_{UO}=\left(\sqrt{\frac{2}{3}}\right)\frac{U_d}{2}=0.408U_d$$

把输出线电压波形分解成富氏级数，可以得到如下的线电压的表达式：

$$u_{UV}=\frac{3U_d}{\pi}\left(\sin\omega t+\frac{1}{5}\sin 5\omega t+\frac{1}{7}\sin 7\omega t+\frac{1}{11}\sin 11\omega t+\cdots\right) \quad \text{(A-2-16)}$$

由此，可以求得线电压的基波幅值U_{UV1m}为

$$U_{UV1m}=\frac{3U_d}{\pi}=0.955U_d$$

线电压的基波有效值U_{UV1}为

$$U_{UV1}=\frac{3U_d}{\sqrt{2}\pi}=0.675U_d$$

线电压的有效值U_{UV}为

$$U_{UV}=\frac{\sqrt{2}}{2}U_d=0.707U_d$$

120°导通型的线电压有效值$U_{UV(120°)}$与180°导通型的线电压有效值$U_{UV(180°)}$相比较，其结果为

$$\frac{U_{UV(180°)}}{U_{UV(120°)}}=\frac{0.816U_d}{0.707U_d}=1.15 \quad \text{(A-2-17)}$$

由此可见，在同样的U_d条件下，采用180°导通型逆变器的输出电压比较高，器件利用率也比较高。但是，120°导通型逆变器的每次换流是在不同支路的桥臂之间进行的，属于横向换流，它可以避免同一支路上下臂的直通现象，因此，120°导通型逆变器的换流要比180°导通型逆变器的换流可靠。

（2）星形连接的电感性三相对称负载时的工作情况。

当电感性负载的电感量L不同时，即阻抗角φ不一样时，120°导通型逆变器的运行情况也就不一样。下面，我们将对逆变器在给两种不同阻抗角φ电感性负载供电时的运行情况进行分析。

2-1 时区：负载阻抗角$\varphi\leqslant\pi/3$时的逆变器的运行情况。

由前面的分析可知，在纯电阻负载下运行的120°导通型逆变器，每相电流导通时间为$\theta_T=2\pi/3$电角度，断流期为$\theta_\mu=\pi/3$电角度。如果负载是电感性负载，且阻抗角$\varphi\leqslant\pi/3$电角度，则断流期θ_μ的值将随着阻抗角φ的变化而变化，输出电压也会随之而变化。

120°导通型三相半桥逆变器在电感性负载（$\varphi\leqslant\pi/3$）时的工作情况如图A.2.10所示，在$\omega t=0$时刻之前，控制信号$u_{g_5}>0$和$u_{g_6}>0$，功率开关器件S5和S6处于导通状态。当$\omega t=0$时刻，$u_{g_5}=0$、$u_{g_1}>0$和$u_{g_6}>0$，S1开始导通，S6继续维持导通状态，S5关断。当S5关断后，由于电感的存在，电流i_W要维持原先的流向，续流二极管D2将导通一段时间，于是形成了S6、S1和D2同时导通的状态，即电路有两只功率开关器件和一只续流二极管导通，其等效电路如图A.2.11（a）所示。由图可以求得

$$u_{UO}=\frac{2}{3}U_d$$

$$u_{VO}=-\frac{1}{3}U_d$$

$$u_{UV}=u_{UO}-u_{VO}=U_d$$

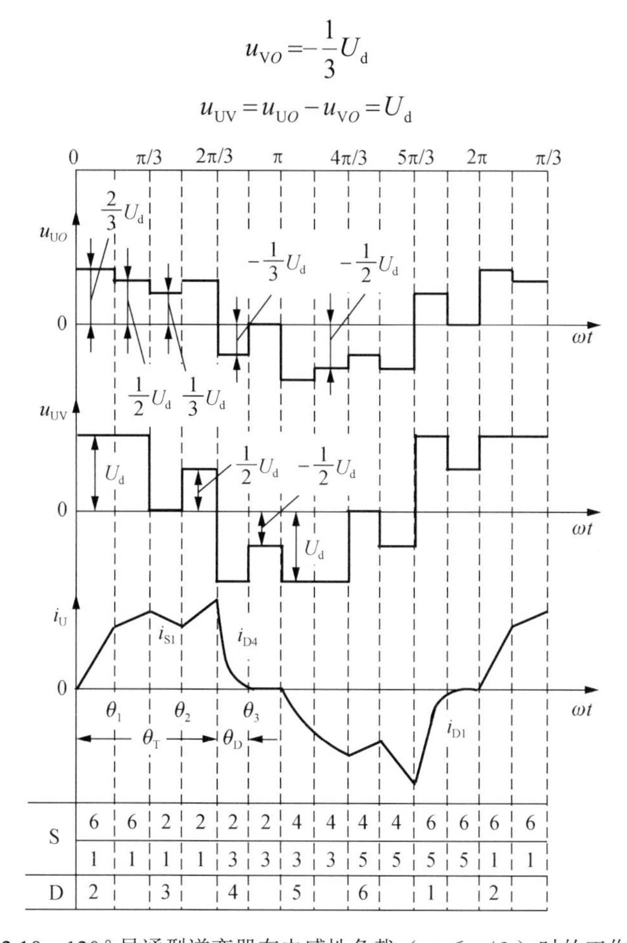

S	6	6	2	2	2	2	4	4	4	4	6	6	6	6
	1	1	1	1	3	3	3	3	5	5	5	5	1	1
D	2		3		4		5		6		1		2	

图 A.2.10 120°导通型逆变器在电感性负载（$\varphi\leqslant\pi/3$）时的工作情况

在此情况下，电流i_W将沿着由 S6 和 D2 形成的环路流动。电流i_W将随着电感中储能的减小而逐渐衰减，在到达$\omega t=\theta_1$时，电流i_W衰减到零，续流二极管 D2 关断，电路转入 S1 和 S6 导通的状态。这时，根据电路可以求得

$$u_{UO}=\frac{1}{2}U_d$$

$$u_{VO}=-\frac{1}{2}U_d$$

$$u_{UV}=u_{UO}-u_{VO}=U_d$$

当$\omega t=\pi/3$时，控制信号$u_{g_6}=0$，$u_{g_1}>0$和$u_{g_2}>0$，电路即转成功率开关器件 S1 和 S2 导通，S6 关断。由于 V 相负载中存在电感，当 S6 关断后，电流i_V不会立即变成零值，而要沿着原先的流向维持一段时间。因此，续流二极管 D3 将暂时导通，从而形成 S1、S2 和 D3 同时导通的状态，其等效电路如图 A.2.11（b）所示。由此可以求得

$$u_{UO}=\frac{1}{3}U_d$$

$$u_{VO}=\frac{1}{3}U_d$$

$$u_{UV}=u_{UO}-u_{VO}=0$$

在此情况下，电流 i_{V} 在S1和D3形成的环路中流动并衰减，直到 $\omega t=\theta_2$ 时，电流 i_{V} 衰减到零，电路转成S1和S2导通的状态。此时，电路输出的相电压和线电压分别为

$$u_{\mathrm{U}O}=\frac{1}{2}U_{\mathrm{d}}$$

$$u_{\mathrm{V}O}=0$$

$$u_{\mathrm{UV}}=u_{\mathrm{U}O}-u_{\mathrm{V}O}=\frac{1}{2}U_{\mathrm{d}}$$

依次类推，可以得到如图 A.2.10 所示的相电压和线电压波形。在此情况下，断流期 θ_μ 为

$$\theta_\mu=\pi/3-\theta_{\mathrm{D}}$$

显然，随着负载电感量 L 的增大，二极管的续流时间 θ_{D} 将增大，断流期 θ_μ 将减小。当 $\theta_{\mathrm{D}}=\pi/3$ 时，断流期变成零，即 $\theta_\mu=0$。

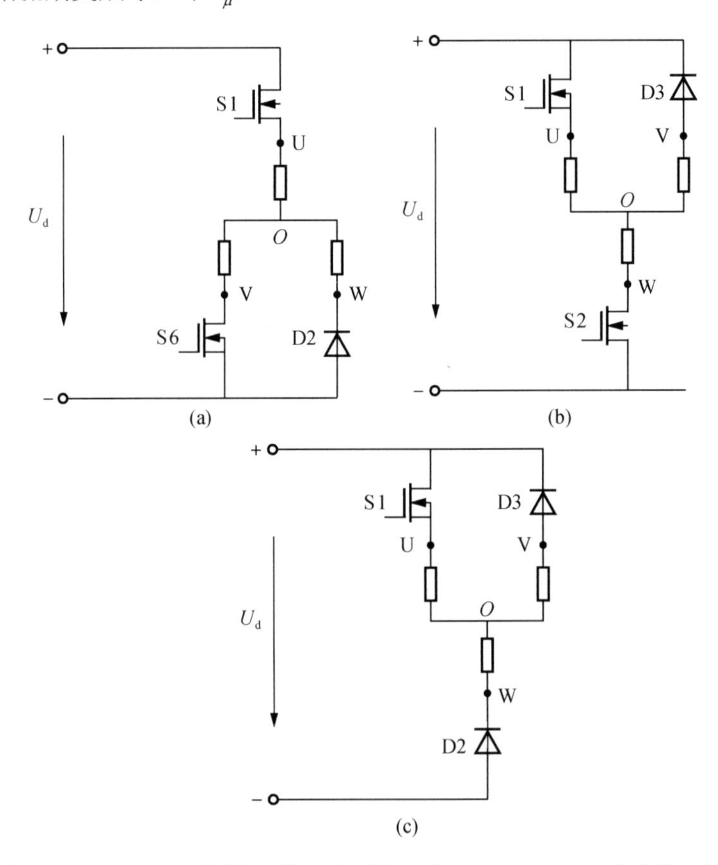

图 A.2.11　120° 导通型逆变器在电感性负载（$\varphi\leqslant\pi/3$）时的等效电路

2-2 时区：负载阻抗角 $\varphi>\pi/3$ 时的逆变器的运行情况。

$\theta_{\mathrm{D}}=\pi/3$ 电角度是相电流断续的临界点。当 $\varphi>\pi/3$ 和二极管的续流时间 $\theta_{\mathrm{D}}>\pi/3$ 时，相电流便进入连续状态，120° 导通型逆变器在电感性负载（$\varphi>\pi/3$）时的工作情况如图 A.2.12 所示。

在 $\omega t=\pi/3$ 时刻前，功率开关器件 S1 和 S6 导通。由于 D2 的续流期大于 $\pi/3$，D2 也导通，电路处在 S1、S6 和 D2 同时导通的状态。在此情况下，逆变器输出的相电压和线电压分别为

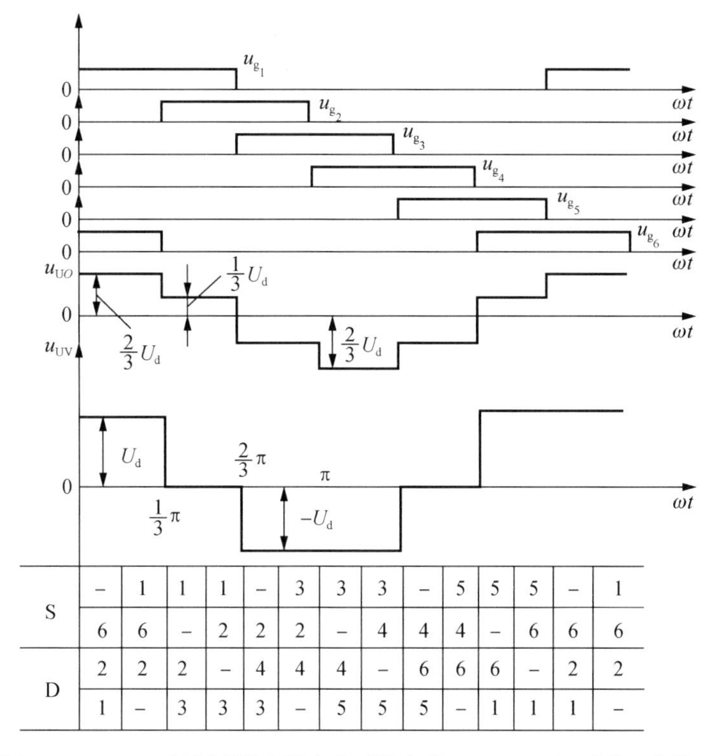

S	–	1	1	1	–	3	3	3	–	5	5	5	–	1
	6	6	–	2	2	2	–	4	4	4	–	6	6	6
D	2	2	2	–	4	4	4	–	6	6	6	–	2	2
	1	–	3	3	3	–	5	5	5	–	1	1	1	–

图 A.2.12 120°导通型逆变器在电感性负载（$\varphi>\pi/3$）时的工作情况

$$u_{UO}=\frac{2}{3}U_d$$

$$u_{VO}=-\frac{1}{3}U_d$$

$$u_{UV}=u_{UO}-u_{VO}=U_d$$

当$\omega t=\pi/3$时刻，控制信号$u_{g_6}=0$，$u_{g_1}>0$和$u_{g_2}>0$，由于S6关断，续流二极管D_3导通以维持电流i_V的继续流动。因$\theta_D>\pi/3$，所以电流i_W仍在D2中流动，S2不能导通，从而电路处于S1、D2和D3同时导通的状态，其等效电路如图A.2.11（c）所示。在此情况下，逆变器输出的相电压和线电压分别为

$$u_{UO}=\frac{1}{3}U_d$$

$$u_{VO}=\frac{1}{3}U_d$$

$$u_{UV}=u_{UO}-u_{VO}=0$$

综上分析，在$\varphi>\pi/3$时，逆变器将在两种导通状态下轮流工作：两个功率开关器件S和一个续流二极管D同时导通的状态或一个功率开关器件S和二个续流二极管D同时导通的状态。120°导通的三相半桥逆变器在大电感负载（$\varphi>\pi/3$）时的工作情况如图A.2.12所示。由图可见，120°导通的三相半桥逆变器在大电感负载（$\varphi>\pi/3$）时的电压波形和180°导通的三相半桥逆变器的情况完全相同。

附录 B　正弦波脉宽调制

自控式永磁同步电动机的磁场取向控制是与正弦波脉宽调制（sinusoidal pulse width modulation，SPWM）技术相互紧密结合的，是功率逆变器和电动机控制领域内应用最普遍、最有效和最简单的方法之一。对于从事电动机和控制系统设计的技术人员而言，除了要透彻地理解和掌握电动机及磁场取向控制系统的工作原理和设计方法之外，还必须对正弦波脉宽调制技术有一个比较全面和深入的了解。为此，下面就正弦波脉宽调制的基本原理、主要术语和实施方法等几个问题作一说明。

B.1　正弦波脉宽调制的基本原理

脉宽调制的基本理论基于面积等效原理，即把冲量相等而形状不同的窄脉冲施加到具有惯性的环节上时，其效果基本相同。所谓冲量是指窄脉冲的面积；效果基本相同是指被作用环节的输出响应的波形参数基本相同。

依据这个面积等效原理，一个连续函数可以用无限多个离散函数来逼近或替代，因而可以设想用多个不同幅值的矩形脉冲波来替代一个正弦波，如图 B.1.1 所示。图中，在一个正弦半波上分割出多个等宽不等幅的矩波形，假设被分割出的矩形波数目 n=12，如果每一个矩形波的面积都与相对应的时间区段（即 $\pi/n=\pi/12$）内的正弦波的面积相等，则这一系列矩形波的合成面积就等于正弦波的面积，如果用它们来驱动电动机，则它们所起的作用是等效的。

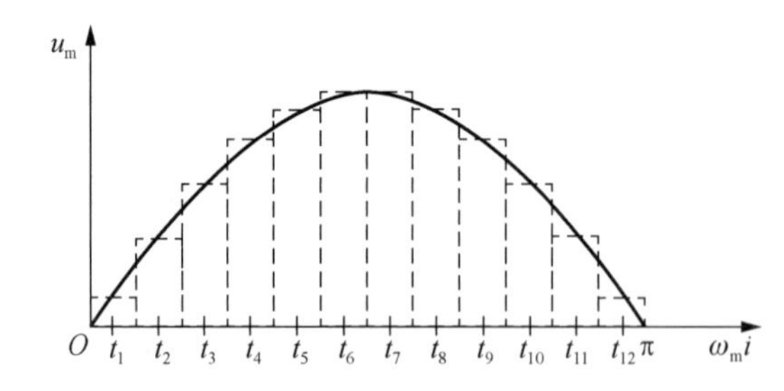

图 B.1.1　与正弦波等效的等宽而不等幅的矩形波脉冲序列

对于驱动电动机的逆变器而言，它的母线电压通常是由不可控整流器或蓄电池提供的恒定直流电压 U_d。于是，设想用一系列如图 B.1.2 所示的等幅而不等宽的矩形脉冲波来替代图 B.1.1 所示的一系列等宽而不等幅的矩形脉冲波，只要每一个等幅而不等宽的矩形脉冲波的面积与对应的时间区段内的正弦波的面积都相等，它就能够实现与正弦波等效的功能。在图 B.1.2 中，把正弦半波分成 n=9 等分，把每一等分（即 $\pi/n=\pi/9$）的正弦曲线与横坐标轴所包围的面积都用一个与此面积相等的矩形波脉冲来代替，矩形波脉冲的幅值不变，各矩形波脉冲的中心点与正弦波的每一个等分的中心点相重合，这样就形成了正弦波脉宽调制波形。同样，正弦波的负半周也可以用相同的方法，使之与一系列负矩形波脉冲波相等效。这种与正弦波的正半周和负半周相等效的正矩形波脉冲和负矩形波脉冲被称为单极性的正弦波脉宽调制波形。

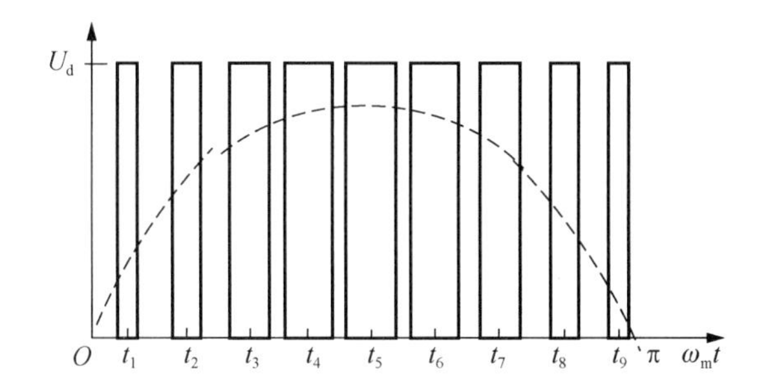

图 B.1.2　与正弦波等效的等幅而不等宽的 SPWM 波形

在正弦脉宽调制方法中，以等腰三角形波作为载波，采用正弦波作为调制波，等腰三角形载波将受到正弦波的调制。图 B.1.3 展示了三相桥式电压逆变器的电路结构，当正弦调制波与等腰三角形载波相交时，其交点决定了逆变器内六个功率开关器件的通断时刻。例如，当 A 相的调制波电压信号 u_{ma} 高于载波电压信号 u_c 时，致使 A 相上桥臂内功率开关器件 S_1 导通，逆变器的 A 相桥臂输出正的矩形波脉冲电压；当 A 相的调制波电压信号 u_{ma} 低于载波电压信号 u_c 时，致使功率开关器件 S1 关断，逆变器的 A 相桥臂的输出电压下降为零。在此情况下，逆变器的 A 相桥臂输出正电压的矩形波脉冲序列，如图 B.1.4（a）和（b）所示。

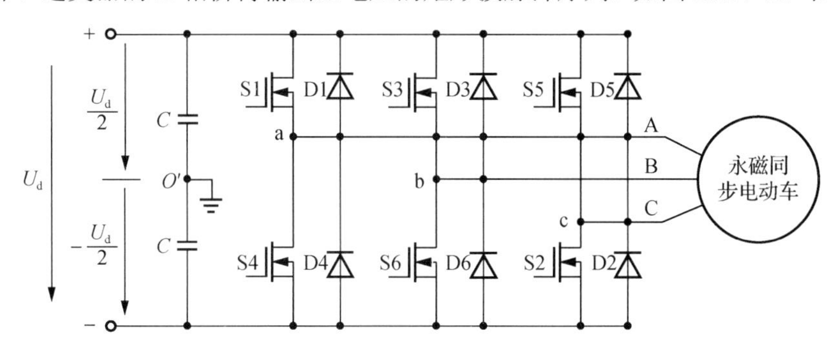

图 B.1.3　典型的正弦波脉宽调制逆变器的电路结构

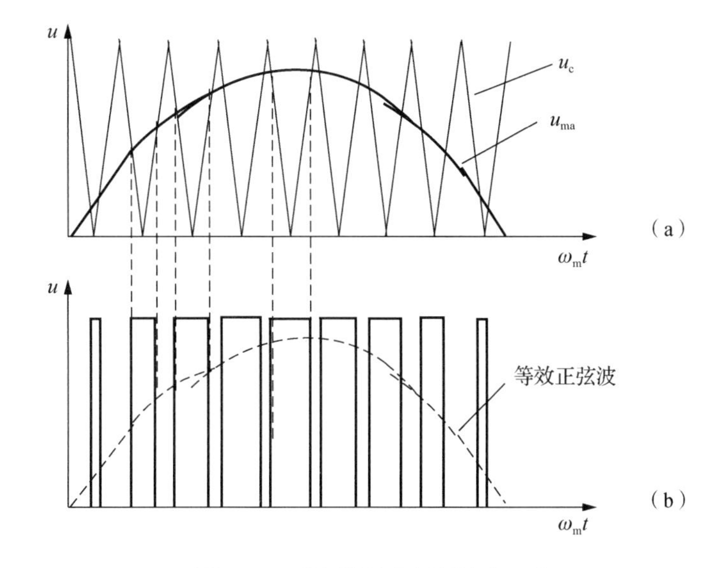

图 B.1.4　单极性脉宽调制波的形成

在正弦调制波电压信号 u_{ma} 的负半周期中，可以用类似的方法去控制逆变器的 A 相下桥臂内的功率开关器件 S4 的导通和关断，逆变器的 A 相桥臂输出负电压的脉冲序列。

当正弦调制波电压信号的频率改变时，输出等效正弦波电压信号的频率也随之改变；降低正弦调制波电压信号的幅值时，输出脉冲序列的脉冲宽度将变窄，于是，输出等效正弦波电压信号的基波幅值也将随之减小。

上述单极性波形在半周期内的脉冲电压只在“正”（或“负”）和“零”之间变化，逆变器的每相桥臂内只有一个功率开关器件反复通断。如果让同一桥臂的上下两个功率开关器件互补地导通和关断，则输出脉冲电压在“正”和“负”之间变化，于是，就得到双极性的正弦波脉宽调制波形，如图 B.1.5 所示。

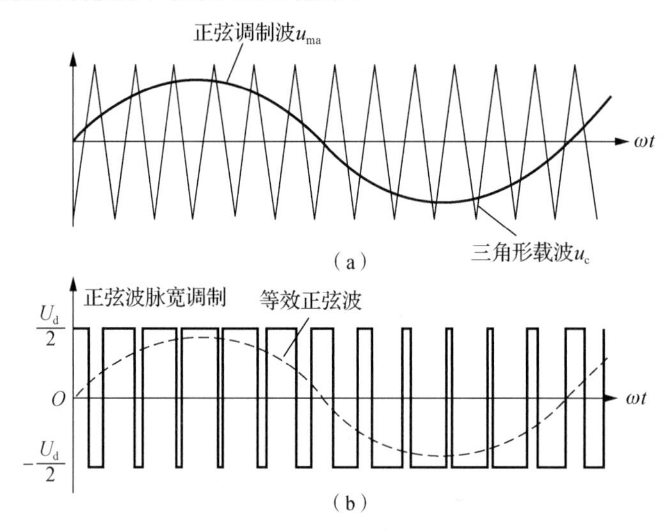

图 B.1.5　双极性的正弦波脉宽调制波形

对于单极性的正弦波脉宽调制波形而言，半个周期内的脉冲电压只在“正”（或“负”）和“零”之间变化，主电路每相（逆变器的每相桥臂内的两个功率开关器件只有一个被反复地导通和关断）只有一个功率开关器件反复通断。如果让同一桥臂的上下两个功率开关器件互补地导通和关断，则输出脉冲电压在“正”和“负”之间变化，于是便获得了双极性的正弦波脉宽调制波形。

1964 年，德国学者首次将通信系统的调制技术应用到交流传动系统的变频器控制中，于是诞生了正弦波脉宽调制技术。此后，随着正弦波脉宽调制的理论和专用微处理器的发展，正弦波脉宽调制技术日趋完善。

B.2　正弦波脉宽调制的几个特征参量

在学习、评价和应用正弦波脉宽调制技术的过程中，需要掌握以下几个主要特征参量。

1）占空度 d

在正弦波脉宽调制波形中，矩形脉冲波形的周期 T_c 是恒定不变的，脉冲宽度所对应的时间 t_w（即脉冲宽度持续的时间）和脉冲间歇所对应的时间 t_i 是随着控制系统的指令和负载的变化而变化的，如图 B.2.1 所示。

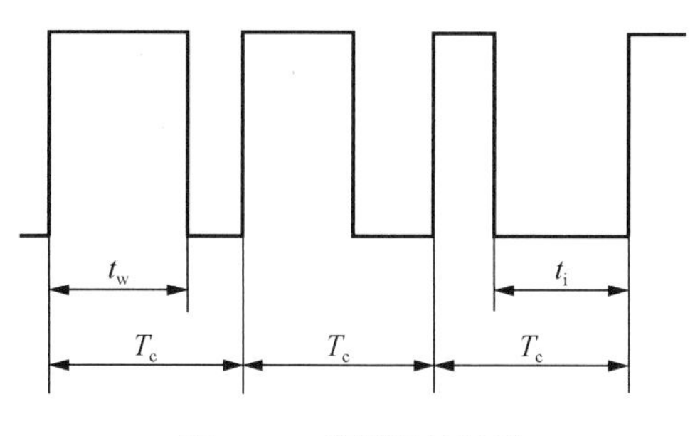

图 B.2.1　矩形脉冲波形

这里，我们把矩形脉冲波的宽度所对应的时间 t_w 与脉冲周期 T_c 之比定义为矩形脉冲波形的占空度 d，其数学表达式为

$$d = \frac{t_w}{T_c} \tag{B-2-1}$$

矩形脉冲波形的平均直流电压正比于它的占空度，换言之，调节矩形脉冲波的占空度，就可以达到调节施加在电动机绕组端头上的平均直流电压的大小，从而实现电动机转矩和转速的调节。

2）载波比 n

在正弦波脉宽调制技术中，把等腰三角形载波信号的频率 f_c 与正弦波调制信号的频率 f_m 之比定义为载波比 n 为

$$n = \frac{f_c}{f_m} \tag{B-2-2}$$

对于正弦波脉宽调制波形而言，为了使逆变器输出的矩形脉冲波形尽量地接近正弦调制波形，即为了尽量地提高两者之间的等效精度，应该尽可能地增大载波比 n。

根据数学分析，当载波比 n 高达一定数值时，逆变器输出的矩形脉冲波形的基波电压的幅值 U_{1m} 就几乎等于正弦波调制信号的幅值，即 $U_{1m} \approx U_{ma} \approx U_{mb} \approx U_{mc}$。

3）调制指数 m

正弦波调制信号的幅值 U_{mm} 与等腰三角形载波信号的幅值 U_{cm} 之比被定义为调制指数 m，其数学表达式为

$$m = \frac{U_{mm}}{U_{cm}} \tag{B-2-3}$$

通常，调制指数 m 又被称为调制度或调制系数，当正弦波调制信号的幅值 U_{mm} 升高时，比较器输出的正弦波脉宽调制信号的矩形波脉冲宽度将增加，输入电动机的能量将增加，电磁转矩和转速将增加；但是，当正弦波调制信号的幅值 U_{mm} 继续升高，达到等于等腰三角形载波信号的幅值 U_{cm} 时，正弦波脉宽调制器将获得最大的矩形波脉冲宽度；当正弦波调制信号的幅值 U_{mm} 大于等腰三角形载波信号的幅值 U_{cm} 时，调制器将进入饱和状态，如图 B.2.2 所示，这种现象被称为过调。为了保证正弦波脉宽调制器的正常工作，必须把调制指数控制在 $0 < m < 1$ 之内。

在正弦波脉宽调制的实施过程中，上述载波比 n、调制指数 m 和占空度 d 等特征参量将受到以下两个因素的制约。

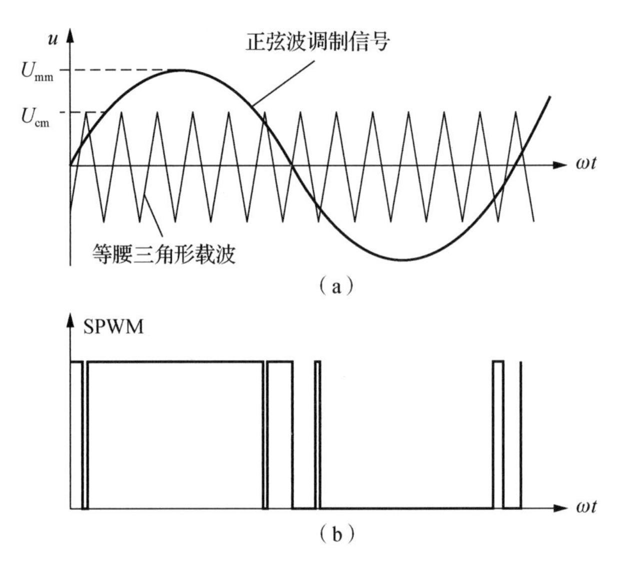

图 B.2.2　正弦波脉宽调制的饱和状态

（1）逆变器内六个功率开关器的开关频率和开关损耗。为了提高调制器输出的正弦波脉宽调制波形与正弦调制波形之间相互等效的精确度，矩形波脉冲的个数越多越好，亦即载波比 n 越高越好；然而，载波比 n 的提高，即矩形波脉冲的数目的增加，逆变器内的功率开关器件的开关频率也将随之增加；但是，开关频率的增加将受到功率开关器件所允许的最大开关频率的限制。例如，可关断晶闸管的开关频率为 1～2 kHz，双极型功率晶体管（BJT）的开关频率为 1～5 kHz，绝缘门双极晶体管的开关频率为 5～20 kHz，功率场效应管的开关频率可达 50 kHz。因此，载波比 n 将受到如下条件的制约，即

$$n \leqslant \frac{[f_{\mathrm{ON-OFF}}]_{\max}}{[f_{\mathrm{m}}]_{\max}} \tag{B-2-4}$$

式中：$[f_{\mathrm{ON-OFF}}]_{\max}$ 是功率开关器件允许的最大开关频率；$[f_{\mathrm{m}}]_{\max}$ 是正弦波调制信号的最高频率，也就是逆变器的最高输出频率。

同时，当开关频率增加时，功率开关器件的开关损耗亦将随之增加，因此，载波比 n 的提高也将受到功率开关器件发热和逆变器工作效率的制约。

（2）最小间歇时间与调制度。为了保证逆变器内的功率开关器件的安全工作，必须使逆变器输出的被正弦波调制的波形具有一个最小的矩形波脉冲宽度和一个最小的脉冲间歇，并确保最小的矩形波脉冲宽度大于功率开关器件的导通时间 t_{ON}，而最小的脉冲间歇大于功率开关器件的关断时间 t_{OFF}。正弦波调制信号与等腰三角形载波的两个交点之间的距离恰好是一个脉冲间歇。因此，为了保证脉冲的最小间歇时间大于功率开关器的关断时间 t_{OFF}，必须使正弦调制波信号的幅值 U_{mm} 低于等腰三角形载波信号的幅值 U_{cm}。从理论上讲，调制度 m 可以在 0～1 变化，即 $0<m\leqslant 1$，实际上，通常取 $m=0.8$～0.9。

在合理的调制度 m 范围内，矩形波脉冲的最大脉冲宽度和最小脉冲宽度，即矩形波脉冲的最大占空度 $[d]_{\max}$ 和最小占空度 $[d]_{\min}$ 同样将受到逆变器内功率开关器件的导通时间 t_{ON} 和关断时间 t_{OFF} 限制。

B.3　正弦波脉宽调制的实施方法

一般而言，正弦波脉宽调制的实施方法有三种，即模拟法、计算法和采用专用的 SPWM 集成电路。下面，我们将对这三种方法分别加以说明。

1）模拟法

在上述基本工作原理的基础上，采用图 B.3.1 所示的单相模拟双极性正弦波脉宽调制器的工作原理，把三角波发生器输出的等腰三角形波作为载波信号（频率为 10 kHz 左右），把希望获得的正弦波作为调制信号，并把两者同时送至比较器；比较器将在等腰三角形载波与正弦调制信号波形相交的每一个时刻改变其输出脉冲边沿的电平。当等腰三角波形的瞬时值小于正弦波形的瞬时值时，比较器输出高电平；反之，比较器的输出将被变成低电平。这样，等腰三角形的载波与正弦波调制信号的相交位置的不同将导致比较器输出的矩形波脉冲波形的占空度的变化，即输出一系列幅值相等而宽度按正弦规律变化的脉冲，从而实现了单相正弦波电压信号的双极性正弦波脉宽调制。

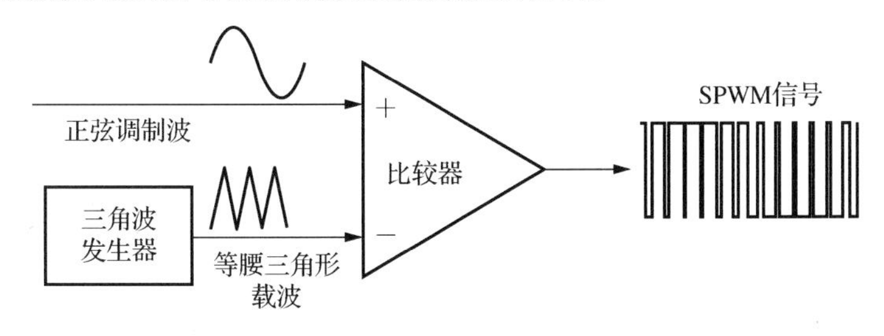

图 B.3.1　单相模拟双极性正弦波脉宽调制器的工作原理

图 B.3.2 展示了三相对称的双极性正弦波脉宽调制器，它把来自控制系统的 Park 反变换器输出的三相正弦波电压参考信号 v_a^*、v_b^* 和 v_c^*，或由正弦波发生器产生的三相对称的正弦波参考电压 u_{ma}、u_{mb} 和 u_{mc} 作为调制信号，它们相互之间依次相差 120° 电角度，它们的频率和幅值都是可以被调节的，它们被分别送至各自的比较器；三个比较器公用一个由三角波发生器产生的等腰三角形载波信号 u_c。三个比较器各自生成正弦波脉宽调制脉冲序列波，输出两个互补的正弦波脉宽调制信号，例如 A 和 $\bar{A}$，B 和 $\bar{B}$，C 和 $\bar{C}$，作为逆变器功率开关器件的驱动信号。它们将分别去控制逆变器中对应的功率开关器件 S1 和 S4，S3 和 S6，S5 和 S2 的导通或截止。为了防止逆变器中因同一相的上下桥臂内的功率开关器件被同时导通而产生短路故障，在同一相的上下桥臂的通断切换的过程中必须设置一定的死区时间，在该死区时间内同一相的上下桥臂内的功率开关器件均处于截止状态。图 B.3.3 展示了三相对称的双极性正弦波脉宽调制器的正弦波调制信号、等腰三角形载波信号和输出的矩形波脉冲信号。

当正弦波调制信号的频率提高时，输出正弦波脉宽调制波形的基波频率也随之升高；当正弦波调制信号的频率下降时，输出正弦波脉宽调制波形的基波频率也随之降低；从而，被控电动机的转速也将随之而改变。

在图 B.3.3 展示了三相对称的双极性正弦波脉宽调制波形中，u_{ma}、u_{mb} 和 u_{mc} 是三相对称的正弦波调制信号，又可以称为三相对称的控制电压信号或参考电压信号；u_c 是等腰三角形的载波信号；u_{aO}、u_{bO} 和 u_{cO} 是施加在三相电枢绕组端头 A、B 和 C 与中心点 O 之间的正弦波脉宽调制信号，它们分别与三相对称的正弦波调制信号 u_{ma}、u_{mb} 和 u_{mc} 相等效。

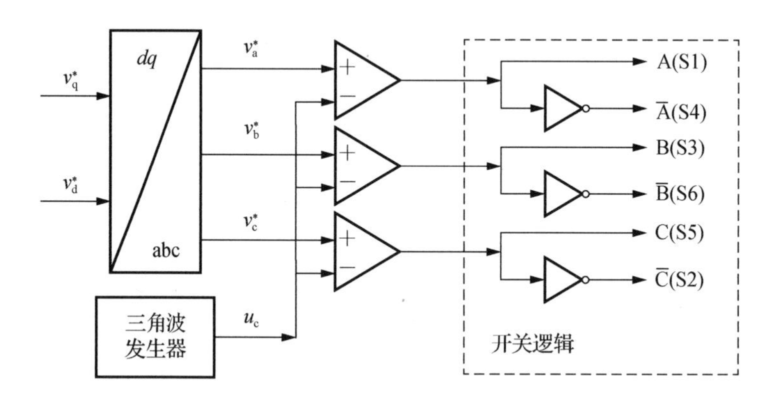

图 B.3.2　三相双极性正弦波脉宽调制器结构框图

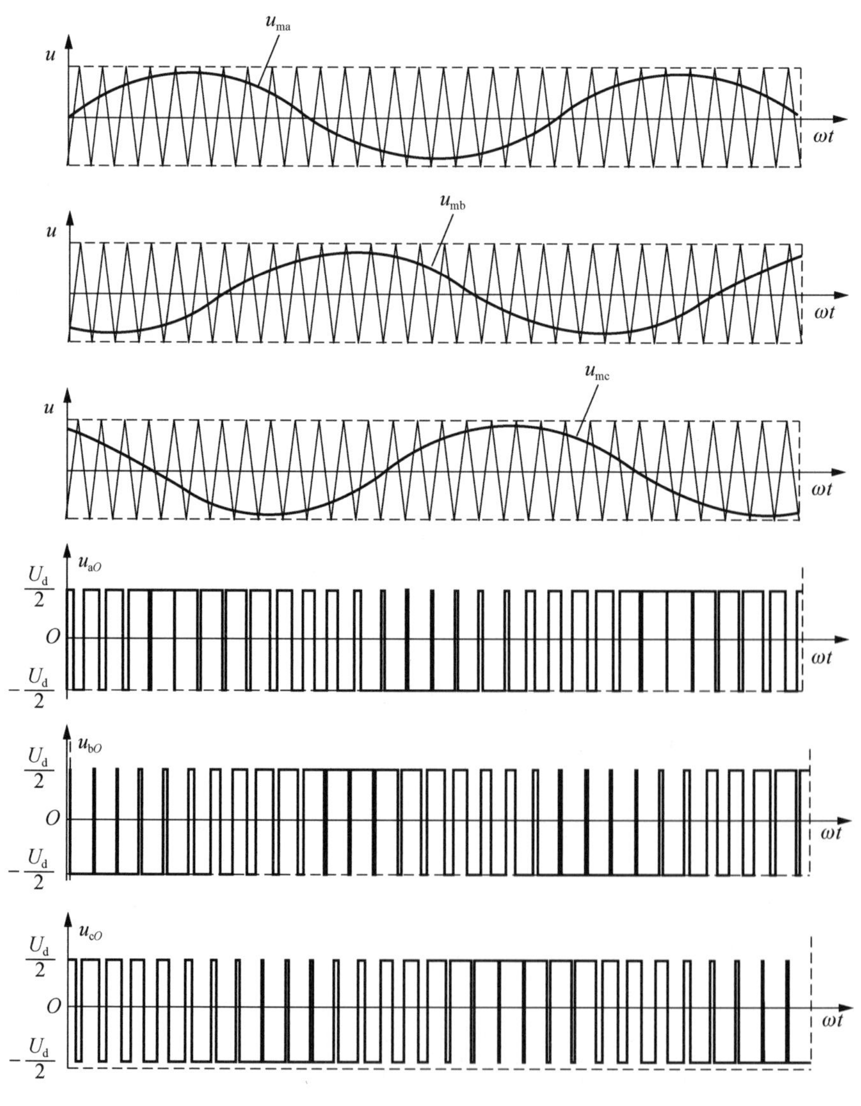

图 B.3.3　三相对称的正弦波脉宽调制器的
正弦调制波信号、等腰三角形载波信号和输出的矩形波脉冲信号

由于电动机的三相电枢绕组的中心点 O 与直流电源中点 O' 并不一定是等电位的，它们之间可能存在着一个电压差 $u_{OO'}$。因此，三相电枢绕组的相电压 $u_{\mathrm{a}O}$、$u_{\mathrm{b}O}$ 和 $u_{\mathrm{c}O}$ 可以被表达为

$$u_{\mathrm{a}O}=u_{\mathrm{a}O'}-u_{OO'} \tag{B-3-1}$$

$$u_{\mathrm{b}O}=u_{\mathrm{b}O'}-u_{OO'} \tag{B-3-2}$$

$$u_{\mathrm{c}O}=u_{\mathrm{c}O'}-u_{OO'} \tag{B-3-3}$$

式中：$u_{\mathrm{a}O'}$、$u_{\mathrm{b}O'}$ 和 $u_{\mathrm{c}O'}$ 分别是逆变器的输出端a、b和c与直流电源中点 O' 之间的电压。把式（B-3-1）～式（B-3-3）相加，整理后便可以得到

$$u_{OO'}=\frac{1}{3}\left(u_{\mathrm{a}O'}+u_{\mathrm{b}O'}+u_{\mathrm{c}O'}\right)-\frac{1}{3}\left(u_{\mathrm{a}O}+u_{\mathrm{b}O}+u_{\mathrm{c}O}\right) \tag{B-3-4}$$

对于对称三相电枢绕组而言，有 $u_{\mathrm{a}O}+u_{\mathrm{b}O}+u_{\mathrm{c}O}=0$，因此式（B-3-4）便成为

$$u_{OO'}=\frac{1}{3}\left(u_{\mathrm{a}O'}+u_{\mathrm{b}O'}+u_{\mathrm{c}O'}\right) \tag{B-3-5}$$

由此，便可以求得三相电枢绕组的相电压 $u_{\mathrm{a}O}$、$u_{\mathrm{b}O}$ 和 $u_{\mathrm{c}O}$ 为

$$u_{\mathrm{a}O}=u_{\mathrm{a}O'}-\frac{1}{3}\left(u_{\mathrm{a}O'}+u_{\mathrm{b}O'}+u_{\mathrm{c}O'}\right) \tag{B-3-6}$$

$$u_{\mathrm{b}O}=u_{\mathrm{b}O'}-\frac{1}{3}\left(u_{\mathrm{a}O'}+u_{\mathrm{b}O'}+u_{\mathrm{c}O'}\right) \tag{B-3-7}$$

$$u_{\mathrm{c}O}=u_{\mathrm{c}O'}-\frac{1}{3}\left(u_{\mathrm{a}O'}+u_{\mathrm{b}O'}+u_{\mathrm{c}O'}\right) \tag{B-3-8}$$

2）计算法

根据正弦波调制信号的频率、幅值和半周期内等腰三角形载波信号的频率，亦即是等幅不等宽的矩形波脉冲的数目，在设定在正弦波调制信号的一个半周期内的等腰三角形载波的数目 n 和正弦调制波的零点与等腰三角的峰值点处于同相位的条件下，准确地计算正弦波脉宽调制波形的各个矩形波脉冲的宽度和间隔，就可以得到所需的正弦波脉宽调制波形，并以此去控制逆变器内功率开关器件的导通或截止。当正弦波调制信号的频率、幅值或相位发生变化时，通过实时采样和计算，其生成的正弦波脉宽调制波形也将随之而变化。

根据不同的采样规则，就有不同的计算方法。这里，我们将主要介绍以下两种不同的采样计算方法。

（1）自然采样法。

自然采样法（natural sampling）是完全按照模拟控制方法，计算出正弦调制波与等腰三角形载波的自然相交点的时刻，并求出相应的脉冲宽度和脉冲间歇时刻，从而生成正弦波脉宽调制波形，如图B.3.4所示。

图中，展示了任意截取的一段正弦调制波与等腰三角形载波的相交情况，自然相交点 A 是矩形波脉冲的发出（即上升）时刻 t_{A}，自然相交点 B 是矩形波脉冲的结束（即下降）时刻 t_{B}。T_{c} 为等腰三角形载波的周期，t_1 是一个周期内脉冲发生以前，即自然相交点 A 以前的间歇时间，t_2 是 A 和 B 两个自然相交点之间的脉冲宽度所对应的时间；t_3 是一个周期内脉冲结束以后的间歇时间，即自然相交点 B 以后的间歇时间。显然，$T_{\mathrm{c}}=t_1+t_2+t_3$。

若以单位值1代表等腰三角形载波的幅值 U_{cm}，则根据方程式（B-2-3），正弦调制波的幅值 U_{mm} 就等于调制度 m，它的数学表达式为

$$u_{\mathrm{m}}=m\sin\omega_{\mathrm{m}}t \tag{B-3-9}$$

式中：ω_{m} 是正弦波调制信号的角频率，也就是逆变器输出信号的角频率。

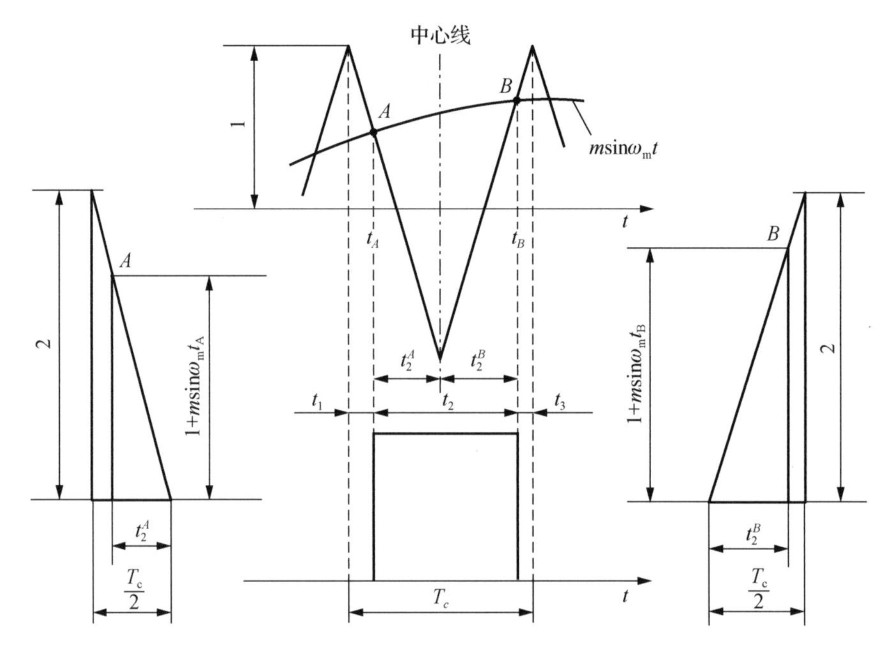

图 B.3.4　利用自然采样法生成正弦波脉宽调制波形

由于 A 和 B 两个自然相交点相对于等腰三角形的中心线并不是对称的，必须把脉冲宽度所对应的时间 t_2 分成 t_2^A 和 t_2^B 两部分。然后，根据图 B.3.4 所展示的图形，按照两个相似直角三角形的几何关系，可以得到以下的表达式：

$$\frac{2}{T_{\mathrm{c}}/2}=\frac{1+m\sin\omega_{\mathrm{m}}t_{\mathrm{A}}}{t_2^A} \tag{B-3-10}$$

$$\frac{2}{T_{\mathrm{c}}/2}=\frac{1+m\sin\omega_{\mathrm{m}}t_{\mathrm{B}}}{t_2^B} \tag{B-3-11}$$

根据式（B-3-10）和式（B-3-11），整理后得到

$$t_2=t_2^A+t_2^B=\frac{T_{\mathrm{c}}}{2}\left[1+\frac{m}{2}\left(\sin\omega_{\mathrm{m}}t_{\mathrm{A}}+\sin\omega_{\mathrm{m}}t_{\mathrm{B}}\right)\right] \tag{B-3-12}$$

式（B-3-12）是一个超越方程式，其中 t_{A} 和 t_{B} 与载波比 n 和调制度 m 都有关系，求解比较困难；而且 $t_1\neq t_3$，分别计算它们更增加了困难。由此可见，自然采样法虽然能够确切地反映正弦波脉宽调制的原始方法，计算结果的精确度很高，但是难以在实时控制中实现在线计算，因而工程应用不多。

（2）规则采样法。

在自然采样法中，正弦波脉宽调制波形的每一个脉冲的起始时刻 t_{A} 和结束时刻 t_{B} 相对于等腰三角形载波的中心线是不对称的，因而求解困难。工程上希望采用计算比较简单的实用方法，只要误差不大，就允许做一些近似的处理。于是，便提出了规则采样法（regular sampling）。

规则采样法的出发点是设想每一个脉冲的起始时刻 t_{A} 和结束时刻 t_{B} 相对于等腰三角形载波的中心线是对称的，矩形波脉冲的中心轴线与通过等腰三角形载波的负峰值点的轴线是相互重合的，即每个脉冲都对称于相应的等腰三角形波的负峰值点。这样，就能够比较容易地计算出对应于每一个正弦调制波的采样时刻和相应的采样电压的数值，从而使计算

大为简化。图B.3.5展示了某一种规则采样法，它是把等腰三角形载波的负峰值所对应的时刻t_E作为采样时刻，对应的采样电压值为u_{me}。然后，通过采样电压值u_{me}作一条水平直线，在等腰三角形载波上载得A和B两个交点，并把交点A和B分别作矩形波脉冲的开始时刻t_A和结束时刻t_B，以此确定脉冲宽度所对应的时间t_2。由于相邻两个等腰三角形载波的正峰值之间的时间是等腰三角形载波的周期T_c，A和B两个交点与相邻两等腰三角形载波的正峰值之间的时间间隔分别为t_1和t_3，且$t_1=t_3$，并对称于它们之间的通过等腰三角形载波的负峰值的中心线，这样就大大简化了计算。但是，应该指出，由上述规则采样法获得的SPWM波形的脉冲起始时刻、结束时刻和脉冲宽度等数值的准确度都要比由自然采样法获得的数值的准确度差一些。由图B.3.5可见，脉冲起始时刻A点要比自然采样法提前了一些，结束时刻B点也要比自然采样法提前了一些，虽然两者提前的时间不尽相同，但毕竟相互之间补偿了一些，从而对脉冲宽度的影响不大，所造成的误差也是工程计算中能够允许的。由图B.3.5可以看出，规则采样法实质上是用阶梯波（如图B.3.5中的粗实线所表示）来代替正弦波，规则采样法是对自然采样法的一种近似，从而简化了计算方法。当载波比n足够大时，阶梯波就将逼近正弦波，所造成的误差可以忽略不计。

在规则采样法中，等腰三角形载波的每一个周期的采样时刻都是确定的，都在它的负峰值处。这样，可以不必作图，就能够计算出相应时刻的正弦波调制信号的采样数值。例如，采样值应依次为：$m\sin\omega_m t_E$，$m\sin\omega_m\left(t_E+T_c\right)$，$m\sin\omega_m\left(t_E+2T_c\right)$，…因此，根据图B.3.5，就可以容易地分别写出规则采样法的矩形波脉冲宽度所对应的时刻和相应的间歇宽度所对应的时刻的计算公式。

设定等腰三角形载波信号u_c的峰值为单位值1；正弦波调制信号的数学表达式为

$$u_m=m\sin\omega_m t$$

式中：m是调制度，$0\leqslant m<1$；ω_m是正弦波调制信号的角频率。

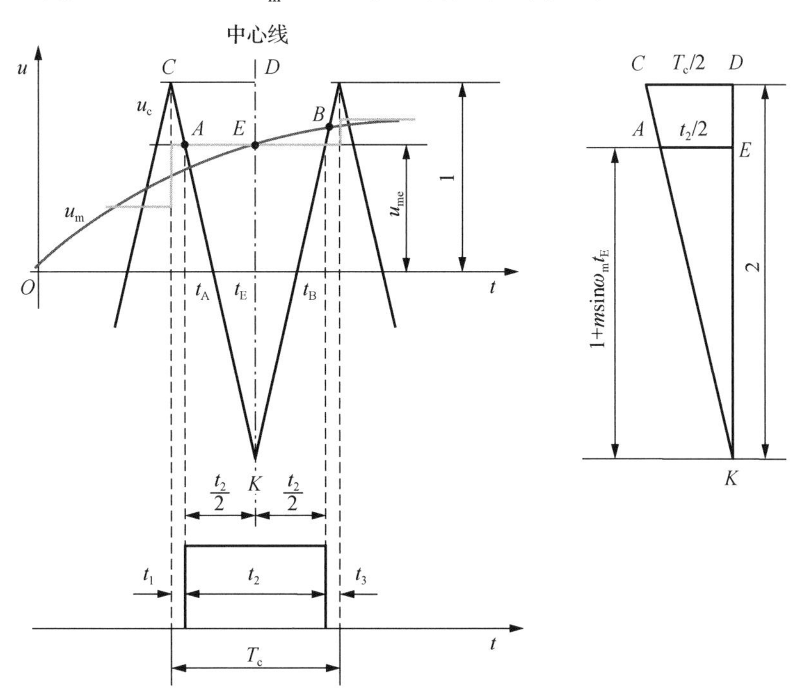

图B.3.5　利用一种规则采样法生成正弦波脉宽调制波形

根据图 B.3.5 所示的两个相似三角形 $\triangle CDK$ 和 $\triangle AEK$，可以得到

$$\frac{1+m\sin\omega_{\mathrm{m}}t_{\mathrm{E}}}{\frac{t_2}{2}}=\frac{2}{\frac{T_{\mathrm{c}}}{2}} \tag{B-3-13}$$

由此可得到矩形波脉冲的宽度 t_2 的表达式为

$$t_2=\frac{T_{\mathrm{c}}}{2}\left(1+m\sin\omega_{\mathrm{m}}t_{\mathrm{E}}\right) \tag{B-3-14}$$

在一个等腰三角形载波信号的周期 T_{c} 内，脉冲两边的间隙宽度为

$$t_1=t_3=\frac{1}{2}\left(T_{\mathrm{c}}-t_2\right)=\frac{T_{\mathrm{c}}}{4}\left(1-m\sin\omega_{\mathrm{m}}t_{\mathrm{E}}\right) \tag{B-3-15}$$

以上描述了如何利用计算法来生成单相正弦波脉宽调制波形的基本原理。在自控式永磁同步电动机驱动的实际应用中，需要三相对称的正弦波脉宽调制波形。对于三相对称的正弦波脉宽调制而言，等腰三角形载波信号是公用的，a、b 和 c 三相对称的正弦调制波信号在时间相位上依次相差 120° 电角度，同一时刻的三相对称的正弦调制波信号的电压之和为零。

对于同一个等腰三角形载波周期 T_{c} 而言，a、b 和 c 三相的矩形波脉冲宽度分别为 t_{a2}、t_{b2} 和 t_{c2}，矩形波脉冲两边的间隙宽度分别为 t_{a1}、t_{b1} 和 t_{c1}，t_{a3}、t_{b3} 和 t_{c3}。这样，就可以在同一个等腰三角形载波的周期内获得图 B.3.6 所示的三相对称的正弦波脉宽调制波形。然后，把上述单相正弦波脉宽调制波形的计算推广到三相对称的正弦波脉宽调制波形的计算。

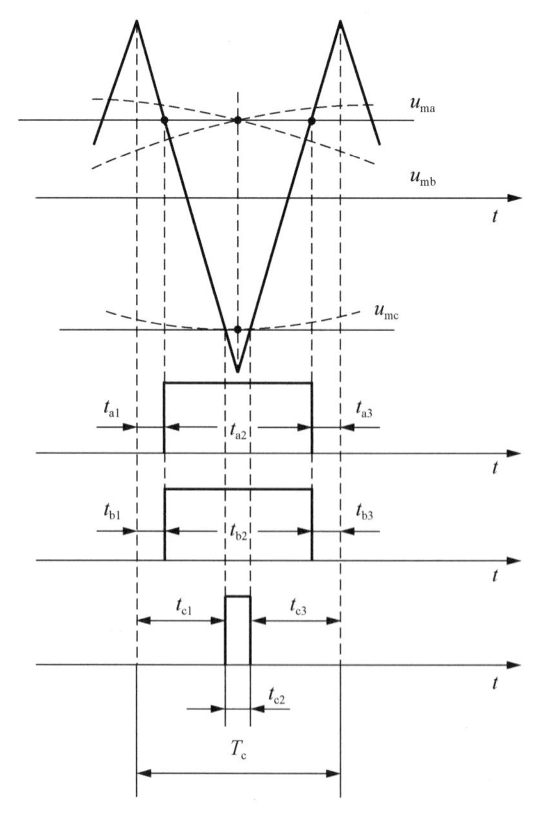

图 B.3.6　三相对称的正弦波脉宽调制波形的生成

在图 B.3.6 中，每相的矩形波脉冲宽度所对应的时间 t_{a2}、t_{b2} 和 t_{c2} 都可以用式（B-3-14）

来计算，从而可以分别获得以下的三个数学表达式：

$$t_{a2}=\frac{T_c}{2}\left(1+m\sin\omega_m t_E\right),\quad t_{a1}=t_{a3}=\frac{1}{2}\left(T_c-t_{a2}\right) \tag{B-3-16}$$

$$t_{b2}=\frac{T_c}{2}\left[1+m\sin\left(\omega_m t_E-\frac{2\pi}{3}\right)\right],\quad t_{b1}=t_{b3}=\frac{1}{2}\left(T_c-t_{b2}\right) \tag{B-3-17}$$

$$t_{c2}=\frac{T_c}{2}\left[1+m\sin\left(\omega_m t_E-\frac{4\pi}{3}\right)\right],\quad t_{c1}=t_{c3}=\frac{1}{2}\left(T_c-t_{c2}\right) \tag{B-3-18}$$

把上述式（B-3-16）、式（B-3-17）和式（B-3-18）相加，等式右边的第一项相同，加起来是其3倍；而等式右边的第二项之和则为零。因此，可以求得a、b和c三相矩形波脉冲宽度所对应的时间的总和为

$$t_{a2}+t_{b2}+t_{c2}=\frac{3}{2}T_c \tag{B-3-19}$$

a、b和c三相矩形波脉冲的间歇时间的总和为

$$t_{a1}+t_{b1}+t_{c1}+t_{a3}+t_{b3}+t_{c3}=3T_c-（t_{a2}+t_{b2}+t_{c2}）=\frac{3}{2}T_c$$

由于每一个矩形波脉冲两侧的间歇时间相等，即$t_{a1}=t_{a3}$、$t_{b1}=t_{b3}$和$t_{c1}=t_{c3}$，有

$$t_{a1}+t_{b1}+t_{c1}=t_{a3}+t_{b3}+t_{c3}=\frac{3}{4}T_c \tag{B-3-20}$$

根据上述规则采样方法的原理，在数字控制中，一般可以采用两种具体的实施方法：查表法和实时计算法。在设定载波比n以及正弦波调制信号和等腰三角形载波信号的起始相位的条件下，先离线在计算机上计算出不同正弦波调制信号的角频ω_m和不同调制度m时的矩形波脉冲宽度所对应的时间t_2或$\left(T_c/2\right)m\sin\omega_1 t_E$，并将其写入可擦写的可编程只读存储器，然后由驱动控制系统的微处理器通过查表和加减法运算求出各相的矩形波脉冲系列的宽度所对应的时刻和相应的间歇宽度所对应的时刻，这就是查表法；也可以预先在内存中存储正弦函数值，驱动控制系统实时运行时，先取出正弦函数值和驱动控制系统所需要的调制度m做乘法运算，再根据给定的载波频率取出对应的等腰三角形载波的周期值T_c，并与其做乘法运算，然后运用加法、减法和位移，即可以算出矩形波脉冲宽度所对应的时间和间歇宽度所对应的时间，这就是实时计算法。按照查表法或实时计算法所获得的脉冲数据都被送入定时器，利用定时中断向接口电路送出相应的高低电平，以实时产生SPWM波形的一系列脉冲。对于开环控制系统而言，在某一给定转速下其调制度m和调制频率ω_m都有确定的数值，所以宜采用查表法；对于闭环驱动控制系统而言，在系统运行过程中，调制度m和调制频率ω_m的数值必须根据系统反馈量随时进行调节，所以采用实时计算法更为适宜。

3）专用的正弦波脉宽调制集成电路

随着微电子技术的发展，某些国际著名的半导体公司已经先后开发出一些专门用于产生正弦波脉宽调制控制信号的集成电路芯片，采用这类专用芯片要比采用单片机通过实时计算来生成正弦波脉宽调制信号要方便得多。近年来，更出现了多种用于电动机驱动控制系统的专用微处理器，例如Intel公司的80C196MC系列、TI公司的TMS320系列、西门子公司的SLE4520系列、日立公司的SH7000系列等。一般而言，这些微处理器芯片具有以下的特点和功能。

（1）含有产生正弦波脉宽调制波形的硬件和比较宽广的调制范围。

（2）能够对驱动控制系统的运行参数，如电压、电流、转速和角位移等，进行实时检测和故障保护。

（3）能够把借助各类传感器送来的外部模拟控制信号、反馈信号和检测信号进行接口转换。

（4）具有较高的运算速度，能完成复杂运算的指令，内存容量比较大。

（5）具有用于外围通信的同步和异步串行接口的硬件或软件单元等。

附录 C　空间矢量脉宽调制

正弦波脉宽调制技术是从电源的角度出发，以生成一个输出电压的频率和幅值均可以调节的等效的对称三相正弦波电源；而空间矢量脉宽调制（space vector pulse width modulation，SVPWM）技术是把逆变器和电动机作为一个整体来考虑，建立逆变器的开关模式和电压空间矢量之间的内在联系，通过控制逆变器的开关模式，使电动机的定子磁通链空间矢量沿着圆形轨迹运动。

与正弦波脉宽调制技术相比较，空间矢量脉宽调制技术的主要优点在于：①能够在交流异步电动机或自控式永磁同步电动机的工作气隙内产生更加圆形的旋转磁场，从而减小了电磁转矩的脉动，使转速更加平稳；②提高了施加在逆变器上的直流母线电压 U_d 的利用率；③数学模型比较简单，计算量适中，便于实时控制，尤其适用于自控式永磁同步电动机的直接力矩控制系统。

C.1　空间矢量的概念

在物理学中，既有大小又有方向的物理量被称为矢量，矢量又可以被称为向量。随时间按正弦规律变化的物理量可以在复平面上用时间向量来表示，而在空间呈正弦规律分布的物理量也可以用复平面上的一个空间向量来表示。

电压、电流和反电动势等物理量仅是时间的正弦函数，以电流和电压为例，它们的数学表达式分别是

$$i = I_{\mathrm{m}} \sin\left(\omega_{\mathrm{e}} t + \varphi\right) \tag{C-1-1a}$$

$$u = U_{\mathrm{m}} \sin\left(\omega_{\mathrm{e}} t + \varphi\right) \tag{C-1-1b}$$

式中：I_{m} 和 U_{m} 分别是电流和电压的幅值；ω_{e} 是电气角速度；φ 是初始相位角。

幅值、电气角速度和初始相位角是描写一个正弦量的 3 个要素。为了便于运算，式（C-1-1a）和式（C-1-1b）描述的正弦电流和正弦电压也可以用复平面上的一个向量（或矢量）来表示，如图 C.1.1 所示，这个向量围绕坐标原点 O 以电气角速度 ω_{e} 朝逆时针方向旋转，它的长度为 I_{m} 或 U_{m}，它与横坐标轴之间的夹角 φ 为初始相位角，则它在纵坐标轴上的投影恰好是正弦交流电流或正弦交流电压的表达式（C-1-1a）和式（C-1-1b）。由此可见，图 C.1.1 中所示的旋转向量既能反映正弦量的 3 个要素，又能通过它在纵轴上的投影来确定正弦电流 i 或正弦电压 u 的瞬时值，所以一个正弦量可以用复平面上的一个旋转矢量来表示。通常，我们把复平面上的电流矢量 $\dot{\boldsymbol{I}}$ 或电压矢量 $\dot{\boldsymbol{U}}$ 称为时间矢量。

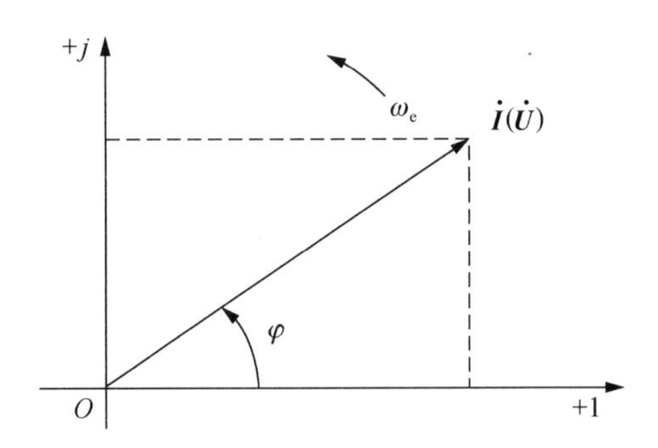

图 C.1.1　复平面上正弦电流和电压的矢量表示形式

现在，我们来讨论，在 *abc*-静止参考坐标系内，当三相对称的电压 u_A 、 u_B 和 u_C 被施加到对称的三相电枢绕组 A、B 和 C 的端头上时，三相电枢绕组内便流通对称的三相电流 i_A 、 i_B 和 i_C ，随之，在三相电枢绕组 A、B 和 C 内各自产生在空间呈正弦规律分布的基波磁动势矢量 $\boldsymbol{F}_{A1}$ 、 $\boldsymbol{F}_{B1}$ 和 $\boldsymbol{F}_{C1}$ ，然后，它们合成产生一个旋转的空间磁动势基波矢量 $\boldsymbol{F}_{S1}$ （或采用符号 $\boldsymbol{F}_{A1}$ 来表示），如图 C.1.2 所示，其数学表达式为

$$\boldsymbol{F}_{S1}=\boldsymbol{F}_{A1}+\boldsymbol{F}_{B1}+\boldsymbol{F}_{C1}=f_{A1}+f_{B1}\,e^{j\frac{2}{3}\pi}+f_{C1}\,e^{j\frac{4}{3}\pi} \tag{C-1-2}$$

式中： f_{A1} 、 f_{B1} 和 f_{C1} 分别是 A 相、B 相和 C 相的空间磁动势基波矢量的瞬时值； $e^{j\frac{2}{3}\pi}$ 和 $e^{j\frac{4}{3}\pi}$ 是空间运算子。

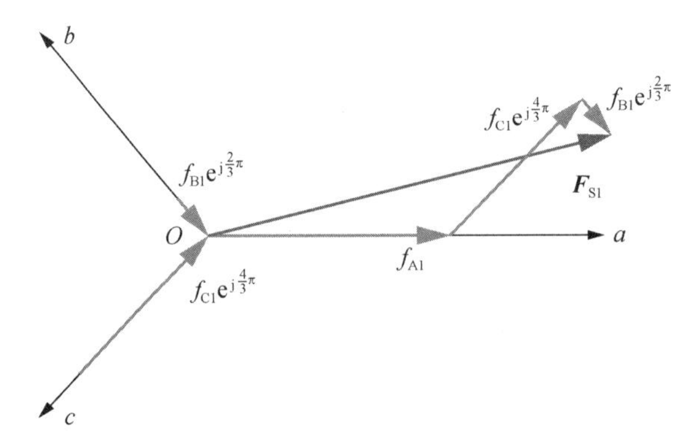

图 C.1.2　*abc*-静止参考坐标系内的合成的空间磁动势基波矢量

A、B 和 C 三相电枢绕组的磁动势基波矢量的幅值均在它们各自的绕组轴线上随时间按正弦规律作脉动变化，它们之间在相位上相差 120° 电角度。在此情况下，它们合成的磁动势空间基波矢量 $\boldsymbol{F}_{S1}$ 将围绕着 *abc*-定子参考坐标系的原点 O 以同步角速度 ω_c 旋转，矢量顶端的运动轨迹是一个圆，通常被称为圆形旋转磁场。当 A、B 和 C 三相电枢绕组内的电流为对称的三相正弦电流时，合成磁动势空间基波矢量 $\boldsymbol{F}_{S1}$ 的幅值 F_{S1m} 为常数，是每相电枢绕组的磁动势基波幅值的 3/2 倍，即

$$F_{S1m}=1.35\frac{w_{\Phi}k_{W1}I_a}{p} \tag{C-1-3}$$

式中： w_{Φ} 是每相电枢绕组的串联匝数； k_{W1} 是电枢绕组的基波绕组系数； I_a 是每相电枢电流的有效值，A； p 是电动机的磁极对数。

合成的电枢磁动势基波矢量 $\boldsymbol{F}_{\mathrm{S1}}$ 是一个实实在在的空间矢量，它描述了一个圆形等幅的旋转磁场。由合成的电枢磁动势空间基波矢量 $\boldsymbol{F}_{\mathrm{S1}}$ 在电动机的气隙内产生的合成的电枢磁通空间基波矢量 $\boldsymbol{\Phi}_{\mathrm{S1}}$ 和合成的电枢磁通链空间基波矢量 $\boldsymbol{\Psi}_{\mathrm{S1}}$ 也是实实在在的空间矢量，它们可以分别被表达为

$$\boldsymbol{\Phi}_{\mathrm{S1}}=\phi_{\mathrm{A1}}+\phi_{\mathrm{B1}}\ \mathrm{e}^{\mathrm{j}\frac{2}{3}\pi}+\phi_{\mathrm{C1}}\ \mathrm{e}^{\mathrm{j}\frac{4}{3}\pi} \tag{C-1-4}$$

$$\boldsymbol{\Psi}_{\mathrm{S1}}=\psi_{\mathrm{A1}}+\psi_{\mathrm{B1}}\ \mathrm{e}^{\mathrm{j}\frac{2}{3}\pi}+\psi_{\mathrm{C1}}\ \mathrm{e}^{\mathrm{j}\frac{4}{3}\pi} \tag{C-1-5}$$

式中：ϕ_{A1}、ϕ_{B1} 和 ϕ_{C1} 分别是 A、B 和 C 三相电枢绕组各自产生的电枢反应基波磁通的瞬时值；ψ_{A1}、ψ_{B1} 和 ψ_{C1} 分别是 A、B 和 C 三相电枢绕组各自产生的电枢反应基波磁通链的瞬时值。

对称的三相电压 u_{A}、u_{B}、u_{C} 和对称的三相电流 i_{A}、i_{B}、i_{C} 是时间的正弦函数，其本身不是空间矢量。但是，当时间上对称的三相正弦电压 u_{A}、u_{B} 和 u_{C} 被施加到空间上对称的三相电枢绕组端头 A、B 和 C 上时，三相电枢绕组内就出现对称的三相正弦电流 i_{A}、i_{B} 和 i_{C}，随即产生与之相对应的合成的电枢磁动势空间基波矢量 $\boldsymbol{F}_{\mathrm{S1}}$、合成的电枢磁通空间基波矢量 $\boldsymbol{\Phi}_{\mathrm{S1}}$ 和合成的电枢磁通链空间基波矢量 $\boldsymbol{\Psi}_{\mathrm{S1}}$。显然，这些物理量之间存在着一一对应的关系，如图 C.1.3 所示。因此，在现代控制理论中，为便于运算，从等效的观点出发，在形式上虚拟了一个施加在 A、B 和 C 三相电枢绕组端头上的合成的定子电压空间矢量 $\boldsymbol{u}_{\mathrm{s}}$ 和一个与之相对应的合成的定子电流空间矢量 $\boldsymbol{i}_{\mathrm{s}}$，它们被分别表达为

$$\boldsymbol{u}_{\mathrm{s}}=\boldsymbol{u}_{\mathrm{A}O}+\boldsymbol{u}_{\mathrm{B}O}+\boldsymbol{u}_{\mathrm{C}O}=u_{\mathrm{A}O}+u_{\mathrm{B}O}\ \mathrm{e}^{\mathrm{j}\frac{2}{3}\pi}+u_{O\mathrm{C}}\ \mathrm{e}^{\mathrm{j}\frac{4}{3}\pi} \tag{C-1-6}$$

$$\boldsymbol{i}_{\mathrm{s}}=\boldsymbol{i}_{\mathrm{A}}+\boldsymbol{i}_{\mathrm{B}}+\boldsymbol{i}_{\mathrm{C}}=i_{\mathrm{A}}+i_{\mathrm{B}}\ \mathrm{e}^{\mathrm{j}\frac{2}{3}\pi}+i_{\mathrm{C}}\ \mathrm{e}^{\mathrm{j}\frac{4}{3}\pi} \tag{C-1-7}$$

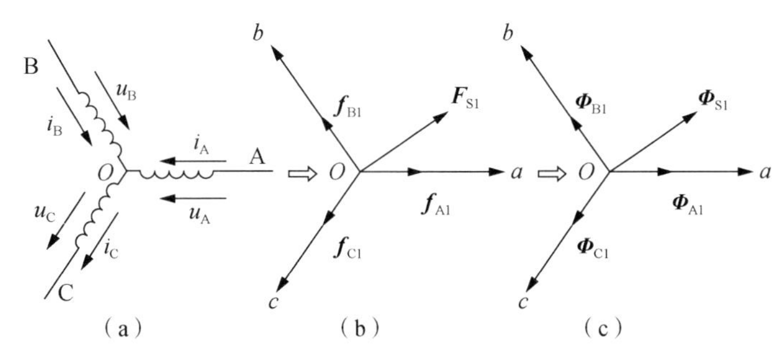

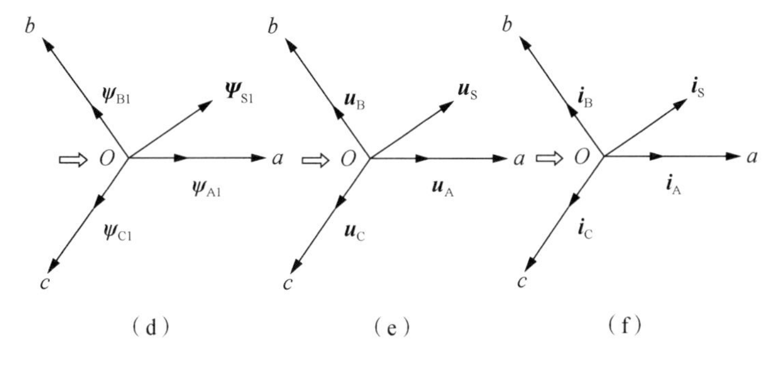

图 C.1.3　三相电枢绕组、磁动势和电压的空间矢量

在上述式（C-1-6）和式（C-1-7）中，$\boldsymbol{u}_A$、$\boldsymbol{u}_B$和$\boldsymbol{u}_C$是由逆变器输出，并被分别施加在A、B和C三相电枢绕组端头上的电压，由于它们的位置分别始终处在*abc*-静止参考坐标系的*a*、*b*和*c*三个对称的空间轴线上，因此被分别称为*a*-轴、*b*-轴和*c*-轴的电压矢量，进而把$\boldsymbol{u}_A$、$\boldsymbol{u}_B$和$\boldsymbol{u}_C$合成为一个电压空间矢量，用符号$\boldsymbol{u}_s$来表示；$\boldsymbol{i}_A$、$\boldsymbol{i}_B$和$\boldsymbol{i}_C$分别是A、B和C三相电枢绕组中的电流，它们的位置也分别始终处在*abc*-静止参考坐标系的*a*、*b*和*c*三个对称的空间轴线上，因此也被分别称为*a*-轴、*b*-轴和*c*-轴的流电矢量，进而它们被合成为一个电流空间矢量，用符号$\boldsymbol{i}_s$来表示。

C.2　逆变器的开关模式和电压空间矢量之间的内在联系

现在我们再来讨论由逆变器供电的A、B和C三相电枢绕组产生的空间磁动势基波矢量$\boldsymbol{F}_{S1}$、空间磁通基波矢量$\boldsymbol{\Phi}_{S1}$和空间磁通链基波矢量$\boldsymbol{\Psi}_{S1}$，它们都是借助开关状态信号（S_a S_b S_c），通过对三相半桥逆变电路实施控制，在A、B和C三相电枢绕组内实现的，如图C.2.1所示。

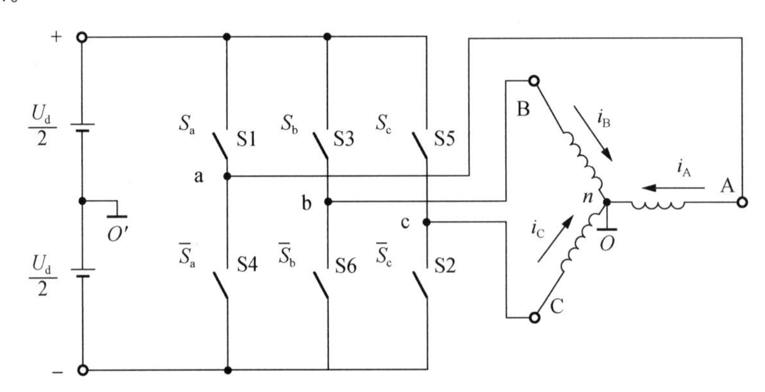

图C.2.1　由开关状态信号（S_a S_b S_c）控制的

180°导通的电压型三相半桥逆变器

在图C.2.1中，S_a、S_b、S_c、$\overline{S}_a$、$\overline{S}_b$和$\overline{S}_c$是对逆变桥中6个功率开关器件S1、S3、S5、S4、S6和S2实施控制的信号，也可以说它们是描写逆变桥中6个功率开关器件是处在导通状态还是处在截止状态的信号。当信号$S_a=1$时，表示三相半桥逆变器a桥上臂的功率开关器件S1处于导通状态，电动机的A相电枢绕组与电源的正极接通，从而给A相电枢绕组供电；信号$\overline{S}_a$是S_a的互补信号，当信号$S_a=1$时，信号$\overline{S}_a$必定等于零，即$\overline{S}_a=0$，三相半桥逆变器a桥下臂的功率开关器件S4必定处于截止状态，在运行过程中绝不允许同一桥臂的上下两个功率开关器件同时导通；当信号$S_a=0$时，$\overline{S}_a=1$，表示三相半桥逆变器a桥上臂的功率开关器件S1被断开，而下臂的功率开关器件S4被开通，电动机的A相电枢绕组与电源的负极接通；信号（S_b、$\overline{S}_b$）和（S_c、$\overline{S}_c$）控制b桥和c桥上下臂的功率开关器的导通或截止，进而控制B相和C相电枢绕组内的电流的导通或截止的情况，亦然如此。

根据180°导通的电压型三相半桥逆变器的运行原则，逆变器的a、b和c三个桥臂的控制信号S_a（或$\overline{S}_a$）、S_b（或$\overline{S}_b$）和S_c（或$\overline{S}_c$）必须同时存在，以便确保A、B和C三相电枢绕组同时与电源的正极或电源的负极接通。这种由S_a、S_b和S_c三个控制信号组成的不同组合（S_a S_b S_c）被称为逆变器的开关模式或开关状态信号。根据逆变器的拓扑结构，将存在 $2^3=8$ 种开关模式，每一种开关模式由 3 个开关函数 S_a、S_b 和 S_c 的取值决定，形成相应的定子合成电压空间矢量 $\boldsymbol{u}_s$（$i=1, 2, \cdots, 8$）。例如，当图 C.2.1 中的逆变器 a 相上桥臂内的功率开关器件 S1、b 相下桥臂内的功率开关器件 S6 和 c 相下桥臂内的功率开关器件 S2 导通时，开关函数 $S_a=1$、$S_b=0$ 和 $S_c=0$，对应的开关模式可以被简写为 $S(100)$，此时对应的定子合成电压空间矢量被写作 $\boldsymbol{u}_1$（100）。由于 $\boldsymbol{u}_A$ 为正，$\boldsymbol{u}_B$ 和 $\boldsymbol{u}_C$ 为负，按照矢量相加的原则，可以用作图法来求得合成的电压空间矢量 $\boldsymbol{u}_1$，如图 C.2.2（a）所示。由于逆变器的 b 相桥臂和 c 相桥臂是与直流电源的负端相连的，其输出的相电压空间矢量分别为 $-\boldsymbol{u}_B$ 和 $-\boldsymbol{u}_C$，它们的模式都是 $U_d/2$，它们的矢量之和处在 A 相绕组的轴线 a 轴线上，其模式也是 $U_d/2$，然后，$-(\boldsymbol{u}_B+\boldsymbol{u}_C)$ 之和再与逆变器的 a 相桥臂输出的电压空间矢量 $\boldsymbol{u}_A$ 相加，便得到在 $S(100)$ 开关模式下的合成电压空间矢量 $\boldsymbol{u}_1$，其幅值为 U_d，方向与 A 相绕组的轴线 a 相一致。

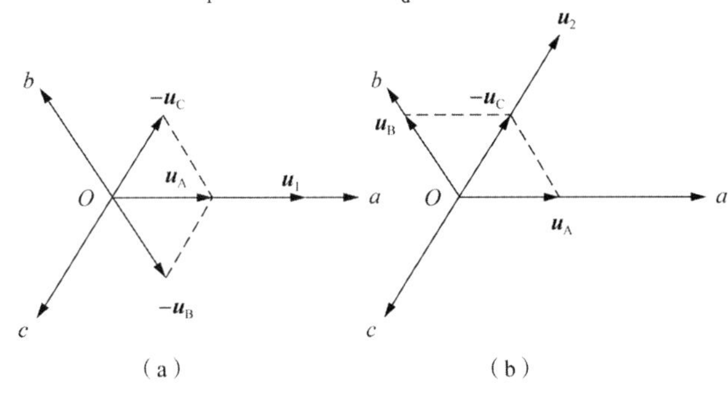

图 C.2.2　电压空间矢量的形成

同样，我们可以求得开关模式为 $S(110)$ 时的合成的电压空间矢量 $\boldsymbol{u}_2$，如图 C.2.2（b）所示。$\boldsymbol{u}_1$ 与 $\boldsymbol{u}_2$ 的空间相位差为 $\pi/3$ 电气角弧度，而它们的幅值相等。逆变器可能产生的 8 种开关模式如图 C.2.3 所示。表 C.2.1 列出了与图 C.2.3 所展示的每种开关模式相对应的导通功率开关器件和合成的电压空间矢量。

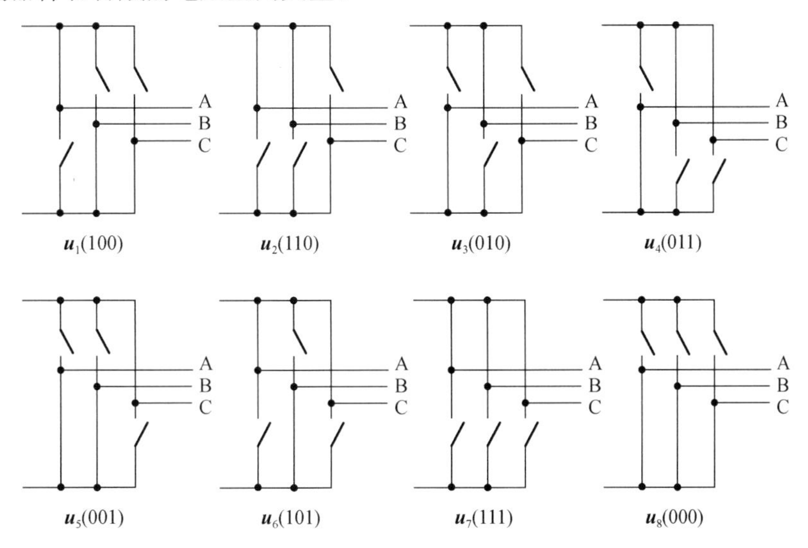

图 C.2.3　逆变器可能产生的 8 种开关模式

表 C.2.1　逆变器的 8 种开关模式与电压空间矢量

开关模式	$S(100)$	$S(110)$	$S(010)$	$S(011)$
导通器件	S1 S6 S2	S1 S3 S2	S4 S3 S2	S4 S3 S5
合成电压空间矢量	$\boldsymbol{u}_1$	$\boldsymbol{u}_2$	$\boldsymbol{u}_3$	$\boldsymbol{u}_4$
开关模式	$S(001)$	$S(101)$	$S(111)$	$S(000)$
导通器件	S4 S6 S5	S1 S6 S5	S1 S3 S5	S4 S6 S2
合成电压空间矢量	$\boldsymbol{u}_5$	$\boldsymbol{u}_6$	$\boldsymbol{u}_7$	$\boldsymbol{u}_8$

由此可见，所谓电压空间矢量$\boldsymbol{u}_{\mathrm{s}}$是逆变器 a、b 和 c 三相半桥输出的$\boldsymbol{u}_{\mathrm{a}}$、$\boldsymbol{u}_{\mathrm{b}}$和$\boldsymbol{u}_{\mathrm{c}}$三个电压矢量在 *abc*-静止参考坐标系统内的合成，其数学表达形式为

$$\boldsymbol{u}_{\mathrm{s}}=U_{\mathrm{d}}\left(S_{\mathrm{a}}+S_{\mathrm{b}}\mathrm{e}^{\mathrm{j}120^{\circ}}+S_{\mathrm{c}}\mathrm{e}^{\mathrm{j}240^{\circ}}\right) \tag{C-2-1}$$

式中：U_{d}是直流母线电压；S_{a}、S_{b}和S_{c}分别是逆变器内三相半桥的开关状态信号。

方程式（C-2-1）描述了逆变器的开关状态信号（$S_{\mathrm{a}}\ S_{\mathrm{b}}\ S_{\mathrm{c}}$）与其输出电动机的电压空间矢量$\boldsymbol{u}_{\mathrm{s}}$之间的内在联系。

根据上述 8 种开关模式，用作图法画出按放射形分布的定子合成的电压空间矢量图，放射形的原点为abc－静止参考坐标系的原点 O，如图 C.2.4（a）所示。图中$\boldsymbol{u}_1$、$\boldsymbol{u}_2$、$\boldsymbol{u}_3$、$\boldsymbol{u}_4$、$\boldsymbol{u}_5$和$\boldsymbol{u}_6$六个合成的电压空间矢量的幅值相等，都等于直流母线电压U_{d}，在空间依次相差$\pi/3$电气角弧度，它们在时间上也依次相差$\pi/3$电气角弧度，以这种方式运行的逆变器被称为六拍阶跃式逆变器。这 6 个电压空间矢量的工作状态都是有效的，它们被称为工作矢量或被称为非零矢量；而当逆变器在表 C.2.1 中的最后两个开关模式作用之下运行时，它输出的合成的电压空间矢量$\boldsymbol{u}_7(111)$和$\boldsymbol{u}_8(000)$的幅值等于零，也可以说它们实际上没有电压输出，因此最后两个合成的电压空间矢量$\boldsymbol{u}_7$和$\boldsymbol{u}_8$被称为零矢量，在图 C.2.4（a）中把它们置于原点 O 处。

在六拍阶跃式逆变器的每一个工作周期中，6 个有效的开关模式依次各出现一次，逆变器每隔$\pi/3$电气角弧度时刻就改变一次开关模式，而在$\pi/3$电气角弧度时期内则保持不变。换言之，例如在第一个$\pi/3$电气角弧度时期内，逆变器输出的合成的电压空间矢量为$\boldsymbol{u}_1$，当过了第一个$\pi/3$电气角弧度时期，进入第二个$\pi/3$电气角弧度时期之后，合成的电压空间矢量就变为$\boldsymbol{u}_2$，随着时间推移，依次产生$\boldsymbol{u}_3$、$\boldsymbol{u}_4$、$\boldsymbol{u}_5$和$\boldsymbol{u}_6$；到第二个周期，又重复产生$\boldsymbol{u}_1$、$\boldsymbol{u}_2$、$\boldsymbol{u}_3$、$\boldsymbol{u}_4$、$\boldsymbol{u}_5$和$\boldsymbol{u}_6$。在此情况下，我们也可以把放射形表示的 6 个合成的电压空间矢量改画成以正六边形表示的合成的电压空间矢量，6 个电压空间矢量依次首尾相连，且合成的电压空间矢量$\boldsymbol{u}_6$的顶端与合成的电压空间矢量$\boldsymbol{u}_1$的末端相衔接，从而形成一个封闭的正六边形。这表明在一个2π周期内，6 个合成的电压空间矢量总共转过了2π电气角弧度，如图 C.2.4（b）所示。图中，正六边形的中心点 O 就是零矢量$\boldsymbol{u}_7$和$\boldsymbol{u}_8$的坐落点。

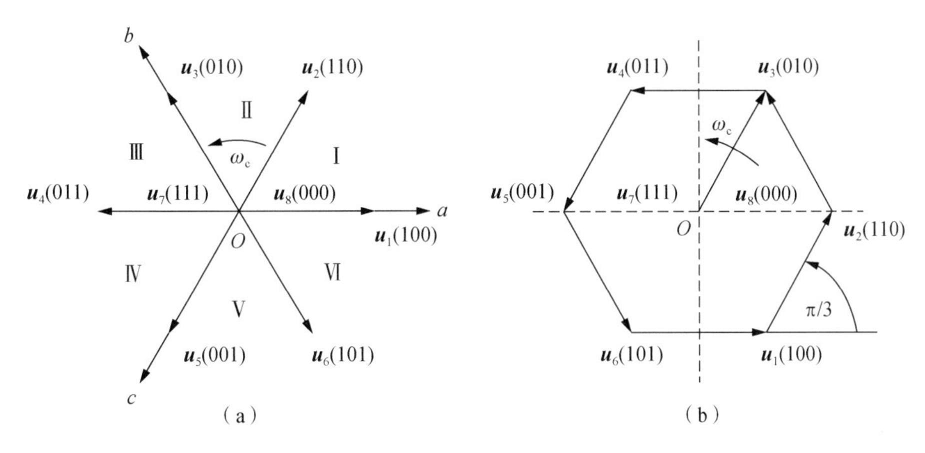

图 C.2.4　放射形分布和正六边形分布的合成的电压空间矢量

综上所述，逆变器在开关状态信号（S_a S_b S_c）的作用之下，a、b 和 c 三相半桥的上下臂内的 6 个功率开关器件按一定的规律被轮流切换，输出 6 个非零值的电压空间矢量和两个零值的电压空间矢量。电动机的 A、B 和 C 三相电枢绕组在电压空间矢量 $\boldsymbol{u}_s$ 的作用之下，产生了相同形式的电流空间矢量 $\boldsymbol{i}_s$，从而在电动机的工作气隙内形成实实在在的磁动势空间基波矢量 $\boldsymbol{F}_{S1}$、磁通空间基波矢量 $\boldsymbol{\Phi}_{S1}$ 和磁通链空间基波矢量 $\boldsymbol{\Psi}_{S1}$。表 C.2.2 给出了开关函数$\left(S_a\ S_b\ S_c\right)$与电压空间矢量 $\boldsymbol{u}_s$ 之间的对应关系

表 C.2.2　开关函数（$S_a S_b S_c$）与电压空间矢量 $\boldsymbol{u}_s$ 之间的对应关系

S_a	S_b	S_c	U_{A0}	U_{B0}	U_{C0}	合成的电压空间矢量
1	0	0	$U_d/2$	$-U_d/2$	$-U_d/2$	$\boldsymbol{u}_1$
1	1	0	$U_d/2$	$U_d/2$	$-U_d/2$	$\boldsymbol{u}_2$
0	1	0	$-U_d/2$	$U_d/2$	$-U_d/2$	$\boldsymbol{u}_3$
0	1	1	$-U_d/2$	$U_d/2$	$U_d/2$	$\boldsymbol{u}_4$
0	0	1	$-U_d/2$	$-U_d/2$	$U_d/2$	$\boldsymbol{u}_5$
1	0	1	$U_d/2$	$-U_d/2$	$U_d/2$	$\boldsymbol{u}_6$
1	1	1	$U_d/2'$	$U_d/2$	$U_d/2$	$\boldsymbol{u}_7$
0	0	0	$-U_d/2$	$-U_d/2$	$-U_d/2$	$\boldsymbol{u}_8$

这里的磁动势空间基波矢量 $\boldsymbol{F}_{S1}$、磁通空间基波矢量 $\boldsymbol{\Phi}_{S1}$ 和磁通链空间基波矢量 $\boldsymbol{\Psi}_{S1}$，虽然它们所起的作用类似于式（C-1-2）、式（C-1-4）和式（C-1-5）所描述的三相对称电枢绕组通入三相对称电流后产生的定子旋转磁场，但是，它们的成因是完全不一样的。前者是通过在三相对称电枢绕组的端头 A、B 和 C 上施加对称的三相正弦电压 u_A、u_B 和 u_C 实现的；而后者是利用逆变器的开关模式和电压空间矢量之间的内在联系，借助基本电压空间矢量与各自的作用时间的线性组合，通过连续不断地切换和调控施加在逆变器上的开关状态信号（S_a S_b S_c）来实现的。

C.3　电压空间矢量与磁通链空间矢量的关系

当自控式永磁同步电动机正常运行时，每一相都可以写出一个电压平衡方程式，即

$$
\begin{aligned}
\boldsymbol{u}_{\mathrm{A}} &= r_{\mathrm{a}}\boldsymbol{i}_{\mathrm{A}} + \frac{\mathrm{d}\boldsymbol{\psi}_{\mathrm{A1}}}{\mathrm{d}t} \\
\boldsymbol{u}_{\mathrm{B}} &= r_{\mathrm{a}}\boldsymbol{i}_{\mathrm{B}} + \frac{\mathrm{d}\boldsymbol{\psi}_{\mathrm{B1}}}{\mathrm{d}t} \\
\boldsymbol{u}_{\mathrm{C}} &= r_{\mathrm{a}}\boldsymbol{i}_{\mathrm{C}} + \frac{\mathrm{d}\boldsymbol{\psi}_{\mathrm{C1}}}{\mathrm{d}t}
\end{aligned}
\tag{C-3-1}
$$

式中：r_{a}是每相电枢绕组的电阻；$\boldsymbol{\psi}_{\mathrm{A1}}$、$\boldsymbol{\psi}_{\mathrm{B1}}$和$\boldsymbol{\psi}_{\mathrm{C1}}$分别是 A、B 和 C 三相电相绕组的磁通链空间基波矢量。

把方程式（C-3-1）描写的三个相电压平衡方程式相加，便得到

$$
\begin{aligned}
\boldsymbol{u}_{\mathrm{s}} = \boldsymbol{u}_{\mathrm{A}} + \boldsymbol{u}_{\mathrm{B}} + \boldsymbol{u}_{\mathrm{C}} &= r_{\mathrm{a}}（\boldsymbol{i}_{\mathrm{A}} + \boldsymbol{i}_{\mathrm{B}} + \boldsymbol{i}_{\mathrm{C}}）+ \frac{\mathrm{d}\left(\boldsymbol{\psi}_{\mathrm{A1}} + \boldsymbol{\psi}_{\mathrm{B1}} + \boldsymbol{\psi}_{\mathrm{C1}}\right)}{\mathrm{d}t} \\
&= r_{\mathrm{a}}\ \boldsymbol{i}_{\mathrm{s}} + \frac{\mathrm{d}\boldsymbol{\Psi}_{\mathrm{S1}}}{\mathrm{d}t}
\end{aligned}
\tag{C-3-2}
$$

其中

$$\boldsymbol{\Psi}_{\mathrm{S1}} = \boldsymbol{\psi}_{\mathrm{A1}} + \boldsymbol{\psi}_{\mathrm{B1}} + \boldsymbol{\psi}_{\mathrm{C1}}$$

式中：$\boldsymbol{i}_{\mathrm{s}}$是定子 A、B 和 C 三相电枢绕组合成的电流空间矢量；$\boldsymbol{\Psi}_{\mathrm{S1}}$是定子 A、B 和 C 三相电枢绕组合成的磁通链空间基波矢量。

在电动机的转速不是很低的情况下，定子电阻r_{a}上的压降在电压平衡方程式中所占的成分很小，可以忽略不计，于是方程式（C-3-2）可以简化为

$$\boldsymbol{u}_{\mathrm{s}} \approx \frac{\mathrm{d}\boldsymbol{\Psi}_{\mathrm{S1}}}{\mathrm{d}t} \tag{C-3-3}$$

由此，便可以得到

$$\boldsymbol{\Psi}_{\mathrm{S1}} \approx \int \boldsymbol{u}_{\mathrm{s}}\mathrm{d}t \tag{C-3-4}$$

当电动机由三相对称正弦电压供电时，定子 A、B 和 C 三相电枢绕组合成的磁通链空间基波矢量的幅值是恒定的，并以同步转速ω_{c}旋转，合成的磁通链空间基波矢量顶端的运动轨迹呈圆形，一般被称为磁通链圆。在此情况下，我们可以把这个旋转的合成的磁通链空间基波矢量写成如下的数学形式：

$$\boldsymbol{\Psi}_{\mathrm{S1}} = \Psi_{\mathrm{m1}}\mathrm{e}^{\mathrm{j}\omega_{\mathrm{c}}t} \tag{C-3-5}$$

式中：Ψ_{m1}是合成定子磁通链空间基波矢量$\boldsymbol{\Psi}_{\mathrm{S1}}$的幅值；$\omega_{\mathrm{c}}$是同步旋转的角速度。

把式（C-3-5）代入式（C-3-3），可以得到

$$\boldsymbol{u}_{\mathrm{s}} \approx \frac{\mathrm{d}}{\mathrm{d}t}\left(\Psi_{\mathrm{m1}}\mathrm{e}^{\mathrm{j}\omega_{\mathrm{c}}t}\right) = j\omega_{\mathrm{c}}\Psi_{\mathrm{m1}}\mathrm{e}^{\mathrm{j}\omega_{\mathrm{c}}t} = \omega_{\mathrm{c}}\Psi_{\mathrm{m1}}\mathrm{e}^{\mathrm{j}\left(\omega_{\mathrm{c}}t+\frac{\pi}{2}\right)} \tag{C-3-6}$$

式（C-3-6）表明，当合成的定子磁通链空间基波矢量$\boldsymbol{\Psi}_{\mathrm{S1}}$的幅值一定时，电压空间矢量$\boldsymbol{u}_{\mathrm{s}}$的幅值大小与供电电压的角频率$\omega_{\mathrm{c}}$成正比，其方向则与合成的定子磁通链空间基波矢量$\boldsymbol{\Psi}_{\mathrm{S1}}$正交，即沿着磁通链圆的切线方向，如图 C.3.1 所示。当合成的定子磁通链空间基波矢量$\boldsymbol{\Psi}_{\mathrm{S1}}$在空间旋转一个周期 2π 电弧度时，电压空间矢量$\boldsymbol{u}_{\mathrm{s}}$也连续地沿着磁通链圆的切线

方向旋转运动2π电弧度，其轨迹与磁通链圆相重合。这样，电动机旋转磁场的轨迹问题就可以转化为电压空间矢量$\boldsymbol{u}_s$的旋转运动的轨迹问题。

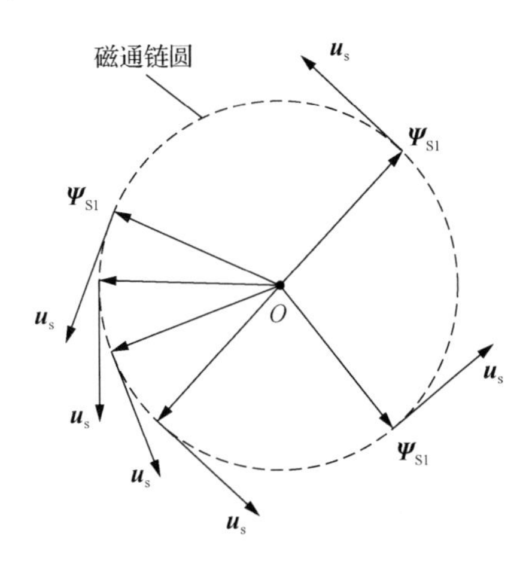

图C.3.1　旋转磁场与电压空间矢量的运动轨迹

这样，一个由合成的电压空间矢量$\boldsymbol{u}_s$所形成的如图C.2.4（b）所示的正六边形轨迹，也可以被看作是自控式永磁同步电动机由六拍逆变器供电时的定子磁通链空间基波矢量$\boldsymbol{\Psi}_{S1}$端点的运动轨迹，此时，六拍阶跃式定子磁场呈正六边形而非圆形。图C.3.2给出了6个不同的电压空间矢量$\boldsymbol{u}_1\sim\boldsymbol{u}_6$和与之相对应的定子磁通链空间基波矢量$\boldsymbol{\Psi}_{S1(i)}$（$i$=1，2，…，6）之间的关系。图中，$\boldsymbol{\Psi}_{S1(1)}$是对应于电压空间矢量$\boldsymbol{u}_1$的初始的定子磁通链空间基波矢量，$\boldsymbol{\Psi}_{S1(2)}$是对应于电压空间矢量$\boldsymbol{u}_2$的初始的定子磁通链空间基波矢量，依次类推，直至$\boldsymbol{\Psi}_{S1(6)}$是对应于电压空间矢量$\boldsymbol{u}_6$的初始的定子磁通链空间基波矢量。

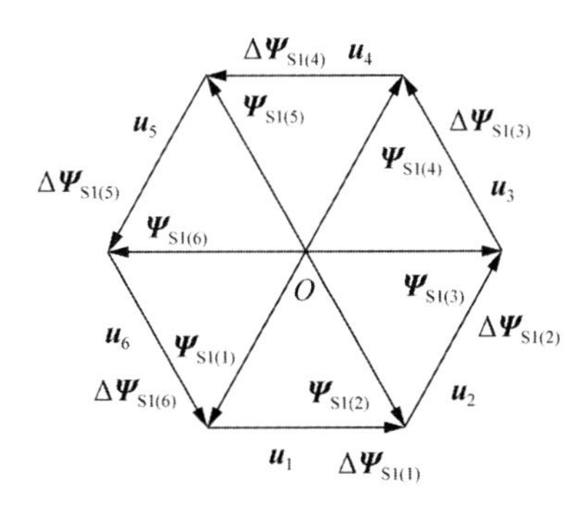

图C.3.2　六拍逆变器供电时的合成的电压空间矢量$\boldsymbol{u}_s$
与定子磁通链空间基波矢量$\boldsymbol{\Psi}_{S1}$之间的关系

下面对六拍阶跃式正六边形磁场的形成做进一步的讨论。设逆变器的开关模式由$S(100)$切换到$S(110)$时，施加在电动机定子A、B和C三相电枢绕组端头上的合成的电压空间矢量由$\boldsymbol{u}_1$切换为$\boldsymbol{u}_2$；同时，定子A、B和C三相电枢绕组开始建立起来了的磁通链空间基波矢量$\boldsymbol{\Psi}_{S1(2)}$，它可以被看作是开关模式$S(110)$时的初始的磁通链空间基波矢量，如图C.3.3中的线段$\overline{OA}$所示。

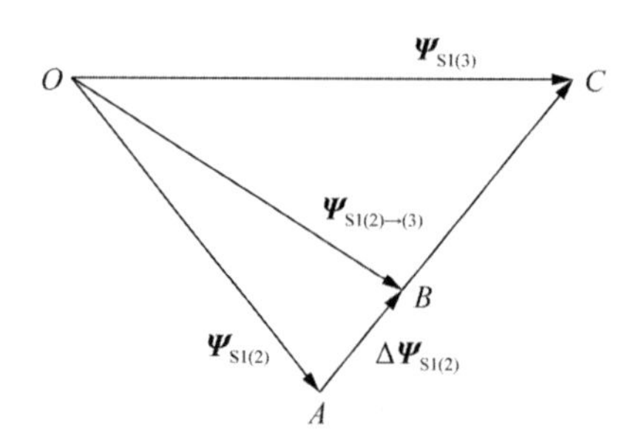

图 C.3.3　磁通链空间矢量运动轨迹的形成

根据式（C-3-3），可以写出

$$\Delta\boldsymbol{\Psi}_{S1} \approx \boldsymbol{u}_s \Delta t \tag{C-3-7}$$

式（C-3-7）表明，在任何一个$\pi/3$电弧度期间内，在一个合成的电压空间矢量$\boldsymbol{u}_s$的作用之下，磁通链空间基波矢量$\boldsymbol{\Psi}_{S1}$将会产生一个增量磁通链$\Delta\boldsymbol{\Psi}_{S1}$；增量磁通链$\Delta\boldsymbol{\Psi}_{S1}$的方向将与施加的合成的电压空间矢量$\boldsymbol{u}_s$的方向一致，而增量磁通链$\Delta\boldsymbol{\Psi}_{S1}$的幅值将取决于合成的电压空间矢量$\boldsymbol{u}_s$所作用时间的长短$\Delta t$。以上面所讨论的对应于电压空间矢量$\boldsymbol{u}_2$的初始的定子磁通链空间基波矢量$\boldsymbol{\Psi}_{S1(2)}$为例，在$t=0$时，$\Delta\boldsymbol{\Psi}_{S1(2)}=0$，因而对应于电压空间矢量$\boldsymbol{u}_3$的初始的定子磁通链空间基波矢量$\boldsymbol{\Psi}_{S1(3)}=\boldsymbol{\Psi}_{S1(2)}$，如图 C.3.3 中的$OA$所示；在$t=\Delta t_1<\pi/3$电气角弧度期间时，$\Delta\boldsymbol{\Psi}_{S1(2)}=\boldsymbol{u}_2\cdot\Delta t_1$，其大小如图 C.3.3 中的$\overline{AB}$线段，此时定子磁通链空间基波矢量$\boldsymbol{\Psi}_{S1(2)}$的顶端沿着$\overline{AB}$线段从$A$点移动至$B$点，并形成了此时刻的定子磁通链空间基波矢量$\boldsymbol{\Psi}_{S1(2)\to(3)}$，$\boldsymbol{\Psi}_{S1(2)\to(3)}=\boldsymbol{\Psi}_{S1(2)}+\boldsymbol{u}_2\cdot\Delta t_1$，如图 C.3.3 中的$\overline{OB}$线段所示的矢量；到了$t=\pi/3$电气角弧度时，定子磁通链空间矢量的增量$\Delta\boldsymbol{\Psi}_{S1(2)}=\boldsymbol{u}_2\cdot\pi/3$，而定子磁通链空间基波矢量$\boldsymbol{\Psi}_{S1(2)\to(3)}$的顶端沿着电压空间基波矢量$\boldsymbol{u}_2$的方向从$B$点移动至$C$点，形成了一个新的定子磁通链空间基波矢量$\boldsymbol{\Psi}_{S1(3)}$，$\boldsymbol{\Psi}_{S1(3)}=\boldsymbol{\Psi}_{S1(2)}+\boldsymbol{u}_2\cdot\pi/3$；到达$C$点时，逆变器又将进入下一个开关模式，因此，$\Psi_{S1(3)}$就是下一个开关模式的对应于电压空间矢量$\boldsymbol{u}_3$的初始的定子磁通链空间基波矢量。依次类推，逆变器工作一个周期2π电气角弧度时，6 个定子磁通链空间基波矢量呈放射状，它们的顶端运动轨迹呈正六边形，与合成的电压空间矢量的方向相吻合。

C.4　电压空间矢量的线性组合与空间矢量脉宽调制控制

如果自控式永磁同步电动机仅由常规的六拍逆变器供电，合成的磁通链空间基波矢量$\boldsymbol{\Psi}_{S1}$的轨迹便只是正六边形的阶跃式旋转磁场，而不是三相正弦波电源供电时所产生的那种连续旋转的圆形磁场，致使电动机不能获得恒定的电磁转矩。其之所以如此，是因为在一个2π电气角弧度周期内逆变器的工作状态被切换 6 次，只形成 6 个合成的电压空间矢量$\boldsymbol{u}_s$。如果想获得更多边形，或者想获得逼近圆形的连续旋转磁场，就必须在每一个2π电气角弧度周期内产生多个工作状态，以便形成更多的相位不同的电压空间矢量$\boldsymbol{u}_s$，为此，必须对逆变器的控制模式进行改造。

脉宽调制控制显然可以满足上述要求，问题是怎样控制脉宽调制的开关时间才能逼近圆形旋转磁场。在这一领域内，从事研究开发的科技工作者已经提出了多种实现逼近圆形旋转磁场的方法，如线性组合法、三段逼近法、比较判断法等，这里我们只介绍线性组合法。

图 C.4.1 绘出了逼近圆形旋转磁场时的合成磁通链空间基波矢量的移动轨迹。前面已述，如果要逼近圆形旋转磁场，就要在一个 2π 电弧度周期内增加逆变器的工作状态的切换次数，从而相应地增加施加在定子 A、B 和 C 三相电枢绕组端头上的合成的电压空间矢量 $\boldsymbol{u}_{\mathrm{s}}$ 的切换次数。

假定某一时刻的合成磁通链空间基波矢量为 $\boldsymbol{\Psi}_{\mathrm{S1}}$，如果从这一时刻开始对 A、B 和 C 三相电枢绕组施加合成的电压空间矢量 $\boldsymbol{u}_1$，并持继作用 $\pi/3$ 电气角弧度所对应的时间 Δt，则合成磁通链空间基波矢量 $\boldsymbol{\Psi}_{\mathrm{S1}}$ 的末端将以直线的方式沿着直线从 A 点移动至 E 点，产生了一个新的合成磁通链空间基波矢量 $\boldsymbol{\Psi}_{\mathrm{S2}}$，如图 C.4.1（a）所示，这一变化过程可以用数学的形式来描述为

$$\boldsymbol{\Psi}_{\mathrm{S2}} = \boldsymbol{\Psi}_{\mathrm{S1}} + \Delta\boldsymbol{\Psi}_{\mathrm{S1}}$$

其中

$$\Delta\boldsymbol{\Psi}_{\mathrm{S1}} = \boldsymbol{u}_1 \Delta t$$

式中：$\Delta\boldsymbol{\Psi}_{\mathrm{S1}}$ 是合成磁通链空间基波矢量 $\boldsymbol{\Psi}_{\mathrm{S1}}$ 在合成的电压空间矢量 $\boldsymbol{u}_1$ 作用之下产生的磁链增量。

如果在图 C.4.1（b）所示的 $\pi/3$ 电气角弧度的扇形区域内，借助由 $\boldsymbol{u}_6$ 和 $\boldsymbol{u}_1$ 两个相邻的基本电压空间电压矢量在不同作用时间下的线性组合，以及由 $\boldsymbol{u}_1$ 和 $\boldsymbol{u}_2$ 两个相邻的基本电压空间电压矢量在不同作用时间下的线性组合，逆变器的工作状态被切换 4 次，依次产生 4 个不同相位和不同作用时间的合成的电压空间矢量，随之相应地产生 4 个不同相位的基波磁通链增量 $\Delta\boldsymbol{\Psi}_{\mathrm{S1(1)}}$、$\Delta\boldsymbol{\Psi}_{\mathrm{S1(2)}}$、$\Delta\boldsymbol{\Psi}_{\mathrm{S1(3)}}$ 和 $\Delta\boldsymbol{\Psi}_{\mathrm{S1(4)}}$。于是，定子磁通链空间基波矢量 $\boldsymbol{\Psi}_{\mathrm{S1}}$ 末端的移动轨迹由直线 $\overline{AE}$ 变成了由四小段直线组成的折线 $\overline{ABCDE}$，以此向圆形旋转磁场逼近。

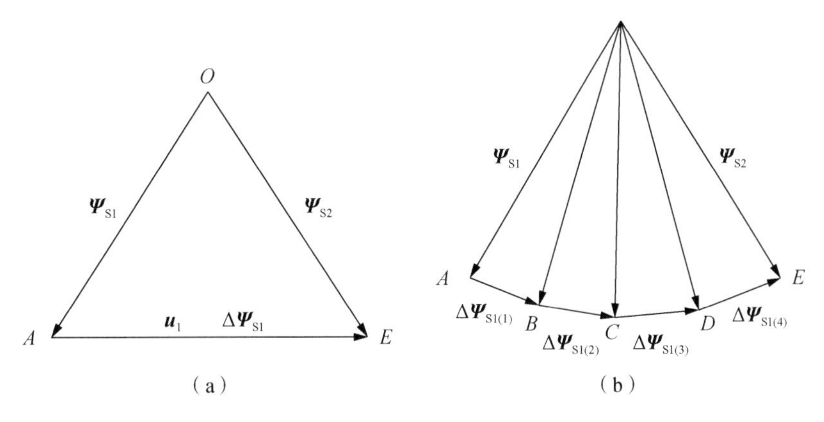

图 C.4.1　逼近圆形旋转磁场时的磁通链增量的轨迹

这种用折线段来替代直线段的替代处理，可以根据伏秒平衡原则用基本的电压空间矢量和不同作用时间的线性组合来获得。图 C.4.2 展示了由电压空间矢量 $\boldsymbol{u}_1$ 和 $\boldsymbol{u}_2$ 与不同作用时间的线性组合产生新的电压空间矢量 $\boldsymbol{u}_{\mathrm{s}}$ 的过程。设想在一个切换周期时间 T_0（即一次采样计算的时间区间）中，它的一部分时间 t_1 施加电压空间矢量 $\boldsymbol{u}_1$，另一部分时间 t_2 施加电

压空间矢量$\boldsymbol{u}_2$，它们分别用电压空间矢量$(t_1/T_0)\boldsymbol{u}_1$和$(t_2/T_0)\boldsymbol{u}_2$来表示。这两个矢量之和是线性组合后的新的电压空间矢量$\boldsymbol{u}_s$，这个新的电压空间矢量$\boldsymbol{u}_s$与电压空间矢量$\boldsymbol{u}_1$之间的电气夹角θ就是这个新的电压空间矢量$\boldsymbol{u}_s$的相位，它与$\boldsymbol{u}_1$和$\boldsymbol{u}_2$的相位都不同了。由于时间t_1和t_2都比较短，所产生的磁通链变化量也比较小。

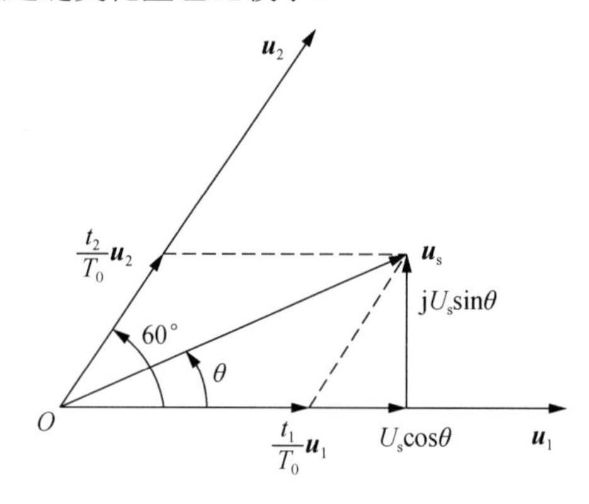

图 C.4.2　电压空间矢量的线性组合

下面将根据各段磁通链增量的相位角θ来求出所需的作用时间t_1和t_2。由图 C.4.2 可得

$$\boldsymbol{u}_s=\frac{t_1}{T_0}\boldsymbol{u}_1+\frac{t_2}{T_0}\boldsymbol{u}_2=U_s\cos\theta+jU_s\sin\theta \tag{C-4-1}$$

式中：U_s是新的电压空间矢量的幅值。

如前所述，式（C-1-6）是用相电压来表示的合成的电压空间矢量，若改用线电压来表示，由于$\boldsymbol{u}_{AB}(t)=\boldsymbol{u}_{AO}(t)-\boldsymbol{u}_{BO}(t)$和$\boldsymbol{u}_{BC}(t)=\boldsymbol{u}_{BO}(t)-\boldsymbol{u}_{CO}(t)$，可得

$$\boldsymbol{u}_s=\boldsymbol{u}_{AB}(t)-\boldsymbol{u}_{BC}(t)\,e^{-j\frac{2\pi}{3}} \tag{C-4-2}$$

由图 C.2.1 可见，当逆变器内的各个功率开关器件处于不同状态时，线电压的取值为U_d、0 或$-U_d$。当开关状态为$S(100)$时，输出线电压$U_{AB}=U_d$，$U_{BC}=0$，则合成的电压空间矢量$\boldsymbol{u}_1=U_d$；当开关状态为$S(110)$时，$U_{AB}=0$，$U_{BC}=U_d$，则合成的电压空间矢量$\boldsymbol{u}_2=-U_d e^{-j\frac{2\pi}{3}}=U_d e^{j\pi/3}$。依次类推，可以求出$\boldsymbol{u}_3$～$\boldsymbol{u}_6$的表达式。将$\boldsymbol{u}_1=U_d$，$\boldsymbol{u}_2=U_d e^{j\pi/3}$代入式（C-4-1），得到

$$\begin{aligned}\boldsymbol{u}_s&=\frac{t_1}{T_0}U_d+\frac{t_2}{T_0}U_d e^{j\pi/3}\\&=U_d\left(\frac{t_1}{T_0}+\frac{t_2}{T_0}e^{j\pi/3}\right)\\&=U_d\left[\frac{t_1}{T_0}+\frac{t_2}{T_0}\left(\cos\frac{\pi}{3}+j\sin\frac{\pi}{3}\right)\right]\\&=U_d\left[\frac{t_1}{T_0}+\frac{t_2}{T_0}\left(\frac{1}{2}+j\frac{\sqrt{3}}{2}\right)\right]\\&=U_d\left[\left(\frac{t_1}{T_0}+\frac{t_2}{2T_0}\right)+j\frac{\sqrt{3}t_2}{2T_0}\right]\end{aligned} \tag{C-4-3}$$

比较式（C-4-3）和式（C-4-1），令两个公式的实数部分和虚数部分分别相等，则可以得到

$$U_s\cos\theta=\left(\frac{t_1}{T_0}+\frac{t_2}{2T_0}\right)U_d，\quad U_s\sin\theta=\frac{\sqrt{3}t_2}{2T_0}U_d$$

由此，可以分别求得 t_1 和 t_2 为

$$\frac{t_1}{T_0}=\frac{U_s\cos\theta}{U_d}-\frac{1}{\sqrt{3}}\cdot\frac{U_s\sin\theta}{U_d} \tag{C-4-4}$$

$$\frac{t_2}{T_0}=\frac{2}{\sqrt{3}}\cdot\frac{U_s\sin\theta}{U_d} \tag{C-4-5}$$

同样，我们可以求得另外五个扇形区域内的合成的电压空间矢量所需的相邻两个基本电压空间矢量的作用时间 t_1 和 t_2，如表 C.4.1 所示。

表 C.4.1　不同扇形区域内相邻两个电压空间矢量的作用时间 t_1 和 t_2

扇形区域	扇形区 I $\left(0\leqslant\omega t\leqslant\frac{\pi}{3}\right)$	扇形区 II $\left(\frac{\pi}{3}\leqslant\omega t\leqslant\frac{2\pi}{3}\right)$	扇形区 III $\left(\frac{2\pi}{3}\leqslant\omega t\leqslant\pi\right)$
t_1 和 t_2	$t_1=\frac{T_0U_s}{U_d}\left(\cos\theta-\frac{1}{\sqrt{3}}\sin\theta\right)$ $t_2=\frac{T_0U_s}{U_d}\cdot\frac{2}{\sqrt{3}}\cdot\sin\theta$	$t_1=\frac{T_0U_s}{U_d}\left(-\cos\theta+\frac{1}{\sqrt{3}}\sin\theta\right)$ $t_2=\frac{T_0U_s}{U_d}\left(\cos\theta+\frac{1}{\sqrt{3}}\sin\theta\right)$	$t_1=\frac{T_0}{U_d}\cdot\frac{2}{\sqrt{3}}\cdot u_s\sin\theta$ $t_2=\frac{T_0}{U_d}\left(-u_s\cos\theta-\frac{1}{\sqrt{3}}u_s\sin\theta\right)$
扇形区域	扇形区 IV $\left(\pi\leqslant\omega t\leqslant\frac{4\pi}{3}\right)$	扇形区 V $\left(\frac{4\pi}{3}\leqslant\omega t\leqslant\frac{5\pi}{3}\right)$	扇形区 VI $\left(\frac{5\pi}{3}\leqslant\omega t\leqslant 2\pi\right)$
t_1 和 t_2	$t_1=\frac{T_0U_s}{U_d}\cdot\left(-\frac{2}{\sqrt{3}}\cdot\sin\theta\right)$ $t_2=\frac{T_0U_s}{U_d}\left(-\cos\theta+\frac{2}{\sqrt{3}}\sin\theta\right)$	$t_1=\frac{T_0U_s}{U_d}\left(-\cos\theta-\frac{1}{\sqrt{3}}\sin\theta\right)$ $t_2=\frac{T_0U_s}{U_d}\left(\cos\theta-\frac{1}{\sqrt{3}}\sin\theta\right)$	$t_1=\frac{T_0}{U_d}\left(u_s\cos\theta+\frac{1}{\sqrt{3}}u_s\sin\theta\right)$ $t_2=\frac{T_0}{U_d}\left(-\frac{2}{\sqrt{3}}\cdot u_s\sin\theta\right)$

切换周期 T_0（即采样计算的时间区间）应由旋转磁场所需的频率决定，T_0 与 t_1+t_2 未必相等，其间隙可用零矢量 $\boldsymbol{u}_7$ 或 $\boldsymbol{u}_8$ 来填补。为了减少功率开关器件的开关次数，一般使 $\boldsymbol{u}_7$ 或 $\boldsymbol{u}_8$ 各占一半时间，因此，

$$t_7=t_8=\frac{1}{2}\left(T_0-t_1-t_2\right)\geqslant 0 \tag{C-4-6}$$

为了讨论方便起见，采用图 C.2.4（a）所示的放射形电压空间矢量图，各个电压空间矢量的相位关系与正六边形矢量图中的相位关系一致。图中，电压空间矢量 $\boldsymbol{u}_1$ 仍处在水平轴线的方向，$\boldsymbol{u}_1\sim\boldsymbol{u}_6$ 按顺序相互间隔 $\pi/3$ 电气角弧度，而零矢量 $\boldsymbol{u}_7$ 和 $\boldsymbol{u}_8$ 则坐落在放射线的中心点上。这样，可以把逆变器的一个 2π 工作周期用 6 个基本的电压空间矢量 $\boldsymbol{u}_1\sim\boldsymbol{u}_6$ 来划分成 6 个扇形区域，如图 C.2.4（a）所示的区域 I 、II、III、IV、V 和VI，每个扇形区对应的时间均为 $\pi/3$ 电气角弧度。由于逆变器在各个扇形区的工作状态都是对称的，分析一个扇形区的方法可以推广到其他扇形区。在常规的六拍逆变器中，一个扇形区仅包含两个开关工作状态，实现 SVPWM 控制就是要把每一个扇形区再分成若干个对应于切换周期 T_0

的小区间。按照上述方法插入若干个线性组合的新的电压空间矢量 $\boldsymbol{u}_s$，以获得优于正六边形的多边形而逼近圆形的旋转磁场。

每一个切换周期 T_0 相当于脉宽调制电压波形中的一个脉冲波，如式(C-4-4)～式(C-4-6)中所示的 T_0 区间（即采样计算的时间区间）包含 t_1、t_2、t_7 和 t_8 四段。对于第Ⅰ扇形区域而言，相应的电压空间矢量为 $\boldsymbol{u}_1$、$\boldsymbol{u}_2$、$\boldsymbol{u}_7$ 和 $\boldsymbol{u}_8$，这个脉冲波是 $S(100)$，$S(110)$，$S(111)$ 和 $S(000)$ 四种开关状态的线性组合。为了使电压波形对称，把每种状态的作用时间都一分为二，因而形成电压空间矢量的作用序列为：12788721，其中 1 表示 $\boldsymbol{u}_1$ 的作用，2 表示 $\boldsymbol{u}_2$ 的作用，7 表示 $\boldsymbol{u}_7$ 的作用，8 表示 $\boldsymbol{u}_8$ 的作用。这样，在一个 T_0 时间内，逆变器的 A、B 和 C 三相桥臂的开关状态序列为 $S(100)$、$S(110)$、$S(111)$、$S(000)$、$S(000)$、$S(111)$、$S(110)$、$S(100)$。在实际系统中，应该尽量减少由于开关状态的变化所引起的开关损耗，因此不同开关状态的顺序必须遵守下述原则：每次切换开关状态时，只切换 1 个功率开关器件，以满足最小开关损耗。按照这个原则检查一下即可发现，上述 1278 的顺序是不合适的。虽然由 1 切换到 2 时，即由 $S(100)$ 切换到 $S(110)$，只有 B 相桥臂的开关切换；由 2 切换到 7 时，即由 $S(110)$ 切换到 $S(111)$，也只有 C 相桥臂的开关切换；但是，由 7 切换到 8 就不行了，出现了 A、B、C 三相桥臂的开关同时被切换的情况，显然违背了最小开关损耗的原则。为此，应该把切换顺序改为 81277218，即开关状态的序列为 $S(000)$、$S(100)$、$S(110)$、$S(111)$、$S(111)$、$S(110)$、$S(100)$、$S(000)$，这样就能满足每次切换开关状态时只切换一个功率开关器件的要求了。图 C.4.3 绘出了在这个小区间 T_0（亦即是对应于相位角 θ 的区间）内按照修改后的开关序列工作时的逆变器的 A、B 和 C 三相桥臂输出的三相相电压波形，图中虚线间的每一小段表示一种工作状态，其时间长短可以是不同的。对于第Ⅱ扇形区域而言，相应的电压空间矢量为 $\boldsymbol{u}_2$、$\boldsymbol{u}_3$、$\boldsymbol{u}_7$ 和 $\boldsymbol{u}_8$，因此，这一扇形区域内的脉冲波是 $S(110)$、$S(010)$、$S(111)$ 和 $S(000)$ 四种开关状态的线性组合，逆变器的 A、B 和 C 三相桥臂输出的三相相电压波形，如图 C.4.4 所示。对于第Ⅲ扇形区域而言，相应的电压空间矢量为 $\boldsymbol{u}_3$、$\boldsymbol{u}_4$、$\boldsymbol{u}_7$ 和 $\boldsymbol{u}_8$，因此，这一扇形区域内的脉冲波是 $S(010)$、$S(011)$、$S(111)$ 和 $S(000)$ 4 种开关状态的线性组合，逆变器的 A、B 和 C 三相桥臂输出的三相相电压波形，如图 C.4.5 所示。对于第Ⅳ扇形区域而言，相应的电压空间矢量为 $\boldsymbol{u}_4$、$\boldsymbol{u}_5$、$\boldsymbol{u}_7$ 和 $\boldsymbol{u}_8$，因此，这一扇形区域内的脉冲波是 $S(011)$、$S(001)$、$S(111)$ 和 $S(000)$ 4 种开关状态的线性组合，逆变器的 A、B 和 C 三相桥臂输出的三相相电压波形，如图 C.4.6 所示。对于第Ⅴ扇形区域而言，相应的电压空间矢量为 $\boldsymbol{u}_5$、$\boldsymbol{u}_6$、$\boldsymbol{u}_7$ 和 $\boldsymbol{u}_8$，因此，这一扇形区域内的脉冲波是 $S(001)$、$S(101)$、$S(111)$ 和 $S(000)$ 四种开关状态的线性组合，逆变器输的 A、B 和 C 三相桥臂输出的三相相电压波形，如图 C.4.7 所示。对于第Ⅵ扇形区域而言，相应的电压空间矢量为 $\boldsymbol{u}_6$、$\boldsymbol{u}_1$、$\boldsymbol{u}_7$ 和 $\boldsymbol{u}_8$，因此，这一扇形区域内的脉冲波是 $S(101)$、$S(100)$、$S(111)$ 和 $S(000)$ 4 种开关状态的线性组合，逆变器的 A、B 和 C 三相桥臂输出的三相相电压波形，如图 C.4.8 所示。

在图 C.4.1 中，一个扇形区被分成 4 个小区间，每一个小区间对应于一个切换周期 T_0，则在由 6 个扇形区所对应的 2π 周期内将出现 24 个脉冲波，而逆变器内功率开关器件的开关次数更多。为了使合成的磁通链空间矢量尽可能地逼近圆形旋转磁场，必须把一个扇形区尽可能地分割成更多更小的区间 T_0，在此情况下，必须选用高开关频率的功率开关器件，以便减小开关损耗和获得满意的脉冲波形。

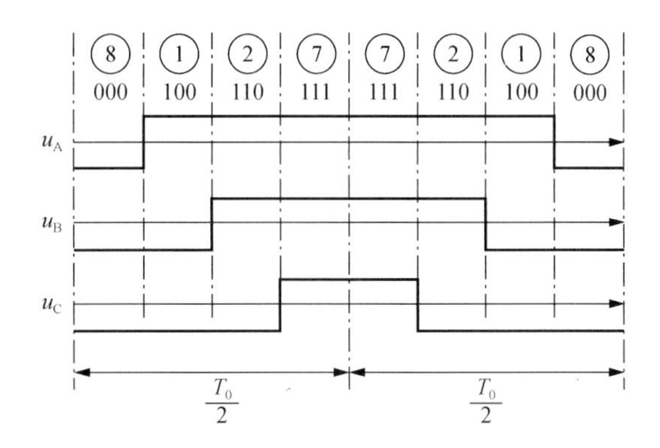

图 C.4.3　第 I 扇形区域内一段区间的开关序列与逆变器的三相相电压波形

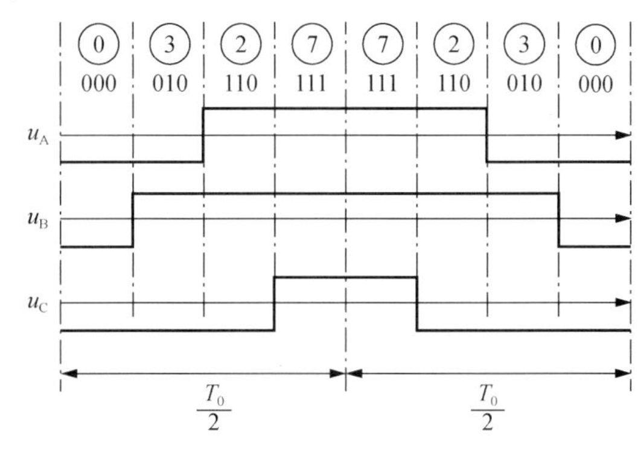

图 C.4.4　第 II 扇形区域内一段区间的开关序列与逆变器的三相相电压波形

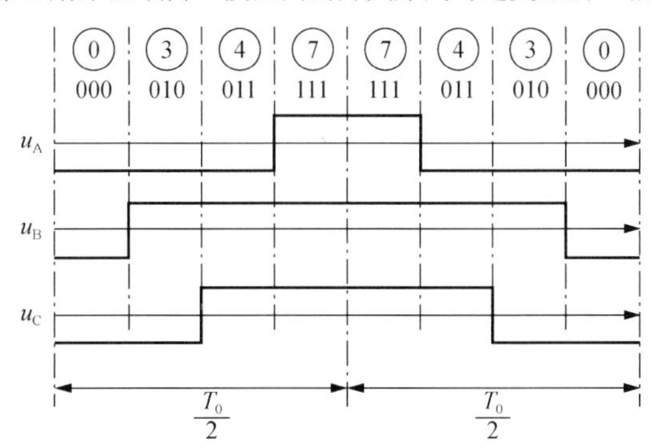

图 C.4.5　第III扇形区域内一段区间的开关序列与逆变器的三相相电压波形

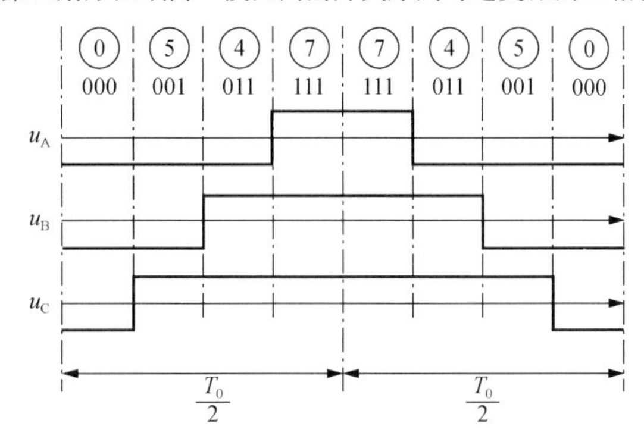

图 C.4.6　第IV扇形区域内一段区间的开关序列与逆变器的三相相电压波形

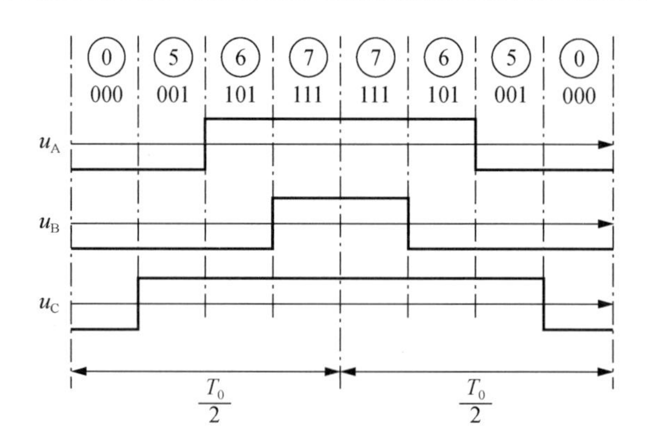

图 C.4.7　第Ⅴ扇形区域内一段区间的开关序列与逆变器的三相相电压波形

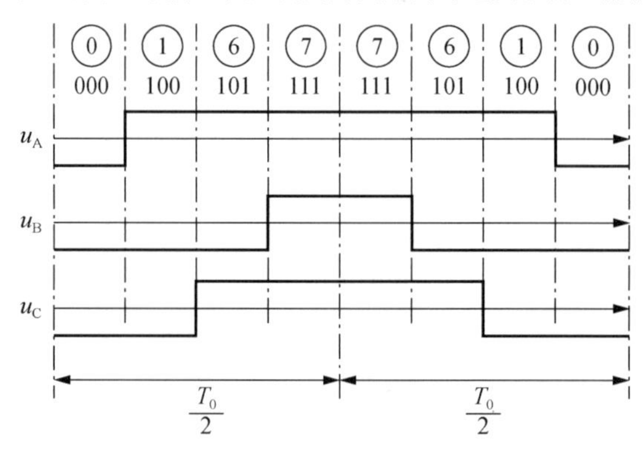

图 C.4.8　第Ⅵ扇形区域内一段区间的开关序列与逆变器的三相相电压波形

C.5　空间矢量脉宽调制的电源利用率

在空间矢量脉宽调制技术中，落在某个扇形区域内的期望的参考电压空间矢量 $\boldsymbol{u}_{\text{ref}}$ 可以由该扇形区域的两个相邻的基本电压空间矢量 $\boldsymbol{u}_i$ 、 $\boldsymbol{u}_{i+1}$ 和两个零矢量 $\boldsymbol{u}_7$ 、 $\boldsymbol{u}_8$ ，按照伏秒平衡原则线性组合而成，即

$$\boldsymbol{u}_i t_i + \boldsymbol{u}_{i+1} t_{i+1} + \boldsymbol{u}_7 t_7 + \boldsymbol{u}_8 t_8 = \boldsymbol{u}_{\text{ref}} T_0 \tag{C-5-1}$$

例如，当参考电压空间矢量落在图 C.5.1 所示的第Ⅰ扇形区域内时，它的线性组合为

$$\boldsymbol{u}_6 t_i + \boldsymbol{u}_1 t_{i+1} + \boldsymbol{u}_7 t_7 + \boldsymbol{u}_8 t_8 = \boldsymbol{u}_{\text{ref}} T_0 \tag{C-5-2}$$

当期望的参考电压空间矢量 $\boldsymbol{u}_{\text{ref}}$ 的长度增加时，逆变器输出的电压空间矢量的基波幅值也随着线性地增加。在此过程中，相邻的两个非零矢量 $\boldsymbol{u}_i$ 和 $\boldsymbol{u}_{i+1}$ 的作用时间 t_i 和 t_{i+1} 将逐渐被加大，而两个零矢量 $\boldsymbol{u}_7$ 和 $\boldsymbol{u}_8$ 的作用时间 t_7 和 t_8 将逐渐被减小。因而，若要把期望的参考电压空间矢量 $\boldsymbol{u}_{\text{ref}}$ 的幅值控制在线性调制区域的范围以内，就必须满足以下条件：

$$t_i + t_{i+1} \leqslant T_0 \tag{C-5-3}$$

$$t_7 + t_8 \geqslant 0 \tag{C-5-4}$$

空间矢量脉宽调制的线性工作区域的范围是图 C.5.1 所示的整六边形的内部面积，但是，当参考电压空间矢量 $\boldsymbol{u}_{\text{ref}}$ 的模长大于整六边形的内切圆的半径时，就不能保证在整个 360°电角度范围之内都能实现线性调制。换言之，为了实现线性调制，就必须把参考电压空间矢量 $\boldsymbol{u}_{\text{ref}}$ 的模长控制在正六边形的内切圆之内，于是也可以说：整六边形的内切圆是逆变器实现线性调制的极限范围。

在此条件下，正六边形的内切圆是参考电压空间矢量 $\boldsymbol{u}_{\mathrm{ref}}$，亦即是逆变器的 A、B 和 C 三相桥臂输出的合成的电压空间矢量 $\boldsymbol{u}_{\mathrm{s}}$ 作圆形旋转运动时的最大圆周轨迹，又如图 C.3.1 所描述的定子磁通链空间基波矢量 $\boldsymbol{\Psi}_{\mathrm{S1}}$ 端点的圆形旋转运动轨迹，这个圆的半径是图 C.5.1 中的线段 $\overline{OM}$。

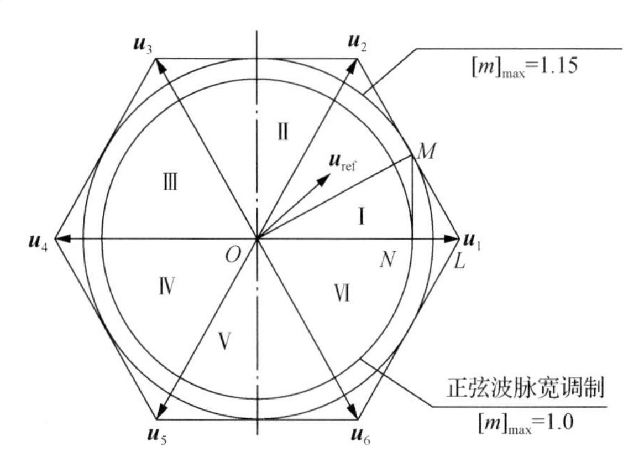

图 C.5.1　合成的电压空间矢量圆轨迹

在图 C.5.1 中的△*OLM* 内，线段 $\overline{OL}$ 是基本电压空间矢量 $\boldsymbol{u}_{\mathrm{s}}$ 的模，根据逆变器的工作原理，其长度等于直流母线电压 U_{d} 的 2/3，即 $\overline{OL}=2U_{\mathrm{d}}/3$。然后，根据三角几何关系，可以写出

$$\frac{\overline{OM}}{\overline{OL}}=\frac{\frac{\sqrt{3}}{2}}{1}=\frac{\sqrt{3}}{2} \tag{C-5-5}$$

于是，可以求得线段 $\overline{OM}$ 的长度为

$$\overline{OM}=\frac{\sqrt{3}}{2}\,\overline{OL}=\frac{\sqrt{3}}{2}\times\frac{2}{3}\,U_{\mathrm{d}}=\frac{U_{\mathrm{d}}}{\sqrt{3}} \tag{C-5-6}$$

根据附录 B，对于正弦波脉宽调制而言，当调制指数 $m=[m]_{\max}=1$ 时，逆变器输出的电压空间矢量的最大幅值为 $U_{\mathrm{d}}/2$，即

$$U_{\mathrm{mm}}=\frac{U_{\mathrm{d}}}{2} \tag{C-5-7}$$

把式（C-5-6）与式（C-5-7）相比，便得到

$$k=\frac{\overline{OM}}{\frac{U_{\mathrm{d}}}{2}}=\frac{\frac{U_{\mathrm{d}}}{\sqrt{3}}}{\frac{U_{\mathrm{d}}}{2}}=\frac{2}{\sqrt{3}}=1.1547 \tag{C-5-8}$$

式（C-5-8）表明：空间矢量脉宽调制的直流电源的利用率比正弦波脉宽调制的直流电源的利用率高 15.47%。

在△*OMN* 内，根据三角几何关系，又可以写出

$$\frac{\overline{ON}}{\overline{OM}}=\frac{\frac{\sqrt{3}}{2}}{1}=\frac{\sqrt{3}}{2} \tag{C-5-9}$$

于是，可以求得线段$\overline{ON}$的长度为

$$\overline{ON}=\frac{\sqrt{3}}{2}\overline{OM}=\frac{\sqrt{3}}{2}\times\frac{U_{\mathrm{d}}}{\sqrt{3}}=\frac{U_{\mathrm{d}}}{2} \tag{C-5-10}$$

由此可见，在图 C.5.1 中，以线段$\overline{ON}$长度为半径的圆是采用正弦波脉宽调制时逆变器输出的电压极限圆；而以线段为$\overline{OM}$长度半径的圆是采用空间矢量脉宽调制时逆变器输出的电压极限圆。两个电压极限圆的半径之比，即$\overline{OM}/\overline{ON}=1.1547$。

归纳起来，空间矢量脉宽调制的控制模式有以下特点。

（1）逆变器的一个工作周期被分成 6 个扇形区，每一个扇形区相当于常规六拍逆变器的一拍。为了使三相电枢绕组产生的合成的磁通链空间基波矢量$\boldsymbol{\Psi}_{\mathrm{S1}}$的移动轨迹尽可能地逼近圆形旋转磁场，每一个扇形区再被分割成若干个时间周期为T_0的小区间，T_0越短，合成的磁通链空间基波矢量的移动轨迹越接近于圆形旋转磁场，但是T_0的缩短受到功率开关器件所允许的开关频率的制约。

（2）在每一个时间周期为T_0的小区间内虽有多次开关状态的切换，但是每次切换都只涉及一个功率开关器件，因而开关损耗较小。

（3）每一个时间周期为T_0的小区间均以零矢量开始，又以零矢量结束。

（4）利用电压空间矢量直接生成三相空间矢量脉宽调制波，计算简便，适合于直接力矩控制系统。

（5）采用空间矢量脉宽调制技术，逆变器输出的相电压基波幅值为$U_{\mathrm{d}}/\sqrt{3}$，线电压基波幅值为直流侧电压U_{d}，这要比采用一般正弦波脉宽调制技术的逆变器的输出电压提高15.47%。